ISBN 978-0-364-12431-4
PIBN 10411364

OBRAS DEL MISMO AUTOR

OBRAS COMPILADAS BAJO LA DIRECCION DEL AUTOR

DICCIONARIO GEOGRÁFICO ARGENTINO

POR

FRANCISCO LATZINA

Doctor *honoris causa* de la Facultad de Ciencias Físico-Matemáticas de la Universidad de Córdoba. Director de la
Estadística Nacional.
Miembro *Honorario* del Departamento Nacional de Higiene. Miembro de la Academia Nacional de
Ciencias. Caballero de la órden italiana de los SS. Mauricio y Lázaro.
Oficial de Academia de Francia. Miembro *Honorario* de la Real Sociedad de Estadística
de Lóndres. Miembro de la Sociedad de Geografía de Paris,
del Instituto Internacional de Estadística, de la Sociedad de Geografía Comercial de Paris, de la Sociedad
de Estadística de Paris. Miembro correspondiente de la Academia Nacional
de la *Historia* de Venezuela, etc.

Premiado por sus obras en la Exposicion Universal de Paris de 1889 con una medalla de oro
y dos de plata.

BUENOS AIRES

Compañía Sud-Americana de Billetes de Banco, San Martín 136

1891

Cuando en 1886 dí á luz mi colección de fórmulas y tablas para el cálculo de seguros y del de intereses simples y compuestos, amortizaciones, etc., dije en una nota que figura al pié de una nomenclatura geográfica argentina (página 185): «Pienso en lo sucesivo completar esta nomenclatura con los nombres de todos los rios, arroyos, lagos, sierras, valles, mesetas, cabos, bahías, golfos, islas, etc.» Y bien, la presente obra es la realizacion ámplia de aquella promesa. Lo que en un principio no era más que una nomenclatura pobre y deficiente, es hoy un Diccionario que si no es más completo de lo que es, débese, más que á falta de voluntad y consagracion mias, al estado relativamente poco avanzado de la geografía argentina.

Si se prescinde de un ensayo que hizo Paz Soldan para dotar á la geografia argentina de un vocabulario, puedo decir que ésta es la primera obra en su género que posée el país. Paz Soldan tuvo la desgraciada idea de dividir en dos partes lo que por su naturaleza misma no puede formar sinó un solo cuerpo, haciendo un diccionario de los territorios nacionales y otro de las provincias. Solo la primera parte ha visto la luz costeada por el tesoro nacional. Mi obra abarca en un solo cuerpo y en un solo órden alfabético todos los vocablos geográficos de la república y es el resultado exclusivo de mi trabajo y peculio personales. Hé ahí una de las diferencias que existen entre ambas obras. En cuanto á la esencial, la del mayor ó menor mérito lexicográfico, dejo que juzgue el lector, reputando como reputo impropio y poco delicado el que yo emita aquí un juicio crítico sobre el trabajo de Paz Soldan, porque podria parecer que con él quisiera yo realzar el mérito del mio

El mayor caudal de datos lo debo al censo agro-pecuario que se levantó en 1888, en toda la república; luego al reciente censo de poblacion de la provincia de Córdoba; á la obra inédita de Solá sobre la provincia de Salta; al mapa inédito de Virasoro sobre Corrientes, y á un mapa, tambien inédito, de Mendoza, á cuyo autor no puedo mencionar, á pesar mio, porque el nombre de él solo figura en dicho mapa en una firma ilegible. Además, he consultado detenidamente todas las Memorias que se han publicado con motivo de la pasada Exposicion Universal de Paris, y he aprovechado en la medida de lo posible y conveniente mi propia Geografía Argentina. El censo agro-pecuario me proporcionó ese gran número de estancias, chacras y establecimientos rurales que figuran en el presente libro. Cuando los documentos del censo no indicaban con precision si el establecimiento objeto de los datos era una estancia, ó una chacra, ó una combinacion de ambas, lo califiqué de finca ó establecimiento rural. Además hay un gran número de puntos designados como lugar ó paraje poblado.

Por lugar ó paraje poblado debe entenderse aquí, un punto en que existe mayor ó menor número de personas, con sus viviendas más ó menos diseminadas, que se ocupan de la labranza ó de la cria de ganados en pequeña escala. Alrededor de cada manantial, de cada pozo ó represa y á lo largo de los arroyos ó cañadas se agrupa la gente para aprovechar el agua en pequeños cultivos ó en el sostén de reducidos rebaños. En las provincias del interior son numerosos tales parajes, los que llevan comunmente un nombre propio. Las aldeas del pais no son lo que por este vocablo se entiende en Europa, agrupaciones compactas de casas ó ranchos, separados por calles y plazas. Aquí las casas ó ranchos de las aldeas están muy diseminados, no obedeciendo su ubicacion á ningun plan preconcebido. Sucede á menudo que en un mismo lugar que pudiera llamarse aldea, dista un rancho de otro un kilómetro ó más. La cosa se explica, porque la tierra desocupada abunda.

En mi Diccionario he prescindido por completo de la parte estadística, porque siendo ésta esencialmente variable con el tiempo, hace envejecer con demasiada rapidez el libro. lo cual no sucede con los datos físicos de carácter puramente estático. Del elemento dinámico de las geografias no he mencionado más que la cifra de poblacion, refiriéndome siempre á la fecha del censo respectivo donde esto era posible. Donde menciono cifras conjeturales deben entenderse relacionadas con el comienzo de 1890.

Siendo el dato de la ubicacion precisa de la mayor importancia en geografia, he señalado, donde esto era posible, las coordenadas geográficas, y en los demás casos he procurado indicar, además de la provincia y del departamento, el cuartel, distrito ó pedania, encerrando así la indeterminacion topográfica del lugar dentro del menor espacio posible. Todas las latitudes son. como se comprende, Sud, y todas las longitudes Oeste de Greenvich. Las alturas sobre el nivel del mar de las estaciones de ferro-carril son el resultado de la comparacion de las nivelaciones ferroviarias con cotas conocidas y directamente obtenidas. Las coordenadas geográficas que no han sido medidas por procedimientos astronómicos. deben tomarse solamente como aproximaciones de la verdad. Las coordenadas que da Moussy, vgr. son en general muy inciertas en las longitudes; las de Host no merecen gran confianza, etc.

He proscrito de mi libro el empleo de los vocablos «boreal» y «meridional» para designar, respectivamente, direccion Norte ó direccion Sud, porque los juzgo inadecuados para el uso de los habitantes de la zona templada austral. Boreas es para los europeos la region de donde les vienen los vientos helados y de esa direccion nos vienen á nosotros los vientos abrasadores. Para los habitantes de la zona templada del hemisferio del Norte, es Sud el rumbo en que se halla el sol, cuando pasa por el meridiano en su culminacion superior; para ellos lo meridional es, pues, rumbo Sud, mientras que para nosotros es al revés, porque el sol lo tenemos al Norte cuando pasa por el meridiano, ó, en otros términos, para nosotros lo meridional (ó sea el rumbo del medio-dia) es Norte y no Sud. En cambio «septentrio» (las siete estrellas fácilmente visibles de la Osa Mayor) se halla tanto para los europeos como para nosotros en la misma direccion y por consiguiente no es lícito emplear el vocablo septentrional para designar rumbo Norte; otro tanto puede decirse de austral, para calificar un rumbo Sud.

El censo agro-pecuario me ha suministrado una multitud de arroyos y cañadas con la sola indicacion de los parajes que riegan y sin decir palabra respecto del orígen y terminacion y del trayecto que recorren las aguas. Como en los mejores mapas hasta aquí publicados no está consignada en modo alguno la existencia de un gran número de estos arroyos, en su mayor parte insignificantes, no me era posible llenar el vacio con descripciones que forzosamente habrían tenido que ser fantásticas, lo cual significa que tales insuficientes determinaciones no son más que otros tantos problemas que este libro plantea para que la geografia argentina los resuelva en lo venidero. Tiempo seria ya de que nuestros exploradores geográficos se dejaran de explorar sin ton ni son el Chaco y la Patagonia, para dedicar su tiempo á lo mucho, muchísimo desconocido que existe en la parte poblada y civilizada de la república. ¿Dónde están los resultados de una exploracion hidrográfica completa y sistemática de la provincia de Buenos Aires? ¿Dónde está una exploracion orográfica de la provincia de Córdoba que abarque los menores detalles del relieve del suelo? Es claro que en ninguna parte, porque todo esto queda por hacer todavía, no solo en esas dos provincias, sinó en todas.

La ortografia de los vocablos indígenas no está siempre en concordancia con la etimologia guaraní, quichua, aymará ó araucana, porque he preferido la escritura ya en uso, más sencilla y de más fácil pronunciacion, á la que en mi lugar habria quizás adoptado un filólogo versado en el conocimiento de las lenguas aborígenes. Debido á la amabilidad del Sr. Director de *La Nacion*, que puso bondadosamente sus diccionarios á disposicion mia, me ha sido posible mencionar en notas al pié, para algunos nombres de orígen indio, la significacion castellana. Es sensible, empero, que la factura de dichos diccionarios sea tal que su uso exija un estudio prévio de ellos y que sea necesario estar versado en las lenguas cuyos vocablos tratan de interpretar. Hubiera podido aumentar el número de esas interpretaciones, procediendo como procedió Paz Soldan, quién se contentó con el parecido que habia notado entre las voces geográficas y los vocablos de las lenguas aborígenes, para consignar con frecuencia significados que evidentemente nada tienen que ver con la palabra interpretada; pero he preferido dar poco y exacto, para no inducir á error, que mucho y problemático.

Una vez que esté escrita la historia de las exploraciones geográficas argentinas y se hayan reunido en una obra los elementos bibliográficos que señalen los orígenes y progresos sucesivos de la geografía patria, podrán utilizarse los datos que estas investigaciones arrojen para enriquecer con ellos, bajo el nombre de los exploradores y autores respectivos, alguna futura edicion de este ú otro diccionario geográfico. En la presente obra no he podido aprovechar tan preciosos elementos, porque las investigaciones históricas y bibliográficas que con ese objeto hubiera tenido que practicar, me habrian llevado demasiado lejos. En la imposibilidad, pues, de abarcar en una sola obra la parte histórica, la bibliográfica y la física, me he concretado tan solo á esta última, que por muchas razones me parecia por de pronto la más necesaria.

Al escribir esta obra he pensado con frecuencia en lo útil que seria la existencia de un diccionario histórico, y prosiguiendo en estas reflexiones he venido á parar en la idea de que una «enciclopedia argentina» llenaria un verdadero vacio en las bibliotecas de las personas cultas y deseosas de ilustrarse á sí mismas por medio de la lectura. Esta enciclopedia podria abarcar la historia, la geografia, la biografia, la bibliografia, la estadística, la fauna, flora, gea, minas, paleontología, arqueologia, etnologia y la etimologia y significacion castellana de las voces indígenas que aparecen en la geografia y en la historia. La materia es vasta y como la obra seria voluminosa y de muchos tomos, se comprende que solo podria ser llevada á cabo por medio de la division del trabajo y mediante una ayuda positiva del gobierno nacional, de todos los gobiernos provinciales y de las municipalidades más importantes. Estos poderes públicos podrian, en este caso, acordar ciertos subsidios mensuales, segun fuesen sus recursos, durante un número dado de años, vgr, los que fueran necesarios para costear la edicion y remunerar á los autores, recibiendo en cambio la mitad del número de ejemplares y vendiéndose el resto á precios moderados, á fin de hacer la obra accesible al público. El producto de la venta podría servir para remunerar á la direccion por sus trabajos. Esta recibiria de los colaboradores los materiales, los ordenaria, haria preparar los manuscritos definitivos y cuidaria de todo lo concerniente á la publicacion y distribucion de la obra. Todos los artículos podrian llevar al final las iniciales del autor, insertándose á continuacion del prólogo una lista explicativa de las iniciales correspondientes á cada colaborador. Una enciclopedia argentina de estas proporciones daría á las generaciones venideras una idea bastante clara del estado de civilizacion alcanzado por el país hacia fines del siglo XIX, y los poderes públicos contribuirían en no pequeña escala á la divulgacion de la ciencia nacional y á la ilustracion del pueblo en materias que directamente le interesan, porque son de su tierra.

El plan á que obedece el órden de sucesion de los objetos descritos es el siguiente: los nombres principales de éstos siguen en rigurosa série alfabética—son los impresos en negrita—los compuestos figuran con su primer nombre en negrita, una sola vez, y con el segundo en bastardilla tantas veces como calificativos tiene el nombre principal. Los objetos de un solo nombre ocupan los primeros lugares y los de uno compuesto los últimos. Aquéllos siguen por el órden alfabético de las provincias, dentro de la misma provincia por el de los departamentos, y dentro del mismo departamento por el de los distritos; mientras que los segundos (los compuestos) siguen por el órden alfabético de los vocablos calificativos del nombre principal. El vocablo «Cañada» ó cualquier otro ilustra bien este caso. Este método de agrupacion con dejo estadístico lo he ideado para ahorrar espacio, facilitar la impresion y dejar á la estética en sus derechos. Esa contínua repeticion de «negritas» para cada objeto del mismo nombre, habría roto el equilibrio que debe existir entre el claro y el oscuro.

Del número de descripciones, grandes y chicas, se entiende, dan una idea los dos cuadros estadísticos que siguen.

¿Quién diria que estos dos cuadros, hechos por mi excelente compañero de tareas Don Casimiro Prieto, representan alrededor de 400 horas de trabajo sostenido y efectuado con el método más expeditivo que la estadística conoce en materias de compilacion?

Basta este detalle para comprender lo ingrata que es la estadística, sea como pasatiempo, sea como objeto de vocacion. Muchos meses de trabajo abrumador son recompensados por ella con unos cuantos renglones de cifras.

El número total de descripciones que encierra el presente Diccionario es de 20075 (Paz Soldan tiene solo 3000 y pico) y se distribuye entre las letras del alfabeto en la forma siguiente:

A	1 465	F	406	K y L	777	Q	198	T	1 089
B	950	G	540	M	1 346	R	903	U	107
C y Ch	3 037	H	313	N y Ñ	350	S en general	923	V y W	569
D	435	I	311	O	251	S Santos	2 060	Y	135
E	588	J	230	P	2 259	Santas	745	Z	88

Total: 20.075

Estos mismos datos agrupados por provincias y la naturaleza de los objetos descritos, dan márgen al cuadro que sigue:

PROVINCIAS Y GOBERNACIONES	Divisiones administrativas	Ciudades, villas y aldeas	Colonias, lugares poblados, estancias, etc.	Distritos mineros y minas	Sierras, Cerros, Quebradas, Valles, etc.	Rios, Arroyos, Vertientes, Fuentes, Cañadas, etc.	Lagos, Lagunas, Esteros, etc.	Demás elementos geográficos	TOTALES
Buenos Aires	100	103	4 443	—	16	775	1 251	26	6 714
Catamarca	117	34	33	37	20	117	2	3	363
Córdoba	642	398	2 317	155	69	84	6	13	3 684
Corrientes	27	31	1 759	—	—	99	243	6	2 165
Entre Rios	100	29	65	—	—	160	1	7	362
Jujuy	17	15	477	26	22	58	3	10	628
Mendoza	17	28	312	43	41	100	9	18	568
Rioja	97	26	297	60	12	98	—	2	592
Salta	181	32	926	104	33	67	1	5	1 349
San Juan	49	17	233	49	12	71	3	15	449
San Luis	50	20	548	28	92	145	23	12	918
Santa Fé	118	76	218	—	—	47	9	5	473
Santiago	199	29	214	—	5	1	—	—	448
Tucuman	23	118	385	—	23	81	—	2	632
Jurisd. Nacionales	37	28	314	6	40	153	42	110	730
Totales	1 774	984	12 541	508	385	2 056	1 593	234	20 075

Las provincias de Catamarca, Entre Rios y Santa Fé aparecen con un número relativamente pequeño en el total de las descripciones, porque de estas provincias no se obtuvieron en la época del censo agro-pecuario sinó datos muy englobados. Los relativos á San Juan eran muy deficientes. Un considerable número de datos sobre nuevas estaciones ferroviarias llegó á mi poder cuando la obra estaba ya muy avanzada, y cuando, por consiguiente, me era ya imposible hacer figurar esos elementos en el cuerpo de la obra. Para no desperdiciar tales datos, se me ocurrió la idea de formar una tabla de distancias ferroviarias que hago figurar al final, en un apéndice. Esta tabla es, sin duda alguna, como podrá fácilmente convencerse de ello el lector, lo más completo que en su género existe. La idea de esta tabla me sugirió la de otras dos, á saber, la de la población y la de las coordenadas geográficas, que tambien figuran al final.

De toda la obra ha leido y corregido el señor Prieto tres pruebas de imprenta, de manera que, dada esta circunstancia y la de que mi dicho amigo es un corrector de pruebas de primer órden, como es de pública notoriedad, puede suponerse con buen fundamento que los errores de imprenta que habrán quedado en la obra, serán muy contados.

Buenos Aires, Febrero de 1891.

F. LATZINA.

DICCIONARIO GEOGRÁFICO ARGENTINO

ABREVIATURAS

φ = Latitud geográfica Sud.

λ = Longitud geográfica Oeste de Greenwich.

α = Altura sobre el nivel del mar en metros.

Ctl = Cuartel.

C = Lugar á donde alcanza el correo.

T = Lugar con una ó más estaciones telegráficas.

E = Lugar con una ó más escuelas.

FCS = Estacion del ferro-carril del Sud (Buenos Aires á Bahía Blanca y ramales).

FCO = Estacion del antiguo ferro-carril del Oeste de la Provincia de Buenos Aires, hoy *The Buenos Aires Western Railway*.

FCE = Estacion del ferro-carril de la Ensenada.

FCP = Estacion del ferro-carril del Pacífico (Buenos Aires á Villa Mercedes).

FGN = Estacion del ferro-carril del Norte (Buenos Aires al Tigre).

FCBAR = Estacion del ferro-carril de Buenos Aires al Rosario.

FCCA = Estacion del ferro-carril Central Argentino (Rosario á Córdoba).

FCCN = Estacion del ferro-carril Central Norte (Córdoba á Tucuman, Salta y Jujuy).

FCA = Estacion del ferro-carril Andino (Villa María á Villa Mercedes).

FCGOA = Estacion del ferro-carril Gran Oeste Argentino (Villa Mercedes á Mendoza y San Juan).

FCNOA = Estacion del ferro-carril Nor-Oeste Argentino (Tucuman á La Madrid).

FCAE = Estacion del ferro-carril Argentino del Este (Concordia á Monte Caseros).

FCCE = Estacion del ferro-carril Central Entreriano (Paraná á Concepcion).

FCSF = Estacion de los ferro-carriles Santafecinos (Santa Fe á las Colonias).

FCOSF = Estacion del ferro-carril Oeste Santafecino.

FCSFC = Estacion del ferro-carril de Santa Fe á Córdoba.

FCRS = Estacion del ferro-carril del Rosario á Sunchales.

DICCIONARIO GEOGRÁFICO ARGENTINO

Abascal, arroyo, Ctl 6, 7, Brandzen y La Plata, Buenos Aires. Es un tributario del Samborombon en la márgen izquierda.

Abasto, lugar poblado, La Plata, Buenos Aires, FCO, linea de La Plata á Ferrari. Dista de La Plata 25 kms. C, T.

Abaucan, arroyo. Véase arroyo Fiambalá.

Abipones,[1] 1) distrito de la seccion Quebrachos del departamento Sumampa, Santiago del Estero. 2) colonia, San javier, Santa Fé. C. 3) paraje poblado, Quebrachos, Sumampa, Santiago del Estero. $\varphi = 29° 40'$; $\lambda = 62° 34'50''$. (Moussy).

Abomirrelegui, establecimiento rural, Ctl 2, Ayacucho, Buenos Aires.

Abra, 1) lugar poblado, Parroquia, Cruz del Eje, Córdoba. 2) *Colorada,* paraje poblado, Cochinoca, jujuy. 3) *Colorada,* paraje poblado, Rosario de Lerma, Salta. 4) *de la Cortadera,* Humahuaca, Jujuy. Paraje por donde pasa uno de los caminos en que se divide el que va á Bolivia. $\varphi = 22°20'$; $\lambda = 65°10'$; $z = 3950$ m. (Read) 5) *Grande,* paraje poblado, Esquina, Corrientes. 6) *Grande,* paraje poblado, Valle Grande, Jujuy. 7) *Grande,* lugar poblado, Villamonte, Rio 1°, Córdoba. 8) *de Guaillaoc,* paraje po-blado, Valle Grande, jujuy. 9) *de Incaguasi,* paraje poblado, Rosario de Lerma Salta. 10) *Marcelo,* paraje poblado, Esquina, Corrientes. 11) *de Minas,* paraje poblado, Valle Grande, jujuy. 12) *Negra,* riacho, Ctl 3, Las Conchas, Buenos Aires. 13) *Pampa,* Cochinoca, jujuy. Paraje poblado por donde pasa uno de los caminos en que se divide el que va á Bolivia. 14) *Pampa,* arroyo, Yavi y Cochinoca, jujuy. Nace entre las Abras de Tuctuca é Impitayoj, pasa por las serranías de Cangrejos, toma de alli rumbo al Sud, pasa por Abra-Pampa y Miraflores, recibe luego, cerca de Sayata, las aguas del arroyo de las Doncellas, despues las de los arroyos Casabindo y Negro, y termina en la laguna Huayatayoj. 15) *de Toquero,* paraje, Yavi, Jujuy. Está situado en la Puna, en el camino que conduce de Santa Catalina á la Quiaca.

Abralaite, paraje poblado, Cochinoca, Jujuy.

Abramayo, paraje poblado, Tilcara, Jujuy.

Abras 1) las, aldea, Pichanas, Cruz del Eje, Córdoba. Tiene 112 habitantes. (Censo del 1° de Mayo de 1890). 2) las, lugar poblado, Higueras, Cruz del Eje, Córdoba.

Abrigo del, isla del Uruguay, Gualeguaychú, Entre Rios. Está situada frente á la entrada del puerto de Gualeguaychú.

Abril, arroyo, Ctl 9, Tandil, Buenos Aires.

---

1 Nombre de una tribu extinguida de indios del Chaco.

Abrojal, [1] 1) suburbio de la ciudad de Córdoba. 2) laguna, Ctl 8, 25 de Mayo, Buenos Aires.

Abundancia la, laguna, Ctl 2, Olavarría, Buenos Aires.

Abutarda, [2] 1) estancia, Ctl 5, Magdalena, Buenos Aires. 2) laguna Ctl 10, Tres Arroyos, Buenos Aires.

Acacia la, 1) estancia, Ctl 4, Navarro, Buenos Aires. 2) estancia, Ctl 5, Trenque-Lauquen, Buenos Aires. 3) finca rural, La Cruz, Corrientes. 4) finca rural, San Martin, Mendoza. 5) de la, arroyo, Formosa. Es un desagüe de los bañados que se hallan al NE. del Bermejo.

Acacias las, 1) establecimiento rural, Ctl 2, 3, Azul, Buenos Aires. 2) establecimiento rural, Ctl 5, 9, Lincoln, Buenos Aires. 3) establecimiento rural, Ctl 4, Lujan, Buenos Aires. 4) establecimiento rural, Ctl 4, Rojas, Buenos Aires. 5) establecimiento rural, Ctl 3, Tres Arroyos, Buenos Aires. 6) establecimiento rural, Ctl 6, Zárate, Buenos Aires

Acaraguay, [3] arroyo, Misiones. Nace en la sierra de Misiones, corre de N. á S. y desagua en la márgen derecha del Uruguay. Sirve en parte de límite á los departamentos de Monteagudo y San Javier

Acasape, [4] cerro, Capital, San Luis. Cumbre de un cordon bajo que el macizo de San Luis desprende hacia el Sud.

Acay, [5] 1) distrito mineral de cobre y plata en el departamento Poma, Salta. 2) cuesta del, Poma, Salta. Forma parte del macizo central de la cordillera; se eleva á unos 4000 metros de altura y culmina en el Nevado de Acay. $\varphi = 24°20'$; $\lambda = 67°10'$; $z = 4800$ m. (Moussy).

Acebal-Cué, [6] paraje poblado, Bella Vista, Corrientes.

Acequia 1) la, estancia, Ctl 4, Trenque-Lauquen, Buenos Aires. 2) lugar poblado, Junin, Mendoza. C.

Acequias las, paraje poblado, Rosario de Lerma, Salta.

Acequion, 1) lugar poblado, Litin, Union, Córdoba. 2) paraje poblado, Pedernal, Huanacache, San juan. 3) arroyo, Rio Segundo, Córdoba. Nace en una cañada y desarrolla un trayecto muy corto, para terminar nuevamente en cañada.

Acequiones, 1) lugar poblado, Castaños, Rio Primero, Córdoba. 2) estancia, Trancas, Tucuman. Está situada al lado del ferro-carril Central Norte.

Acevedo, 1) lugar poblado, Pergamino, Buenos Aires. Dista de Buenos Aires 250 kms. $z = 67$ m. FCO, Ramal del Pergamino á San Nicolás. C, T. 2) Cué, paraje poblado, San Miguel, Corrientes. 3) Cué, paraje poblado, San Roque, Corrientes. 4) arroyuelo, La Puerta, Ambato, Catamarca.

Achala, sierra de, Córdoba. Es el macizo central de las sierras de Córdoba. Se extiende desde los 30° 45' hasta los 33° 40' de latitud, abarcando una longitud total de Norte á Sud de unos 330 kms. y una anchura de unos 50 á 60 kms. Su línea divisoria de las aguas forma el límite natural entre los departamentos Punilla y Calamuchita que quedan al Este y los de Minas, Pocho, San Alberto y San javier que se hallan al Oeste. Esta sierra se compone de varias partes, que, de Sud á Norte, son: la sierra Comechingones, que se extiende desde el departamento de Rio Cuarto hasta el de Punilla, la «pampa de Achala,» la «pampa de San Luis,» la «pampa de Olain» al Este del eje central de la sierra y las «cumbres de Gaspar» al Oeste de dicho eje. Las cumbres más notables de esta sierra son los cerros: Uspara, Verde, Pelado, Tala, Husos, Bolsa, Oveja, (2200 m), Champaqui (2850 m), de los Rincones, Mocito,

---

1 Lugar en que abunda el abrojo (Xanthium italicum).—2 Ave. 3 Lugar que asombra.—4 Metal oxidado (quichua).—5 Quejido ó voz del que se quema (quichua). 6 Fué de Acebal.

Negro, Blanco, de las Cuevas, Gigante (2350 m), Penrales (1200 m), Characate (1450 m) y San Márcos.

Achalco, [1] 1) distrito del departamento del Alto, Catamarca. 2) lugar poblado, El Alto, Catamarca. E.

Achango, población agrícola. Iglesias, San juan.

Achatal, arroyuelo, Ctl 8, Mercedes, Buenos Aires.

Achával, lugar poblado, Famaillá, Tucuman. Dista de La Madrid 98 kms. FCNOA, C, T.

Achicote, [2] paraje poblado. Humahuaca, Jujuy.

Achinelli-Cué, paraje poblado, Concepcion, Corrientes.

Achira, [3] 1) paraje poblado, Iruya, Salta 2) laguna, Ctl 5, Suarez, Buenos Aires.

Achiral, 1) paraje poblado, Capital, Jujuy. 2) paraje poblado, Tilcara, jujuy. 3) finca rural, Capital, Salta.

Achiras, 1) pedanía del departamento Rio Cuarto, Córdoba. Tiene 1531 habitantes. (Censo). 2) cuartel de la pedanía Rio Cuarto, del departamento Rio Cuarto, Córdoba. 3) cuartel de la pedanía San javier, del departamento San Javier, Córdoba. 4) aldea, Achiras, Rio Cuarto, Córdoba. Tiene 711 habitantes. (Censo del 1° de Mayo de 1890). $\varphi = 33°$ 9'; $\lambda = 64° 12'$; $\alpha = 845$ m. (De Laberge), C, T, E. 5) aldea, Parroquia, San javier, Córdoba. Tiene 166 habitantes. (Censo del 1° de Mayo de 1890). 6) establecimiento rural, Ctl 1, Pila, Buenos Aires. 7) lugar poblado, Villa de María, Rio Seco, Córdoba.

Acoite, 1) distrito del departamento Santa Victoria, Salta. 2) lugar poblado, Acoite, Santa Victoria, Salta. Dista unos 5 kms. de Salta. E. 3) *Abra de,* abertura de la sierra, Santa Victoria, Salta. En el camino de Santa Victoria á Iruya.

Acollaradas, 1) lugar, poblado, Litin, Union, Córdoba. 2) laguna, Ctl 7, Bolívar, Buenos Aires. 3) laguna, Ctl 3, Nueve de julio, Buenos Aires. 4) laguna, Ctl 12, Veinte y Cinco de Mayo, Buenos Aires. 5) laguna, Bella Vista, Corrientes.

Aconcagua, volcán extinguido de la cordillera, en el límite de las provincias de San Juan y Mendoza con Chile. $\varphi = 32° 30'$; $\lambda = 69° 30'$; $\alpha = 6984$ m. (Pissis). El límite inferior de la nieve es en esta montaña, segun la autoridad citada, de 4500 m.

Aconquija, 1) distrito del departamento Andalgalá, Catamarca. 2) sierra, Catamarca y Tucuman. Es la continuacion de la sierra de Ambato ó vice-versa, si se quiere. Se extiende de S. á N. en el límite de las provincias de Catamarca y Tucuman. Al Norte continúa la sierra de Aconquija con las cumbres de Calchaqui. Del tronco principal parten varias cadenas secundarias dirigidas todas en el sentido del macizo y que constituyen lo que se llama la sierra de Tucuman. Estas cadenas se escalonan paralelamente y á alturas progresivas á partir de la primera. Esta tiene una altura media de unos 1000 metros, y mientras en su falda oriental se desarrolla una rica vegetacion subtrópica, se nota que la occidental, más seca, está menos bien dotada por los dones de Flora. Esta diferencia de aspecto entre ambas laderas de una misma sierra, se encuentra en todas las demás cadenas. Las alturas de los siguientes cordones son de 1800, 2300 y 2700 metros. El último cordon contribuye á formar los valles de Santa María y por el lado opuesto los de Tali. La sierra de Aconquija culmina en el nevado del mismo nombre. 3) Nevado de, en la sierra de Aconquija, Catamarca y Tucuman.

---

1 Cabellos de choclo (quichua).—2 Planta (Bixa Orellana).—3 Planta (Canna indica).

$\varphi = 27^\circ 20'$; $\lambda = 65^\circ 50'$; $x = 4692$ m. (Campbell). 4) arroyo, Andalgalá, Catamarca. En su recorrido de 15 kms. riega los distritos de Villavil y Aconquija. 5) laguna, en la cima de las montañas del mismo nombre, Andalgalá, Catamarca.

Acortado, arroyo, Santa Cruz. Vierte sus aguas en el golfo de San Jorge.

Acosta, 1) distrito del departamento Banda, Santiago del Estero. 2) distrito del departamento Guachipas, Salta. 3) *Cué*, paraje poblado, Concepcion, Corrientes. 4) paraje poblado, Acosta, Banda, Santiago. E. 5) lugar poblado, Acosta, Guachipas, Salta. E. 6) arroyuelo. Ctl 4, San Vicente, Buenos Aires.

Acostillas, estancia, Leales, Tucuman. En la orilla izquierda del rio Sali.

Acuña-Cué, 1) paraje poblado, Concepcion, Corrientes. 2) paraje poblado, Itati, Corrientes.

Adela, 1) colonia, Bell-Ville, Union, Córdoba. Está situada en el p.raje denominado «Monte Maza.» Fué fundada en 1884. Su extension es de 6087 hectáreas. Tiene 135 habitantes. (Censo del 1º de Mayo de 1890). 2) lugar poblado, Chascomús, Buenos Aires. Dista de Buenos Aires 1:9 kms. $x = 8$ m. FCS, línea de Altamirano á Tres Arroyos. C, T. 3) establecimiento rural, Ctl. 4, Alvear, Buenos Aires. 4) establecimiento rural, Ctl 7, Azul, Buenos Aires. 5) estancia, Ctl 3, Monte, Buenos Aires. 6) estancia, Ctl 2, Necochea, Buenos Aires. 7) establecimiento rural, Ctl 9, Pergamino, Buenos Aires. 8) establecimiento rural, Ctl 4, Saladillo, Buenos Aires. 9) establecimiento rural, Ctl 4, Chascomús, Buenos Aires. 1C) mina de galena argentífera, San Bartolomé, Rio Cuarto, Córdoba. Está situada en el paraje llamado «Los Pozos.» 11) laguna, Ctl 4,9, Chascomús, Buenos Aires. Se comun ca con la denominada del Burro y forma parte de un sistema que es tributario del Salado, por medio de un hondo cañadon llamado Rincon de las Barrancas. $x = 9$ m.

Adelaida, 1) establecimiento rural, Navarro, Buenos Aires. 2) mina de oro en la quebrada del Pilon, Ayacucho, San Luis.

Adelina, establecimiento rural, Departamento 4º, Pampa.

Adelita, establecimiento rural, Ctl 3, Lincoln, Buenos Aires.

Adriana, establecimiento rural, Ctl 3, Navarro, Buenos Aires.

Adrogué, villa, Brown, Buenos Aires. Fundada en 1872, cuenta actualmente con unos 1500 habitantes. Es cabecera del partido y uno de los centros veraniegos de la poblacion bonaerense. Dista 19 kms. de Buenos Aires. FCS, C, T, E.

Agote, lugar poblado, Lujan, Buenos Aires. Dista de Buenos Aires 105 kms. FCP, C, T.

Agria la, laguna, Neuquen. Está situada en la cordillera. Da orígen al arroyo Agrio. $x = 1800$ m.

Agricultores (ó Protestantes), aldea, Diamante, Entre Rios. Forma parte de la colonia General Alvear.

Agricultura la, establecimiento rural, Ctl 9, Las Flores, Buenos Aires.

Agrio, arroyo, Neuquen. Nace en la laguna Agria ó Aluminé, á unos 40 kms. al Oeste de Ñorquin y recibe el tributo de varios arroyos, de los cuales los principales son, en la márgen derecha y en direccion de Norte á Sud, el Hualeupen, Loncopué, Llumi-Llumi, Guarin-Cheuque, Codihué, Ichol, Luicuyin y Lajas, y en la márgen izquierda el Culul-Malal, Ranquilon, Tranuncurá y Quintuco. El Agrio desemboca en el Neuquen bajo las coordenadas $\varphi = 38^\circ 20'10''$; $\lambda = 69^\circ 4'15''$; $x = 553$ m. (Host).

Agripina, establecimiento rural, Ctl 5, Ramallo, Buenos Aires.

Agua, 1) estab'ecimiento rural, Ctl 2, Necochea, Buenos Aires. 2) del, laguna, Ctl

16, Lincoln, Buenos Aires. 3) aguada, Iglesia, San Juan. 4) *de los Arboles,* lugar poblado, Ciénega del Coro, Minas, Córdoba. Tiene 104 habitantes. (Censo del 1º de Mayo de 1890). 5) *de Arriba,* vertiente, Malanzan, Rivadavia, Rioja. 6) *Azul,* paraje poblado, Rosario de la Frontera, Salta. 7) *Azul,* estancia, Leales, Tucuman. 8) *Blanca,* establecimiento rural, Ctl 4, Puan, Buenos Aires. 9) *Blanca,* arroyo, Ctl 4, Puan, Buenos Aires. 10) *Blanca,* lugar poblado, Necochea, General Roca, Córdoba. 11) *Blanca,* lugar poblado, San Cárlos, Minas, Córdoba. 12) *Blanca,* lugar poblado, Argentina, Minas, Córdoba. 13) *Blanca,* aguada, Ischilin, Córdoba. Nace en la sierra Chica y termina por agotamiento en los alrededores de Ischilin. 14) *Blanca,* paraje poblado, Valle Grande, jujuy. 15) *Blanca,* paraje poblado, Tupungato, Mendoza. 16) *Blanca,* vertiente, Solca, Rivadavia, Rioja. 17) *Blanca,* paraje poblado, Iruya, Salta. 18) *Blanca,* paraje poblado, San Lorenzo, San Martin, San Luis. 19) *Blanca,* arroyo, Famaillá, Tucuman. Es tributario del Sali en la márgen derecha. 20) *de la Barranca,* lugar poblado, Panaolma, San Alberto, Córdoba. 21) *Botada,* paraje en el valle de los Llanos Blancos, Neuquen. $\varphi = 35º 59'18''$; $\lambda = 69º 37'20''$; $\alpha = 1150$ m. (Host). 22) *Botada,* arroyo, Beltran, Mendoza. Es tributario del rio Grande. 23) *Buena,* arroyo, Beltran, Mendoza. Es tributario del rio Grande. 24) *Caliente,* paraje poblado, Cochinoca, Jujuy. 25) *Caliente,* paraje poblado, Rosario de Lerma, Salta. 26) *Caliente,* fuente termal sulfurosa, Perico del Cármen, jujuy. La temperatura de estas aguas es de 50 á 60º C. Hállase á unos 20 kms. de distancia de la villa de Jujuy remontando la quebrada del arroyo de Reyes. C. 27) *Caliente,* arroyo, Beltran, Mendoza.

Nace en la sierra del Nevado y termina, despues de un corto recorrido de O. á E., por agotamiento. 28) *Caliente,* lugar de baños termales, Beltran, Mendoza. Hállase en las proximidades del rio Atuel, en el camino que conduce al Planchon. 29) *del Carril,* lugar poblado, Copacabaná. Ischilin, Córdoba. 30) *y Castilla,* paraje poblado, Chicoana, Salta. 31) *Cercada,* paraje poblado, Valle Fértil, San Juan. 32) *de los Cerros,* cuartel de la pedanía Chuñaguasi, Sobremonte, Córdoba. 33) *del Chancho,* arroyo, Veinte y Cinco de Mayo, Mendoza. Nace en la sierra de «Los Tolditos,» corre al SE. y termina, al internarse en la llanura, por agotamiento. 34) *Chañar,* lugar poblado, General Mitre, Totoral, Córdoba. 35) *Chaves,* lugar poblado, Tránsito, San Alberto, Córdoba. 36) *Chiquita,* paraje poblado, Rosario de la Frontera, Salta. 37) *de la Ciénega,* vertiente que nace en la sierra de Malanzan, Guaja, Rivadavia, Rioja. 38) *Clara,* vertiente, Famatina, Rioja. 39) *Colorada,* lugar poblado, Santa Cruz, Tulumba, Córdoba. 40) *Colorada,* lugar poblado, Candelaria, Cruz del Eje, Córdoba. 41) *Colorada,* paraje poblado, Valle Grande, jujuy. 42) *Colorada,* paraje poblado, Belgrano, Rioja. 43) *Colorada,* paraje poblado, Chicoana, Salta. 44) *de Crespin,* lugar poblado, Candelaria, Cruz del Eje, Córdoba. 45) *de Crespin,* lugar poblado, San Cárlos, Minas, Córdoba. 46) *de la Cumbre,* lugar poblado, Pocho, Pocho, Córdoba. 47) *de la Cumbre,* cerro, Pocho, Córdoba. $\varphi = 31º 20'$; $\lambda = 65º 24'$; $\alpha = 1400$ m. (Brackebusch). 48) *Dulce,* lugar poblado, Chucul, Juarez Celman, Córdoba 49) *Dulce,* paraje poblado, Capital, Jujuy. 50) *Dulce,* paraje poblado, Tupungato, Mendoza. 51) *Dulce,* estancia, Leales, Tucuman. Está próxima á la frontera de Santiago. 52) *Escondida,* lugar poblado, San Cárlos,

Minas, Córdoba. 53) *Escondida*, paraje poblado, Departamento 2°, Pampa. 54) *Fresca*, isla en la entrada del puerto Deseado, Santa Cruz. 55) *Fría*, lugar, Minas, Córdoba. $\varphi = 31°14'$; $\lambda = 64°56'$; $x = 1450$ m. (Brackebusch). 56) *Fría*, lugar poblado, Guzman, San Martin, San Luis. 57) *Hedionda*, lugar poblado, San Pedro, Tulumba, Córdoba. 58) *He dionda*, lugar, Sobremonte, Córdoba. $\varphi = 29°58'$; $\lambda = 64°30'$; $x = 350$ m. (Brackebusch). 59) *Hedionda*, paraje pol lado, San Pedro, jujuy 60) *Hedionda*, arroyo, Veinte y Cinco de Mayo, Mendoza. Nace en la sierra de «los Tolditos,» corre al Este y termina, al internarse en la llanura, por agotamiento. 61) *de Isidro*, lugar poblado, Ciénega del Coro, Minas, Córdoba. 62) *de Juan*, lugar poblado, Ciénega del Coro, Minas, Córdoba. 63) *Linda*, paraje poblado, Conlara, San Martin, San Luis. 64) *Linda*, paraje poblado, Rincon del Cármen, San Martin, San Luis. 65) *Linda*, aguada, Conlara, San Martin, San Luis. 66) *del Loro*, lugar poblado, Higuerillas, Rio Seco, Córdoba. 67) *de los Matos*, paraje poblado, Valle Grande, Jujuy. 68) *del Medio*, aguada, La Concepcion, Capayan, Catamarca. 69) *del Medio*, lugar poblado, Cruz del Eje, Cruz del Eje, Córdoba. 70) *del Molle*, lugar poblado, Copacabana, Ischilin, Córdoba. 71) *del Molle*, lugar poblado, Ciénega del Coro, Minas, Córdoba. 72) *del Molle*, lugar poblado, Panaolma, San Alberto, Córdoba. 73) *de Moreno*, lugar poblado, Ciénega del Coro, Minas, Córdoba. 74) *de la Mula*, paraje poblado, Beltran, Mendoza. 75) *Negra*, paraje poblado, Ledesma, jujuy. 76) *Negra*, vertiente, Solca, Rivadavia, Rioja. 77) *Negra*, distrito minero del departamento jachal, San Juan. Encierra plata. 78) *Negra*, paso en la cordillera de San juan. Se halla, segun Moussy, á los 30°50' de latitud y se eleva á 4632 metros de altura. 79) *Negra*, arroyo, Iglesia y Jachal, San Juan. Es un pequeño afluente del arroyo de Jachal. Riega los campos de Portezuelo, Tucunuco y Mogna. 80) *Negra*, poblacion agrícola, Iglesia, San Juan. 81) *Negra*, estancia, Burruyaco, Tucuman. Está situada al NO. del departamento, cerca de la orilla derecha del arroyo Medina. 82) *de las Palmas*, lugar poblado, Caminiaga, Sobremonte, Córdoba. 83) *de la Piedra*, lugar poblado, Ciénega del Coro, Minas, Córdoba. 84) *de la Piedra*, paraje poblado, General Roca, Rioja. 85) *de las Piedras*, lugar poblado, Rio Pinto, Totoral, Córdoba. 86) *de la Puerta*, vertiente, Solca, Rivadavia, Rioja. 87) *de Ramon*, lugar poblado, Guasapampa, Minas, Córdoba. Tiene 122 habitantes. (Censo del 1° de Mayo de 1890). 88) *del Rancho*, paraje poblado, Tupungato, Mendoza. 89) *del Rubio*, lugar poblado, Ciénega del Coro, Minas, Córdoba. 90) *Sache*, lugar poblado, Cañas, Anejos Norte, Córdoba. 91) *Salada*, paraje poblado, Saladillo, Pringles, San Luis. 92) *Salada*, estancia, Trancas, Tucuman. Está situada en la orilla izquierda del rio Salí. 93) *de Salas*, lugar poblado, Calera, Anejos Sud, Córdoba. 94) *de los Sauces*, lugar poblado, Argentina, Minas, Córdoba. 95) *Seca*, paraje poblado, Dolores, Chacabuco, San Luis. 96) *Sucia*, lugar poblado, Anta, Salta. E. 97) *del Suncho*, lugar poblado, Cruz del Eje, Cruz del Eje, Córdoba. 98) *del Suncho*, lugar poblado, San Cárlos, Minas, Córdoba. 99) *del Tala*, lugar poblado, Argentina, Minas, Córdoba. 100) *del Tala*, pié del pico del, Minas, Córdoba. $\varphi = 31°30'$; $\lambda = 64°52'$; $x = 1160$ m. (Moussy). 101) *del Tala*, lugar poblado, La Paz, San Javier, Córdoba. 102) *Tapada*, paraje poblado, Rincon del Cármen, San Martin, San Luis. 103) *del Toro*, paraje poblado, Departamento

7°, Pampa. 104) *de la Tótora*, paraje poblado, Beltran, Mendoza. 103) *de la Tuna.* lugar poblado, San Cárlos, Minas, Córdoba. 106) *Verde*, paraje poblado, Rincon del Cármen, San Martin, San Luis. 107) *Verde*, laguna, Ctl 5, Bolívar, Buenos Aires. 108) *Verde*, vertiente, Ctl 3, Ajó, Buenos Aires. 109) *Vieja*, lugar poblado, Aguada del Monte, Sobremonte, Córdoba. 110) *de la Zorra*, lugar poblado, San Roque, Punilla, Córdoba. 111) *Zorros*, lugar poblado, Argentina, Minas, Córdoba.

Aguada 1) la, laguna, Ctl 3, Tordillo, Buenos Aires. 2) lugar poblado, Cóndores, Calamuchita, Córdoba. 3) lugar poblado, Santa Rosa, Calamuchita, Córdoba. 4) cerro de la, en la sierra de los Cóndores, Calamuchita, Córdoba. 5) lugar poblado, Candelaria, Cruz del Eje, Córdoba. 6) lugar poblado, Higueras, Cruz del Eje, Córdoba. 7) *Grande*, lugar poblado, Ischilin, Ischilin. Córdoba. 8) lugar poblado, Ciénega del Coro, Minas, Córdoba. 9) cuartel de la pedanía Suburbios, Rio Segundo, Córdoba. 10) lugar poblado, Suburbios, Rio Segundo, Córdoba. 11) lugar poblado, Nono, San Alberto, Córdoba. 12) la, punta de la sierra de Pocho, San Alberto, Córdoba. $\varphi = 31° 36'$; $\lambda = 65° 12'$; $\alpha = 1300$ m. (Brackebusch). 13) lugar poblado, Dolores, San Javier, Córdoba. 14) *del Monte*, pedanía del departamento Sobremonte, Córdoba. Tiene 1239 habitantes. (Censo). 15) *del Monte*, cuartel de la pedanía del mismo nombre, Sobremonte, Córdoba. 16) lugar poblado, Aguada del Monte, Sobremonte, Córdoba. 17) lugar poblado, Chuñaguasi, Sobremonte, Córdoba. 18) aldea, Macha, Totoral, Córdoba. Tiene 149 habitantes. (Censo del 1° de Mayo de 1890). 19) aldea, Tulumba, Tulumba, Córdoba. Tiene 125 habitantes. (Censo del 1° de Mayo de 1890). 20) lugar poblado, San josé, Tulumba,

Córdoba. 21) cerro de la, en la sierra de San Francisco, Tulumba, Córdoba. 22) paraje poblado, Santa Catalina, Jujuy. 23) paraje poblado, Belgrano, Rioja. 24) distrito minero del departamento Jachal, San Juan. Encierra carbon y plata. 25) paraje poblado, Rosario de la Frontera, Salta. 26) paraje poblado, Larca, Chacabuco, San Luis. 27) paraje poblado, Conlara, San Martin, San Luis. 28) cumbre de la sierra de los Apóstoles, Rosario, Pringles, San Luis. 29) cordon bajo que el macizo de San Luis desprende hácia el Sud, Capital, San Luis.

Aguadas, 1) lugar poblado, Dolores, Punilla, Córdoba. 2) lugar poblado, Rincon del Cármen, San Martin, San Luis.

Aguadero, laguna, Ctl 7, Dolores, Buenos Aires.

Aguadita, 1) arroyuelo, Recreo, La Paz, Catamarca. 2) lugar poblado, Constitucion, Anejos Norte, Córdoba. 3) lugar, Cruz del Eje, Córdoba. $\varphi = 30° 40'$; $\lambda = 65° 10'$; $\alpha = 500$ m. (Brackebusch). 4) lugar poblado, Ischilin, Ischilin, Córdoba. 5) lugar poblado, Manzanas, Ischilin, Córdoba. 6) lugar poblado, Argentina, Minas, Córdoba. 7) lugar poblado, Ciénega del Coro, Minas, Córdoba. 8) mineral aurífero, Ciénega del Coro, Minas, Córdoba 9) lugar poblado, Pocho, Pocho, Córdoba. 10) lugar poblado, Ambul, San Alberto, Córdoba. 11) lugar poblado, Aguada del Monte, Sobremonte, Córdoba. 12) cuartel de la pedanía Caminiaga, Sobremonte, Córdoba. 13) lugar poblado, Caminiaga, Sobremonte, Córdoba. 14) lugar poblado, Tulumba Tulumba, Córdoba. 15) paraje poblado, Curuzú-Cuatiá, Corrientes. 16) paraje poblado, Valle Grande, jujuy. 17) paraje poblado, Tupungato, Mendoza. 18) paraje poblado, Belgrano, Rioja. 19) aguada, Carrizal, Independencia, Rioja. 20) paraje poblado, Juarez Celman, Rioja. 21) *de la Cruz*, paraje poblado, General

Ocampo, Rioja. 22) paraje poblado, Sarmiento, Rioja. 23) paraje poblado, Rosario de la Frontera, Salta. 24) paraje poblado, San Cárlos, Salta. 25) aguada, Angaco, San Juan. 26) aguada, jachal, San Juan. 27) distrito minero del departamento Jachal, San Juan. Encierra cobre. 28) paraje poblado, Valle Fértil, San Juan. 29) paraje poblado, Naschel, Chacabuco, San Luis. 30) vertiente, Renca y Naschel, Chacabuco, San Luis. 31) paraje poblado, Rincon del Cármen, San Martin, San Luis. 32) estancia, Capital, Tucuman. En la orilla derecha del rio Sali.

Aguaditas, 1) lugar poblado, Nono, San Alberto, Córdoba. 2) lugar poblado, Chuñaguasi, Sobremonte, Córdoba. 3) lugar poblado, Santa Cruz, Tulumba, Córdoba. 4) paraje poblado, San Martin, San Martin, San Luis.

Aguanda, arroyo, Veinte y Cinco de Mayo y Nueve de Julio, Mendoza. Nace en el cerro de la «Cortadera» por la confluencia de los arroyos Papagayos y Cortadera, corre de S. á N. y une sus aguas con las del arroyo Yaucha en las inmediaciones del pueblo San Cárlos, para formar el arroyo del mismo nombre.

Aguapé, [1] laguna, San Cosme, Corrientes.

Aguapey, [2] 1) estancia, Santo Tomé, Corrientes. 2) rio, Corrientes. Tiene su orígen en la sierra del Iman, cerca del Paraná, en el territorio de Misiones y forma en su curso superior el límite entre los departamentos Ituzaingó y Santo Tomé; recorre luego en direccion de N. á S. los departamentos Santo Tomé y La Cruz y desagua en el Uruguay, entre los pueblos Alvear al Norte y La Cruz al Sud.

Aguará, [3] 1) arroyo, Monte Caseros, Corrientes. Es un afluente del arroyo Timboy, en la orilla derecha. 2) laguna, Villarino, Buenos Aires. 3) laguna, Goya, Corrientes. 4) *Cuá*, paraje poblado, Ituzaingó, Corrientes. 5) *Cuá*, paraje poblado, La Cruz, Corrientes.

Aguaray, [1] 1) *Guazú*, arroyo, Misiones. Nace en la sierra de la Victoria y desagua en la márgen izquierda del Paraná. φ = 26° 20'. 2) *Miní*, arroyo, Misiones. Nace en la sierra de la Victoria y desagua en la márgen izquierda del Paraná, á corta distancia del Aguaray Guazú.

Aguas de Barros, paraje poblado, San Martin, San Martin, San Luis.

Aguay, [2] 1) estancia, Concepcion, Corrientes. 2) paraje poblado, Curuzú-Cuatiá, Corrientes.

Aguaza, paraje poblado, Rinconada, Jujuy.

Agudos, estancia, Rio Chico, Tucuman. Está situada en la márgen derecha del arroyo Medina.

Agüero-Cué, paraje poblado, Concepcion, Corrientes.

Aguerrida, laguna, Ctl 5, Bolívar, Buenos Aires.

Aguiar, arroyo, Capital, Santa Fé. Nace en la cañada de Ascochingas, forma luego la orilla Oeste de la gran laguna Guadalupe y desemboca á inmediaciones de Santa Fé, en el llamado rio Coronda (brazo del Paraná).

Aguila, 1) establecimiento rural, Ctl 9, Bahía Blanca, Buenos Aires. 2) establecimiento rural, Ctl 8, Tres Arroyos, Buenos Aires. 3) establecimiento rural, Departamento 4° Pampa. 4) *Negra*, riacho, Ctl 1, San Fernando, Buenos Aires. 5) láguna, Pedernera, San Luis. Está situada al Sud del rio Quinto.

Aguilar, 1) paraje poblado, Humahuaca, Jujuy. 2) sierra, Cochinoca, Jujuy. Orillea la Puna del lado Este. 3) cumbre,

---

1 En Guarani = Camalote (Eichhornia speciosa.)— 2 Rio cuyas márgenes están cubiertas de plantas acuáticas – 3 Zorro (Canis jubatus).

1 Rio de los zorros; Guazú = grande; Miní = pequeño;—2 Arbol.

Humahuaca, Jujuy. Pertenece á la sierra de Humahuaca. $x = 5500$ m. 4) aguada, Alcázar, Independencia, Rioja.

Aguilares, aldea, Rio Chico, Tucuman. Está situada á corta distancia del arroyo Medina. Dista de La Madrid 58 kms. FCNOA, C, T.

Aguilas, 1) paraje poblado, Ojo de Agua, Sumampa, Santiago del Estero. 2) lugar poblado, Ojo de Agua, Sumampa, Santiago del Estero. E.

Aguilera, estancia, Ctl 1, Pila, Buenos Aires.

Aguilita, lugar poblado, Ciénega del Coro, Minas, Córdoba.

Aguirre, 1) aldea, Capital, Tucuman. Está situada á 8 kms. al Sud de la capital provincial, á poca distancia del ferrocarril central Norte. 2) estero, San Luis del Palmar, Corrientes.

Agüita, 1) lugar poblado, Guasapampa, Minas, Córdoba. 2) lugar poblado, Tránsito, San Alberto, Córdoba.

Agujereado, 1) d strito de la seccion San Pedro, del departamento Guasayan, Santiago del Estero. 2) cumbre de la sierra de los Apóstoles, Rosario, Pringles, San Luis. $\varphi = 32°57'$; $\lambda = 65°42'$; $x = 1400$ m.

Agujero, cerro. Rosario de Lerma, Salta.

Agustina, laguna, Ctl 8, Veinte y Cinco de Mayo, Buenos Aires.

Agustinillo, 1) monte, Pedernera, San Luis. Está poblado de caldenes, chañares y piquillin. 2) laguna, Pedernera, San Luis. Está situada al Sud del rio Quinto. $x = 230$ m. (Lallemant).

Ahí Veremos, 1) distrito de la seccion Guasayan, del departamento del mismo nombre, Santiago del Estero. 2) estancia, Leales, Tucuman. Está situada en la frontera santiagueña.

Ahomá, 1) paraje poblado, Empedrado, Corrientes. 2) arroyo, Empedrado, Corrientes. Es un tributario del Paraná y desagua entre los arroyos Sombrero y Empedrado.

Ahumados, paraje poblado, La Paz, Mendoza.

Aibar, 1) lugar poblado, Capital, Salta. E. 2) arroyo, Motegasta, La Paz, Catamarca.

Aillancó, [1] laguna, Pampa. $\varphi = 35°53'$; $\lambda = 65°55'$. Está rodeada de nueve lagunitas menores.

Aimogasta 1) (ó Concepcion), aldea, Aimogasta, Arauco, Rioja. C, E. 2) arroyuelo, Aimogasta, Arauco, Rioja. 3) distrito del departamento Arauco, Rioja.

Aisol, paraje poblado, Beltran, Mendoza.

Ajó, 1) partido de la provincia de Buenos Aires. Fué creado en 1839. Está situado al SE. de Buenos Aires, sobre el océano Atlántico. Tiene 2822 kms.[2] de extension y 5423 habitantes. (Censo del 31 de Enero de 1890). Escuelas existen en Lavalle, San Pedro, Los Paraísos y La Catalana. El partido es regado por los arroyos de Ajó, del Sauce, Cisneros, de las Tijeras, La Colorada y del Chancho. Las lagunas son Las Saladas, el Potrillo y varias otras. La cabecera del partido es Lavalle. 2) arroyo, Ctl 3, Ajó, Buenos Aires. Tiene su orígen en la cañada del Mangrullo y desagua en la ensenada de Samborombon con varios brazos. En uno de éstos se halla el puerto de Tuyú. El arroyo de Ajó orillea el pueblo del mismo nombre, ó de Lavalle, como tambien se le llama. 3) pueblo. (Véase Lavalle).

Alamar el, establecimiento rural, Ctl 6, Lobos, Buenos Aires.

Alambrado de San josé, establecimiento rural, Ctl 6, Chascomús, Buenos Aires.

Alambre, vertiente, San Martin, San Martin, San Luis.

Alameda, 1) lugar poblado, Jachal, San juan. 2) lugar poblado, Rosario, Pringles, San Luis.

Alamito, 1) lugar poblado, Totoral, Prin-

---

1 Nueve aguas,

gles, San Luis. 2) arroyo serrano, Beltran, Mendoza. Pasa por el fuerte General San Martin y termina en los pantanos que rodean la laguna Yancanelo. 3) laguna, Beltran, Mendoza. En ella termina el arroyo Chacay.

Alamitos, lugar poblado, Rio Chico, Tucuman Está situado al lado del ferro-carril Noroeste Argentino.

Alamo, 1) el, estancia, C t 2, 3, Azul, Buenos Aires. 2) estancia, Ctl 8, Trenque-Lauquen, Buenos Aires. 3) lugar poblado, Caseros, Anejos Sud, Córdoba. 4) finca rural, Bella Vista, Corrientes. 5) finca rural, Mercedes, Corrientes. 6) establecimiento rural, Pringles, Rio Negro 7) finca rural, Cafayate, Salta. 8) del, arroyo, Beltran, Mendoza. Tiene su origen en el cerro Chacay y desagua en la laguna Yancanelo, despues de pasar por San Martin. Sus tributarios en la márgen derecha son los arroyos Mollar y Chicay. 9) *Largo*, finca rural, Jachal, San juan.

Alamos 1) los, establecimiento rural. Ctl 3 Baradero, Buenos Aires. 2) establecimiento rural, Ctl 8, 10, Cañuelas, Buenos Aires. 3) establecimiento rural, Ctl 8, Junin, Buenos Aires. 4) cabaña de ovejas Rambouillet, Quilmes, Buenos Aires. 5) establecimiento rural, Ctl 4, Ramallo, Buenos Aires 6) establecimiento rural, Ctl 7, Saladillo, Buenos Aires. 7) establecimiento rural, Ctl 8, Salto, Buenos Aires. 8) establecimiento rural, Ctl 6, San Vicente, Buenos Aires. 9) establecimiento rural, Ctl 3, Veinte y Cinco de Mayo, Buenos Aires. 10) lugar poblado Constitucion, Anejos Norte, Córdoba. 11) lugar poblado, Mercedes, Tulumba, Córdoba. 12) finca rural, Goya, Corrientes. 13) finca rural, Paso de los Libres. Corrientes. 14) estancia, San Miguel, Corrientes. 15) finca rural, Guachipas, Salta. 16) vertiente, San Lorenzo, San Martin, San Luis.

Alanices, 1) distrito del departamento

General Ocampo, Rioja. 2) paraje poblado, Rincon del Cármen, San Martin, San Luis. 3) vertiente, Rincon del Cármen, San Martin, San Luis.

Alanis, estancia, Ctl 1, Castelli, Buenos Aires.

Alarcon, 1) distrito del departamento Gualeguaychú, Entre Rios. 2) arroyo, Entre Rios. Desagua en la márgen izquierda del Gualeguay.

Albahacas, 1) las, establecimiento rural, Ctl 3, Junin, Buenos Aires. 2) lugar poblado, San Bartolomé, Rio Cuarto, Córdoba.

Albardon, [1] 1) departamento de la provincia de San juan. Está situado al Norte del de Concepcion. Su extension es de 6153 kms.[2] y su poblacion conjetural de 5123 habitantes. Encierra el distrito administrativo Ullum y los distritos mineros Laja, Villicum y Dehesa, donde se encuentran carbon y minerales argentíferos. El departamento es regado por el rio San Juan. Escuelas funcionan en Arancibia y Tapias 2) distrito del departamento Gualeguay, Entre Rios. 3) establecimiento rural, Ctl 6, Tapalqué, Buenos Aires. 4) lugar poblado, Caacatí, Corrientes. 5) lugar poblado, Concepcion, Corrientes. 6) lugar poblado, Empedrado, Corrientes. 7) establecimiento rural, Itatí, Corrientes. 8) estancia, Paso de los Libres, Corrientes. 9) paraje poblado, San Miguel, Corrientes. 10) lugar poblado, Rivadavia, Mendoza. 11) lugar poblado, Loreto, Santiago. E.

Albardones, 1) paraje poblado, Esquina, Corrientes. 2) paraje poblado, San Luis del Palmar, Corrientes.

Albarracin, lago, Neuquen. Comunica sus aguas con el Nahuel-Huapí.

Alberdi, 1) distrito del departamento San Lorenzo, Santa Fé. Tiene 1714 habi-

---

[1] Loma ó tierra que se eleva sobre el nivel de lagunas ó esteros,

tantes. (Censo del 7 de Junio de 1887). 2) lugar poblado, Lincoln, Buenos Aires. Dista de Buenos Aires 338 kms. $x = 93$ m. FCP, C, T. 3) aldea, San Lorenzo, Santa Fé, Tiene 555 habitantes. (Censo del 7 de Junio de 1887). C. 4) colonia, Alberdi, San Lorenzo, Santa Fé. Tiene 1159 habitantes. (Censo del 7 de Junio de 1887).

Alberti, lugar poblado, Chivilcoy, Buenos Aires. Dista de Buenos Aires 186 kms. $x = 54$ m. FCO, C, T, E.

Albertina, colonia, Juarez Celman, San Justo, Córdoba. Tiene 146 habitantes. (Censo del 1° de Mayo de 1890).

Alberto, 1) mina de cobre en el distrito mineral de las Capillitas, Andalgalá, Catamarca. 2) establecimiento rural, Ctl 6, San Antonio de Areco, Buenos Aires.

Albigasta, 1) aldea, Guayamba, El Alto, Catamarca. 2) arroyo, El Alto, Catamarca. Nace en la sierra del Alto, corre de O. á E. y desarrolla un curso de unos 70 kms. Pasa por Vilismano y Albigasta, borrando su cauce á corta distancia al Este de este último pueblo, en el departamento La Paz.

Alcaparrosa, mina de plata muy antigua en el distrito mineral de Uspallata, Mendoza.

Alcaraces, estancia, Capital, Tucuman. Está situada en la orilla izquierda del arroyo Lules, cerca de su confluencia con el rio Sali.

Alcaráz, distrito del departamento La Paz, Entre Ríos.

Alcázar, 1) distrito del departamento Velez Sarsfield, Rioja. 2) de Lama, paraje poblado, Independencia, Rioja. 3) vertiente, Alcázar, Velez Sarsfield, Rioja.

Alcira, 1) establecimiento rural, Ctl 1, Márcos Paz, Buenos Aires. 2) establecimiento rural, Ctl 5, Pila, Buenos Aires. 3) establecimiento rural, Ctl 6, San Antonio de Areco, Buenos Aires.

Alcoba, paraje poblado, San Pedro, Jujuy.

Aldao, 1) colonia, Carcarañá Abajo, Irion lo, Santa Fé. Tiene 110 habitantes. (Censo del 7 de Junio de 1887). Dista de Buenos Aires 335 kms. FCRS, C, T, $x = 32$ m. 2) colonia, Egusquiza, Colonias, Santa Fe. Tiene 173 habitantes. (Censo del 7 de junio de 1887). C. 3) colonia. Monte de Vera, Capital, Santa Fé. Tiene 138 habitantes. (Censo del 7 de junio de 1887).

Alderete 1) laguna, Esquina, Corrientes. 2) Cué, paraje poblado, San Roque, Corrientes.

Alderetes, 1) distrito del departamento de la Capital, Tucuman. 2) pueblo, Capital, Tucuman. Está situado á 7 kms. al ENE. de Tucuman, en la orilla izquierda del rio Salí. $x = 462$ m. C, E. 3) estancia, Monteros, Tucuman. Está situada en la orilla derecha del rio Salí.

Alegre, 1) lugar poblado, Ranchos, Buenos Aires. Dista de Buenos Aires 103 kms. $x = 17$ m. FCS, C, T. 2) la, lugar poblado, Sarmiento, General Roca, Córdoba. 3) Cué, paraje poblado, San Luis, Corrientes.

Alegria la, 1) establecimiento rural, Ctl 7, Ayacucho, Buenos Aires. 2) estancia, Ctl 4, Brandzen, Buenos Aires. 3) estancia, Ctl 4, Patagones, Buenos Aires. 4) estancia, Ctl 4, 5, Ramallo, Buenos Aires. 5) establecimiento rural, Ctl 4, Rojas, Buenos Aires. 6) establecimiento rural, Ctl 3, Suarez, Buenos Aires. 7) establecimiento rural, Ctl 1, Tandil, Buenos Aires. 8) finca rural, Concepcion, Corrientes. 9) finca rural, Goya, Corrientes.

Alejandra, 1) distrito del departamento San Javier, Santa Fé. Tiene 396 habitantes. (Censo del 7 de Junio de 1887). 2) pueblo, Alejandra, San Javier, Santa Fé, Tiene 70 habitantes. (Censo del 7 de Junio de 1887). C, T, E.

Alemana la, establecimiento rural, Ctl 6, Azul, Buenos Aires.

Alemania, 1) distrito del departamento

Guachipas, Salta. 2) lugar poblado, Guachipas, Salta. C, E. 3) arroyo, Guachipas, Salta. Es un pequeño tributario del Juramento. Desagua en su márgen derecha, frente á Tacanas.

Alfa, arroyo, Tierra del Fuego. Es una de las siete arterias fluviales halladas por Popper, desde Cabo Espíritu Santo hasta Cabo Peñas. Desemboca en el Atlántico. $\varphi = 52^\circ\ 44'$.

Alfalfa, 1) lugar poblado, Puan, Buenos Aires, Dista de Buenos Aires 588 kms. $\alpha = 339,6$ m. FCS, C, T. 2) la, establecimiento rural, Ctl 2, Las Flores, Buenos Aires. 3) establecimiento rural, Ctl 3, Pringles, Buenos Aires. 4) estancia, Ctl 4, 5, Puan, Buenos Aires. 5) arroyuelo, Ctl 5, Puan, Buenos Aires. 6) laguna, Ctl 2, Las Flores, Buenos Aires.

Alfalfar, estancia, Tupungato, Mendoza.

Alfarcito, paraje poblado, Tilcara, jujuy.

Alfaro, arroyo, Ctl 6, Cañuelas, Buenos Aires.

Alfonsito, lugar poblado, Ascasubi, Union, Córdoba.

Alfonso, lugar poblado, Ascasubi, Union, Córdoba.

Algarrobal, [1] 1) estancia, Bella Vista, Corrientes. 2) estancia, Esquina, Corrientes. 3) paraje poblado, Capital, Jujuy. 4) paraje poblado, Las Heras, Mendoza. 5) paraje poblado, Anta, Salta 6) paraje poblado, Guachipas, Salta. 7) paraje poblado, Iruya, Salta. 8) paraje poblado, Oran, Salta. 9) paraje poblado, Rosario de la Frontera, Salta. 10) paraje poblado, jachal, San Juan.

Algarrobito, paraje poblado, San Martin, San Martin, San Luis.

Algarrobitos, 1) distrito del departamento Nogoyá, Entre Rios. 2) lugar poblado, Candelaria, Totoral, Córdoba. 3) lugar poblado, Arroyito, San Justo, Córdoba.

4) lugar poblado, Capilla de Rodriguez, Tercero Arriba, Córdoba. 5) lugar poblado, Punta del Agua, Tercero Arriba, Córdoba. 6) lugar poblado, San José, Tulumba, Córdoba. 7) lugar poblado, Suburbios, Rio Primero, Córdoba. 8) paraje poblado, Oran, Salta. 9) paraje poblado, Larca, Chacabuco, San Luis. 10) paraje poblado, Totoral, Pringles. San Luis.

Algarrobo, 1) establecimiento rural, Ctl 4, Alsina, Buenos Aires. 2) lugar poblado, Nono, San Alberto, Córdoba. 3) puesto del, Sobremonte, Córdoba. $\varphi = 29^\circ\ 50'$; $\lambda = 64^\circ\ 18'$; $= \alpha\ 350$ m. (Brackebusch). 4) lugar poblado, Algodon, Tercero Abajo, Córdoba. 5) paraje poblado, Concepcion, Corrientes. 6) paraje poblado, Lavalle, Corrientes. 7) paraje poblado, Mercedes, Corrientes. 8) paraje poblado, San Roque, Corrientes. 9) paraje poblado, Tilcara, Jujuy. 10) el, estancia, Maipú, Mendoza. 11) distrito del departamento Anta, Salta. 12) el, paraje poblado, Cafayate, Salta. 13) paraje poblado, Rosario de la Frontera, Salta. 14) el, paraje poblado, Saladillo, Pringles, San Luis. 15) vertiente, Conlara, San Martin, San Luis. 16) *Calado*, paraje poblado, Cerrillos, Salta. 17) *Cortado*, paraje poblado, Rincon del Cármen, San Martin, San Luis. 18) *Timboy*, paraje poblado, Monte Caseros, Corrientes. 19) *Verde*, lugar poblado, Ischilin, Ischilin, Córdoba. 20) *Verde*, paraje poblado, Valle Fértil, San Juan.

Algarrobos, 1) cuartel de la pedanía Nono, San Alberto, Córdoba. 2) establecimiento rural, Ctl 5, San Pedro, Buenos Aires. 3) lugar poblado, Santa Rosa, Calamuchita, Córdoba. 4) lugar poblado, Candelaria, Cruz del Eje, Córdoba. 5 lugar poblado, Chucul Juarez Celman, Córdoba 6) lugar poblado, Guasapampa, Minas, Córdoba. 7) lugar poblado, San Antonio, Punilla,

---

1 Lugar en que abunda el árbol llamado algarrobo. (Prosopis).

Córdoba. 8) lugar poblado, Suburbios, Rio Primero, Córdoba. 9) lugar poblado, Panaolma, San Alberto, Córdoba. 10) lugar poblado, Caminiaga, Sobremonte, Córdoba. 11) lugar poblado, San Francisco, Sobremonte, Córdoba. 12) lugar poblado, General Mitre, Totoral, Córdoba. 13) lugar poblado, Santa Cruz, Tulumba, Córdoba. 14) vertiente, Malanzan, Rivadavia, Rioja. 15) paraje poblado, Caucete, San Juan. 16) paraje poblado, Conlara, San Martin, San Luis. 17) paraje poblado, San Lorenzo, San Martin, San Luis. 18) los, lugar poblado, San Jerónimo, Santa Fe. Dista de Cañada de Gomez 167 kms. FCCA, ramal á las Yerbas.

Algodon, 1) pedanía del departamento Tercero Abajo, Córdoba. Tiene 746 habitantes. (Censo del 1º de Mayo de 1890.) 2) lugar poblado, Algodon, Tercero Abajo, Córdoba. 3) arroyo, Rio Segundo y Tercero Arriba, Córdoba. Nace en cañada y termina en cañada. Forma en su total extension límite entre los departamentos Rio Segundo y Tercero Arriba.

Algodonal, lugar poblado, Nono, San Alberto, Córdoba.

Aliados los, establecimiento rural, Ctl 8, Nueve de Julio, Buenos Aires.

Alianza la, 1) establecimiento rural, Ctl 7, Las Heras, Buenos Aires. 2) estancia, Ctl 11, Necochea, Buenos Aires. 3) establecimiento rural, Ctl 8, Quilmes, Buenos Aires. 4) establecimiento rural, Ctl 3, Tapalqué, Buenos Aires. 5) laguna, Ctl 7, Lobería, Buenos Aires.

Alicancha, paraje poblado, Departamento 2º, Pampa.

Alicia, 1) establecimiento rural, Ctl 5, Villegas, Buenos Aires. 2) mina de sulfuro de antimonio con plata, en el distrito mineral de San Antonio de los Cobres, Poma, Salta.

Alijilan, arroyo, Santa Rosa, Catamar-

ca. Riega el distrito «Los Manantiales».

Alisar, 1) paraje poblado, Cafayate, Salta. 2) paraje poblado, Guachipas, Salta. 3) paraje poblado, Iruya, Salta.

Alisos, [1] 1) paraje poblado, Capital, Jujuy. 2) estancia, Trancas, Tucuman. Está situada en la confluencia de los arroyos Pajonal y de las Cañas. 3) arroyo, Capital, Jujuy. Es un tributario del rio Grande de Jujuy, en la márgen derecha. Nace en la sierra del Castillo y desagua en Caraguasi.

Allapuca, lugar poblado, Silípica, Santiago del Estero. C.

Almada, 1) lugar poblado, Tala, Rio Primero, Córdoba. 2) laguna, Ctl 9, Cañuelas, Buenos Aires. 3) laguna Ctl 14, Dolores, Buenos Aires.

Almagro, suburbio de la capital federal. Dista de la estacion Once de Setiembre 2 kms. $\alpha = 22$ m. FCO, C, T, E.

Almarás, lugar poblado, San Pedro, Tulumba, Córdoba.

Almena la, finca rural, Rosario de la Frontera, Salta.

Almendro el, 1) lugar, Rio Cuarto, Córdoba. $\varphi = 33°$ 10'; $\lambda = 65°$ 1'; $\alpha = 855$ m. (Lallemant). 2) finca rural, Goya, Corrientes.

Almirante Brown. Véase Adrogué.

Almiron, laguna. Ctl 2, Castelli, Buenos Aires.

Almona, paraje poblado, Capital, Jujuy.

Alojamientos los, paraje poblado, Las Heras, Mendoza.

Alonso, 1) paraje poblado, Tilcara, Jujuy. 2) arroyo, Tilcara, Jujuy. Nace en la sierra de Alonso y desagua en la márgen izquierda del rio Grande de Jujuy, cerca de Tilcara.

Alpachiri, estancia, Chichgasta, Tucuman Está situada en la orilla derecha de

---

1 Arbol (Alnus ferruginea).

arroyo Jaya, más abajo llamado Gastona.

Alpapuca, lugar poblado, Tegua y Peñá, Rio Cuarto, Córdoba.

Alpasinche, 1) distrito del departamento San Blas de los Sauces, Rioja. 2) lugar poblado, San Blas de los Sauces, Rioja. E.

Alquitran, 1) paraje poblado, Departamento 2°, Pampa. 2) cerro, Veinte y Cinco de Mayo, Mendoza. Está situado en el camino que conduce al Planchon, más próximo al rio Atuel que al Diamante.

Alsina (Adolfo), 1) partido de la provincia de Buenos Aires. Fué creado el 14 de Junio de 1886. Sus límites son : al NE. el partido Guaminí, al SE. los partidos Suarez y Puan y al O. el meridiano 5° de Buenos Aires (Gobernacion de la Pampa.) Tiene 5625 kms.² de extension y 2896 habitantes. (Censo del 31 de Enero de 1890). El partido es regado por los arroyos Pigüé, Carhué-Pul, Pichipul, El Venado, Sucre y Echapul. La cabecera del partido es Carhué. 2) lugar poblado, Baradero, Buenos Aires. Dista de Buenos Aires 133,1/2 kms. α = 23 m. FCBAR, C, T. 3) pueblo. Véase Carhué. 4) laguna, Ctl 6, Guaminí, Buenos Aires.

Alta Córdoba, pueblo, Capital, Córdoba. No es más que un suburbio de la capital de la provincia, á la cual está ligada por un puente. Está situada en la márgen izquierda del rio Primero. Encierra la estacion del ferro-carril central de Córdoba ó sea el ferro-carril que comunica á Córdoba con Santa Fe.

Alta Gracia, 1) pedanía del departamento Anejos Sud, Córdoba. Tiene 1409 habitantes. (Censo del 1° de Mayo de 1890). 2) cuartel de la pedanía del mismo nombre, Anejos Sud, Córdoba. 3) aldea, Anejos Sud, Córdoba. Es la cabecera del departamento. Está situada á 40 kms. al SO. de Córdoba. Es un paraje veraniego muy frecuentado. Tiene 378 habitantes.

(Censo del 1° de Mayo de 1890). φ = 31°39'; λ = 64°25'. C, T, E. 4) paraje poblado, Goya, Corrientes. 5) paraje poblado, Capital, Rioja. 6) lugar poblado, Belgrano, San Luis. C. 7) aldea, Burruyaco, Tucuman. Está situada en la orilla izquierda del arroyo Timbó, cerca de su desagüe en el rio Salí. Dista 20 kms. de Tucuman. C. 8) arroyuelo, Alto, Catamarca.

Altamira, 1) establecimiento rural, Ctl 5, Mercedes, Buenos Aires. 2) lugar poblado, La Amarga, juarez Celman, Córdoba. 3) finca rural, Cafayate, Salta.

Altamirano, 1) lugar poblado, Brandzen, Buenos Aires. Dista de Buenos Aires 87 1/2 kms. α = 13 m. Aquí se bifurca el ferro-carril del Sud en dos líneas, una que pasa por Ranchos, Salado, Las Flores, Azul, Olavarría y llega á Bahía Blanca y la otra que pasa por Chascomús, Dolores, Maipú, Ayacucho, Tandil, juarez y llega á Tres Arroyos. FCS, C, T, E. 2) arroyo, Entre Rios. Desagua en la márgen derecha del Gualeguay. 3) *Guazú*, estancia, San Roque, Corrientes.

Altantina, lugar poblado al pié de la sierra de Chaquin-Chuna, San Alberto, Córdoba. φ = 31° 38'; λ = 64° 45'; α = 650 m. (Moussy).

Alta Vista, lugar poblado, Santa Rosa, Calamuchita, Córdoba.

Altillo el, 1) establecimiento rural, Ctl 1, Nueve de julio, Buenos Aires. 2) finca rural, Jachal, San Juan. 3) finca rural, General Sarmiento, Rioja.

Alto 1) del, departamento de la provincia de Catamarca. Confina al Norte con el de Santa Rosa; al Este con la provincia de Santiago; al Sud con el departamento Ancasti; y al Oeste con los de Valle Viejo y Piedra Blanca. Tiene 1751 kms² de extension y una poblacion conjetural de 5200 habitantes. Está dividido en los 6 distritos: Alto, Vilismano, Guayamba,

Achalco, Rosario y Choya. El departamento es regado por varios arroyuelos no denominados. Hay centros de poblacion en Achalco, Vilismano, San Vicente, Guayamba, Albigasta y La Quebrada 2) distrito del departamento del mismo nombre, Catamarca. 3) villa, del Alto, Catamarca. Es la cabecera del departamento. Dista 52 kms. de Catamarca y tiene unos 1500 habitantes. C, E. 4) sierra del, Catamarca. Es una rama de la sierra de Aconquija que se extiende de Norte á Sud, y que, en su prolongacion Sud, toma el nombre de sierra de Ancasti. La sierra del Alto y la de Gracian forman el valle de Paclin. 5) *Alegre*, lugar poblado, Argentina, Minas, Córdoba. 6) *Alegre*, lugar poblado, Estancias, Rio Seco, Córdoba. 7) *Alegre*, lugar poblado, Ballesteros, Union. Córdoba. 8) *Alegre*, paraje poblado, Rosario de la Frontera, Salta. 9) *de las Animas*, sierra, Salinas, Ayacucho, San Luis. Es una sierra baja que puede considerarse como continuacion de la sierra de Guayaguás. 10) *Bello*, paraje poblado, Caucete, San Juan. 11) *Bola*, lugar poblado, Guasapampa, Minas, Córdoba. 12) *del Cármen*, lugar poblado, Guasapampa, Minas, Córdoba. 13) *del Cármen*, paraje poblado, Chilecito, Rioja. 14) *del Cármen*, paraje poblado, Chilecito, Rioja. 15) *de los Cerrillos*, lugar poblado, Alta Gracia Anejos Sud, Córdoba. 16) *del Ciervo*, estancia, Ctl 3, Tordillo, Buenos Aires. 17) *del Ciervo*, laguna, Ctl 3, Tordillo, Buenos Aires. 18) *del Coco*, lugar poblado, Toyos, Ischilin, Córdoba 19) *Colorado*, paraje poblado, Capital, Rioja. 20) *Colorado*, vertiente, San Antonio, Castro Barros, Rioja. 21) *de los Córdobas*, lugar poblado, Higuerillas, Rio Seco, Córdoba. 22) *de la Cruz*, lugar poblado, Salsacate, Pocho, Córdoba. 23) *Chañar*, cumbre de la sierra de San Luis, San Martin, San Martin, San

Luis. 24) *Espinillo*, lugar poblado, Salsacate, Pocho, Córdoba. 25) *de Fierro*, cuartel de la pedanía Higuerillas, Rio Seco, Córdoba. 26) *de Fierro*, lugar poblado, Higuerillas, Rio Seco, Córdoba. 27) *de las Flores*, lugar poblado, Constitucion, Anejos Norte, Córdoba. 28) *de las Flores*, lugar poblado, Alta Gracia, Anejos Sud, Córdoba. 29) *Godoy*, paraje poblado, Capital, Mendoza. 30) *Grande*, cuchilla del, Rio Cuarto, Córdoba. $\varphi = 33°20'$; $\lambda = 65°7'$; $\alpha = 1123$ m. (Moussy). 31) *Grande*, lugar poblado, General Mitre, Totoral, Córdoba. 32) *Grande*, lugar poblado, Rio Pinto, Totoral, Córdoba. 33) *Grande*, paraje poblado, La Paz, Mendoza. 34) *Grande*, paraje poblado, Maipú, Mendoza. 35) *Grande*, paraje poblado, Jachal, San Juan. 36) *Grande*, paraje poblado, Jachal, San Juan. 37) *Grande*, lugar poblado, Pringles, San Luis. Dista de Villa Mercedes 61 kms. $\nu = 841$ m. FCGOA, C, T. 38) *Grande*, cordon de la sierra de San Luis que surge con direccion NO. á SE. y una elevacion media de 1000 metros, en los partidos Saladillo y Fraga del departamento Pringles. 39) *Grande*, paraje poblado, San Martin, San Martin, San Luis. 40) *Grande*, vertiente, Rincon del Cármen, San Martin, San Luis 41) *Grande*, paraje poblado, Rincon del Cármen, San Martin, San Luis. 42) *Horqueta*, lugar poblado, Ciénega del Coro, Minas, Córdoba. 43) *Largo*, lugar poblado, Ciénega del Coro, Minas, Córdoba. 44) *del Machaco*, cumbre de la sierra de Famatina, Chilecito, Rioja. $\alpha = 4360$ m. (Moussy). 45) *Machaco*, paraje poblado, General Lavalle, Rioja 46) *Machaco*, paraje poblado, General Sarmiento, Rioja. 47) *Machaco*, lugar poblado, Cafayate, Salta. 48) *del Mayo*, paraje poblado, San Martin, San Martin, San Luis. 49) *de Mercedes*, lugar poblado, Chicoana, Salta. 50) *de los Mis-*

toles, lugar poblado, General Mitre, Totoral, Córdoba. 51) *del Monte*, lugar poblado, Nono, San Alberto, Córdoba. 52) *del Monte*, lugar poblado, Caminiaga, Sobremonte, Córdoba. 53) *del Monte*, lugar poblado, Candelaria, Totoral, Córdoba. 54) *de Nogales*, paraje poblado, Rosario de Lerma, Salta. 55) *Nuevo*, establecimiento rural, Ctl 4, Monte, Buenos Aires. 56) *del Paramillo*, cumbre de la sierra del mismo nombre, Mendoza. $\varphi = 32°28'$; $\lambda = 69°6'$; $\alpha = 3180$ m. (Lallemant). 57) *Pencoso*, paraje poblado, Maipú, Mendoza. 58) *Pencoso*, sierra, Belgrano y Capital, San Luis. Es la continuacion hacia el Sud de la sierra de las Quijadas. Se extiende de Norte á Sud á través de los partidos Quijadas y Gigante del departamento Belgrano, y el partido Chosmes del departamento de la capital. Su mayor altura es de 750 metros. 59) *Pencoso*, lugar poblado, Chosmes, Capital San Luis. Dista de Villa Mercedes 155 kms. FCGOA, C, T. 60) *de las Pichanas*, lugar poblado, Constitucion, Anejos Norte, Córdoba. 61) *de los Planchones*, sierra, Trancas, Tucuman. 62) *de los Quebrachos*, lugar poblado, Alta Gracia, Anejos Sud, Córdoba. 63) *de los Quebrachos*, lugar poblado, Cruz del Eje, Córdoba. 64) *Quebracho*, paraje poblado, Capital, San Luis. 65) *Redondo*, establecimiento rural, Ctl 4, Monte, Buenos Aires. 66) *de las Salinas*, estancia, Burruyaco, Tucuman. Está situada en el cerro de Medina, límite de Trancas. 67) *del Salvador*, paraje poblado, San Martin, Mendoza. 68) *Sierra*, lugar poblado, Guasapampa, Minas, Córdoba. 69) *de la Sierra*, distrito del departamento Santa Lucía, San juan. 70) *de la Sierra*, lugar poblado, Santa Lucía, San Juan. E. 71) *del Tala*, lugar poblado, Salsacate, Pocho, Córdoba. 72) *de la Ternera*, cerro de la cuesta de la Majada, San Francisco, Ayacucho, San Luis $\alpha = 1730$ m. 73) *de la Torre*, paraje poblado, Capital, Jujuy. 74) *de la Tótora*, sierra, Trancas, Tucuman. 75) *de la Totorilla*, lugar poblado, San Cárlos, Minas, Córdoba 76) *del Valle*, lugar poblado, Belgrano, San Luis. E. 77) *Verde*, lugar poblado, Reduccion, Juarez Celman, Córdoba. 78) *Verde*, lugar poblado, Macha, Totoral, Córdoba. 79) *Verde*, lugar poblado, Rivadavia, Mendoza. Dista de Villa Mercedes 312 kms. FCGOA, C, T, E. 80) *Verde*, arroyuelo, Rivadavia, Mendoza. 81) *Verde*, paraje poblado, San Martin, Mendoza. 82) *Verde*, paraje poblado, Tupungato, Mendoza. 83) *de Videla*, cuartel de la pedanía Caseros, Anejos Sud, Córdoba. 84) *de los Videlas*, aldea, Caseros, Anejos Sud, Córdoba. Tiene 104 habitantes. (Censo del 1° de Mayo de 1890).

Altos 1) aldea, Higueras, Cruz del Eje, Córdoba. Tiene 152 habitantes. (Censo del 1° de Mayo de 1890.) 2) de los, laguna, Ctl 1, Castelli, Buenos Aires. 3) *del Alumbre* cordon de la sierra de San Luis, Totoral y Carolina, Pringles, San Luis. 4) *de Quintana*, paraje poblado, Capital, jujuy. 5) *Verdes*, estancia, Ctl 5, 7, Navarro, Buenos Aires. E. 6) *Verdes*, estancia, Ctl 5, Saladillo, Buenos Aires. 7) *Verdes*, laguna, Ctl 5, Saladillo, Buenos Aires.

Altura de Fermin, paraje poblado, Lavalle, Corrientes.

Alumbre, 1) distrito minero del departamento Calingasta, San Juan. Encierra alumbre. 2) Cumbre de la sierra del Morro, Morro, Pedernera, San Luis. $\alpha = 1590$ m.

Aluminé, 1) lago, Neuquen. Da orígen al arroyo del mismo nombre, que más adelante toma el de Collon-Curá. $\varphi = 38°40'$; $\lambda = 71°26'$. (Olascoaga). 2) arroyo, Neuquen. Es tributario del Limay. En su curso inferior se llama Collon-Curá. Véase Collon-Curá.

Alumbuoc, paraje poblado, Valle Grande Jujuy.

Alunado, el es,tablecimiento rural, Ctl 4, Ramallo, Buenos Aires.

Alurralde, 1) pueblo, Trancas, Tucuman. Está situado á corta distancia de la estacion y del arroyo del mismo nombre. C. 2) lugar poblado, Trancas, Tucuman. Dista de Córdoba 608 kms. $x =$ 775 m. FCCN, C, T. 3) arroyo. Véase Riarte y Salí.

Alvarado, chacra, Ctl 1, Ranchos, Buenos Aires.

Alvarez, 1) cerro, Santa Cruz. $\varphi = 48°54'$; $\lambda = 72°23'50''$. (Moyano). 2) isla del rio Paraguay á inmediaciones de Villa Formosa. 3) arroyo, Rio Segundo, Córdoba. Corre paralelamente al rio Segundo, al Sud del mismo, y termina en una cañada que se dirige hácia el rio Segundo. 4) laguna, Ctl 6, Olavarría, Buenos Aires.

Alvear, 1) partido de la provincia de Buenos Aires. Fué creado el 22 de Julio de 1869. Está situado al SO. de Buenos Aires. Tiene 3388 kms.² de extension y 3725 habitantes. (Censo del 31 de Enero de 1890). Escuelas funcionan en Alvear. San Justo, Los Ombúes y Bella Vista. El partido es regado por los arroyos Las Flores, Libertad, del Medio, Dulce, San Miguel, San Antonio, Pantanoso, Vallimanca, Manantial y Tapalqué. 2) villa, Alvear, Buenos Aires. Es cabecera del partido del mismo nombre y cuenta hoy con una póblacion de 1292 habitantes. (Censo del 31 de Enero de 1890). El Banco de la Provincia posee una sucursal en este lugar. $\varphi = 36°2'5''$; $\lambda = 60°0'29''$. C, T, E. 3) departamento de la provincia de Corrientes. Está situado á orillas del Uruguay y al Sud del departamento Santo Tomé. Su extension es de 2700 kms.² y su poblacion conjetural de unos 4500 habitantes. El depar-

tamento es regado por el rio Aguapey y varios arroyos. 4) villa, Alvear, Corrientes. Es la cabecera del departamento. Está situada á orillas del Uruguay, á 176 kms. al Norte de Monte Caseros y casi al frente de la villa brasilera de Itaquí. Alvear será una de las estaciones del ferro-carril en construccion de Monte Caseros á Posadas. Aduana. $\varphi = 29°10'$; $\lambda = 56°25'29''$. (Moussy). C, T, E. 5) lugar poblado, Rosario, Santa Fé. Dista de Buenos Aires 288 kms. $x = 32$ m. FCRS, C, T.

Alza, 1) paraje poblado, Rincon del Cármen, San Martin, San Luis. 2) paraje poblado, San Lorenzo, San Martin, San Luis.

Alzaga, lugar poblado, Juarez, Buenos Aires. Dista de Buenos Aires 505 kms. $x = 192,5$ kms. FCS, línea de Altamirano á Tres Arroyos. C, T.

Amada la, mina de plata en la estancia Pereira, San Martin, San Luis.

Amadores, 1) distrito del departamento Paclin, Catamarca. 2) aldea, Paclin, Catamarca. Es la cabecera del departamento. Dista 40 kms. de la capital provincial. $x = 820$ m. (Moussy). C, T. E. 3) laguna, La Plata, Buenos Aires.

Amagas, pueblo, Chicligasta, Tucuman. Está situado en la orilla izquierda del arroyo Gastona.

Amaicha, 1) distrito del departamento Molinos, Salta 2) pueblo, Tafi, Trancas, Tucuman. Está situado cerca de la frontera catamarqueña, á la orilla derecha de un pequeño tributario del rio Santa María. E.

Amalia, 1) establecimiento rural, Ctl 5, Cañuelas, Buenos Aires. 2) establecimiento rural, Ctl 8, Pringles, Buenos Aires. 3) establecimiento rural, Ctl 8, Ramallo, Buenos Aires. 4) establecimiénto rural, Ctl 10, Rauch, Buenos Aires. 5) colonia, Libertad, San Justo, Córdoba. Fué fundada en 1888, en una extension de 10822 hectáreas. Está situada á 8 kms. al Norte del ferro-carril de Santa Fé á Córdoba. 6) ingenio de azúcar, Capital, Tucuman. Está situado á 3 kms. al Sud de Tucuman, sobre la vía del ferro-carril central Norte.

Amaná, distrito del departamento Independencia, Rioja.

Amarante, arroyo. Ctl 3, Lobería, Buenos Aires.

Amarga 1) la, pedanía del departamento Juarez Celman, Córdoba. 2) la, lugar poblado, La Amarga, Juarez Celman, Córdoba. 3) laguna, Ctl 4, Veinte y Cinco de Mayo, Buenos Aires.

Amarilla, 1) establecimiento rural, Ctl 2, Moron, Buenos Aires. 2) cañada, Ctl 11, Arrecifes, Buenos Aires. 3) laguna, Pedernera, San Luis. Está situada al Sud del rio Quinto.

Amarillo, 1) establecimiento rural, Ctl 1, Pila, Buenos Aires. 2) arroyo, Famatina, Rioja. Nace en la sierra de Famatina, pasa por el pueblo del mismo nombre y termina luego su curso por agotamiento.

Ambaillo, distrito del departamento San Cárlos, Salta.

Ambargasta, 1) distrito de la seccion Ojo de Agua del departamento Sumampa, Santiago del Estero 2) paraje poblado, Ambargasta, Ojo de Agua, Sumampa, Santiago del Estero. 3) sierra de, Ojo de Agua, Sumampa, Santiago. Lomadas que se extienden de S. á N. y forman el remate septentrional de la sierra de San Francisco.

Ambato, 1) departamento de la provincia de Catamarca. Está situado al Norte de los departamentos de la Capital y de Piedra Blanca. Tiene 2416 kms.² de extension y una poblacion conjetural de 5800 habitantes. Está dividido en los 4 distritos: Puerta, Rodeo, Pucarilla y Singuil. El departamento es regado por los arroyos Ambato, de las Burras, Nacimientos, Sosa, Gomez, Acevedo,

Infiernillos, Totoral, Talas, Varelas, del Bolson y Singuil. Hay centros de poblacion en La Puerta, Rodeo, Pucarilla, Bolson, Rinconada, Singuil y Yuntas. La Puerta es cabecera del departamento. 2) sierra de, Catamarca. Es una rama del Aconquija. Se extiende de Norte á Sud, desde la provincia de Tucuman hasta la de la Rioja. Forma con la sierra de Ancasti el valle de Catamarca. Esta sierra culmina en las cumbres del Machado y Ambato. 3) cumbre más elevada de la sierra del mismo nombre, Capital y Poman, Catamarca. $\alpha = 2500$ m. (Moussy). 4) arroyo, Ambato, Catamarca. Es uno de los orígenes del arroyo del Valle. Lleva la direccion de O. á E. hasta donde se le juntan las aguas del arroyo Nacimientos; desde alli corre de N. á S. regando los departamentos de Piedra Blanca, Valle Viejo y un distrito de la capital. En esta última parte de su curso se llama arroyo del Valle.

Amberes, pueblo, Monteros, Tucuman. Está situado al lado del ferro-carril NOA, al Sud de Monteros.

Ambil, distrito del departamento General Ocampo, Rioja.

Amblayo, 1) lugar poblado, San Cárlos, Salta. E. 2) arroyo, San Cárlos, Salta. Es un pequeño tributario del rio Juramento, en la márgen izquierda.

Ambó, paraje poblado, Salavina, Santiago.

Ambojena, establecimiento rural, Ctl 1, Pergamino, Buenos Aires.

Amboy, 1) cuartel de la pedanía Santa Rosa, Calamuchita, Córdoba. 2) aldea, Santa Rosa, Calamuchita, Córdoba. Tiene 297 habitantes. (Censo del 1° de Mayo de 1890). $\varphi = 32° 10'$; $\lambda = 64° 35'$; $\alpha = 760$ m. (Brackebusch). E.

Ambrosio, 1) arroyo, Corrientes. Es un tributario del Paraná. En todo su curso inferior forma el límite entre los departamentos Saladas y Bella Vista. 2) laguna, Saladas, Corrientes.

Ambul, 1) pedanía del departamento San Alberto, Córdoba. Tiene 2235 habitantes. (Censo). 2) cuartel de la pedanía del mismo nombre, San Alberto, Córdoba. 3) aldea, Ambul. San Alberto, Córdoba. Tiene 299 habitantes. (Censo del 1° de Mayo de 1890) $\varphi = 31° 28'$; $\lambda = 65° 4'$; $\alpha = 1200$ m. (Brackebusch). C, T, E.

Ambulante, estancia, Ctl 4, Saladillo, Buenos Aires.

Amelia, 1) estancia. Ctl 10, Trenque-Lauquen, Buenos Aires. 2) colonia, Susana, Colonias, Santa Fé. Tiene 521 habitantes. (Censo del 7 de junio de 1887.) Dista 75 kms. de Santa Fé y 182 del Rosario. FCRS, FCSF, C, T. 3) colonia, Carnerillo, Juarez Celman, Córdoba. Fué fundada en 1888 en una extension de 29000 hectáreas. Está situada en terrenos de propiedad particular, inmediatos á la estacion Carnerillo, del ferro-carril andino. 4) mina, San Bartolomé, Rio Cuarto, Córdoba. Está situada en el paraje llamado Puesto del Tala. Encierra galena argentífera.

Americana 1) la, estancia, Ctl 10, Trenque-Lauquen, Buenos Aires. 2) la, finca rural, Jachal, San Juan.

Amicha, 1) distrito del departamento Rio Hondo, Santiago del Estero. 2) lugar poblado, Amicha, Rio Hondo, Santiago. E.

Amigos 1) los, estancia, Ctl 4, Baradero, Buenos Aires. 2) estancia, Ctl 5, Las Heras, Buenos Aires. 3) establecimiento rural, Ctl 8, Nueve de julio, Buenos Aires. 4) establecimiento rural, Ctl 7, 8, Villegas, Buenos Aires. 5) establecimiento rural, Ctl 4, Zárate, Buenos Aires. 6) arroyuelo, Ctl 4, Tandil, Buenos Aires.

Amilgancho, finca rural, Capital, Rioja.

Aminga, 1) distrito del departamento Castro Barros, Rioja. 2) lugar poblado,

Aminga, Castro Barros, Rioja. E. 3) arroyo, Aminga y Chusquis, Castro Barros, Rioja. Nace en la sierra de Velasco y despues de un corto recorrido de O. á E. termina por agotamiento.

Amistad 1) la, establecimiento rural, Ctl 2, Ajó, Buenos Aires. 2) la, establecimiento rural, Ctl 8, Alsina, Buenos Aires. 3) la, establecimiento rural, Ctl 9, Ayacucho, Buenos Aires. 4) establecimiento rural, Ctl 5, Guaminí, Buenos Aires. 5) establecimiento rural, Ctl 8, Mercedes, Buenos Aires. 6) establecimiento rural, Ctl 7, Rauch, Buenos Aires. 7) establecimiento rural, Ctl 3, San Pedro, Buenos Aires. 8) establecimiento rural, Ctl 15, Tres Arroyos, Buenos Aires. 9) arroyo, Ctl 10, Tandil, Buenos Aires. Es un tributario del arroyo Chapaleofú. 10) la, laguna, Ctl 4, juarez, Buenos Aires. 11) la, lugar poblado, Necochea, General Roca, Córdoba. 12) la, mina de plomo y plata, Argentina, Minas, Córdoba. 13) la, finca rural, Esquina, Corrientes. 14) distrito del departamento Iriondo, Santa Fé. Tiene 718 habitantes. (Censo del 7 de junio de 1887). 15) colonia, Amistad, Iriondo, Santa Fé. Tiene 307 habitantes. (Censo del 7 de Junio de 1887). C.

Amoladeras, finca rural, juarez Celman, Rioja.

Amores 1) arroyo, San javier, Santa Fé. Desagua en el Paraná frente á Goya. 2) *Perdidos*, establecimiento rural, Ctl 5, Rauch, Buenos Aires.

Ampacama, [1] 1) valle, Valle Fértil, San juan. Está formado por la sierra del Pié de Palo (al Oeste) y la de la Huerta (al Este). 2) estancia, Valle Fértil, San Juan. 3) vertiente, Valle Fértil, San Juan.

Ampachango, arroyo, Santa Maria, Cata-

---

1 *Amipaccama,* cosa enfadosa (quichua)

marca. Es un pequeño tributario del rio Santa María, en la márgen derecha.

Ampallao, distrito mineral en la sierra de Famatina, Rioja. En 1883 había en este distrito 11 concesiones de minas de plata, 7 de plata y hierro, 8 de galena, 1 de oro y plata, 2 de óxido de hierro aurífero y 1 de plata con carbonato de hierro. (Hoskold).

Amparo el, establecimiento rural, Ctl 3, Rauch, Buenos Aires. 2) paraje poblado, La Paz, Mendoza. 3) paraje poblado, Lujan, Mendoza. 4) paraje poblado, Chicoana, Salta.

Ampascachi, 1) distrito del departamento Viña, Salta. 2) paraje poblado, La Viña, Salta. 3) arroyo, Viña, Salta. Es un pequeño tributario del juramento en la márgen izquierda.

Ampata, lugar poblado, Chicligasta, Tucuman. Está situado en la orilla izquierda del arroyo Gastona.

Ampatilla, lugar poblado, Chicligasta, Tucuman. Está situado en la orilla derecha del rio Sali.

Ampiza, paraje poblado, Capital, Rioja.

Ampotá, paraje poblado, Capital, Rioja.

Anatolias las, establecimiento rural, Ctl 5, Dorrego, Buenos Aires.

Ancajuli, estancia, Trancas, Tucuman. Está situada junto á la confluencia de los arroyos de las Bolsas y de Chaquivil.

Ancasmayo, [1] arroyo, Sobremonte y Rio Seco, Córdoba. Es en toda su extension límite entre las provincias de Santiago y Córdoba. Termina su corto recorrido por inmersion.

Ancasti, 1) departamento de la provincia de Catamarca. Confina al Norte con el departamento del Alto; al Este con la provincia de Santiago; al Sud con el departamento La Paz y al Oeste con el de Capayan. Tiene 2480 kms.[2] de exten-

sion y una poblacion conjetural de 5900 habitantes. Está dividido en los 4 distritos: Ancasti, Mogotes, Chorro y Concepcion. El departamento es regado por los arroyos San josé, La Candelaria, Condorguasi, Molino, San Roque, Robledos, Durazno, San Fernando, Yerba Buena, Manantial, Tacana, Anquincila, Taco, Totoral, Bazares, La Dorada, Mogotes, de la Cumbre, Sauce y Toma. Hay centros de poblacion en Chorro, Corrida, Anquincila, Tunas, Rosario, Ipisca, Flor Morada y El Taco. 2) distrito del departamento Ancasti, Catamarca. 3) villa, Ancasti, Catamarca. Es la cabecera del departamento. Dista 56 kms. de Catamarca y tiene una poblacion de 1500 habitantes. C, E. 4) sierra, Catamarca. Es la prolongacion austral de la sierra del Alto. Esta sierra y la del Ambato, forman el valle de Catamarca.

Ancho, arroyo, Rosario de Lerma, Cerrillos y Capital, Salta. Nace en las sierras de Rosario de Lerma, corre de O. á E. y desagua en la márgen derecha del arroyo Arias.

Anchorena, lugar poblado, Pergamino, Buenos Aires. Dista de Buenos Aires 211 kms. α =72 m. FCO, ramal de Lujan á Pergamino, Junin y San Nicolás. C, T.

Ancon, 1) paraje poblado, Tupungato, Mendoza. 2) cerro, Tupungato, Mendoza.

Ancuyoc, paraje poblado, Valle Grande, jujuy.

Andacoya, 1) mina de galena argentífera en el distrito mineral Picaza, Veinte y Cinco de Mayo, Mendoza. 2) mina de plata, cobre y oro en el distrito mineral Calderas, sierra de Famatina, Rioja. 3) paraje poblado, San Cárlos, Salta. 4) mineral de cobre, San Antonio de los Cobres, Poma, Salta.

Andalgalá, 1) departamento de la provincia de Catamarca. Confina al Norte con

---

[1] Rio azul (quichua)

el de Santa Maria; al Este con el de Ambato; al Sud con el de Poman y al Oeste con el de Belen. Tiene una extension de 8262 kms.[2] y una poblacion conjetural de 9400 habitantes. Está dividido en los 9 distritos: Andalgalá, Chaquiago, Choya, Guachaschi, Pilciao, Villavil, Condorguasi, Aconquija y Las Minas. El departamento está regado por los arroyos Andalgalá, Choya, Aconquija y Pucará. Hay centros de poblacion en Choya, Potrero, Chaquiago, Pilciao, Capillitas, Guaco, Amanao, Ampayango y Punta de Balestra. 2) distrito del departamento Andalgalá, Catamarca. 3) villa, Andalgalá, Catamarca Es la cabecera del departamento. Dista de la capital de la provincia 182 kms. z =10 0 m. (Moussy). C, T, E 4) arroyo, Andalgalá, Catamarca. Nace en la sierra del Atajo y corre de N. á S. En su trayecto de 40 kms. riega los distritos Andalgalá, Chaquiago, Loroguasi y Guachaschi. Se le llama tambien rio del Fuerte.

Andaluz del, laguna, Ctl 3. Bolivar, Buenos Aires.

Andaluzas, distrito del departamento San Blas de los Sauces, Rioja.

Andará, paraje poblado, San Roque, Corrientes.

Andes, 1) Es la gran cordillera que al O ste nos separa de Bolivia y Chile. Menos escarpada del lado argentino, que del opuesto, comienza la cordillera en el Norte con una meseta que es la continuacion de la que forma el desierto de Atacama. Esa meseta, que tiene allí una altura media de 4500 metros, posee algunas cumbres como el cerro de San Francisco, el volcan de Copiapó, el cerro Bonete y el cerro del Potro, que alcanzan á 6000 y más metros; es decir, más allá del límite de las nieves perpétuas, que se halla en esta region á unos 5000 metros próximamente. De la meseta mencionada se desprenden, en direccion de Norte á Sud, tres cadenas de montañas, á saber: la sierra de Famatina, que termina en la sierra de la Huerta, y que se eleva en el Nevado de Famatina á una altura de 6000 metros; la sierra de jachal, al Oeste de la cadena precedente, que encierra el cerro San Francisco y el cerro Bonete, se bifurca en dos ramas paralelas que en las proximidades de la ciudad de Mendoza vuelven á unirse bajo el nombre de sierra de Uspallata, y que alcanza en el Paramillo á una altura de 3000 metros; y finalmente, más al Oeste aun de la sierra de jachal, en la frontera argentino-chilena, la verdadera cordillera de los Andes. Al principio una sola cadena, se bifurca despues, para volver á formar un solo cordon allá donde se eleva el volcan de Maipó á 5500 metros, y el Tupungato, volcan apagado, á más de 6000 metros de altura. Esta cadena alcanza su mayor elevacion en el Ligua, un volcan apagado que se eleva á 6798 metros, y en el Aconcagua, que alcanza á 6834 metros de altura. A partir del Maipó sigue la cordillera hácia el Sud en una sola cadena hasta el estrecho de Magallanes, y hasta más allá de él en la Tierra del Fuego. En todo este trayecto en que la cordillera disminuye gradualmente de altura y sufre varias depresiones considerables, se levantan unos 24 volcanes cubiertos de nieve, de los cuales solo unos 13 se hallan en actividad. 2) los, finca rural, Las Heras, Mendoza.

Andorra, estancia, Ctl 10, Puan, Buenos Aires.

Andrea, 1) establecimiento rural, La Plata, Buenos Aires 2) establecimiento rural, Ctl 2, Rojas, Buenos Aires.

Andresito, riacho, Ctl 4, Las Conchas, Buenos Aires.

Anegadizo, paraje poblado, Esquina, Corrientes.

Anejos, 1) *Norte,* departamento de la provincia de Córdoba. Está enclavado entre los departamentos Punilla al Oeste, Ischilin y Totoral al Norte y Rio Primero al Este. Tiene 1651 kms.² de extension y una poblacion de 7317 habitantes. (Censo del 1º de Mayo de 1890). El departamento está dividido en las 5 pedanías: Las Cañas, Constitucion, Rio Ceballos, Calera Norte y San Vicente. Los centros de poblacion de 100 habitantes para arriba, son los siguientes: colonia Caroya, Jesús Maria, Santo Tomás, Florida, Las Chacras, Navarrete, Juarez Celman y Rio Primero. La villa jesús Maria es la cabecera del departamento. 2) *Sud*, departamento de la provincia de Córdoba. Está enclavado entre los departamentos Punilla al Oeste, Anejos Norte al Norte, Rio Primero y Rio Segundo al Este. Su extension es de 3816 kms.² y su poblacion de 10924 habitantes. (Censo del 1º de Mayo de 1890). El departamento está dividido en las 8 pedanías: Caseros, Calera, Cosme, Alta Gracia, Lagunilla, San Antonio Potrero de Garay y San Isidro. Los centros de poblacion de 100 habitantes para arriba, son los siguientes: Malagueño, Toledo, Capilla de Ramallo, Pozo de Locro, Durazno, Rio Primero, Alto de los Videlas, Ochoa, Cosme, Bajo Grande, Bajo de Tabares. Alta Gracia, Concordia, Anisacate, Bajo Chico, Falda del Cármen, Lagunilla, San Antonio, Nogolma, Potrero de Garay y San Isidro. La aldea Alta Gracia es la cabecera del departamento.

Anfama, 1) lugar poblado, Famaillá, Tucuman. C. 2) estancia, Capital, Tucuman. Está situada en las cercanias de la confluencia de los arroyos Anfama y Garabatal 3) arroyo, Capital, Tucuman. Es una continuacion del de la Ciénega.

Anga, distrito del departamento Salavina, Santiago del Estero.

Angaco, 1) aldea, Angaco Sud, San juan.

E. ᵠ = 31º 30'; λ = 68º 27'; z = 700 m. (Moussy). 2) *Norte*, departamento de la provincia de San juan. Está situado al Norte de Angaco Sud. Su extension es de 5407 kms.² y su poblacion conjetural de unos 4093 habitantes. La villa de Salvador es la cabecera del departamento. 3) *Sud*, departamento de la provincia de San Juan. Está situado al Este del Albardon. Su extension es de 583 kms.² y su poblacion conjetural de unos 2580 habitantes. El departamento es regado por el rio San Juan. Escuelas funcionan en Angaco y Dos Acequias

Angastaco, 1) distrito del departamento San Cárlos, Salta. 2) paraje poblado, San Cárlos, Salta. 3) arroyo, Cafayate, Molinos y San Cárlos, Salta. Nace por la confluencia de varios arroyos en el macizo central de la Cordillera, dirige luego sus aguas al NE. y desagua en la márgen derecha del Juramento en Angastaco.

Angel el, finca rural, Esquina, Corrientes

Ángeles, 1) los, chacra, Ctl 8, Bragado, Buenos Aires. 2) los, establecimiento rural, Ctl 5, Magdalena, Buenos Aires. 3) establecimiento rural, Ctl 4, Neco chea, Buenos Aires. 4) establecimiento rural, Ctl 7, Saladillo, Buenos Aires. 5) establecimiento rural, Ctl 11, Tandil, Buenos Aires. 6) establecimiento rural. Ctl 2, 3. Veinte y Cinco de Mayo, Buenos Aires 7) de los, cañada, Ctl 11, Salto, Buenos Aires. 8) los, distrito del departamento Capayan, Catamarca. 9) vertiente, Los Angeles, Capayan, Catamarca. 10) los, colonia, Cruz Alta, Márcos Juarez, Córdoba. Véase Cárlos Casado. 11) los, finca rural, Goya, Corrientes. 12) los, finca rural, Mercedes, Corrientes. 13) los, finca rural, Paso de los Libres, Corrientes. 14) los, finca rural, Belgrano, Mendoza. 15) arroyo de los, Beltran, Mendoza. Es un tributario serrano del rio Grande en la márgen derecha. 16) *del Mangrullo*, estancia, Ctl 2, Nueve de Julio, Buenos Aires.

Angélica, 1) distrito del departamento de las Colonias, Santa Fé. Tiene 387 habitantes. (Censo del 7 de junio de 1887). 2) colonia, Angélica, Colonias, Santa Fe. Tiene 185 habitantes. (Censo del 7 de Junio de 1887). Dista de Santa Fé 93 kms. FCSF, C, T.

Angelita, 1) establecimiento rural, Ctl 11, 14, Arrecifes, Buenos Aires. 2) estancia, Ctl 6, Necochea, Buenos Aires. 3) establecimiento rural, Ctl 7 Puan, Buenos Aires. 4) la, laguna, Ctl 3, Bolivar, Buenos Aires. 5) mina de cobre en el Alto Grande, San Martin, San Luis.

Angelito el, estancia, Ctl 2, Necochea, Buenos Aires.

Angeloni, colonia. San Justo, Capital, Santa Fe. Tiene 327 habitantes. (Censo del 7 de Junio de 1887).

Angola, vertiente, San Martin, San Martin, San Luis.

Angora, lugar poblado, Santiago, Punilla, Córdoba.

Angosto, 1) arroyuelo, Ctl 2, Olavarria, Buenos Aires. 2) paraje poblado, Rinconada, Jujuy. 3) paraje poblado, Rosario de Lerma, Salta. 4) *de San Antonio*, lavadero de oro en el distrito mineral de San Antonio de los Cobres, Poma, Salta. 5) *de San José*, paraje poblado, Tilcara, Jujuy. 6) *de Yacoraite*, paraje poblado, Tilcara, Jujuy.

Angostura, 1) la, establecimiento rural, Ctl 3, Nueve de Julio, Buenos Aires. 2) lugar poblado, Mercedes, Tulumba, Córdoba. 3) cuartel de la pedania Mercedes, Tulumba, Córdoba. 4) paraje poblado, Concepcion, Corrientes. 5) la, paraje poblado, Capital, Rioja. 6) paraje poblado, Caldera, Salta. 7) paraje poblado, Capital, Salta. 8) paraje poblado, Totoral, Pringles, San Luis. 9) Véase arroyo Infiernillo.

Angualasta, 1) finca rural, Iglesia, San juan. 2) arroyo, Iglesia, San juan. Riega los campos de Angualasto.

Anguilas, distrito de la seccion Ojo de Agua del departamento Sumampa, Santiago del Estero

Anguiman, 1) distrito del departamento Chilecito, Rioja. 2) lugar poblado, Chilecito, Rioja. E. 3) arroyo, riega los distritos Argentina, San Miguel y Anguiman del departamento Chilecito, Rioja.

Angulos, lugar poblado, Famatina, Rioja, E.

Animal del, arroyo, Entre Rios. Recorre unos 50 kms. y desagua en el Paranacito.

Animaná, 1) distrito del departamento San Cárlos, Salta. 2) lugar poblado, San Cárlos, Salta. E.

Ánimas, 1) las, estancia, Ctl 6, Ajó, Buenos Aires. 2) establecimiento rural, Ctl 5, Salto, Buenos Aires. 3) de las, arroyo, Ctl 5, Salto, Buenos Aires. 4) las, riacho, Ctl 6, San Fernando, Buenos Aires. 5) arroyo, Sauce, Corrientes. Es un tributario del Tigre. 6) las, paraje poblado, Tilcara, Jujuy. 7) mina de plata en el distrito mineral del Cerro Negro, sierra de Famatina, Rioja. 8) isla del rio Negro. Está situada á corta distancia, aguas arriba, de Cármen de Patagones. 9) distrito del departamento Chicoana, Salta. 10) las, paraje poblado, Chicoana, Salta. 11) arroyo, Chicoana, Salta. Es un pequeño tributario del arroyo Escoipe en la márgen derecha. 12) de las, estancia, Graneros, Tucuman. 13) cerro, Tafí, Trancas, Tucuman. Es un ramal septentrional de la sierra del Aconquija. Forma parte del límite que separa la provincia de Tucuman de la de Catamarca. 14) lugar poblado, jimenez, Santiago. C.

Anisacate, 1) cuartel de la pedania Alta Gracia, Anejos Sud, Córdoba. 2) Sud, cuartel de la pedania San Isidro, Anejos

Sud, Córdoba. 3) aldea, Alta Gracia, Anejos Sud, Córdoba. Tiene 179 habitantes. (Censo del 1° de Mayo de 1890). $\varphi = 31° 45'$; $\lambda = 64° 21'$. C. 4) arroyo, Anejos Sud, Córdoba. Es un pequeño tributario del rio Segundo en la márgen izquierda. Baña el pueblo Alta Gracia

Anita, 1) la, mina, Candelaria, Cruz del Eje, Córdoba. Está situada en el paraje llamado « Las Plantas. » Encierra cuarzo aurífero. 2) Pozo, lugar poblado, Timon Cruz, Rio Primero, Córdoba.

Aniyaco, 1) estancia, Tinogasta, Catamarca. $z = 1348$ m. (Burmeister). 2) distrito del departamento Castro Barros, Rioja. 3) lugar poblado, Castro Barros, Rioja. C, E. 4) arroyo, Molinos y Aniyaco, Castro Barros, Rioja. Nace en la sierra de Velasco y despues de un corto trayecto de O. á E. termina por agotamiento.

Anjones, paraje poblado, Oran, Salta

Anjuli, 1) distrito del departamento de La Paz, Catamarca. 2) lugar poblado, Anjuli, La Paz, Catamarca. E. 3) arroyuelo, La Paz, Catamarca.

Anjullon, 1) distrito del departamento Castro Barros, Rioja. 2) lugar poblado, Castro Barros, Rioja. E. 3) arroyo, Anjullon, Castro Barros, Rioja. Nace en la sierra de Velasco y despues de un corto trayecto de O. á E. termina por agotamiento.

Anquelobo, paraje poblado, Departamento 7, Pampa.

Anquemelegra, paraje poblado, Departamento 7, Pampa.

Anquil-Anquil, paraje poblado, Departamento 2, Pampa.

Anquincila, 1) lugar poblado, Ancasti, Catamarca. 2) arroyuelo, Ancasti, Catamarca.

Anselma, 1) establecimiento rural, Ctl 6, Bolivar, Buenos Aires. 2) establecimiento rural, Ctl 11, Nueve de Julio, Buenos Aires.

Anselmo, arroyo, Misiones Es un tributario del Paraná en la márgen izquierda. Limita al Norte la colonia Candelaria.

Anta, [1] 1) departamento de la provincia de Salta. Confina al Norte con el de Rivadavia por el camino del Maiz Gordo y Pozo del Algarrobo, hasta la línea divisoria con el Chaco; al Este con el Chaco por la línea divisoria establecida por la ley nacional del 18 de Octubre de 1884; al Sud con los departamentos Metán y Rosario de la Frontera por el rio Pasaje, y con la provincia de Santiago del Estero por una linea que parte desde el arroyo de Rosario de la Frontera y pasa por Taco-Pozo hasta la línea divisoria con el Chaco; y al Oeste con el departamento de Campo Santo por las sierras de la Lumbrera y Santa Bárbara. Tiene 17150 kms.^{2} de extension y una poblacion conjetural de 6700 habitantes. Está dividido en los 9 distritos: Anta, Rio del Valle, Rio Seco, Piquete, Guanacos, Algarrobo, Valbuena, Miraflores y Pitos. El departamento es regado por los arroyos del Valle, Dorado, Cortaderas y Naranjos. Escuelas funcionan en Piquete, Agua Súcia y Paso de las Bateas. La cabecera del departamento es la aldea Piquete. 2) distrito del departamento Anta, Salta. 3) estancia, Burruyaco, Tucuman. Está situada al SE. de Burruyaco y á corta distancia de este pueblo, 4) arroyo, Trancas, Tucuman. Es un pequeño tributario del arroyo Tala, que más abajo toma el nombre de rio Salí y en la provincia de Santiago el de rio Dulce. Este arroyo, que nace en las cumbres calchaquíes, forma en toda su extension el límite entre las provincias de Salta y Tucuman.

Ante Cristo, distrito minero de plata y cobre del departamento Iglesia, San juan.

---

1 Animal paquidermo. (TapiruS suilluS).

Antelo. Véase Federal.

Anteojos los, laguna, Ctl 8, Saladillo, Buenos Aires.

Antequera, 1) riacho, Ctl 3, Las Conchas, .Buenos Aires. 2) riacho, Chaco. Corre al SE. del Guaycurú y es tributario del Paraguay.

Antigal, paraje poblado, Tilcara, jujuy.

Antigo, paraje poblado, Valle Grande. jujuy.

Antigua Valiosa la, mina de plata del cerro de Guichaira, Tilcara, Jujuy.

Antilo, lugar poblado, Jimenez, Santiago, E.

Antilla, finca rural, Rosario de la Frontera, Salta.

Antinaco, distrito del departamento Famatina, Rioja.

Antípoda, 1) la, laguna, Ctl 3, B livar. Buenos Aires. 2) *Lusitana*, laguna, Ctl 8. Nueve de Julio, Buenos Aires.

Antiyuyo, distrito mineral de cuarzo aurífero del departamento Rinconada, jujuy.

Antojé, lugar poblado, Banda, Santiago, E

Antonia la, estancia, Ctl 12, Nueve de julio, Buenos Aires.

Antonio, 1) arroyo, Capital, Entre Ri s. Desagua en el Paraná. 2) distrito de la seccion Jimenez 2°, del departamento jimenez, Santiago del Estero. 3) *Guazú*, rio, Misiones. Es un tributario del Iguazú en la márgen izquierda. Los brasileros le llaman Chopin. 4) *Miní*, rio, Misiones. Es un tributario del Iguazú en la márgen izquierda. 5) *Tomás*, distrito del departamento Paraná, Entre Rios. 6) *Tomás*, pueblo, Capital, Entre Rios. Está formándose en la colonia Cerrillos, en la márgen izquierda del arroyo Antonio Tomás.

Antuco, paso de, Cuello de Pichi Chcu, Neuquen. $\varphi = 36° 50'$; $\lambda = 70° 10'$; $\alpha = 2100$ m. (Domeyko). El volcan del mismo nombre y de las mismas coordenadas geográficas, tiene, segun la misma autoridad, la altura de 2703 m.

Antumpa, paraje, Humahuaca, Jujuy. Alli se bifurca el camino que va á Bolivia en dos, uno que pasa por la Abra de la Cortadera y otro que pasa por las Tres Cruces y Abra-Pampa. Estos caminos se reunen de nuevo en Cangrejillos, al Sud de la Quiaca.

Anunciacion la, establecimiento rural, Ctl 4, Ramallo. Buenos Aires.

Anuncóo, arroyo, Neuquen. Es un tributario del Agrio.

Añil, 1) lugar poblado, jimenez, Santiago del Estero. E 2) ingenio de azúcar, Capital, Tucuman. Está situado á 17 kms. al SSE. de Tucuman.

Aparejo, 1) el, establecimiento rural, Ctl 7, Saladillo, Buenos Aires. 2) del, laguna, Ctl 7, Saladillo, Buenos Aires. 3) el, paraje poblado, San Pedro, jujuy.

Apechecué, arroyo, Chubut. Es un pequeño tributario del rio Chubut, en cuya márgen izquierda desagua.

Apipé, isla del Paraná, Ituzaingó, Corrientes. Está situada frente á la villa de Ituzaingó.

Apóstoles, 1) ruinas de un pueblo antiguo, San javier, Misiones. Era este un centro de poblacion muy importante en el tiempo en que los jesuitas poseían las Misiones. $\varphi = 27° 54'$; $\lambda = 60° 29'$. 2) sierra de los. Véase sierra del Rosario.

Apozada, 1) la, laguna, Ctl 2, Las Flores, Buenos Aires. 2) la, laguna, Ctl 2, Pueyrredon, Buenos Aires.

Aquino, 1) paraje poblado, Caacati, Corrientes. 2) paraje poblado, Lavalle, Corrientes. 3) colonia, Formosa. Está situada á orillas del Paraguay y al Sud de Villa Formosa 4) isla del Paraguay, Formosa. Está situada frente á la colonia del mismo nombre. 5) *Cué*, paraje poblado, San Luis del Palmar, Corrientes.

Araditos, 1) lugar poblado, Tránsito, San Alberto, Córdoba. 2) lugar poblado, . Belgrano, San Luis. C.

Aragon, 1) puerto, Gaboto, San Jerónimo,

Santa Fé. Tiene 99 habitantes. (Censo del 7 de Junio de 1887). Receptoría de Rentas Nacionales. C. 2) arroyo, Rosario de la Frontera, Salta. Pequeño tributario del arroyo de los Sauces ó Urueña, en cuya márgen izquierda desagua.

Aragones, estancia, Trancas, Tucuman. Está situada en la orilla derecha del arroyo Alurralde.

Aramallo, paraje poblado, Campo Santo, Salta.

Arana, 1) arroyo, La Plata, Buenos Aires. Desagua en la márgen izquierda del arroyo del Pescado. 2) laguna, Ctl 3, Ayacucho, Buenos Aires.

Aranda, arroyo, Trancas, Tucuman. Es un tributario del Salí en su orilla izquierda. Nace cerca de Candelaria, en la provincia de Salta.

Aranilla, 1) lugar poblado, Monteros, Tucuman. Está situado en la orilla derecha del arroyo Romanos y al lado de la vía del ferro-carril nor-oeste argentino. 2) arroyo, Famaillá, Tucuman Es un tributario del arroyo Valderrama en la márgen izquierda. Este arroyo es en toda su extension límite entre los departamentos Famaillá y Monteros.

Aranzazú, distrito mineral en la sierra de Famatina, Rioja Encierra 8 minas de plata. (Hoskold).

Araña la, (ó San Francisco), aldea, Diamante, Entre Rios. Forma parte de la colonia General Alvear.

Arañado, lugar poblado, Sacanta, San Justo, Córdoba.

Arauco, 1) departamento de la provincia de La Rioja. Confina al Norte con el departamento San Blas; al Este con la provincia de Catamarca; al Sud con el departamento de la Capital y al Oeste con el de Castro Barros. Tiene 5276 kms.² de extension y una poblacion conjetural de unos 5000 habitantes. Está dividido en los 6 distritos: Aimogasta, Machigasta, Mazan, Arauco, Bañados y Upinango. El departamento es regado por los arroyuelos Aimogasta, Machigasta, Mazan y San Antonio. 2) distrito del departamento Arauco, Rioja. 3) aldea, Arauco, La Rioja. C, E.

Araya, colonia, Espinillos, Márcos juarez, Córdoba.

Arazá, [1] 1) establecimiento rural, Ctl 2, Castelli, Buenos Aires. E. 2) laguna, Ctl 2, Castelli, Buenos Aires.

Arazar el, chacra, Ctl 7, Lobos, Buenos Aires.

Arazati, 1) lugar poblado, Caacatí, Corrientes. 2) lugar poblado, San Luis, Corrientes.

Arballo, paraje poblado, Anta, Salta.

Arbol, 1) el, lugar poblado, Italó, General Roca, Córdoba. 2) *Blanco*, lugar poblado, Pichanas, Cruz del Eje, Córdoba. 3) *Blanco*, lugar poblado, Quilino, Ischilin, Córdoba. 4) *Blanco*, lugar poblado, Chancani, Pocho, Córdoba. 5) *Blanco*, aldea, Dolores, San javier, Córdoba. Tiene 124 habitantes. (Censo del 1° de Mayo de 1890). 6) *Blanco*, lugar poblado, San Pedro, Tulumba, Córdoba. 7) *Blanco*, paraje poblado, Dolores, Chacabuco, San Luis. 8) *Chato*, lugar poblado, Concepcion, San Justo, Córdoba. 9) *Grande*, paraje poblado, Jachal, San juan. 10) *Grande*, distrito de la seccion Veinte y Ocho de Marzo, del departamento Matará, Santiago del Estero. 11) *Largo*, lugar poblado, Tala, Rio Primero, Córdoba. 12) *Redondo*, lugar poblado, San Cárlos, Minas, Córdoba. 13) *Solo*, establecimiento rural, Ctl 4, Trenque-Lauquen, Buenos Aires. 14) *Solo*, lugar poblado, Santa Rosa, Calamuchita, Córdoba. 15) *Solo*, lugar poblado, Guasapampa, Minas, Córdoba. 16) *Solo*, lugar poblado, Remedios, Rio Primero, Córdo-

---

1) Arbusto (Myrtus incana).

ba. 17) *Solo*, lugar poblado, Candelaria, Rio Seco, Córdoba. 18) *Solo*, paraje poblado, Monte Caseros, Corrientes. 19) *Solo*, paraje poblado, Paso de los Libres, Corrientes. 20) *Solo,* arroyo, Las Heras, Mendoza. Nace en la sierra de los Paramillos, corre de O. á E. y termina, al entrar en el departamento Lavalle, por agotamiento. 21) *Verde*, lugar poblado, Chancani, Pocho, Córdoba 22) *Verde*, paraje poblado, jachal, San Juan.

Arboleda, 1) estancia, Ctl 5, Giles, Buenos Aires. 2) paraje poblado, Sauce, Corrientes. 3) nombre anticuado del hoy departamento mendocino Tupungato. Véase Tupungato. 4) paraje poblado, Tupungato, Mendoza. 5) paraje poblado, Jachal, San juan.

Arboles, 1) los, paraje poblado, Rivadavia, Mendoza. 2) *Blancos,* cuartel de la pedanía Dolores, San javier. Córdoba. 3) *Grandes*, estancia, Graneros, Tucuman. Está situada en la frontera de Santiago. E.

Arbolito, 1) el, establecimiento rural, Ctl 6, Alvear, Buenos Aires. 2) estancia, Ctl 4, Campana, Buenos Aires. 3) pueblo, Mar Chiquita, Buenos Aires. Dista de Buenos Aires 337 1/2 kms 𝑥 = 24 m. FCS, ramal de Maipú á Mar del Plata. C, T, E. 4) estancia, Ctl 2, Mar Chiquita, Buenos Aires, 5) laguna, Ctl 2, Mar Chiquita, Buenos Aires. 6) establecimiento rural, Ctl 3, Pergamino, Buenos Aires 7) arroyo, Ctl 8, Pergamino, Buenos Aires. Es tributario del arroyo del Medio en su márgen derecha. 8) el, paraje poblado, jachal, San Juan. 9) *Negro*, lugar poblado, Arroyito, San Justo, Córdoba.

Arbolitos, 1) establecimiento rural, Ctl 7, 8, Guaminí, Buenos Aires. 2) laguna, Ctl 9, Guaminí, Buenos Aires. 3) laguna, Ctl 6, Lobería, Buenos Aires. 4) establecimiento rural, Ctl 5, Saladillo, Buenos Aires. 5) establecimiento rural, Ctl 3,

Trenque - Lauquen, Buenos Aires. 6) estancia, Ctl 8, Tres Arroyos, Buenos Aires. 7) establecimiento rural, Ctl 1, Villegas, Buenos Aires. 8) laguna, Ctl 1, Villegas, Buenos Aires. 9) paraje poblado, Lavalle, Corrientes.

Arcadia, estancia, Chicligasta, Tucuman. Está situada en la orilla izquierda del arroyo Gastona y á corta distancia del ferro-carril nor-oeste argentino.

Arcángel el, establecimiento rural, Ctl 9, Puan, Buenos Aires.

Arcas las, paraje poblado, Cafayate, Salta.

Arce, 1) de, laguna, Ctl 4, Las Flores, Buenos Aires. 2) islote, Chubut. 𝜑 = 45° 0' 45"; λ = 65° 29' 15". (Fitz Roy).

Arco Iris, mina de cobre, Rio Ceballos, Anejos Norte, Córdoba. Está situada en el paraje llamado «Puchero de Loza.»

Ardiles, 1) distrito de la seccion Jimenez 2ᶜ del departamento jimenez, Santiago del Estero. 2) lugar poblado, jimenez, Santiago. E.

Ardoy, lugar poblado, Buruyaco, Tucuman. Al SE. del departamento, cerca del límite del de la capital y de la frontera de Santiago.

Areco, 1) San Antonio de, villa, San Antonio de Areco, Buenos Aires. Dista de Buenos Aires 117 kms. 𝜑 = 34° 12'; λ = 59° 28' 45"; 𝑥 = 34 m. FCO, ramal de Lujan al Pergamino. C, T, E. 2) arroyo, Ctl 1, 2, Cármen de Areco; Ctl 3, 4, 5, 6, San Antonio de Areco; Ctl 6, Giles; Ctl 5, Exaltacion de la Cruz; Ctl 5 6, Zárate; Ctl 3, 7, Baradero, Buenos Aires. Este arroyo tiene su origen en la cañada del Uncal (Cármen de Areco) y desemboca en el Paraná (márgen derecha) al Sud del Baradero y al Norte de Zárate. Pasa á corta distancia de Cármen de Areco y de San Antonio de Areco. La direccion general de su curso es de SO. á NE. Despues de haber pasado por San Antonio de Areco, forma un trozo de limite entre los partidos San Antonio y Giles, luego entre los partidos San Antonio y Exaltacion de la Cruz, luego entre San Antonio y Zárate, y finalmente entre Zárate y Baradero. Sus tributarios en la márgen izquierda son : el arroyo de Doblado y la cañada Honda, y en la márgen derecha : la cañada de la Guardia, las cañadas de Gomez y de Romero, que se unen poco antes de llegar al Areco, el arroyo de Chañaritos, el arroyo de Lavallen y el arroyo de Giles.

Arena, 1) cañada de la, Ctl 3, Campana, Buenos Ares. 2) la, laguna, Ctl 14, Juarez, Buenos Aires, 3) la, estancia, Ctl, 6 Saladillo, Buenos Aires. 4) la, laguna, Ctl 6, Saladillo, Buenos Aires.

Arenal, 1) paraje poblado, Capital, Jujuy. 2) paraje poblado, San Pedro, Jujuy. 3) paraje poblado, Tilcara, Jujuy. 4) paraje poblado, Dolores, Chacabuco, San Luis 5) paraje poblado, Carolina, Pringles, San Luis 6) lugar poblado, Rosario de la Frontera, Salta. Dista de Córdoba 665 kms. $\alpha = $ 1003 m. FCCN. 7) estancia, Leales, Tucuman 8) *Chico*, arroyo, Ctl 10, Saladillo, Buenos Aires. 9) *Grande*, arroyo, Ctl 10, Saladillo, Buenos Aires.

Arenales, 1) partido de la provincia de Buenos Aires. Enclavado entre los partidos Rauch y Ayacucho, forma en lo político y administrativo parte de este último. Las cifras sobre extension y poblacion mencionados en Ayacucho comprenden los dos partidos reunidos. 2) lugar poblado, junin, Buenos Aires. Dista de Buenos Aires 285 kms. $\gamma = $ 80 m. FCP, C, T. 3) establecimiento rural, Ctl 8, junin, Buenos Aires. 4) arroyo, Mendoza Es un tributario del Tunuyan en la márgen izquierda. 5) paraje poblado, Capital, Salta. 6) arroyo, Capital y Campo Santo, Salta. Es un pequeño tributario del Mojotoro en la márgen derecha.

Arencó, paraje poblado, Departamento 7, Pampa.

Arenilla, paraje poblado, Totoral, Pringles, San Luis.

Arequito, lugar poblado, San josé de la Esquina, San Lorenzo, Santa Fé. Dista del Rosario 84 kms. FCOSF, C, I.

Arganas, aldea, Suburbios, Rio Primero, Córdoba. Tiene 118 habitantes. (Censo del 1° de Mayo de 1890).

Argañarás, estancia, Ctl 1, Tandil, Buenos Aires.

Argentina, 1) República federal. Confina al Norte con Bolivia, Paraguay y Brasil, al Este con el Brasil y el Uruguay y al Sud y al Oeste con Chile. Su extension total es, segun mis cálculos, de 2.894.257 kms², ocupando sus límites terrestres del Oeste unos 4800 kms. los del Norte 1600 kms., los fluviales del Este 1200 kms. y la costa del estuario del Plata y del Atlántico 2600 kms , lo cual da á los límites una extension total de 10.200 kms. Los límites del Sud y Oeste, con Chile, están ya definitivamente establecidos por la ley de 11 de Octubre de 1881; los de las provincias de Jujuy y Salta con Bolivia (y Chile) no están aun fijados y los de Misiones con el Brasil ya han sido convenidos entre ambos gobiernos, no faltando sinó las respectivas sanciones legislativas para convertir el convenio *ad-referendum* en arreglo definitivo. La poblacion de la república, á principios de 1890, puede estimarse en unos 3 millones y medio escasos. La mayor parte del territorio poblado de este país forma una llanura que se inclina levemente de Noroeste á Sudeste. Esta llanura es solo interrumpida por un sistema central de sierras, las de Córdoba y San Luis. En el Oeste surge la cordillera de los Andes precedida de varios cordones paralelos á la cadena central y más bajos que ésta. Esta cordillera se une en el Norte á las mesetas bolivianas del Despoblado y se extiende hacia el Sud, bajando gradualmente hasta la Tierra del Fuego. Esta sierra, rica en minerales, culmina en el cerro Bonete, el San Francisco, el Ligua, el Aconcagua, el Tupungato, el Maipó y otras cumbres de menos elevacion. En el sistema hidrográfico hay que distinguir tres grupos, á saber: los rios y arroyos pertenecientes á la cuenca del rio de La Plata, ó sea á la de los rios Paraná y Uruguay; los que llevan sus aguas directamente al Océano, y finalmente los que terminan en bañados, lagunas ó esteros, ó borran su cauce por inmersion en el suelo arenoso de las llanuras. A este último grupo pertenece la mayor parte de las corrientes en las provincias mediterráneas. Los principales rios de la cuenca del rio de La Plata son : el Pilcomayo. el Bermejo, el Salado, el Carcarañá, el Corrientes, el Gualeguay, el Aguapey, el Miriñay y el Gualeguaychú. Al océano llevan sus aguas, el Salado (de Buenos Aires), el Colorado, el Negro, el Chubut, el Deseado, el Santa Cruz y el Gallegos. El clima es subtrópico del paralelo de los 28° al Norte; es templado entre los 28° y 45° de latitud y es frígido al Sud de esta última. Las producciones guardan naturalmente relacion con el clima. Así se vé que en la zona subtrópica se cultiva con éxito la caña de azúcar, mientras que el cultivo de los cereales y la cria de ganados prosperan más en la ancha zona templada. Administrativamente está la república dividida en 14 Provincias y 9 Gobernaciones, á saber: Provincias : Buenos Aires, Catamarca, Córdoba, Corrientes, Entre Rios, Jujuy, Mendoza, Rioja, Salta, San juan, San Luis, Santiago, Santa Fé y Tucuman; Gobernaciones : Chaco, Chubut, Formosa, Misiones, Neuquen, Pampa, Rio Negro, Santa Cruz y Tierra del Fuego. La capital de la confederacion es la ciudad de Buenos Aires. 2) la, estancia, Ctl 2, 3. Azul, Buenos Aires. 3) establecimiento rural, Ctl 4, Campana, Buenos Aires 4) establecimiento rural, Ctl 4, Cármen de Areco, Buenos Aires. 5) establecimiento rural, Ctl 5, Chacabuco, Buenos Aires 6) estancia, Ctl 13, Lincoln, Buenos Aires. 7) chacra, Ctl 5, Lobos, Buenos Aires. 8) estancia, Ctl 6, Lujan, Buenos Aires. 9) estancia, Ctl 2, Maipú, Buenos Aires. 10) estancia, Ctl 2, Merlo Buenos Aires. 11) estancia, Ctl 1, 2, Rodriguez, Buenos Aires. 12) estancia, Ctl 5, Rojas, Buenos Aires. 13) estancia, Ctl 5, Saladillo, Buenos Aires. 14) la, laguna, Ctl 5, Saladillo, Buenos Aires. 15) establecimiento rural, Ctl 10, Tandil. Buenos Aires. 16) establecimiento rural, Ctl 6, Trenque-Lauquen, Buenos Aires. 17) establecimiento rural, Ctl 1, Tuyú, Buenos Aires. 18) mina de cobre en el distrito mineral de las Capillitas, Andalgalá, Catamarca. Parece que el mineral de esta mina encierra, además, buenas proporciones de oro y plata. 19) pedanía del departamento Minas, Córdoba. Tiene 1297 habitantes (Censo). 20) cuartel de la pedanía del mismo nombre, Minas, Córdoba. 21) mina de galena argentífera, Argentina, Minas, Córdoba. $\varphi = 31° 11'$; $\lambda = 65° 20'$, $z = 950$ m. (Brackebusch) E. 22) finca rural, San Luis del Palmar, Corrientes. 23) colonia, Capital, Entre Rios. Fué fundada por una resolucion del Gobierno Nacional, de 22 de Octubre de 1876, en las márgenes del arroyo Tala. 24) finca rural, San Martin, Mendoza. 25) finca rural, Tunuyan, Mendoza. 26) mina de galena argentífera en el distrito mineral de « La Pintada, » Veinte y Cinco de Mayo, Mendoza. 27) finca rural, Chilecito, Rioja. 28) mineral de plata, Poma, Salta. 29) mineral de plata y cobre, San Cárlos, Salta. 30) distrito del departamento de las Colonias, Santa Fé. Tiene

1122 habitantes. (Censo del 7 de junio de 1887). 31) colonia, Argentina, Colonias, Santa Fé. Tiene 309 habitantes. (Censo del 7 de Junio de 1887).

Argentino 1) el, estancia, Ctl 10, Bragado, Buenos Aires. 2) el, establecimiento rural, Ctl 3, Zárate, Buenos Aires. 3) cuartel de la pedanía Espinillo, Márcos Juarez, Córdoba. 4) lago, Santa Cruz. Su extremidad Este, por donde salen sus aguas para formar el rio Santa Cruz, está situada á los 50° 14' S., 71° 59' O G., $\alpha = 133$ m. (Moyano).

Argunero, paraje poblado, Campo Santo, Salta.

Arias, 1) cañada de, Ctl 4, Lujan, y Ctl 3, General Rodriguez, Buenos Aires. Es tributario del arroyo de la Choza, en la márgen izquierda. 2) arroyo, Ctl 3, Rauch, Buenos Aires. 3) establecimiento rural, Ctl 2, Tapalqué, Buenos Aires. 4) arroyo, Capital y Cerrillos, Salta. Es formado por la confluencia de los arroyos Silleta y San Lorenzo, que nacen en las sierras de la Caldera, pasa por la capital de la provincia con rumbo á Sud, recibe sucesivamente en la márgen derecha las aguas de los arroyos Ancho, del Toro y de Escoipe, y desagua algo abajo de Cabra-Corral, en la márgen izquierda del rio Juramento. 5) distrito de la primera seccion del departamento Robles, Santiago del Estero. 6) paraje poblado, Robles, Santiago.

Armas, 1) las, establecimiento rural, Ctl 8, Ayacucho, Buenos Aires. 2) las, laguna, Ctl 8, Ayacucho, Buenos Aires.

Armonia, 1) la, estancia, Ctl 3, 6, Azul, Buenos Aires. 2) establecimiento rural, Ctl 1, Bolivar, Buenos Aires. 3) la, estancia, Ctl 13, Dorrego, Buenos Aires. 4) la, establecimiento rural, Ctl 8, Junin, Buenos Aires. 5) establecimiento rural, La Plata, Buenos Aires. 6) establecimiento rural, Ctl 5, Las Flores, Buenos Aires. 7) estancia, Ctl 5, Las Heras,

Buenos Aires. 8) establecimiento rural, Ctl 2, Magdalena, Buenos Aires. 9) estancia, Ctl 4. Mar Chiquita, Buenos Aires. 10) estancia, Ctl 9, Necochea, Buenos Aires. 11) establecimiento rural, Ctl 4, Rojas, Buenos Aires. 12) estancia, Ctl 2, Tordillo, Buenos Aires. 13) establecimiento rural, Ctl 1, Vecino, Buenos Aires. 14) establecimiento rural, Ctl 3, 10, Veinte y Cinco de Mayo.

Armstrong, 1) distrito del departamento Iriondo, Santa Fe. Tiene 2340 habitantes. (Censo del 7 de junio de 1887) 2) aldea, Armstrong, Iriondo, Santa Fe. Tiene 831 habitantes. (Censo del 7 de Junio de 1887). Dista 92 kms. del Rosario. $\alpha = 118$ m. FCCA, C, T. E. 3) colonia, Armstrong, Iriondo, Santa Fe. Tiene 1509 habitantes. (Censo del 7 de junio de 1887).

Arocas, lugar poblado, Chicligasta, Tucuman. Dista 5 kms. del rio Salí.

Aroma, [1] 1) la, estancia, Ctl 10, Lobos, Buenos Aires. 2) la, estancia, Ctl 4, Magdalena, Buenos Aires.

Aromal, isla del Paraná. Está situada frente á Hernandarias.

Aromas, 1) las, establecimiento rural, Ctl 3, 7, Ayacucho, Buenos Aires. 2) establecimiento rural, Ctl 2, Balcarce, Buenos Aires.

Arosati, laguna, San Luis del Palmar, Corrientes.

Arquímedes, banco en la desembocadura del rio de La Plata, próximo al banco Inglés.

Arrayanal, paraje poblado, Valle Grande, Jujuy.

Arrayanes, [2] vertiente, La Concepcion, Capayan, Catamarca.

Arrecifes, 1) partido de la provincia de Buenos Aires. Fué creado en 1817. Está al NO de Buenos Aires. Su extension

---

1 Arbol (Espinillo blanco).—2 Arbol (Eugenia uniflora).

es de 1754 kms.² y su poblacion de 7773 habitantes. (Censo del 31 de Enero de 1890). El partido es regado por los arroyos Arrecifes, Burgos, Ileña. Inglés, Cañete, Tala, Mosquera, de los Chanchos, de las Flores, Horqueta, del Medio, Gomez, Caaguaré, Invernada, Lima, de los Perros y Contador. 2) villa, Arrecifes, Buenos Aires. Es cabecera del partido. Fué fundada en 1756 y cuenta hoy con una poblacion conjetural de 5600 habitantes. Es estacion del ferrocarril de la Provincia, ramal de Lujan al Pergamino. El Banco Provincial posee una sucursal en este lugar. Dista de Buenos Aires 180 kms. $\div = 34° 3' 55''$; $\lambda = 60° 6' 39''$; $\alpha = 40$ m. C, T, E. 3) arroyo, Ctl 5, Pergamino; Ctl 1, 2, 3, 7, 8, 9, 10, 11, 14, 15, 17, Arrecifes; Ctl 4, 5, San Pedro; Ctl 1, 4. 5. Baradero, Buenos Aires. Tiene su orígen en el partido de Pergamino en el arroyo de Fontezuelas y desemboca en el Paraná entre los pueblos San Pedro y Baradero. En su curso inferior forma el límite natural entre los partidos de San Pedro y Baradero. La direccion de su curso es un semi-círculo que empieza en Oeste, pasa por Sud y acaba en NE. Sus tributarios en la márgen izquierda son los arroyos Cañete y Burgos y en la márgen derecha los arroyos del Salto, Contador, Luna, Gomez, la cañada de la Estancia, el arroyo Caaguané y la cañada Bellaca. 4) arroyo, Entre Rios. Desagua en la márgen derecha del rio Gualeguay.

Arredondo, arroyo, Ctl 5, Castelli, Buenos Aires.

Arregui, cañada, Ctl 1, 2, Magdalena, Buenos Aires.

Arrieros, vertiente, Socoscora, Belgrano, San Luis.

Arriol, lugar poblado, Belgrano, San Luis, E.

Arriola, estancia, Ctl 7, Azul, Buenos Aires.

Arroyito, 1) el, establecimiento rural, Ctl 2, Brown, Buenos Aires. 2) pedania del departamento San Justo, Córdoba. Tiene 2272 habitantes. (Censo). 3) cuartel de la pedanía del mismo nombre, San Justo, Córdoba. 4) cuartel de la pedanía Panaolma. San Alberto, Córdoba 5) aldea, Arroyito, San Justo, Córdoba. Tiene 310 habitantes. (Censo del 1° de Mayo de 1890.) Dista de Córdoba 113 kms. $\div = 31° 23'$; $\lambda = 63° 4'$; $\alpha = 166$ m. FCSFC, C, T, E. 6) lugar poblado, Panaolma, San Alberto, Córdoba. 7) lugar poblado, Rio Pinto, Totoral, Córdoba. 8) paraje poblado, Caacati, Corrientes. 9) paraje poblado, Empedrado, Corrientes. 10) del Garabatá, paraje poblado, San Luis del Palmar, Corrientes.

Arroyitos, establecimiento rural, Ctl 5, Bahia Blanca, Buenos Aires.

Arroyo, 1) el, lugar poblado, Arrecifes, Buenos Aires, E. 2) el, lugar poblado, Candelaria, Cruz del Eje, Córdoba. 3) el, lugar poblado, Salsacate, Pocho, Córdoba. 4) el, cuartel de la pedanía Dolores, Punilla, Córdoba 5) lugar poblado, Dolores, Punilla, Córdoba. 6) lugar poblado, Tulumba, Tulumba, Córdoba. 7) paraje poblado, Esquina, Corrientes. 8) lugar poblado, San Miguel, Corrientes. 9) lugar poblado, Cafayate, Salta. 10) paraje poblado, Iglesia, San Juan. 11) paraje poblado, Carolina, Pringles, San Luis. 12) paraje poblado, Rincon del Cármen, San Martin, San Luis. 13) de Álvarez, pedanía del departamento Rio Segundo, Córdoba. Tiene 1009 habitantes. (Censo). 14) de Álvarez, cuartel de la pedanía del mismo nombre, Rio Segundo, Córdoba. 15) de Álvarez, lugar poblado, Suburbios, Rio Segundo, Córdoba. 16) de Álvarez, lugar poblado, Arroyito, San Justo, Córdoba. 17) Amaro, paraje poblado, Monte Caseros, Corrientes. 18) Amboy, paraje poblado, Monte Caseros, Corrientes. 19) Aspero, lugar poblado,

Rio de los Sauces, Calamuchita, Córdoba. 20) *Asuri*, paraje poblado, Mercedes, Corrientes. 21) *Bahi*, paraje poblado, Curuzú-Cuatiá, Corrientes. 22) *de Benitez*, paraje poblado, Larca, Chacabuco, San Luis. 23) *Boni*, paraje poblado, Mercedes, Corrientes. 24) *de Burgos*, establecimiento rural, Ctl 6, Arrecifes, Buenos Aires. 25) *Caabi*, paraje poblado, Concepcion, Corrientes. 26) *de Cabral*, aldea, Villanueva, Tercero Abajo, Córdoba. Tiene 150 habitantes. (Censo del 1° de Mayo de 1890). 27) *de la Cal*, paraje poblado, Conlara, San Martin, San Luis. 28) *de las Cañas*, paraje poblado, Dolores, Chacabuco, San Luis. 29) *Caraballo*, lugar poblado, Lavalle, Corrientes. 30) *Carancho*, lugar poblado, Lavalle, Corrientes. 31) *Casco*, lugar poblado, Curuzú-Cuatiá, Corrientes. 32) *Chañares*, lugar poblado, Matorrales, Rio Segundo, Córdoba. 33) *Chasicó*, establecimiento rural, Villarino, Buenos Aires. 34) *Chico*, establecimiento rural, Ctl 8, Ayacucho, Buenos Aires. 35) *Chico*, establecimiento rural, Ctl 1, Mar Chiquita, Buenos Aires. 36) *Chico*, establecimiento rural, Ctl 1, Tandil, Buenos Aires. 37) *Colorado*, fuente termal sulfurosa, San Pedro, jujuy. 38) *de Correa*, lugar poblado, Rio Pinto, Totoral, Córdoba. 39) *Corto*, lugar poblado, Suarez, Buenos Aires. Dista de Buenos Aires 553 ½ kms. ᴈ = 270,4 m. FCS, C, T, E. 40) *Curuzú-Cuatiá*, paraje poblado, Curuzú-Cuatiá, Corrientes. 41) *Dulce*, establecimiento rural, Ctl 10, Salto, Buenos Aires. 42) *Dulce*, lugar poblado, Cosquin, Punilla, Córdoba. 43) *Espíndola*, lugar poblado, Sauce, Corrientes. 44) *Fernandez*, lugar poblado, Curuzú-Cuatiá, Corrientes. 45) *Florido*, lugar poblado, Paso de los Libres, Corrientes. 46) *Gallego*, lugar poblado, Mercedes, Corrientes. 47) *Gama*, lugar poblado,

Monte Caseros, Corrientes. 48) *de la Garza*, lugar poblado, Suburbios, Rio Segundo, Córdoba. 49) *Gonzalez*, lugar poblado, San Roque, Corrientes. 50) *Grande*, establecimiento rural, Ctl 2, 3, Mar Chiquita, Buenos Aires. 51) *Grande*, paraje poblado, Curuzú-Cuatiá, Corrientes. 52) *Herrera*, lugar poblado, Curuzú-Cuatiá, Corrientes. 53) *Hondo*, lugar poblado, Sauce, Corrientes. 54) *Ibicuy*, lugar poblado, Curuzú Cuatiá, Corrientes. 55) *Insaurralde*, lugar poblado, San Roque, Corrientes. 56) *Largo*, lugar poblado, Empedrado, Corrientes. 57) *de Leyes*, lugar poblado, Maipú, Mendoza. 58) *Lima*, lugar poblado, Sauce, Corrientes. 59) *Llanes*, lugar poblado, Curuzú-Cuatiá, Corrientes. 60) *Lomas*, paraje poblado, San Roque, Corrientes. 61) *Lorito*, lugar poblado, Curuzú-Cuatiá, Corrientes. 62) *de Ludueña*, paraje poblado, Avila, Rosario, Santa Fe. Tiene 564 habitantes. (Censo del 7 de Junio de 1887.) 63) *de Luna*, establecimiento rural, Ctl 5, Arrecifes, Buenos Aires. 64) *de Luti*, cuartel de la pedanía Cañada de Alvarez, Calamuchita, Córdoba. 65) *del Medio*, paraje poblado, San Pedro, jujuy 66) *del Medio*, paraje poblado, Guzman, San Martin, San Luis. 67) *del Medio Abajo*, distrito del departamento General Lopez, Santa Fe. Tiene 866 habitantes. (Censo del 7 de Junio de 1887.) 68) *del Medio Arriba*, distrito del departamento General Lopez, Santa Fe. Tiene 542 habitantes. (Censo del 7 de junio de 1887) 69) *del Medio Centro*, distrito del departamento General Lopez, Santa Fe. Tiene 1984 habitantes. (Censo del 7 de junio de 1887). 70) *de las Mojarras*, lugar poblado, San Roque, Punilla, Córdoba. 71) *Morales*, lugar poblado, San Luis del Palmar, Corrientes. 72) *Nauré*, lugar poblado, Caacati, Corrientes. 73) *del Negro*, establecimiento rural, Ctl 3, Juarez, Buenos Aires. 74) *Noy*, paraje poblado, Mercedes, Corrientes. 75) *Pelon*, lugar poblado, Concepcion, Corrientes. 76) *Pelon*, lugar poblado, San Cosme, Corrientes. 77) *Pereyra*, lugar poblado, Mercedes, Corrientes. 78) *Picardia*, lugar poblado, Santo Tomé, Corrientes. 79) *del Pino*, cuartel de la pedanía Chañares, Tercero Arriba, Córdoba. 80) *de Pino*, lugar poblado, Mojarras, Tercero Abajo, Córdoba. 81) *del Pino*, aldea, Zorros, Tercero Arriba, Córdoba. Tiene 303 habitantes. (Censo del 1° de Mayo de 1890). 82) *Pirayui*, lugar poblado, Lomas, Corrientes. 83) *del Polco*, lugar poblado, Rincon del Cármen, San Martin, San Luis. 84) *Pord*, lugar poblado, Ituzaingó, Corrientes. 85) *Purá*, lugar poblado, Paso de los Libres, Corrientes. 86) *Roman*, lugar poblado, Mercedes, Corrientes. 87) *Sabeli*, lugar poblado, Curuzú·Cuatiá, Corrientes. 88) *San José*, aldea, Yucat, Tercero Abajo, Córdoba. Tiene 123 habitantes. (Censo del 1° de Mayo de 1890). 89) *San José*, lugar poblado, Pampayasta Norte, Tercero Arriba, Córdoba. 90) *San Ramon*, establecimiento rural, Ctl 6, Chascomús, Buenos Aires. 91) *Saty*, lugar poblado, Bella Vista, Corrientes. 92) *del Sauce*, paraje poblado, Maipú, Mendoza. 93) *Seco*, lugar poblado, Tandil, Buenos Aires, E. 94) *Seco*, lugar poblado, Santa Rosa, Calamuchita, Córdoba. 95) *Seco*, lugar poblado, Curuzú-Cuatiá, Corrientes. 96) *Seco*, lugar poblado, Lavalle, Corrientes. 97) *Seco*, lugar poblado, Sauce, Corrientes. 98) *Seco*, lugar poblado, Rosario, Santa Fe. Dista de Buenos Aires 273 kms. $x = 26$ m. FCRS, C, T. 99) *Seco Norte*, distrito del departamento Rosario, Santa Fe. Tiene 1333 habitantes. (Censo del 7 de Junio de 1887). 100) *Seco Sud*, distrito del departamento Rosario, Santa Fe. Tiene 1764 habitantes. (Censo del 7 de junio de 1887). 101) *Sombrero*, lugar poblado, Lavalle, Corrientes. 102) *Suarez*, lugar poblado, Lavalle, Corrientes, E. 103) *del Sud*, aldea, Zorros, Tercero Arriba, Córdoba. Tiene 100 habitantes. (Censo del 1° de Mayo de 1890). 104) *Tala*, lugar poblado, Mercedes, Corrientes. 105) *Tala*, lugar poblado, Guasayan, Santiago. E. 106) *Tapia*, lugar poblado, Concepcion, Corrientes. 107) *de Toledo*, cuartel de la pedanía Rio de los Sauces, Calamuchita, Córdoba. 108) *de Toledo*, lugar poblado, Rio de los Sauces, Calamuchita, Córdoba. 109) *Toro*, lugar poblado, Las Conchas, Buenos Aires, E. 110) *del Toro*, lugar poblado, San Luis del Palmar, Corrientes. 111) *de las Toscas*, lugar poblado, Rosario, Pringles, San Luis. 112) *Vera*, lugar poblado, Curuzú-Cuatiá, Corrientes 113) *de los Vilches*, lugar poblado, Rincon del Cármen, San Martin, San Luis. 114) *de Zapata*, lugar poblado, Magdalena, Buenos Aires, E.

Arroyon, riacho, Ctl 6, San Fernando, Buenos Aires.

Arroyos, 1) de los, establecimiento rural, Ctl 2, San Antonio de Areco, Buenos Aires. 2) lugar poblado, Rio Chico, Tucuman. Está situado en la orilla izquierda del arroyo Marapa.

Arrufó, colonia, Libertad, San Justo, Córdoba. Fué fundada en 1887, en una extension de 5411 hectáreas. Está situada en el paraje denominado « Los Morteros.»

Arruinada, mina de cuarzo aurifero y galena argentífera, San Bartolomé, Rio Cuarto, Córdoba. Está situada en el paraje llamado « Las Higueras.»

Arsenal, el, lugar poblado, Cañas, Anejos Norte, Córdoba.

Artacho-Cué, lugar poblado, Monte Caseros, Corrientes.

Artalejos, 1) establecimiento rural, Ctl 4,

juarez, Buenos Aires. 2) laguna, Ctl 1, juarez, Buenos Aires.

Arteaga, colonia, San José de la Esquina, San Lorenzo, Santa Fe. Tiene 192 habitantes. (Censo del 7 de junio de 1887). Dista del Rosario 116 kms. FCOSF, C,T.

Artigas, paraje poblado, Paso de los Libres, Corrientes.

Artola, laguna, Ctl 7, Rauch, Buenos Aires.

Arturo, mina de cobre en el distrito mineral de las Capillitas, Andalgalá, Catamarcá.

Asador, 1) e¹, establecimiento rural, Ctl 7, Vecino, Buenos Aires. 2) laguna, Ctl 6, Vecino, Buenos Aires. 3) laguna, Rio Negro. Está situada en el camino de Viedma á puerto San Antonio.

Ascasubi, 1) pedanía del departamento Union, Córdoba. Tiene 453 habitantes. (Censo). 2) cuartel de la pedanía del mismo nombre, Union, Córdoba. 3) aldea, Capilla de Rodriguez, Tercero Arriba, Córdoba. Tiene 168 habitantes. (Censo del 1° de Mayo de 1890).

Ascension, la, establecimiento rural, Ctl 3, San Pedro, Buenos Aires.

Ascochingas, 1) estancia, San Vicente, Anejos Norte, Córdoba. $\varphi = 31$; $\lambda = 64°$ $17'$; $\alpha = 650$ m. (Brackebusch). 2) distrito del departamento de la Capital, Santa Fe. Tiene 777 habitantes. (Censo del 7 de Junio de 1887). 3) cañada, Capital, Santa Fe. Da origen al arroyo Aguiar.

Asperas las, cuartel de la pedanía Potrero de Garay, Anejos Sud, Córdoba.

Aspereza, vertiente, Conlara, San Martin, San Luis.

Aspero, 1) el, paraje poblado, Iruya, Salta. 2) pico del Potrero del Morro, Morro, Pedernera, San Luis.

Astica, 1) lugar poblado, Valle Fértil, San Juan. 2) arroyuelo, Valle Fértil, San Juan.

Astillas, lugar poblado, Candelaria, Totoral, Córdoba.

Astillero, 1) el, lugar poblado, Iruya, Salta. 2) lugar poblado, Oran, Salta.

Astorga, laguna, Ctl 9, Lincoln, Buenos Aires.

Asuncion, 1) establecimiento rural, Ctl 5, Chascomús, Buenos Aires. 2) establecimiento rural, Ctl 5, Nueve de Julio, Buenos Aires. 3) la, mina de plomo y plata, Ciénega del Coro, Minas, Córdoba. Está situada en el Guayco. 4) finca rural, Mercedes, Corrientes. 5) finca rural, Lavalle, Mendoza. 6) mineral de plata, Poma, Salta.

Asunta, estacion del ferro-carril de Villa Maria á Rufino, Union, Córdoba. Dista de Villa Maria 138 kms.

Atacopampa, [1] paraje poblado, La Viña, Salta.

Atahi, laguna, Bella Vista, Corrientes.

Atahona, 1) la, establecimiento rural, Ctl 7, Chacabuco, Buenos Aires. 2) la, establecimiento rural, Ctl 7, Giles, Buenos Aires. 3) lugar poblado, Chalacea, Rio Primero, Córdoba. 4) aldea, Chicligasta, Tucuman. Está situada en la orilla izquierda del arroyo Gastona. E.

Atahualpa, [2] mina de plata en el distrito mineral de «El Tigre,» sierra de Famatina, Rioja.

Atajo, 1) brazo del rio Paraguay que forma la isla Cerrito. 2) distrito mineral en la sierra del mismo nombre, ramificacion de la de Aconquija, Andalgalá, Catamarca. Este distrito está á unos 15 kms. al Noroeste del de Capillitas y encierra filones de peróxido de hierro mezclado con cuarzo aurífero (Hoskold). 3) sierra del, en el límite de los departamentos Santa Maria y Andalgalá, Catamarca. Es una rama de la sierra de Aconquija

---

1 Pampa poblada de la planta llamada Ataco. (Amarantus chlorostachys). — 2 *Atahuallpa*, gallina ó gallo en lengua quichua. Es el nombre propio del Inca XV, rey y usurpador del Perú, por haber hecho degollar á su hermano natural Huascar Inca. El P. Fr. Honorio Mossi, cree que la verdadera ortografía de la palabra es *atauhuallpa*, que significa *dichoso en guerra*.

ne 128 habitantes. (Censo del 1º de Mayo de 1890)

Atravesada, laguna, Rio Negro. Está situada en el camino de Viedma á puerto San Antonio.

Atrencó, lúgar poblado, Seccion 3ª, Pampa, C.

Atrevida, la, establecimiento rural. Ctl 2, Guaminí, Buenos Aires.

Atuel, [1] 1) paraje poblado, Beltran, Mendoza. 2) rio, Mendoza. Tiene su orígen en la cordillera, en las faldas que rodean el cerro del Choique. Sale de la cordillera con rumbo hácia el Este, dobla al Norte en las inmediaciones del cerro Carrizalito, aproximándose en esta direccion mucho al rio Diamante, dobla en el cerro Negro nuevamente al E. y luego al SE. para llevar sus aguas al rio Salado. En la cordillera tiene un tributario importante, el arroyo Salado.

Atum, laguna, Capital, San Luis. Es formada por el Desaguadero.

Atumpampa, lugar poblado, Santa Rosa, Calamuchita, Córdoba.

Audacia la, establecimiento rural, Ctl 5, Saladillo, Buenos Aires.

Augier, colonia, Venado Tuerto, General Lopez, Santa Fe.

Auli, colonia, Capital, Entre Rios. Fué fundada en 1883 por un tal Auli, en el distrito Sauce, al lado del ferro-carril central entreriano. Tiene 3000 hectáreas de extension, divididas en 120 concesiones.

Aurelia, 1) establecimiento rural, Ctl 6, Chascomús, Buenos Aires. 2) mina de galena argentífera en el distrito mineral de San Antonio de los Cobres, Poma, Salta 3) colonia, Susana, Colonias, Santa Fe. Tiene 521 habitantes. (Censo del 7 de Junio de 1887). Dista de Santa Fe 75 kms., del Rosario 182 kms. y de Bue-

---

1 El Quejido (del Araucano).

nos Aires 492 ½ kms. $z = 73$ m. FCRS, FCSF, C, T.

Aurífera la, mina de cobre y oro en el Rincon de Soconoro, Ayacucho, San Luis.

Aurora, 1) la, establecimiento rural, Ctl 8, Balcarce, Buenos Aires. 2) chacra, Ctl 6, Baradero, Buenos Aires. 3) estancia, Ctl 5, Bolivar, Buenos Aires. 4) establecimiento rural, Ctl 4, Campana, Buenos Aires. 5) establecimiento rural, Ctl 5, Las Flores, Buenos Aires. 6) establecimiento rural, Ctl 6, Nueve de Julio, Buenos Aires. 7) establecimiento rural, Ctl 7, Pergamino, Buenos Aires. 8) establecimiento rural, Ctl 3, 5, Tapalqué, Buenos Aires. 9) establecimiento rural, Ctl 11, Tres Arroyos, Buenos Aires. 10) establecimiento rural, Ctl 8, Veinte y Cinco de Mayo, Buenos Aires. 11) mina de plomo y plata, Ciénega del Coro, Minas, Córdoba. Está situada en « Loma del Overo Muerto » y pertenece al mineral de Guayco. 12) lugar poblado, Candelaria, Rio Seco, Córdoba. 13) estancia, Concepcion, Corrientes. 14) finca rural, Goya, Corrientes. 15) finca rural, Paso de los Libres, Corrientes. 16) establecimiento agrícola, Banda, Santiago. Por este punto pasa el ferro-carril de San Cristóbal á Tucuman. $\varphi = 27° 29'$; $\lambda = 64° 12'$.

Ausonia, [1] 1) colonia, Chaco. Fundada en 1869 á orillas del arroyo del Rey, fué destruida en 1871 por los indios Tobas. 2) estacion del ferro-carril de Villa Maria á Rufino, Tercero Abajo, Córdoba. Dista de Villa Maria 27 kms.

Australia la, estancia, Carlota, Juarez Celman, Córdoba.

Avalos, 1) arroyo, Ctl 2, 3, Exaltacion de la Cruz, Buenos Aires 2) laguna, Ctl 3, Mar Chiquita, Buenos Aires. 3) cuartel

de la pedanía Candelaria, Cruz del Eje, Córdoba. 4) lugar poblado, Punilla, Córdoba. $\varphi = 31° 6'$; $\lambda = 64°49'$; $z = 1250$ m. (Brackebusch). 5) arroyo, Esquina, Corrientes. Es un afluente del Sarandí. Tiene su origen en el departamento Curuzú-Cuatiá y forma durante un buen trecho el límite entre los departamentos Esquina y Sauce. 6) *Cué*, paraje poblado, Bella Vista, Corrientes. 7) *Cué*, paraje poblado, Curuzú-Cuatiá, Corrientes. 8) *Cué*, paraje poblado, Esquina, Corrientes. 9) *Cué*, paraje poblado, San Roque, Corrientes.

Avelina, 1) mina de cuarzo aurífero, San Bartolomé, Rio Cuarto, Córdoba. Está situada en el paraje llamado « Bella Vista ». 2) la, estancia, Ctl 4, Magdalena, Buenos Aires.

Avellaneda, 1) chacra, Ctl 1, Lomas de Zamora, Buenos Aires. 2) aldea, Manzanas, Ischilin, Córdoba. Tiene 292 habitantes. (Censo del 1° de Mayo de 1890). Dista de Córdoba 97 kms. $\varphi = 30° 36'$; $\lambda = 64° 13'$; $z = 709$ m. FCCN, C, T. 3) colonia, Rio Negro. Se instaló en 1879 á orillas del rio Negro. $\varphi = 39° 16'$ $\lambda = 65° 45'$. 4) departamento de la Gobernacion del Rio Negro. Limita al Norte con el rio Colorado; al Este con el departamento Pringles; al Sud con el rio Negro y al Oeste con el departamento General Roca. 5) distrito del departamento San Javier, Santa Fe. Tiene 1443 habitantes. (Censo del 7 de junio de 1887) 6) aldea, Avellaneda, San Javier, Santa Fe. Tiene 132 habitantes. (Censo del 7 de junio de 1887). C. 7) colonia, Avellaneda, San Javier, Santa Fe. Tiene 1311 habitantes. (Censo del 7 de Junio de 1887). 8) arroyo, Famaillá, Tucuman. Es un tributario del Famaillá.

Ave Maria, mina de plomo, Ciénega del Coro, Minas, Córdoba.

Avería, paraje poblado, Capital, Rioja.

Averías, 1) arroyo, Ctl 11, Chascomús,

1 En la geografía antigua se llamaba así un pueblo de Italia, en la costa occidental, cerca de los Volscos.

Buenos Aires. 2) lugar poblado, La Amarga, Juarez Celman, Córdoba. 3) lugar poblado, Castaños, Rio Primero, Córdoba. 4) *Chicas*, lugar poblado, La Amarga, Juarez Celman, Córdoba.

Aves, de las, laguna, Capital, Santa Fé. Es formada por el arroyo Calchaqui.

Avestruz, 1) el, establecimiento rural, Ctl 8, Alsina, Buenos Aires. 2) laguna, Ctl 4, Saladillo, Buenos Aires 3) laguna, Ctl 5, Suarez, Buenos Aires. 4) establecimiento rural, Ctl 5, Trenque-Lauquen, Buenos Aires. 5) distrito minero del departamento Iglesia, San Juan. Encierra cobre.

Avila, 1) estancia, Ctl 7, Azul, Buenos Aires. 2) (*Arroyo Ludueña*), distrito del departamento Rosario. Santa Fé. Tiene 660 habitantes. (Censo del 7 de junio de 1887). 3) aldea, Avila, Rosario, Santa Fé. Tiene 114 habitantes. (Censo del 7 de Junio de 1887). Dista 16 kms. del Rosario. $z = 33$ m. FCCA, C, T.

Avilita, paraje poblado, Capital, Salta.

Awiqueguel, [1] arroyo, Santa Cruz. Desagua en el Deseado, en su márgen izquierda. (Moyano).

Ayacucho, 1) partido de la provincia de Buenos Aires. Fué creado en 1865. Está situado al Sud de Buenos Aires. Tiene 7722 kms.² de extension y 11507 habitantes. (Censo del 31 de Enero de 1890). Escuelas funcionan en Ayacucho, Campo de Becerro, San José de Vargas y La Porfía. El partido es regado por los arroyos Langueyú, Tandileofú, Napoleofú, El Perdido, Manguera, Chinforí, Vecino, Las Chilcas, Colinas, Chico y El Zanjon. 2) villa, Ayacucho, Buenos Aires. Es cabecera del partido y cuenta hoy con una poblacion de 3000 habitantes. Fué fundada en 1867. El Banco de la Provincia tiene una sucursal en este lugar. Dista de Buenos Aires 332 kms. $\varphi = 37° 9' 35''$; $\lambda = 58° 28' 34''$

$z = 71,8$ m. FCS, línea de Altamirano á Tres Arroyos. C, T, E. 3) departamento de la provincia de San Luis. Confina al Oeste con las provincias de San juan y Mendoza y al Norte con la provincia de La Rioja. Su extension es de 8395 kms.² y su poblacion conjetural de 12400 habitantes. El departamento está dividido en los 6 partidos: Salinas, Bella Vista, Candelaria, Quines, Lujan y San Francisco. El departamento está regado por los arroyos Quines, Lujan, San Francisco, Juan Gomez, de la Cuesta, Majada, Zapallar, Quebracho y Socoscora. Escuelas funcionan en San Francisco, Juan Gomez, Majada, Represita, San Antonio, Corrales, Rincon, Botija, Lujan, Quines y Candelaria. La villa de San Francisco es la cabecera del departamento.

Ayala, 1) paraje poblado, Caacatí, Corrientes. 2) *Cué*, paraje poblado, Goya, Corrientes. 3) *Cué*, paraje poblado, San Miguel, Corrientes.

Aymond, cerro, Santa Cruz. $\varphi = 52° 5'$; $\lambda = 69° 25'$; $z = 300$ m.

Ayucú, 1) paraje poblado, San Miguel, Corrientes. 2) estero, San Miguel, Corrientes.

Ayuí, 1) paraje poblado, Paso de los Libres, Corrientes 2) bañado Paso de los Libres, Corrientes. 3) cañada, Paso de los Libres, Corrientes. Termina en arroyo y desagua en la orilla izquierda del Miriñay. 4) *Chico*, arroyo, Mercedes, Corrientes. Es un afluente del Ayuí Grande. 5) *Grande*, arroyo, Mercedes, Corrientes. Es un tributario del Miriñay, en cuya márgen derecha desagua. Recibe las aguas del Ayui Chico, Yuquerí y Curupicay. 6) *Grande*, arroyo, Entre Rios. Desagua en el Uruguay.

Ayuití, paraje poblado, San Miguel, Corrientes.

Ayuncha, 1) distrito del departamento Loreto, Santiago del Estero. 2) paraje poblado, Loreto, Santiago.

Azcuénaga, lugar poblado, Giles, Buenos

_____
[1] Fuente de la pluma.

Aires. Dista de Buenos Aires 102 kms. $\alpha = 37$ m. FCO, ramal de Lujan á Pergamino, Junin y San Nicolás. C, T.

Azotea, 1) la, establecimiento rural, Ctl 7, Azul, Buenos Aires. 2) establecimiento rural, Ctl 3, Brandzen, Buenos Aires. 3) establecimiento rural, Ctl 5, 6, Chascomús, Buenos Aires. E. 4) estancia, La Plata, Buenos Aires. 5) estancia, Ctl 6. Saladillo, Buenos Aires. 6) establecimiento rural, Ctl 1, Tandil, Buenos Aires. 7) *de Alvarez*, estancia, Ctl 2, Rodriguez, Buenos Aires. 8) *de Nogales*, estancia, Ctl 6 Balcarce, Buenos Aires. 9) *de Piedra*, establecimiento rural, Ctl 7, Dorrego, Buenos Aires.

Azúcar Argentino, ingenio de azúcar, Chicligasta, Tucuman. Está situado á 1 km. de distancia al Sud de Concepcion.

Azucena, 1) la, estancia, Ctl 1, 7, Tandil, Buenos Aires. 2) mineral de plata, Poma, Salta.

Azufrado, arroyo, Neuquen. Es uno de los afluentes que recibe el Neuquen del lado Norte.

Azul, 1) partido de la provincia de Buenos Aires. Fué creado en 1829. Está situado al SSO. de Buenos Aires. Tiene una extension de 6047 kms.^{2} y una poblacion de 19960 habitantes. (Censo del 31 de Enero de 1890). Escuelas funcionan en Azul, Las Cortaderas, Parish, etc. El partido está regado por los arroyos Azul, de los Huesos, la Corina, Cortaderas, El Peregrino, Cerro de la Plata, de la Crespa, Siempre Amigo, Potrero, Perdido, Pango, Tapalqué y Manantiales. 2) villa, Azul, Buenos Aires. Es cabecera del partido y cuenta hoy con una poblacion de 8000 habitantes. Fué fundada en 1832. El Banco de la Provincia y el Nacional tienen una sucursal en este lugar. Dista de Buenos Aires 318 kms. $\varphi = 36° 46' 50''$; $\lambda = 59° 51' 4'')$". $\alpha = 136$ m. FCS, C, T, E. 3) arroyo; Ctl 1, 2, 5, 6, Azul y Ctl 8, 10,

Rauch, Buenos Aires. Tiene su orígen en un bañado situado en el campo de Miñana, en el límite de los partidos Azul. y Juarez, pasa por el pueblo del Azul, cruza la línea del ferro-carril del Sud á inmediaciones de la estacion Parish y desagua, despues de haber recorrido unos 160 kms., en la laguna Larga ó Chilca Grande, en el límite de los partidos Flores y Rauch. Una vez que sale de esta laguna toma el nombre de Gualichu, hasta la laguna Las Vizcacheras, en el partido de Pila, donde borra su cauce. 4) la, mina de cobre y plata en la serranía de las Animas, Tilcara, Jujuy.

Azulejos, lugar poblado, Panaolma, San Alberto, Córdoba.

Azurú, laguna, Goya, Corrientes.

Babiano, arroyuelo, La Paz, Catamarca.

Bacacuá, lugar poblado, Curuzú-Cuatiá, Corrientes. E.

Bachicha, arroyo, Ctl 6, 7, Balcarce, Buenos Aires. Es tributario del arroyo Grande, en la márgen derecha.

Bacú, laguna, San Roque, Corrientes.

Bacuá, finca rural, Curuzú-Cuatiá, Corrientes.

Baez, 1) distrito de la seccion «Ojo de Agua» del departamento Sumampa, Santiago del Estero. 2) lugar poblado, Ojo de Agua, Sumampa, Santiago del Estero. E. 3) finca rural. Caacatí, Corrientes.

Bagres [1] los, laguna, Ctl 6, Saladillo, Buenos Aires.

Bagual, [2] 1) arroyo, Ctl 5, Exaltacion de la Cruz, y Ctl 6, Zárate, Buenos Aires. 2) establecimiento rural, Ctl 6, Juarez, Buenos Aires. 3) el, laguna, Ctl 6, Juarez, Buenos Aires. 4) establecimiento rural, Ctl 8, Lincoln, Buenos Aires. 5) laguna, Ctl 8, Lincoln, Buenos Aires. 6)

---

1) Nombre de un pez muy abundante en todos los ríos de América.—2) Caballo aun no domado.

el, laguna, Ctl 4, Monte, Buenos Aires. 7) laguna, Ctl 1, Necochea, Buenos Aires. 8) laguna, Villarino, Buenos Aires, 9) el, aldea, Castaños, Rio Primero, Córdoba. Tiene 161 habitantes. (Censo del 1° de Mayo de 1890). 10) laguna, Pedernera. San Luis. Está situada al Sud del rio Quinto. 11) lugar poblado, Jimenez, Santiago. E.

Baguales, 1) arroyo, Azul, Buenos Aires. Es un tributario del arroyo de Los Huesos en la márgen izquierda. 2) lugar poblado, Santa Rosa, Calamuchita, Córdoba.

Bahía, 1) *Blanca*. Partido de la provincia de Buenos Aires. Fué creado en 1865. Está situado al SO. de Buenos Aires. Tiene 6175 kms.² de extension y una poblacion de 12986 habitantes. (Censo del 31 de Enero de 1890). Escuelas funcionan en Bahía Blanca, en la colonia Tornquist, etc. El partido es regado por los arroyos Sauce Chico, Napostá Grande, Napostá Chico, Sauce Grande, Maldonado, La Ventana, Barril, San Juan, del Bajo, de los Jagüelitos, Manantiales, Rivero, La Esmeralda, la Tigra, Sombra del Toro, Los Leones, Saladillo y San Pablo. La cabecera del partido es Bahía Blanca. 2) *Blanca*, villa, Bahía Blanca, Buenos Aires. Está situada á orillas del arroyo Napostá Grande, á 7 kms de su desembocadura en el Océano Atlántico. Su poblacion es hoy de unos 7000 habitantes. Bahía Blanca está por la vía férrea á 18 horas ó sea 709 kms. de distancia de Buenos Aires. Aduana. Sucursales de los Bancos de la Provincia y Nacional, etc. $\varphi = 38° 42' 52''$; $\lambda = 62° 17' 19''$; $\alpha = 18$ m. (pueblo). FCS, C, T, E. 3) *Nueva* ó Golfo Nuevo, Chubut. En la costa del Atlántico, entre los 42 y 43 grados de latitud. 4) *de San Blas*, estancia, Ctl 1, Patagones, Buenos Aires.

Baigorria, lugar poblado, Vecino, Buenos **Aires. E.**

Bajada, 1) la, distrito del Departamento Faclin, Catamarca. 2) lugar poblado, San Pedro, jujuy. 3) la, paraje poblado, Lujan, Mendoza. 4) paraje poblado, Rosario de la Frontera. Salta. 5) la, paraje poblado, San Cárlos, Salta. 6) vertiente, Totoral, Pringles, San Luis. 7) distrito de la seccion Matará del departamento Matará, Santiago del Estero. 8) distrito del departamento Salavina, Santiago del Estero. 9) lugar poblado, Loreto, Santiago. E. 10) lugar poblado, Matará, Santiago. 11) lugar poblado, Leales, Tucuman. C. 12) *del Algarrobo*, estancia, Ctl 2, Patagones, Buenos Aires. 13) *de Arroyones*, paraje poblado, Las Heras, Mendoza. 14) *de la Cancha*, estancia, Ctl 2, Patagones, Buenos Aires. 15) *Diego*, lugar poblado, Capilla de Rodriguez, Tercero Arriba, Córdoba. 16) *Grande*, paraje poblado, Rosario de la Frontera, Salta. 17) *Grande*, finca rural, Jachal, San Juan. 18) *del Turco*, colonia, Rio Negro. Está situada en la orilla del rio Negro y tiene 10.000 hectáreas de extension.

Bajadas, lugar poblado, Monsalvo, Calamuchita, Córdoba.

Bajastiné, estancia, Graneros, Tucuman. Está situada á inmediaciones de Cocha al Sud.

Bajitos los, lugar poblado, Matorrales, Rio Segundo, Córdoba.

Bajo, 1) el, arroyo, Ctl 5, Bahía Blanca, Buenos Aires. 2) del, laguna, Ctl 3, Navarro, Buenos Aires. 3) el, estancia, Ctl 3, Patagones, Buenos Aires. 4) el, lugar poblado, San Antonio, Punilla, Córdoba. 5) cuartel de la pedanía Cármen, San Alberto, Córdoba. 6) el, lugar poblado, Panaolma, San Alberto, Córdoba. 7) el, cuartel de la pedanía Nono, San Alberto, Córdoba 8) lugar poblado, Nono, San Alberto, Córdoba. 9) el, lugar poblado, Las Rosas, San Javier, Córdoba. 10) el, paraje poblado, Cafayate, Salta. 11) el, lugar poblado, Chicoana, Salta. 12) paraje poblado, Jachal, San Juan. 13) lugar poblado, Renca, Chacabuco, San Luis. 14) vertiente, San Martin y Rincon del Cármen, San Martin, San Luis. 15) *de las Cañas*, lugar poblado, Salto, Tercero Arriba, Córdoba. 16) *de las Chacras*, paraje poblado, Rosario, Pringles, San Luis. 17) *Chico*, cuartel de la pedanía Alta Gracia, Anejos Sud, Córdoba. 18) *Chico*, aldea, Alta Gracia, Anejos Sud, Córdoba. Tiene 164 habitantes. (Censo del 1º de Mayo de 1890). 19) *de los Corrales*, lugar poblado, Ambul, San Alberto, Córdoba. 20) *de la Cuesta*, lugar poblado, Totoral, Pringles, San Luis. 21) *del Espinillo*, lugar poblado, Monsalvo, Calamuchita, Córdoba. 22) *de Fernandez*, aldea, Remedios, Rio Primero, Córdoba. Tiene 146 habitantes. (Censo del 1º de Mayo de 1890). 23) *Flores*, estancia, Burruyaco, Tucuman. Está situada cerca de la frontera de Santiago. 24) *Grande*, cuartel de la pedanía Cosme, Anejos Sud, Córdoba. 25) *Grande*, aldea, Cosme, Anejos Sud, Córdoba. Tiene 167 habitantes. (Censo del 1º de Mayo de 1890). E. 26) *Grande*, cuartel de la pedanía Caseros, Anejos Sud, Córdoba. 27) *Grande*, lugar poblado Caseros, Anejos Sud, Córdoba. E. 28) *Grande*, lugar poblado, Tegua y Peñas, Rio Cuarto, Córdoba. 29) *Grande*, paraje poblado, Jachal, San juan. 30) *Guazú*, paraje poblado, Concepcion, Corrientes. 31) *Hondo*, establecimiento rural, Ctl 5, Bahía Blanca, Buenos Aires. 32) *Hondo*, laguna, Ctl 6, Las Flores, Buenos Aires. 33) *Hondo*, cañada, Moreno, Buenos Aires. Es tributario del arroyo de la Choza, en la márgen izquierda. 34) *Hondo*, laguna, Ctl 5, Navarro, Buenos Aires. 35) *Hondo*, laguna, Ctl 5, Saladillo, Buenos Aires. 36) *Hondo*, laguna, Ctl 7, Veinte y Cinco de Mayo, Buenos Aires. 37) *Hondo*, lugar poblado, Chancani, Pocho, Córdoba. 38) *Hondo*, lugar poblado, Castaños, Rio Primero, Córdoba. 39) *Hondo*, lugar poblado, Villa de María, Rio Seco, Córdoba. 40) *Hondo*, lugar poblado, San José, Tulumba, Córdoba. 41) *Hondo*, lugar poblado, Ayacucho, San Luis. 42) *Hondo*, distrito del departamento Rosario, Santa Fé. Tiene 712 habitantes. (Censo del 7 de Junio de 1887). 43) *Lindo*, lugar poblado, Pichanas, Cruz del Eje, Córdoba. 44) *de Ocanto*, lugar poblado, Nono, San Alberto, Córdoba. 45) *de los Quebrachos*, lugar poblado, Constitucion, Anejos Norte, Córdoba. 46) *Récua*, lugar poblado, Rio Ceballos, Anejos Norte, Córdoba. 47) *de San José*, lugar poblado, Argentina, Minas, Córdoba. 48) *de San José*, lugar poblado, Guasapampa, Minas, Córdoba. 49) *de los Sauces*, paraje poblado, La Paz, Mendoza. 50) *de los Trapos*, estancia, Ctl 14, Dorrego, Buenos Aires.

Bajos, 1) lugar poblado, Ambul, San Alberto, Córdoba. 2) *Grandes*, lugar poblado, Yucat, Tercero Abajo, Córdoba. 3) *Grandes*, paraje poblado, San Roque, Corrientes. 4) *Hondos*, laguna, Pedernera, San Luis. Está situada al Sud del rio Quinto.

Balaña, estancia, Ctl 7, Azul, Buenos Aires.

Balas las, laguna, Ctl 10, Lincoln, Buenos Aires.

Balastro (*Punta de*), lugar poblado, Santa María, Catamarca. $\alpha = 2190$ m. (Moussy).

Balcarce, 1) partido de la provincia de Buenos Aires. Fué creado en 1886. Está situado al Sud de Buenos Aires. Tiene una extension de 3644 kms.[2] y una poblacion de 5465 habitantes. (Censo del 31 de Enero de 1890). Escuelas funcionan en Balcarce, La Brava, etc. El partido es regado por los arroyos Colorado, San Francisco. Guarangueyú, Pantano-

el, lugar poblado, Totoral, Pringles, San Luis. 10) el, lugar poblado, Trapiche, Pringles, San Luis. 11) *de Aguirre*, lugar poblado, Chancani, Pocho, Córdoba. 12) *Altamirano*, lugar poblado, Chancani, Pocho, Córdoba. 13) *del Alto*, estancia, Valle Fértil, San Juan. 14) *Amargo*, lugar poblado, Guasapampa, Minas, Córdoba. 15) *del Arroyo*, estancia, Valle Fértil, San Juan. 16) *del Cármen*, paraje poblado, La Paz, Mendoza. 17) *del Chañar*, finca rural, Dolores, Chacabuco, San Luis. 18) *de la Cordillera*, paraje poblado, La Paz, Mendoza. 19) *de la Esperanza*, estancia, Valle Fértil, San juan. 20) *de Fernandez*, lugar poblado, Valle Fértil, San Juan. 21) *de Fierro*, lugar poblado, Chancani, Pocho, Córdoba. 22) *de García*, lugar poblado, Valle Fértil, San juan. C. 23) *de Isla*, lugar poblado, Guasapampa, Minas, Córdoba. 24) *de la Línea*, lugar poblado, Pichanas, Cruz del Eje, Córdoba. 25) *de la Línea*, lugar poblado, Guasapampa, Minas, Córdoba. 26) *del Milagro*, finca rural, Valle Fártil, San juan. 27) *Mistol*, lugar poblado, Guasapampa, Minas, Córdoba. 28) *de los Mistoles*, lugar poblado, Chancani, Pocho, Córdoba. 29) *de la Mora*, lugar poblado, Toscas, San Alberto, Córdoba. 30) *de Nabor*, aldea, Pichanas, Cruz del Eje, Córdoba. Tiene 115 habitantes. (Censo del 1° de Mayo de 1890). $\varphi = 30° 37'$, $\lambda = 65° 30'$; $\alpha = 210$ m. 31) *del Nacimiento*, estancia, Valle Fértil, San Juan. 32) *del Norte*, estancia, Valle Fértil, San Juan. 33) *Nuevo*, lugar poblado, Toscas, San Alberto, Córdoba. 34) *de Olmedo*, lugar poblado, Chancani, Pocho, Córdoba. 35) *del Pimiento*, estancia, Valle Fértil, San Juan. 36) *del Retamo*, paraje poblado, La Paz, Mendoza. 37) *del Retiro*, paraje poblado, Valle Fértil, San Juan. 38) *Rio Verde*, lugar poblado,

Valle Fértil, San Juan. 39) *de Romero*, lugar poblado, Guasapampa, Minas, Córdoba. 40) *de Sanchez*, lugar poblado, Guasapampa, Minas, Córdoba. 41) *San Miguel*, lugar poblado, Chancani, Pocho, Córdoba. 42) *San Roque*, lugar poblado, San Martin, Rioja. 43) *Santo Domingo*, lugar poblado, Chancani, Pocho, Córdoba. 44) *de Soria*, lugar poblado, Toscas, San Alberto, Córdoba. 45) *de Sosa*, lugar poblado, Toscas, San Alberto, Córdoba. 46) *del Sud*, lugar poblado, Valle Fértil, San Juan. 47) *Viejo*, lugar poblado, Chancani, Pocho, Córdoba. 48) *Viejo*, lugar poblado, San Martin, Rioja. 49) *de la Viuda*, estancia, Valle Fértil, San Juan.

Baldecito, 1) lugar poblado, San Javier, San Javier, Córdoba. 2) lugar poblado, San Martin, Rioja. 3) lugar poblado, Valle Fértil, San Juan. 4) lugar poblado, San Martin, San Martin, San Luis.

Baldes, 1) laguna, Ctl 8, Saladillo, Buenos Aires. 2) lugar poblado, Larca, Chacabuco, San Luis. 3) *de Arriba*, paraje poblado, Juarez Celman, Córdoba. 4) *de Pacheco*, paraje poblado, Belgrano, Rioja.

Baldomera, mina de galena argentífera, Candelaria, Cruz del Eje, Córdoba. Está situada en el paraje llamado « Calera. »

Baleada, laguna, Ctl 11, Veinte y Cinco de Mayo, Buenos Aires.

Balico, lugar poblado, El Cuero, General Roca, Córdoba.

Ballena, 1) la, establecimiento rural, Ctl 10, Tres Arroyos, Buenos Aires. 2) mina de plomo y plata, Ciénega del Coro, Minas, Córdoba. Está situada en el Guayco.

Ballenera, 1) arroyo, Ctl 5, 6. Pueyrredon, Buenos Aires. Desagua en el Océano Atlántico. 2) *Vieja*, estancia, Ctl 5, 6, Pueyrredon, Buenos Aires.

Ballesteros, 1) pedanía del departamento Union, Córdoba. Tiene 1510 habitantes. (Censo). 2) cuartel de la pedanía del mismo nombre, Union, Córdoba. 3) aldea, Ballesteros, Union, Córdoba. Tiene 808 habitantes. (Censo del 1° de Mayo de 1890). Dista del Rosario 225 kms. $\varphi = 32°\ 32'$; $\lambda = 62°\ 59'$; $\alpha = 161$ m. FCCA, C, T, E. 4) estero, San Cosme, Corrientes.

Balta, arroyo, Ctl 2, Mercedes, Buenos Aires. Es un tributario del arroyo de Lujan en la márgen izquierda.

Balumba, lugar poblado, Dolores, Punilla, Córdoba.

Balzeadero, laguna del sistema de Huanacache, San Juan. En ella y en la denominada Rosario, se confunden las aguas de los rios San Juan y Mendoza.

Bancalari, lugar poblado, San Martin, Buenos Aires. Dista de Buenos Aires 30 kms. $\alpha = 5$ m. FCBAR, C, T.

Banco el, estancia, Ctl 2, Patagones, Buenos Aires.

Banda, 1) lugar poblado, Caminiaga, Sobremonte, Córdoba. 2) distrito del departamento General Sarmiento, Rioja. 3) lugar poblado, General Sarmiento, Rioja. 4) la, paraje poblado, Capital, Rioja. 5) distrito del departamento Molinos, Salta. 6) lugar poblado, Iruya, Salta. 7) lugar poblado, Rosario de la Frontera, Salta. 8) lugar poblado, Viña, Salta. 9) departamento de la provincia de Santiago del Estero. Está situado en la márgen izquierda del rio Dulce y al Norte del de la Capital. Su extension es de 2560 kms.² y su poblacion conjetural de unos 8000 habitantes. Está dividido en los 8 distritos: Acosta, Palmares, Trinidad, Sira, Rincon, Polear, Cuyog y Palos Quemados. Hay centros de poblacion en San juan, Polear, Acosta, Simbolar, Cuyog, Rincon, San Nicolás y Soler. 10) distrito de la seccion Veinte y Ocho de Marzo del departamento Matará, Santiago del Estero. 11) lugar poblado, Veinte y Ocho de Marzo, Matará, Santiago. 12) distrito del departamento de la Capital, Tucuman. 13) estancia, Burruyaco, Tucuman. Está situada en el camino de Tucuman á Burruyaco. C. 14) lugar poblado, Capital, Tucuman. C. 15) *del Cerro Chico*, paraje poblado, Tilcara, jujuy. 16) *Grande*, paraje poblado, Molinos, Salta. 17) *Hornillos*, lugar poblado, Tilcara, Jujuy. 18) *de la Isla*, paraje poblado, Perico del Cármen, Jujuy. 19) *Maimará*, paraje poblado, Tilcara, Jujuy. 20) *del Molino*, lugar poblado, Tilcara, Jujuy. 21) *Occidental del Bermejo*, distrito del departamento Oran, Salta. 22) *Oriental del Bermejo*, distrito del departamento Oran, Salta. 23) *Ovejeria*, lugar poblado, Tilcara, Jujuy. 24) *Poniente*, aldea, Cruz del Eje, Cruz del Eje, Córdoba. Tiene 204 habitantes. (Censo del 1° de Mayo de 1890). 25) *del Pueblo*, lugar poblado, Humahuaca, Jujuy. 26) *del Pueblo*, lugar poblado, Tilcara, Jujuy. 27) *de San Francisco*, lugar poblado, Ledesma, jujuy. 28) *de Uquia*, lugar poblado, Humahuaca, Jujuy.

Bandera la, establecimiento rural, Ctl 4, Navarro, Buenos Aires.

Banderas, distrito del departamento La Paz, Entre Rios.

Banderita, 1) la, estancia, Ctl 11, Necochea, Buenos Aires. 2) la, estancia, Ctl 4, Patagones, Buenos Aires. 3) la, laguna, Ctl 3, Pila, Buenos Aires. 4) mina de cobre en el distrito mineral de las Capillitas, Andalgalá, Catamarca. 5) vertiente, Alcázar, Independencia, Rioja. 6) lugar poblado, Independencia, Rioja.

Bandurria, [1] lugar poblado, Timon Cruz, Rio Primero, Córdoba.

Bandurrias, 1) las, establecimiento rural, Ctl 1, Suarez, Buenos Aires. 2) las, laguna, Ctl 1, Suarez, Buenos Aires. 3)

cuartel de la pedanía Chalacea, Rio Primero, Córdoba. 4) aldea, Chalacea, Rio Primero, Córdoba. Tiene 354 habitantes. (Censo del 1° de Mayo de 1890). 5) lugar poblado, Candelaria, Totoral, Córdoba.

Banegas, lugar poblado, San José, Tulumba, Córdoba.

Banfield, pueblo, Lomas de Zamora, Buenos Aires. Dista de Buenos Aires 13 kms. FCS, C, T, E.

Bañadero 1) el, laguna, Ctl 2, Castel i, Buenos Aires. 2) el, laguna, Ctl 10, Chascomús, Buenos Aires. 3) el, laguna, Ctl 12, Lincoln, Buenos Aires.

Bañadito, 1) lugar poblado, La Cruz, Corrientes. 2) lugar poblado, Valle Fértil, San Juan. 3) lugar poblado, San Martin, San Luis.

Bañado, 1) el, establecimiento rural, La Plata, Buenos Aires. 2) lugar poblado, Las Flores, Buenos Aires. C. 3) lugar poblado, Patagones, Buenos Aires. E. 4) cuartel de la pedanía Higueras, Cruz del Eje, Córdoba. 5) aldea, Higueras, Cruz del Eje, Córdoba. Tiene 138 habitantes. (Censo del 1° de Mayo de 1890). 6) lugar poblado, Toyos, Ischilin, Córdoba. 7) lugar poblado, San Cárlos, Minas, Córdoba. 8) lugar poblado, Dolores, Punilla, Córdoba. 9) aldea, Rio Cuarto, Rio Cuarto, Córdoba. Tiene 690 habitantes. (Censo del 1° de Mayo de 1890). 10) lugar poblado, Ambul, San Alberto, Córdoba. 11) cuartel de la pedanía Caminiaga, Sobremonte, Córdoba. 12) lugar poblado, Caminiaga, Sobremonte, Córdoba. 13) lugar poblado, San Francisco, Sobremonte, Córdoba. 14) cuartel de la pedanía San José, Tulumba, Córdoba. 15) aldea, San José, Tulumba, Córdoba. Tiene 295 habitantes. (Censo del 1° de Mayo de 1890). 16) lugar poblado, Chicoana, Salta. 17) lugar poblado, Guzman, San Martin, San Luis. 18) pueblo, Graneros, Tucuman. Está situado en la

---

1 Ave (Ibis chalcoptera)

márgen izquierda del arroyo Graneros, Capilla. 19) aldea, Trancas, Tucuman. Está situada en la orilla izquierda del rio Santa Maria. α = 1750 m. 20) *de la Cruz*, lugar poblado, Dolores, Chacabuco. San Luis. 21) *de la Puja*, cuartel de la pedanía San Pedro, San Alberto, Córdoba. 22) *de la Paja*, aldea, San Pedro, San Alberto, Córdoba Tiene 118 habitantes. (Censo del 1º de Mayo de 1890). 23) *Raimundo*, lugar poblado, Capital, Rioja. 24) *del Tala*, lugar poblado, Guasapampa, Minas, Córdoba. 25) *Verde*, chacra, Larca, Chacabuco, San Luis.

Bañados, distrito del departamento Arauco, Rioja.

Baño el, paraje poblado, Cafayate, Salta.

Baños, 1) los, paraje poblado, Cerrillos, Salta. 2) lugar poblado, Rosario de la Frontera, Salta. C, T.

Baradero, 1) partido de la provincia de Buenos Aires. Es uno de los más antiguos partidos, puesto que su creacion se remonta al año 1778. Está situado al NO. de Buenos Aires. Tiene 985 kms.² de extension y una poblacion de 11019 habitantes. (Censo del 31 de Enero de 1890). Escuelas funcionan en Baradero, en la colonia suiza, Media Vela, Cañada Honda, Cañada Bellaca, Cañada de los Toros, etc. El partido es regado por los arroyos de Arrecifes, Areco, Baradero, del Sauce, La Bellaca, Caguané, Los Toros, Ombú, cañada Honda y cañada de la Flora. La cabecera del partido es la villa de Baradero. 2) villa, Baradero, Buenos Aires. Dista de Buenos Aires por ferro-carril tres horas de viaje ó sean 149 kms. Cuenta hoy con una población de 3500 habitantes. Aduana. Sucursal del Banco de la Provincia. Destilería de alcoholes. φ = 33° 47' 25"; λ = 59° 28' 19"; α = 29 m. FCBAR, C, T, E. 3) colonia, Baradero, Buenos Aires. Fué fundada en 1856 por un núcleo de suizos. 4) arroyo, Ctl 1, 2, 3, Baradero, y Ctl 5, Zárate, Buenos Aires. 5) riacho que arranca del Paraná Guazú y que, más abajo de las llamadas « Nueve Vueltas, » toma el nombre de Paraná de las Palmas. 6) lugar poblado, Villa de María, Rio Seco, Córdoba.

Barbarco, arroyo, Neuquen. Es un tributario del Neuquen, en la márgen izquierda

Barca Grande, riacho, Ctl 5, San Fernando, Buenos Aires. Comunica el Paraná Guazú con el rio de La Plata.

Barceló, establecimiento rural, Ctl 2, Las Flores, Buenos Aires.

Barcelonesa, establecimiento rural, Ctl 8, Veinte y Cinco de Mayo, Buenos Aires.

Barco, arroyo, Ctl 4, Pueyrredon, Buenos Aires. Desagua en el Océano Atlántico á corta distancia al Sud de Mar del Plata.

Barcosconte, paraje poblado, Cochinoca, Jujuy.

Bariloche, 1) departamento de la gobernacion del Rio Negro. Confina al N. con la orilla N. del lago Nahuel-Huapí y con el rio Limay; al Este con el departamento Nueve de Julio; al Sud con la gobernacion del Chubut (paralelo de los 42º) y al Oeste con Chile. 2) paso de la cordillera á Chile, Rio Negro. Está situado al Sud del arroyo Pichi-Leufú y á unos 80 kms. de distancia de la costa chilena.

Barita, arroyo, Santa Victoria, Salta. Nace en la sierra de Santa Victoria, corre con rumbo general á Este y desagua en la márgen derecha del rio Lipeon, tributario del Bermejo.

Baritas, 1) paraje poblado, Dolores, Chacabuco, San Luis. 2) paraje poblado, Larca, Chacabuco, San Luis.

Baritú, lugar poblado, Santa Victoria, Salta. C.

Barnevelt, islote, Tierra del Fuego. φ = 55° 48'; λ = 66° 45'. (Fitz Roy).

la, cuartel de la pedanía Higuerillas, Rio Seco, Córdoba. 5) lugar poblado, Higuerillas, Rio Seco, Córdoba. 6) lugar poblado, Estancias, Rio Seco, Córdoba. 7) lugar poblado, Villa de Maria, Rio Seco, Córdoba. 8) la, lugar poblado, Santa Cruz, Tulumba, Córdoba. 9) la, lugar poblado, General Sarmiento, Rioja. 10) vertiente, Guaja, Rivadavia, Rioja. 11) la, paraje poblado, Cafayate, Salta. 12) la, paraje poblado, Chicoana, Salta. 13) la, paraje poblado, San Cárlos, Salta. 14) vertiente, Capital, Capital, San Luis. 15) *Alta*, paraje poblado, Anta, Salta. 16) *Alta*, paraje poblado, Rincon del Cármen, San Martin, San Luis. 17) *Alta*, paraje poblado, San Martin, San Martin, San Luis.

arrancal, paraje poblado, Jachal, San juan.

arrancas, 1) laguna, Ctl 10, Chascomús, Buenos Aires. 2) las, laguna, Ctl 1, Vecino, Buenos Aires. 3) arroyo, Calamuchita, Córdoba. Es uno de los elementos de formacion del rio Cuarto. 4) lugar poblado, Espinillos, Márcos Juarez, Córdoba. 5) lugar poblado, Argentina, Minas, Córdoba. 6) lugar poblado, Ciénega del Coro, Minas, Córdoba. 7) lugar poblado, San Bartolomé, Rio Cuarto, Córdoba. 8) lugar poblado, Rio Pinto, Totoral, Córdoba. 9) las, lugar poblado, Esquina, Corrientes. 10) lugar poblado, Sauce, Corrientes. 11) arroyo, Corrientes. Es un tributario del Sarandí. Tiene su orígen en el departamento Curuzú-Cuatiá, bajo el nombre de arroyo Pelado. Durante un corto trecho forma con su confluente, el arroyo Tigre, el límite entre los departamentos Sauce y Curuzú-Cuatiá. 12) paraje poblado, Humahuaca, Jujuy. 13) arroyo, Perico de San Antonio, Jujuy. Es un brazo del arroyo Perico, que desagua en la márgen izquierda del rio Lavayén. 14) lugar poblado, Maipú, Mendoza. E, 15) rio, Beltran, Mendoza. Nace en la laguna Carri-Lauquen ($? =$

36° 10'; $\lambda = 70° 30'$), se dirige de ONO á ESE hasta que en $\varphi = 36° 50'$; $\lambda = 69° 50'$ se unen sus aguas con las del rio Grande, para formar el rio Colorado. Sus principales tributarios son, en la márgen derecha y en direccion de Norte á Sud, el Curamilió, Chalileo y el Guaracó, y en la márgen izquierda el arroyo del Torreon y el Batra-Lauquen. Este rio es en toda su extension límite entre la provincia de Mendoza (al Norte) y la gobernacion del Rio Negro (al Sud). 16) lugar poblado, Capital, San Luis. E. 17) vertiente, San Lorenzo, San Martin, San Luis. 18) distrito del departamento Loreto, Santiago del Estero. 19) paraje poblado, Loreto, Santiago. 20) lugar poblado, Salavina, Santiago. C. 21) distrito de la seccion San Pedro, del departamento Choya, Santiago del Estero. 22) estancia, Graneros, Tucuman. Está situada al Sud del arroyo Graneros y al Este del ferro-carril central Norte C. 23) estancia, Leales, Tucuman. Está situada en la orilla izquierda del rio Salí, al extremo Sud del departamento. 24) *Blancas*, portezuelo de, paso de la cordillera, Catamarca. $\varphi = 28° 20'$; $\lambda = 69° 5'$. $\alpha = 4462$ m. (Moussy). 25) *Blancas*, arroyo, Catamarca y Rioja. Es uno de los orígenes del arroyo de Jachal. 26) *Coloradas*, estancia, Ctl 1, Vecino, Buenos Aires. 27) *Co'oradas*, lugar poblado, Valle Fértil, San Juan. 28) *Gaboto*, pueblo, San Jerónimo, Santa Fé. Tiene 1857 habitantes (Censo del 7 de junio de 1887). C, T, E.

Barrancayaco, 1) lugar poblado, Rio Pinto, Totoral, Córdoba. 2) lugar poblado, Santa Cruz, Tulumba, Córdoba.

Barrancos los, estancia, Ctl 1, Patagones, Buenos Aires.

Barrancosa, 1) establecimiento rural, Ctl 2, 8, Ayacucho, Buenos Aires. 2) laguna, Ctl 8, Ayacucho, Buenos Aires. 3) establecimiento rural, Ctl 7, Bragado, Buenos Aires. 4) laguna, Ctl 7, Bragado, Buenos Aires. 5) establecimiento rural, Ctl 2, Las Flores, Buenos Aires. 6) la, laguna, Ctl 2, Las Flores, Buenos Aires. 7) establecimiento rural, Ctl 9, Saladillo, Buenos Aires. 8) la, laguna, Ctl 9, Saladillo, Buenos Aires. 9) estancia, Ctl 7, Trenque-Lauquen, Buenos Aires. 10) laguna, Ctl 1, Tuyú, Buenos Aires. 11) laguna, Ctl 11, Veinte y Cinco de Mayo, Buenos Aires. 12) lugar poblado, Union, Córdoba. C. 13) *de Roca*, establecimiento rural, Ctl 3, Ayacucho, Buenos Aires.

Barrancoso, estancia, Ctl 3, Patagones, Buenos Aires.

Barranquera, establecimiento rural, Capital, Chaco.

Barranqueras, lugar poblado, San Miguel, Corrientes.

Barranquero, paraje poblado, Tunuyan, Mendoza.

Barranquita, 1) cuartel de la pedanía San Bartolomé, Rio Cuarto, Córdoba. 2) lugar poblado, Achiras, Rio Cuarto, Córdoba.

Barranquitas, 1) establecimiento rural, Ctl 5, Pergamino, Buenos Aires. 2) aldea, Higueras, Cruz del Eje, Córdoba. Tiene 127 habitantes. (Censo del 1° de Mayo de 1890). 3) lugar poblado, Nono, San Alberto, Córdoba. 4) las, lugar poblado, General Roca, Rioja. 5) lugar poblado, Rosario, Pringles, San Luis. 6) lugar poblado, Guzman, San Martin, San Luis. 7) lugar poblado, Rincon del Cármen, San Martin, San Luis. 8) arroyo, San Luis Riega los distritos Rincon del Cármen y San Lorenzo del departamento San Martin, y el distrito Trapiche del departamento Pringles.

Barrero, 1) lugar poblado, Pun'a del Agua, Tercero Arriba, Córdoba. 2) lugar poblado, Itatí, Corrientes.

Barreto, lugar poblado, Estancias, Rio Seco, Córdoba.

Barrial, [1] 1) lugar poblad·, Cruz del Eje, Cruz del Eje, Córdoba. 2) lugar pobla-do, Higueras, Cruz del Eje, Córdoba. 3) aldea, Toyos. Ischilin, Córdoba. Tiene 164 habitantes. ¡Censo del 1° de Mayo de 18 o). 4) lugar poblado, Ciénega del Coro, Minas, Córdoba. 5) lugar poblado. Guasapampa, Minas, Córdoba, 6) lugar poblado, Tegua y Peñas, Rio Cuarto, Córdoba. 7) lugar poblado, Villa de Ma-ría, Rio Seco, Córdoba. 8) lugar poblado, Las Rosas, San javier, Córdoba. 9) lugar poblado, San Francisco, Sobremonte, Córdoba. 10) lugar poblado, Santa Cruz, Tulumba, Córdoba. 11) el, lugar pobla-do, General Lavalle. Rioja. 12) lugar poblado, Independencia, Rioja. 13) dis-trito del departamento San Cárlos, Salta. 14) paraje poblado, San Cárlos, Salta. 15) el, lugar poblado. jachal, San juan 16) lugar poblado, Ayacucho, San Luis. C. 1) *Largo*, lugar poblado, jachal, San juan. 18) *Lindo*, lugar poblado, Chancani, Pocho, Córdoba.

Barriales, 1) aldea, La Esquina, Rio Pri mero, Córdoba. Tiene 114 habitantes. (Censo del 1° de Mayo de 1890). 2) lugar poblado, San Cárlos, Minas, Córdoba. 3) los, lugar poblado, Rio Pinto, Totoral, Córdoba. 4) lugar poblado, Junin, Men-doza. C, E. 5) los, lugar poblado, Gene-ral Ocampo, Rioja 6) lugar poblado, Valle Fértil, San Juan.

Barrialito, 1) paraje poblado, San Pedro, Jujuy. 2) lugar poblado, San Martin, Rioja 3) vertiente, Solca, Rivadavia, Rioja. 4) arroyo, Anta, Salta. Nace en la sierra del Maiz Gordo, reune al poco andar sus aguas con las del arroyo Seco y desagua despues en la márgen dere-cha del arroyo de los Gallos. 5) pueblo, Capital, Tucuman. Está situado al lado del ferro-carril central Norte, á inme-

diaciones de Granja y Tafí Viejo. 6) estancia, Leales, Tucuman. Está próxima á la frontera santiagueña.

Barrialitos, lugar poblado, Totoral, Prin-gles, San Luis.

Barrientos, 1) pueblo, Rio Chico, Tucu-man. Está situado en la márgen derecha del arroyo del mismo nombre. 2) arroyo, Rio Chico, Tucuman. Es un brazo del arroyo Medina, que empieza en las cer-canias del pueblo Rincon y termina en Juntas.

Barril, 1) punta, Bahía Blanca, Buenos Aires. Es la entrada al puerto de Bahía Blanca, al S. de la boca del Napostá. 2) del, arroyo. Ctl 4, Bahía Blanca, Buenos Aires.

Barriles, laguna, Villa Mercedes, Peder-nera, San Luis.

Barrios-Cué, lugar poblado, Bella Vista, Corrientes.

Barro, 1) *Blanco*, paraje poblado, Ca-pital, jujuy. 2) *Negro*, paraje poblado, San Pedro, Jujuy.

Barros, 1) los, manantial, Ct 8, Balcarce, Buenos Aires 2) laguna, Ct 5, Veinte y Cinco de Mayo, Buenos Aires.

Barroso, 1) vertiente, San Lorenzo, San Martin, San Luis. 2) cerro del macizo de San Luis, Nogoli, Belgrano, San Luis z = 1590 m.

Barrosos, estancia, Graneros, Tucuman.

Basabé, arroyo, Ctl 1, Exaltacion de la Cruz, Buenos Aires.

Basavilbaso, colonia, Pehuajó al Norte, Gualeguaychú, Entre Rios. Fué fundada en 1888 en una extension de 2952 hec-táreas. Está situada junto al ramal que unirá á Gualeguaychú con el ferro-carril central entreriano, distando de éste solo 45 kms.

Baslian, poblacion agrícola, Jachal, San Juan

Basquetti, laguna, Ctl 2. Nueve de Julio, Buenos Aires.

Bastidores, estancia, San Miguel, Co-rrientes.

---

1) Banco de greda que encierra una buena tierra para la confeccion de objetos de alfarería.

Basualdo, 1) cañada, Ctl 3, Lobos, Buenos Aires. 2) laguna, Ctl 3, Lobos, Buenos Aires. 3) lugar poblado, Ascasubi, Union, Córdoba. C. 4) las, estancia, Curuzú-Cuatiá, Corrientes. 5) distrito del departamento Feliciano, Entre Rios. 6) cañada, Entre Rios. Termina en arroyo y desagua en la orilla izquierda del Guaiquiraró. Forma en toda su extension el límite entre las provincias de Corrientes (al Norte) y Entre Rios (al Sud).

Batallas las, lugar poblado, Ischil n, Ischilin, Córdoba. $\varphi = 30°21'$; $\lambda = 64°29'$; $\alpha = 800$ m. (Brackebusch).

Batania, lugar poblado, San Isidro, Anejos Sud, Córdoba.

Batea, 1) aldea, Cruz del Eje, Cruz del Eje, Córdoba. Tiene 211 habitantes. (Censo del 1° de Mayo de 1890). 2) lugar poblado, San Francisco, Sobremonte, Córdoba. 3) la, lugar poblado, La Paz, Mendoza. 4) la, poblacion agrícola, Jachal, San Juan. 5) lugar poblado, San Martin, San Luis E.

Bateas, 1) paraje poblado, Ledesma, Jujuv 2) lugar poblado, General Sarmiento, Rioja. 3) lugar poblado, Anta, Salta. 4) lugar poblado, Conlara, San Martin, San Luis.

Batel, 1) lugar poblado, Concepcion, Corrientes. 2) estero, Concepcion, Corrientes. Da origen al arroyo del mismo nombre. 3) lugar poblado, Esquina, Corrientes. 4) lugar poblado, Goya, Corrientes. 5) estero, Goya, Corrientes. 6) lugar poblado, Lavalle, Corrientes. 7) estero, San Roque, Corrientes. 8) arroyo, Corrientes. Es un tributario del rio Corrientes. Tiene su origen en el estero del mismo nombre. En parte de su curso inferior es el límite entre los departamentos Lavalle y San Roque.

Batelito, 1) lugar poblado, Concepcion, Corrientes. 2) laguna y estero, Concepcion, Corrientes. 3) lugar poblado, Goya, Corrientes. 4) arroyo, Goya, Corrientes. 5) lugar poblado, Lavalle, Corrientes.

Batidero el, lugar poblado, Jachal, San Juan.

Batralauquen, arroyo, Beltran, Mendoza. Es un tributario del rio Barrancas, en cuya márgen izquierda desemboca, en direccion de Norte á Sud.

Bauer, colonia, Irigoyen, San Jerónimo, Santa Fe.

Baules, paraje poblado, Oran, Salta.

Bauzá, cabo en el golfo de San Jorge, Santa Cruz. $\varphi = 46°41'$; $\lambda = 67°10'$.

Bavio, 1) lugar poblado, Magdalena, Buenos Aires. FCE, línea á la Magdalena. C, T. 2) arroyo, Ctl 1, Magdalena, Buenos Aires.

Baya, sierra, Olavarria, Buenos Aires. Lomadas pertenecientes á la sierra Quinalauquen. Se extienden al Este del pueblo de Olavarria.

Bayas 1)las, arroyo, Belén, Catamarca Nace en la laguna Blanca, corre de O. á E. en una extension de 20 kms., y termina por inmersion en el suelo, 2) vertiente, Lóndres, Belén, Catamarca.

Bayo, 1) cerro de la sierra de los Quilmes, Cafayate, Salta. $\alpha = 4200$ m. (Moussy). 2) cerro, Rosario de Lerma, Salta. 3) cerro. Véase Huali Mahuida. 4) *Muerto*, vertiente, Rosario, Independencia, Rioja.

Bayos, distrito mineral, en la sierra de Famatina, Rioja. En 1888 habia concedidas 11 minas de cobre, plata y oro, pero ninguna estaba explotándose.

Bazan, vertiente, Ramblones, La Paz, Catamarca.

Bazanes, vertiente, Mogotes, Ancasti, Catamarca.

Beagle, canal al Sud de la Tierra del Fuego. Está formado por la Tierra del Fuego al Norte y por varias islas al Sud. La costa Norte pertenece al departamento Ushuaiá.

Beata la, mina de galena argentífera, San Bartolomé, Rio Cuarto, Córdoba. Está situada en el paraje llamado « Los Cóndores. »

Bebedero, 1) arroyo, San Luis. Tiene su origen en los terrenos anegadizos llamados Campo de Esquina, Gorgonta y Pantanito; principia á formar su cajon en el canal de Tótora y se dirige al Norte con rumbo á la laguna Bebedero. 2) gran laguna, Capital, San Luis. $x = 350$ m. (Lallemant).

Bebida, 1) distrito del departamento Desamparados, San Juan. 2) lugar poblado, Desamparados, San Juan. 3) la, lugar poblado, Macha, Totoral, Córdoba.

Bechita, vertiente, Capital, Capital, San Luis.

Bedoya-Cué, lugar poblado, San Roque, Corrientes.

Begonia, estancia, Ctl 2, Veinte y Cinco de Mayo, Buenos Aires.

Bejarano-Cué, lugar poblado, Goya, Corrientes.

Belén, 1) pueblo, Pilar, Buenos Aires. Cuenta con unos 700 habitantes. E. 2) establecimiento rural, Ctl 2, San Pedro, Buenos Aires. 3) departamento de la provincia de Catamarca. Confina al Norte con la provincia de Salta; al Este con los departamentos Santa Maria, Andalgalá y Poman; al Sud con la provincia de La Rioja y al Oeste con el departamento de Tinogasta y con Chile. Tiene 158.5 kms.² de extension y una poblacion conjetural de 6700 habitantes. Está dividido en los 7 distritos: Belén, Lóndres, La Puerta, La Ciénega, San Fernando, Hualfin y Laguna Blanca. El departamento es regado por los arroyos Hualfin, Corral Quemado y Bayas. Hay centros de poblacion en Lóndres, La Puerta, La Ciénega, Condorguasi, Carrizal, Changorreal, Corral Quemado y Hualfin. 4) distrito del departamento del mismo nombre, Catamarca. 5) villa, Belén, Catamarca. Es la cabecera del departamento. Dista de la Capital de la provincia 294 kms. Tiene unos 3000 habitantes. C, T, E. 6) arroyo. Véase arroyo Hualfin. 7) sierra de, cadena de la Cordillera que se extiende en el departamento del mismo nombre, Catamarca. 8) lugar poblado, Rio Pinto, Totoral, Córdoba. 9) mina de galena argentífera en el distrito mineral de Uspallata, Mendoza.

Belga, colonia. Villaguay, Entre Rios. Fué fundada en Enero de 1882, en el ejido de Villaguay, en una extension de 6000 hectáreas.

Bélgica la, establecimiento rural, Ctl 3, Ayacucho, Buenos Aires.

Belgrano, 1) ciudad en el distrito federal de la Capital. Dista de Buenos Aires 10½ kms. $x = 14$ m. FCBAR, FCN, C, T, E. 2) partido de la provincia de Buenos Aires. Creado por ley de 1890, se compone de la zona Norte del actual partido de General Villegas. Sus límites son: una línea que parte del meridiano 5°, sigue por las propiedades de don Emilio Bunge, Benito Tasso, Jorge Drabble, J. Guillespue en la divisoria con Juan A. Brown y M. Halley, continúa en la divisoria de Rodolfo Newry con Marcelino Ugarte y termina en la línea límite de Villegas con Lincoln con las propiedades de Duggan Hermanos. 3) establecimiento rural, Ctl 4, Ramallo, Buenos Aires. 4) antes San Vicente, departamento de la provincia de Mendoza. Inmediato á la Capital de la provincia del lado Oeste, confina al Norte con el departamento Las Heras; al Este con el departamento de la Capital y el de Maipú; al Sud con el departamento Lujan y al Oeste con el departamento Tupungato por el rio Mendoza. Tiene 730 kms.² de extension y una poblacion conjetural de unos 11000 habitantes. El terreno del departamento es al Oeste montañoso y en el Centro y al Este más quebrado que llano. En este departamento se cosecha la mayor parte de la uva mendocina. San Vicente, á unos 4 kms. al Sud de Mendoza, es la cabecera del departamento; está situado á inmediaciones del ferro-carril Gran Oeste Argentino. 5) departamento de la provincia de La Rioja. Está situado al Sud del de juarez Celman y es limítrofe de la provincia de Córdoba. Tiene 5431 kms.ᵗ de extension y unos 3500 habitantes. Está dividido en los 4 distritos: Olta, Cortaderas, Chañar y Ñepes. El departamento es regado por los arroyos Olta y Balde. Escuelas funcionan en Olta, Chañar y Bella Vista. Olta es la cabecera del departamento. 6) finca rural, Belgrano, Rioja. 7) finca rural, La Viña, Salta. 8) departamento de la provincia de San Luis. Confina al Norte con el departamento Ayacucho y al Oeste con la provincia de Mendoza. Su extension es de 6273 kms.² y su poblacion conjetural de unos 8000 habitantes. Está dividido en los 5 partidos: Nogolí, Socoscora, Quijadas, Gigante y Rumiguasi. Solo dos arroyos, el de Nogolí y el de los Arrieros, riegan este departamento. La poblacion que no está arraigada á orillas de estos arroyos, se ve obligada á represar las aguas pluviales para hacer frente á sus necesidades. Escuelas funcionan en Nogoli, Quebrada, Chilca, Tala, Arriol, Paraiso, Manantiales, Pozo Palo, Gigante, Cañada y Alto Valle. La aldea Nogolí es la cabecera del departamento. 9) cumbre de la cordillera, Santa Cruz. $\varphi = 48°\ 4'$; $\lambda = 72°$ 10'; $z = 380$ m. (Moyano). 10) distrito del departamento San jerónimo, Santa Fe. Tiene 1404 habitantes. (Censo del 7 de Junio de 1887). 11) pueblo, Belgrano, San jerónimo, Santa Fe. Tiene 77 habitantes. (Censo). 12) colonia, Belgrano, San jerónimo, Santa Fe. Tiene 1327 habitantes. (Censo). C.

Bella Americana, mina de plomo y plata, Ciénega del Coro, Minas, Córdoba. Está situada en el paraje llamado «Crucesitas.»

Bella Anita, mina de plata, Valle Grande, Jujuy.

Bella Antalia, establecimiento rural, Ctl 5, Loberia, Buenos Aires.

Bella Argentina, mina de plata, cobre y oro en el distrito mineral de «La Mejicana,» sierra de Famatina, Rioja.

Bellaca, 1) cañada, Ctl 5, 7, 9, Baradero, Buenos Aires. Es tributaria del arroyo de Arrecifes, en la márgen derecha. 2) cañada, La Plata, Buenos Aires. Desagua en la márgen izquierda del arroyo de Santiago. 3) laguna, Ctl 1, San Vicente, Buenos Aires. 4) la, estancia. Ctl 10, Veinte y Cinco de Mayo, Buenos Aires.

Bellaco, estero, Empedrado, Corrientes.

Bella Esperanza, 1) establecimiento rural, Ctl 2, Exaltacion de la Cruz, Buenos Aires. 2) estancia, San Miguel, Corrientes.

Bella Flor, 1) establecimiento rural, Ctl 1, Pergamino, Buenos Aires. 2) estancia, Goya, Corrientes.

Bella Italia, colonia, Rafaela, Colonias, Santa Fé. Tiene 272 habitantes. (Censo del 7 de junio de 1887).

Bella María, finca rural, Curuzú-Cuatiá, Corrientes.

Bellarí la, cañada, Ctl 5, Baradero, Buenos Aires.

Bella Suiza la, establecimiento rural, Ctl 3, Pringles, Buenos Aires.

Bella Vista, 1) lugar poblado, Alvear, Buenos Aires. E. 2) establecimiento rural, Ctl 6, Azul, Buenos Aires. 3) establecimiento rural, Ctl 7, Cañuelas, Buenos Aires. 4) arroyo, Ctl 4, Cármen de Areco, Buenos Aires. 5) establecimiento rural, Ctl 2, Guaminí, Buenos Aires. 6) establecimiento rural, Ctl 4, Las Flores, Buenos Aires. 7) establecimiento rural, Ctl 9, Lincoln, Buenos Aires. 8) estancia, Ctl 5, Maipú, Buenos Aires. 9) establecimiento rural, Ctl 7, Mercedes, Buenos Aires. 10) establecimiento rural, Ctl 2, Monte, Buenos Aires. 11) lugar poblado cerca de la estacion Muñiz, del ferrocarril al Pacífico. El 17 de Marzo de 1889 se inauguró allí un asilo de huérfanos, que debe su existencia á la caridad del señor Gallardo. C, E. 12) estancia, Ctl 6, Navarro, Buenos Aires. 13) estancia, Ctl 11, Necochea, Buenos Aires, 14) establecimiento rural, Ctl 3, Nueve de Julio, Buenos Aires. 15) estancia, Ctl 1, Patagones, Buenos Aires. 16) establecimiento rural, Ctl 3, Pringles, Buenos Aires. 17) laguna, Ctl 6, Pringles, Buenos Aires. 18) estancia, Ctl 3, Saladillo, Buenos Aires. 19) establecimiento rural, Ctl 7, Salto. Buenos Aires. 20) establecimiento rural, Ctl 5, San Pedro, Buenos Aires. 21) establecimiento rural, Ctl 6, San Vicente, Buenos Aires. 22) estancia, Ctl 6, Trenque-Lauquen, Buenos Aires. 23) arroyo, Ctl 3, Vecino, Buenos Aires. 24) estancia, Ctl 2, 3, 5, 10, Veinte y Cinco de Mayo Buenos Aires. 25) laguna, Ctl 3, Veinte y Cinco de Mayo, Buenos Aires. 26) lugar poblado, Calera, Anejos Sud, Córdoba. 27) lugar poblado, Santa Rosa, Calamuchita, Córdoba. 28) lugar poblado, Pocho, Pocho, Córdoba. 29) lugar poblado, San Roque, Punilla, Córdoba. 30) lugar poblado, San Bartolomé, Rio Cuarto, Córdoba. 31) lugar poblado, Ballesteros, Union, Córdoba. 32) lugar poblado, Bell - Ville, Union, Córdoba. 33) departamento de la provincia de Corrientes. Está situado á orillas del Paraná y al Sud del departamento Saladas. Su extension es de 2500 kms.² y su poblacion conjetural de 8000 habitantes. El departamento es regado por el rio Santa Lucía y los arroyos Saty, Ambrosio, Artaza, Cazuela y otros. Numerosas lagunas. La villa Bella Vista es la cabecera del departamento. 34) villa, Bella Vista, Corrientes. Está situada en la márgen izquierda del Paraná á 200 kms. al Sud de Corrientes. Fundada en 1826, cuenta actualmente con unos 3000 habitantes. Los vapores de la linea del Paraguay tocan en el puerto de Bella Vista. Tráfico considerable con maderas, azúcar y tabaco. Aduana. Agencia del Banco Nacional. La altura media del Paraná, sobre el nivel del mar, es aquí, segun Page, 56, 6 m. $\varphi = 28° 27'$; $\lambda = 59° 7'$. C, T, E. 35) finca rural, Curuzú-Cuatiá, Corrientes. 36) finca rural, Monte Caseros, Corrientes. 37) paraje poblado, Capital, jujuy. 38) paraje poblado, Humahuaca, Jujuy. 39) paraje poblado, Tilcara, Jujuy. 40) paraje poblado, Yaví, Jujuy. 41) finca rural, Belgrano, Mendoza. 42) finca rural, junin, Mendoza. 43) finca rural, Las Heras, Mendoza. 44) finca rural, Lujan, Mendoza. 45) finca rural, San Martin, Mendoza. 46) finca rural, Tunuyan, Mendoza. 47) finca rural, Belgrano, Rioja. E. 48) finca rural, Capital, Rioja. 49) finca rural, General Sarmiento, Rioja. 50) finca rural, Anta, Salta. 51) finca rural. Cafayate, Salta. 52) finca rural, Cerrillos, Salta. 53) finca rural, Chicoana, Salta. 54) finca rural, Iruya, Salta. 55) finca rural, Poma, Salta. 56) estancia, Rosario de la Frontera, Salta. 57) finca rural, Rosario de Lerma, Salta. 58) partido del departamento Ayacucho, San Luis. 59) finca rural, San Lorenzo, San Martin, San Luis. 60) lugar poblado, Famaillá, Tucuman. Dista de Córdoba 521 kms. FCCN. C, T, E. 61) lugar poblado, Rio Chico, Tucuman. Esta poblacion está diseminada al Sud del arroyo Matasambo.

Belle, mina de galena argentífera, San Bartolomé, Rio Cuarto, Córdoba.

Bell-Ville, 1) pedanía del departamento Union, Córdoba. Tiene 5818 habitantes. (Censo del 1° de Mayo de 1890). 2) villa, Bell-Ville, Union, Córdoba. Es la cabecera del departamento. Antes se llamaba « Fraile Muerto. » Está situada á orillas del rio Tercero. Por la vía férrea dista del Rosario 196 kms. y de Córdoba 200 kms. Tiene 3698 habitantes. (Censo del 1º de Mayo de 1890). Un decreto del presidente Sarmiento del año 1870 ha sustituido el antiguo nombre por el de Bell-Ville para honrar la memoria de M. Bell, que fué el primero que se estableció en este paraje. Sucursal del Banco Nacional. $\varphi = 32° 34'$; $\lambda = 62° 37' 30''$; $\alpha = 129$ m. FCCA, C, T, E. 3) *Norte*, cuartel de la pedanía Bell-Ville, Union, Córdoba. 4) *Sud*, cuartel de la pedanía Bell-Ville, Union, Córdoba.

Beltran, 1) depaitamento de la provincia de Mendoza. Ocupa la extremidad Sud de la provincia. Confina al Norte con Veinte y Cinco de Mayo por los arroyos Valenzuela y Salado y el rio Atuel; al Este con Veinte y Cinco de Mayo por el rio Atuel y por el meridiano de los 10º Oeste de Buenos Aires con la gobernacion de la Pampa; al Sud con la gobernacion de la Pampa por el paralelo de los 36º y con la del Neuquen por los rios Colorado y Barrancas y al Oeste con Chile. Tiene 46062 kms.² de extension y una poblacion conjetural de unos 1200 habitantes. El departamento es en su casi totalidad montañoso. La ganadería es la fuente principal de recursos. 2) pueblo en formacion, Beltran, Mendoza. Es la cabecera del departamento del mismo nombre y está situado en la orilla izquierda del arroyo Chacay.

Benavidez, 1) lugar poblado, Las Conchas, Buenos Aires. Dista de Buenos Aires 41 ½ kms. $\alpha = 6$ m. FCBAR, C, T. 2) estancia, jachal, San juan.

Beneficencia la, finca rural, Mercedes, Corrientes.

Benegas, 1) cuartel de la pedanía San José, Tulumba, Córdoba. 2) los, laguna, Ctl 13, Dolores, Buenos Aires.

Benigna la, establecimiento rural, Ctl 2, Merlo, Buenos Aires.

Benitez, 1) lugar poblado, Chivilcoy, Bue-

nos Aires. Dista de Buenos Aires 171 kms. FCO, C, T. 2) estancia, Bella Vista, Corrientes. 3) *Cué*, finca rural, Caacatí, Corrientes. 4) vertiente, Larca, Chacabuco, San Luis.

Benjamin, laguna, Ctl 8, Ayacucho, Buenos Aires.

Benteveo, [1] estancia, Ctl 7, Pueyrredon, Buenos Aires.

Beoda, laguna, Ctl 4, Vecino, Buenos Aires.

Berazategui, lugar poblado, Quilmes, Buenos Aires. Dista de Buenos Aires 26 1/2 kms. Fábrica de carnes conservadas. FCE, C, T, E.

Berdera, arroyo, Ctl 6, Lobos, Buenos Aires

Berdiñas, estancia, Ctl 4, Azul, Buenos Aires.

Beren, laguna, Ctl 5, Rauch, Buenos Aires.

Bergante, finca rural, Caacati, Corrientes.

Berlina la, establecimiento rural, Ctl 11, Tres Arroyos, Buenos Aires.

Bermejo, 1) rio, Chaco. Nace en el sistema del Despoblado, donde se forma por la confluencia de muchos arroyos. Dirige su rumbo al Sud y al recibir las aguas del rio Zenta, en las inmediaciones de Oran, dobla á SE. y entra en la llanura. Recibe luego en la márgen derecha las aguas del rio San Francisco, que aumentan su caudal notablemente, y más abajo, en Esquina Grande, tambien en la márgen derecha, las del último afluente, el arroyo del Valle. En la mitad de la distancia que separa las desembocaduras del rio San Francisco y arroyo del Valle, en Cármen, se bifurca el cauce del Bermejo en dos brazos, llamándose el septentrional Teuco y conservando el austral su primitivo nombre. El rio atraviesa el extenso territorio del Chaco en un trayecto de más de 1000 kms.,

---

1) Pájaro (Saurophagus su¹phuratus).

describe un sinnúmero de sinuosidades, pero no ensancha su cauce en la formacion de grandes lagunas pantanosas como el Pilcomayo, ni presenta como éste en su curso las corrientes rápidas ó cascadas que pudieran entorpecer la navegacion. El rio es navegable desde su desembocadura en el Paraguay, cerca de la confluencia de este rio y del Paraná. ($\gamma = 26° 51'$; $\lambda = 58° 30'$) hasta más allá de Esquina Grande, un pueblo donde desemboca en el Bermejo el arroyo del Valle. último afluente del Chaco. En las orillas del Bermejo se han fundado en el siglo pasado varias reducciònes, entre las cuales conviene mencionar la de San Bernardo entre los indios Tobas la de la Cangayé entre los indios Mocovíes, y la de la Concepcion, fundada en 1585 y abandonada á causa de los contínuos ataques de los indios, en 1631. Todas estas reducciones no existen más. 2) paraje poblado, Guaymallén, Mendoza. 3) rio, San Juan. Nace en las faldas del cerro Bonete, en la provincia de Çatamarca, bajo el nombre de rio Jagüel. Este rio tiene en su principio un crecido número de pequeños afluentes, baña en su trayecto de Norte á Sud el valle de Vinchina (Rioja), del cual toma el nombre, y entra en el valle de Mogna (San juan), donde recibe las aguas del Zanjon. Despues se dirige al SE.; cruza por la grande abra de Ampacama, que separa los cerros del Pié de Palo de las montañas de la Huerta, y entra en la travesía llamada del Bermejo para borrar su cauce en los arenales de la Punta del Médano, al SE. de la provincia, cerca de las lagunas de Huanacache. 4) *Pampa del*, San Juan. Es una travesía que se extiende entre la sierra de Guayaguás y el rio Bermejo. El terreno es salitroso y cubierto de jume (Spirotachis patagonica) y cachiyuyales.

ernal, lugar poblado, Quilmes, Buenos Aires. Dista de Buenos Aires 17 kms. FCE, C, T.

Bernstadt (ó *Roldan*), 1) distrito del departamento San Lorenzo, Santa Fé. Tiene 2771 habitantes. (Censo del 7 de junio de 1887). 2) pueblo, Bernstadt, San Lorenzo, Santa Fé. Tiene 455 habitantes. (Censo). Dista 26 kms. del Rosario. ECCA, C, T, E. 3) colonia, Bernstadt, San Lorenzo, Santa Fé. Tiene 831 habitantes. (Censo). E.

Beron, 1) distrito del departamento Salavina. Santiago del Estero. 2) *Cué*, lugar poblado, San Miguel, Corrientes.

Berros, 1) los, arroyo, Ctl 1, Tandil, Buenos Aires. 2) arroyo, Huanacache, San juan. Riega los campos del distrito de Berros.

Beta, arroyo, Tierra del Fuego. Es una de las siete arterias fluviales halladas por Popper, desde cabo Espíritu Santo hasta cabo Peñas Desemboca en el Atlántico. $\gamma = 52° 45'$

Betania, finca rural, La Viña, Salta.

Bicho, laguna. Esquina, Corrientes.

Bien Venida, mina de zinc, blenda y plomizo, Argentina, Minas, Córdoba. Está situada en el cerro del «Mogote Blanco.»

Bilbaína la, estancia, Ctl 1, Lobería, Buenos Aires.

Bilbao, colonia, Bell-Ville, Union, Córdoba.

Bimbio, paraje poblado, Las Heras, Mendoza.

Bio-Bio, arroyo, Neuquen. Nace en un lago de la cordillera y se dirige á Chile, desaguando en el Pacífico.

Biscarra, distrito del departamento Iruya, Salta

Bismarck, mina de galena argentífera en el distrito mineral de San Antonio de los Cobres, Poma, Salta.

Bitiaca, distrito de la seccion jimenez 1° del departamento Jimenez, Santiago del Estero.

Blanca, 1) la, laguna, Ctl 6, Alvear, Buenos

8

Aires. 2) la, establecimiento rural, Ctl 11, Bahía Blanca Buenos Aires. 3) la, laguna, Ctl 2, Las Flores, Buenos Aires. 4) chacra, Ctl 1, Lomas de Zamora, Buenos Aires. 5) laguna, Ctl 4, Olavarría, Buenos Aires. 6) la, establecimiento rural, Ctl 2, Ranchos, Buenos Aires. 7) la, establecimiento rural, Ctl 6, Trenque-Lauquen, Buenos Aires. 8) la, laguna, Ctl 2, Tuyú, Buenos Aires 9) la, laguna, Ctl 10, Veinte y Cinco de Mayo, Buenos Aires. 10) laguna de agua salobre en la cumbre de la cordillera, Belén, Catamarca. En ella nacen los arroyos Corral Quemado, Cotao, Las Juntas y Las Bayas. 11) islote en la bahía de Camerones, Chubut. $\varphi = 44° 55'$; $\lambda = 65° 32'$. Está cubierto de huano blanco. 12) la, establecimiento rural, Departamento 7°, Pampa. C. 13) mina de plata, cobre y oro en el distrito mineral Calderas, sierra de Famatina, Rioja. 14) vertiente, Caucete, San Juan. 15) *Chica*, establecimiento rural, Ctl 3, Olavarría, Buenos Aires. C. 16) *Chica*, laguna, Ctl 3, Olavarría, Buenos Aires. 17) *Grande*, establecimiento rural, Ctl 4, Olavarría, Buenos Aires. C.

Blancas, 1) las, arroyo, Ctl 5, 8, Tandil, Buenos Aires. 2) *Muertas*, lugar poblado, Rio Pinto, Totoral, Córdoba.

Blanco, 1) del, laguna, Ctl 8, Tapalqué, Buenos Aires. 2) arroyo, Catamarca y Rioja. Es el origen principal del rio Jachal. 3) cumbre de la sierra de Comechingones, Calamuchita, Córdoba. $\varphi = 32° 27'$; $\lambda = 64° 55'$; $z = 2050$. m. (Brackebusch). 4) cerro de la «pampa de Achala,» Punilla, Córdoba. 5) arroyo, Mendoza. Es un tributario del rio Mendoza en la márgen derecha. 6) arroyo, Neuquen. Derrama sus aguas en el lago Nahuel-Huapí por el lado Sud. 7) arroyo, Iruya, Salta Es uno de los elementos de formacion del arroyo Pescado. tributario del Bermejo en la márgen derecha. 8) arroyo, Metan, Salta. Es un pequeño tributario del rio Juramento en la márgen derecha. 9) arroyo, San Juan. Es un afluente del rio de Los Patos. 10) cumbre de la sierra del Yulto, Morro, Pedernera, San Luis. $z = 970$ m. 11) cabo, Santa Cruz. Está próximo al puerto Deseado. $\varphi = 47° 12'$; $\lambda = 65° 43'$. (Fitz Roy). 12) arroyo, Tafí, Trancas, Tucuman. Es un tributario del arroyo Infiernillo. 13) *Cué*, lugar poblado, Caacatí, Corrientes.

Blancos, 1) los, estancia, Ctl 5, Ajó, Buenos Aires. 2) establecimiento rural, Ctl 15, Lincoln, Buenos Aires.

Blandengue, [1] laguna, Ctl 9, Chascomús, Buenos Aires.

Blandengues, establecimiento rural, Ctl 8, Vecino. Buenos Aires.

Blanqueada, 1) la, establecimiento rural, Ctl 7, Ayacucho, Buenos Aires. 2) establecimiento rural, Ctl 6, Azul, Buenos Aires. 3) establecimiento rural, Ctl 14, Bahía Blanca, Buenos Aires. 4) establecimiento rural, Ctl 11, Bragado, Buenos Aires. 5) la, laguna, Ctl 5, Bragado, Buenos Aires. 6) la, estancia, Ctl 8, Dorrego, Buenos Aires. 7) laguna, Ctl 10, Chascomús, Buenos Aires. 8) estancia, Ctl 5, Giles, Buenos Aires. 9) establecimiento rural, La Plata, Buenos Aires. 10) la, estancia, Ctl 3, Las Flores, Buenos Aires. 11) la, estancia, Mar Chiquita, Buenos Aires. E. 12) la, laguna, Mar Chiquita, Buenos Aires. 13) estancia, Ctl 2, Merlo, Buenos Aires. 14) la, establecimiento rural, Ctl 3, Ranchos, Buenos Aires. 15) establecimiento rural, Ctl 5, San Antonio de Areco, Buenos Aires. 16) establecimiento rural, Ctl 1, 9, Trenque-Lauquen, Buenos Aires. 17) estancia, Ctl 2, Veinte y Cinco de Mayo, Buenos Aires. 18) laguna, Ctl 2, Veinte y Cinco de Mayo, Buenos Aires. 19) *de Vela*,

---

1 Antiguo lancero del rio de La Plata.

estancia. Ctl 7, Ayacucho, Buenos Aires.

obadal, 1) paraje poblado, Oran, Salta. 2) lugar poblado. Jimenez, Santiago. E.

oca, 1) arroyo. Pila, Buenos Aires Es la continuacion del denominado Camarones, que toma el nombre de la laguna de la 'oca, al salir de ésta para dirigirse al Salado. 2) *Cuá,* paraje poblado, Curuzú-Cuatiá, Corrientes. 3) *del Riachuelo,* barrio Sud de la ciudad de Buenos Aires. Está situado al Norte de la desembocadura del Riachuelo. Dista de la estacion central 4 kms. FCE, C, T, E. 4) *del Rio,* lugar poblado, Santa Rosa, Calamuchita, Córdoba. 5) *del Rio,* lugar de baños termales, Lujan, Mendoza. Está á unos 50 kms. al SO. de la ciudad de Mendoza. 6) *del Rio,* paraje poblado, Estanzuela, Chacabuco. San Luis. 7) *del Rio,* vertiente. Estanzuela, Chacabuco, San Luis. 8) *del Rio Negro,* estancia, Ctl 1, Patagones. Buenos Aires. 9) *del Sauce Grande,* establecimiento rural, Ctl 6, Bahía Blanca, Buenos Aires.

ocha del Toro, riacho, Ctl 3, Las Conchas, Buenos Aires.

odega 1) la, finca rural, Guachipas, Salta. 2) *de Lujan,* finca rural, Lujan, Mendoza. 3) *de Martin,* finca rural, Capital, Mendoza.

odeguita la, finca rural, Guachipas, Salta.

ola, cerro de la, en la sierra de Pocho, Pocho, Córdoba.

olada la, estancia, Ctl 6, Necochea, Buenos Aires.

oldanco, finca rural, Rincon del Cármen, San Martin, San Luis.

olivar, 1) partido de la provincia de Buenos Aires. Fué creado el 27 de Octubre de 1877. Está situado al OSO. de Buenos Aires. Tiene 5325 kms.^{2} de extension y una poblacion de 6601 habitantes. (Censo del 31 de Enero de 1890). Escuelas funcionan en Bolivar (San Cárlos),

Toledo, etc. El partido es regado por los arroyos Vallimanca y Salado. 2) ó *San Cárlos,* villa, Bolivar, Buenos Aires. Es cabecera del partido. Fué fundada en 1877 y cuenta hoy con una poblacion de 1500 habitantes. C T, E. A Bolivar se llega en mensajeria, desde Nueve de julio ó desde Olavarria. $\varphi = 36°\ 14'\ 25''$; $\lambda = 61°\ 6'\ 19''$.

Boliviana la, finca rural, Cafayate, Salta.

Bollo Paso, lugar poblado, Salsacate, Pocho, Córdoba.

Bollos los, establecimi nto rural, Ctl 5. Guamini, Buenos Aires.

Bolsa, 1) cerro de la, en la sierra Comechingones, Calamuchita, Córdoba. $\varphi = 32°\ 30'$; $\lambda = 64°\ 58'$; $z = 2260$ m. (Lallemant). 2) la, finca rural, Cafayate, Salta. 3) la, finca rural, Molinos, Salta. 4) distrito minero de plata y cobre, jachal, San juan. 5) lugar poblado, Famaillá, Tucuman. Está situado en la orilla izquierda del arroyo Lules, cerca del paraje en que recibe las aguas del arroyo Manantial.

Bolsas de las, arroyo, Trancas, Tucuman. Es uno de los que dan origen al arroyo Vipos.

Bolsico, finca rural, Jachal, San juan.

Bolson, arroyuelo, Balcosna, Paclin, Catamarca.

Bomba la, laguna, Ctl 6, Cañuelas, Buenos Aires.

Bombero [1] el, establecimiento rural, Ctl 3, Pringles, Buenos Aires.

Bomberos, lugar poblado, Ballesteros, Union, Córdoba.

Bonaerense, mineral de plata, La Viña, Salta.

Bonete, 1) cumbre nevada de la cordillera, Tinogasta, Catamarca. $\varphi = 27°\ 50'$; $\lambda = 68°\ 30'$; $z = 6000$ m. (Moussy). 2) *Cué,* finca rural, Concepcion, Corrientes.

---

1 Explorador del campo enemigo

Bonita 1) la, establecimiento rural, Ctl 2, Alsina, Buenos Aires. 2) la, laguna, Ctl 7, Junin, Buenos Aires. 3) establecimiento rural, Ctl 14, Nueve de Julio, Buenos Aires.

Bonitos, estancia, Ituzaingó, Corrientes.

Bonnement, lugar poblado, Las Flores, Buenos Aires. Dista de Buenos Aires 137 kms. $\alpha = 16,5$ m. FCS, C, T.

Boqueron 1) el, establecimiento rural, Ctl 9, Pueyrredon, Buenos Aires. 2) finca rural, Empedrado, Corrientes. 3) finca rural, Mercedes, Corrientes. 4) distrito de la seccion Copo 1° del departamento Copo, Santiago del Estero. 5) lugar poblado, Boqueron, Copo, Santiago. C. E.

Boratero, yacimiento de borax, Poma, Salta.

Borbollon, 1) lugar poblado, Lavalle, Mendoza. 2) baños termales, Lavalle, Mendoza. Están situados á 12 kms. al NE. de Mendoza. 3) arroyo, Lavalle, Mendoza. 4) estancia, Rosario de la Frontera, Salta.

Bordenave, laguna, Ctl 3, Puan, Buenos Aires.

Borditos, paraje poblado, Perico del Cármen, Jujuy.

Bordo 1) el, lugar poblado, Chuñaguasi, Sobremonte, Córdoba. 2) el, paraje poblado, Chicoana, Salta. 3) *de San Agustin*, paraje poblado, Cerrillos, Salta. 4) *de San Antonio*, paraje poblado, Campo Santo, Salta. 5) *de San José*, lugar poblado, Campo Santo, Salta.

Bordon, laguna, Lavalle, Corrientes.

Bordos, 1) lugar poblado, Aguada del Monte, Sobremonte, Córdoba, 2) paraje poblado, Juarez Celman, Rioja. 3) distrito del departamento Campo Santo, Salta.

Boroa, 1) cumbre de la sierra de Pocho, Pocho, Córdoba. $\varphi = 31° 19'$; $\lambda = 65° 9'$; $\alpha = 1200$ m. (Brackebusch). 2) lugar poblado, Salsacate, Pocho, Córdoba.

Bosque, 1) el, lugar poblado, Constitucion, Anejos Norte, Córdoba. 2) el, paraje poblado. General Ocampo, Rioja. 3) *Alegre*, establecimiento rural, Ctl 7, Vecino, Buenos Aires.

Bosquejo el, cabaña de ovejas Negrette y Rambouillet, Ctl 1, Navarro, Buenos Aires. Está á 5 kms. al Sud de Navarro.

Bosques los, establecimiento rural, Ctl 11, Tandil, Buenos Aires.

Bota, 1) laguna, Lomas, Corrientes. 2) *Grande*, estancia, Paso de los Libres, Corrientes

Bote del, arroyo, Ctl 8, Chascomús, Buenos Aires. Es un tributario del Salado en la márgen izquierda.

Botella 1) la, laguna, Ctl 3, Alvear, Buenos Aires. 2) la, laguna, Ctl 5, Bolivar, Buenos Aires. 3) la, estancia, Ctl 7, Trenque-Lauquen, Buenos Aires.

Botellas las, laguna, Ctl 5, Rauch, Buenos Aires.

Botija 1) la, establecimiento rural, Ctl 2, Pergamino, Buenos Aires. 2) arroyo, Ctl 2, Pergamino, Buenos Aires. 3) establecimiento rural, Ctl 6, Trenque-Lauquen, Buenos Aires. 4) laguna, Ctl 2, Veinte y Cinco de Mayo, Buenos Aires. 5) lugar poblado, Ayacucho, San Luis.

Botijas, lugar poblado, Copo, Santiago, E.

Bouvier, colonia, Formosa.

Bóvedas las, finca rural, Lujan, Mendoza.

Boyero, [1] arroyo, Beltran, Mendoza. Desagua en el Salado, en su márgen derecha.

Bracho, aldea, Matará, Santiago. Está á 235 kms al SE. de la capital provincial. Cuenta con unos 500 habitantes. C, T, E.

Bragado, 1) partido de la provincia de Buenos Aires. Fué creado en 1853. Está al Oeste de Buenos Aires. Tiene 3158 kms.² de extension y una poblacion de 11228 habitantes. (Censo del 31 de Enero de 1890). Escuelas funcionan en Bragado, Las Cañas, Mal Abrigo, etc. El

---

1 Pájaro muy comun en las islas del Paraná y Uruguay.

partido es regado por el rio Salado y el arroyo Saladillo; existe, además, un gran número de lagunas. 2) villa, Bragado, Buenos Aires. Es la cabecera del partido. Fué fundada en 850. Por el ferrocarril del Oeste dista 208 kms. ó sea siete horas de Buenos Aires. Cuenta con una poblacion de 5000 habitantes. Sucursal del Banco de la Provincia. $\varphi=37°$ 7'; $\lambda=60°$ 29' 29"; $z=56$ m. FCO, C, T, E. 3) lugar poblado, Litin, Union, Córdoba. 4) *Chico*, laguna, Ctl 12, Bragado, Buenos Aires. 5) *Grande*, estancia, Ctl 12, Bragado, Buenos Aires.

Bramilla, finca rural, Belgrano, Rioja.

Brandzen, 1) partido de la provincia de Buenos Aires. Fué creado el 21 de Octubre de 1865. Está al Sud de Buenos Aires. Tiene 904 kms.[2] de extension y una poblacion de 4640 habitantes. (Censo del 3: de Enero de 1890). Escuelas funcionan en Ferrari, Jeppener, Altamirano, etc. El partido es regado por los arroyos Samborombon, Ferran, Pena, Merlo, San Luis, Invernada, Mahon, Vizcacheras, Abascal y Santa Clara La cabecera del partido es Ferrari. 2) establecimiento rural, Ctl 4, Olavarria, Buenos Aires. 3) arroyo, Ctl 4. Olavarría, Buenos Aires. 4) pueblo. Véase Ferrari.

Brasa, arroyo, Ctl 9, Pueyrredon, Buenos Aires.

Brasilera (ó *San José*), aldea en la colonia General Alvear, Diamante, Entre Rios.

Brava 1) la, establecimiento rural, Ctl 6, Alvear, Buenos Aires. 2) la, lugar poblado, Ctl 3, Balcarce, Buenos Aires. E. 3) la, arroyo, Ctl 3, Balcarce, Buenos Aires. 4) la, laguna, Ctl 3, Balcarce, Buenos Aires. 5) la, laguna, Ctl 12, Juarez, Buenos Aires. 6) la, establecimiento rural, Ctl 4, 9, Junin, Buenos Aires. 7) la, laguna, Ctl 9, Junin, Buenos Aires. 8) la, laguna, Ctl 2, Veinte y Cinco de Mayo, Buenos Aires. 9) laguna, Juarez Celman,

Córdoba. 10) laguna, Lomas, Corrientes. Está situada al Este de la ciudad de Corrientes. 11) laguna, Paso de los Libres, Corrientes. 12) colonia, San Javier, San Javier, Santa Fe. Tiene 313 habitantes. (Censo del 7 de Junio de 1887). 13) *Grande*, estancia, Ctl 2, Veinte y Cinco de Mayo, Buenos Aires.

Bravo, 1) cerro, Chicoana, Salta. 2) *Cué*, finca rural, San Luis, Corrientes.

Bravos del Dos, lugar poblado, Guaminí, Buenos Aires. E.

Brazo Seco, lugar poblado, Cruz del Eje, Cruz del Eje, Córdoba.

Brea,[1] 1) vertiente, San Pedro. Capayan, Catamarca. 2) la, laguna, Ledesma, Jujuy. Está situada cerca de la márgen oriental del rio Grande, á 25 kms. de Ledesma. Las aguas de esta laguna están mezcladas con asfalto. 3) la, finca rural, juarez Celman, Rioja. 4) distrito de la seccion Figueroa del departamento Matará, Santiago del Estero. 5) lugar poblado, Figueroa, Santiago. E.

Breal el, lugar poblado, Guachipas, Salta.

Brealito, 1) distrito del departamento Molinos, Salta. 2) lugar poblado, Molinos, Salta. E.

Breará, laguna, San Cosme, Corrientes.

Brete,[2] 1) aldea, Cruz del Eje, Cruz del Eje, Córdoba. Tiene 599 habitantes. (Censo del 1° de Mayo de 1890). C, E. 2) lugar poblado, Capital, Jujuy. 3) paraje poblado, Chicoana, Salta, C.

Brillo el, estancia, Ctl 5, Trenque-Lauquen, Buenos Aires.

Brito, estancia, Leales, Tucuman. En la orilla izquierda del rio Salí.

Britos, laguna, Ctl 4, Veinte y Cinco de Mayo, Buenos Aires.

Brown, 1) partido de la provincia de Buenos Aires. Fué creado el 30 de Setiem-

---

1 Arbol (Cæsalpina præcox).—2 En las estancias, sitio cercado para marcar animales ó matarlos.

bre de 1873. Está al Sud de Buenos Aires. Tiene 148 kms.² de extension y una poblacion de 4704 habitantes. (Censo del 31 de Enero de 1890). Escuelas funcionan en Adrogué y Burzaco. El partido es regado por los arroyos Las Piedras y Las Toscas. La cabecera del partido es Adrogué. 2) arroyo, Ctl 6, Barracas, Buenos Aires. 3) cerro, Santa Cruz, $\varphi = 47°\ 55'$; $\lambda = 66°\ 23'$ (Moyano). 4) *Almirante*. Véase Adrogué.

Brugo. Véase Tres de Febero.

Bruno el, arroyo, Beltran, Mendoza. Desagua en el Salado, en su márgen derecha.

Brusquitas, arroyo, Ctl 8, Pueyrredon, Buenos Aires. Desagua en el Océano Atlántico.

Buckland, cerro en la isla de los Estados, Tierra del Fuego. $\varphi = 54°\ 46'$; $\lambda = 64°\ 21'$; $\alpha = 912$ m. (Fitz Roy).

Buena Armonía, finca rural, Campo Santo, Salta.

Buen Amigo, establecimiento rural, Ctl 14, Dorrego, Buenos Aires

Buena Dicha, lugar poblad , Algodon, Tercero Abajo, Córdoba.

Buena Esperanza, 1) establecimiento rural, Ctl 5, Las Flores, Buenos Aires. 2) mina de cuarzo aurífero, Candelaria, Cruz del Eje, Córdoba. Está situada en el paraje llamado « Las Plantas. » 3) finca rural, Curuzú-Cuatiá, Corrientes. 4) finca rural, Esquina, Corrientes. 5) finca rural, Lomas, Corrientes. 6) finca rural, Monte Caseros , Corrientes. 7) establecimiento rural, Departamento 2, Pampa. 8) mina de plata, cobre y oro en el distrito mineral Calderas, sierra de Famatina, Rioja. 9) finca rural, Jachal, San Juan. 10) mina de cobre en el Corral de Cañarita, Ayacucho, San Luis.

Buena Fe la, establecimiento rural, Ctl 4, Zárate, Buenos Aires.

Buena Nueva, finca rural, Guaymallen, Mendoza.

Buena Sopa, estancia, Ctl 4, Tandil, Buenos Aires.

Buena Suerte 1) la, establecimiento rural, Ctl 6, Azul, Buenos Aires 2) finca rural, Curuzú-Cuatiá, Corrientes.

Buenaventura, 1) estancia, Ctl 4, Patagones, Buenos Aires. 2) mina de plomo y plata, Ciénega del Coro, Minas, Córdoba. Está situada entre « Casa del Tigre » y « Cañada Larga. » 3) finca rural, Concepcion, Corrientes.

Buena Vista, 1) establecimiento rural, Ctl 8, Balcarce, Buenos Aires. 2) manantial, Ctl 8, Balcarce, Buenos Aires. 3) estancia, Ctl 9, Bolivar, Buenos Aires. 4) establecimiento rural, Ctl 2, Cármen de Areco, Buenos Aires. 5) laguna, Ctl 11, Dolores, Buenos Aires. 6) establecimiento rural, Ctl 10, Las Flores, Buenos Aires. 7) establecimiento rural, Ctl 8, Navarro, Buenos Aires 8) establecimiento rural, Ctl 2, 3, Pergamino, Buenos Aires. 9) establecimiento rural, Ctl 2, Tapalqué, Buenos Aires. 10) establecimiento rural, Ctl 10, Veinte y Cinco de Mayo, Buenos Aires. 11) establecimiento rural, Ctl 6, Zárate, Buenos Aires. 12) estancia, Reduccion, juarez Celman, Córdoba. 13) lugar poblado, Argentina, Minas, Córdoba. 14) lugar poblado, Villa de Maria, Rio Seco, Córdoba. 15) lugar poblado, Cerrillos, Sobremonte, Córdoba. 16) finca rural, Bella Vista, Corrientes. 17) finca rural, Caacatí, Corrientes. 18) estancia, Concepcion, Corrientes. 19) finca rural, Esquina, Corrientes. 20) finca rural, Goya, Corrientes. 21) finca rural, Itatí, Corrientes. 22) estancia, La Cruz, Corrientes. 23) finca rural, Lavalle, Corrientes. 24) finca rural, Lomas, Corrientes. 25) estancia, Mburucuyá, Corrientes. 26) estancia, Mercedes, Corrientes. 27) estancia, Paso de los Libres, Corrientes. 28) finca rural, Saladas, Corrientes. 29) finca rural, San Miguel, Corrientes. 30) estancia, San

Roque, Corrientes. 31) estancia, Santo Tomé, Corrientes. 32) finca rural, Sauce, Corrientes. 33) finca rural, Belgrano. Rioja. 34) finca rural, General Sarmiento, Rioja. 35) distrito del departamento de la Capital, Salta. 36) finca rural, Cafayate, Salta. 37) finca rural, Capital, Salta. 38) finca rural, Guachipas. Salta. 39) finca rural, Rosario de Lerma, Salta. 40) finca rural, San Cárlos. Salta 41) estancia, Trancas, Tucuman. En la orilla izquierda del rio Sali. E

Buen Fin, finca rural, Cerrillos, Salta.

Buen Mirador, finca rural, Esquina Corrientes.

Buen Orden, finca rural, San Martin, Mendoza.

Buenos Aires, 1) Capital de la Repúb... a Argentina. Está situada en la márgen derecha del rio de La Plata, siendo sus coordenadas geográficas las siguientes:

z	λ	x	*Autoridades*
34° 36' 21'',4	56° 21' 33'',3	20 m.	Observatorio
34° 36'	58° 19' 46''	—	Moussy
34° 36' 29'',8	58° 22' 14'',2	—	US. Hdgic.Office
34° 37'	58° 25'	—	Mapas antiguos
34° 36' 28''	58° 20' 20''	—	Azara
34° 36' 29''	58° 25' 24''	—	Woodbine Parish
34° 36' 35''	58° 21' 20''	—	Mossotti
34° 36' 10''	58° 16' 19''	—	Friesach
34° 36'	58° 20' 9''	—	Mouchez
?	58° 21' 16''	—	Fleuriais
34° 36' 27'',7	58° 22' 14'',2	20 m.	Beuf

Las coordenadas del Observatorio se refieren á la entrada de la antigua casa de correos; las de la oficina hidrográfica de los Estados Unidos al mirador de la aduana; las de Fleuriais y Beuf á la torre de la aduana. La altura media del Plata sobre el nivel del mar, es en Buenos Aires, segun Page, de 3,3 metros. La extension del territorio federal de la capital es, segun mis cálculos, de 181,41 kms.^{2} Su mayor dimension de N. á S. es de 18 kms. y de E. á O. de 25. El perímetro actual es de 62,5 kms. Su poblacion era el 15 de Setiembre de 1887 (Censo) de 433 375 habitantes. Hoy (principios de 1890) es seguramente superior á 500 000 Fundada en 1535 por don Pedro de Mendoza, fué destruida en 1537 por los indios querandíes. La fundacion definitiva de la ciudad, hecha por don Juan Garcia Garay, data del 11 de junio de 1580. Dentro del territorio federal se hallan hoy comprendidos varios pueblos en formacion, que, con el andar del tiempo, se convertirán en suburbios ó partes integrantes de la capital. Si se sigue al Oeste por la calle de Rivadavia, se halla en primer lugar Almagro, que es un suburbio de la capital. Más al Oeste y siempre en la misma direccion está Caballito, que es tambien un suburbio de Buenos Aires. Siguiendo más aun hácia el Oeste, á unos 8 kms. de la ciudad, se llega á Flores, villa que prospera, sobre todo en verano, cuando las familias de Buenos Aires buscan el fresco de la campaña. Al Oeste de Flores, está la Floresta, lugar que va creciendo de año en año. El centro de poblacion que se halla más al Oeste, en esta misma direccion, es la estacion Liniers del ferro-carril de la provincia (hoy The Buenos Aires Western Railway); se halla en el límite del territorio federal. Al Norte de Flores y de la Floresta, se halla la villa de Santa Rita, en formacion. Cerca del arroyo Maldonado y al Sud de la calle Santa Fe, existe un suburbio de la capital, llamado Villa Alvear. La calle de Santa Fe conduce á Belgrano, lugar de veraneo situado cerca de la orilla del rio de La Plata y á 10 kms. del centro de Buenos Aires. Está ligado á la ciudad por tramway y ferro-carril. Nuñez, más allá de Belgrano, es estacion del mismo ferro-carril. Cerca de Nuñez, en los límites del territorio federal, se halla Saavedra, pueblo en formacion, que posee un bonito parque, muy adecuado para servir de término de una excursion campestre. Las Catalinas es un pueblo en formacion, situado cerca del límite que separa la capital federal del partido San Martin. Otros centros de poblacion son: Villa Mazzini al Sud de Belgrano, y Villa Ortuzar, cerca del cementerio de la Chacarita. La única corriente permanente del territorio federal es el Riachuelo (ó rio de Matanzas). Está formado por el desagüe de una série de lagunas situadas en el partido de Matanzas. Este rio, ó mejor dicho arroyo, desarrolla un cauce de 80 kms. de largo y recibe las aguas de los arroyos Morales y de Cañuelas y de la cañada de los Pozos. Allí donde el Riachuelo desemboca en el Plata, y en su orilla izquierda, se halla el suburbio marítimo de la capital, La Boca, y en frente, la ciudad de Barracas, perteneciente á la provincia de Buenos Aires. En La Boca, donde se halla tambien una de las entradas (Dársena Sud) del nuevo puerto que se extiende en cuatro diques al frente de la ciudad, en La Boca, digo, hacen sus operaciones de carga y descarga muchos buques de ultramar, amarrados á la ribera. El llamado arroyo Maldonado no es más que una cañada formada por el derrame de las aguas pluviales. Cerca del límite Norte del territorio federal corre un hilo de agua llamado arroyo Medrano, que pasa por Saavedra y Nuñez y desagua en el rio de La Plata, en las inmediaciones de esta última localidad. La ciudad está dotada de: una Universidad, un colegio nacional, escuelas normales, escuela de comercio, museo, bibliotecas, hospitales, asilos diversos, bancos, bolsa, teatros, paseos en La Recoleta y en Palermo, gas y luz eléctrica, aguas corrientes, cloacas, tramways, teléfonos, fábricas de fósforos, bujías de estearina, calzado, conservas, cristales, aceite, productos químicos y farmacéuticos, destilerias, fundiciones diversas, etc. La ciudad está ligada á Europa por muchas líneas de vapores y tres empresas telegráficas. El comercio exterior de la República se efectúa en sus tres cuartas partes por el puerto de Buenos Aires, que es al mismo tiempo el punto de arribo de la emigracion que se dirige á la Argentina. Buenos Aires se comunica con el resto de la República por seis ferro-carriles que tienen su arranque dentro de su municipio. 2) una de las 14 provincias de la Confederacion Argentina. Confina al Norte con las provincias de Entre Rios, Santa Fe y Córdoba; al Este con la provincia de Entre Rios y el estuario del Plata; al Sud con el Océano Atlántico y parte de la gobernacion del Rio Negro y al Oeste con las gobernaciones del Rio Negro, de la Pampa, y más al Norte con la provincia de Córdoba. Está separada de la provincia de Entre Rios por el riacho Pavon, brazo que se desprende del Paraná frente á Villa Constitucion (en la provincia de Santa Fe, en el paraje donde desemboca el arroyo Pavon); por el llamado rio Ibicuy y por el Paraná-Guazú. Los límites del lado de la provincia de Santa Fe son, en virtud de la sentencia arbitral pronunciada el 18 de Marzo de 1882 por la Corte Suprema de justicia: la orilla derecha del arroyo del Medio, luego una línea recta que parte de la orilla SO. de la laguna Cardoso y toma la direccion hácia la orilla SO. de la laguna Chañar hasta el punto donde ella corta el paralelo de los 34° 23'; esta línea recta tiene 106895 metros de largo. Luego el límite sigue dicho paralelo hasta la interseccion con el 5° meridiano de Buenos Aires, en una longitud de 152869 metros, de los cuales 106895 pertenecen al limite de Santa Fe y 45974 al de Córdoba. Una extension de 68394 metros sobre el meridiano quinto sirve de límite con la provincia de Córdoba. La extension total de los límites de la provincia puede computarse en la forma que sigue:

Al Norte, provincias de Córdoba y Santa Fe..	261 kms.
Arroyo del Medio	80 »
Riacho Pavon, Ibicuy y Paraná-Guazú...	249 '
Estuario del rio de La Plata........	390 '
Costa del océano	1100 »
Sobre el Rio Negro	99 »
Meridiano 5° de Buenos Aires.......	740 »
	2907 kms.

Los límites aqui mencionados encierran una superficie de 311 190 kms.² cuya poblacion fué el 31 de Enero de 1890 (Censo) de 764 166 habitantes. El suelo de la provincia es en su totalidad llano, á excepcion de las pequeñas áreas que ocupan las sierras bajas del Tandil y de la Ventana, en la parte Sud del territorio provincial. Esta misma configuracion del suelo indica que la ganaderia y la agricultura deben ser, como son, las fuentes principales de riqueza de la provincia. El reino mineral solo ofrece unos cuantos mármoles en las sierras arriba nombradas. Los principales arroyos pertenecientes á la cuenca del Paraná y rio de La Plata son: del Medio, Salto, Arrecifes, Areco, Lujan, Conchas, Matanzas y Samborombon. El único rio importante es el Salado. Como pertenecientes á la cuenca de este rio pueden considerarse los arroyos: Tapalqué, Azul, Perdido, Cortaderas. de los Huesos, Chapaleofú, Langueyú, Tandileofú, Napoleofú, etc. En el Océano Atlántico desaguan el Quequen Grande, Quequen Salado, Sauce Grande, Napostá, Sauce Chico, etc. La hidrografia de la provincia es sobre todo característica por el enorme número de lagunas que cubren todo su territorio. Muchísimos arroyos tienen su nacimiento y su término en lagunas. Administrativamente está la provincia dividida en 99 partidos, á saber: Ajó—

Alvear — Alsina—Arrecifes — Ayacucho —Arenales—Azul—Bahía Blanca—Balcarce—Baradero — Barracas — Belgrano —Bolívar—Bragado—Brandzen—Brown — Cañuelas — Campana — Cármen de Areco—Castelli — Chacabuco—Chascomús — Chivilcoy — Colon — Conchas— Dolores — Dorrego · Exaltacion de la Cruz—Giles—General Arenales — Guaminí—Juarez—junin – La Plata—Laprida—Las Heras—Las Flores—Lincoln— Loberia—Lobos — Lomas de Zamora— Lujan—Magdalena — Márcos Paz—Matanzas—Mar Chiquita—Mercedes—Merlo—Maipú - Monte—Moreno—Moron— Navarro—Necochea—Nueve de Julio— Olavarria—Patagones — Pehuajó — Pergamino—Pila—Pilar—Pringles—Puan— Pueyrredon—Quilmes— Ramallo—Ranchos—Rauch—Rivadavia—Rodríguez— Rojas — Saavedra — Saladillo—Salto — Salado —San Antonio de Areco—San Fernando – San Martin — San Isidro— San Nicolás—San Pedro—San Vicente —Sarmiento—Solis— Suarez—Suipacha —Tandil — Tapalqué — Tordillo—Tres Arroyos — Trenque-Lauquen — Tuyú— Vecino—Veinte y Cinco de Mayo—Villarino—Villegas—Viamont —Viedma— Zárate. La ciudad de La Plata es la capital de la provincia. 3) estancia, Ctl 7, Trenque-Lauquen, Buenos Aires. 4) lago, Santa Cruz. Al pié de las montañas que preceden á la cordillera. Tiene 36 kms. de largo por 25 de ancho. Entre las montañas que rodean el lago, se destacan dos picos, uno al N y otro al S ; el pico del Sud ($\varphi = 46°$ 25'; $\lambda = 71°$ 25') tiene una altura de 1550 m., mientras que el del Norte es solo de 1481 m. Estas montañas tienen sus faldas cubiertas de bosques. (Moyano).

Buen Pasar, finca rural, Curuzú Cuatiá, Corrientes.

Buen Porvenir, finca rural, Esquina, Corrientes.

Buen Retiro, 1) el, establecimiento rural, Ctl 4, Azul, Buenos Aires. 2) el, establecimiento rural, Ctl 9, Las Flores, Buenos Aires. 3) establecimiento rural, Ctl 6, Navarro, Buenos Aires. 4) finca rural, Esquina, Corrientes. 5) estancia, La Cruz, Corrientes. 6) finca rural, Paso de los Libres, Corrientes. 7) finca rural, Capital, Jujuy. 8) finca rural, Cafayate, Salta. 9) finca rural, Campo Santo, Salta. 10) finca rural, Rosario de Lerma, Salta. 11) finca rural, San Cárlos, Salta. 12) finca rural, Pocitos, San juan.

Buen Suceso. 1) Uno de los tres departamentos en que se divide la gobernacion de la Tierra del Fuego, por decreto de 27 de Junio de 1886. Forman sus límites al Norte, Este y Sud el Océano Atlántico, comprendiendo la isla de los Estados, y al Oeste por el meridiano de los 67°. 2) bahía en la Tierra del Fuego. 3) cabo en la Tierra del Fuego. Está situado en el estrecho de Le Maire, que separa la isla de los Estados de la Tierra del Fuego. $\varphi = 54° 54' 40''$; $\lambda = 65° 21' 30''$. (Fitz Roy).

Buen Vivir, estancia, La Cruz, Corrientes.

Buey, 1) el, laguna, Ctl 4, Alsina, Buenos Aires. 2) *Viejo* el, establecimiento rural, Ctl 3, Trenque-Lauquen, Buenos Aires.

Bueyes, 1) los, laguna, Ctl 7, Alvear, Buenos Aires. 2) los, laguna, Ctl 9, Chascomús, Buenos Aires. 3) los, laguna, Ctl 12, Lincoln, Buenos Aires. 4) los, laguna, Ctl 2, Vecino, Buenos Aires.

Buitres, cerro, Veinte y Cinco de Mayo, Mendoza. Está situado en el camino que conduce al Planchon, á 200 kms. al SO. de Mendoza, entre los rios Diamante y Atuel. Olascoaga asegura que tiene una vertiente de petróleo.

Bulacio, lugar poblado, Capital, Tucuman. En la orilla izquierda del rio Sali, al Sud del departamento.

Bum Mahuida, [1] volcan, Neuquen. Forma parte de una rama de la cordillera que divide las aguas del rio Barrancas al Norte y del Currú-Leubú al Sud. $\alpha = 5000$ m.

Bunge, arroyo, Ctl 4, San Vicente, Buenos Aires.

Bunirigo, arroyo, Ctl 2, Magdalena, Buenos Aires.

Burgos, 1) estancia, Ctl 1, Magdalena, Buenos Aires. 2) arroyo, Ctl 6, 10, Arrecifes; Ctl 5, San Pedro, Buenos Aires. Este arroyo, que tiene su origen en el partido de Arrecifes, es tributario del arroyo Arrecifes, en su márgen izquierda. 3) arroyo, Ctl 2, Exaltacion de la Cruz; Ctl 2, 4, Pilar, Buenos Aires. Es un tributario del arroyo Lujan, en la márgen izquierda. 4) laguna, Ctl 7, Tapalqué, Buenos Aires.

Burras, 1) de las, arroyo, La Puerta, Ambato, Catamarca. Es uno de los orígenes del arroyo del Valle. 2) cerro de las, en la sierra de San Francisco, Sobremonte, Córdoba. 3) arroyo de las, Jujuy y Salta. Nace en la sierra de Susquís (Bolivia). Al entrar en territorio argentino forma el límite entre las provincias de Jujuy y Salta. Termina en la gran laguna de Huayatayoj.

Burray, paraje poblado, Departamento 2°, Pampa.

Burro, 1) del, laguna, Ctl 9, Chascomús, Buenos Aires Se comunica con la de Chascomús al Norte por el arroyo Girado, al Este con la de Adela y al Sud con la de Chis-Chis. Forma parte de un sistema que se comunica, á su vez, con el Salado, por medio de un hondo cañadon llamado « Rincon de las Barrancas » 2) arroyo del, Ctl 4, Chascomús, Buenos Aires. 3) el, laguna, Ctl 6, Navarro, Buenos Aires. 4) del, arroyo, Ctl 11,

---

1 Cerro de la noche.

Salto, Buenos Aires. 5) *Muerto*, lugar poblado, Ciénega del Coro, Minas. Córdoba.

Burros, 1) los, arroyo, Ctl 6, Matanzas, Buenos Aires. 2) de los, cañada, Lavalle, Chacabuco y La Paz, Mendoza. Se dirige con rumbo O. á E. al Desaguadero y forma el límite entre los departamentos Lavalle al Norte y Chacabuco y La Paz al Sud.

Burruyaco, 1) paraje poblado, Tilcara, Jujuy. 2) paraje poblado, Valle Grande, Jujuy. 3) departamento de la provincia de Tucuman. Ocupa el extremo NE. de la provincia. Confina al Norte con la provincia de Salta; al Este con la de Santiago; al Sud con el departamento de la Capital y al Oeste con los departamentos Trancas y Capital. Su extension es de 3955 kms.² y su poblacion conjetural de unos 11000 habitantes El departamento es regado por los arroyos Urueña, Tajamar, la Sala, Requelme, Obraje, Tembladera, Poronguitos, Mollar, Yeso, Zorra y Burruyaco. Hay centros de poblacion en Burruyaco, La Cruz, Sunchal, Don Benito, Trinidad, Laguna, Puestito y Timbó. 4) aldea, Burruyaco, Tucuman. Es la cabecera del departamento. Dista de Tucuman 70 kms. Tiene unos 500 habitantes. $\varphi =$ 26° 30'; $\lambda = 64° 45'$ C. E.

Burucuyá, [1] finca rural, La Cruz, Corrientes.

Burzaco, pueblo, Brown, Buenos Aires. Dista de Buenos Aires 22 kms. $z = 25,5$ m. FCS, C, T, E.

Buscada, 1) la, estancia, Ctl 1, Maipú, Buenos Aires. 2) la, laguna, Ctl 1, Maipú, Buenos Aires.

Bustamante, laguna, Ctl 12, Veinte y Cinco de Mayo, Buenos Aires.

Bustinza, 1) distrito del departamento Iriondo, Santa Fé. Tiene 1837 habitantes. (Censo del 7 de Junio de 1887). 2) pueblo, Bustinza, Iriondo, Santa Fé. Tiene 395 habitantes. (Censo). E. 3) colonia, Bustinza, Iriondo, Santa Fé. Tiene 950 habitantes. (Censo). 4) campo colonizado, San Genaro, San Jerónimo, Santa Fé. Tiene una poblacion de 118 habitantes. (Censo).

Bustos, 1) laguna, Ctl 8, Veinte y Cinco de Mayo, Buenos Aires. 2) cañada, Ctl 4, Zárate, Buenos Aires. 3) los, lugar poblado, San Antonio, Punilla, Córdoba. 4) lugar poblado, Tulumba, Tulumba, Córdoba.

Butacó, 1) paraje poblado, Beltran, Mendoza. 2) arroyo, Neuquen. Es un tributario del Colorado, en el cual desagua á unos 15 kms. al Sud de la confluencia de los rios Barrancas y Grande.

Butuhy, rá ido del rio Uruguay, formado por una restinga cerca de Santo Tomé.

Byron, banco entre cabo Blanco y cabo Tres Puntas, Santa Cruz. Su extension de NO. á SE. es de unos 11 kms. $\varphi =$ 46° 6' 20''; $\lambda = 65° 51'$. (Fitz Roy).

Caabi, [1] 1) finca rural, Concepcion, Corrientes. 2) *Corá*, finca rural, Bella Vista, Corrientes. 3) *Corá*, finca rural, San Miguel, Corrientes. 4) *Curuzú*, estancia, Concepcion, Corrientes. 5) *Guazú*, finca rural, Lavalle, Corrientes. 6) *Sacá*, finca rural, Goya, Corrientes. 7) *Yobay*, estancia, Concepcion, Corrientes.

Caacarai, finca rural, Ituzaingó, Corrientes.

Caacarapa, finca rural, Santo Tomé, Corrientes.

Caacatí, [2] 1) departamento de la provincia de Corrientes. Está situado á orillas del Alto Paraná y al Este y á la vez al Sud

---

1 Planta trepadora cuya flor es conocida bajo el nombre de «pasionaria.»

1 Caabi = Monte; Corá = Corral; Curuzú = Cruz; Guazú = Grande; Sacá = Ralo; Caabi Yobay = Monte frente á otro monte. (Guaraní). 2 Yerba hedionda,

del departamento Itatí. Tiene 2300 kms. [2] de extension y una poblacion conjetural de 8000 habitantes. Los esteros de Santa Lucía, San Lorenzo, Maloya é Iberá cubren parte de la superficie del departamento. Montes y lagunas abundan. La agricultura florece en este departamentó, produciéndose mayormente maiz, mandioca, tabaco y caña de azúcar. El departamento es regado por el rio San Lorenzo. La villa de Caacatí es la cabecera del departamento. 2) villa, Caacatí, Corrientes. Está situada á 40 kms. del Paraná y á 150 kms. al ESE. de Corrientes. Cuenta con una poblacion de 3500 habitantes. $\varphi = 27°50'$; $\lambda = 57°35'$. C, E.

Caaguané, arroyo, Ctl 11, 12, 13, Arrecifes y Ctl 5, 9, Baradero, Buenos Aires Este arroyo es un tributario del de Arrecifes en la márgen derecha.

Caaguazú, finca rural, San Roque, Corrientes.

Caasapala, finca rural, Santo Tomé, Corrientes.

Caayobay, estancia, San Roque, Corrientes.

Cabal, pueblo, Emilia, Capital, Santa Fe. Tiene 205 habitantes. (Censo del 7 de Junio de 1887). Dista de Santa Fe 61 kms. FCSF, C, T.

Caballada de la, laguna, Ctl 6, Olavarría, Buenos Aires.

Caballito, 1) suburbio de la capital federal. Dista de la estacion Once de Setiembre 3 kms. FCO, C, T, E. 2) establecimiento rural, Ctl 6, Baradero, Buenos Aires. 3) el, establecimiento rural, Ctl 9, Las Flores, Buenos Aires.

Caballo, vertiente, Motegasta, La Paz, Catamarca.

Caballú-Cuatiá, [1] arroyo, La Paz, Entre Rios. Es un tributario del Paraná en la márgen izquierda.

Cabalonga, sierra, Rinconada, Jujuy. Es la

___
1 Caballo pintado.

continuacion de la sierra de Santa Catalina. Se extiende de N. á S. y se eleva á 4500 metros de altura. El cerro de Incaguasi es su cumbre más notable. Todos los arroyos que nacen de ella y su prolongacion hacia el Norte, son ricos en oro.

Cabaña, 1) la, establecimiento rural, Ctl 7, Cañuelas, Buenos Aires. 2) estancia, Ctl 2, Pila, Buenos Aires. 3) establecimiento rural, Ctl 10, Rauch, Buenos Aires. 4) establecimiento rural, Ctl 6, San Antonio de Areco, Buenos Aires. 5) finca rural, Perico de San Antonio, Jujuy. 6) la, finca rural, San Cárlos, Salta. 7) Alemana, establecimiento rural, Ctl 6, Azul, Buenos Aires. 8) Azul, establecimiento rural, Ctl 1, Azul, Buenos Aires. 9) Calabria, finca rural, Esquina, Corrientes. 10) Laura, establecimiento rural, Ctl 3, Márcos Paz, Buenos Aires. 11) del Molino. Véase Merino de Amadeo. 12) Rivadavia, establecimiento rural, Ctl 5, Márcos Paz, Buenos Aires. 13) Santa Adela, finca rural, Lavalle, Corrientes. 14) del Toro, establecimiento rural, Ctl 3, Las Flores, Buenos Aires.

Cabeceras las, vertiente, Marquesado, Desamparados, San Juan.

Cabecita de Leon, lugar poblado, Guasapampa, Minas, Córdoba.

Cabeza, 1) la, estancia, Ctl 11, Trenque-Lauquen, Buenos Aires. 2) del Anta, finca rural, Anta, Salta. 3) del Buey, lugar poblado, Juarez Celman, San Justo, Córdoba. 4) del Buey, lugar poblado, General Mitre, Totoral, Córdoba. 5) del Buey, paraje poblado, Campo Santo, Salta. 6) del Novillo, finca rural, Rincon del Cármen, San Martin, San Luis. 7) del Novillo, arroyo, Rincon del Cármen, San Martin, San Luis. Despues de un corto recorrido de S. á N. y al salir de la sierra para entrar en la llanura del departamento de Junin, borra su cauce por agotamiento é inmersion en el suelo.

Cabezon el, estancia, Clt 3, Pila, Buenos Aires.

Cabildo, estancia, Ctl 5, Bolívar, Buenos Aires.

Cabo, 1) del, laguna. Ctl 9, juarez, Buenos Aires. 2) *Corrientes,* Pueyrredon, Buenos Aires. $\varphi = 30° 21'$; $\lambda = 57° 15' 15''$ (Bove). 3) *de Hornos.* $\varphi = 55° 58' 40''$; $\lambda = 67°16'10''$ (Connaissance des temps). 4) *de San Antonio,* Ajó, Buenos Aires. $\varphi = 36° 19' 36''$; $\lambda = 54° 45' 9''$ (Connaissance des temps). 5) *Verde,* paraje poblado, Las Heras, Mendoza. 6) *Virgenes,* Santa Cruz. $\varphi = 52° 20' 10''$; $\lambda = 68° 21' 34''$ (Connaissance des temps).

Cabra, 1) lugar poblado, Chucul, juarez Celman, Córdoba. 2) finca rural, Chosmes, Capital, San Luis. 3) cerrillos de la, sierra baja, Chosmes, Capital, San Luis. Es una rama occidental del Alto Pencoso.

Cabral, 1) cañada, Ctl 2, Pilar, Buenos Aires. 2) estero, La Cruz, Corrientes. 3) cañada, General Lopez, Santa Fe. Es tributaria del arroyo Pavon. 4) *Cué,* finca rural, La Cruz, Corrientes.

Cabras, aldea, Tala, Rio Primero, Córd b t. Tiene 156 habitantes. (Censo del 1° de Mayo de 1890).

Cabrera, 1) barrio nuevo de la ciudad de Córdoba. Está formándose al NO. de la ciudad, en la márgen izquierda del rio Primero. 2) lugar poblado, Carnerillo, Juarez Celman, Córdoba. FCA, C, T

Cabreras, 1) cuartel de la pedanía de la Parroquia, Tulumba, Córdoba. 2) los, lugar poblado, Parroquia, Tulumba, Córdoba.

Cabritos los, lugar poblado, Capilla de Rodriguez, Tercero Arriba, Córdoba.

Cacapiche, lugar poblado, Argentina, Minas, Córdoba.

Cáceres-Cué, 1) finca rural, Concepcion, Corrientes. 2) finca rural, La Cruz, Corrientes. 3) finca rural, Saladas, Corrientes.

Cachari, lugar poblado, Azul, Buenos Aires. Dista de Buenos Aires 262 kms. $z = 72,3$ m. FCS, C, T.

Cacheuta, cumbre del Paramillo á 40 kms. al Oeste de Mendoza. Alcanza á 2000 metros de altura. Varias perforaciones hechas en el cerro, en busca de petróleo, han dado por fin el resultado apetecido. Una perforacion que alcanza á 103 metros hace brotar el petróleo á la superficie á razon de 35 barriles por día.

Cachi, [1] 1) cuartel de la pedanía Caminiaga, Sobremonte, Córdoba. 2) aldea, Caminiaga, Sobremonte, Córdoba. Tiene 111 habitantes. (Censo del 1° de Mayo de 1890). 3) departamento de la provincia de Salta. Confina al Norte con el de Rosario de Lerma por el camino de Pulares ó de Tintin y el abra de Payogasta; al Este con los departamentos de Chicoana y de la Viña por las cumbres de la sierra de Cachipampa; al Sud con el de Molinos por el angosto del Colte y la sierra del mismo nombre hasta la cuesta del Obispo y al Oeste con los de la Poma y Molinos por las sierras de las Cuevas. Tiene 2750 kms.[2] de extension y una poblacion conjetural de unos 5500 habitantes Está dividido en 4 distritos: Cachi, Payogasta, Palermo y San josé. El departamento es regado por los arroyos Calchaqui, Palermo, Cachi y La Paya. Escuelas funcionan en Cachi, Palermo, Payogasta y San josé. 4) distrito del departamento del mismo nombre, Salta. 5) aldea, Cachi, Salta. Es la cabecera del departamento. Es una poblacion calchaqui situada á 3000 metros de altura, en las orillas de la meseta boliviana, y á 85 kms. de Salta. Tiene unos 600 habitantes. C, E. 6) nevados de, Cachi, Salta. Cadena que pertenece al macizo central de la cordillera. Se

---

1 Çachi = Sal (Quichua).

extiende de Norte á Sud en el departamento del mismo nombre, y se eleva á unos 6000 metros de altura. 7) nevado de, Cachi, Salta. $\varphi = 24° 30'$; $\lambda = 66° 30$; $\alpha = 6500$ m. (Moussy). 8) distrito de la seccion Ojo de Agua del departamento Sumampa, Santiago del Estero. 9) lugar poblado, Ojo de Agua, Sumampa, Santiago del Estero. E.

Cachiñan, paraje poblado, Rosario de Lerma, Salta.

Cachipampa, 1) distrito del departamento Campo Santo, Salta. 2) paraje poblado, Campo Santo, Salta. 3) meseta, Chicoana y San Cárlos, Salta. Se extiende de N. á S. y se eleva á unos 3000 metros de altura.

Cachipunco, 1) paraje poblado, San Pedro, Jujuy. 2) cerro, Jujuy y Salta. Se eleva en el encuentro de las sierras de Santa Bárbara y del Maiz Gordo, en el límite de las provincias de Jujuy (San Pedro) y de Salta (Anta).

Cachiyaco, 1) lugar poblado, Aguada del Monte, Sobremonte, Córdoba. 2) estancia, Leales, Tucuman. Está situada en el camino que conduce de Vinará á Tucuman.

Cachiyuyal, estancia, Departamento 2º, Pampa.

Cachiyuyo, [1] 1) cuartel de la pedanía Pichanas, Cruz del Eje, Córdoba. 2) aldea, Pichanas, Cruz del Eje, Córdoba. Tiene 161 habitantes. (Censo del 1º de Mayo de 1890). 3) lugar poblado, Caminiaga, Sobremonte, Córdoba. 4) lugar poblado, Quilino, Ischilin, Córdoba.

Cacho, paraje poblado, Capital, Jujuy.

Cacico, 1) distrito de la seccion Jimenez 1º del departamento Jimenez, Santiago del Estero. 2) paraje poblado, Jimenez, Santiago.

Cacique, 1) laguna, Ctl 3, Ayacucho, Buenos Aires. 2) laguna, Ctl 2, Pila, Buenos Aires. Pasa por ella el arroyo Camarones. 3) Negro, establecimiento rural. Ctl 3 Ayacucho, Buenos Aires.

Cadena-Cué, finca rural, Esquina, Corrientes.

Cadillal, 1) finca rural, Cerrillos, Salta. 2) estancia, Rosario de la Frontera, Salta.

Cadillo, [1] cuartel de la pedanía de Las Toscas, San Alberto, Córdoba.

Cadillos, aldea, Quilino, Ischilin, Córdoba. Tiene 145 habitantes. (Censo del 1º de Mayo de 1890).

Cafayate, 1) departamento de la provincia de Salta. Confina al Norte con el de San Cárlos por los términos de la finca de Animaná; al Este con el de Guachipas por la sierra de Caraguasi, ó quebrada de las Conchas en el Tunal; al Sud con la provincia de Catamarca por el arroyuelo Santa Maria y con la provincia de Tucuman por el distrito de Colalao (tucumano) y al Oeste con Chile. Tiene una extension de 2188 kms.² y una poblacion conjetural de unos 6000 habitantes. Está dividido en los 5 distritos: Cafayate, Loroguasi, Yacuchuya, Tolombon y Conchas. El departamento es regado por los arroyos Calchaquí, Yacuchuya, Tolombon. Santa Bárbara, Ciénega y Loroguasi. Escuelas funcionan en Cafayate, Conchas, Tolombon y Yacuchuya. Este departamento produce el mejor vino de la provincia y encierra grandes bosques de algarrobos. 2) distrito del departamento del mismo nombre, Salta. 3) villa, Cafayate, Salta. Es la cabecera del departamento. Está situada en el valle de Santa Maria, á orillas de los arroyos Yacuchuya y Loroguasi, á 200 kms. de Salta. Esta poblacion, que suma unos 2200 habitantes, es de origen calchaquí. Agencia del Banco

---

1 Planta (Atriplex Montevidensis).

1 Planta (Acœna pinnatifida).

Nacional. $x = 1690$ m. (Moussy). C, T, E. 4) finca rural, Chicoana, Salta.

Cahuel, lugar poblado, Jagüeles, General Roca, Córdoba.

Caibá, laguna, San Roque, Corrientes.

Caiman, 1) estancia, Concepcion, Corrientes. 2) laguna, Concepcion, Corrientes 3) estancia, San Miguel, Corrientes. 4) arroyo, Misiones. Es un tributario del Paraná en la márgen izquierda. Desagua arriba de Posadas.

Cainzo, pueblo, Capital, Tucuman. Está á 13 kms. al NO. de Tucuman.

Cajas las, lugar poblado, Yaví, jujuy.

Cajon, 1) arroyo, Santa Maria, Catamarca Nace en la sierra de los Quilmes, se dirige hácia el Sud, describe en la Punta de Balastro un semicírculo, para seguir luego rumbo al Norte, tomando entonces el nombre de rio Santa Maria, pasa sucesivamente por San josé, Santa Maria, Fuerte Quemado y entra en la provincia de Tucuman, donde pasa por Colalao para entrar luego en la provincia de Salta bajo el nombre de rio Guachipas, donde pasa sucesivamente por Tolombon y Guachipas. Despues de habérsele incorporado las aguas del rio de Salta, se dirige hácia el Este y toma en el lugar conocido por « El Pasaje » el nombre de rio juramento ó del Pasaje para cambiarlo por última vez en la provincia de Santiago, donde se le llama rio Salado, nombre que conserva en todo su curso á través de las provincias de Santiago y Santa Fe, hasta su desembocadura en el Paraná. Este rio tiene, pues, sucesivamente los nombres siguientes: Cajon, Santa Maria, Guachipas, juramento ó Pasaje y Salado. Sus tributarios son varios. El arroyo Cajon riega los distritos San josé N° 6, San José N° 7, La Quebrada y Cajon, y luego bajo el nombre de rio Santa Maria, los distritos Santa Maria y Fuerte Quemado, todos pertenecientes al departamento Santa Maria. 2) el, distrito del departamento Santa Maria, Catamarca. 3) pueblo, Santa Maria, Catamarca. E. 4) aldea, Higueras, Cruz del Eje, Córdoba. Tiene 112 habitantes. (Censo del 1° de Mayo de 1890). 5) lugar poblado, Guasapampa, Minas, Córdoba. 6) lugar poblado, San Cárlos, Minas. Córdoba. 7) el, lugar poblado, Parroquia, Tulumba, Córdoba. 8) paraje poblado, Maipú, Mendoza. 9) el, sierra, Guachipas, Salta. 10) chacra, Renca, Chacabuco, San Luis. 11) pueblo, Burruyaco, Tucuman. Está situado en la márgen derecha del arroyo del Zapallar. 12) estancia, Burruyaco, Tucuman. En el extremo NE. del departamento, cerca de la frontera santiagueña. 13) *de la Brea*, distrito minero de cobre del departamento Iglesia, San Juan. 14) *Nuevo*, arroyo, Neuquen. Derrama sus aguas en la márgen derecha del Dahuehué.

Cajoncitos, lugar poblado, Parroquia, Ischilin, Córdoba.

Cal 1) la, cerro, Las Heras, Mendoza. 2) cumbre de la sierra del Morro, Morro, Pedernera, San Luis. $x = 1430$ m.

Calá, 1) distrito del departamento Uruguay, Entre Rios. 2) arroyo, Uruguay, Entre Rios. Desagua en el Gualeguay en su márgen izquierda.

Calabozo, paraje poblado, Tilcara, Jujuy.

Calaico el, estancia, Ctl 1, Campana, Buenos Aires

Calamuchita, departamento de la provincia de Córdoba. Está situado al Este de San Javier y es al mismo tiempo en su parte Sud limítrofe de la provincia de San Luis. Su extension es de 5331 kms.² y su poblacion de 10115 habitantes. (Censo del 1° de Mayo de 1890). El departamento está dividido en las 7 pedanías: Santa Rosa, Cañada de Alvarez, Rio de los Sauces, Reartes, Molinos, Monsalvo y Cóndores. Los centros de poblacion de 100 habitantes para arriba, son los siguientes: Amboy, San Ignacio, Santa Rosa, Atospampa, San josé, Rio de la Cruz, Cañada de Alvarez, Rio Grande, Rio Quillinso, San Lorenzo, Rio de los Sauces, Cerro Colorado, Reartes, Talola, Molinos, San Agustin, Calmayo, Soconcho, Tocomé, Quebracho y Tala. Las a toridades departamentales residen en Soconcho. El departamento posee considerables riquezas minerales.

Calancha, pueblo, Monteros, Tucuman. Está situado en la orilla derecha del arroyo del Estero, cerca de su desagüe én el rio Salí.

Calandria [1] la, establecimiento rural, Viedma, Rio Negro.

Calasuya, lugar poblado, Chuñaguasi, Sobremonte, Córdoba.

Calavera 1) la, establecimiento rural, Ctl 8, Loberia, Buenos Aires. 2) finca rural, Guachipas, Salta. 3) paraje poblado, Oran, Salta. 4) vertiente, Guzman, San Martin, San Luis.

Calaveras 1) las, establecimiento rural, Ctl 3, Guamini, Buenos Aires. 2) estancia, Ctl 2, Juarez, Buenos Aires. 3) de las, arroyo, Ctl 2, Juarez, y Ctl 12, 13, Necochea, Buenos Aires. 4) las, arroyo, Ctl 4, Tandil. 5) estancia, Villarino, Buenos Aires. 6) laguna, Villarino, Buenos Aires. 7) *Grandes*, estancia, Ctl 10, Guamini, Buenos Aires

Calceta, mina de galena argentífera en el distrito mineral de Uspallatta, Mendoza.

Calchaqui, 1) sierra, Tucuman y Salta. Es la continuacion de la sierra de Aconquija. Se extiende paralelamente á la sierra de los Quilmes de Sud á Norte, atraviesa el departamento Trancas (Tucuman) y penetra en la provincia de Salta por el departamento Cafayate. 2) nevado de, Molinos, Salta. $\varphi = 25° 30'$;

$\lambda = 66° 30'$; $\alpha = 6000$ m. (Moussy). 3) arroyo. Véase rio Juramento. 4) distrito del departamento de la Capital, Santa Fe. 5) lugar poblado, Calchaqui, Capital, Santa Fe. Dista de Santa Fe 203 kms. FCSF. C, T. 6) arroyo, Capital, Santa Fe. Nace en la cañada de las Golondrinas y derrama sus aguas en el rio Salado.

Calchin, 1) pedanía del departamento Rio Segundo, Córdoba. Tiene 1363 habitantes. (Censo del 1° de Mayo de 1890). 2) cuartel de la pedanía del mismo nombre, Rio Segundo, Córdoba. 3) arroyo, Rio Segundo, Córdoba. Corre paralelamente al rio Segundo, al Sud del mismo, y termina en una cañada que se llama primero de Sacanta y luego de las Encrucijadas. La cañada se dirige hácia el rio Segundo.

Calden, [1] 1) estancia, Villarino, Buenos Aires. 2) el, estancia, La Paz, Mendoza. 3) finca rural, Guzman, San Martin, San Luis.

Caldenes, lugar poblado, La Cautiva, Rio Cuarto, Córdoba.

Caldera 1) la, estancia, Ctl 9, Guamini, Buenos Aires. 2) la, chacra, Ctl 18, Juarez, Buenos Aires. 3) la, laguna, Ctl 18, juarez, Buenos Aires. 4) la, laguna, Ctl 9, Lincoln, Buenos Aires. 5) establecimiento rural, Ctl 2, Pueyrredon, Buenos Aires. 6) pedania del departamento Márcos juarez, Córdoba. Tiene 277 habitantes. (Censo del 1° de Mayo de 1890). 7) cuartel de la pedanía del mismo nombre, Márcos Juarez, Córdoba 8) la, lugar poblado, Sarmiento, General Roca, Córdoba. 9) departamento de la provincia de Salta. Confina al Norte con la provincia de Jujuy por el arroyo de Perico; al Este con el departamento Campo Santo por el camino nacional

---

1 Pájaro (Mimus calandria).

1 Arbol grande (Prosopis Algarobillo)

de Jujuy; al Sud con el departamento de la Capital por los arroyos Vaquero y Mojotoro y al Oeste con la provincia de Jujuy por las cumbres del Nevado del Castillo. Su extension es de 1300 kms·² y su poblacion conjetural de unos 2700 habitantes. Está dividido en los 7 distritos Caldera, Mojotoro, Vaquero, Calderilla Yacones, Lesser y Potrero. El departamento es regado por los arroyos Vaquero, Mojotoro, Caldera, Calderilla, Alejo, Castellanos, de las Nieves, Yacones, Sauces, Colorado, Trampa, Manzanos, Chaguaderos y varios otros no denominados. Escuelas funcionan en Caldera, Calderilla y Vaquero. 10) distrito del departamento del mismo nombre, Salta. 11) aldea, Caldera, Salta. Es la cabecera del departamento. Está situada á inmediaciones de la desembocadura del arroyo Caldera en el Mojotoro. Dista 30 kms. de Salta. z = 1398 m. (Moussy) C, E. 12) arroyo, Caldera, Salta. Es un pequeño tributario del arroyo Mojotoro, en la márgen izquierda. Baña las orillas del pueblo del mismo nombre. 13) *Nueva*, establecimiento rural, Ctl 3, Rojas, Buenos Aires. 14) *Vieja*, establecimiento rural, Ctl 3, Rojas, Buenos Aires.

Calderas, 1) aldea, Caldera, Márcos Juarez, Córdoba. Tiene 278 habitantes. (Censo del 1° de Mayo de 1890). 2) distrito mineral en la sierra de Famatina, Rioja. Encierra 26 minas de plata y 5 de oro. (Hoskold).

Calderilla, 1) distrito del departamento Caldera, Salta. 2) aldea, Calderilla, Caldera, Salta. E. 3) arroyo, Calderilla, Caldera, Salta. 4) paraje poblado, Rosario de Lerma, Salta.

Calderon, 1) cuartel de la pedanía Lagunilla, Anejos Sud, Córdoba. 2) lugar poblado, Lagunilla, Anejos Sud, Córdoba.

Calderones los, finca rural, Lujan, Mendoza.

Calecita, vertiente, Rosario, Independencia, Rioja.

Caledonia la, establecimiento rural, Ctl 6, Cañuelas, Buenos Aires.

Calelian, 1) establecimiento rural, Ctl 7, Veinte y Cinco de Mayo, Buenos Aires. 2) laguna, Ctl 6, Veinte y Cinco de Mayo, Buenos Aires.

Calera, 1) lugar poblado, Calera Norte, Anejos Norte, Córdoba. 2) pedanía del departamento Anejos Sud, Córdoba. Tiene 1546 habitantes. (Censo del 1° de Mayo de 1890). 3) cuartel de la pedanía del mismo nombre, Anejos Sud, Córdoba. 4) lugar poblado, Calera, Anejos Sud, Córdoba. Está situado á 20 kms. ONO de Córdoba. Es un delicioso paraje veraniego, con baños en el rio Primero. Su nombre le viene de las considerables masas de piedra calcárea que existen en sus alrededores. 5) lugar poblado, Salsacate, Pocho, Córdoba. 6) finca rural, Capital, Rioja. 7) vertiente; Alcázar, Independencia, Rioja. 8) distrito de la seccion San Pedro del departamento Guasayan, Santiago del Estero. 9) lugar poblado, San Pedro, Guasayan, Santiago. 10) *Norte*, pedanía del departamento Anejos Norte, Córdoba. Tiene 197 habitantes. (Censo del 1° de Mayo de 1890). 11) *Norte*, cuartel de la pedanía del mismo nombre, Anejos Norte, Córdoba.

Caleras, 1) aldea, Tegua y Peñas, Rio Cuarto, Córdoba. Tiene 129 habitantes. (Censo del 1° de Mayo de 1890. 2) las, lugar poblado, Las Rosas, San Javier, Córdoba.

Calerita, finca rural, Juarez Celman, Rioja.

Caleufú, 1) laguna, Neuquen. En ella nace el arroyo del mismo nombre. 2) arroyo, Neuquen. Es un tributario del Collon-Curá, en la márgen derecha. 3) valle, Neuquen.

Caleuquen, lago, Neuquen.

California, 1) arroyo, Ctl 1, Monte, Buenos

10

Aires. 2) arroyo, Ctl 7, San Vicente, Buenos Aires. 3) lugar poblado, Candelaria, Rio Seco, Córdoba. 4) la, finca rural, Jachal, San Juan.

Calilegua, sierra, Jujuy. Se extiende de Norte á Sud en los departamentos Valle Grande y Ledesma, penetrando por el Norte en el departamento Oran, de la provincia de Salta.

Calingasta, 1) departamento de la provincia de San Juan. Está situado al Sud del de Iglesia y es fronterizo de Chile -y de la provincia de Mendoza. Su extension es de 16291 kms.² y su poblacion conjetural de unos 4500 habitantes. Encierra el distrito Castaño. Los distritos mineros son: Pastos del Norte, La Honda, Tontal, Castaño Viejo, Castaño Nuevo y Alumbre. Se explotan en este departamento 21 minas de oro y plata. Escuelas funcionan en Calingasta y Tambería. 2) aldea, Calingasta, San Juan. Es la cabecera del departamento. C, E. 3) arroyo, San Juan. Es un tributario del arroyo de los Patos.

Calixto-Cué, finca rural, Bella Vista, Corrientes.

· **Callaqueo,** paraje poblado, Departamento 4°, Pampa.

Calle, 1) lugar poblado, Reartes, Calamuchita, Córdoba. 2) la, lugar poblado, Yucat, Tercero Abajo, Córdoba.

Callejon, 1) estancia, Ctl 4, Castelli, Bue nos Aires. 2) el, finca rural, Cafayate, Salta. 3) el, finca rural, San Cárlos, Salta. 4) el, finca rural, Jachal, San Juan.

Callejones, 1) lugar poblado, Higueras, Cruz del Eje, Córdoba. 2) lugar poblado, San Pedro, San Alberto, Córdoba. 3) finca rural, Dolores, Chacabuco, San Luis.

Calmayo, 1) cuartel de la pedanía Molinos, Calamuchita, Córdoba. 2) aldea, Molinos, Calamuchita, Córdoba. Tiene 403 habitantes. (Censo del 1° de Mayo de 1890). E.

Calmucos, arroyo, Beltran, Mendoza. Es un tributario del rio Grande, en cuya márgen derecha desagua, en direccion de Norte á Sud.

Caloj, distrito del departamento Itamisqui, Santiago del Estero.

Calvario el, finca rural, General Sarmiento, Rioja.

Calzones los, lugar poblado, Ascasubi, Rio Cuarto, Córdoba.

Calzon Verde, 1) lugar poblado, Algodon, Tercero Abajo, Córdoba. 2) lugar poblado, Litin, Union, Córdoba.

Camacho, riacho, Ctl 5, San Fernando, Buenos Aires.

Cámara, 1) distrito del departamento Rosario de Lerma, Salta. 2) lugar poblado, Cámara, Rosario de Lerma, Salta.

Camaron, 1) estancia, Ctl 3, Pila, Buenos Aires. 2) *Chico*, establecimiento rural, Ctl 3, Pila, Buenos Aires. E.

Camarones, 1) arroyo, Ctl 2, 3, Pila, Buenos Aires. Es un desagüe de la laguna Salada, pasa por las denominadas Camarones, del Medio, del Cacique y llega hasta la de la Boca, de la cual sale en direccion al Salado, bajo el nombre de arroyo de la Boca. En la estacion de las fuertes lluvias, forma una sola corriente con los arroyos Azul, Gualicho y Zapallar, que desagua en el Salado. 2) laguna, Ctl 3, Pila, Buenos Aires. Por ella pasa el arroyo Camarones. 3) bahía, Chubut. Es formada por la punta Santa Elena al Norte y el cabo de las dos Bahías al Sud..

Camas, 1) las, cuartel de la pedanía Suburbios, Rio Primero, Córdoba. 2) las, lugar poblado, Suburbios, Rio Primero, Córdoba.

Cambá [1] 1) estero, Bella Vista, Corrientes. 2) laguna, Goya, Corrientes.

Cambaceres, 1) establecimiento rural, La

_____

1 Negro (Guaraní).

Plata, Buenos Aires. 2) lugar poblado, Nueve de Julio, Buenos Aires. FCO, C, T.

Cambacuá, [1] 1) finca rural, Bella Vista, Corrientes. 2) arroyo, Monte Caseros, Corrientes. Es un afluente del Mocoretá, en cuya márgen izquierda desagua. 3) isla del Uruguay, frente al puerto de la Concepcion, Entre Rios.

·Cambaté, finca rural, San Miguel, Corrientes.

Cambay, [2] 1) estancia, Monte Caseros, Corrientes. 2) estancia, San Miguel, Corrientes. 3) laguna, San Miguel, Corrientes.

Cambiretá, finca rural, La Cruz, Corrientes.

Cambuche, lugar poblado, Parroquia, Pocho, Córdoba.

Camelia la, establecimiento rural, Ctl 4, Trenque-Lauquen, Buenos Aires.

Camet, lugar poblado, Pueyrredon, Buenos Aires. Dista de Buenos Aires 387 kms. $\alpha = 24$ m. FCS, ramal de Maipú á Mar del Plata. C, T.

Camila, establecimiento rural, Ctl 11, Veinte y Cinco de Mayo, Buenos Aires.

Caminiaga, 1) pedanía del departamento Sobremonte, Córdoba. Tiene 1759 habitantes. (Censo del 1° de Mayo de 1890). 2) cuartel de la pedanía del mismo nombre, Sobremonte, Córdoba. 3) aldea, Caminiaga, Sobremonte, Córdoba. Tiene 126 habitantes. (Censo) $\varphi = 30° 8'$; $\lambda = 63°58'$; $\alpha = 715$ m. (O. Doering). C, T, E.

Camino, 1) del, laguna, Ctl 15, Arrecifes, Buenos Aires. 2) del, laguna, Ctl 5, Las Flores, Buenos Aires.

Caminos, 1) laguna, Ctl 10, Juarez, Buenos Aires. 2) paraje poblado, Silípica, Santiago.

Campamento, 1) laguna, Ctl 2, Castelli, Buenos Aires. 2) estancia, Ctl 3, Mar Chiquita, Buenos Aires. 3) paraje poblado, Las Heras, Mendoza. 4) finca rural,

Iglesia, San Juan. 5) paraje poblado, Totoral, Pringles, San Luis.

Campana, 1) partido de la provincia de Buenos Aires. Fué creado por una ley del 26 de Junio de 1885. Antes era parte integrante del partido Exaltacion de la Cruz. Está situada al NNO de Buenos Aires. Tiene 500 kms.[2] de extension y una poblacion de 7231 habitantes. (Censo del 31 de Enero de 1890). El partido es regado por los arroyos Pesquería, La Cruz, El Pescado, Romero, de la Arena, Morejon y Lujan. 2) villa, Campana, Buenos Aires. Es cabeza del partido. Fundada en 1875, cuenta hoy con una poblacion de 5000 habitantes. Por la via férrea dista 81 kms., ó sean 2 horas de la capital. Aduana. Fábrica de carnes congeladas. Destilería de alcoholes. Sucursal del Banco de la provincia. Es punto de partida de los vapores que navegan el Paraná. $\alpha = 4$ m. FCBAR, C, T, E. 3) estancia, Ctl 1, 2, Campana, Buenos Aires. 4) establecimiento rural, Ctl 5, Cañuelas, Buenos Aires. 5) establecimiento rural, Ctl 13, Dorrego, Buenos Aires. 6) establecimiento rural, La Plata, Buenos Aires. 7) *Mahuida*, lugar situado á orillas del rio Agrio, Neuquen. $\varphi = 38° 13'$; $\lambda = 70° 42'$; $\alpha = 1163$ m.

Campanario, 1) cumbre de la cordillera, Beltran, Mendoza. $\varphi = 35° 55'$; $\lambda = 70° 30'$; $\gamma = 3756$ m. (Lallemant). 2) poblacion agrícola, Iglesia, San Juan. 3) *Viejo*, chacra, Iglesia, San Juan.

Campanas, 1) distrito del departamento Famatina, Rioja. 2) pueblo, Famatina, Rioja. E.

Campera la, laguna Ctl 9, Juarez, Buenos Aires.

Camperito, vertiente, Caucete, San Juan.

Campí, finca rural, Paso de los Libres, Corrientes.

Campo 1) cerros del, Burruyaco, Tucuman. 2) *Alegre*, lugar poblado, Chalacea, Rio

---

1 Guarida de negros.—2 Negrito.

Primero, Córdoba. 3) *Alegre,* lugar poblado, Aguada del Monte, Sobremonte, Córdoba. 4) *Alegre,* lugar poblado, Candelaria, Totoral, Córdoba. E. 5) *Aquino,* paraje poblado, Lavalle, Corrientes. 6) *Aranda,* paraje poblado, Sauce, Corrientes. 7) *Aranda,* paraje poblado, Rosario de la Frontera, Salta. 8) *Azul,* estancia, Leales, Tucuman. 9) *de Becerro,* lugar poblado, Ayacucho, Buenos Aires. E. 10) *Bejarano,* paraje poblado, Sauce, Corrientes. 11) *Bello,* lugar poblado, Sarmiento, General Roca, Córdoba. 12) *Bello,* finca rural, Juarez Celman, Rioja. 13) *Bello,* lugar poblado, Graneros, Tucuman. Dista de La Madrid 29 kms. FCNOA, C, T. 14) *Bello,* estancia, Rio Chico, Tucuman. 15) *Blanco,* paraje poblado, Tilcara, Jujuy. 16) *Cano,* paraje poblado, Bella Vista, Corrientes, 17) *Carballo,* paraje poblado, Mburucuyá, Corrientes. 18) *de Castañares,* Capital, Salta. Al Norte de la ciudad de Salta. El 20 de Febrero de 1813 fué el teatro del triunfo alcanzado por las armas nacionales al mando del general Belgrano contra el ejército realista. 19) *Castilla,* paraje poblado, Sauce, Corrientes. 20) *Chico,* paraje poblado, Oran, Salta. 21) *del Chiquero,* paraje poblado, Valle Grande, Jujuy. 22) *Colorado,* paraje poblado, Ledesma, Jujuy. 23) *Colorado,* paraje poblado, Tilcara, Jujuy. 24) *de la Cruz,* paraje poblado, Tilcara, Jujuy. 25) *de la Cruz,* paraje poblado, Guachipas, Salta. 26) *de Culler,* lugar poblado, Las Flores, Buenos Aires. E. 27) *del Eje,* lugar poblado, Candelaria, Totoral, Córdoba. 28) *Eré,* yerbal, Monteagudo, Misiones. 29) *Escondido,* paraje poblado, Oran, Salta. 30) *de Esquina,* Capital, San Luis. Terreno anegadizo. Da orígen junto con los llamados Gorgonta y Pantanito á los ríos Bebedero y Salado. 31) *Florido,* estancia, Ctl 3, Tordillo, Buenos Aires. 32) *Fuentes,* paraje poblado, Sauce, Corrientes. 33) *Garza,* paraje poblado, Bella Vista, Corrientes. 34) *del Gato,* paraje poblado, Oran, Salta. 35) *Gorimborda,* estancia, Ctl 5, Azul, Buenos Aires. 36) *Goyena,* Ctl 9, Bahia Blanca, Buenos Aires. 37) *Grande,* lugar poblado, Constitucion, Anejos Norte, Córdoba 38) *Grande,* lugar poblado, Villa de Maria, Rio Seco, Córdoba. 39) *Grande,* lugar poblado, San José, Tulumba, Córdoba. 40) *Grande,* lugar poblado, Empedrado, Corrientes, E. 41) *Grande,* lugar poblado, San Luis, Corrientes. 42) *Grande,* yerbal, San Javier, Misiones. Dista 65 kms. de San javier y 52 kms. de San Martin (Córpus). 43) *Grande,* paraje poblado, Oran, Salta. 44) *Grande,* lugar poblado, Salavina, Santiago C. 45) *Griff,* estancia, Ctl 10, Bahia Blanca, Buenos Aires. 46) *Guastavino,* paraje poblado, Sauce, Corrientes. 47) *Gumbein,* estancia, Ctl 5, Bahia Blanca, Buenos Aires. 48) *Huerta-Cué,* paraje poblado, Bella Vista, Corrientes. 49) *Isidoro,* estancia, Ctl 8, Lobos, Buenos Aires. 50) *de la Laguna,* paraje poblado, Valle Grande, Jujuy. 51) *Largo,* paraje poblado, Oran, Salta. 52) *Lemas,* paraje poblado, Sauce, Corrientes. 53) *Loret,* estancia, Ctl 4, Ayacucho, Buenos Aires. 54) *Luro,* estancia, Ctl 10, Bahia Blanca, Buenos Aires 55) *Marte,* establecimiento rural, Ctl 1, Azul, Buenos Aires. 56) *de los Melos,* lugar poblado, Chacabuco, Buenos Aires. E. 57) *Navas,* estancia, Ctl 4, Ayacucho, Buenos Aires 58) *de Nevados,* paraje poblado, Beltran, Mendoza. 59) *Oratorio,* paraje poblado, Bella Vista, Corrientes. 60) *Perichon,* paraje poblado, Sauce, Corrientes. 61) *de Piedras,* lugar poblado, Candelaria, Totoral, Córdoba. 62) *del Potrerillo,* paraje poblado, Tilcara, Jujuy. 63) *de Pozos,* lugar poblado, Ranchos, Buenos

Aires. E. 64) *de Pujol*, lugar poblado, Vecino, Buenos Aires. E. 65) *Raices*, paraje poblado, Bella Vista, Corrientes. 66) *de Ranchos*, lugar poblado, Cármen de Areco, Buenos Aires. E. 67) *Redondo*, paraje poblado, Iruya, Salta. 68) *Redondo*, lugar poblado, Famaillá, Tucuman. Poblacion diseminada al Sud del arroyo Lules, entre el ferro-carril nor-oeste argentino y el central norte. 69) *Reina*, paraje poblado, Bella Vista, Corrientes. 70) *Rito*, establecimiento rural, Ctl 8, Lobos, Buenos Aires. 71) *Romero*, paraje poblado, Bella Vista, Corrientes. 72) *del Rosario*, paraje poblado, Esquina, Corrientes. 73) *de la Ruda*, paraje poblado, Valle Grande, Jujuy. 74) *Sad*. paraje poblado, Santo Tomé, Corrientes. 75) *Sabadet*, estancia, Departamento 3, Pampa. 76) *de Sanchez*, lugar poblado, Moreno, Buenos Aires. E. 77) *San Leon*, estancia, Ctl 8, Lobos, Buenos Aires. 78) *Santa Bárbara*, paraje poblado, Esquina, Corrientes. 79) *Santo*, paraje poblado, Caacatí, Corrientes. 80) *Santo*, departamento de la provincia de Salta. Confina al Norte con la provincia de Jujuy por el arroyo de las Pavas y con el departamento Oran por el rio Lavayen hasta el camino del Maiz Gordo; al Este con el de Anta por las sierras de la Lumbrera y Santa Bárbara; al Sud con el de Metán por el rio Pasaje y al Oeste con el de la Capital por el arroyo Mojotoro y con el de la Caldera por el cordon de la Pucheta. Tiene 3875 kms² de extension y una poblacion de unos 5100 habitantes Está dividido en los 7 distritos: Campo Santo, Las Viñas, Cobos, Trampa, Bordos, Cachipampa y Saladillo. El departamento es regado por el rio Pasaje y los arroyos Mojotoro, Las Pavas, Zanjon, El Chiquero y El Estanque. Escuelas funcionan en Campo Santo, Trampa y Cobos. Se cultiva en este departamento con buen éxito la caña de azúcar, el café y la coca 81) *Santo*, distrito del departamento Campo Santo, Salta. 82) *Santo*, aldea, Campo Santo, Salta. Es la cabecera del departamento. Está situada á orillas del Mojotoro, frente á Cobos y á 45 kms. ENE. de Salta. Tiene unos 900 habitantes. FCCN, C, T, E. 83) *Santo*, finca rural, Campo Santo, Salta. 84) *Seco*, paraje poblado, Valle Grande, Jujuy. 85) *Tito*, establecimiento rural, Ctl 3, Arrecifes, Buenos Aires. 86) *Verde*, paraje poblado, Guachipas, Salta. 87) *de la Violeta*, paraje poblado, Valle Grande, Jujuy. 88) *Volante*, pueblo, Monteros, Tucuman. En la márgen izquierda del arroyo del Estero. 89) *Zaragua*, paraje poblado, Departamento 3°, Pampa.

Campos, 1) arroyo, Ctl 3, San Vicente, Buenos Aires. 2) sierra, Burruyaco, Tucuman. Se extiende de Sud á Norte y penetra en la provincia de Salta por el departamento Rosario de la Frontera.

Campuzano, laguna, Ctl 1, Vecino, Buenos Aires.

Camuaty, [1] estancia, La Cruz, Corrientes.

Canal, finca rural, Famatina, Rioja.

Cana Lauquen, paraje poblado, Departamento 3°, Pampa.

Canales, laguna, Ctl 11, Tres Arroyos, Buenos Aires.

Cararias las, finca rural, Lavalle, Corrientes.

Canarios los, estancia, Ctl 6, Lobos, Buenos Aires.

Cancha, 1) paraje poblado, Humahuaca, jujuy. 2) *Vieja*, paraje poblado, Valle Grande, jujuy.

Canchi, paraje poblado, San Pedro, Jujuy.

Candado el, finca rural, Rosario de Lerma, Salta.

---

1 Especie de avispas.

Candel el, establecimiento rural, Ctl 4, Tapalqué, Buenos Aires.

Candelaria, 1) establecimiento rural, Ctl 4. Ayacucho, Buenos Aires 2) laguna, Ctl 5, Chivilcoy, Buenos Aires. 3) establecimiento rural, Ctl 3, Lincoln, Buenos Aires. 4) estancia, Ctl 6, Lobos, Buenos Aires. Cabaña de ovejas Rambouillet, situada cerca del pueblo de Lobos. 5) establecimiento rural, Ctl 3, Rojas, Buenos Aires. 6) establecimiento rural, Ctl 3, San Pedro, Buenos Aires. 7) establecimiento rural, Ctl 8, Trenque-Lauquen, Buenos Aires. 8) establecimiento rural, Villarino, Buenos Aires. 9) vertiente, Concepcion, Ancasti, Catamarca. 10) mina de cobre en el distrito mineral «La Hoyada,» Tinogasta, Catamarca. 11) pedanía del departamento Cruz del Eje, Córdoba. Tiene 2652 habitantes, (Censo del 1º de Mayo de 1890). 12) cuartel de la pedanía del mismo nombre, Cruz del Eje, Córdoba. 13) lugar poblado, Candelaria, Cruz del Eje, Córdoba. E 14) mineral de cuárzo aurífero y hierro, Candelaria, Cruz del Eje, Córdoba. Está situada en el paraje llamado «Patacon.» 15) arroyo, Punilla y Cruz del Eje, Córdoba. Desciende de la «pampa de San Luis,» corre de S. á N. y desagua en la márgen izquierda del arroyo Cruz del Eje, á corta distancia del pueblo del mismo nombre. 16) aldea, Punilla, Córdoba. $\varphi = 31° 5'$; $\lambda = 64° 52'$; $\alpha = 1200$ m. (Brackebusch). 17) pedanía del departamento Rio Seco, Córdoba. Tiene 1172 habitantes. (Censo del 1º de Mayo de 1890). 18) cuartel de la pedanía del mismo nombre, Rio Seco, Córdoba. 19) aldea, Candelaria, Rio Seco, Córdoba. Tiene 126 habitantes. (Censo). E. 20) pedanía del departamento Totoral, Córdoba. Tiene 1949 habitantes. (Censo). 21) cuartel de la pedanía del mismo nombre, Totoral, Córdoba. 22) lugar poblado, Candelaria, Totoral, Córdoba.

23) paraje poblado, Humahuaca, Jujuy. 24) paraje poblado, Ledesma, Jujuy. 25) arroyo, Valle Grande, jujuy. Es uno de los elementos de formacion del arroyo de Ledesma. 26) pueblo, San Martin, Misiones. Era así como la cabecera de las misiones jesuíticas. Fué fundado en 1627 á orillas del Alto Paraná, á corta distancia de Posadas. Actualmente hay allí una colonia. 27) finca rural, Campo Santo, Salta. 28) finca rural, Chicoana, Salta. 29) finca rural, Iruya, Salta. 30) distrito del departamento Rosario de la Frontera, Salta. 31) aldea, Candelaria, Rosario de la Frontera, Salta. C, E. 32) arroyo, Rosario de la Frontera, Salta. Nace en las sierras del departamento Rosario, se dirige al SO., pasa por Candelaria y desagua en la provincia de Tucuman, en la márgen izquierda del rio Salí. 33) finca rural, Rosario de Lerma, Salta. 34) finca rural, San Cárlos, Salta. 35) mineral de plata y cobre, La Viña, Salta. 36) partido del departamento Ayacucho, San Luis. 37) aldea, Candelaria, Ayacucho, San Luis. C, E. 38) distrito del departamento San Lorenzo, Santa Fe. Tiene 3783 habitantes. (Censo del 7 de Junio de 1887). 39) villa, (Villa Casilda), Candelaria, San Lorenzo, Santa Fe. Dista de Cañada de Gomez 104 kms. FCCA, C, T. 40) colonia, Candelaria, San Lorenzo, Santa Fe. Tiene 2038 habitantes. (Censo). 41) arroyuelo tributario del Saladillo, Candelaria, San Lorenzo, Santa Fe. 42) distrito de la seccion Copo 1º del departamento Copo, Santiago del Estero. 43) lugar poblado, Candelaria, Copo 1º, Copo, Santiago. 44) distrito de la seccion Figueroa, del departamento Matará, Santiago. 45) lugar poblado, Candelaria, Figueroa, Matará, Santiago.

Candia, laguna, San Cosme, Corrientes.

Cándida 1) la, establecimiento rural, Ctl 2,

Tapalqué, Buenos Aires. 2) chacra, Larca, Chacabuco, San Luis.

Candoga, lugar poblado, Algodon, Tercero Abajo, Córdoba.

Cané, laguna, Ctl 7, Veinte y Cinco de Mayo, Buenos Aires.

Caneca, establecimiento rural, Ctl 4, San Nicolás, Buenos Aires.

Canelon, 1) finca rural, Mercedes, Corrientes. 2) finca rural, Monte Caseros, Corrientes.

Cangayé, lugar, Chaco. Antigua mision jesuítica, fundada en 1778 por Arias y Cantillana en la márgen derecha del rio Bermejo. $\varphi = 25°$ 36' 20'': $\lambda = 60°$ 46' 52'' (?) Cangayé es el nombre toba que tiene; los españoles llamaron á esa reduccion Santiago de Mocovíes.

Cangrejal, cañada, Ctl 6, Ajó, Buenos Aires. Desagua en la laguna Chilcas.

Cangrejales, finca rural, Curuzú-Cuatiá, Corrientes.

Cangrejillos, paraje, Jujuy. Al Sud de la Quiaca. Allí se reunen el camino que pasa por la Abra de la Cortadera y el que pasa por las Tres Cruces y Abrapampa, en direccion á Bolivia.

Canima, lugar poblado, Ciénega del Coro, Minas, Córdoba.

Cano, 1) lugar poblado, Rojas, Buenos Aires. Dista de Buenos Aires 254 kms. $\alpha = 67$ m. FCO, ramal de Pergamino á Junin. C, T. 2) cuartel de la pedanía Rio de los Sauces, Calamuchita, Córdoba. 3) lugar poblado, San Bartolomé, Rio Cuarto, Córdoba.

Canoitas, estancia, San Roque, Corrientes.

Canoso, arroyo, Ctl 5, Matanzas, Buenos Aires.

Cansilla, laguna, Ctl 1, Ranchos, Buenos Aires.

Cansinos, 1) distrito de la seccion Silípica 2ª del departamento Silípica, Santiago del Estero. 2) lugar poblado, Cansinos, Silípica 2ª, Silípica, Santiago. E.

Cántabro el, establecimiento rural, Ctl 3, Pergamino, Buenos Aires.

Cantadero, finca rural, Capital, Rioja.

Cantana, 1) partido del departamento Junin, San Luis. 2) vertiente, Santa Rosa, Junin, San Luis. 3) cumbre de la sierra de San Luis, San Martin, San Martin, San Luis.

Cantantal, 1) lugar poblado, Ayacucho, San Luis. C. 2) sierra, San juan. Al Sud de la sierra de Guayaguas. Se extiende de S. á N. en el límite de las provincias de San Juan y San Luis, al Este de las lagunas.

Canteras, lugar poblado, Manzanas, Ischilin, Córdoba.

Cantero el, establecimiento rural, Ctl 1, Quilmes, Buenos Aires.

Canteros, distrito de la seccion Figueroa del departamento Matará, Santiago del Estero.

Cantina, establecimiento rural, Ctl 6, Saladillo, Buenos Aires.

Cantomé, lugar poblado, Monsalvo, Calamuchita, Córdoba.

Caña Cruz, 1) lugar poblado, Cañada de Alvarez, Calamuchita, Córdoba. 2) lugar poblado, Villa de Maria, Rio Seco, Córdoba. 3) lugar poblado, San josé, Tulumba, Córdoba. 4) lugar poblado, Santa Cruz, Tulumba, Córdoba.

Cañada [1] 1) la, estancia, Ctl 4, Patagones, Buenos Aires. 2) lugar poblado, Ancasti, Catamarca, E. 3) lugar poblado, Potrero de Garay, Anejos Sud, Córdoba. 4) la, cuartel de la pedanía San Isidro, Anejos Sud, Córdoba. 5) lugar poblado, Monsalvo, Calamuchita, Córdoba. 6) lugar poblado, Higueras, Cruz del Eje, Córdoba. 7) lugar poblado, Quilino, Ischilin, Córdoba. 8) lugar poblado, Argentina, Minas, Córdoba. 9) cuartel de la pedanía Guasapampa, Minas, Cór-

---

1 Cauce generalmente seco por donde se derraman las aguas pluviales siguiendo la máxima pendiente.

doba. 10) aldea, Guasapampa, Minas, Córdoba. Tiene 127 habitantes. (Censo del 1º de Mayo de 1890). 11) lugar poblado, San Cárlos, Minas, Córdoba. 12) lugar poblado, Dolores, Punilla, Córdoba. 13) lugar poblado, San Antonio, Punilla, Córdoba. 14) aldea, Quebracho, Rio Primero, Córdoba. Tiene 701 habitantes. (Censo). 15) aldea, Suburbios, Rio Primero, Córdoba. Tiene 153 habitantes. (Censo). 16) lugar poblado, Timon Cruz, Rio Primero, Córdoba. 17) aldea, Villamonte, Rio Primero, Córdoba. Tiene 527 habitantes, (Censo). 18) lugar poblado, Candelaria, Rio Seco, Córdoba. 19) lugar poblado, Estancias, Rio Seco, Córdoba. 20) lugar poblado, San José, Rio Segundo, Córdoba. 21) cuartel de la pedanía Suburbios, Rio Segundo, Córdoba. 22) lugar poblado, Suburbios, Rio Segundo, Córdoba. 23) cuartel de la pedanía Dolores, San javier, Córdoba. 24) lugar poblado, La Uyaba, San Ja vier, Córdoba. 25) lugar poblado, Chuñaguasi, Sobremonte, Córdoba. 26) lugar poblado, San Francisco, Sobremonte, Córdoba. 27) lugar poblado, Parroquia, Tulumba, Córdoba. 28) la, lugar pobla dó, San José, Tulumba, Córdoba. 29) lugar poblado, San Pedro, Tulumba, Córdoba. 30) lugar poblado, San Pedro, Jujuy. 31) estancia, Iglesia, San juan. 32) lugar poblado, Pocito, San juan. FCGOA, C, T. 33) lugar poblado, Belgrano, San Luis. E. 34) pueblo, Capital, San Luis. E. 35) vertiente, Larca, Chacabuco, San Luis. 36) lugar poblado, Trapiche, Pringles, San Luis. E. 37) cañada, San Lorenzo, Santa Fe. Se comunica con el Carcarañá á inmediaciones de San José de la Esquina. 38) estancia, Burruyaco, Tucuman. Está situada en la orilla izquierda del arroyo del Zapallar, frente á Cajon. 39) estancia, Burruyaco, Tucuman. Al SE. del departamento, cerca de la frontera de Santiago. 40)

pueblo, Burruyaco, Tucuman. A corta distancia al S. de Burruyaco. 41) pueblo, Capital, Tucuman. A 7 kms. al NNE. de Tucuman. 42) pueblo, Famaillá, Tucuman. Al Oeste del ferro-carril nor-oeste argentino, entre los arroyos Lules y Colorado. 43) estancia, Graneros, Tucuman. En la frontera de Santiago. 44) estancia, Rio Chico, Tucuman. 45) *África*, paraje poblado, San Roque, Corrientes. 46) *de Ají*, finca rural, Conlara, San Martin, San Luis. 47) *de Álvarez*, edanía del departamento Calamuchita, Córdoba. Tiene 1992 habitantes. (Censo). 48) *de Álvarez*, cuartel de la pedanía del mismo nombre, Calamuchita, Córdoba. 49) *de Álvarez*, aldea, Cañada de Alvarez, Calamuchita, Córdoba. Tiene 354 habitantes. (Censo). $\varphi = 32º$ 20'; $\lambda = 64º$ 35'; $z = 650$ m. (Brackebusch) C, E. 50) *de Álvarez*, lugar poblado, Chucul, Juarez Celman, Córdoba. 51) *Ancha*, lugar poblado, San josé, Tulumba, Córdoba. 52) *de Arias*, lugar poblado, Rodriguez, Buenos Aires. E. 53) *de Atrás*, lugar poblado, Rincon del Cármen, San Martin, San Luis. 54) *del Balde*, lugar poblado, Argentina, Minas, Córdoba. 55) *del Balde*, lugar poblado, San Cárlos, Minas, Córdoba. 56) *del Barro*, lugar poblado, Conlara, San Martin, San Luis. 57) *Bellaca*, lugar poblado, Baradero, Buenos Aires, E. 58) *Bordo*, paraje poblado, Cerrillos, Salta. 59) *de Bustos*, lugar poblado, Parroquia, Cruz del Eje, Córdoba. 60) *de Cabral*, lugar poblado, Arroyo del Medio Abajo, General Lopez, Santa Fe. 61) *del Carril*, finca rural, Naschel, Chacabuco, San Luis. 62) *del Cerro*, lugar poblado, Carolina, Pringles, San Luis. 63) *Cerros*, lugar poblado, Salsacate, Pocho, Córdoba. 64) *del Chañaral*, lugar poblado, Larca, Chacabuco, San Luis. 65) *del Coro*, lugar poblado, San Cárlos, Minas, Córdoba. 66) *del*

Corral, lugar poblado, Ciénega del Coro, Minas, Córdoba. 67) *Cortada*, lugar poblado, Chucul, juarez Celman, Córdoba. 68) *de la Cruz*, establecimiento rural, Ctl 4, Lujan, Buenos Aires. 69) *de la Cueva*, lugar poblado, Remedios, Rio Primero, Córdoba. 70) *del Durazno*, lugar poblado, Santa Rosa, Calamuchita, Córdoba. 71) *del Durazno*, lugar poblado, San Cárlos, Minas, Córdoba. 72) *del Eje*, lugar poblado, San Martin, San Martin, San Luis. 73) *de la Gateada*, lugar poblado, San Cárlos, Minas, Córdoba. 74) *de Gomez*, distrito del departamen'o Iriondo, Santa Fe. Tiene 3139 habitantes. (Censo del 7 de Junio de 1887). 75) *de Gomez*, villa, Cañada de Gomez. Iriondo, Santa Fe. Es cabecera del departamento. Por la via férrea dista 72 kms. del Rosario. (2^h. 40^m.) Tiene 2365 habitantes. (Censo). La empresa del ferro-carril central argentino ha construido desde este punto una via férrea al Pergamino (Buenos Aires) y otra á la colonia Josefina. x = 83 m. FCCA, C, T, E. 76) *de la Grana*, lugar poblado, Larca, Chacabuco, San Luis. 77) *Grande*. lugar poblado, Santa Rosa, Calamuchita, Córdoba 78) *Grande*, lugar poblado, Candelaria, Cruz del Eje, Córdoba. 79) *Grande*, lugar poblado, La Paz, San javier, Córdoba. 80) *Grande*. lugar poblado, Capilla de Rodriguez, Tercero Arriba, Córdoba. 81) *Grande*, paraje poblado, Curuzú-Cuatiá, Corrientes. 82) *Grande*, paraje poblado, Esquina, Corrientes. 83) *Grande*, paraje poblado, Tupungato, Mendoza. 84) *Grande*, paraje poblado, Naschel, Chacabuco, San Luis. 85) *Honda*, establecimiento rural, Ctl 6, Baradero, Buenos Aires. E . 86) *Honda*, cuartel de la pedanía Candelaria, Cruz del Eje, Córdoba. 87) *Honda*, lugar poblado, Candelaria, Cruz del Eje, Córdoba. 88)

Honda, lugar poblado, Parroquia, Pocho, Córdoba 89) *Honda*, cuartel de la pedanía Chalacea, Rio Primero, Córdoba. 90) *Honda*, aldea, Chalacea, Rio Primero, Córdoba. Tiene 211 habitantes. (Censo del 1° de Mayo de 1890). 91) *Honda*, lugar poblado, San Francisco, Sobremonte, Córdoba. 92) *Honda*, lugar poblado, Pampayasta Norte, Tercero Arriba, Córdoba. 93) *Honda*, lugar poblado, General Mitre, Totoral, Córdoba 94) *Honda*, lugar poblado, Mercedes, Tulumba, Córdoba. 95) *Honda*, lugar poblado, Huanacache, San juan. Dista de Villa Mercedes 461 kms. FCGOA, C, T 96) *Honda*, arroyo, Huanacache, San juan. Riega el distrito de su mismo nombre 97) *Honda*, paraje poblado, Larca, Chacabuco, San Luis. 98) *Honda*, paraje poblado, Estanzuela, Chacabuco, San Luis. 99) *Honda*, lavaderos de oro, Carolina, Pringles, San Luis. 100) *Honda*, paraje poblado, Totoral, Pringles, San Luis. 101) *Larga*, establecimiento rural, Ctl 4, Magdalena, Buenos Aires. 102) *Larga*, lugar poblado, Ciénega del Coro, Minas, Córdoba. 103) *Larga*, lugar poblado, Tránsito, San Alberto, Córdoba. 104) *Larga*, lugar poblado, Macha, Totoral, Córdoba. 105) *Larga*, lugar poblado, Renca, Chacabuco, San Luis. 106) *de los Leones*, establecimiento rural, Ctl 3, Necochea, Buenos Aires. 107) *de Lucas*, cuartel de la pedanía Chalacea, Rio Primero, Córdoba. 108) *de Lucas*, aldea, Chalacea, Rio Primero, Córdoba. Tiene 217 habitantes. (Censo), 109) *de Lucas*, lugar poblado, Chazon, Tercero Abajo, Córdoba. 110) *de Lucas*, aldea, Candelaria, Totoral, Córdoba. Tiene 285 habitantes. (Censo). 111) *Machado*, aldea, Suburbios, Rio Segundo, Córdoba. Tiene 227 habitantes. (Censo). 112) *Mala*, lugar poblado, Bella Vista, Corrientes. 113) *Mala*, estero, San Roque, Corrientes 114) *Mala*, lugar poblado, San Roque, Corrientes. 115) *del Malo*, estancia, Ctl 4, 5, Ajó, Buenos Aires. 116) *de Marta*, estancia, Ctl 6, Arrecifes, Buenos Aires. 117) *Médanos*, lugar poblado, Rio Pinto, Totoral, Córdoba. 118) *de los Mogotes*, lugar poblado, San Martin, San Martin, San Luis 119) *de Molina*, cuartel de la pedania Calera, Anejos Sud, Córdoba. 120) *del Molle*, lugar poblado, Panaolma, San Alberto, Córdoba. 121) *de los Molles*, lugar poblado, Conlara, San Martin, San Luis. 122) *de Monsalvo*, cuartel de la pedania dei mismo nombre, Calamuchita, Córdoba. 123) *del Monte*, lugar poblado, San josé, Tulumba, Córdoba. 124) *del Monte*, lugar poblado, Santa Cruz, Tulumba, Córdoba. 125) *Negra*, lugar poblado, Chucul, juarez Celman, Córdoba. 126) *del Ombú*, estancia, Ctl 6, Baradero, Buenos Aires. 127) *de la Paja*, lugar poblado, Dolores, Punilla, Córdeba 128) *del Pantano*, lugar poblado, San Roque, Punilla, Córdoba. 129) *del Pasto*, lugar poblado, San Martin, San Martin, San Luis. 130) *de la Paz*, lugar poblado. Villa Maria, Rio Seco, Córdoba. 131) *de Perd하 a rez*, lugar poblado, San Luis del Palmar, Corrientes. 132) *del Pozo*, lugar poblado, San Martin, San Martin, San Luis. 133) *de los Pozos*, lugar poblado, Independencia, Rioja. 134) *Pucú*, lugar poblado, Mercedes, Corrientes. 135) *Quebracho*, cuartel de la pedania del mismo nombre, Rio Primero, Córdoba. 136) *Quemada*, lugar poblado, San Lorenzo, San Martin, San Luis. 137) *Raices*, lugar poblado, Guzman, San Martin, San Luis. 138) *de los Reyes*, lugar poblado Conlara, San Martin, San Luis. 139) *Rica*, lugar poblado, Parroquia, Cruz del Eje, Córdoba. 140) *Rica*, lugar poblado, Chancani, Pocho, Córdoba. 141) *Rica*, distrito del departa-

mento Loreto, Santiago del Estero. 142) *Rica* lugar poblado, Cañada Rica, Loreto, Santiago. 143) *del Rio Pinto*, aldea, Manzanas, Ischilin, Córdoba. Tiene 377 habitantes (Censo del 1º de Mayo de 1890). E. 144) *de Rocha*, lugar poblado, Lujan, Buenos Aires, E 145) *Salas*, aldea, Salsacate, Pocho, Córdoba. Tiene 108 habitantes. (Censo). 146) *San Antonio*, lugar poblado, Cañas, Anejos Norte, Córdoba. 147) *de San Antonio*, lugar poblado, Rosario, Pringles, San Luis. 148) *de San Antonio*, lugar poblado, Sastre, San Jerónimo, Santa Fe. Tiene 458 habitantes. (Censo del 7 de Junio de 1887). 149) *de San Ignacio*, lugar poblado, Rio Pinto, Totoral, Córdoba. 150) *del Sauce*, lugar poblado, Nono, San Alberto, Córdoba. 151) *del Sauce*, lugar poblado, Rio Pinto, Totoral, Córdoba. 152) *de los Sauces*, lugar poblado, Renca, Chacabuco, San Luis. 153) *Seca*, distrito minero del departamento Iglesia, San Juan. Encierra oro. 154) *de Silva*, paraje poblado, Emperadro, Corrientes. 155) *del Tala*, lugar poblado, San Isidro, Anejos Sud, Córdoba. 156) *del Tala*, cuartel de la pedanía Cañada de Alvarez, Calamuchita, Córdoba. 157) *del Tala*, lugar poblado, Cañada de Alvarez, Calamuchita, Córdoba. E. 158) *del Tala*, lugar poblado, Candelaria, Cruz del Eje, Córdoba. 159) *del Tala*, lugar poblado, San Bartolomé, Rio Cuarto. Córdoba. 160) *del Tala*, aldea, Matorrales, Rio Segundo, Córdoba. Tiene 126 habitantes. (Censo). 161) *del Tala*, lugar poblado, San José, Tulumba, Córdoba 162) *del Tala*, lugar poblado, Larca, Chacabuco, San Luis. 163) *de los Talas*, cuartel de la pedanía Monsalvo, Calamuchita, Córdoba. 164) *del Tigre*, paraje poblado, Chicoana, Salta. 165) *Tomás*, lugar poblado, Cóndores, Calamuchita, Córdoba. 166) *de los Toros*, lugar poblado, Baradero.

Buenos Aires. E. 167) *Uruguay*, lugar poblado, Suburbios, Río Segundo, Córdoba. 168) *de Velez*, cuartel de la pedanía Argentina, Minas, Córdoba. 169) *de Vergara*, lugar poblado, San Antonio, Anejos Sud, Córdoba

Cañadas, 1) aldea, Pich nas, Cruz del Eje, Córdoba. Tiene 169 habitantes. (Censo del 1º de Mayo de 1890). 2) lugar poblado, Candelaria, Cruz del Eje, Córdoba. 3) lugar poblado, Higuerillas, Río Seco, Córdoba. 4) lugar poblado, Cármen, San Alberto. Córdoba. 5) las, lugar poblado, Candelaria, Totoral, Córdoba. 6) vertiente, Rosario, Independencia, Rioja. 7) estancia, Leales, Tucuman. 8) *Largas*, lugar poblado, Manzanas. Ischilin, Córdoba.

Cañadita, estancia, Sauce, Corrientes.

Cañaditas, lugar poblado, Cañada de Alvarez, Calamuchita, Córdoba.

Caña Escobar, lugar poblado, Banda, Santiago. E.

Cañas, 1) las, laguna, Ctl 6, Bragado, Buenos Aires. 2) las, arroyo, Ctl 1 Quilmes, Buenos Aires. 3) riacho, Clt 7, San Fernando, Buenos Aires. 4) las, distrito del departamento Santa Rosa, Catamarca. 5) arroyo, Ambato, Catamarca. Es uno de los que dan orígen al arroyo Chico. 6) lugar poblado, Cañas, Santa Rosa, Catamarca. E. 7) las, arroyo, Santa Rosa, Catamarca. 8) (Jesús María), pedanía del departamento Anejos Norte, Córdoba. Tiene 4479 habitantes. (Censo del 1º de Mayo de 1890). 9) cuartel de la pedanía del mismo nombre, Anejos Norte, Córdoba. 10) las, lugar poblado, Cañas, Anejos Norte, Córdoba. 11) lugar poblado, Juarez Celman, San justo, Córdoba. 12) lugar poblado, Ciénega del Coro, Minas, Córdoba. 13) lugar poblado, Dolores, Punilla, Córdoba. 14) las, lugar poblado, Perico del Cármen, jujuy. 15) lugar poblado, Valle Grande, jujuy. 16) finca rural, Capital, Rioja. 17) arroyo, Anta,

Salta. Nace en la sierra de San Antonio, corre al Sud y desagua en la márgen izquierda del rio juramento. 18) finca rural, Guachipas, Salta. 19) finca rural, Iruya, Salta. 20) distrito del departamento Rosario de la Frontera, Salta. 21) paraje poblado, San Cárlos, Salta. 22) estancia, Trancas, Tucuman. Está situada junto á la confluencia de los arroyos Huacamayo y de las Cañas. 23) arroyo Francas, Tucuman. Es uno de los que dan orígen al arroyo Vipos. 24) *Chicas*, establecimiento rural Ctl 6, Bragado, Buenos Aires. E. 25) *Chicas*, laguna, Ctl 6 Bragado, Buenos Aires.

Cañete, 1) arroyo, Ctl 3, Arrecifes, Buenos Aires. Es tributario del arroyo Arrecifes, en su márgen izquierda. 2) loma, Azul, Buenos Aires 3) cuartel de la pedanía Lagunilla, Anejos Sud, Córdoba. 4) laguna, Saladas, Corrientes.

Cañitas, 1) aldea, Concepcion, San Justo, Córdoba. Tiene 184 habitantes (Censo del 1º de Mayo de 1890). 2) finca rural, Guzman, San Martin, San Luis. 3) vertiente, Guzman, San Martin, San Luis. 4) pueblo, Capital, Tucuman. A inmediaciones de Posta.

Cañon, 1) el, establecimiento rural, Ctl 5, Chacabuco, Buenos Aires. 2) el, establecimiento rural, Ctl 8, Giles, Buenos Aires.

Cañuelas, 1) partido de la provincia de Buenos Aires. Está al Sud de Buenos Aires. Tiene 1184 kms.² de extension y una poblacion de 6288 habitantes (Censo del 31 de Enero de 1890). El partido es regado por los arroyos Matanzas (Riachuelo), Castro, Cañuelas, Navarrete, Peralta, Alfaro y Ciego. 2) villa, Cañuelas, Buenos Aires. Es la cabecera del partido. Fundada en 837, cuenta hoy con unos 3000 habitantes. Sucursal del Banco de la Provincia. La villa dista por la vía férrea 66 1/2 kms. de Buenos Aires. Desde aquí se prolonga hasta el

Tandil, pasando por Monte, Las Flores y Rauch el ramal del ferro-carril que arranca de Temperley. $\varphi = 34°51'45''$; $\lambda = 58°31'49''$; $\alpha = 24$ m. FCO, ramal de Temperley á Cañuelas. C, T. E. 3) arroyo, Ctl 5, 6, Cañuelas, Buenos Aires Este arroyo forma en su confluencia con la cañada de los Pozos, el arroyo Matanzas, que en el límite Sud de la capital federal toma el nombre de Riachuelo.

Caobeté, estancia, La Cruz, Corrientes.

Caoyobay, finca rural, Concepcion, Corrientes.

Capacho el, estancia, Ctl 2, Saladillo, Buenos Aires.

Capayan, 1) departamento de la provincia de Catamarca. Confina al Norte con los de la Capital y Valle Viejo; al Este con los de Ancasti y La Paz; al Sud con la provincia de la Rioja y al Oeste con el departamento Poman. Tiene 6818 kms.² de extension y una poblacion conjetural de 10400 habitantes. Está dividido en los 9 distritos: Villa Prima, Coneta, Miraflores, Capayan, Concepcion, San Pedro, Chumbicha, Los Puestos y Los Angeles. El departamento es regado por los arroyos Totoral, Coneta, Miraflores, Concepcion, San Pedro, Chumbicha y un gran número de vertientes. Hay centros de poblacion en Coneta, Miraflores, Villa Prima, Chumbicha, Breas, San Pedro, San Pablo, Concepcion, Raigones, Las Animas, Pampichuela y San Andrés. 2) distrito del departamento del mismo nombre, Catamarca. 3) aldea, Capayan, Catamarca. Es la cabecera del departamento. Dista de Córdoba 461 kms. FCCN, ramal de Recreo á Chumbicha y Catamarca. $\alpha = 380$ m. (Moussy). C, T, E.

Capdevila, vertiente, Ctl 5, Ajó, Buenos Aires.

Capi, lugar de baños termales, Nueve de Julio, Mendoza. Es una fuente sulfatada cuyas aguas tienen una temperatura de 25° Celsius. Se las supone eficaces en el tratamiento de las enfermedades de. estómago y abdómen. La fuente se halla á unos 15 kms. al Norte de la villa de San Cárlos.

Capiatí, finca rural, Itatí, Corrientes.

Capibay, finca rural, Esquina, Corrientes.

Capihibarí, 1) finca rural, Curuzú Cuatiá, Corrientes. 2) arroyo, Curuzú-Cuatiá, Corrientes. Es un afluente del Guaiquiraró en la orilla izquierda. 3) estancia, Monte Caseros, Corrientes

Capilla, 1) lugar poblado, Tegua y Peñas, Rio Cuarto, Córdoba. 2) lugar poblado, Belgrano, Mendoza. 3) finca rural. General Sarmiento, Rioja. 4) finca rural, Cerrillos, Salta. 5) finca rural, Iruya, Salta. 6) mineral de plata y cobre, Poma, Salta. Está situado en las inmediaciones del nevado de Acay. 7) finca rural, Rosario de Lerma, Salta. 8) vertiente, Merlo, Junin, San Luis. 9) *del Cármen*, establecimiento rural, Ctl 9, Cañuelas, Buenos Aires. 10) *del Cármen*, lugar poblado, Chancani, Pocho, Córdoba. E. 11) *del Cármen*, aldea, Arroyo de Alvarez, Rio Segundo, Córdoba. Tiene 482 habitantes. (Censo del 1° de Mayo de 1890). 12) *de Cosme*, cuartel de la pedanía del mismo nombre. Anejos Sud, Córdoba. 13) *de Cosme*, lugar poblado, Cosme, Anejos Sud, Córdoba. E. 14) *La Cruz*, lugar poblado, Cañada de Alvarez, Calamuchita, Córdoba. E. 15) *Cué*, estancia, Concepcion, Corrientes. 16) *de Dolores*, pedanía del departamento Punilla, Córdoba. Tiene 2405 habitantes. (Censo). 17) *Dolores*, lugar poblado, Dolores, Punilla, Córdoba. 18) *de los Ingleses*, establecimiento rural, Ctl 7, Quilmes, Buenos Aires. 19) *de Jesús*, cuartel de la pedanía Chañares, Tercero Arriba, Córdoba. 20) *de Lujan*, lugar poblado, Arroyito, San justo, Córdoba. 21) *de Lules*, lugar poblado, Famaillá, Tucuman. E. 22) *del Monte*, lugar poblado, Cruz del Eje, Córdoba.

$z = 985$ m. (O. Doering) 23) *del Monte*, aldea, Dolores, Punilla, Córdoba. Tiene 127 habitantes. (Censo). 24) *de Rama-llo*, cuartel de la pedania Caseros, Anejos Sud, Córdoba. 25) *de Ramallo* aldea, Caseros, Anejos Sud, Córdoba. Tiene 132 habitantes. (Censo). 26) *de Remedios*, aldea, Remedios, Rio primero, Córdoba. Tiene 203 habitantes. (Censo). C, E. 27) *de Rodriguez*, pedanía del departamento Tercero Arriba, Córdoba. Tiene 1141 habitantes. (Censo). 28) *de Rodriguez*, cuartel de la pedanía del mismo nombre, Tercero Arriba, Córdoba. 29) *de Rodriguez*, lugar poblado, Capilla de Rodriguez, Tercero Arriba, Córdoba. C, E. 30) *del Rosario*, lugar poblado, San Bartolomé, Rio Cuarto, Córdoba. 31) *del Rosario*, lugar poblado, Villamonte, Rio Primero, Córdoba. 32) *del Rosario*, paraje poblado, Guaymallén, Mendoza. 33) *de San Antonio*, cuartel de la pedanía San Antonio, Anejos Sud, Córdoba. 34) *de San Antonio*, lugar poblado, San Antonio, Anejos Sud, Córdoba. C, E. 35) *de San Pedro*, paraje en el camino de Santa Victoria á Iruya, Salta. 36) *del Señor*, villa, Exaltacion de la Cruz, Buenos Aires. Es cabecera del departamento. Fundada en 1740, cuenta hoy con 1655 habitantes. (Censo del 31 de Enero de 1890). Por la vía del tramway rural dista este punto 80 kms. de la plaza «Once de Setiembre,» de Buenos Aires. $\varphi = 34°17'30''$; $\lambda = 59°30'45''$. C, T, E. 37) *de la Ubre*, laguna, Ctl 9, Cañuelas, Buenos Aires.

apillas, paraje poblado, Capital, Jujuy.

apillita-Cué, estancia, San Miguel, Corrientes.

apillitas, 1) distrito mineral de cobre y plata en la sierra del Atajo (Aconquija), Andalgalá, Catamarca. $z = 3000$ m. (Moussy). 2) lugar poblado, Andalgalá, Catamarca. E.

Capital la, distrito del departamento de la Capital, Santa Fe. Tiene 15009 habitantes. (Censo del 7 de Junio de 1887).

Capitá Mini, finca rural, Mercedes, Corrientes

Capitan, 1) riacho, Ctl 3, Las Conchas, Ctl 7, San Fernando, Buenos Aires. Arranca en el paraje llamado «Tres Bocas» (rio de la Plata) y comunica con el Paraná de las Palmas en la desembocadura de éste. 2) *José*, lugar poblado, Rio Pinto, Totoral, Córdoba.

Capitana la, establecimiento rural, Ctl 8, Baradero, Buenos Aires.

Capivara, [1] lugar poblado, Soledad, Colonias, Santa Fe. Tiene 56 habitantes. (Censo del 7 de Junio de 1887). Dista de Santa Fe 183 kms. FCSF. C, T.

Capon, 1) estancia, Ituzaingó, Corrientes. 2) *Paraguay*, finca rural, Santo Tomé, Corrientes.

Capraia, colonia, Gualeguay, Entre Rios. Fué fundada en 1884 en una extension de 136 hectáreas.

Capricho el, 1) establecimiento rural, Ctl 1, Ramallo, Buenos Aires. 2) establecimiento rural, Ctl 2, San Pedro, Buenos Aires.

Caquet, laguna, Ctl 3, Maipú, Buenos Aires

Carabajal, 1) finca rural, San Luis del Palmar, Corrientes. 2) lugar poblado, Quebrachos, Sumampa, Santiago del Estero. C.

Caraballo, 1) laguna, Ctl 5, Navarro, Buenos Aires. 2) laguna, Ctl 8, Saladillo, Buenos Aires. 3) arroyo, Colon, Entre Rios. Desagua en el Uruguay. 4) arroyo, Federal, Concordia, Entre Rios. Desagua en la márgen derecha del Gualeguay.

Carabanchel, establecimiento rural, Ctl 4, Rauch, Buenos Aires.

Carabatal, 1) estancia, Capital, Tucuman. En la orilla izquierda del arroyo del

[1] Nombre guaraní del carpincho (Hydrochœrus capibara).

mismo nombre. 2) arroyo, Capital, Tucuman. Vierte sus aguas en el llamado de Anfama y es uno de los que dan origen al arroyo Lules.

Carabelas, riacho, Ctl 1, San Fernando, Buenos Aires. Une el Paraná-Guazú con el Paraná de las Palmas.

Caracciolo, colonia, Tortugas, Iriondo, Santa Fe. Tiene 364 habitantes. (Censo del 7 de Junio de 1887).

Carachas, distrito minero de plata, Iglesia, San Juan.

Caracol el, estancia, Ctl 6, Trenque-Lauquen, Buenos Aires.

Caracoles, 1) riacho, Ctl 4, San Fernando, Buenos Aires. 2) estancia, Lavalle, Corrientes. 3) laguna, Lavalle, Corrientes.

Caraguapé, 1) aldea, San Martin, Misiones. Está situada á 175 kms. de Posadas por el Paraná y á orillas del arroyo del mismo nombre. 2) arroyo, Misiones. Es tributario del Paraná en la márgen izquierda, en el que desagua á los 26° 50' de latitud.

Caraguasi, 1) lugar poblado, Santa Rosa, Calamuchita, Córdoba. 2) paraje poblado, Cochinoca, Jujuy. 3) distrito del departamento Guachipas, Salta. 4) lugar poblado, Caraguasi, Guachipas, Salta. 5) sierra, Guachipas, Salta. 6) paraje poblado, Rosario de Lerma, Salta. 7) lugar poblado, Figueroa, Matará, Santiago. E. 8) estancia, Burruyaco, Tucuman. Cerca de la frontera salteña, en la márgen derecha del arroyo Urueña.

Caraguatá, [1] riacho que comunica el Paraná de las Palmas con el arroyo Lujan.

Caraguatay, 1) arroyo, Misiones. Es un tributario del Paraná en la márgen izquierda, en el que desagua á los 26° 42' de latitud. 2) arroyo, San Javier, Santa Fe. Nace en la cañada del Toba y forma en toda su extension el límite entre los

departamentos de la Capital y San javier Más abajo toma el nombre de Saladill Amargo.

Carambola, 1) estancia, Concepcion, Corrientes. 2) finca rural, La Cruz, Corrientes.

Carambucó, estero, Concepcion, Corrientes

Caranchi, estancia, Burruyaco, Tucuman Al NE. del departamento, cerca de l frontera santiagueña.

Carancho, [1] 1) el, estancia, Ctl 6, Ayacucho, Buenos Aires. 2) laguna, Ctl 6 Ayacucho, Buenos Aires. 3) el, laguna Ctl 5, Bolivar, Buenos Aires. 4) el, laguna, Ctl 12, Lincoln, Buenos Aires. 5) e laguna, Ctl 6, Nueve de julio, Bueno Aires. 6) estancia, Ctl 4, Patagones Buenos Aires. 7) el, laguna, Ctl 7, Pila Buenos Aires. 8) riacho, Ctl 4, San Fernando, Buenos Aires. 9) el, laguna, Ctl 4, Suarez, Buenos Aires. 10) laguna, La Cruz, Corrientes. 11) paraje poblado, La Paz, Mendoza. 12) *Blanco*, laguna, Ctl 3, Tordillo, Buenos Aires.

Caranchos, laguna, Ctl 9, Saladillo, Bueno Aires.

Carapachay, 1) riacho, Ctl 2, Las Conchas Buenos Aires. Comunica el Paraná d las Palmas con el arroyo Lujan. Form con el riacho Gallo Fiambre la isla d Carapachay. 2) isla, Ctl 2, Las Conchas Buenos Aires. Es formada por los riacho Carapachay y Gallo Fiambre.

Carapel, lugar poblado, Cruz del Eje, Cru del Eje, Córdoba.

Carapunco, estancia, Tafí, Trancas, Tucuman. Situada junto al nacimiento d arroyo Infiernillo.

Caraspita, paraje poblado, Oran, Salta.

Caratipa, distrito del departamento Loreto Santiago del Estero.

Caraunco, paraje poblado, Capital, Jujuy

Carayá, 1) paraje poblado, Ituzaingó, Co

---

1 Planta textil (Bromelia spinosa).

2 Ave de rapiña (Polyborius vulgaris).

rrientes. 2) estero, Ituzaingó, Corrientes.

3) *Ibá*, finca rural, Mercedes, Corrientes

arbajal, distrito del departamento Rosario de Lerma, Salta.

arballo, arroyo, Victoria, Entre Ríos. Desagua en el riacho de la Victoria

arbonada la, lugar poblado, Caseros, Anejos Sud, Córdoba.

arboncitos los, estancia, Ctl 6, Castelli, Buenos Aires.

arbonera, 1) la, lugar poblado, Candelaria, Cruz del Eje, Córdoba. 2) la, lugar, Minas, Córdoba. $\varphi = 31° 1'$; $\lambda = 64° 56'$; $z = 900$ m. (Brackebusch).

árcano, 1) lugar poblado, Bell-Ville, Union, Córdoba. Dista del Rosario 238 kms. FCCA, C, T. 2) colonia, San Jerónimo, Santa Fe. 3) lago andino, Chubut. Hállase entre los 42° y 43° de latitud

arcarañá, 1) distrito del departament San Lorenzo, Santa Fe. Tiene 1649 habitantes. (Censo del 7 de junio de 1887). 2) villa, Carcarañá, San Lorenzo, Santa Fe. Tiene 1081 habitantes (Censo). Dista del Rosario 49 kms. $z = 53$ m. FCCA, C, T, E. 3) colonia, Carcarañá, San Lorenzo, Santa Fe. Tiene 568 habitantes. (Censo). 4) rio, Iriondo y San Lorenzo, Santa Fe. Nace en el departamento Calamuchita (Córdoba) bajo el nombre de rio Tercero, el cual conserva mientras corre por la provincia de Córdoba. Pasa entre Villa María y Villa Nueva, baña las inmediaciones de Bell Ville (antes Fraile Muerto) y penetra, cerca del pueblo Cruz Alta, en la provincia de Santa Fe, bajo el nombre de Carcarañá, para verter sus aguas en el rio Coronda (brazo del Paraná), á inmediaciones de Puerto Gomez. El rio Carcaraña forma en toda su extension el límite entre los departamentos de Iriondo y San Lorenzo 5) *Abajo*, distrito del departamento Iriondo, Santa Fe. Tiene 898 habitantes. (Censo). 6) *Oeste*

distrito del departamento Iriondo, Santa Fe. Tiene 2387 habitantes. (Censo).

Carda la, lugar poblado, Rauch, Buenos Aires. E.

Cardal, 1) el, establecimiento rural, Ctl 4, Ayacucho, Buenos Aires. 2) laguna, Ctl 4, Ayacucho, Buenos Aires. 3) laguna, Ctl 3, Tuyú, Buenos Aires.

Cardalito el, estancia, Ctl 6, Chascomús, Buenos Aires.

Cardalitos, 1) establecimiento rural, Ctl 5, Las Flores, Buenos Aires. 2) arroyo, Pueyrredon, Buenos Aires. Desagua en el Océano Atlántico, en las inmediaciones de Mar del Plata.

Cardenal el, paraje poblado, Humahuaca, Jujuy.

Cárdenas, 1) laguna, Ctl 9, Cañuelas, Buenos Aires. 2) laguna, Ctl 6, Veinte y Cinco de Mayo, Buenos Aires.

Cardon, 1) el, estancia Ctl 3, Bolívar, Buenos Aires. 2) el, laguna, Ctl 3, Bolívar, Buenos Aires. 3) *Chico*, laguna, Ctl 4, Alvear, Buenos Aires. 4) *Grande*, laguna, Ctl 4, Alvear, Buenos Aires.

Cardones, 1) lugar poblado, Quilino, Ischilin, Córdoba. 2) paraje poblado, San Cárlos, Salta.

Cardos, 1) de los, arroyo, La Plata, Buenos Aires. 2) arroyo, Ctl 1, Pergamino, Buenos Aires. Es un pequeño tributario del arroyo de Cepeda. 3) los, lugar poblado, San Jerónimo, Santa Fe. Dista de Cañada de Gomez 134 kms. FCCA, ramal de Cañada de Gomez á las Yerbas. C, T. 4) finca rural, Jachal, San Juan.

Cardoso, 1) laguna situada en el límite que separa las provincias de Buenos Aires (partido Pergamino) y Santa Fe (departamento General Lopez). En esta laguna tiene su orígen el arroyo del Medio. 2) arroyo, Ctl 8, Suipacha, Buenos Aires. 3) estancia, Lomas, Corrientes. 4) finca rural, San Miguel, Corrientes. 5) lugar poblado, Robles, Santiago. E. 6) *Cué*, finca rural, Concepcion, Corrientes

Cardosos, distrito de la seccion 2ª del departamento Robles, Santiago del Estero.

Carfian, laguna, Ctl 7, Dorrego, Bue os Aires.

Carhué, [1] 1) villa, Alsina, Buenos Aires. Es cabecera del partido y cuenta hoy con una poblacion de 1401 habitantes. (Censo del 31 de Enero de 1890). $\varphi = 37°$ $12' 5''$; $\lambda = 62° 44' 22''$. C, T, E. 2) arroyo, Ctl 2, Alsina, Buenos Aires.

Caridad, 1) la, establecimiento rural, Ctl 4, Azul, Buenos Aires. 2) estancia, Ctl 5, Giles, Buenos Aires. 3) establecimiento rural, Ctl 7, Lobos, Buenos Aires. 4) establecimiento rural, Ctl 4, Márcos Paz, Buenos Aires. 5) establecimiento rural, Goya, Corrientes.

Carilauquen, [2] 1) (*Yancanelo*), laguna, Beltran, Mendoza. En ella termina el arroyo Malargüé. 2) laguna formada por el rio de las Barrancas. Se halla situada en el límite que separa la provincia de Mendoza de la gobernacion del Neuquen. Tiene unos 19 kms. de largo.

Carituro, arroyo, Neuquen. Es uno de los afluentes que recibe el Neuquen del lado Norte.

Carituyo, aldea, Arroyito, San justo, Córdoba. Tiene 125 habitantes. (Censo del 1° de Mayo de 1890).

Cárlos, mina de cuarzo aurífero, Candelaria, Cruz del Eje, Córdoba. Está situada en el paraje llamado « Carpintero. »

Cárlos Casado, colonia, Cruz Alta, Márcos juarez, Córdoba. Fué fundada en 1888 en una extension de 22321 hectáreas. Se la llama tambien de «Los Angeles. »

Cárlota, 1) la, establecimiento rural, Ctl 12, Bragado, Buenos Aires. 2) la, establecimiento rural, Ctl 8, Lincoln, Buenos Aires. 3) la, laguna, Ctl 12, Lincoln, Buenos Aires. 4) estancia, Ctl 4, Márcos

Paz, Buenos Aires. 5) establecimiento rural, Ctl 4, Olavarría, Buenos Aires. 6) estancia, Ctl 5, Tandil, Buenos Aires. 7) la, arroyo, Ctl 4, Tandil, Buenos Aires. 8) pedanía del departamento Juarez Celman, Córdoba. Tiene 1788 habitantes. (Censo del 1° de Mayo de 1890). 9) aldea, Carlota, Juarez Celman, Córdoba. Es la cabecera del departamento. Está situada á orillas del rio Cuarto y es estacion del ferro-carril de Villa María á Rufino. Por esta vía dista de Villa María 113 kms. Tiene 850 habitantes. (Censo). En las inmediaciones están ubicadas la colonias Maipú y Chacabuco. $\varphi = 33°$ $25'$; $\lambda = 63° 18'$. C, T, E. 10) colonia Bell-Ville, Union, Córdoba. Tiene 11 habitantes. (Censo). 11) establecimiento rural, Departamento 3°, Pampa.

Carmelita, 1) establecimiento rural, Ctl 5, Baradero, Buenos Aires. 2) establecimiento rural, Ctl 4, Olavarria, Buenos Aires. 3) establecimiento rural, Ctl 11, Veinte y Cinco de Mayo, Buenos Aires. 4) mina de cobre, en el distrito minero de las Capillitas, Andalgalá, Catamarca. 5) finca rural, Paso de los Libres, Corrientes.

Carmelitas las, establecimiento rural, Ctl 2, Pueyrredon, Buenos Aires.

Cármen, 1) laguna, Ctl 2, Alvear, Buenos Aires. 2) establecimiento rural, Ctl 1, Arrecifes, Buenos Aires. 3) establecimiento rural, Ctl 2, Ayacucho, Buenos Aires 4) estancia, Ctl 4, Azul, Buenos Aires. 5) estancia, Ctl 5, 11, Bragado, Buenos Aires. 6) establecimiento rural, Ctl 7, Brandzen, Buenos Aires. 7) estancia, Ctl 3, 6, Cañuelas, Buenos Aires. 8) estancia, Ctl 8, Giles, Buenos Aires. 9) arroyo, Ctl 8, Giles y Ctl 2, 4, Cármen de Areco, Buenos Aires. Es un tributario del arroyo de Areco, en la márgen derecha. 10) establecimiento rural, Ctl 3, 14, Lincoln, Buenos Aires. 11) establecimiento rural, Ctl 1, Loberia, Bu

---

1 *Carahue,* lugar donde hubo fuerte (araucano).—
2 Cari = Verde, Lauquen = Laguna (araucano).

to, Córdoba. Tiene 259 habitantes. E.
43) el, aldea, Bell-Ville, Union, Córdoba.
Tiene 116 habitantes. (Censo). 44) el,
finca rural, Concepcion, Corrientes. 45)
el, finca rural, Curuzú-Cuatiá, Corrientes. 46) el, finca rural, Esquina, Corrientes. 47) el, finca rural, Santo Tomé,
Corrientes. 48) el, finca rural, Sauce,
Corrientes. 49) el, paraje poblado, Capital, jujuy. 50) paraje poblado, Tumbaya, Jujuy. 51) finca rural, junin, Mendoza. 52) estancia, La Paz, Mendoza.
53) estancia, Nueve de julio, Mendoza.
54) el, finca rural, Rivadavia, Mendoza.
55) el, finca rural, Tunuyan, Mendoza.
56) el, arroyo, Misiones. Es un triouta-
rio del Paraná en la márgen izquierda.
Corre á inmediaciones de la colonia
Santa Ana. 57) el, finca rural, General
Sarmiento, Rioja. 58) el, establecimiento
rural, Pringles, Rio Negro. 59) el, establecimiento rural, Viedma, Rio Negro.
60) el, finca rural, Anta, Salta. 61) el,
finca rural, Cafayate, Salta. 62) el, finca
rural, Cerrillos, Salta. 63) mineral de
plata, Iruya, Salta. 64) mineral de oro,
plata y cobre, Molinos, Salta. 65) distrito
del departamento Rivadavia, Salta 66)
el, lugar poblado, Cármen, Rivadavia,
Salta. E. 67) el, finca rural, Rosario de
Lerma, Salta. 68) distrito del departamento San Cárlos, Salta. 69) el, lugar
poblado, Cármen, San Cárlos, Salta. C.
70) el, finca rural, Viña, Salta. 71) lugar
poblado, Chacabuco, San Luis. E. 72)
el, lugar poblado, Banda, Santiago. E.
73) sierra, Tierra del Fuego. Atraviesa
la gobernacion á partir del Cabo San
Sebastian, en direccion SO. 74) el, estancia, Leales, Tucuman 75) *Alto*, mina
de plata muy antigua en el distrito mineral de Uspallata. Mendoza. 76) *de
Areco*, partido de la provincia de Buenos Aires. Está situado al NNO. de Buenos Aires. Tiene 1066 kms.² de extension y una poblacion de 5704 habitan-

tes. El partido es regado por los arroyos de Areco, Despunte, del Cármen, del Pescado, Mori, Ranchos, Eucaliptos y Bella Vista. 77) *de Ar.co*, villa, Cármen de Areco, Buenos Aires. Es cabecera del partido y cuenta hoy con una poblacion de 3311 habitantes. (Censo del 31 de Enero de 1890). Sucursal del Banco de la Provincia. $\varphi = 34°22'40''$; $\lambda = 59°50'19''$. C, T, E. 78) *del Arroyo Negro*, establecimiento rural, Ctl 8, Pringles, Buenos Aires. 79) *del Oeste*, estancia, Ctl 10, Saladillo, Buenos Aires. 80) *de la Palma*, estancia, Ctl 3, Dorrego, Buenos Aires. 81) *de Patagones*, villa, Patagones, Buenos Aires. Está situada en la orilla izquierda del rio Negro, á 35 kms. de su desembocadura en el Atlántico, y frente á Viedma, capital de la gobernacion del Rio Negro. Su poblacion es de 2795 habitantes. (Censo del 31 de Enero de 1890). Sucursal del Banco de la Provincia. Receptoría de Rentas Nacionales. $\varphi = 40°48'$; $\lambda = 62°58'$. C, T, E. 82) *del Sauce*, distrito del departamento Rosario, Santa Fe. Tiene 1689 habitantes. (Censo del 7 de Junio de 1887). 83) *del Sauce*, pueblo, Cármen del Sauce Rosario, Santa Fe. Tiene 466 habitantes. (Censo). C, E. 84) *Sylva*, arroyo, Tierra del Fuego. Es una de las siete arterias fluviales halladas por Popper desde cabo Espíritu Santo hasta cabo Peñas. Desagua en el Atlántico, á inmediaciones del cabo Sunday ó Domingo. $\varphi = 53°40'$. 85) *de las Toscas*, establecimiento rural, Ctl 7, Chacabuco, Buenos Aires. 36) *de la Verde*, establecimiento rural, Ctl 6, Azul, Buenos Aires.

Carmencita, 1) establecimiento rural, Ctl 4, Campana, Buenos Aires. 2) establecimiento rural, Ctl 3, 10, Rauch, Buenos Aires. 3) finca rural, Oran, Salta.

Carmona, 1) arroyo, La Plata, Buenos Aires. 2) establecimiento rural, Ctl 2, Ranchos, Buenos Aires. 3) arroyo, Ctl 4,

San Vicente, Buenos Aires 4) mina de plata en el distrito del Cerro Negro, sierra de Famatina, Rioja.

Carnaval 1) arroyo del, La Plata, Buenos Aires. 2) el, finca rural, Jachal, San Juan.

Carnerillo, 1) pedanía del departamento juarez Celman, Córdoba. Tiene 439 habitantes. (Censo del 1° de Mayo de 1890). 2) pueblo, Carnerillo, Juarez Celman, Córdoba. Con la colonia que le rodea tiene 423 habitantes. (Censo). Dista de Villa Maria 93 kms. FCA, C, T. 3) arroyo, Rio Cuarto, Juarez Celman y Tercero Abajo, Córdoba. Nace en una cañada próxima á las fuentes del arroyo de Chucul, recorre unos 100 kms. hácia el Este, recibe bajo el nombre de Chazon las escasas aguas de la cañada de San Lúcas y termina en los cañadones del Macho Muerto. 4) lugar poblado, Tegua y Peñas, Rio Cuarto, Córdoba.

Carnero, arroyo, Anejos Norte, Córdoba. Nace en la sierra Chica, baña el pueblo San Vicente, toma despues rumbo de O. á E. y termina en una cañada que se dirige hácia el rio Primero.

Caroba, [1] finca rural, Santo Tomé, Corrientes.

Caroca, arroyo, Tunuyan, Mendoza. Nace en los campos denominados Totoral, frente al paso del Portillo, y es uno de los afluentes del Tunuyan.

Carolina 1) la, estancia, Ctl 1, 4, Arrecifes, Buenos Aires. 2) laguna, Ctl 4, Ayacucho, Buenos Aires. 3) establecimiento rural, Ctl 6, Bahia Blanca, Buenos Aires. 4) establecimiento rural, Ctl 3, Las Flores, Buenos Aires. 5) establecimiento rural, Ctl 4, Lobos, Buenos Aires. 6) laguna, Ctl 5, Maipú, Buenos Aires. 7) establecimiento rural, Ctl 2, Matanzas, Buenos Aires. 8) establecimiento rural, Ctl 8, Nueve de Julio, Buenos Aires. 9)

[1] Arbol (Bignonia Caroba).

estancia, Ctl 4, 6, 7, Pueyrredon, Buenos Aires. E. 10) arroyo, Ctl 5, 6, 7, Pueyrredon, Buenos Aires. Desagua en el Océano Atlántico. 11) establecimiento rural, Ctl 8, Saladillo, Buenos Aires. 12) establecimiento rural, Ctl 2, San Antonio de Areco, Buenos Aires. 13) establecimiento rural, Ctl 5, San Pedro, Buenos Aires. 14) establecimiento rural, Ctl 11, Veinte y Cinco de Mayo, Buenos Aires. 15) laguna, Ctl 6, Veinte y Cinco de Mayo, Buenos Aires. 16) finca rural, Goya, Corrientes. 17) estancia, Campo Santo, Salta. 18) partido del departamento Coronel Pringles, San Luis. 19) distrito mineral de oro, en el departamento Pringles, San Luis. 20 lugar poblado, Carolina, Pringles, San Luis. C, E. 21) cerros de la, Carolina, Pringles, San Luis. Forman un grupo de montañas que encierra las más elevadas cumbres de la sierra de San Luis, como son: el cerro Ferreira ó del Manantial, el Quemado, el Porongo, los Mellizos, Cueva, Piñeiro, el Tomalasta, el cerro del Valle, el Sololasta, el Intiguasi y el Pelado. Estos cerros traquíticos son bastante ricos en vetas auríferas. 22) colonia, Egusquiza, Colonias, Santa Fe.

Carossino, quinta de, Mercedes, Buenos Aires. E.

Caroya, 1) cuartel de la pedanía Cañas Anejos Norte, Córdoba. 2) colonia, Cañas, Anejos Norte, Córdoba. Fué fundada por el gobierno provincial en 1876. Su extension es de 7025 hectáreas y su poblacion de 1698 habitantes. (Censo del 1° de Mayo de 1890. C, T, E. 3) estancia, San Roque, Corrientes. 4) *Cué*, estancia, San Miguel, Corrientes.

Carpa 1) la, establecimiento rural, Ctl 12, Nueve de Julio, Buenos Aires. 2) laguna, Ctl 5, Pueyrredon, Buenos Aires.

Carpincho, [1] 1) el, laguna, Ctl 3, Junin,

Buenos Aires. La atraviesa el rio Salado. 2) el, establecimiento rural, Ctl 8, Ramallo, Buenos Aires. 3) el, laguna, Ctl 7, Saladillo, Buenos Aires. 4) laguna. Ctl 7, Veinte y Cinco de Mayo, Buenos Aires. 5) estero, Caacati, Corrientes. 6) laguna, Esquina, Corrientes. 7) estero, Goya, Corrientes.

Carpintería, 1) distrito del departamento Pocitos, San Juan. 2) la, finca rural, Carpintería, Pocitos, San juan. 3) vertiente, Merlo, Junin, San Luis.

Carqueque, arroyo, Beltran, Mendoza. Es uno de los orígenes del rio Grande.

Carralauquen, 1) estancia, Ctl 1, Mar Chiquita, Buenos Aires. 2) laguna, Ctl 1, Mar Chiquita, Buenos Aires.

Carranza, mina de galena argentífera en el distrito mineral de Uspallata, Mendoza.

Carrera, 1) la, distrito del departamento Piedra Blanca, Catamarca. 2) cuartel de la pedanía Dolores, Punilla, Córdoba. 3) lugar poblado, Dolores, Punilla, Córdoba. 4) la, paraje poblado, Tupungato, Mendoza. 5) la, finca rural, Chilecito, Rioja. 6) *Linda*, lugar poblado, General Mitre, Totoral, Córdoba.

Carreta, 1) la, establecimiento rural, Ctl 8, Trenque-Lauquen, Buenos Aires. 2) laguna, Esquina, Corrientes. 3) estero, San Miguel, Corrientes.

Carretas, 1) estancia, Ctl 2, Saladillo, Buenos Aires. 2) isla en el puerto de San julian, Santa Cruz.

Carreteros, lugar poblado, Matará, Santiago. E.

Carreton, paraje poblado, Oran, Salta.

Carril, 1) lugar poblado, Cam'niaga, Sobremonte, Córdoba. 2) lugar poblado, Chacabuco, Mendoza. E. 3) distrito del departamento Chicoana, Salta. 4) el, finca rural, Cafayate, Salta. 5) *de Abajo*, paraje poblado, Viña, Salta. 6) *de Mercedes*, lugar poblado, Chicoana, Salta. E.

[1] Roedor (Hydrochœrus capybara).

Carri-Lauquen, [1] 1) lago en el límite de la provincia de Mendoza y de la gobernacion del Neuquen. En ella nace el rio Barrancas. 2) lago al Sud del Nahuel-Huapi, Rio Negro. Se le llama tambien lago Gutierrez. Tiene 15 kms de largo por 4 1/2 de ancho y se comunica con el lago Nahuel Huapi por medio de un canal natural.

Carrio, laguna, Ctl 5, Tordillo, Buenos Aires.

Carrizal, 1) establecimiento rural, Ctl 6, Dorrego, Buenos Aires. 2) laguna, Ctl 6, Dorrego, Buenos Aires. 3) estancia, Ctl 1, Patagones, Buenos Aires, 4) laguna. Ctl 5, Saladillo, Buenos Aires. 5) establecimiento rural, Ctl 10, Tres Arroyos, Buenos Aires. 6) laguna, Ctl 10, Tres Arroyos, Buenos Aires. 7) vertiente, San Pedro, Capayan, Catamarca 8) lugar poblado, Rio de los Sauces. Calamuchita, Córdoba. 9) lugar poblado, Higueras, Cruz del Eje, Córdoba. 10) lugar poblado, Manzanas, Ischilin, Córdoba. 11) lagunas, Juarez Celman, Córdoba. En ellas termina el arroyo Chucul. 12) lugar poblado, Ciénega del Coro, Minas Córdoba. 13) lugar poblado, San Cárlos, Minas, Córdoba. 14) lugar poblado, Parroquia, Pocho, Córdoba. E. 15) lugar poblado, Dolores, Punilla, Córdoba. 16) lugar poblado, Quebracho, Rio Primero, Córdoba. 17) lugar poblado, Suburbios, Rio Primero, Córdoba. 18) lugar poblado, Timon Cruz, Rio Primero, Córdoba. 19) cuartel de la pedanía Suburbios, Rio Segundo, Córdoba. 20) lugar poblado, Suburbios, Rio Segundo, Córdoba. 21) finca rural, Goya, Corrientes. 22) arroyo, Beltran, Mendoza. Desagua en el rio Grande, en su márgen izquierda, en direccion de Norte á Sud. 23) finca rural, Lujan, Mendoza. 24) paraje poblado, Las Heras, Mendoza. 25) distrito de. departamento Famatina, Rioja. 26) lugar poblado, Famatina, Rioja. E. 27) distrito del departamento Velez Sarsfield, Rioja. 28) lugar poblado, Velez Sarsfield, Rioja. E. 29) poblacion agrícola, Iglesia, San Juan. 30) chacra, Renca, Chacabuco, San Luis. 31) arroyo, San Luis. Es un pequeño tributario del arroyo de Conlara, en la márgen izquierda; desemboca frente á Renca. Riega el distrito de San Lorenzo del departamento de San Martin y el de Renca del departamento Chacabuco. 32) finca rural, Rosario, Pringles, San Luis. 33) finca rural, Totoral Pringles, San Luis. 34) finca rural, Guzman, San Martin, San Luis. 35) lugar poblado, Iriondo, Santa Fe. Dista de Buenos Aires 365 kms. FCRS, C, T.

Carrizales, 1) estancia, Ctl 9, Las Flores, Buenos Aires. 2) laguna, Ctl 3, Nueve de Julio, Buenos Aires. 3) establecimiento rural, Ctl 5, Rauch, Buenos Aires. 4) Afuera, lugar poblado, San Genaro, San Jerónimo, Santa Fe. Tiene 472 habitantes. (Censo del 7 de Junio de 1887). Dista del Rosario 60 kms. FCRS, C, T.

Carrizalillo, lugar poblado, Guasapampa, Minas, Córdoba.

Carrizalito, 1) arroyo, Veinte y Cinco de Mayo, Mendoza. Es un tributario del Diamante en la márgen izquierda. 2) vertiente, Marquesado, Desamparados, San Juan.

Carrizo, [1] arroyo, Ctl 6, Matanzas, Buenos Aires

Carrodillo, lugar poblado, Belgrano, Mendoza. E.

Carro Quemado, lugar poblado, Departamento 7°, Pampa.

Carumbay, finca rural, Concepcion, Corrientes.

Casa, 1) Alegre, finca rural, Saladas, Co-

---

[1] Lago Verde (araucano).

[1] Planta glumácea (Phalaris).

rrientes. 2) *Amarilla*, estacion del ferro-carril de la Ensenada, en el municipio de la capital. Dista de la estacion central 2 kms. 3) *Blanca*. establecimiento rural, La Plata, Buenos Aires. 4) *Blanca*, lugar poblado, Salsacate, Pocho, Córdoba. 5) *de Bombas*, FCE, Quilmes, Buenos Aires. Dista de Buenos Aires 14 kms. 6) *Caida*, paraje poblado. Valle Grande, Jujuy. 7) *Carrizo*, finca rural, Capital, Rioja. 8) *de Fierro*, finca rural, Capital, Mendoza. 9) *Grande*, aldea, San Antonio, Punilla, Córdoba. Tiene 102 habitantes. (Censo del 1° de Mayo de 1890). E. 10) *Grande*, finca rural, San Roque. Corrientes. 11) *Grande*, lugar poblado, Humahuaca, Jujuy. Al pié del cerro Aguilar, en la sierra de Humahuaca. 12) *Grande*, distrito del departamento Iruya, Salta. 13) *Grande*, finca rural, Iruya, Salta. 14) *Grande*. finca rural, Jachal, San Juan 15) *Linda*. finca rural, San Blas de los Sauces, Rioja. 16) *del Loro*, aldea, Dolores. San javier, Córdoba. Tiene 186 habitantes (Censo). 17) *Mocha*, paraje poblado, Chicoana, Salta. 18) *Noble*, estancia. Saladas, Corrientes 19) *de Piedra*, lugar poblado. Ciénega del Coro, Minas, Córdoba. 20) *de Piedra*, finca rural, Naschel, Chacabuco, San Luis. 21) *de Piedra*, vertiente, Naschel, Chacabuco. San Luis 22) *de Piedra*, cumbre de la sierra del Morro, Morro, Pedernera, San Luis. $x = 1620$ m. 23) *Pintada*, lugar poblado, Dolores, Chacabuco, San Luis. 24) *Redonda*, finca rural, Bella Vista, Corrientes. 25) *del Sol*, lugar poblado, Rio Seco, Córdoba $\varphi = 30°34'$; $\lambda = 63°51'$; $z = 450$ m (Brackebusch). 26) *Sola*, finca rural, Lavalle, Corrientes. 27) *Sola*, estancia, Saladas, Corrientes. 28) *Súcia*, finca rural, Saladas, Corrientes 29) *de las Tigras*, lugar poblado, Rincon del Cármen, San Martin, San Luis. 30) *del Tigre*, lugar poblado, Ciénega del Coro,

Minas, Córdoba. 31) *Vieja*, lugar poblado, Valle Grande, jujuy.

Casabindo, 1) lugar poblado, Cochinoca, Jujuy. E. 2) cerro de la Puna, Cochinoca, jujuy.

Casafust, finca rural, Saladas, Corrientes.

Casamayor, punta, Santa Cruz. $\varphi = 46°52'$; $\lambda = 66°57'$. (Fitz Roy).

Casandra la, finca rural, Goya. Corrientes.

Casangate, 1) finca rural, Solca, Rivadavia, Rioja. 2) vertiente, Solca, Rivadavia, Rioja.

Casares, lugar poblado. Cañuelas, Buenos Aires. Dista de Buenos Aires 55 1/2 kms. $z = 21$ m. FCO, ramal de Temperley á Cañuelas. C, T.

Casas, 1) *Blancas*, finca rural, Saladas, Corrientes. 2) *Viejas*, lugar poblado, Argentina, Minas, Córdoba. 3) *Viejas*, cuartel de la pedanía Guasapampa, Minas, Córdoba. 4) *Viejas*, lugar poblado, Guasapampa, Minas, Córdoba. 5) *Viejas*, lugar poblado, San Cárlos, Minas, Córdoba. 6) *Viejas*, lugar poblado, Parroquia. Pocho, Córdoba. 7) *Viejas*, lugar poblado, Estancias, Rio Seco, Córdoba. 8) *Viejas*, lugar poblado, Tránsito, San Alberto, Córdoba. 9) *Viejas*, cuartel de la pedanía de La Paz, San javier, Córdoba. 10) *Viejas*, lugar poblado, La Paz, San javier, Córdoba 11) *Viejas*, lugar poblado, Cerrillos, Sobremonte, Córdoba. 12) *Viejas*, lugar poblado, San Francisco, Sobremonte, Córdoba. 13) *Viejas*, lugar poblado, General Mitre, Totoral, Córdoba. 14) *Viejas*, lugar poblado, San Pedro, Tulumba, Córdoba. 15) *Viejas*, lugar poblado, Lujan, Mendoza. 16) *Viejas*, lugar poblado, Guzman, San Martin, San Luis. 17) *Viejas*, finca rural, Conlara, San Martin, San Luis. 18) *Viejas*, finca rural, San Martin, San Martin, San Luis. 19) *Viejas*, estancia, Graneros, Tucuman. 20) *Viejas*, sierra que forma el límite entre las provincias de Tucuman (Rio Chico) y Catamarca (Ambato).

Cascallares, establecimiento rural, Ctl 3, Vecino, Buenos Aires.

Casco, 1) arroyo, Ctl 7, Giles, Buenos Aires. 2) laguna, Ctl 2, Navarro, Buenos Aires. 3) chacra, Ctl 5, San Antonio de Areco, Buenos Aires.

Caseras las, finca rural, Iruya, Salta.

Caseros, 1) lugar poblado, San Martin, Buenos Aires. Dista de Buenos Aires 21 kms FCP, C, T. 2) pedanía del depar tamento Anejos Sud, Córdoba. Tiene 2283 habitantes. (Censo del 1º de Mayo de 1890). 3) colonia, Bell-Ville, Union, Córdoba. 4) colonia, Molino, Uruguay, Entre Rios. Fué fundada en 1875 en la márgen izquierda del rio Gualeguaychú, en una extension de 13000 hectáreas. Dista del Paraná 256 kms. y de Concepcion del Uruguay 20. ECCE. C, T, E.

Caserta, finca rural, Esquina, Corrientes.

Casiana, laguna, Ctl 5, Maipú, Buenos Aires.

Casilda la, establecimiento rural, Ctl 1, Las Heras, Buenos Aires.

Casilla la, 1) estancia, Ctl 6, Brandzen, Buenos Aires. 2) establecimiento rural, Ctl 4, 6, Olavarría, Buenos Aires. 3) estancia, Ctl 6, Puan, Buenos Aires. 4) estancia, Ctl 11, Veinte y Cinco de Mayo, Buenos Aires. 5) establecimiento rural, Departamento 1º, Pampa.

Casillar, paraje poblado, Humahuaca, Jujuy.

Casillas, 1) establecimiento rural, Ctl 1, Vecino, Buenos Aires. 2) las, establecimiento rural, Ctl 7, Trenque-Lauquen, Buenos Aires.

Casitas Viejas, lugar poblado, Ciénega del Coro, Minas, Córdoba.

Caspalá, 1) lugar poblado, Valle Grande, jujuy. E. 2) arroyo, Valle Grande, Jujuy. Es uno de los elementos de formacion del arroyo San Lorenzo.

Caspi-Corral, lugar poblado, Figueroa, Matará, Santiago. E.

Caspicuchuna, 1) lugar poblado, Chuñaguasi, Sobremonte, Córdoba. 2) lugar poblado, San Francisco, Sobremonte, Córdoba.

Caspinchango, 1) arroyo, Santa María, Catamarca. Es un pequeño tributario del arroyo Santa María, en la márgen derecha Corre de E. á O. y desarrolla unos 8 á 10 kms. de cauce. 2) lugar poblado, Famaillá, Tucuman. E. 3) ingenio de azúcar. Monteros, Tucuman En la orilla derecha del arroyo Aranilla, á 13 kms. al Oeste de Famaillá, E.

Castallejos, paraje poblado, Rosario de la Frontera, Salta.

Castaña la, establecimiento rural, Ctl 1, Dorrego, Buenos Aires.

Castañares, finca rural, Capital, Salta.

Castaño, 1) distrito del departamento Calingasta, San Juan 2) arroyo, Calingasta, San Juan. Es un afluente del rio de los Patos. 3) Nuevo, distrito minero del departamento Calingasta, San Juan. Encierra oro. 4) Viejo, distrito minero del departamento Calingasta, San Juan. Encierra plata.

Castaños, 1) pedanía del departamento Rio Primero, Córdoba. Tiene 3338 habitantes. (Censo del 1º de Mayo de 1890). 2) cuartel de la pedanía del mismo nombre, Rio Primero, Córdoba.

Castellana la, 1) establecimiento rural, Ctl 9, Puan, Buenos Aires. 2) establecimiento rural, Ctl 5, Trenque-Lauquen, Buenos Aires. 3) estancia, Departamento 2º, Pampa.

Castellanos, 1) arroyo, Anta, Salta. Nace en la sierra de la Lumbrera por la confluencia de los arroyos Gonzalez y Puertos, se dirige al SE. y desagua en la márgen izquierda del rio Juramento, cerca de Chañarmayo. 2) distrito del departamento de las Colonias, Sante Fe. Tiene 1582 habitantes. (Censo del 7 de junio de 1887). 3) colonia, Castellanos, Colonias, Santa Fe. Tiene 177 habitantes, (Censo).

Castelli, partido de la provincia de Buenos Aires. Fué fundado en 1856. Está al SSE de Buenos Aires, sobre la bahía de Samborombon. Tiene 2004 kms.² de extension y una poblacion de 2687 habitantes. (Censo del 31 de Enero de 1890). El partido es regado por el rio Salado y los arroyos Tajamar, Arredondo, Cañadon, Gavilan y cañadon de las Escobas. Existe un gran número de lagunas en este partido. Hay núcleos de poblacion en los alrededores de las estaciones Guerrero, Taillade y Sevigné, del ferrocarril del Sud.

Castilla, 1) establecimiento rural, Ctl 3, Cármen de Areco, Buenos Aires. 2) lugar poblado, Suipacha, Buenos Aires. Dista de Buenos Aires 158 kms. z = 54 m. FCP, C, T.

Castillejo, cumbre de la sierra de Campos, Rosario de la Frontera, Salta.

Castillo el, 1) establecimiento rural, C l 2, Alsina, Buenos Aires. 2) laguna, Ctl 5, Saladillo, Buenos Aires. 3) finca rural, Curuzú-Cuatiá, Corrientes. 4) nevado del, Salta. φ = 24° 30'; λ = 65° 13'; z = 6000 m. (Moussy). 5) Cué, finca rural, Curuzú-Cuatiá, Corrientes. 6) de Santa María, establecimiento rural, Ctl 8, Pergamino, Buenos Aires.

Castillos, lugar poblado, Ambato, Corrientes. E.

Castle Hill, cerro, Santa Cruz. φ = 50° 10'; λ = 72° 30'; z = 1400 m.

Castornia la, establecimiento rural, Ctl 3, Las Flores, Buenos Aires.

Castreña la, establecimiento rural, Departamento 4°, Pampa.

Castro, 1) arroyo, Ctl 5, Cañuelas, Buenos Aires. 2) lugar poblado, San Pedro, Buenos Aires. Dista de Buenos Aires 190 kms. z = 34 m. FCBAR. C, T. 3) Barros, departamento de la provincia de

La Rioja. Confina al Norte con el departamento San Blas; al Este con el de Arauco; al Sud con el de la Capital y al Oeste con el de Famatina. Tiene 3364 kms.² de extension y una poblacion conjetural de unos 5000 habitantes. Está dividido en los 6 distritos: Anjullon. Molinos, Aniyaco, Aminga. Chuquis y Pinchas. El departamento es regado por los arroyos Molinos, Aniyaco, Robles, Sauces, Palmipato, Carrizal, Aminga, Anjullon Quebrada Grande, Chuquis y Pinchas. La cabecera del departamento es la aldea Chuquis.

Casualidad, 1) la estancia, Ctl 6, Ayacucho, Buenos Aires. 2) la, finca rural, Mercedes, Corrientes. 3) de Dolores, finca rural, Paso de los Libres Corrientes.

Casuarinas las, estancia, Ctl 4, Rodriguez, Buenos Aires.

Casullo, estancia, Ctl 4, Azul, Buenos Aires.

Catalana, 1) la, lugar poblado, Ajó. Buenos Aires. E. 2) la, establecimiento rural. Ctl 1, Mar Chiquita, Buenos Aires. 3) la, establecimiento rural, Ctl 4, Puan, Buenos Aires.

Catalina la, establecimiento rural, Ctl 9, Las Flores, Buenos Aires.

Catamarca, 1) provincia de la confederacion argentina. Se halla situada al Sud de la de Salta y en parte de la de Tucuman; al Oeste de las provincias de Salta, Tucuman, Santiago del Estero y Córdoba; al Norte de la provincia de la Rioja y al Este de Chile. Con Chile y el desierto de Atacama y Antofagasta (antes de Bolivia) linda la provincia por la línea divisoria de las aguas que bajan al Océano Pacífico y á la gran altiplanicie central. Esta línea pasa por los cerros de San Buena Ventura, las cumbres de la Hoyada, el cerro Azul, el Portezuelo del Pasto de Ventura, la cumbre de la sierra de la laguna Blanca, las lagunas del Durazno y del Diamante, hasta las nacientes del rio de los Patos. Con Salta sigue el límite la línea divisoria de las aguas que bajan al Sud á la laguna Blanca y al rio Santa Maria, y al Norte al arroyo de San Cárlos, hasta la cumbre del Cajon. Con Tucuman confina por una línea tirada del Cajon al Portezuelo de los Infiernillos y sigue por la cumbre de la sierra de Aconquija, hasta el punto más alto del Nevado: baja luego á la cuesta de las Cañas, pasa por la cumbre de la sierra de Escoba y la divisoria de las aguas que bajan por el arroyo del Valle hasta las nacientes del rio de San Francisco, cuyo curso sigue hasta la estacion San Pedro. Desde aquí, hasta la mitad de la salina, al Norte de Totoralejos, divide el ferrocarril central Norte la provincia de la de Santiago del Estero. Los limites con la Rioja arrancan en la cordillera en el Peñasco de Diego, pasan luego por la junta de los rios del Loro y del Jagüel al Alto de Machaco, despues por la cabecera de las aguas que forman los rios de Jagüel y Vinchina, á la Costa del Rey y al Cerro Negro, desde donde divide el arroyo Colorado ambas provincias hasta cerca de Mazan, y más adelante una línea hasta Burruyaco, en seguida la quebrada de la Cébila hasta Chumbicha y de aquí una linea que pasa por el Rosario hasta la mitad de la salina grande al SE. de Quimillo. La extension de la provincia es de 90644 kms.² y su poblacion conjetural de 110.000 habitantes Esta provincia andina es muy montañosa, ocupando las sierras cerca de la mitad de su extension superficial. La parte oriental de estas serranías no son más que ramificaciones del elevado cordon del Aconquija, mientras que la parte occidental está formada por cordones que se desprenden de los Andes. Puede decirse que la quebrada de Amanao separa esos dos sistemas.

Entre las ramas del Aconquija merecen especial mencion la sierra del Atajo, con sus famosas minas de las Capillitas; la sierra del Alto. que tambien se llama del Totoral y más al Sud, de Ancasti, y la sierra del Ambato, mucho más elevada que la de Ancasti. La sierra de Belén pertenece ya al sistema andino. Entre la sierra de Ambato al Oeste y la de Ancasti al Este, se extiende el valle de Catamarca, el más fértil y mejor cultivado de la provincia. Tiene este valle su vértice á unos 35 kms. al Norte de la capital, en Pomancillo, mientras que, al Sud, se abre en llanura árida. Es regado por el arroyo del Valle, que tiene su órigen en el Ambato. El valle de Paclin, largo y estrecho, está formado por la sierra de Ancasti al Oeste y un ramal que termina en el Portezuelo al Este. Es regado por el arroyo de Paclin. El valle de Andalgalá, de unos 1000 kms.² de extension, está formado por la sierra de Aconquija al Norte, la de Ambato al Este y la de Belén al Oeste. Al Sud está abierto, formando una gran llanura árida y desierta (ó travesia), que alcanza hasta la frontera de la Rioja. El centro de este valle está ocupado por extensas salinas y médanos. El campo de los Pozuelos es un valle elevado á unos 2500 metros sobre el nivel del mar, y está formado por las cadenas de Quilmes, del Aconquija y Atajo. Al Norte del campo de los Pozuelos está el estrecho y fértil valle de Santa Maria. Al Oeste de la provincia, entre las ramificaciones de los Andes, están los fértiles valles de Tinogasta y Copacabana, y en el centro (departamento de Andalgalá) el valle de Pucará y el de Pucarilla (departamento de Ambato). Las corrientes de la provincia no son, en general, más que pequeños arroyos, caudalosos en la estacion del derretimiento de las nieves serranas, y escasos de agua en invierno. En sus cortos trayectos son comunmente absorbidos por la irrigacion, ó donde esto no sucede, se insumen en los médanos ó se borran en lagunas y salinas. Los principales rios, ó mejor dicho arroyos, son: el Santa María, Belén, Tinogasta, Poman, del Fuerte, del Valle, Capayan, Tala, Albigasta. etc. Las lagunas más importantes son la Blanca y la Colorada, en el departamento Belén. Véase esos nombres. Las riquezas minerales de la provincia son considerables, aunque poco explotadas. La agricultura, y principalmente el cultivo de la alfalfa, del trigo y de la vid, es la fuente principal de recursos de los habitantes de la provincia. La produccion del vino, la curtiembre de los cueros y la fundicion de los minerales de cobre, son las principales industrias. Administrativamente está la provincia dividida en 15 departamentos, á saber: Capital, Valle Viejo, Piedra Blanca, Ambato, Paclin, Santa Rosa, Alto, Ancasti, La Paz, Capayan, Poman, Andalgalá, Santa María, Belén y Tinogasta. La capital es la ciudad de Catamarca. 2) departamento de la provincia del mismo nombre. Enclavado entre los departamentos Ambato, Piedra Blanca, Valle Viejo, Capayan y Poman, tiene 904 kms.² de extension y una poblacion conjetural de 10.000 habitantes. Está dividido en los tres distritos: Catamarca, Villa Cubas y Chacarita. 3) distrito del departamento de la Capital, Catamarca. 4) villa, Catamarca. Es la capital de la provincia. Está situada á orillas del arroyo del Valle. Fundada por Fernando Mendoza Mate de Luna, el 5 de Julio de 1683, cuenta actualmente con unos 7500 habitantes. Por la vía férrea dista de Córdoba 506 kms. y de Buenos Aires 1250 kms. Colegio Nacional. Escuela Normal. Biblioteca. Banco Provincial. Sucursal del Banco Nacional. El arroyo del Tala provee á la ciudad de agua.

$\varphi = 28° 28' 8''$; $\lambda = 65° 54' 35''$; $\alpha = 572$ m. (Moussy). FCCN, C, T, E.

Catamarqueña, 1) mina de cobre y plata en el distrito mineral de las Capillitas, Andalgalá, Catamarca. 2) mina de galena argentífera en el distrito mineral de San Antonio de los Cobres, Poma, Salta. Tiene una profundidad de 30 metros.

Cataranti, finca rural, Iruya, Salta.

Catas,[1] vertiente, San Martin, San Martin, San Luis.

Catica, distrito del departamento Poma, Salta.

Catiguá, estancia, San Miguel, Corrientes.

Catitas las, paraje poblado, Chacabuco, Mendoza.

Catorce Provincias las, estancia, La Plata, Buenos Aires.

Catres, paraje poblado, Ledesma, jujuy.

Catriel, laguna, Ctl 4, Tapalqué, Buenos Aires.

Catuna, 1) distrito del departamento General Ocampo, Rioja. 2) aldea, Catuna, Ocampo, Rioja. Es la cabecera del departamento, C. E. 3) finca rural, Alcázar, Independencia, Rioja. 4) vertiente, Alcázar, Independencia, Rioja.

Catunita, finca rural, Alcázar, Independencia, Rioja.

Caucete, departamento de la provincia de San Juan. Está situado al Este y Sud de los de Angaco. Su extension es de 9980 kms.² y su poblacion conjetural de unos 10000 habitantes. Está dividido en los distritos Lagunas y Veinte y Cinco de Mayo. El distrito minero del Pié de Palo con sus minerales argentíferos, sus mármoles y sal, se halla tambien en este departamento. En el riego se utilizan las aguas del rio San Juan. La cabecera del departamento es la aldea Independencia.

Cautiva 1) la, establecimiento rural, Ctl 7, 9, 19, Nueve de Julio, Buenos Aires. 2)

---

1 Ave trepadora (Conurus murinus).

la, pedanía del departamento Rio Cuarto, Córdoba. Tiene 547 habitantes. (Censo del 1º de Mayo de 1890). 3) cuartel de la pedanía del mismo nombre, Rio Cuarto, Córdoba. 4) la, lugar poblado, La Cautiva, Rio Cuarto, Córdoba. Dista de Buenos Aires 553 kms. $\varphi = 33° 58'$; $\lambda = 64°$; $x = 185$ m. FCP, C, T, E. 5) la, estancia, General Roca, San Lorenzo, Santa Fe.

Cautivo el, establecimiento rural, Ctl 8, 10, Trenque-Lauquen, Buenos Aires.

Cavas las, paraje poblado, Rosario de la Frontera, Salta.

Cavia, 1) finca rural, San Luis, Corrientes. 2) *Cué*, finca rural, San Luis, Corrientes.

Caviglia, estancia, Ctl 14, Bahia Blanca, Buenos Aires.

Cavour, colonia, Humboldt, Colonias, Santa Fe. Tiene 419 habitantes. (Censo del 7 de Junio de 1887). C, E.

Cayanta, arroyo, Neuquen. Desagua en el Dahuehue, en su márgen izquierda.

Cayastá, 1) pueblo, Cayastá, San josé, Santa Fe. Tiene 164 habitantes. (Censo). C, E. 2) distrito del departamento San José, Santa Fe. Tiene 1228 habitantes. (Censo).

Cayastacito, 1) distrito del departamento de la Capital, Santa Fe. Tiene 1035 habitantes. (Censo). 2) pueblo, Cayastacito, Capital, Santa Fe. Tiene 187 habitantes. (Censo) C.

Cayetano, finca rural, Saladas, Corrientes.

Cayuguco, 1) estancia, Villarino, Buenos Aires. 2) laguna, Villarino, Buenos Aires.

Cazador 1) el, establecimiento rural, Ctl 4, Lujan, Buenos Aires. 2) arroyo, Ctl 4, Lujan, Buenos Aires.

Cazon, lugar poblado, Saladillo, Buenos Aires Dista de Buenos Aires 169 kms. $x = 42$ m. FCO, ramal de Merlo al Saladillo, C, T.

Cazuela la, finca rural, Mercedes, Corrientes.

Cebadilla, laguna, Ctl 2, Cástelli, Buenos Aires.

Cebil, [1] 1) estancia, Rio Chico, Tucuman En la orilla derecha del arroyo Medina. 2) *Redondo*, distrito del departamento de la Capital, Tucuman. 3) *Redondo*, ingenio de azúcar, Capital, Tucuman. A 7 kms. al NO. de Tucuman.

Cebilar, 1) paraje poblado, Ledesma, Jujuy. 2) paraje poblado, Guachipas, Salta. 3) pueblo, Capital, Tucuman. Al Sud del departamento.

Cebollar, cumbre del, trozo del macizo de San Luis, Lujan, Ayacucho, San Luis.

Cecilita, finca rural, Oran, Salta.

Ceciyaco, lugar poblado, Parroquia, Ischilin, Córdoba.

Ceibal, 1) paraje poblado, Perico de San Antonio, Jujuy. 2) paraje poblado, San Pedro, Jujuy. 3) finca rural, Capital, Salta. 4) distrito del departamento Metan, Salta. 5) finca rural, Rosario de la Frontera, Salta.

Ceibalito, 1) finca rural, Anta, Salta. 2) finca rural, Cerrillos, Salta. 3) el, paraje poblado, Rosario de Lerma, Salta.

Ceibas de las, arroyo, Victoria, Entre Rios. Desagua en el riacho de la Victoria.

Ceibo, [2] 1) finca rural, La Cruz, Corrientes. 2) laguna, Lavalle, Corrientes. 3) lugar poblado, Monte Caseros, Corrientes. Dista de Concordia 160 kms. FCAE, C. T. 4) estancia, Monte Caseros, Corrientes 5) arroyo, Monte Caseros, Corrientes. Desagua en el Uruguay á corta distancia al Norte de Monte Caseros. 6) *Guacho*, finca rural, Esquina, Corrientes.

Ceibos los, establecimiento rural, Ctl 5, Matanzas, Buenos Aires.

Ceja, 1) estancia, Graneros, Tucuman. 2) pueblo, Monteros, Tucuman. Al SE. de Simoca, á poca distancia del ferro-carril central Norte.

Cejas, 1) distrito de la sercion Veinte y Ocho de Marzo del departamento Mata-

---

1 Arbol (Piptadenia Cebil).—2 Árbol (Erythrina cristagalli).

rá, Santiago del Estero. 2) lugar pobla-do, Veinte y Ocho de Marzo, Matará, Santiago. E.

Celedonia, establecimiento rural, Ctl 4, Lobos, Buenos Aires.

Celestina 1) la, establecimiento rural, Ctl 6, Lobería, Buenos Aires. 2) la, estable-cimiento rural, Ctl 5, San Pedro, Bue-nos Aires. 3) la, finca rural, General Roca, Rioja.

Celia, mina de galena argentífera en el dis-trito mineral « La Pintada, » Veinte y Cinco de Mayo, Mendoza.

Celina 1) la, establecimiento rural, Ctl 6. Azul, Buenos Aires. 2) establecimiento rural, Ctl 4, Brown, Buenos Aires. 3) establecimiento rural, La Plata, Buenos Aires. 4) laguna, Ctl 5, Maipú, Buenos Aires. 5) estancia, Ctl 10, Puan, Buenos Aires. 6) estancia, Ctl 8, Rauch, Buenos Aires. 7) establecimiento rural, Ctl 8, San Vicente, Buenos Aires. 8) arroyo, Misiones. Es un tributario del Paraná en la márgen izquierda. Riega los terre-nos de la colonia de Santa Ana.

Cello, colonia, Quebrachales, Colonias, Santa Fe. Tiene 271 habitantes. (Censo del 7 de junio de 1887). C.

Celsa, mina de galena argentífera, San Bar-tolomé, Rio Cuarto, Córdoba. Está situa-da en el paraje llamado «Los Cóndores.»

Cena-Cué, finca rural, San Luis del Pal-mar, Corrientes.

Cencerro 1) el, establecimiento rural, Ctl 5, Alvear, Buenos Aires. 2) laguna, Ctl 5, Alvear, Buenos Aires.

Cenena, mina de cuarzo aurífero, Candela-ria, Cruz del Eje, Córdoba. Está situada en el paraje llamado « Nuevo Dominio.»

Cenizas, paraje poblado, Oran, Salta.

Censor el, establecimiento rural, Ctl 3, Mo-reno, Buenos Aires.

Centeno, vertiente, Miraflores, Capayan, Catamarca.

Centinela 1) el, estancia, Ctl 6, Chasco-mús, Buenos Aires. 2) arroyo, Ctl 6,

Chascomús, Buenos Aires. 3) estancia, Ctl 2, Rojas, Buenos Aires. 4) laguna, Ctl 2, Saladillo, Buenos Aires. 5) estan-cia, Ctl 3, 5, Tandil, Buenos Aires. 6) establecimiento rural, Ctl 4, Veinte y Cinco de Mayo, Buenos Aires. 7) paraje poblado, Valle Grande, Jujuy. 8) cum-bre de la sierra del Maiz Gordo, Anta, Salta. 9) del Desierto, establecimiento rural, Departamento 9, Pampa.

Central 1) la, establecimiento rural, Ctl 2, Junin, Buenos Aires. 2) establecimiento rural, Ctl 15, Lincoln, Buenos Aires. 3) la, establecimiento rural, Tegua y Peñas, Rio Cuarto, Córdoba. 4) la, finca rural, General Sarmiento, Rioja.

Centro América, estancia, Ctl 3, Tordillo, Buenos Aires.

Centurion, 1) laguna, Ctl 5, Vecino, Bue-nos Aires. 2) laguna, Lavalle, Corrientes. 3) Cué, finca rural, Caacatí, Corrientes.

Cepeda, 1) estancia, Ctl 9, Lobos, Buenos Aires. 2) arroyo, Ctl 1, 3, 10, Pergami-no, Buenos Aires. Es tributario del arro-yo del Medio, en su márgen derecha. El Cepeda recibe las aguas del arroyo de los Cardos.

Cepillo 1) el, paraje poblado, Nueve de Julio, Mendoza. 2) cerro, Nueve de julio, Mendoza.

Cercadito, lugar poblado, Totoral, Prin-gles, San Luis.

Cercado 1) el, paraje poblado, La Paz, Mendoza. 2) el, finca rural, Capital, Rioja. 3) el, finca rural, Larca, Chaca-buco, San Luis. 4) estancia, Monteros, Tucuman. En la orilla derecha del arro-yo Tejar. E.

Cerco el, finca rural, General Ocampo, Rioja.

Cerda la, estancia, Ctl 8, Navarro, Buenos Aires.

Cerdos de los, laguna, Ctl 6, Olavarria, Buenos Aires.

Cerina, finca rural, San Roque, Corrientes.

Cerrano-Cué, 1) finca rural, Bella Vista,

Corrientes. 2) finca rural, Caacatí, Corrientes. 3) estancia, Mercedes, Corrientes.

Cerrillo, lugar poblado, Dolores, San Javier, Córdoba.

Cerrillos, 1) establecimiento rural, Ctl 4, Ayacucho, Buenos Aires. 2) los, establecimiento rural, Ctl 6, Monte, Buenos Aires. 3) laguna, Monte, Buenos Aires. Desaguan en ella las denominadas del Monte, de las Perdices, del Seco y de Maipú por medio del arroyo Manantiales. 4) establecimiento rural, Ctl 4, Olavarria, Buenos Aires. 5) cuartel de la pedanía Alta Gracia, Anejos Sud, Córdoba. 6) cuartel de la pedania Caseros, Anejos Sud, Córdoba. 7) lugar poblado, Quilino, Ischilin, Córdoba. 8) aldea, Toyos, Ischilin, Córdoba. Tiene 107 habitantes. (Censo del 1º de Mayo de 1890). 9) lugar poblado, Villa de Maria, Rio Seco, Córdoba. 10) lugar poblado, Suburbios, Rio Segundo, Córdoba. 11) pedanía del departamento Sobremonte, Córdoba. Tiene 506 habitantes. (Censo). 12) cuartel de la pedanía del mismo nombre, Sobremonte, Córdoba. 13) aldea, Cerrillos, Sobremonte, Córdoba. Tiene 164 habitantes. (Censo). $\varphi = 30°$ 2'; $\lambda = 64°$ 30'; $\alpha = 500$ m. (Brackebusch). 14) lugar poblado, San Francisco, Sobremonte, Córdoba. 15) lugar poblado, Macha, Totoral, Córdoba. 16) cuartel de la pedanía General Mitre, Totoral, Córdoba. 17) lugar poblado, General Mitre, Totoral, Córdoba. 18) paraje poblado, Yavi, jujuy. 19) finca rural, Capital, Rioja. 20) finca rural, General Sarmiento, Rioja. 21) departamento de la provincia de Salta. Confina al Norte con el de la Capital por el rio Ancho; al Este con el de Campo Santo; al Sud con el de Chicoana por el arroyo del Toro y al Oeste con el de Rosario de Lerma por el camino que lleva á Pulares. Tiene 475 kms.² de extension

y una poblacion conjetural de 6800 habitantes. Está dividido en los 8 distritos: San José de los Cerrillos, San Agustin, Zanjon, Isla, Merced, Sumalao, Cerrito y Pircas. El departamento es regado por los arroyos Arias, Toro y Ancho. Escuelas funcionan en Cerrillos, Zanjon, Merced é Isla. 22) villa, Cerrillos, Salta. Es la cabecera del departamento. Está á 20 kms. SO. de Salta. Tiene unos 1200 habitantes. C, T, E. 23) los, lugar poblado, Renca, Chacabuco, San Luis. 24) lugar poblado, Rincon del Cármen, San Martin, San Luis. 25) distrito del departamento Rosario, Santa Fe. Tiene 724 habitantes. (Censo del 7 de junio de 1887). 26) distrito del departamento Salavina, Santiago del Estero. 27) lugar poblado, Cerrillos, Salavina, Santiago. 28) *Norte,* cuartel de la pedanía Salto, Tercero Arriba, Córdoba. 29) *Sud,* cuartel de la pedanía Salto, Tercero Arriba, Córdoba. 30) *del Toro,* laguna, Ctl 3, Tuyú, Buenos Aires.

Cerrito, 1) laguna, Ctl 11, Dolores, Buenos Aires. 2) lugar poblado, Parroquia, Tulumba, Córdoba. 3) finca rural, Curuzú-Cuatiá, Corrientes. 4) estancia, La Cruz, Corrientes. 5) finca rural, Mercedes, Corrientes. 6) arroyo, Monte Caseros, Corrientes. Es un afluente del Mocoretá en la orilla izquierda. 7) isla situada en la confluencia de los rios Paraguay y Paraná. Tiene una gran importancia estratégica. $\varphi = 27°$ 22' 40"; $\lambda = 58°$ 29' 39"; $\alpha = 200$ m. (Mouchez). 8) estancia, Paso de los Libres, Corrientes. 9) estancia, Santo Tomé, Corrientes. 10) colonia, Antonio Tomás, Capital, Entre Rios. Fué fundada en 1882. Está situada junto al punto donde desagua el arroyo Antonio Tomás en el Paraná. Tiene una extension de 27000 hectáreas y riegan sus campos los arroyos Chañarcito, Corralitos, Maria Chica, **Tamberas** y Wenceslada, afluentes todos ellos del

Antonio Tomás, y por los arroyos de la Cruz, Curtiembre y Palmar Grande, afluentes del Paraná. En esta colonia están en formacion los pueblos Antonio Tomás, San Martin, Moreno y General Paz. 11) el, finca rural, Cafayate, Salta. 12) *del Batel*, finca rural, Lavalle, Corrientes. 13) *Blanco,* lugar poblado, Ciénega del Coro, Minas, Córdoba. 14) *Blanco*, vertiente, Rincon del Cármen, San Martin, San Luis. 15) *Grande*, finca rural, Goya, Corrientes. 16) *Negro,* finca rural, Guzman, San Martin, San Luis. 17) *Negro,* lugar poblado, Rincon del Cármen, San Martin, San Luis.

Cerritos, 1) cuartel de la pedanía Suburbios, Rio Primero, Córdoba. 2) lugar poblado, Suburbios, Rio Primero, Córdoba. 3) distrito del departamento Cerrillos, Salta.

Cerro 1) el, establecimiento rural, Ctl 4, Pueyrredon, Buenos Aires. 2) lugar poblado, Santa Rosa, Calamuchita, Córdoba. 3) el, lugar poblado, Parroquia, Ischilin, Córdoba. 4) lugar poblado, Estancias, Rio Seco, Córdoba. 5) aldea, Parroquia, Tulumba, Córdoba Tiene 103 habitantes. (Censo del 1° de Mayo de 1890). 6) el, finca rural, Curuzú-Cuatiá, Corrientes. 7) el, finca rural, Esquina, Corrientes. 8) *del Agua*, estancia, Ctl 6, Balcarce, Buenos Aires. 9) *del Agua,* arroyo, Ctl 6, Balcarce, Buenos Aires. 10) *Áspero,* lugar poblado, Achiras, Rio Cuarto, Córdoba. 11) *Blanco,* lugar poblado, San Roque, Punilla, Córdoba. 12) *Blanco* , paraje poblado , Cochinoca , jujuy. 13) *Blanco,* distrito minero del departamento Valle Fértil, San juan. Encierra plata. 14) *Blanco,* lugar poblado, Durazno, Pringles, San Luis. 15) *Blanco,* lugar poblado, Rosario, Pringles, San Luis. 16) *Blanco,* lugar poblado, Totoral, Pringles, San Luis. 17) *Blanco,* finca rural, Rincon del Cármen, San Martin, San Luis. 18) *Bola,* lugar poblado, Ar-

gentina, Minas, Córdoba. 19) *Bola*, finca rural, San Martin, San Martin, San Luis. 20) *Bola*, vertiente, San Martin, San Martin, San Luis. 21) *Bravo*, distrito minero del departamento Iglesia, San juan. Encierra plata. 22) *de Cabalonga*, distrito minero del departamento Rinconada, Jujuy. Encierra cuarzo aurífero. 23) *Chato*, arroyo, Ctl 10, Tandil, Buenos Aires. 24) *Chico*, lugar poblado, Rinconada, jujuy. 25) *Chico*, lugar poblado, Tilcara, Jujuy. 26) *Colorado*, cuartel de la pedanía Rio de los Sauces, Calamuchita, Córdoba. 27) *Colorado*, aldea, Rio de los Sauces, Calamuchita, Córdoba. Tiene 114 habitantes. (Censo). 28) *Colorado*, lugar poblado, Estancias, Rio Seco, Córdoba. 29) *Colorado*, finca rural, Concepcion, Corrientes. 30) *Colorado*, distrito minero del departamento Desamparados, San juan. Encierra carbon. 31) *Colorado*, chacra, San Lorenzo, San Martin, San Luis. 32) *del Congo*, lugar poblado, Salsacate, Pocho, Córdoba. 33) *de la Cruz*, distrito minero del departamento Jachal, San juan. Encierra carbon. 34) *de la Era*, lugar poblado, General Mitre, Totoral, Córdoba. 35) *Gordo*, paraje poblado, Chicoana, Salta. 36) *de Horco Bola*, finca rural, Independencia, Rioja. 37) *Labrado*, lugar poblado, Ledesma, Jujuy. 38) *Laguna*, finca rural, La Cruz, Corrientes. 39) *Marquesado*, distrito minero del departamento Desamparados, San Juan. Encierra carbon y azufre. 40) *de Medina,* sierra, Tucuman. Forma límite entre los departamentos Trancas y Burruyaco. 41) *Mint*, finca rural, Goya, Corrientes. 42) *del Monte*, distrito minero del departamento Jachal, San Juan. Encierra hierro. 43) *Negro*, estancia, Ctl 2, 3, Azul, Buenos Aires. 44) *Negro*, estancia, Ctl 5, Olavarria, Buenos Aires. 45) *Negro*, distrito del departamento Tinogasta, Catamarca. 46) *Negro*, paraje poblado, Humahuaca, jujuy. 47) *Negro*, paraje poblado, Perico de San Antonio, jujuy. 48) *Negro*, paraje poblado, Valle Grande, jujuy. 49) *Negro*, distrito del departamento General Sarmiento, Rioja. 50) *Negro*, lugar poblado, Sarmiento, Rioja. C, E. 51) *Negro*, distrito mineral en la sierra de Famatina, Rioja. Encierra 104 minas de plata y 1 de oro. (Hoskold). 52) *Negro*, distrito del departamento Rosario de la Frontera, Salta. 53) *Negro*, paraje poblado, Rosario de Lerma, Salta. 54) *Negro*, poblacion agrícola, Iglesia, San Juan. 55) *del Palo*, estancia, Ctl 3, Patagones, Buenos Aires. 56) *Fampa Coya*, distrito minero del departamento Rinconada, jujuy. Encierra cuarzo aurífero. 57) *Paulino*, estancia, Ctl 3, Balcarce, Buenos Aires. 58) *de la Payana*, lugar poblado, Departamento 9, Pampa. 59) *y Piedra Mora*, chacra, Guzman, San Martin, San Luis. 60) *Pitá*, finca rural, Concepcion, Corrientes. 61) *de la Plata*, estancia, Ctl 2, 3, Azul, Buenos Aires. 62) *de la Plata*, arroyo, Ctl 2, 3, Azul, Buenos Aires. 63) *Redondo*, establecimiento rural, Ctl 2, Olavarria, Buenos Aires. 64) *Redondo*, paraje poblado, Rinconada, Jujuy. Está situado en la Puna, en el camino de la Rinconada á Santa Catalina. 65) *del Rosario*, vertiente, Rosario, Pringles, San Luis. 66) *de San Bernardo*, distrito minero del departamento Santa Catalina, Jujuy. Encierra cuarzo aurífero. 67) *de San Lorenzo*, cuartel de la pedania Rio de los Sauces, Calamuchita, Córdoba. 68) *de Santo Domingo*, distrito minero del departamento Rinconada, jujuy. Encierra cuarzo aurífero. 69) *Verde*, finca rural, Mercedes, Corrientes. 70) *Verde*, finca rural, Saladas, Corrientes. 71) *Verde*, finca rural, San Martin, San Martin, San Luis. 72) *de Yaramt*, sierra, Tucuman. Forma límite entre los

departamentos Trancas y Burruyaco. 73) *Yobay*, finca rural, Mercedes, Corrientes. 74) *Zonda*, distrito minero del departamento Desamparados, San juan. Encierra pizarra.

Cerros, 1) lugar poblado, Parroquia, Pocho, Córdoba. 2) los, lugar poblado, San Bartolomé, Rio Cuarto, Córdoba. 3) lugar poblado, Chuñaguasi, Sobremonte, Córdoba. 4) *de Alfa*, lugar poblado, San Martin, San Martin, San Luis. 5) *Colorados*, lomadas que se extienden de S. á N. en el departamento Choya, Santiago del Estero. 6) *Largos*, lugar poblado, Rosario, Pringles, San Luis. E. 7) *de Tiporco*, lugar poblado, Rosario, Pringles, San Luis.

Cerrudo-Cué, estancia, San Luis del Palmar, Corrientes.

Cerveceria Vieja, establecimiento rural, Ctl 2, Brown, Buenos Aires.

Cesárea-Cué, finca rural, San Miguel, Corrientes.

Cesira la, estacion del ferro-carril de Villa María á Rufino, Márcos juarez, Córdoba. Dista de Villa María 184 ½ kms.

Cevindo, 1) cuartel de la pedanía Candelaria, Totoral, Córdoba. 2) aldea, Candelaria, Totoral, Córdoba. Tiene 139 habitantes. (Censo del 1° de Mayo de 1890).

Cianso, arroyo, Humahuaca, Jujuy. Nace en la sierra de Zenta y desagua en la márgen izquierda del rio Grande de jujuy, cerca de Calete.

Cibas, distrito del departamento Gualeguaychú, Entre Rios.

Cicuta, [1] 1) establecimiento rural, Ctl 1, Suarez, Buenos Aires. 2) arroyo, Ctl 2, Necochea, Buenos Aires.

Ciego, arroyo, Ctl 10, Cañuelas, Buenos Aires.

Cieguita, finca rural, jachal, San Juan.

---

1 Planta (Conium maculatum),

Ciencia la, estancia, Ctl 9. Trenque-Lauquen, Buenos Aires.

Ciénega, 1) la, distrito del departamento Belén, Catamarca. 2) lugar poblado, Guasapampa, Minas, Córdoba. $\varphi = 31° 2'$; $\lambda = 65° 16'$; $x = 900$ m. (Brackebusch) 3) aldea, Salsacate, Pocho, Córdoba. Tiene 139 habitantes. (Censo del 1° de Mayo de 1890). 4) aldea, Panaolma, San Alberto, Córdoba. Tiene 133 habitantes. (Censo). 5) lugar poblado, Tránsito, San Alberto, Córdoba. 6) lugar poblado, Perico de San Antonio, Jujuy. 7) la, paraje poblado, Rinconada, Jujuy. 8) lugar poblado, Santa Catalina, Jujuy. 9) lugar poblado, Belgrano, Rioja. 10) lugar poblado, Chilecito, Rioja. 11) lugar poblado, Independencia, Rioja. 12) la, finca rural, Cafayate, Salta. 13) la, paraje poblado, Cerrillos, Salta. 14) paraje poblado, Rosario de la Frontera, Salta. 15) la, lugar poblado, Totoral, Pringles, San Martin, San Luis. 16) lugar poblado, Conlara, San Martin, San Luis. 17) lugar poblado, Rincon del Cármen, San Martin, San Luis. 18) lugar poblado, San Lorenzo, San Martin, San Luis. 19) estancia, Trancas, Tucuman. Al pié de la sierra de los Calchaquíes. 20) estancia, Tafí, Trancas, Tucuman. Está situada junto al nacimiento del arroyo de la Ciénega. 21) arroyo, Tafí, Trancas, Tucuman. Es uno de los que dan orígen al arroyo Lules. Nace en las cumbres calchaquíes y toma, despues de haber recibido las aguas del arroyo Colorado, el nombre de arroyo de Anfama. 22) *de Allende,* cuartel de la pedanía Panaolma, San Alberto, Córdoba. 23) *de Allende,* lugar poblado, Panaolma, San Alberto, Córdoba. E. 24) *de Britos,* cuartel de la pedanía Candelaria, Cruz del Eje, Córdoba. 25) *de Britos,* lugar poblado, Candelaria, Cruz del Eje, Córdoba. 26) *Carrizal,* lugar poblado, Tránsito, San Alberto, Córdoba. 27) *Chica,* vertiente, Salinas, Independencia, Rioja. 28) *del Coro,* pedanía del departamento Minas, Córdoba. Tiene 2617 habitantes. (Censo del 1° de Mayo de 1890). 29) *del Coro,* cuartel de la pedanía del mismo nombre, Minas, Córdoba. 30) *del Coro,* lugar poblado, Ciénega del Coro, Minas, Córdoba. E. 31) *del Durazno,* lugar poblado, Santiago, Punilla, Córdoba. 32) *Grande,* vertiente. Salinas, Independencia, Rioja. 33) *Larga,* paraje poblado, Guachipas, Salta. 34) *Verde,* finca rural, Estanzuela, Chacabuco, San Luis.

Ciénegas, lugar poblado, Aguada del Monte, Sobremonte, Córdoba.

Cieneguillas, paraje poblado, Tilcara, Jujuy.

Cieneguita, 1) lugar poblado, Toyos, Ischilin, Córdoba. 2) cuartel de la pedanía Ambul, San Alberto, Córdoba. 3) lugar poblado, Ambul, San Alberto, Córdoba. 4) paraje poblado, Las Heras, Mendoza. 5) la, finca rural, Capital, Salta. 6) arroyo, Huanacache, San Juan. Riega los campos del distrito de su nombre. 7) poblacion agrícola, Jachal, San Juan. 8) lugar poblado, Rincon del Cármen, San Martin, San Luis.

Cien Lagunas, lugar poblado, Concepcion, San justo, Córdoba.

Cien Mil Naranjos los, finca rural, Lavalle, Corrientes.

Ciervo, 1) finca rural, Monte Caseros, Corrientes. 2) *Piré,* finca rural, Esquina, Corrientes.

Cimarron, vertiente, San Pedro, Capayan, Catamarca.

Cimarronas, paraje poblado, Rinconada, Jujuy.

Cinacina, [1] finca rural, San Miguel, Corrientes.

Cincel, arroyo, Rinconada y Cochinoca,

---

1 Arbusto (Parkinsonia aculeata).

Jujuy. Nace en las sierras de Incaguasi y Colansuli, atraviesa el valle ancho entre las sierras de Cabalonga y Cochinoca y desagua en la gran laguna de los Pozuelos. Este arroyo, lo mismo que el Santa Catalina, se halla formado por la confluencia de un gran número de arroyuelos que arrastran arena aurífera.

Cinco Duraznos, paraje poblado, Guachipas, Salta.

Cinco Lomas, 1) establecimiento rural, Ctl 7, Ayacucho, Buenos Aires. 2) establecimiento rural, Ctl 4, Puan, Buenos Aires.

Cinquial, paraje poblado, Chicoana, Salta.

Ciprés, 1) el, establecimiento rural, Ctl 11, Bragado, Buenos Aires. 2) el, finca rural, Maipú, Mendoza.

Circunstancia la, establecimiento rural, Ctl 6, Azul, Buenos Aires.

Cirila-Cué, finca rural, San Miguel, Corrientes.

Ciruelo, paraje poblado, Humahuaca, Jujuy.

Cisne, 1) el, laguna, Ctl 7, Junin, Buenos Aires. 2) el, establecimiento rural, Ctl 8, Trenque-Lauquen, Buenos Aires. 3) laguna, Ctl 10, Tres Arroyos, Buenos Aires.

Cisneros, 1) arroyo, Ctl 2, Ajó, Buenos Aires. 2) laguna, Ctl 8, Saladillo, Buenos Aires.

Cisnes los, laguna, Ctl 3, Nueve de Julio, Buenos Aires.

Ciudadcita, estancia, Chicligasta, Tucuman. En la orilla izquierda del arroyo Chico.

Ciudadela la, establecimiento rural, Ctl 7, Nueve de Julio, Buenos Aires.

Clanta, isla de las lagunas de Huanacache, San Juan.

Clara, 1) la, establecimiento rural, Ctl 8, Vecino, Buenos Aires. 2) la, laguna, Ctl 1, Vecino, Buenos Aires.

Claramecó, arroyo, Ctl 1, 3, 7, 11, 13, Tres Arroyos, Buenos Aires. Tiene su origen

en tres brazos, uno de los cuales, el del Este, se llama arroyo Doradillo, y otro, el del Oeste, es conocido bajo el nombre de «rio Seco.» Pasa por la traza del futuro pueblo Tres Arroyos y se dirige al Sud en demanda del océano, donde desemboca.

Claraz, estancia, Ctl 10, Bahía Blanca, Buenos Aires.

Clarillo, paraje poblado, Perico de San Antonio, Jujuy.

Clarita, mina de oro en la quebrada del Pilon, Ayacucho, San Luis.

Claro, 1) arroyo, Ctl 3, Pilar, Buenos Aires. Es un tributario del arroyo de las Tunas, el que, á su turno, lo es del arroyo de Lujan. 2) arroyo, Tunuyan, Mendoza. Nace en los campos denominados Totoral, frente al paso del Portillo, y lleva sus aguas al rio Tunuyan.

Claudia la, establecimiento rural, Ctl 3, Lujan, Buenos Aires.

Claudina, 1) establecimiento rural, Ctl 10, Tandil, Buenos Aires. 2) arroyo, Ctl 10, Tandil, Buenos Aires.

Clavel el, establecimiento rural, Ctl 4, Zárate, Buenos Aires.

Clavo 1) el, estancia, Ctl 4, Bragado, Buenos Aires. 2) establecimiento rural, Ctl 4, Zárate, Buenos Aires.

Clavos los, establecimiento rural, Ctl 6, Veinte y Cinco de Mayo, Buenos Aires.

Claypole, lugar poblado, Quilmes, Buenos Aires. Dista de Buenos Aires 49 kms. $\alpha = 22$ m. FCO, ramal de Pereira á Temperley. C. T.

Clé, 1) distrito del departamento Gualeguay, Entre Rios. 2) arroyo, Rosario del Tala y Gualeguay, Entre Rios. Nace en el departamento Rosario del Tala, recorre unos 100 kms de N. á S. y desagua en el Paranacito. 3) distrito del departamento Rosario del Tala, Entre Rios.

Clema, isla de las lagunas de Huanacache, San Juan.

Clemencia la, 1) establecimiento rural,

Ctl 1, Pergamino, Buenos Aires. 2) establecimiento rural, Ctl 5, Vecino, Buenos Aires.

Clementina 1) la, establecimiento rural, Ctl 5, Brandzen. Buenos Aires. 2) mina de cobre en el distrito mineral de las Capillitas, Andalgalá, Catamarca.

Clodomira 1) la, finca rural, Sauce, Corrientes. 2) la, mina de oro en la quebrada del Pilon, Ayacucho, San Luis. 3) distrito del departamento San Lorenzo, Santa Fe. Tiene 522 habitantes. (Censo del 7 de Junio de 1887).

Clucellas, colonia, Quebrachales, Colonias, Santa Fe. Tiene 407 habitantes. (Censo). Dista de Santa Fe 110 kms. FCSFC, C, T.

Cluljoró, paraje poblado, Pringles, Rio Negro.

Cobos, 1) distrito del departamento Campo Santo, Salta. 2) aldea, Campo Santo, Salta. Está situada en la orilla derecha del Mojotoro, frente á Campo Santo. Fué el primer centro de poblacion que se fundó en el departamento, bajo el nombre de « Nueva Sevilla. » FCCN, C, T, E.

Cobre, 1) mina de cobre, San Bartolomé, Rio Cuarto, Córdoba. 2) arroyo, Veinte y Cinco de Mayo, Mendoza. Es uno de los orígenes del rio Grande.

Cobuncó,[1] arroyo, Neuquen. Desagua en el Neuquen por el lado Sud. $\varphi = 38° 29' 19''$; $\lambda = 68° 45' 22''$; $z = 452$ m. (Host). Este punto dista 23,5 kms. de Fuerte 4ª Division, en direccion S. 65° E.

Cocha, 1) lugar poblado, Cosme, Anejos Sud, Córdoba. 2) lugar poblado, Lagunilla, Anejos Sud, Córdoba. 3) lugar poblado, Parroquia, Cruz del Eje, Córdoba. 4) cerro de la sierra Chica, Punilla, Córdoba. $\varphi = 31° 37'$; $\lambda = 64° 34'$; $z = 1300$ m. 5) lugar poblado, San Bartolo-

mé, Rio Cuarto, Córdoba. 6) lugar poblado, Panaolma, San Alberto, Córdoba. E. 7) lugar poblado, Trapiche, Pringles, San Luis. 8) finca rural, Guzman, San Martin, San Luis. E. 9) villa, Graneros, Tucuman. Es la cabecera del departamento. Está á unos 150 kms. al Sud de la capital y á 16 kms. al Sud del ferrocarril nor-oeste argentino. Tiene unos 1000 habitantes. $z = 460$ m. C, T, E.

Cochagasta, finca rural, Capital, Rioja.

Cochagual, 1) distrito del departamento Huanacache, San juan. 2) lugar poblado, Huanacache, San juan. C, E.

Coche, lugar poblado, Cosquin, Punilla, Córdoba

Cocheleufú, 1) estancia. Ctl 5, Puan, Buenos Aires. 2) *Chico,* arroyo, Ctl 5, Puan, Buenos Aires. 3) *Grande,* arroyo, Ctl 5, Puan, Buenos Aires.

Cocheleupé, 1) *Chico,* arroyo, Ctl 5, Puan, Buenos Aires. 2) *Grande,* arroyo, Ctl 4, 5, Puan, Buenos Aires.

Cocheneloó, laguna, Pedernera, San Luis.

Cochicó, 1) establecimiento rural, Ctl 6, 9, Guaminí, Buenos Aires. 2) laguna, Ctl 6, Guaminí, Buenos Aires. 3) sierra calcárea, Pampa.

Cochinoca, 1) departamento de la provincia de jujuy. Está situado al Oeste de los de la Capital. Tumbaya, Tilcara y Humahuaca Tiene 5200 kms.² de extension y una poblacion conjetural de 6100 habitantes. Está dividido en los 9 distritos : Cochinoca, Conexo 1°, Conexo 2°, Conexo 3°, Toará 1°, Toará 2°, Casabindo 1°, Casabindo 2° y Moreno. El departamento es regado por los arroyos Doncella, Blanco, Negro, Casabindo, Tambillos, Cangrejos, Chacra, Guaico, Los Barros, Colorado, Quichagua, Barcosconte, Tanaite, del Potrero, Miraflores y otros no denominados. En la puna, cuyo clima es riguroso, se crían llamas y ovejas El departamento posee extensas salinas. 2) distrito del departamento

---

1 Cobun = caliente; Có = agua (Araucano).

14

del mismo nombre, Jujuy. 3) aldea, Cochinoca, Jujuy. Es la cabecera del departamento. Tiene unos 300 habitantes. C, E. 4) sierra, Cochinoca, Jujuy. Es la continuacion NE. de la sierra de Quichagua. Se eleva en la puna de Jujuy.

Cochuchal, estancia, Rosario de la Frontera, Salta.

Coco, lugar poblado, Graneros, Tucuman. Al lado del ferro-carril central Norte.

Cocos, 1) los, lugar poblado, Santa Rosa, Calamuchita, Córdoba. 2) los, lugar poblado, Rio Cuarto, Córdoba. $\varphi = 32°44'$; $\lambda = 64°44'$. 3) cuartel de la pedanía Estancias, Rio Seco, Córdoba. 4) lugar poblado, Estancias, Rio Seco, Córdoba. 5) *Largo ,* lugar poblado , Rio Pinto, Totoral, Córdoba.

Codicia, mina de plomo y plata, Argentina, Minas, Córdoba. Está situada en el lugar llamado « Cacapiche, » perteneciente al mineral de la Argentina.

Codihué, [1] 1) lugar poblado, Neuquen. Está situado junto á la confluencia del arroyo Codihué con el rio Agrio. $\varphi = 38°27'$; $\lambda = 70°35'$; $\alpha = 668$ m. (Lallemant). 2) arroyo, Neuquen. Es un tributario del rio Agrio, en cuya márgen derecha desemboca, en direccion de Norte á Sud.

Codillito, lugar poblado, Toscas, San Alberto, Córdoba.

Codillo, lugar poblado, Toscas, San Alberto, Córdoba.

Codo el, laguna, Ctl 6, Alvear, Buenos Aires.

Cohetes de los, laguna, Ctl 6, Guaminí, Buenos Aires.

Coichicó, arroyo, Neuquen. Es uno de los afluentes que recibe el Neuquen del lado Norte.

Coihueco, paraje poblado, Beltran, Mendoza.

Coile, rio, Santa Cruz. Es aun inexplorado

en su curso superior y mediano. En su curso inferior forma límite entre los departamentos Santa Cruz y Gallegos. Desemboca en el Océano Atlántico en los 50° 50' de latitud.

Coipo-Lauquen, laguna, Beltran, Mendoza. Tiene 6 kms.[2] de extension y desagua en el rio Grande.

Coiruro, arroyo, Tumbaya, Jujuy. Nace en la sierra de Chañi y desagua en la márgen derecha del rio Grande de Jujuy, cerca de Volcan.

Cola, 1) *de la Ballena,* mina de zoroches plomizos, Ciénega del Coro, Minas, Córdoba. Está situada en el paraje llamado «Loma del Overo Muerto.» 2) *Delgada,* lugar poblado, Concepcion, San Justo, Córdoba.

Colalao, 1) distrito serrano adscripto al departamento Trancas, Tucuman. 2) arroyo, Trancas, Tucuman. Nace en las cumbres Calchaquíes bajo el nombre de rio de la Cuesta y desagua en el rio Salí con el nombre de rio Zárate. Pasa por Encrucijada, San Pedro de Colalao y Zárate, recorriendo un rumbo general de Oeste á Este. 3) *San Pedro de,* pueblo, Trancas, Tucuman. Está situado en la orilla izquierda del arroyo del mismo nombre. Capilla. $\alpha = 1000$ m. C, E. 4) *del Valle,* pueblo, Tafí, Trancas, Tucuman. Está situado en la orilla izquierda del rio Santa María, á 130 kms. de distancia de Tucuman Capilla. $\alpha = 1700$ m. C, E.

Colana, 1) distrito del departamento Poman, Catamarca. 2) arroyo, Colana, Poman, Catamarca. Nace en la sierra de Ambato y despues de un corto recorrido de E. á O, es absorbido por la agricultura.

Colangueyú, arroyo, Juarez y Necochea, Buenos Aires. Tiene su origen en la sierra Tinta (Juarez) y desagua en la márgen izquierda del Quequen Grande (Necochea).

---

1 Tapa de las tinajas (Araucano).

Colangui, 1) distrito minero del departamento Iglesia, San Juan. Encierra plata y azufre. 2) poblacion agrícola, Iglesia, San Juan.

Colansuli, distrito del departamento Iruya, Salta.

Colaraos, lugar poblado, Burruyaco, Tucuman. A corta distancia al SSE. de Burruyaco.

Colas, 1) las, lugar poblado, Santa Cruz, Tulumba, Córdoba. 2) estancia, Burruyaco, Tucuman. Está situada cerca del encuentro de las fronteras salteña y santiagueña, en la orilla derecha del arroyo Urueña.

Colastiné, 1) pueblo, Coronda, San Jerónimo, Santa Fé. Tiene 565 habitantes. (Censo del 7 de Junio de 1887). C, E. 2) puerto de la ciudad de Santa Fé, situado á 12 kms. de ésta. FCSF, ramal á Colastiné. C, T. 3) brazo del Paraná, continuacion del arroyo llamado «Pueblo Viejo.» 4) arroyo, San Jerónimo, Santa Fé. Nace en las cañadas de Zárate y Quiñones, pasa por las colonias Gessler y Oroño y desagua en el rio Coronda, á 10 kms. al Sud de la villa del mismo nombre.

Colegiala la, laguna, Ctl 8, Veinte y Cinco de Mayo, Buenos Aires.

Colegio, 1) el, establecimiento rural, Ctl 1, Bolivar, Buenos Aires. 2) el, laguna, Ctl 1 Bolivar, Buenos Aires. 3) establecimiento rural, Ctl 2, Navarro, Buenos Aires.

Colgado, lugar poblado, Tránsito, San Alberto, Córdoba.

Colhué, lago, Chubut Está situado entre los 45 y 46° de latitud y en los 69° de longitud. Sus aguas son coloradas y súcias y es alimentado por un brazo del rio Senguel; está unido en su extremo Norte, por medio de un canal, con la laguna Musters, de la que le separa poca distancia y de la que aparece aislado.

Colileubú, arroyo, Neuquen. Es un tributario del Neuquen en la márgen izquierda.

Colina, 1) la, lugar poblado, Suarez, Buenos Aires. Dista de Buenos Aires 483 kms. $x = 193,3$ m. FCS, C, T. 2) la, estancia, Ctl 1,4, Suarez, Buenos Aires. 3) lugar poblado, Santa Rosa, Calamuchita, Córdoba.

Colinas, arroyo, Ctl 6, Ayacucho, Buenos Aires.

Colita la, finca rural, Independencia, Rioja.

Coliz, 1) establecimiento rural, Ctl 4, Lobos, Buenos Aires. 2) laguna, Ctl 4, Lobos, Buenos Aires.

Collon-Curá [1], rio, Neuquen. Tiene su orígen en un lago de la cordillera y en su curso superior se llama Aluminé. Recibe las aguas de los arroyos Quenquementren, Chimehuin, Mallien, Telelfun, Bucachoroi y Coyahué y es tributario, á su vez, del rio Limay. El lago donde tiene su nacimiento el Collon-Curá es el mismo, segun el General Villegas, que da orígen al rio chileno Bio-Bio, que desagua en el Pacífico, cerca de Concepcion, con lo cual, á ser cierto, se tendria una comunicacion entre ambos océanos, el Atlántico y el Pacífico.

Colmena, 1) la, establecimiento rural, Ctl 4, Pergamino, Buenos Aires. 2) la, laguna, Ctl 10, Puan, Buenos Aires. 3) la, establecimiento rural, Ctl 8, Pueyrredon, Buenos Aires. 4) la, establecimiento rural, Ctl 2, Tandil, Buenos Aires.

Colmenar, ingenio de azúcar, Capital, Tucuman. A 5 kms. al NNE. de Tucuman.

Colola, poblacion agrícola, Iglesia, San Juan. E.

Colombiana, mina de cobre y plata en el distrito mineral de San Antonio de los Cobres, Poma, Salta.

Colomé, distrito del departamento Molinos, Salta.

---

1 Piedra relumbrosa (Araucano).

Colon, 1) partido de la provinciá de Buenos Aires. Creado por ley de 1890, se compone de la parte NO. de los partidos de Rojas, Pergamino y Junin. Sus límites son la provincia de Santa Fe y al SE. el límite de Alvear desde el arroyo Salado en Junin, siguiendo por el lindero de la propiedad de Duggan ó sea el arroyo Pelado; continúa por el lindero de las propiedades de Adolfo Sierra, Airala y Godoy, corta con la misma línea el campo de Hamiltay y Langley y sigue luego la divisoria de las propiedades de Grondona, Diaz, Herrera, Ocampo y Melchor Echagüe hasta el arroyo del Medio. 2) pueblo, Colon, Buenos Aires. Pertenecia antes al partido de Rojas y es hoy la cabecera del nuevo partido del mismo nombre. Está situado cerca de la frontera de Santa Fé. C, E. 3) mina de galena argentífera, San Cárlos, Minas, Córdoba. 4) departamento de la provincia de Entre Rios. Esta situado en la orilla derecha del rio Uruguay y al Norte del departamento del mismo nombre. Tiene 3400 kms.² de extension y una poblacion conjetural de 10500 habitantes. Escuelas funcionan en Colon y en las colonias San José, Nueva, Pereira y San Juan. Las colonias agrícolas del departamento son 7, á saber: San José, San Juan, San Anselmo, Santa Rosa, Sol de Mayo, Nueva y Pereira. Los principales caudales de agua son los de los arroyos Pedernal, Palmar, Pospos, Perucho, Verua y Urquiza, tributarios del rio Uruguay, y el rio Gualeguaychú y sus tributarios San Miguel y Santa Rosa. El departamento está dividido en 6 distritos, numerados del 1 al 6. 5) villa, Colon, Entre Rios. Es la cabecera del departamento. Está situada á orillas del rio Uruguay. Cuenta actualmente con unos 2500 habitantes. Aduana, Agencia del Banco Nacional, Saladero. Activo comercio de cabotaje. C, T, E. 6) finca rural, Concepcion, San Juan.

Colonia 1) la, establecimiento rural, Ctl 4, Navarro, Buenos Aires. 2) mina de plomo y plata, Argentina, Minas, Córdoba. Está situada en el lugar llamado « Cacapiche; » perteneciente al mineral de Guaico. 3) la, finca rural, San Martin, Mendoza. 4) finca rural, Cafayate, Salta. 5) estancia, Capital, Tucuman. En la orilla derecha del rio Salí. 6) lugar poblado, Monteros, Tucuman. Está situado entre el ferro-carril central Norte y el rio Salí. 7) *Alsina,* establecimiento rural, Ctl 3. Baradero, Buenos Aires. 8) *Alurralde,* chacra, Santo Tomé, Corrientes. 9) *Argentina,* establecimiento rural, Ctl 4, San Nicolás, Buenos Aires. 10) *Argentina,* establecimiento rural, Ctl 1, Tandil, Buenos Aires. 11) *Argentina,* colonia, Capital, Entre Rios. Fué fundada en 1881 al Este de Villa Urquiza. Su extension es de 800 hectáreas. 12) *Atucha,* establecimiento rural, Ctl 7, Junin, Buenos Aires. 13) *Bilbao,* cuartel de la pedanía Bell-Ville, Union, Córdoba. 14) *Chacras,* cuartel de la pedanía Bell-Ville, Union, Córdoba. 15) *Chica,* finca rural, Itatí, Corrientes. 16) *Cirá,* lugar poblado, Banda, Santiago. E. 17) *Colorada,* finca rural, General Lavalle, Rioja. 18) *Cué,* finca rural, San Miguel, Corrientes. 19) *del Ejido,* colonia, Diamante, Entre Rios. Fué fundada en 1878 en el ejido de la ciudad del Diamante. Su extension es de 10000 hectáreas. 20) *Esperanza,* establecimiento rural, Ctl 1, Guamini, Buenos Aires. 21) *Garibaldi,* cuartel de la pedanía Espinillos, Márcos juarez, Córdoba. 22) *General Paz,* cuartel de la pedanía Espinillos, Márcos Juarez, Córdoba. 23) *General Roca,* cuartel de la pedanía Espinillos, Márcos Juarez, Córdoba. 24) *Juarez Celman,* cuartel de la pedanía Cruz Alta, Márcos Juarez, Córdoba. 25) *Lima,* establecimiento rural, Ctl 5, Zárate, Buenos Aires. 26) *Los Vascos,* cuartel de la pedanía Cruz Alta, Máreos Juarez, Córdoba. 27) *Márcos Sastre,* cuartel de la pedanía Bell-Ville, Union, Córdoba. 28) *Monte Castillo,* cuartel de la pedanía de las Colonias, Márcos Juarez, Córdoba. 29) *Monte Grande,* cuartel de la pedanía de las Colonias, Márcos Juarez, Córdoba. 30) *Moreno* cuartel de la pedanía de las Colonias, Marcos Juarez, Córdoba. 31) *Municipal,* colonia, Capital, Entre Rios. Fué fundada en 1879 en el ejido de la ciudad del Paraná. Su extension es de 10862 hectáreas. 32) *Olmos,* cuartel de la pedanía de las Colonias Márcos juarez, Córdoba. 33) *Rincon,* distrito del departamento Banda, Santiago del Estero. 34) *Roca,* establecimiento rural, Ctl 4, Junin, Buenos Aires. 35) *Rodriguez,* cuartel de la pedanía Ascasubi, Union, Córdoba. 36) *Salteña,* cuartel de la pedanía de las Colonias, Márcos Juarez, Córdoba. 37) *Santa Lucia,* cuartel de la pedanía Cruz Alta, Márcos Juarez, Córdoba. 38) *Storni,* establecimiento rural, Ctl 7, Junin, Buenos Aires. 39) *Suiza,* colonia, Baradero, Buenos Aires. E. 40) *Torinesa,* establecimiento rural, Suarez, Buenos Aires. E. 41) *Vidal,* finca rural, Curuzú-Cuatiá, Corrientes. 42) *Vieja,* lugar poblado, Solalindo, Chaco. 43) *Vieja,* distrito del departamento Rivadavia, Salta.

Colonias, 1) pedanía del departamento Márcos Juarez, Córdoba. Tiene 479 habitantes. (Censo del 1° de Mayo de 1890). 2) de las, departamento de la provincia de Santa Fe. Sus límites son: al Norte el rio Salado; al Este el rio Salado y el rio de Coronda; al Sud los campos de Maciel, las colonias Maciel y Gessler, luego una línea recta que parte de estas colonias y se dirige hácia las propiedades de Falen hermanos, de J. y R. Gschwindt, Alarcon, las colonias Sastre y Ortiz y las propiedades de Lessa y Dickinson; al Oeste la provincia de Córdoba. Dentro de estos límites tiene el departamento una extension de 29701 kms.² y una poblacion de 39452 habitantes. (Censo del 7 de Junio de 1887). Está dividido en los 33 distritos siguientes: Santo Tomé, San Agustin, Matilde, Franck, Las Tunas, San Cárlos, Sauce, San jerónimo, Santa Maria, Angélica, Argentina, Maria juana, Quebrachales, Saguier, Castellanos, Egusquiza, Rafaela, Susana y Aurelia, Lehmann, Constanza, Sunchales, Soledad, Providencia, Sarmiento, Maria Luisa, Progreso, Felicia, Nuevo Torino, Pilar, Humboldt, Esperanza, Pujol y Monte Aguará. En el departamento existen los siguientes centros de poblacion: Esperanza, Soledad, Maria Luisa, Providencia, Denner, Souto Mayor Constanza, Humberto 1°, Sunchales, Progreso, Sarmiento, Lehmann, Ataliva, Egusquiza, Aldao, Felicia, Grütli, Rafaela, Bella Italia, Castellanos, Vila, Fidela, Presidente Roca, Pujol, Larrechea, Humboldt, Cavour, Rivadavia, Nuevo Torino, Pilar, Susana, Aurelia, Saguier, Santa Clara, Santo Tomé, San josé, Franck, Las Tunas, San Jerónimo, Pujato, Santa Maria, Angelina, Iturraspe, Clucellas, Cello, San Agustin, Matilde. San Cárlos, Argentina, Merediz, Galvez, Maria Juana, Garibaldi y Eustolia. La villa Esperanza es la cabecera del departamento.

Colopina, lugar poblado, Pichanas, Cruz del Eje, Córdoba.

Colorada 1) la, estancia, Ctl 7, Ajó, Buenos Aires. 2) arroyo, Ctl 7, Ajó, Buenos Aires. 3) estancia, Ctl 2, 3, 5, 6, Azul, Buenos Aires. 4) establecimiento rural, Ctl 9, Bahía Blanca, Buenos Aires. 5) estancia, Ctl 2, 3, Bolivar, Buenos Aires. 6) establecimiento rural, Ctl 3, Bragado, Buenos Aires. 7) laguna, Ctl 2, Bragado, Buenos Aires. 8) establecimiento rural,

Ctl 4, Cármen de Areco, Buenos Aires. 9) establecimiento rural, Ctl 7, Las Flores, Buenos Aires. 10) lugar poblado, Las Flores, Buenos Aires. Dista de Buenos Aires 229 ½ kms α = 45,5 m. FCS, C, T. 11) establecimiento rural, Ctl 1, 2, Lomas de Zamora, Buenos Aires. 12) establecimiento rural, Ctl 4, Necochea, Buenos Aires. 13) establecimiento rural, Ctl 7, Quilmes, Buenos Aires. 14) establecimiento rural, Ctl 3, Veinte y Cinco de Mayo, Buenos Aires. 15) laguna, Ctl 8, Veinte y Cinco de Mayo, Buenos Aires. 16) laguna, Ctl 7, Puan, Buenos Aires. 17) lugar poblado, Remedios, Rio Primero, Córdoba. 18) establecimiento rural, Viedma, Rio Negro. 19) *Chica*, estancia, Ctl 7, Puan, Buenos Aires.

Coloradas las, laguna, Ctl 5, Maipú, Buenos Aires.

Colorado, 1) arroyo, Ctl 8, Balcarce, Buenos Aires. Es un pequeño tributario del Napoleofú en la márgen derecha. 2) lugar poblado, Patagones, Buenos Aires, T. 3) establecimiento rural, Ctl 3, Veinte y Cinco de Mayo, Buenos Aires. 4) arroyo. Véase arroyo Fiambalá (Catamarca). 5) sierra situada en la parte NE. de la gobernacion del Chubut. 6) lugar poblado, Chuñaguasi, Sobremonte, Córdoba. 7) cerro de la sierra de San Francisco, Sobremonte, Córdoba. 8) estero, Ituzaingó, Corrientes. 9) arroyo, Estacas, La Paz, Entre Rios. Es un pequeño tributario del Paraná. 10) arroyo, San Pedro, Jujuy. Nace en la sierra Santa Bárbara y desagua en la márgen derecha del rio Lavayen, en Cuchaguasi. 11) cumbre del cordon central de la cordillera, Beltran, Mendoza. φ = 35° 15'; λ = 70° 40'; α = 3958 m. (Lallemant). 12) rio. Nace de la confluencia de los rios Barrancas y Grande, en los 36° 50' de latitud y 69° 50' de longitud. Corre con direccion general á SE., forma sucesivamente el límite entre la provincia de Mendoza y la gobernacion del Neuquen y luego entre las gobernaciones de la Pampa y del Rio Negro, entra en la provincia de Buenos Aires por el partido de Patagones, regando los cuarteles 1, 2, 3 y 4 de dicho partido, y desagua en el Océano Atlántico con dos brazos, los llamados «Nuevo» y «Viejo,» en los 39° 45' de latitud y 62° 5' de longitud. Sus tributarios son pocos y de ninguna importancia. Del Curacó no se sabe aun si tiene su orígen en la laguna Urre-Lauquen, ni si desagua en el Colorado. El rio Colorado solo es navegable en corto trecho por embarcaciones muy chatas. 13) distrito del departamento Independencia, Rioja. 14) cerro de la sierra de Vazquez, Molinos, Salta. 15) distrito del departamento Oran, Salta. 16) arroyo, Oran, Salta. Nace en la sierra de Calilegua, corre con rumbo á NE. y desagua en la márgen derecha del arroyo Santa Maria. 17) poblacion agrícola, Iglesia, San Juan. 18) vertiente, San Lorenzo, San Martin, San Luis. 19) arroyo, Famaillá, Tucuman. Es un tributario del Salí en la márgen derecha. Nace en las cumbres de Tafí y sigue en direccion SE. hácia el Salí, recibiendo antes de su desagüe en su márgen derecha y á la mitad de la distancia que separa el ferro-carril nor-oeste argentino del central Norte, las aguas del arroyo de Famaillá. 20) *Grande*, paraje poblado, Departamento 4°, Pampa.

Colorados 1) los, paraje poblado, Independencia, Rioja. 2) los, vertiente, Marquesado, Desamparados, San Juan. 3) de los, sierra, Salinas, Ayacucho, San Luis. Es una prolongacion hácia el Sud de la sierra de Guayaguás ó mejor dicho de la de la Huerta.

Colosacan, 1) finca rural, Rosario, Independencia, Rioja. 2) vertiente, Rosario, Independencia, Rioja.

Colpes, 1) distrito del departamento Po·man, Catamarca. 2) arroyo, Colpes, Po·man, Catamarca. Nace en la sierra de Ambato y despues de un corto trayecto de E. á O. es absorbido por la agricultura.

Colte, finca rural, Molinos, Salta.

Columba, 1) distrito de la pedanía Candelaria, Totoral, Córdoba. 2) aldea, Candelaria, Totoral, Córdoba. Tiene 2c4 habitantes. (Censo del 1° de Mayo de 1890).

Coma, laguna, Ctl 7, Vecino, Buenos Aires.

Comadrones, paraje poblado, Oran, Salta.

Comanhelo, arroyo tributario del Neuquen, en la márgen derecha.

Combate el, establecimiento rural, Ctl 1, Necochea, Buenos Aires.

Come-Caballo, paso en la cordillera de San Juan. $\varphi = 28°30'$; $\lambda = 69°30'$; $\alpha = 4356$ m. (Domeyko).

Comechingones, sierra, Córdoba. Es la parte Sud del macizo central de la sierra de Achala. Se extiende desde el límite Sud de los departamentos Punilla y San Alberto, hasta el departamento Rio Cuarto. Sus principales cumbres son, de Norte á Sud: el Champaqui (2850 m.), el cerro Oveja (2200 m.), los cerros de la Bolsa, Husos, Tala, Pelado, Verde y Uspara.

Comedero, finca rural, Guzman, San Martin, San Luis.

Comederos, 1) vertiente, Concepcion, Capayan, Catamarca. 2) lugar poblado, Capilla de Rodriguez, Tercero Arriba, Córdoba. 3) paraje poblado, Valle Grande, Jujuy.

Comercial la, establecimiento rural, Ctl 1, Nueve de Julio, Buenos Aires.

Comercio el, establecimiento rural, Ctl 5, Ayacucho, Buenos Aires.

Cometa, 1) establecimiento rural, Ctl 17, Arrecifes, Buenos Aires. 2) mina de galena argentífera, en el distrito mineral de San Antonio de los Cobres, Poma, Salta.

Cometierra, lugar poblado, San José, Tulumba, Córdoba.

Cometierras, 1) cuartel de la pedanía Sinsacate, Totoral, Córdoba. 2) aldea, Sinsacate, Totoral, Córdoba. Tiene 190 habitantes (Censo del 1° de Mayo de 1890).

Compañia la, 1) estancia, Ctl 8, Rauch, Buenos Aires. 2) laguna, Ctl 8, Rauch, Buenos Aires. 3) mina de plomo y plata, Argentina, Minas, Córdoba. Está situada en la cañada de la Coya Muerta, en un paraje llamado «El Mogotillo». 4) mina de plata, cobre y oro en el distrito mineral de «La Mejicana,» sierra de Famatina, Rioja.

Compuel, distrito del departamento Molinos, Salta.

Compuerta la, 1) finca rural, Lujan, Mendoza. 2) mina de oro en el distrito mineral «El Oro,» sierra de Famatina, Rioja.

Concepcion la, 1) establecimiento rural, Ctl 5, Alsina, Buenos Aires. 2) establecimiento rural, Ctl 2, Alvear, Buenos Aires. 3) establecimiento rural, Ctl 6, Azul, Buenos Aires. 4) establecimiento rural, Ctl 13, Bahía Blanca, Buenos Aires. 5) establecimiento rural, Ctl 2, Castelli, Buenos Aires. 6) establecimiento rural, Ctl 5, Las Heras, Buenos Aires 7) establecimiento rural, Ctl 5, Lobos Buenos Aires. 8) chacra, Ctl 1, Lomas de Zamora, Buenos Aires. 9) establecimiento rural, Ctl 4, Monte, Buenos Aires. 10) establecimiento rural, Ctl 10, Necochea, Buenos Aires. 11) establecimiento rural, Ctl 6, Nueve de Julio, Buenos Aires. 12) establecimiento rural, Ctl 2, Pila, Buenos Aires. 13) estancia, Rauch, Buenos Aires. E. 14) establecimiento rural, Ctl 9, Saladillo, Buenos Aires. 15) establecimiento rural, Ctl 5, Trenque-Lauquen, Buenos Aires. 16) estancia, Ctl 10, Tres Arroyos, Buenos Aires. 17) distrito del departamento Ancasti, Catamarca. 18) distrito del departamento Capayan, Catamarca. 19) vertiente, Concepcion, Capayan, Catamarca. 20) cuartel de la pedanía del mismo nombre, San justo, Córdoba. 21) departamento de la provincia de Corrientes. Confina al Norte con los departamentos Saladas, Mburucuyá y Caacatí (estero del rio Santa Lucía); al Oeste con el departamento San Roque; al Sud con el departamento Mercedes (estero del rio Corrientes) y al Este con los departamentos San Miguel é Ituzaingó. Encierra gran parte de los esteros de Iberá. Su extension es de 3500 kms.[2] y su poblacion conjetural de unos 5000 habitantes. Las principales corrientes son los rios Batel, Santa Lucía y Corrientes, y los arroyos Santa Maria, Carambola, Bermejo y otros. La aldea Concepcion (ó Yaguareté-Corá) es la cabecera del departamento. 22) aldea, Concepcion, Corrientes. Está á unos 160 kms. al SE. de Corrientes. Tiene unos 500 habitantes. Su nombre guaraní, Yaguareté-Corá, significa « Corral de tigres.» C, E. 23) finca rural, La Cruz, Corrientes 24) finca rural, Esquina, Corrientes. 25) finca rural, Goya, Corrientes. 26) estancia, Paso de los Libres, Corrientes. 27) estancia, San Luis del Palmar, Corrientes. 28) finca rural, Santo Tomé, Corrientes. 29) ó Spatzenfutter, aldea, en la colonia General Alvear, Diamante, Entre Rios. 30) pueblo, San Javier, Misiones. Dista 10 kms. de la orilla derecha del rio Uruguay. Fué fundado en 1620. Tenía su importancia cuando florecian las misiones jesuíticas. C, E. 31) finca rural, General Lavalle, Rioja. 32) pueblo, Rioja. Véase Aimogasta. 33) finca rural, San Cárlos, Salta. 34) departamento de la provincia de San Juan. Está situado en las inmediaciones de la capital, al Norte de la misma. Tiene 114 kms[2] de extension y una poblacion conjetural de 7700 habitantes. Este departamento encierra el distrito de Chimbas y es regado por el rio San Juan. 35) pueblo, cabecera del departamento del mismo nombre, San juan. E. 36) colonia, Sastre, San Jerónimo, Santa Fé. 37) ingenio de azúcar, Capital, Tucuman. A 5 ½ kms. al ESE. de Tucuman, en la orilla izquierda del rio Salí, frente al puente que lo cruza. 38) villa, Chicligasta, Tucuman. En la orilla derecha del arroyo Gastona y á 15 kms. al NO. de Medina. Dista 70 kms. de Tucuman y 68 de La Madrid. Tiene unos 1200 habitantes. FCNOA. C, T, E. 39) estancia, Graneros, Tucuman. En la orilla derecha del arroyo Marapa. 40) *de Tareyi*, estancia, Santo Tomé, Corrientes. 41) *del Tio*, pedanía del departamento San Justo, Córdoba. Tiene 4127 habitantes. (Censo del 1° de Mayo de 1890). 42) *del Tio*, villa, Concepcion, San justo, Córdoba. Es la cabecera del departamento. Tiene 1569 habitantes. (Censo). Está situada á orillas del rio Segundo á 110 kms. ENE. de la estacion Rio Segundo del ferro-carril central argentino. C, T, E. 43) *del Uruguay*, ciudad, Uruguay, Entre Rios. Es la cabecera del departamento. Está situada en la márgen derecha del rio Uruguay, entre los arroyos del Cuero (al Norte) y de la China (al Sud), ambos tributarios del Uruguay. Fundada por Rocamora en 1778, cuenta actualmente con unos 10000 habitantes. Es estacion terminal del ferro-carril central entreriano, Aduana, Sucursal del Banco Nacional, Escuela Normal de Maestras, Colegio Nacional, Hoteles, Clubs, Saladero, etc. Es escala de los vapores que navegan el Uruguay. $\varphi = 32° 30'$; $\lambda = 58° 13' 10''$; $\alpha = 16$ m. (Mouchez) C, T. E.

Concha, 1) laguna, Lavalle, Corrientes. 2) lugar poblado, Metan, Salta. C.

Conchas, 1) partido de la provincia de

Buenos Aires. Fué creado en 1744. Está al NNO. de Buenos Aires Tiene 418 kms.² de extension y una poblacion de 8370 habitantes. (Censo del 31 de Enero de 1890). Escuelas funcionan en Las Conchas, Benavidez y Arroyo Toro. El partido es regado por los arroyos Lujan, Conchas, Tigre, de los Sastres, de las Tunas, Carapachay, Los Espíritus, Capitan, Rivera, Hermana, Antequera, Valencia, Cruz Colorada, Andresito y Guaican. 2) las, villa, Conchas, Buenos Aires. Es cabecera del partido. Fundada en 1676, cuenta hoy con una poblacion de 4000 habitantes. Está situada en una isla formada por los arroyos Conchas y Tigre. Por el ferro carril del Norte dista 40 minutos de Buenos Aires. $\varphi = 34° 24' 55''$; $\lambda = 58° 24' 19''$. C, T, E. 3) laguna, Esquina, Corrientes. 4) laguna, Saladas, Corrientes. 5) de las, arroyo, Capital, Entre Rios. Forma el límite entre los distritos Tala (al Norte), Quebracho, Espinillo y Sauce (al Sud) y desemboca en la márgen izquierda del Paraná entre Villa Urquiza y la ciudad del Paraná. 6) distrito del departamento Cafayate, Salta. 7) lugar poblado, Cafayate, Salta. $\alpha = 1550$ m. (Moussy). C, E. 8) distrito del departamento Metan, Salta. 9) arroyo, Metan, Salta. Es uno de los elementos de formacion del arroyo Medina, afluente este último del rio juramento. 10) fuente de aguas termales sulfurosas, Metan, Salta. 11) de las, arroyo, Colonias, Santa Fe. Es un tributario del rio Salado en la márgen derecha.

Conchitas, 1) lugar poblado, Quilmes, Buenos Aires. Dista de Buenos Aires 32 kms. Destilería de alcoholes. FCE, C, T, E. 2) de las, arroyo, Ctl 5, 8, 9, Quilmes, Buenos Aires. Desagua en el rio de La Plata. 3) finca rural, Curuzú-Cuatiá, Corrientes.

Concordia,. 1) estancia, Ctl 8, Tres Arroyos,

Buenos Aires. 2) aldea, Alta Gracia, Anejos Sud, Córdoba. Tiene 275 habitantes. (Censo del 1° de Mayo de 1890). 3) departamento de la provincia de Entre Rios. Está situado en la orilla derecha del rio Uruguay y confina al Norte con el departamento Federacion por el arroyo Gualeguaycito ó San Pascual, tributario del Uruguay; por la cañada Luis ó Bermudez y el arroyo Guerrero, tributarios ambos del rio Gualeguay, el primero en la márgen izquierda y el segundo en la derecha, y con el departamento Feliciano por el arroyo Carpincho, tributario del Feliciano en la márgen izquierda; al Oeste con el departamento La Paz por el arroyo Feliciano y su tributario de la márgen izquierda el Estacas; al Sud con el departamento Villaguay por los arroyos Ortiz y Curupi, tributarios ambos del Gualeguay, el primero en la márgen derecha y el segundo en la izquierda, y con el departamento Colon por el arroyo Grande ó del Pedernal, tributario del rio Uruguay. Su extension es de 8100 kms.² y su poblacion conjetural de 24500 habitantes. Fuera de los rios y arroyos mencionados en los limites, el departamento es regado por los arroyos Ayui Grande, Yuquerí Grande, Yuquerí Chico y Yeruá, todos tributarios del rio Uruguay. Escuelas funcionan en Concordia, Chañar, Yeruá y en la colonia Federal. El departamento está dividido en los 7 distritos: Suburbios, Yuquerí, Yeruá, Moreyra, Chañar, Federal y Diego Lopez. La ciudad de Concordia es la cabecera del departamento. 4) ciudad, Suburbios, Concordia, Entre Rios. Está situada en la márgen derecha del rio Uruguay. ($\varphi = 31° 25'$; $\lambda = 58° 15' 15''$; $\alpha = 61$ m. Moussy). Fué fundada en 1831 y cuenta actualmente con unos 11500 habitantes. Bajo el punto de vista del comercio, Concordia es solo superada por Buenos Aires y el

Rosario. De Concordia arranca el ferro-carril argentino del Este. Aduana, Su-cursal del Banco Nacional, Biblioteca, Hospital, Hoteles, Tramway, Fábrica de aceite vegetal, Saladero, etc. Es escala de los vapores que navegan el rio Uru-guay. C, T, E. 5) mina de cobre y plata en el distrito mineral de San Antonio de los Cobres, Poma, Salta.

Condado, 1) finca rural, Cachi, Salta. Es conocida por sus quesos, tan buenos como los de Tafí. 2) altos del, cadena del Despoblado que se extiende de O. á E. en el departamento Santa Victoria, Salta. 3) rio del, Santa Victoria, Salta. Nace en la sierra de Santa Victoria, pasa por el pueblo del mismo nombre, recibe numerosos afluentes en la márgen iz-quierda y desagua en la márgen derecha del rio Bermejo. La direccion general de su curso es de OSO. á ENE.

Conde de Beaconsfield, mina de cuarzo aurífero en el distrito mineral de «La Mejicana,» sierra de Famatina, Rioja.

Cóndola, lugar poblado, Jimenez, San-tiago, E.

Cóndores, 1) pedanía del departamento Calamuchita, Córdoba. Tiene 774 habi-tantes. (Censo del 1º de Mayo de 1890). 2) cuartel de la pedanía Quebracho, Calamuchita, Córdoba. 3) lugar poblado, Cóndores, Calamuchita, Córdoba. 4) los, lugar poblado, Achiras, Rio Cuarto, Cór-doba. 5) los, mina de cuarzo aurífero, San Bartolomé, Rio Cuarto, Córdoba. 6) sierra de los, Córdoba. Es la prolonga-cion austral de la sierra Chica. Tiene una extension de unos 55 kms. de Norte á Sud. Su elevacion media es de unos 700 m. Sus cumbres más elevadas son : el cerro Malo y el de la Aguada. Su remate austral suele llevar el nombre de « Las Peñas.» 7) vertiente, Dolores, Chacabuco, San Luis.

Condorguasi, 1) cumbre de la sierra de Acor juija, Ambato, Catamarca. 2) ver-

tiente, Concepcion, Ancasti, Catamarca. 3) distrito del departamento Andalgalá, Catamarca. 4) estancia, Leales, Tucu-man Al Norte del departamento.

Conejos, lugar poblado, Chancani, Pocho, Córdoba.

Conesa, 1) lugar poblado, San Nicolás, Buenos Aires. Dista de Buenos Aires 269 kms. $\alpha = 56$ m. FCO, ramal de Per-gamino á San Nicolás. C, T. 2) colonia, Pringles, Rio Negro. Está situada en la márgen izquierda del rio Negro, á unos 200 kms. aguas arriba de Cármen de Patagones. La colonia tiene 10000 hec-táreas de extensicn.

Coneta, 1) distrito del departamento Capa-yan, Catamarca. 2) vertiente, Coneta, Capayan, Catamarca.

Confluencia, 1) la, establecimiento rural, Ctl 12, Dorrego, Buenos Aires. 2) de los rios Limay y Neuquen. $\varphi = 38° 49' 30''$; $\lambda = 68° 24'$; $\alpha = 333$ m. (Host). 3) de los rios Agrio y Neuquen. $\varphi = 38° 20' 10''$; $\lambda = 69° 4' 15''$; $\alpha = 553$ m. (Host). 4) del arroyo Cobuncó y del rio Neuquen. $\varphi = 38° 29' 19''$; $\lambda = 68° 45' 22''$; $\alpha = 452$ m. (Host).

Conlara, 1) partido del depa:tamento San Martin, San Luis. 2) lugar poblado, Con-lara, San Martin, San Luis. 3) arroyo, San Luis. Nace en la falda del cerro Intiguasi por la reunion de varias ver-tientes, se dirige primero hacia el Este, luego hacia el Sud, dobla en Conlara al Noite, pasa sucesivamente por Renca, San Pablo, Dolores y Santa Rosa y ter-mina en la frontera de Córdoba por agotamiento é inmersion en el suelo. Riega sucesivamente los distritos Con-lara, del departamento San Martin; Rosa-rio, del departamento Pringles; Naschel, Renca, Larca y Dolores, del departamen-to Chacabuco, y Junin y Santa Rosa, del departamento Junin. Recibe varios pe-queños tributarios en ambas márgenes, siendo el más importante. el arroyo de las Cañas, en la márgen izquierda, que desemboca algo abajo de Dolores, y el arroyo Claro en la márgen derecha, que viene de la sierra de Córdoba y riega los distritos Junin y Santa Rosa, del departamento Junin.

Conquista la, establecimiento rural, Ctl 3, Alsina, Buenos Aires.

Constancia la, 1) estancia. Ctl 6. Azul, Buenos Aires. 2) establecimiento rural, Ctl 6, Balcarce, Buenos Aires. 3) estancia, Ctl 4, Bolívar, Buenos Aires. 4) establecimiento rural, Ctl 4, Monte, Buenos Aires. 5) establecimiento rural, Ctl 1, Navarro, Buenos Aires. 6) establecimiento rural, Ctl 5, 10, Pergamino, Buenos Aires. 7) establecimiento rural, Ctl 3, Pringles, Buenos Aires. 8) establecimiento rural, Ctl 3, Ranchos, Buenos Aires. 9) establecimiento rural, Ctl 10, Tandil, Buenos Aires. 10) establecimiento rural, Ctl 2, Tuyú, Buenos Aires. 11) laguna, Ctl 2, Tuyú, Buenos Aires. 12) estancia, Ctl 10, 11, Veinte y Cinco de Mayo, Buenos Aires. 13) lugar poblado, Andalgalá, Catamarca. T. 14) mineral de cuarzo y hierro aurífero, Candelaria, Cruz del Eje, Córdoba. Está situada en el paraje llamado «Yuspi.» 15) mina de galena argentífera, San Cárlos, Minas, Córdoba. 16) mina de cobre y plata en el distrito mineral de San Antonio de los Cobres, Poma, Salta.

Constante 1) la, establecimiento rural, Ctl 3, Olavarria, Buenos Aires. 2) establecimiento rural, Ctl 5, Veinte y Cinco de Mayo, Buenos Aires. 3) laguna, Ctl 3, Veinte y Cinco de Mayo, Buenos Aires.

Constanza, 1) distrito del departamento de las Colonias, Santa Fe. Tiene 272 habitantes. (Censo del 7 de Junio de 1887). 2) colonia, Constanza, Colonias, Santa Fe. Tiene 110 habitantes. (Censo). Dista de Santa Fe 160 kms. FCSF, C, T.

Constitucion 1) la, cabaña de ovejas Rambouillet, Ctl 6, Lobos, Buenos Aires. 2)

establecimiento rural, Ctl 10, Trenque-Lauquen, Buenos Aires. 3) pedanía del departamento Anejos Norte, Córdoba. Tiene 2184 habitantes. (Censo del 1º de Mayo de 1890). 4) cuartel de la pedanía del mismo nombre, Anejos Norte, Córdoba. 5) lugar poblado, Constitucion, Anejos Norte, Córdoba. Dista de Córdoba 21 kms. $x = 374$ m. FCSFC, C, T. 6) lugar poblado, Remedios, Rio Primero, Córdoba. 7) antes *Puerto Piedras*, aldea, General Lopez, Santa Fe. Está situada en la márgen derecha del rio Paraná, entre San Nicolás y el Rosario. Tiene 457 habitantes. (Censo del 7 de junio de 1887). $x = 30$ m.

Consuelo, 1) laguna, Ctl 12, Lincoln, Buenos Aires. 2) el, establecimiento rural, Ctl 1, Pringles, Buenos Aires. 3) establecimiento rural, Ctl 6, Saladillo, Buenos Aires. 4) establecimiento rural, Ctl 10, Trenque-Lauquen, Buenos Aires. 5) establecimiento rural, Ctl 3, Veinte y Cinco de Mayo, Buenos Aires. 6) establecimiento rural, Ctl 4, Zárate, Buenos Aires. 7) lugar poblado, Salsacate, Pocho, Córdoba. 8) lugar poblado, La Cautiva, Rio Cuarto, Córdoba. 9) lugar poblado, Trapiche, Pringles, San Luis. 10) finca rural, Conlara, San Martin, San Luis.

Contador, 1) establecimiento rural, Ctl 17, Arrecifes, Buenos Aires. 2) arroyo, Ctl 17, Arrecifes. Buenos Aires. Es un pequeño tributario del Arrecifes, en la márgen derecha.

Continental la, estancia, Ctl 7, Saladillo, Buenos Aires.

Contreras, 1) establecimiento rural, Ctl 4, Monte, Buenos Aires. 2) distrito del departamento de la Capital, Santiago del Estero. 3) paraje poblado, Contreras, Capital, Santiago.

Conventillo, arroyo, Chicligasta, Tucuman. Es uno de los orígenes del arroyo Jaya.

Coñipili, arroyo, Neuquen. Es un tributario del Neuquen, en la márgen derecha.

Copacabana, 1) distrito del departamento Tinogasta, Catamarca. 2) villa, Copacabana, Tinogasta, Catamarca. Dista unos 15 kms. de Tinogasta. Tiene unos 1500 habitantes. $\varphi = 28°$ 10'; $\lambda = 67°$ 35'; $\alpha = 1168$ m. C, T, E. 3) pedanía del departamento Ischilin, Córdoba. Tiene 2071 habitantes. (Censo del 1° de Mayo de 1890). 4) cuartel de la pedanía del mismo nombre, Ischilin, Córdoba. 5) aldea, Copacabana, Ischilin, Córdoba. Tiene 311 habitantes. (Censo). $\varphi = 31°$ 40'; $\lambda = 65°$ 30'. C, T, E. 6) arroyo, Ischilin, Córdoba. Nace en la sierra Chica, se dirige hácia el Norte y al llegar á la pampa termina por inmersion. 7) mineral de plata, San Antonio de los Cobres, Poma, Salta. 8) paraje poblado, Melincué, General Lopez, Santa Fe. Tiene 66 habitantes. (Censo del 7 de Junio de 1887).

Copina, 1) cuartel de la pedanía Calera, Anejos Sud, Córdoba. 2) lugar poblado, Lagunilla, Anejos Sud, Córdoba.

Copo, 1) departamento de la provincia de Santiago. Ocupa la extremidad Norte de la provincia y es á la vez limítrofe del Chaco y de las provincias de Salta y Tucuman. Su extension es de 13937 kms.^{2} y su poblacion conjetural de unos 18000 habitantes. Está dividido en las dos secciones Copo 1° y Copo 2°. La primera comprende los 4 distritos: Candelaria, Boqueron, Churqui y Cruz Grande. La segunda se compone de los 4 distritos: San Agustin, Chañar-Pozo, Copo y Remate. Hay centros de poblacion en Boqueron, San Gregorio, Chañar-Pozo, Puesto del Monte, Lajas, Talar, Matoque, Santo Domingo, Yuloguasi, Fragua, Mesada, San Isidro, San Agustin y Saladillo. 2) aldea, Copo, Santiago. Es la cabecera del departamento. Está á 290 kms. al Norte de la capital de la provincia. Cuenta con unos 500 habitantes. C, E. 3) Primero, seccion del departamento Copo, Santiago del Estero. 4) Segundo, seccion del departamento Copo, Santiago del Estero.

Copos, distrito de la seccion Copo 2° del departamento Copo, Santiago del Estero.

Coquitos, lugar poblado, Copacabana, Ischilin, Córdoba.

Corá, [1] 1) laguna, Goya, Corrientes. 2) Coray, estancia, Caacatí, Corrientes. 3) Cué, estancia, San Miguel, Corrientes. 4) Ramones, estancia, Caacatí, Corrientes.

Coraya, paraje poblado, Humahuaca, Jujuy.

Corcovado, cumbre de la cordillera del Chubut. $\varphi = 43°$ 12'; $\lambda = 72°$ 48' 26"; $\alpha = 2290$ m. (Asta Buruaga).

Cordal, 1) lugar poblado, La Amarga, Juarez Celman, Córdoba. 2) laguna, Caacatí, Corrientes.

Córdoba, 1) estancia, Ctl 3, Chacabuco, Buenos Aires. 2) cabo, Chubut. $\varphi = 45°$ 46'; $\lambda = 67°$ 21' 40". (Fitz Roy). 3) provincia de la Confederacion Argentina. Está situada en el corazon de la República y confina al Norte con la provincia de Santiago; al Este con la de Santa Fe; al Sud con la de Buenos Aires y la gobernacion de la Pampa y al Oeste con las provincias de San Luis, La Rioja y Catamarca. Los límites con Santa Fe son: la cañada de San Antonio hasta el arroyo de las Tortugas, luego éste hasta su desembocadura en el Carcarañá, despues éste hasta frente á la cañada y laguna de las Mojarras, de cuya cabecera sale una línea recta hasta su interseccion con el meridiano que se halla á los 4° 30' al Oeste de Buenos Aires. Del lado de la provincia de Santiago es el límite formado por el Saladillo hasta el Corral del Rey, de allí sigue por el arroyo de Ancasmayo y el Palo Seco

---

1 Corral (Guaraní),

hasta la mitad de las salinas al Norte de la estacion Totoralejos. La línea media de las salinas grandes sirve de límite con la provincia de Catamarca y en parte con la de la Rioja. Este límite continúa despues hasta la extremidad Sud de dichas salinas, hasta el Cadillo. El límite Sud lo forma el paralelo de los 35°, y el que separa la provincia de la de San Luis lo ha establecido un laudo arbitral del General Roca, como sigue: « Por el » Norte el arroyo Piedra Blanca, en todo » su curso hasta el rio Conlara ó de la » Cruz; despues este mismo rio hasta la » confluencia del rio de San Pedro, ó de » los Sauces, y de allí una línea hácia el » Poniente hasta encontrar la prolonga- » cion de la línea Norte-Sud que separa » la provincia de Córdoba y La Rioja. » Por el Este, la sierra grande de Cór- » doba (Comechingones) por la línea » divisoria de sus aguas desde el naci- » miento del arroyo Piedra Blanca hasta » donde empieza el arroyo de la Puni- » lla; se seguirá el curso de este arroyo » hasta Punta del Agua, donde termina; » desde este sitio se tirará una línea » que atraviese el rio Quinto por un » punto que dista siete minutos al Oeste » del meridiano de sesenta y cinco gra- » dos de Greenwich, y de allí se prolon- » gará dicha línea, rumbo al Sud, hasta » el paralelo de los treinta y cinco gra- » dos. » La extension de la provincia es de 174767 kms.[2] y su poblacion de 325803 habitantes. (Censo del 1° de Mayo de 1890). El aspecto general de la provincia es el de una llanura que se inclina levemente de Oeste á Este, y en cuya parte occidental surge un macizo montañoso. En la sierra se hallan mesetas de unos 2000 metros de elevacion, que si bien no son propias para el cultivo agrícola, sirven para el pastoreo de ganados. Los valles que encierran los tres cordones de ese macizo, bien rega-

dos como son por numerosos arroyuelos, encierran una hermosa vegetacion y se prestan para toda clase de cultivos de la zona templada. El primero de esos cordones, el más oriental, la llamada sierra del Campo, es de una altura que, por término medio, no excede de 1000 metros. Hácia el Sud disminuye gradualmente su altura hasta que, en las cercanias de Tegua, desaparece debajo del suelo. La falda oriental de ese cordon, como la de los otros dos, es menos escarpada y montuosa que la occidental. El cordon central lleva generalmente el nombre de sierra de Achala. Este cordon es mucho más ancho, más alto y más largo que el precedente, puesto que, por término medio, alcanza á 2000 metros de altura. Esta sierra termina al Norte en la salina grande cerca de Cruz del Eje, mientras que, al Sud, se extiende hasta más allá del pueblo de Achiras, donde se hunde en el suelo de la pampa. Las más elevadas cumbres de este cordon son el Champaqui y el Gigante. El tercer cordon se llama la Serrezuela. Es menos ancho, alto y largo que la sierra de Achala. Alcanza al Norte hasta la salina grande, mientras que al Sud, no pasa del paralelo de los 32°. Algunas cumbres de este cordon se elevan hasta la altura de 1600 metros. La Serrezuela tiene, salvo algunas soluciones, su continuacion en la sierra de San Luis, mientras que la sierra del Campo desprende hácia el Norte las muy poco elevadas cadenas de Ambargasta y Sumampa, que se internan en la provincia de Santiago. Ciertas partes de estos tres cordones llevan nombres especiales con los cuales figuran en este Diccionario. La provincia tiene en gran parte de su extension muy buenas tierras para la cria de ganados y la agricultura, pero que, desgraciadamente, sufren mucho de la falta de agua. El clima es seco y las corrientes naturales de agua escasas. Donde el agua puede ser aprovechada son los rendimientos de la tierra de los más abundantes que se conozcan. Los principales rios de la provincia son los que tienen por nombre la numeracion seguida de 1 á 5. Los arroyos que no contribuyen á la formacion de estos cinco rios, recorren todos un pequeño trayecto, para borrar luego su cauce en médanos ó bañados, estando gran parte del año secos sus lechos. Característico de los rios nombrados es su carencia de tributarios. En efecto, formado ya el cauce único por la confluencia de los arroyos de la sierra, y una vez entrado el rio en la llanura, no hay ya afluentes que contribuyan á engrosar los caudales de estos rios. La provincia es rica en maderas duras, plantas industriales y medicinales y muchos minerales útiles, como son : oro, plata, cobre, hierro, plomo, cales y sal comun. Administrativamente está la provincia dividida en 25 departamentos, á saber: Capital—Anejos Sud — Anejos Norte—Rio Primero—Rio Segundo—San Justo—Márcos juarez—Union - Tercero Abajo—Tercero Arriba—Calamuchita—Rio Cuarto—San Javier—San Alberto—Pocho—Minas—Punilla - Cruz del Eje-Ischilin—Totoral—Tulumba—Rio Seco—Sobremonte—General Roca y juarez Celman. 4) departamento de la provincia de Córdoba ó sea de la Capital. Encajado entre los departamentos Anejos Norte y Anejos Sud, tiene 785 kms.² de extension y una poblacion de 65697 habitantes. (Censo del 1° de Mayo de 1890) Encierra como centros de poblacion la ciudad de Córdoba (49785 habitantes), San Vicente, suburbio de Córdoba (5845 h.), General Paz, suburbio de Córdoba (5026 h.), Alta Córdoba, suburbio de Córdoba (3501 h), Abrojal, suburbio de Córdoba (692 h.), Villa Revol, al Sud de la ciudad, sobre el ferro-carril á Ma-

lagueño (450 h.) y el pueblo Ferreyra, al SE. de la ciudad, sobre el ferro-carril central argentino (173 h.) 5) ciudad, capital de la provincia del mismo nombre. Está situada en la márgen derecha del rio Primero. Fundada en 1573 por don Jerónimo Luis de Cabrera, en el paraje llamado Quisquizacate por los indios que entonces lo ocupaban, cuenta actualmente, los suburbios incluidos, con 65074 habitantes. (Censo). Por la via férrea dista de Buenos Aires 701 kms., de Tucuman 546 y del Rosario 396. Universidad, Colegio Nacional, dos Escuelas Normales, Academia Nacional de Ciencias, Observatorio Astronómico, Instituto Meteorológico, Hospital de Clínicas, diversos asilos, teatros, paseos, gas y aguas corrientes, fábrica de porcelanas, tramways, Banco de la provincia y sucursal del Banco Nacional. El rio Primero, represado en San Roque, es allí la fuente de un sistema de irrigacion de los Altos de Córdoba. El suburbio General Paz y el de Alta Córdoba, ambos en la márgen izquierda del rio Primero. se comunican con la ciudad por medio de puentes. El tramway se extiende á General Paz y á San Vicente, este último lugar en la márgen derecha del rio Primero. $\varphi = 31°\ 25'\ 15'',4$; $\lambda = 64°\ 11'\ 16''$, 5; $\gamma = 439$ m. (Sala del círculo meridiano en el Observatorio, Gould.) La altura de la estacion del ferro-carril central argentino es de 389 m. FCCA, FCCN, FCSFC, FCM. C, T, E. Actualmente se construye un ferro-carril de Alta Córdoba á Cruz del Eje, de 150 kms. de largo. Las estaciones de este ferro-carril y sus distancias kilométricas son las siguientes: De Córdoba á:

	Kms.
Rodriguez del Busto	5
Villa Argüello	10
Calera	21
San Roque	45
Santa Maria	50

	Kms.
Cosquin	57
Casa Grande	67
Huerta Grande	80
San Jerónimo	94
Dolores	102
Capilla del Monte	110
Carreras de Pumpun	121
Los Sauces	138
Cruz del Eje	150

6) colonia, Espinillos, Márcos Juarez, Córdoba. Tiene 181 habitantes. (Censo). Dista 5 kms. de la estacion Leones del ferro-carril central argentino. Fué fundada en 1887 en una extension de 3382 hectáreas. 7) mina de plomo y plata, Ciénega del Coro, Minas, Córdoba. Está situada en el paraje llamado «Juan Chiquito,» perteneciente al mineral de Guaico. 8) vertiente, Marquesado, Desamparados, San Juan.

Cordobés, laguna, Ctl 4, Saladillo, Buenos Aires.

Cordobesa 1) la, establecimiento rural, Copacabana, Ischilin, Córdoba. 2) colonia, Bell-Ville, Union, Córdoba. 3) veta de cuarzo aurífero, Rinconada, Jujuy. Los trabajos alcanzan á 20 metros de profundidad y se dice que el filon da de 86 á 160 gramos de oro por tonelada.

Cordobita, distrito del departamento Tinogasta, Catamarca.

Cordoncito, lugar poblado, Villa de Maria, Rio Seco, Córdoba.

Corina 1) la, estancia, Ctl 1, 2, 3, 4. Azul, Buenos Aires. 2) la, arroyo, Ctl 1, 2, 3, 4, Azul, Buenos Aires. Se pierde en bañados. 3) chacra, Ctl 12, Juarez, Buenos Aires. 4) establecimiento rural, Ctl 7, Nueve de Julio, Buenos Aires. 5) establecimiento rural, Ctl 7, Rauch, Buenos Aires. 6) estancia, Ctl 3, Tordillo, Buenos Aires. 7) laguna, Ctl 9, Veinte y Cinco de Mayo, Buenos Aires.

Corito, lugar poblado, Parroquia, Pocho, Córdoba.

Coritos, lugar poblado, Manzanas, Ischilin. Córdoba.

Cormallin, paraje poblado, Nueve de Julio, Mendoza.

Cornalina, establecimiento rural, Ctl 3, Ayacucho, Buenos Aires.

Cornelia 1) la, estancia, Ctl 6, Azul, Buenos Aires. 2) la, establecimiento rural, Departamento 3, Pampa.

Coro, 1) el, lugar poblado, Manzanas, Ischilin, Córdoba. 2) cuartel de la pedanía Ciénega del Coro, Minas, Córdoba. 3) aldea, Ciénega del Coro, Minas, Córdoba. Tiene 122 habitantes. (Censo del 1° de Mayo de 1890). 4) lugar poblado. Galarza, Rio Primero. Córdoba. 5) el, lugar poblado, Villa de Maria, Rio Seco, Córdoba. 6) el, finca rural, Capital, Salta. 7) cumbre de la sierra de los Apóstoles, Rosario, Pringles, San Luis. 8) finca rural, Guzman, San Martin, San Luís. 9) *Chico,* lugar poblado, Ciénega del Coro, Minas, Córdoba. 10) *Pampa,* paraje poblado, Guachipas, Salta.

Corona 1) la, establecimiento rural, Ctl 5, Alvear, Buenos Aires. 2) establecimiento rural, Ctl 6, Chascomús, Buenos Aires. 3) establecimiento rural, Ctl 10, Las Flores, Buenos Aires. 4) establecimiento rural, Ctl 2, Matanzas, Buenos Aires. 5) establecimiento rural, Ctl 3, Pueyrredon, Buenos Aires. 6) establecimiento rural, Ctl 7, Rauch, Buenos Aires. 7) establecimiento rural, Viedma, Rio Negro. 8) *de San Ramon,* estancia, Ctl 6, Bolívar, Buenos Aires.

Coronda, 1) aldea, Tala, Rio Primero, Córdoba. Tiene 114 habitantes. (Censo del 1° de Mayo de 1890). 2) distrito del departamento San Jerónimo, Santa Fe. Tiene 3273 habitantes. (Censo del 7 de Junio de 1887). 3) villa Coronda, San Jerónimo, Santa Fe. Es la cabecera del departamento. Está situada á orillas del brazo del Paraná que lleva su nombre y dista por la via férrea 99 kms. de Santa Fe. Es estacion terminal del ramal del ferro-carril de las colonias que arranca de Gessler. El puerto de Coronda está habilitado para operaciones aduaneras. En la época del censo provincial (7 de Junio de 1887) contaba con 2255 habitantes. C, T, E. 4) brazo del Paraná llamado impropiamente rio Coronda, San Jerónimo, Santa Fe.

Corondina, colonia, Coronda, San Jerónimo, Santa Fe.

Coronel 1) el, arroyo, Ctl 4, Juarez, Buenos Aires. 2) cima de la cuesta del, gran alti-planicie del macizo central de la sierra de Córdoba. $\varphi = 31°\ 40'$; $\lambda = 64°\ 18'$; $\alpha = 2163$ m. (Moussy). 3) *Beltran*, aldea, Beltran, Mendoza. Es la cabecera del departamento. E. 4) *Vidal*, estancia, Ctl 2, Mar Chiquita, Buenos Aires. En este lugar está formándose la cabecera del partido.

Coroneles, 1) distrito del departamento Atamisqui, Santiago del Estero. 2) lugar poblado, Coroneles, Atamisqui, Santiago. E.

Coronillas, de las, arroyo, Famaillá, Tucuman. Es un pequeño tributario del arroyo Lules, en la márgen derecha.

Coronillo el, establecimiento rural, Ctl 16, Lincoln, Buenos Aires.

Corpen-aiken, isla, Santa Cruz. Es formada por el rio Koong, en su desembocadura en el rio Chico.

Corpus, 1) laguna, Ctl 5, Olavarria, Buenos Aires. 2) el, establecimiento rural, Ctl 5, Suarez, Buenos Aires. 3) mina de plomo y plata, Ciénega del Coro, Minas, Córdoba. Está situada en el paraje llamado « Agua de los Arboles. » 4) pueblo, La Cruz, Corrientes. Véase San Martin ó Yapeyú.

Corral 1) del, laguna, Ctl 3, Pueyrredon, Buenos Aires. 2) cerro del, Veinte y Cinco de Mayo, Mendoza. 3) *de Barranca*, lugar poblado, Caminiaga, Sobremonte, Córdoba. 4) *de la Barranca*, lugar poblado, Santa Cruz, Tulumba, Córdoba. 5) *de Barranca*, paraje po-

blado, Rosario de la Frontera, Salta. 6) *de Barranca*, lugar poblado, Rosario, Pringles, San Luis. 7) *de Barrancas*, lugar poblado, Argentina, Minas, Córdoba. 8) *de Barrancas*, lugar poblado, Ciénega del Coro, Minas, Córdoba. 9) *de Barrancas*, cuartel de la pedanía Chajan, Rio Cuarto, Córdoba. 10) *de Barrancas*, lugar poblado, Rio Pinto Totoral, Córdoba. 11) *de las Barrancas*, lugar poblado, Dolores, Chacabuco San Luis. 12) *de las Barrancas*, lugar poblado, San Martin, San Martin, San Luis. 13) *Blanco*, paraje poblado, Tilcara, Jujuy. 14) *Blanco*, paraje poblado Yaví, Jujuy. 15) *de Burros*, paraje poblado, General Sarmiento, Rioja. 16) *del Carancho*, estancia, Ctl 2, Patagones, Buenos Aires. 17) *de Ceballos*, lugar poblado, Nono, San Alberto, Córdoba. 18) *Chico*, arroyo, Veinte y Cinco de Mayo y Viedma, Rio Negro. Nace en las proximidades de la costa de Atlántico y despues de un trayecto de 30 kms. se disuelve en pantanos al pi de la sierra Colorada, la cual no pued franquear para llegar al océano. 19) *de Cuero*, paraje poblado, La Paz, Mendoza. 20) *de Gallo*, lugar poblado, L tin, Union, Córdoba. 21) *de Gome* lugar poblado, Arroyito, San Justo, Córdoba. 22) *Grande*, lugar poblado, Sa Antonio, Punilla, Córdoba. 23) *d Maestro*, cuartel de la pedanía Chañres, Tercero Arriba, Córdoba. 24) *d Medio*, lugar poblado, San Martin, S Martin, San Luis. 25) *del Monte*, aldea Zorros, Tercero Arriba, Córdoba. Tie 195 habitantes. (Censo del 1° de Ma de 1890). 26) *de Mulas*, cuartel de pedanía Sacanta, San Justo, Córdob 27) *de Mulas*, lugar poblado, Sacan San Justo, Córdoba. 28) *de Mulas*, gar poblado, Macha, Totoral, Córdob Tiene 327 habitantes. (Censo) 29) *Muñoz*, lugar poblado, Ciénega

Coro, Minas, Córdoba. 30) *del Negro,* lugar poblado, Belgrano, Rioja. 31) *de Palo,* establecimiento rural, Ctl 4, Nueve de julio, Buenos Aires. 32) *de Palo,* laguna, Ctl 4, Nueve de Julio, Buenos Aires. 33) *de Piedra,* lugar poblado, Capital, jujuy. 34) *de Piedra,* paraje poblado, Chicoana, Salta. 35) *de Piedra,* vertiente, Angaco, San Juan. 36) *de Piedra,* lugar poblado, Rincon del Cármen, San Martin, San Luis. 37) *de Piedra,* lugar poblado, San Lorenzo, San Martín, San Luis. 38) *de Piedras,* lugar poblado, Totoral, Pringles, San Luis. 39) *Quemado,* arroyo, Belén, Catamarca. Nace en la laguna Blanca, corre de NO. á SE. en una extension de 40 kms. y desagua en la márgen derecha del arroyo Hualfin, frente á San Fernando. 40) *Quemado,* lugar poblado, Anta, Salta. 41) *de Quinteros,* lugar poblado, San Antonio, Punilla, Córdoba. 42) *de Vacas,* lugar poblado, Parroquia, Cruz del Eje, Córdoba. 43) *de Vela,* lugar poblado, Graneros, Tucuman. En la orilla derecha del arroyo Graneros, en el mismo límite de la provincia de Santiago. 44) *Viejo,* lugar poblado, San José, Tulumba, Córdoba.

orrales, 1) laguna, San Cosme, Corrientes. 2) distrito del departamento Victoria, Entre Rios. 3) los, finca rural, Cafayate, Salta. 4) los, finca rural, Guachipas, Salta. 5) los. paraje poblado, Rosario de la Frontera, Salta. 6) finca rural, Ayacucho, San Luis. E. 7) finca rural, Conlara. San Martin, San Luis. 8) *Viejos,* lugar poblado, Candelaria, Cruz del Eje, Córdoba.

orralito, 1) laguna, Ctl 13, Dolores, Buenos Aires. 2) del, arroyo, Ctl 5, Tordillo, Buenos Aires. 3) lugar poblado, Monsalvo, Calamuchita, Córdoba. 4) lugar poblado, Rio de los Sauces, Calamuchia, Córdoba. 5) lugar poblado, Chucul, ˙uarez Celman, Córdoba. 6) cuartel de

la pedanía Suburbios, Rio Segundo, Córdoba. 7) lugar poblado, Suburbios, Rio Segundo, Córdoba. 8) cuartel de la pedanía Uyaba, San Javier, Córdoba. 9) aldea La Uyaba, San Javier, Córdoba. Tiene 231 habitantes (Censo). 10) lugar poblado, Villa María, Tercero Abajo, Córdoba. 11) lugar poblado, Rio Pinto, Totoral, Córdoba. 12) cuartel de la pedanía San Martin, Union, Córdoba. 13) finca rural, Curuzú-Cuatiá, Corrientes. 14) finca rural, San Luis del Palmar, Corrientes. 15) paraje poblado, Valle Grande, Jujuy. 16) distrito del departamento San Cárlos, Salta. 17) lugar poblado, San Cárlos, Salta. E. 18) laguna, Pedernera, San Luis. 19) chacra, Guzman, San Martin, San Luis. 20) pueblo, Graneros, Tucuman Al extremo NO. del departamento, en la orilla derecha del arroyo Marapa.

Corralitos, 1) lugar poblado, Achiras, Rio Cuarto, Córdoba 2) lugar poblado, Sacanta, San justo, Córdoba. 3) lugar poblado, Naschel, Chacabuco, San Luis.

Corralon, 1) lugar poblado, San Cárlos, Minas, Córdoba. 2) lugar poblado, Suburbios, Rio Segundo. Córdoba.

Correa, 1) estancia, Ctl 12, Tandil, Buenos Aires. 2) finca rural, Empedrado, Corrientes. 3) distrito del departamento Iriondo, Santa Fé. Tiene 1068 habitantes. (Censo del 7 de Junio de 1887). 4) pueblo, Correa, Iriondo, Santa Fé. Tiene 380 habitantes (Censo). Dista 59 kms. del Rosario x = 70 m. FCCA, C, T, E.

Correntino el, 1) finca rural, Esquina, Corrientes. 2) finca rural, San Cosme, Corrientes.

Correntoso, riacho, Ctl 4, San Fernando, Buenos Aires.

Corrida, lugar poblado, Ancasti, Catamarca, E.

Corrientes, 1) establecimiento rural, Ctl 4, Pueyrredon, Buenos Aires. 2) arroyo, Ctl 4, Pueyrredon, Buenos Aires. 3) laguna, Ctl 4, Pueyrredon, Buenos Aires. 4) cabo, Pueyrredon, Buenos Aires. Es el remate de la sierra del Tandil $\varphi = 38°5'$ 30"; $\lambda = 57°29'15"$ (Fitz Roy). 5) lugar poblado, Cóndores, Calamuchita, Córdoba, 6) provincia de la Confederacion Argentina. La ley del 22 de Diciembre de 1881 determina sus límites como si-gue: Al Norte el Alto Paraná; al Este los arroyos Pindapoy y Chirimay en toda su extension y la línea más corta que los une directamente, luego el rio Uruguay; al Sud el arroyo Mocoretá hasta el arroyo Las Tunas, este último hasta su orígen, y una línea que corta la cuchilla de Basualdo y llega hasta el orígen del arroyo de este nombre; luego este arroyo hasta su confluencia con el Guaiquiraró, y finalmente este arroyo hasta su desembocadura en el Paraná; al Oeste el rio Paraná. La provincia es en general llana. Tiene varias notables depresiones que se hallan ocupadas por lagunas, estéros y malezales. La más importante de estas depresiones es la que se conoce bajo el nombre de «este-ros de Iberá». Lo característico de la hidrografía de Corrientes es, que la ma-yor parte de sus rios y arroyos no son más que desagües de las innumerables lagunas y esteros que cubren la super-ficie de la provincia. Estos rios y arro-yos tributan sus aguas á los rios Paraná y Uruguay. Los principales tributarios del Paraná son, de Norte á Sud: el Ria-chuelo, el San Lorenzo, el Santa Lucia, el rio Corrientes y el Guaiquiraró. Los tributarios del Uruguay son, de Norte á Sud: el Chimiray, el Aguapey, el Miri-ñay, el Ayuí Chico, el Ayuí Grande, el Yaguary, el Timboy y finalmente el Mocoretá. La extension de la provincia es de 81148 kms.² y su poblacion con-jetural de unos 200000 habitantes. La provincia es adecuada para la cria del ganado vacuno y caballar, pero para la del lanar es el clima ya demasiado ca-liente. El clima subtrópico en la parte Norte de la provincia permite el cultivo provechoso de la caña de azúcar y del algodon. Administrativamente está la provincia dividida en 25 departamentos, á saber: Capital—Lomas — Empedrado —Saladas - Bella Vista—Lavalle—Goya —Esquina—San Cosme — Itatí — Caa-catí — San Miguel — Ituzaingó — Santo Tomé—Alvear—La Cruz—Paso de los Libres—Monte Caseros—San Luis del Palmar — Mburucuyá — Concepcion — San Roque --Mercedes — Curuzú-Cuatiá —y Sauce. La capital de la provincia es la ciudad de Corrientes. 7) departa-mento de la provincia de Corrientes, ó sea de la capital. En el ángulo NO. de la provincia, á orillas del Paraná. Es de escasa extension; tiene unos 16000 ha-bitantes. 8) ciudad, capital de la pro-vincia del mismo nombre. Está situada en la orilla izquierda del rio Paraná, á unos 40 kms. de la confluencia de este rio con el Paraguay y á 1350 kms. de Buenos Aires, ó sea tres dias de viaje en vapor. Fundada el 3 de Abril de 1588 por Alonso de Vera y Aragon, cuenta actualmente con unos 14000 ha-bitantes. Colegio Nacional, Escuela Nor-mal de Maestros, Aduana, Sucursal del Banco Nacional, Teatro, Club, Hospi-tales, Astilleros, etc. El puerto de Co-rrientes es escala de los vapores que navegan el Paraná. $\varphi = 27°27'55"$; $\lambda = 58°49'6"$; $\alpha = 77$ m. (Observatorio). La altura media del Paraná sobre el nivel del mar, es aquí, segun Page, de 66,7 m. C, T, E. Corrientes será dentro de poco tiempo estacion terminal del ferro-carril que cruzará la provincia dia-gonalmente, á partir de Monte Caseros. 9) rio, Corrientes. Tiene su orígen en el gran estero de Iberá, corre de NE. á SO., empieza á formar cauce en el de-partamento de San Roque y desagua en el Paraná, á inmediaciones de Esquina. Es navegable desde la desembocadura hasta los esteros. Desde que empieza á formar cauce hasta su desembocadura, es límite entre los departamentos San Roque, Lavalle y Goya, al Oeste, y Mercedes, Curuzú-Cuatiá y Esquina al Este. El único tributario en la márgen derecha es el Batel; en la orilla izquierda recibe las aguas de los arroyos Payubre Grande, Villanueva, Salado y María Grande.

Corro, lugar poblado, Rio de los Sauces, Calamuchita, Córdoba.

Cortada la, 1) establecimiento rural, Ctl 2, Exaltacion de la Cruz, Buenos Aires. 2) mina de galena argentífera en el distrito mineral de Uspallata, Mendoza.

Cortadera, [1] 1) laguna, Ctl 7, Bal arce, Buenos Aires. 2) estancia, Ctl 3. Bolívar, Buenos Aires. 3) laguna, Ctl 3, Bolívar, Buenos Aires. 4) establecimiento rural, Ctl 8, Bragado, Buenos Aires. 5) laguna, Ctl 10, Lincoln, Buenos Aires 6) arroyo, Ctl 3, 8, 9, 10, Necochea, Buenos Aires. 7) estancia, Ctl 8, Salto, Buenos Aires 8) establecimiento rural, Ctl 3, Veinte y Cinco de Mayo, Buenos Aires. 9) mina de cuarzo aurífero, Candelaria, Cruz del Eje, Córdoba. Está situada en el paraje llamado « Patacon. » 10) lugar poblado, Toyos, Ischilin, Córdoba. 11) arroyo, Rio Cuarto, Córdoba. Nace en los últimos remates australes de la sierra Comechingones, corre hacia el SE. y termina despues de un corto trayecto por inmersion en el suelo poroso de la pampa. El arroyo Chajan es un tributario del Cortadera en la márgen izquierda. 12) lugar poblado, Peñaolma, San Alberto, Córdoba. 13) lugar poblado, Arroyito, San Justo, Córdoba. 14) cuartel de la pedanía San Martin, Union, Córdoba. 15) finca rural, Paso de los

Libres, Corrientes. 16) camino á Bolivia. Véase Abra de la Cortadera. 17) cerro, Veinte y Cinco de Mayo, Mendoza. 18) vertiente, Capital, Rioja. 19) mina de plata en el distrito del cerro Negro, sierra de Famatina, Rioja. 20) vertiente, Pedernal, Huanacache, San juan.

Cortaderal, 1) finca rural, Empedrado, Corrientes. 2) estancia, Leales, Tucuman.

Cortaderas, 1) las, establecimiento rural, Ctl 4, Azul, Buenos Aires. E. 2) de las, arroyo, Ctl 2, 3. 4, Azul, Buenos Aires. Se pierde en bañados. 3) estancia, Ctl 11, Dorrego, Buenos Aires. 4) arroyo, Ctl 11, Pringles y Ctl 9, 10, 11, 12, 13, Dorrego. Buenos Aires. Nace en la sierra de Pillahuincó y desagua en la márgen derecha del arroyo de Las Mostazas. 5) estancia, Ctl 3, Patagones, Buenos Aires. 6) lugar poblado, Argentina, Minas, Córdoba. 7) aldea, Salsacate, Pocho, Córdoba. Tiene 126 habitantes. (Censo del 1° de Mayo de 1890). 8) lugar poblado, Achiras, Rio Cuarto, Córdoba. 9) lugar poblado, La Esquina, Rio Primero, Córdoba. 10) lugar poblado, Cerrillos, Sobremonte, Córdoba. 11) lugar poblado, Macha, Totoral, Córdoba. 12) lugar poblado. San José, Tulumba, Córdoba. 13) estancia, La Cruz, Corrientes. 14) paraje poblado, Valle Grande, jujuy. 15) arroyo, Las Heras, Mendoza. Es un tributario del rio Mendoza en la márgen izquierda. 16) paraje poblado La Paz, Mendoza. 17) distrito del departamento Belgrano, Rioja. 18) finca rural, Belgrano, Rioja. 19) finca rural, Anta, Salta. 20) lugar poblado, Larca, Chacabuco, San Luis. E. 21) arroyuelo, San Luis. Riega el distrito Larca, del departamento Chacabuco, y los de Merlo y Santa Rosa, del departamento Junin. 22) lugar poblado, Saladillo, Pringles, San Luis. 23) lugar poblado, Rincon del Cármen, San Martin, San Luis.

---

[1] Planta (Gynerium argenteum).

Cortapié, estancia, Ctl 6, Puan, Buenos Aires. C.

Cortinez, lugar poblado, Lujan, Buenos Aires. Dista de Buenos Aires 88 kms. FCP, C, T.

Cortito el, arroyo, Ctl 5, Pilar, Buenos Aires.

Corto, 1) arroyo, Ctl 6, Chascomús, Buenos Aires. 2) arroyo, Ctl 6, Guaminí, Buenos Aires. 3) arroyo, Ctl 2, Tapalqué, Buenos Aires.

Cortrocó, 1) laguna, Pedernera, San Luis. 2) monte de caldenes y chañares, Pedernera, San Luis.

Coruñesa la, establecimiento rural, Ctl 6, Veinte y Cinco de Mayo, Buenos Aires.

Corvalan, cerro, Veinte y Cinco de Mayo, Mendoza.

Corvalanes, lugar poblado, jimenez, Santiago. E.

Corvina la, estancia, Ctl 2, Tordillo, Buenos Aires.

Coscos, vertiente, Estanzuela, Chacabuco, San Luis.

Cosme, 1) laguna, Ctl 7, Vecino, Buenos Aires. 2) pedanía del departamento Anejos Sud, Córdoba. Tiene 1486 habitantes. (Censo del 1º de Mayo de 1890). 3) aldea, Cosme, Anejos Sud, Córdoba. Está situada á orillas del rio Segundo. Tiene 244 habitantes. (Censo). E.

Cosquín, 1) pedanía del departamento Punilla, Córdoba. Tiene 2030 habitantes. (Censo). 2) cuartel de la pedanía del mismo nombre, Punilla, Córdoba. 3) aldea, Cosquin, Punilla, Córdoba. Tiene 880 habitantes. (Censo). Es la cabecera del departamento Se halla á 57 kms. NO. de Córdoba y está situada á orillas del arroyo del mismo nombre. Es un delicioso paraje veraniego. Cosquin será estacion del ferro-carril que unirá á Córdoba con Cruz del Eje. $\varphi = 31° 15'$; $\lambda = 64° 30'$; $\alpha = 720$ m (O. Doering). C, T. E. 4) arroyo Punilla, Córdoba. Es uno de los elementos de formacion del rio Primero. 5) cuesta de, en la sierra Chica,

Punilla, Córdoba. Tiene 1000 metros de altura y comunica Saldan con Cosquin.

Costa, 1) la, establecimiento rural, Ctl 6, Chascomús, Buenos Aires. 2) estancia, Ctl 4, Saladillo, Buenos Aires. 3) la, lugar poblado, Santa Rosa, Calamuchita, Córdoba. 4) cuartel de la pedanía Villa de María, Rio Seco, Córdoba. 5) lugar poblado, Villa de María, Rio Seco, Córdoba. 6) la, lugar poblado, Suburbios, Rio Segundo, Córdoba. 7) la, lugar poblado, Nono, San Alberto, Córdoba. 8) la, cuartel de la pedanía San José, Tulumba, Córdoba. 9) aldea, San josé, Tulumba, Córdoba. Tiene 126 habitantes. (Censo). 10) la, lugar poblado, Bell-Ville, Union, Córdoba. 11) laguna, San Cosme, Corrientes. 12) lugar poblado, Rio Chico, Tucuman. En la márgen derecha del arroyo Medina, frente al pueblo del mismo nombre. 13) *Alegre,* aldea, Suburbios, Rio Segundo, Córdoba. Tiene 122 habitantes. (Censo). 14) *Arauco,* lugar poblado, Lavalle, Mendoza. E. 15) *del Arrecife,* lugar poblado, Baradero, Buenos Aires. E. 16) *de Buena Vista,* lugar poblado, La Viña, Salta. 17) *de Cuenca,* lugar poblado, Mercedes, Corrientes. 18) *Grande,* distrito del departamento Diamante, Entre Rios. 19) *del Monte,* lugar poblado, Higueras, Cruz del Eje, Córdoba. 20) *del Monte,* aldea, Pampayasta Sud, Tercero Arriba, Córdoba. Tiene 104 habitantes. (Censo). 21) *del Monte,* lugar poblado, Zorros, Tercero Arriba, Córdoba. 22) *del Nado,* lugar poblado, Rivadavia, Mendoza. 23) *de Nogoyá,* distrito del departamento Gualeguay, Entre Rios. 24) *de Payubre,* lugar poblado, Mercedes, Corrientes. 25) *de Reyes,* distrito del departamento Tinogasta, Catamarca. 26) *de Reyes,* lugar poblado, Costa de Reyes, Tinogasta, Catamarca. E. 27) *de Reyes,* arroyo, Tinogasta, Catamarca. Corre de O. á E en el límite de las provincias de Catamarca y la Rioja. No alcanza á reunir sus aguas con el arroyo Colorado. 28) *del Rio,* lugar poblado, Parroquia, Rio Cuarto, Córdoba. 29) *del Rio Segundo,* lugar poblado, San Isidro, Anejos Sud, Córdoba. 30) *Sarandí,* lugar poblado, Esquina, Corrientes. 31) *de Timboy,* lugar poblado, Monte Caseros, Corrientes. 32) *del Tunal,* lugar poblado, La Viña, Salta, 33) *Uruguay,* distrito del departamento Gualeguaychú, Entre Rios.

Costas, 1) distrito del departamento de la Capital, Salta. 2) las, finca rural, Capital, Salta. 3) estancia, Leales, Tucuman. En el camino que conduce de Vinará á Tucuman.

Costilla, lugar poblado, Monteros, Tucuman. En el camino que conduce de Simoca á Monteros.

Costosa la, establecimiento rural, Ctl 4, Chascomús, Buenos Aires.

Cotao, arroyo, Belén, Catamarca. Nace en la laguna Blanca y corre de O. á E. en una extension de 30 kms., para terminar por inmersion en el suelo.

Cotin, establecimiento rural, Viedma, Rio Negro.

Cotis, establecimiento rural, Ctl 2, Tapalqué, Buenos Aires.

Cotorras, arroyo, Ctl 1, 3, 4, 5, Moreno, Buenos Aires.

Coyahué, arroyo, Neuquen. Pasa por el valle Pulmaú y sus siete lagunas y desagua en el Collon-Curá.

Coy-Jnlet, bahía, Santa Cruz. En ella desagua el rio Coyle. Punta Norte: $\varphi = 50° 54' 10''$; $\lambda = 69° 4' 20''$. Punta Sud: $\varphi = 50° 58' 30''$; $\lambda = 69° 7' 20''$. (Fitz Roy).

Cramer, laguna, Ctl 4, Ayacucho, Buenos Aires.

Creland, establecimiento rural, Ctl 6, Alvear, Buenos Aires.

Crescencia, establecimiento rural, Ctl 5, San Antonio de Areco, Buenos Aires.

Crescencio, laguna, Ctl 6, Nueve de Julio, Buenos Aires.

Crespa, 1) la, estancia, Ctl 2, 3, Azul, Buenos Aires. 2) de la, arroyo, Ctl 2, 3, Azul, Buenos Aires.

Crespin, aldea, Higueras, Cruz del Eje, Córdoba. Tiene 156 habitantes. (Censo del 1° de Mayo de 1890).

Crespo, 1) colonia, Tala, Capital, Entre Rios. Fué fundada en 1884 á orillas del arroyo de las Conchas, en una extension de 5400 hectáreas. Dista 25 kms. de la capital provincial. 2) del, arroyo, Palmar, Diamante, Entre Rios. Riega la colonia General Alvear y desagua en el Paraná. 3) colonia, Monte de Vera, Capital, Santa Fe. Tiene 326 habitantes. (Censo del 7 de Junio de 1887). Dista de Santa Fe 150 kms. FCSF, C, T.

Creston, 1) cerro, Guachipas, Salta. 2) *de Piedras,* lugar poblado, General Mitre, Totoral, Córdoba.

Criolla la, 1) establecimiento rural, Ctl 7, Chacabuco, Buenos Aires. 2) establecimiento rural, Ctl 8, Guaminí, Buenos Aires. 3) establecimiento rural, Ctl 2, Olavarría, Buenos Aires. 4) estancia, Ctl 4, 10, Trenque-Lauquen, Buenos Aires.

Criollas, 1) estancia, Trancas, Tucuman. Está situada junto á la confluencia de los arroyos de Gonzalo y de las Criollas. 2) arroyo, Trancas, Tucuman. Es uno de los elementos de formacion del arroyo de Riarte.

Criollo el, estancia, Ctl 9, Trenque-Lauquen, Buenos Aires.

Crisol, barrio nuevo en vía de formacion, al Sud de la ciudad de Córdoba.

Cristalina la, establecimiento rural, Ctl 10, Rauch, Buenos Aires.

Cristiano, 1) del, laguna, Ctl 5, Olavarría, Buenos Aires. 2) lugar poblado, Jagüeles, General Roca, Córdoba. 3) *Muerto,* arroyo, Ctl 7, juarez, Ctl 3, 8, 9, 10, Necochea y Ctl 8, 9, 10, Tres Arroyos, Buenos Aires. Desagua en el Océano

Atlántico. Es en casi toda su extension límite entre los partidos de Necochea, al Este, y de Tres Arroyos, al Oeste

Cristina, 1) la, establecimiento rural, Ctl 6, Trenque-Lauquen, Buenos Aires. 2) la, finca rural, Esquina, Corrientes. 3) colonia, Libertad, San justo, Córdoba Fué fundada en 1888 en una extension de 8116 hectáreas. Está á 3 kms. al Sud del ferro-carril de Córdoba á Santa Fe.

Croso, arroyo, Ctl 4 Las Flores, Buenos Aires.

Crouzeilles, fortin, Neuquen Está situado al Sud del lago Tromun-Lauquen.

Cruceros, paraje poblado, Rivadavia Mendoza.

Cruces, 1) las, laguna, Ctl 12, Dolores, Buenos Aires. 2) las, lugar poblado, Toscas, San Alberto, Córdoba. 3) las, paraje poblado, La Paz, Mendoza.

Crucesita, 1) arroyo, Barracas al Sud, Buenos Aires. Es un pequeño tributario del llamado Maciel. 2) estancia, Concepcion. Corrientes 3) estancia, Ituzaingó, Corrientes. 4) finca rural, San Luis del Palmar, Corrientes. 5) finca rural, Guzman, San Martin, San Luis 6) chacra, San Lorenzo, San Martin, San Luis. 7) *del Batel,* estancia, Lavalle, Corrientes.

Crucesitas, 1) lugar poblado, Higuerillas, Rio Seco, Córdoba. 2) paraje poblado, Lavalle, Corrientes. 3) laguna, Lavalle, Corrientes. 4) distrito del departamento Nogoyá, Entre Rios.

Cruz, 1) la, estancia, Ctl 4, Campana, Buenos Aires 2) de la, laguna, Ctl 3, Campana, Buenos Aires. 3) de la, cañada, Ctl 2, 3, Giles; Ctl 1, 2, 3, 4, Exaltacion de la Cruz; Ctl 2, 3, 4, Campana, Buenos Aires. Desemboca en la márgen derecha del Paraná de las Palmas. Sus tributarios en la márgen izquierda son los arroyos Morgán y Pesqueria y en la márgen derecha la cañada de Romero. 4) de la, laguna, Ctl 3, Las Flores, Buenos Aires. 5) de la, arroyo, Ctl 3, 4, 6, 7,

Lujan, Buenos Aires. 6) establecimiento rural, Ctl 11, Veinte y Cinco de Mayo, Buenos Aires. 7) la, cuartel de la pedanía Cañada de Alvarez, Calamuchita, Córdoba. 8) lugar poblado, Cañada de Alvarez, Calamuchita, Córdoba. ? = 32° 19'; λ = 64° 31'. 9) de la, arroyo, Calamuchita, Córdoba. Es uno de los elementos de formacion del rio Tercero. El Quillinzo es su afluente de importancia. 10) la, lugar poblado, Achiras, Rio Cuarto, Córdoba. 11) la, lugar poblado, Candelaria, Rio Seco, Córdoba. 12) la, lugar poblado, Villa de Maria, Rio Seco, Córdoba. 13) la, finca rural, Curuzú-Cuatiá, Corrientes. 14) la, finca rural, Esquina, Corrientes. 15) la, departamento de la provincia de Corrientes. Está situado sobre el rio Uruguay y confina al Norte con el departamento Alvear, al Oeste con el de Mercedes y al Sud con el de Paso de los Libres. Su extension es de 4000 kms.² y su poblacion conjetural de unos 4000 habitantes. El departamento es regado por los rios Miriñay y Aguapey y por los arroyos Estingana, Guaribari, Pirayú, Sarandí y Cazuela. La cabecera del departamento es la villa de La Cruz. 16) villa, La Cruz, Corrientes. Está situada á orillas del Uruguay y al Sud de la desembocadura del rio Aguapey Dista 166 kms. de Monte Caseros. Tiene unos 2000 habitantes. La Cruz será estacion del ferro-carril de Monte Caseros á Posadas. Aduana. C, T. E. 17) la, finca rural, Lavalle, Corrientes. 18) la, finca rural, Monte Caseros, Corrientes. 19) la, laguna, San Roque, Corrientes. 20) la, finca rural, General Sarmiento, Rioja. 21) la, finca rural, Anta, Salta. 22) la, distrito del departamento de la Capital, Salta. 23) la, finca rural, Capital, Salta. E. 24) la finca rural, Guachipas, Salta. 25) mineral de cobre, Iruya, Salta. 26) la, finca rural, Molinos, Salta. 27) la, finca rural, San

Cárlos, Salta. 28) vertiente, Estanzuela, Chacabuco, San Luis. 29) la, lugar poblado, Copo, Santiago. C. 30) la, estancia, Burruyaco, Tucuman. En la falda oriental de la sierra de la Ramada. C, E. 31) *Alta*, pedanía del departamento Márcos Juarez, Córdoba. Tiene 2690 habitantes. (Censo del 1º de Mayo de 1890). 32) *Alta*, villa, Cruz Alta, Márcos Juarez, Córdoba. Está situada en la frontera santafecina, donde el rio Tercero entra en la provincia de Santa Fe y toma el nombre de Carcarañá. Tiene 2516 habitantes. (Censo). $\varphi = 33° 1'$; $\lambda = 61° 49'$. C, T, E. 33) *Alta*, estancia, Cafayate, Salta. 34) *Alta*, distrito del departamento de la Capital, Tucuman. 35) *Alta*, lugar poblado, Capital, Tucuman. C. 36) *del Boyero*, lugar poblado, Juarez Celman, San Justo, Córdoba. 37) *de Caña*, lugar poblado, Candelaria, Cruz del Eje, Córdoba. 38) *de Caña*, aldea, La Paz, San Javier, Córdoba. Tiene 172 habitantes. (Censo del 1º de Mayo de 1890). 39) *de Caña*, finca rural, San Lorenzo, San Martin, San Luis. 40) *de Caña*, vertiente, San Lorenzo, San Martin, San Luis. 41) *de Cañas*, cuartel de la pedanía de La Paz, San Javier, Córdoba. 42) *Chica*, lugar poblado, Dolores, Punilla, Córdoba. 43) *Chiquita*, lugar poblado, San Cárlos, Minas, Córdoba. 44) *Colorada*, riacho, Ctl 4, Las Conchas, Buenos Aires. 45) *del Eje*, departamento de la provincia de Córdoba. Confina al Norte con el departamento Ischilin, al Este con el de Punilla, al Sud con el de Minas y al Oeste con la provincia de la Rioja por la línea media de las salinas. Tiene 6792 kms.² de extension y una poblacion de 18910 habitantes. (Censo del 1º de Mayo de 1890). El departamento está dividido en las 4 pedanías: Cruz del Eje ó Parroquia, Higueras, Pichanas y Candelaria. Los centros de poblacion de 100 habitantes

para arriba son: Soto, San Márcos, Olayon, Las Playas, Brete, Pueblo Nuevo, Media Naranja, Santo Domingo, Quilpo, Batea, Banda Poniente, Simbolar, La Toma, San Antonio, Sauces de San Márcos, Piedra Blanca, Crespin, Yeguas Muertas, Altos, Bañado, Barranquitas, Cajon, Encrucijadas, Tuclame, Iglesia Vieja, Taguayo, Piedras Anchas. Lomitas, Pichanas, Rio Seco. Paso Viejo, Cañadas, Cachiyuyo, Balde de Nabor, Las Abras y Paso del Carnero. La villa de Olayon ó Cruz del Eje es la cabecera del departamento. 46) *del Eje*, pedanía del departamento Cruz del Eje, Córdoba. Tiene 8110 habitantes. (Censo) 47) *del Eje*, cuartel de la pedanía del mismo nombre, Cruz del Eje, Córdoba. 48) *del Eje*, arroyo, Cruz del Eje, Córdoba. Nace en la pampa de Olain, de la confluencia de los arroyos Pintos y San Gregorio: se dirige al NO. y recibe al salir de la sierra, en la márgen derecha, las aguas de los arroyos Seco y San Márcos, y en la izquierda las de los arroyos Candelaria y Esquina; pasa por el pueblo Cruz del Eje y termina en la pampa, mucho antes de llegar á las salinas, por inmersion en el suelo. 49) *del Eje*, villa, Véase Olayon. 50) *de Flores*, finca rural, Conlara, San Martin, San Luis. 51) *Grande*, lugar poblado, Dolores, Punilla, Córdoba. E. 52) *Grande*, distrito de la seccion Copo 1º del departamento Copo, Santiago del Estero. 53) *Grande*, lugar poblado, Copo, Santiago. 54) *de los Milagros*, estancia, Saladas, Corrientes. 55) *de Piedra*, cumbre de la cordillera, Tupungato, Mendoza. $\varphi = 34° 11'$; $\lambda = 69° 30'$; $x = 5220$ m. (Pissis). 56) *de Piedra*, paso de la cordillera, Tupungato, Mendoza. $\varphi = 33° 30'$; $\lambda = 69° 50'$; $x = 3442$ m. (Pissis). 57) *de Piedra*, poblacion agrícola, jachal, San Juan. E. 58) *Pozo*, distrito del departamento Itamisqui, Santiago del Estero. 59) *Pozo*, distrito de la seccion Silípica 1ª del departamento Silipica, Santiago del Estero. 60) *Pozo,* paraje poblado, Silípica, Santiago. 61) *del Quemado,* lugar poblado, Cañas, Anejos Norte, Córdoba. 62) *del Sauce,* riacho, Ctl 3, San Fernando, Buenos Aires. 63) *de Silveira,* lugar poblado, San Cárlos, Minas, Córba. 64) *Uchuya,* lugar poblado, Quilino, Ischilin, Córdoba. 65) *del Yuyo,* la, paraje poblado, La Paz, Mendoza.

Cuadra la, finca rural, Chilecito, Rioja.

Cuadrada, isla del rio Uruguay, Corrientes. Está á unos 25 kms. aguas abajo de Alvear.

Cuadro el, lugar poblado, Higueras, Cruz del Eje, Córdoba.

Cuarteadero, lugar poblado, Capital, Tucuman. Está en las inmediaciones de Granja.

Cuartillo, arroyo, Ceibas, Gualeguaychú, Entre Rios. Desagua en el riacho de Ibicuy (delta del Paraná).

Cuarto, rio, Córdoba. Nace en la sierra de Comechingones, departamento de Rio Cuarto, por la confluencia de los arroyos Barrancas, de San Bartolo, de la Tapa y de Piedra Blanca. Hasta la ciudad de Rio Cuarto corre con rumbo á SE., inclinándose despues hacia Este para formar á su entrada en el departamento Union, .n el paraje llamado Loboy, una laguna no muy ancha, pero muy larga El desagüe de esta laguna es el llamado rio Saladillo, que corre en direccion á NE. para desembocar en la márgen derecha del rio Tercero. Se puede, pues, decir con toda propiedad que el rio Cuarto no es más que un afluente del rio Tercero. El rio Cuarto beneficia con sus aguas la ciudad del mismo nombre, el pueblo Reduccion, Villa Carlota y la aldea Saladillo.

Cuatro 1) *Hermanos,* finca rural, Goya, Corrientes. 2) *de Junio,* mineral de oro, Poma, Salta. 3) *Lagunas,* paraje poblado, Departamento 5º, Pampa. 4) *Mojones,* laguna, Ctl 2, Olavarria, Buenos Aires. 5) *de Octubre,* mineral de cobre, San Antonio de los Cobres, Poma, Salta. 6) *Ojos,* estancia, Ctl 5, Brandzen, Buenos Aires. 7) *Palos,* paraje poblado, Capital, Chaco. 8) *Pozos,* establecimiento rural, Ctl 5, Olavarria, Buenos Aires. 9) *Sauces,* finca rural, Cafayate, Salta 10) *Sauces,* lugar poblado, Famaillá, Tucuman. E.

Cubana la, establecimiento rural, Ctl 11, Bragado, Buenos Aires.

Cuchi-Corral, 1) lugar poblado, Dolores Pupilla, Córdoba. 2) lugar poblado, Mojarras, Tercero Abajo, Córdoba. 3) lugar poblado, Sumampa, Santiago. E.

Cuchiguasi, estancia, Leales, Tucuman. En la orilla izquierda del rio Salí, al Sud de Leales.

Cuchilla, 1) distrito del departamento Gualeguay, Entre Rios. 2) *Redonda,* distrito del departamento Gualeguaychú, Entre Rios. 3) *San Pablo,* lugar poblado, Arroyito, San Justo, Córdoba.

Cuchillas, finca rural, Esquina, Corrientes.

Cuchillazo, finca rural, Capital, Rioja.

Cuchillorco, paraje poblado, Departamento 4º, Pampa.

Cuchiurno, finca rural, Capital, Salta.

Cuchiyaco, 1) lugar poblado, Salsacate, Pocho, Córdoba. 2) lugar poblado, Seccion 4ª, Pampa. E. 3) estancia, Rosario de la Frontera, Salta. 4) lugar poblado, Valle Fértil, San Juan. 5) estancia, Trancas, Tucuman. Próxima á la de Buena Vista, del mismo departamento.

Cuchuna, arroyo, Chicligasta, Tucuman. Es uno de los que dan orígen al rio Chico y forma en toda su extension el límite entre las provincias de Tucuman y Catamarca.

Cucuñal, paraje poblado, Valle Grande, Jujuy.

Cuenca-Cué, finca rural, Curuzú-Cuatiá, Corrientes.

Cuerito el, estancia, Campo Santo, Salta.

Cuero 1) el, pedania del departamento General Roca, Córdoba. Tiene 467 habitantes. (Censo del 1º de Mayo de 1890). 2) el, lugar poblado, El Cuero, General Roca, Córdoba. 3) del, laguna, Pedernera, San Luis. $\varphi = 34° 55' 56''$; $\lambda = 65° 25' 31''$. 4) del, laguna, Rio Negro. En el camino de Viedma á Puerto San Antonio.

Cueros 1) de los, arroyo, Ctl 13, Necochea, Buenos Aires. 2) de los, arroyo, Ctl 2, 3, Pueyrredon y Ctl 4, Mar Chiquita, Buenos Aires. Desagua en el Océano Atlántico. 3) de los, cañada, Ctl 12, Ramallo, Buenos Aires. Desemboca en el Paraná en el partido San Pedro, próximo al paraje llamado « Puerto de Obligado. »

Cuervo, vertiente, San Lorenzo, San Martin, San Luis.

Cuervos, laguna, Ctl 2, Márcos Paz, Buenos Aires.

Cuesta 1) la, establecimiento rural, Ctl 8, Balcarce, Buenos Aires. 2) lugar poblado, Ambul, San Alberto, Córdoba. 3) vertiente, San Francisco, Ayacucho, San Luis. 4) de la, arroyo. Véase arroyo Colalao. 5) *Blanca*, lugar poblado, San Roque, Punilla, Córdoba, 6) *Chica*, paraje poblado, Capital, Jujuy. 7) *Grande*, paraje poblado, Rosario de Lerma, Salta. 8) *Larga*, paraje poblado, Capital, Jujuy. 9) *de Romero*, lugar poblado, Guasapampa, Minas, Córdoba. 10) *de los Sauces*, lugar poblado, Guachipas, Salta.

Cuestecilla, vertiente, Los Angeles, Capayan, Catamarca.

Cueva, 1) paraje poblado, Humahuaca, Jujuy. 2) pico del Potrero del Morro, Morro, Pedernera, San Luis. 3) cumbre de los cerros de la Carolina, Carolina, Pringles, San Luis. 4) arroyo, Trancas, Tucuman. Baja de las cumbres calchaquíes y contribuye á formar el arroyo de Riarte, que más abajo toma el nombre

de Alurralde. 5) *Pintada*, vertiente, Rincon del Cármen, San Martin. San Luis.

Cuevas, 1) lugar poblado, Parroquia, Pocho, Córdoba 2) de las, cerro, en la pampa de Achala Punilla, Córdoba. 3) las, lugar poblado, Quebracho, Rio Primero, Córdoba. 4) finca rural, Bella Vista, Corrientes. 5) las, paraje poblado, Las Heras, Mendoza. 6) de las, arroyo, Las Heras, Mendoza. Es uno de los orígenes del rio Mendoza. 7) las, paraje poblado, Rosario de Lerma, Salta. 8) las, vertiente, Marquesado, Desamparados, San Juan.

Cuevitas, lugar poblado, Argentina, Minas, Córdoba.

Culu-Culú, 1) arroyo, Ctl 8, Lobos, Buenos Aires. 2) laguna, Ctl 8, Lobos, Buenos Aires.

Culul-Malal, arroyo, Neuquen. Es un tributario del rio Agrio, en la márgen izquierda

Cululú, 1) lugar poblado, Progreso, Colonias, Santa Fe. Tiene 322 habitantes. (Censo del 7 de Junio de 1887). 2) arroyo, Colonias, Santa Fe. Es un tributario del Salado. Pasa por las colonias Maria Luisa, Progreso, Rivadavia y Cavour.

Cululucito, arroyo, Colonias, Santa Fe. Es un tributario del Cululú. Pasa por la colonia Grütli.

Cullen, arroyo, Tierra del Fuego. Es una de las siete arterias fluviales halladas por Popper desde cabo Espiritu Santo hasta cabo Peñas. Desemboca en el Atlántico. $\varphi = 52° 53'$.

Cumbre, 1) lugar poblado, Ciénega del Coro, Minas, Córdoba. 2) lugar poblado, San Bartolomé, Rio Cuarto, Córdoba. 3) paso de la, ó de Uspallata, Las Heras, Mendoza. Camino de Mendoza á Chile. $\varphi = 33°$; $\lambda = 69° 50'$; $\alpha = 3900$ m. (Moussy). 4) *de las Invernadas*, trozo del macizo de San Luis, San Francisco, Ayacucho, San Luis.

Cumbres, 1) paraje poblado, San Martin, San Martin, San Luis. 2) *de Gaspar,* sierra, Córdoba. Es una ramificacion que arranca de la « Pampa de San Luis » y se extiende al Oeste y Norte de la misma, en los departamentos Pocho y Minas. Las faldas occidentales de esta sierra abundan en vetas de cuarzo aurífero.

Cumecó, estancia, Ctl 6, Bolívar, Buenos Aires.

Cumpicay, 1) laguna, Concepcion, Corrientes. 2) finca rural, Paso de los Libres, Corrientes.

Cuña-Curuzú, finca rural, La Cruz, Corrientes.

Cupalen, arroyo, Potrero de Lorenzo, Uruguay, Entre Rios. Desagua en el Uruguay.

Cura 1) el, establecimiento rural, Ctl 5, Brandzen, Buenos Aires. 2) laguna, Ctl 4, Cármen de Areco, Buenos Aires. 3) laguna, Ctl 3, Nueve de Julio, Buenos Aires. 4) estancia, Ctl 6, Salto, Buenos Aires.

Curacó, 1) lugar poblado, Seccion 4ª, Pampa. C. 2) arroyo, Pampa. De este arroyo no se sabe con certeza si es el desagüe de la laguna Urre-Lauquen, ni si alcanza á desaguar en el rio Colorado (márgen izquierda)

Curamilió, arroyo, Neuquen. Es un tributario del rio Barrancas en la márgen derecha.

Curapicay, finca rural, La Cruz, Corrientes.

Curay 1) *Chico,* estancia, La Cruz, Corrientes. 2) *Chico,* estero, La Cruz, Corrientes. 3) *Chico,* estancia, Santo Tomé, Corrientes. 4) *Grande,* finca rural, Santo Tomé, Corrientes.

Curioso 1) el, establecimiento rural, Ctl 4, Ramallo, Buenos Aires. 2) cabo á la entrada del puerto San Julian, Santa Cruz. $\varphi = 49°$ 10' 45"; $\lambda = 67°$ 37'. (Fitz Roy).

Curitiba, rio Grande de. Véase rio Iguazú.

Curiyú, 1) finca rural, Goya, Corrientes. 2) laguna, Goya, Corrientes.

Curoca, arroyo tributario del Chuscha, Monteros, Tucuman.

Curru-Lauquen [1], arroyo, Beltran, Mendoza. Es un tributario del rio Grande en la márgen izquierda.

Curru-Leubú [2], arroyo, Neuquen. Tiene su orígen en la cordillera Chollol-Mahuida y desagua en el rio Neuquen, en su márgen izquierda. $\varphi = 37°$ 26' 45" $\lambda = 69°$ 50'; $x = 801$ m. (Host).

Curru-Mahuida [3], 1) cerro, Neuquen. $\varphi = 37°$ 6'; $\lambda = 70°$ 20'; $x = 3376$ m. (Lallemant). 2) colinas de origen volcánico, Pampa. Encierran selva, pastos y agua potable.

Currumalan [4], 1) establecimiento rural, Ctl 1, Suarez, Buenos Aires. 2) colonia, Suarez, Buenos Aires. Cerca de la estacion Pigüé. 3) lugar poblado, Suarez, Buenos Aires. Dista de Buenos Aires 536 kms. $x = 248,4$ m. FCS, C, T. 4) arroyo, Ctl 2, 5, Suarez, Buenos Aires. 5) sierra, Suarez, Buenos Aires. No es más que una lomada que se extiende de NO. á SE. y que forma parte de la sierra de la Ventana.

Currutué [5], 1) lugar poblado, Departamento 7°, Pampa. 2) laguna, Departamento 7°, Pampa.

Curtiembre, 1) arroyo, Tala, Capital, Entre Rios. Riega los campos de la « Colonizadora Argentina » y desagua en el Paraná. 2) distrito del departamento Viña, Salta. 3) la, finca rural, La Viña, Salta. 4) arroyo, La Viña, Salta. Es un pequeño tributario del rio Juramento en la márgen izquierda.

Curubicas, riacho, Ctl 3, Las Conchas, Buenos Aires.

Curucuatí, laguna, Ctl 3, Navarro, Buenos Aires.

Curupaity, 1) establecimiento rural, Ctl 8,

---

1 Curru = negro; Lauquen = lago (araucano). —
2 Leuvú ó Leufú ó Leubú = rio (araucano).—3 Mahuida = cerro (araucano). — 1 Malan ó Malal = corral (araucano). — 5 Campo Negro (araucano).

Ramallo, Buenos Aires. 2) finca rural, Ituzaingó, Corrientes. 3) estancia, San Miguel, Corrientes.

Curupi, 1) estancia, Ctl 4, Patagones, Buenos Aires. 2) laguna, Mercedes, Corrientes. 3) arroyo, Entre Rios. Es un tributario del rio Gualeguay en la márgen izquierda y forma en toda su extension el límite entre el distrito Lúcas al Norte del departamento Villaguay y el de Chañar del departamento Concordia. 4) arroyo, Capital, Santa Fe. Derrama sus aguas en el rio Salado.

Çurupicay, 1) laguna, Concepcion, Corrientes. 2) arroyo, Curuzú-Cuatiá, Corrientes. Es un pequeño tributario del Mocoretá en la márgen derecha. 3) arroyo, Mercedes, Corrientes. Es un afluente del arroyo Ayuí Grande. 4) finca rural, Monte Caseros, Corrientes. 5) arroyo, Monte Caseros, Corrientes. Es un afluente del Timboy en la márgen derecha, 6) arroyo, Monte Caseros, Corrientes. Es un tributario del Miriñay. 7) arroyo, Monte Caseros, Corrientes. Es un afluente del Mocoretá en la márgen izquierda.

Cururú, laguna, Ctl. 7, Saladillo, Buenos Aires.

Curuzú, [1] 1) finca rural, Goya, Corrientes. 2) laguna, Goya, Corrientes. 3) finca rural, Itatí, Corrientes. 4) estero, La Cruz, Corrientes. 5) *Barrero,* estancia, Bella Vista, Corrientes. 6) *Cuá,* finca rural, Lavalle, Corrientes. 7) *Cuatiá,* departamento de la provincia de Corrientes, fronterizo de Entre Rios Forman sus límites al Norte los arroyos Villanueva y Yuquerí (departamento de Mercedes); al Oeste el rio Corrientes (departamentos Lavalle y Goya) y los departamentos Esquina y Sauce; al Sud la cañada Basualdo y el arroyo de las Tunas (provincia de Entre Rios) y al

Este los arroyos Mocoretá, Curuzú-Cuatiá y el rio Miriñay (departamentos de Monte Caseros y Paso de los Libres). Tiene 7000 kms.² de extension y una poblacion conjetural de 15000 habitantes. Haciendas y buenos pastos abundan. El monte Payubre, continuacion del de Montiel, de Entre Rios, cubre una gran extension de este departamento. Las principales corrientes son: el rio Corrientes y los arroyos Villanueva, Tótoras, Aguay, Aguaycito, Yatay, Ibicuy, Mocoretá, Aguará, Tunas, Iberá, Carpincho, Chañar, Sarandi y muchos otros. Escuelas funcionan en Curuzú-Cuatiá, Payo Largo, San Pedro y Baca-Cuá. La villa Curuzú-Cuatiá (cruz pintada) es la cabecera del departamento. 8) *Cuatiá,* villa, Curuzú-Cuatiá, Corrientes. Está situada en la márgen derecha del arroyo del mismo nombre y dista 85 kms. de Monte Caseros y 95 de Mercedes. Tiene unos 2000 habitantes. Será una de las estaciones del ferro-carril de Monte Caseros á Corrientes. Agencia del Banco Nacional. $\varphi = 29° 48'$; $\lambda = 58° 5'$; $\alpha = 60$ m. C, T, E. 9) *Cuatiá,* finca rural, Curuzú-Cuatiá, Corrientes. 10) *Cuatiá,* arroyo, Curuzú-Cuatiá, Corrientes. Es un tributario del Miriñay. Forma en casi toda su extension el límite entre los departamentos Curuzú-Cuatiá y Monte Caseros. Recibe en ambas orillas varios pequeños afluentes 11) *Laurel,* estancia, San Miguel, Corrientes. 12) *Pucú,* finca rural, Bella Vista, Corrientes. 13) *Pucú,* laguna, Paso de los Libres, Corrientes.

Custodia la, establecimiento rural, Ctl 8, Las Flores, Buenos Aires.

Cutunsa, chacra, San Lorenzo, San Martin, San Luis.

Cuyo, nombre con que se designaba en el tiempo de la emancipacion las hoy provincias de San Luis, Mendoza y San Juan.

---

1 Cruz (guaraní)

Cuyoc, 1) distrito del departamento Banda, Santiago del Estero. 2) lugar poblado, Banda, Santiago. E.

Cuyuya, lugar poblado, Capital, Jujuy.

Chacabuco, 1) partido de la Provincia de Buenos Aires. Está situado al Oeste de Buenos Aires. Tiene 2523 kms.² de extension y una poblacion de 12189 habitantes. (Censo del 31 de Enero de 1890). El partido es regado por el rio Salado y el arroyo Los Peludos, cañada Mingorena y cañada San Patricio. 2) villa, Chacabuco, Buenos Aires. Es cabecera del partido. Fundada en 1865, cuenta hoy con una poblacion de 4000 habitantes. Sucursal del Banco de la Provincia. Dista de Buenos Aires 211 kms. α = 68 m. FCP, C, T, E. 3) establecimiento rural, Ctl 10, Las Flores, Buenos Aires. 4) estancia, Ctl 4, Magdalena, Buenos Aires. 5) establecimiento rural, Ctl 1, Maipú, Buenos Aires. 6) colonia, Carlota, Juarez Celman, Córdoba. Fué fundada en 1884 por el Gobierno Nacional en una extension de 21644 hectáreas. Tiene 277 habitantes. (Censo del 1° de Mayo de 1890). 7) departamento de la provincia de Mendoza Confina al Norte con el departamento Lavalle por la cañada de los Burros; al Este con el departamento La Paz por un meridiano que pasa entre las estaciones Tunuyan y La Paz y que dista de la primera la tercera parte de la distancia que separa las dos; al Sud con el departamento Veinte y Cinco de Mayo por el paralelo que pasa por el volcan Maipó, y al Oeste con San Martin, Junin, Rivadavia y Nueve de Julio. Tiene 6500 kms.² de extension y una poblacion conjetural de unos 3500 habitantes. El terreno es en su totalidad llano y cubierto en gran parte de monte. La ganadería es su fuente principal de recursos. Santa Rosa, estacion del ferro-carril Gran Oeste Argentino, es la cabecera del departamento. La estacion Tunuyan, del mismo ferro-carril, se halla tambien en este departamento. 8) pueblo, Chacabuco, Mendoza. E. 9) fortin, Neuquen. Está situado junto al rio Limay y á orillas del lago Nahuel-Huapí. 10) mina de cobre y plata, á 10 kms. al Norte del pueblo Iruya, Salta. 11) departamento de la provincia de San Luis. Confina al Norte con el departamento Junin, al Este con la provincia de Córdoba; al Sud con el departamento Pedernera y al Oeste con el de San Martin. Su extension es de 2888 kms.² y su poblacion conjetural de unos 10200 habitantes. Está dividido en los cinco partidos: Renca, Dolores, Estanzuela, Larca y Naschel. Aguadas: los arroyos y arroyuelos Conlara, Seco, de las Cañas, Casa de Piedra, Ojito de Agua, Riojita, Carrizal, Salado, de los Sauces, Benitez, Oliva, Cortaderas, Papagayos, Tala, Larca, Sepultura, de la Grana, de la Toma, del Chañaral, Cóndores, Morito Muerto, de la Cruz, de los Coscos y San Pedro. Escuelas funcionan en Renca, San Pablo, Dolores, Larca, Cortaderas, Santa Teresa y Cármen. La villa de Renca es la cabecera del departamento.

Chacaico, cerro, Beltran, Mendoza. En la sierra que se extiende al Sud de la villa de San Rafael hasta la gobernacion de la Pampa.

Chacarilla, 1) lugar poblado, Panaolma, San Alberto, Córdoba. 2) finca rural, Cerrillos, Salta. 3) *de la Merced*, finca rural, Lujan, Mendoza.

Chacarita, 1) enterratorio de la capital federal. Es estacion del tramway rural y dista por esta via 5 kms. de la plaza «Once de Setiembre.» FCO, ramal á la Chacarita C, T. 2) distrito del departamento de la Capital, Catamarca. 3) la, finca rural, Lomas, Corrientes.

Chacay [1], 1) arroyo, Beltran, Mendoza. Nace en la cordillera, corre de O. á E. y termina en la laguna del Alamito. 2) cerro, Beltran, Mendoza. $\varphi = 35°10'$; $\lambda = 70°$; $x = 3628$ m. (Lallemant).

Chacayes, paraje poblado, Tunuyan, Mendoza.

Chachin, laguna, Esquina, Corrientes.

Chaco, 1) establecimiento rural, Ctl 4, Bahía Blanca, Buenos Aires. 2) gobernacion. Tiene por límites: al Este los rios Paraguay y Paraná desde la desembocadura del Bermejo en el primero hasta el paralelo de los 28° de latitud; por el Sud el mencionado paralelo de los 28° de latitud hasta encontrar al Oeste una línea que partiendo de San Miguel, sobre el Salado, pasa por Otumpa; por el Norte una línea que partiendo de las Barrancas sobre el Salado, pasa por la interseccion de la línea rumbo Sud del fuerte Belgrano con el Bermejo. Dentro de estos límites tiene la gobernacion 124834 kms.² de extension. El suelo de este territorio es una vasta llanura, levemente inclinada de NO. á SE. y cubierta de bosques que solo ofrecen claros en los parajes ocupados por lagunas ó pantanos. El verano, que es la estacion de las lluvias, dura 7 meses, desde Noviembre hasta Mayo. El invierno es generalmente seco. Las lluvias suelen comenzar en Octubre y terminan en Mayo Durante la estacion seca, el rocío es muy abundante. La temperatura media del litoral es alrededor de 23,°5, lo cual significa que es un poco más elevada que la de Rio Janeiro. La orilla del Paraná está ocupada por gente civilizada que cultiva el suelo ó explota los bosques por medio de los llamados obrajes, mientras que, tierras adentro, vagan los indios. La gobernacion está dividida en los 5 departamentos: Resistencia, Florencia, Guaicurú, Solalindo y Martinez de Hoz. A lo largo del Bermejo hay una série de fortines, dotados de estaciones telegráficas, como son: Puerto Expedicion, á 70 kms. de Puerto Bermejo, Madero, Irigoyen, Wilde, Plaza, Presidencia Roca y La Cangayé. La capital de la gobernacion es Resistencia.

Chacon, 1) arroyo, Ctl 3, Márcos Paz y Ctl 6, Magdalena, Buenos Aires. 2) laguna, Ctl 3, Márcos Paz, Buenos Aires.

Chacra, 1) la, establecimiento rural, Ctl 7, Pergamino, Buenos Aires. 2) la, establecimiento rural, Ctl 5, Pila, Buenos Aires. 3) de la, arroyo, Pueyrredon, Buenos Aires. Desagua en el Océano Atlántico en Mar del Plata. 4) la, finca rural, Guzman, San Martin, San Luis. 5) *Carlota*, cuartel de la pedanía Bell-Ville, Union, Córdoba. 6) *del Durazno*, lugar poblado, San Cárlos, Minas, Córdoba. 7) *de los Gauchos*, establecimiento rural, Ctl 7, Dorrego, Buenos Aires. 8) *Grande*, lugar poblado, San Martin, San Martin, San Luis. 9) *Morada*, finca rural, Cerrillos, Salta. 10) *del Sauce*, lugar poblado, Caminiaga, Sobremonte, Córdoba. 11) *Vieja*, lugar poblado, Candelaria, Cruz del Eje, Córdoba. 12) *Vieja*, lugar poblado, Argentina, Minas, Córdoba.

Chacras, 1) las, establecimiento rural, Ctl 3, Pergamino, Buenos Aires. 2) las, aldea, Constitucion, Anejos Norte, Córdoba. Tiene 613 habitantes. (Censo del 1° de Mayo de 1890) 3) lugar poblado, Pichanas, Cruz del Eje, Córdoba 4) lugar poblado, Copacabana, Ischilin, Córdoba. 5) aldea, Quilino, Ischilin, Córdoba. Tiene 117 habitantes. (Censo). 6) lugar poblado, Guasapampa, Minas, Cordoba. 7) aldea, Salsacate, Pocho, Córdoba. Tiene 122 habitantes. (Censo). 8) lugar poblado, San Antonio, Punilla, Córdoba. 9) lugar poblado, Villamonte, Rio Pri-

---

1 Arbol (Colletia Doniana).

mero, Córdoba. 10) lugar poblado, Villa de María, Rio Seco, Córdoba. 11) las, cuartel de la pedanía de La Paz, San Javier, Córdoba. 12) aldea, La Paz, San javier, Córdoba Tiene 747 habitantes. (Censo). 13) lugar poblado, Las Rosas, San Javier, Córdoba. 14) las, lugar poblado, Caminiaga, Sobremonte, Córdoba. 15) lugar poblado, San Pedro, Tulumba, Córdoba. 16) lugar poblado, Santa Cruz, Tulumba, Córdoba. 17) las, finca rural, Totoral, Pringles, San Luis. 18) lugar poblado, San Martin, San Luis. E. 19) distrito del departamento de la Capital, Tucuman. 20) *de Coria,* aldea, Lujan, Mendoza. En la márgen izquierda del Zanjon, á 6 kms. al Norte del pueblo Lujan. E. 21) *de Intiguasi,* lugar poblado, Carolina, Pringles, San Luis. 22) *del Rey,* lugar poblado, Chuñaguasi, Sobremonte, Córdoba. 23) *del Rey,* lugar poblado, San José, Tulumba, Córdoba. 24) *del Rosario* pueblo, Bernstadt, San Lorenzo, Santa Fe. Tiene 809 habitantes. (Censo del 7 de junio de 1887). C, E. 25) *San Márcos,* lugar poblado, Bell-Ville, Union, Córdoba.

Chacritas, 1) lugar poblado, Argentina, Minas, Córdoba. 2) lugar poblado, Ciénega del Coro, Minas, Córdoba. 3) lugar poblado, San Antonio, Punilla, Córdoba. 4) finca rural, Conlara, San Martin, San Luis. 5) vertiente, Conlara, San Martin, San Luis.

Chadi-Lauquen, [1] laguna, Pampa. Está rodeada de extensos depósitos de nitratos y sulfatos de potasa y sosa.

Chadi-Leubú, [2] rio, Pampa. Es la continuacion pampeana del rio Salado y del Atuel. En las proximidades del rio Colorado, forma la laguna Urre-Lauquen.

Chafá, laguna, Ctl 2, Navarro, Buenos Aires.

Chagraguayes, paraje poblado, Rinconada, jujuy.

Chaguadero el, paraje poblado, Caldera, Salta.

Chaguaral [1] 1) lugar poblado, Parroquia, Cruz del Eje, Córdoba. 2) el, paraje poblado, San Pedro, Jujuy.

Chai-Cué, finca rural, San Miguel, Corrientes.

Chaila, laguna, Concepcion, Corrientes.

Chairal, finca rural, Esquina, Corrientes.

Chairo, 1) establecimiento rural, Ctl 1, Castelli, Buenos Aires. 2) laguna, Ctl 1, Castelli, Buenos Aires.

Chajá, [2] 1) laguna, Ctl 3, Alvear, Buenos Aires. 2) el, establecimiento rural, Ctl 7, Rauch, Buenos Aires. 3) arroyo, Ctl 3, Rojas, Buenos Aires. 4) laguna, Ctl 9, Saladillo, Buenos Aires. 5) laguna, Ctl 12, Tandil, Buenos Aires. 6) cabaña de ovejas Negrette, Ctl 3, Tuyú, Buenos Aires. Dista 35 kms. de Coronel Dorrego, del ferro-carril del Sud. 7) arroyo, Formosa. Es un pequeño tributario del Paraguay, en la márgen izquierda; riega las tierras de la colonia Formosa.

Chajáes los, estancia, Ctl 2, Saladillo, Buenos Aires.

Chajan, 1) pedanía del departamento Rio Cuarto, Córdoba. Tiene 324 habitantes. (Censo del 1° de Mayo de 1890). 2) cuartel de la pedanía del mismo nombre, Rio Cuarto, Córdoba. 3) aldea, Chajan, Rio Cuarto, Córdoba. Tiene 300 habitantes. (Censo). Dista de Villa María 209 kms. α = 502 m. FCA, C, T, E. 4) arroyo, Rio Cuarto, Córdoba. Es un tributario del arroyo Cortadera en la márgen izquierda.

Chajarí, 1) finca rural, Monte Caseros, Corrientes. 2) arroyo, Monte Caseros, Corrientes. Es un afluente del Timboy

---

1 Laguna salada (Arauc.) - 2 Rio salado (Arauc.)

1 Paraje en que abunda el chaguar, planta textil (Biomelia serra).— 2 Ave zancuda (Palamedea chavaria).

en la márgen derecha. 3) lugar poblado, Mandisovi, Federacion, Entre Rios. Está situado en la colonia Libertad y dista de Concordia 84 kms. FCAE, C, T. 4) arroyo, Mandisovi, Federacion, Entre Rios. Es un afluente del Mocoretá en la márgen derecha; riega los campos de la colonia Libertad.

Chalacea, 1) pedanía del departamento Rio Primero, Córdoba. Tiene 1414 habitantes. (Censo del 1º de Mayo de 1890). 2) cuartel de la pedanía del mismo nombre, Rio Primero, Córdoba. 3) aldea, Chalacea, Rio Primero, Córdoba. Tiene 286 habitantes. (Censo). $\varphi = 30° 45'$; $\lambda = 63° 32'$.

Chalchalar, [1] lugar poblado, Guachipas, Salta.

Chalchanis, paraje poblado, Caldera, Salta.

Chalía, arroyo. Véase Kong.

Challas, lugar de baños termales, Las Heras, Mendoza. Está á 10 kms. al NO. de Mendoza.

Chaltea, volcan de la cordillera de Santa Cruz. $\varphi = 49° 20'$; $\lambda = 72° 50'$; $x = 2135$ m.

Chamaico, establecimiento rural, Departatamento 6º, Pampa.

Chamical, 1) finca rural, juarez Celman, Rioja. 2) pueblo. Véase juarez Celman.

Chamico, [2] 1) lugar poblado, Caseros, Anejos Sud, Córdoba. 2) lugar poblado, Cosme, Anejos Sud, Córdoba.

Champaquí, cumbre de la sierra Comechingones, Córdoba. Está situada en el límite de los departamentos Calamuchita y San Javier. $\varphi = 31° 58'$; $\lambda = 64° 58'$; $x = 2850$ m. (Brackebusch). El Champaquí es la cumbre más elevada de la provincia de Córdoba.

Chaná, [3] riacho, Ctl 8, San Fernando, Buenos Aires.

Chanacito, riacho, Ctl 2, San Fernando, Buenos Aires.

Chancacas, paraje poblado, San Pedro, Jujuy.

Chancani, 1) pedanía del departamento Pocho, Córdoba. Tiene 2437 habitantes. (Censo del 1º de Mayo de 1890). 2) cuartel de la pedanía del mismo nombre, Pocho, Córdoba. 3) aldea, Chancani, Pocho, Córdoba. Tiene 773 habitantes. (Censo). E.

Chancaral, finca rural, San Lorenzo, San Martin, San Luis.

Chancay, finca rural, Capital, Rioja.

Canchería la, establecimiento rural, Ctl 4, Brown. Buenos Aires.

Chanchillos, paraje poblado, Valle Grande, jujuy.

Chanchito el, establecimiento rural, Ctl 1, Lomas de Zamora, Buenos Aires.

Chancho, [1] el, arroyo, Ctl 3, juarez, Buenos Aires. 2) el, laguna, Ctl 3, Juarez, Buenos Aires. 3) el, laguna, Ctl 13, Juarez Buenos Aires. 4) el, laguna, Ctl 12, Lincoln, Buenos Aires. 5) el, arroyo, Ctl 6, Maipú y Ctl 7, Ajó, Buenos Aires. 6) laguna, Ctl 7, Saladillo, Buenos Aires. 7) el, establecimiento rural, Departamento 5º, Pampa. 8) del, cañada, San Javier, Santa Fe. Da orígen al arroyo Saladillo Dulce.

Chanchos, 1) de los, arroyo, Ctl 10, Arrecifes, Buenos Aires. 2) los, laguna, Ctl 12, Bragado, Buenos Aires. 3) vertiente, Ñacate, Rivadavia, Rioja.

Chanicari, lugar poblado, Perico del Cármen, jujuy. E.

Chanpiyaco, lugar poblado, Caminiaga, Sobremonte, Córdoba.

Chañal, finca rural, Mercedes, Corrientes.

Chañar, [2] 1) el, centro agrícola, General Arenales, Buenos Aires. El pueblo que

---

1 Paraje poblado con el árbol chalchal (Schmidelia edulis).—2 Planta (Datura stramonium).—3 Dícese del indio que habitaba las islas del Uruguay, en la desembocadura del rio Negro. (Granada).

1 Vocablo araucano que significa cerdo ó puerco —2 Arbol (Gourliea decorticans.

se está formando en este centro agrícola es la cabecera del partido. 2) el, establecimiento rural, Ctl 6, Junin, Buenos Aires. 3) establecimiento rural, Ctl 3, Trenque-Lauquen, Buenos Aires. 4) estancia, Villarino, Buenos Aires. 5) laguna, Villarino, Buenos Aires. 6) lugar poblado, Calera, Anejos Sud, Córdoba. 7) lugar poblado, Higueras, Cruz del Eje, Córdoba. 8) lugar poblado, Pichanas, Cruz del Eje, Córdoba. 9) lugar poblado, Sarmiento, General Roca, Córdoba. 10) lugar poblado, Chancani, Pocho, Córdoba. 11) lugar poblado, San Antonio, Punilla, Córdoba. 12) lugar poblado, Cármen, San Alberto, Córdoba. 13) (San Francisco del), aldea, San Francisco, Sobremonte, Córdoba. Es la cabecera del departamento. Tiene 341 habitantes. (Censo del 1° de Mayo de 1890). $\varphi = 29°50'$; $\lambda = 64°10'$; $\alpha = 689$ m. C, T, E. 14) finca rural, Curuzú-Cuatiá, Corrientes 15) arroyo, Curuzú Cuatiá, Corrientes. Es un afluente del arroyo Pelado y recibe en la márgen izquierda las aguas de los arroyos Migoya y Espinillo. 16) distrito del departamento Concordia, Entre Rios. 17) arroyo, Chañar, Concordia, Entre Rios. Desagua en la márgen izquierda del Gualeguay. 18) distrito del departamento Feliciano, Entre Rios. 19) arroyo, Basualdo, Feliciano, Entre Rios. Desagua en la márgen izquierda del Guaiquiraró. 20) arroyo, Chañar, Feliciano, Entre Rios. Desagua en la márgen izquierda del Guaiquiraró. 21) paraje poblado, Belgrano, Mendoza. 22) distrito del departamento Belgrano, Rioja. 23) finca rural, Belgrano, Rioja. E. 24) finca rural, Independencia, Rioja. 25) el, finca rural, Cerrillos, Salta. 26) el, paraje poblado, Chicoana, Salta. 27) el, finca rural, Iruya, Salta. 28) finca rural, Jachal, San Juan. 29) estancia, Totoral, Pringles, San Luis. 30) laguna, General Lopez, Santa

Fe. Está próxima á la colonia Teodolina, en el límite de las provincias de Buenos Aires y Santa Fe. 31) distrito de la seccion San Pedro del departamento Choya, Santiago del Estero. 32) paraje poblado, Copo, Santiago. 33) aldea, Burruyaco, Tucuman. Está situada en el camino de Tucuman á Burruyaco, cerca del límite que separa los departamentos de la Capital y Burruyaco. 34) *de Animas*, finca rural, Jachal, San Juan. 35) *Caido*, lugar poblado, Ciénega del Coro, Minas, Córdoba. 36) *Grande*, finca rural, Jachal, San Juan. 37) *Ladeado*, lugar poblado, San Francisco, San justo, Córdoba. 38) *Pocito*, lugar poblado, Rio Hondo, Santiago. E. 39) *Pozo*, lugar poblado, Choya, Santiago. E. 40) *Pozo*, distrito de la seccion Copo 2° del departamento Copo, Santiago del Estero. 41) *Punco*, distrito del departamento Santa María, Catamarca. 42) *Punco*, finca rural, Cafayate, Salta. 43) *Seco*, finca rural, Cafayate, Salta. 44) *Viejo*, cuartel de la pedanía Estancias, Rio Seco, Córdoba. 45) *Viejo*, lugar poblado, Estancias, Rio Seco, Córdoba.

Chañaral, 1) lugar poblado, Pampayasta Sud, Tercero Arriba, Córdoba. 2) paraje poblado, San Roque, Corrientes. 3) paraje poblado, Capital, Jujuy. 4) finca rural, General Sarmiento, Rioja. 5) finca rural, jachal, San Juan. 6) vertiente, Larca, Chacabuco, San Luis. 7) *Redondo,* cumbre de la sierra del Yulto, Morro, Pedernera, San Luis. $\alpha = 730$ m.

Chañarcillo, mina de plata y oro en el distrito del Cerro Negro, sierra de Famatina, Rioja.

Chañarcito, 1) arroyo, Ctl 7, Giles y Ctl 3, 4, San Antonio de Areco, Buenos Aires. Es un tributario del Areco en la márgen derecha. El Chañarcito recibe en su márgen izquierda las aguas del arroyo de las Tunas. 2) lugar poblado, San Antonio, Anejos Sud, Córdoba. 3) lugar poblado, Parroquia, Cruz del Eje, Córdoba. 4) lugar poblado, Chancani, Pocho, Córdoba. 5) finca rural, Jachal, San Juan.

Chañarcitos, 1) estancia, Ctl 4, San Antonio de Areco, Buenos Aires. 2) lugar poblado, Achiras, Rio Cuarto, Córdoba. 3) lugar poblado, Sampacho, Rio Cuarto, Córdoba. 4) lugar poblado, Timon Cruz, Rio Primero, Córdoba. 5) los, lugar poblado, Arroyito, San Justo, Córdoba. 6) cuartel de la pedanía Loboy, Union, Córdoba. 7) lugar poblado, Bell-Ville, Union, Córdoba. 8) lugar poblado, Graneros, Tucuman. Al Sud del departamento y á corta distancia del ferrocarril central Norte.

Chañares, 1) estancia, Villarino, Buenos Aires 2) lugar poblado, Santa Rosa, Calamuchita, Córdoba. 3) cuartel de la pedanía Salsacate, Pocho, Córdoba. 4) aldea, Salsacate, Pocho, Córdoba. Tiene 118 habitantes (Censo del 1° de Mayo de 1890). 5) lugar poblado, Galarza, Rio Primero, Córdoba, 6) lugar poblado, Suburbios, Rio Primero, Córdoba. 7) cuartel de la pedanía Zorros, Tercero Arriba, Córdoba. 8) aldea, Zorros, Tercero Arriba, Córdoba. Tiene 317 habitantes. (Censo). Es la cabecera del departamento. $\varphi = 32°\ 10'$; $\lambda = 63°\ 28'$; $\imath = 249$ m. FCCA, C, T, E. Dista del Rosario 288 kms. 9) los, paraje poblado, Departamento 4°, Pampa 10) finca rural, Estanzuela, Chacabuco, San Luis. 11) los, paraje poblado, Totoral, Pringles, San Luis. 12) lugar poblado, Guzman, San Martin, San Luis. 13) arroyo, San Luis. Es un pequeño tributario del arroyo Conlara, en la márgen izquierda. Riega el distrito Guzman, del departamento San Martin, y el de Santa Rosa, del departamento de Junin. 14) paraje poblado, San Lorenzo, San Martin, San Luis. 15) *Grandes*, paraje poblado, Departamento 10°, Pampa. 16)

Largos, paraje poblado, Guzman, San Martin, San Luis. 17) *de Macias*, paraje poblado, San Martin, San Martin, San Luis.

Chañaryaco, 1) lugar poblado, Argentina, Minas, Córdoba. 2) lugar poblado, San Cárlos, Minas, Córdoba.

Chañi, nevado de, cerro elevado de la cadena que forma el paredon occidental del valle de Humahuaca. Se halla situado cerca del límite de las provincias de jujuy (Cochinoca) y Salta (Rosario de Lerma). Da orígen á los arroyos San Pablo, Yala, de Lozano y Leon. $\imath = 6000$ m.

Chapalcó, 1) laguna, Villarino, Buenos Aires. 2) estancia, Beltran, Mendoza. 3) sierra, Neuquen. Da orígen al arroyo Quenquementren. 4) arroyo, Neuquen. Derrama sus aguas en el Quilquehué.

Chapaleofú, 1) *Chico*, arroyo, Ctl 8, Tandil, Buenos Aires. Nace en la sierra del Tandil y desagua en la márgen izquierda del Chapaleofú Grande. 2) *Grande*, arroyo, Ctl 2, 3, 7, 8, 9, 10, 11, 12, Tandil y Ctl 2, 3, 4, 5, 6, 8, 10, Rauch, Buenos Aires. Nace en la sierra del Tandil de la confluencia de los arroyos Viejo Malo, Santa Rosa y de la Amistad, pasa por el pueblo de Rauch y borra luego su cauce en unos bañados, despues de haber recorrido en direccion de SO. á NE. unos 110 kms.

Chapalmalan, 1) establecimiento rural, Ctl 8, Pueyrredon, Buenos Aires. 2) arroyo, Ctl 8, Pueyrredon, Buenos Aires. Desagua en el Océano Atlántico, al Sud del cabo Corrientes. 3) *Nuevo*, establecimiento rural, Ctl 8, Pueyrredon, Buenos Aires.

Chapanay, paraje poblado, San Martin, Mendoza.

Chaparro, arroyo, San juan. Nace en el valle de Tulun y riega tierras del departamento de la Trinidad. Termina por agotamiento.

Chapeton [1], lugar poblado, San Cárlos, Minas, Córdoba.

Chapino, lugar poblado, Guasapampa, Minas, Córdoba.

Chapodaco, arroyo, Neuquen. Es un afluente del Neuquen.

Chaqui, 1) distrito del departamento San Blas de los Sauces, Rioja. 2) lugar poblado, San Blas de los Sauces, Rioja, E.

Chaquiago, 1) distrito del departamento Andalgalá, Catamarca. 2) lugar poblado, Andalgalá, Catamarca. E.

Chaqui-Huaico, paraje poblado, Tilcara, Jujuy.

Chaquimayo, paraje poblado, Capital, Jujuy.

Chaquivil, 1) estancia, Trancas, Tucuman. En la sierra de los Calchaquíes. 2) arroyo, Trancas, Tucuman. Es uno de los que dan orígen al arroyo Vipos.

Chará, 1) laguna, Villarino, Buenos Aires. 2) laguna, Bella Vista, Corrientes. 3) laguna, San Cosme, Corrientes.

Characate, cerro de la « Pampa de Olain,» Punilla, Córdoba. $\varphi = 31° 6'$; $\lambda = 64° 46'$; $\alpha = 1450$ m. (Brackebusch).

Charco, lugar poblado, Rio Hondo, Santiago, C.

Charloni, 1) partido del departamento de la Capital, San Luis. 2) finca rural, Tala, Capital, San Luis. C. 3) vertiente, Tala, Capital, San Luis. 4) lomadas que el macizo de San Luis desprende hácia el Sud, Capital, San Luis. Su altura máxima alcanza á 700 metros.

Charquina, lugar poblado, Guasapampa, Minas, Córdoba.

Charria, arroyo, Ctl 5, San Vicente, Buenos Aires.

Charrúa [2] 1) el, establecimiento rural, Ctl 9, Nueve de Julio, Buenos Aires. 2) estancia. Ctl 10, Trenque-Lauquen, Buenos Aires.

Chas, 1) establecimiento rural, Ctl 4, Las Flores, Buenos Aires. 2) lugar poblado, Las Flores, Buenos Aires. Dista de Buenos Aires 157 kms. $\alpha = 19,8$ m. FCS, C, T.

Chascomús, 1, partido de la provincia de Buenos Aires. Está situado al SSE. de Buenos Aires, enclavado entre los partidos Brandzen, Magdalena, Rivadavia, Viedma, Pila, Las Flores y Ranchos Fué fundado en 1801. Tiene 4163 kms.[2] de extension y una poblacion de 11117 habitantes. (Censo del 3 de Enero de 1890). Escuelas funcionan en Chascomús, en la estancia Rosario, en Adela, Azotea Grande, etc. El partido es regado por los rios Salado y Samborombon y los arroyos Valdés, los Toldos, de la Laguna, del Burro, Vitel, Corto, Los Patos, Espadaña, San José, Bote, Fernandez y Averias. 2) villa, Chascomús, Buenos Aires. Es cabecera del partido. Fundada en 1777, cuenta hoy con 5000 habitantes. Está situada en las orillas de la gran laguna del mismo nombre. Dista por el ferro-carril del Sud 114 kms. ó sea 3 horas de Buenos Aires. Sucursal del Banco de la Provincia, graserias, etc. $\varphi = 35° 35' 18''$; $\lambda = 58° 1' 9''$; $\alpha = 10,3$ m. FCS, línea de Altamirano á Mar del Plata y Tres Arroyos. C, T, E. 3) establecimiento rural, Ctl 5, Chascomús, Buenos Aires. 4) laguna, Ctl 4, 11, Chascomús, Buenos Aires. Se comunica al Norte con la laguna Vitel y al Sud con la del Burro. En su orilla Norte está ubicada la villa de Chascomús.

Chasicó, 1) estancia, Ctl 6, Puan, Buenos Aires. 2) estancia, Villarino, Buenos Aires. 3) laguna, Puan y Villarino, Buenos Aires. 4) *Chico*, arroyo, Ctl 9, Puan, Buenos Aires. Es un tributario del Chasicó Grande. 5) *Grande*, arroyo, Ctl 6, 9, 10, Puan y Villarino, Buenos Aires.

---

1 Individuo inexperto, torpe.—2 Indio que habitaba la actual república del Uruguay, y tambien una planta trepadora (Mikania Charua.)

Nace en una série de lagunas situadas al Oeste de la sierra de Currumalan y desagua en la laguna de Chasicó. Sus tributarios son el Pelicurá, el Sanquilcó y el Chasicó Chico.

Chasileupé, arroyo, Ctl 5, Puan, Buenos Aires.

Chata 1) la, establecimiento rural, Ctl 3, Lobería, Buenos Aires. 2) laguna, Ctl 1, Pringles, Buenos Aires. 3) estancia, Ctl 4, 10, Rauch, Buenos Aires. 4) establecimiento rural, Ctl 10, Trenque-Lauquen, Buenos Aires.

Chato 1) el, lugar poblado, Ballesteros, Union, Córdoba. 2) lugar poblado, Toscas, San Alberto, Córdoba.

Chauchillas, 1) distrito de la seccion Jimenez 2° del departamento jimenez, Santiago del Estero. 2) paraje poblado, Chauchillas, Jimenez, Santiago. C, E.

Chaupirodeo, arroyo, Humahuaca, Jujuy. Nace en la sierra de Iruya y desagua en la márgen izquierda del rio Grande de Jujuy, cerca de Antumpa.

Chavarria, arroyo, Rio Chico, Tucuman. Es uno de los orígenes del arroyo Marapa ó sea Graneros.

Chaves, 1) laguna, Saladas, Corrientes. 2) distrito minero (de oro) del departamento Valle Fértil, San Juan. 3) estancia, Valle Fértil, San Juan. 4) lugar poblado, San Lorenzo, Santa Fe. Dista de Villa Casilda 28 kms. y del Rosario 82. FCOSF, C, T 5) *Cué,* estancia, San Roque, Corrientes.

Chazon, 1) pedanía del departamento Tercero Abajo, Córdoba. Tiene 973 habitantes. (Censo del 1° de Mayo de 1890). 2) aldea, Chazon, Tercero Abajo, Córdoba. Tiene 441 habitantes. (Censo). 3) arroyo. Véase arroyo Carnerillo.

Chèlco, distrito del departamento General Roca, Rioja.

Chelforó, 1) estancia, Ctl 5, Vecino, Buenos Aires. 2) arroyo, Ctl 2, 3, Vecino, Buenos Aires. 3) laguna, Ctl 5, Vecino,

Buenos Aires. 4) colonia, General Roca, Rio Negro. Está situada en la márgen izquierda del rio Negro.

Chenqueco, arroyo, Beltran, Mendoza. Es un afluente del rio Grande, en la márgen izquierda.

Chepa, 1) mina de cuarzo y hierro aurífero, Candelaria, Cruz del Eje, Córdoba. Está situada en el paraje llamado « Higuerita. » 2) laguna, Saladas, Corrientes.

Chepes, 1) distrito del departamento General Roca, Rioja. 2) aldea, Chepes, General Roca, Rioja. Es la cabecera del departamento. C, E. 3) sierra, Rivadavia y General Roca, Rioja. Es una rama de la sierra de los Llanos.

Chica 1) la, establecimiento rural, Ctl 7, Brandzen, Buenos Aires. 2) laguna, Ctl 8, Brandzen, Buenos Aires. 3) laguna, Ctl 2, Las Flores, Buenos Aires. 4) la, laguna, Ctl 7, Ranchos, Buenos Aires. 5) establecimiento rural, Ctl 11, Salto, Buenos Aires. 6) laguna, Ctl 10, Veinte y Cinco de Mayo, Buenos Aires.

Chicalcó, 1) paraje poblado, Departamento 7°, Pampa. 2) paraje poblado, Departamento 9°, Pampa.

Chicapa, paraje poblado, Tilcara, Jujuy.

Chicas, de las, laguna, Ctl 1, Castelli, Buenos Aires.

Chicha, finca rural, Mercedes, Corrientes.

Chiche, [1] estancia, Saladas, Corrientes.

Chichinal, fortin, General Roca, Rio Negro. Dista 35 kms. de Chelforó y 70 de Roca.

Chichos, lugar poblado, Aguada del Monte, Sobremonte, Córdoba.

Chicligasta, 1) departamento de la provincia de Tucuman. Confina al Norte con el departamento Monteros; al Este con el de Leales y la provincia de Santiago del Estero; al Sud con el departamento Rio Chico y al Oeste con la provincia de

---

1 Cualquier objeto ménudo de áspecto graciosó.

Catamarca. Su extension es de 1733 kms.² y su poblacion conjetural de unos 23900 habitantes. El departamento es regado por el arroyo Medinas y varios otros no denominados. Hay centros de poblacion en Chicligasta, Concepcion, Monteagudo, San Martin, Lasarte, Palominos, Belgrano, Gucheas, San Pedro, Atahona, Santa Cruz, Gastona, Ingas y Yacuchiri. 2) villa, Chicligasta, Tucuman. Es la cabecera del departamento. Está situada en la orilla izquierda del arroyo Gastona, á 5 kms. de su desembocadura en el rio Salí y á unos 100 kms. al Sud de la capital de la provincia. Tiene unos 2500 habitantes. C, T, E.

Chico, 1) arroyo, Ctl 2, Exaltacion de la Cruz, Buenos Aires. 2) arroyo, Ctl 4, San Pedro, Buenos Aires. 3) rio, Chubut. Nace en el lago Musters, pudiendo considerársele como la continuacion del rio Senguel. Corre con rumbo general de SO. á NE., y sin recibir afluente alguno desagua en el Chubut en $\varphi=43°$ 50'; $\lambda=66°$ 22'. 4) arroyo, Beltran, Mendoza. Es uno de los principales tributarios del rio Grande, en cuya márgen derecha desagua. 5) arroyo, Neuquen. Derrama sus aguas en el lago Nahuel-Huapí. 6) rio, Santa Cruz. Nace en la cordillera entre los 48° y 48° 40' de latitud, de la confluencia de dos arroyos. Se dirige primero al NE. y despues de haber recibido las aguas del arroyo Belgrano, al SE. Como en los 69° 30' de longitud, recibe en la márgen derecha las aguas del rio Chalia, siguiendo hácia SE. hasta desembocar en el mismo golfo en que desagua el rio Santa Cruz. El valle que recorre este rio abunda en buenos pastos y terrenos fértiles y es muy adecuado para la cria de ganados y el establecimiento de colonias agrícolas. 7) arroyo, Rio Chico y Chicligasta, Tucuman. Tiene su orígen en la falda oriental de la sierra de Aconquija, se llama en su curso su-

perior rio Medinas, y es en toda su extension, que sigue el rumbo general ONO. á ESE., límite entre los departamentos Chicligasta y Rio Chico. Es el límite de la provincia con Santiago, reune sus aguas á las del arroyo Graneros, y siguen ambos en un solo cauce hasta el Salí, en el que desaguan. Los arroyos Cuchuna y de las Cañas, que corren en territorio de la provincia de Catamarca, son los que dan orígen á este arroyo. A inmediaciones del pueblo Rincon, se desprende del llamado rio Medinas un extenso brazo, llamado arroyo Barrientos, que vuelve á reunirse con su tronco en Juntas. En este arroyo Barrientos desagua un afluente llamado tambien rio Chico. 8) arroyo, Rio Chico, Tucuman. Es un afluente del arroyo Barrientos en cuya márgen derecha desagua. Tiene su orígen en la confluencia de los arroyos Tacanas y Salten, que nacen en la cumbre de Santa Ana.

Chicoana, 1) departamento de la provincia de Salta. Confina al Norte con el de Cerrillos por el arroyo de la quebrada del Toro; al Este con el de Campo Santo por la sierra del Presidio; al Sud ccn el departamento Viña por el Zanjon de Palomayaco, y al Oeste con el de Molinos, por la sierra de Cachi-Pampa. Tiene 475 kms.² de extension y una poblacion conjetural de unos 9200 habitantes. Está dividido en los 7 distritos: Chicoana, Carril, Pedregal, Animas, Osma, Escoipe y Potrero de Diaz. El departamento es regado por el rio Pasaje y los arroyos Escoipe, Chicoana, de los Sauces, del Sunchal, del Potrero de Diaz, del Cerro Bravo, de las Animas, de la quebrada de Guzman, Agua Colorada, Ciénegas, Osma, Piscuna, Tilian y otros de menor importancia. Escuelas funcionan en Chicoana, Carril y Tilian. 2) distrito del departamento Chicoana, Salta. 3) aldea, Chicoana, Salta. Es la cabecera del departamento. Está situada á orillas del arroyo Escoipe, á 52 kms. de Salta. Era en otros tiempos una colonia de los Incas del Perú. Tiene 1000 habitantes escasos. C, T, E.

Chicra, paraje poblado, Capital, Jujuy.

Chiculme, paraje poblado, Chicoana, Salta.

Chifle, [1] del, laguna, Ctl 4, Juarez, Buenos Aires.

Chigua, lugar poblado, Iglesia, San Juan.

Chijal, finca rural, San Luis del Palmar, Corrientes.

Chilca, [2] 1) la, laguna, Ctl 6, Alvear, Buenos Aires. 2) estancia, Ctl 9, Veinte y Cinco de Mayo, Buenos Aires. 3) la, laguna, Ctl 9, Veinte y Cinco de Mayo, Buenos Aires. 4) lugar poblado, Cármen, San Alberto, Córdoba 5) finca rural, Capital, Rioja. 6) vertiente, Solca, Rivadavia, Rioja. 7) distrito minero del departamento Iglesia, San juan. Encierra oro. 8) distrito minero de plata, del departamento Jachal, San Juan. 9) lugar poblado, Belgrano, San Luis E. 10) lugar poblado, San Martin, San Martin, San Luis. 11) estancia, Burruyaco, Tucuman. En el camino que conduce de Burruyaco á Florida (frontera salteña). 12) *Grande,* laguna, Cil 2, Las Flores y Ctl 7, Rauch, Buenos Aires. En ella desagua el arroyo Azul y tiene su nacimiento el arroyo Gualichu, que, en resúmen, no es sinó la continuacion del Azul.

Chilcal, 1) lugar poblado, Aguada del Monte, Sobremonte, Córdoba. 2) finca rural, Caacatí, Corrientes. 3) estero, Caacatí, Corrientes. 4) finca rural, Jachal, San Juan. 5) lugar poblado, Monteros, Tucuman. A corta distancia al Este de la estacion Simoca.

Chilcas, 1) las, laguna, Cil 6, Ajó, Buenos Aires. 2) establecimiento rural, Ctl 6, Ayacucho, Buenos Aires. 3) estableci-

miento rural, Ctl 3, Lobería, Buenos Aires. 4) estancia, Ctl 1, Mar Chiquita, Buenos Aires. 5) establecimiento rural, Ctl 6, Tandil, Buenos Aires. C, E. 6) las, arroyo, Ctl 1, 6, 11, Tandil, y Ctl 5, 6, 9, Ayacucho, Buenos Aires. 7) lugar poblado, Punta del Agua, Tercero Arriba, Córdoba. 8) lugar poblado, General Mitre, Totoral, Córdoba. 9) cañada, San Luis del Palmar, Corrientes. 10) distrito del departamento Victoria, Entre Rios. 11) arroyo, Chilcas, Victoria, Entre Rios. Es un tributario del Doll en la márgen izquierda. 12) lugar poblado, Metan, Salta. Dista de Salta 90 kms. y de Córdoba 772. FCCN, C, T. 13) finca rural, Pedernal, Huanacache, San juan. 14) arroyo, Santa Rosa, junin, San Luis. Es un pequeño tributario del arroyo Conlara, en la márgen izquierda. Desagua frente á Santa Rosa. 15) *de San Pedro,* lugar poblado, Chucul, Juarez Celman, Córdoba.

Chilecito, 1) finca rural, Nueve de julio, Mendoza. C, E. 2) departamento de la provincia de la Rioja. Está situado al Oeste de los departamentos de la Capital é Independencia y es limítrofe de la provincia de San juan. Tiene 7715 kms.[2] de extension y una poblacion conjetural de unos 10.000 habitantes. Está dividido en 7 distritos, á saber: Villa Argentina, Anguinan, Nonogasta, Sarmiento, Sanogasta, Vichigasta y Malligasta. El departamento es regado por los arroyos Anguinan, Sanogasta, Miranda, San Nicolás y Malligasta. Escuelas funcionan en Villa Argentina, Malligasta, Anguinan, Nonogasta y Sanogasta. La cabecera del departamento es Villa Argentina. 3) pueblo. Véase Villa Argentina.

Chilena, 1) la, estancia, Ctl 2, Bolívar, Buenos Aires. 2) estancia, Ctl 6, Ranchos, Buenos Aires. 3) laguna, San Roque, Corrientes. 4) la, mina de galena argentífera en el distrito mineral de Uspallata, Las Heras, Mendoza. 5) mineral de oro, Poma, Salta.

Chileno, 1) arroyo, Ctl 5, Saladillo, Buenos Aires. 2) el, laguna, Ctl 5, Saladillo, Buenos Aires. 3) del, mina de cuarzo y cobre aurífero y galena argentífera San Bartolomé, Rio Cuarto, Córdoba. 4) lugar poblado, General Mitre, Totoral, Córdoba.

Chili-Corral, lugar poblado, San José, Tulumba, Córdoba.

Chilimayo, arroyo, Chicligasta, Tucuman. Es un tributario del Jaya, en la márgen derecha.

Chilio, paraje poblado, Humahuaca, Jujuy.

Chilo, lugar poblado, Punta del Agua, Tercero Arriba, Córdoba.

Chilquilla, finca rural, jachal, San Juan.

Chimango, [1] 1) el, estancia, Ctl 3, Alsina, Buenos Aires. 2) laguna, Ctl 3, Olavarría, Buenos Aires.

Chimba, 1) paraje poblado, Las Heras, Mendoza. 2) paraje poblado, San Martin, Mendoza. 3) isla formada por el rio de San Juan al Norte de la ciudad del mismo nombre. Es un valioso distrito agrícola. 4) lugar poblado, Ayacucho, San Luis.

Chimbas, 1) distrito del departamento Concepcion, San Juan. 2) lugar poblado, Chimbas, Concepcion, San juan. E.

Chimehuin, arroyo, Neuquen. Es un desagüe del lago Huichi-Lauquen, recibe el tributo del arroyo Quilquehué y desagua en el Collon-Curá.

Chimenea, 1) finca rural, Solca, Rivadavia, Rioja. 2) vertiente, Solca, Rivadavia, Rioja.

Chimiray, arroyo, Misiones. Forma el límite Oeste del departamento San Javier. Nace en la sierra del Imán y desagua en la márgen derecha del Uruguay.

Chimpana, 1) lugar poblado, San Cárlos,

Minas, Córdoba. 2) pueblo, Chicligasta, Tucuman. En la orilla izquierda del arroyo Chico.

Chimpo, finca rural, Cafayate, Salta.

China, 1) la, establecimiento rural, Ctl 4, Zárate, Buenos Aires. 2) de la, arroyo, Tala, Concepcion, Entre Rios. Desagua en el Uruguay en las inmediaciones al Sud de la Concepcion. 3) la, arroyo, Ctl 2, Balcarce, Buenos Aires. 4) *Muerta*, paraje poblado, Pringles, Rio Negro.

Chinal, volcan de la cordillera, Neuquen. $\varphi = 38° 40'$; $\lambda = 70° 50'$.

Chinchilla la, estancia, Ctl 3, Suarez, Buenos Aires.

Chinforó, arroyo, Ctl 4, Ayacucho, y Ctl 7, Vecino, Buenos Aires.

Chingolo, [1] el, estancia, Ctl 4, Trenque-Lauquen, Buenos Aires.

Chinquilla, finca rural, General Sarmiento, Rioja.

Chinquillo, finca rural, Iglesia, San Juan.

Chipale, paraje poblado, Cochinoca, Jujuy.

Chipeleuquen, laguna, Ctl 7, Puan, Buenos Aires.

Chiquero, [2] lugar poblado, Trapiche, Pringles, San Luis.

Chiqueros, distrito del departamento Nogoyá, Entre Rios.

Chiquita, 1) la, laguna, Ctl 6, Navarro, Buenos Aires. 2) la, finca rural, Cerrillos, Salta.

Chirical el, finca rural, Capital, Rioja.

Chis-Chis, laguna, Ctl 9, 10, Chascomús, Buenos Aires. Es la primera de las llamadas « Encadenadas, » que se comunica por medio de un arroyito con las denominadas de **Adela y** del Burro, y forma parte de un sistema que se comunica, á su vez, con el Salado, por medio de un hondo cañadon conocido por Rincon de las Barrancas.

Chischaca, finca rural, Capital, San Luis.

---

1 Ave de rapiña (Milvago pezoporus).

1 Pájaro conirostro (Zonotrichia matutina).—2 Corral de cerdos.

Chispa, mina de plomo y plata, Argentina, Minas, Córdoba.

Chivico, riacho, Ctl 7, San Fernando, Buenos Aires.

Chivilcoy, 1) partido de la provincia de Buenos Aires. Fué fundado en 1846. Está al OSO. de Buenos Aires, enclavado entre los partidos Chacabuco, Suipacha, Navarro, Veinte y Cinco de Mayo y Bragado. Tiene 2375 kms.² de extension y una poblacion de 25720 habitantes. (Censo del 31 de Enero de 1890). El partido es regado por el rio Salado, la cañada de Chivilcoy y el arroyo de las Saladas. Este partido es uno de los que en mayor escala se dedican á la agricultura. 2) ciudad, Chivilcoy, Buenos Aires. Es la cabecera del partido. Fundada en 1854, cuenta hoy con 1.000 habitantes. Por la vía férrea dista 157 kms. ó sea 5 horas de Buenos Aires. Sucursales de los Bancos de la Provincia y Nacional. Destileria de alcoholes. Graserías, Molinos, etc. $\varphi = 34°52'50''$; $\lambda = 60°0'59''$; $\alpha = 53$ m. FCO, C, T, E. 3) cañada, Chivilcoy, Buenos Aires. Es tributaria del rio Salado en la márgen izquierda. 4) finca rural, San Martin, Mendoza. 5) finca rural, General Lavalle, Rioja.

Chivo el, 1) estancia, Ctl 3, 4, Castelli, Buenos Aires. 2) laguna, Ctl 4, Castelli, Buenos Aires.

Chocorí, 1) laguna, Ctl 7, Azul, Buenos Aires. 2) estancia, Ctl 2, Lobería, Buenos Aires. 3) arroyo, Ctl 2, 8, Lobería y Ctl 6, Pueyrredon, Buenos Aires. Tiene su orígen en la sierra de la Vigilancia y desagua en el Océano Atlántico. Es en la casi totalidad de su curso límite entre los partidos Pueyrredon y Lobería. En su curso superior desprende el Chocorí un brazo bajo el nombre de «Arroyo del Pescado» que desagua cerca de la costa, en el arroyo «Nutria Mansa.»

Choele-Choel, isla poblada del Rio Negro. A los 65° 50' de longitud se bifurca el rio en dos brazos formando la isla, que tiene unos 30 kms. de largo por 15 de ancho. Los mayores crecimientos del rio solo la inundan en las orillas. La tierra de la isla es muy fértil. C, T, E.

Chol, arroyo, Beltran, Mendoza. Es un tributario del rio Grande.

Chola la, establecimiento rural, Departamento 4°, Pampa.

Cholar, arroyo, Neuquen. Es un tributario del Neuquen en la márgen derecha.

Chollol-Mahuida, sierra, Neuquen. En ella nace el rio Curru-Leubú.

Chonquifé, estancia, Ctl 10, Veinte y Cinco de Mayo, Buenos Aires.

Chopin, rio, Misiones. Nombre que los brasileros dan al rio San Antonio Guazú.

Choromoros, estancia, Trancas, Tucuman. Al lado del ferro-carril central Norte, á corta distancia de la estacion Alurralde. E.

Chorreada la, establecimiento rural, Ctl 4, Trenque-Lauquen, Buenos Aires.

Chorrillo, 1) partido del departamento de la Capital, San Luis. 2) arroyo, Chorrillo, Capital, San Luis. El caudal de este arroyo es estancado en una gran represa que surte de agua á la ciudad de San Luis, capital de la provincia del mismo nombre. 3) estancia, Burruyaco, Tucuman. Al Norte del departamento y en la orilla izquierda del arroyo Chorrillo, cerca de su nacimiento. 4) ó Zapallar, arroyo, Burruyaco, Tucuman. Nace cerca de la frontera de Salta, se dirige al Sud costeando los «Cerros del Campo,» dobla hácia el Este en Cajon, pasa por Puesto de Don Benito bajo el nombre de rio del Zapallar y se borra despues por inmersion en el suelo.

Chorrillos, 1) paraje poblado, Humahuaca, Jujuy, 2) finca rural, Iruya, Salta. 3) paraje poblado, Rosario de Lerma, Salta. 4) distrito minero de plata del departamento Iglesia, San Juan. 5) lugar poblado, Chorrillo, Capital, San Luis.

Chorrion, paraje poblado, Valle Grande, jujuy.

Chorro, 1) distrito del departamento Ancasti, Catamarca. 2) lugar poblado, Chorro, Ancasti, Catamarca. E. 3) fuente termal sulfurosa, Santa Bárbara, San Pedro, Jujuy. 4) estancia, Campo Santo, Salta. 5) finca rural, Rosario de la Frontera, Salta. 6) *de la Perla*, finca rural, San Pedro, Jujuy.

Chosmalal, (ó Fuerte 4ª Division), residencia actual de la gobernacion del Neuquen. Está situado en la confluencia de los rios Curru-Leubú y Neuquen. $\varphi = 37°$ 26' 45''; $\lambda = 69° 50'$; $\alpha = 801$ m. (Host). Dista de Mendoza 648 kms., de Fuerte General San Martin 273 kms., del pueblo San Cárlos (Mendoza) 512 kms., y de San Rafael (Mendoza) 423 kms.

Chosmes, 1) partido del departamento de la Capital, San Luis. 2) aldea, Chosmes, Capital, San Luis. E. 3) alto de los, cumbre del Alto Pencoso, Capital, San Luis. $\varphi = 33° 24'$; $\lambda = 65° 40'$; $\alpha = 660$ m. (De Laberge.)

Chosnal, lugar poblado, Guasapampa, Minas, Córdoba.

Chosoicó, estancia, Villarino, Buenos Aires.

Choya, 1) distrito del departamento Andalgalá, Catamarca. 2) lugar poblado, Choya, Andalgalá, Catamarca. E. 3) vertiente, Choya, Andalgalá, Catamarca. 4) departamento de la provincia de Santiago. Está situado al Sud de los de Guasayan y Jimenez y es á la vez fronterizo de la provincia de Catamarca. Su extension es de 7877 kms.² y su poblacion conjetural de unos 8000 habitantes. Está dividido en las 3 secciones: Frias, San Pedro y La Punta. La primera comprende los distritos: Villa Unzaga, Iriondo y Remancito; la segunda encierra los 5 distritos: Villa Rivadavia, Barrancos, Chañar, Peñas y Ralos; la tercera se compone de los 6 distritos: Villa Laprida, La Punta, Maquijata, Laguna, Rin-

con y Puestos. Hay centros de poblacion en la Punta de Maquijata, Choya, Laprida, Frias, San Pedro y Remancito. 5) aldea, Choya, Santiago. Es la cabecera del departamento. Dista de Córdoba 370 kms. Cuenta con unos 400 habitantes. $\alpha = 397$ m. FCCN, ramal á Santiago. C, T, E.

Choyque-Mahuida, [1] sierra baja, Pampa. A corta distancia al Norte del rio Colorado, entre los 65 y 66° de longitud. Su extension de S. á N. es de unos 25 kms., con un ancho de 10 kms. y una elevacion de 100 m. sobre el nivel de la meseta vecina. La roca predominante de esta sierra es el pórfido granítico. (Doering.)

Choza 1) la, estancia, Ctl 5, Bolívar, Buenos Aires. 2) estancia, Ctl 7, Las Heras, Buenos Aires. 3) establecimiento rural, Ctl 3, Lujan, Buenos Aires. 4) de la, arroyo, Ctl 3, Lujan, Ctl 6, Las Heras, y Ctl 2, 3, 4, General Rodriguez, Buenos Aires. Este arroyo forma en su confluencia con el del Durazno, el arroyo de las Conchas, y es límite entre los partidos Las Heras al Sud y Lujan al Norte. 5) estancia, Ctl 4, Rodriguez, Buenos Aires. 6) establecimiento rural, Ctl 6, Trenque-Lauquen, Buenos Aires.

Chuan, laguna, Ctl 5, Junin, Buenos Aires.

Chubut, 1) gobernacion. Es limitada al Norte por el paralelo de los 42°, al Este por la costa del Océano Atlántico, al Sud por el paralelo de los 46° y al Oeste por el *divortium aquarum* de la cordillera. Dentro de estos límites tiene 247331 kms.² de extension. Este territorio es hasta ahora muy poco explorado, sabiéndose por lo pronto solamente que la parte cultivable de él queda reducida al estrecho valle del rio Chubut y á una angosta faja que orillea la cor-

---

[1] Sierra del Avestruz (Araucano).

dillera. Lo demás presenta una superficie muy quebrada con suelo pedregoso, escaso de agua y vegetacion. La gobernacion está dividida en dos departamentos: el de la Capital y el del Sud. El primero tiene por límites: al Norte el paralelo de los 42°; al Este el Océano Atlántico; al Sud el rio Chubut y al Oeste la línea divisoria con Chile. Los límites del segundo son: al Norte el rio Chubut; al Este el Océano Atlántico; al Sud el paralelo de los 46° y al Oeste la línea divisoria con Chile. La capital del territorio es Rawson, centro de poblacion de la colonia Chubut 2) colonia, Chubut. Está situada en el valle del rio Chubut, cerca de la desembocadura de éste. Las tres cuartas partes de sus habitantes son ingleses y el resto de diversas nacionalidades. Posee una extension de 20000 hectáreas de tierra utilizable. Comprende los centros de poblacion Gaiman, Trelew y Rawson ($\varphi = 43°$ 18'; $\lambda = 65°$ 15'; $z = 84$ m.), siendo este último el asiento de las autoridades del territorio. De Trelew, situado en el centro de la colonia, arranca el ferro-carril patagónico, el cual termina en puerto Madryn (Golfo Nuevo) despues de recorrer un trayecto de 75 kms. La agricultura del valle del Chubut está basada en la irrigacion de las tierras por medio de las aguas del rio, en una extension de 100 kms. Por el puerto Madryn exporta la colonia sus trigos y recibe sus artículos de consumo. 3) rio, Chubut. Nace en la cordillera, al Sud del lago Nahuel-Huapí. Cerca de su nacimiento y todavia en el territorio de la gobernacion del Rio Negro, se le juntan las aguas de los pequeños arroyos Apechecué, en su orilla izquierda, y Maiten, en su orilla derecha. El rio Chubut entra en el territorio de su nombre, con rumbo Norte á Sud, dobla luego al Este en Maichinguan y corre en esta direccion hasta recibir las aguas del arroyo Pichí-Leufú en su orilla izquierda, desde donde toma el rumbo SE. hasta el valle de las Ruinas. En este trayecto recibe en su orilla derecha las aguas de los arroyos Teca y Charmate, poco despues de habérsele unido las del Pichi-Leufú. A partir del valle de las Ruinas corre el rio en direccion Este, hasta juntársele las aguas del rio Chico, continuacion del Senguel y su principal afluente, el cual desemboca en su orilla derecha á los 43° 50' S. y 66° 22' O. G., de donde toma en adelante el rumbo NE. hasta su desembocadura en el Atlántico, cerca de la colonia Chubut y á inmediaciones del pueblo Rawson, capital de la gobernacion. En dicha desembocadura tiene el rio de 40 á 70 metros de ancho, siendo su hondura, por término medio, de 0,60 m. La diferencia entre la alta y baja marea es en la desembocadura de 4 metros. Las mareas son sensibles hasta á 7 kms. aguas arriba, á partir de la desembocadura. Las cercanias del rio Chubut, al Sud y al Norte, son lo más pobre que es dable concebir. Fórmanlas unas mesetas completamente estériles, heladas en invierno y abrasadas en verano.

Chucal, paraje poblado, Oran, Salta.

Chucalesna, paraje poblado, Humahuaca, Jujuy.

Chuchira, 1) cuartel de la pedania San Javier, San Javier, Córdoba. 2) lugar poblado, San Javier, San Javier, Córdoba.

Chucho, [1] cuartel de la pedania Caminiaga, Sobremonte, Córdoba.

Chuchuyo, paraje poblado, Tumbaya, Jujuy.

Chucul, 1) pedania del departamento Juarez Celman, Córdoba. Tiene 826 habitantes. (Censo). 2) cuartel de la pedania San Bartolomé, Rio Cuarto, Córdoba. 3)

---

1 Calofrio y tambien una planta tóxica (Nierembergia hyppomanica.)

pueblo, Chucul, juarez Celman, Córdoba. Tiene 296 habitantes. (Censo del 1° de Mayo de 1890.) Dista de Villa Maria 112 kms. FCA, C, T. 4) arroyo, Córdoba. Nace en unos ojos de agua, en el departamento Calamuchita, corre con rumbo á S. E. y termina en las lagunas del Carrizal y de los Perros. Es en toda su extension límite natural entre los departamentos Tercero Abajo, Rio Cuarto y juarez Celman. Este arroyo desarrolla un trayecto de cerca de 100 kms.

Chucuma, 1) distrito minero de plata del departamento Valle Fértil, San Juan. 2) arroyo, La Huerta, Valle Fértil, San Juan. Riega los campos del distrito de su mismo nombre.

Chulca, 1) lugar poblado, Trancas, Tucuman. En la orilla izquierda del arroyo de Colalao. 2) arroyo, Trancas, Tucuman. Es un tributario del Colalao en la márgen izquierda.

Chulo, finca rural, Juarez Celman, Rioja.

Chumbicha, 1) distrito del departamento Capayan, Catamarca. 2) aldea, Chumbicha, Capayan, Catamarca. Dista de Córdoba 440 kms. x = 431 m. FCCN, ramal de Recreo á Catamarca. C, T, E. 3) vertiente, Chumbicha, Capayan, Catamarca.

Chumbita, finca rural, General Sarmiento, Rioja.

Chumbras, paraje poblado, Departamento 7°, Pampa.

Chuñaguasi, [1] 1) pedanía del departamento Sobremonte, Córdoba. Tiene 1597 habitantes. (Censo). 2) cuartel de la pedania del mismo nombre, Sobremonte, Córdoba. 3) aldea, Chuñaguasi, Sobremonte, Córdoba. Tiene 129 habitantes. (Censo.) ♀ = 29° 58'; λ = 64° 5'. C, E.

Chuña-Pampa, paraje poblado, La Viña, Salta.

Churcal, 1) paraje poblado, Humahuaca, jujuy. 2) paraje poblado, Perico de San Antonio, jujuy. 3) finca rural, Cafayate, Salta. 4) paraje poblado, Chicoana, Salta. 5) paraje poblado, Guachipas, Salta. 6) distrito del departamento Molinos, Salta. 7) finca rural, Molinos, Salta. E. 8) paraje poblado, Rosario de Lerma, Salta.

Churcalito, paraje poblado, Chicoana, Salta.

Churlaquin, estancia, Ctl 4, Patagones, Buenos Aires.

Churqui, [1] 1) lugar poblado, Quilino, Ischilin, Córdoba. 2) lugar poblado, Tulumba, Córdoba. ♀ = 38° 10'; λ = 63° 52'; x = 400 m. (Brackebusch.) 3) vertiente, Tulumba, Córdoba. Riega los alrededores del lugar Churqui. 4) paraje poblado, Oran, Salta. 5) distrito de la seccion Copo 1°, del departamento Copo, Santiago del Estero. 6) lugar poblado, Copo, Santiago. C, E. 7) lugar poblado, jimenez, Santiago. E. 8) estancia, Leales, Tucuman. Próxima á la frontera santiagueña. 9) estancia, Rio Chico, Tucuman. En la márgen derecha del arroyo Matasambo. 10) estancia, Tafí, Trancas, Tucuman. Cerca de la confluencia de los arroyos Muñoz é Infiernillo. E. 11) *Cañada,* cuartel de la pedania San josé, Tulumba, Córdoba. 12) *Cañada,* lugar poblado, San José, Tulumba, Córdoba. C, T, E. 13) *Corral,* aldea, San José, Tulumba, Córdoba. Tiene 149 habitantes. (Censo del 1° de Mayo de 1890). 14) *Solo,* paraje poblado, Tilcara, Jujuy.

Chuschal, 1) paraje poblado, San Pedro, Jujuy. 2) fuente termal sulfurosa. San Pedro, jujuy.

Chuschalito, paraje poblado, San Pedro, jujuy.

Chuscho, 1) lugar poblado, Caminiaga, Sobremonte, Córdoba. 2) arroyo, Monteros, Tucuman. Es un tributario del arroyo

---

1 GuaSi, ó mejor eScrito *H*uasi, significa en quichua casa; chuña es un ave zancuda (Dicholophus Bur meiSteri.)

1 ArbuSto (ProSopis ferox.)

de la Quebrada y es formado por los arroyos Curoca y de las Vírgenes. 3) estancia, Trancas, Tucuman. En la orilla derecha del arroyo de Alurralde.

Chusquis, 1) distrito del departamento Castro Barros, Rioja, 2) aldea, Castro Barros, Rioja. Es la cabecera del departamento. C, E. 3) arroyuelo, Castro Barros, Rioja Nace en la sierra de Velasco y termina despues de un corto recorrido de O. á E., por agotamiento.

Dahuehue, rio, Neuquen. Es uno de los principales tributarios del Neuquen: desagua en su márgen derecha.

Dalia la, estancia, Ctl 11. Trenque-Lauquen, Buenos Aires.

Damas, paso de las, en la cordillera, Beitran, Mendoza. $? = 34° 59'$; $. = 70° 10'$; $x = 3000$ m. (Pissis).

Damasco [1] el, finca rural, Cerrillos, Salta.

Dañoso, cabo, Santa Cruz. $? = 48° 40'$; $\lambda = 67° 10'$. (Fitz Roy).

Daquen, arroyo, Neuquen. Es uno de los afluentes que recibe el Neuquen del lado Norte.

Dardo, establecimiento rural, Ctl 10, Las Flores, Buenos Aires.

Darwin, 1) estancia, Villarino, Buenos Aires. 2) cerro de la Tierra del Fuego. Se halla en la parte chilena de esta isla. $? = 54° 45'$; $\lambda = 69° 20'$; $x = 2060$ m. (Moreno).

Dátil, 1) finca rural, Mercedes, Corrientes. 2) estancia, Santo Tomé, Corrientes.

Dátiles, finca rural, La Cruz, Corrientes.

David, mina de plata nativa en el distrito del Cerro Negro, sierra de Famatina, Rioja

Dean, 1) distrito del departamento de la Capital, Santiago del Estero 2) lugar poblado, Dean, Capital, Santiago. E. 3) *Fúnes,* aldea, Toyos, Ischilin, Córdoba. Tiene 334 habitantes. (Censo del 1° de

Mayo de 1890). Punto de arranque del ferro-carril á Chilecito. 4) *Fúnes,* cuartel de la pedanía Santa Cruz, Tulumba, Córdoba. 5) *Fúnes,* villa, Santa Cruz, Tulumba, Córdoba. Tiene 1593 habitantes. (Censo). Dista de Córdoba 121 kms. $? = 30° 26'$; $\lambda = 64° 22'$; $x = 697$ m. FCCN, C, T, E.

Décima, estancia, Leales, Tucuman. En la orilla izquierda del rio Salí.

Defensa, establecimiento rural, Ctl 3, Suarez, Buenos Aires.

Dehesa, 1) lugar poblado, Guaminí, Buenos Aires, C. T. 2) la, establecimiento rural, Ctl 5, Puan, Buenos Aires. 3) paso de la, en la cordillera, Tupungato, Mendoza. $? = 33° 10'$; $\lambda = 72° 20'$; $x = 4064$ m. (Pissis) 4) distrito minero del departamento Albardon, San juan Encierra carbon.

Deidamia, 1) mina. Candelaria, Cruz del Eje, Córdoba. Está situada en Yuspi y encierra cuarzo aurífero 2) mina de galena, San Bartolomé, Rio Cuarto, Córdoba.

Del Carril, lugar poblado, Saladillo, Buenos Aires. Dista de Buenos Aires 153 kms. $x = 37$ m. FCO, ramal de Merlo al Saladillo. C, T.

Delfina, 1) establecimiento rural, Ctl 6, Ayacucho, Buenos Aires. 2) estancia, Ctl 10, Bolívar, Buenos Aires. 3) establecimiento rural, Ctl 5, Rojas, Buenos Aires. 4) mina de cuarzo aurífero, Rinconada, Jujuy. 5) finca rural, Capital, Rioja.

Delgada, punta, Chubut. $? = 42° 46' 15''$; $\lambda = 63° 36' 30''$. (Fitz Roy).

Delgado, arroyo, Nogoyá, Entre Rios. Desagua en la márgen izquierda del Nogoyá, en direccion E. á O. y forma el límite entre los distritos Crucesitas y Chiqueros.

Delicia la, 1) estancia, Ctl 13, Bahía Blanca, Buenos Aires. 2) establecimiento rural, Ctl 5, Navarro, Buenos Aires. 3) estancia, Ctl 4, Patagones, Buenos Aires. 4) establecimiento rural, Ctl 1, Suarez,

---

1 Albaricoque.

Buenos Aires. 5) mina de cuarzo aurífero, cobre y galena argentífera, San Bartolomé, Rio Cuarto, Córdoba. Está situada en el paraje llamado «Bella Vista.» 6) finca rural, San Miguel, Corrientes.

Delicias las, 1) lugar poblado, Pilar, Rio Segundo, Córdoba. 2) colonia, Bell-Ville, Union, Córdoba. Fué fundada en 1886 en una extension de 389 hectáreas. 3) finca rural, Goya, Corrientes. 4) estancia, Lomas, Corrientes. 5) finca rural, Paso de los Libres, Corrientes. 6) estancia, Saladas, Corrientes. 7) finca rural, Rivadavia, Mendoza. 8) establecimiento rural, Departamento 4°, Pampa.

Delirio el, estancia, Ctl 2, Trenque-Lauquen, Buenos Aires.

Delmira, 1) establecimiento rural, Ctl 7, Azul, Buenos Aires. 2) establecimiento rural, Ctl 5, Tapalqué, Buenos Aires. 3) estancia, Saladas, Corrientes.

Delozo-Cué, estancia, Concepcion, Corrientes.

Dennehy, lugar poblado, Nueve de julio, Buenos Aires. Dista de Buenos Aires 244 kms. α = 66 m. FCO, C, T.

Denner, colonia, Providencia, Colonias, Santa Fe. Tiene 260 habitantes. (Censo del 7 de Junio de 1887).

Deplorada la, finca rural, Jachal, San juan.

Derqui, lugar poblado, Esquina, Corrientes. E.

Derrumbe, vertiente, Los Angeles, Capayan, Catamarca.

Desaguadero, 1) lugar poblado, Pichanas, Cruz del Eje, Córdoba. 2) finca rural, San Cosme, Corrientes. 3) arroyo, San Cosme, Corrientes. Es un tributario del Riachuelo en la márgen derecha. 4) paraje poblado, La Paz, Mendoza. Dista de Villa Mercedes 190 kms. FCGOA, C, T. 5) finca rural, Capital, San Luis. 6) rio, San Luis y Mendoza. Este rio, que forma el límite entre las provincias de San Luis y Mendoza, es una continuacion del rio San Juan, que toma el nombre de Desaguadero despues de haber pasado por las grandes lagunas de Huanacache. En Tranquita, punto fronterizo de las provincias de San Juan y San Luis, se confunden con sus aguas las del Bermejo. El rio, que sigue una direccion general de N. á S. conserva su nombre hasta el paraje en que recibe las aguas del rio Diamante llamándose de allí en adelante rio Salado. Antes de recibir las aguas del rio Diamante se le incorporan en la márgen derecha las del rio Tunuyan, y más abajo de éste, en la márgen izquierda, las de un desagüe de la laguna Bebedero. Las aguas del Desaguadero son amargas y de color verde súcio, lo cual se debe á los terrenos salitrosos, cubiertos de zampa, jume y vidriera, que atraviesa.

Desagüe el, paraje poblado, Guaymallén, Mendoza.

Desamparados, 1) establecimiento rural, Ctl 3, Arrecifes, Buenos Aires. 2) establecimiento rural, Ctl 5, Pergamino, Buenos Aires. 3) departamento de la provincia de San Juan. Está situado en las inmediaciones de la capital, al Oeste de la misma. Tiene 148 kms.² de extension y una poblacion conjetural de 6904 habitantes. Está dividido en los 3 distritos: Marquesado, Bebida y Zonda. El cultivo de la vid es general en este departamento Hállanse allí tambien los distritos mineros cerro Marquesado, cerro Zonda y cerro Colorado, que encierran carbon, azufre y pizarra. El departamento es regado por el arroyo Zonda. Escuelas funcionan en Desamparados, Bebida y Santa Bárbara. 4) aldea, Desamparados, San Juan. Es cabecera del departamento. C, E.

Desbarrancado, cumbre de la sierra de los Apóstoles, Rosario, Pringles, San Luis.

Desbarranco el, finca rural, jachal, San Juan.

Descabezado, 1) estancia, Saladas. Corrientes. 2) volcan de la cordillera, Beltran, Mendoza. $\varphi = 35°\ 30'$; $\lambda = 70°$; $\gamma = 6390$ m. (Pissis).

Descanso el, 1) establecimiento rural, Ctl 2, Alsina, Buenos Aires. 2) establecimiento rural, Ctl 2, Balcarce, Buenos Aires. 3) finca rural, Paso de los Libres, Corrientes. 4) estancia, Burruyaco, Tucuman. En la frontera santiagueña.

Descubridora, 1) mina de cobre y plata en el distrito mineral del Atajo, Andalgalá, Catamarca. 2) mina de cobre, plata y oro en el distrito mineral «La Hoyada,» Tinogasta, Catamarca. 3) mina de galena argentífera en el distrito mineral de «La Pintada,» Veinte y Cinco de Mayo, Mendoza. 4) mina de cobre en la sierra de Lihuelcalel, Pampa. 5) la, finca rural, Cafayate, Salta. 6) mineral de plata, San Cárlos, Salta. 7) la, mina de oro en el Portezuelo de los Arce, Ayacucho, San Luis.

Deseada, 1) la, laguna, Ctl 4, Juarez, Buenos Aires. 2) la, estancia, Ctl 9, Nueve de julio, Buenos Aires. 3) la, finca rural, Cafayate, Salta. 4) la, mina de plata en «La Sala,» San Martin, San Luis.

Deseado, 1) el, estancia, Ctl 6, Bolívar, Buenos Aires. 2) establecimiento rural, Ctl 5, 10, Trenque – Lauquen, Buenos Aires 3) el, finca rural, San Martin, Rioja. 4) departamento de la gobernacion de Santa Cruz. Es limitado al Norte por el paralelo de los 46°; al Este por el océano; al Sud por el departamento San Julian y al Oeste por la cordillera que nos separa de Chile. 5) rio, Santa Cruz. Nace en los 46° y 47° de latitud y los 71° y 72° de longitud. Corre con direccion general á SE. y desemboca en el Atlántico en los 47 45' de latitud y los 65° 50' de longitud. No se le conocen tributarios. 6) puerto, Santa Cruz. $\varphi = 47°\ 48'$; $\lambda = 66°$. (Fitz Roy).

Desempeño, distrito del departamento Pocito, San Juan.

Desencadenada, laguna, Clt 10, Chascomús, Buenos Aires.

Desengañadora la, finca rural, Jachal, San juan.

Desengaño, 1) el, laguna, Ctl 14, Juarez, Buenos Aires. 2) el, finca rural, Rosario de Lerma, Salta. 3) cabo, Santa Cruz. $\varphi = 49°\ 14'\ 30''$; $\lambda = 67°\ 36'\ 10''$. (Fitz Roy). Entre este cabo y el Curioso está la entrada al puerto y bahia de San julian.

Deseo el, estancia, Ctl 5, Suarez, Buenos Aires.

Desidia la, estancia, San Roque, Corrientes.

Desierto el, establecimiento rural, Ctl 5, Las Flores, Buenos Aires.

Desmochada la, laguna, Ctl 10, Chascomús, Buenos Aires.

Desmochado, 1) arroyo, Sauce al Sud Rosario, Tala, Entre Rios. Es un tributario del Gualeguay en la márgen derecha. 2) el, chacra, Jachal, San Juan. 3) *Abajo*, distrito del departamento San Lorenzo, Santa Fe. Tiene 615 habitantes. (Censo del 7 de junio de 1887). 4) *Afuera*, paraje poblado, General Roca, San Lorenzo, Santa Fe. Tiene 691 habitantes. (Censo).

Desmonte, 1) lugar poblado, Higueras, Cruz del Eje, Córdoba. 2) el, paraje poblado, Campo Santo, Salta. 3) el, paraje poblado, La Viña, Salta. 4) lugar poblado, Graneros, Tucuman. A corta distancia de la via del ferro-carril noroeste argentino.

Desocupada la, finca rural, Departamento 2°, Pampa.

Despedida la, finca rural, Paso de los Libres, Corrientes.

Despensal, paraje poblado, Valle Grande, Jujuy.

Despierta, establecimiento rural, Ctl 5, Pila, Buenos Aires.

Despilchado el, estancia, Ctl 4, 7, Trenque-Lauquen, Buenos Aires.

Desplayada, 1) laguna, Ctl 7, Alvear, Buenos Aires. 2) laguna, Las Flores, Buenos Aires. Es atravesada por el rio Salado 3) la, laguna, Ctl ı, Pringles, Buenos Aires.

Despunte, 1) arroyo, Ctl 1, Cármen de Areco, Buenos Aires. 2) el, laguna, Ctl 4, Cármen de Areco, Buenos Aires.

Destierro el, establecimiento rural, Departamento 9, Pampa.

Destino el, 1) establecimiento rural, Ctl 2, Alvear, Buenos Aires. 2) estancia, La Plata, Buenos Aires. 3) establecimiento rural, Ctl 6, Loberia, Buenos Aires. 4) estancia, Ctl 1, Magdalena, Buenos Aires. 5) establecimiento rural, Ctl 11, Nueve de Julio, Buenos Aires. 6) establecimiento rural, Ctl 3, 5, 9, Pergamino, Buenos Aires. 7) el, finca rural, Esquina, Corrientes.

Deuteronomio [1], estancia, Concepcion, Corrientes.

Devoto, lugar poblado, San Justo, Córdoba Dista de Córdoba 178 kms. $\alpha = 122$ m. ECSEC, C, T.

Dia el, estancia, Ctl 11, Trenque-Lauquen, Buenos Aires.

Diablo el, establecimiento rural, Ctl 3, Trenque Lauquen, Buenos Aires.

Diamante, 1) arroyo, Ctl 12, juarez, Buenos Aires. 2) el, laguna, Ctl 12, Juarez, Buenos Aires. 3) establecimiento rural, Ctl 12, Tandil, Buenos Aires. 4) el, finca rural, Concepcion, Corrientes. 5) departamento de la provincia de Entre Rios. Está situado al Sud del departamento de la Capital, al Oeste del de Nogoyá, al Norte del de Victoria y en la orilla izquierda del Paraná. Su extension es de 7200 kms.[2] y su poblacion conjetural de 10500 habitantes. El departamento está dividido en los 5 distritos : Salto, Doll, Costa

Grande, Isletas y Palmar. Escuelas funcionan en Diamante, Isletas y en la colonia Alvear. 6) villa, Costa Grande, Diâmante, Entre Rios. Es la cabecera del departamento. Está situada en la «Punta Gorda,» á orillas del Paraná y á unos 80 metros sobre el nivel del rio. Fué fundada en 1836 y cuenta hoy con unos 2000 habitantes. Aduana, Agencia del Banco Nacional. $\varphi = 32° 4'$; $\lambda = 60° 38'$ (Waterwich). C, T, E. 7) volcan apagado, Veinte y Cinco de Mayo, Mendoza. $\varphi = 34° 41' 25''$; $\lambda = 69° 0' 10''$; $\alpha = 2300$ m. (Olascoaga). 8) rio, Mendoza. Tiene sus orígenes en el volcan Maipó, pasa al pié del cerro Diamante del que toma su nombre, lleva dentro de la cordillera una direccion al SE, que cambia al Este al salir de ella, pasa por San Rafael y se dirige siempre con rumbo Este hácia el rio Salado, que tiene sus orígenes en la «Pampa Brava,» con el cual se reune formando un delta de varios brazos, que suele inundarse á menudo por completo. Los principales afluentes del Diamante son el Carrizalito, el arroyo de la Faja y el arroyo Hondo. 9) estancia, Rosario de la Frontera, Salta.

Diamantina, mina de galena argentífera en el distrito mineral «Picaza,» Veinte y Cinco de Mayo, Mendoza.

Diana, 1) la, laguna, Ctl 2, Rauch, Buenos Aires. 2) mina de plomo y plata perteneciente al mineral del Guayco, Ciénega del Coro, Minas, Córdoba. 3) estancia, Caacatí, Corrientes. 4) *Marina*, estancia, Ctl 4, Patagones, Buenos Aires.

Diaspa, paraje poblado, Loreto, Santiago, E.

Diaz, 1) laguna, Ctl 8, Bragado, Buenos Aires. 2) estero, Caacatí, Corrientes. 3) aldea, Gaboto, San Jerónimo, Santa Fe. Tiene 224 habitantes. (Censo del 7 de junio de 1887). Dista del Rosario 71 kms. y de Buenos Aires 381. $\alpha = 37$ m. FCRS, C, T. 4) lugar poblado, Grane-

---

[1] Entre los muchos nombres estrambóticos que figuran en este Diccionario, este es uno de los más estrafalarios. Yo pregunto al lector qué tiene que ver el quinto libro del Pentateuco con las vacas.

ros, Tucuman. En la orilla derecha del arroyo Graneros. 5) *Velez*, establecimiento rural, Ctl 2, Ayacucho, Buenos Aires.

Dichosa la, establecimiento rural, Ctl 6, Chacabuco, Buenos Aires.

Dichoso, 1) lugar poblado, Italó, General Roca, Córdoba. 2) pico del Potrero del Morro, Morro, Pedernera, San Luis.

Diego Lopez, 1) distrito del departamento Concordia, Entre Rios. 2) arroyo, Diego Lopez, Concordia, Entre Rios. Desagua en el Gualeguay. en la márgen derecha, en direccion de NO. á SE.

Diego Martinez, arroyo, Raices, Villaguay, Entre Rios. Desagua en la márgen derecha del Gualeguay, en direccion de O. á E.

Diente del Arado, lugar poblado, Loreto, Santiago. E.

Diez 1) *Arenas,* isla del lago Nahuel-Huapí. 2) *Lagunas,* estancia, Ctl 6, Bolivar, Buenos Aires. 3) *de Mayo,* establecimiento rural, Ctl 4, Necochea, Buenos Aires.

Diez y nueve el, estancia, Ctl 4, Lobos, Buenos Aires.

Difunto, laguna, Ctl 4, Saladillo, Buenos Aires.

Difuntos, 1) los, laguna, Ctl 7, Alvear, Buenos Aires. 2) laguna, Ctl 3, Tuyú, Buenos Aires

Diluvio el, estancia, Ctl 1, Brandzen, Buenos Aires.

Dinamarca, 1) lugar poblado, Pichanas, Cruz del Eje, Córdoba. 2) estancia, Concepcion, Corrientes.

Dinero, cerro, Santa Cruz. $\varphi = 52°$ 19' 40"; $\lambda = 68°$ 33' 20"; $\alpha = 111$ m. (Fitz Roy). Es uno de los puntos de demarcacion de límites con Chile.

Dique de San Roque, aldea, San Roque, Punilla, Córdoba. Tiene 208 habitantes. (Censo del 1° de Mayo de 1890). Está á 39 kms. de Córdoba por las márgenes del rio Primero.

Discordia 1) la, establecimiento rural, Ctl 2, Tapalqué, Buenos Aires. 2) arroyo, Ctl 2, Tapalqué, Buenos Aires.

Divisadero, 1) establecimiento rural, Ctl 9, Guaminí. Buenos Aires. 2) estancia, Ctl 4. Pueyrredon, Buenos Aires. 3) lugar poblado, Rauch, Buenos Aires. E. 4) estancia, Ctl 8, Saladillo, Buenos Aires. 5) lugar poblado, Manzanas, Ischilin, Córdoba. 6) lugar poblado, Toyos, Ischilin, Córdoba. 7) lugar poblado, Ciéneza del Coro, Minas, Córdoba. 8) lugar poblado, General Mitre, Totoral, Córdoba. $\varphi = 30°$ 37'; $\lambda = 64°$ 11'; $\alpha = 720$ m. (Brackebusch) 9) lugar poblado, Parroquia, Tulumba, Córdoba. 10) lugar poblado, San josé, Tulumba, Córdoba. 11) paraje poblado, Tunuyan, Mendoza. 12) paraje poblado, Durazno, Pringles, San Luis. 13) estancia, Trapiche, Pringles, San Luis. 14) finca rural, Guzman, San Martin, San Luis. 15) lugar poblado, Rincon del Cármen, San Martin, San Luis. 16) *de Campanas,* lugar poblado, San Cárlos, Minas, Córdoba.

Divisaderos, lugar poblado, Estancias, Rio Seco, Córdoba.

Divisora, laguna, Ctl 5, Bragado, Buenos Aires.

Divisoria, laguna, Ctl 12, Lincoln, Buenos Aires.

Divisorio 1) el, estancia, Ctl 8, Bahia Blanca, Buenos Aires. 2) estancia, Ctl 4, Patagones, Buenos Aires. 3) arroyo, Pringles, Buenos Aires. Nace en la sierra de Pillahuinco y desagua en la márgen izquierda del arroyo Sauce Grande.

Doblado, 1) establecimiento rural, Ctl 6, San Antonio de Areco, Buenos Aires. 2) arroyo, San Antonio de Areco, Buenos Aires. Es un pequeño tributario del Areco, en su márgen izquierda.

Doce 1) las, establecimiento rural, Ctl 5, Nueve de Julio, Buenos Aires. 2) *de Mayo,* establecimiento rural, Departamento 2°, Pampa 3) *de Octubre*, estancia, Curuzú-Cuatiá, Corrientes.

Dolcoath, mina de oro en el distrito mineral de « El Oro, sierra de Famatina, Rioja.

Doll, 1) distrito del departamento Diamante, Entre Rios. 2) arroyo, Entre Rios. Desagua en el Paranacito en direccion NE. á SO. y forma en toda su extension el límite entre los departamentos Diamante (distritos Isletas y Doll) y Victoria (distritos Chilcas y Rincon Doll.)

Dolores, 1) estancia, Ctl 7, 13, Arrecifes, Buenos Aires. 2) establecimiento rural, Ctl 6, Ayacucho, Buenos Aires, 3) establecimiento rural, Ctl 4, Baradero, Buenos Aires. 4) partido de la provincia de Buenos Aires. Está al SSE. de Buenos Aires, enclavado entre los partidos Castelli, Tordillo, Maipú y Vecino. Tiene una extension de 1984 kms.² y una poblacion de 10386 habitantes. (Censo del 31 de Enero de 1890.) Fué creado en 1838. Escuelas funcionan en Dolores, Loma de Salomon, San Juan del Vecino, Santa Ana, etc. El partido es regado por los arroyos Dolores, Ombú, Picaza, Lanabria y el Toro. 5) villa, Dolores, Buenos Aires Es cabecera del partido. Fundada por Pueyrredon en 1818, cuenta hoy con 7500 habitantes. Sucursales de los Bancos de la Provincia y Nacional Tribunales de 1ª instancia. Graseria, etc. Por la via férrea dista 203 ½ kms. ó sea 5 horas de Buenos Aires. $\varphi = 36°$ 19'; $\lambda = 57° 41' 30''$; $\alpha = 5,8$ m. FCS, ramal de Altamirano á Tres Arroyos. C, T, E. 6) arroyo, Ctl 8, Dolores, Buenos Aires. 7) establecimiento rural, Ctl 3, Las Heras, Buenos Aires. 8) establecimiento rural, Ctl 4, Márcos Paz, Buenos Aires. 9) establecimiento rural, Ctl 7, Rauch, Buenos Aires. 10) establecimiento rural, Ctl 3, San Pedro, Buenos Aires. 11) estancia, Villarino, Buenos Aires. 12) lugar poblado, San Isidro, Anejos Sud,

Córdoba. 13) estancia, Chucul, Juarez Celman, Córdoba 14) aldea, Dolores, Punilla, Córdoba. Tiene 184 habitantes. (Censo del 1° de Mayo de 1890)· $\varphi = 30°$ 53'; $\lambda = 64° 31'$; $\alpha = 1025$ m. (O. Doering) C, T, E. Es estacion del ferro-carril de Córdoba á Cruz del Eje. Dista de la primera 102 y de la segunda 48 kms. 15) cuartel de la pedanía Galarza, Rio Primero, Córdoba. 16) lugar poblado, Galarza, Rio Primero, Córdoba. 17) pedanía del departamento San javier, Córdoba. Tiene 3999 habitantes. (Censo) 18) villa, Dolores, San Javier, Córdoba. Es la cabecera del departamento. Está situada á orillas del arroyo de los Sauces, frente á San Pedro (departamento San Alberto.) Tiene 2247 habitantes. (Censo.) $\varphi = 31° 56'$; $\lambda = 65° 13'$; $\alpha = 500$ m. (Brackebusch.) C, T, E. 19) finca rural, Goya, Corrientes. 20) finca rural, Nueve de Julio, Mendoza. 21) mineral de plata, Molinos, Salta. 22) partido del departamento Chacabuco, San Luis. 23) villa, Dolores, Chacabuco, San Luis. Tiene unos 1200 habitantes. $\alpha = 603$ m. (Lallemant.) C, E.

Domequi, estancia, Ctl 4, Azul, Buenos Aires.

Dominga la, establecimiento rural, Ctl 17, Nueve de julio, Buenos Aires.

Dominguez, 1) laguna, Ctl 2, Tuyú, Buenos Aires. 2) laguna, San Cosme, Corrientes. 3) fortin situado entre Catrichi Manil y Bahia Blanca, Pampa. T. 4) finca rural, Concepcion, San Juan. 5) *Primero*, arroyo, Ctl 4, Lujan, Buenos Aires. 6) *Segundo*, arroyo, Ctl 4, Lujan, Buenos Aires.

Dominguito, lugar poblado, Higueras, Cruz del Eje, Córdoba.

Domuyo, volcan de la cordillera. Neuquen. $\varphi = 36° 31' 40''$; $\lambda = 70° 35' 11''$; $\alpha = 3819$ m. (Olascoaga.)

Don 1) *Alfredo*, laguna, Ctl 6, Bragado, Buenos Aires. 2) *Cristóbal*, distrito del departamento Nogoyá, Entre Rios. 3) *Cristóbal*, arroyo, Nogoyá, Entre Rios. Desagua en la márgen derecha del Nogoyá, en direccion NO. á SE. y forma el límite entre los distritos don Cristóbal y Algarrobitos. 4) *Diego*, mina de oro en el distrito mineral « El Oro,» sierra de Famatina, Rioja. 5) *Fausto*, establecimiento rural, Ctl 3, Ranchos, Buenos Aires. 6) *Gonzalo*, arroyo, La Paz, Entre Rios. Desagua en la márgen izquierda del Feliciano, en direccion de SE. á NO. Es en toda su extension límite entre los distritos Yeso y Alcaraz. 7) *Luis*, laguna, Ctl 7, Las Flores, Buenos Aires.

Donata, mina de cuarzo aurífero, Candelaria, Cruz del Eje, Córdoba. Está situada en el paraje llamado « Los Achiros.»

Donato, laguna, San Roque, Corrientes.

Donselaar, 1) lugar poblado, Ctl 3, San Vicente, Buenos Aires. Dista de Buenos Aires 52 kms. $\alpha = 15,3$ m. FCS, C, T, E. 2) arroyo, Ctl 3, San Vicente, Buenos Aires.

Doña 1) *Ana* (ó Yerba Buena). paso de la cordillera, San Juan. $\varphi = 29° 36'$; $\lambda = 69° 30'$; $\alpha = 4448$ m. (Domeyko.) 2) *Juana*, laguna, San Cosme, Corrientes. 3) *Lorenza*, distrito de la seccion Veinte y Ocho de Marzo, del departamento Matará, Santiago del Estero. 4) *Lorenza*, estacion del ferro-carril de San Cristóbal á Tucuman, Veinte y Ocho de Marzo, Matará, Santiago. $\varphi = 29° 1' 54''$; $\lambda = 62° 33' 7''$. 5) *Luisa*, distrito de la seccion jimenez 2° del departamento Jimenez, Santiago del Estero. 6) *Luisa*, lugar poblado, jimenez, Santiago. E. 7) *Ramona*, laguna, Ctl 5, Bolivar, Buenos Aires.

Dorada, 1) vertiente, Mogotes, Ancasti, Catamarca. 2) la, finca rural, Capital, Rioja.

Doradillo, arroyo, Tres Arroyos, Buenos Aires. Es uno de los orígenes del arroyo Claramecó.

Dorado 1) el, establecimiento rural, Ctl 8,

Lincoln, Buenos Aires. 2) laguna, Ctl 7, Lincoln, Buenos Aires.

Dorila, finca rural, Goya, Corrientes.

Dormida 1) la, establecimiento rural, Ctl 2 Necochea, Buenos Aires. 2) establecimiento rural, Ctl 5, Rauch, Buenos Aires. 3) lugar poblado, Cóndores, Calamuchita, Córdoba. 4) aldea, San José, Tulumba, Córdoba. Tiene 113 habitantes. (Censo del 1° de Mayo de 1890.) $\varphi = 30° 22'$; $\lambda = 63° 56'$; $\alpha = 494$ m. (O. Doering.) C, E. 5) arroyo, San José, Tulumba, Córdoba. Este arroyo forma más adelante la cañada del Durazno. 6) lugar poblado, Chacabuco, Mendoza. E. 7) lugar poblado, Departamento 2°, Pampa. 8) lugar poblado, Loreto, Santiago. C.

Dorotea la, establecimiento rural, Ctl 12, Lincoln, Buenos Aires.

Dorrego, 1) partido de la provincia de Buenos Aires. Sus límites son: al Este, el arroyo Quequen Salado que le separa del partido Tres Arroyos; al Sud el Océano Atlántico; al Oeste el arroyo Sauce Grande que le separa del partido Bahia Blanca, y al Norte el partido Pringles. Tiene 4395 kms.^{2} de extension y una poblacion de 2895 habitantes. (Censo del 31 de Enero de 1890.) El partido es regado por los arroyos Quequen Grande, de los Gauchos, El Perdido, Las Mostazas, Indio Rico, Sauce Grande, de los Leones, Cortaderas y San Roman. En el Norte penetra en el partido la extremidad Sud de la sierra de Pillahuinco. La prolongacion del ferro carril del Sud, de Tres Arroyos á Bahia Blanca, atraviesa la parte Norte del partido. 2) lugar poblado, Maipú, Buenos Aires. Dista de Buenos Aires 296 kms. $\alpha = 19,7$ m. FCS, ramal de Maipú á Mar del Plata. C, T.

Dos 1) *Acequias*, lugar poblado, Angaco Sud, San Juan. E. 2) *de Agosto*, estancia, Ctl 7, Lobos, Buenos Aires. 3) *de Agosto*, estancia, Ctl 2, Mar Chiquita, Buenos Aires. 4) *Amigos*, establecimiento rural, Ctl 4, Alvear, Buenos Aires. 5) *Amigos*, laguna, Ctl 2, Puan, Buenos Aires. 6) *Amigos*, establecimiento rural, Ctl 5, 9, Saladillo, Buenos Aires. 7) *Amigos*, estancia, Ctl 4, Suarez, Buenos Aires 8) *Amigos*, establecimiento rural, Ctl 4, Tandil, Buenos Aires. 9) *Amigos*, establecimiento rural, Ctl 8, Veinte y Cinco de Mayo, Buenos Aires. 10) *Amigos*, mina de plomo y plata, Ciénega del Coro, Minas, Córdoba. Pertenece al mineral del Guayco. 11) *Amigos*, mineral de oro, Poma, Salta. 12) *Anitas*, estancia, Ctl 6, Pueyrredon, Buenos Aires. 13) *Arroyos*, establecimiento rural, Ctl 4, 5, Tandil, Buenos Aires. 14) *Arroyos*, arroyo, Ctl 5, Tandil, Buenos Aires. 15) *Cañadas*, lugar poblado, General Mitre, Totoral, Córdoba. 16) *Cauces*, estancia, Ctl 4, Patagones, Buenos Aires. 17) *Chilenos*, mina de cobre en la sierra de Lihuelcalel, Pampa. 18) *Dátiles*, finca rural, Bella Vista, Corrientes. 19) *Emilias*, finca rural, Esquina, Corrientes. 20) *Esquinas*, lugar poblado, Guasapampa, Minas, Córdoba. 21) *Esquinas*, finca rural, Nueve de Julio, Mendoza. 22) *Eucaliptos*, finca rural, Curuzú-Cuatiá, Corrientes. 23) *Hermanas*, laguna, Ctl 5, Alvear, Buenos Aires. 24) *Hermanas*, estancia, Ctl 8, Ayacucho, Buenos Aires. 25) *Hermanas*, laguna, Ctl 8, Ayacucho, Buenos Aires. 26) *Hermanas*, laguna, Ctl 5, Bolivar, Buenos Aires. 27) *Hermanas*, laguna, Ctl 7, Junin, Buenos Aires. 28) *Hermanas*, estancia, Ctl 3, Olavarría, Buenos Aires. 29) *Hermanas*, establecimiento rural, Ctl 6, Pueyrredon, Buenos Aires. 30) *Hermanas*, estancia, Ctl 10, Veinte y Cinco de Mayo, Buenos Aires. 31) *Hermanas*, finca rural, Monte Caseros, Corrientes. 32) *Hermanas*, estancia, San Luis, Corrientes. 33) *Hermanas*, distrito del departamento Gualeguaychú, Entre Rios. 34) *Hermanas*, islas del

rio Uruguay, situadas cerca de su desembocadura en el Plata. 35) *Hermanas*, mina de plata, cobre y oro en el distrito mineral «La Mejicana,» sierra de Famatina, Rioja. 36) *Hermanos*, establecimiento rural, Ctl 5, 7, Alvear, Buenos Aires. 37) *Hermanos*, estancia, Ctl 6, Azul, Buenos Aires. 38) *Hermanos*, establecimiento rural, Ctl 5, 12, Bragado, Buenos Aires. 39) *Hermanos*, establecimiento rural, Ctl 8, Guaminí, Buenos Aires. 40) *Hermanos*, laguna, Ctl 12, Lincoln, Buenos Aires. 41) *Hermanos*, establecimiento rural, Ctl 12, Ramallo, Buenos Aires. 42) *Hermanos*, laguna, Ctl 3, Saladillo, Buenos Aires. 43) *Hermanos*, establecimiento rural, Ctl 11, Tandil, Buenos Aires. 44) *Hermanos*, establecimiento rural, Ctl 8, Tapalqué, Buenos Aires. 45) *Hermanos*, estancia, Ctl 3, Trenque-Lauquen, Buenos Aires. 46) *Hermanos*, finca rural, Bella Vista, Corrientes. 47) *Hermanos*, finca rural, Goya, Corrientes. 48) *Hermanos*, finca rural, Mercedes, Corrientes. 49) *Hermanos*, finca rural, Departamento 3°, Pampa. 50) *Juanas de Gomila*, establecimiento rural, Ctl 2, Tres Arroyos, Buenos Aires. 51) *Leones*, laguna, Ctl 13, Juarez, Buenos Aires. 52) *Marias*, establecimiento rural, Ctl 4, Pueyrredon, Buenos Aires. 53) *de Mayo*, establecimiento rural, Ctl 2, Veinte y Cinco de Mayo, Buenos Aires. 54) *Ombúes*, estancia, Ctl 3, Las Flores, Buenos Aires. 55) *Palmitas*, finca rural, Lavalle, Corrientes. 56) *Pasos*, lugar poblado, Ciénega del Coro, Minas, Córdoba. 57) *Pozos*, estancia, Ctl 2, Patagones, Buenos Aires. 58) *Pozos*, lugar poblado, Guasapampa, Minas, Córdoba. 59) *Pozos*, lugar poblado, Chancani, Pocho, Córdoba. 60) *Puntas*, finca rural, Jachal, San Juan. 61) *Rios*, lugar poblado, Argentina, Minas, Córdoba. 62) *Rios*, lugar poblado, Salsacate, Pocho, Córdoba 63) *Rios*.

lugar poblado, Rio Pinto, Totoral, Córdoba.

Downcast, estancia, Tierra del Fuego.

Duarte, 1) arroyo, Ctl 6, Lujan, Buenos Aires. 2) vertiente, Salinas, Independencia, Rioja.

Duggan, lugar poblado, San Antonio de Areco, Buenos Aires. Dista de Buenos Aires 133 kms. $x = 51$ m. FCO, línea al Pergamino. C, T.

Dulce, 1) arroyo, Ctl 2, Alvear, y Ctl 9, Saladillo, Buenos Aires, 2) arroyo, Ctl 2, 3, 4, Balcarce y Mar Chiquita, Buenos Aires. Desagua en la laguna de la Blanqueada despues de haberse unido con el arroyo Mondongo. 3) la, laguna, Ctl 12, Bragado, Buenos Aires. 4) laguna, Ctl 2, Junin, Buenos Aires. 5) laguna, Ctl 7, Lincoln, Buenos Aires. 6) arroyo, Ctl 4, Magdalena, Buenos Aires. 7) arroyo, Ctl 12, Necochea, Buenos Aires. 8) la, establecimiento rural, Ctl 6, Pergamino, Buenos Aires. 9) arroyo, Ctl 6, Pergamino, Ctl 3, Rojas, Buenos Aires. Es tributario del arroyo de Rojas en su márgen izquierda y es en toda su extension límite entre los partidos Pergamino y Rojas. 10) laguna, Ctl 7, Puan, Buenos Aires. 11) laguna, Ctl 3, Saladillo, Buenos Aires. 12) arroyo, Ctl 10, Salto, Buenos Aires. 13) laguna, Ctl 5, Veinte y Cinco de Mayo, Buenos Aires. 14) laguna, Esquina, Corrientes. 15) laguna, Lomas, Corrientes. 16) rio, Salta, Tucuman y Santiago del Estero. Este rio tiene su orígen en las cumbres de Calchaqui y Guachipas con el nombre de rio Choromoro. En su trayecto por la provincia de Tucuman se llama rio Sali, nombre que cambia por el de rio Hondo al entrar en la provincia de Santiago, en las cercanías del pueblo del mismo nombre. En las inmediaciones de Santiago cambia nuevamente de nombre, llamándose entonces rio Dulce. Pasa por la capital de la provincia en direc-

cion SE., toma luego al Sud, pasa por la salina grande, donde sus aguas se hacen salobres y toma luego el nombre de Saladillo bajo el cual desagua en la laguna y bañados de los Porongos, que se hallan en los limites de las tres provincias de Santiago, Córdoba y Santa Fe. Desde la salina grande en adelante, sale el rio frecuentemente de su cauce y forma á lo largo de sus márgenes extensos bañados. Anteriormente pasaba el Dulce por Loreto, Atamisqui y Salavina, poblaciones que han caido en atraso despues del cambio de cauce que efectuó este rio. El rio Dulce es la verdadera providencia de la provincia de Santiago, porque con las acequias que de él se sacan, se sostiene casi toda su agricultura. 17) *Chica*, laguna, Ctl 3, Necochea, Buenos Aires 18) *Chica*, establecimiento rural, Ctl 2, Veinte y Cinco de Mayo, Buenos Aires. 19) *Grande*, laguna, Ctl 3, Necochea, Buenos Aires.

Dungenes, cabo, Santa Cruz $\varphi = 52° 23' 50''$; $\lambda = 68° 25' 10''$ (Fitz Roy). De este cabo arranca el limite Sud de la República.

Duportal, cabaña de ovejas Rambouillet, San Vicente, Buenos Aires.

Duraznal, 1) paraje poblado, Capital, Jujuy. 2) arroyo, San Pedro, Jujuy. Es un tributario del arroyo Santa Rita, en la márgen izquierda. Nace en la falda oriental de la sierra de Santa Bárbara.

Duraznillal, 1) laguna, Ctl 10, Chascomús, Buenos Aires. 2) laguna, Ctl 1, Necochea, Buenos Aires.

Duraznillales los, laguna, Ctl 10, Rauch, Buenos Aires.

Duraznillo, 1) laguna, Ctl 6, Azul, Buenos Aires. 2) laguna, Ctl 4, Barracas, Buenos Aires. 3) laguna, Ctl 1, Castelli, Buenos Aires. 4) laguna, Ctl 2, Pueyrredon, Buenos Aires. 5) laguna, Ctl 5, Pueyrredon, Buenos Aires. 6) laguna, Ctl 3, Suipacha, Buenos Aires. 7) lugar poblado, Cas-

taño, Rio Primero, Córdoba. 8) lugar po
blado, Villa de María, Rio Seco, Córdoba.

Duraznito, 1) riacho, Cll 2, San Fernando,
Buenos Aires. 2) finca rural, Curuzú-
Cuatiá, Corrientes. 3) finca rural, La
Cruz, Corrientes. 4) finca rural, Paso de
los Libres, Corrientes. 5) estancia, Saladas, Corrientes. 6) estancia, Santo Tomé, Corrientes. 7) estancia, Rosario de
la Frontera, Salta. 8) el, paraje poblado,
Rosario de Lerma, Salta, 9) finca rural,
Guzman, San Martin, San Luis. 10) finca
rural, San Martin, San Martin, San Luis.
11) vertiente, Santa Rosa, Junin, San Luis.

Duraznitos, 1) lugar poblado, Potrero de
Garay, Anejos Sud, Córdoba. 2) chacra,
Conlara, San Martin, San Luis.

Durazno, [1] 1) arroyo, Ctl 6, 7, Las Heras,
Ctl 4, 5, Márcos Paz y Ctl 4, General
Rodriguez, Buenos Aires. Este arroyo
forma en su confluencia con el de la
Choza, el arroyo de las Conchas. En su
curso inferior es límite entre los partidos
Márcos Paz, (al Sud) y General Rodriguez (al Norte). 2) laguna Ctl 3, Mar
Chiquita, Buenos Aires 3) el, laguna, Ctl
5, Mercedes, Buenos Aires. 4) arroyo, Ctl
1, 4, 5, 6, 7, Pueyrredon, Buenos Aires.
Nace en la sierra de los Padres y desagua en el Océano Atlántico Este arroyo
suele llamase tambien « Tigra.» 5) el,
laguna, Ctl 9, Rauch, Buenos Aires. 6)
riacho, Ctl 2, San Fernando, Buenos Aires. 7) el, arroyo, Ctl 1, 2, Suipacha,
Buenos Aires. Forma en su confluencia
con el de los Leones, el arroyo Lujan.
8) laguna, Ctl 8, Vecino, Buenos Aires.
9) el, establecimiento rural, Ctl 10, Veinte y Cinco de Mayo, Buenos Aires. 10)
el, arroyo que riega los distritos de
Ancasti, en el departamento del mismo
nombre, y de la Viña, en el departamento
de Paclin, provincia de Catamarca. Bajo

este nombre tiene su orígen el arroyo de
Paclin. 11) cuartel de la pedania Caseros, Anejos Sud, Córdoba. 12) aldea,
Caseros, Anejos Sud, Córdoba. Tiene
128 habitantes. (Censo del 1º de Mayo
de 1890). $\varphi = 31° 35'$; $\lambda = 64° 14'$. 13)
lugar poblado, Santa Rosa, Calamuchita,
Córdoba. 14) arroyo, Calamuchita, Córdoba. Es un tributario del arroyo Grande, uno de los orígenes del rio Tercero.
15) lugar poblado, Parroquia, Ischilin,
Córdoba. 16) lugar poblado, Argentina,
Minas, Córdoba. 17) lugar poblado, Ciénega del Coro, Minas, Córdoba. 18) lugar
poblado, San Roque, Punilla, Córdoba.
19) lugar poblado, Santiago, Punilla,
Córdoba. 20) lugar poblado, Estancias,
Rio Seco, Córdoba. 21) lugar poblado,
Higuerillas, Rio Seco, Córdoba. 22) arroyo, Rio Segundo, Córdoba. Es de escaso
caudal de agua y termina luego en cañada. 23) lugar poblado, Panaolma, San
Alberto, Córdoba. 24) cerro de la sierra
de Pocho, San Alberto, Córdoba. 25)
lugar poblado, Caminiaga, Sobremonte,
Córdoba. 26) cuartel de la pedania Mercedes, Tulumba, Córdoba. 27) aldea,
Mercedes, Tulumba, Córdoba. Tiene
145 habitantes. (Censo). E. 28) lugar
poblado, Santa Cruz, Tulumba, Córdoba. 29) lugar poblado, Litin, Union, Córdoba. 30) arroyo, Entre Rios. Desagua
en la márgen derecha del arroyo Raices,
en direccion de S. á N. y forma en toda
su extension el límite entre los departamentos Rosario Tala (Raíces al Norte)
y Nogoyá (Crucesitas). 31) paraje poblado, Capital, Jujuy. 32) paraje poblado,
Tilcara, Jujuy 33) finca rural, Chilecito.
Rioja. 34) el paraje poblado, Chicoana,
Salta 35) el, paraje poblado, Guachipas.
Salta. 36) finca rural, Pedernal, Huanacache, San Juan. 37) arroyo, Huanacache, San Juan. Riega los campos de
Durazno. Pedernal, Divisadero y Huanacache, distritos del departamento de

---

[1] Melocoton.

Huanacache. 38) finca rural, Valle Fértil, San Juan. 39) partido del departamento Coronel Pringles, San Luis. 40) lugar poblado, Saladillo. Pringles, San Luis. E. 41) finca rural, Conlara, San Martin, San Luis. 42) establecimiento rural, Guzman, San Martin, San Luis. 43) esblecimiento rural, San Lorenzo, San Martin, San Luis. 44) vertiente, San Lorenzo, San Martin, San Luis. 45) *Chico*, arroyo, Ctl 6, Las Heras, Buenos Aires.

Duraznos, 1) lugar poblado, Parr. quia, Pocho, Córdoba. 2) cuartel de la pedanía de las Estancias, Rio Seco, Córdoba.

Durito el, finca rural, General Sarmiento, Rioja.

Echapul, arroyo, Ctl 4, Alsina, Buenos Aires.

Echeverría, lugar poblado, Rojas, Buenos Aires. Dista de Buenos Aires 287 kms. $\alpha = 74$ m. FCO, ramal de Pergamino á Junin. C T.

Eden, 1) el, establecimiento rural, Ctl 3, Chacabuco, Buenos Aires. 2) *Argentino*, lugar poblado, Lomas de Zamora, Buenos Aires. E.

Egoizé, estancia, Ctl 4, Ayacucho, Buenos Aires.

Egusquiza, 1) distrito del departamento de las Colonias, Santa Fe. Tiene 500 habitantes. (Censo del 7 de Junio de 1887). 2) colonia, Egusquiza, Colonias, Santa Fe. Tiene 327 habitantes. (Censo). C.

Eje el, lugar poblado, Cañas, Anejos Norte, Córdoba.

Elena, 1) estancia, Ctl 13, Dorrego, Buenos Aires, 2) establecimiento rural, Ctl 5, San Pedro, Buenos Aires. 3) arroyo, Ctl 9, Tandil, Buenos Aires.

Elisa, 1) la, estancia, Ctl 7, 9, Tandil, Buenos Aires. 2) mina de plomo y plata, Higueras, Cruz del Eje, Córdoba. Pertenece al mineral del Guayco. 3) colonia, Cruz Alta, Márcos Juarez, Córdoba. Fué fundada en 1887, en una extension de

26921 hectáreas. 4) mina de plomo y plata, Ciénega del Coro, Minas, Córdoba. Está situada en el paraje llamado «Loma Colorada» 5) mina de cobre en la sierra de Lihuelcalel, Pampa. 6) lugar poblado, Iriondo, Santa Fe. Dista de Cañada de Gomez 93 kms. ECCA, ramal de Cañada de Gomez á las Yerbas. C, T. 7) *de Arocena*, establecimiento rural, Ctl 1, Pergamino, Buenos Aires. 8) *Venegas*, establecimiento rural, Ctl 1, Pergamino, Buenos Aires.

Elizalde, mina de plomo y plata, Ciénega del Coro, Minas, Córdoba. Pertenece al mineral del Guayco.

Eloisa la, finca rural, Italó, General Roca, Córdoba.

Elvira, 1) establecimiento rural, Ctl 13, Arrecifes, Buenos Aires. 2) establecimiento rural, Ctl 9, Ayacucho, Buenos Aires. 3) estancia, Ctl 8, Bahía Blanca, Buenos Aires. 4) estancia, Ctl 5, Bolívar, Buenos Aires 5) establecimiento rural, Ctl 1, Lobería, Buenos Aires. 6) estancia, Ct 5, 6, Matanzas, Buenos Aires. 7) establecimiento rural, Ctl 1, Necochea, Buenos Aires. 8) establecimiento rural, Ctl 7, Nueve de julio, Buenos Aires. 9) estancia, Ctl 2, Olavarría. Buenos Aires. 10) estancia, Ctl 7, Tandil, Buenos Aires. 11) estancia, Ctl 4, Trenque-Lauquen, Buenos Aires. 12) establecimiento rural, Ctl 2, Veinte y Cinco de Mayo, Buenos Aires. 13) mina de cobre en el distrito mineral de las Capillitas, Andalgalá, Catamarca, 14) la, finca rural, Goya, Corrientes. 15) mina de cobre, en la sierra de Lihuelcalel, Pampa

Embalsado, 1) laguna Esquina, Corrientes. 2) laguna, Mburucuyá, Corrientes. 3) laguna, San Roque, Corrientes

Embarcacion, paraje poblado, Oran, Salta.

Emboscada, paraje poblado, Oran, Salta.

Embrolla la, estancia, Ctl 5, 10, Trenque-Lauquen, Buenos Aires.

Emilia, 1) la, establecimiento rural, Ctl 7,

Balcarce, Buenos Aires. 2) estancia, Ctl 7, Bragado, Buenos Aires. 3) estancia, Ctl 5, Magdalena, Buenos Aires. 4) establecimiento rural, Ctl 3, 5, Rojas, Buenos Aires. 5) estancia, Ctl 7, Trenque-Lauquen, Buenos Aires. 6) distrito del departamento de la Capital, Santa Fe. Tiene 1384 habitantes. (Censo del 7 de junio de 1887). 7) aldea, Emilia, Capital, Santa Fe. Tiene 232 habitantes. (Censo). Dista de Santa Fe 66 kms. FCSF, C, T, E. 8) colonia, Emilia, Capital, Santa Fe. Tiene 947 habitantes. (Censo).

Empajada, lugar poblado, Belgrano, San Luis.

Empalme, 1) mina de l·mo argentífe o, San Bartolomé, Rio Cuarto, Córdoba. Está situada en el paraje llamado «La Higuera.» 2) mineral de cobre, San Antonio de los Cobres, Poma, Salta. 3) *Pereyra,* lugar poblado, Quilmes, Buenos Aires. Dista de Buenos Aires 42 kms FCE, C, T.

Empedrado, 1) departamento de la provincia de Corrientes. Está situado á orillas del Paraná. Forman sus límites al Norte el arroyo Sombrero (departamento Lomas), al Oeste el Paraná, al Sud el arroyo San Lorenzo y su estero, y al Este el departamento San Luis del Palmar. Tiene 2800 kms.² de extension y una poblacion conjetural de 7500 habitantes. El departamento es regado por los arroyos Sombrero, San Lorenzo y Empedrado. Escuelas funcionan en Empedrado, Campo Grande, Sombrero y Pollos. La villa Empedrado es la cabecera del departamento. 2) villa, Empedrado, Corrientes. Está situada á orillas del Paraná, al Sud del arroyo Empedrado y á inmediaciones al Norte del arroyo Gonzalez. Tiene unos 1500 habitantes. Tráfico considerable con maderas y postes para cercos. Aduana. C, T, E. 3) arroyo, Empedrado, Corrientes. Es un tributario del Paraná, donde desagua un poco al

Norte del pueblo Empedrado. Tiene su orígen en el departamento San Luis, en los esteros Maloya. El rumbo general de su corriente es de E. á O. 4) estero, Caacatí, Corrientes, 5) *Limpio,* paraje poblado, San Luis del Palmar, Corrientes.

Emperatriz de la India, mina de plata en el distrito mineral «La Mejicana,» sierra de Famatina, Rioja.

Empezada, laguna, Ctl 5, Rauch, Buenos Aires.

Empresa la, lugar poblado, Bell-Ville, Union, Córdoba.

Encadenada, laguna, Ctl 3, Veinte y Cinco de Mayo, Buenos Aires.

Encadenadas, 1) las, estancia, Ctl 4, Azul, Buenos Aires. 2) las, laguna, Ctl 8, Bragado, Buenos Aires. 3) lagunas, Chascomús, Buenos Aires. Empiezan con la denominada Chis-Chis y terminan en la llamada Tablilla. Se comunican por medio de un arroyo con la del Burro y forman parte de un sistema que se comunica, á su vez, con el Salado, por medio de un hondo cañadon conocido por Rincon de las Barrancas 4) las, laguna, Ctl 13, Dolores, Buenos Aires, 5) las, estancia, Ctl 5, Puan, Buenos Aires. 6) las, laguna, Ctl 4, Puan, Buenos Aires. 7) laguna, Ctl 5, Pueyrredon, Buenos Aires. 8) estancia, Ctl 6, Trenque-Lauquen, Buenos Aires. 9) laguna, Ctl 4, Vecino, Buenos Aires. 10) establecimiento rural, Ctl 3, Veinte y Cinco de Mayo, Buenos Aires. 11) las, série de lagunas próximas al límite de las provincias de Santa Fe y Buenos Aires, General Lopez, Santa Fe. 12) y *Barriles,* distrito del departamento General Lopez, Santa Fe. Tiene 361 habitantes. (Censo del 7 de junio de 1887) 13) *de Rodriguez,* establecimiento rural, Ctl 4, Vecino, Buenos Aires. 14) *de San José,* establecimiento rural, Ctl 5, 7, Vecino, Buenos Aires.

Encalilla, 1) distrito serrano adscripto al

departamento Trancas, Tucuman. 2) pueblo, Trancas, Tucuman. En la orilla derecha del rio Santa Maria, frente á Quilmes. C.

cantadora, establecimiento rural, Ctl 3.

Veinte y Cinco de Mayo, Buenos Aires.

canto el, 1) establecimiento rural, Ctl 7, Nueve de julio, Buenos Aires 2) laguna, Ctl 3, Pueyrredon, Buenos Aires. 3) finca rural, Caacatí, Corrientes.

carnacion la, 1) establecimiento rural, Ctl 13, Bahía Blanca, Buenos Aires. 2) establecimiento rural, Ctl 10, Cañuelas, Buenos Aires. 3) establecimiento rural, Ctl 2, Guamini, Buenos Aires. 4) establecimiento rural, Ctl 6, Olavarria, Buenos Aires. 5) establecimiento rural, Ctl 5, Rojas, Buenos Aires.

ncerrado, lugar poblado, Suburbios, Rio Primero, Córdoba.

ncrucijada, 1) aldea, Chalacea, Rio Primero, Córdoba. Tiene 227 habitantes. (Censo del 1° de Mayo de 1390). 2) cuartel de la pedanía Dolores, San Javier, Córdoba. 3) aldea, Dolores, San Javier, Córdoba. Tiene 147 habitantes. (Censo). 4) la, paraje poblado, Cerrillos, Salta. 5) lugar poblado. Burruyaco, Tucuman. En el camino de Tucuman á Burruyaco. 6) lugar poblado, Graneros, Tucuman. Al SE. del departamento. 7) estancia, Leales, Tucuman. 8) lugar poblado, Trancas, Tucuman. En la orilla izquierda del arroyo de Colalao, cerca de su orígen. 9) aldea, Higueras, Cruz del Eje, Córdoba. Tiene 112 habitantes. (Censo).

ncrucijadas, 1) cuartel de la pedanía Candelaria, Rio Seco, Córdoba. 2) lugar poblado, Candelaria, Rio Seco, Córdoba. 3) lugar poblado, Salto, Tercero Arriba, Córdoba.

neon el, paraje poblado, Rosario de Lerma, Salta.

fermo el, establecimiento rural, Ctl 3, Necochea, Buenos Aires.

Engaño, bahia Chubut. En ella desagua el rio Chubut en los 43° 21' de latitud y 65° 3' de longitud.

Enredadizo, estancia, Curuzú Cuatlá, Corrientes.

Enriqueta, 1) colonia, Ctl 5, Magdalena, Buenos Aires. 2) mina de plomo, Ciénega del Coro, Minas, Córdoba.

Ensenada, 1) establecimiento rural, Ctl 7, Azul, Buenos Aires. 2) villa, La Plata, Buenos Aires. Es el puerto de la ciudad La Plata. Dista de Buenos Aires 59 1/2 kms. Aduana. Saladeros. $\varphi = 34°51'50''$; $\lambda = 57°54'24''$. FCE C, T, E. 3) establecimiento rural, Ctl 5, Saladillo, Buenos Aires. 4) aldea, Tránsito, San Alberto, Córdoba. Tiene 109 habitantes. (Censo del 1° de Mayo de 1890). 5) de la, arroyo, Diamante, Entre Rios. Desagua en el Paraná á inmediaciones al Norte de Diamante y forma en toda su extension el limite entre los distritos Palmar y Costa Grande. 6) pico del Potrero del Morro, Morro, Pedernera, San Luis. 7) vertiente, San Martin, San Martin, San Luis. 8) *Grande*, paraje poblado, La Paz, Mendoza.

Ensenadas, 1) lugar poblado, San Roque, Punilla, Córdoba. 2) lugar poblado, Rio Pinto, Totoral, Córdoba. 3) finca rural, San Martin, San Martin, San Luis.

Ensenadita, lugar poblado, San Cosme, Corrientes. E.

Entrada la, laguna, Ctl 8, Veinte y Cinco de Mayo, Buenos Aires.

Entre Barrancos, finca rural, Jachal, San Juan.

Entre Esteros, finca rural, Goya, Corrientes.

Entreriana la, estancia, Villa Nueva, Tercero Abajo, Córdoba.

Entre Rios, 1) lugar poblado. Cruz del Eje, Cruz del Eje, Córdoba. 2) estancia, Concepcion, Corrientes. 3) provincia de la Confederacion Argentina. Al Norte está separada de la provincia de Corrientes por el arroyo Guaiquiraró, que desagua en el Paraná, y el arroyo Mocoretá, que desagua en el Uruguay; luego por los arroyos Basualdo, tributario del Guaiquiraró, y de las Tunas, tributario del Mocoretá. El límite del Este es el rio Uruguay, que separa la provincia de la república Oriental. Al Sud y al Oeste está la provincia separada de la de Buenos Aires y más arriba de la de Santa Fe, por el Paraná-Guazú, el rio Ibicuy, el riacho Pavon y el rio Paraná. La extension de la provincia es de 75457 kms.² y su poblacion conjetural, á principios de 1890, de 250000 habitantes. La superficie de la provincia es ligeramente ondulada. En todas partes hay agua en abundancia, excelentes campos de pastoreo y tierra fértil para las explotaciones agrícolas. Es de todas las provincias argentinas la más favorecida por la naturaleza, Tucuman y Buenos Aires no excluidos. Los principales rios de la provincia son el Gualeguay, que desagua en el Paraná, y el Gualeguaychú, que derrama sus aguas en el Uruguay. Ambos tienen numerosos tributarios en una y otra márgen. A excepcion de algunos yacimientos calcáreos muy importantes, no existen riquezas minerales en la provincia. Riquezas vegetales, especialmente arbóreas, existen en abundancia en los grandes bosques de Montiel. La provincia está dividida en 14 departamentos y una delegacía, á saber: Paraná, La Paz, Diamante, Victoria, Gualeguay, Gualeguaychú, Uruguay, Colon, Concordia, Federacion, Feliciano, Villaguay, Nogoyá y Rosario del Tala. La delegacía Villa Urquiza forma parte del departamento Paraná. La capital de la provincia es la ciudad del Paraná. 4) paraje poblado, Perico del Cármen, jujuy. 5) paraje poblado, Caldera, Salta. 6) paraje poblado, Chicoana, Salta. 7) paraje poblado, La Viña, Salta. 8) paraje poblado,

Poma, Salta. 9) paraje poblado, Rosario de Lerma, Salta. 10) finca rural, Jachal, San Juan. 11) finca rural, Rosario, Pringles, San Luis. 12) estancia, Leales, Tucuman. En la orilla izquierda del rio Salí.

Envidioso el, mineral de plata, Molinos, Salta.

Eolo, mina de cobre en el distrito mineral de San Antonio de los Cobres, Poma, Salta.

Epecuen, laguna, Alsina, Buenos Aires. Situada en las inmediaciones de Carhué (Alsina.) Recibe las aguas del arroyo Pigüé.

Época Feliz la, finca rural, Junin, Mendoza.

Epu-Lauquen, [1] paso de la cordillera, al N. del paso de Antuco, Neuquen.

Epupel, paraje poblado, Departamento 3°, Pampa. C.

Ermita la, finca rural, Cafayate, Salta.

Ernestina 1) la, establecimiento rural, Ctl 5, Azul, Buenos Aires. 2) establecimiento rural, Ctl 5, Magdalena, Buenos Aires. 3) arroyo, Ctl 5, Magdalena, Buenos Aires.

Ernesto, mina de cobre en el distrito mineral de las Capillitas, Andalgalá, Catamarca.

Escaba, lugar poblado, Rio Chico, Tucuman. En la orilla izquierda del arroyo Chavarria.

Escalada, lugar poblado, Capital, Santa Fe. Dista de Santa Fe 125 kms. FCSF, C, T.

Escalante, colonia, Ascasubi, Union, Córdoba.

Escalera 1) la, establecimiento rural, Ctl 10, Arrecifes, Buenos Aires. 2) paraje poblado, Capital, Jujuy.

Escaleras, 1) lugar poblado, Rio Pinto, Totoral, Córdoba. 2) finca rural, Famatina, Rioja.

1 Dos lagunas (Araucano.)

Escalones, 1) lugar poblado, Parroquia, Cruz del Eje, Córdoba. 2) lugar poblado, Guasapampa, Minas, Córdoba.

Escoba, lugar poblado, Dolores, Punilla, Córdoba.

Escobal él, laguna, Ctl 7, Suipacha, Buenos Aires.

Escobar, 1) aldea, Pilar, Buenos Aires. Dista de Buenos Aires 53 kms. Tiene 700 habitantes. Destileria de alcoholes. $x = 24$ m. FCBAR, C, T, E. 2) cañada, Ctl 4, Lujan, y Ctl 2, 3, 6, Pilar, Buenos Aires. Es tributaria del arroyo de Lujan en la márgen derecha y forma en su curso inferior el límite entre los partidos Las Conchas y Pilar. 3) laguna, Mburucuyá, Corrientes.

Escobas 1) de las, laguna, Ctl 4, Bragado, Buenos Aires. 2) de las, cañada, Ctl 4, Castelli, Buenos Aires. 3) las, arroyo, Ctl 3, Pergamino, Buenos Aires.

Escobones los, lugar poblado, Caseros, Anejos Sud, Córdoba.

Escogida la, establecimiento rural, Ctl 4, Chacabuco, Buenos Aires.

Escoipe, 1) distrito del departamento Chicoana, Salta. 2) lugar poblado, Chicoana, Salta. E. 3) arroyo, Chicoana, Salta. Nace en la Cuesta del Obispo, pasa con rumbo á E. sucesivamente por Casa Macha, Escoipe, Agua Negra, Animas y Chicoana, y desagua en la márgen derecha del arroyo Arias.

Escondida 1) la, laguna, Ctl 5. Bolívar, Buenos Aires. 2) laguna, Ctl 5, Bragado, Buenos Aires. 3) laguna, Ctl 8, Junin, Buenos Aires. 4) laguna, Ctl 7, Lincoln, Buenos Aires 5) laguna, Ctl 1, Necochea, Buenos Aires. 6) estancia, Ctl 10, Puan, Buenos Aires. 7) estancia, Guzman, San Martin, San Luis. 8) lugar poblado, Totoral, Pringles, San Luis. 9) estancia, Trapiche, Pringles, San Luis.

Escondido 1) el, establecimiento rural, Ctl 1, Pringles, Buenos Aires. 2) estancia, Ctl 3, 9, Trenque-Lauquen, Buenos Aires.

Escorial el, establecimiento rural, Ctl 5, Rojas, Buenos Aires.

Escudero, laguna, Lavalle, Corrientes.

Escuela 1) la, laguna, Ctl 1, Castelli, Buenos Aires. 2) laguna, Ctl 4, Veinte y Cinco de Mayo, Buenos Aires.

Esmeralda 1) la, establecimiento rural, Ctl 6, Azul, Buenos Aires. 2) arroyo, Ctl 9, Bahia Blanca, Buenos Aires. 3) establecimiento rural, Ctl 12, Lincoln, Buenos Aires. 4) establecimiento rural, Ctl 7, Rauch, Buenos Aires. 5) cuartel de la pedanía San Bartolomé, Rio Cuarto, Córdoba. 6) finca rural, Tunuyan, Mendoza. 7) mina de plata en el distrito mineral de Uspallata, Mendoza 8) finca rural, Cerrillos, Salta. 9) colonia, Maria juana, Colonias, Santa Fe.

Esnaola, estancia, Ctl 2, Tandil, Buenos Aires.

Espadaña, 1) laguna, Ctl 10, Cañuelas, Buenos Aires. 2) laguna, Ctl 8, Chacabuco, Buenos Aires. 3) laguna, Ctl 6, 10, Chascomús, Buenos Aires. 4) de la, cañada, Ctl 4, 7, 8, Chascomús, Buenos Aires. 5) la, laguna, Ctl 6, Las Flores, Buenos Aires. 6) laguna, Ctl 8, Lobos, Buenos Aires. 7) arroyo, Ctl 8, Lobos, Buenos Aires. 8) establecimiento rural, Ctl 2, Pringles, Buenos Aires. 9) laguna, Ctl 5, Ranchos, Buenos Aires. 10) estancia, Ctl 8, Rauch, Buenos Aires. 11) laguna, Ctl 4, Rauch, Buenos Aires, 12) establecimiento rural, Ctl 5, Tuyú, Buenos Aires. 13) laguna, Ctl 6, Vecino, Buenos Aires. 14) *Chica,* establecimiento rural, Ctl 8, Lobos, Buenos Aires. 15) *Grande,* establecimiento rural, Ctl 7, Chascomús, Buenos Aires.

Espadañal, finca rural, Esquina, Corrientes.

España 1) la, laguna, Ctl 6, Brandzen, Buenos Aires. 2) laguna, Ctl 2, Pringles, Buenos Aires.

Española 1) la, establecimiento rural, Ctl 2, Alsina, Buenos Aires. 2) establecimiento rural, Ctl 4, Campana, Buenos Aires. 3) establecimiento rural, Ctl 2, Guaminí, Buenos Aires. 4) establecimiento rural, Ctl 7, San Nicolás, Buenos Aires.

Espartillar 1) el, estancia, Ctl 4, Bolívar, Buenos Aires. 2) cabaña de ovejas Rambouillet, Chascomús, Buenos Aires. 3) laguna, Ctl 11, Chascomús, Buenos Aires. Confunde sus aguas con las de la laguna Esquivel, las que se derraman en el Salado por medio del « Rincon Chico.» 4) estancia, Ctl 2, Nueve de julio, Buenos Aires.

Espartillarcito, establecimiento rural, Ctl 3, Alsina, Buenos Aires.

Esparto, [1] laguna, Ctl 4, Saladillo, Buenos Aires.

Espartos 1) los, estancia, Ctl 6, Ajó, Buenos Aires. 2) lugar poblado, Carlota, Juarez Celman, Córdoba.

Espectacion, lugar poblado, Bell-Ville, Union, Córdoba.

Espejo 1) el, establecimiento rural, Ctl 8, Saladillo, Buenos Aires. 2) el, laguna, Ctl 8, Saladillo, Buenos Aires. 3) cerro, Santa Cruz. $\varphi = 48° 29'$; $\lambda = 67° 4'$. (Moyano.)

Espera, riacho, Ctl 2, Las Conchas, Buenos Aires.

Esperanza, 1) estancia, Ctl 3, Ajó, Buenos Aires. 2) establecimiento rural, Ctl 2, Alsina, Buenos Aires. 3) estancia, Ctl 6, 9, 10, 13, Arrecifes, Buenos Aires. 4) establecimiento rural, Ctl 4, 5, 7, 8, Ayacucho, Buenos Aires. 5) laguna, Ctl 8, Ayacucho, Buenos Aires. 6) estancia, Ctl 5, 6, 7, Azul, Buenos Aires. 7) establecimiento rural, Ctl 7, Bahia Blanca, Buenos Aires. 8) establecimiento rural, Ctl 3, Balcarce, Buenos Aires. 9) laguna, Ctl 2, Balcarce, Buenos Aires. 10) manantial, Ctl 8, Balcarce, Buenos Aires.

11) estancia, Ctl 6, 8, Baradero, Buenos Aires. 12) estancia, Ctl 6, 8, Bolívar, Buenos Aires. 13) establecimiento rural, Ctl 11, Bragado, Buenos Aires. 14) establecimiento rural, Ctl 4, Campana, Buenos Aires. 15) establecimiento rural, Ctl 10, Cañuelas, Buenos Aires. 16) estancia, Ctl 4, Cármen de Areco, Buenos Aires. 17) establecimiento rural, Ctl 6, Chacabuco, Buenos Aires. 18) chacra, Ctl 2, 4, Exaltacion de la Cruz, Buenos Aires. 19) estancia, Ctl 5, Giles, Buenos Aires. 20) arroyo, Ctl 13, Juarez, Buenos Aires. 21) laguna, Ctl 15, Juarez, Buenos Aires. 22) estancia, Ctl 5, 7, 8, Junin, Buenos Aires. 23) establecimiento rural, La Plata, Buenos Aires. 24) estancia, Ctl 3, 6, 9, Las Flores, Buenos Aires. 25) establecimiento rural, Ctl 3, 16, Lincoln, Buenos Aires. 26) establecimiento rural, Ctl 8, Loberia, Buenos Aires. 27) laguna, Ctl 8, Loberia, Buenos Aires. 28) establecimiento rural, Ctl 4, 7, Lujan, Buenos Aires. 29) estancia, Ctl 1, 2, 4, Magdalena, Buenos Aires. 30) estancia, Ctl 5, Maipú, Buenos Aires. 31) establecimiento rural, Ctl 3, Márcos Paz, Buenos Aires. 32) estancia, Ctl 3, 5, Matanzas, Buenos Aires. 33) establecimiento rural, Ctl 2, 6, Monte, Buenos Aires. 34) establecimiento rural, Ctl 5, 8, Navarro, Buenos Aires. 35) estancia, Ctl 7, 9, 11, 14, Nueve de Julio, Buenos Aires. 36) laguna, Ctl 6, Nueve de Julio, Buenos Aires. 37) establecimiento rural, Ctl 5, Olavarria, Buenos Aires. 38) estancia, Ctl 3, Patagones, Buenos Aires. 39) establecimiento rural, Ctl 1, Pergamino, Buenos Aires. 40) arroyo, Ctl 1, Pergamino, Buenos Aires. 41) estancia, Ctl 8, Puan, Buenos Aires. 42) establecimiento rural, Ctl 4, Pueyrredon, Buenos Aires 43) estancia, Ctl 1, 4, 5, 8, 10, Ramallo, Buenos Aires. 44) establecimiento rural, Ctl 3, Ranchos, Buenos Aires. 45) establecimiento rural, Ctl 6, 7, 10, Rauch,

---

1 Planta (Spartina australis.)

Buenos Aires. 46) establecimiento rural, Ctl 5, Rojas, Buenos Aires. 47) estancia, Ctl 3, 8, Saladillo, Buenos Aires. 48) laguna, Ctl 9, Saladillo, Buenos Aires. 49) estancia, Ctl 5 6, San Antonio de Areco, Buenos Aires. 50) estancia, Ctl 2, 3, 4, San Pedro, Buenos Aires. 51) establecimiento rural, Ctl 4, San Nicolás, Buenos Aires. 52) estancia, Ctl 3, 4, Suarez, Buenos Aires. 53) estancia, Ctl 9, Tandil, Buenos Aires. 54) estancia, Ctl 2, Tordillo, Buenos Aires. 55) estancia, Ctl 7, 9, 10, 11, Trenque-Lauquen, Buenos Aires. 56) establecimiento rural, Ctl 5, Tuyú, Buenos Aires. 57) establecimiento rural, Ctl 3, 7, Vecino, Buenos Aires. 58) laguna, Ctl 5, Vecino, Buenos Aires. 59) estancia, Ctl 3, 4, 6, 7, 10, Veinte y Cinco de Mayo, Buenos Aires. 60) laguna, Ctl 5, Veinte y Cinco de Mayo, Buenos Aires. 61) estancia, Villarino, Buenos Aires. 62) establecimiento rural, Ctl 5, Zárate, Buenos Aires. 63) mina de cuarzo aurífero y hierro, Candelaria, Cruz del Eje, Córdoba. Está situada en el paraje llamado « Higuerita. » 64) mina de cuarzo aurífero, Candelaria, Cruz del Eje, Córdoba. Está situada en el paraje llamado « Patacon.» 65) mina de plomo y plata, Argentina, Minas, Córdoba 66) lugar poblado, La Cautiva, Rio Cuarto, Córdoba. 67) estancia, Suburbios, Rio Primero, Córdoba. 68) lugar poblado, Villa de Maria, Rio Seco, Córdoba. 69) finca rural, Candelaria, Totoral, Córdoba. 70) finca rural, Sinsacate, Totoral, Córdoba. 71) finca rural, Curuzú-Cuatiá, Corrientes. 72) finca rural, Esquina, Corrientes. 73) finca rural, Goya, Corrientes. 74) finca rural, Ituzaingó, Corrientes. 75) estancia, La Cruz, Corrientes. 76) estancia, Mburucuyá, Corrientes. 77) estancia, Mercedes, Corrientes. 78) finca rural, Monte Caseros, Corrientes. 79) finca rural, Paso de los Libres, Corrientes. 80) estancia, Saladas, Corrientes. 81) estancia, Santo Tomé, Corrientes. 82) finca rural, Sauce, Corrientes. 83) ingenio de azúcar, San Pedro, Jujuy. 84) finca rural, Tilcara, Jujuy. 85) finca rural, Junin, Mendoza. 86) finca rural, Lujan, Mendoza. 87) estancia, Maipú, Mendoza. 88) finca rural. Rivadavia, Mendoza. 89) finca rural, San Martin, Mendoza. 90) finca rural, Tunuyan, Mendoza. 91) establecimiento rural, Departamento 3°, Pampa. 92) establecimiento rural, Departamento 4°, Pampa. 93) establecimiento rural, Departamento 7°, Pampa. 94) mina de plata, cobre y oro en el distrito mineral Calderas, sierra de Famatina, Rioja. Tiene una profundidad de 160 metros. 95) finca rural, San Martin, Rioja. 96) establecimiento rural, Viedma, Rio Negro. 97) finca rural, Anta, Salta. 98) finca rural, Cerrillos, Salta. 99) finca rural, La Viña, Salta. 100) estancia, Rosario de la Frontera, Salta. 101) finca rural, Rosario de Lerma, Salta. 102) mina de galena argentífera en el distrito mineral de San Antonio de los Cobres, Poma, Salta. 103) finca rural, San Cárlos, Salta. 104) mineral de cobre, San Cárlos, Salta. 105) distrito del departamento de las Colonias, Santa Fe. Tiene 4426 habitantes. (Censo del 7 de Junio de 1887.) 106) villa, Colonias, Santa Fe. Es la cabecera del departamento. Dista de Santa Fe 32 kms. Fundada en 1856 por Aaron Castellanos, contaba en la época del censo provincial (7 de junio de 1887) con 2652 habitantes. Sucursal del Banco Nacional, tramway, molinos, destilerias, etc. $\varphi = 31° 26' 40''$; $\lambda = 60° 53' 4''$. (Mouchez.) FCSF, C, T, E. 107) colonia, Esperanza, Colonias, Santa Fe. Está situada sobre la márgen derecha del rio Salado. Tiene 1774 habitantes (Censo.) 108) finca rural, Salavina, Santiago. 109) estancia, Burruyaco, Tucuman. Cerca de la frontera de Santiago.

110) ingenio de azúcar, Capital, Tucuman. A 1 km. al Sud del ingenio Paraiso.

Espin, arroyuelo, Capital, Santa Fe. Desagua en la márgen derecha del Saladillo Amargo.

Espina, mina de cobre en el disuito mineral «La Hoyada,» Tinogasta, Catamarca.

Espíndola, finca rural, Lavalle, Corrientes.

Espinillar, 1) lugar poblado, Capilla de Rodriguez, Tercero Arriba, Córdoba. 2) finca rural, San Luis del Palmar, Corrientes.

Espinillitos los, lugar poblado, Constitucion, Anejos Norte, Córdoba.

Espinillo [1], 1) el, arroyo, Ctl 13, juarez, Buenos Aires. 2) arroyo, Ctl 1, Magdalena, Buenos Aires. Bajo este nombre desagua en el Plata el arroyo Tubichamini. 3) el, estancia, Ctl 4, Mar Chiquita, Buenos Aires. 4) establecimiento rural, Ctl 3, San Pedro, Buenos Aires. 5) arroyo, Ctl 2, 3, San Pedro, Buenos Aires, Desemboca en el Paraná. 6) lugar poblado, Cañada de Alvarez, Calamuchita, Córdoba. 7) lugar poblado, Argentina, Minas, Córdoba. 8) lugar poblado, Achiras, Rio Cuarto, Córdoba. 9) arroyo, Rio Cuarto, Córdoba. Nace en la sierra Comechingones, se dirige hácia el Este y termina al poco andar por inmersion en el suelo. En sus márgenes está situado el pueblo de Achiras. 10) aldea, La Esquina, Rio Primero, Córdoba. Tiene 138 habitantes (Censo del 1° de Mayo de 1890.) 11) lugar poblado, Villamonte, Rio Primero, Córdoba. 12) lugar poblado, Caminiaga, Sobremonte, Córdoba. 13) lugar poblado, San Francisco, Sobremonte, Córdoba. 14) lugar poblado, Santa Cruz, Tulumba, Córdoba. 15) lugar poblado, Bell-Ville, Union,

Córdoba. 16) finca rural, Concepcion, Corrientes. 17) arroyo, Curuzú-Cuatiá, Corrientes. Es un tributario del Chañar. 18) finca rural, Goya, Corrientes. 19) distrito del departamento Paraná, Entre Rios. 20) arroyo, Espinillo, Capital, Entre Rios. Desagua en la márgen izquierda del arroyo de las Conchas, en direccion de S. á N. 21) el, finca rural, Anta, Salta. 22) paraje poblado, Oran, Salta. 23) chacra, Larca Chacabuco, San Luis. 24) finca rural, Trapiche, Pringles, San Luis.

Espinillos, 1) pedania del departamento Márcos juarez, Córdoba. Tiene 5353 habitantes. (Censo del 1° de Mayo de 1890.) 2) villa. Véase Márcos juarez. 3) arroyo, Punilla, Córdoba. Es uno de los elementos de formacion del río Segundo. 4) cuartel de la pedanía San Bartolomé, Rio Cuarto, Córdoba. 5) lugar poblado, Tegua y Peña, Rio Cuarto, Córdoba. 6) lugar poblado, Suburbios, Rio Primero, Córdoba. 7) lugar poblado, Pilar, Rio Segundo, Córdoba. 8) lugar poblado, Panaolma, San Alberto, Córdoba. 9) lugar poblado, Macha, Totoral, Córdoba. 10) los, finca rural, Curuzú-Cuatiá, Corrientes.

Espino, 1) el, estancia, Ctl 2, Tapalqué, Buenos Aires. 2) finca rural, San Martin, Mendoza. 3) cumbre nevada de la sierra de Famatina en el distrito mineral de «La Mejicana,» Chilecito, Rioja. $\alpha = 5500$ m.

Espiral la, laguna, Ctl 6, Trenque-Lauquen, Buenos Aires.

Espíritus, 1) de los, arroyo, Ajó, Buenos Aires. Desagua en la laguna Chilcas. 2) los, riacho, Ctl 2, Las Conchas, Buenos Aires.

Espíritu Santo, 1) bañado, Rivadavia, Buenos Aires. 2) cabo, Tierra del Fuego. $\varphi = 52° 40'$; $\lambda = 68° 34'$; $= \alpha 76$ m. (Fitz Roy.) De este cabo parte la línea divisoria con Chile hácia el Sud, hasta el canal Beagle.

---

1 Arbol (Acacia Cavenia).

Espuela la, estancia, Ctl 7, Ajó, Buenos Aires.

Espuma la, establecimiento rural, Departamento 7°, Pampa.

Esquina, 1) arroyo, Cruz del Eje, Córdoba. Es un pequeño tributario del arroyo Cruz del Eje, en la márgen izquierda. Su cauce, á menudo seco, desemboca en el arroyo nombrado, frente al pueblo Cruz del Eje. 2) lugar poblado, Toyos, Ischilin, Córdoba. 3) lugar poblado, San Cárlos, Minas, Córdoba. 4) lugar poblado, San Roque, Punilla, Córdoba. 5) pedanía del departamento Rio Primero, Córdoba. Tiene 2826 habitantes. (Censo del 1° de Mayo de 1890.) 6) cuartel de la pedanía del mismo nombre, Rio Primero, Córdoba 7) lugar poblado, La Esquina, Rio Primero, Córdoba. 8) lugar poblado, Caminiaga, Sobremonte, Córdoba. 9) lugar poblado, Chuñaguasi, Sobremonte Córdoba. 10) lugar poblado, San Francisco, Sobremonte, Córdoba. 11) departamento de la provincia de Corrientes. Está situado á orillas del Paraná y al Sud del departamento Goya, siendo á la vez fronterizo de Entre Rios. Forman sus límites al Norte el rio Corrientes (departamento Goya,) al Oeste el Paraná, al Sud el Guaiquiraró (provincia de Entre Rios) y al Este los departamentos Sauce y Curuzú-Cuatiá. Tiene 3500 kms.² de extension y una poblacion de 6500 habitantes. El departamento es regado por los rios Corrientes y Guaiquiraró, y por los arroyos Barrancas, San Antonio, Sarandi, Malvinas y otros. Las lagunas son numerosas. Escuelas funcionan en Esquina, Derqui y Malvinas. La villa de Esquina es la cabecera del departamento. 12) villa, Esquina, Corrientes. Está situada en la desembocadura del rio Corrientes en el Paraná y se halla á unos 437 kms. al Sud de la ciudad de Corrientes. Aduana, Agencia del Banco Nacional. Importante

tráfico en carbon de leña y postes para cercos. $\varphi = 30°\ 2'$; $\lambda = 59°\ 25'$ (Sullivan) C, T, E. 13) finca rural, Belgrano Rioja. E. 14) distrito del departamento Juarez Celman, Rioja. 15) finca rural, Juarez Celman, Rioja. 16) finca rural, Cafayate, Salta. 17) finca rural, La Viña, Salta. 18) finca rural, Molinos, Salta. 19) cerro del Monigote, Nogoli, Belgrano, San Luis. $\alpha = 1580$ m. 20) lugar poblado, Pedernera, San Luis. E. 21) campo de la—Terreno anegadizo, formado por el rio Desaguadero en el límite de las provincias de San Luis y Mendoza. En él y en los terrenos de igual naturaleza llamados Gorgonta y Pantanito nace el rio Salado. $\alpha = 624$ m. (Lallemant). 22) aldea, Capital, Tucuman. En la márgen izquierda del rio Sali, al Sud del departamento. E. 23) aldea, Chicligasta, Tucuman. En la orilla izquierda del arroyo Chico. C. 24) aldea, Rio Chico, Tucuman. En la márgen derecha del arroyo Chico, á 130 kms. de distancia de Tucuman. C 25) *del Bajo*, establecimiento rural, Ctl 3, Brown, Buenos Aires. 26) *Ballesteros*, cuartel de la pedanía Ballesteros, Union, Córdoba. 27) *Blanca*, paraje poblado, Humahuaca, jujuy. 28) *del Cármen*, paraje poblado, San Pedro, Jujuy. 29) *del Deseo*, estancia, Ctl 3, Vecino, Buenos Aires. 30) *de Gorchs,* establecimiento rural, Ctl 5, Las Flores, Buenos Aires. 31) *Grande,* paraje poblado, Cachi, Salta. 32) *del Monte*, lugar poblado, Ambul, San Alberto, Córdoba. 33) *Nueva*, establecimiento rural, Ctl 4, Brown, Buenos Aires. 34) *Nueva*, estancia, Ctl 4, Maipú, Buenos Aires 35) *de las Piedras*, lugar poblado, Guasapampa, Minas, Córdoba. 36) *del Potrero*, paraje poblado, Tilcara, Jujuy. 37) *de Ramos*, chacra, Ctl 3, Lobos, Buenos Aires. 38) *del Remolino*, finca rural, Concepcion, San Juan. 39) *del*

Rio, lugar poblado, San Martin, San Martin, San Luis.

Esquinita, 1) lugar poblado, Concepcion, San Justo, Córdoba. 2) finca rural, Anta, Salta.

Esquinitas, establecimiento rural, Ctl 7, Quilmes, Buenos Aires.

Esquiú, lugar poblado, La Paz, Catamarca. Dista de Córdoba 293 kms. FCCN, ramal de Recreo á Chumbicha. C, T.

Esquivel, 1) laguna, Ctl 11, Chascomús, Buenos Aires. Es formada por la cañada y la laguna de Oroño y por la cañada y la laguna del Tajamar, á la que se reune tambien la laguna del Espartillar. Todas estas lagunas derraman sus aguas en el Salado por medio del Rincon Chico. 2) laguna, Caacatí, Corrientes. 3) laguna, Esquina, Corrientes. 4) *Cué*, finca rural, San Luis del Palmar, Corrientes.

Estaca, 1) *Güemes*, mina de cobre y plata en el distrito mineral de San Antonio de los Cobres, Poma, Salta. 2) *Pintada*, paraje poblado, Oran, Salta. 3) *del Rey*, mina de plata, Lagunilla, Anejos Sud, Córdoba. Está situada en la falda de Cañete.

Estacada, 1) lugar poblado, General Mitre, Totoral, Córdoba. 2) arroyo, Tupungato y Tunuyan, Mendoza. Es un pequeño tributario del Tunuyan en la márgen izquierda.

Estacas, 1) distrito del departamento La Paz, Entre Rios. 2) arroyo, Entre Rios. Desagua en la márgen izquierda del Feliciano, en direccion de SSE. á NNO Es en toda su extension límite entre los departamentos Concordia (Federal y Diego Lopez) y La Paz (Banderas). 3) arroyo, Estacas, La Paz, Entre Rios. Desagua en la márgen derecha del Feliciano, en direccion de NE. á SO. 4) vertiente, San Lorenzo, San Martin, San Luis.

Estacion la, 1) establecimiento rural, C l 2, San Pedro, Buenos Aires. 2) aldea, Higueras, Cruz del Eje, Córdoba. Tiene 277 habitantes. (Censo del 1° de Mayo de 1890).

Estancia, [1] 1) de la, cañada, Ctl 11, 15, Arrecifes, Buenos Aires. Es tributaria del Arrecifes en la márgen derecha. 2) de la, arroyo, Rivadavia, Buenos Aires. Desagua en los bañados de Espíritu Santo. 3) la, laguna, Ctl 2, Tuyú, Buenos Aires. 4) cuartel de la pedanía Ciénega del Coro, Minas, Córdoba. 5) aldea, Ciénega del Coro, Minas, Córdoba. Tiene 192 habitantes. (Censo del 1° de Mayo de 1890). 6) lugar poblado, General Mitre, Totoral, Córdoba. 7) finca rural, Saladillo, Pringles, San Luis. 8) lugar poblado, Rio Hondo, Santiago. E. 9) *Altuve*, establecimiento rural, Departamento 3°, Pampa. 10) *Batel*, finca rural, San Roque, Corrientes. 11) *Chica*, estancia, Ctl 4, Las Heras, Buenos Aires. 12) *Chica*, estancia, Ctl 5, Lomas de Zamora, Buenos Aires. 13) *Chica*, estancia, Ctl 3, Márcos Paz, Buenos Aires. 14) *Chica*, estancia, Ctl 2, 3, Tandil, Buenos Aires. 15) *Chilcalito*, finca rural, Sauce, Corrientes. 16) *Grande*, estancia, Ctl 4, Las Heras, Buenos Aires. 17) *Grande*, estancia, Ctl 6, San Antonio de Areco, Buenos Aires. 18) *Grande*, estancia, Ctl 2, Tandil, Buenos Aires 19) *Grande*, estancia, Tumbaya, Jujuy. 20) *Grande*, estancia, Durazno, Pringles, San Luis. 21) *Laguna*, finca rural, Sauce, Corrientes. 22) *del Monte*, finca rural, Sauce, Corrientes. 23) *Nueva*, estancia, Ctl 3, 6, Tandil, Buenos Aires. 24) *Tigre*, finca rural, Sauce, Corrientes. 25) *Vieja*, establecimiento rural, Ctl 10, Cañuelas, Buenos Aires. 26) *Vieja*, estancia, Ctl 4, Castelli, Buenos Aires. 27) *Vieja*, estancia, Ctl 8, Lobos, Buenos Aires. 28) *Vieja*, lugar poblado, Lujan, Buenos Aires. E. 29) *Vieja*, lugar poblado, Alta Gracia, Anejos Sud, Córdoba. 30) *Vieja*, cuartel de la pedanía

---

1 Establecimiento de ganadería.

Santa Cruz, Tulumba, Córdoba. 31) *Vieja*, estancia, Saladas, Corrientes. 32) *Vieja*, estancia, Tunuyan, Mendoza. 33) *Vieja*, finca rural, Guzman, San Martin, San Luis. 34) *Vieja*, vertiente, Guzman, San Martin, San Luis.

Estancias, 1) pedanía del departamento Rio Seco, Córdoba. Tiene 1665 habitantes. (Censo del 1° de Mayo de 1890). 2) cuartel de la pedanía del mismo nombre, Rio Seco, Córdoba. 3) aldea, Estancias, Rio Seco, Córdoba. Tiene 177 habitantes. (Censo). E.

Estanque, 1) el, establecimiento rural, Ctl 1, Matanzas, Buenos Aires. 2) lugar poblado, Salsacate, Pocho, Córdoba. 3) lugar poblado, Nono, San Alberto, Córdoba. 4) laguna, San Cosme, Corrientes. 5) paraje poblado, Tilcara, jujuy. 6) finca rural, Capital, Rioja. 7) estancia, Trancas, Tucuman. En la orilla izquierda del arroyo Zárate, continuacion del de Colalao. 8) *Viejo*, finca rural, Capital, Rioja.

Estanquito, 1) finca rural. Capital, Rioja. 2) lugar poblado, San Martin, San Martin, San Luis.

Estanzuela, 1) establecimiento rural, Ctl 5, Chascomús, Buenos Aires. 2) cuartel de la pedanía Calera, Anejos Sud, Córdoba. 3) portezuelo de la, paso en la cordillera de la Rioja. $\varphi = 28° 10'$; $\lambda = 68° 40'$; $z = 4276$. m. (Moussy). 4) partido del departamento Chacabuco, San Luis. 5) lugar poblado, Estanzuela, Chacabuco, San Luis. C. 6) vertiente, Estanzuela, Chacabuco, San Luis. 7) sierra, Estanzuela, Chacabuco, San Luis. Es una continuacion de la sierra de Naschel. Se eleva por término medio á 1000 metros de altura.

Estaqueadero, [1] estancia, Empedrado, Corrientes.

Estefania, establecimiento rural, Cll 10, Cañuelas, Buenos Aires.

Estela la, 1) establecimiento rural, Ctl 11, Lincoln, Buenos Aires. 2) establecimiento rural, Ctl 8, Rauch, Buenos Aires. 3) establecimiento rural, Departamento 3°, Pampa.

Estepa-Cué, estancia, San Miguel, Corrientes.

Ester, mineral de plata, Anta, Salta.

Estera la, estancia, Ctl 5. Trenque-Lauquen, Buenos Aires.

Esterito, 1) finca rural, Empedrado, Corrientes. 2) finca rural, Lavalle, Corrientes 3) estancia, Mercedes, Corrientes. 4) estancia, Monte Caseros, Corrientes. 5) finca rural, Paso de los Libres, Corrientes. 6) estancia. Saladas, Corrientes. 7) finca rural, San Luis, Corrientes. 8) arroyo, Corrientes. Es un tributario del Mocoretá en la márgen izquierda. Forma límite entre los departamentos Curuzú-Cuatiá y Monte Caseros. 9) *del Toro*, finca rural, San Luis, Corrientes.

Estero, [2] 1) el, estab'ecimiento rural, Ctl 14, Nueve de julio, Buenos Aires. 2) arroyo, Monteros, Tucuman. Es un tributario del rio Salí en la márgen derecha. 3) *Acollarado*, finca rural, Bella Vista, Corrientes. 4) *Caiguí*, paraje poblado, Esquina, Corrientes. 5) *Cué*, finca rural, San Luis del Palmar, Corrientes. 6) *Paraná*, estancia, Concepcion Corrientes. 7) *Pohi*. paraje poblado, Esquina, Corrientes. 8) *Pucú*, finca rural, San Roque, Corrientes. 9) *Rincon*, finca rural, Bella Vista, Corrientes. 10) *Tajamar*, finca rural, San Roque, Corrientes. 11) *del Tragadero*, paraje poblado, Capital, Chaco.

Estingana, estancia, La Cruz, Corrientes.

Estrechez la, establecimiento rural, Ctl 5, Ramallo, Buenos Aires.

---

[1] Lugar donde se estiran cueros entre estacas.

[1] Terreno bajo, anegadizo, cubierto de plantas acuáticas.

Estrecho el, estancia, Ctl 2, Veinte y Cinco de Mayo, Buenos Aires.

Estrechura, lugar poblado, Macha, Totoral, Córdoba.

Estrella la, 1) establecimiento rural, Ctl 8, Chascomús, Buenos Aires. 2) establecimiento rural, Ctl 7, Las Flores, Buenos Aires. 3) estancia, Ctl 4, Las Heras, Buenos Aires. 4) establecimiento rural, Ctl 4, Lobería, Buenos Aires. 5) establecimiento rural, Ctl 6, Lujan, Buenos Aires. 6) establecimiento rural, Ctl 4, Márcos Paz, Buenos Aires. 7) establecimiento rural, Ctl 5, Ramallo, Buenos Aires. 8) establecimiento rural, Ctl 3, Rojas, Buenos Aires. 9) establecimiento rural, Ctl 4, San Pedro, Buenos Aires. 10) lugar poblado, General Mitre, Totoral, Córdoba. 11) finca rural, Mercedes, Corrientes. 12) finca rural, Lujan, Mendoza. 13) estancia, Nueve de Julio, Mendoza 14) mina de plata, cobre y oro en el distrito mineral de « La Mejicana,» sierra de Famatina, Rioja. 15) finca rural, jachal, San Juan. 16) mina de plata en el Topallar, Ayacucho, San Luis. 17) del Moro, estancia, Ctl 10, Dorrego, Buenos Aires. 18) del Norte, estancia, Ctl 1, Azul, Buenos Aires. 19) del Norte, estancia, Ctl 7, Ramallo, Buenos Aires. 20) del Sud, establecimiento rural, Ctl 1, Azul, Buenos Aires.

Estrellita, finca rural, Caacatí, Corrientes.

Estribo el, laguna, Ctl 4, Balcarce, Buenos Aires.

Estudiante, riacho del, Ctl 8, San Fernando, Buenos Aires.

Etelvina la, establecimiento rural, Ctl 5, Tres Arroyos, Buenos Aires.

Etruria, estacion del ferro-carril de Villa María á Rufino, Tercero Abajo, Córdoba. Dista de Villa María 58 kms.

Eucalipto, 1) establecimiento rural, Ctl 5, Bragado, Buenos Aires. 2) establecimiento rural, Ctl 4, Cármen de Areco, Buenos Aires. 3) estancia, Ctl 5, Giles, Buenos Aires. 4) establecimiento rural, Ctl 4. Las Flores, Buenos Aires. 5) estancia, Ctl 4, Magdalena, Buenos Aires. 6) establecimiento rural, Ctl 2, San Antonio de Areco, Buenos Aires. 7) establecimiento rural, Ctl 7, Tapalqué, Buenos Aires.

Eucaliptos, 1) establecimiento rural. Ctl 2, Alvear, Buenos Aires. 2) establecimiento rural, Ctl 2, Ayacucho, Buenos Aires. 3) laguna, Ctl 4. Cármen de Areco, Buenos Aires. 4) arroyo, Ctl 4, Cármen de Areco y Ctl 10, Suipacha, Buenos Aires. 5) los, estancia, Ctl 6, Castelli, Buenos Aires. 6) los, establecimiento rural, Ctl 5, Lobería, Buenos Aires. 7) los, estancia, Ctl 8, 10, Lobos, Buenos Aires. 8) estancia, La Cruz, Corrientes. 9) finca rural, Paso de los Libres, Corrientes.

Eudosia la, establecimiento rural, Ctl 3, Pueyrredon, Buenos Aires.

Eufemia, estancia, Ciénega del Coro, Minas, Córdoba.

Eufrasio, laguna, Villarino, Buenos Aires.

Eulalia, arroyo, Ctl 5, Márcos Paz, Buenos Aires.

Eulogia, finca rural, Paso de los Libres, Corrientes.

Eureka, [1] mina de cuarzo y arena aurífera, Santa Catalina, Jujuy. Tiene una profundidad de 100 metros.

Euscalduna, estancia, Curuzú-Cuatiá, Corrientes.

Eusebia, mina, San Bartolomé, Rio Cuarto, Córdoba. Está situada en el paraje llamado « Bella Vista.» Encierra cuarzo aurífero.

Eustolia, colonia, María juana, Colonias, Santa Fe. Tiene 243 habitantes. (Censo del 7 de junio de 1887).

Evangelista la, establecimiento rural, Ctl 5, Las Flores, Buenos Aires.

---

1 Vocablo griego que significa « lo he hallado.» Esta exclamacion la lanzó Arquímedes cuando descubrió la ley hidrostática.

Evelina, mina de oro en el distrito mineral «El Oro,» sierra de Famatina, Rioja.

Exaltacion de la Cruz, partido de la provincia de Buenos Aires. Está situado al NO. de la capital federal y enclavado entre los partidos San Antonio de Areco, Zárate, Campana, Pilar, Lujan y Giles. Tiene 559 kms.^{2} de extension y una poblacion de 4527 habitantes. (Censo del 31 de Enero de 1890). El partido está regado por los arroyos de Areco, Lujan, de la Cruz, Basabé, Avalos, Chico, Burgos, Pozos, Montalvo, de las Flores, Gonzalez, Nutrias, Bagual y Miraflores. La villa Capilla del Señor es la cabecera del partido.

Exequiel-Cué, finca rural, Caacatí, Corrientes.

Expedicion, puerto de la, Formosa. Está en la orilla izquierda del rio Bermejo. $\varphi = 26° 38'$; $\lambda = 58° 45'$; $z = 218$ m.

Ezcurra, establecimiento rural, Ctl 9, Ayacucho, Buenos Aires.

Ezeiza, lugar poblado, San Vicente, Buenos Aires. Dista de Buenos Aires 45 $\frac{1}{2}$ kms. $z = 19$ m. FCO, ramal de Temperley á Cañuelas. C, T.

Fabio, estancia, Ctl 3, Castelli, Buenos Aires.

Fábrica 1) la, establecimiento rural, Ctl 6, Azul, Buenos Aires. 2) chacra, Ctl 3, Lobos, Buenos Aires. 3) establecimiento rural, Ctl 2, Márcos Paz, Buenos Aires.

Fagotin, paraje poblado, Oran, Salta

Fair, lugar poblado, Ayacucho, Buenos Aires. Dista de Buenos Aires 311 kms. $z = 51,5$ m. FCS, línea de Altamirano á Tres Arroyos. C, T.

Fair Weather, cabo á la entrada del puerto Gallegos, Santa Cruz. $\varphi = 51° 32' 5''$; $\lambda = 68° 55' 20''$. (Fitz Roy.)

Faja, arroyo de la, Veinte y Cinco de Mayo, Mendoza. Es un tributario serrano del rio Diamante en la márgen izquierda.

Falcon, arroyo, Ctl 3, San Antonio de Areco, Buenos Aires.

Falda, 1) vertiente, Miraflores, Capayan, Catamarca. 2) aldea, Reartes, Calamuchita, Córdoba. Tiene 228 habitantes. (Censo del 1° de Mayo de 1890.) 3) la, lugar poblado, Parroquia, Ischilin, Córdoba. 4) la, finca rural, General Sarmiento, Rioja. 5) vertiente, Solca, Rivadavia, Rioja. 6) paraje poblado, Cerrillos, Salta 7) la, finca rural, jachal, San juan. 8) *de Cañete*, lugar poblado, Lagunilla, Anejos Sud, Córdoba. 9) *del Cármen*, cuartel de la pedanía Alta Gracia, Anejos Sud, Córdoba. 10) *del Cármen,* aldea, Lagunilla, Anejos Sud, Córdoba. Tiene 339 habitantes. (Censo.) 11) *Chica*, paraje poblado, Valle Grande, jujuy. 12) *del Chorro*, paraje poblado, Valle Grande, Jujuy 13) *Grande*, paraje poblado, Valle Grande, jujuy. 14) *del Rodeo*, paraje poblado, Valle Grande, jujuy. 15) *de Soconcho*, cuartel de la pedanía Monsalvo, Calamuchita, Córdoba. 16) *de la Torre,* paraje poblado, Valle Grande, jujuy.

Faldero, laguna, Villa Mercedes, Pedernera, San Luis.

Fama 1) la, arroyo, La Plata, Buenos Aires 2) lugar poblado, Pringles, San Luis E.

Famaillá, 1) departamento de la provincia de Tucuman. Confina al Norte con el de la Capital; al Este con los de la Capital y Leales; al Sud con el de Monteros, y al Oeste con el de Trancas. Tiene 1644 kms.^{2} de extension y una poblacion conjetural de unos 20000 habitantes. El departamento es regado por el rio Salí y los arroyos: Colorado, Grande, Famaillá, Caspinchango, Seco, Melocoton, Ramada, Sauce, Arenillas, Lules, Valderrama, del Rey, Fronterita, Horcones, La Cruz, Agua Blanca, Chico, Caturú y muchos otros que no tienen nombre. Hay centros de poblacion en Lules, Bella Vista, Rivadavia, Punta del

Monte, Malvinas, Famaillá, Cuatro Sauces, Rio Colorado, Caspinchango Amaicha, Reduccion, La Capilla y Fronterita. La villa Lules es la cabecera del departamento. 2) aldea con capilla, Famaillá, Tucuman. Está situada en la orilla derecha del arroyo del mismo nombre, y dista de Tucuman 35 kms. y de La Madrid 106. $\alpha = 400$ m. FCNOA, C, T, E. 3) arroyo, Famaillá, Tucuman. Es un tributario del arroyo Salado. Nace en las cumbres de Tafí y recibe en la márgen izquierda las aguas del arroyo Avellaneda.

Famatina, 1) establecimiento rural, Ctl 4, Cañuelas, Buenos Aires. 2) departamento de la provincia de la Rioja. Confina al Norte con la provincia de Catamarca; al Este con los departamentos San Blas de los Sauces, Castro Barros y Capital; al Sud con el departamento Chilecito, y al Oeste con el de Sarmiento. Su extension es de 5030 kms.² y su poblacion de unos 6000 habitantes Está dividido en los 6 distritos: Plaza Nueva, Carrizal, Campanas, Pituil y Antinaco. El departamento es regado por los arroyos Amarillo, Gallegos y Potrerillos. Escuelas funcionan en Pituil, Campanas, Angulos, Carrizal y Famatina. 3) aldea, Famatina, Rioja. Es la cabecera del departamento. De Famatina á las minas habrá una distancia de 70 kms., siguiendo por las márgenes del arroyo del mismo nombre. $\varphi = 29° 20'$; $\lambda = 67° 30'$; $\alpha = 1100$ m. (Moussy) C, E. 4) nevado de, cumbre de la sierra del mismo nombre, Rioja. Se eleva á 6024 metros de altura. Es notable por sus minas de plata. $\varphi = 29°$; $\lambda = 67° 40'$. (Naranjo.) 5) sierra, Rioja. Es una cadena paralela á la cordillera, que empieza en la provincia de Mendoza bajo el nombre de Paramillo, continúa en la de San Juan bajo el de sierra del Tontal y penetra en la provincia de La Rioja bajo el nombre de sierra de Fa-

matina. Se extiende de S. á N. por toda la parte occidental de la provincia y penetra al Norte en la de Catamarca por el departamento Tinogasta. Esta sierra culmina en el nevado de Famatina (6024 m.) y en el Cerro Negro (4500 m.) La sierra de Famatina es notable por las varias minas de plata que se explotan en las laderas del Nevado. 6) arroyo, Famatina, Rioja. Tiene su orígen en la sierra del mismo nombre y termina poco despues de haber pasado por Famatina, por agotamiento é inmersion en el suelo.

Fanor, establecimiento rural, Ctl 12, Tandil, Buenos Aires.

Faraon, finca rural, Rio Cuarto, Rio Cuarto, Córdoba.

Farias, finca rural, Quilino, Ischilin, Córdoba.

Farol el, establecimiento rural, Ctl 9, Ayacucho, Buenos Aires.

Favorina, lugar poblado, Capital, Tucuman. Al SE. del departamento. C.

Favorita 1) la, establecimiento rural, Ctl 3, Ayacucho, Buenos Aires. 2) arroyo, Ctl 6, Maipú, Buenos Aires. 3) establecimiento rural, Ctl 7, Puan, Buenos Aires. 4) establecimiento rural, Ctl 1, Veinte y Cinco de Mayo, Buenos Aires. 5) finca rural, Tunuyan, Mendoza.

Fe 1) la, establecimiento rural, Ctl 4, Chascomús, Buenos Aires. 2) establecimiento rural, Ctl 4, Loberia, Buenos Aires. 3) laguna, Ctl 2, Tapalqué, Buenos Aires. 4) chacra, Concepcion, San Juan.

Federacion, 1) arroyo, Ctl 10, Tandil, Buenos Aires. 2) la, establecimiento rural, Ctl 7, Tres Arroyos, Buenos Aires. 3) departamento de la provincia de Entre Rios. Está situado á orillas del rio Uruguay y al Norte del departamento Concordia, siendo al mismo tiempo limítrofe de la provincia de Corrientes. Tiene una extension de 4100 kms.² y una poblacion conjetural de 9000 habitantes. Escuelas funcionan en Federacion y en la colonia

Libertad. Las colonias son dos, á saber: Libertad y Ejido de Federacion. El departamento está dividido en los 4 distritos: Tatutí, Mandisovi, Gualeguaycito y Atencio al Este. Las principales corrientes son los arroyos: Tunas, Mocoretá, Sarandi, Mandisovi Chico, Mandisovi Grande, Gualeguaycito y otros de menor importancia. El rio Gualeguay tiene su origen en este departamento. 4) villa, Gualeguaycito, Federacion, Entre Rios. Es cabecera del departamento. Está situada á orillas del Uruguay y dista de Concordia, por la via férrea, 54 kms Tiene unos 2500 habitantes. Tráfico considerable con maderas. $\varphi = 31°$ 2'; $\lambda = 57° 51'$. CAE, C, T, E. 5) colonia, Gualeguaycito, Federacion, Entre Rios. Fué fundada en 1876 en el ejido del pueblo Federacion, en una extension de 12500 hectáreas.

Federal, 1) distrito del departamento Concordia, Entre Rios. 2) colonia, Federal, Concordia, Entre Rios. Fué fundada en 1888 en una extension de 10000 hectáreas. Hállase casi en la mitad del camino que separa á Concordia de La Paz. E. 3) *Chico*, arroyo, Concordia, Entre Rios. Es un tributario del Federal Grande en la márgen derecha y es en toda su extension límite entre los distritos Federal y Diego Lopez. 4) *Grande*, arroyo, Federal, Concordia, Entre Rios. Desagua en el Gualeguay en la márgen derecha, en direccion de N. á S. Baña en su origen el costado Este de la colonia Federal.

Felicia, 1) distrito del departamento de las Colonias, Santa Fe. Tiene 1827 habitantes. (Censo del 7 de Junio de 1887) 2) aldea, Felicia, Colonias, Santa Fe. Tiene 355 habitantes. (Censo.) C, T. 3) colonia, Felicia, Colonias, Santa Fe. Tiene 740 habitantes. (Censo.)

Feliciano 1) establecimiento rural, Ctl 11, Tres Arroyos, Buenos Aires. 2) finca rural, Caacatí, Corrientes. 3) departamento de la provincia de Entre Rios. Está situado en la extremidad Norte de la provincia. Confina al Norte con la provincia de Corrientes, al Este con el departamento Federacion, al Sud con el de Concordia y al Oeste con el de La Paz. Tiene 3000 kms.^{2} de extension y una poblacion conjetural de 7000 habitantes. Está dividido en los 5 distritos: Feliciano, Atencio, Basualdo, Manantiales y Chañar. El departamento es regado por los arroyos Feliciano, Atencio, Chilcalito, Pajas Blancas, Mulas y otros de menor importancia. La cabecera del departamento es la villa San josé de Feliciano. 4) distrito del departamento del mismo nombre, Entre Rios. 5) arroyo, Entre Rios. Tiene su origen cerca de la frontera correntina en el departamento Feliciano. Corre con rumbo general á SO., baña el costado SE. del pueblo San José de Feliciano, forma en seguida límite entre los departamentos de La Paz y Concordia, y entra luego en el departamento de La Paz en el cual desagua en la márgen izquierda del Paraná al Sud del pueblo de La Paz y al Norte de la colonia Hernandarias. Sus principales tributarios, á partir del origen, son, en la márgen derecha: los arroyos Estacas y Sauce y en la márgen izquierda los arroyos Atencio, Puerto, Estacas, Achiras, Don Gonzalo y Alcaraz. 6) *San José de,* villa, Basualdo, Feliciano, Entre Rios. Está situada en la márgen derecha del arroyo del mismo nombre y tiene unos 1000 habitantes. Considerable tráfico en postes de ñandubay. C, T, E.

Felicidad la, 1) estancia, Ctl 10, Trenque-Lauquen, Buenos Aires. 2) establecimiento rural, Ctl 2, Tuyú, Buenos Aires. 3) laguna, Ctl 2, Tuyú, Buenos Aires. 4) establecimiento rural, Mercedes, Tulumba, Córdoba. 5) estancia, Goya,

Corrientes. 6) finca rural, Lomas, Corrientes. 7) finca rural, Santo Tomé, Corrientes. 8) mina de cobre en la estancia Pereira, San Luis.

Fenómeno, mina de galena y plomo argentífero, San Bartolomé, Rio Cuarto, Córdoba.

Fermin, laguna, Ctl 2, Pueyrredon, Buenos Aires.

Fernanda la, establecimiento rural, Ctl 9, Suipacha, Buenos Aires.

Fernandez, 1) vertiente Ctl 3, Ajó, Buenos Aires. 2) laguna, Ctl 3, Ajó, Buenos Aires. 3) arroyo, Ctl 9, Chascomús, Buenos Aires. 4) laguna Caacatí, Corrientes. 5) vertiente, Salinas, Independencia, Rioja. 6) ingenio de azúcar, Famaillá, Tucuman. Al lado de la via del ferro-carril central Norte y á 1 km. de distancia de la estacion Bella Vista. 7) *Cué*, finca rural, Caacatí, Corrientes. 8) *Cué*, estancia, Lavalle, Corrientes.

Fernando-Cué, estancia, Concepcion, Corrientes.

Ferran, arroyo, Ctl 1, Brandzen, Buenos Aires.

Ferrari, 1) aldea, Brandzen, Buenos Aires. Es cabecera del partido. Dista por la vía férrea 64 kms. (2 horas) de Buenos Aires y 49 de La Plata. Cuenta hoy con unos 600 habitantes. $\varphi = 35° 10' 15''$; $\lambda = 58° 14' 34''$; $\alpha = 14,8$ m. FCS. FCO, ramal de La Plata á Ferrari. C, T, E. 2) establecimiento rural, Ctl 1, Tandil, Buenos Aires.

Ferreira, 1) estancia, Ctl 4, Azul, Buenos Aires. 2) laguna, Ctl 1, Castelli, Buenos Aires. 3) pueblo en formacion, Capital, Córdoba. Al SE. de la capital provincial, sobre la línea del ferro-carril central argentino. Dista unos 7 kms. de Córdoba. FCCA, C, T. 4) cumbre de los cerros de la Carolina, Carolina, Pringles, San Luis. $\alpha = 1800$ m.

Ferro, lugar poblado, Famaillá, Tucuman.

En la orilla izquierda del arroyo Famaillá.

Fértil el, establecimiento rural, Ctl 7, Alvear, Buenos Aires.

Festin, arroyo, Ctl 8, Tapalqué, Buenos Aires.

Fiambalá, 1) distrito del departamento Tinogasta, Catamarca. 2) lugar poblado, Fiambalá, Tinogasta, Catamarca. Aguas termales aciduladas y alcalinas. $\alpha = 1586$ m. (Moussy) C, E. 3) arroyo, Tinogasta, Catamarca. Nace en la cordillera, se dirige hácia el Este, dobla hácia el Sud en Fiambalá, pasa por Aniyaco, Los Puestos, San José, Tinogasta y Copacabana, donde vuelve á dirigirse hácia el Este bajo el nombre de rio Colorado, borrando luego su cauce por inmersion en el suelo. En la última parte de su curso forma el límite entre las provincias de Catamarca y de la Rioja. Sus principales tributarios son: el arroyo Losas, en la márgen izquierda y en el curso superior, y el arroyo de la Troya, en la márgen derecha, un poco abajo de Aniyaco, donde el Fiambalá suele llamarse tambien rio de Tinogasta ó de Abancan.

Fical, poblacion agrícola, Jachal, San Juan.

Fidela, colonia, Castellanos, Colonias, Santa Fe. Tiene 63 habitantes. (Censo del 7 de junio de 1887).

Fidelidad la, estancia, Ctl 7, Azul, Buenos Aires.

Fierro, 1) laguna, Ctl 12, Tres Arroyos, Buenos Aires. 2) lugar poblado, Parroquia, Tulumba, Córdoba. 3) distrito minero del departamento Iglesia, San Juan. Encierra plata.

Figueredo, laguna, Caacatí, Corrientes.

Figueroa, 1) seccion del departamento Matará, Santiago del Estero. 2) distrito de la seccion Figueroa, del departamento Matará, Santiago. 3) aldea, Figueroa, Matará, Santiago. Está situada en la márgen izquierda del Salado, á 85 kms. ENE. de la capital de la provincia,

Cuenta con unos 600 habitantes. ♀ = 27° 41' 54"; λ = 63° 29' 45". Estacion del ferro-carril de San Cristóbal á Tucuman. C, E.

Figura, 1) la, establecimiento rural, Ctl 11, Bragado, Buenos Aires. 2) cabaña de ovejas Rambouillet, Ctl 3, Cañuelas, Buenos Aires.

Fija la, establecimiento rural, Ctl 7, Lincoln, Buenos Aires.

Filomena la estancia, Ctl 5, Suarez. Buenos Aires.

Filos de Piedra, chacra, San Lorenzo, San Martin, San Luis.

Firmat, lugar poblado, General Lopez, Santa Fe. Dista de Villa Casilda 55½ kms. y del Rosario 109½. FCOSF, ramal á Melincué, C, T.

Fives-Lille, lugar poblado, Capital, Santa Fe. Dista de Santa Fe 175 kms. FCSF, C, T.

Flamenco, [1] 1) establecimiento rural, Departamento 5°, Pampa. 2) finca rural, Juarez Celman, Rioja.

Flamingos, [2] laguna, Ctl 7, Lincoln, Buenos Aires.

Flechas las, manantial, Pedernal, Huanacache, San Juan.

Flor, 1) la, establecimiento rural, Ctl 5, 6, Trenque-Lauquen, Buenos Aires. 2) establecimiento rural, Ctl 4, Zárate, Buenos Aires. 3) la, finca rural, Lujan, Mendoza. 4) la, finca rural, Maipú, Mendoza. 5) la, finca rural, San Martin, Mendoza. 6) de Enero, estancia, Ctl 8, Bolivar, Buenos Aires. 7) de Eucalipto, establecimiento rural, Ctl 7, Salto, Buenos Aires. 8) de Gaucho, estancia, Ctl 12, Bahía Blanca, Buenos Aires. 9) de María, finca rural, Curuzú-Cuatiá, Corrientes. 10) de María, arroyo, Curuzú-Cuatiá, Corrientes. Es un afluente

del arroyo María Grande. 11) de la Pampa, mina de cobre en la sierra de Lihuelcalel, Pampa. 12) del Perdido, establecimiento rural, Ctl 1, Dorrego, Buenos Aires. 13) de Timboy, finca rural, Monte Caseros, Corrientes. 14) de Valencia, finca rural, Curuzú-Cuatiá, Corrientes.

Flora, 1) cañada de la, Ctl 8, Baradero, Buenos Aires. 2) la, establecimiento rural, Ctl 4, Márcos Paz, Buenos Aires. 3) centro agrícola, Viamont, Buenos Aires. 4) estancia, Goya, Corrientes. 5) Rica, establecimiento rural, Ctl 3, Loberia. Buenos Aires.

Floran, estancia, Ctl 7, Bahía Blanca, Buenos Aires.

Florence, mina de cuarzo aurífero, San Bartolomé, Rio Cuarto, Córdoba. Está situada en el paraje llamado «Aguadita.»

Florencia, 1) establecimiento rural, Ctl 4, Bolívar, Buenos Aires. 2) estancia, Ctl 5, Castelli, Buenos Aires. 3) departamento de la gobernacion del Chaco. Forman sus límites al Norte el riachuelo Salado, al Este el Paraná-Mini, al Oeste el meridiano de los 60° O. Greenwich y al Sud el paralelo de los 28° de latitud. 4) distrito del departamento San Javier, Santa Fe. Tiene 1178 habitantes. (Censo del 7 de Junio de 1887). 5) colonia, Florencia, San Javier, Santa Fe. Tiene 648 habitantes. (Censo). Ferro-carril local para el servicio de los campos adyacentes. C, T, E.

Florencio Varela, lugar poblado, Quilmes, Buenos Aires. En las inmediaciones del pueblo San Juan. α = 22 m. FCO, ramal de La Plata á Temperley. C, T, E.

Florentina, 1) la, establecimiento rural, Ctl 4, Ayacucho, Buenos Aires. 2) estancia, Ctl 9, Tres Arroyos, Buenos Aires. 3) establecimiento rural, Departamento 9, Pampa.

Florentino, 1) lugar poblado, Litin, Union,

---

1 Ave palmípeda (Phœnicopterus ignipalliatus)—
2 Corruptela de flamenco.

Córdoba. 2) *Cué,* finca rural, San Miguel, Corrientes.

Flores, 1) arroyo, Ctl 11, Arrecifes, Buenos Aires. 2) 'as, manantial, Ctl 8, Balcarce, Buenos Aires. 3) arroyo, Ctl 3, Exaltacion de la Cruz, Ctl 1, 2, 3, 4, 6, Lujan, y Ctl 5. Pilar, Buenos Aires. Desagua en la márgen izquierda del arroyo Lujan. 4) arroyo, Lobería, Buenos Aires. Tiene su orígen en la sierra del Volcan y desagua en la márgen derecha del arroyo Mala Cara. 5) arroyo, Ctl 2, Magdalena, Buenos Aires. 6) laguna, Ctl 2, Monte, Buenos Aires. 7) laguna Ctl 2, Navarro, Buenos Aires. 8) arroyo, Buenos Aires Tiene su orígen en la laguna Blanca Grande (Olavarría), corre con direccion general á ENE, pasa sucesivamente por los partidos Tapalqué y Alvear, baña el costado Norte del pueblo Alvear, es luego límite entre los partidos Saladillo y Las Flores y desagua en la laguna Flores Grandes, formada por el rio Salado. En tiempo de lluvias duraderas recibe en la márgen derecha el exceso de las aguas del arroyo Tapalqué. 9) estancia, Rauch, Buenos Aires. E. 10) estancia, Ctl 7, Trenque-Lauquen, Buenos Aires. 11) estancia, Ctl 10, Veinte y Cinco de Mayo, Buenos Aires. 12) cañada, Ctl 10, Veinte y Cinco de Mayo, Buenos Aires 13) las, lugar poblado, Parroquia, Tulumba, Córdoba. 14) las, lugar poblado, Ascasubi, Union, Córdoba. 15) las, finca rural, Esquina, Corrientes. 16) las, estancia, Lavalle, Corrientes. 17) laguna, Saladas, Corrientes, 18) finca rural, Capital, Mendoza. 19) las, estancia, Viedma, Rio Negro. 20) distrito del departamento de la Capital, Santiago del Estero. 21) *de Abajo,* finca rural, Iglesia, San Juan. 22) *de Arriba,* finca rural, Iglesia, San Juan. 23) *Chicas,* laguna, Monte, Buenos Aires. Es formada por el rio Salado. 24) *Chicas,* laguna, Ctl 3, Necochea, Buenos Aires.

25) *Colangui,* finca rural, Iglesia, San Juan. 26) *Cué,* finca rural, Concepcion, Corrientes. 27) *Grandes,* laguna, Ctl 3, Necochea, Buenos Aires. 28) *Grandes.* laguna, Ctl 5, Saladillo, Buenos Aires. Es formada por el rio Salado. Recibe las aguas de los arroyos Saladillo y de las Flores. 29) *San José de,* ciudad, municipio de la capital federal, Tiene 15575 habitantes. (Censo del 15 de Setiembre de 1887). Dista de la estacion «Once de Setiembre» 6 kms. $\alpha = 22$ m. FCO, C, T, E.

Floresta, 1) pueblo, municipio de la capital federal. Se comunica con Buenos Aires por ferro-carril y tramway Dista de San José de Flores 1 km hacia el Oeste. Gran establecimiento de curtiembres. FCO, C, T, E. 2) la, lugar poblado, Constitucion, Anejos Norte, Córdoba. 3) la, finca rural, Lujan, Mendoza.

Florida la, 1) estancia, Ctl 2, Alsina, Buenos Aires. 2) laguna, Ctl 8. Alsina, Buenos Aires. 3) laguna, Ctl 8, Ayacucho, Buenos Aires. 4) establecimiento rural, Ctl 6, Azul, Buenos Aires. 5) establecimiento rural, Ctl 4, Bolívar, Buenos Aires. 6) establecimiento rural, Ctl 5, Bragado, Buenos Aires. 7) laguna, Ctl 5, Bragado, Buenos Aires. 8) establecimiento rural, Ctl 4, Brandzen, Buenos Aires. 9) estancia, Ctl 1, Campana, Buenos Aires. 10) establecimiento rural, Ctl 4, Guamini, Buenos Aires. 11) estancia, Ctl 5, Junin, Buenos Aires. 12) estancia, Ctl 2, 5, Las Flores, Buenos Aires. 13) establecimiento rural, Ctl 3, Lincoln, Buenos Aires. 14) establecimiento rural, Ctl 13, Lincoln, Buenos Aires. 15) establecimiento rural, Ctl 3, Lobería, Buenos Aires. 16) establecimiento rural, Ctl 1, Magdalena, Buenos Aires. 17) estancia, Ctl 6, Maipú, Buenos Aires 18) estancia, Ctl 10, Necochea, Buenos Aires. 19) establecimiento rural, Ctl 11, Nueve de Julio, Buenos Aires. 20) estancia, Ctl 4,

Patagones, Buenos Aires. 21) establecimiento rural, Ctl 6, Pergamino, Buenos Aires. 22) establecimiento rural, Ctl 2, Pila, Buenos Aires. 23) establecimiento rural, Ctl 1, Pringles, Buenos Aires. 24) laguna, Ctl 1, Pringles, Buenos Aires. 25) establecimiento rural, Ctl 2, Puan, Buenos Aires. 26) lugar poblado, Quilmes, Buenos Aires. E. 27) establecimiento rural, Ctl 5, Ranchos, Buenos Aires. 28) establecimiento rural, Ctl 6, 8, Saladillo, Buenos Aires. 29) establecimiento rural, Ctl 4, Tapalqué, Buenos Aires. 30) establecimiento rural, Ctl 7, Trenque-Lauquen, Buenos Aires. 31) estancia, Ctl 3, Tuyú, Buenos Aires. 32) laguna, Ctl 3, Tuyú, Buenos Aires. 33) estancia, Ctl 11, Veinte y Cinco de Mayo, Buenos Aires. 34) estancia, Villarino, Buenos Aires. 35) distrito del departamento de la Paz, Catamarca. 36) aldea, Cañas, Anejos Norte, Córdoba. Tiene 150 habitantes. (Censo del 1º de Mayo de 1890). 37) cuartel de la pedania Potrero de Garay, Anejos Sud, Córdoba. 38) aldea, Chucul, juarez Celman, Córdoba. Tiene 138 habitantes. (Censo). 39) lugar poblado, Aguada del Monte, Sobremonte, Córdoba. 40) cuartel de la pedanía Ballesteros, Union, Córdoba. 41) quinta, Bella Vista, Corrientes 42) finca rural, Curuzú-Cuatiá, Corrientes. 43) finca rural Esquina, Corrientes. 44) finca rural, Ituzaingó, Corrientes 45) la, finca rural, Paso de los Libres, Corrientes. 46) finca rural, Junin, Mendoza 47) finca rural, Lujan, Mendoza. 48) estancia, Nueve de julio, Mendoza. 49) finca rural, Rivadavia, Mendoza. 50) finca rural, San Martin, Mendoza. 51) finca rural, Tupungato, Mendoza. 52) la, establecimiento rural, Departamento 2º, Pampa. 53) la, establecimiento rural, Departamento 1º, Pampa. 54) finca rural, Belgrano. Rioja. 55) finca rural, General Lavalle, Rioja. 56) finca rural, General Sarmiento, Rioja. 57) finca rural, Juarez Celman, Rioja. 58) finca rural, Cafayate, Salta. 59) estancia, Rosario de la Frontera, Salta. 60) finca rural, Rosario de Lerma. Salta 61) finca rural, San Cárlos, Salta. 62) finca rural, Jachal, San juan. 63) finca rural, Pocito, San juan. 64) la, lugar de baños de fuente acidulada ferruginosa, Trinidad, San juan. Las aguas son frías. 65) estancia, Trapiche, Pringles, San Luis. C. 66) lugar poblado, Burruyaco, Tucuman. Cerca de la frontera salteña, en la orilla derecha del arroyo Urueña. 67) estancia, Burruyaco, Tucuman. En la orilla derecha del arroyo Chorrillo. 68) aldea, Chicligasta, Tucuman. En la orilla derecha del rio Sali, cerca de la confluencia con el Gastona 69) estancia, Leales, Tucuman. En la frontera santiagueña. 70) aldea, Monteros, Tucuman. En la orilla derecha del arroyo Pueblo Viejo 71) *del Portezuelo*, lugar poblado, Macha, Totoral, Córdoba.

Florido el, 1) finca rural, Bella Vista, Corrientes. 2) finca rural, Goya, Corrientes. 3) finca rural, Lavalle, Corrientes. 4) finca rural, Mercedes, Corrientes. 5) finca rural, Paso de los Libres, Corrientes. 6) finca rural, La Paz, Mendoza. 7) establecimiento rural, Departamento 9º, Pampa. 8) finca rural, jachal, San Juan.

Florinda, mineral de plata, Poma, Salta.

Focas las, 1) establecimiento rural, Ctl 12, Lincoln, Buenos Aires. 2) laguna, Ctl 13, Lincoln, Buenos Aires.

Foco Mineral, mina de plomo y plata, Argentina, Minas, Córdoba.

Fondo del Molino, finca rural, Tunuyan, Mendoza.

Fontana, 1) lago en la cordillera de Chubat. En él tiene su nacimiento el rio Senguel. $\varphi = 44° 57' 52''$; $\lambda = 72° 24'$ (Fontana). 2) yacimiento de carbon de piedra, Metan, Salta.

Fontezuelas, 1) establecimiento rural, Ctl 8, Pergamino, Buenos Aires. 2) arroyo

Ctl 6, 8, Pergamino, y Ctl 5, Salto, Buenos Aires. Es tributario del Arrecifes en la márgen izquierda. Este arroyo baña las orillas del pueblo del Pergamino

Formosa, 1) establecimiento rural, Ctl 7, Chascomús, Buenos Aires. 2) lugar poblado, Chazon, Tercero Abajo, Córdoba. 3) gobernacion. Segun la ley de 16 de Octubre de 1884, que fija las reglas generales sobre administracion de los territorios nacionales, está la gobernacion limitada al naciente por el rio Paraguay; al Norte por el rio Pilcomayo y la línea divisoria con Bolivia; al Oeste por una línea con rumbo Sud, que partiendo de la línea anterior, pasa por el fuerte Belgrano hasta tocar el rio Bermejo; al Sud este rio, siguiéndolo por el brazo llamado Teuco hasta su desembocadura en el Paraguay. Dentro de estos límites tiene la gobernacion 115671 kms.^{2} de extension. El territorio es solo conocido á orillas de los rios Paraguay, Pilcomayo y Bermejo. Una gran llanura, levemente inclinada de NO. á SE., cubierta de monte, con grandes extensiones anegadizas, es todo lo que con certidumbre se sabe acerca del aspecto físico de estas comarcas. El clima es el del Chaco. (Véase Chaco). La gobernacion contará ahora con una poblacion de 5000 almas escasas. 4) villa, Formosa. Es la capital de la gobernacion del mismo nombre. Fué fundada el 8 de Abril de 1879, en la márgen derecha del Paraguay, y cuenta actualmente con unos 1000 habitantes. Dista 98 kms. de la Asuncion y 165 de Corrientes. La villa está rodeada de una colonia que tiene 30000 hectáreas de extension. $\varphi = 26°13'44''$; $\lambda = 58°6'30''$; $\alpha = 100$ m. (Marguin). 5) riacho, Formosa. Corre al Norte de la villa del mismo nombre.

Fortin, 1) laguna, Ctl 4, Suarez, Buenos Aires. 2) lugar poblado, Castaños, Rio Primero, Córdoba. 3) lugar poblado,

Juarez Celman, San Justo, Córdoba. 4) *Bravo*, establecimiento rural, Ctl 4, Guaminí, Buenos Aires. 5) *Chacarita*, paraje poblado, Departamento 5°, Pampa. 6) *Defensa*, establecimiento rural, Ctl 5, Suarez, Buenos Aires. 7) *Libertad*, establecimiento rural, Ctl 4, Suarez, Buenos Aires. 8) *Mercedes*, estancia, Ctl 1, 2, 3, Patagones, Buenos Aires. 9) *Miñana*, estancia, Ctl 2, 3, Azul, Buenos Aires. 10) *Nacional*, establecimiento rural, Ctl 1, Trenque-Lauquen, Buenos Aires. 11) *Favon*, establecimiento rural, Ctl 9, Bahia Blanca, Buenos Aires. 12) *Salado*, establecimiento rural, Ctl 2, Suarez, Buenos Aires. 13) *Sanchez*, lugar poblado, Puan, Buenos Aires. C, T. 14) *Tres*, establecimiento rural, Ctl 1, Trenque-Lauquen, Buenos Aires. 15) *Viejo*, estancia, Ctl 2, Patagones, Buenos Aires. 16) *Zapiola*, establecimiento rural, Ctl 4, Guaminí, Buenos Aires.

Fortuna, 1) establecimiento rural, Ctl 10, Arrecifes, Buenos Aires. 2) establecimiento rural, Ctl 7, Ayacucho, Buenos Aires. 3) establecimiento rural, Ctl 6, Balcarce, Buenos Aires. 4) arroyo, Ctl 6, 5, Balcarce, Buenos Aires. 5) estancia, Ctl 6, Bolívar, Buenos Aires. 6) establecimiento rural, Ctl 2, Bragado, Buenos Aires. 7) establecimiento rural, Ctl 6, Cañuelas, Buenos Aires. 8) laguna, Ctl 13, Dolores, Buenos Aires. 9) establecimiento rural, Ctl 1, Guaminí, Buenos Aires. 10) laguna, Ctl 10, Juarez, Buenos Aires. 11) estancia, Ctl 3, 9, Las Flores, Buenos Aires. 12) estancia, Ctl 3, Las Heras, Buenos Aires. 13) establecimiento rural, Ctl 3, Lincoln, Buenos Aires. 14) establecimiento rural, Ctl 2, 11, Nueve de Julio, Buenos Aires. 15) laguna, Ctl 8, Nueve de Julio, Buenos Aires. 16) establecimiento rural, Ctl 3, Olavarria, Buenos Aires. 17) estancia, Ctl 4, Patagones, Buenos Aires. 18) establecimiento rural, Ctl 4, Pergamino,

Buenos Aires. 19) estancia Ctl 4, Saladillo, Buenos Aires. 20) establecimiento rural, Ctl 11, Salto, Buenos Aires. 21) establecimiento rural, Ctl 4, San Pedro, Buenos Aires. 22) establecimiento rural, Ctl 8, San Vicente, Buenos Aires. 23) establecimiento rural, Ctl 5, 8, Tandil, Buenos Aires. 24) establecimiento rural, Ctl 9, Trenque-Lauquen, Buenos Aires. 25) establecimiento rural, Ctl 5, Vecino, Buenos Aires. 26) establecimiento rural, Ctl 10, Veinte y Cinco de Mayo, Buenos Aires. 27) estancia, Espinillos, Marcos juarez, Córdoba. 28) estancia, Mojarras, Tercero Abajo, Córdoba, 29) lugar poblado, Ballesteros, Union, Córdoba. 30) finca rural, Curuzú Cuatiá, Corrientes. 31) mineral de antimonio, San Antonio de los Cobres, Poma, Salta. 32) finca rural, San Martin, San Luis. C. 33) mina de plomo en Rincon del Cármen, San Martin, San Luis.

Fortunata, establecimiento rural, Ctl 6, Puan, Buenos Aires.

Fraga, 1) partido del departamento Coronel Pringles, San Luis. 2) lugar poblado, Fraga, Pringles, San Luis. Dista de Villa Mercedes 37 kms. z = 618 m. FCGOA, C, T.

Fragosa, cañada, Mburucuyá, Corrientes.

Fragua, 1) lugar poblado, Rosario, Pringles, San Luis. 2) lugar poblado, Copo, Santiago. E. 3) arroyo, Copo, Santiago. Nace en el Remate, recorre un trayecto muy corto en direccion al Este y borra luego su cauce por inmersion en el suelo poroso de la pampa. Solo en tiempo de fuertes lluvias alcanza hasta el Salado.

Fraile 1) el, estancia, Ctl 5, Trenque-Lauquen, Buenos Aires. 2) arroyo, Ceibas, Gualeguaychú, Entre-Rios. Desagua en el canal de Ibicuy (delta del Paraná.) 3) distrito del departamento General Ocampo, Rioja. 4) Muerto, laguna, Ctl 8, Bolívar, Buenos Aires. 5) Muerto, villa. Véase Bell-Ville.

Francesa 1) la, establecimiento rural, Departamento 3°, Pampa. 2) colonia, San javier, San javier, Santa Fe. Tiene 258 habitantes. (Censo del 7 de Junio de 1887.)

Franceses 1) los, estancia, Ctl 7, Azul, Buenos Aires. 2) establecimiento rural, Ctl 3, Veinte y Cinco de Mayo, Buenos Aires.

Francia 1) la, establecimiento rural, Ctl 6, Alvear, Buenos Aires. 2) aldea, Concepcion, San justo, Córdoba. Tiene 101 habitantes. (Censo del 1° de Mayo de 1890.) Dista de Córdoba 154 kms. z = 124 m. FCSFC, C, T.

Francisca la, establecimiento rural, Ctl 4, Márcos Paz, Buenos Aires.

Franciscana, mina de galena argentífera en el distrito mineral de San Antonio de los Cobres, Poma, Salta.

Francisco Paz, lugar poblado, General Lopez, Santa Fe. Dista de Cañada de Gomez 155 kms FCCA, ramal de Cañada de Gomez á Pergamino. C, T.

Franck, 1) distrito del departamento de las Colonias, Santa Fe. Tiene 641 habitantes. (Censo del 7 de junio de 1887.) 2) colonia, Franck, Colonias, Santa Fe. Tiene 176 habitantes. (Censo.) Dista de Santa Fe 30 kms. FCSF, ramal á San Cárlos y Galvez. C, T, E.

Franco, 1) laguna, Saladas, Corrientes. 2) Argentina, estancia, Ctl 9, Quilmes, Buenos Aires.

Franklin, lugar poblado, Mercedes, Buenos Aires. Dista de Buenos Aires 133 kms. z = 48 m. FCP, C, T.

Frasquillo, estancia, Burruyaco, Tucuman. Cerca de la frontera de Salta.

Fraternidad, 1) establecimiento rural, Ctl 4, Dorrego, Buenos Aires. 2) centro agricola, Viamont, Buenos Aires.

Fraude el, establecimiento rural, Ctl 5, Trenque-Lauquen, Buenos Aires.

Fray Diego, arroyo, Hernandarias, La Paz, Entre Rios. Es un pequeño tributario del Paraná.

Fredes, riacho, Ctl 5, San Fernando, Buenos Aires.

Freire, colonia, Libertad, San justo, Córdoba. Fué fundada en 1886 en una extensión de 21644 hectáreas. Tiene 532 habitantes. (Censo del 1° de Mayo de 1890.)

Freycinet, mina de cuarzo aurífero, Candelaria, Cruz del Eje, Córdoba. Está situada en el paraje llamado « Ciénega de Brito.»

Frias, 1) arroyo, Ctl 4, Giles, y Ctl 7, Mercedes, Buenos Aires. Es un tributario del Lujan en la márgen izquierda. 2) laguna, Ctl 7, Tapalqué, Buenos Aires. 3) lago, Neuquen. Comunica sus aguas con el Nahuel-Huapí. (O'Connor) 4) arroyo, Rosario, Santa Fe. Desagua en el Paraná á unos 14 kms. al Sud de la ciudad del Rosario. 5) cerro, Santa Cruz. $\varphi = 50° 25'$; $\lambda = 72° 30'$; $\alpha = 915$ m. 6) seccion del departamento Choya, Santiago del Estero. 7) villa, Choya, Santiago. Dista de Córdoba 338 kms. De aquí arranca el ramal del ferro-carril Central Norte que conduce á Santiago. $\alpha = 344$ m. FCCN, C, T, E.

Frigorífico, establecimiento rural, Ctl 8, San Nicolás, Buenos Aires.

Fronteras, finca rural, jachal, San juan.

Fronterita, aldea, Famaillá, Tucuman En la orilla derecha del arroyo Famaillá. E.

Fronteriza la, establecimiento rural, Ctl 4, Olavarria, Buenos Aires.

Frutilla [1] la, finca rural, Maipú, Mendoza.

Fuente, 1) estancia, Ctl 11, Bahia Blanca, Buenos Aires. 2) Grande, aldea, Suburbios, Rio Segundo, Córdoba. Tiene 112 habitantes. (Censo del 1° de Mayo de 1890.) 3) de Plata, estancia, Rosario de la Frontera, Salta.

Fuentes, lugar poblado, San Lorenzo, Santa Fe. Dista de Cañada de Gomez 122

kms. FCCA, ramal de Cañada de Gomez al Pergamino. C, T.

Fuerte, 1) lugar poblado, Ciénega del Coro, Minas, Córdoba. 2) el, lugar poblado, Villa de Maria, Rio Seco, Córdoba. 3) el, finca rural, General Lavalle, Rioja. 4) el, paraje poblado, Campo Santo, Salta. 5) el, poblacion agrícola, jachal, San Juan. 6) arroyuelo, Fuerte, jachal. San juan. 7) Argentino, lugar poblado, Bahia Blanca, Buenos Aires. C, T. 8) Chico, paraje poblado, Rosario de Lerma, Salta. 9) Cuarta Division, Neuquen. Véase Chosmalal. 10) Esperanza, distrito del departamento Salavina, Santiago del Estero. 11) Grande, cuartel de la pedanía Suburbios, Rio Segundo, Córdoba. 12) Grande, paraje poblado, Rosario de Lerma, Salta. 13) Libertad, paraje poblado, Mailin, Veinte y Ocho de Marzo, Matará, Santiago. 14) Quemado, distrito del departamento de La Paz, Catamarca. 15) Quemado, paraje poblado, Rosario de la Frontera, Salta. 16) República, lugar poblado, Mailin, Veinte y Ocho de Marzo, Matará, Santiago. 17) Roca, colonia en la confluencia de los rios Neuquen y Limay, Rio Negro. $\varphi = 38° 49' 20''$; $\lambda = 68° 24'$; $\alpha = 333$ m. (Host.) C, T 18) San Martin, lugar poblado, Suarez, Buenos Aires. C. 19) Tunas, lugar poblado, Cruz del Eje, Cruz del Eje, Córdoba. 20) Victorica, lugar poblado, Seccion 8ª, Pampa. C. 21) Viejo, paraje poblado, Anta, Salta.

Fuertecito, lugar poblado, Arroyito, San justo, Córdoba.

Fuiate, paraje poblado, Cochinoca, Jujuy.

Fundadora, 1) establecimiento rural, Ctl 10, Las Flores, Buenos Aires. 2) establecimiento rural, Ctl 6, San Vicente, Buenos Aires.

Fundicion, paraje poblado, Valle Grande, Jujuy.

Fundiciones, mina de galena argentífera

á 20 kms. al SE. de la Rinconada, Rinconada, jujuy.

Fúnes, aldea, Junin, San Luis. $z = 584$ m. (Lallemant.)

Fusil el, laguna, Ctl 2, Balcarce. Buenos Aires.

Gaboto, 1) distrito del departamento San jerónimo, Santa Fe. Tiene 3324 habitantes. (Censo del 7 de junio de 1887). 2) pueblo, Gaboto, San jerónimo, Santa Fe. Tiene 732 habitantes. (Censo.) Está situado en la desembocadura del Carcarañá en el río Coronda (brazo del Paraná) C, T, E. 3) colonia, Gaboto, San Jerónimo, Santa Fe. Tiene 405 habitantes. (Censo.)

Gabriela la, estancia, Ctl 5, Dorrego, Buenos Aires.

Gaceta la, estancia, Ctl 8, Bolivar, Buenos Aires.

Gacho, 1) cuartel de la pedanía Tuscas, San Alberto, Córdoba. 2) lugar poblado, Toscas, San Alberto, Córdoba.

Gaditana, mina de plomo y plata, Ciénega del Coro, Minas, Córdoba. Está situada al Sud de la mina «Buena Ventura.»

Gaete, arroyo, Ctl 4, Barracas, Buenos Aires.

Gaiman, aldea, Chubut. Está situada en la colonia Chubut, en la orilla izquierda del rio del mismo nombre, cerca de su desembocadura.

Gainza, establecimiento rural, Ct 4, Villegas, Buenos Aires. Antiguo fortin. $\varphi = 34° 30' 50''$; $\lambda = 62° 59' 58''$ (Olascoaga).

Galarce, lugar poblado, San Bartolomé, Rio Cuarto, Córdoba.

Galarcito, finca rural, San Luis del Palmar, Corrientes.

Galarza, 1) pedanía del departamento Rio Primero, Córdoba. Tiene 1100 habitantes. (Censo del 1° de Mayo de 1890.) 2) cuartel de la pedanía del mismo nombre, Rio Primero, Córdoba. 3) aldea,

Galarza, Rio Primero, Córdoba. Tiene 563 habitantes. (Censo.) 4) albardon en los esteros de Maloya, San Luis del Palmar, Corrientes. 5) Cué, finca rural, Bella Vista, Corrientes.

Galarzas, paraje poblado, San Luis del Palmar, Corrientes.

Galeno-Cué, estancia, Caacatí, Corrientes.

Galense, colonia, San javier, Santa Fe.

Galera, 1 la. laguna, Ctl 8, Chascomús, Buenos Aires.

Galgo el, estancia, Ctl 5, Trenque-Lauquen, Buenos Aires.

Gallega, 1) la. laguna, Ctl 8, Vecino, Buenos Aires. 2) estancia, Ctl 2, Veinte y Cinco de Mayo, Buenos Aires.

Gallego, 1) laguna, Ctl 7, Pila, Buenos Aires. 2) el, finca rural, Mercedes, Corrientes. 3) Cué, finca rural, Caacatí, Corrientes. 4) Cué, estancia, San Miguel, Corrientes.

Gallegos, 1) estancia, Ctl 5, Ranchos, Buenos Aires. 2) departamento de la gobernacion de Santa Cruz. Limita al Norte con el departamento Santa Cruz por el rio Coyle. al Este con el Océano Atlántico, al Sud y al Oeste con Chile. 3) rio, Gallegos, Santa Cruz. Nace entre los 51° 30' y los 52° de latitud y los 72° y 73° de longitud. Corre en direccion general al Este y desagua en el Océano en los 69° de longitud. El valle por donde corre el rio Gallegos es fértil y adecuado para la colonizacion 4) puerto en la desembocadura del rio del mismo nombre, Santa Cruz. $\varphi = 51° 33' 20''$; $\lambda = 68° 59' 10''$ (Fitz Roy.) 5) distrito de la seccion Silipica 2ª del departamento Silipica, Santiago del Estero. 6) paraje poblado, Silipica, Santiago.

Galleta la, arroyo, Ctl 1. Suarez, Buenos Aires.

_____

1 Argentinismo, en su acepcion de sombrero de copa alta.

Gallinas, arroyo de las, Ctl 4, Mar Chiquita, Buenos Aires.

Gallino - Cué, finca rural, Mercedes, Corrientes.

Gallo, 1) establecimiento rural, Ctl 7, Azul, Buenos Aires. 2) cerro del, en la sierra de la Lumbrera, Campo Santo y Anta, Salta. 3) *Fiambre,* brazo del riacho Carapachay, Conchas, Buenos Aires. Este brazo forma la isla de Carapachay.

Gallos, arroyo, Anta, Salta. Nace en la sierra del Maiz Gordo, se dirige al Este, recibe las aguas de los arroyos Seco y Barrialito en la márgen derecha y desagua poco despues en el arroyo de los Salteños.

Galpon, [1] 1) establecimiento rural, Ctl 7, Alsina, Buenos Aires. 2) establecimiento rural, Ctl 2, Ayacucho, Buenos Aires. 3) establecimiento rural, Ctl 5, Pergamino, Buenos Aires. 4) establecimiento rural, Ctl 4, San Pedro, Buenos Aires. 5) el, laguna, Ctl 2, Tuyú, Buenos Aires. 6) establecimiento rural, Ctl 7, Vecino, Buenos Aires. 7) estancia, Villarino, Buenos Aires. 8) distrito del departamento Metan, Salta. 9) lugar poblado, Metan, Salta. C, E. 10) distrito de la seccion Guasayan del departamento Guasayan, Santiago del Estero. 11) lugar poblado, Guasayan, Santiago. E.

Galpones los, 1) establecimiento rural, Ctl 3, Chacabuco, Buenos Aires. 2) establecimiento rural, Ctl 3, Maipú, Buenos Aires. 3) laguna, Ctl 3, Maipú, Buenos Aires. 4) estancia, Ctl 5, Navarro, Buenos Aires. 5) establecimiento rural, Ctl 2, Nueve de julio, Buenos Aires 6) establecimiento rural, Ctl 10, Rauch, Buenos Aires. 7) establecimiento rural, Ctl 3, Trenque-Lauquen, Buenos Aires. 8) establecimiento rural, Ctl 3,

Veinte y Cinco de Mayo, Buenos Aires. 9) estancia, Trancas, Tucuman. Al lado del ferro - carril central Norte. 10) *de Luro,* establecimiento rural, Ctl 8, Vecino, Buenos Aires.

Galvan, 1) laguna, Ctl 8, Veinte y Cinco de Mayo, Buenos Aires. 2) *Cué,* finca rural, Concepcion, Corrientes.

Galvez, 1) distrito del departamento de San Jerónimo, Santa Fe. Tiene 1645 habitantes. (Censo del 7 de Junio de 1887.) 2) aldea, Galvez, San Jerónimo, Santa Fe. Dista de Santa Fe 96 kms., del Rosario 111 y de Buenos Aires 421. Tiene 646 habitantes. (Censo). $z = 53$ m. FCRS, FCSF, C, T, E.

Galvis, cañada, Ctl 5, Baradero, Buenos Aires.

Gama, [1] 1) la, estancia, Ctl 4, Campana, Buenos Aires. 2) estancia, Ctl 6, Necochea, Buenos Aires. 3) establecimiento rural, Ctl 5, Suarez, Buenos Aires. 4) la, lugar poblado, Ctl 5, Suarez, Buenos Aires. Dista de Buenos Aires 455 kms. $z = 169,5$ m. FCS, C, T, E. 5) estancia, Ctl 6, Trenque - Lauquen, Buenos Aires. 6) la, establecimiento rural, Departamento 2°, Pampa. 7) arroyo, Tierra del Fuego. Es una de las siete arterias fluviales halladas por Popper desde cabo Espíritu Santo hasta cabo Peñas. Desagua en el Atlántico.

Gamas - Cué, finca rural, Santo Tomé, Corrientes.

Gándara, lugar poblado, Chascomús, Buenos Aires. Dista de Buenos Aires 98½ kms. $z = 15,5$ m. FCS, ramal de Altamirano á Tres Arroyos. C, T.

Gansa la, laguna, Ctl 4, Veinte y Cinco de Mayo, Buenos Aires.

Ganso [2] el, establecimiento rural, Ctl 8, Trenque-Lauquen, Buenos Aires.

Gansos los, 1) laguna, Ctl 10, Puan, Bue-

---

1 Americanismo que significa espacio techado, con ó sin paredes, destinado á preservar de la intemperie cualquiera clase de objetos. Puede considerarse este vocablo como sinónimo del castellano cobertizo.

---

1 Cervus rufus.—2 Cygnus coscoroba.

nos Aires. 2) arroyo de los, Ctl 7, Salto, Buenos Aires.

Garabatá, 1) paraje poblado, Empedrado, Corrientes. 2) paraje poblado, San Luis del Palmar, Corrientes. 3) estero, San Luis del Palmar, Corrientes.

Garabato, [1] 1) lugar poblado, Estancias, Rio Seco, Córdoba. 2) finca rural, juarez Celman, Rioja.

Garabatos, 1) lugar poblado, General Mitre, Totoral, Córdoba. 2) lugar poblado, Sinsacate, Totoral, Córdoba.

Garapé, finca rural, Ituzaingó, Corrientes.

Garay, 1) arroyo, Curuzú-Cuatiá, Corrientes. Es un pequeño tributario del Guayquiraró en la márgen izquierda. 2) *Cué,* finca rural, Curuzú-Cuatiá, Corrientes. 3) *Potrero de,* lugar poblado, Punilla, Córdoba. $\varphi = 31° 50'$; $\lambda = 64° 31'$; $z = 650$ m. (Brackebusch).

García, 1) laguna, La Plata, Buenos Aires. 2) distrito del departamento de la Capital, Tucuman. 3) ingenio de azúcar, Capital, Tucuman. A 14 kms. al SE. de Tucuman. $z = 452$ m. C. 4) *Cué,* finca rural, Itatí, Corrientes. 5) *Cué,* finca rural, Lavalle, Corrientes.

Gari, laguna, Ctl 1, Ranchos, Buenos Aires.

Garibaldi, 1) colonia, Cruz Alta, Marcos Juarez, Córdoba. Tiene 163 habitantes. (Censo del 1° de Mayo de 1890). Fué fundada en 1883 en la márgen derecha del arroyo Tortugas, á inmediaciones de la estacion General Roca, en una extension de 5421 hectáreas. 2) mina de plomo y plata, Ciénega del Coro, Minas, Córdoba. 3) finca rural, Esquina, Corrientes. 4) mina de galena argentífera en el distrito mineral de «La Pintada,» Veinte y Cinco de Mayo, Mendoza. 5) colonia, Maria juana, Colonias, Santa Fe. Tiene 70 habitantes. (Censo del 7 de Junio de 1887). C.

Garin, arroyo, Ctl 3, Pilar, Buenos Aires.

Garrapatal, 1) fuentes petrolíferas, San Pedro, Jujuy. Están situadas en la falda oriental de la sierra de Zapla. 2) paraje poblado, Valle Grande, jujuy.

Garreño, estancia, Esquina, Corrientes.

Garrote el, establecimiento rural, Ctl 5, Tapalqué, Buenos Aires.

Garupá, arroyo, Misiones. Es tributario del Paraná en la márgen izquierda, en el que desagua á 10 kms. arriba de Posadas.

Garza, [1] 1) distrito de la seccion Matará, del departamento Matará, Santiago del Estero. 2) paraje poblado, Garza, Matará, Santiago.

Garzas las, 1) cañada, Ctl 3, Navarro, y Ctl 3, 4, 6, 7, Lobos, Buenos Aires. Nace en la laguna de Navarro y desagua en la de Lobos. 2) estancia, Bella Vista, Corrientes. 3) finca rural, Mercedes, Corrientes. 4) arroyo, Mercedes, Corrientes. Es un tributario del Payubre Grande. 5) distrito del departamento San javier, Santa Fe. Tiene 253 habitantes. (Censo del 7 de junio de 1887). 6) colonia, San javier, Santa Fe. Está situada en las proximidades del límite con el Chaco.

Gaspar, cerro, Veinte y Cinco de Mayo, Mendoza.

Gasparito, lugar poblado, Chazon, Tercero Abajo, Córdoba.

Gastona, 1) estancia, Chicligasta, Tucuman. En la orilla izquierda del arroyo del mismo nombre E. 2) arroyo, Chicligasta, Tucuman. Nace en la sierra de Aconquija y desagua en el rio Salí. En su curso superior se llama rio jaya, denominacion que conserva hasta pasado Concepcion. En su trayecto general de NO. á SE. recibe en su márgen izquierda las aguas del arroyuelo Soler y en la márgen derecha las del Chilimayo.

Gastonilla, aldea, Chicligasta, Tucuman.

---

[1] Arbusto (Mimosa Lorentzii).

[1] Ave zancuda (Ardea cocoi).

En la orilla derecha del rio Seco, á corta distancia del ferro-carril NO. argentino.

Gateada la, laguna, Ctl 11, Tres Arroyos, Buenos Aires.

Gato, 1) de', laguna, Ctl 4, Caste'li, Buenos Aires. 2) del, arroyo, La Plata, Buenos Aires. Tiene su orígen en unos bañados situados dentro del partido de La Plata Corre de Oeste á Este, pasa al Norte de la ciudad de La Plata, bañando sus inmediaciones, y desagua bajo el nombre de arroyo de Zanjon, al Norte del pueblo Ensenada, frente á la isla de Santiago. 3) el, laguna, Ctl 1, Pringles, Buenos Aires. 4) el, estancia, Ctl 5, Trenque-Lauquen, Buenos Aires. 5) del, arroyo, Pehuajó al Norte, Gualeguaychú, Entre Rios. Desagua en la márgen derecha del Gualeguaychú, en direccion de O. á E. 6) del, laguna, Rio Negro. En el camino de Viedma á puerto San Antonio. 7) manantial, Caucete, San Juan.

Gaucho [1] 1) el, laguna, Ctl 4, Bolívar, Buenos Aires. 2) estancia, Ctl 2, Patagones, Buenos Aires 3) laguna, Ctl 1, Suarez, Buenos Aires. 4) estancia, Ctl 9, 11, Trenque Lauquen, Buenos Aires. 5) finca rural, Capital, Salta.

Gauchos, 1) de los, arroyo, Ctl 1, 6, 7, 8, Dorrego, Buenos Aires. 2) de los, laguna, Ctl 7, Dorrego, Buenos Aires. 3) los, laguna, Ctl 12, Veinte y Cinco de Mayo, Buenos Aires.

Gauna, 1) laguna, Ctl 9, Cañuelas, Buenos Aires. 2) arroyo, Ctl 6, Salto, Buenos Aires. 3) *Cué,* estancia, San Miguel, Corrientes.

Gauveca, estancia, Trancas, Tucuman. En la orilla derecha del arroyo Vipos, al lado del ferro-carril central Norte.

Gauyaibi, arroyo, Mercedes, Corrientes. Es un tributario del Yuquerí.

Gavilan, 1) el, estancia, Ctl 5, Castelli, Buenos Aires. 2) cañada, Ctl 5, Castelli, Buenos Aires. 3) laguna, San Roque, Corrientes.

Gavilanes, lugar poblado, Salsacate, Pocho, Córdoba.

Gaviota, [1] 1) la, arroyo, Ctl 2, Balcarce, Buenos Aires. 2) la, estancia, Ctl 4, Brown, Buenos Aires. 3) estancia, Ctl 3, Juarez, Buenos Aires. 4) estancia, Ctl 9, Trenque-Lauquen, Buenos Aires. 5) laguna, Ctl 5, Veinte y Cinco de Mayo, Buenos Aires. 6) la, establecimiento rural, Departamento 2°, Pampa.

Gaviotas, 1) de las, laguna, Ctl 4, Azul, Buenos Aires. 2) de las, laguna, Ctl 4, Bragado, Buenos Aires. 3) las, laguna, Ctl 10, Chascomús, Buenos Aires. 4) las, laguna, Ctl 3, Pueyrredon, Buenos Aires. 5) laguna, Ctl 6, Ranchos, Buenos Aires. 6) las, laguna, Ctl 1, Vecino, Buenos Aires.

Gayoso, 1) vertiente, Ctl 7, Ajó, Buenos Aires. 2) laguna, Ctl 7, Ajó, Buenos Aires.

Gelves, riacho, Ctl 2, Las Conchas, Buenos Aires.

Gemela la, establecimiento rural, Ctl 11, Salto, Buenos Aires.

Gemelas las, lugar poblado, Rio Pinto, Totoral, Córdoba.

Gená, 1) distrito del departamento Uruguay, Entre Rios. 2) arroyo, Uruguay, Entre Rios Desagua en la márgen derecha del Gualeguaychú, en direccion de NNO. á SSE. Es en toda su extension límite entre los distritos Gená y Genacito. En su curso inferior forma parte del límite que separa los departamentos Uruguay y Gualeguaychú.

Genacito, 1) distrito del departamento Uruguay, Entre Rios. 2) arroyo, Entre Rios. Desagua en la márgen derecha del Gená, en direccion de O. á E., y es en

---

[1] *Hombre del campo dieStro en todo lo concerniente al manejo de caballoS y ganadoS en general.

[1] Ave palmípeda (LaruS vociferuS).

toda su extension límite entre los departamentos Uruguay (Genacito) y Gualeguaychú (Pehuajó al Norte).

ienara, colonia, Be l Ville. Union, Córdoba. Fué fundada en 1889 en una exténsion de 5000 hectáreas, á 10 kms. de distancia de la estacion Leones, del ferrocarril central argentino.

ieneiro, 1) finca rural, Empedra lo, Corrientes. 2) *Cué,* estancia, San Miguel, Corrientes.

ieneral [1] 1) *Acha,* villa de unos 1500 habitantes, Pampa. Es la cabecera de la gobernacion. C, T, E. 2) *Alvear,* colonia, Palmar, Diamante, Entre Rios. Fué fundada en 1878 en una extension de 21600 hectáreas, á orillas del Paraná, entre los arroyos del Salto y de la Ensenada. Encierra seis aldeas denominadas Vizcacheras ó Marienthal, Concepcion ó Spatzenfutter, San José ó Brasilera, San Francisco ó la Araña, Agricultura ó Protestantes y Santa Cruz ó Koehler. 3) *Arenales,* partido de la provincia de Buenos Aires. La ley del 6 de Setiembre de 1889, que crea este partido, dice en su artículo 1º: « Se crea un partido que se llamará General Arenales. Sus limites serán los siguientes: Al NE. una linea que, partiendo del campo de don Saturnino Unzué, situado en el partido de Rojas, terminará en la línea que separa las provincias de Buenos Aires y Santa Fe; esta linea deberá pasar á igual distancia de la aldea de Colon y de la que está formándose en el centro agrícola « El Chañar; » al N. y al O. la linea de demarcacion de la provincia de Santa Fe; al S. y SE. la linea de demarcacion de los campos de don Patricio y Jacinto Rocha, Augusto Carrié, juan Angel Molina y Enrique Caprile, línea que las

separa de las propiedades de don Norberto Quirno, Gregorio Pombo, Agustin Carrié, de la laguna Mar Chiquita y de las propiedades de Ramon Idoyaga, Francisco A. Molina y Ana H. de Linch; al S. y SO. la linea de demarcacion de los campos de don Enrique Caprile, Bernardo Suarez, José Suarez é Ignacio Leguizamon, linea que las separa de las propiedades de don Juan A. Green, A. P. de Villarino, Andrés Martinez y Alberto Ostende del partido Lincoln; y finalmente la linea que forma el limite de la provincia de Santa Fe. La cabecera de este nuevo partido será el pueblo que se forme en el centro agricola « El Chañar.» No confundir este nuevo partido con el partido gemelo de Ayacucho. 4) *Belgrano,* finca rural, Junin, Mendoza. 5) *Brown,* estacion del ferro-carril de la Ensenada, en el municipio de la capital federal. Dista de la estacion central 3½ kms. 6) *Cabrera,* lugar poblado, Juarez Celman, Córdoba. Dista de Villa Maria 75 kms. $x = 300$ m. FCA, C, T. 7) *Conesa,* colonia en la márgen izquierda del rio Negro, Rio Negro. C, T, E. 8) *Guido,* pueblo en formacion, Vecino, Buenos Aires. Se ha trazado en las inmediaciones de la estacion Velazquez, del ferro-carril del Sud, con la intencion de hacerle cabecera del partido. 9) *Hornos,* pueblo, Ctl 2, Las Heras, Buenos Aires. FCO, línea al Saladillo. C, T, E. 10) *Hornos,* establecimiento rural, Ctl 2, Las Heras, Buenos Aires. 11) *Lavalle,* establecimiento rural, Ctl 1, Ajó, Buenos Aires. 12) *Lopez,* departamento de la provincia de Santa Fe. Confina al Norte con los departamentos San Lorenzo y Rosario, al Este con el rio Paraná, al Sud con la provincia de Buenos Aires por el arroyo del Medio, y al Oeste con la provincia de Córdoba. Su extension es de 14160 kms.² y su poblacion de 14128 habitantes. (Censo

[1] Los objetos denominados general tal ó cual y que
) se hallasen enumerados bajo este vocablo genéco, deben buscarse en los apellidos respectivos.

del 7 de Junio de 1887.) Está dividido
en los 12 distritos: Villa Constitucion,
Arroyo del Medio Abajo, Pavon Centro,
Arroyo del Medio Centro, Arroyo del
Medio Arriba, Pavon Arriba, India Muer-
ta, Melincué, Encadenadas y Barriles,
Venado Tuerto, Teodolina y La Picaza.
En el departamento existen los centros
de poblacion siguientes: Melincué ó San
Urbano, Villa Constitucion (antes Puerto
Piedras), Venado Tuerto y la colonia
Teodolina. La aldea de Melincué es la
cabecera del departamento. 13) *Mitre*,
estacion del ferro-carril de la Ensenada,
Barracas, Buenos Aires. Dista de Buenos
Aires 10 kms. C, T. 14) *Mitre*, pedanía del departamento Totoral, Córdoba. Tiene 2326 habitantes. (Censo del
1° de Mayo de 1890.) 15) *Paunero*,
establecimiento rural, Ctl 9, Guaminí,
Buenos Aires. 16) *Paz*, establecimiento
rural, Ctl 5, Rojas, Buenos Aires. 17)
Paz, lugar poblado, Constitucion, Anejos Norte, Córdoba. Dista de Córdoba
33 kms. $\varphi = 31°8'$; $\lambda = 64°8'$; $\alpha = 528$ m
FCCN, C, T, E. 18) *Paz*, villa, Capital,
Córdoba. No es más que un suburbio de
la capital de la provincia con la cual está
ligada por un puente que cruza el Rio
Primero. 19) *Paz*, colonia, Espinillos,
Márcos juarez, Córdoba. Fué fundada
en 1887 en una extension de 6765 hectáreas, á 5 kms. al Sud de la estacion
Márcos juarez. 20) *Paz*, pueblo en formacion en la colonia Cerrito, Tala, Capital, Entre Rios. 21) *Racedo*, lugar
poblado, Espinillo, Capital, Entre Rios.
Dista del Paraná 33 kms. FCCE, C, T.
22) *Ramirez*, lugar poblado, Algarrobitos, Nogoyá, Entre Rios. Dista del
Paraná 68 kms. FCCE, C, T. 23) *Roca*,
estancia, Ctl 7, Guaminí, Buenos Aires.
24) *Roca*, sierra, Chubut. En la parte
NE. de la gobernacion. 25) *Roca*, departamento de la provincia de Córdoba.
Confina al Norte con los departamentos

Luis. Artículo 2° Las autoridades departamentales residirán respectivamente en Rio Cuarto, Carlota y Sarmiento. 26) *Roca*, aldea, Espinillos, Márcos Juarez, Córdoba. Tiene 446 habitantes. (Censo del 1° de Mayo de 1890.) Dista del Rosario 122 kms. $\varphi = 32°\ 43'$; $\lambda = 61°\ 56'$; $\alpha = 87$ m. FCCA, C, T, E. 27) *Roca*, finca rural, Paso de los Libres, Corrientes. 28) *Roca*, departamento de la provincia de La Rioja. Está situado al Oeste del de San Martin y es á la vez limítrofe de las provincias de San Luis y San Juan. Tiene 4031 kms.² de extension y una poblacion conjetural de 2500 habitantes. Está dividido en los 4 distritos: Chepes, Chelco, San Isidro y Portezuelo. La cabecera es la aldea de Chepes. 29) *Roca*, departamento de la gobernacion del Rio Negro. Es limitado al Norte por el Rio Colorado, al Este por el departamento Avellaneda, al Sud por el rio Negro y el Neuquen, y al Oeste por la gobernacion del Neuquen. (Meridiano 10° de Buenos Aires.) 30) *Roca*, mineral de plata, Poma, Salta. 31) *Roca*, distrito del departamento San Lorenzo, Santa Fe. Tiene 1457 habitantes. (Censo del 7 de Junio de 1887) 32) *Roca*, colonia, General Roca, San Lorenzo, Santa Fe. Tiene 766 habitantes. (Censo.) C, E. 33) *Sarmiento*, antes San Miguel, villa, Sarmiento, Buenos Aires. Es la cabecera del partido. Tiene 1706 habitantes. (Censo del 31 de Enero de 1890.) FCP, C, T, E. 34) *Sarmiento*, finca rural, Paso de los Libres, Corrientes.

Jenerala 1) la, establecimiento rural, Ctl 9, Veinte y Cinco de Mayo, Buenos Aires. 2) laguna, Ctl 3, Veinte y Cinco de Mayo, Buenos Aires.

Jeorgina, mina de oro en el distrito mineral «El Oro,» sierra de Famatina, Rioja.

Jermania, 1) la, establecimiento rural, Ctl 10, Las Flores, Buenos Aires. 2) establecimiento rural, Ctl 17, Lincoln, Buenos Aires.

Gessler, 1) distrito del departamento San Jerónimo, Santa Fe. Tiene 2350 habitantes. (Censo del 7 de Junio de 1887.) 2) aldea, Gessler, San Jerónimo, Santa Fe. Tiene 341 habitantes. Dista de Santa Fe 75 kms. Es punto de arranque de un ramal á Coronda. FCSF, C, T, E. 3) colonia, Gessler, San Jerónimo, Santa Fe. Tiene 587 habitantes. (Censo.)

Getemani, yacimiento de Kaolin, Caldera, Salta.

Gibraltar, finca rural, Cachi, Salta.

Gigante el, 1) lugar poblado, San Antonio, Punilla, Córdoba. 2) cumbre de la «Pampa de Achala.» Está situado en el límite que separa los departamentos Punilla y Pocho, Córdoba. Es despues del Champaqui, la cumbre más elevada de la provincia. $\varphi = 31°\ 24'$; $\lambda = 64°\ 50'$; $\alpha = 2350$ m. (Brackebusch.) 3) partido del departamento Belgrano, San Luis. 4) lugar poblado, Gigante, Belgrano, San Luis. C, E.

Gigantes, sierra de los, Gigante, Belgrano, San Luis. Es una rama occidental del Alto Pencoso. Culmina en el cerro Nevado (1060 m.)

Gigantillo, 1) estancia, La Paz, Mendoza. 2) montaña de la sierra de San Luis, Totoral, Pringles, San Luis.

Gil, 1) arroyo, Mont. Caseros, Corrientes. Es un tributario del Mocoretá en la márgen izquierda. 2) finca rural, Lujan, Mendoza.

Giles, 1) (San Andrés de,) partido de la Provincia de Buenos Aires. Fué fundado en 1832. Está situado al ONO. de Buenos Aires y enclavado entre los partidos San Antonio de Areco, Exaltacion de la Cruz, Lujan, Mercedes, Suipacha y Cármen de Areco. Tiene 1201 kms.² de extension y una poblacion de 6741 habitantes. (Censo del 31 de Enero de 1890.) El partido es regado por los arroyos Giles, Suero, Sosa, El Sauce, Cañada de la Cruz, Frias, Vazquez, cañada Lavallén, cañada de Romero, Chañarcito, Noriega, Carnero y Moyano. 2) (San Andrés de,) villa, Giles, Buenos Aires. Es la cabecera del partido. Fundada en 1826, cuenta hoy con 2000 habitantes. Sucursal del Banco de la Provincia. $\varphi = 34° 26' 40''$; $\lambda = 59° 26' 19''$. C, T, E. 3) arroyo, Ctl 1, 5, 6, Giles, Buenos Aires. Pasa por el pueblo de Giles y desagua en la márgen derecha del Areco. En la márgen izquierda recibe las aguas del arroyo del Suero. 4) arroyo, Ctl 9, Quilmes, Buenos Aires.

Girado, arroyo, Chascomús, Buenos Aires. Comunica entre sí las lagunas denominadas de Chascomús y del Burro.

Girafa, establecimiento rural, Ctl 3, Tres Arroyos, Buenos Aires.

Glew, aldea, Brown, Buenos Aires. Dista de Buenos Aires 29 kms. $\alpha = 26$ m. FCS, C, T, E.

Gloria, 1) la, establecimiento rural, Ctl 10, Juarez, Buenos Aires. 2) estancia, Ctl 3, Necochea, Buenos Aires. 3) establecimiento rural, Ctl 2, Puan, Buenos Aires. 4) mina de plata en el distrito del Cerro Negro, sierra de Famatina, Rioja. 5) finca rural, Rosario de Lerma, Salta. 6) mina de oro, cobre y plata en Villanueva de San Francisco, Ayacucho, San Luis.

Glorieta la, establecimiento rural, Ctl 9, Pringles, San Luis.

Gobernador, 1) *Crespo*, lugar poblado, Espinillo, Capital, Entre Rios. Dista del Paraná 47 kms. FCCE. C, T. 2) *Sola,* lugar poblado, Pueblo 1°, Rosario Tala, Entre Rios. Dista del Paraná 168 kms. FCCE, C, T.

Godo el, arroyo, Ctl 7, Balcarce, Buenos Aires.

Godoy, 1 arroyo, Ctl 8, Brandzen, Buenos Aires. 2) lugar poblado, Quilmes, Buenos Aires. Dista de la capital federal

31 kms. FCE, C, T. 3) laguna, San Cosme, Corrientes. 4) vertiente, Alcazar, Independencia, Rioja.

Gœdeke, colonia, San José de la Esquina, San Lorenzo, Santa Fe.

Goitia-Cué, quinta, Lavalle, Corrientes

Golfo Nuevo, golfo, Chubut. Su entrada está entre cabo Nuevo y punta Ninfa. Es casi redondo; su diámetro N. á S. se halla entre los $42° 30'$ y $42° 54'$ de latitud, y el de E. á O. entre los $64° 12'$ y los $64° 59'$ de longitud. Está separado de la bahía de San José por un istmo que liga la península de Valdés con el continente.

Golondrina, 1) la, establecimiento rural, Ctl 6, Juarez, Buenos Aires. 2) laguna, Ctl 6, Juarez, Buenos Aires. 3) establecimiento rural, Ctl 2, Lobería, Buenos Aires. E. 4) estancia, Ctl 10, Trenque-Lauquen, Buenos Aires. 5) estancia, Viedma, Rio Negro. 6) lugar poblado, Quebrachos, Sumampa, Santiago. C.

Golpeadero, establecimiento rural, Ctl 13, Lincoln, Buenos Aires.

Gomez, 1) cañada, Cármen de Areco, Buenos Aires. Desemboca en la márgen derecha del Areco, poco despues de habérsele reunido las aguas de la cañada de Romero. 2) laguna, Ctl 8, Junin, Buenos Aires. Es atravesada por el rio Salado. 3) lugar poblado, La Plata, Buenos Aires. Dista de la capital provincial 36 kms. $\alpha = 19$ m. FCO, ramal de La Plata á Ferrari. C, T. 4) arroyo, Ctl 5, Mercedes, Buenos Aires. 5) cañada, Ctl 1, 4, Pergamino, Buenos Aires. 6) cañada, Ctl 1, Rodriguez, y Ctl 1, Pilar, Buenos Aires. 7) arroyo, Ctl 8, Salto, y Ctl 11, 15, Arrecifes, Buenos Aires. Es un tributario del Arrecifes en la márgen derecha 8) laguna, Ctl 4, Veinte y Cinco de Mayo, Buenos Aires. 9) vertiente, La Puerta, Ambato, Catamarca. 10) los, aldea, Quebracho, Rio Primero, Córdoba. Tiene 116 habitantes. (Censo del 1° de Mayo de 1890.) 11) arroyo, Sauce, Corrientes. Es un tributario del Guayquiraró en la márgen derecha. 12) lugar poblado, Ayacucho, San Luis. E. 13) lugar poblado, Leales, Tucuman. En la orilla izquierda del rio Salí, frente á la desembocadura del arroyo Seco. E. 14) *Chicos* estancia, Leales, Tucuman. En la orilla izquierda del rio Sali. 15) *Cué*, finca rural, Empedrado, Corrientes. 16) *Cué*, finca rural, Mercedes, Corrientes. 17) *Cué*, finca rural, San Cosme, Corrientes. 18) *Cué*, finca rural, San Luis del Palmar, Corrientes.

Góngora, 1) laguna, Ctl 4, Mar Chiquita, Buenos Aires. 2) finca rural, Chicoana, Salta. 3) paraje poblado, Rosario de Lerma, Salta.

Gonzalez, 1) arroyo, Ctl 4, Exaltación de la Cruz, Buenos Aires. 2) laguna, Ctl 7, Pueyrredon, Buenos Aires. 3) arroyo, Empedrado, Corrientes. Es un pequeño tributario del Paraná; desagua á inmediaciones y al Sud del pueblo Empedrado. 4) arroyo, Anta, Salta. Es uno de los elementos de formacion del arroyo Castellanos. 5) *Chaves*, lugar poblado, Tres Arroyos, Buenos Aires. Dista de la capital federal, 527 kms. $\alpha = 192$ m. FCS, línea de Altamirano á Tres Arroyos, C, T. 6) *Cué*, estancia, Concepcion, Corrientes

Gonzalo, 1) cuesta en la sierra de los Calchaquíes, Trancas, Tucuman. 2) arroyo, Trancas, Tucuman. Es uno de los elementos de formacion del arroyo de Riartes.

Goñi, estancia, Ctl 1, Suarez, Buenos Aires.

Gorda, punta en el rio Uruguay, donde éste se estrecha considerablemente. $\varphi = 38°$ 52' 25"; $\lambda = 58° 36'$. (Mouchez).

Gordo, cerro, Rosario de Lerma, Salta.

Gorgonia la, establecimiento rural, Ctl 7, Cañuelas, Buenos Aires.

Gorgonta, 1) estancia, Capital, San Luis. 2) terreno anegadizo formado por el rio

Desaguadero, Capital, San Luis. En él, así como en los de igual naturaleza llamados Campo de Esquina y Pantanito, tienen su orígen los rios Bebedero y Salado. $\alpha = 424$ m.

Gorostiaga, lugar poblado, Chivilcoy, Buenos Aires. Dista de la capital federal 142 kms. $\alpha = 49$ m. FCO, C, T.

Gorra Blanca, estancia, Ctl 8, Bahia Blanca, Buenos Aires.

Gowland, lugar poblado, Mercedes, Buenos Aires, FCO, C, T.

Goya, 1) departamento de la provincia de Corrientes. Está situado en la márgen izquierda del Paraná. Confina al Norte con el departamento Lavalle, al Este con el departamento Curuzú-Cuatiá por medio del rio Corrientes y al Sud con el departamento Esquina por el mismo rio Corrientes. Tiene 5700 kms.² de extension y una poblacion conjetural de unos 15000 habitantes Este es el departamento más importante de la provincia; es muy rico en haciendas y excelentes campos de pastoreo. Los quesos de Goya gozan de una bien conquistada fama entre los consumidores argentinos. El departamento está regado por los rios Santa Lucía, Corrientes, Mini, Batel, Batelito y los arroyos Tala, Colorado, Carrizal, Sauce y varios otros. Las lagunas son numerosas. 2) villa, Goya, Corrientes Es la cabecera del departamento. Está situada en la orilla izquierda del Paraná, á corta distancia, al Sud, de la desembocadura del rio Santa Lucía. Dista 1070 kms. de Buenos Aires, al Norte Cuenta con unos 4000 habitantes. Los vapores de la línea del Paraguay tocan tres veces por semana en su puerto. Aduana. Sucursal del Banco Nacional. Un ramal de ferro-carril unirá á Goya con San Roque, futura estacion del ferro-carril de Monte Caseros á Corrientes. $\varphi = 29° 9' 6"$; $\lambda = 59° 15' 22"$; $\alpha = 64$ m. C, T, E. La altura media del Paraná sobre el nivel del mar, es en Goya, según Page, 48,3 m.

Goyeneche, establecimiento rural, Departamento 3°, Pampa.

Gracian, sierra, Alto y Ambato, Catamarca. Es una rama de la sierra de Aconquija. Se extiende de Norte á Sud y forma con la sierra del Alto el valle de Pachin.

Grama, lugar poblado, Rio Chico, Tucuman. Junto á la confluencia de los arroyos Chico y Graneros.

Gramajos, 1) estancia, Graneros, Tucuman. En la márgen izquierda del arroyo Graneros. 2) estancia, Leales, Tucuman. En la orilla izquierda del rio Salí.

Gramilla, 1) distrito de la seccion Jimenez 1°, del departamento Jimenez, Santiago del Estero. 2) lugar poblado, Gramilla, Jimenez, Santiago 3) distrito de la seccion Veinte y Ocho de Marzo del departamento Matará, Santiago del Estero. 4) lugar poblado, Gramilla, Veinte y Ocho de Marzo, Matará, Santiago. E. 5) estancia, Burruyaco, Tucuman. En la frontera santiagueña. 6) estancia, Graneros, Tucuman. En la orilla derecha del arroyo Marapa.

Gramillas, 1) aldea, Suburbios, Rio Primero, Córdoba. Tiene 437 habitantes. (Censo del 1° de Mayo de 1890). 2) aldea, Estancias, Rio Seco, Córdoba. Tiene 106 habitantes. (Censo).

Grampa, 1) la, establecimiento rural, Ctl 3, Puan, Buenos Aires. 2) laguna, Ctl 3, Puan, Buenos Aires.

Grana, manantial, Larca, Chacabuco, San Luis.

Granadas, cumbre nevada de las, en la sierra de Cabalonga, Rinconada, Jujuy. $\alpha = 6000$ m.

Granadilla, lugar poblado, Potrero de Garay, Anejos Sud, Córdoba.

Gran China, finca rural, Jachal, San Juan.

Grande, 1) laguna, Ctl 4, Azul, Buenos Aires. 2) laguna, Ctl 11, Bahia Blanca,

Buenos Aires. 3) laguna, Ctl 2, Balcarce, Buenos Aires. 4) arroyo, Ctl 5, 6, 7, Balcarce y Mar Chiquita, Buenos Aires. Tiene su orígen en las ramificaciones orientales de la sierra del Tandil, corre de O. á E. y desagua en la laguna Marin (Mar Chiquita). Sus tributarios, todos en la márgen derecha, son los arroyos: San Francisco, Bachicha, Guarangueyú y Pantanoso. 5) laguna, Ctl 9, Cañuelas, Buenos Aires. 6) laguna, Ctl 16, Lincoln, Buenos Aires. 7) arroyo, Ctl 7, Lobería, Buenos Aires. 8) establecimiento rural, Ctl 8, Mercedes, Buenos Aires. 9) laguna, Ctl 1, Patagones, Buenos Aires. 10) laguna, Ctl 3, Pueyrredon, Buenos Aires. 11) laguna, Ctl 7, Ranchos, Buenos Aires. 12) arroyo, Ctl 10, Saladillo, Buenos Aires. 13) cañada, Rivadavia, Buenos Aires. Nace en los bañados de Espíritu Santo y desagua en el rio de La Plata. 14) cañada, San Pedro, Buenos Aires. Es el principio del arroyo del Tala. 15) laguna, Ctl 2, Suipacha, Buenos Aires. 16) laguna, Ctl 1, Tandil, Buenos Aires. 17) arroyo, Ctl 1 Tandil, Buenos Aires. 18) laguna, Ctl 11, Veinte y Cinco de Mayo, Buenos Aires. 19) establecimiento rural, Ctl 4, Zárate, Buenos Aires. 20) arroyo, Calamuchita, Córdoba. Es uno de los elementos de formacion del rio Tercero. Su tributario de alguna importancia es el Durazno. 21) arroyo, Curuzú-Cuatiá, Corrientes. Es un afluente del Mocoretá en la márgen izquierda. 22) arroyo, Chañar, Feliciano, Entre Rios. Desagua en la márgen izquierda del Guayquiraró en direccion de SE. á NO. 23) arroyo, Concordia y Uruguay, Entre Rios. Véase Pedernal. 24) rio, Beltran, Mendoza. Tiene su orígen en las inmediaciones del Paso del Planchon, en la confluencia de muchos arroyuelos, como son el Infiernillo, Yeso, Zorra, Cobre, Potrerillos, Santa Elena, Varas, Valenzuela y Carqueque. Corre con direccion general de NO. á SE. recibiendo en ambas márgenes numerosos afluentes, y forma en su confluencia con el rio Barrancas ($\varphi = 30° 50'$; $\lambda = 69° 50'$) el rio Colorado. Sus principales tributarios, en la márgen derecha y en direccion de Norte á Sud, son los arroyos Montaña, Yeso, Seguro, Angeles, Trolon, San Francisco, Rio Chico, Guanaco, Tala, Mahuida, Polimalal, Luluhen, Charco, Chol, del Manzano, Mechiguil y Calmucos. y en la márgen izquierda: Torre, Currulauquen, Yeso, Tótora, Cheuqueco, Agua Botada, Carrizal y Portezuelo. Además desagua en él la laguna Coipo-Lauquen. 25) arroyo, Tunuyan, Mendoza. Es un pequeño tributario del Tunuyan en la márgen izquierda. Nace en el cerro de los Potreritos (Nueve de Julio) y forma en la mayor parte de su curso el límite natural entre los departamentos Tunuyan y Nueve de Julio. 26) arroyo, Neuquen. Desemboca en el lago Nahuel-Huapí (O' Connor), al cual conduce las aguas del lago Carre-Lauquen. 27) laguna, Rio Negro. Situada en el camino de Viedma á Puerto San Antonio. 28) arroyo, San Luis. Bajo el nombre de Rio Grande, es uno de los orígenes del rio Quinto. Riega el distrito San Martin, del departamento del mismo nombre, y el del Totoral, del departamento Pringles. 29) arroyo, Tafí, Trancas, Tucuman. Es un tributario del Infiernillo. 30) *de Jujuy*, rio, Yaví, Humahuaca, Tilcara, Tumbaya, Capital, Perico de San Antonio y San Pedro, Jujuy. Nace en las alturas que forman las abras de la Cortadera y de Tres Cruces, recorre con rumbo Sud toda la extension quebrada de Humahuaca, pasa por la ciudad de Jujuy con rumbo á SE., forma en el Cuarteadero una gran curva y sigue en direccion NE. hasta Piquete, donde reune sus aguas con las del rio Lavayén para formar el rio San Francisco. En este largo trayecto recibe sucesivamente los siguientes afluentes: en la márgen derecha los arroyos Tejada, Yacoraite, Purmamarca, Coiruro, Leon, Lozano, Yala, San Pablo, Reyes, jujuy, de los Alisos y de Perico; y en la márgen izquierda los arroyos Chaupirodeo, Cianzo, Alonso, Tilcara, Huajra y Zapla.

Graneros, 1) departamento de la provincia de Tucuman. Ocupa la extremidad Sud de la provincia. Confina al Norte con el departamento Rio Chico; al Este con la provincia de Santiago, y al Sud y Oeste con la provincia de Catamarca. Su extension es de 2133 kms.^{2} y su poblacion conjetural de unos 17000 habitantes. El departamento es regado por los arroyos Graneros, Marapa, del Potrerillo, Sauceyaco y del Nogal. Hay centros de poblacion en La Cocha, Graneros, 1 a Madrid, Arboles Grandes, San josé, San Ignacio, Suncho, Paez, Invernada y Quisca. La villa Cocha es la cabecera del departamento. 2) aldea, Graneros, Tucuman. Está situada en la márgen izquierda del arroyo del mismo nombre Dista 110 kms. de Tucuman y 20 de La Madrid, Tiene unos 1000 habitantes escasos. Capilla. $\alpha = 410$ m. FCNOA, C, T, E. 3) arroyo, Rio Chico y Graneros, Tucuman. Tiene su origen en los arroyos Chavarría y Singuil, el primero de los cuales desciende del cerro Casas Viejas y el segundo de la sierra del Alto (Catamarca) En su curso superior y hasta el pueblo Graneros se llama rio Marapa. Sus afluentes son insignificantes y no tienen nombre. Su curso general es de Oeste á Este. Un poco al Sud de la estacion de La Madrid, le cruza el ferro - carril central norte. Desde la confluencia de los arroyos Chavarría y Singuil hasta un poco más allá del ingenio Invernada, forma el límite entre los departamentos Rio Chico y Graneros. Un poco más abajo del Corral de Vela se reune con el rio Chico en un solo cauce, para desaguar en el Salí, despues de haber recorrido un corto trayecto.

Granja, 1) la, establecimiento rural, Ctl 3, Brandzen, Buenos Aires. 2) establecimiento rural, Ctl 3, 4, 6, Chascomús, Buenos Aires. 3) establecimiento rural, Ctl 4, Pueyrredon, Buenos Aires. 4) establecimiento rural, Ctl 6, San Nicolás, Buenos Aires. 5) la, lugar poblado, San Vicente, Anejos Norte, Córdoba 6) la, finca rural, Lavalle, Corrientes. 7) la, finca rural, Maipú, Mendoza. 8) aldea, Capital, Tucuman. Sobre la via del ferro-carril central norte frente á Tafí Viejo. 9) *de Basualdo,* establecimiento rural, Ctl 1, 4, Pergamino, Buenos Aires. 10) *Cuenca,* finca rural, Mercedes, Corrientes. 11. *Pereira,* establecimiento rural, Ctl 1, Ranchos, Buenos Aires. 12) *de La Plata,* establecimiento rural, Ctl 1, Rodriguez, Buenos Aires.

Grasería, 1) la, establecimiento rural, Ctl 4, Brandzen, Buenos Aires. 2) la, finca rural, Esquina, Corrientes. 3) *Vieja,* chacra, Ctl 1, Rodriguez, Buenos Aires.

Gredas las, finca rural, Famatina, Rioja.

Grevy, mina de galena argentífera en el distrito mineral de San Antonio de los Cobres, Poma, Salta.

Griegos los, establecimiento rural, Ctl 8, Tandil, Buenos Aires.

Gringo [1] el, finca rural, Esquina, Corrientes.

Gringos los, mina de galena argentífera en el distrito mineral de Uspallata, Mendoza.

Grütli, colonia, Felicia, Colonias, Santa Fe. Tiene 732 habitantes. (Censo del 7 de Junio de 1887.) Dista de Santa Fe 66 kms. FCSF, C. T.

Guabizalí, laguna, Paso de los Libres, Corrientes.

Guacamayo, [1] 1) poblacion agrícola, Jachal, San Juan. 2) arroyo, Jachal, San Juan. Riega los campos del distrito agrícola del mismo nombre.

Guacha [2] la, laguna, Ctl 10, Veinte y Cinco de Mayo, Buenos Aires.

Guachaque, estancia, Rosario de la Frontera, Salta.

Guachas las, arroyo, Rosario Tala, Entre Rios. Desagua en la márgen derecha del Gualeguay. Es en toda su extension límite entre los distritos Pueblo 2° y Sauce al Norte.

Guachaschi, distrito del departamento Andalgalá, Catamarca.

Guachi, [3] 1) distrito minero del departamento jachal, San juan. Encierra oro. 2) poblacion agrícola, Jachal, San Juan. 3) sierra, jachal, San juan. Nombre que lleva una parte de la sierra del Tontal.

Guachin, paraje poblado, Tilcara, Jujuy.

Guachipas, 1) departamento de la provincia de Salta. Confina al Norte con el de la Viña, por la quebrada de Escoipe y el arroyo Guachipas; al Este con el de Metán y el de Rosario de la Frontera por la cadena del Creston desde el Pasaje hasta el Tala y por el camino de las Cuestas; al Sud con la provincia de Tucuman por las fuentes del arroyo del Tala, y al Oeste con el departamento de Cafayate, por las cadenas de Caraguasi y de Vichime. Tiene una extension de 1488 kms.² y una poblacion conjetural de 4600 habitantes. Está dividido en los 6 distritos : Guachipas, Vichime, Caraguasi, Alemania, Sauces y Acosta El departamento es regado por los arroyos Guachipas, Grande, Cuevitas, Chimango, Talas, Corrales, Pantanito

1 Vocablo inhospitalario que menudea en la boca de la plebe nativa para motejar con él á los extranjeros Sintetiza una porcion de conceptos injuriosos cuando va acompañado, como generalmente sucede, de un agregado cloacal.

1 Huaca = Vaca; Mayu = rio (Quichua.) — 2 Hucha = Huérfano (Quichua.) 3 Huachi = Flecha (Quichua.)

Santa Clara, Alemania, San José, La Bodega, Vaquería, Angostura, La Bolsa, Sauce, Honduras, Rodeo, Cinco Duraznos, Morcillas, Agua Dulce, Romero, Lomas de Burro, Chalchales, Agua Chuya, Tabacal, Guaschas, Arbolitos, Mesadas, Acosta, San Juan. Carniceria, Alumbre, Guacohondo y otros de menor importancia. Escuelas funcionan en Guachipas, Alemania y Acosta. 2) distrito del departamento del mismo nombre, Salta. 3) aldea, Guachipas, Salta. Está situada á orillas del arroyo del mismo nombre y á 137 kms. de Salta. Es la cabecera del departamento y tiene 500 habitantes. C, T, E. 4) arroyo, Véase rio Juramento.

Guachos los, lugar poblado, Punta del Agua, Tercero Arriba, Córdoba.

Guaco, 1) distrito del departamento Jachal, San Juan, 2) poblacion agrícola, jachal, San Juan. 3) distrito minero del departamento Jachal, San juan. Encierra carbon y plata. 4) lugar de aguas termales de fuente sulfurosa, jachal, San Juan. Está situado en la quebrada del mismo nombre. La temperatura de las aguas es de 24° Celsius.

Guadal [1], lugar poblado, Renca, Chacabuco, San Luis.

Guadalupe, 1) estable imiento rural, Ctl 3, Matanzas, Buenos Aires. 2) lugar poblado, Estancias, Rio Seco, Córdoba. 3) arroyo, Rio Seco, Córdoba. Nace en la sierra de San Francisco y termina su corto recorrido de O. á E. por inmersion en el suelo. 4) finca rural, Lavalle, Corrientes. 5) paraje poblado, Oran, Salta. 6) mineral de plata, Poma, Salta. 7) lugar poblado, Ascochingas, Capital, Santa Fe. E. 8) laguna, Ascochingas, Capital, Santa Fe. Al Norte de la ciudad de Santa Fe, entre los arroyos Aguiar y

Saladillo Amargo, que forman sus orillas. Las aguas de esta laguna llegan hasta las inmediaciones mismas de la ciudad de Santa Fe.

Guaicama, 1) distrito del departamento Valle Viejo, Catamarca. 2) lugar poblado, Guaicama, Valle Viejo, Catamarca. E.

Guaican, riacho, Ctl 5, Las Conchas, Buenos Aires.

Guaiñuisil, poblacion agricola, Iglesia, San juan.

Guairaguasi, lugar poblado, Rinconada, Jujuy.

Guaja, 1) distrito del departamento Rivadavia, Rioja. 2) lugar poblado, Guaja, Rivadavia, Rioja. E.

Guajarote, arroyo, Ctl 3, Magdalena, Buenos Aires.

Guajó, laguna, Goya, Corrientes.

Gualaquia, lugar poblado, Tilcara, jujuy.

Gualberta, estancia, Ctl 4, Azul, Buenos Aires.

Gualeguay, 1) departamento de la provincia de Entre Rios. Confina al Norte con los departamentos Nogoyá y Rosario del Tala; al Este y al Sud con el de Gualeguaychú, y al Oeste con el de Victoria. Tiene 6200 kms.² de extension y una poblacion conjetural de 22000 habitantes. Está dividido en los 8 distritos: Sauce, Clé, Jacinta, Costa Nogoyá, Vizcachas, Médanos, Albardon y Cuchilla. Escuelas funcionan en Gualeguay, Albardon, Médanos, Clé, Jacinta, Sauce, Costa Nogoyá, Vizcachas y Cuchilla El departamento cuenta con 7 colonias agrícolas en formacion, á saber: San Martin, Retiro, San Antonio, Paraiso, Nueva Roma, San Cárlos y Capraia. Las principales arterias fluviales del departamento son: el rio Gualeguay y los arroyos Clé, Jacinta y Vizcachas. 2) ciudad, Cuchilla, Gualeguay, Entre Rios. Es la cabecera del departamento. Está situada en la márgen derecha del rio del mismo nombre. Fué fundada

1 Dícese de las acumulaciones de arena movediza.

por Rocamora en 1783 y cuenta actualmente con unos 11000 habitantes. Está ligada á Puerto Ruiz por un ferro-carril de 11 kms. de largo (Primer Entreriano.) Aduana, Sucursal del Banco Nacional, Hoteles, Clubs, Teatro, Biblioteca, Curtiembres, Molinos, Saladeros, etc. $\varphi = 32° 59'$; $\lambda = 58° 27'$ (Moussy.) C, T, E.) 3) rio, Entre Rios. Nace en el departamento Federacion (Atencio al Este,) atraviesa el departamento Concordia en direccion SO., tuerce hácia el Sud al entrar en el departamento Villaguay, del cual sale con rumbo netamente Sud para formar el límite entre los departamentos Rosario Tala y Gualeguay (al Oeste) y Uruguay y Gualeguaychú (al Este,) dobla luego nuevamente hácia SO. despues de haber pasado por la ciudad de Gualeguay y desagua en el canal de Ibicuy (brazo del Paraná.) Sus principales tributarios, á partir del orígen, son, en la márgen derecha, los arroyos: Guerrero, Federal Grande, Diego Lopez, Ortiz, Sauce Luna, Mojones, Tigre, Raíces, Altamirano, Obispo, de las Guachas, Sauce, Jacinta y Vizcachas, y en la márgen izquierda, los arroyos: Quebracho, Robledo, Moreira, Chañar, Curupí, Lúcas, Villaguay, Moscas, Cala, Masitas, San Antonio, de los Bayos, Piedras y Ceballos.

Gualeguaychú, 1) departamento de la provincia de Entre Rios. Está situado en la extremidad Sud de la provincia. Confina al Norte con el departamento del Uruguay, al Este con el rio Uruguay, al Sud con el rio Ibicuy (brazo del Paraná) y el Paraná-Guazú, y al Oeste con los departamentos Rosario del Tala y Gualeguay. Tiene una extension de 11557 kms.² y una poblacion conjetural de 30500 habitantes. Está dividido en los 10 distritos: San Antonio, Pehuajó al Norte, Talitas, Pehuajó al Sud, Costa del Uruguay, Cuchilla Re-

donda, Dos Hermanas, Perdices, Alarcon y Ceibas. Escuelas funcionan en Gualeguaychú, Alarcon, Dos Hermanas, San Antonio y Perdices. Las colonias agrícolas en formacion, son 8, á saber: Sarandí, Santa María, Santa Valentina, Loreto Vela, Moran, Ejido, Basavilbaso y Spangenberg. Las principales arterias fluviales del departamento son, el rio Gualeguaychú y los arroyos San Antonio, del Gato, Gualeyan, Gualeyancito, Perdices y Nancay. 2) ciudad, Costa del Uruguay, Gualeguaychú, Entre Rios. Es la cabecera del departamento Está situada en la márgen derecha del rio del mismo nombre y á unos 18 kms. de su desembocadura en el Uruguay. Fué fundada en 1783 por Rocamora y cuenta actualmente con unos 14000 habitantes. Aduana, Sucursal del Banco Nacional, Biblioteca, Hoteles, Clubs, Saladeros, etc. Es escala de los vapores que navegan el Uruguay. $\varphi = 33° 8'$; $\lambda = 59° 28'$ (Moussy.) C, T, E. 3) colonia, Costa del Uruguay. Gualeguaychú, Entre Rios. Fué fundada en 1875 en el éjido de la ciudad del mismo nombre, en una extension de 8100 hectáreas. 4) rio, Entre Rios. Tiene su orígen en el departamento Colon (Distrito 3°,) corre con rumbo Sud al salir de él, atraviesa parte del departamento Uruguay, empieza á formar límite entre éste y el de Gualeguaychú al reunírsele las aguas del arroyo Gená, y desemboca á corta distancia de la ciudad de Gualeguaychú en el Uruguay. Sus principales tributarios, á partir del orígen, son, en la márgen derecha, los arroyos: San Miguel, Santa Rosa, Gená, San Antonio, del Gato y Gualeyan; y en la márgen izquierda los arroyos: Pantanoso, Crucesitas, Sauce, Centella é Isleta. Este rio desarrolla un cauce de unos 130 kms.

Gualeguaycito, 1) distrito del departamento Federacion, Entre Rios. 2) lugar poblado, Gualeguaycito, Federacion, Entre Rios. Dista de Concordia 29 kms. FCAE, C, T. 3) arroyo, Entre Rios. Desagua en la márgen derecha del Uruguay, en direccion de NO. á SE. frente al «Salto Grande.» Es en toda su extension límite entre los departamentos Federacion (Gualeguaycito) y Concordia (Suburbios).

Gualeyan, arroyo, Gualeguaychú, Entre Rios. Desagua en la márgen derecha del Gualeguaychú, en direccion de O. á E. á inmediaciones al Norte del pueblo Gualeguaychú. Es en toda su extension límite entre los distritos Pehuajó al Norte y Pehuajó al Sud y Costa del Uruguay.

Gualeyancito, arroyo, Pehuajó al Norte, Gualeguaychú, Entre Rios. Es un tributario del Gualeyan en la márgen izquierda.

Gualicho, [1] 1) establecimiento rural, Ctl 2, Las Flores, Buenos Aires. 2) arroyo, Ctl 2, 3, Las Flores, Ctl 10, Rauch, y Pila, Buenos Aires. Tiene su origen en la laguna Chilca Grande, y borra su cauce en la laguna «Las Vizcacheras.» Este arroyo no es sinó la continuacion del Azul. Desde la laguna Chilca Grande, hasta su entrada en el partido de Pila, es el Gualicho límite entre los partidos Las Flores y Rauch. 3) estancia, Ctl 6, Tres Arroyos, Buenos Aires.

Gualilan, 1) distrito minero del departamento Iglesia, San Juan. Encierra oro y cobre 2) sierra, Iglesia, San Juan. Nombre que lleva una parte de la sierra del Tontal.

Gualtalayo, paraje poblado, Rinconada, Jujuy.

Guamba, finca rural, General Sarmiento, Rioja.

Guaminí, 1) partido de la provincia de Buenos Aires. Fué creado por ley del 14 de Junio de 1886. Se halla al OSO. de Buenos Aires y es limítrofe de la gober. nacion de la Pampa. Confina al Norte con el partido de Trenque-Lauquen, al Este con los partidos Pehuajó y Bolívar, al Sud con los partidos Suarez y Alsina y al Oeste con el meridiano 5° de Buenos Aires. Tiene 12525 kms.[2] de extension y una poblacion de 3130 habitantes. (Censo del 31 de Enero de 1890). El partido es regado por los arroyos Guamini, Mallaleufú, el Venado, el Pescado, Corto, el Recado y Sauce 2) aldea, Guamini, Buenos Aires. Es la cabecera del partido. Cuenta con 898 habitantes. (Censo). $\varphi = 36°\ 1'\ 2''$; $\lambda = 62°\ 25'\ 44''$. C, T, E. 3) arroyo, Ctl 1, 6, Suarez y Guamini, Buenos Aires. Desagua en la laguna del Monte, cerca del pueblo de Guamini.

Guampacha, 1) distrito de la seccion Guasayan, del departamento Guasayan, Santiago del Estero. 2) lugar poblado, Guampacha, Guasayan, Santiago. E.

Guanaco, [1] 1) estancia, Ctl 4, Puan, Buenos Aires. 2) estancia, Ctl 10, Trenque-Lauquen, Buenos Aires. 3) lugar poblado, Candelaria, Rio Seco, Córdoba 4) lugar poblado, Cerrillos, Sobremonte, Córdoba. 5) lugar poblado, San Pedro, Tulumba, Córdoba. 6) arroyo, Beltran, Mendoza. Es un tributario del rio Grande en la márgen derecha. 7) el, establecimiento rural, Departamento 2°, Pampa. 8) *Chico,* estancia, Ctl 10, Trenque-Lauquen, Buenos Aires 9) *Grande*, estancia, Ctl 10, Trenque-Lauquen, Buenos Aires. 10) *Pampa,* lugar poblado, Rincon del Cármen, San Martin, San Luis. 11) *Pampa,* lugar poblado, Guzman, San Martin, San Luis. 12) *Pampa*, arroyo, San Luis. Riega los distritos San Martin y Guzman, del departamento San Martin. 13) *Fam-*

---

[1] Genio del mal (araucano.)

[1] Del quichua Huanacu = rumiante (Auchenia lama).

pa, meseta de la sierra de San Luis, Guzman, San Martin, San Luis. $z = 913$ m.

Guanacos 1) los, laguna, Ctl 13, Juarez, Buenos Aires. 2) distrito del departamento Anta, Salta.

Guanchi, finca rural, Chilecito, Rioja.

Guandacol, 1) departamento. Véase Lavalle. 2) distrito del departamento General Lavalle, Rioja. 3) villa, Lavalle, Rioja. Es la cabecera del departamento. Está situada á orillas del arroyo del mismo nombre. Tiene unos 1500 habitantes. Es un importante centro de agricultura. C, E. 4) arroyo, Lavalle, Rioja. Nace en la cordillera, corre casi continuamente entre la sierra con rumbo de NO á SE., recibe varios pequeños tributarios en la márgen derecha y desagua en el arroyo de Vinchina (rio Bermejo), en la frontera que separa las provincias de la Rioja y de San Juan, despues de haber pasado por el pueblo de Guandacol.

Guapoi, finca rural, Santo Tomé, Corrientes.

Guaraco, arroyo, Neuquen. Es un tributario del rio Barrancas en la márgen derecha.

Guarangueyú, arroyo, Ctl 6, Balcarce, Buenos Aires. Tiene su orígen en la sierra del Volcan y desagua en la márgen derecha del arroyo Grande.

Guardia, 1) de la, cañada, Ctl 2, Cármen de Areco, Buenos Aires. Es tributaria del Areco, en la márgen derecha. 2) la, lugar poblado, Parroquia, Cruz del Eje, Córdoba. 3) la, finca rural, Chicoana, Salta. 4) arroyo, Morro, Pedernera, San Luis. Nace en el Potrero del Morro y termina por inmersion en el suelo, poco despues de haber llegado á la llanura que rodea el Morro. 5) pueblo, Chicligasta, Tucuman. En la orilla derecha del rio Salí. 6) *Nacional*, estancia, Ctl 3, Chacabuco, Buenos Aires.

Guardias, finca rural, San Lorenzo, San Martin, San Luis.

Guaribari, estancia, La Cruz, Corriente

Guarim-Cheuque, arroyo, Neuquen. I un tributario del Agrio en la márge derecha.

Guasa, [1] 1) vertiente, Rosario, Indepei dencia, Rioja. 2) *Ciénega*, paraje p blado, Rosario de Lerma, Salta.

Guasapampa, 1) pedanía del departamen Minas, Córdoba. Tiene 2053 habitante (Censo del 1° de Mayo de 1890). 2) cua tel de la pedanía del mismo nombr Minas, Córdoba 3) lugar poblado, Gu uapampa, Minas, Córdoba. E. 4) arroy Minas y Cruz del Eje, Córdoba. Nace pié del cerro Yerba Buena, se dirige Norte por entre la Serrezuela y la sien de Guasapampa, y borra su cauce al sal de la sierra, por inmersion en el sue poroso de la pampa. 5) sierra, Córdob Se extiende de Norte á Sud en los d partamentos Cruz del Eje y Minas. Do de esta sierra termina y la de Poch comienza, se eleva el cerro Yerba Buen (1645 m.) 6) lugar poblado, Montero Tucuman. Al Sud del arroyo Pueb Viejo

Guasayaco, lugar poblado, Ciénega d Coro, Minas, Córdoba.

Guasayan, 1) departamento de la provi cia de Santiago. Está situado al Sud c de Rio Hondo y es á la vez limitrofe las provincias de Tucuman y Catamar Su extension es de 3515 kms.[2] y su p blacion conjetural de unos 5000 hal tantes. Está dividido en los 5 distrit San Pedro, Lavalle, Agujereado, S Lorenzo y Calera. En Guasayan, S Pedro, Arroyo, Tala, Guampacha, G pon y Agujereado existen centros poblacion. 2) seccion del departamei Guasayan, Santiago. 3) aldea, Guasay Santiago. Es la cabecera del depai mento. Está situada en la sierra del n

---

1 Del quichua Huasa=espalda ó ancas de la be.

mo nombre, á 69 kms. al Oeste de la capital provincial. Cuenta con unos 500 habitantes. C, E. 4) sierra baja que se extiende de S. á N. en el departamento del mismo nombre, Santiago.

ıascha, 1) *Ciénega*, cumbre de la sierra de los Quilmes, Cafayate, Salta. 2) *Corral*, lugar poblado, Rio de los Sauces, Calamuchita, Córdoba.

ıaschas, paraje poblado, Guachipas, Salta.

ıatrache, paraje poblado, Departamento 4°, Pampa. Está á 125 kms. al Oeste de Salinas Grandes. C.

ıaviraby, estero, Paso de los Libres, Corrientes.

ıayacate, lugar poblado, San José, Tulumba, Córdoba.

ıayaguás, 1) distrito minero del departamento Valle Fértil, San Juan. Encierra oro. 2) sierra, San juan. Es la continuacion al Sud de la sierra de la Huerta. Se extiende de S. á N. en el limite de las provincias de San Juan y San Luis, al Este de las lagunas. Su altura varia entre 1000 y 1500 metros. Parece que esta sierra abunda en minerales argentíferos.

ıayaibi, finca rural, Mercedes, Corrientes.

ıayaicuna, lugar poblado, Suburbios, Rio Primero, Córdoba.

ayamba, 1) distrito del departamento del Alto, Catamarca. 2) aldea, Alto, Catamarca. Está situada en las inmediaciones de los yacimientos de hierro titanífero descubiertos por Romay.

ayana, laguna, Cu 8, Saladillo, Buenos Aires.

ayaupa, vertiente, Pedernal, Huanacache, San Juan. .

aycho, vertiente, Rosario, Independencia, Rioja.

ayco,[1] 1) lugar poblado, Higueras, Cruz del Eje, Córdoba. 2) lugar poblado (minas), Ciénega del Coro, Minas, Córdoba. $\varphi = 31° 5'$; $\lambda = 65° 20'$; $y = 652$ ın. (Moussy.) 3) lugar poblado, Ambul, San Alberto, Córdoba. 4) lugar poblado Ballesteros, Union, Córdoba.

Guaycurú,[1] 1) departamento de la gobernacion del Chaco. Sus límites son: al Sud, el arroyo Tragadero, al SE. el riachuelo Antequera, el rio Paraná y el riachuelo Ancho del Atajo, al N. y NE. el arroyo Guaycurú, y al Oeste el meridiano de los 60° O. de Greenwic' . (Decreto del 23 de Febrero de 1885). 2) arroyo, Chaco. Corre al N. y NE. del departamento del mismo nombre y desagua en el rio Paraná. $\varphi = 27° 19' 15''$; $\lambda = 58° 46' 55''$. (Seelstrang).

Guaymallén, 1) departamento de la provincia de Mendoza. Inmediato á la capital de la provincia, del lado Este. Confina al Norte con el departamento Lavalle, al Este con el de San Martin, al Sud con el de Maipú, y al Oeste con los de la Capital y Belgrano. Tiene 651 kms.[2] de extension y una poblacion conjetural de unos 16000 habitantes. Es en su totalidad llano. Produce mayormente uva y alfalfa. El nombre lo tiene el departamento del cacique Guaymallén, que construyó el canal del rio Mendoza que lleva hoy el nombre de Zanjon y que riega los departamentos Lujan, Maipú, Belgrano, Capital y Guaymallén. 2) pueblo, Guaymallén, Mendoza. Es la cabecera del departamento. Está á 1 km. al Este de la ciudad de Mendoza. C, E.

Guaype, 1) distrito de la seccion Matará del departamento Matará, Santiago del Estero. 2) aldea, á orillas del rio Salado, Matará, Santiago. Será estacion del ferrocarril de San Cristóbal á Tucuman. $\varphi = 28° 1' 5''$; $\lambda = 63° 18' 28''$. C, E.

---

1 Del quichua Huaycco = quebrada y tambien caa.

1 Indio del Chaco perteneciente á una tribu extinguida.

Guayqueleofú, arroyo, Ctl 1, 2, 4, Suarez, Buenos Aires.

Guayquiraró, 1) finca rural, Curuzú-Cuatiá, Corrientes. 2) finca rural, Esquina, Corrientes. 3) estancia, Sauce, Corrientes. 4) arroyo, Entre Rios y Corrientes. Nace en el departamento Curuzú-Cuatiá de la provincia de Corrientes. Donde recibe en la márgen izquierda las aguas del arroyo Basualdo, empieza á ser limite entre las provincias de Entre Rios (departamentos Feliciano y La Paz) y Corrientes (departamentos Curuzú-Cuatiá, Sauce y Esquina.) En todo su trayecto de E. á O. recibe en ambas márgenes un gran número de afluentes de escasa importancia. Desagua en el Paraná bajo los 30° 22' de latitud, casi á igual distancia entre los pueblos La Paz y Esquina.

Guayú, finca rural, Itatí, Corrientes.

Guazú, 1) riacho, Ctl 4, San Fernando, Buenos Aires. 2) laguna, Goya, Corrientes. 3) estero, La Cruz, Corrientes. 4) laguna, San Cosme, Corrientes. 5) laguna, San Roque, Corrientes. 6) *Corá,* estancia, Concepcion, Corrientes.

Guazucito, riacho, Ctl 7, San Fernando, Buenos Aires.

Gucheas, aldea, Chicligasta, Tucuman. En la orilla izquierda del arroyo Medina. E.

Güemes, lugar poblado, Monteros, Tucuman. En la orilla izquierda del arroyo Seco, al lado de la via del ferro-carril Central Norte.

Guerra, 1) distrito del departamento Salavina, Santiago del Estero. 2) estancia, Leales, Tucuman. Próxima á la frontera santiagueña.

Guerrero, 1) lugar poblado, Castelli, Buenos Aires. Dista de la capital federal 163 kms. $x = 5,7$ m. FCS, línea de Altamirano á Tres Arroyos. C, T. 2) arroyo, Ctl 3, Merlo, Buenos Aires. 3) lugar poblado, Italó, General Roca, Córdoba, 4) arroyo, Entre Rios. Desagua en la már-

gen derecha del Gualeguay, en direccion de NO. á SE. Es en toda su extension límite entre los departamentos Federacion (Atencio al Este) y Concordia (Federal.) 5) finca rural, Capital, Jujuy.

Guerrico, cerro, Santa Cruz. $\varphi = 50°$ 50' $\lambda = 72°$ 30'; $x = 1375$ m.

Guevaras, lugar poblado, Dolores, Punilla, Córdoba.

Guido, cerro, Santa Cruz. $\varphi = 50°$ 50'; $\lambda = 72°$ 25'; $x = 1280$ m.

Guindos los, lugar poblado, Quebracho, Rio Primero, Córdoba.

Guiñazú, arroyo, Tunuyan, Mendoza. Nace en los campos denominados Totoral y desagua en la márgen izquierda del Tunuyan.

Guipúzcoana la, establecimiento rural, Departamento 2°, Pampa.

Gumará, paraje poblado, Cochinoca, Jujuy.

Guruchaga, estancia, Ctl 1, Castelli, Buenos Aires.

Gurupí, estancia, Curuzú-Cuatiá, Corrientes.

Gusano, arroyo del, San Javier, Santa Fe. Es un tributario del rio de San Javier.

Gustavo, estancia, Esquina, Corrientes.

Gutiérrez, 1) (*Juan M.*) lugar poblado, Quilmes, Buenos Aires. Dista de la capital federal 64 kms. $x = 20$ m. FCO, ramal de La Plata á Temperley. C, T. 2) arroyo, Gualeguaychú, Entre Rios. Desagua en la márgen izquierda del Nancay en direccion de N. á S. y es en toda su extension el límite entre los distritos Dos Hermanas y Perdices. 3) lago, Neuquen. Véase Carri-Lauquen. 4) aldea, Capital, Tucuman. A 9 kms. al NE. de la capital provincial. C. 5) estancia, Trancas, Tucuman. En la márgen derecha del arroyo Alurralde, frente á Ovejeria.

Guttenberg, mina de galena argentífera en el distrito mineral de San Antonio de los Cobres, Poma, Salta.

Guzman, 1) partido del departamento San

Martin, San Luis. 2) lugar poblado, Guzman, San Martin, San Luis. 3) manantial, Guzman, San Martin, San Luis.

Hacha el, 1) laguna, Ctl 9, Chascomús, Buenos Aires. 2) estancia, Ctl 2, 6, 9, Lincoln, Buenos Aires.

Haedo, aldea, Moron, Buenos Aires. Dista de la capital federal 18 kms. Con fecha 30 de Octubre de 1888 el gobierno provincial autorizó la formacion de un pueblo en este punto. FCO, C, T.

Halcon el, estancia, Ctl 9, Trenque-Lauquen, Buenos Aires.

Hedionda, paraje poblado, juarez Celman, Rioja.

Hediondita, paraje poblado, Rivadavia, Rioja.

Helima, lugar poblado, Cosquin, Punilla, Córdoba.

Helvecia, 1) establecimiento rural, Ctl 3, Pringles, Buenos Aires. 2) colonia, Espinillos, Márcos juarez, Córdoba. 3) distrito del departamento San josé, Santa Fe. Tiene 3173 habitantes. (Censo del 7 de Junio de 1887.) 4) villa, Helvecia, San José, Santa Fe. Es cabecera del departamento. Cuenta con 1062 habitantes. (Censo.) Aduana. Activo comercio fluvial. C, T, E.

Hendiduras, lugar poblado, Candelaria, Totoral, Córdoba.

Heritas las, cuartel de la pedanía Nono, San Alberto, Córdoba.

Hermana 1) la, estancia, Ctl 10, Trenque-Lauquen, Buenos Aires. 2) mina de galena argentífera en el distrito mineral de San Antonio de los Cobres, Poma, Salta. 3) *del Capitan,* riacho, Ctl 3, Las Conchas, Buenos Aires. 4) *Grande,* riacho, Ctl 3, Las Conchas, Buenos Aires.

Hermanas las, 1) establecimiento rural, Ctl 10, Juarez, Buenos Aires. 2) laguna, Ctl 1, Pringles, Buenos Aires. 3) lugar poblado, Ramallo, Buenos Aires. C. 4) arroyo, Ctl 3, 6, 7, 8, 11, 12, Ramallo, Buenos Aires. Desemboca en el Paraná á inmediaciones del pueblo Ramallo. En su márgen derecha recibe las aguas de la cañada de Laprida. 5) mina de cuarzo aurífero, Candelaria, Cruz del Eje, Córdoba. Está situada en el paraje llamado « Nuevo Dominio. » 6) finca rural, Lomas, Corrientes.

Hermandad la, establecimiento rural, Ctl 7, Ayacucho, Buenos Aires.

Hermanos, 1) los, establecimiento rural, Ctl 8, Nueve de Julio, Buenos Aires. 2) establecimiento rural, Ctl 2, Trenque-Lauquen, Buenos Aires. 3) colonia, Villa Nueva, Tercero Abajo, Córdoba. 4) establecimiento rural, Departamento 2°, Pampa.

Hermenegilda, establecimiento rural, Ctl 3, Veinte y Cinco de Mayo, Buenos Aires.

Hermenegildo, establecimiento rural, Ctl 6, Ayacucho, Buenos Aires.

Hermila, colonia, Espinillos, Márcos Juarez, Córdoba. Fué fundada en 1889 en una extension de 5000 hectáreas. Está situada en el radio de la colonia Leones.

Herminda la, establecimiento rural, Ctl 5, Alvear, Buenos Aires.

Hermosa la, establecimiento rural, Ctl 15, Nueve de Julio, Buenos Aires.

Hernandarias, 1) aldea, Antonio Tomás, Capital, Entre Rios. Está situada en la colonia del mismo nombre. $\varphi = 31°$:0'; $\lambda = 59°$ 50'; $x = 58$ m. (Page.) Dista 100 kms. al Norte de la capital provincial y 75 al Sud de La Paz. 2) colonia, Antonio Tomás, Capital, Entre Rios. Fué fundada en 1875 en la márgen izquierda del arroyo del mismo nombre y á orillas del Paraná, en una extension de 10000 hectáreas. 3) distrito del departamento de La Paz, Entre Rios. 4) arroyo, Entre Rios. Desagua en la márgen izquierda del Paraná, en direccion de SE. á NO., en las inmediaciones al Norte del pueblo

Hernandarias. Es en toda su extension límite entre los departamentos La Paz (Hernandarias) y Capital (Antonio Tomás)

Hernandez, 1) lugar poblado, Algarrobitos, Nogoyá, Entre Rios. Dista del Paraná 96 kms. FCCE, C, T. 2) *Cué*, finca rural, Caacatí, Corrientes.

Hernando, 1) pedanía del departamento Tercero Arriba, Córdoba. Véase Punta del Agua. 2) lugar poblado, Punta del Agua, Tercero Arriba, Córdoba.

Herrera-Cué, finca rural, Curuzú-Cuatiá, Corrientes.

Herreras, 1) dis'rito de la seccion Jimenez 2° del departamento jimenez, Santiago. 2) lugar poblado, jimenez, Santiago E. 3) aldea con capilla, Leales, Tucuman. En la orilla izquierda del rio Salí. E.

Herreria, 1) la, establecimiento rural, Ctl 7, Cañuelas, Buenos Aires. 2) finca rural, Santo Tomé, Corrientes. 3) paraje poblado, Tilcara, Jujuy.

Herreros, finca rural, Capital, Rioja.

Hibernia, [1] 1) la, estancia, Ctl 4, Dorrego, Buenos Aires. 2) estancia, Ctl 4, Las Heras, Buenos Aires.

Hichacoro, lugar poblado, Rosario, Pringles, San Luis.

Hichipuca, vertiente, Achalco, Alto, Catamarca.

Higuera, 1) potrerillo de la, lugar, Calamuchita, Córdoba. $\varphi = 33° 22$; $\lambda = 64° 41'$; $\alpha = 800$ m. (Brackebusch.) 2) lugar poblado, Rio Pinto, Totoral, Córdoba. 3) finca rural, La Cruz, Corrientes. 4) finca rural, Iruya, Salta. 5) finca rural, jachal, San juan. 6) distrito de la seccion Silipica 2ª del departamento Silipica, Santiago del Estero. 7) estancia, Trancas, Tucuman En la orilla derecha del arroyo de Riartes. 8) *Chacra*, distrito de la 1ª seccion del departamento Robles, San

tiago del Estero. 9) *Chacra*, lugar poblado, Robles, Santiago. E.

Higueral, finca rural, Concepcion, San Juan.

Higueras, 1) las, estancia, Ctl 5, Baradero, Buenos Aires. 2) estancia, Ctl 4, Brown, Buenos Aires. 3) pedanía del departamento Cruz del Eje, Córdoba. Tiene 4478 habitantes. (Censo del 1° de Mayo de 1890. 4) cuartel de la pedanía del mismo nombre, Cruz del Eje, Córdoba. 5) (ó Soto,) pueblo, Cruz del Eje, Córdoba. Véase Soto. 6) lugar poblado, Guasapampa, Minas, Córdoba. $\varphi = 31° 1'$; $\lambda = 65° 6'$; $\alpha = 850$ m. 7) las, lugar poblado, Santiago, Punilla, Córdoba. 8) lugar poblado, Estancias, Rio Seco, Córdoba. 9) las, lugar poblado, Rio Pinto, Totoral, Córdoba. 10) las, lugar poblado, San José, Tulumba, Córdoba. 11) las, paraje poblado, Las Heras, Mendoza. 12) las, paraje poblado, Maipú, Mendoza. 13) distrito del departamento Iruya, Salta. 14) lugar poblado, Trapiche, Pringles, San Luis. 15) vertiente, Conlara, San Martin, San Luis. 16) finca rural, San Martin, San Martin, San Luis. 17) paraje poblado, Silípica, Santiago. 18) *Viejas*, mina de cuarzo aurífero, Candelaria, Cruz del Eje, Córdoba. Está situada en el paraje llamado « Patacon.»

Higuerilla, 1) lugar poblado, Chuñaguasi, Sobremonte, Córdoba. 2) lugar poblado, Copacabana, Ischilin, Córdoba.

Higuerillas, 1) aldea, La Esquina, Rio Primero, Córdoba. Tiene 111 habitantes. (Censo del 1° de Mayo de 1890.) 2) lugar poblado, Tala, Rio Primero, Córdoba. 3) pedanía del departamento Rio Seco, Córdoba. Tiene 798 habitantes. (Censo.) 4) lugar poblado, Higuerillas, Rio Seco, Córdoba. $\varphi = 29° 43'$; $\lambda = 63° 42'$. 5) finca rural, Capital, Salta.

Higuerita, 1) lugar poblado, Candelaria, Cruz del Eje, Córdoba. 2) la, lugar poblado, Parroquia, Ischilin, Córdoba. 3) cuartel de la pedanía de la Parroquia,

Tulumba , Córdoba. 4) lugar poblado, Parroquia, Tulumba, Córdoba. 5) finca rural, Paso de los Libres, Corrientes. 6) finca rural, jachal, San juan.

Higueritas, 1) establecimiento rural, Ctl 4, Barracas, Buenos Aires. 2) lugar poblado, San Cárlos, Minas, Córdoba. 3) lugar poblado, Parroquia, Pocho. Córdoba. 4) lugar poblado, San Antonio, Punilla, Córdoba. 5) lugar poblado, Santiago, Punilla, Córdoba. 6) las, estancia, Rosario de la Frontera, Salta. 7) finca rural, San Cárlos, Salta. 8) finca rural, San Lorenzo, San Martin, San Luis. 9) lugar poblado, Sauce, Colonias, Santa Fe. Tiene 124 habitantes. (Censo del 7 de junio de 1887.) 10) lugar poblado, Graneros, Tucuman. Dista de La Madrid 11 kms. FCNOA, C, T.

Higueron [1], finca rural, Concepcion, Corrientes.

Hijuela de Terreros, finca rural, Lujan, Mendoza.

Hileras las, lugar poblado, Castaños, Rio Primero, Córdoba.

Hilisca, finca rural, Rivadavia, Rioja.

Hilleret, ingenio de azúcar, Famaillá, Tucuman. En la márgen izquierda del arroyo Lules, á corta distancia del pueblo Lules y al lado de la línea del ferrocarril noroeste argentino.

Hinojal, 1) laguna, Ctl 8, 9 Chascomús, Buenos Aires. 2) laguna, Ctl 11, Dolores, Buenos Aires. 3) laguna, Ctl 1, Mar Chiquita, Buenos Aires. 4) distrito del departamento Victoria, Entre Rios.

Hinojales, 1) laguna, Ctl 7, Alvear, Buenos Aires. 2) laguna, Ctl 4, Ayacucho, Buenos Aires. 3) establecimiento rural, Ctl 4, 5, Ayacucho, Buenos Aires. 4) laguna, Ctl 11, Dolores, Buenos Aires. 5) establecimiento rural, Ctl 5, Pila, Buenos Aires. 6) arroyo, Ctl 10, Rauch, Buenos

Aires. 7) laguna, Ctl 1, Tuyú, Buenos Aires. 8) los, finca rural, Saladillo, Pringles, San Luis.

Hinojito, 1) finca rural, La Cruz, Corrientes. 2) estero, La Cruz, Corrientes. 3) lugar poblado, Totoral, Pringles, San Luis. 4) manantial, Conlara, San Martin, San Luis.

Hinojitos, manantial, Malanzan, Rivadavia, Rioja.

Hinojo el, 1) laguna. Ctl 8, junin, Buenos Aires. 2) establecimiento rural, Ctl 3, Nueve de Julio, Buenos Aires. 3) laguna, Ctl 3, Nueve de Julio, Buenos Aires. 4) colonia, Ctl 6, Olavarría, Buenos Aires. Dista de la capital federal 347 kms. $z = 155$ m. FCS, C, T. 5) estancia, Ctl 6, Olavarría, Buenos Aires. 6) arroyo, Ctl 2, Olavarría, Buenos Aires. 7) laguna, Ctl 7, Pila, Buenos Aires. 8) establecimiento rural, Ctl 8 Rauch, Buenos Aires. 9) laguna, Ctl 3, Tapalqué, Buenos Aires. 10) establecimiento rural, Ctl 11, Trenque-Lauquen, Buenos Aires. 11) lugar poblado, Cañada de Alvarez, Calamuchita, Córdoba. 12) lugar poblado, Castaños, Rio Primero, Córdoba. 13) lugar poblado, Tala, Rio Primero, Córdoba. 14) cumbre de la sierra de los Apóstoles, Rosario, Pringles, San Luis. 15) lugar poblado, General Lopez, Santa Fe. C.

Hinojos, 1) lugar poblado, San José, Rio Segundo, Córdoba. 2) finca rural, La Cruz, Corrientes. 3) y Barros, lugar poblado, Guzman, San Martin, San Luis.

Hipatia, colonia, Sarmiento, Colonias, Santa Fe.

Hita la, establecimiento rural, Ctl 6, Brandzen, Buenos Aires.

Holandesa, colonia, Constitucion, Anejos Norte, Córdoba.

Honda. 1) la, laguna, Ctl 5, Alvear, Buenos Aires. 2) cañada, Ctl 3, 6, 7, 9, Baradero, y Ctl 5, 6, San Antonio de Areco, Buenos Aires. Es tributaria del Areco en

1 Arbol (Sapium aucuparium.)

la márgen izquierda, á corta distancia de la desembocadura de éste en el rio Paraná. Esta cañada es en toda su extension límite entre los partidos Baradero y San Antonio de Areco. 3) laguna, Ctl 10, Chascomús, Buenos Aires. 4) laguna, Ctl 7, Tres Arroyos, Buenos Aires. 5) laguna, Lomas, Corrientes. 6) laguna, San Roque, Corrientes. 7) la, distrito minero del departamento Calingasta, San Juan. Encierra plata.

Hondo, 1) arroyo, Ctl 5, Tordillo, Buenos Aires. 2) arroyo, La Paz, Entre Rios. Desagua en el Paraná y es en toda su extension límite entre los distritos Taccaras y Estacas. 3) arroyo; Veinte y Cinco de Mayo, Mendoza. Es un tributario serrano del Diamante, en la márgen izquierda.

Honradez la, establecimiento rural, Ctl 5, Saladillo, Buenos Aires.

Horcadas las, lugar poblado, Arroyito, San Justo, Córdoba.

Horconcillos, lugar poblado, San José, Rio Segundo, Córdoba.

Horconcito, lugar poblado, Suburbios, Rio Primero, Córdoba.

Horcones, 1) los, lugar poblado, Castaños, Rio Primero, Córdoba. 2) arroyo, Las Heras, Mendoza. Es un tributario del rio Mendoza en la márgen izquierda. 3) estancia, Rosario de la Frontera, Salta.

Horcosun, lugar poblado al pié del volcan de la Yerba Buena, Argentina, Minas, Córdoba. α = 1204 m.

Horcosuna, 1) lugar poblado, San Pedro, Tulumba, Córdoba. 2) cumbre de la sierra de San Francisco, Tulumba, Córdoba.

Hormigas las, establecimiento rural, Ctl 4 Navarro, Buenos Aires.

Hormiguero, 1) el, lugar poblado, Bell-Ville, Union, Córdoba. 2) lugar poblado, Litin, Union, Córdoba.

Hormigueros, 1) lugar poblado, Parroquia, Cruz del Eje, Córdoba. 2) cuartel de la pedanía Pampayasta Norte, Tercero Arriba, Córdoba.

Hornillos, 1) lugar poblado, Ciénega del Coro, Minas, Córdoba. 2) los, lugar, San Alberto, Córdoba. $\varphi = 31° 52'$; $\lambda = 65° 2'$; $\alpha = 1200$ m. (Brackebusch.) 3) cuartel de la pedanía de Las Rosas, San Javier, Córdoba. 4) los, aldea, Las Rosas, San Javier, Córdoba. Tiene 285 habitantes (Censo del 1° de Mayo de 1890.) E. 5) lugar poblado, Chuñaguasi, Sobremonte, Córdoba. 6) lugar poblado, Tilcara, Jujuy. 7) distrito del departamento General Lavalle, Rioja. 8) pueblo, Rioja. Véase Villa Union. 9) finca rural, Campo Santo, Salta. 10) distrito del departamento Santa Victoria, Salta. 11) pueblo Graneros, Tucuman. En la orilla derecha del arroyo Graneros.

Hornito, 1) lugar poblado, Ciénega del Coro, Minas, Córdoba. 2) el, lugar poblado, Rosario, Pringles, San Luis. 3) finca rural, Guzman, San Martin, San Luis. 4) finca rural, San Martin, San Martin, San Luis.

Hornitos los, 1) establecimiento rural, Ctl 10, Bragado, Buenos Aires. 2) cuartel de la pedanía Alta Gracia, Anejos Sud, Córdoba.

Horno el, 1) establecimiento rural, Ctl 3, Pergamino, Buenos Aires. 2) establecimiento rural, Ctl 5, San Antonio de Areco, Buenos Aires 3) lugar poblado, Cerrillos, Sobremonte, Córdoba. 4) distrito del departamento General Sarmiento, Rioja. 5) finca rural, General Sarmiento, Rioja.

Hornos, 1) estancia, Ctl 5, Bahía Blanca, Buenos Aires. 2) establecimiento rural, Ctl 1, Guamini, Buenos Aires. 3) los, laguna, Ctl 18, Juarez, Buenos Aires. 4) estancia, Ctl 6, Junin, Buenos Aires. 5) los, núcleo de poblacion, La Plata, Buenos Aires. Hornos de ladrillos. C, E. 6) villa, Las Heras, Buenos Aires. Es cabecera del partido. Fundada en 1870, cuenta hoy con unos 1000 habitantes. Por el ferro-carril del Oeste, ramal al Saladillo, dista 62 kms. (2 1/2 horas) de la capital federal. $z = 33$ m. FCO, C, T, E. 7) estancia, Salsacate, Pocho, Córdoba.

Horquera, distrito del departamento Metan, Salta.

Horqueta, [1] 1) arroyo, Ctl 11, Arrecifes. Buenos Aires. 2) la, arroyo, Ctl 8, Vecino, y Ctl 2, Maipú, Buenos Aires. 3) lugar poblado, Castaños, Rio Primero, Córdoba. 4) estancia, San Miguel, Corrientes. 5) la, paraje poblado, San Cárlos, Salta.

Horquetas, 1) las, establecimiento rural. Ctl 6, Guaminí, Buenos Aires. 2) las, estancia, Ctl 3, 5, Suarez, Buenos Aires. 3) arroyo, Ctl 3, Suarez, Buenos Aires. 4) establecimiento rural, Ctl 8, Tandil, Buenos Aires. 5) lugar poblado, Chuñaguasi, Sobremonte, Córdoba. 6) lugar poblado, San José, Tulumba, Córdoba.

Horquillas, finca rural, juarez Celman, Rioja.

Hortensia, 1) la, estancia, Ctl 6, Chascomús, Buenos Aires. 2) establecimiento rural, Ctl 1, Salto, Buenos Aires.

Hospital, paraje poblado, Valle Grande, Jujuy.

Hoyada, 1) la, distrito mineral en el extremo NE. del departamento Tinogasta, Catamarca. 2) lugar poblado, Candelaria, Cruz del Eje, Córdoba. 3) lugar poblado, Ambul, San Alberto, Córdoba. 4) lugar poblado, Santa Cruz, Tulumba, Córdoba. 5) paraje poblado, Tilcara, Jujuy. 6) distrito del departamento Rosario de la Frontera, Salta. 7) estancia, Rosario de la Frontera, Salta. 8) paraje poblado, San Cárlos, Salta.

Hoyero el, paraje poblado, Perico del Cármen, Jujuy.

Hoyon, distrito del departamento Atamisqui, Santiago del Estero.

Hoyos, 1) cua.tel de la pedanía Villa de María, Rio Seco, Córdoba. 2) aldea, Villa de María, Rio Seco, Córdoba. Tiene 142 habitantes. (Censo del 1° de Mayo de 1890).

Huacacó, estancia, Beltran, Mendoza.

Huacalera, lugar poblado, Tilcara, jujuy. E.

Huacho Potrillo, arroyo, Tafí, Trancas, Tucuman. Es un tributario del Infiernillo.

Huaco, [1] distrito del departamento de la Capital, Rioja.

Huacra, [2] 1) arroyo tributario del Paclin, en el departamento del mismo nombre, Catamarca. Corre de O. á E. en una extension de 20 kms. 2) aldea, Graneros, Tucuman. Al Oeste del departamento y en la márgen izquierda del arroyo San Francisco.

Huadeo, cuartel de la pedanía Hernando, Tercero Arriba, Córdoba.

Huagara, paraje poblado, Tumbaya, jujuy.

Huaico Hondo, [3] 1) paraje poblado, Perico de San Antonio, jujuy. 2) paraje poblado. Rosario de Lerma, Salta.

Huajó, finca rural, Goya, Corrientes.

Huajra, 1) arroyo, Tumbaya, jujuy. Nace en la abra de «Punta Corral» y desagua en la márgen izquierda del rio Grande de Jujuy, en Huajra. 2) lugar poblado, Tumbaya, jujuy.

Hualeupen, arroyo, Neuquen. Es uno de los principales tributarios del rio Agrio, en cuya márgen derecha desagua.

Hualfin, 1) distrito del departamento Belén, Catamarca. 2) aldea, Belén, Catamarca. En sus inmediaciones existen aguas termales aciduladas y alcalinas. 3) arroyo del departamento Belén, Cata-

---

1 Parte donde se juntan, formando ángulo agudo, el tronco y una rama de un árbol, ó bien dos ramas medianamente gruesas.—Parte donde un rio ó arroyo forma ángulo agudo, y terreno que comprende. (Granada).

---

1 Suele tambien eScribirse Guaco.—2 Cuerno (Quichua).—3 Suele tambien escribirSe Guayco.

marca. Nace en la sierra de Culampaja (Cordillera), se dirige hacia el Sud, pasa sucesivamente por Hualfin, San Fernando, La Puerta y Belén, toma luego un rumbo hacia SE. y borra su cauce, despues de haber recorrido en todo unos 70 kms., por inmersion en el suelo, en la «Travesía de Belén.» A partir de Belén, suele llamarse tambien rio de Belén. Recibe las aguas de varios tributarios en la márgen derecha, siendo el más importante de ellos el arroyo del Corral Quemado, que corre por los distritos de la Ciénega y San Fernando, en el departamento de Belén. 4) distrito del departamento Molinos, Salta.

Huali-Mahuida, [1] volcan de la cordillera de la gobernacion del Neuquen. $x =$ 4000 m. (Host).

Huanacache, 1) departamento de la provincia de San Juan. Ocupa la parte Sud de la provincia, siendo á la vez limítrofe de las provincias de Mendoza y San Luis. Su extension es de 6336 kms.[2] y su poblacion conjetural de unos 2100 habitantes. Está dividido en los distritos Cochagual, Pedernal y Retamito. El departamento es regado por el rio San Juan y el arroyo Cochagual. Al SE. se extienden las grandes lagunas de Huanacache. Escuelas funcionan en Cochagual, Pedernal y Barros. 2) lagunas, Huanacache, San Juan. Componen un sistema de cuatro lagunas, llamadas, en direccion de NO. á SE., del Portezuelo, del Rincon, del Rosario y de Silverio. Las aguas de estas lagunas son muy saladas y están pobladas de aves acuáticas y de varias clases de peces.

Huanta, paraje poblado Tumbaya, Jujuy.

Huasamayo, arroyo, Trancas, Tucuman. Nace en las cumbres calchaquíes y contribuye á la formacion del arroyo Vipos.

Huascar, [1] 1) el, establecimiento rural, Ctl 4, Suarez, Buenos Aires. 2) arroyo, Ctl 1, 3, 4, Suarez, Buenos Aires.

Huayatayoc, 1) lugar situado en el camino de la Rinconada á Santa Catalina, Jujuy. 2) laguna, Cochinoca, Jujuy. Recibe las aguas de los arroyos Abrapampa y de las Burras. Mide unos 20 kms. de largo por 10 de ancho. En invierno está generalmente seca.

Hucal, lugar poblado, Departamento 4º, Pampa. C.

Huchuyo, distrito del departamento Iruya, Salta.

Hueco, 1) el, distrito del departamento Piedra Blanca, Catamarca. 2) el, lugar poblado, Dolores, Punilla, Córdoba.

Huérfano el, estancia, Ctl 7, Trenque-Lauquen, Buenos Aires.

Huerta, 1) distrito del departamento Valle Fértil, San Juan. 2) distrito minero del departamento Valle Fértil, San Juan Encierra plata. 3) poblacion agrícola, Jachal, San Juan. 4) lugar poblado, La Huerta, Valle Fértil, San juan. C. 5) sierra de la, San juan. Está separada de la sierra del «Pié de Palo» por el valle de Ampacama. Se eleva á unos 2000 metros de altura, está cubierta de vegetacion, abunda en mármoles y plata y en los Marayes de carbon. Su direccion general es de SE. á NO. En la provincia de la Rioja continúa bajo el nombre de sierra de Velasco. 6) cumbre de la sierra de los Apóstoles, Rosario, Pringles, San Luis. 7) finca rural, Conlara, San Martin, San Luis. 8) lugar poblado, Rincon del Cármen, San Martin, San Luis. 9) finca rural, San Lorenzo, San Martin, San Luis. 10) del Cármen, lugar poblado, Matorrales, Rio Segundo, Córdoba. 11) de Gomez, aldea, Matorrales Rio Segundo, Córdoba. Tiene 100 habi

---

1 Cerro Bayo.

1 Inca hijo legítimo de *H*uayna-Capac y su segund. hermana y mujer Rava Ocllo: XIV Rey del Cuzco

tantes. (Censo del 1° de Mayo de 1890). 12) *Grande*, lugar poblado, San Antonio, Punilla, Córdoba. Es estacion del ferro-carril de Córdoba á Cruz del Eje, distando de la primera 80 kms. y de la segunda 70. 13) *Vieja*, finca rural, Iruya, Salta.

Huertas, 1) manantial, San Lorenzo, San Martin, San Luis. 2) lugar poblado, San Martin, San Martin, San Luis

Huertilla, lugar poblado, Reduccion, Juarez Celman, Córdoba.

Huertita, 1) lugar poblado, Chuñaguasi, Sobremonte, Córdoba. 2) vertiente, San Martin, San Martin, San Luis.

Huertitas, finca rural, San Martin, San Martin, San Luis.

Huerto, arroyo del, La Plata, Buenos Aires.

Huesca, lugar poblado, Tilcara, Jujuy.

Huesos, 1) los, establecimiento rural, Ctl 2, 3, 4, Azul, Buenos Aires. 2) establecimiento rural, Ctl 10, Bragado, Buenos Aires. 3) laguna, Ctl 10, Bragado, Buenos Aires. 4) arroyo, Lobería, Buenos Aires. Desagua en la márgen izquierda del arroyo «Las Mostazas.» 5) los, laguna, Ctl 8, Rauch, Buenos Aires. 6) los, laguna, Ctl 2, Saladillo, Buenos Aires. 7) laguna, Ctl 4, Tapalqué, Buenos Aires. 8) de los, arroyo, Ctl 4, Juarez; Ctl 2, 3, 7, 8, 9, 11, Tandil; Ctl 2, 3, 4, Azul; Ctl 6, 8, Rauch, Buenos Aires. Tiene su orígen en el partido de Juarez y borra su cauce en bañados del partido de Rauch. Es en toda su extension límite entre los partidos de Rauch y Tandil al Este y Azul al Oeste. En su origen tiene como tributarios, en la márgen derecha el arroyo Santa Rita y en la márgen izquierda el arroyo Baguales. 9) *Clavados*, establecimiento rural, Ctl 12, Tres Arroyos, Buenos Aires. 10) *Clavados*, laguna, Ctl 11, Tres Arroyos, Buenos Aires. 11) *Clavados*, arroyo, Ctl 12, Tres Arroyos, Buenos Aires.

Huetel, 1) estancia, Ctl 11, Veinte y Cinco de Mayo, Buenos Aires. 2) laguna, Ctl 12, Veinte y Cinco de Mayo, Buenos Aires.

Huguapoy, finca rural, Goya, Corrientes.

Hugues, colonia, Distrito 1°, Colon, Entre Rios. Fué fundada en 1871, á 13 kms. al Sud de Colon, en una extension de 5000 hectáreas. En 1875 se delineó en el centro de la misma una villa que se bautizó con el nombre de San Luis. E.

Huica la, finca rural, Nueve de Julio, Mendoza.

Huichaira, 1) lugar poblado, Rinconada, jujuy. 2) lugar poblado, Tilcara, Jujuy.

Huichi-Lauquen, lago, Neuquen. Da orígen al arroyo Chimehuin. Al NO. del lago hállase el volcan apagado Quetropillan.

Huilmaque, arroyo, Neuquen. Es un tributario del rio Neuquen en la márgen izquierda.

Huincul [1], travesía, Pampa. Se extiende en unos 90 kms. entre Curru-Mahuida y el arroyo Salado.

Huitrin, arroyo, Neuquen Es un tributario del rio Neuquen en la márgen izquierda.

Humahuaca, 1) departamento de la provincia de Jujuy. Está situado al Sud del de Yaví y al Norte del de Tilcara. Su extension es de 3600 kms.^{2} y su poblacion conjetural de 4900 habitantes. Está dividido en los 9 distritos: Humahuaca, Uquia, Chucalema, Banda Oriental, Rodero, Aparzo, Cueva, Tejada, Banda Occidental y Aguilares. Los humahuacas y tilcaras eran las tribus indias que ocupaban la provincia en la época de la conquista. 2) distrito del departamento del mismo nombre, Jujuy. 3) aldea, Humahuaca, Jujuy. Es la cabecera del departamento. Está situada á

---

1 En araucano colina.

orillas del rio Grande de Jujuy y tiene unos 600 habitantes. Por Humahuaca pasa el camino á Bolivia preferentemente empleado por el tráfico que se verifica entre la provincia y este país. $\varphi = 23^\circ 13'$; $\lambda = 65^\circ 25'$; $\alpha = 3021$ m. (Bertrand.) C, T, E. 4) quebrada, Humahuaca, Jujuy. Por ella serpentea el camino que va á Bolivia. 5) cuesta de Humahuaca, Jujuy. $\varphi = 23^\circ 20'$; $\lambda = 64^\circ 20'$; $\alpha = 4258$ m. (Moussy.)

Humanidad la, establecimiento rural, Ctl 5, Saladillo, Buenos Aires.

Humboldt, 1) distrito del departamento de las Colonias, Santa Fe. Tiene 1773 habitantes. (Censo del 7 de Junio de 1887.) 2) pueblo, Humboldt, Colonias, Santa Fe. Tiene 202 habitantes. (Censo.) Dista de Santa Fe 47 kms. Es punto de arranque de un ramal del ferro-carril de las colonias á Soledad. FCSF, C, T. 3) colonia, Humboldt, Colonias, Santa Fe. Tiene 239 habitantes. (Censo.)

Humildad la, establecimiento rural, Ctl 1, Guaminí, Buenos Aires.

Hura-Huerta, cuartel de la pedanía Caminiaga, Sobremonte, Córdoba.

Hurones, lugar poblado, Remedios, Rio Primero, Córdoba.

Husos, cumbre de la sierra Comechingones, Córdoba. Está situada en el departamento Calamuchita, en el límite que separa las provincias de Córdoba y San Luis.

Ibahai, [1] 1) laguna, Lavalle, Corrientes. 2) finca rural, San Miguel, Corrientes.

Ibapay, laguna, San Cosme, Corrientes.

Ibarra, estero, San Cosme, Corrientes.

Iberá, 1) finca rural, Curuzú-Cuatiá, Corrientes. 2) finca rural, Esquina, Corrientes. 3) finca rural, Santo Tomé, Corrien-

tes. 4) gran conjunto de esteros ó sea terrenos bajos llenos de agua corriente en algunos puntos y en otros estancada, y cuya superficie, fuera de pocas excepciones, se presenta cubierta de un tejido fuerte y profundo de plantas acuáticas conocido vulgarmente bajo el nombre de «embalzado.» Cubren la mayor parte del departamento Ituzaingó y parte de los departamentos Santo Tomé, La Cruz y Mercedes, de Corrientes, siendo su extension, junto con los conocidos del rio Corrientes, de unos 5000 kms.[2]

Iberai, estero, La Cruz, Corrientes.

Iberia la, establecimiento rural, Ctl 2, Pringles, Buenos Aires.

Iberina, la, estancia, Ctl 2, Bolivar, Buenos Aires.

Ibibay, estancia, La Cruz, Corrientes.

Ibicuy, [1] 1) estancia, Concepcion, Corrientes. 2) laguna, Goya, Corrientes. 3) finca rural, Mercedes, Corrientes. 4) estancia, Monte Caseros, Corrientes. 5) arroyo, Monte Caseros, Corrientes. Es un tributario del Timboy en la márgen izquierda 6) estancia, San Miguel, Corrientes. 7) lugar poblado, Ceibas Gualeguaychú, Entre Rios. A orillas del riacho Ibicuy, casi en frente de San Pedro. T. 8) riacho, Gualeguay y Gualeguaychú, Entre Rios. Es la continuacion del riacho de Pavon, que arranca del Paraná en las inmediaciones del pueblo santafecino Villa Constitucion, donde desagua en el Paraná el arroyo de Pavon. El ríacho Ibicuy desemboca en el Paraná-Guazú despues de habérsele incorporado las aguas del rio Gualeguay.

Ibipitá, estancia, Curuzú Cuatiá, Corrientes

Icaño, 1) distrito del departamento La Paz, Catamarca. 2) aldea, Icaño, La Paz, Catamarca Es la cabecera del departamento. C, E. 3) arroyo, La Paz, Cata-

1 Una fruta agria muy conocida en Corrientes.

1 En guaraní = arena.

marca. Véase Rio Chico. 4) distrito de la seccion Veinte y Ocho de Marzo del departamento Matará, Santiago del Estero. 5) lugar poblado, Icaño, Veinte y Ocho de Marzo, Matará, Santiago.

Ichiguá, lugar poblado, Guasapampa, Minas, Córdoba.

Ichol, arroyo, Neuquen. Es uno de los principales tributarios del rio Agrio, en cuya márgen derecha desagua.

Ichupuca, estancia, Rio Chico, Tucuman.

Iglesiá, 1) departamento de la provincia de San Juan. Está situado al Sud del de Jachal y es fronterizo de Chile. Su extension es de 13341 kms.[2] y su poblacion conjetural de unos 3400 habitantes. Está dividido en los distritos Rodeo, Tudcum y Malinan Los distritos mineros del departamento son los siguientes: Gualilan, Rayado, Ante Cristo, Leoncito, Cerro Bravo, Chilca, Mondaca, Salado, Colangui; Cañada Seca, Tocota, Avestruz, Lagunita, Fierro, Chorrillos, San Guillermo, Carachas y Cajon de la Brea. El distrito mejor explotado de la provincia es el de Fierro, donde seis minas de plata se hallan en activa produccion. Las arterias fluviales que benefician el departamento son los arroyos: Iglesia, Las Flores, Collangui, La Cañada, Agua Negra, Tocota, Rodeo, Chiglo, Campanario y Tudcum. Escuelas funcionan en Iglesia y Colola. 2) aldea, Iglesia, San Juan. Es la cabecera del departamento. C, E. 3) arroyo, Iglesia, San Juan. Es un pequeño tributario del Jachal, en la márgen derecha. Nace en la cordillera y riega los campos de Colola, Lamaral, Pugue y Collangui. 4) cerro, Las Heras, Mendoza. $\varphi = 32° 50'$; $\lambda = 69° 30'$; $\alpha = 6000$ m. (Rechey.) 5) cerro, Rosario de la Frontera, Salta. 6) *Vieja*, cuartel de la pedanía Pichanas, Cruz del Eje, Córdoba. 7) *Vieja*, aldea, Pichanas, Cruz del Eje, Córdoba. Tiene 299 habitantes.

(Censo del 1° de Mayo de 1890.) $\varphi = 30° 38'$; $\lambda = 65° 18'$.

Iguana [1] 1) la, mina de plata en la quebrada Iguana, San Martin, San Luis. 2) estancia, Graneros, Tucuman. En la frontera de Santiago.

Iguazú, [2] 1) establecimiento rural, Ctl 4, Ramallo, Buenos Aires. 2) departamento de la gobernacion de Misiones. Es limitado al Norte por el rio de este nombre, al Oeste por la sierra de la Victoria, al Este por el rio San Antonio Guazú, y al Sud por las sierras. (Decreto del 16 de Marzo de 1882.) 3) rio, Misiones. Este rio, que es límite entre las Misiones argentinas y la provincia brasilera de Paraná, se forma por la confluencia de muchas corrientes de agua que bajan de las sierras de Santa Catalina y de San Pablo. Desemboca en la márgen izquierda del Paraná, bajo los 25° 30' de latitud. A unos 10 kms. antes de su desembocadura produce el Iguazú una catarata parecida á la del Paraná, segun Azara, por las masas de agua que son arrastradas en la caida, que es de cerca de 26 metros, en parte perpendicular y en parte sobre un plano inclinado. Aguas arriba de esa catarata, el Iguazú es navegable en un largo trecho.

Ileña, arroyo, Ctl 3, Arrecifes, Buenos Aires.

Illesca, arroyo, Ctl 1, 2, Magdalena, Buenos Aires.

Illico, lugar poblado, Chicligasta, Tucuman. En la márgen derecha del arroyo jaya.

Ilusion, 1) la, establecimiento rural, Ctl 7, Bragado, Buenos Aires. 2) establecimiento rural, Ctl 3, Saladillo, Buenos Aires.

Iman, sierra del, Misiones. Da orígen á muchos arroyos y al rio Aguapey.

---

1 Saurio (Podinema Teguixin.)—2 I=Rio; Guazú= Grande (Guaraní.)

Impé, finca rural, Curuzú-Cuatiá, Corrientes.

Impira, 1) pedanía del departamento Rio Segundo, Córdoba. Tiene 1234 habitantes. (Censo del 1º de Mayo de 1890.) 2) cuartel de la pedanía del mismo nombre, Rio Segundo, Córdoba. 3) aldea, Impira, Rio Segundo, Córdoba. Tiene 306 habitantes. (Censo.)

Improvisada, 1) la, establecimiento rural, Ctl 1, Tandil, Buenos Aires. 2) finca rural, Tunuyan, Mendoza.

Incachuli, lavadero de oro en el distrito mineral de San Antonio de los Cobres, Poma, Salta.

Incaguasi, 1) cumbre de la sierra de Cabalonga, Rinconada, Jujuy. 2) lugar poblado, Rosario de Lerma, Salta. E.

Incamayo, lugar poblado, Rosario de Lerma, Salta.

Incendio el, establecimiento rural, Ctl 5, Veinte y Cinco de Mayo, Buenos Aires.

Inclinado, cerro, Santa Cruz. $\varphi = 50°$ 10'; $\lambda = 70°$ 50'; $x = 1000$ m. (Moreno.)

Indalecia, 1) la, establecimiento rural, Ctl 2, Veinte y Cinco de Mayo, Buenos Aires. 2) laguna, Ctl 2, Veinte y Cinco de Mayo, Buenos Aires.

Independencia, 1) establecimiento rural, Ctl 4, Balcarce, Buenos Aires. 2) establecimiento rural, Ctl 8, Dorrego, Buenos Aires. 3) establecimiento rural, Ctl 4, 7, Loberia, Buenos Aires 4) estancia, Ctl 5, Navarro, Buenos Aires. 5) establecimiento rural, Ctl 12, Ramallo, Buenos Aires. 6) lugar poblado, Tandil, Buenos Aires. C, T. 7) establecimiento rural, Ctl 2, Vecino, Buenos Aires. 8) lugar poblado, Macha, Totoral, Córdoba. 9) finca rural, Lavalle, Corrientes. 10) finca rural, Monte Caseros, Corrientes. 11) departamento de la provincia de La Rioja. Está situado al Oeste del departamento Velez Sarsfield y es á la vez limítrofe de la provincia de San Juan. Su extension es de 4513 kms.² y su poblacion conje-

tural de unos 3000 habitantes. Está dividido en los 4 distritos: Padquia, Tudcum, Colorado y Amaná. 12) aldea, Caucete, San Juan. Es la cabecera del departamento. Está á 25 kms. ESE. de San Juan. Tiene unos 800 habitantes. C, E.

India Muerta, 1) estancia, Ctl 4, Castelli, Buenos Aires. 2) distrito del departamento General Lopez, Santa Fe. Tiene 1545 habitantes. (Censo del 7 de Junio de 1887.)

Indiana, estancia, Ctl 3, Bolivar, Buenos Aires.

Indio 1) el, laguna, Ctl 6, Alvear, Buenos Aires. 2) laguna, Ctl 8, Bolivar, Buenos Aires. 3) laguna, Ctl 3, Nueve de Julio, Buenos Aires. 4) punta del, Rivadavia, Buenos Aires. Es muy baja. $\varphi = 35°$ 15' 45''; $\lambda = 57°$ 10' 48''. (Mouchez.) 5) punta, Rio Negro. Al Sud de la desembocadura del rio Colorado. $\varphi = 39°$ 57' 30''; $\lambda = 62°$ 7'; $x = 14$ m. (Fitz Roy.) 6) Muerto, laguna, Ctl 9, Puan, Buenos Aires. 7) Muerto, cañada, Ctl 10, Veinte y Cinco de Mayo, Buenos Aires 8) Rico, estancia, Ctl 4, 13, Dorrego, Buenos Aires. 9) Rico, arroyo, Ctl 5, 6, 9, Pringles; y Ctl 3, 4, 5, 13, 14, Dorrego, Buenos Aires. Nace en la sierra de Pillahuinco y borra su cauce al poco andar en bañados. Es en toda su extension límite entre los partidos Pringles (a Norte) y Dorrego (al Sud.)

Indios los, laguna, Ctl 2, Maipú, Buenos Aires.

Industria, 1) la, establecimiento rural, Ctl 3, Trenque-Lauquen, Buenos Aires, 2 finca rural, Cafayate, Salta.

Inés la, establecimiento rural, Ctl 6, Ranchos, Buenos Aires.

Infante, 1) finca rural, San Miguel, Corrientes. 2) paraje poblado, San Pedro, Jujuy

Infiernillo, 1) finca rural, Curuzú-Cuatiá Corrientes. 2) paraje poblado, Capita Jujuy. 3) arroyo, Beltran, Mendoza.

ten varios faros y boyas que anuncian el peligro.

Inglesa, 1) mina de cobre aurífero, San Bartolomé, Rio Cuarto, Córdoba. 2) colonia, San jerónimo, Santa Fe.

Ingleses, 1) los, estancia, Ctl 2, Ajó, Buenos Aires. 2) establecimiento rural, Ctl 4, Brown, Buenos Aires.

Inglesitos los, estancia, Ctl 8, Loberia, Buenos Aires.

Iniciadora la, establecimiento rural, Ctl 5, San Nicolás, Buenos Aires.

Injertador el, finca rural, Lujan, Mendoza.

Inocencia, 1) la, establecimiento rural, Ctl 1, Bolivar, Buenos Aires. 2) establecimiento rural, Ctl 4, Loberia, Buenos Aires.

Inquiscó, mina de sal, Neuquen. Está situada á 10 kms. al Este del Fuerte 4ª Division, en la márgen Sud del Neuquen.

Inspiracion la, establecimiento rural, Ctl 11, Veinte y Cinco de Mayo, Buenos Aires.

Insula, 1) finca rural, Belgrano, Mendoza. 2) paraje poblado, Rivadavia, Mendoza.

Intervencion la, establecimiento rural, Ctl 7, Trenque-Lauquen, Buenos Aires.

Interventora la, establecimiento rural, Ctl 14, Nueve de julio, Buenos Aires.

Intiguasi, 1) lugar poblado, Achiras, Rio Cuarto, Córdoba. 2) pedania del departamento Tulumba, Córdoba. Se le llama tambien de Santa Cruz. Tiene 3222 habitantes. (Censo del 1° de Mayo de 1890.) 3) lugar poblado, Intiguasi, Tulumba, Córdoba. $\varphi= 30°\ 26'$; $\lambda= 64°\ 10'$; $x= 800$ m. (Brackebusch.) C, T. 4) cumbre de los cerros de la Carolina, Carolina, Pringles, San Luis. $\varphi= 32°\ 50'$; $\lambda= 65°\ 59'$; $x= 1720$ m. (Lallemant.) 5) *San José de*, aldea, Carolina, Pringles, San Luis. $x= 1326$ m. (Lallemant.)

Invernada, [1] 1) la, establecimiento rural,

---

1 Campo de buenos pastos destinado al engorde de ganado Vacuno (Granada).

Ctl 11, Arrecifes, Buenos Aires. 2) arroyo, Ctl 11, Arrecifes, Buenos Aires. 3) establecimiento rural, Ctl 6, Azul, Buenos Aires. 4) laguna, Ctl 5, Bragado, Buenos Aires. 5) estancia, Ctl 5, Brandzen, Buenos Aires. 6) arroyo, Ctl 5, Brandzen, Buenos Aires. 7) estancia, Ctl 5, Exaltacion de la Cruz, Buenos Aires. 8) estancia, Ctl 6, Guaminí, Buenos Aires. 9) arroyo, Ctl 1, Mar Chiquita, Buenos Aires. Desagua en la laguna Hinojal, (Mar Chiquita). 10) establecimiento rural, Ctl 2, Márcos Paz, Buenos Aires. 11) laguna, Ctl 6, Olavarría, Buenos Aires. 12) establecimiento rural, Ctl 8, San Nicolás, Buenos Aires. 13) aldea, San Bartolomé, Rio Cuarto, Córdoba. Tiene 124 habitantes. (Censo del 1º de Mayo de 1890). 14) lugar poblado, Aguada del Monte, Sobremonte, Córdoba. 15) arroyo, Tunuyan, Mendoza. Es un tributario serrano del Tunuyan en la márgen derecha. 16) establecimiento rural, Departamento 5º, Pampa. 17) ingenio de azúcar, Graneros, Tucuman. En la orilla derecha del arroyo Marapa. C, E.

Invernadas, 1) las, estancia, Ctl 5, Trenque-Lauquen, Buenos Aires. 2) vertiente, Iglesia, San Juan.

Invierno, 1) el, establecimiento rural, Ctl 5, Azul, Buenos Aires. 2) estancia, Ctl 7, Balcarce, Buenos Aires. 3) arroyo, Ctl 7, Lobería, Buenos Aires 4) establecimiento rural, Ctl 9, Saladillo, Buenos Aires.

Ipacarapa, finca rural, San Miguel, Corrientes.

Ipucú, 1) cañada, San Cosme, Corrientes. 2) estero, Ituzaingó, Corrientes.

Ipuen, bañado, Santo Tomé, Corrientes.

Irala-Cué, estancia, San Miguel, Corrientes.

Iramain, lugar poblado, Copo 2º, Copo, Santiago. Por este punto pasa el ferrocarril de San Cristóbal á Tucuman. $\varphi =$ 26° 59' 26"; $\lambda = 64° 38' 13"$.

Iraola, estancia, Ctl 11, Tandil, Buenos Aires. Dista de la capital federal 374 kms. $\alpha = 137$ m. FCS, línea de Altamirano á Tres Arroyos. C, T.

Irapoy, finca rural, Concepcion, Corrientes.

Irazú, estero, La Cruz, Corrientes.

Irene la, establecimiento rural, Ctl 4, Lobos, Buenos Aires.

Iribucuá, 1) estancia, Concepcion, Corrientes. 2) laguna, Concepcion, Corrientes. 3) estancia, Itatí, Corrientes.

Irigoyen, 1) distrito del departamento San Jerónimo, Santa Fe. Tiene 3240 habitantes. (Censo del 7 de Junio de 1887). 2) aldea, Irigoyen, San Jerónimo, Santa Fe. Tiene 417 habitantes. (Censo). Dista 93 kms. del Rosario y 404 de Buenos Aires. $\alpha = 40$ m. FCRS, C, T, E. 3) colonia, Irigoyen, San jerónimo, Santa Fe. Tiene 2474 habitantes. (Censo). E.

Iriondo, 1) lugar poblado, Alto, Catamarca. Dista de Córdoba 364 kms. $\alpha = 439$ m. FCCN, C, T. 2) departamento de la provincia de Santa Fe. Confina al Norte con el departamento San Jerónimo, al Este y al Sud con el de San Lorenzo, por el rio Carcarañá, y al Oeste con la provincia de Córdoba. Su extension es de 5587 kms.^{2} y su poblacion de 17341 habitantes. (Censo del 7 de Junio de 1887). Está dividido en los 9 distritos: Carcarañá Abajo, Carcarañá Oeste, Correa, Santa Teresa, Bustinza, Cañada de Gomez, Amistad, Armstrong y Tortugas. El departamento encierra los centros de poblacion siguientes: Cañada de Gomez, Serodino, Carcarañá, Santa Teresa, Amistad, Tortugas, Caracciolo, Montes de Oca, Correa, Bustinza, Union y Armstrong. La villa Cañada de Gomez es la cabecera del departamento. 3) lugar poblado, Capital, Santa Fe. Dista de la capital provincial 37 kms. FCSF, C, T. 4) colonia, San José de la Esquina, San Lorenzo, Santa Fe. Tiene 1330 habitantes. (Censo). C. 5) distrito de la seccion Frías del departamento Choya, Santiago del Estero.

Iris el, finca rural. Cafayate, Salta.

Irupé, [1] 1) finca rural, Curuzú-Cuatiá, Corrientes. 2) arroyo, afluente del Miriñay, Curuzú-Cuatiá, Corrientes.

Iruya, 1) departamento de la provincia de Salta. Confina al Norte con el de Santa Victoria por la quebrada de las Palcas de Bacoya; al Este con el de Oran por los términos del Rosario y la Soledad; al Sud con el de Oran por una línea que partiendo del cerro Galan va á terminar en San Ignacio, 5 kms. al Sud de Agua Caliente sobre el rio Zenta; y al Oeste con Jujuy por el Abra de Zenta, cerro Galan, Colansuli, Yaretayo, Abra de la Cruz y Bacoya. Tiene 1750 kms.[2] de extension y unos 4300 habitantes. Está dividido en los 15 distritos: Iruya, Iscuya, Volcan, Higueras, Colansuli, Casa Grande, Potrero, Biscarra, Porongal, Huchuyo, San Pedro, Tipayos, San juan del Cármen, Sala y Valle Delgado. El departamento es regado por el rio Zenta y los arroyos Potrero, Colorado, Alisar, Iruya, Negro, Colansuli, Rosario, Higueras, Achira, Matancillas, Iscuya, Victoria, Volcan, de las Cañas, Nogal, Pinal y muchos otros no denominados. Escuelas funcionan en Iruya, San Antonio y San Pedro. 2) distrito del departamento Iruya, Salta. 3) aldea, Iruya, Salta. Es la cabecera del departamento. Está á 300 kms. de Salta y á 65 de Santa Victoria. Tiene unos 600 habitantes. C, E. 4) arroyo, Iruya, Salta. Es un tributario del Zenta en la márgen derecha

Isabel, 1) la, establecimiento rural, Ctl 6, Azul, Buenos Aires. 2) establecimiento rural, Ctl 5, 7, Baradero, Buenos Aires. 3) estancia, Ctl 5, Matanzas, Buenos Aires. 4) establecimiento rural, Ctl 5, San Antonio de Areco, Buenos Aires. 5) establecimiento rural, Ctl 4, Zárate, Buenos Aires. 6) mina de cobre y plata en el distrito mineral de «Las Capillitas,» Andalgalá, Catamarca.

Ischilin, [1] 1) departamento de la provincia de Córdoba. Situado al Sud del departamento Sobremonte, es limítrofe de las provincias de la Rioja y Catamarca. Tiene una extension de 2950 kms. y una poblacion de 11931 habitantes. (Censo del 1º de Mayo de 1890). El departamento está dividido en las 5 pedanías: Quilino, Manzanas, Toyas, Copacabana é Ischilin, (ó Parroquia). Los centros de poblacion de 100 habitantes para arriba son los siguientes: Quilino, Laguna, San José, Cadillos, Chacras, Cañada del Rio Pinto, Avellaneda, Juan Garcia, Rio de los Sauces, Manzanas, Talita, San Pedro, Dean Fúnes, Barrial, Ranchitos, Sauce Chiquito, Cerrillos, Mesada, Tuscas, Copacabana, Santo Domingo, San Antonio, Jume é Ischilin. La villa de Quilino es la cabecera del departamento. 2) (ó Parroquia), pedanía del departamento Ischilin, Córdoba. Tiene 1667 habitantes. (Censo del 1º de Mayo de 1890). 3) cuartel de la pedanía del mismo nombre, Ischilin, Córdoba. 4) aldea, Parroquia, Ischilin, Córdoba. Tiene 364 habitantes. (Censo). $\varphi = 30º\ 35'$; $\lambda = 64º\ 22'$; $\alpha = 900$ m. (Brackebusch). C, T, E.

Iscuya, 1) distrito del departamento Iruya, Salta. 2) lugar poblado, Iruya, Salta. 3) rio, Iruya, Salta. Confunde sus aguas con las del Zenta y desagua en el Bermejo, cerca de Oran.

Isidora la, establecimiento rural, Ctl 2, 3, Azul, Buenos Aires.

Isidro, laguna, Ctl 2, Tuyú, Buenos Aires.

Isla, 1) la, laguna, Ctl 9, Bragado, Buenos Aires. 2) la, laguna, Ctl 5, Suarez, Buenos Aires. 3) la, paraje poblado, Solalindo, Chaco. 4) cuartel de la pedanía

1 Planta de los bañados de Corrientes.

1 Arbol (Acnistus parviflorus)

San Pedro, Tulumba, Córdoba. 5) la, aldea, San Pedro, Tulumba, Córdoba. Tiene 187 habitantes. (Censo del 1° de Mayo de 1890). $\varphi = 30° 2'$; $\lambda = 64° 23'$; $x == 350$ m. (Brackebusch). 6) la, lugar poblado, Bell Ville, Union, Córdoba. 7) la, lugar poblado, Perico del Cármen, jujuy. 8) la, finca rural, General Sarmiento, Rioja. 9) la, finca rural, Cafayate, Salta. 10) distrito del departamento Cerrillos, Salta. 11) lugar poblado, Cerrillos, Salta. E. 12) la, lugar poblado, Chicoana, Salta. 13) arroyo, Marquesado, Desamparados, San Juan. 14) lugar poblado, Saladillo, Pringles, San Luis. 15) la, lugar poblado, Trapiche, Pringles, San Luis. 16) estancia, Trancas, Tucuman. En la orilla izquierda del arroyo de Riartes. 17) *Alta*, finca rural, Bella Vista, Corrientes. 18) *de Avispa*, paraje poblado, San Pedro, Jujuy. 19) *Boca del Toro*, chacra, Ctl 3, Las Conchas, Buenos Aires. 20) *Brunett*, chacra, Ctl 3, Las Conchas, Buenos Aires. 21) *Caroya*, finca rural, Lavalle, Corrientes. 22) *Correa*, lugar poblado, Chancani, Pocho, Córdoba. 23) *de la Cruz*, paraje poblado, Oran, Salta. 24) *Dátil*, estancia, La Cruz, Corrientes. 25) *de los Estados*. Forma parte de la gobernacion de la Tierra del Fuego, de la que está separada por el estrecho de Le Maire. En la punta NO. de la isla existe un faro colocado sobre un promontorio de 61 m. de elevacion, que forma la punta Oeste de la entrada del puerto de San Juan del Salvamento. La luz es visible á 14 millas marítimas de distancia. $\varphi = 54°$ 23' 24''; $\lambda = 63° 47'$ 1''. 26) *la Gama*, estancia, Ctl 3, Patagones, Buenos Aires. 27) *Grande*, lugar poblado, Candelaria, Cruz del Eje, Córdoba. 28) *Grande*, lugar poblado, Chancani, Pocho, Córdoba. 29) *Grande*, lugar poblado, San Pedro, jujuy. 30) *Guanaco*, estancia, Ctl 2, Patagones, Buenos Aires. 31) *Larga*, laguna, Ctl 5, Tordillo, Buenos Aires. 32) *Larga*, lugar poblado, La Esquina, Rio Primero, Córdoba. 33) *Leon*, estancia, Esquina, Corrientes. 34) *de las Mujeres*, estancia, Ctl 2, 3, Patagones, Buenos Aires. 35) *de Olmos*, finca rural, Cerrillos, Salta. 36) *de las Palomas*, estancia, Ctl 2, Patagones, Buenos Aires. 37) *Pelada*, finca rural, Bella Vista, Corrientes. 38) *Pesada*, paraje poblado, Departamento 2°, Pampa. 39) *Redonda*, estancia, Concepcion, Corrientes. 40) *Rincon*, estancia, San Roque, Corrientes. 41) *del Sauce*, paraje poblado, Tupungato, Salta. 42) *Seca*, lugar poblado, Chancani, Pocho, Córdoba 43) *Sola*, estancia, Empedrado, Corrientes. 44) *Sola*, finca rural, Goya, Corrientes. 45) *del Sostén*, estancia, Villarino, Buenos Aires. 46) *Tacuara*, finca rural, Itatí, Corrientes. 47) *Verde*, estancia, Villarino, Buenos Aires. 48) *Verde*, lugar poblado, Chancani, Pocho, Córdoba. 49) *Verde*, cuartel de· la pedanía Timon Cruz, Rio Primero, Córdoba. 50) *Verde*, lugar poblado, Timon Cruz, Rio Primero, Córdoba. 51) *Verde*, lugar poblado, Suburbios, Rio Segundo, Córdoba. 52) *Verde*, paraje poblado, San Miguel, Corrientes. 53) *Yobay*, estancia, Bella Vista, Corrientes.

Islas, 1) las, establecimiento rural, Ctl 3, Nueve de Julio, Buenos Aires. 2) laguna, Ctl 3, Nueve de Julio, Buenos Aires. 3) cuartel de la pedanía Candelaria, Cruz del Eje, Córdoba. 4) lugar poblado, Candelaria, Cruz del Eje, Córdoba.

Isleña la, establecimiento rural, La Plata, Buenos Aires.

Isleta, 1) lugar poblado, Matorrales, Rio Segundo, Córdoba. 2) lugar poblado, Suburbios, Rio Segundo, Córdoba. 3) la, colonia, Libertad, San Justo, Córdoba. Fué fundada en 1888. Tiene 56 habitantes. (Censo del 1° de Mayo de 1890) 4) finca rural, Caacatí, Corrientes. 5) *Negra*, lugar poblado, Litin, Union,

Córdoba. 6) *del Pastor*, lugar poblado, El Cuero, General Roca, Córdoba. 7) *Rodeo*, lugar poblado, Pampayasta Sud, Tercero Arriba, Córdoba.

Isletas 1) las, e·tablecimiento rural, Villari no, Buenos Aires. 2) distrito del departamento Diamante, Entre Rios. 3) lugar poblado, Castaños, Rio Primero, Córdoba. 4) las, lugar poblado, Pampayasta Sud, Tercero Arriba, Córdoba. 5) las, cuartel de la pedanía Loboy, Union, Córdoba.

Isletillas, 1) lugar poblado, Matorrales, Rio Segundo, Córdoba. 2) lugar poblado, Capilla de Rodriguez, Tercero Arriba, Córdoba. 3) lugar poblado, Punta del Agua, Tercero Arriba, Córdoba.

Isolina la, estancia, Ctl 5, Rojas, Buenos Aires.

Isunsa, paraje poblado, San Cárlos, Salta.

Itá, 1) laguna, Esquina, Corrientes. 2) laguna, Lavalle, Corrientes. 3) *Corá*, finca rural, Mercedes, Corrientes. 4) *Corá*, arroyuelo, Mercedes, Corrientes. Desagua en el estero del rio Corrientes. 5) *Cuá*, finca rural, Santo Tomé, Corrientes. 6) *Cuarubí*, finca rural, La Cruz, Corrientes. 7) *Curuzú*, finca rural, Mercedes, Corrientes. 8) *Curuzú*, finca rural, Paso de los Libres, Corrientes.

Itaembé, [1] 1) estancia, Ituzaingó, Corrientes. 2) arroyo, Misiones y Corrientes. Es un pequeño tributario del Paraná en la márgen izquierda. Forma límite entre la gobernacion de Misiones y la provincia de Corrientes.

Itá-Ibaté, 1) lugar poblado, Caacatí, Corrientes. A orillas del Paraná. $\varphi = 27°$ 24'; $\lambda = 57° 28'$. (Azara.) 2) estancia, La Cruz, Corrientes.

Itá-Itatí, lugar poblado, Caacatí, Corrientes. E.

Itaiti-Poy, estancia, San Roque, Corrientes.

Italia, 1) la, estancia, Ctl 5, Maipú, Buenos Aires. 2) la, laguna, Ctl 5, Maipú, Buenos Aires. 3) establecimiento rural, Ctl 5, Tapalqué, Buenos Aires. 4) establecimiento rural, Ctl 4, Trenque - Lauquen, Buenos Aires. 5) establecimiento rural, Ctl 2, Veinte y Cinco de Mayo, Buenos Aires.

Italiana, 1) colonia, Bell Ville, Union, Córdoba Situada á inmediaciones de Bell Ville. Su extension es de 2367 hectáreas. 2) la, finca rural, Cafayate, Salta.

Italianita la, establecimiento rural, Ctl 5, Ramallo, Buenos Aires.

Italó, 1) pedanía del departamento General Roca, Córdoba. Tiene 610 habitantes. (Censo del 1° de Mayo de 1890.) 2) aldea, Italó, General Roca, Córdoba. Tiene 151 habitantes. (Censo.) $\varphi = 34°$ 30'; $\lambda = 63° 26'$ (?) C.

Itá-Paso, finca rural, Mercedes, Corrientes.

Itapucú, 1) lugar poblado, Mercedes, Corrientes. E. 2) arroyo, Mercedes, Corrientes. A la vez que recibe las aguas del arroyo Sauce, tributa las suyas al Yuquerí.

Itati, [1] 1) departamento de la provincia de Corrientes. Está situado á orillas del Alto Paraná. Forman sus límites por el Norte, el rio Paraná, y por el Sud el estero del Riachuelo. Al Oeste confina con el departamento San Cosme y al Este con el de Caacatí. Tiene 1800 kms.[2] de extension y una poblacion conjetural de 4000 habitantes. El departamento es regado por el Riachuelo y el arroyo Santa Isabel. Existen centros de poblacion en San Isidro Mayor, Palmira, La Cruz, Iribucuá, San josé y Santa Isabel. 2) villa, Itatí, Corrientes. Es la cabecera del departamento. Está situada á orillas del Paraná y se comunica con Corrientes por vapor. Fundada en 1615, cuenta

---

[1] Tal vez de itaaymbé=piedra pomez (Guaraní.)

[1] Piedra blanca, mármol, yeso. (Guaraní.)

actualmente con unos 1500 habitantes. $\varphi = 27° 17'$; $\lambda = 58° 11'$. (Azara.) C, E.

Itau, rio, Rivadavia, Salta. Nace en las mesetas bolivianas por los $21\frac{1}{2}°$ de latitud y corre con rumbo general á SSO. á reunir sus aguas, en la márgen izquierda, con las del rio Tarija, en Juntas de San Antonio.

Itaudi, laguna, Bella Vista, Corrientes.

Itauré, laguna, Concepcion, Corrientes.

Iturraspe, 1) colonia, Libertad, San Justo, Córdoba. Tiene 460 habitantes. (Censo del 1º de Mayo de 1890.) Fué fundada en 1886 en una extension de 21645 hectáreas. Está situada en el paraje denominado «Laguna de la Gateada.» 2) colonia, Angélica, Colonias, Santa Fe. Tiene 202 habitantes. (Censo del 7 de Junio de 1887.)

Ituzaingó, 1) laguna, Ctl 9, Bragado, Buenos Aires. 2) lugar poblado, Moron, Buenos Aires. Dista de la capital federal 24 kms. FCO, C, T, E. 3) estancia, Ctl 2, Pueyrredon, Buenos Aires. 4) establecimiento rural, Ctl 3, Ramallo, Buenos Aires. 5) departamento de la provincia de Corrientes. Está situado á orillas del Alto Paraná. Confina al Este con el departamento Santo Tomé y la gobernacion de Misiones, al Sud con los departamentos La Cruz, Mercedes y Concepcion, y al Oeste con el departamento San Miguel por medio del estero Ipucú-Guazú. Tiene 3200 kms² de extension y una poblacion conjetural de 6500 habitantes. Encierra parte de los esteros de Iberá. El departamento es regado por el rio Aguapey y los arroyos Plumero, Colorado, Ibirá, Itaembé y varios otros. 6) villa, Ituzaingó, Corrientes. Es la cabecera del departamento. Está situada á orillas del Paraná á 250 kms. de Corrientes. Tráfico importante con el Paraguay. C, E. 7) paraje poblado, Departamento 1º, Pampa.

Jachal, 1) departamento de la provincia de San Juan. Está situado al Norte y Oeste de la provincia. Su extension es de 22578 kns.² y su poblacion conjetural de unos 17600 habitantes. Está dividido en los distritos Tucunuco Mogna, Niquivil, Guaco, Punta del Agua, Paso de Lamar y Pampa del Chañar. Las riquezas minerales del departamento son considerables. Los distritos mineros son: Guachi, Agua Negra, Aguadita, Tolas, Chilca, Las Vacas, Guaco, Talcanco, Cerro del Monte, Pescado, Salado, Mellado, Agua-da, Bolsa, Potrerillo y Cerro de la Cruz. El departamento es regado por los arroyos jachal y Mercedes. Escuelas funcionan en Jachal, Pampa-Chañar, Cruz de Piedra y Mogna. 2) villa, Jachal, San Juan. Es la cabecera del departamento. Está situada en la márgen derecha del arroyo del mismo nombre, y está á 225 kms. al NNO. de la capital provincial. Tiene unos 1600 habitantes. Comercio de hacienda vacuna con Chile. C, T E. 3) arroyo, San Juan. Está formado por la confluencia de los arroyos Barrancas Blancas, Perra Negra y Blanco del Norte, que nacen en el Nevado del Bonete. En las inmediaciones de Jachal cambia su direccion de Norte á Sud, en Este, entra en el valle de Mogna, toma más adelante el nombre de Zanjon y corriendo luego en direccion SE. se confunde con el Bermejo, que viene del Norte. Este arroyo fertiliza unas 10000 hectáreas de tierras situadas en sus márgenes. El arroyo Salado es su afluente.

Jacinta, 1) establecimiento rural, Ctl 2, Alvear, Buenos Aires. 2) distrito del departamento Gualeguay, Entre Rios. 3) arroyo, Jacinta, Gualeguay, Entre Rios. Es un tributario del Gualeguay en la márgen derecha.

Jacobé, 1) establecimiento rural, Ctl 10, Juarez, Buenos Aires. 2) laguna, Ctl 10 Juarez, Buenos Aires.

Jagüel, [1] 1) laguna, Ctl 2, Navarro, Buenos Aires. 2) el, laguna, Ctl 2, Tuyú, Buenos Aires. 3) cerro, Veinte y Cinco de Mayo, Mendoza. 4) distrito del departamento General Sarmiento, Rioja 5) finca rural, General Sarmiento, Rioja. E. 6) rio, Rioja. Véase rio de Vinchina. 7) sierra del, Rioja Es el primer contrafuerte de la-cordillera que se eleva paralelamente á ella, en el extremo NO. de la provincia, atravesando de N. á S. los departamentos Lavalle y General Sarmiento. 8) arroyo, Cochagual, Huanacache, San Juan. Es absorbido por la labranza. 9) *Grande*, establecimiento rural, Departamento 2°, Pampa. 10) *Venado*, establecimiento rural, Ctl 8, Alsina, Buenos Aires.

Jagüeles, 1) los, estancia, Ctl 5, Ajó, Buenos Aires. 2) estancia, Ctl 5, Bahia Blanca, Buenos Aires. 3) establecimiento rural, Ctl 7, Chascomús, Buenos Aires. 4) laguna, Ctl 11, Dolores, Buenos Aires. 5) estancia, Ctl 4, Magdalena, Buenos Aires. 6) pedanía del departamento General Roca, Córdoba. Tiene 487 habitantes (Censo del 1° de Mayo de 1890.) 7) lugar poblado, Rio Pinto, Totoral, Córdoba.

Jagüelitos, 1) estancia, Ctl 5, Bahia Blanca, Buenos Aires. 2) establecimiento rural, Ctl 10, Bolivar, Buenos Aires. 3) arroyo Ctl 5, Bahia Blanca, Buenos Aires. 4) arroyo, Ctl 5, 6, Pringles, Buenos Aires. 5) establecimiento rural, Ctl 7, Trenque-Lauquen, Buenos Aires. 6) los, paraje poblado, Departamento 5°, Pampa.

Jaire, paraje poblado, Capital, jujuy.

Jamorda, laguna, Ctl 1, Maipú, Buenos Aires.

Jara, finca rural, Mburucuyá, Corrientes.

Jardin, 1) el, establecimiento rural, Ctl 3, Máicos Paz, Buenos Aires. 2) establecimiento rural, Ctl 2, Monte, Buenos Aires, 3) establecimiento rural, Ctl 3, Pergamino, Buenos Aires. 4) el, finca rural, Maipú, Mendoza. 5) el, finca rural, Cafayate, Salta. 6) lugar poblado, Rosario de la Frontera, Salta. E. 7) el, finca rural, Rosario de Lerma, Salta. 8) lugar poblado, Monteros, Tucuman. Al SO. de Simoca. 9) estancia, Trancas, Tucuman. En la frontera de Salta. 10) *de Flores,* finca rural, Lavalle, Corrientes. 11) *de Italia*, establecimiento rural, Departamento 3°, Pampa. 12) *del Recreo,* establecimiento rural, Ctl 1, Pergamino, Buenos Aires.

Jardinera, 1) la, finca rural, Lavalle, Corrientes. 2) *Florida*, finca rural, Lujan, Mendoza.

Jarilla, [1] 1) la, estancia, Ctl 4, Patagones, Buenos Aires. 2) lugar poblado, Anejos Sud, Córdoba. $\varphi = 31° 6'$; $\lambda = 64° 18'$; $\alpha = 750$ m. (Brackebusch.) 3) finca rural, General Sarmiento, Rioja.

Jarillas, 1) lugar poblado, Candelaria, Cruz del Eje, Córdoba. 2) lugar poblado, Chancani, Pocho, Córdoba. 3) lugar poblado, Suburbios, Rio Primero, Córdoba, 4) cuartel de la pedania San Francisco, Sobremonte, Córdoba. 5) finca rural, jachal, San Juan.

Jáuregui, 1) estancia, Ctl 5, Dorrego, Buenos Aires. 2) lugar poblado, Lujan, Buenos Aires. Dista de la capital federal 75 kms. $\alpha = 25,7$ m. FCO, C, T.

Jaxtil, distrito del departamento Rosario de Lerma, Salta.

Jaya, arroyo, Tucuman. Véase Gastona.

Jayanes, vertiente, Recreo, La Paz, Catamarca.

Jazmin, 1) el, establecimiento rural, Ctl 4, junin, Buenos Aires. 2) establecimiento rural, Ctl 4, Zárate, Buenos Aires.

---

1 **Balsa**, pozo ó zanja provistos de agua para que sirvan de abrevaderos. (Granada.)

1 Arbusto (Larrea divaricata.)

Jejen [1], arroyo, Ctl. 3, Magdalena, Buenos Aires

Jeppener, aldea, Brandzen, Buenos Aires. Dista de la capital federal 77 kms. $\alpha =$ 13,3 m FCS, C, T, E.

Jerez, 1) lugar poblado, Graneros, Tucuman. En la orilla derecha del arroyo Graneros. 2) Cué, finca rural, Santo Tomé, Corrientes.

Jerónimo, mina de galena argentífera, San Bartolomé, Rio Cuarto, Córdoba. Está situada en el paraje llamado «Puesto del Tala.»

Jesús, 1) mina de cuarzo aurífero, Candelaria, Cruz del Eje, Córdoba. Está situada en Yaspi. 2) Cué, finca rural, Santo Tomé, Corrientes. 3) María, estancia, La Plata, Buenos Aires. 4) María, cuartel de la pedanía Cañas, Anejos Norte, Córdoba. 5) María, villa, Cañas, Anejos Norte, Córdoba. Es la cabecera del departamento. Tiene 1385 habitantes. (Censo del 1º de Mayo de 1890.) Dista de Córdoba 51 kms. $\varphi = 30° 59'$; $\lambda = 64° 5'$; $\alpha = 534$ m. FCCN, C, T, E. 6) María, aldea, Sinsacate, Totoral, Córdoba. Tiene 123 habitantes. (Censo.) E. 7) María, arroyo, Totoral y Anejos Norte, Córdoba. Nace en la sierra Chica, es límite natural entre los departamentos Totoral y Anejos Norte, pasa por la villa Jesús María y termina despues en cañada que se dirige hácia el Rio Primero. 8) María, paraje poblado, Tilcara, Jujuy. 9) María, finca rural, Dolores, Chacabuco, San Luis. 10) María, distrito del departamento San Lorenzo, Santa Fe. Tiene 1970 habitantes. (Censo del 7 de Junio de 1887.) 11) María, aldea, Jesús María, San Lorenzo, Santa Fe. Está situada á 4 kms. al Norte de San Lorenzo, á orillas del Paraná y en la desembocadura del arroyo San Lorenzo. Cuenta con 980 habitantes. C, T. E. 12) Nazareno, finca rural, Guaymallén, Mendoza, 13) Rey de Gloria, establecimiento rural, Ctl 6, Lobos, Buenos Aires. 14) del Rosario, paraje poblado, Oran, Salta.

Jimenez, 1) arroyo, Ctl 5, 9, Quilmes, Buenos Aires. 2) arroyo, Ctl 7, San Vicente, Buenos Aires. Es un pequeño tributario del Matanzas en la márgen derecha. 3) departamento de la provincia de Santiago del Estero. Está situado al Sud del departamento Copo y es limítrofe de la provincia de Tucuman. Su extension es de 8391 kms.² y su poblacion conjetural de unos 27000 habitantes. Está dividido en dos secciones: Jimenez 1º y jimenez 2º. La primera comprende los 6 distritos: Pozo Hondo, Cacico, Palomar, Gramilla, Bitaca y Polco-Pozo. La segunda se compone de los 7 distritos: Ardiles, Herreras, Jimenez, Chauchillas, Antonio, Doña Luisa y Remes. Hay centros de poblacion en Jimenez, Ralos, Pozo-Hondo, Herreras, Condola, Rodeo, Rémes, Chauchillas, Antilo y Guanaco. 4) distrito de la seccion jimenez 2ª del departamento jimenez, Santiago del Estero. 5) aldea, Jimenez, Santiago. Es la cabecera del departamento. Está situada en la márgen derecha del rio Dulce y dista 52 kms. al NO. de la capital provincial. Cuenta con unos 400 habitantes. C, E. 6) Cué, finca rural, Curuzú-Cuatiá, Corrientes. 7) Primero, seccion del departamento Jimenez, Santiago del Estero. 8) Segundo, seccion del departamento Jimenez, Santiago del Estero.

Jocoli, lugar poblado, Las Heras, Mendoza. Dista de Villa Mercedes 393 kms. $\alpha = 680$ m. (De Laberge.) FCGOA C, T.

Jordan, 1) cuartel de la pedanía Villa de María, Rio Seco, Córdoba. 2) lugar poblado, Villa de María, Rio Seco, Córdoba.

---

1 Insecto menor que el mosquito, que chupa la sangre y cuya picadura es muy irritante.

Josefa la, establecimiento rural, Ctl 2, 3, Azul, Buenos Aires.

Josefina, 1) la, estancia, Ctl 9, Bolívar, Buenos Aires. 2) estancia, Ctl 3, 6, Olavarria, Buenos Aires. 3) establecimiento rural, Ctl 8, San Vicente, Buenos Aires 4) establecimiento rural, Ctl 16, Tres Arroyos, Buenos Aires. 5) establecimiento rural, Ctl 5, Tuyú, Buenos Aires. 6) colonia, Quebrachales, Colonias, Santa Fe. Dista de la capital provincial 141 kms. FCSFC. C, T.

Jovencita la, mina de oro en el Portezuelo, Potrero de Chilcas, Ayacucho, San Luis.

Joyas las, colonia, Iriondo, Santa Fe.

Juan, 1) *Asensio,* arroyo tributario del Uruguay, Paso de los Libres, Corrientes. 2) *Caro,* finca rural, Capital, Rioja. 3) *Cruz,* laguna, Ctl 11, Chascomús, Buenos Aires. 4) *Cué,* finca rural, Paso de los Libres, Corrientes. 5) *Gomez,* finca rural, San Francisco, Ayacucho, San Luis 6) *Gomez*, vertiente, San Francisco, Ayacucho, San Luis. 7) *Gracia,* lugar poblado, Manzanas. Ischilin, Córdoba. Tiene 172 habitantes. (Censo del 1° de Mayo de 1890). 8) *y Juana,* establecimiento rural, Ctl 6, Lobos, Buenos Aires.

Juana la, laguna, Ctl 4, Tapalqué, Buenos Aires.

Juanico, vertiente, Malanzan, Rivadavia, Rioja.

Juanillo, paraje poblado, Atamisqui, Santiago. C, E.

Juanita, 1) establecimiento rural, Ctl 2, 7, Alsina, Buenos Aires. 2) estancia, Ctl 6, Ayacucho, Buenos Aires. 3) estancia, Ctl 4, Azul, Buenos Aires. 4) estancia, Ctl 6, 11, Bahía Blanca, Buenos Aires. 5) estancia, Ctl 4, Balcarce, Buenos Aires. 6) establecimiento rural, Ctl 5, Bolívar, Buenos Aires. 7) establecimiento rural, Ctl 5, Brandzen, Buenos Aires. 8) establecimiento rural, Ctl 4, Guaminí, Buenos Aires. 9) establecimiento rural, Ctl 3,

Las Flores, Buenos Aires. 10) establecimiento rural, Ctl 3, 14, Lincoln, Buenos Aires. 11) laguna, Ctl 12, Lincoln, Buenos Aires. 12) estancia, Ctl 1, Magdalena, Buenos Aires. 13) establecimiento rural, Ctl 4, Maipú, Buenos Aires. 14) establecimiento rural, Ctl 4, Márcos Paz, Buenos Aires. 15) estancia, Ctl 6, Monte, Buenos Aires. 16) establecimiento rural, Ctl 3, 6, Olavarría, Buenos Aires. 17) establecimiento rural, Ctl 8, Pringles, Buenos Aires. 18) establecimiento rural, Ctl 5, Ramallo, Buenos Aires. 19) establecimiento rural, Ctl 5, Rauch, Buenos Aires. 20) estancia, Ctl 3, Saladillo, Buenos Aires. 21) laguna, Ctl 9, Tandil, Buenos Aires 22) establecimiento rural, Ctl 2, Tapalqué, Buenos Aires. 23) estancia, Ctl 10, Trenque-Lauquen, Buenos Aires. 24) establecimiento rural, Ctl 11, Tres Arroyos, Buenos Aires. 25) establecimiento rural, Ctl 3, Veinte y Cinco de Mayo, Buenos Aires. 26) mina de cuarzo aurífero, Candelaria, Cruz del Eje, Córdoba. Está situada en el paraje llamado «Las Plantas.» 27) colonia, Espinillo, Márcos Juarez, Córdoba. Fué fundada en 1889 en una extension de 3203 hectáreas. Está situada al lado de la colonia Leones. 28) mina de galena argentífera, San Bartolomé, Rio Cuarto, Córdoba. Está situada en el paraje llamado «San Antonio.» 29) mina de galena argentífera en el distrito mineral «La Picaza,» Veinte y Cinco de Mayo, Mendoza. 30) establecimiento rural, Departamento 4°, Pampa.

Juarez, 1) partido de la provincia de Buenos Aires Fué creado el 31 de Octubre de 1867. Está al SO. de Buenos Aires, enclavado entre los partidos Azul, Tandil, Necochea, Tres Arroyos, Pringles, Suarez y Olavarría. Tiene 8396 kms.² de extension y una poblacion de 8849 habitantes. (Censo del 31 de Enero de 1890). Escuelas funcionan en Juarez, Santa Ca-

talina, Santa Rita, Sol de Mayo, San
Manuel, San Pedro, etc. El partido es
regado por los arroyos Calaveras, Pescado Castigado, Cristiano Muerto, Colorado, San Pastor, Chapaleofú, Sauces, el
Chancho, Los Huesos, San Leon, el Coronel, Seco, Diamante, Esperanza, Espinillo, No sé y las Toscas. 2) villa, Juarez,
Buenos Aires. Es cabecera del partido.
Fundada en 1875, cuenta hoy con una
poblacion de 3000 habitantes. Por el
ferro-carril del Sud dista 480 kms. (14
horas) de Buenos Aires. Sucursal del
Banco de la Provincia. $\varphi = 37°40'40''$;
$\lambda = 59°47'9''$; $\alpha = 212,7$ m. FCS, línea
de Altamirano á Tres Arroyos. C, T, E.
3) arroyo, Ctl 1, 10, Pergamino, Buenos
Aires. Es un tributario del arroyo del
Medio en la márgen derecha. 4) Celman, departamento de la provincia de
Córdoba. Está situado al Sud de los departamentos Tercero Arriba y Tercero
Abajo, al Oeste del de Union, al Norte
del de General Roca y al Este del de
Rio Cuarto. Tiene 12500 kms.² de extension y una poblacion de 4730 habitantes. (Censo del 1° de Mayo de 1890).
El departamento está dividido en las 5
pedanías: Carlota, Reduccion, Chucul,
La Amarga y Carnerillo. Los centros de
poblacion de 100 habitantes para arriba,
son los siguientes: Carlota, Reduccion,
Laboulaye, Carnerillo, Chacabuco, La
Paz, Maipú, Chucul y Florida. La aldea
Carlota es la cabecera del departamento
5) Celman, lago andino, entre los 42°
y 43° de latitud, Chubut. 6) Celman,
aldea, Constitucion, Anejos Norte, Córdoba. Tiene 105 habitantes. (Censo del
1° de Mayo de 1890). Dista de la capital
provincial 19 kms. FCCN, C, T. 7) Celman, colonia, Cruz Alta, Márcos juarez,
Córdoba. Tiene 351 habitantes. (Censo).
Dista del Rosario 125 kms. Fué fundada
en 1887 en una extension de 50053 hectáreas. FCOSF, C, T, E. 8) Celman,

pedanía del departamento San justo,
Córdoba. Tiene 1269 habitantes. (Censo). 9) Celman, cuartel de la pedanía
del mismo nombre, San justo, Córdoba.
10) Celman, departamento de la provincia de La Rioja. Está situado al Sud
del departamento de la Capital y es limítrofe de la provincia de Córdoba. Tiene
5431 kms.² de extension y una poblacion
conjetural de unos 3500 habitantes. Está
dividido en los tres distritos: Esquina,
Santa Lucía y Juarez Celman. El departamento es regado por el arroyuelo Santa
Lucía y varios manantiales. 11) Celman,
distrito del departamento del mismo
nombre, Rioja. 12) Celman, aldea, Juarez Celman, Rioja. Es la cabecera del
departamento. Antes se llamaba Chamical. C, E. 13) Celman, rio, Tierra del
Fuego. Es la mayor de las siete arterias
fluviales halladas por Popper desde cabo
Espiritu Santo hasta cabo Peñas. Tiene
su origen en la cordillera central y atraviesa casi todo el centro de la isla, des-
embocando en el Atlántico bajo los 53°
46' de latitud. 14) Celman, pueblo,
Capital, Tucuman. A 8 kms. al SE. de
Tucuman, cerca de la márgen izquierda
del rio Sali.

Juarista la, establecimiento rural, Ctl 4,
Ramallo, Buenos Aires.

Juella, 1) paraje poblado, Rinconada, Jujuy. 2) paraje poblado, Tilcara, Jujuy.

Jujuy, 1) provincia de la Confederacion
Argentina. Está rodeada al Norte y Oeste
por Bolivia y al Este y Sud por la provincia de Salta. Sus actuales límites con
Bolivia son: una línea tirada desde el
cerro de Incaguasi por los cerros de Galan y Granadas hasta Chusmimayo; luego desde aqui el arroyo San Juan hasta
Rochaguasi, y en seguida una linea que
pasa por Piscuno, Condorguasi y Quiaca
hasta Intacancha. El límite con Salta
empieza al SO. con el arroyo de las Burras en la meseta del Despoblado y ca-

miento industrial y en asfalto y petróleo, pero la industria minera es hasta hoy enteramente insignificante. La ganadería y la agricultura son las principales fuentes de recursos de la provincia. Bajo el punto de vista administrativo está la provincia dividida en 13 departamentos, á saber: Capital, Perico de San Antonio, Tumbaya, Tilcara, Perico del Cármen, Ledesma, San Pedro, Cochinoca, Rinconada, Santa Catalina, Yaví, Valle Grande y Humahuaca. 2) departamento de la provincia del mismo nombre, ó sea de la Capital. Es limitado al Norte por el arroyo de Leon y los pequeños valles de Tilquiza y de Tiracsi hasta el arroyo de Capillas; al Este por las cumbres de Zapla hasta Barro Negro y Cadillal, Alisos y Huaico-Hondo; al Oeste por el valle de Jujuy hasta las cumbres de la sierra de Chañi. Su extension es de 5400 kms.^{2} y su poblacion conjetural de unos 10000 habitantes. Está dividido en los 20 distritos: Capital, San Pedrito, Rio Blanco, Palpalá, Latorre, Remate, Pongo, Palos Blancos, Alisos, Almona, Molinos, Yala, Leon, Perales, Tilquiza, Ocloyaz, Cármen, Zapla, Capillitas y Yaire. El departamento es regado por el rio Grande de Jujuy y los arroyos Zapla, Paño, Ocloyaz, Alisos, Capillas, Negro, Lozano, Almona, Perico, Tiracsi, de la Pampa, Leon, Sala, Chico, Tutimayo, Escalera, Talar, Tilquiza, del Naranjo, Cuesta Chica, del Cerro Labrado, Tunalito, Cebilar, Lagunilla, Ciénega, Azahares, Yerba Buena, Sopachal, Yaire, Lugano, Coya, Perro Muerto y otros de menor importancia. Hay centros de poblacion en La Viña, Higuerillas, Chijra, Banda, Cuyaya, Alto, Tablada y Huaico-Hondo. Los valles de los Reyes, Yala, Sauces y Leon pertenecen al departamento y encierran terrenos bien regados y cultivados. En el valle de los Reyes existen fuentes de aguas termo - minerales. 3) villa, capital de la provincia del mismo nombre. Está situada á orillas del rio Grande. Fundada en 1592 por Francisco de Argañarás, cuenta actualmente con unos 5000 habitantes. Por la via férrea dista 1556 kms. de Buenos Aires. Colegio Nacional, Escuela Normal, Aduana, Sucursal del Banco Nacional, etc. La Tablada, donde se realizan las férias anuales de Pascuas. es el paseo de jujuy. $\varphi = 24°\ 11'$; $\lambda = 65°\ 21'\ 30''$; $\alpha = 1260$ m. (Observatorio.) C, T, E. 4) arroyo, Capital, Jujuy. Nace en la sierra de Chañi y desagua en la márgen derecha del rio Grande de Jujuy, en la misma ciudad de Jujuy.

Julia, 1) establecimiento rural, Ctl 6, Rauch, Buenos Aires. 2) mina de galena argentífera en el distrito mineral de San Antonio de los Cobres, Poma, Salta. Tiene 30 metros de profundidad.

Juliana, 1) establecimiento rural, Ctl 3, Las Flores, Buenos Aires. 2) lugar poblado, San Bartolomé, Rio Cuarto, Córdoba. 3) estancia, Burruyaco, Tucuman. Al NE. del departamento, cerca de la frontera santiagueña. 4) *Cué,* finca rural, Concepcion, Corrientes.

Julieta y Romeo, establecimiento rural, Ctl 3, Lincoln, Buenos Aires.

Julio, 1) mina de hierro, Punilla, Córdoba. Está situada en el lugar llamado «Loma Colorada» en la sierra del Coro. 2) lugar poblado, San Roque, Corrientes. Al Sud del departamento. 3) *A. Roca,* lugar poblado, La Amarga, juarez Celman, Córdoba. Tiene 67 habitantes. (Censo del 1° de Mayo de 1890.) Dista de Buenos Aires por la via férrea 520 kms. $\alpha = 127$ m. FCP, C, T.

Jume, [1] 1) aldea, Copacabana, Ischilin, Córdoba. Tiene 101 habitantes. (Censo m.) 2) el, lugar poblado, La Esquina,

Rio Primero, Córdoba. 3) lugar poblado, Aguada del Monte, Sobremonte, Córdoba. 4) lugar poblado, Candelaria, Totoral, Córdoba. 5) arroyo, Beltran, Mendoza. Es un tributario serrano del Salado en la márgen derecha.

Jumial, 1) vertiente, Recreo, La Paz, Catamarca. 2) lugar poblado, Calchin, Rio Segundo, Córdoba. 3) lugar poblado, San Pedro, Tulumba, Córdoba.

Jumialito, lugar poblado, Guasapampa, Minas, Córdoba.

Juncal, 1) el, laguna, Ctl 3, Alvear, Buenos Aires. 2) establecimiento rural, Ctl 3, Ayacucho, Buenos Aires. 3) laguna, Ctl 6, Azul, Buenos Aires. 4) el, laguna, Ctl 9, Cañuelas, Buenos Aires. 5) isla, Castelli, Buenos Aires Está en el fondo de la ensenada de Samborombon, en los 36° de latitud, á corta distancia de la costa. 6) establecimiento rural, Ctl 3, Chacabuco, Buenos Aires. 7) laguna, Ctl 3, Chacabuco, Buenos Aires. 8) laguna, Ctl 6, Las Flores, Buenos Aires. 9) estancia, Ctl 2, Patagones, Buenos Aires. 10) establecimiento rural, Ctl 7, Pergamino, Buenos Aires. 11) laguna, Ctl 7, Pergamino, Buenos Aires. 12) laguna, Ctl 5, Rauch, Buenos Aires. 13) arroyo, Ctl 10, Rauch, Buenos Aires. 14) isla situada en la desembocadura del rio Uruguay y del Paraná Guazú. 15) cumbre de la cordillera, Tupungato, Mendoza. $\varphi = 33°\ 25'$; $\lambda = 69°\ 30'$; $\alpha = 6208$ m. (Pissis.) 16) el, finca rural, General Sarmiento, Rioja. 17) el, finca rural, Jachal, San Juan. 18) lugar poblado, Rosario, Pringles, San Luis.

Juncales los, laguna, Ctl 7, Alvear, Buenos Aires.

Juncalito, laguna, Ctl 4, Ayacucho, Buenos Aires.

Junco, [1] 1) el, arroyo, Ctl 2, 3, 4, Balcar-

---

ce, Buenos Aires. 2) laguna, Ctl 3, Balcarce, Buenos Aires. 3) laguna, Ctl 5, Bragado, Buenos Aires. 4) laguna, Ctl 7, Dorrego, Buenos Aires. 5) laguna, Ctl 2, Navarro, Buenos Aires. 6) laguna, Ctl 5, Suarez, Buenos Aires. 7) laguna, Ctl 9, Tandil, Buenos Aires. 8) laguna, Ctl 4, Vecino, Buenos Aires.

Junin, 1) partido de la provincia de Buenos Aires. Fué creado en 1864. Está al ONO. de Buenos Aires y á la vez que es limítrofe de la provincia de Santa Fe, está enclavado entre los partidos Rojas, Chacabuco, Bragado y Lincoln. Tiene 3212 kms.² de extension y una poblacion de 7835 habitantes. (Censo del 31 de Enero de 1890.) El partido es regado por el rio Salado y los arroyos Nutrias y Piñeiro. Existen además en el partido las lagunas Chañar, Gomez y Mar Chiquita. 2) villa, Junin, Buenos Aires. Es cabecera del partido. Fundada en 1853, cuenta hoy con 3000 habitantes. (Censo del 31 de Enero de 1890.) Está situada á orillas del rio Salado, á la vez que al lado de la línea del ferro-carril del Pacifico y la del ramal que une á Pergamino con San Nicolás. Dista de Buenos Aires por la primera via 256 kms. y por la segunda 317. Sucursal del Banco de la Provincia, Graseria. $\varphi = 34° 33'$; $\lambda = 60° 52'$; $x = 81$ m. FCP, FCO, C, T, E. 3) departamento de la provincia de Mendoza. Confina al Norte con el departamento San Martin, al Este con el de Chacabuco, al Sud con el de Rivadavia por el rio Tunuyan y al Oeste con el de Maipú. Tiene 455 kms.² de extension y una poblacion conjetural de unos 13000 habitantes. El terreno es más llano que quebrado. La riqueza principal es la agricultura. Las estaciones Rivadavia y Alto Verde del ferro-carril Gran Oeste Argentino se hallan en este departamento. 4) aldea, junin, Mendoza. Es la cabecera del departamento. Está á unos

50 kms. al SE. de Mendoza. C, T, E. 5) fortin, Neuquen. Está situado á orillas del Chimehuin. 6) departamento de la provincia de San Luis. Confina al Norte y Este con la provincia de Córdoba, al Sud con los departamentos Chacabuco y San Martin y al Oeste con el de Ayacucho. Su extension es de 2914 kms.² y su poblacion conjetural de unos 8400 habitantes. El departamento se divide en los 6 partidos: Cantana, Lomita, Punta del Agua, Merlo, Ojo del Rio y Palomas. Las arterias fluviales del departamento son los arroyos Conlara, Claro, de las Tigras, Piedra Blanca, Carpinteria, Cortaderas, Molles, del Tren, del Molino, Duraznito, de las Aguadas, de las Cañas, Chilca, del Agua, de los Chañares y de Cantana. Las más de estas corrientes no son sino hilos delgados de agua cuyos cauces están durante gran parte del año secos. Escuelas funcionan en Santa Rosa, Ojo del Rio, Merlo, Molles, Lomita, Paloma, Talita y Punta del Agua. La villa de Merlo es la cabecera del departamento.

Junquillo 1) el, lugar poblado, Anejos Norte, Córdoba. $\varphi = 31° 12'$; $\lambda = 64° 20'$; $x = 900$ m. (Brackebusch.) 2) lugar poblado, Cármen, San Martin, San Luis.

Junta de los Rios, 1) lugar poblado, San Isidro, Anejos Sud, Córdoba. 2) lugar poblado, Conlara, San Martin, San Luis.

Juntas, 1) arroyo de las, La Puerta, Belén, Catamarca. Nace en la laguna Blanca y corre de O. á E. en una extension de 25 kms. Es un pequeño tributario del Hualfin en la márgen derecha. 2) confluencia de los dos brazos del Pilcomayo, Formosa. Se verifica á 250 kms. de distancia por el cauce, desde la desembocadura del rio en el Paraguay. $\varphi = 24° 59' 19''$; $\lambda = 58° 53' 45''$. (Storm.) 3) arroyo, Capital, Tucuman. Es la continuacion del de Anfama. 4) estancia, Capital, Tucuman. En la confluencia de los arroyos Garabatal y Anfama. 5) lugar poblado, Rio Chico, Tucuman. En la confluencia de los arroyos Barrientos y Medina. 6) estancia, Trancas, Tucuman. En la orilla izquierda del rio Salí.

Juramento, rio, Salta. Nace en los nevados de Acay y de Cachi. Recorre el valle de Calchaqui todo entero de Norte á Sud, engrosando su cauce con los arroyos y torrentes que bajan de las montañas. A partir de Molinos toma la direccion SE. hasta reunírsele las aguas del arroyo Santa Maria en las inmediaciones del pueblecito Conchas; rodea luego la parte Norte de la sierra de Aconquija y sigue en direccion NE. por la quebrada de Guachipas, donde toma este nombre. Despues de recibir en su márgen izquierda el arroyo Arias (ó de Salta) que viene del Norte, engrosado con las aguas de los arroyos Toro y Escoipe, se dirige al Este, en direccion de la sierra de la Lumbrera, bajo el nombre de rio del Pasaje, sigue luego en direccion SE., dobla la punta Sud de la sierra de la Lumbrera y entra bajo el nombre de rio del Juramento en la provincia de Santiago, donde toma más adelante el nombre de rio Salado. Los principales afluentes que el Juramento recibe en el valle de Calchaqui son el Pricas, el Molinos, el Angastaco y el Ambladillo.

Justa, establecimiento rural, Departamento 4°, Pampa.

Justicia, mina de plata, Candelaria, Cruz del Eje, Córdoba. Está situada en el paraje llamado « La Isla. »

Justo, 1) cuartel de la pedanía Sacanta, San Justo, Córdoba. 2) lugar poblado, Sacanta, San Justo, Córdoba.

Kaliluncul, laguna, Ctl 18, Juarez, Buenos Aires.

Keen (Cárlos), lugar poblado, Lujan, Buenos Aires. Dista de la capital federal 82

kms. $\alpha = 37$ m. FCO, ramal de Lujan á Pergamino, Junin y San Nicolás. C, T.

Koehler (ó Santa Cruz, ó Salto), aldea de la colonia General Alvear, Palmar, Diamante, Entre Rios.

Kong, (ó Chalia). arroyo, Santa Cruz. Nace en la cordillera, entre los 49° y 50° de latitud, y corre en direccion de Oeste á Este hasta desembocar en el rio Chico, entre los 69° y 70° de longitud. En su desembocadura forma la isla Corpenaiken.

La Amarga, pedanía del departamento Juarez Celman, Córdoba. Tiene 742 habitantes. (Censo del 1° de Mayo de 1890)

Laberinto, cabo, Villarino, Buenos Aires. $\varphi = 39°\ 26'\ 30''$; $\lambda = 62°\ 2'\ 36''$. (Fitz Roy).

Laborde, laguna, Ctl 8, Dolores, Buenos Aires.

Labordelour, estancia, Ctl 5, Pergamino, Buenos Aires.

Laboulaye, aldea, La Amarga, Juarez Celman, Córdoba. Tiene 421 habitantes. (Censo del 1° de Mayo de 1890). Dista de Buenos Aires 487 kms. $\varphi = 34°\ 5'$; $\lambda = 63°\ 22'$; $\alpha = 185$ m. FCP. C, T, E.

Labrador, estancia, Ctl 1, Magdalena, Buenos Aires.

Labrel, estancia, Saladas, Corrientes.

La Cangayé, antigua reduccion de indios, en la orilla derecha del rio Bermejo, Chaco. $\varphi = 25°\ 36'$; $\lambda = 60°\ 43'$.

Lacha, laguna, Ctl 9, Lincoln, Buenos Aires.

Lacitana, laguna, Ctl 3, Bolívar, Buenos Aires,

Lacroze, establecimiento rural, Ctl 3, Márcos Paz, Buenos Aires.

La Cruz, 1) lugar poblado, Itatí, Corrientes. 2) departamento de la provincia de Corrientes. Véase Cruz. 3) villa, La Cruz, Corrientes. Antiguamente era una mision de los jesuitas. Comercio con maderas y yerba. Los vapores de Monte Caseros tocan una vez por semana en el puerto. Véase Cruz (16).

Lacuti-Cué, estancia, San Luis, Corrientes.

Lacuyú, lugar poblado, San Cárlos, Minas, Córdoba.

Laderoyaco, lugar poblado, San José, Tulumba, Córdoba.

Lagarto, laguna, Esquina, Corrientes.

Lago, 1) el, laguna, Ctl 13, Chivilcoy, Bueuos Aires. 2) *de Como*, establecimiento rural, Ctl 7, Quilmes, Buenos Aires. 3) *de Rosario,* chacra, Guzman, San Martin, San Luis.

Laguará, laguna, Ctl 11, Veinte y Cinco de Mayo, Buenos Aires.

La Guardia, lugar poblado, La Paz, Catamarca. Dista de Córdoba 319 kms. $\alpha =$ 245 m. FCCN, ramal de Recreo á Chumbicha. C, T.

Laguna, 1) la, chacra, Ctl 7, Cañuelas, Buenos Aires. 2) arroyo, Ctl 4, Chascomús, Buenos Aires. 3) la, establecimiento rural, Ctl 4, Lomas de Zamora, Buenos Aires. 4) estancia, Ctl 4, Saladillo, Buenos Aires. 5) mina de cuarzo aurífero, Candelaria, Cruz del Eje, Córdoba. Está situada en el paraje llamado «Patacon.» 6) aldea, Quilino, Ischilin, Córdoba. Tiene 192 habitantes. (Censo del 1° de Mayo de 1890). 7) lugar poblado, Salsacate, Pocho, Córdoba. 8) lugar poblado, San Pedro, Tulumba, Córdoba. 9) la, finca rural, Bella Vista, Corrientes. 10) la, lugar poblado, Esquina, Corrientes. 11) la, finca rural, Mercedes, Corrientes. 12) paraje poblado, Capital, Jujuy. 13) vertiente, Ñacate, Rivadavia, Rioja. 14) la, paraje poblado, Cafayate, Salta. 15) la, finca rural, Rosario de la Frontera, Salta. 16) paso de la, en la cordillera de San Juan. $\varphi = 30°\ 50'$; $\lambda =$ 69° 40'; $\alpha = 4632$ m. (Domeyko). 17) vertiente, San Lorenzo, San Martin, San Luis. 18) distrito del departamento Ata-

misqui, Santiago del Estero. 19) distrito de la seccion La Punta del departamento Choya, Santiago del Estero. 20) distrito de la seccion Figueroa del departamento Matará, Santiago del Estero. 21) paraje poblado, Figueroa, Matará, Santiago. 22) *Alsina*, estancia, Ctl 9, Guaminí, Buenos Aires. 23) *Avalos*, finca rural, San Roque, Corrientes. 24) *Azul*, estancia, Bella Vista, Corrieutes. 25) *Barragan,* establecimiento rural, Ctl 6, Brandzen, Buenos Aires. 26) *Benjamin*, establecimiento rural. Ctl 8, Ayacucho, Buenos Aires. 27) *Blanca*, lugar poblado, Las Flores, Buenos Aires. E. 28) *Blanca*, distrito del departamento Belén, Catamarca. 29) *Blanca*, estancia, Leales, Tucuman. 30) *Brava*, establecimiento rural, Ctl 3, Balcarce, Buenos Aires. 31) *Brava*, establecimiento rural, Ctl 9, Pueyrredon, Buenos Aires. 32) *Brava*, lugar poblado, Quebracho, Rio Primero, Córdoba. 33) *Brava*, finca rural, La Cruz, Corrientes. 34) *Burro*, finca rural, Bella Vista, Corrientes. 35) *del Cachiyuyo*, estancia, Ctl 3, Trenque-Lauquen, Buenos Aires. 36) *Caré*, finca rural, Bella Vista, Corrientes. 37) *Colorada*, lavadero de oro en la Puna, Cochinoca, Jujuy. 38) *Concha*, estancia, Esquina, Corrientes. 39) *Cosme*, establecimiento rural, Ctl 7, Vecino, Buenos Aires. 40) *Cruz*, chacra, Guzman, San Martin, San Luis. 41) *del Cuerito*, estancia, Ctl 1, Patagónes, Buenos Aires. 42) *del Eje*, estancia, Ctl 1, Patagones, Buenos Aires. 43) *Escudero*, estancia, Lavalle, Corrientes. 44) *del Fierro,* establecimiento rural, Ctl 16, Tres Arroyos, Buenos Aires. 45) *Grande*, estancia, Ctl 1, 3, Patagones, Buenos Aires. 46) *Guazú*, finca rural, Paso de los Libres, Corrientes. 47) *Honda*, lugar poblado, Chucul, Juarez Celman, Córdoba. 48) *Itá*, estancia, Esquina, Corrientes. 49) *Itandí*, finca rural, Bella Vista, Corrientes. 50)

Iquen, finca rural, San Roque, Corrientes. 51) *de Juancho*, establecimiento rural, Ctl 4, Tuyú, Buenos Aires. 52) *Larga*, aldea, Pampayasta Sud, Tercero Arriba, Córdoba. Tiene 153 habitantes. (Censo m.) Dista del Rosario 342 kms. $\varphi = 31°$ $51'$; $\lambda = 63° 45'$; $z = 311$ m. ECCA, C, T. 53) *Larga*, lugar poblado, Departamento 4°, Pampa C. 54) *Larga*, lugar poblado, San Lorenzo, San Martin, San Luis. C. 55) *Larga*, lugar poblado, General Lopez, Santa Fe. C. 56) *de Lavar*, cuartel de la pedanía Loboy, Union, Córdoba. 57) *Limpia*, lugar poblado, Bella Vista, Corrientes. 58) *Limpia*, lugar poblado, Concepcion, Corrientes. 59) *Limpia*, lugar poblado, Esquina, Corrientes. 60) *Limpia*, lugar poblado, Goya, Corrientes. 61) *Limpia*, lugar poblado, San Miguel, Corrientes. 62) *del Maestro*, estancia, Ctl 1, Tuyú, Buenos Aires. 63) *Matal*, paraje poblado, Departamento 2°, Pampa. 64) *Mil*, paraje poblado, Viedma, Rio Negro, 65) *Millan*, estancia, Ctl 3, Trenque-Lauquen, Buenos Aires. 66) *del Monte*, estancia, Ctl 3, Patagones, Buenos Aires 67) *Moron*, establecimiento rural, Ctl 7, Azul, Buenos Aires. 68) *de las Mulas*, establecimiento rural, Ctl 4, Chascomús, Buenos Aires. 69) *Negra*, paraje poblado, Lavalle, Corrientes. 70) *Negra*, paraje poblado, Tilcara, Jujuy. 71) *Negra*, paraje poblado, Valle Grande, jujuy. 72) *Negra*, laguna, Neuquen. Da orígen al rio Barrancas, bajo los 36° 10' de latitud y 70° 30' de longitud. Véase Carri-Lauquen. 73) *Negra*, paraje poblado, Rosario de la Frontera, Salta. 74) *Ombú*, finca rural, Lavalle, Corrientes. 75) *de la Oveja*, estancia, Ctl 1, Patagones, Buenos Aires. 76) *de los Padres*. Véase Mar del Plata. 77) *del Parogui*, estancia, Ctl 1, Suarez, Buenos Aires. 78) *de los Patos*, chacra, Guzman, San Martin, San Luis. 79) *de Peiso*, estancia, Ctl 3,

Alsina, Buenos Aires. 80) *del Pescado*, distrito del departamento Victoria, Entre Rios. 81) *de la Piedra*, lugar poblado, Rosario, Pringles, San Luis. 82) *de Ponce*, establecimiento rural, Ctl 4, Pueyrredon, Buenos Aires. 83) *Posta*, finca rural, Goya, Corrientes. 84) *Pozo*, finca rural, Esquina, Corrientes. 85) *Redonda*, establecimiento rural, Ctl 3, Trenque-Lauquen, Buenos Aires. 86) *de Robles*, estancia, Burruyaco, Tucuman. Al Norte del departamento, cerca de la frontera de Salta. E. 87) *Salada*, lugar poblado, Esquina, Corrientes. 88) *Sarandí*, finca rural, San Roque, Corrientes. 89) *Sauce*, lugar poblado, San Roque, Corrientes. 90) *Sauce Grande*, estancia, Ctl 6, Bahía Blanca, Buenos Aires. 91) *Seca*, lugar poblado, Tegua y Peñás, Rio Cuarto, Córdoba. 92) *Seca*, lugar poblado, Villa María, Tercero Abajo, Córdoba. 93) *Serrano*, finca rural, San Roque, Corrientes. 94) *Sirena*, lugar poblado, Lavalle, Corrientes. E. 95) *Sola*, estancia, Ctl 3, Patagones, Buenos Aires. 96) *del Toro*, establecimiento rural, Ctl 6, Bragado, Buenos Aires. 97) *del Toro*, establecimiento rural, Ctl 11, Dorrego, Buenos Aires. 98) *de los Tres Porongos*, finca rural, Jachal, San Juan. 99) *de la Vaca*, estancia, Ctl 1, Patagones, Buenos Aires. 100) *de las Vacas*, aldea, Matorrales, Rio Segundo, Córdoba. Tiene 129 habitantes. (Censo del 1° de Mayo de 1890). 101) *Vallejos*, finca rural, Esquina, Corrientes. 102) *de Vega*, vertiente, Caucete, San Juan. 103) *Verde*, establecimiento rural, Ctl 6, Azul, Buenos Aires. 104) *Verde*, lugar poblado, Suburbios, Rio Primero, Córdoba. 105) *de la Yegua*, lugar poblado, Chucul, Juarez Celman, Córdoba.

Lagunas, 1) las, arroyo, Ctl 12, Dorrego, Buenos Aires. 2) lugar poblado, Macha, Totoral, Córdoba. 3) arroyo, Manantial,

Federacion, Entre Rios. Desagua en la márgen derecha del Feliciano, en direccion de Norte á Sud. 4) distrito del departamento Caucete, San juan. 5) *Encadenadas*, estancia, Ctl 6, Puan, Buenos Aires. 6) *de Muñoz*, establecimiento rural, Ctl 6, Bahía Blanca, Buenos Aires.

Lagunilla, 1) pedanía del departamento Anejos Sud, Córdoba. Tiene 1242 habitantes. (Censo del 1º de Mayo de 1890). 2) cuartel de la pedanía del mismo nombre, Anejos Sud, Córdoba. 3) lugar poblado, Lagunilla, Anejos Sud, Córdoba. Tiene 164 habitantes. (Censo m.) $\varphi = 31° 31'$; $\lambda = 64° 22'$; $\alpha = 650$ m. (Brackebusch). E. 4) lugar poblado, San Francisco, Sobremonte, Córdoba. 5) lugar poblado, Rio Pinto, Totoral, Córdoba. 6) distrito del departamento de la Capital, Salta. 7) finca rural, Rosario de la Prontera, Salta. 8) lugar poblado, Rosario de Lerma, Salta.

Lagunillas, 1) lugar poblado, Timon Cruz, Rio Primero, Córdoba. 2) lugar poblado, Ledesma, Jujuy. 3) lugar poblado, Rinconada, Jujuy. 4) lugar poblado, Valle Grande, Jujuy. 5) finca rural, Capital, Salta.

Lagunita, 1) la, finca rural, Esquina, Corrientes. 2) finca rural, La Cruz, Corrientes. 3) finca rural, San Luis, Corrientes. 4) lugar de baños termales, Guaymallén, Mendoza. Dista solo 6 kms. de la capital provincial. 5) distrito minero del departamento Iglesia, San juan. Encierra plata. 6) finca rural, San Lorenzo, San Martin, San Luis. C. 7) estancia, Graneros, Tucuman.

Lagunitas, 1) finca rural, Ayacucho, San Luis. C. 2) arroyo, San Luis. Riega los distritos San Lorenzo, del departamento San Martin, y Rosario, del departamento Pringles.

Laja, 1) arroyo, Neuquen. Es uno de los principales tributarios del rio Agrio en la márgen derecha. 2) distrito minero del departamento Albardon, San juan. Encierra mármoles. 3) la, lugar de aguas termales de fuente sulfurosa, Albardon, San Juan. Está á 20 kms. al Norte de la capital de la provincia, en las alturas del monte Villicum, sierra de la Rinconada. La temperatura de las aguas es de 75° Celsius, al salir de la tierra. 4) vertiente, Marquesado, Desamparados, San juan.

Lajara, lago, Neuquen. Recibe las aguas del arroyo Quempu-Callú. La cuestion de si este lago es argentino ó chileno, no está resuelta aun, ni puede resolverse á priori.

Lajas, 1) las, lugar poblado, Dolores, Punilla, Córdoba. 2) las, lugar poblado, Achiras, Rio Cuarto, Córdoba. 3) lugar poblado, Aguada del Monte, Sobremonte, Córdoba. 4) lugar poblado, Copo, Santiago. E.

Lama la, laguna, Ctl 1, Vecino, Buenos Aires.

La Madrid, pueblo, Graneros, Tucuman. Dista por la vía férrea 449 kms. de Córdoba y 97 de Tucuman. Es una de las estaciones extremas del ferro-carril noroeste argentino, siendo Tucuman la otra. $\alpha = 350$ m. FCCN. C, T, E.

Lamaral, establecimiento rural, Iglesia, San Juan.

Lamas, 1) finca rural, Caacatí, Corrientes. 2) estero, Caacatí, Corrientes.

Lamedero, paraje poblado, Chicoana, Salta.

Lamendiek, paraje poblado, San Pedro, Jujuy.

Lameró, estancia, Empedrado, Corrientes.

Lampacillo, estancia, Cafayate, Salta.

Lampazo, el, estancia, Cafayate, Salta.

Lampicué, laguna, Concepcion, Corrientes.

Lanabria, arroyo, Ctl 10, Dolores, Buenos Aires.

Lancita, lugar poblado, Chucal, Juarez Celman, Córdoba.

Landa, arroyo, Costa del Uruguay, Gualeguaychú, Entre Rios. Es un pequeño tributario del Uruguay.

Langará, finca rural, Ituzaingó, Corrientes.

Langosta la, chacra, Ctl 1, Maipú, Buenos Aires.

Langueyú, 1) establecimiento rural, Ctl 2, Ayacucho, Buenos Aires. 2) laguna, Ctl 7, Rauch, Buenos Aires. 3) arroyo, Ctl 1, 3, 7, 9, Rauch, y Ctl 2, 4, 7, Arenales, Buenos Aires. Es en la mayor parte de su extension límite entre los partidos Arenales al Este y Rauch al Oeste.

Lanús, lugar poblado, Barracas, Buenos Aires. Dista de la capital federal 9 kms. FCS, C, T.

Lanzas, estancia, Trancas, Tucuman.

Lapachal, [1] 1) arroyo, Ledesma, Jujuy. Es un tributario del arroyo Santa Rita, en la márgen izquierda. Nace en la sierra de Santa Bárbara. 2) paraje poblado, San Pedro, Jujuy.

Lapachito, finca rural, Concepcion, Corrientes.

Lapachos los, paraje poblado, Perico del Cármen, Jujuy.

La Paz, 1) ó *Lomas*, villa, Lomas de Zamora, Buenos Aires. Es cabecera del partido. Cuenta hoy con unos 4000 habitantes. Es uno de los lugares veraniegos de la poblacion bonaerense. Dista de Buenos Aires 15 kms. $\varphi = 34°\ 45'\ 10''$; $\lambda = 58°\ 48'\ 19''$; $\alpha = 16$ m. FCS, C, T, E. 2) departamento de la provincia de Catamarca. Confina al Norte con el de Ancasti; al Este con la provincia de Santiago; al Sud con las provincias de Córdoba y La Rioja, y al Oeste con el departamento Capayan. Tiene 4287 kms.[2] de extension y una poblacion conjetural de 11200 habitantes. Está dividido en los 10 distritos: Icaño, Union, Palmitas, Anjulí, Ramblones, Motegasta, Santo Domingo, La Florida, Recreo y San

Antonio. El departamento es regado por los arroyos Chico, Licha, Icaño, Albigasta, Anjulí, Ramblones, Bazan, Jayanes, Aguadita, Jumial, Motegasta, Caballo y Aibal. Hay centros de poblacion en Anjuli, Icaño, Recreo, Ramblones, Motegasta, Santo Domingo, Aibal, Jumial y Tinajeras. Icaño es la cabecera del departamento. 3) estancia, Carlota, Juarez Celman, Córdoba. Tiene 226 habitantes. (Censo del 1° de Mayo de 1890.) 4) lugar poblado, Rio Pinto, Totoral, Córdoba. 5) pedanía del departamento San Javier, Córdoba. Tiene 2934 habitantes. (Censo m.) Véase Tala. 6) aldea, La Paz, San Javier, Córdoba. Tiene 849 habitantes. (Censo m.) $\varphi = 32°\ 13'$; $\lambda = 65°\ 6'$. C, T, E. 7) finca rural, Ituzaingó, Corrientes. 8) departamento de la provincia de Entre Rios. Está situado en la orilla izquierda del Paraná y confina al Norte con la provincia de Corrientes por medio del Guayquiraró; al Este con los departamentos Feliciano y Concordia por medio del arroyo de las Mulas (tributario del Guayquiraró), arroyo Curubí (tributario del Feliciano), arroyo Feliciano (tributario del Paraná) y arroyo de las Estacas (tributario del Feliciano); al Sud con los departamentos Villaguay y Capital por medio del arroyo Paiticú (tributario del Tigre,) arroyo Chañar (tributario del Tigre) y arroyo Hernandarias (tributario del Paraná.) Su extension es de 6400 kms[2] y su poblacion conjetural de 15500 habitantes. El departamento está dividido en los 6 distritos: Hernandarias, Alcaraz, Yeso, Banderas, Estacas y Tacuaras. Las principales arterias fluviales del departamento, fuera de las que forman límite, son los arroyos Feliciano, Banderas, Achiras, Don Gonzalo y Alcaraz. Escuelas funcionan en La Paz, Santa Elena y en los distritos Hernandarias, Alcaraz, Yeso y Tacuaras.

---

[1] Bosque de lapachos. El lapacho (Tabebuia sp.) es un árbol muy grande de madera fuerte.

llega de Buenos Aires á La Plata en hora y media y aun menos. Fué fundada el 19 de Noviembre de 1882 y cuenta hoy en todo su municipio (Ensenada, Tolosa, Hornos, Melchor Romero y campaña incluidos) 65557 habitantes. (Censo del 31 de Enero de 1890) A juzgar por su traza, sus anchas avenidas y sus espaciosas plazas, no queda duda de que La Plata será dentro de medio siglo una de las más hermosas ciudades de Sud América. Museo, Observatorio, calles empedradas, alumbrado de gas y eléctrico, aguas corrientes, tramways, bancos, gran estacion central de ferro-carriles, colegio nacional, teatros, hoteles, etc. $\varphi = 34°$ 54' 30"; $\lambda = 57° 54' 15"$ (Observatorio); $z = 18$ m. FCE, FCO, C, T, E 2) partido de la provincia de Buenos Aires. Es el antiguo partido de la Ensenada. Está al SE. de Buenos Aires, á orillas del rio de La Plata, y enclavado entre los partidos Quilmes, San Vicente, Brandzen y Magdalena. Tiene 1086 kms.² de extension y una poblacion de 65557 habitantes. Encierra la capital de la provincia, sus suburbios Tolosa, Ensenada, Los Hornos y Melchor Romero. Los arroyos y cañadas que cruzan el territorio del partido son los siguientes: Pescado, Rodriguez, del Gato, Las Mulas, Maldonado, Estancia Grande, del Carnaval, del Peligro, del Huerto, Suero, Carmona, Zanjon, Martinez, La Fama, de los Cardos, Abascal, Samborombon, el Sauce, el Trigo, Taylor, Villoldo, Arana, San Juan y Paso Ancho. 3) estuario. En la confluencia de los caudalosos rios Paraná y Uruguay se forma un extenso estuario, algo así como un golfo, que en geografía es conocido bajo el nombre de rio de La Plata. Este rio conduce al océano las aguas de una cuenca que tiene cerca de 4 millones de kilómetros cuadrados de extension y que ocupa casi la cuarta parte de la América

ael Sud. El estuario tiene en su principio unos 40 kms. de ancho, ensanchán-
dose sucesivamente hasta que, á unos
350 kms. más abajo, entre los cabos
Santa Maria de la costa oriental ($\varphi = 34^\circ$
40' 1"; $\lambda = 58^\circ$ 15' 48", Mouchez) y San
Antonio ó Punta Rasa de la costa argen-
tina ($\varphi = 36^\circ$ 19' 15"; $\lambda = 56^\circ$ 46' 18",
Mouchez) se confunde con el océano.
Entre estos dos cabos media una distancia de unos 180 kms., cubriendo el estuario una extension superficial de unos
35000 kms. cuadrados. De Buenos Aires
á la Colonia (Banda Oriental) habrá
unos 58 kms. y á Montevideo unos 190.
Si estas enormes dimensiones superficia-
les son sorprendentes, no sucede otro
tanto con la hondura que, á causa de
los varios y grandes bancos, es en la
mayor parte del estuario escasa. Cerca
de la isla de Lobos está el banco Inglés,
muy peligroso para la navegacion; al
ONO. de éste se halla el banco de Arquímedes, viene luego en direccion al NO.
el gran banco Ortiz, que divide el rio de
La Plata en dos canales, el del Sud más
profundo que el del Norte La márgen
septentrional es en parte rocallosa y en
parte arenosa, mientras que la austral es
formada por barrancas de tierra arcillosa
y tosca, ó playas fangosas. Todas las
islas del rio de La Plata se hallan próximas á la márgen septentrional. La isla
de Lobos á unos 16 kms. de Maldonado;
la isla de Gorriti en Maldonado; la isla
de Flores á unos 27 kms. al Este de
Montevideo; la isla de San Gabriel y las
islas de Hornos cerca de la Colonia, y
en fin, la más grande é importante de
todas, la isla de Martin Garcia, que es
argentina, en la desembocadura del rio
Uruguay. El agua del océano no remonta
sino la mitad del estuario, ó sea hasta
una línea que une Montevideo con Punta
del Indio; arriba de esta línea es el agua
constantemente dulce. Las mareas son

ñada, Ctl 12, Ramallo, Buenos Aires. Es tributaria del arroyo de las Hermanas en la márgen derecha. 3) lugar poblado, Choya, Santiago. Dista de Córdoba 407 kms. $x = 224$ m. FCCN, ramal á Santiago. C, T.

Lara, punta, La Plata, Buenos Aires. A corta distancia al Norte de la Ensenada. Muelle de 900 metros de largo, por 8 de ancho, provisto de rieles del ferro-carril de la Ensenada. $\varphi = 34° 49' 30''$; $\lambda = 58°$. (Mouchez.)

Larca, 1) partido del departamento Chacabuco, San Luis. 2) lugar poblado, Larca, Chacabuco, San Luis. $x = 1033$ m. (Lallemant.) 3) vertiente, Larca, Chacabuco, San Luis.

Larga, 1) la, laguna, Ctl 8, Ayacucho, Buenos Aires. 2) la, establecimiento rural, Ctl 12, Bragado, Buenos Aires. 3) laguna, Ctl 12, Bragado, Buenos Aires. 4) la, laguna, Ctl 2, Castelli, Buenos Aires. 5) estancia, Ctl 5, 7, Guaminí, Buenos Aires. 6) la, laguna, Ctl 5, Guaminí, Buenos Aires. 7) la, laguna, Ctl 14, juarez, Buenos Aires. 8) laguna, Ctl 7, Loberia, Buenos Aires. 9) laguna, Ctl 4, Lujan, Buenos Aires. 10) cañada, Magdalena y Rivadavia, Buenos Aires. Es tributaria del Samborombon en la márgen izquierda. 11) cañada, Ctl 5, Navarro, Buenos Aires. 12) estancia, Ctl 9, Nueve de Julio, Buenos Aires. 13) establecimiento rural, Ctl 6, Pergamino, Buenos Aires. 14) laguna, Ctl 8, Pergamino, Buenos Aires. 15) establecimiento rural, Ctl 2, Puan, Buenos Aires. 16) laguna, Ctl 2, Puan, Buenos Aires. 17) laguna, Ctl 5, Pueyrredon, Buenos Aires. 18) establecimiento rural, Ctl 11, Trenque-Lauquen, Buenos Aires. 19) laguna, Ctl 3, Tuyú, Buenos Aires. 20) laguna, Ctl 3, Veinte y Cinco de Mayo, Buenos Aires. 21) laguna, San Martin, San Martin, San Luis.

Largo, 1) riacho, Ctl 6, San Fernando, Buenos Aires. 2) cumbre de la sierra de los Apóstoles, Rosario, Pringles, San Luis.

Larguia, colonia, Santa Teresa, Iriondo, Santa Fe. C.

La Rioja, 1) provincia de la Confederacion Argentina. Confina al Norte con la provincia de Catamarca, al Este con Catamarca y Córdoba, al Sud con San Luis y al Oeste con San Juan y Chile. De Chile está separada por el *divortium aquarum* de la cordillera, desde la Peña Negra hasta el Peñasco de Diego. Los límites con Catamarca y Córdoba ya están mencionados. Véanse las palabras respectivas. De San Luis está la provincia separada por una línea que parte del Cadillal y se dirige con rumbo á Guayaguás hasta las Tranquitas. Desde aquí sigue el límite con San Juan por el Médano Atravesado, las salinas de Bustos, el Paso de Lamas, el Salto, Guacamayo, la Bolsa y los Pastos Amarillos hasta la Peña Negra en la cordillera. La extension total de la provincia es de 89030 kms.[2] y su poblacion conjetural de unos 80000 habitantes. La provincia es por partes iguales montañosa y llana. El sistema orográfico de la parte montañosa, que es la occidental, pertenece, con excepcion de la sierra de los Llanos, al sistema andino. Si se comienza al Oeste, se halla en primer lugar la gran meseta de la cordillera, que tiene una altura media de unos 4000 metros; despues sus contrafuertes que constituyen las sierras del Jagüel, luego la sierra de Famatina, y finalmente la de Velasco, que es la más oriental de todas. Esta última se une á la sierra de Famatina por un cordon transversal, cuyas ramas se extinguen en la orilla austral de la gran travesia de Copacabana á Machigasta y de la salina de Belén y de Andalgalá. La sierra de Mazan, al Norte de la precedente, forma un pequeño sistema que depende de la cadena del Ambato, de

la cual la separa la quebrada de la Cébila. Estas ramificaciones de los Andes,
ó cadenas secundarias, se dirigen generalmente de Norte á Sud. La sierra de
Velasco no sobrepasa en sus mayores
alturas unos 3000 metros, pero en cambio tiene la sierra de Famatina alturas
considerables, puesto que alcanza en su
Nevado 6024 metros y en el Cerro Negro 4500. Los valles rodeados por estas
cadenas de montañas, tienen alturas notables; así, por ejemplo, alcanzan los de
Jagüel y Guandacol hasta 3000 metros,
el de Vinchina 2500 y el de Famatina
1200. Este último valle, el más grande
de todos, se confunde en el Sud con la
planicie llamada « Los Llanos. » En el
medio de estas llanuras áridas, ó sean
« travesias » sin agua, que componen la
mitad oriental del territorio de la provincia, se eleva como una isla granítica,
compuesta de tres cordones parálelos y
de alturas diversas, la llamada sierra de
los Llanos. Esta sierra, de la que forman
parte la de Malanzan y la de Chepe,
está en parte cubierta de monte y da
orígen á un gran número de pequeños
manantiales que se aprovechan en la cria
de los ganados. La sierra de los Llanos
es poco elevada, puesto que sus más
altas cumbres no pasan de unos 400
metros sobre la llanura que la rodea. El
único rio importante, y que riega una
pequeña parte de La Rioja, es el Bermejo. Las demás corrientes de agua recorren cortos trechos y son en su totalidad absorbidas por la irrigacion. Las
principales fuentes de recursos de los
habitantes de la provincia son la mine-
ria, la ganaderia y la agricultura, y en
ésta lo es especialmente el cultivo de la
alfalfa para el engorde de las haciendas
que se exportan á Chile, y el de la vid.
La provincia tiene fama de ser muy rica
en minérales de aprovechamiento industrial. En Paganzo existe carbon de pie-

arroyos Durazno y Choza en el partido de Merlo, y desagua en el Lujan poco antes de la desembocadura de éste en el rio de La Plata. El arroyo de Las Conchas es límite entre los partidos de Merlo, Moron y San Martin al Sud, y los de Moreno y Las Conchas al Norte. Sus tributarios en la márgen izquierda son los arroyos del Sauce y de los Perros, y en la márgen derecha las cañadas Lavayen y Moron.

Las Flores, 1) partido de la provincia de Buenos Aires. Fué creado en 1839. Se halla al SO. de Buenos Aires, rodeado de los partidos Saladillo, Monte, Pila, Rauch, Azul, Tapalqué y Alvear. Su extension es de 4461 kms.² y su poblacion de 12134 habitantes. (Censo del 31 de Enero de 1890). Escuelas funcionan en Las Flores, Salado, Campo de Cullen, San Martin, La Union, San Pedro y Rosas. El partido es regado por el rio Salado y los arroyos Las Flores, Gualicho, el Médano, Toro, Zapallar, Croso, San Francisco y Romero. La villa Cármen de las Flores es la cabecera del partido. 2) villa, Las Flores, Buenos Aires. Fundada en 1856, cuenta hoy con una poblacion de 3500 habitantes. Por la vía férrea dista 208 kms. (5 horas) de la capital federal. Sucursal del Banco de la Provincia. $\varphi = 36°$ 1' 10''; $\lambda = 59° 4' 19''$; $\alpha = 34,6$ m. FCS, C, T. E. 3) arroyo, Ctl 1, 2, 3, 4, 6, 7, Alvear; Ctl 2, 5, 9, Saladillo, y Ctl 5, 6, 9, Las Flores, Buenos Aires. Este arroyo tiene su orígen en el limite de los partidos Alvear y Tapalqué y desagua en la laguna Las Flores, como el Saladillo, la que, á su turno, comunica con el rio Salado. Una vez que este arroyo entra en el partido Saladillo, es primero límite entre los partidos Saladillo y Alvear, y despues entre Saladillo y Las Flores. La direccion general de su curso es de SO. á NE. El arroyo pasa por las proximidades (al Norte) del pueblo Alvear. 4)

estancia, Ctl 3, Mar Chiquita, Buenos Aires. 5) poblacion agrícola, Iglesia, San Juan.

Las Heras, 1) partido de la provincia de Buenos Aires. Fué creado en 1865. Se halla al OSO. de Buenos Aires rodeado de los partidos Lujan, Rodriguez, Márcos Paz, Cañuelas, Lobos y Navarro. Su extension es de 722 kms.² y su poblacion de 3289 habitantes. Escuelas funcionan en General Hornos y en Las Heras. El partido es regado por los arroyos Choza, Paja, Durazno, cañada de los Pozos, Morales, Santa María, San Mauro y Durazno Chico. La villa General Hornos es cabecera del partido. 2) aldea, Las Heras, Buenos Aires. Dista de la capital federal 66 kms. $\varphi = 34° 55' 48''$; $\lambda = 59° 32' 12''$; $\alpha = 35$ m. FCO, ramal de Merlo á Saladillo. C, T, E. 3) estancia, Ctl 7, Trenque-Lauquen, Buenos Aires. 4) departamento de la provincia de Mendoza. Ocupa el ángulo NO. de la provincia. Confina al Norte con la provincia de San Juan, al Este con el departamento Lavalle por el antiguo camino nacional que conducía de Mendoza á San Juan y que cruza con sus sinuosidades varias veces la línea del Gran Oeste Argentino; al Sud con el departamento Tupungato por el rio Mendoza, luego con el departamento Belgrano por el paralelo de los 32° 50', y por el mismo paralelo con el departamento de la Capital; al Oeste con Chile. Tiene una extension de 8400 kms.² y una poblacion conjetural de 7000 habitantes. El departamento es en su mayor parte montañoso. Se cultiva la viña, el trigo, la cebada y la alfalfa. 5) pueblo, Las Heras, Mendoza. Está á 5 kms al Norte de la ciudad de Mendoza, sobre la línea del ferro-carril Gran Oeste Argentino. Es cabecera del departamento del mismo nombre. C, T, E.

Las Piedras, lugar poblado, Metan, Salta. Dista de Córdoba 749 kms. FCCN, C, T.

Lastenia, ingenio de azúcar, Capital, Tucuman. En la orilla izquierda del rio Salí, á 1 km. de distancia, al Sud, del ingenio San Juan.

Lastra, laguna, Ctl 5, Olavarría, Buenos Aires.

Lastras, paraje poblado, Capital, Jujuy.

Lata, [1] 1) la, establecimiento rural, Ctl 7, Pergamino, Buenos Aires. 2) finca rural, Independencia, Rioja.

Latis, aldea, Tala, Rio Primero, Córdoba. Tiene 400 habitantes. (Censo del 1º de Mayo de 1890).

Lau-Lauquen, establecimiento rural, Ctl 7, Puan, Buenos Aires.

Laura, 1) estancia, Ctl 3, Chacabuco, Buenos Aires. 2) cabaña de ovejas Negrete, Márcos Paz, Buenos Aires. 3) mina de cobre en el distrito mineral de las Capillitas, Andalgalá, Catamarca. 4) mina de cuarzo aurífero, Candelaria, Cruz del Eje, Córdoba. Está situada en el paraje llamado « Carpintero. » 5) mina de oro, cobre y plata en Villanueva de San Francisco, Ayacucho, San Luis.

Lauraleofú, arroyo, Ctl 9, Tandil, Buenos Aires.

Laurel, [2] 1) el, establecimiento rural, Ctl 11, Ramallo, Buenos Aires. 2) establecimiento rural, Ctl 5, Trenque-Lauquen, Buenos Aires. 3) estancia, Concepcion, Corrientes. 4) finca rural, La Cruz, Corrientes. 5) estancia, Mercedes, Corrientes. 6) estancia, San Miguel, Corrientes. 7) finca rural, Santo Tomé, Corrientes.

Laureles, 1) los, estancia, Ctl 5, Las Heras, Buenos Aires. 2) establecimiento rural, Macha, Totoral, Córdoba. 3) estancia, Empedrado, Corrientes. 4) finca rural, Paso de los Libres, Corrientes.

Lavadero, lugar poblado, Cosquin, Punilla, Córdoba.

Lavalle, 1) villa, Ajó, Buenos Aires. Es

cabecera del partido. Fué fundada en 1864 y cuenta hoy con 1817 habitantes. (Censo del 31 de Enero de 1890). Receptoría de Rentas Nacionales, Saladeros. $\varphi = 36° 24' 55''$; $\lambda = 56° 55' 49''$; C, T, E. 2) aldea, Lincoln, Buenos Aires. C, E. 3) arroyo, Ctl 1, Pilar, Buenos Aires. 4) estancia, Ctl 4, Rojas, Buenos Aires. 5) lugar poblado, Santa Rosa, Catamarca. Dista de Córdoba 387 kms. $\alpha = 494$ m. FCCN, C, T. 6) departamento de la provincia de Corrientes. Está situado á orillas del Paraná y confina al Norte con los departamentos Bella Vista y San Roque, al Este con el departamento Curuzú-Cuatiá por medio del rio Corrientes, y al Sud con el departamento Goya. Tiene 1700 kms.² de extension y una poblacion conjetural de 6000 habitantes. El departamento es regado por los rios Santa Lucía, Batel y Corrientes y por los arroyos Caraballo, Aquino, Suarez, Negro, Cambá, Guadalupe, Leguizamon, Batelito, Sombrero y otros. Numerosas lagunas. Escuelas funcionan en Lavalle, Arroyo Suarez y Laguna Sirena. La aldea Lavalle es la cabecera del departamento. 7) aldea, Lavalle, Corrientes Está situada á orillas del Paraná, á 60 kms. al Sud de Bella Vista y á 20 kms. al Norte de Goya. C, T, E. 8) departamento de la provincia de Mendoza. Ocupa el ángulo NE. de la provincia. Confina al Norte con la provincia de San Juan por el rio Desaguadero, al Este con la provincia de San Luis por el mismo Desaguadero, al Sud con los departamentos de la Capital, Guaymallén, San Martin, Chacabuco y con el departamento de La Paz por la cañada de los Burros y al Oeste con el departamento Las Heras por el antiguo camino nacional que conducía de Mendoza á San Juan. Tiene 13609 kms.² de extension y una poblacion conjetural de unos 4000 habitantes. Es en

---

[1] Arbusto (Mimosa carinata). — [2] Arbol (Nectandra porphyria).

su totalidad llano. La fuente de recursos de los habitantes son la ganadería, la agricultura y el corte de leña. 9) aldea, Lavalle, Mendoza. Es la cabecera del departamento. Está á 40 kms. al NE. de la ciudad de Mendoza. C, E 10) departamento de la provincia de La Rioja. Confina al Norte con el departamento Sarmiento, al Este con el de Chilecito, al Sud con la provincia de San juan, y al Oeste con Chile. Tiene una extension de 10212 kms.² y una poblacion conjetural de 5000 habitantes. Está dividido en los 3 distritos: Hornillos ó Villa Union, Guandacol y Pinta. El departamento es regado por los arroyos Bermejo, Pagancillo, Nacimiento, Brea y Zapallar. La villa de Guandacol es la cabecera del departamento. 11) cerro, Santa Cruz. $\varphi = 49°$; $\lambda = 72° 10'$; $x = 1220$ m. 12) distrito de la seccion San Pedro del departamento Guasayan, Santiago del Estero. 13) lugar poblado, San Pedro, Guasayan, Santiago. E. 14) *Cué,* estancia, Concepcion, Corrientes.

Lavayen, 1) cañada, Cll 5, Giles, y Ctl 4, San Antonio de Areco, Buenos Airès. Es tributaria del Areco en la márgen derecha. 2) cañada, Ctl 5, Márcos Paz, Buenos Aires. Es tributaria del arroyo de Las Conchas, en la márgen derecha. 3) paraje poblado, San Pedro, Jujuy. 4) rio, Salta y Jujuy. Nace en los nevados de Salta por la confluencia de los arroyos Caldera, Ubierna y Vaquero, toma primero el nombre de rio Mojotoro, se dirige hácia el Este, pasa por entre Campo Santo y Cobos y toma despues el nombre de rio Sianca, tuerce luego el rumbo al Norte y reune sus aguas con las del rio Grande de Jujuy, en Piquete. $\varphi = 23° 56'$; $\lambda = 64° 25'$; $x = 450$ m (Layarello.) Recibe en la márgen izquierda las aguas de los arroyos Santa Rosa, Saladillo, de las Pavas y el llamado rio de las Barrancas, y en la derecha los

arroyos del Medio, Colorado y Santa Clara.

Lazaga, lugar poblado, Capital, Santa Fe. Dista de la capital provincial 52 kms. FCSF, C, T.

Leales, 1) departamento de la provincia de Tucuman. Confina al Norte con el de la Capital, al Este con la provincia de Santiago, al Sud con el departamento de Chicligasta y al Oeste con los de Famaillá y Monteros. Su extension es de 2311 kms.² y su poblacion conjetural de unos 14000 habitantes. El departamento es regado por el rio Salí y los arroyos Colorado, Grande, de Teja, de las Cañas, del Saladillo, Leales, Esquina, Sueldos y otros no denominados. Hay centros de poblacion en Leales, Sueldos, Tres Pozos, Los Gomez, Esquina, Quemados, Puestos, Los Herreros, Mancopa y Loma Verde. 2) aldea, Leales, Tucuman. Es la cabecera del departamento. Está situada en la márgen izquierda del rio Salí y dista 40 kms. de Tucuman. Tiene unos 500 habitantes. $x = 350$ m. C, T, E.

Lealtad la, establecimiento rural, Ctl 8, Tapalqué, Buenos Aires.

Lebleque, monte poblado de caldenes, chañares y piquillin, Pedernera, San Luis. Está situado al Sud del rio Quinto. $x = 218$ m. (Lallemant.)

Lebreles, finca rural, Esquina, Corrientes.

Lebucó, paraje poblado, Departamento 7°, Pampa.

Lecheras, lugar poblado, Parroquia, Pocho, Córdoba.

Lechiguana, [1] 1) cumbre de la sierra de la Lumbrera, Campo Santo y Anta, Salta. 2) paraje poblado, Anta, Salta.

Lechucitas, 1) finca rural, General Ocampo, Rioja. 2) finca rural, Guzman, San Martin, San Luis.

Lechuga, paraje poblado, Oran, Salta.

---

1 Avispa (Nectarina lechiguana.)

Lechuza, [1] 1) establecimiento rural, Ctl 7, Azul, Buenos Aires. 2) establecimiento rural, Ctl 11, Trenque-Lauquen, Buenos Aires. 3) lugar poblado, Candelaria, Cruz del Eje, Córdoba.

Lechuzas, lugar poblado, San Cárlos, Minas, Córdoba.

Lechuzo el, lugar poblado, Sarmiento, General Roca, Córdoba.

Ledesma, 1) departamento de la provincia de Jujuy. Está situado al Este de la provincia y es limítrofe de la de Salta. Su extension es de 4400 kms.[2] y su poblacion conjetural de 3800 habitantes. Está dividido en los 9 distritos : Ledesma, San Lorenzo, Reduccion, San Antonio, Banda de San Francisco, Palos Blancos, Candelaria, Normanda y Rio Negro. El departamento es regado por los arroyos Ledesma, rio Negro, San Lorenzo y Zorra. Se cultiva el arroz, el tabaco, el café, la coca y la caña de azúcar. Ingenios de azúcar funcionan en San Pedro, Rio Negro, Reduccion, Ledesma, San Lorenzo y Las Piedras. Las fuentes de petróleo de la Brea se hallan tambien en este departamento. 2) villa, Ledesma, jujuy. Es la cabecera del departamento. Está situada á orillas del arroyo del mismo nombre y tiene unos 2000 habitantes. Ingenio de azúcar. C, T, E. 3) arroyo, Ledesma, Jujuy. Nace en la sierra de Tilcara por la confluencia de los arroyos Tiracsi, Ocloyaz y Candelaria, pasa por quebradas muy estrechas y hondas y sale en los Palos Blancos de la sierra, desde donde empiezan á utilizarse sus aguas en el riego de los cañaverales de Ledesma, por cuyo pueblo pasa. Desagua en la márgen izquierda del rio San Francisco, en el punto llamado Aparejos.

Legado el, establecimiento rural, Ctl 7, Lobos, Buenos Aires.

Legalidad la, estancia, Ctl 8, Trenque-Lauquen, Buenos Aires.

Legua, lugar poblado, Capital, Tucuman. Está á 6 kms. al Norte de Tucuman.

Lehmann, 1) distrito del departamento de las Colonias, Santa Fe. Tiene 1934 habitantes. (Censo del 7 de Junio de 1887.) 2) pueblo, Lehmann, Colonias, Santa Fe. Tiene 541 habitantes. (Censo m.) Dista 107 kms. de Santa Fe, 217 del Rosario y 526 de Buenos Aires. $\alpha =$ 94 m. FCRS, FCSF, C, T, E. 3) colonia Lehmann, Colonias, Santa Fe. Tiene 776 habitantes. (Censo m.)

Leines, estancia, Ctl 9, Bahía Blanca, Buenos Aires.

Lemaire, estrecho que separa la isla de los Estados de la Tierra del Fuego. La anchura de este estrecho es por término medio de unos 30 kms.

Lencina, lugar poblado, Calchin, Rio Segundo, Córdoba.

Leña, 1) de la, laguna, Ctl 9, Chascomús, Buenos Aires. 2) la, estancia, Ctl 10, Guamini, Buenos Aires.

Leocadia, establecimiento rural, Ctl 6, Lincoln, Buenos Aires.

Leofucó, estancia, Ctl 7, Alsina, Buenos Aires.

Leon, [1] 1) el, arroyo, Ctl 1, Puan, Buenos Aires. 2) laguna, Ctl 2, Rauch, Buenos Aires. 3) laguna, Ctl 4, Tapalqué, Buenos Aires. 4) el, establecimiento rural, Ctl 11, Trenque-Lauquen, Buenos Aires. 5) arroyo, Tumbaya, Jujuy. Nace en la sierra de Chañi y desagua en la márgen derecha del rio Grande de Jujuy. Este es uno de los arroyos que hay que atravesar cuando se pasa por la quebrada de Humahuaca con rumbo á Bolivia.

---

1 Buho (Strix perlata.)

1 Puma ó Cuguar (Felis concolor)

6) vertiente, Salinas, Independencia, Rioja. 7) *Colgado*, lugar poblado, Litin, Union, Córdoba. 8) *Cud*, finca rural, San Roque, Corrientes. 9) *Rabon*, laguna, Ctl 4, Mar Chiquita, Buenos Aires.

Leona, 1) la, laguna, Ctl 3, Bolivar, Buenos Aires. 2) laguna, Ctl 8, Nueve de Julio, Buenos Aires. 3) laguna, Ctl 5, Suarez, Buenos Aires. 4) mineral de plata, Poma, Salta.

Leonarda, establecimiento rural, Ctl 3, Veinte y Cinco de Mayo, Buenos Aires.

Leoncito, 1) distrito minero del depar tamento Iglesia, San Juan. Encierra plata. 2) arroyo, Iglesia, San Juan. Riega el distrito del mismo nombre.

Leoncitos los, laguna. Ctl 3, Saladillo, Buenos Aires.

Leones 1) los, establecimiento rural, Ctl 8, Ayacucho, Buenos Aires. 2) los, arroyo, Ctl 10, Bahia Blanca, Buenos Aires. 3) laguna, Ctl 4, Balcarce, Buenos Aires. 4) arroyo, Ctl 3, 11, Dorrego, Buenos Aires. 5) estancia, Ctl 11, Dorrego, Buenos Aires. 6) los, laguna, Ctl 6, Olavarria, Buenos Aires. 7) laguna, Ctl 2, Puan, Buenos Aires. 8) los, laguna, Ctl 10, Rauch, Buenos Aires. 9) establecimiento rural, Ctl 4, 6, Suipacha, Buenos Aires. 10) arroyo, Ctl 1, 4, 6, Suipacha, Buenos Aires. Este arroyo forma en su confluencia con el Durazno, el arroyo de Lujan. 11) laguna, Ctl 2, Vecino, Buenos Aires 12) isla de los, en el golfo de San Jorge, Chubut. $\varphi = 45°\ 4'$; $\lambda = 65°\ 35'\ 15''$. (Fitz Roy.) 13) lugar poblado, Parroquia, Cruz del Eje, Córdoba. 14) las, lugar poblado, Italó, General Roca, Córdoba. 15) los, lugar poblado, Jagüeles, General Roca, Córdoba. 16) cuartel de la pedanía Espinillos, Márcos Juarez, Córdoba. 17) aldea, Espinillos, Márcos Juarez, Córdoba. Tiene 306 habitantes. (Censo del 1° de Mayo de 1890.) Dista del Rosario 159 kms. $\varphi = 32°\ 40'$; $\lambda = 62°\ 18'$; $\alpha = 116$ m. FCCA, C, T, E. 18) co·

lonia, Espinillos, Márcos juarez, Córdoba. Tiene 678 habitantes. (Censo m.) Fué fundada en 1886 en una extension de 25000 hectáreas. 19) cerro de los, Veinte y Cinco de Mayo, Mendoza. 20) lugar poblado, Melincué, General Lopez, Santa Fe. Tiene 195 habitantes. (Censo del 7 de Junio de 1887.)

Leonie, establecimiento rural, Ctl 8, Guamini, Buenos Aires.

Lescano, 1) finca rural, Mercedes, Corrientes. 2) fortin, Neuquen. Al Norte del lago Huichi-Lauquen.

Lescanos, 1) distrito del departamento Rio Hondo, Santiago del Estero. 2) lugar poblado, Lescanos, Rio Hondo, Santiago. E.

Lesser, distrito del departamento Caldera, Salta.

Lezama, lugar poblado, Viedma, Buenos Aires. Dista de la capital federal 151 kms. FCS, línea de Altamirano á Tres Arroyos. $\alpha = 8,8$ m. C, T.

Libertad, 1) estancia, Ctl 6, Ajó, Buenos Aires. 2) establecimiento rural, Ctl 2, Alvear, Buenos Aires. 3) arroyo, Ctl 2, Alvear, Buenos Aires. 4) establecimiento rural, Ctl 6, Ayacucho, Buenos Aires. 5) establecimiento rural, Ctl 4, junin, Buenos Aires. 6) estancia, Ctl 5, Magdalena, Buenos Aires. 7) estancia, Ctl 5, Navarro, Buenos Aires. 8) establecimiento rural, Ctl 6, Navarro, Buenos Aires. 9) establecimiento rural, Ctl 3, 5, Olavarria, Buenos Aires. 10) establecimiento rural, Ctl 1, Pringles, Buenos Aires. 11) establecimiento rural, Ctl 3, 7, Pueyrredon, Buenos Aires. 12) estancia, Ctl 5, Ramallo, Buenos Aires. 13) estancia, Ctl 4, Rodriguez, Buenos Aires. 14) establecimiento rural, Ctl 3, 9, Tres Arroyos, Buenos Aires. 15) laguna, Ctl 6, Vecino, Buenos Aires. 16) pedanía del departamento San Justo, Córdoba. Tiene 3042 habitantes. (Censo del 1° de Mayo de 1890.) 17) cuartel de la pedanía del mismo nombre, San Justo, Córdoba. 18) lugar poblado, Villa de Maria, Rio Seco, Córdoba. 19) finca rural, Curuzú-Cuatiá, Corrientes. 20) estancia, Esquina, Corrientes. 21) aldea, Mandisovi, Federacion, Entre Rios. Está situada en la colonia del mismo nombre, á inmediaciones de la estacion Chajarí, del ferrocarril argentino del Este. Dista 100 kms. de Concordia y 25 de Federacion. 22) colonia, Mandisovi, Federacion, Entre Rios. Fué fundada por el gobierno nacional en 1876 en una extension de 11120 hectáreas. Está situada entre el Mocoretá y un recodo que forma el rio Uruguay. El ferro-carril argentino del Este la atraviesa y tiene en ella la estacion Chajarí. Los arroyos Chajarí y San Gabriel, ambos afluentes del Mocoretá, cruzan la colonia de Sud á Norte. 23) finca rural, Rivadavia, Mendoza. E. 24) mina de galena argentífera en el distrito mineral de San Antonio de los Cobres, Poma, Salta. 25) distrito de la seccion Veinte y Ocho de Marzo del departamento Matará, Santiago. 26) paraje poblado, Veinte y Ocho de Marzo, Matará, Santiago.

Licha, arroyuelo, Icaño, La Paz, Catamarca.

Licoite, 1) abra de, Yaví, jujuy. Está situada en el camino que va de Yaví á Santa Victoria. $z = 4200$ m. 2) distrito del departamento Santa Victoria, Salta.

Licores, finca rural, Dolores, Chacabuco, San Luis.

Liebre 1) la, laguna, Ctl 6, Nueve de julio, Buenos Aires. 2) laguna, Ctl 5, Suarez, Buenos Aires. 3) estancia, Ctl 6, Trenque-Lauquen, Buenos Aires.

Liebres las, paraje poblado, Departamento 1°, Pampa.

Liendre, [1] paraje poblado, Capital, jujuy.

_____
1 Semilla de piojos.

Liforena, estancia, Ctl 6, Castelli, Buenos Aires.

Liga del Sud, establecimiento rural, Ctl 1, Tres Arroyos, Buenos Aires.

Ligas 1) las, estancia, Ctl 2, Maipú, Buenos Aires. 2) laguna, Ctl 2, Maipú, Buenos Aires.

Ligleubú, arroyo, Neuquen. Es un tributario del Neuquen en la márgen derecha.

Ligua el (ó _Mercedario_), cumbre nevada de la cordillera de San Juan. $= 32°$; $\lambda = 70°$; $z = 6798$ m. (Pissis.)

Lihuel-Calel, sierra baja, Pampa. Está á unos 60 kms. al Norte del rio Colorado, entre los 65 y 66° de longitud. Encierra varias minas de cobre, como son: Flor de la Pampa, Elisa, Descubridora, Eloisa y Dos Chilenas.

Lilas las, establecimiento rural, Ctl 10, Rauch, Buenos Aires.

Lima, 1) arroyo, Ctl 5, San Antonio de Areco, Buenos Aires. 2) lugar poblado, Zárate, Buenos Aires. Dista de la capital federal 110 kms. $z = 26$ m. FCBAR, C, T. 3) _Cué_, estancia, Sauce, Corrientes.

Limay, 1) valle, Neuquen. Es el del rio del mismo nombre. En las Juntas (confluencia de los rios Limay y Neuquen) tiene 15 kms. de ancho. 2) rio, Neuquen. Nace en el lago Nahuel-Huapí, corre al Sud de los departamentos 1°, 4° y 5° de la misma gobernacion y al Norte del 7° departamento de la gobernacion del rio Negro. Su corriente es rápida, su lecho pedregoso y su anchura de 60 á 80 metros, alcanzando 195 metros en su confluencia con el Neuquen. ($= 38°$ 59'; $\lambda = 67°$ 59'; $z = 333$ m. Obligado.) Tiene dos crecientes anuales, una en invierno, debida á las lluvias de la cordillera, y otra en verano, al derretirse las nieves, estando sujeto, además, á repentinas salidas de madre. Recibe las aguas de los rios Collon-Curá y Traful. La navegacion á vapor del Limay se ha efectuado hasta la desembocadura del Collon-Curá y desde este punto hasta el lago Nahuel-Huapí en bote por O'Connor. 3) *Mahuida*, cumbre en la sierra Tinta, Juarez, Buenos Aires. $\varphi = 37° 38'$; $\lambda = 59°$ 10'; $x = 255$ m. (Garcia.)

imon, 1) estancia, Saladas, Corrientes. 2) el, finca rural, Guaymallén, Mendoza.

impia 1) la, laguna, Ctl 6, Ajó, Buenos Aires. 2) laguna, Ctl 4, Ayacucho, Buenos Aires. 3) establecimiento rural, Ctl 8, Bragado, Buenos Aires. 4) laguna, Ctl 8, Bragado, Buenos Aires. 5) establecimiento rural, Ctl 7, Chascomús, Buenos Aires. 6) laguna, Ctl 9, Dolores, Buenos Aires. 7) laguna, Ctl 3, Las Flores, Buenos Aires. 8) establecimiento rural, Ctl 2, Maipú, Buenos Aires. 9) laguna, Ctl 2, Maipú, Buenos Aires. 10) establecimiento rural, Ctl 5, Pila, Buenos Aires. 11) laguna, Ctl 2, Puan, Buenos Aires. 12) laguna, Ctl 1, Tuyú, Buenos Aires. 13) laguna, Ctl 4, Veinte y Cinco de Mayo, Buenos Aires. 14) finca rural, Esquina, Corrientes. 15) laguna, Lavalle, Corrientes. 16) *Chica*, laguna, Ctl 9, Dolores, Buenos Aires.

ncahué, estancia, Ctl 4, Nueve de Julio, **Buenos Aires.**

nce, 1) vertiente, Alto Quebracho, Capital, San Luis. 2) cerro, Tala, Capital, San Luis. Pertenece á un cordon que el macizo de San Luis desprende hácia el Sud. Alcanza á 1000 metros de altura.

ncoln, 1) partido de la provincia de Buenos Aires. Se halla al O. de la capital ederal, es limítrofe de la provincia de Santa Fe y se halla rodeado de los partidos Junin, Bragado, Nueve de Julio, Pehuajó, Trenque-Lauquen y Villegas. Tiene 13150 kms.² de extension y 10116 habitantes. (Censo del 31 de Enero de 890) Escuelas funcionan en Lincoln y Lavalle. 2) villa, Lincoln, Buenos Aires. Es cabecera del partido. Fundada en 1856, cuenta hoy con 2000 habitantes. Sucursal del Banco de la Provincia. $\varphi = 34° 52' 20''$; $\lambda = 61° 31' 49''$. C, T, E.

Linda, 1) la, establecimiento rural, Ctl 2, Alsina, Buenos Aires. 2) la, estancia, Ctl 4, Bolivar, Buenos Aires. 3) la, laguna, Ctl 4, Bolivar, Buenos Aires. 4) estancia, Ctl 12, Nueve de Julio, Buenos Aires. 5) *Vista*, finca rural, Bella Vista, Corrientes. 6) *Vista*, finca rural, Santo Tomé, Corrientes.

Lindero, paraje poblado, Tilcara, jujuy.

Linderos, 1) lugar poblado, Chancani, Pocho, Córdoba. 2) lugar poblado, Cármen, San Alberto, Córdoba.

Liniers, aldea en el municipio de la capital federal. Dista de la estacion «Once de Setiembre» 11 kms. FCO, C, T.

Lipan, paraje poblado, Tumbaya, jujuy.

Lipeon, rio, Santa Victoria, Salta. Nace en la sierra de Santa Victoria, corre con rumbo general á Este, recibe en la márgen derecha las aguas del Barita y desagua despues en la márgen derecha del rio Bermejo.

Lira, estancia, Ctl 3, Ayacucho, Buenos Aires.

Lisa la, establecimiento rural, Ctl 5, Las Flores, Buenos Aires.

Lisondo, paraje poblado, Perico de San Antonio, Jujuy.

Liteco, arroyo, Neuquen. Es un tributario del Neuquen en la márgen izquierda.

Litin, 1) pedanía del departamento Union, Córdoba. Tiene 2278 habitantes. (Censo del 1º de Mayo de 1890.) 2) aldea, Litin, Union, Córdoba. Tiene 178 habitantes. (Censo m.)

Litoral el, finca rural, Esquina, Corrientes.

Liverpool, estancia, Ctl 2, Merlo, Buenos Aires.

Llagas-Cué, finca rural, Caacatí, Corrientes.

Llamada, finca rural, Jachal, San juan.

Llameria [1], paraje poblado, Cochinoca, jujuy.

Llano, 1) el, lugar poblado, jachal, San juan. 2) *Blanco,* paraje poblado, Beltran, Mendoza.

Llanos, 1) sierra de los, Rioja. Es una sierra baja que se extiende en los departamentos juarez Celman, Belgrano, General Ocampo, San Martin General Roca, Rivadavia y Velez Sarsfield. Sus ramificaciones toman distintos nombres, como son: sierra de Malanzan, sierra de Chepe y sierra del Portezuelo de Ulapes. Las más elevadas cumbres de la sierra de los Llanos no pasan de una altura de 400 metros. Está en parte cubierta de monte y da origen á un gran número de manantiales que se aprovechan para la cria de los ganados. 2) *Cortados,* lugar poblado, San Cárlos, Minas, Córdoba.

Llanten [2], estancia, Saladas, Corrientes.

Llaramí, paraje poblado, Perico del Cármen, jujuy.

Llavallol, lugar poblado, San Vicente, Buenos Aires. Dista de la capital federal 39 kms. $\alpha = 21$ m. FCO, ramal de Temperley á Cañuelas, C, T.

Llulluchayos, paraje poblado, Cochinoca, Jujuy.

Llumu-Llumu, arroyo, Neuquen. Es un tributario del rio Agrio en la márgen derecha.

Llynaaron, estacion del ferro-carril del Chubut. Dista de Trelew (Colonia del Chubut) 20 kms.

Loanlauquen, laguna, Ctl 7, Puan, Buenos Aires.

Lobaton, 1) cuartel de la pedanía Cruz Alta, Márcos Juarez, Córdoba. 2) aldea, Cruz Alta, Márcos Juarez, Córdoba. Tiene 146 habitantes. (Censo del 1º de

Mayo de 1890.) 3) paraje poblado, San Pedro, Jujuy.

Lobera, lugar poblado, Caminiaga, Sobremonte, Córdoba.

Loberia, 1) partido de la provincia de Buenos Aires. Fué creado en 1839. Está situado al Sud de la capital federal sobre la costa del Atlántico y se halla rodeado de los partidos Tandil, Balcarce, Pueyrredon y Necochea. Tiene 5432 kms.² de extension y 5654 habitantes. (Censo del 31 de Enero de 1890.) Escuelas funcionan en Malacara de Lastra, Campo La Golondrina, Moro, Santa Clara, Sierra Larga etc. La parte Norte del partido está ocupada por la sierra del Volcan y por ramificaciones de la del Tandil. El partido es regado por los arroyos Chocorí, del Pescado, Nutria Mansa, Malacara, de las Flores, del Moro, Seco, Tamangueyú, Mostazas, Quequen Chico, Quequen Grande, Pantanoso, Primavera, La Tigra, Amarante, el Verano, San Rafael, del Invierno, la Margarita y Sarandí. 2) pueblo en formacion, Loberia, Buenos Aires. Será cabecera del partido. C.

Lobo, 1) *Cuá,* arroyo, Curuzú-Cuatiá, Corrientes. Es un tributario del Mocoretá en la márgen izquierda. 2) *Cué,* finca rural, Mercedes, Corrientes.

Loborí, 1) estancia, Concepcion, Corrientes. 2) finca rural, Curuzú-Cuatiá, Corrientes.

Lobos, 1) estancia, Ctl 7, Loberia, Buenos Aires. 2) partido de la provincia de Buenos Aires. Fué creado en 1815. Se halla al SO. de Buenos Aires, rodeado de los partidos Navarro, Las Heras, Cañuelas, Monte, Saladillo y Veinte Cinco de Mayo. Tiene 1687 kms.² de extension y una poblacion de 11439 habitantes. (Censo del 31 de Enero de 1890.) Escuelas funcionan en Lobo, Lomas de Lobos, Zapiola, los Milagros, etc. El partido es regado por el rio Salado y las cañadas de las Garza

---

1 Criadero de llamas. Del quichua llama = carnero de la tierra - 2 Yerba (Plantago sp.)

del Toro, Culu-Culu, Espadaña, Salgado y Basualdo. 3) villa, Lobos, Buenos Aires. Es cabecera del partido. Cuenta hoy con 6500 habitantes. Por la vía férrea dista 99 kms. ($3\frac{1}{2}$ horas) de Buenos Aires. Sucursal del Banco de la Provincia $\varphi = 35°\ 11'\ 40''$; $\lambda = 59°\ 4'\ 49''$; $x = 27$ m. FCO, ramal de Merlo al Saladillo. C, T, E. 4) laguna, Ctl 6, Lobos, Buenos Aires. 5) Chico, laguna, Ctl 7, Lobos, Buenos Aires.

Loboy, 1) pedanía del departamento Union, Córdoba. Tiene 242 habitantes. (Censo del 1° de Mayo de 1890.) 2) cuartel de la pedanía del mismo nombre, Union, Córdoba. 3) paraje del departamento Union, de la provincia de Córdoba, donde el rio Cuarto forma laguna y da nacimiento al Saladillo, que no es sinó la continuacion del primero.

Loglo, [1] 1) distrito de la seccion Matará, del departamento Matará, Santiago del Estero. 2) lugar poblado, Matará, Santiago. E.

Lola, 1) estancia, Ctl 2, Dorrego, Buenos Aires. 2) establecimiento rural, Ctl 10, Villegas, Buenos Aires. 3) establecimiento rural, Calera, Anejos Sud, Córdoba.

Lolo [2], lago, Neuquen. $\varphi = 40°$; $\lambda = 71°$ 20' (?)

Loma, 1) la, estancia, Ctl 8, Bahía Blanca, Buenos Aires. 2) establecimiento rural, Ctl 5, Balcarce, Buenos Aires. 3) establecimiento rural, Ctl 4, Brown, Buenos Aires. 4) establecimiento rural, Ctl 10, Cañuelas, Buenos Aires. 5) laguna, Ctl 9, Cañuelas, Buenos Aires. 6) laguna, Ctl 11, Dolores, Buenos Aires. 7) establecimiento rural, Ctl 10, Dorrego, Buenos Aires. 8) establecimiento rural, Ctl 14, Juarez, Buenos Aires. 9) laguna Ctl 4, Maipú, Buenos Aires. 10) laguna, Ctl 2, Mar Chiquita, Buenos Aires. 11) estable-

cimiento rural, Ctl 7, Pergamino, Buenos Aires. 12) establecimiento rural, Ctl 8, Puan, Buenos Aires. 13) establecimiento rural, Ctl 3, Veinte y Cinco de Mayo, Buenos Aires. 14) lugar poblado, Departamento 10, Pampa. 15) Alta, establecimiento rural, Ctl 2, Alsina, Buenos Aires. 16) Alta, establecimiento rural, Ctl 2, Ayacucho, Buenos Aires. 17) Alta, establecimiento rural, Ctl 6, Azul, Buenos Aires. 18) Alta, estancia, Ctl 3, Patagones, Buenos Aires. 19) Alta, establecimiento rural, Ctl 2, 4, Pueyrredon, Buenos Aires. E. 20) Alta, cuartel de la pedanía Ballesteros, Union, Córdoba. 21) Alta, paraje poblado, Caacatí, Corrientes. 22) Alta, finca rural, Concepcion, Corrientes. 23) Alta, finca rural, Esquina, Corrientes. 24) Alta, finca rural, Sauce, Corrientes. 25) Alta, finca rural, Rosario, Pringles, San Luis. 26) Alta, finca rural, Conlara, San Martin, San Luis. 27) Blanca, lugar poblado, Aguada del Monte, Sobremonte, Córdoba. 28) Blanca, finca rural, Belgrano, Rioja. 29) Blanca, lugar poblado, Rosario, Pringles, San Luis. 30) Blanca, lugar poblado, Totoral, Pringles, San Luis. 31) del Bonete, establecimiento rural, Ctl 6, San Antonio de Areco, Buenos Aires. 32) del Bosque, paraje poblado, Valle Grande, Jujuy. 33) del Burro, paraje poblado, Anta, Salta. 34) de los Burros, establecimiento rural, Ctl 3, Pila, Buenos Aires. 35) de la Cañada, lugar poblado, Capilla de Rodriguez, Tercero Arriba, Córdoba. 36) Chañares, lugar poblado, Salto, Tercero Arriba, Córdoba. 37) Chelforó, establecimiento rural, Ctl 3, Ayacucho, Buenos Aires. 38) Colorada, lugar poblado, San Cárlos, Minas, Córdoba. 39) Colorada, paraje poblado, Oran, Salta. 40) de Correa, paraje poblado, Itatí, Corrientes. 41) de los Difuntos, arroyo, Ctl 1, Maipú, Buenos Aires. 42) de la

---

1 Quizá del quíchua Lloello, que significa nata de la azua ó chicha. — 2 Cangrejera (Araucano.)

Encarnacion, establecimiento rural, Ctl 2, 3, Azul, Buenos Aires. 43) *de la Envidia,* establecimiento rural, Ctl 2, Ayacucho, Buenos Aires. 44) *del Gato,* establecimiento rural, Ctl 2, Alsina, Buenos Aires. 45) *de Góngora,* estancia, Ctl 4, Mar Chiquita, Buenos Aires. 46) *de Gonzalez,* paraje poblado, San Luis del Palmar, Corrientes. 47) *Grande,* lugar poblado, General Mitre, Totoral, Córdoba. 48) *Grande,* paraje poblado, Chicoana, Salta. 49) *Grande,* estancia, Burruyaco, Tucuman. Al Norte del departamento, á corta distancia de Puestito. 50) *Gruesa,* paraje poblado, San Cárlos, Salta. 51) *Guasa,* paraje poblado, Molinos, Salta. 52) *de Hinojales,* establecimiento rural, Ctl 2, Tuyú, Buenos Aires. 53) *Infeliz,* paraje poblado, San Miguel, Corrientes. 54) *Larga,* paraje poblado, Tilcara, jujuy. 55) *Larga,* paraje poblado, Valle Grande, jujuy. 56) *Larga,* vertiente, Solca, Rivadavia, Rioja. 57) *Limpia,* lugar poblado, San Cárlos, Minas, Córdoba. 58) *de Maidana,* paraje poblado, Caacatí, Corrientes. 59) *del Medio,* lugar poblado, Ambul, San Alberto, Córdoba. 60) *del Medio,* lugar poblado, Saladillo, Pringles, San Luis. 61) *Negra,* estancia, Ctl 5, Bahía Blanca, Buenos Aires. 62) *Negra,* estancia, Ctl 3, Las Flores, Buenos Aires. 63) *Negra,* estancia, Ctl 2, Patagones, Buenos Aires. 64) *Negra,* estancia, Ctl 6, Pueyrredon, Buenos Aires. 65) *Negra,* establecimiento rural, Ctl 5, Rojas, Buenos Aires. 66) *Negra,* estancia, Ctl 10, Saladillo, Buenos Aires. 67) *Negra,* paraje poblado Beltran, Mendoza, 68) *del Noque,* cuartel de la pedanía San Martin, Union, Córdoba. 69) *Oriental,* finca rural, Esquina, Corrientes. 70) *de las Ovejas,* establecimiento rural, Ctl 17, Juarez, Buenos Aires. 71) *Partida,* establecimiento rural, Ctl 3, Rauch, Buenos Aires. 72) *Pelada,* establecimiento rural,

Ctl 3, Magdalena, Buenos Aires. 73) *de Perico,* establecimiento rural, Ctl 2, Las Flores, Buenos Aires. 74) *de Pila,* estancia, Ctl 3, Pila, Buenos Aires. 75) *Porá,* paraje poblado, La Cruz, Corrientes. 76) *Poropichui,* paraje poblado, Itatí, Corrientes. 77) *Poy,* estancia, Concepcion, Corrientes. 78) *Poy,* finca rural, Esquina, Corrientes. 79) *Poy,* finca rural, Ituzaingó, Corrientes. 80) *Poy,* estancia, San Miguel, Corrientes. 81) *de Quinteros,* lugar poblado, Cosme, Anejos Sud, Córdoba. 82) *Redonda,* establecimiento rural, Ctl 7, Baradero, Buenos Aires. 83) *Rica,* establecimiento rural, Ctl 3, Mar Chiquita, Buenos Aires. 84) *Rica,* laguna, Ctl 3, Mar Chiquita, Buenos Aires. 85) *de Salomon,* lugar poblado, Dolores, Buenos Aires. E. 86) *de San Juan,* paraje poblado, San Miguel, Corrientes. 87) *de Santa Bárbara,* paraje poblado, San Luis del Palmar, Corrientes. 88) *de Santa Rita,* lugar poblado, San Pedro, Jujuy. 89) *Sola,* lugar poblado, San Cárlos, Minas, Córdoba. 90) *de Talavé,* paraje poblado, Empedrado, Corrientes. 91) *del Timbó,* paraje poblado, Itatí, Corrientes 92) *Verde,* establecimiento rural, Ctl 2, Alsina, Buenos Aires. 93) *Verde,* estancia, Ctl 2, Brandzen, Buenos Aires. 94) *Verde,* estancia, Ctl 1, Mar Chiquita, Buenos Aires. 95) *Verde,* estancia, Ctl 7, Vecino, Buenos Aires. 96) *Verde,* estancia, Leales, Tucuman.

Lomas, 1) villa, Lomas de Zamora, Buenos Aires. Véase La Paz. 2) las, aldea, Arroyito, San justo, Córdoba. Tiene 214 habitantes. (Censo del 1° de Mayo de 1890). 3) las, lugar poblado, Salto, Tercero Arriba, Córdoba. 4) lugar poblado, General Mitre, Totoral, Córdoba. 5) las, lugar poblado, Ballesteros, Union, Córdoba. 6) finca rural, Curuzú Cuatiá, Corrientes. 7) paraje poblado, Empedrado, Corrientes. E. 8) departamento de la provincia de Corrientes. Está situado en el extremo NO. y rodea la capital de la provincia. Al Norte y Oeste es limitado por el Paraná y el departamento de la Capital, al Sud por el arroyo Sombrero y al Este por los departamentos San Cosme y San Luis. Tiene 348 kms.^{2} de extension y una poblacion conjetural de 5000 habitantes. El departamento es regado por los arroyos Riachuelo, Sombrero, Piragüi, Castillo, Montuoso, Desaguadero y otros de menor importancia. Escuelas funcionan en Lomas y Riachuelo. 9) aldea, Lomas, Corrientes. Es la cabecera del departamento. C, E. 10) estancia, Saladas, Corrientes. 11) pueblo, Coronda, San Jerónimo, Santa Fe. Tiene 453 habitantes. (Censo del 7 de Junio de 1887). E. 12) *de Aguirre*, lugar poblado, San Luis del Palmar, Corrientes. 13) *Blancas*, finca rural. Capital, Rioja. 14) *Blancas*, finca rural, Ayacucho. San Luis. 15) *Grandes*, paraje poblado, Bella Vista, Corrientes. 16) *de Lobos,* lugar poblado, Lobos, Buenos Aires. E. 17) *de María,* lugar poblado, Candelaria, Totoral, Córdoba. 18) *Mbarigüy*, paraje poblado, Itatí, Corrientes. 19) *de San Isidro,* lugar poblado, San Isidro, Buenos Aires. E 20) *Valentinas,* paraje poblado, Mercedes, Corrientes. 21) *de Zamora,* partido de la provincia de Buenos Aires. Fué creado en 1861. Se halla al Sud de la capital federal, de cuyo municipio está solo separado por el Riachuelo. Le rodean los partidos Barracas, Quilmes, Brown, San Vicente y Matanzas. Tiene 222 kms.^{2} de extension y una poblacion de 11389 habitantes. (Censo del 31 de Enero de 1890). Escuelas funcionan en La Paz (Lomas), Eden Argentino, Temperley, Arroyo de la Colorada, Santa Catalina y Banfield. El partido es regado por el Riachuelo y los arroyos Santa Catalina, del Rey, Ortega y Remedios. La villa de La

Paz ó Lomas, es la cabecera del partido.

Lombarda la, establecimiento rural, Ctl 10, Trenque-Lauquen, Buenos Aires.

Lomita, 1) la, establecimiento rural, Ctl 1, Alsina, Buenos Aires. 2) aldea, Dolores, San Javier, Córdoba. Tiene 281 habitantes. (Censo del 1º de Mayo de 1890). 3) la, finca rural, General Ocampo, Rioja. 4) partido del departamento junin, San Luis. 5) lugar poblado, Lomita, junin, San Luis. C, E. 6) *Alta,* lugar poblado, Arroyito, San justo, Córdoba. 7) *de Piedra,* finca rural, Jachal, San juan.

Lomitas, 1) aldea, Pichanas, Cruz del Eje, Córdoba. Tiene 261 habitantes. (Censo m.) 2) lugar poblado, Carlota, Juarez Celman, Córdoba. 3) cuartel de la pedanía Villa de María, Rio Seco, Córdoba. 4) lugar poblado, Villa de María, Rio Seco, Córdoba. 5) las, cuartel de la pedanía Dolores, San Javier, Córdoba. 6) lugar poblado, La Uyaba, San Javier, Córdoba. 7) lugar poblado, Chuñaguasi, Sobremonte, Córdoba. 8) lugar poblado, San Pedro, Tulumba, Córdoba. 9) las, finca rural, juarez Celman, Rioja. 10) paraje poblado, Chicoana, Salta. 11) paraje poblado, Rosario de la Frontera, Salta. 12) distrito del departamento Loreto, Santiago del Estero. 13) paraje poblado, Loreto, Santiago. 14) *y Quijano,* paraje poblado, Rosario de Lerma, Salta.

Loncoche, 1) arroyo, Beltran, Mendoza. Es un tributario serrano del Malargüe. 2) cerro, Beltran, Mendoza En la márgen derecha del arroyo Malargüe.

Loncopué, arroyo, Neuquen. Es un tributario del rio Agrio en la márgen derecha.

Loncoy, 1) establecimiento rural, Ctl 2, Tuyú, Buenos Aires. 2) laguna, Ctl 2, Tuyú, Buenos Aires.

Lóndres, 1) distrito del departamento Belén, Catamarca. 2) aldea, Belén, Catamarca. Está á 15 kms. SSO. de Belén. C, T, E.

Lonilonso, paraje poblado, Valle Grande, Jujuy.

Lonja, 1) la, lugar poblado, La Cautiva, Rio Cuarto, Córdoba. 2) paraje poblado, Lujan, Mendoza.

Lonquimay, 1) volcan, Neuquen $\varphi = 38°$ $20'$; $\lambda = 71° 43'$; $\alpha = 2953$ m. (Lallemant.) 2) paraje poblado, Departamento 2°, Pampa.

Lopez, 1) establecimiento rural, Ctl 18, juarez, Buenos Aires. Dista de la capital federal 459 kms. $\alpha = 222$ m. FCS, línea de Altamirano á Tres Arroyos. C, T. 2) laguna Ctl 2, Las Flores, Buenos Aires. 3) arroyo, Ctl 5, Magdalena, Buenos Aires. 4) arroyo, Rivadavia, Buenos Aires. Es un tributario del arroyo del Puesto en la márgen derecha. 5) arroyo, Ctl 4, San Vicente, Buenos Aires. 6) finca rural, Empedrado, Corrientes. 7) laguna, Lavalle, Corrientes. 8) lugar poblado, San Jerónimo, Santa Fe. Dista de Buenos Aires 436 kms. FCRS, C, T. 9) pueblo, Rio Chico, Tucuman. A 2 kms. al Sud de Santa Ana. 10) *Cué*, estancia, San Miguel, Corrientes.

Lorea, laguna, Ctl 7, Veinte y Cinco de Mayo, Buenos Aires.

Lorena la, establecimiento rural, Ctl 6, Olavarría, Buenos Aires.

Lorenza, paraje poblado, Veinte y Ocho de Marzo, Matará, Santiago. Véase Doña Lorenza.

Loretito, 1) laguna, Ituzaingó, Corrientes. 2) *Cué*, estancia, Ituzaingó, Corrientes.

Loreto, 1) aldea, San Miguel, Corrientes. Está á 20 kms. al NE. de San Miguel. 2) antigua mision jesuítica, en Misiones. Está situada en la márgen izquierda del Paraná, á corta distancia de Posadas. $\varphi = 27° 19' 28''$; $\lambda = 55° 34' 20''$ (Añasco). 3) departamento de la provincia de Santiago. Está situado en ambas márgenes del rio Dulce y al Sud del departamento Silípica. Tiene unos 3622

kms.[2] de extension y una poblacion conjetural de unos 20000 habitantes. Está dividido en los 10 distritos: Loreto Villa San Martin, Piruitas, Majada, Los Diaz, Barrancas, Cara - Tipa, Cañada Rica, Lomitas y Ayuncho. Hay centros de poblacion en Arado, Bajada, San Antonio, Albardon, Campo Grande, Tacanitas y Totora-Pampa. 4) distrito del departamento del mismo nombre, Santiago. 5) villa, Loreto, Santiago. Es la cabecera del departamento. Dista 9 kms de la márgen izquierda del rio Dulce y está á 68 kms. al Sud de la capital provincial. Cuenta con unos 1500 habitantes. C, E. 6) lugar poblado, Silípica, Santiago. Dista de Córdoba 442 kms. $z = 155$ m. FCCN, ramal á Santiago. C, T. 7) aldea, Venado Tuerto, General Lopez, Santa Fe. Tiene 270 habitantes. (Censo del 7 de Junio de 1887). 8) *Vela*, colonia, Gualeguaychú, Entre Rios.

Lorito, finca rural, Curuzú - Cuatiá, Corrientes.

Loro, vertiente, Rio Seco, Córdoba. Nace en la sierra de San Francisco y termina su corto recorrido de O. á E. por inmersion en el suelo.

Loroguasi, 1) distrito del departamento Santa María, Catamarca. 2) distrito del departamento Cafayate, Salta. 3) estancia, Cafayate, Salta.

Loros, 1) los, laguna, Ctl 5, Puan, Buenos Aires. 2) lugar poblado, Punta del Agua Tercero Arriba, Córdoba. 3) lugar poblado, Salto, Tercero Arriba, Córdoba.

Losas, arroyo, Tinogasta, Catamarca. un tributario del Fiambalá en la márgen izquierda y en el curso superior de és

Los Diaz, distrito del departamento Loreto, Santiago del Estero.

Loteria, arroyo, Ctl 8, Pueyrredon, Buenos Aires.

Loustalout, establecimiento rural, Ctl Ayacucho, Buenos Aires.

Lozano, 1) paraje poblado, Capital, Juj

2) arroyo, Capital, Jujuy. Nace en la sierra de Chañi y desagua en la márgen derecha del rio Grande de Jujuy.

Lubary, colonia, Sauce, Colonias, Santa Fe. Tiene 234 habitantes. (Censo del 7 de Junio de 1887.)

Lúcas, 1) distrito del departamento Villaguay, Entre Rios. 2) arroyo, Villaguay, Entre Rios. Desagua en la márgen izquierda del Gualeguay, en direccion de NE. á SO. Es en toda su extension límite entre los distritos Lúcas al Norte y Lúcas al Sud. 3) *Gonzalez,* lugar poblado, Clé, Rosario Tala, Entre Rios. Dista del Paraná 147 kms. FCCE, C, T.

Lucero, 1) el, establecimiento rural, Ctl 11, Tres Arroyos, Buenos Aires 2) establecimiento rural, Ctl 3, Tuyú, Buenos Aires. 3) laguna, Ctl 3, Tuyú, Buenos Aires. 4) mina de plomo argentífero, San Bartolomé, Rio Cuarto, Córdoba. Está situada en el «Potrero de Agustin Lucero.» 5) el, estancia, Concepcion, Corrientes. 6) finca rural, Goya, Corrientes. 7) finca rural, La Cruz, Corrientes. 8) estancia, Monte Caseros, Corrientes. 9) el, finca rural, Rosario de Lerma, Salta. 10) *Cué,* finca rural, Concepcion, Corrientes.

Lucia, 1) mina de galena argentífera, Candelaria, Cruz del Eje, Córdoba. Está situada en el paraje llamado «Rodeo del Tala.» 2) mina de plomo y plata, Ciénega del Coro, Minas, Córdoba. Está situada en el lugar llamado «Loma del Overo Muerto,» perteneciente al mineral de Guayco. 3) laguna, San Cosme, Corrientes.

Luciana la, establecimiento rural, Ctl 3, Ayacucho, Buenos Aires.

Lucila la, establecimiento rural, Ctl 7, Ranchos, Buenos Aires.

Lucky-dog, mina de galena argentífera, San Bartolomé, Rio Cuarto, Córdoba. Está situada en el paraje llamado «Los Pozos.»

Lucrecia, estancia, Departamento Tercero, Pampa.

Ludueña, 1) lugar poblado, Reduccion, juarez Celman, Córdoba. 2) lugar poblado, Espinillos, Márcos Juarez, Córdoba. 3) arroyo, San Lorenzo y Rosario, Santa Fe. Desagua en el Paraná y forma en la mayor parte de su extension el límite entre los departamentos San Lorenzo y Rosario.

Lugo, laguna, Ctl 2, Tuyú, Buenos Aires.

Luicuyim, arroyo, Neuquen. Es un tributario del rio Agrio en la márgen derecha.

Luis, 1) *A. Sauce,* colonia, Juarez Celman, San Justo, Córdoba. Tiene 154 habitantes. (Censo de 1º de Mayo de 1890,) Fué fundada en 1887, en una extension de 20292 hectáreas. 2) *Primero,* establecimiento rural, Litin, Union, Córdoba. 3) *Romero,* vertiente, Alcázar, Independencia, Rioja. 4) *Viale,* colonia en formacion, Colonias, Santa Fe.

Luisa, 1) estancia, Ctl 7, Ajó, Buenos Aires. 2) establecimiento rural, Ctl 6, 7, Loberia, Buenos Aires. 3) establecimiento rural, Ctl 3, Márcos Paz, Buenos Aires 4) establecimiento rural, Ctl 4, Saladillo, Buenos Aires. 5) estancia, Ctl 6, Tandil, Buenos Aires. 6) mina de cobre en el distrito mineral de las Capillitas, Andalgalá, Catamarca 7) mina de cuarzo aurífero, Candelaria, Cruz del Eje, Córdoba. Está situada en el paraje llamado «Nuevo Dominio.»

Luisita, 1) mina de cobre en el distrito mineral de las Capillitas, Andalgalá, Catamarca. 2) mina de galena argentífera en el distrito mineral de San Antonio de los Cobres, Poma, Salta.

Lujan, 1) establecimiento rural, Ctl 7, Chacabuco, Buenos Aires. 2) estancia, Ctl 8, Giles, Buenos Aires. 3) partido de la provincia de Buenos Aires. Fué creado en 1744. Se halla al O. de la capital federal y está rodeado de los partidos

31

Giles, Exaltacion de la Cruz, Pilar, Rodriguez, Las Heras, Navarro y Mercedes. Tiene 789 kms.² de extension y una poblacion de 9156 habitantes. (Censo del 31 de Enero de 1890.) Escuelas funcionan en Lujan, Estancia Vieja, Cañada de Rocha, etc. El partido es regado por los arroyos Lujan, Choza, Olivera, Las Flores, Sauce, Pereira, El Piojo, La Cruz, Arias, Dominguez, Cazador, Escobar, Rocha, San Francisco, Moyano, Zanjon y Duarte. 4) villa, Lujan, Buenos Aires. Es cabecera del partido. Cuenta con una poblacion de 4000 habitantes. La capilla de Nuestra Señora de Lujan, favorecida por peregrinaciones anuales, data del año 1630. Por la via férrea dista 66 kms. (2 ½ horas) de la capital federal. Sucursal del Banco de la Provincia. Graserías. φ = 34° 34' 20''; λ = 59° 24' 22''; α = 27 m. FCO, C, T, E. 5) arroyo, Ctl 6, Suipacha; Ctl 1, 5, 6, 7, 8, Mercedes; Ctl 1, 2, 3, 4, 5, 6, Lujan; Ctl 1, 2, 5, 6, Pilar; Ctl 2, Exaltacion de la Cruz; Ctl 2, 3, 4, Campana, y Ctl 5, Las Conchas, Buenos Aires Tiene su orígen en la confluencia de los arroyos Durazno y los Leones, en el partido Suipacha, y desemboca en el rio de La Plata á inmediaciones del pueblo de Las Conchas, partido del mismo nombre. Cerca del pueblo de Las Conchas y antes de desembocar en el Plata, reunen sus aguas en un solo cauce los arroyos de Lujan y de las Conchas. En su curso inferior forma límite entre los partidos Pilar al Sud y Exaltacion de la Cruz y Campana al Norte. La direccion general de su curso es de SO. á NE. Cerca de la estacion Lujan del ferro carril de Buenos Aires al Rosario dobla al E. y luego á SE., conservando este rumbo hasta su desembocadura. Sus tributarios en la márgen izquierda son: el arroyo Frias y la cañada del Pescado, y en la márgen derecha, el arroyo Balta, la cañada de

Escobar y el arroyo de las Tunas. 6) establecimiento rural, Ctl 7, 11, Veinte y Cinco de Mayo, Buenos Aires. 7) finca rural, San Roque, Corrientes. 8) departamento de la provincia de Mendoza. Confina al Norte con el departamento Belgrano, al Este con los de Maipú y Rivadavia, al Sud con los de Tunuyan y Tupungato, y al Oeste con el de Tupungato. Tiene una extension de 2456 kms.² y una poblacion conjetural de unos 10000 habitantes. El terreno es más quebrado que llano. Las principales fuentes de riqueza son la viticultura, la produccion de cereales y alfalfa y la ganaderia. Los baños termales de Lunlunta se hallan en este departamento. 9) villa, Lujan, Mendoza. Es cabecera del departamento del mismo nombre. Está situada á 20 kms. al Sud de Mendoza, en la orilla izquierda del rio Mendoza y próximo al punto de donde arranca el Zanjon. La prolongacion del ferro-carril Gran Oeste Argentino á Chile hará que Lujan sea estacion de ferro-carril. C, T, E. 10) establecimiento rural, Viedmá, Rio Negro. 11) partido del departamento Ayacucho, San Luis. 12) aldea, Lujan, Ayacucho, San Luis. α = 600 m (Lallemant.) C, E. 13) vertiente, Lujan, Ayacucho, San Luis 14) ingenio de azúcar, Capital, Tucuman. A 1 km. al Sud del ingenio Esperanza. α = 457 m. 15) *Cué*, estancia, San Roque, Corrientes.

Lules 1) los, estancia, Ctl 11, Bahia Blanca, Buenos Aires. 2) villa, Famaillá, Tucuman. Es cabecera del departamento. Está á 20 kms. de Tucuman y 122 de La Madrid. Tiene unos 1500 habitantes. Capilla. FCNOA, C, T, E. 3) arroyo, Famaillá, Tucuman. En su origen se llama de la Ciénega, despues de Anfama, luego de las juntas y finalmente de Lules. Es tributario del rio Salí en la márgen derecha, y nace en las cumbres calchaquies. Sus afluentes en la márgen izquierda son, de Oeste á Este, los arroyos Colorado, Garabatal, Matadero, San Javier y Manantial, y en la derecha, el Rodeo Viejo, el de las Coronillas y el arroyo del Toro.

Luluben, arroyo, Beltran, Mendoza. Es un tributario del rio Grande en la márgen derecha.

Lumbrera, 1) cerro de la sierra de San Antonio, Metan, Salta. Obliga al rio Pasaje á cambiar de rumbo haciéndole describir un semicírculo. 2) sierra de la, Campo Santo y Anta, Salta. Se extiende de SO. á NE. en el límite de los departamentos Campo Santo y Anta, y culmina en los cerros del Gallo y Lechiguana.

Luna, 1) arroyo, Ctl 14, 15, 16, Arrecifes, Buenos Aires. Es tributario del Arrecifes en la márgen derecha. 2) la, establecimiento rural, Ctl 2, Dorrego, Buenos Aires. 3) laguna, Ctl 5, Pila, Buenos Aires. 4) lugar poblado, Parroquia, Ischilin, Córdoba. 5) quebrada en la sierra de Masa, Córdoba. Comunica los departamentos Ischilin y Cruz del Eje. La quebrada es carrozable. 6) los, lugar poblado, Rio Chico, Tucuman. En la márgen izquierda del arroyo Matasambo. 7) *Muerta*, paraje poblado, Oran, Salta.

Lunarejos, [1] lugar poblado, Leales, Tucuman. En la orilla izquierda del rio Salí.

Lunes, arroyo, Tunuyan, Mendoza Es un tributario serrano del Tunuyan en la margen derecha.

Lunlunta, 1) lugar de baños termales, Lujan, Mendoza. 2) sierra baja, Maipú y Lujan, Mendoza.

Luque, finca rural, San Luis del Palmar, Corrientes.

Luracatao, 1) distrito del departamento Molinos, Salta. 2) aldea, Molinos, Salta.

---

1 Aplícase al animal que se distingue por uno ó más lunares en el pelo. (Granada.)

$x = 2500$ m. (Bertrand.) C, E. 3) arroyo, Molinos, Salta. Nace en el macizo de la cordillera central y desagua despues de un corto recorrido en la márgen derecha del arroyo de Molinos.

Luti, lugar poblado, Cañada de Alvarez, Calamuchita, Córdoba. .

Luxardo, colonia, Libertad, San Justo, Córdoba. Tiene 119 habitantes. (Censo del 1º de Mayo de 1890.) Fué fundada en 1886 en una extension de 10822 hectáreas.

Luz, 1) la, establecimiento rural, Ctl 3, Moreno, Buenos Aires. 2) estancia, Ctl 5, 10, Trenque-Lauquen, Buenos Aires. 3) la, finca rural, Esquina, Corrientes. 4) *Chica,* establecimiento rural, Ctl 3, Moreno, Buenos Aires. 5) *Clara,* mineral de plata, Poma, Salta. 6) *del Desierto,* estancia, Ctl 10, Puan, Buenos Aires.

Lynch, 1) laguna, Ctl 13, Dolores, Buenos Aires. 2) lugar poblado, San Martin, Buenos Aires. Estacion del tramway rural. Dista por esta via 12 kms. de la plaza « Once de Setiembre. »

Macalangos, lugar poblado, Cosme, Anejos Sud, Córdoba.

Macaraile, lugar poblado, Cochinoca, Jujuy.

Macate, finca rural, Rivadavia, Rioja.

Macedo, finca rural, Bella Vista, Corrientes.

Macedonia, 1) la, establecimiento rural, Ctl 3, Alvear, Buenos Aires. 2) establecimiento rural, Ctl 6, Rauch, Buenos Aires.

Macelo, 1) laguna, Ctl 3, Ajó, Buenos Aires. 2) vertiente, Ctl 3, Ajó, Buenos Aires.

Macha, 1) pedanía del departamento Totoral, Córdoba. Tiene 2136 habitantes. (Censo del 1º de Mayo de 1890). 2) cuartel de la pedanía del mismo nombre, Totoral, Córdoba.

Machado, 1) laguna, Ctl 5, Maipú, Buenos Aires. 2) laguna, Ctl 2, Tuyú, Buenos Aires. 3) cumbre de la sierra de Ambato, Ambato, Catamarca. 4) lugar poblado, Estancias, Rio Seco, Córdoba.

Machados, cuartel de la pedanía de las Estancias, Rio Seco, Córdoba.

Machigasta, 1) distrito del departamento Arauco, Rioja. 2) aldea, Machigasta, Arauco, Rioja. C, E. 3) vertiente, Aimogasta, Arauco, Rioja.

Machin, distrito de la seccion Quebrachos del departamento Sumampa, Santiago del Estero.

Macho, 1) *Guyaca*, lugar poblado, Argentina, Minas, Córdoba. 2) *Muerto*, lugar poblado, Reduccion, Juarez Celman, Córdoba 3) *Muerto*, cañadones del, Tercero Abajo, Córdoba. 4) *Muerto*, lugar poblado, Ballesteros, Union, Córdoba. 5) *Muerto*, finca rural, Independencia, Rioja.

Machochina, arroyo, Ctl 10, Tandil, Buenos Aires.

Machos los, establecimiento rural, Ctl 5, 8, Guaminí, Buenos Aires.

Machuca, 1) laguna, Ctl 7, Junin, Buenos Aires. 2) *Cué*, finca rural, Empedrado, Corrientes. 3) *Cué*, finca rural, Goya, Corrientes.

Maciel, 1) arroyo, Ctl 6, Barracas, Buenos Aires. Desagua en el rio de La Plata á corta distancia al Sud del Riachuelo. 2) laguna, San Cosme, Corrientes. 3) colonia, Gessler, San Jerónimo, Santa Fe.

Mackenna, lugar poblado, Rio Cuarto, Córdoba. Dista de Buenos Aires 582 kms. $\alpha = 236$ m. FCP, C, T.

Mackinlay, arroyo, Ctl 3, Barracas, Buenos Aires.

Maco, lugar poblado, Capital, Santiago. E.

Madariaga, laguna, Ctl 13, Dolores, Buenos Aires.

Madre Vieja, paraje poblado, Campo Santo, Salta.

Madrin, puerto en el golfo Nuevo, Chubut. Es la estacion final del ferro-carril patagónico que arranca de Trelew. Por este puerto exporta la colonia del Chubut sus trigos, lanas y cueros.

Maestro del, laguna, Ctl 1, Tuyú, Buenos Aires.

Magallanes, estrecho que comunica el Océano Atlántico con el Pacífico. Su entrada del lado argentino está señalada por punta Dungenes y el cabo Espíritu Santo (Tierra del Fuego). La navegacion del estrecho es libre.

Magarato, laguna, Villarino, Buenos Aires.

Magdalena, 1) la, establecimiento rural, Ctl 3, Ayacucho, Buenos Aires. 2) partido de la provincia de Buenos Aires. Se halla al SE. de la capital federal á orillas del rio de La Plata, rodeado de los partidos La Plata, Brandzen, Chascomús y Rivadavia. Tiene 3263 kms.^{2} de extension y una poblacion de 11280 habitantes. (Censo del 31 de Enero de 1890). Escuelas funcionan en Magdalena, Atalaya, Arroyo de Zapata, etc. El partido es regado por los arroyos Atalaya, Espinillo, Zapata, Illesca, Velazquez, Bavio, del Pescado, Flores, Villoldo, del Rincon, Santa Isabel, de las Mulas, Sarandí, del Poniente, Jején, del Unco, de las Yeguas, Tía María, Guajarote, de la Verde, San Luis, Dulce, Pedraza, Lopez, la Ernestina y el Samborombon. 3) villa, Magdalena, Buenos Aires. Es cabecera del partido Fundada en 1730, cuenta hoy con 4000 habitantes. Dista 5 kms. de la costa donde la aldea Atalaya forma su puerto. Es estacion extrema de la prolongacion del ferro-carril de Buenos Aires á La Plata. Sucursal del Banco de la Provincia, Saladeros. $\varphi = 35°\ 5'\ 32''$, $\lambda = 57°\ 30'\ 25''$; FCE, C, T, E. 4) laguna, Ctl 3, Maipú, Buenos Aires 5) estancia, Ctl 12, 15, Lincoln, Buenos Aires. 6) establecimiento rural, Ctl 3, 5, Maipú, Buenos Aires. 7) estancia, Ctl 3, Patagones, Buenos Aires. 8) establecimiento rural, Ctl 10, Saladillo, Buenos Aires. 9) establecimiento rural, La Amarga, Juarez Celman, Córdoba. 10) establecimiento rural, Tres de Febrero, Rio Cuarto,

Córdoba. 11) la, establecimiento rural, Capilla de Rodriguez, Tercero Arriba, Córdoba.

Mahon, arroyo, Ctl 5, Brandzen, Buenos Aires.

Maidana, 1) finca rural, San Luis, Corrientes. 2) *Cué*, finca rural, Caacatí, Corrientes.

Mailin, 1) distrito de la seccion Veinte y Ocho de Marzo del departamento Matará, Santiago del Estero. 2) aldea, Veinte y Ocho de Marzo, Matará, Santiago. Es cabecera del departamento. Está á 180 kms. al SE. de la capital provincial. Cuenta con unos tco habitantes. C, T, E.

Maimará, lugar poblado, Tilcara, Jujuy. E.

Maimetá, finca rural, Curuzú-Cuatiá, Corrientes.

Maipó, volcan de la cordillera, Nueve de Julio y Veinte y Cinco de Mayo, Mendoza. El paralelo que pasa por este volcan divide los departamentos Nueve de Julio, Chacabuco y La Paz del de Veinte y Cinco de Mayo. $\varphi = 33° 40'$; $\lambda = 69° 20'$; $\alpha = 5834$ m. (Pissis),

Maipú, 1) establecimiento rural, Ctl 5, Junin, Buenos Aires. 2) (ó Monsalvo), partido de la provincia de Buenos Aires. Fué creado en 1869. Está al SSE. de la capital federal, rodeado de los partidos Dolores, Tordillo, Ajó, Tuyú, Mar Chiquita, Ayacucho y Vecino. Tiene 2551 kms.² de extension y 4189 habitantes. (Censo del 31 de Enero de 1890). El partido es regado por los arroyos Chico y Grande. 3) villa, Maipú, Buenos Aires. Es cabecera del partido. Fundada en 1878, cuenta hoy con 2000 habitantes. Por la vía férrea dista 270 kms. (7 horas) de Buenos Aires. Es punto de arranque del ramal del ferro-carril del Sud que conduce á Mar del Plata. Sucursal del Banco de la Provincia. $\varphi = 36° 52' 12''$; $\lambda = 58° 1' 34''$; $\alpha = 14$ m. FCS, C, T, E. 4) estancia, Ctl 4, Maipú, Buenos Aires. 5) laguna, Ctl 4, Maipú, Buenos Aires.

6) laguna, Monte, Buenos Aires. Se comunica con las denominadas del Monte, de las Perdices y del Seco, por medio de la cañada de la Totora desaguando todas ellas, por medio de la cañada Manantiales, en la laguna Cerrillos. 7) establecimiento rural, Solalindo, Chaco. 8) colonia, Carlota, Juarez Celman, Córdoba. Tiene 220 habitantes. (Censo del 1° de Mayo de 1890). 9) departamento de la provincia de Mendoza. Confina al Norte con el departamento Guaymallén, al Este con el de San Martin por el rio Mendozá y luego con el de junin, al Sud con el de Lujan y al Oeste con el de Lujan y el de Belgrano. Tiene unos 738 kms.² de extension y una poblacion conjetural de 9500 habitantes. El terreno es más llano que quebrado. La riqueza principal del departamento es la alfalfa. 10) pueblo, Maipú, Mendoza. Es la cabecera del departamento. Está á 12 kms. al SSE. de la ciudad de Mendoza y á 344 de Villa Mercedes. A 3 kms. al Norte, tiene su estacion del ferro-carril Gran Oeste Argentino. FCGOA, C, T, E. 11) fortin, Neuquen. Está situado en el valle del arroyo Quempú - Callú 12) mineral de oro, Poma, Salta.

Maiz Gordo, sierra, Jujuy y Salta. Se extiende de SO. á NE. en el límite de las provincias de jujuy (San Pedro) y Salta (Anta). En el cerro Cachipunco encuentra esta sierra la de Santa Bárbara. Los cerros Centinela y Maiz Gordo son las cumbres más notables de esta sierra.

Majada, 1) lugar poblado, Nono, San Alberto, Córdoba. 2) lugar poblado, Valle Fértil, San juan. 3) manantial, Valle Fértil, San Juan. 4) lugar poblado, Majada, Ayacucho, San Luis. E. 5) vertiente, Majada, Ayacucho, San Luis. 6) distrito del departamento Loreto, Santiago. 7) lugar poblado, Majada, Loreto, Santiago.

Majadilla, 1) cuartel de la pedanía Aguada del Monte, Sobremonte, Córdoba. 2) aldea, Aguada del Monte, Sobremonte, Córdoba. Tiene 113 habitantes. (Censo del 1° de Mayo de 1890). 3) cuartel de la pedanía Parroquia, Tulumba, Córdoba. 4) aldea, Parroquia, Tulumba, Córdoba. Tiene 129 habitantes. (Censo m.) $\varphi = 30° 30'$; $\lambda = 64° 10'$; $\alpha = 1000$ m. (Brackebusch).

Majadillas, aldea, Macha, Totoral, Córdoba. Tiene 147 habitantes. (Censo m).

Majadita, distrito del departamento Trinidad, San juan.

Mal Abrigo, 1) estancia, Ctl 5, Ajó, Buenos Aires. 2) lugar poblado, Bragado, Buenos Aires. E. 3) laguna, Ctl 11, Bragado, Buenos Aires. 4) establecimiento rural, Ctl 3, Las Flores, Buenos Aires 5) establecimiento rural, Ctl 4, Pueyrredon, Buenos Aires 6) estancia, Ctl 10, Veinte y Cinco de Mayo, Buenos Aires. 7) lugar poblado, Cañas, Anejos Norte, Córdoba. 8) finca rural, Esquina, Corrientes. 9) distrito del departamento San Javier, Santa Fe. Tiene 1102 habitantes. (Censo del 7 de Junio de 1887). 10) puerto de la colonia Romang, Mal Abrigo, San javier, Santa Fe. Tiene Resguardo de aduana. C. 11) arroyo, San Javier, Santa Fe. Desagua en el rio San Javier, á inmediaciones de la colonia Romang.

Malacara, [1] 1) establecimiento rural, Ctl 3, Loberia, Buenos Aires. E. 2) arroyo, Ctl 1, 2, 3, 6, Loberia, Buenos Aires. Tiene su orígen en la laguna Esperanza (Sierra del Volcan) y desagua en el Océano Atlántico. En su márgen derecha recibe las aguas del arroyo de Las Flores. 3) cañada, San Justo, Córdoba. 4) lugar poblado, Punta del Agua, Tercero Arriba, Córdoba.

Malagueño, 1) cuartel de la pedanía Calera, Anejos Sud, Córdoba. 2) aldea, Calera, Anejos Sud, Córdoba Tiene 692 habitantes. (Censo del 1° de Mayo de 1890) Está situada á 22 kms. OSO. de Córdoba y está ligada á esta ciudad con un ferro-carril Decauville. Hornos de cal. $\varphi = 31° 34'$; $\lambda = 64° 2'$; $\alpha = 502$ m. C, T, E.

Malal-Jull, establecimiento rural, Ctl 7, Necochea, Buenos Aires.

Malambo, finca rural, Curuzú-Cuatiá, Corrientes.

Malanzan, 1) distrito del departamento Rivadavia, Rioja. 2) aldea, Malanzan, Rivadavia, Rioja. Es cabecera del departamento y está situada en la sierra del mismo nombre. $\gamma = 760$ m. C, E. 3) sierra, Velez Sarsfield y Rivadavia, Rioja. Es una rama de la sierra de los Llanos.

Malargüé, [1] 1) aldea en formacion á orillas del arroyo del mismo nombre, Mendoza. 2) nombre anticuado del hoy departamento mendocino Coronel Beltran. Véase Beltran. 3) arroyo, Beltran, Mendoza. Tiene su orígen en el cerro Minas (3817 m.) en la cordillera, bajo los 35° 18' de latitud y los 70° 5' de longitud; corre de O. á E., recibe en la márgen derecha las aguas de los arroyos Torrecillas, Moro y Loncoche y desagua en la laguna Carilauquen (Yancanelo) bajo los 35° 25' de latitud y los 69° 15' de longitud. (Host.)

Malbertina, 1) cuartel de la pedanía Juarez Celman, San justo, Córdoba. 2) colonia, Juarez Celman, San Justo, Córdoba. Fué fundada en 1886 en el campo conocido por « Pozo del Abra » en una extension de 10822 hectáreas.

Malca Maimará, paraje poblado, Tilcara, Jujuy.

Malcante, paraje poblado, Chicoana, Salta.

Maldonado, 1) arroyo, Ctl 2, 3, Bahia Blanca, Buenos Aires. 2) cañada en el territorio de la capital federal. Era antes

1 Dícese del caballo ó yegua que tiene una lista blanca en la cabeza, desde la frente al hocico. (Granada.)

1 Corruptela de Malal hué; Malal = corral; hué = nuevo. (Araucano.)

Mal Paraje, estancia, Ctl 5, Las Flores, Buenos Aires.

Mal Paso, 1) lugar poblado á oiillas del rio Primero, Calera Norte, Anejos Norte, Córdoba. Dista por la orilla del rio 17 kms. de Córdoba. 2) lugar poblado, Ciénega del Coro, Minas, Córdoba. 3) paraje poblado, Humahuaca, jujuy. 4) el, lugar poblado, Cerrillos, Salta. 5) lugar poblado, Rosario de la Frontera, Salta. 6) lugar poblado, Rosario de Lerma, Salta. 7) distrito del departamento de la Capital, Santiago del Estero.

Malvada la, establecimiento rural, Ctl 4, Zárate, Buenos Aires.

Malvaloy, finca rural, Anta, Salta.

Malvina la, establecimiento rural, Deparmento 2°, Pampa.

Malvinas, 1) estancia, Ctl 2, 3, 4, Azul, Buenos Aires. 2) estancia, Esquina, Corrientes. E. 3) estancia, Lavalle, Corrientes. 4) aldea, Famaillá, Tucuman. En la orilla izquierda del arroyo Lules. E.

Mamangá, finca rural, Monte Caseros, Corrientes.

Mamindai, lugar poblado, Tegua y Peñas, Rio Cuarto, Córdoba.

Mana-Cruz, laguna permanente formada por el Desaguadero, Capital, San Luis.

Manadas, laguna, Ctl 4, Bragado, Buenos Aires.

Manantial, 1) arroyo, Ctl 6, Alvear, Buenos Aires. 2) laguna, Ctl 3, Ayacucho, Buenos Aires. 3) estancia, Ctl 8, Balcarce, Buenos Aires. 4) el, laguna, Ctl 13, Chivilcoy, Buenos Aires. 5) laguna, Ctl 5, Loberia, Buenos Aires. 6) laguna, Ctl 5, Olavarria, Buenos Aires. 7) estancia, Ctl 1, Pringles, Buenos Aires. 8) laguna, Ctl 1, Pringles, Buenos Aires. 9) estancia, Ctl 4, Suarez, Buenos Aires. 10) laguna, Ctl 2, Suarez, Buenos Aires. 11) laguna, Ctl 5, Tapalqué, Buenos Aires. 12) vertiente, Ancasti, Ancasti, Catamarca. 13) lugar poblado, Cañada de Alvarez, Calamuchita, Córdoba. 14) lugar poblado, Carlota, juarez Celman, Córdoba. 15) aldea, Castaños, Rio Primero, Córdoba. Tiene 141 habitantes. (Censo del 1° de Mayo de 1890.) 16) lugar poblado, Suburbios, Rio Primero, Córdoba 17) cuartel de la pedanía La Paz, San javier, Córdoba. 18) aldea, La Paz, San javier, Córdoba. Tiene 232 habitantes. (Censo m.) 19) lugar poblado, Arroyito, San justo, Córdoba. 20) lugar poblado, Algodon, Tercero Abajo, Córdoba. 21) lugar poblado, Villa Nueva, Tercero Abajo, Córdoba. 22) lugar poblado, Pampayasta Sud, Tercero Arriba, Córdoba. 23) finca rural, Curuzú-Cuatiá, Corrientes. 24) finca rural, Guzman, San Martin, San Luis. 25) lugar poblado, San Martin, San Martin, San Luis. 26) vertiente, San Martin, San Martin, San Luis. 27) ingenio de azúcar, Capital, Tucuman. Está á 6 kms. al SO. de la capital provincial y á 136 kms. de La Madrid. FCNOA, C, T. 28) arroyo, Capital y Famaillá, Tucuman. Es un pequeño tributario del arroyo Lules en la márgen izquierda. Es en toda su extension el límite entre los departamentos de la Capital y de Famaillá. 29) *Blanco*, lugar poblado, Rosario, Pringles, San Luis. 30) *de Bustos*, finca rural, Rosario, Pringles, San Luis. 31) *de Las Flores*, finca rural, Renca, Chacabuco, San Luis. 32) *Lindo*, finca rural, San Lorenzo, San Martin, San Luis. 33) *de Renca*, lugar poblado, Naschel, Chacabuco, San Luis. 34) *de la Víbora*, chacra, San Lorenzo, San Martin, San Luis.

Manantiales, 1) establecimiento rural, Ctl 3, Ayacucho, Buenos Aires. 2) estancia, Ctl 8, Bahia Blanca, Buenos Aires. 3) arroyo, Ctl 8, Bahia Blanca, Buenos Aires. 4) establecimiento rural, Ctl 3, Bragado, Buenos Aires. 5) cabaña de ovejas Rambouillet, Chascomús, Buenos Aires. Está á 15 kms. al Sud de la ciudad de Chascomús y hállase limitada por las lagunas encadenadas de Manantiales, Chis-Chis y Puesto Grande. 6) laguna. Ctl 4, 10, 11, Chascomús, Buenos Aires. 7) arroyo, Monte, Buenos Aires. Conduce las aguas de las lagunas del Monte, de las Perdices, del Seco y de Maipú á la denominada Cerrillos. 8) establecimiento rural, Ctl 6, Olavarria, Buenos Aires. 9) estancia, Ctl 5, Pergamino, Buenos Aires. 10) estancia, Ctl 9, Puan, Buenos Aires 11) lugar poblado, Ramallo, Buenos Aires. E. 12) establecimiento rural, Ctl 3, San Vicente, Buenos Aires. 13) arroyo, Ctl 3, San Vicente, Buenos Aires. 14) estancia, Ctl 11, Tandil, Buenos Aires. 15) arroyo, Ctl 10, 11, Tandil, y Ctl 2, 3, 6, Azul, Buenos Aires 16) arroyo, Tuyú, Buenos Aires. Desagua en el Océano Atlántico. 17) distrito del departamento Santa Rosa, Catamarca. 18) lugar poblado, Lagunilla, Anejos Sud, Córdoba. 19) lugar poblado, Chucul, juarez Celman, Córdoba. 20) lugar poblado, Parroquia, Pocho, Córdoba. 21) lugar poblado, Achiras, Rio Cuarto, Córdoba. 22) lugar poblado, Calchin, Rio Segundo, Córdoba. 23) lugar poblado, San Francisco, Sobremonte, Córdoba. 24) lugar poblado, Santa Cruz, Tulumba, Córdoba. 25) finca rural, Goya, Corrientes. 26) distrito del departamento Feliciano, Entre Rios. 27) arroyo, Victoria, Entre Rios. Desagua en el Paranacito y forma en toda su extension el límite entre los distritos Pajonal y Quebrachitos (al Norte) y Corrales (al Sud.) 28) lugar poblado, Belgrano, San Luis. C, E. 29) *Chicos*, arroyo, Ctl 4, 5, Pergamino, Buenos Aires. Es un pequeño tributario del arroyo Ramallo. 30) *Grandes*, arroyo, Ctl 1, 4, 5, Pergamino, Buenos Aires. Es un pequeño tributario del arroyo Ramallo. 31) *de Pereda*, estancia, Ctl 7, Azul, Buenos Aires.

Manantialito, finca rural, Curuzú-Cuatiá, Corrientes.

Manantialitos, lugar poblado, San Martin, San Martin, San Luis.

Mancha [1], la, establecimiento rural, Ctl 2, Suarez, Buenos Aires

Manchada la, laguna, Ctl 4, Castelli, Buenos Aires.

Manchin, lugar poblado, Suburbios, Rio Primero, Córdoba.

Mancopa, 1) distrito de la seccion Veinte y Ocho de Marzo del departamento Matará, Santiago del Estero. 2) lugar poblado, Leales, Tucuman. Al Norte del departamento. E.

Mandin, paraje poblado, Quebrachos, Sumampa, Santiago.

Mandisovi, 1) distrito del departamento Federacion, Entre Rios. 2) colonia, Mandisovi, Federacion, Entre Rios. Fué fundada en 1883. 3) *Chico,* arroyo, Mandisovi, Federacion, Entre Rios. Es un tributario del Mandisovi Grande, en la márgen izquierda. 4) *Grande,* arroyo, Federacion, Entre Rios. Desagua en la márgen derecha del Uruguay, en direccion de O. á E., entre la colonia Libertad (al Norte) y la villa Federacion (al Sud). Es en toda su extension límite entre los distritos Mandisovi y Gualeguaycito.

Mandolo, arroyo, Monteros, Tucuman. Es un tributario del arroyo Romanos.

Manduré, arroyo, Mercedes, Corrientes. Es un afluente del Miriñay.

Manga, [2] 1) paraje poblado, Tilcara, Jujuy. 2) lugar poblado, Chuñaguasi, Sobremonte, Córdoba. 3) arroyo, Anta, Salta. Es un pequeño tributario del Juramento, en la márgen izquierda. Desagua cerca de Valbuena. 4) paraje poblado, Oran, Salta. 5) chacra, Larca, Chacabuco, San

Luis. 6) lugar poblado, Copo, Santiago. C.

Mangas, 1) finca rural, Conlara, San Martin, San Luis. 2) vertiente, Conlara, San Martin, San Luis.

Mangrullo, [1] 1) estancia, Ctl 5, Ajó, Buenos Aires. 2) cañada, Ctl 5, Ajó, Buenos Aires. En esta cañada, que une varias lagunas entre sí, tiene su origen el arroyo de Ajó. 3) establecimiento rural, Ctl 7, Ayacucho, Buenos Aires. 4) estancia, Ctl 5, Monte, Buenos Aires. 5) establecimiento rural, Ctl 10, Saladillo, Buenos Aires. 6) establecimiento rural, Higuerillas, Rio Seco, Córdoba. 7) cañada, San justo, Córdoba. 8) lugar poblado, San Lorenzo, San Martin, San Luis.

Manguera, arroyo, Ctl 2, Ayacucho, Buenos Aires

Manguitos, lugar poblado, Dolores, San javier, Córdoba.

Manogasta, 1) distrito de la seccion Silipica 1ª, del departamento Silipica, Santiago. 2) lugar poblado, Manogasta, Silípica, Santiago. E.

Mansilla, 1) laguna, Chascomús, Buenos Aires. Alimenta el arroyo Vitel y forma parte de un sistema que se comunica con el Salado por medio de un hondo cañadon llamado Rincon de Barrancas. 2) laguna, Ctl 10, Las Flores, Buenos Aires. 3) laguna, Ctl 11, Trenque-Lauquen, Buenos Aires. 4) estancia, Larca, Chacabuco, San Luis.

Mansion de los Muertos la, establecimiento rural, Ctl 2, Baradero, Buenos Aires.

Mansupa, 1) distrito del departamento Rio Hondo, Santiago del Estero. 2) lugar poblado, Mansupa, Rio Hondo, Santiago. E.

Manteca, estancia, San Miguel, Corrientes.

---

1 Enfermedad contagiosa que acomete especialmente al ganado vacuno. — 2 Senda formada por estacadas que van estrechándose hasta la entrada de un corral en las estancias.

1 Atalaya armada en las ramas de un árbol (Granada).

Manto de Oro, lavadero de oro, San Cárlos, Salta.

Manuela, 1) la, establecimiento rural, Ctl 8 Puan, Buenos Aires. 2) mina de cuarzo aurífero, Candelaria, Cruz del Eje, Córdoba. Está situada en el paraje llamado « Calera. »

Manuelita, 1) la, estancia, Ctl 2, Dorrego, Buenos Aires. 2) establecimiento rural, Ctl 7, Lobos, Buenos Aires. 3) establecimiento rural, Ctl 14, Nueve de julio, Buenos Aires. 4) establecimiento rural, Ctl 6, Olavarría, Buenos Aires. 5) establecimiento rural, Ctl 6, Trenque-Lauquen, Buenos Aires.

Manzana, arroyo, Beltran, Mendoza. Es un tributario del rio Grande en la orilla derecha.

Manzanas, 1) pedanía del departamento Ischilin, Córdoba. Tiene 2391 habitantes. (Censo del 1º de Mayo de 1890). 2) cuartel de la pedanía del mismo nombre, Ischilin, Córdoba. 3) aldea, Manzanas, Ischilin, Córdoba. Tiene 131 habitantes. (Censo m.) 4) lugar poblado, Cosquin, Punilla, Córdoba. 5) arroyo de las, Totoral, Córdoba. Nace en la sierra Chica y reune luego sus aguas con las del llamado río Grande, pasando así ambos en un solo cauce por el pueblo del Totoral. 6) las, paraje poblado, Rosario de Lerma, Salta.

Manzano, 1) arroyo, Ctl 1, Quilmes, Buenos Aires. 2) arroyo, Ctl 4, 5, San Fernando, Buenos Aires. 3) lugar poblado, Cañada de Alvarez, Calamuchita, Córdoba. 4) lugar poblado, Pilar, Rio Segundo, Córdoba. 5) lugar poblado, Concepcion, San justo, Córdoba. 6) arroyo, Beltran, Mendoza. Es un tributario del rio Grande A orillas de este arroyo existe la gruta Querinchengüe 7) el, paraje poblado, Rosario de Lerma, Salta.

Manzanos, 1) lugar poblado, Capital, jujuy 2) lugar poblado, Guzman, San Martin,

San Luis. 3) arroyo, Guzman, San Martin, San Luis. Vierte sus aguas en el arroyo de Quines.

Maquijata, 1) distrito de la seccion La Punta del departamento Choya, Santiago del Estero. 2) lugar poblado, Maquijata, La Punta, Choya, Santiago. C.

Máquinas las, estancia, Ctl 7, Tres Arroyos, Buenos Aires.

Maracó, 1) paraje poblado, Departamento 3º, Pampa. 2) paraje poblado, Departamento 4º, Pampa.

Maradona, 1) vertiente, Marquesado, Desamparados, San Juan. 2) finca rural, Pedernal, Huanacache, San Juan.

Maranti, paraje poblado, Iruya, Salta.

Marapa, 1) estancia, Rio Chico, Tucuman. En la orilla izquierda del arroyo del mismo nombre. 2) arroyo, Tucuman. Véase arroyo de Singuil ó de Graneros.

Maravilla, 1) laguna, Ctl 5, Necochea, Buenos Aires 2) finca rural, General Lavalle, Rioja. 3) distrito de la seccion Figueroa, del departamento Matará, Santiago del Estero. 4) del Volcan, establecimiento rural, Ctl 3, Balcarce, Buenos Aires.

Marayes, 1) distrito minero del departamento Valle Fértil, San Juan. Encierra carbon, hierro, oro y plata. 2) sierra, Valle Fértil, San Juan. Es parte de la sierra de la Huerta. Dícese que abunda en carbon de piedra. 3) vertiente, La Huerta, Valle Fértil, San Juan.

Marca Flor, estancia, Monte Caseros, Corrientes.

Marcardi, isla del lago Nahuel - Huapí, Neuquen.

Marcelina, mina de cuarzo aurífero, Candelaria, Cruz del Eje, Córdoba. Está situada en el paraje llamado «Ciénega de Brito.»

Mar Chiquita, 1) partido de la provincia de Buenos Aires. Fué creado en 1839. Está situado al SSE. de la capital federal, en la costa del Océano Atlántico y rodeado por los partidos Maipú, Tuyú, Pueyrredon, Balcarce y Ayacucho. Tiene 3118 kms.' de extension y una poblacion de 2729 habitantes. (Censo del 31 de Enero de 1890). Escuelas funcionan en Mar Chiquita, San Ramon, Arbolito, la Blanqueada, Vivoratá y Piran. El partido es regado por los arroyos Vivoratá, de los Cueros, Invernada, de las Negras, Mondongo y de las Gallinas. En el partido no existe ningun pueblo hasta ahora. En las estaciones Piran, Anchorena y Vivoratá del ferro-carril del Sud, se han formado pequeños núcleos de poblacion. 2) establecimiento rural, Mar Chiquita, Buenos Aires. C. E. 3) establecimiento rural, Ctl 2, 8, Junin, Buenos Aires. 4) laguna, Ctl 2, 8, junin, BuenosAires Es atravesada por el rio Salado. 5) lago en el ángulo NE. de la provincia, donde convergen los límites de los departamentos Tulumba, Rio Primero y San Justo de la provincia de Córdoba En la Mar Chiquita estancan sus aguas el rio Primero y el rio Segundo y una infinidad de cañadas que convergen en esta depresion con procedencia de todos los rumbos del horizonte. Mide de Este á Oeste 81 kms. (?) y de N. á S. en la parte más ancha 50 kms. (?). Contiene más de 15 islas pobladas de bosques de quebracho colorado. La profundidad del lago es de 34 m. (?) El agua contiene un 6 % de sal. Con excepcion del NE y E., las orillas del lago están cubiertas de espeso bosque de quebracho colorado y algarrobo. $_2$ = 82 m. (Grumbkow).

Márcos 1) *Juarez*, departamento de l provincia de Córdoba. Está situado al Este del departamento Union, al Sud del de San Justo y es limítrofe de las provincias de Santa Fe (por el Este) y Buenos Aires (por el Sud). La ley del 16 de Noviembre de 1888 que ha creado este departamento, encierra las disposiciones siguientes: Artículo 1° El territo-

rio que forma actualmente el departamento Union será dividido en dos partes, por una línea que comenzará en el ángulo SE. del lote 81, série del departamento San Justo, en el límite que separa los departamentos San justo y Union. Esta línea seguirá el costado Oeste de los lotes 98, 11, 8, 9, 3 y 108 de la série B Norte de este último departamento y se dirigirá hacia la parte Sud del rio Tercero siguiendo el costado Oeste de los lotes 5, 19, 29, 39, 49, 91, 92, 15 y 9 de la série B. Sud. Artículo 2° La parte situada al Oeste de la línea de demarcacion establecida por el artículo precedente conservará el nombre de departamento Union y las autoridades departamentales residirán en la villa Bell-Ville. Artículo 3° La parte situada al Este de la misma línea constituirá un nuevo departamento que se llamará Márcos Juarez; su cabecera será la villa de Márcos Juarez, creada por decreto del 19 de Octubre de 1887. El departamento está dividido en las 5 pedanías: Espinillos, Cruz Alta, Las Colonias, Las Tunas y Calderas. Los centros de poblacion de 100 habitantes para arriba son los siguientes: Márcos juarez, colonia Leone , estacion General Roca, estacion Leones, colonia Márcos juarez, colonia Córdoba, colonia Garibaldi, colonia Sastre, colonia Velasco, Cruz Alta, Saladillo, Juarez Celman, Lobaton, Santa Lucía, Monte Molina, colonia Olmos, colonia Moreno y Calderas. El departamento tiene 7273 kms.² de extension y una poblacion de 9082 habitantes. (Censo del 1° de Mayo de 1890). 2) *Juarez*, cuartel de la pedanía Espinillos, Márcos juarez, Córdoba. 3) *Juarez*, villa, Espinillos, Márcos Juarez, Córdoba. Es el ántiguo pueblo Espinillos, hoy cabecera del departamento. Tiene 2468 habitantes. (Censo m.) Dista del Rosario 140 kms. $_2$ = 114 m. FCCA, C, T, E. 4) *Juarez*, colonia,

Espinillos, Márcos Juarez, Cordoba. Fué fundada en 1888 en una extension de 5412 hectáreas. Tiene 277 habitantes. (Censo m.) 5) *Paz*, partido de la provincia de Buenos Aires. Fué creado el 25 de Octubre de 1878. Se halla al OSO. de la capital federal, rodeado de los partidos Rodriguez, Moreno, Merlo, Matanzas, San Vicente, Cañuelas y Las Heras. Tiene 452 kms.[2] de extension y una poblacion de 3596 habitantes. (Censo del 31 de Enero de 1890). El partido es regado por los arroyos Durazno, Morales, Las Pajas, Chacon, Robledo, Eulalia, Lavayén y Matanzas (Riachuelo). 6) *Paz*, villa, Márcos Paz, Buenos Aires. Fundada en 1871, cuenta hoy con 1898 habitantes. (Censo m.) Por la vía férrea, ramal de Merlo al Saladillo, dista 48 kms. (2 horas) de Buenos Aires $\varphi = 34°$ 52' 15"; $\lambda = 58° 58' 29"$; $\alpha = 30$ m. FCO, C, T, E. 7) *Paz*, finca rural, Paso de los Libres, Corrientes. 8) *Paz*, paraje poblado, Matará, Santiago. 9) *Sastre*, colonia, Bell-Ville, Union, Córdoba. Tiene 178 habitantes. (Censo del 1° de Mayo de 1890). Fué fundada en 1887 en los campos conccidos por «Redonditas» y «Ovejas Muertas,» en una extension de 15000 hectáreas.

Marcospa, 1) distrito de la seccion Matará del departamento Matará, Santiago del Estero. 2) lugar poblado, Marcospa, Matará, Matará, Santiago. E.

Mar del Plata, 1) villa, Pueyrredon, Buenos Aires. Es la cabecera del partido. A orillas del Océano Atlántico, tiene su importancia como lugar balneario. Cuenta hoy con 4975 habitantes. (Censo del 31 de Enero de 1890). Por la vía férrea, ramal de Maipú á Mar del Plata, dista 399 kms. (10 horas) de Buenos Aires. Sucursal del Banco de la Provincia. Receptoría de Rentas Nacionales. varios grandes y lujosos hoteles. $\varphi = 38° 1' 30"$; $\lambda = 57° 6' 19"$; $\alpha = 14,2$ m. FCS, C,

T, E. 2) finca rural, Esquina, Corrientes.

Margarita, 1) estancia, Ctl 5, Giles, Buenos Aires. 2) estancia, Ctl 3, Cañuelas, Buenos Aires. 3) establecimiento rural, Ctl 6, Las Flores, Buenos Aires. 4) estancia, Ctl 9, Lincoln, Buenos Aires. 5) estancia, Ctl 7, Lobería, Buenos Aires. 6) arroyo, Ctl 7, Lobería, Buenos Aires. 7) establecimiento rural, Ctl 8, Nueve de Julio, Buenos Aires. 8) establecimiento rural, Ctl 7, Pergamino, Buenos Aires. 9) establecimiento rural, Ctl 2, Pila, Buenos Aires. 10) establecimiento rural, Ctl 11, Pringles, Buenos Aires. 11) estancia, Ctl 7, 10, Puan, Buenos Aires. 12) laguna, Ctl 7, Puan, Buenos Aires. 13) establecimiento rural, Ctl 10, Rauch, Buenos Aires. 14) establecimiento rural, Ctl 1, Suarez, Buenos Aires. 15) establecimiento rural, Ctl 2, Tapalqué, Buenos Aires. 16) establecimiento rural, Ctl 3, Trenque-Lauquen, Buenos Aires 17) laguna, Ctl 7, Tres Arroyos, Buenos Aires. 18) establecimiento rural, Ctl 2, Veinte y Cinco de Mayo, Buenos Aires. 19) laguna, Esquina, Corrientes. 20) finca rural, Lomas, Corrientes. 21) mina de oro en el distrito mineral «El Oro,» sierra de Famatina, Rioja. 22) colonia, Galvez, San Jerónimo, Santa Fe. Tiene 132 habitantes. (Censo del 7 de Junio de 1887).

Margaritas las, establecimiento rural, Ctl 4, Olavarria, Buenos Aires.

Mari. 1) *Cué*, laguna, Goya, Corrientes. 2) *Lauquen*, establecimiento rural, Ctl 3, Trenque-Lauquen, Buenos Aires. 3) *Mamuel*, lugar poblado, Departamento 3°, Pampa. T.

Maria, 1) estancia, Ctl 3, Bolívar, Buenos Aires. 2) establecimiento rural, Ctl 2, Bragado, Buenos Aires. 3) establecimiento rural, Ctl 6, Castelli, Buenos Aires. 4) establecimiento rural, Ctl 7, Chascomús, Buenos Aires. 5) laguna, Ctl 14, Dolores, Buenos Aires. 6) establecimiento rural, Ctl 6, Guaminí, Buenos Aires. 7) establecimiento rural, Ctl 4, Márcos Paz, Buenos Aires. 8) establecimiento rural, Ctl 2, Nueve de julio, Buenos Aires. 9) establecimiento rural, Ctl 4, Olavarría, Buenos Aires. 10) establecimiento rural, Ctl 1, Puan, Buenos Aires. 11) establecimiento rural, Ctl 6, 8, Rauch, Buenos Aires. 12) establecimiento rural, Ctl 2, Rojas, Buenos Aires. 13) estancia, Ctl 10, Saladillo, Buenos Aires. 14) estancia, Ctl 5, Trenque-Lauquen, Buenos Aires. 15) laguna, Ctl 4, Vecino, Buenos Aires. 16) mina de cuarzo aurífero, Candelaria, Cruz del Eje, Córdoba Está situada en el lugar llamado « Pozo de Agua. » 17) lugar poblado, Reduccion, juarez Celman, Córdoba. 18) mina de cuarzo aurífero, San Bartolomé, Rio Cuarto, Córdoba. Está situada en el paraje llamado « Los Cóndores. » 19) la, finca rural, Curuzú - Cuatiá, Corrientes. 20) la, finca rural, Mercedes, Corrientes. 21) *Antonia*, laguna, Ctl 2, Castelli, Buenos Aires. 22) *Antonia*, laguna, Ctl 8, Vecino, Buenos Aires. 23) *Carlota,* establecimiento rural, Ctl 6, Bolívar, Buenos Aires. 24) *Carlota*, establecimiento rural, Ctl 11, Nueve de julio, Buenos Aires. 25) *Chica*, finca rural, Curuzú - Cuatiá, Corrientes. 26) *Chica*, arroyo, Capital, Entre Rios. Desagua en la orilla izquierda del Antonio Tomás, á corta distancia de su desembocadura en el Paraná. Es en toda su extension límite entre los distritos Antonio Tomás y Tala. 27) *Eugenia*, mina de peróxido de hierro y cuarzo aurífero en el distrito mineral del Atajo, Andalgalá, Catamarca. 28) *Grande*, arroyo, Curuzú-Cuatiá, Corrientes. Es un tributario del rio Corrientes y recibe las aguas de los arroyos Sauce, Quiary y Flor María. 29) *Grande*, distrito del departamento de la Capital, Entre Rios. 30) *Grande*, arroyo, Capital, Entre Rios. Desagua en la márgen

izquierda del Moreira, en direccion de O. á E. Es en toda su extension límite entre los distritos María Grande 2ª y María Grande 1ª. 31) *Juana*, distrito del departamento de las Colonias, Santa Fe. Tiene 891 habitantes. (Censo del 7 de junio de 1887). 32) *Juana*, colonia, María Juana, Colonias, Santa Fe. Tiene 386 habitantes. (Censo m.) C. 33) *Luisa,* estancia, Ctl 10, Cañuelas, Buenos Aires. 34) *Luisa*, establecimiento rural, Ctl 1, Magdalena, Buenos Aires. 35) *Luisa*, distrito del departamento de las Colonias, Santa Fe. Tiene 446 habitantes. (Censo m.) 36) *Luisa*, colonia, María Luisa, Colonias, Santa Fe. Tiene 446 habitantes. (Censo m.) C.

Marianita la, estancia, Ctl 6, Pueyrredon, Buenos Aires.

Marienthal (ó Vizcacheras), aldea de la colonia General Alvear, Palmar, Diamante, Entre Rios.

Mariguincul, 1) establecimiento rural, Ctl 5, Maipú Buenos Aires. 2) laguna, Ctl 5, Maipú, Buenos Aires.

Marina la, lugar poblado, Libertad, San justo, Córdoba.

Marinero, isla del, en el rio Uruguay, cerca de Colon, Entre Rios.

Marion la, establecimiento rural, Ctl 10, Villegas, Buenos Aires.

Mariposa, 1) la, estancia, Ctl 7, Azul, Buenos Aires. 2) finca rural, Jachal, San Juan.

Mármol, 1) lugar poblado, Brown, Buenos Aires. Por la via férrea, ramal de La Plata á Temperley, dista 45 kms. de la capital federal. FCO, C, T, 2) estancia, Ctl 7, Navarro, Buenos Aires. 3) arroyo, distrito 2°, Colon, Entre Rios. Es un tributario del Pospos en la márgen derecha.

Maroma la, finca rural, Chicoana, Salta.

Maromas, arroyo, Rincon del Cármen, San Martin, San Luis. Vierte sus aguas en el arroyo Cabeza del Novillo.

Marote, estancia, Curuzú-Cuatiá, Corrientes.

Marquesado, 1) distrito del departamento Desamparados, San juan. 2) finca rural, Marquesado, Desamparados, San juan. 3) *de Vaví*, finca rural, Yaví, Jujuy.

Marquez, 1) laguna, Ctl 1, Suarez, Buenos Aires. 2) cañada, Ctl 10, Veinte y Cinco de Mayo, Buenos Aires.

Marra, laguna, Ctl 10, Veinte y Cinco de Mayo, Buenos Aires.

Marracó, laguna, Villarino, Buenos Aires.

Marta, paraje poblado, Ledesma, Jujuy.

Martillo, 1) laguna, Ctl 5, Alsina, Buenos Aires. 2) el, establecimiento rural, Ctl 3, Cañuelas, Buenos Aires 3) estancia, Ctl 2, Las Flores, Buenos Aires.

Martillos los, establecimiento rural, Ctl 6, Chacabuco, Buenos Aires.

Martin, 1) *Fierro*, establecimiento rural, Ctl 2, Alsina, Buenos Aires. 2) *Garcia*, establecimiento rural, Ctl 3, Balcarce, Buenos Aires. 3) *Garcia*, laguna, Ctl 11, Tres Arroyos, Buenos Aires. 4) *Garcia*, laguna, Ctl 2, Tuyú, Buenos Aires. 5) *Garcia*, isla en el rio de La Plata, cerca de la desembocadura del rio Uruguay y del Paraná-Guazú. $\varphi = 34° 11' 25''$; $\lambda = 58° 15' 38''$; $\alpha = 60$ m. (Mouchez) Es de roca granítica y tiene una forma casi circular. Su circunferencia es de unos 4 kms. La isla está fortificada y encierra un lazareto para cumplir cuarentenas. La posicion de la isla es de una importancia estratégica tal, que su poseedor puede impedir la comunicacion de los rios Paraná y Uruguay con el Plata. C, T, E. 6) *Garcia*, finca rural, Esquina, Corrientes.

Martina, 1) estancia, Ctl 7, Ayacucho, Buenos Aires. 2) mina de galena argentífera en el distrito mineral de San Antonio de los Cobres, Poma, Salta.

Martineta [1], estancia, Ctl 5, Bahía Blanca, Buenos Aires.

Martinetas las, establecimiento rural, Ctl 9, Necochea, Buenos Aires.

Martinez, 1) arroyo, La Plata, Buenos Aires. 2) lugar poblado, San Isidro, Buenos Aires. Por la vía férrea dista 19 kms. de la capital federal. FCN, C, T. 3) los, lugar poblado, Constitucion, Anejos Norte, Córdoba. 4) *de Hoz*, departamento de la gobernacion del Chaco. Limita al Norte con el rio Bermejo, al Este con el Paraguay, al Sud con el departamento Solalindo, del cual está separado por el arroyo Oro, y al Oeste con el meridiano de los 60° de longitud. (Decreto del 23 de Febrero de 1885.)

Mártires, 1) antiguo pueblo de las misiones jesuíticas, San javier, Misiones. $\varphi = 27° 50' 24''$; $\lambda = 54° 59' 39''$ (Alvear) 2) arroyo, Misiones. Es un pequeño tributario del Paraná en la márgen izquierda. Forma el límite del municipio de Posadas. En las márgenes de este arroyo existió el antiguo pueblo del mismo nombre.

Martirio, establecimiento rural, Ctl 8, Trenque-Lauquen, Buenos Aires.

Marucha, 1) la, establecimiento rural, Ctl 1, Pueyrredon, Buenos Aires. 2) cañada, Goya, Corrientes. 3) estancia, San Miguel, Corrientes

Maruja la, estancia, Ctl 6, Azul, Buenos Aires.

Masa, paso de la sierra Chica, en el límite de los departamentos Ischilin y Cruz del Eje, Córdoba. Comunica entre sí á los pueblos Copacabana y Cruz del Eje.

Mascota la, estancia, Ctl 7, Ajó, Buenos Aires.

Maseras, establecimiento rural, Ctl 3, Ayacucho, Buenos Aires.

Masitas, 1) las, lugar poblado, Castaños, Rio Primero, Córdoba. 2) cuartel de la pedanía Mercedes, Tulumba, Córdoba. 3) aldea, Mercedes, Tulumba, Córdoba. Tiene 209 habitantes. (Censo del 1° de

---

1 Gallinácea (Eudromia elegans.)

Mayo de 1890.) 4) arroyo, San Antonio, Gualeguaychú, Entre Rios. Es un tributario del Gualeguay en la márgen izquierda.

Masónica, finca rural, Rosario de la Frontera, Salta.

Mata, arroyo, Monte Caseros, Corrientes. Es un tributario del Mocoretá en la orilla izquierda.

Mata-Caballos, lugar poblado, San Antonia, Punilla, Córdoba.

Mataco, [1] 1) estancia, Ctl 13, Bragado, Buenos Aires. 2) laguna, Ctl 13, Bragado, Buenos Aires. 3) arroyo Ctl 13, Bragado, Buenos Aires. 4) laguna, Ctl 7, juarez, Buenos Aires.

Matadero, 1) finca rural, Lavalle, Corrientes 2) estancia, Capital, Tucuman. En la orilla derecha del arroyo del mismo nombre. 3) arroyo, Capital, Tucuman. Es un pequeño tributario del Anfama.

Matagusanos, travesía, San Juan. Es un desierto que empieza á unos 25 kms. al NO. de la ciudad de San Juan y se extiende en unos 100 kms. en direccion á jachal. La anchura de esta lonja árida varia entre 15 y 20 kms.

Matal, paraje poblado, Departamento 2º, Pampa.

Matansilla, 1) paraje poblado, Iruya, Salta. 2) arroyo, Iruya, Salta. Es un pequeño tributario del rio de Zenta en la márgen izquierda.

Matanza, 1) la, lugar poblado, Capilla de Rodriguez, Tercero Arriba, Córdoba. 2) paraje poblado, Tilcara, Jujuy. 3) la, finca rural, Caucete, San Juan.

Matanzas, 1) partido de la provincia d Buenos Aires. Fué creado en 1744. Se halla situado al SO. de la capital federal y siendo limítrofe de su municipio, está á la vez rodeado por los partidos Moron, Lomas de Zamora, San Vicente,

Márcos Paz y Merlo. Tiene 337 kms.[2] de extension y una poblacion de 4001 habitantes. (Censo del 31 de Enero de 1890.) Escuelas funcionan en San justo, Ramos Mejia, etc. El partido es regado por el Riachuelo y los arroyos Morales, Canoso, Pantanoso, Los Burros, Carrizo y Chacon. La villa de San justo es la cabecera del partido. 2) arroyo, Ctl 5, Cañuelas; Ctl 3, 4, Márcos Paz; Ctl 7, San Vicente; Ctl 3, 4, 5, 6, Matanzas, y Ctl 3, Lomas de Zamora, Buenos Aires. Nace en el partido de Cañuelas, de la confluencia del arroyo Cañuelas y de la cañada de los Pozos, y desemboca en el rio de La Plata, formando límite entre la Capital federal y el partido de Barracas. En esta última parte de su curso toma el nombre de Riachuelo. Una vez que entra en el partido de Matanzas forma límite entre los partidos Lomas de Zamora y Barracas por un lado, y el partido Matanzas y la Capital federal por otro. En su desembocadura este arroyo es puerto seguro y muy aprovechado por un gran número de buques de ultramar. Su principal afluente en la márgen izquierda, es el arroyo de Morales, y en la derecha, el arroyo de jimenez.

Matará, [1] 1) departamento de la provincia de Santiago. Está situado en el límite del Chaco y es fronterizo de Santa Fe. Su extension es de 25248 kms.[2] y su poblacion conjetural de 35000 habitantes. Está dividido en las tres secciones: Veinte y Ocho de Marzo, Matará y Figueroa. La primera comprende los 13 distritos: Veinte y Ocho de Marzo, Cejas, San José, Mailin, Gramilla, Arbol Grande, Banda, Mancopa, Icaño, Puyana, Libertad, Doña Lorenza y Viuda. La segunda se divide en los 7 distritos: Loglo,

---

1 Indio del Chaco (rio Bermejo) y tambien un desdentado ((Tolypentes conurus.)

1 Indio del Chaco austral.

Marcospa, Matará, Garza, Sauce, Bajada y Guaype. La tercera se compone de los 10 distritos: Figueroa, Maravilla, Candelaria, Brea, Quimiliog, Puestos, San Antonio, Ramada, Canteros y Laguna. Hay centros de poblacion en Matará, Figueroa, Mailin, Bracho, Vaca Muerta, San Antonio, Caraguatil, Brea, Cejas, Loglo, Guaype, La Union, Tuimpinco y Sancho-Corral. 2) seccion del departamento Matará, Santiago del Estero. 3) distrito de la seccion Matará, del departamento Matará, Santiago del Estero. 4) aldea, Matará, Santiago. Es la cabecera del departamento. Está situada en la márgen derecha del Salado y dista 135 kms. al SE. de la capital de la provincia. Es estacion del ferro-carril de San Cristóbal á Tucuman. Tiene unos 800 habitantes. $\varphi = 28°$ 5' 1'; $\lambda = 63°$ 11' 44". C, T, E.

Matasambo, 1) lugar poblado, Rio Chico, Tucuman. En la márgen derecha del arroyo del mismo nombre. 2) arroyo, Rio Chico, Tucuman. Nace en las cumbres de Santa Ana, pasa por la poblacion del mismo nombre y borra luego su cauce por inmersion en el suelo.

Matatias, establecimiento rural, Ctl 2, San Pedro, Buenos Aires.

Mate, [1] 1) el, estancia, Ctl 11, Trenque-Lauquen, Buenos Aires. 2) Grande, estancia, Ctl 2, Nueve de Julio, Buenos Aires.

Matilde, 1) establecimiento rural, Ctl 11, Arrecifes, Buenos Aires. 2) establecimiento rural, Ctl 8, Bragado, Buenos Aires. 3) establecimiento rural, Ctl 2, 3, Cañuelas, Buenos Aires. 4) establecimiento rural, Ctl 2, San Pedro, Buenos Aires. 5) estancia, Ctl 2, Tapalqué, Buenos Aires. 6) distrito del departamento de las Colonias, Santa Fe. Tiene 698 habitantes. (Censo del 7 de Junio de 1887) 7) colonia, Matilde, Colonias, Santa Fe. Tiene 698 habitantes. (Censo m.) C, E.

Mati-Satagué, arroyo, Ocampo, San Javier, Santa Fe. Forma el límite occidental de la colonia Ocampo.

Matoque, lugar poblado, Copo, Santiago. E.

Matorral, paraje poblado, Oran, Salta.

Matorrales, 1) pedanía del departamento Rio Segundo, Córdoba. Tiene 901 habitantes. (Censo del 1° de Mayo de 1890.) 2) cuartel de la pedanía del mismo nombre, Rio Segundo, Córdoba. 3) lugar poblado, Matorrales, Rio Segundo, Córdoba.

Matos los, finca rural, Anta, Salta.

Matoyaco, lugar poblado, Higuerillas, Rio Seco, Córdoba

Matreras, estancia, Ctl 5, Baradero, Buenos Aires.

Matrero [1] el, estancia, Ctl 2, Las Flores, Buenos Aires.

Maturrango, [2] arroyo, Diego Lopez, Concordia, Entre Rios. Es un tributario del Federal Grande en la márgen derecha.

Maule, 1) paso de la cordillera, Beltran, Mendoza. $\varphi = 36°$ 8'; $\alpha = 2200$ m. 2) laguna, Beltran, Mendoza. En el cordon central de la cordillera. $\varphi = 36°$ 3'; $\lambda = 70°$ 35', $\alpha = 2194$ m. (Lallemant.)

Mawaish, [3] cerro, Santa Cruz. Se halla al Sud del rio Chico. $\varphi = 49°$ 2'; $\lambda = 70°$ 39'; $\alpha = 270$ m.

Máxima la, estancia, Ctl 10, Trenque-Lauquen, Buenos Aires.

Máximo, 1) mina de cobre en el distrito mineral de las Capillitas, Andalgalá, Catamarca. 2) Paz, pueblo en formacion, La Plata, Buenos Aires. En la orilla izquierda del arroyo del Gato, á corta distancia de Tolosa. T. 3) Paz, colonia, San Vicente, Buenos Aires.

---

1 Infusion azucarada de la yerba, ó sea hojas del arbusto Ilex paraguayensis.

1 Individuo que anda huyendo de la justicia por los montes. (Granada.) — 2 Individuo torpe para andar á caballo. — 3 En tehuelche significa cueva.

Mayalauquen, laguna, Ctl 6, Olavarria, Buenos Aires.

Mayes, lugar poblado, Argentina, Minas, Córdoba.

Mayo, 1) mina de plomo y plata, Salsacate, Pocho, Córdoba. 2) arroyo, Chubut Afluente del Senguel en su curso superior. 3) estancia, Capital, Tucuman. Al Este del departamento, cerca del límite de Burruyaco.

Mayoll, establecimiento rural, Ctl 9 Ayacucho, Buenos Aires.

Mazan, 1) distrito del departamento Arauco, Rioja. 2) aldea, Mazan, Arauco, Rioja. E. 3) sierra de, Arauco, Rioja. Es una corta continuacion de la sierra de Ambato, de la cual está separada por la quebrada de la Cébila.

Mazuchelli, laguna, Ctl 3, Bolivar, Buenos Aires.

Mbaeghapa, finca rural, Itatí, Corrientes.

Mbarigüi, laguna, Itatí, Corrientes.

Mbotá, finca rural, Itatí, Corrientes.

Mburucuyá, [1] 1) departamento de la provincia de Corrientes. Forman sus límites al Norte el estero del arroyo San Lorenzo que lo separa del departamento San Luis; al Este el departamento Caacatí; al Sud el estero del rio Santa Lucia, y al Oeste el departamento Saladas. Tiene 1500 kms.[2] de extension y una poblacion conjetural de unos 5500 habitantes. En este departamento abunda la palma caranday, cuya corteza se emplea en la techumbre de las casas. Las principales arterias fluviales del departamento son los rios San Lorenzo y Santa Lucia y el arroyo Pocitos. Las lagunas son muy numerosas. 2) aldea, Mburucuyá, Corrientes. Es la cabecera del departamento. Está á 90 kms. al SE. de Corrientes. Tiene unos 800 habitantes. C, T, E

Mburucuyatí, finca rural, Concepcion, Corrientes.

Mburuyacué, finca rural, San Miguel, Corrientes.

Mechiguil, arroyo, Beltran, Mendoza. Es un tributario del rio Grande en la márgen derecha.

Mecoya, distrito del departamento Santa Victoria, Salta.

Medalon, estancia, Ctl 4, Mar Chiquita, Buenos Aires.

Medanito, 1) finca rural, Capital, Rioja. 2) finca rural, Saladillo, Pringles, San Luis.

Medanitos, lugar poblado, Chancani, Pocho, Córdoba.

Médano, 1) laguna, Ctl 11, Bragado, Buenos Aires. 2) establecimiento rural, Ctl 7, Dorrego, Buenos Aires 3) el, laguna, Ctl 6, Dorrego, Buenos Aires. 4) el, establecimiento rural, Ctl 2, Las Flores, Buenos Aires. 5) el, arroyo, Ctl 2, Las Flores, Buenos Aires. 6) establecimiento rural, Ctl 2, Necochea, Buenos Aires. 7) establecimiento rural, Ctl 4, Nueve de julio, Buenos Aires. 8) estancia, Ctl 3, Trenque-Lauquen, Buenos Aires. 9) establecimiento rural, Ctl 14, Tres Arroyos, Buenos Aires. 10) estancia, Ctl 3, 4, Veinte y Cinco de Mayo, Buenos Aires. 11) laguna, Ctl 10, Veinte y Cinco de Mayo, Buenos Aires. 12) lugar poblado, Tegua y Peñas, Rio Cuarto, Córdoba. 13) lugar poblado, Capilla de Rodriguez, Tercero Arriba, Córdoba. 14) el, finca rural, Capital, Rioja. 15) finca rural, Trinidad, San Juan. 16) lugar poblado, Saladillo, Pringles, San Luis. 17) lugar poblado Sumampa, Santiago. E. 18) *Alto*, estancia, Ctl 3, Trenque-Lauquen, Buenos Aires. 19) *Alto*, paraje poblado, Departamento 2°, Pampa. 20) *Blanco*, establecimiento rural, Ctl 7, Chacabuco, Buenos Aires. 21) *Blanco*, cabaña de ovejas Rambouillet, Chivilcoy, Buenos Aires. 22) *Blanco*, lugar poblado, Beltran, Mendoza. 23) *del Carretero*, lugar

---

1 Planta trepadora, de fruta encarnada y cáscara pulposa; su flor se llama pasionaria. (Granada.)

poblado, La Paz, Mendoza. 24) *del Ca- rro*, lugar poblado, Departamento 2°, Pampa. 25) *Chato*, estancia, Ctl 3, Tren- que-Lauquen, Buenos Aires. 26) *Chico*, lugar poblado, Departamento 2', Pampa. 27) *Colorado*, estancia, Ctl 3, Bolivar, Buenos Aires. 28) *Colorado*, estancia, Ctl 3, Trenque Lauquen, Buenos Aires. 29) *de la Horqueta*, lugar poblado; Ne- cochea, General Roca, Córdoba. 30) *de la Horqueta*, lugar poblado, Rio Pinto, Totoral, Córdoba. 31) *Largo*, estancia, Ctl 3, Trenque-Lauquen, Buenos Aires. 32) *Macachin*, lugar poblado, Departa- mento 3°, Pampa. 33) *del Mate*, esta- blecimiento rural, Ctl 3, Trenque-Lau- quen, Buenos Aires. 34) *del Medio*, lugar poblado, Departamento 4°, Pampa. 35) *Negro*, establecimiento rural, Ctl 2, Necochea, Buenos Aires. 36) *Partido*, establecimiento rural, Ctl 11, Trenque- Lauquen, Buenos Aires. 37) *Partido*, lugar poblado, Departamento 2°, Pampa. 38) *de los Pueblitos*, lugar poblado, Departamento 2°, Pampa. 39) *Redondo*, establecimiento rural, Ctl 3, Trenque- Lauquen, Buenos Aires. 40) *Rico*, finca rural, Jachal, San juan. 41) *de Santa Clara*, estancia, Ctl 5, Tordillo, Buenos Aires. 42) *de Sierra*, establecimiento rural, Ctl 11, Bragado, Buenos Aires. 43) *del Tupe*, lugar poblado, San Martin, Mendoza. 44) *Vega*, establecimiento ru- ral, Ctl 4, Trenque-Lauquen, Buenos Aires.

Médanos, 1) punta, Ajó, Buenos Aires. φ = 36° 59' 5"; λ = 56° 40' 43". (Fitz Roy). 2) los, laguna, Ctl 8, Junin, Buenos Aires. 3) estancia, Ctl 5, 6, Bahía Blanca, Bue- nos Aires. 4) laguna, Ctl 9, Saladillo, Buenos Aires. 5) los, laguna, Ctl 8, Vein- te y Cinco de Mayo, Buenos Aires. 6) lugar poblado, Cosme, Anejos Sud, Cór- doba 7) lugar poblado, Candelaria, To- toral, Córdoba. 8) lugar poblado, Rio Pinto, Totoral, Córdoba. 9) los, lugar

poblado, Ascasubi, Union, Córdoba. 10) distrito del departamento Gualeguay, Entre Rios.

Media, 1) la, establecimiento rural, Ctl 2, Necochea, Buenos Aires. 2) *Agua*, cha- cra, La Plata, Buenos Aires. 3) *Laguna*, chacra, Renca, Chacabuco, San Luis. 4) *Luna*, estancia, Ctl 6, Necochea, Bue- nos Aires. 5) *Luna*, establecimiento ru- ral, Ctl 8, Nueve de julio, Buenos Aires. 6) *Luna*, laguna, Ctl 6, Olavarría, Bue- nos Aires. 7) *Luna*, estancia, Ctl 1, 2, Patagones, Buenos Aires. 8) *Luna*, lugar poblado, Italó, General Roca, Córdoba. 9) *Luna*, aldea, La Esquina, Rio Pri- mero, Córdoba. Tiene 230 habitantes (Censo del 1° de Mayo de 1890) E. 10) *Luna*, lugar poblado, San Pedro, jujuy. 11) *Luna*, lugar poblado, Lujan, Men- doza. 12) *Luna*, paraje poblado, Oran, Salta. 13) *Naranja*, cuartel de la peda- nía Cruz del Eje, Cruz del Eje, Córdoba. 14) *Naranja*, aldea, Cruz del Eje, Cruz del Eje, Córdoba. Tiene 229 habitantes. (Censo m) 15) *Naranja*, cuartel de la pedanía Candelaria, Totoral, Córdoba. 16) *Naranja*, lugar poblado, Candela- ria, Totoral, Córdoba. 17) *Vela*, lugar poblado, Baradero, Buenos Aires. E.

Medias Aguas, finca rural, General Sar- miento, Rioja.

Medina, 1) arroyo, Ctl 5, San Fernando, Buenos Aires. 2) arroyo, Ctl 7, San Vi- cente, Buenos Aires. 3) estero, Concep- cion, Corrientes. 4) arroyo, Mercedes, Corrientes. Es un afluente del Miriñay. 5) arroyo, Metan, Salta. Nace por la confluencia de los arroyos Conchas y Yatasta, toma rumbo á NE. y desagua en la márgen derecha del rio Juramento. 6) sierra de, Burruyaco, Tucuman. Se extiende de S. á N y penetra en la pro- vincia de Salta por el departamento Rosario de la Frontera. 7) estancia, Bu- rruyaco, Tucuman. Al Norte del depar- tamento, en la orilla derecha del arroyo de Medina. 8) arroyo, Burruyaco, Tucuman. Nace cerca de la frontera de Salta, se dirige al Sud pasando por los Valdés, Sunchal y Naranjo y desagua en el Salí bajo el nombre de rio Calera, en el mismo limite que separa los departamentos de la Capital y Burruyaco. En la orilla derecha recibe el pequeño tributario Tranquitas y en la izquierda el Seco. 9) villa, Chicligasta, Tucuman. Está situada en la orilla izquierda del arroyo del mismo nombre y en el punto final de un ramal del ferro-carril Nor-Oeste Argentino, que arranca de Concepcion. Dista de este punto 11 kms. y de Tucuman 90. $z = 440$ m. FCNOA, C, T, E 10) arroyo, Chicligasta y Rio Chico. Tucuman. Nombre que tiene el rio Chico en su curso superior. 11) *Cué.* finca rural, Empedrado, Corrientes.

Medio, 1) arroyo, Ctl 2. Alvear, Buenos Aires. 2) del, estancia. Ctl 11, Arrecifes, Buenos Aires. 3) del, arroyo, Ctl 11, Arrecifes, Buenos Aires. Es un pequeño tributario del Arrecifes en su márgen derecha. 4) del, laguna, Ctl 7, Balcarce, Buenos Aires. 5) del, laguna, Ctl 11. Chascomús, Buenos Aires. 6) del, laguna, Ctl 4, Las Flores, Buenos Aires. 7) del, laguna, Ctl 1, Pringles, Buenos Aires. 8) del, laguna, Ctl 9, Puan, Buenos Aires. 9) del, arroyo, Ctl 1, 3, 9, 10, Pergamino, y Ctl 1, 2, 3, 4, 6, San Nicolás, Buenos Aires. Tiene su orígen en la laguna Cardoso y desemboca en el rio Paraná, á corta distancia al Norte de la ciudad de San Nicolás. Es en toda su extension límite entre las provincias de Buenos Aires y Santa Fe. Sus tributarios en la márgen derecha son, de Oeste á Este: la cañada de las Pajas, del Unco, el arroyo Arbolito, la cañada La Rabona, el arroyo de Cepeda y el de Juarez. No tiene afluentes en la márgen izquierda. 10) establecimiento rural, Ctl 6, San Vicente, Buenos Aires. 11) laguna, Ctl 6, Suarez,

Buenos Aires. 12) del, laguna, Ctl 9, Tandil, Buenos Aires. 13) del, arroyo, Ctl 2, Tres Arroyos, Buenos Aires. 14) del, laguna, Ctl 8, Vecino, Buenos Aires. 15) del, laguna, Ctl 3, Veinte y Cinco de Mayo, Buenos Aires. 16) del, arroyo, Punilla y Calamuchita, Córdoba. Es uno de los elementos de formacion del rio Segundo Es en toda su extension límite natural entre los departamentos Punilla y Calamuchita. 17) del, estancia, Lavalle, Corrientes 18) del, arroyo, Crucesitas, Nogoyá, Entre Rios. Es el principio del arroyo Raices. Desde el paraje en que recibe las aguas del arroyo de las Piedras hasta donde se le incorporan las del arroyo Durazno, forma el límite entre los departamentos Villaguay (Raices) y Nogoyá (Crucesitas). 19) del, arroyo, San Pedro, jujuy. Nace en la sierra Santa Bárbara y desagua en la márgen derecha del rio Lavayén. 20) del, estancia, Naschel, Chacabuco, San Luis. 21) arroyo, Tafí, Trancas, Tucuman. Es un tributario del Infiernillo. 22) *Dia,* establecimiento rural, Ctl 11, Nueve de Julio, Buenos Aires.

Medora 1), establecimiento rural, Ctl 1, Loberia, Buenos Aires.

Medrano, arroyuelo en el límite Norte del municipio de la capital federal. Desagua en el rio de La Plata entre las estaciones Nuñez y Rivadavia, del ferro-carril del Norte

Mejía, arroyo, Ctl 5, Mercedes, Buenos Aires.

Mejicana, 1) mina de cobre, oro y plata en el distrito mineral de las Capillitas, Andalgalá, Catamarca. 2) la, distrito mineral en la sierra de Famatina, Rioja. Encierra 41 minas de oro, plata y cobre; 7 de plata y 16 de oro. (Hoskold). 3) mineral de plata, Molinos, Salta.

Melchor Romero, lugar pobl do La Plata, Buenos Aires. Hospital. C, T, E.

Melincué, 1) distrito del departamento

General Lopez, Santa Fe. Tiene 2441 habitantes. (Censo del 7 de Junio de 1887). 2) (ó San Urbano), aldea, Melincué, General Lopez, Santa Fe. Es la cabecera del departamento. Tiene 463 habitantes. (Censo m.) Por la vía férrea, ramal del ferro-carril Oeste santafecino (Villa Casilda á Melincué), dista de Villa Casilda 78 kms. y del Rosario 132. $\varphi = 33°42'$; $\lambda = 56°53'$. (?) FCOSF, C, T, E, 3) laguna, Melincué, General Lopez, Santa Fe. Está situada á inmediaciones del pueblo del mismo nombre.

Mellado, distrito minero del departamento Jachal, San Juan. Encierra oro.

Mellizas, 1) las, establecimiento rural, Ctl 6, Baradero, Buenos Aires. 2) pueblo y colonia, Nueve de Julio, Buenos Aires. 3) mina de plata, cobre y oro en el distrito mineral de « La Mejicana, » sierra de Famatina, Rioja.

Mellizos los, cumbre de los cerros de la Carolina, Carolina, Pringles, San Luis.

Melo, 1) estancia, Moreno, Buenos Aires. E. 2) arroyo, Ctl 5, Pilar, Buenos Aires.

Melocoton, gran establecimiento agrícola-ganadero, Tunuyan, Mendoza. Está situado en la extremidad Sud del departamento á orillas del rio Tunuyan.

Melon, estancia, Leales, Tucuman. Próxima á la frontera de Santiago.

Melonar, lugar poblado, Higueras, Cruz del Eje, Córdoba.

Membrillo, lugar poblado, Nono, San Alberto, Córdoba.

Membrillos, finca rural, Rosario, Pringles, San Luis.

Mendez, 1) vertiente, Ctl 3, Ajó, Buenos Aires. 2) arroyo, Ctl 1, San Fernando, Buenos Aires. 3) laguna, Ctl 2, Tuyú, Buenos Aires.

Mendiyú Tingué, finca rural, Esquina, Corrientes.

Mendocina la, establecimiento rural, La Plata, Buenos Aires.

Mendoza, 1) provincia argentina. Está situada al Oeste de San Luis, al Sud de San Juan, al Norte de las gobernaciones del Neuquen y de la Pampa, y es limítrofe con Chile. De San Juan la separa una línea que pasa de «las Tranquitas» sobre «Ramblones» al nevado de Aconcagua; de Chile está separada por el *divortium aquarum* de las cordilleras, y de los territorios nacionales del Neuquen y de la Pampa por los rios Barrancas y Colorado, hasta el meridiano 10° O. de Buenos Aires, y por ese mismo meridiano y el paralelo de los 36° (ley de 16 de Octubre de 1884) hasta el rio Salado. De San Luis está separada por los rios Desaguadero y Salado. La extension de la provincia es de 160813 kms.[2] y la poblacion conjetural de unos 138000 habitantes. La provincia es llana y árida en su parte oriental y muy quebrada del lado de los Andes. En la region montañosa existen muchos valles, pero generalmente estrechos y poco adecuados para la explotacion del suelo. Las cumbres más elevadas de la cordillera mendocina son el Aconcagua (en el límite con San Juan), el Tupungato y el Maipó. Las principales arterias fluviales son los rios: Mendoza, Tunuyan, Diamante, Atuel, Malargüe, Grande, Barrancas, Desaguadero y Salado. Las riquezas minerales de la provincia son abundantes, pero hasta ahora poco explotadas. Las principales fuentes de recursos de la provincia son la ganaderia que, más que de la cria, se ocupa del engorde de las haciendas que se exportan á Chile, y la agricultura Esta última se dedica preferentemente al cultivo de la vid y de la alfalfa sobre la base de la irrigacion artificial, porque las precipitaciones atmosféricas son en esta provincia muy escasas Administrativamente la provincia está dividida en 17 departamentos, á saber: Capital, Las Heras, Lavalle, Belgrano, Guaymallén, San Martin, Tupun gato, Lujan, Maipú, Tunuyan, Chacabuco, Junin, La Paz, Rivadavia, Nueve de Julio, Veinte y Cinco de Mayo y Beltran. Véase los nombres de estos departamentos. 2) capital de la provincia del mismo nombre. Fué fundada en 1560 por Pedro Castillo y cuenta actualmente con unos 20000 habitantes. El 20 de Marzo de 1861, un Miércoles de Ceniza, como á las 7 de la tarde, cuando las iglesias estaban atestadas de feligreses, un espantoso terremoto destruyó totalmente la ciudad, sepultando bajo sus escombros unas 10000 personas, segun unos, y más segun otros. Todavía hoy se pueden ver las ruinas en la llamada «Ciudad Vieja.» La ciudad nueva se edificó al lado de la destruida, hacia el poniente. En Mendoza residen las autoridades de la provincia y un obispo. Tiene la ciudad un Colegio Nacional, una Escuela Agronómica, una Escuela Normal de Maestros y otra de Maestras y un número adecuado de escuelas primarias. En la ciudad funciona una administracion de rentas nacionales (aduana), una sucursal del Banco Nacional y un Banco Provincial. Mendoza es estacion del ferro-carril Gran Oeste Argentino y dista 356 kms. de Villa Mercedes, 157 de San juan, 611 de Villa María y 1018 de Buenos Aires La comunicacion con la capital federal se efectúa en 38 horas. Los trabajos del ferro-carril trasandino (de Mendoza á Chile) continúan activamente. Mendoza está dotada de tramway, de hermosas plazas y calles, regadas estas últimas por acequias y adornadas con alamedas. El departamento de la capital tiene 36 kms.² de extension $\varphi = 32° 53'$; $\lambda = 68° 48' 55''$; $\alpha = 805$ m. (Centro de la plaza Independencia, Observatorio). 3) rio, Mendoza. Nace de la confluencia de los arroyos Las Cuevas y los Horcones, que bajan del Aconcagua; del Tupungato, que tiene su nacimiento en el cerro del mismo nombre; del rio de las Vacas y del Uspallata. En las inmediaciones de Lujan se desprende del Mendoza un canal artificial, hecho por el cacique Guaymallén en los tiempos de la conquista, llamado Zanjon, que se dirige al Norte y pasa por la ciudad de Mendoza, á la cual provee de agua potable y de riego, mientras que el cauce principal sigue por un tiempo en direccion al Este para doblar despues hacia el Norte, atravesar la línea del ferro-carril Gran Oeste Argentino entre Mendoza y San Martin, y derramar finalmente sus aguas en los bañados que rodean las lagunas de Huanacache. 4) mina de galena argentífera en el distrito mineral de Uspallata, Mendoza. 5) arroyo, Ctl 2, 3, 4, 5, 6, Necochea, Buenos Aires. A corta distancia de la costa del Atlántico, une sus aguas con las del arroyo Zabala, formando un solo cauce que desagua en el Océano. Este arroyo suele llamarse tambien «Seco.» 6) laguna, Ctl 2, Veinte y Cinco de Mayo, Buenos Aires. 7) aldea, Chicligasta, Tucuman. En la orilla derecha del rio Salí. 8) *Cué*, estancia, Concepcion, Corrientes.

Mentana, finca rural, Ituzaingó, Corrientes.
Mercado, 1) el. finca rural, Cafayate, Salta. 2) *Viejo*, establecimiento rural, Ctl 2, Alsina, Buenos Aires.

Merced, 1) la, establecimiento rural, Ctl 7, Alvear. Buenos Aires. 2) estancia, Ctl 12, 17, Arrecifes, Buenos Aires. 3) establecimiento rural, Ctl 9, Cañuelas, Buenos Aires. 4) establecimiento rural, Ctl 6, Chascomús, Buenos Aires. 5) estancia, Ctl 3, Exaltacion de la Cruz, Buenos Aires. 6) establecimiento rural, Ctl 8, Las Flores, Buenos Aires. 7) estancia, Ctl 6, Lobos, Buenos Aires. 8) establecimiento rural, Ctl 4, Quilmes, Buenos Aires. 9) establecimiento rural, Ctl 6, Saladillo, Buenos Aires. 10) establecimiento rural, Ctl 3, San Nicolás, Buenos Aires. 11) establecimiento rural, Ctl 4, San Vicente, Buenos Aires. 12) establecimiento rural, Ctl 3, Suipacha, Buenos Aires. 13) establecimiento rural, Ctl 11, Tandil, Buenos Aires. 14) arroyo, Ctl 11, Tandil, Buenos Aires. 15) establecimiento rural, Ctl 2. Tuyú, Buenos Aires. 16) laguna, Ctl 2, Tuyú, Buenos Aires. 17) estancia, Ctl 4, Vecino, Buenos Aires. 18) establecimiento rural, Ctl 2, Villegas, Buenos Aires. 19) lugar poblado, Paclin, Catamarca. E. 20) lugar poblado, Constitucion, Anejos Norte, Córdoba. 21) lugar poblado, Caseros, Anejos Sud, Córdoba. 22) cuartel de la pedanía Salto, Tercero Arriba, Córdoba. 23) finca rural, Goya, Corrientes. 24) finca rural, Monte Caseros, Corrientes. 25) paraje poblado, Capital, jujuy. 26) establecimiento rural, Departamento 3°, Pampa 27) finca rural, Cafayate, Salta. 28) distrito del departamento Cerrillos, Salta. 29) finca rural, Cerrillos, Salta. E. 30) mina de plata y cobre, Poma, Salta. Está situada en la cuesta del Acay. 31) distrito del departamento San Cárlos, Salta. 32) finca rural, Jachal, San Juan. 33) *del Padre Luna*, finca rural, Independencia, Rioja.

Mercedario. Véase Ligui.

Mercedes, 1) establecimiento rural, Ctl 9, Ayacucho, Buenos Aires. 2) estancia, Ctl 3, Balcarce, Buenos Aires. 3) establecimiento rural, Ctl 5, Chacabuco Buenos Aires. 4) establecimiento rural, Ctl 7, Chascomús, Buenos Aires. 5) establecimiento rural, Ctl 9, juarez, Buenos Aires. 6) establecimiento rural, Ctl 13, Lincoln, Buenos Aires. 7) partido de la provincia de Buenos Aires. Fué creado en 1779. Está situado al Oeste de la capital federal y rodeado de los partidos Giles, Lujan, Navarro y Suipacha. Tiene 1086 kms.² de extension y una poblacion de 16181 habitantes. (Censo del 31 de Enero de 1890). El partido es regado por los arroyos Lujan,

Frias, Balta, Gomez, Pulgas, Mejia, Moyano, San Jacinto, de Oro y Achatal. 8) ciudad, Mercedes, Buenos Aires. Es cabecera del partido. Por la vía férrea del Oeste dista 98 kms. (3½ horas) y por la del Pacífico 113 kms. de la capital federal. Cuenta hoy con una poblacion de 12000 habitantes. Sucursal del Banco de la Provincia, Graserías. $\varphi = 34°39'$ $35''$; $\lambda = 59°25'54''$; $\alpha = 39$ m. FCO, FCP C, T E. 9) establecimiento rural, Ctl 5, Nueve de julio, Buenos Aires. 10) estancia, Ctl 4, Ranchos, Buenos Aires. 11) estancia, Ctl 2, Saladillo, Buenos Aires. 12) establecimiento rural, Ctl 2, San Pedro, Buenos Aires. 13) estancia, Ctl 3, 5, Veinte y Cinco de Mayo, Buenos Aires. 14) mina de hierro, Higueras, Cruz del Eje, Córdoba. Está situada en el lugar llamado « Algarrobo ladeado,» perteneciente al mineral del Guayco. 15) mina de cuarzo aurífero, San Bartolomé, Rio Cuarto, Córdoba. 16) pedanía del departamento Tulumba, Córdoba. Tiene 1577 habitantes. (Censo del 1° de Mayo de 1890). 17) lugar poblado, Bell-Ville, Union, Córdoba. 18) las, finca rural, Esquina, Corrientes. 19) departamento de la provincia de Corrientes. Está situado en el centro de la provincia. Forman sus límites, al Norte el estero del rio Corrientes y el de Iberá (departamentos Concepcion é Ituzaingó); al Este el Miriñay y el estero del mismo rio (departamentos Paso de los Libres y La Cruz); al Sud los arroyos Villanueva y Yuquerí (departamento Curuzú-Cuatiá), y al Oeste el rio Corrientes (departamento San Roque). Encierra gran parte del monte Payubre. Su extension es de 7200 kms.² y su poblacion conjetural de unos 14500 habitantes. El departamento es regado por los rios Corrientes y Miriñay y por una infinidad de arroyos. Escuelas funcionan en Mercedes é Ita-Pucú 20) villa, Mercedes,

Corrientes. Está situada á 225 kms. al SE. de Corrientes y á 180 kms. al NO de Monte Caseros, sobre la traza del ferro-carril que liga estos dos puntos. Tiene unos 3000 habitantes. Agencia del Banco Nacional. $\varphi = 29° 30'$; $\lambda = 58° 5'$ (Virasoro). C, T, E. 21) las, mina de galena argentífera en el distrito mineral de Uspallata, Mendoza. 22) las, finca rural, Capital, Rioja. 23) mina de plata en el distrito del Cerro Negro, sierra de Famatina, Rioja. 24) las, viña, Cafayate, Salta. 25) las, finca rural, Cerrillos, Salta. 26) paraje poblado, Oran, Salta. 27) mina de cobre y plata en el distrito mineral de Acay, Poma, Salta. 28) las, paraje poblado, Rosario de Lerma, Salta 29) las, finca rural, San Cárlos, Salta. 30) finca rural, jachal, San juan. 31) mina de plata y cobre en «La Chilca,» Belgrano, San Luis. 32) partido del departamento General Pedernera, San Luis. 33) las, estancia, Monte de Vera, Capital, Santa Fe. 34) lugar poblado, Copo, Santiago. E. 35) lugar poblado, Famaillá, Tucuman. Al Sud del ingenio San Isidro y á lo largo del ferro - carril NOA. C. 36) de Vazquez, establecimiento rural Departamento 4°, Pampa.

Merceditas, 1) establecimie to rural, Ctl 4, Ranchos, Buenos Aires. 2) finca rural, La Cruz, Corrientes.

Merediz, colonia, Argentina, Colonias, Santa Fe. Tiene 144 habitantes. (Censo del 7 de junio de 1887.) C.

Meridiana la, establecimiento rural, Departamento 3°, Pampa.

Merino, 1) finca rural, jachal, San Juan. 2) de Amadeo, cabaña de ovejas Rambouillet, Las Flores, Buenos Aires.

Merinos, 1) los, estancia, Ctl 2, Brandzen, Buenos Aires. 2) establecimiento rural, Ctl 6, Ranchos, Buenos Aires.

Merlo, 1) arroyo, Ctl 5, Brandzen, Buenos Aires. 2) partido de la provincia de Buenos Aires. Hállase al O. de la capital federal rodeado de los partidos Moreno, Moron, Matanzas, Márcos Paz y Rodriguez. Tiene 161 kms.² de extension y una poblacion de 3747 habitantes. (Censo del 31 de Enero de 1890.) Escuelas funcionan en Merlo y Pontevedra. El partido es regado por el arroyo de Las Conchas. 3) villa, Merlo, Buenos Aires. Es cabecera del partido. Fundada en 1730, cuenta hoy con 1500 habitantes. De Merlo arranca el ramal del ferro-carril al Saladillo. Por la vía férrea dista 30 kms. de Buenos Aires. $\varphi = 34° 40' 25''$; $\lambda = 59° 7' 49''$; $x = 13$ m. FCO, C, T, E. 4) arroyo, Ctl 7, S. Fernando, Buenos Aires. 5) partido del departamento junin, San Luis. 6) villa, Merlo, junin, San Luis. Es la cabecera del departamento. $x = 748$ m. (Lallemant.) C, E. 7) Cué, finca rural, Goya, Corrientes.

Merou, colonia, Espinllo, Capital, Entre Rios. Fundada en 1886, en una extension de 2690 hectáreas

Mesa, 1) lugar poblado, Argentina, Minas, Córdoba. 2) cerro de la, en la sierra de San Francisco, Sobremonte, Córdoba. 3) arroyo, Basualdo. Feliciano, Entre Rios. Desagua en el Guayquiraró, en la márgen izquierda, en direccion SE. á NO. 4) chacra, Larca, Chacabuco, San Luis. 5) Cué, estancia, Bella Vista, Corrientes. 6) Cué, finca rural, Caacatí, Corrientes. 7) Cué, finca rural, San Luis del Palmar, Corrientes. 8) María, lugar poblado, Higueras, Cruz del Eje, Córdoba. 9) de Tolo, cerro, Sobremonte, Córdoba. $\varphi = 3.° 5'$; $\lambda = 6:° 4'$; $x = 800$ m. (Brackebusch.)

Mesada, 1) aldea, Toyos, Ischilin, Córdoba. Tiene 106 habitantes. (Censo del 1° de Mayo de 1890.) 2) lugar poblado, Perico de San Antonio, Jujuy. 3) lugar poblado, Valle Grande. Jujuy. 4) la, finca rural, San Cárlos, Salta. 5) y Aragon, estancia, Rosario de la Frontera, Salta.

Mesadas, 1) lugar poblado, Rio de los Sauces, Calamuchita, Córdoba. 2) las, finca rural, Famatina, Rioja. 3) estancia, Cafayate, Salta. 4) las, paraje poblado, Rosario de Lerma, Salta.

Mesilla, 1) lugar poblado, Ciénega del Coro, Minas, Córdoba. 2) finca rural, San Lorenzo, San Martin, San Luis 3) lugar poblado, San Martin, San Martin, San Luis. 4) vertiente, San Lorenzo y San Martin, San Martin, San Luis. 5) *Alta*, meseta del macizo de San Luis, San Martin y San Lorenzo, San Luis. $\alpha =$ 1390 m. 6) *del Cura*, finca rural, San Martin, San Martin, San Luis.

Mesillas, 1) lugar poblado, Dolores, Punilla, Córdoba. 2) lugar poblado, Valle Grande, Jujuy. 3) finca rural, Trapiche, Pringles, San Luis.

Metán, 1) arroyo, Ctl 4, San Fernando, Buenos Aires. 2) departamento de la provincia de Salta. Confina al Norte con los de la Capital, Campo Santo y Anta por el rio Pasaje; al Este con el de Oran y la provincia de Santiago del Estero, por el rio Salado; al Sud con el de Rosario de la Frontera, por el arroyo de Cubas, y al Oeste con el de Guachipas, por la cadena del Creston. Tiene 6562 kms.[2] de extension y una poblacion conjetural de unos 8500 habitantes Está dividido en los 7 distritos: San José de Metán, Conchas, Rio de las Piedras, Galpon, Horquera y Ceibal. En este departamento se cultiva mucho la caña de azúcar. 3) villa, Metán, Salta. Es la cabecera del departamento. Está á 220 kms. de Salta y por la via férrea á 724 de Córdoba. Tiene unos 1600 habitantes. $\alpha = 871$ m. FCCN, C, T, E. 4) distrito del departamento del mismo nombre, Salta.

Mezquita, establecimiento rural, Ctl 2, Trenque-Lauquen, Buenos Aires.

Micaela 1) la, establecimiento rural, Ctl 3, Cañuelas, Buenos Aires. 2) establecimiento rural, Ctl 11, Nueve de Julio, Buenos Aires.

Michuiquil, paraje poblado, Beltran, Mendoza.

Mico, finca rural, jachal, San Juan.

Microbio el, estancia, Ctl 2, Balcarce, Buenos Aires.

Migoya, arroyo, Curuzú-Cuatiá, Corrientes. Es un tributario del Chañar.

Miguel Angel, mina de cuarzo aurífero, Candelaria, Cruz del Eje, Córdoba. Está situada en el paraje llamado «Pozo de Agua.»

Miguelillos los, finca rural, Capital, Rioja.

Miguelito, lugar poblado, Timon Cruz, Rio Primero, Córdoba.

Milagro 1) el, establecimiento rural, Ctl 4, Ayacucho, Buenos Aires. 2) laguna, Ctl 3, Las Flores, Buenos Aires. 3) establecimiento rural, Ctl 1, Loberia, Buenos Aires. 4) laguna, Ctl 5, Lobos, Buenos Aires. 5) estancia, Ctl 5, Maipú, Buenos Aires. 6) estancia, Ctl 5, Saladillo, Buenos Aires. 7) estancia, Ctl 1, Tandil, Buenos Aires. 8) estancia, Ctl 7, Vecino, Buenos Aires. 9) laguna, Ctl 7, Vecino, Buenos Aires. 10) laguna, Ctl 3, Veinte y Cinco de Mayo, Buenos Aires. 11) lugar poblado, Ciénega del Coro, Minas, Córdoba. 12) lugar poblado, Candelaria, Totoral, Córdoba. 13) mina de plata en el cerro de Guichaira, Tilcara, jujuy. 14) distrito del departamento General Ocampo, Rioja. 15) finca rural, Anta, Salta. 16) yacimiento de carbon de piedra, Metán, Salta. 17) mina de cobre y plata en el distrito mineral de Acay, Poma, Salta. 18) mineral de plata Rosario de Lerma Salta

Milagros 1) los, laguna, Ctl 2, Castelli, Buenos Aires. 2) establecimiento rural, Ctl 9, Las Flores, Buenos Aires 3) laguna Ctl 4, Las Heras, Buenos Aires. 4) establecimiento rural, Ctl 8, Lobos, Bueno Aires. E. 5) laguna, Ctl 5, Puan, Buenos Aires. 6) laguna, Ctl 8, Saladillo

Buenos Aires. 7) laguna, Ctl 1, Suarez, Buenos Aires. 8) laguna, Ctl 7, Veinte y Cinco de Mayo, Buenos Aires.

Milan, laguna, Ctl 2, Ajó, Buenos Aires.

Milessi, colonia, Libertad, San Justo, Córdoba. Tiene 156 habitantes. (Censo del 1° de Mayo de 1890.) Fué fundada en 1886 en una extension de 20749 hectáreas. Está situada en el paraje denominado « Los Morteros. »

Millan, mina de oro en el distrito mineral El Oro, sierra de Famatina, Rioja.

Milluyo, paraje poblado, Humahuaca, Jujuy.

Mil Nogales, estancia, San javier, Córdoba. $\varphi = 31° 54'$; $\lambda = 65° 5'$; $\alpha = 925$ m.

Mimilto, estancia, Trancas, Tucuman. En la orilla izquierda del rio Salí.

Mina, 1) la, arroyo, Ctl 8, Pringles, Buenos Aires. 2) *Clavero,* cuartel de la pedanía Tránsito, San Alberto, Córdoba. 3) *Clavero,* aldea, Tránsito, San Alberto, Córdoba. Tiene 194 habitantes. (Censo m.)

Minas 1) las, distrito del departamento Andalgalá, Catamarca. 2) departamento de la provincia de Córdoba. Está situado al Sud del de Cruz del Eje y es limítrofe de la provincia de la Rioja. Tiene una extension de 4032 kms.² y una poblacion de 8016 habitantes. (Censo del 1° de Mayo de 1890.) El departamento está dividido en las 4 pedanías; Ciénega del Coro, Guasapampa, San Cárlos y Argentina. Los centros de poblacion de 100 habitantes para arriba son los siguientes: Estancia, Rumiguasi, Agua de los Arboles, Toma, Totoraguasi, San Cárlos, Playa, Cañada, Agua de Ramon, Monte, Sunchal, Vallecito, Ninalquin y Ojos de Agua de Totos. El departamento es muy rico en minerales útiles. La aldea San Cárlos es la cabecera del departamento. 3) cuartel de la pedania Ciénega del Coro, Minas, Córdoba. 4) las, cuartel de la pedanía San Isidro,

Anejos Sud, Córdoba. 5) lugar poblado, San Isidro, Anejos Sud, Córdoba. 6) cerro de la sierra Chica, Cruz del Eje, Córdoba. $\varphi = 30° 50'$; $\lambda = 64° 30'$; $\alpha = 1700$ m. (Brackebusch.) 7) lugar poblado, Dolores, Punilla, Córdoba. 8) cerro, Beltran, Mendoza. En él tiene su orígen el rio Malargüé. $\varphi = 35° 17'$; $\lambda = 70° 6'$; $\alpha = 3817$ m. (Lallemant.) 9) *Azules,* distrito de arena aurífera del departamento Santa Catalina, jujuy.

Mingorena, 1) estancia, Ctl 3, Chacabuco, Buenos Aires. 2) laguna, Ctl 3, Chacabuco, Buenos Aires. 3) cañada, Ctl 3, Chacabuco, Buenos Aires. Es tributaria del rio Salado, en la márgen izquierda.

Miñana, campo, juarez, Buenos Aires. En el bañado de este campo tiene su orígen el arroyo Azul.

Miño, arroyo, Monte Caseros, Corrientes. Es un tributario del Mocoretá en la márgen izquierda.

Miquilos, lugar poblado, Manzanas, Ischilin, Córdoba.

Mira-Campos, estancia, Ctl 5, Saladillo, Buenos Aires.

Mirador 1) el, establecimiento rural, Ctl 7, Alsina, Buenos Aires. 2) estancia, Ctl 1, Brandzen, Buenos Aires. 3) establecimiento rural, Ctl 4, Lobos, Buenos Aires. 4) estancia, Ctl 5, Saladillo, Buenos Aires. 5) estancia, Ctl 6, Suarez, Buenos Aires. 6) establecimiento rural, Ctl 2, Vecino, Buenos Aires. 7) laguna, Ctl 2, Vecino, Buenos Aires. 8) arroyo, Ctl 2, Vecino, Buenos Aires. 9) finca rural, Paso de los Libres, Corrientes. 10) finca rural, Saladas, Corrientes. 11) finca rural, Maipú, Mendoza. 12) finca rural, Rivadavia, Mendoza.

Miraflor, finca rural, Goya, Corrientes.

Miraflores, 1) arroyo, Ctl 5, Exaltacion de la Cruz, Buenos Aires. 2) establecimiento rural, Ctl 5, Rojas, Buenos Aires. 3) establecimiento rural, Ctl 11, Trenque-Lauquen, Buenos Aires. 4) distrito del departamento Capayan, Catamarca. 5) aldea, Miraflores, Capayan, Catamarca. Por la via férrea dista 487 kms. de Córdoba. FCCN. ramal de Recreo á Catamarca. C, T, E. 6) vertiente, Miraflores, Capayan, Catamarca. 7) lugar poblado, Parroquia, Pocho, Córdoba. 8) finca rural, La Cruz, Corrientes. 9) finca rural, Saladas, Corrientes. 10) lugar poblado, Cochinoca, Jujuy. 11) arroyo de la Puna de Cochinoca, Jujuy. Desagua en la laguna Huayatayoc. 12) lugar poblado, San Pedro, jujuy, 13) finca rural, General Roca, Rioja. 14) distrito del departamento Anta, Salta. 15) reduccion de indios mataguayos, Miraflores, Anta, Salta. Fué establecida por los Franciscanos de la ciudad de Salta. C. 16) finca rural, Cafayate, Salta. 17) paraje poblado, Campo Santo, Salta. 18) finca rural, Cerrillos, Salta. 19) paraje poblado, Iruya, Salta. 20) paraje poblado, Oran, Salta. 21) paraje poblado, San Cárlos, Salta.

Mira-Mar. 1) pueblo en formacion, Ctl 5, Pueyrredon, Buenos Aires. Está situado en la costa del Atlántico, á 40 kms. al Sud de Mar del Plata. Puede ser que tenga un porvenir como lugar balneario. 2) establecimiento rural, Ctl 5, Pueyrredon, Buenos Aires.

Miranda, arroyo, Rioja. Riega el distrito Alcázar del departamento Independencia y el distrito Sañogasta del departamento Chilecito.

Miringá, estancia, Paso de los Libres, Corrientes.

Miriñay, 1) estero, Corrientes. Arranca del gran estero de Iberá y da nacimiento al rio Miriñay. Es limite, en toda su extension, entre los departamentos Mercedes, al Oeste, y La Cruz y Paso de los Libres, al Este. 2) rio, Corrientes. Tiene su orígen en el estero del mismo nombre y desagua en el rio Uruguay, á corta distancia, al Norte de Monte Caseros.

$\varphi = 30°\ 9'$; $\lambda = 57°\ 26'$. Desde el punto en que recibe las aguas del Ayuí Grande, que es donde el Miriñay empieza á formar cauce, hasta la desembocadura del Yuquerí, es límite entre los departamentos Mercedes y Paso de los Libres; de aquí hasta la desembocadura del Curuzú-Cuatiá es límite entre los departamentos Curuzú-Cuatiá y Paso de los Libres; y, finalmente, de aquí hasta el rio Uruguay separa los departamentos Monte Caseros y Paso de los Libres. Con excepcion de la cañada Ayuí, no recibe afluentes sino en la orilla derecha. Estos son, de Norte á Sud, el Ayuí Grande, el Medina, el Yurupé, el Manduré, el Yuquerí, el Irupé, el Curuzú-Cuatiá y el Curupicay.

Misas-Cué, finca rural, Ituzaingó, Corrientes.

Misericordia, finca rural, Paso de los Libres, Corrientes.

Misionero Franciscano, paraje poblado, Capital, Chaco.

Misiones, 1) lugar poblado, Galarza, Rio Primero, Córdoba. 2) gobernacion. En el extremo NE. de la república, confina por el Norte, el Este y el Sud con el Brasil, por medio de los rios Iguazú, San Antonio Guazú, Pepiry Guazú y el rio Uruguay; por el Oeste con el Paraguay por medio del rio Paraná y con la provincia de Corrientes, sirviendo de límite el arroyo Chimiray, desde su desembocadura en el Uruguay hasta sus nacientes; de aquí va una línea imaginaria hasta las nacientes del arroyo Itaembé, y éste sigue como límite hasta su confluencia con el Paraná. Dentro de estos límites tiene la gobernacion 53954 kms.² de extension. Del centro geométrico, poco más ó menos, de esta gobernacion, parten en forma de radios tres cadenas de montañas de poca elevacion, que dividen el territorio en tres partes con sus vertientes propias. La sierra de la Victoria, que se dirige de SSE. á NNO. y la sierra de las Misiones, que lleva la direccion ESE. á ONO, encierran las vertientes de los tributarios del rio Iguazú que desemboca en el Paraná, formando antes un gran salto, en la extremidad Norte de la primera de estas dos sierras. La sierra del Iman, que es la tercera de las tres cadenas mencionadas, y que lleva la direccion NE. á SO, encierra con la sierra de la Victoria las vertientes de varios tributarios del Paraná, como son el Ibirá-Pitá, el Tabay, el Yabebiry, el Piray-Guazú, el Piray-Mini, el Ñacanguazú, el Aguaray y el Garupá. En la seccion formada por las sierras del Iman y de Misiones, están las fuentes de varios afluentes del Uruguay, como son el Santa María, el Tacuararé, el Pinday, el Acaraguay, el Pepiri-Mini y el Pepiri-Guazú. La mayor parte de Misiones está cubierta de espeso bosque. Campos abiertos solo se encuentran en la zona que limita con Corrientes, ó al NNE., donde este territorio toca con el Brasil; el bosque impenetrable que cubre todo lo demás está separado por siete pequeños valles conocidos con los nombres de Campo Redondo, Pastoreo Grande, Pastoreo Chico, Campo Grande, San Pedro, Campiña de América y Campo Esé. Las principales riquezas de los bosques son la yerba-mate y las maderas de construccion de cedro, jacarandá, tatané, palo blanco, palo santo, palo de rosa, lapacho, quebracho y de muchos otros árboles más. La naranja, las yerbas medicinales, la corteza del curupay para curtir y las maderas tintóreas son abundantes del lado del rio Uruguay. Del lado del Paraná existen pinares inmensos y extensos bosques de naranjos y de toda clase de maderas. La tierra es, en general, propia para el cultivo de la caña dulce, el tabaco, la mandioca, el arroz, el algodon, el maní, el café, la yerba y el añil. La sementera principal es el maiz. En estos últimos años se han fundado varios establecimientos azucareros. La sierra del Iman abriga existencias de cobre, plata y azogue. A mediados del siglo pasado habia, segun Peramas, en solo las colonias y reducciones de los jesuitas una poblacion que alcanzaba muy próximamente á 100000 habitantes. Entre estas reducciones sobresalieron Yapeyú (hoy de la provincia de Corrientes) con 7974 habitantes, Corpus con 4587, San Ignacio Mini con 3306, Santa Ana con 4334, Candelaria con 3062, y así las demás. Hoy se estima la poblacion total de la gobernacion en unos 30000 habitantes. Un decreto de 16 de Marzo de 1882 dispone la division administrativa en los 5 departamentos siguientes: San Martin (Corpus), Piray, San Javier, Monteagudo (Paggi) é Iguazú. La villa de Posadas, á orillas del Paraná, es la capital de la gobernacion.

Misitorco, lugar poblado, Caminiaga, Sobremonte, Córdoba.

Mistol, [1] 1) lugar poblado, Oran, Salta. 2) distrito de la 1ª seccion del departamento Robles, Santiago del Estero. 3) lugar poblado, Mistol, Robles, Santiago. 4) estancia, Graneros, Tucuman.

Mistolar, lugar poblado, Copacabana, Ischilin, Córdoba.

Mistoles, 1) lugar poblado, Parroquia, Cruz del Eje, Córdoba. 2) lugar poblado, Pichanas, Cruz del Eje, Córdoba. 3) aldea, Castaños, Rio Primero, Córdoba. Tiene 162 habitantes. (Censo del 1º de Mayo de 1890). 4) lugar poblado, General Mitre, Totoral, Córdoba

Mistolitos, estancia, Burruyaco, Tucuman. Situada cerca de la frontera de Santiago.

_____

1 Arbol (Zizyphus Mistol).

Mocha, lugar poblado, Toscas, San Alberto, Córdoba.

Mochos los, estancia, Villarino, Buenos Aires.

Mocito, cerro de la sierra Comechingones, Córdoba. Está situado cerca del límite que separa los departamentos San Alberto y San Javier.

Mocoretá, 1) estancia, Curuzú-Cuatiá, Corrientes. 2) lugar poblado, Monte Caseros, Corrientes. Por la vía férrea dista 99 kms. de Concordia. Saladero. FCAE, C, T. 3) arroyo, Corrientes y Entre Rios. Nace en las inmediaciones de Curuzú-Cuatiá, corre de NNO. SSE. y desagua en el Uruguay. Sus afluentes, pequeños todos, son muchos en una y otra orilla. Desde la desembocadura del arroyo Esterito (orilla izquierda) hasta la del arroyo Tunas (orilla derecha), el Mocoretá es límite entre los departamentos Curuzú-Cuatiá y Monte Caseros; de aquí hasta la desembocadura, es límite entre las provincias de Corrientes y Entre Rios. 4) *Portillo,* finca rural, Curuzú-Cuatiá, Corrientes.

Modelo, cabaña de ovejas Rambouillet, Quilmes, Buenos Aires.

Moderna, 1) la, establecimiento rural, Ctl 2, 3, Azul, Buenos Aires. 2) establecimiento rural, Ctl 6, Las Flores, Buenos Aires. 3) establecimiento rural, Ctl 2, Suipacha, Buenos Aires.

Moderno el, estancia, Ctl 4, Magdalena, Buenos Aires.

Mogna, 1) distrito del departamento Jachal, San Juan. 2) poblacion agrícola, Jachal, San Juan. E.

Mogote, [1] 1) lugar poblado, Pampayasta Sud, Tercero Arriba, Córdoba. 2) *Blanco,* mina de plomo y plata, Ciénega del Coro, Minas, Córdoba. Está situada en el Guayco. 3) *de la Montaña,* yacimiento

_____
[1] Montecillo aislado que remata en punta.

de carbon de piedra en el Portezuelo, entre las Quebradas de la Montaña y del Paramillo, en el camino de San Juan á Uspallata. $\varphi = 32°\ 13'$; $\lambda = 69°$; $\alpha = $ 2800 m. (Lallemant)

Mogotes, 1) distrito del departamento Ancasti, Catamarca. 2) vertiente, Mogotes, Ancasti, Catamarca. 3) lugar poblado, Ciénega del Coro, Minas, Córdoba. 4) los, lugar poblado, Pocho, Córdoba $\varphi = 31°.24'$; $\lambda = 65°$; $\alpha = $ 1200 m. (Brackebusch). C. 5) lugar poblado, Remedios, Rio Primero, Córdoba. 6) lugar poblado, Ambul, San Alberto, Córdoba. 7) lugar poblado, Rio Pinto, Totoral, Córdoba. 8) finca rural, Concepcion, San Juan. 9) *Asperos,* cuartel de la pedanía Argentina, Minas, Córdoba. 10) *Asperos,* lugar poblado, Argentina, Minas, Córdoba.

Moisés, laguna, Ctl 8, Bolívar, Buenos Aires.

Mojarra, lugar poblado, Chuñaguasi, Sobremonte, Córdoba.

Mojarras, 1) pedanía del departamento Tercero Abajo, Córdoba. Tiene 553 habitantes. 2) aldea, Mojarras, Tercero Abajo, Córdoba. Tiene 316 habitantes. (Censo del 1° de Mayo de 1890). 3) cañada de las, Tercero Arriba, Córdoba. 4) cañada, Córdoba y Santa Fe. Corre de SO. á NE. y desagua en la márgen derecha del rio Tercero á inmediaciones del pueblo Cruz Alta (Córdoba). Es en todo su trayecto límite natural entre las provincias de Santa Fe y Córdoba. 5) distrito del departamento Rosario de la Frontera, Salta.

Mojigasta, 1) cuartel de la pedanía Parroquia, Pocho, Córdoba. 2) aldea, Parroquia, Pocho, Córdoba. Tiene 140 habitantes. (Censo del 1° de Mayo de 1890).

Mojon, 1) el, estancia, Ctl 10, Saladillo, Buenos Aires. 2) finca rural, Concepcion, Corrientes. 3) laguna, Esquina, Corrientes. 4) estancia, San Miguel, Corrientes.

5) el, lugar poblado, Iruya, Salta. 6) estancia, Leales, Tucuman. Próxima á la frontera de Santiago. 7) *Maimará*, lugar poblado, Tilcara, jujuy. 8) *de Palo*, establecimiento rural, Ctl 3, Necochea, Buenos Aires

Mojones, 1) finca rural, Goya, Corrientes. 2) distrito del departamento Villaguay, Entre Ríos. 3) arroyo, Villaguay, Entre Rios. Desagua en la márgen derecha del Gualeguay en direccion de NO. á SE. Es en toda su extension límite entre las secciones Mojones al Norte y Mojones al Sud del distrito de Mojones.

Mojotoro, 1) distrito del departamento Caldera, Salta. 2) rio. Véase rio Lavayen.

Moldores, arroyo, Ctl 6, Brandzen, Buenos Aires.

Molina, 1) cañada, Ctl 3, Exaltacion de la Cruz, Buenos Aires. 2) arroyo, Ctl 4, San Vicente, Buenos Aires.

Molinera la, laguna, Ctl 2, Castelli, Buenos Aires.

Molinillo, estancia, Ctl 3, Brandzer, Buenos Aires.

Molino, 1) el, estancia, Ctl 1, Campana, Buenos Aires. 2) cabaña de ovejas Rambouillet, Las Flores, Buenos Aires. 3) estancia, Ctl 3, Patagones, Buenos Aires. 4) establecimiento rural, Ctl 3, Salto, Buenos Aires. 5) lugar poblado, Rio de los Sauces, Calamuchita, Córdoba. 6) lugar poblado, San Cárlos, Minas, Córdoba. 7) lugar poblado, Parroquia, Pocho, Córdoba. 8) el, lugar poblado, San Antonio, Punilla, Córdoba. 9) lugar poblado, Caminiaga, Sobremonte, Córdoba. 10) distrito del departamento Uruguay, Entre Rios. 11) arroyo del, Uruguay, Entre Rios. Desagua en la márgen derecha del Uruguay, á inmediaciones al Norte de la Concepcion. Es en su curso inferior límite entre los distritos Molino y Tala. 12) el, paraje poblado, Humahuaca, Jujuy. 13) finca rural, La Paz, Mendoza. 14) el, finca rural, Chilecito,

Rioja. 15) el, establecimiento rural, Viedma, Rio Negro. 16) finca rural, Cafayate Salta. 17) estancia, Molinos, Salta. 18) finca rural, Poma, Salta. 19) vertiente, Merlo, junin. San Luis. 20) lugar poblado, Famaillá, Tucuman. En la márgen derecha del arroyo Lules. 21) lugar poblado Chicligasta, Tucuman. En la márgen derecha del arroyo jaya. 22) aldea, Rio Chico. Tucuman. En la márgen izquierda del arroyo Marapa. 23) *de Abajo*, finca rural, Capital, Jujuy. 24) *Azul*, establecimiento rural, Ctl 1, Azul, Buenos Aires. 25) *de los Barrancos*, finca rural, Maipú, Mendoza. 26) *del Calvario*, lugar poblado, Belgrano, Mendoza. 27) *de la Constancia*, finca rural, Caucete, San Juan. 28) *Italó*, finca rural, Cerrillos, Salta. 29) *Libertad*, finca rural, Rivadavia, Mendoza. 30) *Oriental*, finca rural, Maipú, Mendoza. 31) *del Sol*, finca rural, Belgrano, Mendoza. 32) *Union*, establecimiento rural, Ctl 1, Necochea, Buenos Aires. 33) *Viejo*, finca rural, Capital, jujuy. 34) *Viejo*, finca rural, San Cárlos, Salta. 35) *Viejo*, finca rural, jachal, San juan.

Molinos, 1) pedanía del departamento Calamuchita, Córdoba. Tiene 1247 habitantes. (Censo del 1° de Mayo de 1890.) 2) cuartel de la pedanía del mismo nombre, Calamuchita, Córdoba. 3) aldea, Molinos, Calamuchita, Córdoba. Tiene 466 habitantes. (Censo m.) $\varphi = 31°\ 50'$; $\lambda = 64°\ 23'$. 4) lugar poblado, Ciénega del Coro, Minas, Córdoba. 5) vertiente, Ancasti, Ancasti, Catamarca. 6) distrito del departamento Castro Barros, Rioja. 7) aldea, Castro Barros, Rioja. E. 8) arroyo, Castro Barros, Rioja. Riega los distritos Molinos, Aminga y Anjullon. 9) departamento de la provincia de Salta. Confina al Norte con el de Cachi por el angosto de Colte y sierra del mismo nombre, segun una línea que conduce de la quebrada de Colte hasta la Apacheta, y con el de la Poma por la prolongacion al Oeste de la línea divisoria con Cachi; al Este con el de San Cárlos por la garganta de la Angostura y la línea divisoria entre Hualfin y Tacuil, hasta la cordillera, y al Oeste con Chile (Atacama) por las más altas cumbres de los Andes. Tiene 3250 kms.² de extension y una poblacion conjetural de unos 5500 habitantes. Está dividido en los 11 distritos: Banda, Molinos, Luracatao, Colomé, Amaicha, Seclantas, Tacuil, Hualfin, Compuel, Churcal y Brealito. El departamento es regado por los arroyos Calchaquí, Molinos, Tacuil, Luracatao, Mayuca, Blanco y varios otros más no denominados. Escuelas funcionan en Molinos, Churcal, Brealito, Seclantas y Tacuil. 10) aldea, Molinos, Salta. Es la cabecera del departamento. Está situada en el valle de Calchaquí, próxima al arroyo Guachipas y á 140 kms. de Salta. Gran tráfico entre Salta y Chile por el camino que conduce de Molinos á Copiapó. $\alpha = 1970$ m. (Bertrand) C, E. 11) distrito del departamento del mismo nombre, Salta. 12) arroyo, Cachi y Molinos, Salta. Nace en los nevados de Cachi, pasa con direccion SE. por Encrucijada, Luracatao y Aguadita, y desagua en la márgen derecha del Guachipas (Juramento), en Molinos. 13) estancia, Valle Fértil, San Juan. 14) aldea, Graneros, Tucuman. Al lado del ferro-carril nor-oeste-argentino.

Mollar, 1) lugar poblado, Ciénega del Coro, Minas, Córdoba. 2) lugar poblado, Guasapampa, Minas, Córdoba. 3) arroyo, Beltran, Mendoza. Es un tributario del Álamo en la márgen derecha. 4) finca rural, Belgrano, Rioja. 5) finca rural, Rosario de la Frontera, Salta. 6) estancia, Leales, Tucuman. En la frontera santiagueña. 7) estancia, Tafí, Trancas, Tucuman. En la orilla derecha del arro-

yo Rincon, cerca de la desembocadura de éste en el Infiernillo.

Molle, [1] 1) laguna, Ctl 6, Pringles, Buenos Aires. 2) paso del, en la sierra Chica, Córdoba. Tiene 1300 metros de altura y comunica Rio Ceballos con San Francisco. 3) lugar poblado, Caminiaga, Sobremonte, Córdoba. 4) el, finca rural, Jachal, San Juan. 5) pueblo, Rio Chico, Tucuman. En la orilla derecha del arroyo Matasambo, al lado de la vía del ferro-carril nor-oeste-argentino. E. 6) *Pozo,* lugar poblado, General Mitre, Totoral, Córdoba.

Mollecitos 1) los, paraje poblado, La Paz, Mendoza. 2) chacra, Naschel, Chacabuco, San Luis. 3) finca rural, Guzman, San Martin, San Luis. 4) los, lugar poblado, Rosario, Pringles, San Luis. 5) vertiente, San Lorenzo, San Martin, San Luis. 6) estancia, Graneros, Tucuman.

Molles 1) los, establecimiento rural, Ctl 8, Necochea, Buenos Aires. 2) lugar poblado, Cóndores, Calamuchita, Córdoba. 3) los, estancia, Espinillos, Márcos Juarez, Córdoba. 4) lugar poblado, San Cárlos, Minas, Córdoba. 5) los, lugar poblado, Achiras, Rio Cuarto, Córdoba. 6) lugar poblado, Tegua y Peñas, Rio Cuarto, Córdoba. 7) los, aldea, Castaños, Río Primero, Córdoba. Tiene 174 habitantes. (Censo del 1° de Mayo de 1890) 8) los, lugar poblado, La Esquina, Rio Primero, Córdoba. 9) cuartel de la pedanía Las Rosas, San Javier, Córdoba. 10) lugar poblado, Sacanta, San Justo, Córdoba. 11) lugar poblado, Chuñaguasi, Sobremonte, Córdoba. 12) cuartel de la pedanía Litin, Union, Córdoba. 13) los, lugar poblado, Litin, Union, Córdoba. 14) los, paraje poblado, Departamento 4°, Pampa. 15) los, finca rural, Juarez Celman, Rioja. 16) vertiente, Malanzan, Rivada-

_____

[1] Arbol (Duvana.)

vià, Rioja. 17) lugar poblado, Junin, San Luis, E. 18) arroyo, Merlo y Santa Rosa, Junin, San Luis. 19) cumbre de la sierra del Yulto, Morro, Pedernera, San Luis. $x = 850$ m. 20) los, finca rural, Rosario, Pringles, San Luis. 21) finca rural, Conlara, San Martin, San Luis.

Molleyaco, 1) lugar poblado, Chuñaguasi, Sobremonte Córdoba. 2) cumbre de la sierra de San Francisco, Chuñaguasi, Sobremonte, Córdoba. $\varphi = 29°$ 59'; $\lambda = 64°$ 10'; $x = 900$ m. (Brackebusch.) 3) lugar poblado, San Pedro, Tulumba, Córdoba. 4) estancia, Trancas, Tucuman. A orillas del arroyo Hornillos, tributario del Zárate.

Molulo, lugar poblado, Valle Grande, jujuy.

Monasterio, 1) lugar poblado Viedma, Buenos Aires. Por la via férrea dista de la capital federal 139 kms. $x = 7,5$ m. FCS, línea de Altamirano á Tres Arroyos. C, T. 2) colonia en formacion, Iriondo, Santa Fe.

Moncada, lugar poblado, Suburbios, Rio Segundo, Córdoba.

Mondá, finca rural, Mercedes, Corrientes.

Mondaca, distrito minero del departamento Iglesia, San Juan. Encierra plata.

Mondadiente, finca rural, San Luis, Corrientes.

Mondongo, arroyo, Ctl 4, Mar Chiquita, Buenos Aires. Desagua en la laguna «La Blanqueada» despues de haberse formado un solo cauce con las aguas reunidas de este arroyo y el Dulce.

Monigote, cerro del, Carolina, Pringles, San Luis. Nombre que lleva un trozo del macizo de San Luis. $x = 1960$ m. (Lallemant.)

Monigotes, 1) lugar poblado, Monte Aguará, Colonias, Santa Fe Tiene 108 habitantes. (Censo del 7 de Junio de 1887.) 2) cañada de los, Colonias, Santa Fe.

Monito el, estancia, Ctl 10, Dorrego, Buenos Aires.

Monje, arroyo del; San Jerónimo, Santa Fe. Nace en la cañada Carrizal Grande y desagua en el rio Coronda, á 10 kms. al Norte de Puerto Gomez.

Monroe, laguna, Ctl 1, Tuyú, Buenos Aires.

Monsalvo, 1) partido de la provincia de Buenos Aires. Véase Maipú. 2) pedanía del departamento Calamuchita, Córdoba. Tiene 1008 habitantes. (Censo del 1° de Mayo de 1890.) 3) lugar poblado, Monsalvo, Calamuchita, Córdoba. $\varphi = 32°$ 8'; $\lambda = 64°$ 24'.

Monserrat, 1) mina de cuarzo aurífero, Candelaria, Cruz del Eje, Córdoba. Está situada en el paraje llamado Salto. 2) estancia, Espinillos, Márcos juarez, Córdoba.

Montalvo, arroyo, Ctl 3, Exaltacion de la Cruz, Buenos Aires.

Montaña 1) la, finca rural, Goya, Corrientes. 2) finca rural, San Miguel, Corrientes. 3) arroyo, Beltran, Mendoza. Es un tributario del rio Grande en la margen derecha. 4) lugar poblado, Lujan, Mendoza. 5) la, finca rural, Capital, Salta.

Montañés, laguna, Ctl 10, Dolores, Buenos Aires.

Monte, 1) establecimiento rural, Ctl 2, 3, Azul. Buenos Aires. 2) del, laguna, Ctl 7, Chascomús, Buenos Aires. 3) del, laguna, Ctl 6, Guaminí, Buenos Aires. 4) establecimiento rural, Ctl 8, Junin, Buenos Aires. 5) del, laguna, Ctl 2, Junin, Buenos Aires. 6) partido de la provincia de Buenos Aires. Está al SSO. de la capital federal, rodeado de los partidos Cañuelas, Ranchos, Las Flores, Saladillo y Lobos. Tiene 1923 kms.[2] de extension y una poblacion de 4674 habitantes. (Censo del 31 de Enero de 1890.) Escuelas funcionan en Monte, San Antonio de Videla, etc. El partido es regado por el rio Salado y los arroyos Totoral y Siasgo. 7) villa, Monte, Buenos Aires. Es la cabecera del partido. Está situada en la orilla Norte de la laguna del mismo nombre. Cuenta hoy con una poblacion de 2208 habitantes. (Censo m.) Un tramway rural que unirá Monte con Lobos, Navarro y Mercedes obtuvo la autorizacion correspondiente. $\varphi = 35°$ 28'; $\lambda = 58°$ 49' 19". C, T, E. 8) laguna, Ctl 1, Monte, Buenos Aires. Se comunica con las denominadas de las Perdices, del Seco y de Maipú por medio del arroyo Totoral, desaguando todas ellas, por medio del arroyo Manantiales, en la laguna Cerrillos. 9) estancia, Ctl 5, Necochea, Buenos Aires. 10) laguna, Ctl 2, Necochea, Buenos Aires. 11) establecimiento rural, Ctl 10, Saladillo, Buenos Aires. 12) cuartel de la pedanía Dolores, Punilla, Córdoba. 13) aldea, Guasapampa, Minas, Córdoba. Tiene 102 habitantes. (Censo del 1° de Mayo de 1890.) 14) lugar poblado, Santa Cruz, Tulumba, Córdoba. 15) colonia, Bell-Ville, Union, Córdoba. Fué fundada en 1885 en el paraje denominado «Monte del Toro,» en una extension de 5412 hectáreas. 16) el, paraje poblado, Molinos, Salta. 17) vertiente, Morro, Pedernera, San Luis. 18) *Aguará*, distrito del departamento de las Colonias, Santa Fe. Tiene 442 habitantes. (Censo del 7 de junio de 1887.) 19) *del Ají*, lugar poblado, Litin, Union, Córdoba. 20) *Alto*, paraje poblado, Valle Grande, Jujuy. 21) *de las Animas,* vertiente, Ctl 6, Ajó, Buenos Aires. 22) *Bagual*, paraje poblado, Viedma, Rio Negro. 23) *Barrera*, establecimiento rural, Ctl 6, San Nicolás, Buenos Aires. 24) *Bello*, estancia, Leales, Tucuman 25) *Bozal*, lugar poblado, Yucat, Tercero Abajo, Córdoba. 26) *de la Capilla*, lugar poblado, Capilla de Rodriguez, Tercero Arriba, Córdoba. 27) *Carlo*, establecimiento rural, Departamento 4°, Pampa. 28) *Carmelo*, mina de plomo y plata, Argentina, Minas, Córdoba. 29) *Carmelo,* lugar poblado, Impira, Rio Segundo, Córdoba. 30) *Caseros*, departamento de la provincia de Corrientes.

Es ribereño del rio Uruguay y confina al Norte por el arroyo Curuzú-Cuatiá con los departamentos Curuzú-Cuatiá y Paso de los Libres; al Sud por el Mocoretá con la provincia de Entre Rios, y al Oeste por el mismo Mocoretá con el departamento Curuzú-Cuatiá. Tiene una extension de 3500 kms.[2] y una poblacion conjetural de 6000 habitantes. Escuelas funcionan en Monte Caseros, Zambo y Naranjito. Las principales arterias fluviales del departamento son el rio Miriñay y los arroyos Aguará, Mamangá Ceibo, Totora, Ibicuy, Timboy, Curuzú-Cuatiá, Mocoretá, Zapatero, Naranjito, Juncal, Barrientos y otros más de menor importancia. 31) *Caseros*, villa, Monte Caseros, Corrientes. Está situada á orillas del rio Uruguay, frente á Santa Rosa, pueblo de la república del Uruguay. Cuenta con unos 2500 habitantes. Por la via férrea dista 155 kms. de Concordia. Aduana. Agencia del Banco Nacional. $\varphi = 30°$ 15'; $\lambda = 57°$ 42'. FCAE, C, T, E. 32) *Castillo*, lugar poblado, Las Colonias, Márcos Juarez, Córdoba. 33) *de la China*, lugar poblado, Algodon, Tercero Abajo, Córdoba. 34) *Chué*, paraje poblado, Departamento 2°, Pampa. 35) *del Condado*, finca rural, General Sarmiento, Rioja. 36) *Cristo*, estancia, Ctl 5, Las Flores, Buenos Aires. 37) *Cristo*, distrito de la seccion Silipica 1ª del departamento Silípica, Santiago del Estero. 38) *Cristo*, lugar poblado, Silipica, Santiago. C. 39) *Cuadrado*, estancia, Ctl 7, Ranchos, Buenos Aires. 40) *de los Difuntos*, paraje poblado, Departamento 3°, Pampa. 41) *Flores*, distrito del departamento Rosario, Santa Fe. Tiene 635 habitantes. (Censo del 7 de junio de 1887.) 42) *Flores*, lugar poblado, Monte Flores, Rosario, Santa Fe. E. 43) *Florido*, estancia, Lavalle, Corrientes. 44) *de los Floridos*, lugar poblado, Salto, Tercero Arriba, Córdoba. 45) *Ga-*

ray, paraje poblado, Departamento 2°, Pampa. 46) *del Gato*, lugar poblado, Belgrano, San Jerónimo, Santa Fe. Tiene 129 habitantes. (Censo m.) 47) *Grande*, establecimiento rural, Ctl 2, Alsina, Buenos Aires. 48) *Grande*, lugar poblado, Caseros, Anejos Sud, Córdoba. 49) *Grande*, lugar poblado, Salto, Tercero Arriba, Córdoba. 50) *Grande*, cuartel de la pedanía Litin, Union, Córdoba. 51) *Grande*, paraje poblado, San Pedro, Jujuy. 52) *Grande*, paraje poblado, Molinos, Salta. 53) *Grande*, lugar poblado, Famaillá, Tucuman. Al Sud del arroyo Colorado. 54) *Hacheado*, lugar poblado, Chancani, Pocho, Córdoba. 55) *Hermoso*, establecimiento rural, Ctl 2, Alsina, Buenos Aires. 56) *Hermoso*, faro, Bahia Blanca, Buenos Aires. Fué construido en 1881, á 50 metros sobre el nivel del mar. Sus luces se ven á 10 millas de distancia. C, T. 57) *Hermoso*, estancia, Ctl 4, Patagones, Buenos Aires. 58) *La Cruz*, lugar poblado, Caseros, Anejos Sud, Córdoba. 59) *Lapallo*, estancia, Ctl 6, Azul, Buenos Aires. 60) *La Plata*, lugar poblado, Villarino, Buenos Aires. C, T. 61) *Largo*, lugar poblado, Arroyito, San justo, Córdoba. 62) *de la Leña*, lugar poblado, Concepcion, San Justo, Córdoba. 63) *de la Leña*, lugar poblado, Bell-Ville, Union, Córdoba. 64) *del Leon*, lugar poblado, Algodon, Tercero Abajo, Córdoba. 65) *Lindo*, arroyo, Formosa. Es un pequeño tributario del Paraguay en la márgen derecha. 66) *Loros*, lugar poblado, Villa Maria, Tercero Abajo, Córdoba. 67) *de los Loros*, cuartel de la pedanía Salto, Tercero Arriba. Córdoba. 68) *Machado*, lugar poblado, Libertad, San justo, Córdoba. 69) *del Malo*, lugar poblado, San José, Rio Segundo, Córdoba. 70) *Malo*, paraje poblado, Mburucuyá, Corrientes. 71) *del Medio*, lugar poblado, Bell-Ville, Union, Córdoba. 72) *Molina*, cuar-tel de la pedanía Cruz Alta, Márcos Juarez, Córdoba. 73) *Molina*, aldea, Cruz Alta, Márcos Juarez, Córdoba. Tiene 104 habitantes. (Censo del 1° de Mayo de 1890.) 74) *Negro*, lugar poblado, Constitucion, Anejos Norte, Córdoba. 75) *Negro*, lugar poblado, Manzanas, Ischilin, Córdoba. 76) *Negro*, lugar poblado. Ciénega del Coro, Minas, Córdoba. 77) *Negro*, finca rural, Belgrano, Rioja. 78) *de Nieve*, paraje poblado, Molinos, Salta. 79) *Novillo*, cuartel de la pedanía Loboy, Union, Córdoba. 80) *de los Padres*, establecimiento rural, Ctl 8, Pueyrredon, Buenos Aires. 81) *de los Padres*, lugar poblado, Santo Tomé, Colonias, Santa Fe. Tiene 539 habitantes. (Censo del 7 de junio de 1887.) 82) *Perez*, lugar poblado, Litin, Union, Córdoba. 83) *de los Pinos*, lugar poblado, Capilla de Rodriguez, Tercero Arriba, Córdoba. 84) *de los Pocitos*, cuartel de la pedanía Cosme, Anejos Sud, Córdoba. 85) *Portugués*, lugar poblado, Salto, Tercero Arriba, Córdoba. 86) *Quieto*, establecimiento rural, Ctl 9, Veinte y Cinco de Mayo, Buenos Aires. E 87) *Ra'o*, paraje poblado, Departamento 3°, Pampa. 88) *de los Rayos*, lugar poblado, Libertad, San Justo, Córdoba. 89) *Redondo*, cuartel de la pedanía Suburbios, Rio Segundo, Córdoba. 90) *Redondo*, lugar poblado, Suburbios, Rio Segundo, Córdoba. 91) *Redondo*, paraje poblado, Iruya, Salta. 92) *Redondo*, aldea, Burruyaco, Tucuman. En la frontera santiagueña. 93) *Redondo*, estancia, Graneros, Tucuman. 94) *del Rosario*, cuartel de la pedanía Timon Cruz, Rio Primero, Córdoba. 95) *del Rosario*, aldea, Timon Cruz, Rio Primero, Córdoba. Tiene 152 habitantes. (Censo del 1° de Mayo de 1890). E. 96) *Salupe*, lugar poblado, Naschel, Chacabuco, San Luis, 97) *San Gregorio*, lugar poblado, Libertad, San justo, Córdoba. 98) *San Juan*, paraje poblado, Departamento 2º, Pampa. 99) *San Luis*, lugar poblado, Pampayasta Sud, Tercero Arriba, Córdoba. 100) *de la Tigra*, lugar poblado, Libertad, San Justo, Córdoba. 101) *de la Tigra*, lugar poblado, Litin, Union, Córdoba. 102) *Toledo*, establecimiento rural, Ctl 6, Azul, Buenos Aires. 103) *del Toro*, colonia, Libertad, San Justo, Córdoba. 104) *del Toro*, lugar poblado, Bell-Ville, Union, Córdoba. 105) *de Vera*, distrito del departamento de la Capital, Santa Fe. Tiene 1687 habitantes. (Censo m) 106) *Viejo*, cañada, Ctl 3, Exaltacion de la Cruz, Buenos Aires. 107) *Viejo*, paraje poblado, San Cárlos, Salta. 108) *Yucat*, lugar poblado, Yucat, Tercero Abajo, Córdoba.

Monteagudo, 1) establecimiento agrícola situado al N. de Formosa, en la orilla del rio Paraguay. 2) departamento de la gobernacion de Misiones. Confina al Norte con las sierras, al Este con el Brasil por medio del rio Pepiri-Guazú, al Sud con el rio Uruguay y al Oeste con el departamento San Javier por medio del rio Acaraguay. 3) finca rural, San Cárlos, Salta. 4) (antes Telfener), aldea, Chicligasta, Tucuman. Está situada en la orilla izquierda del rio Chico y dista por la vía férrea 465 kms. de Córdoba. Iglesia. $\alpha = 360$ m. FCCN, C, T, E.

Montecillo, arroyo, Tercero Abajo, Córdoba. Es un pequeño tributario serrano del rio Tercero, en la márgen derecha.

Montecito, 1) el, estancia, Ctl 7, Trenque-Lauquen, Buenos Aires. 2) lugar poblado, Carnerillo, Juarez Celman, Córdoba.

Montecitos, vertiente, San Lorenzo, San Martin, San Luis.

Monteros, 1) departamento de la provincia de Tucuman. Confina al Norte con los departamentos Trancas y Famaillá, al Este con el de Leales, al Sud con el de Chicligasta y al Oeste con la provincia de Catamarca. Tiene 1688 kms.[2] de extension y una poblacion conjetural de unos 28400 habitantes. El departamento es regado por el rio Salí y los arroyos Arenilla, Romano, Pueblo Viejo, Chucha, Cerdo, Valderrama, Aguilares, Turco, Puerta de Angel, Los Sosas, Tordillo, Aranda, Ventanas, Hondo, del Tejar, de la Laguna, de los Robles, Seco, Grande, del Estero, de Simoca, de los Indios, de los Perez, de las Vizcachas, de los Paez, del Remanso, de la Yerba Buena y muchos otros no denominados. En Monteros, Simoca, Rio Seco, Cercado, Amberes, Sosas, Valderrama y Robles existen centros de poblacion. 2) villa, Monteros, Tucuman. Es la cabecera del departamento. Por la vía férrea dista 60 kms. de Tucuman y 90 de La Madrid. Cuenta con unos 4000 habitantes. Iglesia. FCNOA, C, T, E.

Monterroso, estancia, Curuzú-Cuatiá, Corrientes.

Montes, 1) laguna, Chascomús, Buenos Aires. Alimenta el arroyo Vitel y forma parte de un sistema que se comunica con el Salado por medio de un hondo cañadon llamado el Rincon de las Barrancas. 2) lugar poblado, Cóndores, Calamuchita, Córdoba. 3) lugar poblado, Punta del Agua, Tercero Arriba, Córdoba. 4) lugar poblado, General Mitre, Totoral, Córdoba. 5) *Grandes*, lugar poblado, Ascasubi, Union, Córdoba. 6) *Grandes*, colonia, Litin, Union, Córdoba. Fué fundada en 1887 á 30 kms. al Norte de la estacion Leones del ferrocarril central argentino, en una extension de 9737 hectáreas. Tiene 144 habitantes, (Censo del 1º de Mayo de 1890). 7) *Negros*, lugar poblado, Toscas, San Alberto, Córdoba. 8) *de Oca*, colonia, Tortugas, Iriondo, Santa Fe. Tiene 239 habitantes. (Censo del 7 de Junio de 1887). 9) *de Oca*, pueblo, Tortugas,

Iriondo, Santa Fe. Tiene 150 habitantes. (Censo m.) C.

Montevideo, estancia, Concepcion, Corrientes.

Montoya, 1) distrito del departamento Nogoyá, Entre Rios. 2) distrito del departamento Victoria, Entre Rios.

Montuoso, arroyo, Curuzú - Cuatiá, Corrientes. Es un pequeño tributario del Mocoretá, en la márgen derecha.

Monzon, 1) finca rural, Empedrado, Corrientes. 2) *Cué*, finca rural, Caacatí, Corrientes.

Mora,[1] 1) estancia, Ctl 6, Bahia Blan a, Buenos Aires. 2) la, estancia, Ctl 4, Bolívar, Buenos Aires. 3) finca rural, Mburucuyá, Corrientes. 4) *Cué*, finca rural, Santo Tomé, Corrientes.

Morado, 1) finca rural, Esquina, Corrientes. 2) distrito minero del departamento Valle Fértil, San Juan. Encierra oro y cobre.

Morales, 1) arroyo, Ctl 3, Barracas, Buenos Aires. 2) laguna, Ctl 2, Castelli, Buenos Aires. 3) arroyo, Ctl 2, Las Heras; Ctl 2, 3, 4, Márcos Paz, y Ctl 5, 6, Matanzas, Buenos Aires. Es el principal tributario del arroyo Matanzas, en cuya márgen izquierda desagua. 4) lugar poblado, General Mitre, Totoral, Córdoba. 5) distrito del departamento La Viña, Salta. 6) finca rural, La Viña, Salta. 7) lugar poblado, Capital, Santiago. E.

Moran, colonia, Alarcon, Gualeguaychú, Entre Rios. Fué fundada en 1880 en una extension de 5400 hectáreas.

Morcillas, finca rural, Guachipas, Salta.

Moreira, 1) lugar poblado, Chazon, Tercero Abajo, Córdoba. 2) distrito del departamento Concordia, Entre Rios. 3) arroyo, Concordia, Entre Rios. Desagua en la márgen izquierda del Gualeguay, en direcion de SE. á NO. Es en toda su

extension limite entre los distritos Moreira y Chañar. 4) arroyo, Entre Rios. Desagua en la márgen derecha del arroyo Tigre, en direccion de S. á N. Es en la mayor parte de su extension límite entre los departamentos Villaguay (Raices) y Capital (Maria Grande 1ª y 2ª).

Morejon el, establecimiento rural, Ctl 4, Campana, Buenos Aires.

Morenillo, arroyo, Rosario de la Frotera, Salta. Es un pequeño tributario del arroyo de los Sauces, en cuya márgen izquierda desagua.

Moreno, 1) partido de la provincia de Buenos Aires. Está situado al Oeste de la capital federal y rodeado de los partidos Pilar, Sarmiento, San Martin, Moron, Merlo, Márcos Paz y Rodriguez. Tiene 257 kms.^{2} de extension y una poblacion de 3145 habitantes. (Censo del 31 de Enero de 1890). Escuelas funcionan en Moreno, Melo, Campo Sanchez y Bella Vista. El partido es regado por los arroyos Conchas, de las Cotorras y de los Perros. 2) villa, Moreno, Buenos Aires. Es la cabecera del partido. Fundada en 1860, cuenta hoy con 1412 habitantes. (Censo m.) Por la vía férrea dista 36 kms. (1 1/4 hora) de la capital federal. $\varphi = 34° 39' 20''$; $\lambda = 58° 46' 39''$; $\alpha = 22$ m. FCO, C, T, E. 3) establecimiento rural, Ctl 2, Veinte y Cinco de Mayo, Buenos Aires. 4) colonia, Las Colonias, Márcos juarez, Córdoba. Tiene 111 habitantes. (Censo del 1° de Mayo de 1890). 5) estero, Ituzaingó, Corrientes. 6) pueblo en formacion en la colonia Cerrito, Capital, Entre Rios. E. 7) paraje poblado, Tumbaya, Jujuy. 8) pequeño lago, Neuquen. Comunica sus aguas con las del lago Nahuel-Huapí (O'Connor). 9) *Cué*, finca rural, Ituzaingó, Corrientes. 10) *Cué*, estancia, Saladas, Corrientes.

Morfi, establecimiento rural, Ctl 3, Cármen de Areco, Buenos Aires.

---

1 Arbol (Maclura mora).

Morgan, cañada, Ctl 4, Campana, Buenos Aires. Es tributaria de la cañada de la Cruz, en la márgen izquierda.

Mori, arroyo, Ctl 3, 4, Cármen de Areco, Buenos Aires.

Morillo, arroyo, Mandisovi, Federacion, Entre Rios. Es un pequeño tributario del Uruguay.

Morito Muerto, finca rural, Estanzuela, Chacabuco, San Luis.

Moro, [1] 1) laguna, Ctl 14, Bragado, Buenos Aires. 2) establecimiento rural, Ctl 12, Lincoln, Buenos Aires. 3) establecimiento rural, Ctl 1, 6, Lobería, Buenos Aires. 4) arroyo, Ctl 1, 2, 3, 6, Lobería, Buenos Aires. Nace en la sierra del Volcan y desagua en el Océano Atlántico. 5) arroyo, Beltran, Mendoza. Es uno de los elementos de formacion del rio Malargüé. 6) el, finca rural, Cafayate, Salta.

Morocha, [2] 1) la, establecimiento rural, Ctl 5, Bolívar, Buenos Aires. 2) establecimiento rural, Ctl 6, Cañuelas, Buenos Aires.

Morocos, lugar poblado, Caseros, Anejos Sud, Córdoba.

Moron, 1) laguna, Ctl 4, Lincoln, Buenos Aires. 2) partido de la provincia de Buenos Aires. Fué creado en 1630. Está situado al Oeste de la capital federal y enclavado entre los partidos Sarmiento, San Martin, Matanzas, Merlo y Moreno. Tiene 121 kms.² de extension y una poblacion de 8883 habitantes. (Censo del 31 de Enero de 1890). Escuelas funcionan en Moron, Ituzaingó, Puente Marquez, Haedo, Caseros, etc. 3) villa, Moron, Buenos Aires. Es cabecera del partido. Fundada en 1730, cuenta hoy con 5000 habitantes. Por la vía férrea dista 20 kms. (1 hora) de Buenos Aires. Es uno de los lugares veraniegos de la

poblacion bonaerense. Destilería de alcoholes. $\varphi = 34°\,39'\,40''$; $\lambda = 58°\,36'\,34''$; $\alpha = 20$ m. FCO, C, T, E. 4) cabaña de ovejas Rambouillet, Moron, Buenos Aires. 5) cañada, Ctl 5, Moron, Buenos Aires. Es tributaria del arroyo de Las Conchas. 6) arroyo, Ctl 1, San Fernando, Buenos Aires. 7) finca rural, Cafayate, Salta. 8) estancia, Graneros, Tucuman. En el extremo SE. del departamento.

Morrillo, sierra baja que se extiende al N. del Morro, Morro, Pedernera, San Luis.

Morrito, vertiente, Estanzuela, Chacabuco, San Luis.

Morro, 1) arroyo, Ctl 7, Balcarce, Buenos Aires. 2) el, paraje poblado, Departamento 2°, Pampa. 3) partido del deparmento General Pedernera, San Luis. 4) sierra, Pedernera, San Luis. Es una mole traquítica de forma circular que tiene unos 10 kms. de diámetro en la base y que culmina en el Nevado (1660 m.) El gran cráter antiguo llamado «Potrero» está cubierto de buenos pastos que alimentan numerosas haciendas. En el centro del Potrero se halla un lago que da nacimiento al arroyo de «la Guardia» El diámetro del Potrero es de unos 4 kms. 5) arroyo, Villa Mercedes y Morro, Pedernera, San Luis. 6) *Alto,* paraje poblado, Tilcara, Jujuy. 7) *de las Cañas,* cumbre de la sierra de los Calchaquíes, Tafí, Trancas, Tucuman. 8) *del Diablo,* cumbre de la sierra de los Calchaquíes, Tafí, Trancas, Tucuman. 9) *San José del,* aldea en la falda del Morro, Morro, Pedernera, San Luis. $\varphi = 33°\,15'$; $\lambda = 64°\,42'$; $\alpha = 1046$ m. (De Laberge) C, E.

Morroro el, paraje poblado, Humahuaca, Jujuy.

Morteritos, 1) lugar poblado, San Cárlos, Minas, Córdoba. 2) lugar poblado, Ambul, San Alberto, Córdoba. 3) lugar poblado, Cerrillos, Sobremonte, Córdoba.

---

1 Dícese del caballo ó yegua de color negro entre mezclado con blanco (Granada.) — 2 Mujer morena ó trigueña.

4) lugar poblado, Rio Pinto, Totoral, Córdoba.

Mortero, 1) el, lugar poblado, Cóndores, Calamuchita, Córdoba. 2) finca rural, Cafayate, Salta.

Morteros, 1) vertiente, Los Angeles, Capayan, Catamarca. 2) lugar poblado, Candelaria, Cruz del Eje, Córdoba. 3) lugar poblado, San Cárlos, Minas, Córdoba. 4) los, lugar poblado, Libertad, San Justo, Córdoba. En este campo están ubicadas las colonias San Pedro, Milesi y Arrufó. 5) cañada, Libertad, San Justo, Córdoba.

Mosangano, aldea, Pampayasta Norte, Tercero Arriba, Córdoba. Tiene 181 habitantes. (Censo del 1º de Mayo de 1890.)

Moscas, 1) distrito del departamento Uruguay, Entre Rios. 2) arroyo, Moscas, Uruguay, Entre Rios Es un tributario del Gualeguay en la márgen izquierda.

Mosmota, paraje poblado, La Paz, Mendoza.

Mosqueira, 1) arroyo, Ctl 9, Arrecifes, Buenos Aires. Es un pequeño tributario del Arrecifes en la márgen derecha. 2) arroyo, Talitas, Gualeguaychú, Entre Rios. Es un pequeño tributario del Gualeguay en la márgen izquierda.

Mostaza, [1] 1) laguna, Ctl 3, Olavarría, Buenos Aires. 2) lugar poblado, Villa de María, Rio Seco, Córdoba.

Mostazales los, establecimiento rural, Ctl 2, Merlo, Buenos Aires.

Mostazas, 1) las, laguna, Ctl 4, Azul, Buenos Aires. 2) estancia, Ctl 8, Guaminí, Buenos Aires. 3) estancia, Ctl 4, Lobería, Buenos Aires. 4) arroyo, Ctl 4, 5, Lobería, Buenos Aires. Desagua en la márgen izquierda del Quequen Grande. Recibe en su márgen izquierda las aguas del arroyo de los Huesos. 5) estancia, Ctl 6, Olavarría, Buenos Aires. 6) arro-

yo, Ctl 9, 11, Pringles, y Ctl 2, 3, 9, 12 13, 14, Dorrego, Buenos Aires. Nace en la sierra de Pillahuincó y desagua en la márgen izquierda del Sauce Grande, cerca de la costa del Océano. En su márgen derecha recibe las aguas del arroyo Cortaderas. 7) establecimiento rural, Ctl 6, Ranchos, Buenos Aires. 8) laguna, Ctl 6, Ranchos, Buenos Aires. 9) arroyo, Ctl 10, Rauch, Buenos Aires. 10) estancia, Ctl 6, Suarez, Buenos Aires. 11) estancia, Ctl 6, Tapalqué, Buenos Aires. 12) laguna, Ctl 4, Tapalqué, Buenos Aires. 13) laguna, Ctl 3, Tuyú, Buenos Aires. 14) estancia, Ctl 5, Vecino, Buenos Aires. 15) cuartel de la pedanía Villa de María, Rio Seco, Córdoba.

Mota, lugar poblado, Manzanas, Ischilin, Córdoba.

Motecito, laguna, Ctl 12, Nueve de julio, Buenos Aires.

Motegasta, 1) distrito del departamento La Paz, Catamarca. 2) vertiente, Motegasta, La Paz, Catamarca.

Motín, lugar poblado, Timon Cruz, Rio Primero, Córdoba.

Motoso, aldea, Castaños, Rio Primero, Córdoba. Tiene 117 habitantes. (Censo del 1º de Mayo de 1890.)

Moyano, 1) laguna, Ctl 8, Ayacucho, Buenos Aires. 2) arroyo, Ctl 9, Giles, y Ctl 6, Mercedes, Buenos Aires. 3) arroyo, Ctl 6, Lujan, Buenos Aires. 4) finca rural, Rivadavia, Mendoza. 5) finca rural, Guzman, San Martin, San Luis. 6) cerro, Santa Cruz. $\varphi = 50° 30'$; $\lambda = 72° 10'$; $\alpha = 990$ m.

Moza Sola, paraje poblado, Oran, Salta.

Mozo el, establecimiento rural, Departamento 3º, Pampa.

Muchachos de los, laguna, Ctl 5, Las Flores, Buenos Aires.

Muchas Islas, estancia, Bella Vista, Corrientes.

Mudana, 1) cuartel de la pedanía Parro-

[1] Planta (Brassica nigra.)

quia, Pocho, Córdoba. 2) lugar poblado, Parroquia, Pocho, Córdoba. 3) paraje poblado, Rinconada, jujuy. 4) paraje poblado, Tilcara, jujuy. 5) paraje poblado, Valle Grande, Jujuy.

Mugica, laguna, Ctl 7, Chascomús, Buenos Aires.

Mula, 1) laguna, Ctl 7, Alvear, Buen s Aires. 2) de la, arroyo, Entre Rios. Desagua en la márgen izquierda del Guayquiraró, en direccion de SE. á NO. Es en toda su extension límite entre los departamentos Feliciano (Chañar y Manantiales) y La Paz (Tacuaras). 3) *Corral,* lugar poblado, Mercedes, Tulumba, Córdoba. 4) *Muerta,* lugar poblado, Higueras, Cruz del Eje, Córdoba. 5) *Muerta,* lugar poblado, Sinsacate, Totoral, Córdoba.

Mulas, 1) las, laguna, Ctl 4, 6, Chascomús, Buenos Aires. 2) arroyo, La Plata, Buenos Aires. 3) arroyo, Ctl 3, Magdalena, Buenos Aires. 4) establecimiento rural, Ctl 10, Salto, Buenos Aires. 5) vertiente, Rosario, Independencia, Rioja.

Mulitas [1], lugar poblado, Litin, Union, Córdoba.

Mundel, laguna, Ctl 6, Azul, Buenos Aires.

Mundo Nuevo, 1) finca rural, Rivadavia, Mendoza. 2) chacra, San Lorenzo, San Martin, San Luis.

Municipalidad, colonia fundada en 1879 en el éjido de la capital de Entre Rios, de la cual dista 5 ½ kms.

Muñani, paraje poblado, Rosario de Lerma, Salta.

Muñiz, lugar poblado, Moreno, Buenos Aires. Por la vía férrea dista 36 kms. de la capital federal. FCP, C, T.

Muñoz, arroyo, Tafí, Trancas, Tucuman Es un tributario del Infiernillo.

Murales, arroyo, Neuquen. Es un tributario del Dahuehue en la márgen derecha.

Musi, 1) cuartel de la pedanía Ambul, San Alberto, Córdoba. 2) aldea, Ambul, San Alberto, Córdoba. Tiene 133 habitantes. (Censo del 1° de Mayo de 1890.)

Musters, lago, Chubut. Está situado entre los 45 y 46° de latitud y los 68 y 69° de longitud. Se comunica por una especie de canal con el Colhué Huapí y desagua por el rio Chico, afluente del Chubut en la márgen derecha.

Mustquin, 1) distrito del departamento Poman, Catamarca. 2) arroyo, Mustquin, Poman, Catamarca. Nace en la sierra de Ambato, corre de E. á O. y al poco andar es absorbido por la agricultura.

Nacimiento el, finca rural, Cafayate, Salta.

Nacimientos, 1) arroyo, La Puerta, Ambato, Catamarca. Es uno de los orígenes del arroyo del Valle. 2) arroyo, General Lavalle, Rioja. Es un tributario del Guandacol en la márgen derecha. Nace en la cordillera, corre de O. á E. y desemboca á inmediaciones del pueblo Guandacol.

Nacion la, establecimiento rural, Ctl 6, San Vicente, Buenos Aires.

Nacional 1) la, establecimiento rural, Ctl 2, Guaminí, Buenos Aires. 2) establecimiento rural, Ctl 5, Ramallo, Buenos Aires. 3) establecimiento rural, El Cuero, General Roca, Córdoba.

Naciones l s, establecimiento rural, Ctl 6, San Vicente, Buenos Aires.

Nahapalpi, lugar poblado, Chaco, C, T.

Nahuaico, laguna, Ctl 7, Puan, Buenos Aires.

Nahuel, [1] 1) *Huapí,* gran lago de agua dulce, Neuquen. Está situado al Sud del 4° departamento de la gobernacion del Neuquen y al Norte del 7° departamento de la gobernacion del Rio Negro, en el

[1] Desdentado (Praopus hybridus.)

[1] Nahuel = Tigre; *H*uapí = Isla; Mapú = Lugar (Araucano).

límite de estas gobernaciones con Chile. $z = 886$ m. Su extension se reputa en 800 kms.² con un perímetro de costa de 250 kms. (?) La sonda de 300 metros no toca el fondo en muchos sitios, á veces no muy apartados de la costa. Desaguan en él el llamado rio Blanco, el rio Grande, el rio Chico y los arroyos Pichi-Leufú y Nyrrié-có y se comunica con el lago Carre-Lauquen (lago Verde ó Gutierrez) por medio del rio Grande, y con los lagos denominados Moreno, Frias, Veinte y Cinco de Enero y Albarracin. En él existen 26 islas y 4 islotes, figurando entre las primeras las llamadas Victoria, Villegas, Marcardi y Diez Arenas. Junto al Nahuel-Huapí, donde tiene su nacimiento el rio Limay, se levanta el fortin Chacabuco. O'Connor ha llegado en bote hasta este lago, desde la confluencia del mismo rio Limay con el Collon-Curá. 2) *Huapí*, paso de, Boquete de Pedro Rosales, Neuquen. $\div = 41° 20'$; $\lambda = 72° 10'$; $z = 840$ m. (Fonch y Hers). 3) *Mapú*, laguna, Ctl 10, Veinte y Cinco de Mayo, Buenos Aires 4) *Mapú*, gran laguna, Pampa. $\div = 36° 41' 32''$; $\lambda = 65° 59' 43''$. (Pico). 5) *Mapú*, Pedernera, San Luis. Hermoso monte de caldenes, chañares y piquillin, situado al Sud del rio Quinto. 6) *Rucó*, estancia, Ctl 3, Mar Chiquita, Buenos Aires.

Naibé, laguna, Lavalle, Corrientes.

Naicó, pueblo en f rmacion que será la cabecera del Departamento 3° de la gobernacion de la Pampa.

Nanoi, paraje poblado, Capital. jujuy.

Nañe, cuartel de la pedanía San Martin, Union, Córdoba.

Napidatí, estancia, Empedrado, Corrientes.

Napoleofú, 1) establecimiento rural, Ctl 8, Balcarce, Buenos Aires. 2) (ó Chico), arroyo, Ctl 1, 5, 6, Tandil; Ctl 8, Balcarce; Ctl 8, 9, Ayacucho; Mar Chiquita, y Ctl 1, 2, Tuyú, Buenos Aires. Tiene su orígen en la sierra del Tandil, corre en

direccion de SO. á NE. borrando su cauce en el partido de Tuyú, en lagunas y bañados Recibe en la márgen derecha las aguas del arroyo Colorado (Balcarce).

Napolitana la, establecimiento rural, Departamento 2°, Pampa.

Napostá, 1) lugar poblado, Bahia Blanca, Buenos Aires. Por la vía férrea dista de la capital federal 669 kms. $z = 192$ m. FCS, C, T. 2) *Chico,* estancia, Ctl 8, Bahía Blanca, Buenos Aires. 3) *Chico,* arroyo, Ctl 7, 8, 9, 10, Bahía Blanca, Buenos Aires. Nace en la sierra de la Ventana y borra su cauce en el Bajo Hondo. 4) *Grande*, estancia, Ctl 10, Bahía Blanca, Buenos Aires. 5) *Grande,* arroyo, Ctl 1, 2. 3, 5, 10, 11, 12, Bahía Blanca, Buenos Aires. Nace en la sierra de la Ventana, toma la direccion Sud y en las inmediaciones de Bahía Blanca la de SO. y desagua en la márgen izquierda del arroyo Sauce Chico.

Naraguay, estancia, San Miguel, Corrientes.

Narandá, laguna, Bella Vista, Corrientes.

Naranjillo, [1] finca rural, Mercedes, Corrientes.

Naranjito, 1) finca rural Bella Vista, Corrientes. 2) estancia, La Cruz, Corrientes. 3) estancia, Lavalle, Corrientes. 4) lugar poblado, Monte Caseros, Corrientes. Dista de Concordia 125 kms. FCAE, C, T, E. 5) finca rural, Paso de los Libres, Corrientes. 6) estancia, Saladas, Corrientes. 7) estancia, Santo Tomé, Corrientes. 8) finca rural, Ledesma, Jujuy. 9) el, finca rural, Capital, Salta. 10) lugar poblado, Capital, Tucuman. Al SE. del departamento.

Naranjitos, finca rural, Monte Caseros, Corrientes.

Naranjo, 1) estancia, Ctl 4, Ajó, Buenos Aires. 2) arroyo, Ctl 2, San Fernando,

---

[1] Arbol (Xanthoxylum Naranjillo).

Buenos Aires. 3) el, laguna, Ctl 2, Tapalqué, Buenos Aires. 4) lugar poblado, Macha, Totoral, Córdoba. 5) finca rural, La Cruz, Corrientes. 6) el, paraje poblado, Maipú, Mendoza. 7) finca rural, Capital, Rioja 8) el, finca rural, Cafayate, Salta. 9) distrito del departamento Rosario de la Frontera, Salta. 10) finca rural, Rosario de la Frontera, Salta. E. 11) finca rural, Rosario de Lerma, Salta. 12) aldea, Burruyaco, Tucuman. En la orilla izquierda del arroyo Calera. 13) estancia, Monteros, Tucuman. En la orilla izquierda del arroyo Seco. 14) *Esquina*, aldea, Rio Chico, Tucuman. Por la vía férrea dista de Tucuman 105 kms. y de La Madrid 40. $\alpha = 450$ m. FCNOA, C, T, E.

Naraso, mina de cuarzo aurífero, Candelaria, Cruz del Eje, Córdoba. Está situada en el paraje llamado «Cañada del Blanco.»

Naré, paraje poblado, San Justo, Capital, Santa Fe. Tiene 379 habitantes. (Censo del 7 de Junio de 1887).

Naschel, 1) partido del departamento Chacabuco, San Luis. 2) finca rural, Naschel, Chacabuco, San Luis. 3) sierra, Naschel, Chacabuco, San Luis. Es una continuacion de la sierra del Portezuelo. Tiene, por término medio, 830 metros de altura.

Naschi, lugar poblado, Rio Chico, Tucuman. En la orilla izquierda del arroyo Chico. C, E.

Natalia la, establecimiento rural, Ctl 1, Puan, Buenos Aires.

Natividad, 1) establecimiento rural, Ctl 13, Lincoln, Buenos Aires. 2) establecimiento rural, Ctl 2, Magdalena, Buenos Aires. 3) establecimiento rural, Ctl 14, Nueve de Julio, Buenos Aires. 4) mina de cuarzo y hierro aurífero, Candelaria, Cruz del Eje, Córdoba. Está situada en el paraje llamado «Salto.» 5) finca rural, Esquina, Corrientes. 6) mineral de plata, Poma, Salta.

Nau-Nauco, arroyo, Neuquen. Es uno de los principales tributarios del Neuquen; desagua en su márgen derecha.

Navarra la, establecimiento rural, Departamento 2°, Pampa.

Navarrete, 1) arroyo, Ctl 6, Cañuelas, Buenos Aires. 2) aldea, Constitucion, Anejos Norte, Córdoba. Tiene 111 habitantes. (Censo del 1° de Mayo de 1890). 3) lugar poblado, Suburbios, Rio Primero, Córdoba.

Navarro, 1) partido de la provincia de Buenos Aires. Fué creado en 1815. Está situado al OSO. de la capital federal y enclavado entre los partidos Mercedes, Lujan, Las Heras, Lobos, Veinte y Cinco de Mayo, Chivilcoy y Suipacha. Tiene 1613 kms.² de extension y una poblacion de 7763 habitantes. (Censo del 31 de Enero de 1890). Escuelas funcionan en Navarro, Altos Verdes, Saladas, etc. El partido es regado por el rio Salado y los arroyos El Pescado, Las Garzas, Navarro, La Salada y La Rica. 2) villa Navarro, Buenos Aires. Es cabecera del partido. Cuenta hoy con 2302 habitantes. (Censo m.) Esta villa será estacion en el proyectado ferro-carril trasandino que debe atravesar los Andes por el paso de Antuco. Hoy se llega á la villa por una diligencia que parte de la estacion Zapiola del ferro-carril del Oeste (ramal á Lobos y Saladillo). $\varphi = 35° 0' 35''$; $\lambda = 59° 16' 4''$. C, T, E. 3) arroyo, Ctl 3, 4, Navarro, Buenos Aires. 4) laguna, Ctl 3, Navarro, Buenos Aires. 5) laguna, Ctl 4, Tapalqué, Buenos Aires. 6) cuartel de la pedanía Aguada del Monte, Sobremonte, Córdoba. 7) aldea, Aguada del Monte, Sobremonte, Córdoba. Tiene 110 habitantes. (Censo del 1° de Mayo de 1890). 8) distrito del departamento Salavina, Santiago del Estero. 9) lugar poblado, Salavina, Santiago. E. 10) estancia, Capital, Tucuman. Al Este del departamento.

Navas, 1) establecimiento rural, Ctl 4, Ayacucho, Buenos Aires. 2) laguna, Ctl 4, Ayacucho, Buenos Aires. 3) estancia, Ctl 4, Azul, Buenos Aires.

Nave-Cué, finca rural, San Miguel, Corrientes.

Navidad la, establecimiento rural, Ctl 4, 5, Pergamino, Buenos Aires.

Nazareno, 1) finca rural, La Cruz, Corrientes. 2) distrito del departamento Santa Victoria, Salta. 3) aldea, Nazareno, Santa Victoria, Salta. Está situada en el camino de Santa Victoria á Iruya. E.

Necochea, 1) partido de la provincia de Buenos Aires Fué creado en 1865. Está situado al SSO. de la capital federal, en la costa del Atlántico y rodeado de los partidos Tandil, Lobería, Tres Arroyos y juarez. Tiene 8130 kms.² de extension y una poblacion de 7791 habitantes. (Censo del 31 de Enero de 1890). El partido es regado por los arroyos Quequen Grande, Calaveras, Pescado Castigado, Seco, Zavala, Cortaderas, Cristiano Muerto, Mendoza, Cicuta, Zanjon, Quequen Chico, Pardo, Dulce y de los Cueros. 2) villa, Necochea, Buenos Aires. Es cabecera del partido. Está situada en la desembocadura del Quequen Grande en el Océano Atlántico y cuenta hoy con 3069 habitantes. (Censo del 31 de Enero de 1890). $\varphi = 38° 33' 45''; \lambda = 5°\;45' 49''$. C, T, E. 3) pedanía del departamento General Roca, Córdoba. Tiene 568 habitantes. (Censo del 1° de Mayo de 1890) 4) lugar poblado, Necochea, General Roca, Córdoba.

Negra, 1) laguna, Ctl 7, Alvear, Buenos Aires. 2) la, establecimiento rural, Ctl 6, San Antonio de Areco, Buenos Aires. 3) laguna, Ctl 4, Veinte y Cinco de Mayo, Buenos Aires.

Negras, 1) las, establecimiento rural, Ctl 2, Nueve de julio Buenos Aires. 2) laguna, Ctl 9, Puan, Buenos Aires. 3) establecimiento rural, Ctl 1, Suarez, Buenos Aires. 4) laguna, Ctl 1, Suarez, Buenos Aires. 5) arroyo de las, Ctl 3, Mar Chiquita, Buenos Aires.

Negrete, 1) establecimiento rural, Ctl 4, Ranchos, Buenos Aires. 2) laguna, Ctl 5, Ranchos, Buenos Aires. Se comunica con la denominada Siasgo, por medio del arroyo del mismo nombre, el cual recoge sus aguas. 3) arroyo, Ctl 5, Ranchos, Buenos Aires.

Negrilla, cuesta de la, en la sierra del Atajo, Andalgalá, Catamarca. $\varphi = 27° 20'; \lambda = 66° 10'; \alpha = 3187$ m. (Moussy.)

Negrito Muerto, lugar poblado, Constitucion, Anejos Norte, Córdoba.

Negro, 1) el, arroyo, Ctl 8, Pringles, Buenos Aires. 2) arroyo, Ctl 3, Suarez, Buenos Aires. Nace en la sierra de Pillahuincó y desagua en la márgen izquierda del arroyo Sauce Grande. 3) el, arroyo, Ctl 7, Tandil Buenos Aires. 4) arroyo. Chaco. Es un tributario del Paraná en la márgen derecha. Desemboca á inmediaciones de Resistencia $\varphi = 27° 27' 49''; \lambda = 58° 56' 4''$. (Seelstrang.) 5) cumbre de la sierra Comechingones, Calamuchita, Córdoba. Está situada cerca del límite que separa los departamentos Calamuchita y Punilla. 6) cerro, Rio Cuarto, Córdoba. $\varphi = 33° 30'; \lambda = 65° 9'; \alpha = 720$ m. (Brackebusch.) 7) cerro, Capital, jujuy. $\varphi = 24° 10'; \lambda = 64° 50'; \alpha = 6500$ m. (Moussy.) 8) arroyo, San Pedro, jujuy. Nace en el cerro Labrado y las serranías de las Capillas y desagua en la márgen izquierda del rio San Francisco, nombre que toman las aguas reunidas de los rios Grande de jujuy y Lavayen. 9) arroyo, Valle Grande, Jujuy. Es uno de los elementos de formacion del arroyo San Lorenzo. 10) cerro, Las Heras, Mendoza. 11) cumbre nevada de la sierra de Famatina, Chilecito, Rioja. $\alpha = 4500$ m. Véase Cerro Negro. 12) rio, Rio Negro. Tiene

36

su orígen en la confluencia de los rios Limay y Neuquen. ($\varphi = 38° 59; \lambda = 67° 59' 35''$ Obligado.) Corre en direccion SE. al Norte de los 1°, 5° y 6° departamentos, y al Sud de los 2°, 3° y 4° de la misma gobernacion y desemboca en el Atlántico, á unos 30 kms. aguas abajo de Viedma, capital de la gobernacion. ($\varphi = 41° 2'; \lambda = 62° 45' 10''$. Fitz Roy.) El rio es navegable en toda su extension. En 1772 fué remontado en buque de vela por Villarino, hasta más arriba de Choele-Choel y al año siguiente por Descalzi. Actualmente se le navega en vapores. Un kilómetro más abajo de las juntas del Limay y Neuquen tiene 330 m. de ancho. A la mitad poco más ó menos de su trayecto forma la gran isla de Choele-Choel (véase este nombre) y á corta distancia aguas arriba de Cármen de Patagones, la isla denominada de las Animas. Las márgenes del rio que por sus declives naturales sean susceptibles de ser beneficiadas por la irrigacion artificial, tendrán un porvenir agrícola. Mas allá la tierra es árida y estéril, hasta tal punto, que los indígenas han dado el nombre de Huecubu Mapú (Tierra del Diablo) á la lonja que se halla limitada por los rios Negro y Colorado. 13) el, finca rural, Guachipas, Salta, 14) arroyo, Iruya, Salta. Es uno de los elementos de formacion del arroyo Pescado, tributario del Bermejo en la márgen derecha. 15) cumbre de la sierra de Campos, Rosario de la Frontera, Salta. 16) *Juancho*, laguna, Ctl 5, Vecino, Buenos Aires. 17) *Muerto*, paraje poblado, Pringles, Rio Negro. C, T.

Negroguasi, lugar poblado, Candelaria, Cruz del Eje, Córdoba.

Neira, laguna, Saladas, Corrientes.

Nene el, establecimiento rural, Departamento 3° Pampa.

Nerecó, paraje poblado, Departamento 7°, Pampa.

Neuquen, 1) gobernacion. Sus límites son: al Norte, con Mendoza, el curso del rio Barrancas y continuacion del Colorado, hasta encontrar el meridiano 10° al Oeste de Buenos Aires; al Este la prolongacion de este meridiano y continuacion del rio Neuquen hasta su confluencia con el rio Limay; al Sud el rio Limay y el lago Nahuel-Huapí; al Oeste el *divortium aquarum* de la cordillera. Dentro de estos límites tiene la gobernacion 109081 kms.² de extension. Al Este de los rios Neuquen y Collon-Curá predomina la llanura, mientras que, al Oeste, se levanta un laberinto de sierras, tales como la de Anca-Mahuida, Chollol-Mahuida, Chapelcó y otras, todas ramificaciones de la cordillera, la que se encumbra en los volcanes Domuyo, Lonquimay, Villarica y los cerros Bum-Mahuida, Huali-Mahuida y otros. Los rios más notables de la gobernacion son el Barrancas, el Neuquen, con su tributario de la márgen derecha, el rio Agrio, y el Limay, con su tributario de la márgen izquierda, el Collon-Curá. Al extremo Sud-oeste de la gobernacion, junto á la cordillera, se extiende el hermoso lago Nahuel-Huapi, conocido desde fines del siglo pasado. La gobernacion está dividida en 5 departamentos denominados por el órden numérico que les corresponde. Los límites de estos departamentos son: 1° Por el Norte y Este, la línea que forma el curso de los rios Rinquileubú y Neuquen; por el Sud la línea de cerros que desde el Neuquen divide las cuencas de este rio y del Limay, y continuando por la márgen derecha del rio Covunes hasta su nacimiento, y la cordillera Guaidof hasta tocar la de los Andes entre el volcan de Lonquimay y el lago Aluminé; por el poniente la expresada cordillera de los Andes. 2° Por el Norte la cordillera de los Andes y el rio Barrancas; por el naciente la cordillera de Bum-Mahuida y sus prolongaciones más elevadas hasta tocar el rio Barrancas por un lado y el Neuquen por otro; por el Sud el primer departamento; por el poniente la cordillera de los Andes, 3° Por el Norte, los rios Barrancas y Colorado; por el naciente el meridiano 10° al Oeste de Buenos Aires; por el Sud el Neuquen; por el poniente el departamento primero. 4° Por el Norte, la cordillera Guaidof, que lo separa del primer departamento; por el naciente el rio Culuncurá; por el Sud el rio Limay y el lago Nahuel-Huapi; por el poniente la cordillera de los Andes. 5° Por el Norte, el primer y tercer departamento; por el naciente el rio Neuquen; por el Sud el rio Limay; por el poniente el cuarto departamento. La gobernacion instalada antes en Campana Mahuida, lo está ahora en Chosmalal (ó sea Fuerte 4ª Division.) En Norquin, á orillas del rio Agrio, hay una pequeña poblacion con escuela. Codihué, en la confluencia del arroyo del mismo nombre con el rio Agrio, es otro pequeño núcleo de poblacion. Al pié de la cordillera, en los 37° 48' de latitud y 71° 15' de longitud, á una altura de 3000 m., en el valle Trolope, por el cual corren el rio Agrio y el arroyo Trolope, existen las aguas termales de Copahué. Saliendo de Patagones se sigue, para llegar á dichas aguas, por la ribera del rio Negro tocando en las poblaciones Pringles, Conesa, Choele-Choel, General Roca, Limay, Codihué y Ñorquin. Las varias vertientes de Copahué forman más abajo la llamada laguna Verde. El agua de esta laguna tiene una temperatura que varia entre 35 y 41°, y se compone de carbonatos y sulfatos alcalinos que han dado excelentes resultados en el tratamiento de las enfermedades del estómago. A unos 100 metros de distancia de la laguna se encuentra una vertiente de agua ferruginosa. Las aguas de las vertientes mismas tienen una temperatura que varia entre 60, 75 y 80 grados, llegando hasta 90 y 95 grados. La temporada de baños da principio en Diciembre y dura hasta fines de Marzo. En el resto del año están los alrededores de los baños cubiertos de nieve. Copahué es un volcan apagado, que dista 5 kms. de las termas y se eleva á 4000 metros de altura. Su cráter es accesible. En una laguna que se halla en el cráter de Copahué, nace el rio Agrio, tributario del Neuquen. Existen además en esta gobernacion las aguas minerales de Picunleo, Domingo y Chapua. Este territorio empieza ahora á poblarse mucho con chilenos. 2) rio, Neuquen. Nace en el Pichi-Neuquen, en el cordon central de la cordillera ($\varphi = 36° 20'$; $\lambda = 71°$) y corre al Norte y al Este del 1.ᵉʳ departamento de la misma gobernacion, al Este del 2°, al Sud del 3° y al Este del 5°. Es navegable hasta Chosmalal ($\varphi = 37° 26' 45''$; $\lambda = 69° 50'$; $\alpha = 801$ m.), punto donde recibe las aguas del Curru-Leubú. En su confluencia con el Limay ($\varphi = 38° 59'$; $\lambda = 67° 59' 35''$; $\alpha = 333$ m.) tiene 231 m. de ancho, estando sujeto á rápidas salidas de madre. Los principales tributarios del Neuquen en su márgen derecha, en direccion de Norte á Sud, son los rios Dahuehue y Trocoman y los arroyos Lingleubú, Rinquileubú, Ranhueco, Tres Chorros, Taquimilan, Comanhelo, Nau-Nauco, Coñipili y Cholar y en la márgen izquierda los rios Curru-Leubú y Barbarco y los arroyos Colileubú, Huitrin y Tilque. Además recibe las aguas, del lado Sud, del rio Agrio y de los arroyos Troman, Vutaleubú, Ranquecó, Chinquicó, Saquimilan y Cobuncó ($\varphi = 38° 29'$; $\lambda = 68° 45'$; $\alpha = 452$ m.); y del lado Norte las de los arroyos Huilmaque, Daquen, Carituro, Azufrado, Tricalmalal, Chapodaco, Liteco, Ranquilcó y Coichicó.

Nevado, 1) cerro, Beltran, Mendoza. Pertenece á la sierra que se extiende al Sud de la villa San Rafael hasta la gobernacion de la Pampa. $\varphi = 35°$ 20'; $\lambda = 68°$ 50'; $\alpha = 4925$ m. (Miers.) 2) cumbre de la sierra de los Gigantes, Gigante, Belgrano, San Luis. $\alpha = 1060$ m. (Lallemant.) 3) el, cumbre de la sierra del Morro, Morro, Pedernera, San Luis. $\varphi = 33°$ 9'; $\lambda = 65°$ 26'; $\alpha = 1660$ m. (Lallemant.)

Nevares y Pereira, estancia, Ctl 5, Tandil, Buenos Aires.

Nicasio, vertiente, Conlara, San Martin, San Luis.

Nicolasa la, establecimiento rural, Cll 1, Márcos Paz, Buenos Aires.

Nido del Cóndor, paraje de la gobernacion del Neuquen. Abunda en arbustos para leña, aunque escaso de pastos. Dista de Chosmalal 10 kms. al NE. $\varphi = 38°$ 33' 56"; $\lambda = 68°$ 48' 50", $\alpha = 440$ m. (Host.)

Niello, chacra, Ctl 4, Bahia Blanca, Buenos Aires.

Nieto, lugar poblado, Santa Rosa, Calamuchita, Córdoba.

Nievas, 1) colonia, Cll 2, Olavarria, Buenos Aires. E. 2) arroyo, Ctl 2, Olavarria, Buenos Aires.

Nieves las, paraje poblado, Caldera, Salta.

Ninalquin, 1) cuartel de la pedanía San Carlos, Minas, Córdoba. 2) aldea, San Cárlos, Minas, Córdoba. Tiene 102 habitantes. (Censo del 1° de Mayo de 1890)

Ninfa la, estancia Ctl 12, Bragado, Buenos Aires.

Ninfas punta de las, Chubut. En la entrada del Golfo Nuevo. $\varphi = 42°$ 58'; $\lambda = 64°$ 19'. (Fitz Roy)

Nintes, 1) lugar poblado, Cañas, Anejos Norte, Córdoba. 2) aldea, Candelaria, Totoral, Córdoba. Tiene 114 habitantes. (Censo del 1° de Mayo de 18 o.)

Niño, 1) el, estancia, Saladas, Corrientes. 2) Dios, mina de cuarzo aurífero, Can-

delaria, Cruz del Eje, Córdoba. Está situada en el paraje llamado «Patacon.» 3) Dios, mina de plata y plomo, Candelaria, Cruz del Eje, Córdoba. Está situada en el lugar llamado la «Isla.» 4) Nipá, finca rural, La Cruz, Corrientes.

Niogasta, aldea, Chicligasta, Tucuman. En la orilla izquierda del arroyo Chico. E.

Niquivil, 1) distrito del departamento Jachal, San Juan. 2) poblacion agrícola, Jachal, San Juan. 3) arroyo, Jachal, San juan. Riega los campos del distrito de su mismo nombre.

Noario, estancia, Leales, Tucuman.

Noche 1) la, establecimiento rural, Ctl 7, Guaminí, Buenos Aires. 2) laguna, Ctl 9, Guaminí, Buenos Aires.

Noches las, estancia, Ctl 2, Brandzen, Buenos Aires.

Nodales, sierra de los, Tierra del Fuego. Ocupa el centro de la gobernacion y se extiende de NO. á SE. Las cimas más elevadas de esta cadena son el monte Mitre y el cerro Victor Hugo. (Lista.)

Noé, finca rural, Itatí, Corrientes.

Noemia, lugar poblado, La Amarga, Juarez Celman, Córdoba.

Nogal 1) el, lugar poblado, Las Rosas, San javier, Córdoba. 2) el, finca rural, Cafayate, Salta. 3) el, paraje poblado, Rosario de Lerma, Salta. 4) finca rural, Conlara, San Martin, San Luis. 5) vertiente, San Lorenzo, San Martin, San Luis. 6) estancia, Graneros, Tucuman 7) Grande, finca rural, Cerrillos, Salta.

Nogales 1) los, estancia, Ctl 5, Ajó, Buenos Aires. 2) estancia, Ctl 8, Balcarce, Buenos Aires. 3) estancia, Ctl 5, Chivilcoy, Buenos Aires. 4) establecimiento rural, La Plata, Buenos Aires. 5) establecimiento rural, Ctl 4, Maipú, Buenos Aires. 6) establecimiento rural, Ctl 3, Ranchos, Buenos Aires. 7) vertiente, Los Angeles, Capayan, Catamarca. 8) lugar poblado, Pampayasta Norte, Tercero Arriba, Córdoba. 9) paraje poblado, Capital, Jujuy. 10) finca rural, Trapiche, Pringles, San Luis. 11) aldea, Capital, San Luis. En las inmediaciones de Barrialito. C.

Nogalito, sierra del, Burruyaco, Tucuman

Nogolí, 1) partido del departamento Belgrano, San Luis. 2) aldea, Nogoli, Belgrano, San Luis. Es cabecera del departamento. $z = 840$ m. (Lallemant.) C, E. 3) vertiente, Nogolí, Belgrano, San Luis.

Nogolma, aldea, San Antonio, Anejos Su l. Córdoba. Tiene 139 habitantes. (Censo del 1° de Mayo de 1890.)

Nogoyá, 1) departamento de la provincia de Entre Rios. Está enclavado entre los departamentos de la Capital (arroyo Tunas), Diamante (traza del ferro-carril central entreriano), Victoria (traza del ferro-carril central entreriano), Gualeguay (arroyo Sauce), Tala (arroyo Durazno) y Villaguay (arroyo del Medio.) Tiene 4300 kms.^{2} de extension y una poblacion conjetural de 16500 habitantes. Escuelas funcionan en Nogoyá, Don Cristóbal, Chiqueros y Vizcaino. Colonias agrícolas hay dos, á saber: la del ejido de Nogoyá y la del Sauce. El departamento está dividido en los 6 distritos: Crucesitas, Don Cristóbal, Chiqueros, Algarrobitos, Montoya y Sauce. El departamento es regado por el arroyo Nogoyá y gran número de sus tributarios. 2) villa, Nogoyá, Entre Rios. Es la cabecera del departamento. Fundada en 1793, cuenta actualmente con unos 3500 habitantes. Por la via férrea dista 121 kms. de la capital provincial. Agencia del Banco Nacional. $\varphi = 32° 23' 27''$; $\lambda = 59° 46' 39''$. ECCE, C, T, E. 3) colonia en el ejido de Nogoyá, Entre Rios. 4) arroyo, Entre Rios. Nace en las lomadas que separan el departamento de la Capital del de Nogoyá. Se dirige primeramente á SE., despues al Sud y finalmente á SO., para desembocar en el riacho de la Victoria. Forma sucesiva-

mente el límite entre los distritos Crucesitas y Don Cristóbal, Chiqueros y Algarrobitos, Sauce y Montoya del departamento Nogoyá; luego el de los departamentos Victoria y Gualeguay separando los distritos Montoya y Rincon de Nogoyá del primero, de Sauce, Costa Nogoyá y Médanos del segundo. Sus principales tributarios en la márgen derecha son el arroyo Don Cristóbal, el Malo y el de las Piedras; y en la márgen izquierda el Delgado y cuatro arroyos denominados del Sauce. El Nogoyá desarrolla un cauce de unos 70 kms.

Nolasco, mina de galena argentífera en el distrito mineral «La Pintada,» Veinte y Cinco de Mayo, Mendoza.

No me olvides, establecimiento rural, Ctl 1, Monte, Buenos Aires.

Nono, 1) pedanía del departamento San Alberto, Córdoba. Tiene 2488 habitantes. (Censo del 1° de Mayo de 1890.) 2) cuartel de la pedanía del mismo nombre, San Alberto, Córdoba. 3) aldea, en la altiplanicie de Chaquin-Chuna, Nono, San Alberto, Córdoba. Tiene 227 habitantes. (Censo del 1° de Mayo de 1890). $\varphi = 31°38'$; $\lambda = 65°$; $z = 885$ m. (Moussy). C, T, E. 4) *Arriba,* lugar poblado, Nono, San Alberto, Córdoba.

Nonogasta, 1) distrito del departamento Chilecito, Rioja. 2) aldea, Chilecito, Rioja. Paraje conocido por la produccion de buenos vinos. Por la via férrea dista 408 kms. de Dean Fúnes y 14 de Chilecito. $z = 938$ m. FC de Dean Fúnes á Chilecito. C, T, E.

Noque,[1] 1) vertiente, Malanzan, Rivadavia, Rioja. 2) lugar poblado, Tilcara Jujuy. 3) estancia, Campo Santo, Salta. 4) finca rural, Capital, Salta.

Norberta la, laguna, Ctl 5, Bragado, Buenos Aires.

---

[1] Gran bolsa de cuero (tipa) para guardar graSa, sebo, chicharrones, etc. (Granada.)

Noria, 1) la, establecimiento rural, Ctl 7, 9, Cañuelas, Buenos Aires. 2) establecimiento rural, Ctl 1, Matanzas, Buenos Aires. 3) establecimiento rural, Ctl 2, Pringles, Buenos Aires. 4) establecimiento rural, Ctl 9, Ramallo, Buenos Aires. 5) laguna, Ctl 4, Saladillo, Buenos Aires. 6) lugar poblado, Remedios, Rio Primero, Córdoba. 7) vertiente, Malanzan, Rivadavia, Rioja.

Noriega, 1) arroyo, Ctl 8, Giles, Buenos Aires. 2) lugar poblado, Chuñaguasi, Sobremonte, Córdoba.

Normandia la, establecimiento rural, Ctl 1, Merlo, Buenos Aires.

Norte el, establecimiento rural, Ctl 4, 5, Ramallo, Buenos Aires.

No sé, 1) arroyo, Ctl 16, juarez, Buenos Aires. 2) finca rural, Ituzaingó, Corrientes.

Notco, estancia, Trancas, Tucuman. En la orilla derecha del arroyo Vipos, en su curso superior.

No te muevas la, establecimiento rural, Ctl 3, Ranchos, Buenos Aires.

Nouguez, finca rural, Guzman, San Martin, San Luis.

Novedad la, establecimiento rural, Ctl 4, Nueve de julio, Buenos Aires.

Novo, estancia, finca rural, La Cruz, Corrientes.

Nuestra Señora, 1) *de los Angeles*, cabaña de ovejas Rambouillet y Negrete, Ctl 7, Cañuelas, Buenos Aires. 2) *de Lujan*, establecimiento rural, Ctl 5, Baradero, Buenos Aires. 3) *de Lujan*, establecimiento rural, Ctl 3, 9, Cañuelas, Buenos Aires. 4) *del Milagro*, mineral de plata y cobre, Iruya, Salta. 5) *del Pilar*, establecimiento rural, Ctl 6, Zárate, Buenos Aires. 6) *del Rosario*, mina de cuarzo aurífero, Higueras, Cruz del Eje, Córdoba.

Nueva, 1) la, establecimiento rural, Ctl 6, Lincoln, Buenos Aires. 2) colonia, Colon, Entre Rios. Forma parte de la de San José. Véase San José. 3) colonia, Rosario Tala, Entre Rios. Fué fundada en 1883 en una extension de 6000 hectáreas. 4) colonia, Nuevo Torino, Colonias, Santa Fe. Tiene 283 habitantes. (Censo del 7 de Junio de 1887). 5) *Alemania*, colonia, Lúcas al Sud, Villaguay, Entre Rios. Está situada á orillas del arroyo Villaguay Chico á unos 35 kms. al N E. de Villaguay. Será estacion del ferrocarril que se construirá de Villaguay á Concordia. 6) *Asturia*, establecimiento rural, Ctl 8, Nueve de julio, Buenos Aires. 7) *Aurora*, estancia, Ctl 3, Saladillo, Buenos Aires. 8) *Australia*, establecimiento rural, Clt 4, Olavarría, Buenos Aires. 9) *Australia*, distrito minero del departamento Rinconada, jujuy Encierra cuarzo aurífero. 10) *Baviera*, ingenio de azúcar, Famaillá, Tucuman. Está situado á 2 kms. de distancia de Famaillá. 11) *Bélgica*, establecimiento rural, Ctl 8, Trenque-Lauquen, Buenos Aires. 12) *California*, mina de cuarzo aurífero, Candelaria, Cruz del Eje, Córdoba. Está situada en el paraje llamado «Pozo de Agua.» 13) *Carlota*, establecimiento rural, Ctl 3, Pringles, Buenos Aires. 14) *Escocia*, establecimiento rural, Ctl 9, Nueve de julio, Buenos Aires. 15) *Esperanza*, establecimiento rural, Ctl 7, Ayacucho, Buenos Aires. 16) *Esperanza*, establecimiento rural, Ctl 4, Azul, Buenos Aires. 17) *Esperanza*, estancia, Ctl 2, 8, Balcarce, Buenos Aires. 18) *Esperanza*, laguna, Ctl 2, Bolívar, Buenos Aires. 19) *Esperanza*, estancia, Ctl 4, Dorrego, Buenos Aires. 20) *Esperanza*, establecimiento rural, Ctl 6, Nueve de julio, Buenos Aires. 21) *Esperanza*, establecimiento rural, Parroquia, Cruz del Eje, Cordoba. 22) *Esperanza*, finca rural, Caacatí, Corrientes. 23) *Esperanza*, finca rural, Concepcion, Corrientes. 24) *Esperanza*, estancia, Curuzú-Cuatiá, Corrientes. 25)

Esperanza, finca rural, Mercedes Corrientes. 26) *Esperanza*, finca rural, Paso de los Libres, Corrientes. 27) *Esperanza*, finca rural, San Roque, Corrientes. 28) *Esperanza*, finca rural, departamento 3°, Pampa. 29) *Esperanza*, establecimiento rural, Departamento 9°, Pampa. 30) *Eufemia*, estancia, Ctl 6, Pueyrredon, Buenos Aires. 31) *Felicidad*, estancia, Ctl 6, Chascomús, Buenos Aires. 32) *Florida*, estancia, Ctl 7, Trenque-Lauquen, Buenos Aires. 33) *Fortuna*, establecimiento rural, Ctl 6, Chascomús, Buenos Aires. 34) *Fortuna*, establecimiento rural, Ctl 4, Pueyrredon, Buenos Aires. 35) *Fortuna*, establecimiento rural, Parroquia, Cruz del Eje, Córdoba. 36) *Fortuna*, finca rural, Goya, Corrientes. 37) *Fortuna*, estancia, Paso de los Libres, Corrientes. 38) *Galicia*, establecimiento rural, Ctl 2, Alsina, Buenos Aires. 39) *Gascoña*, establecimiento rural, Ctl 2, Alsina, Buenos Aires. 40) *Germania*, establecimiento rural, Ctl 4, Olavarría, Buenos Aires. 41) *Granada*, establecimiento rural, Ctl 1, Lobería, Buenos Aires. 42) *Granada*, finca rural, Curuzú-Cuatiá, Corrientes. 43) *Holanda*, chacra, Ctl 7, Puan, Buenos Aires. 44) *Italia*, establecimiento rural, Cll 5, Loberia, Buenos Aires. 45) *Jerusalen*, colonia en formacion, Espinillos, Márcos juarez, Córdoba. 46) *Libertad*, estancia Ctl 6, Ajó, Buenos Aires. 47) *Luisa*, establecimiento rural, Ctl 2, San Pedro, Buenos Aires 48) *Mansilla*, establecimiento rural, Ctl 11, Trenque-Lauquen, Buenos Aires. 49) *Pacífica*, estancia. Ctl 4, Tapalqué, Buenos Aires. 50) *Palma*, estancia, Ctl 7, Vecino, Buenos Aires. 51) *Palmira*, establecimiento rural, Ctl 4, Balcarce, Buenos Aires. 52) *Palmira*, establecimiento rural, Ctl 4, Brown, Buenos Aires. 53) *Palmira*, estancia, Ctl 9, Cañuelas, Buenos Aires. 54) *Palmira*, finca rural, Curuzú-Cuatiá, Corrientes. 55) *Palmira*, estancia, Mercedes, Corrientes. 56) *Palmira*, finca rural, Paso de los Libres, Corrientes. 57) *Petrona*, establecimiento rural, Ctl 6, Brandzen, Buenos Aires. 58) *Petrona*, estancia, Ctl 7, Vecino, Buenos Aires. 59) *Plata*, centro agricola, Ctl 11, Nueve de Julio (hoy Pehuajó), Buenos Aires. 60) *Poblacion*, finca rural, Anta, Salta. 61) *Porfia*, establecimiento rural, Ctl 2, Tuyú, Buenos Aires. 62) *Roma*, establecimiento rural, Ctl 2, Alsina, Buenos Aires. 63) *Roma*. establecimiento rural, Ctl 13, Bahía Blanca, Buenos Aires. 64) *Roma*, establecimiento rural, Ctl 2, Balcarce, Buenos Aires. 65) *Roma* colonia, Gualeguay, Entre Rios. Fué fundada en 1882 en una extension de 728 hectáreas. 66) *Roma*, colonia en formacion, Colonias, Santa Fe. 67) *Victoria*, establecimiento rural, Ctl 8, Lobería, Buenos Aires. 68) *Vista*, finca rural, San Roque, Corrientes.

Nueve de Julio, 1) establecimiento rural, Ctl 3, Alvear, Buenos Aires. 2) establecimiento rural, Ctl 5, Cañuelas, Buenos Aires. 3) estancia, Ctl 5, Loberia, Buenos Aires. 4) partido de la provincia de Buenos Aires. Fué creado en 1864. Está situado al OSO. de Buenos Aires y enclavado entre los partidos Lincoln, Bragado, Veinte y Cinco de Mayo, Bolívar y Pehuajó. Su extension, inclusive el partido Pehuajó, de reciente creacion, es de 14750 kms.[2] La poblacion es de 10932 habitantes. (Censo del 31 de Enero de 1890). 5) villa, Nueve de Julio, Buenos Aires. Es la cabecera del partido. Fundada en 1863, cuenta hoy con 4000 habitantes. Por la vía férrea dista 258 kms. (9 horas) de Buenos Aires. Sucursal del Banco de la Provincia. $\varphi = 35°\ 27'$; $\lambda = 60°\ 52'\ 39''$; $\alpha = 48$ m. FCO, C, T, E. 6) establecimiento rural, Ctl 4, Pueyrredon, Buenos Aires. 7) arroyo, Ctl 2, San Fernando, Buenos Aires. 8) estancia, Reduccion, Juarez Celman, Córdoba. 9) finca rural, Paso de los Libres, Corrientes. 10) finca rural, San Roque, Corrientes. 11) departamento de la provincia de Mendoza. Confina al Norte con los departamentos Tupungato, Tunuyan y Rivadavia, al Este con Chacabuco por un meridiano que al mismo tiempo es el límite Este de los departamentos San Martin, Junin y Rivadavia y que pasa á casi igual distancia de las estaciones Alto Verde y Santa Rosa; al Sud con Veinte y Cinco de Mayo por el paralelo que pasa por el volcan de Maipó, y al Oeste con Chile. Tiene 8164 kms.[2] de extension y una poblacion conjetural de 7000 habitantes. El departamento es en su mayor parte montañoso. La ganadería y la agricultura son sus principales fuentes de recursos. La villa de San Cárlos es la cabecera del departamento. 12) departamento de la gobernacion del Rio Negro. Limita al Norte con el Limay y el Rio Negro; al Este con el departamento Veinte y Cinco de Mayo; al Sud con la gobernacion del Chubut (paralelo de los 42°); y al Oeste con el departamento Bariloche. 13) yacimiento de borax, Poma, Salta.

Nuevo, 1) golfo. Véase Golfo Nuevo. 2) mina de plata y galena argentífera, Candelaria, Cruz del Eje, Córdoba. Está situada en el paraje llamado «La Isla.» 3) *Imperio*, finca rural, Concepcion. Corrientes. 4) *Modelo*, establecimiento rural, Ctl 3, Ranchos, Buenos Aires. 5) *Porvenir*, establecimiento rural, Ctl 5, Saladillo, Buenos Aires. 6) *Porvenir*, finca rural, Concepcion. Corrientes. 7) *Porvenir*, finca rural, Paso de los Libres, Corrientes. 8) *Rosario*, lugar poblado, Guasapampa, Minas, Córdoba. 9) *San Agustin*, mina de hierro, Higueras, Cruz del Eje, Córdoba. Está situada entre Guayco y San Agustin. 10) *Sol*,

estancia, Ctl 6, Necochea, Buenos Aires. 11) *Torino*, distrito del departamento de las Colonias, Santa Fe. Tiene 1045 habitantes. (Censo del 7 de Junio de 1887.) 12) *Torino*, aldea, Nuevo Torino, Colonias, Santa Fe. Tiene 172 habitantes. (Censo m.) E. 13) *Torino*, colonia, Nuevo Torino, Colonias, Santa Fe. Tiene 590 habitantes. (Censo m.) 14) *Vizcachero*, estancia, Ctl 6, Bolivar, Buenos Aires.

Nuñez, aldea en el municipio de la capital federal. Por la vía férrea dista de Buenos Aires 11 kms. FCN, C, T.

Nupi, finca rural, San Miguel, Corrientes.

Nutria, [1] 1) la, laguna, Ctl 3, Ayacucho, Buenos Aires. 2) establecimiento rural, Ctl 6, Chascomús, Buenos Aires. 3) laguna, Ctl 5, Lincoln, Buenos Aires. 4) establecimiento rural, Ctl 2, Lobería, Buenos Aires. 5) laguna, Ctl 4, Saladillo, Buenos Aires. 6) laguna, Ctl 5, Veinte y Cinco de Mayo, Buenos Aires. 7) *Mansa*, arroyo, Ctl 1, 2, 3, 6, 8, Lobería, Buenos Aires. Tiene su orígen en la sierra de la Vigilancia y desagua en el Océano Atlántico. En su márgen izquierda recibe las aguas del arroyo del Pescado.

Nutrias, 1) laguna, Ctl 2, Castelli, Buenos Aires. 2) arroyo, Ctl 5, Exaltacion de la Cruz, Buenos Aires. 3) arroyo, Ctl 4, 5, junin, Buenos Aires. Este arroyo toma en el partido de Rojas, donde desagua en el arroyo del mismo nombre, frente al pueblo de Rojas, el nombre de Saladillo. 4) las, laguna, Ctl 5, Maipú, Buenos Aires. 5) laguna, Ctl 4, Mar Chiquita, Buenos Aires. 6) laguna, Ctl 3, Suarez, Buenos Aires.

Ñacate, 1) distrito del departamento Riva-

---

1 Marta (Lutra paranensis.)

davia, Rioja. 2) vertiente, Ñacate, Rivadavia, Rioja.

Ñacurutú [1], isla en el rio Bermejo, Chaco. Dista de la desembocadura del rio unos 125 kms.

Ñaembé, 1) finca rural, Esquina, Corrientes. 2) laguna, Goya, Corrientes.

Ñancay, arroyo, Gualeguaychú. Entre Rios. Desagua en la márgen derecha del Uruguay, en direccion NO. á SE. y es en toda su extension el límite entre los distritos Dos Hermanas y Perdices (al Norte) y Ceibas (al Sud).

Ñandú, [2] 1) el, laguna, Ctl 6, juarez, Buenos Aires. 2) laguna, Esquina, Corrientes.

Ñapindá [3], laguna, Lomas, Corrientes.

Ñata [4], la, establecimiento rural, Departamento 2°, Pampa.

Ñepe, 1) distrito del departamento Belgrano, Rioja 2) finca rural, Ñepe, Belgrano, Rioja.

Ñorquin, lugar poblado á orillas del rio Agrio, Neuquen. $\varphi = 37° 43'$; $\lambda = 70° 45'$. C, T, E.

Obando, estancia, Rosario de la Frontera, Salta.

Obanta, 1) distrito del departamento Santa Rosa, Catamarca. 2) aldea, Santa Rosa, Catamarca. Es la cabecera del departamento. C, E. 3) arroyo, Santa Rosa, Catamarca.

Obecha [5], estero, La Cruz, Corrientes.

Obispo, 1) arroyo, Moscas, Uruguay, Entre Rios. Es un tributario del Gualeguay en la márgen izquierda. Baña el costado Norte de la colonia Rocamora. 2) arroyo, Rosario Tala, Entre Rios. Desagua en la márgen derecha del Gualeguay, en direccion de O. á E. Es en toda su

extension límite entre los distritos Raices al Sud y Pueblo Primero. 3) paraje poblado, Tilcara, jujuy. 4) cuesta del, por la quebrada de Escoipe, Chicoana, Salta. Es la prolongacion al Norte de Cachi-Pampa. $\varphi = 24° 50'$; $\lambda = 65° 30'$; $x = 3360$ m. (Moussy.)

Obligado, estancia, Ctl 8, Brandzen, Buenos Aires.

Oboa, finca rural, Chicoana, Salta.

Obritas del Sauce, finca rural, La Viña, Salta.

Obsequio, mina de hierro, Higueras, Cruz del Eje, Córdoba. Está situada en el lugar llamado «Cañada del Vallecito,» perteneciente al mineral de Guayco.

Ocampo, 1) departamento de la provincia de La Rioja. Está situado al Sud del departamento Belgrano y es limítrofe de la provincia de Córdoba. Tiene 3602 kms.[2] de extension y una poblacion de unos 3500 habitantes. Está dividido en los 6 distritos: Catuna, Ambil, Fraile, Milagro, Alanices y Olpas. La cabecera es la aldea Catuna. 2) distrito del departamento San javier, Santa Fe. Tiene 3087 habitantes. (Censo del 7 de Junio de 1887.) 3) pueblo y colonia, Ocampo, San javier, Santa Fe. Tiene 1457 habitantes. (Censo m.) Ferro-carril local del puerto á los obrajes que rodean la colonia. Ingenio de azúcar. Puerto sobre el Paraná frente á Bella Vista (Corrientes) C, T, E.

Ochenta y uno el, estancia, Ctl 4, Dorrego, Buenos Aires.

Ocho, 1) el, laguna, Ctl 12, Lincoln, Buenos Aires. 2) de Julio, establecimiento rural, Ctl 4, Maipú, Buenos Aires.

Ochoa, 1) cuartel de la pedanía Calera, Anejos Sud, Córdoba. 2) aldea, Calera, Anejos Sud, Córdoba. Tiene 118 habitantes. (Censo del 1° de Mayo de 1890.)

Ochola, lugar poblado, Dolores, Punilla, Córdoba.

Ocloyas, 1) paraje poblado, Capital, Jujuy. 2) arroyo, Valle Grande, Jujuy. Es uno

---

1 Lechuzon. — 2 Avestruz (Rhea americana.) — 3 Planta (Acacia riparia.) — 4 Se dice de una persona que tiene nariz respingada ó chata.—5 Oveja (Guaraní.)

de los elementos de formacion del arroyo de Ledesma.

O'Connell, establecimiento rural, Ctl 5, Rojas, Buenos Aires.

Oculta la, finca rural, Cerrillos, Salta.

O'Higgins, 1) lugar poblado, Chacabuco, Buenos Aires. Por la vía férrea dista de la Capital federal 233 kms. $\alpha = 72$ m. FCP, C, T. 2) mineral de plata, Iruya, Salta.

Ojeda-Cué, 1) estancia, Caacatí, Corrientes. 2) finca rural, San Cosme, Corrientes. 3) finca rural, San Luis, Corrientes.

Ojito de Agua, 1) finca rural, Naschel, Chacabuco, San Luis. 2) vertiente, Naschel, Chacabuco, San Luis.

Ojo de Agua, 1) establecimiento rural, Ctl 3, 4, Olavarria, Buenos Aires. 2) establecimiento rural, Ctl 4, 6, Puan, Buenos Aires. 3) arroyo, Ctl 4, 6, Puan, Buenos Aires. 4) establecimiento rural, Ctl 9, Pueyrredon, Buenos Aires. 5) establecimiento rural, Ctl 5, San Pedro, Buenos Aires. 6) estancia, Ctl 5, Trenque-Lauquen, Buenos Aires. 7) laguna, Ctl 16, Tres Arroyos, Buenos Aires. 8) lugar poblado, Cañas, Anejos Norte, Córdoba. 9) lugar poblado, Parroquia, Ischilin, Córdoba. 10) cuartel de la pedania Argentina, Minas, Córdoba. 11) ingenio metalúrgico, Argentina, Minas, Córdoba. $\varphi = 31°\ 12'$; $\lambda = 65°\ 17'$; $\alpha = 950$ m. (Brackebusch.) E. 12) lugar poblado, Ciénega del Coro, Minas, Córdoba. 13) lugar poblado, San Bartolomé, Rio Cuarto, Córdoba. 14) lugar poblado, Ambul, San Alberto, Córdoba. 15) aldea, Nono, San Alberto, Córdoba. Tiene 100 habitantes. (Censo del 1° de Mayo de 1890.) 16) lugar poblado, Panaolma, San Alberto, Córdoba. 17) lugar poblado, Caminiaga, Sobremonte, Córdoba. 18) lugar poblado, Punta del Agua, Tercero Arriba, Córdoba. 19) lugar poblado, General Mitre, Totoral, Córdoba. 20) cuartel de la pedanía Macha, Totoral,

Córdoba. 21) lugar poblado, Macha, Totoral, Córdoba. 22) lugar poblado, Rio Pinto, Totoral, Córdoba. 23) lugar poblado, San Pedro, Jujuy. 24) paraje poblado, Departamento 3°, Pampa. 25) paraje poblado, Departamento 7°, Pampa. 26) vertiente, Guaja, Rivadavia, Rioja. 27) lugar poblado, Campo Santo, Salta. 28) estancia, Cerrillos, Salta. 29) lugar poblado, Chicoana, Salta. 30) estancia, Rosario de la Frontera, Salta. 31) finca rural, Iglesia, San Juan. 32) finca rural, Larca, Chacabuco, San Luis. 33) lugar poblado, Rosario, Pringles, San Luis. 34) lugar poblado, Totoral, Pringles, San Luis. 35) finca rural, Conlara, San Martin, San Luis. 36) finca rural, Guzman, San Martin, San Luis. 37) lugar poblado, Rincon del Cármen, San Martin, San Luis. 38) chacra, San Lorenzo, San Martin, San Luis. 39) arroyo, San Luis. Riega el distrito San Lorenzo, del departamento San Martin, y los distritos Merlo y Santa Rosa, del departamento Junin. 40) seccion del departamento Sumampa, Santiago del Estero. 41) distrito de la seccion Ojo de Agua, del departamento Sumampa, Santiago del Estero. 42) villa, Ojo de Agua, Sumampa, Santiago. Está situada en el valle formado por las sierras de Sumampa y Ambargasta y dista unos 275 kms. al Sud de la capital de la provincia. Cuenta con unos 1200 habitantes. C, T, E. 43) estancia, Tati, Trancas, Tucuman. En la orilla derecha del Infiernillo.

Ojo de la Ciencia, [1] chacra, Jachal, San Juan.

Ojo del Rio, lugar poblado, Junin, San Luis. E.

Ojo de Totos, aldea, Argentina, Minas, Córdoba. Tiene 214 habitantes. (Censo del 1° de Mayo de 1890.) E.

---

1 Este ojo forma una digna yunta con el Deuteronomio.

Ojos de Agua, 1) lugar poblado, Candelaria, Cruz del Eje, Córdoba. 2) lugar poblado, Dolores y San Antonio, Punilla, Córdoba. 3) lugar poblado, La Paz, San Javier, Córdoba. 4) lugar poblado, Concepcion, San justo, Córdoba. 5) finca rural, San Martin, San Martin, San Luis.

Olain, 1) cuartel de la pedanía San Antonio, Punilla, Córdoba. 2) lugar poblado, San Antonio, Punilla, Córdoba. $\varphi = 31°$ 15'; $\lambda = 64° 36'$; $x = 1150$ m. (Brackebusch.)

Olascoaga, lugar poblado, Bragado, Buenos Aires. Por la via férrea dista 226 kms. de la capital federal. $\gamma = 59$ m. FCO, C T.

Olavarria, 1) partido de la provincia de Buenos Aires. Fué creado el 16 de Mayo de 1879. Está situado al SO. de Buenos Aires y enclavado entre los partidos Bolivar, Tapalqué, Azul, Juarez y Suarez. Tiene 10983 kms.² de extension y una poblacion de 13213 habitantes. (Censo del 31 de Enero de 1890.) Escuelas funcionan en Olavarria, Nievas, San Miguel, estancia La Josefina, Hinojo, Sierra Chica, Arroyo Corto, etc. Al Oeste y en el centro se extiende la sierra de Quillalauquen, rama destacada de la sierra del Tandil. El partido es regado por los arroyos Tapalqué, Nievas, San jacinto, de las Sierras, Hinojo, Angosto, Brandzen, el Perdido, Pampita y Sanquilcó. 2) villa, Olavarria, Buenos Aires. Es cabecera del partido. Cuenta hoy con 2378 habitantes. (Censo m.) Por la vía férrea dista 361 kms. (10 horas) de la capital federal. Sucursal del Banco de la Provincia. $\varphi = 36° 53' 55''$; $\lambda = 60° 19' 9''$; $x = 161,3$ m. FCS, C, T, E.

Olayon (ó Cruz del Eje), aldea, Parroquia, Cruz del Eje, Córdoba. Tiene 859 habitantes. (Censo del 1° de Mayo de 1890.) $\varphi = 30° 44'$; $\lambda = 64° 38'$; $x = 479$ m. Por la vía férrea dista 150 kms. de Córdoba, 65 de Dean Fúnes y 357 de Chilecito.

Es estacion del ferro-carril de Córdoba á Cruz del Eje y del de Dean Fúnes á Chilecito. C, T, E.

Olimpia, mina de galena argentífera en el distrito mineral « La Pintada, » Veinte y Cinco de Mayo, Mendoza.

Oliva, 1) vertiente, Larca, Chacabuco, San Luis. 2) Cué, estancia, Concepcion, Corrientes.

Olivares, 1) establecimiento rural, Ctl 3, Brandzen, Buenos Aires. 2) establecimiento rural, Ctl 2, Vecino, Buenos Aires.

Oliveira, establecimiento rural, Ctl 5, Bragado, Buenos Aires.

Olivencia, laguna, Ctl 5, Bragado, Buenos Aires.

Oliver, ingenio de azúcar, Capital, Tucuman. En la orilla izquierda del rio Sali, al Sud del ingenio San Andrés.

Olivera, 1) lugar poblado, Lujan, Buenos Aires. Por la via férrea dista de la Capital federal 81 kms. $x = 27$ m. FCO, C, T. 2) arroyo, Ctl 3, Lujan, Buenos Aires. 3) lugar poblado, Toscas, San Alberto, Córdoba.

Olivo, 1) estancia, Ctl 5, Ajó, Buenos Aires. 2) el, finca rural, Estanzuela, Chacabuco, San Luis.

Olivos, 1) los, chacra, Ctl 2, Lomas de Zamora, Buenos Aires. 2) núcleo de poblacion, San Isidro, Buenos Aires. Por la via férrea dista 16 kms. de la Capital federal. FCN, C, T. 3) aldea, Macha, Totoral, Córdoba. Tiene 228 habitantes (Censo del 1° de Mayo de 1890.)

Olmedo, colonia, Villa Maria, Tercero Abajo, Córdoba. Fué fundada en 1888 en una extension de 6375 hectáreas. Dista 5 kms. de la estacion Villa Maria del ferro-carril central argentino.

Olmos, 1) los, chacra, Ctl 2, Lomas de Zamora, Buenos Aires. 2) colonia, Espinillos, Márcos juarez, Córdoba. Tiene 238 habitantes. (Censo m.) Fué fundada en 1887 en una extension de 32129 hectáreas. 3) *del Milagro*, finca rural, Cerrillos, Salta.

Olnie, arroyo, Santa Cruz. Corre por un valle de 1 á 2 kms. de ancho y desemboca probablemente en el Atlántico, al Sud del cerro Montevideo. El valle está rodeado de altas mesetas cuya vegetacion consiste en arbustos y pasto. (Moyano.)

Olona, finca rural, Esquina, Corrientes.

Olpas, distrito del departamento General Ocampo, Rioja.

Olta, 1) distrito del departamento General Belgrano, Rioja. 2) aldea, Olta, Belgrano, La Rioja. Es la cabecera del departamento. Aquí fué asesinado en 1863 el general Peñaloza (alias El Chacho.) C, E.

Olvido 1) el, estancia, Ctl 7, 11, Trenque-Lauquen, Buenos Aires. 2) finca rural, Chicoana, Salta.

Om, arroyo, Chañar, Feliciano, Entre Rios Desagua en la márgen izquierda del Guayquiraró, en direccion de S. á N.

Omar, paraje poblado, Departamento 7°, Pampa.

Ombú, [1] 1) el, establecimiento rural, Ctl 7, Ayacucho, Buenos Aires 2) cañada, Ctl 6, Baradero, Buenos Aires. 3) estancia, Ctl 1, 3, Brandzen, Buenos Aires. 4) establecimiento rural, Ctl 4, Campana, Buenos Aires. 5) estancia, Ctl 2, Cármen de Areco, Buenos Aires. 6) estancia, Ctl 6, Chascomús, Buenos Aires. 7) arroyo, Ctl 6, Dolores, Buenos Aires. 8) estancia, Ctl 5, Giles, Buenos Aires. 9) establecimiento rural, La Plata, Buenos Aires. 10) estancia, Ctl 5, Las Heras, Buenos Aires. 11) establecimiento rural, Ctl 2, Puan, Buenos Aires. 12) establecimiento rural, Ctl 12, Ramallo, Buenos Aires. 13) establecimiento rural, Ctl 3, Rauch, Buenos Aires. 14) estancia, Ctl 3, Tordillo, Buenos Aires. 15) estancia, Bella Vista, Corrientes. 16) finca rural, Ituzaingó, Corrientes. 17) finca rural, La Cruz, Corrientes. 18) laguna, Lavalle, Corrientes. 19) finca rural, Monte Caseros, Corrientes. 20) arroyo, Mercedes, Corrientes. Es un tributario del Yuqueri. En su curso superior recibe el Ombú las aguas del Sarandí. 21) finca rural, Saladas, Corrientes. 22) finca rural, Sauce, Corrientes. 23) estancia, San Miguel, Corrientes. 24) *de Miguens*, estancia, Ctl 1, Castelli, Buenos Aires. 25) *Pucú*, finca rural, Goya, Corrientes. 26) *Solo*, finca rural, Esquina, Corrientes. 27) *de Vega*, finca rural, Esquina, Corrientes.

Ombucito, 1) finca rural, Curuzú-Cuatiá, Corrientes. 2) estancia, Ituzaingó, Corrientes. 3) estancia, Sauce, Corrientes.

Ombúes 1) los, establecimiento rural, Ctl 3, Alvear, Buenos Aires. E. 2) establecimiento rural, Ctl 6, Lujan, Buenos Aires. 3) estancia, Ctl 5, Matanzas, Buenos Aires. 4) establecimiento rural, Ctl 1, Ranchos, Buenos Aires. 5) establecimiento rural, Ctl 4, San Vicente, Buenos Aires. 6) establecimiento rural, Ctl 6, Zárate, Buenos Aires. 7) *de Piran*, establecimiento rural, Ctl 2, Cármen de Areco, Buenos Aires.

Ombutí, finca rural, San Miguel, Corrientes.

Ombutú, estancia, Goya, Corrientes.

Oncativo, aldea, Impira, Rio Segundo, Córdoba Tiene 189 habitantes. (Censo del 1° de Mayo de 1890.) Por la via férrea dista 323 kms. del Rosario y 73 de Córdoba. $\varphi = 31°55'$; $\lambda = 64°40'$; $\alpha = 285$ m. ECCA, C, T.

Once de Setiembre, establecimiento rural, Ctl 3, Las Flores, Buenos Aires.

Onda la, laguna, Ctl 7, Juarez, Buenos Aires.

Ongamira, lugar poblado, Manzanas, Copacabana, Ischilin, Córdoba.

Oran, 1) finca rural, Chicoana, Salta. 2) departamento de la provincia de Salta. Confina al Norte con Bolivia por el pa-

---

1 Arvol (Phytolacca dioica L.)

rural, Cafayate, Salta. 9) finca rural, Rosario de Lerma, Salta. 10) *Dominguez,*
finca rural, Concepcion, San juan. E.
11) *de Peralta,* pedanía del departamento Rio Segundo, Córdoba. 12) *de
Peralta,* cuartel de la pedanía del mismo nombre, Rio Segundo, Córdoba. 13)
Raíces, finca rural, Bella Vista, Corrientes. 14) *Rosales,* lugar poblado, Arroyito, San justo, Córdoba. 15) *de San
Pedro,* lugar poblado, Curuzú - Cuatiá,
Corrientes. E. 16) *Viejo,* finca rural,
Jachal, San Juan.

Orcollano, lugar poblado, Higueras, Cruz
del Eje, Córdoba.

Orden el, finca rural, Esquina, Corrientes.

Orejano, [1] finca rural, Juarez Celman,
Rioja.

Orellanos, 1) arroyo, Ctl 1, 3, 5, Tres
Arroyos, Buenos Aires. 2) lugar poblado,
General Lopez, Santa Fe. Por la vía
férrea dista de Buenos Aires 368 kms.
y de Villa Mercedes 323. $\alpha = 112$ m.
FCP, C, T.

Oriental, [2] 1) la, establecimiento rural, Ct
4, Brown, Buenos Aires. 2) establecimiento rural, Ctl 9, Junin, Buenos Aires.
3) establecimiento rural, Ctl 7, Ranchos,
Buenos Aires.

Orientales, establecimiento rural, Ctl 1,
Nueve de Julio, Buenos Aires.

Oriente el, finca rural, San Cárlos, Salta.

Orilla la, laguna, Ctl 6, Alvear, Buenos
Aires.

Orinoco, establecimiento rural, Ctl 3, San
Pedro, Buenos Aires.

Oro, 1) arroyo de, Ctl 8, Mercedes, Buenos
Aires. 2) mina de oro, San Bartolomé,
Rio Cuarto, Córdoba. 3) arroyo, Chaco.
Es un tributario del rio Paraguay en la
márgen derecha. $\varphi = 27° 3' 26''$; $\lambda = 58°
35' 36''$. (Seelstrang). Corre al Norte del

---

1 Dícese del animal que no tiene marca ó que está
contramarcado (Granada.)—2 Así á secas, lo per
teneciente á la república del Uruguay.

departamento Solalindo y al Sud del departamento Martinez de Hoz. Recibe las aguas del riacho Quia. 4) el, distrito mineral en la sierra de Famatina, Rioja. Encierra 10 minas de oro, plata y cobre. (Hoskold).

Oromí, laguna, Ctl 5, juarez, Buenos Aires.

Oroño, 1) laguna, Chascomús, Buenos Aires. Alimenta por medio de la cañada del mismo nombre, la laguna Esquivel, la que á su vez vierte sus aguas en el Salado, por medio del Rincon Chico. 2) cañada, Chascomús, Buenos Aires. Comunica entre sí las lagunas de Oroño y de Esquivel. 3) aldea, Gessler, San Jerónimo, Santa Fe. Tiene 171 habitantes. (Censo del 7 de junio de 1887). Por la vía férrea dista de Santa Fe 81 kms. $\alpha = 55$ m. FCSF, ramal de Gessler á Coronda. C, T, E. 4) colonia, Gessler, San Jerónimo, Santa Fe. Tiene 251 habitantes. (Censo m.) 5) y Gessler, distrito del departamento San Jerónimo, Santa Fe. Tiene 2350 habitantes. (Censo m.)

Orsoni, laguna, Ctl 7, Junin, Buenos Aires.

Ortega, arroyo, Ctl 4, Lomas de Zamora, Buenos Aires.

Ortiga la, arroyo, Ctl 6, San Vicente, Buenos Aires.

Ortiz, 1) los, establecimiento rural, Ctl 4, Pueyrredon, Buenos Aires. E. 2) mina de cobre en el distrito mineral de las Capillitas, Andalgalá, Catamarca. 3) laguna, Mburucuyá, Corrientes. 4) arroyo, Entre Rios. Desagua en la márgen derecha del Gualeguay en direccion de N. á S. Es en toda su extension límite entre los departamentos Concordia (Diego Lopez) y Villaguay (Sauce Luna). 5) colonia, Sastre, San Jerónimo, Santa Fe. C. 6) estancia, Monteros, Tucuman. En la orilla izquierda del arroyo Pueblo Viejo. 7) banco del rio de La Plata. Divide el rio en dos canales; el del Sud es más profundo y seguro que el del Norte.

8) Basualdo, lugar poblado, Pergamino, Buenos Aires. Por la vía férrea dista 248 kms. de la Capital federal, 20 de Pergamino y 69 de Junin. $\alpha = 77$ m. FCO, C, T. 9) Cué, finca rural, San Cosme, Corrientes.

Oscura, lugar poblado, Tres de Febrero, Rio Cuarto, Córdoba.

Oscuras las, establecimiento rural, Ctl 10, Dorrego, Buenos Aires.

Oscuro, estancia, Curuzú-Cuatiá, Corrientes.

Osma, 1) distrito del departamento Chicoana, Salta. 2) finca rural, Chicoana, Salta. 3) arroyo, Chicoana, Salta. Es un pequeño tributario del arroyo de Arias en la márgen derecha.

Osorno, volcan de la cordillera, en la gobernacion del Rio Negro. $\varphi = 41°\ 10'$; $\lambda = 72°\ 20'$; $\alpha = 2295$ m. (Parish).

Osuna, 1) arroyo, Uruguay, Entre Rios. Desagua en la márgen derecha del Uruguay, en direccion de O. á E. Es en toda su extension límite entre los distritos Tala y Potrero de San Lorenzo. 2) Cué, finca rural, Concepcion, Corrientes.

Otamendi, 1) lugar poblado, Campana, Buenos Aires. Por la vía férrea dista de Buenos Aires 71 1/2 kms. y del Rosario 232. FCBAR, C, T. 2) estancia, Ctl 6, Pueyrredon, Buenos Aires.

Otra Vida, estancia, Ctl 5, Magdalena, Buenos Aires.

Oval, estancia, Monteros, Tucuman. En la orilla derecha del rio Salí.

Ovechuy, 1) finca rural, Itatí, Corrientes. 2) laguna, Itatí, Corrientes.

Oveja, cumbre de la sierra Comechingones, Córdoba. Está situada en el ángulo en que se tocan el departamento puntano Junin y los departamentos cordobeses San Javier y Calamuchita. $\varphi = 32°\ 18'$; $\lambda = 64°\ 58'$; $\alpha = 2200$ m. (Brackebusch)

Ovejas, 1) de las, arroyo, Ctl 4, Tandil, Buenos Aires. 2) arroyo, Capital, Santa

Fe. Es un pequeño tributario del Saladillo Amargo en la márgen derecha.

Ovejeria, 1) vertiente, Balcosna, Paclin, Catamarca. 2) paraje poblado, Perico del Cármen, Jujuy. 3) paraje poblado, Valle Grande, Jujuy. 4) finca rural, Guachipas, Salta. 5) paraje poblado, Rosario de Lerma, Salta. 6) estancia, Trancas, Tucuman. En la orilla izquierda del arroyo Alurralde, á corta distancia del pueblo del mismo nombre. 7) arroyo, Tafí, Trancas, Tucuman. Es un tributario del Infiernillo. 8) *Cachipampa*, finca rural, San Cárlos, Salta.

Overa, 1) la, laguna, Ctl 13, Bragado, Buenos Aires. 2) *Muerta*, laguna, Ctl 5, Bolívar, Buenos Aires. 3) *Negra*, finca rural, Rosario; Pringles, San Luis.

Overas 1) las, laguna, Ctl 4, Nueve de Julio, Buenos Aires. 2) lugar poblado, Litin, Union, Córdoba.

Overo, 1) cerro, San Cárlos, Salta. 2) *Corí*, estancia, Mercedes, Corrientes.

Paats, estancia, Ctl 8, Puan, Buenos Aires.

Pabino, lugar poblado, Reduccion, Juarez Celman, Córdoba.

Pacará Pintado [1], lugar poblado, Capital, Tucuman. E.

Paces, 1) lugar poblado, Monteros, Tucuman. Al SE. de Simoca y al lado del ferro-carril central norte. 2) estancia, Monteros, Tucuman. En la orilla derecha del rio Salí.

Pachaco, arroyo, Marquesado, Desamparados, San Juan.

Pachango, lugar poblado, Panaolma, San Alberto, Córdoba.

Pacha-Palca [2], paraje poblado, Rosario de Lerma, Salta.

Pacheco, 1) lugar poblado, Las Conchas,

Buenos Aires. Por la vía ferrea dista de la Capital federal 33 kms. $\alpha = 5$ m FCBAR, C, T. 2) isla del rio Negro. Está separada de Choele-Choel por un canal.

Pachi, lugar poblado, Pampayasta Norte, Tercero Arriba, Córdoba.

Pachimoco, poblacion agricola, Iglesia, San Juan.

Paciencia la, establecimiento rural, Ctl 4, Trenque-Lauquen, Buenos Aires.

Pacífico, riacho, Ctl 8, San Fernando, Buenos Aires.

Paclin, 1) departamento de la provincia de Catamarca. Confina al Norte con la provincia de Tucuman; al Este con la misma y el departamento Santa Rosa; al Sud con Piedra Blanca y al Oeste con Ambato. Tiene 661 hms.[2] de extension y una poblacion conjetural de 3200 habitantes. Está dividido en los 6 distritos: Paclin, San Antonio, La Viña, La Bajada, Amadores y Balcosna. El departamento es regado por los arroyos: Paclin, Huacra y Durazno. Existen además las vertientes de Santa Bárbara, del Bolson, de la Ovejería, del Sauce y Tala. Hay centros de poblacion en Balcosna, La Merced, Paclin, Palo Labrado, El Totoral, La Isla y Yocan. La cabecera del departamento es Amadores 2) distrito del departamento del mismo nombre, Catamarca. 3) arroyo, Catamarca. Nace en la sierra del Alto, riega el valle de Paclin, pasando sucesivamente con rumbo de N. á S. por Paclin, Amadores, La Bajada (en el departamento de Paclin) y luego por Portezuelo, Santa Cruz y Guaicama (en el departamento de Valle Viejo). A corta distancia al Sud de Catamarca borra su cauce por inmersion en el suelo, despues de haber sido aprovechado la mayor parte de su caudal de agua en la agricultura del Valle de Paclin y de Valle Viejo. En su curso total desarrolla un

1 Pacará = Arbol (Enterolobium Timbouva.) — 2 Pachac = Ciento; Pallcca = Horqueta (Quichua.)

cauce de unos 80 kms. 4) estancia, Guachipas, Salta.

Padquia, 1) distrito del departamento Independencia, Rioja. 2) finca rural, Independencia, Rioja.

Padre el, lugar poblado, Cruz del Eje, Cruz del Eje, Córdoba.

Padres, 1) los, arroyo, Ctl 2, Merlo, Buenos Aires. 2) sierra de los, Pueyrredon, Buenos Aires. Lomadas que forman el remate SE. de la sierra del Tandil y que terminan en el cabo Corrientes. 3) de los, arroyo, Ctl 4, 9, Pueyrredon, Buenos Aires. Tiene su orígen en la sierra de los Padres y desagua en la laguna de los Padres. 4) de los, laguna, Ctl 2, Pueyrredon, Buenos Aires. 5) arroyo, Ctl 5, Salto, Buenos Aires. 6) arroyo, Las Colonias, Santa Fe. Es un pequeño tributario del rio Coronda (brazo del Paraná) en el que derrama sus aguas al Sud de Santa Fe.

Paez, 1) villa, Capital, Córdoba. Es un suburbio de la capital provincial. Se halla al NO. de la misma, en la orilla derecha del rio Primero. 2) estancia, Graneros, Tucuman. C, E.

Paganini, lugar poblado, San Lorenzo, Santa Fe. Por la vía férrea dista de Buenos Aires 314 kms., del Rosario 10 y de Sunchales 232. α = 29 m. FCRS, C, T.

Paganzo, yacimiento de carbon de piedra, Independencia, Rioja. Se halla en la parte Sud de la sierra de Vilgo.

Paggi, 1) departamento de la gobernacion de Misiones. Véase Monteagudo. 2) pueblo, Monteagudo, Misiones. Está situado en la márgen derecha del rio Uruguay. 3) yerbal, Monteagudo, Misiones. Está situado á 65 kms. de Fracon.

Pago, 1) Largo, lugar poblado, Curuzú-Cuatiá, Corrientes. E. 2) Redondo, lugar poblado, San Cosme, Corrientes.

Paila la, finca rural, Dolores, Chacabuco, San Luis.

Pailauquen, estancia, Ctl 4, Bolivar, Buenos Aires.

Pairiri, 1) estancia, Curuzú-Cuatiá, Corrientes. 2) arroyo, Curuzú-Cuatiá, Corrientes. Es un afluente del Guayquiraró en la márgen izquierda. 3) laguna, Esquina, Corrientes. 4) laguna, Goya, Corrientes.

Paisanos de los, laguna, Ctl 13, Necochea, Buenos Aires.

Paiva, 1) laguna, Lomas, Corrientes. 2) laguna, San Cosme, Corrientes.

Paja, 1) laguna, Ctl 4, Ayacucho, Buenos Aires. 2) la, arroyo, Ctl 1, Las Heras, Buenos Aires. 3) la, laguna, Ctl 4, Lujan, Buenos Aires. 4) de la, cañada, Ctl 9, Pergamino, Buenos Aires. Es tributaria del arroyo del Medio en su márgen derecha. 5) de la, arroyo, Rio Cuarto, Córdoba. Nace en la sierra de Comechingones, corre hácia el Este y termina al poco andar por agotamiento. 6) Cuchuna, lugar poblado, Pañaolma, San Alberto, Córdoba.

Pajal [1], arroyo, Ctl 3, Vecino, Buenos Aires.

Pajarillo, 1) cumbre de la sierra Chica, Cruz del Eje, Córdoba. 2) arroyo, Neuquen. Es un tributario del Dahuehue en la márgen derecha.

Pajarito, vertiente, Iglesia, San Juan.

Pajaroretá, 1) finca rural, San Miguel, Corrientes. 2) laguna, San Miguel, Corrientes.

Pajarote, 1) finca rural, San Lorenzo, San Martin, San Luis. 2) lugar poblado, San Martin, San Martin, San Luis. 3) vertiente, San Martin, San Martin, San Luis.

Pajas, 1) de las, laguna, Ctl 1, Castelli, Buenos Aires. 2) las, arroyo, Ctl 1, 4, Márcos Paz, Buenos Aires. 3) las, laguna, Ctl 1, Márcos Paz, Buenos Aires. 4) Blancas, lugar poblado, Rio Ceballos, Anejos Norte, Córdoba. 5) Blancas

---

1 O pajonal, espacio poblado de pajas.

Palenquito, laguna, Ctl 2, Vecino, Buenos Aires.

Palermo, 1) suburbio de la capital federal. Colegio militar. Hermoso parque y paseo. Coleccion zoológica. Hipódromo, etc. Por la vía férrea dista 8 kms. de la estacion central. FCN, FCBAR, FCP, C, T. 2) estancia, Ctl 5, Ajó, Buenos Aires. 3) establecimiento rural, Ctl 8, Ramallo, Buenos Aires. 4) establecimiento rural, Ctl 8, Veinte y Cinco de Mayo, Buenos Aires. 5) establecimiento rural, Candelaria. Totoral, Córdoba. 6) quinta, Santo Tomé, Corrientes. 7) finca rural, La Paz, Mendoza. 8) distrito del departamento Cachi, Salta. 9) lavadero de oro en el valle Calchaquí, Cachi, Salta. E. 10) estancia, Rosario de Lerma, Salta.

Palestina, colonia, Chazon, Tercero Abajo, Córdoba. Fué fundada en 1888. Dista solo 5 kms. del ferro-carril andino.

Palitos, finca rural, La Cruz, Corrientes.

Palizada, 1) ia, lugar poblado, Cañas, Anejos Norte, Córdoba. 2) la, paraje poblado, La Paz, Mendoza.

Pallasquin, lugar poblado, Reduccion, juarez Celman, Córdoba.

Palma, 1) la, establecimiento rural, Ctl 3, Campana, Buenos Aires. 2) estancia, Ctl 4, Patagones, Buenos Aires. 3) la, laguna, Ctl 4, Tapalqué, Buenos Aires. 4) establecimiento rural, Ctl 10, Trenque-Lauquen, Buenos Aires. 5) estancia, Ctl 5, Zárate, Buenos Aires. 6) lugar poblado, Argentina, Minas, Córdoba. 7) lugar poblado, Candelaria, Rio Seco, Córdoba. 8) lugar poblado, Mercedes, Tulumba, Córdoba. 9) la, cabaña de ovejas Rambouillet, Alarcon, Gualeguaychú, Entre Rios. 10) finca rural, Belgrano, Mendoza. 11) finca rural, Lujan, Mendoza. 12) la, finca rural, Campo Santo, Salta. 13) *de los Gauchos*, estancia, Ctl 5, Dorrego, Buenos Aires. 14) *Sola*, estan-

ria, San Miguel, Corrientes. 15) *Sola*, finca rural, San Roque, Corrientes.

Palmar, 1) lugar poblado, Libertad, San Justo, Córdoba. 2) lugar poblado, Cerrillos, Sobremonte, Córdoba. 3) lugar poblado, Bell-Ville, Union, Córdoba. 4) estancia, Caacatí, Corrientes. 5) el, estancia, Concepcion, Corrientes. 6) finca rural, Paso de los Libres, Corrientes. 7) chacra, San Luis del Palmar, Corrientes. 8) distrito del departamento Diamante, Entre Rios. 9) arroyo, Colon, Entre Rios. Desagua en la márgen derecha del Uruguay, en direccion de NO. á SE. Es en toda su extension límite entre los distritos 6° y 4°. 10) cuesta del, San Francisco, Ayacucho, San Luis. $\varphi = 32°$ 30'; $\lambda = 65° 10'$; $\alpha = 1470$ m. (Moussy). 11) laguna formada por el arroyo Calchaquí, Capital, Santa Fe. 12) *Grande*, estancia, San Miguel, Corrientes. 13) *Salinas*, paraje poblado, Lavalle, Corrientes.

Palmares, 1) distrito del departamento Banda, Santiago del Estero. 2) paraje poblado, Banda, Santiago.

Palmas, 1) las, establecimiento rural, Ctl 4, 6, Azul, Buenos Aires. 2) las, laguna, Ctl 4, Cármen de Areco, Buenos Aires. 3) chacra, Ctl 3, Lomas de Zamora, Buenos Aires. 4) estancia, Ctl 3, Magdalena, Buenos Aires. 5) vertiente, San Pedro, Capayan, Catamarca. 6) las, colonia, Solalindo, Chaco. C, T. 7) lugar poblado, Copacabana, Ischilin, Córdoba. 8) lugar poblado, Argentina, Minas, Córdoba. 9) aldea, Parroquia, Pocho, Córdoba. Tiene 146 habitantes. (Censo del 1° de Mayo de 1890). 10) finca rural, La Cruz, Corrientes. 11) laguna, Formosa. Está á inmediaciones de las juntas del Pilcomayo. 12) lugar poblado, San Martin, San Martin, San Luis. C.

Palmera, 1) la, establecimiento rural, Ctl 4, Olavarría, Buenos Aires. 2) paraje poblado, San Cárlos, Salta.

Palmira, 1) estancia, Ctl 5, Balcarce, Buenos Aires. 2) establecimiento rural, Ctl 6, Ramallo, Buenos Aires. 3) establecimiento rural, Ctl 7, Rauch, Buenos Aires. 4) colonia, Bell-Ville, Union, Córdoba. Fué fundada en 1886, en una extension de 1353 hectáreas. Está situada en el éjido de Bell-Ville. 5) estancia, Esquina, Corrientes. 6) núcleo de poblacion, Itatí, Corrientes. 7) lugar poblado, San Martin, Mendoza. Por la vía férrea dista de Villa Mercedes 321 kms. y de Mendoza 35. FCGOA, C, T. 8) finca rural, Chicoana, Salta. 9) *Vieja*, establecimiento rural, Ctl 7, Rauch, Buenos Aires.

Palmita, 1) lugar poblado, Guasapampa, Minas, Córdoba. 2) lugar poblado, Tránsito, San Alberto, Córdoba. 3) la, lugar poblado, Concepcion, San Justo, Córdoba. 4) finca rural, Concepcion, Corrientes. 5) finca rural, Mercedes, Corrientes. 6) finca rural, Paso de los Libres, Corrientes.

Palmitas, 1) distrito del departamento La Paz, Catamarca. 2) cuartel de la pedania Timon Cruz, Rio Primero, Córdoba. 3) aldea, Timon Cruz, Rio Primero, Córdoba. Tiene 604 habitantes. (Censo del 1° de Mayo de 1890). 4) finca rural, Caacatí, Corrientes. 5) estancia, La Cruz, Corrientes. 6) lugar poblado, San Pedro, jujuy. 7) lugar poblado, Oran, Salta. 8) chacra, Larca, Chacabuco, San Luis. 9) finca rural, San Lorenzo, San Martin, San Luis. 10) vertiente, San Lorenzo, San Martin, San Luis. 11) estancia, Leales, Tucuman. Próxima á la frontera santiagueña. 12) *Solas*, finca rural, La Cruz, Corrientes. 13) *del Timboy*, paraje poblado, Monte Caseros, Corrientes.

Palo, 1) el, laguna, Ctl 4, Mar Chiquita, Buenos Aires. 2) *Hacheado*, lugar poblado, San Pedro, jujuy. 3) *Labrado*, estancia, Libertad, San justo, Córdoba. 4) *Labrado*, finca rural, juarez Celman,

Rioja. 5) *Lindo*, finca rural, Capital, San Luis. 6) *Marcado*, paraje poblado, Cerrillos, Salta. 7) *del Monje*, lugar poblado, Durazno, Pringles, San Luis. 8) *Parado*, lugar poblado, Parroquia, Cruz del Eje, Córdoba. 9) *Pintado*, distrito del departamento San Cárlos, Salta. 10) *Pintado*, paraje poblado, San Cárlos, Salta. 11) *Quemado*, cuartel de la pedanía Candelaria, Cruz del Eje, Córdoba. 12) *Quemado*, lugar poblado, Candelaria, Cruz del Eje, Córdoba. 13) *Santo*, lugar poblado, San Pedro, jujuy.

Paloma, 1) la, establecimiento rural, Ctl 2, 3, 6, Azul, Buenos Aires. 2) establecimiento rural, Ctl 4, Balcarce, Buenos Aires. 3) estancia, Ctl 6, Baradero, Buenos Aires. 4) estancia, Ctl 4, Brown, Buenos Aires. 5) establecimiento rural, Ctl 6, Chascomús, Buenos Aires. 6) estancia, Ctl 9, Giles, Buenos Aires. 7) establecimiento rural, Ctl 6, juarez, Buenos Aires. 8) establecimiento rural, La Plata, Buenos Aires. 9) establecimiento rural, Ctl 1, Lomas de Zamora, Buenos Aires. 10) establecimiento rural, Ctl 3, Lujan, Buenos Aires 11) establecimiento rural, Ctl 3, Moreno, Buenos Aires. 12) establecimiento rural, Ctl 17, Nueve de Julio, Buenos Aires. 13) establecimiento rural, Ctl 10, Rauch, Buenos Aires. 14) establecimiento rural, Ctl 8, Tandil, Buenos Aires. 15) estancia, Ctl 7, 10, Trenque-Lauquen, Buenos Aires. 16) estancia, Ctl 8, 10, Veinte y Cinco de Mayo, Buenos Aires. 17) la, establecimiento rural, Viedma, Rio Negro. 18) la, finca rural, Rosario de Lerma, Salta. 19) lugar poblado, junin, San Luis. E. 20) estancia, Graneros, Tucuman. En la frontera de Santiago. 21) *Pozo*, lugar poblado, Higueras, Cruz del Eje, Córdoba.

Palomar, 1) estancia, Ctl 7, Bahía Blanca, Buenos Aires. 2) chacra, Ctl 3, Pergamino, Buenos Aires. 3) distrito de la

seccion jimenez 1° del departamento Jimenez, Santiago del Estero. 4) lugar poblado, Jimenez 1°, jimenez, Santiago. E 5) el, finca rural, Jachal, San Juan.

Palomares, lugar poblado, Tupungato, Mendoza.

Palomas, 1) laguna, Ctl 3, Maipú, Buenos Aires. 2) las, laguna, Ctl 4, Mar Chiquita, Buenos Aires 3) lugar poblado, Quilino, Ischilin, Córdoba. 4) las, lugar poblado, Castaños, Rio Primero, Córdoba. 5) lugar poblado, Chancani, Pocho, Córdoba. 6) lugar poblado, General Mitre, Totoral, Córdoba. 7) de las, cañada, La Plata, Buenos Aires. Al Norte de la Ensenada. Conduce al rio de La Plata.

Palomayaco, lugar poblado, Chuñaguasi, Sobremonte, Córdoba.

Palometa [1], laguna, Bella Vista, Corrientes.

Palominos, aldea. Chit ligasta, Tucuman. En la márgen izquierda del arroyo Gastona, á 3 kms. aguas arriba de Chicligasta. E.

Palomita la, establecimiento rural, Departamento 2°, Pampa.

Palomitas, lugar poblado, Campo Santo, Salta. Por la vía férrea dista 75 kms. de Salta y 94 de Jujuy. $x = 897$ m. FCCN, C, T.

Palos, 1) los, laguna, Ctl 8, Rauch, Buenos Aires. 2) lugar poblado, Capital, Tucuman. C. 3) *Blancos*, paraje poblado, San Pedro, Jujuy. 4) *Cortados*, lugar poblado, Ciénega del Coro, Minas, Córdoba. 5) *Cortados*, finca rural, San Lorenzo, San Martin, San Luis. 6) *Quemados*, distrito del departamento Banda, Santiago del Estero. 7) *Secos*, lugar poblado, Aguada del Monte, Sobremonte, Córdoba.

Palpalá, paraje poblado, Capital, Jujuy. Por la vía férrea dista 12 kms. de la

---

1 Pez de agua salada que se consume mucho en Buenos Aires, donde es importado con procedencia de Montevideo.

capital provincial y 112 de Chilcas. $x =$ 1126 m. FCCN, C, T.

Palquita, paraje poblado, Iruya, Salta.

Pamaliman, poblacion agrícola, Iglesia, San juan.

Pampa, [1] 1) gobernacion situada al Oeste de la provincia de Buenos Aires y al Sud de las provincias de Mendoza, San Luis y Córdoba. Sus límites son : por el Norte, el paralelo de los 36° de lati-tud que divide este territorio nacional de las provincias de Mendoza y San Luis, y el paralelo de los 35° que la divide de la provincia de Córdoba, por el Este el meridiano 5° de Buenos Aires (63° 21' 33" O. G.) que la separa de la provincia del mismo nombre; por el Oeste el meridiano 10 de Buenos Aires (68° 21' 33" O. G.) que divide con la provincia de Mendoza hasta tocar el rio Colorado, y por el Sud el curso de este último rio. Dentro de estos límites tiene la gobernacion 144919 kms.² de exten-sion. La casi totalidad del territorio de la gobernacion no es en manera alguna pampa ni desierto. No es una vasta ni uniforme llanura, como vulgarmente se cree, porque los accidentes topográficos las ondulaciones del terreno, los méda-nos, las lomas y los montes varían á cada paso la perspectiva y estrechan y quiebran el círculo del horizonte. Tam-poco puede llamarse desierto á una ex-tensa campaña, poblada por centenares de leguas de monte de árboles frutales y de maderas de construccion, en la cual crecen, y en ciertos parajes con gran abundancia, los mejores pastos: en fin, un territorio tan rico en lagunas perma-nentes y de agua abundante. En medio de los montes se extienden espacios más ó menos grandes, desprovistos de árbo-les, que los indios llaman pampa. Estos

---

[1] Campo llano (Quichua.)

sacate, Pocho. Córdoba. 12) aldea, Ambul, San Alberto. Córdoba. Tiene 214 habitantes. (Censo del 1° de Mayo de 1890.) 13) lugar poblado, Panaolma, San Alberto, Córdoba. 14) la, lugar poblado, Rio Pinto, Totoral, Córdoba. Tiene 117 habitantes. (Censo m.) 15) la, finca rural, Capital, Rioja. 16) vertiente, Malanzan, Rivadavia, Rioja. 17) finca rural, Dolores, Chacabuco, San Luis. 18) colonia, Urquiza, San Lorenzo, Santa Fe. Tiene 568 habitantes. (Censo del 7 de junio de 1887.) E. 19) *de Achala*, sierra, Córdoba. Es la parte central del macizo que lleva el nombre de sierra de Achala. La altura media de esta sierra es de 2190 metros. Se extiende á lo largo del límite que separa el departamento Punilla de los de Pocho y San Alberto. Sus principales cumbres son: el cerro de los Rincones, el Mocito. el Negro, el Blanco, el cerro de las Cuevas y el cerro de los Gigantes. (2350 m.) 20) *Blanca*, paraje poblado, Perico del Cármen, jujuy. Por la vía férrea dista 48 kms. de jujuy y 16 de Santa Rosa. z = 781 m. FCCN, C T. 21) *Blanca*, finca rural, Capital, Rioja. 22) *Blanca*, paraje poblado, Iruya, Salta. 23) *Cacho*, lugar poblado, Algodon, Tercero Abajo, Córdoba. 24) *del Chañar*, distrito del departamento jachal, San juan. 25) *del Chañar*, poblacion agrícola, jachal, San juan. E. 26) *de los Chorlos*, chacra, Larca, Chacabuco, San Luis. 27) *Coya*, veta de cuarzo aurífero, Rinconada, jujuy. 28) *del Gato*, lugar poblado Rio Pinto, Totoral, Córdoba. 29) *Grande*, cuartel de la pedanía Chancani, Pocho, Córdoba. 30) *Grande*, lugar poblado, Chancani, Pocho, Córdoba. 31) *Grande*, paraje poblado, Tilcara, Jujuy. 32) *Grande*, lugar poblado, Rincon del Cármen, San Martin, San Luis. 33) *Larga*, paraje poblado, Ledesma, Jujuy. 34) *Mayo*, estancia, Rosario de la Frontera, Salta.

35) *Mayo*, estancia, Graneros, Tucuman. En la orilla izquierda del arroyo Graneros. 36) *Mayo*, lugar poblado, Monteros, Tucuman. Al Sud de Simoca. 37) *de Olain*, sierra, Córdoba. Al Norte de la «pampa de San Luis» con ramificaciones al Este de la misma. Se eleva en el departamento Punilla á una altura media de 1150 metros. Su principal cumbre, el cerro de Characate, tiene 1450 metros de altura. 38) *Pozo*, estancia, Graneros, Tucuman. 39) *de San Luis*, sierra Córdoba. Es la prolongacion septentrional de la «pampa de Achala.» Se extiende en el límite que separa el departamento Punilla de los de Minas y Pocho. 40) *de los Sauces*, finca rural, San Lorenzo, San Martin, San Luis. 41) *del Toro*, finca rural, Caucete, San juan. 42) *Vieja*, poblacion agrícola, jachal, San juan.

Pampayasta, 1) lugar poblado, Tercero Arriba, Córdoba. φ = 32° 14'; λ = 63° 41' (?) C. E. 2) *Norte*, pedanía del departamento Tercero Arriba, Córdoba. Tiene 965 habitantes. (Censo del 1° de Mayo de 1890.) 3) *Norte*, cuartel de la pedanía del mismo nombre, Tercero Arriba, Córdoba. 4) *Sud*, pedanía del departamento Tercero Arriba, Córdoba. Tiene 855 habitantes (Censo m.) 5) *Sud*, cuartel de la pedanía del mismo nombre, Tercero Arriba, Córdoba.

Pampero [1] el, lugar poblado, Sarmiento, General Roca, Córdoba.

Pampichuela, 1) vertiente, Miraflores, Capayan, Catamarca. 2) cuartel de la pedanía Cañada de Alvarez, Calamuchita, Córdoba. 3) lugar poblado, Cañada de Alvarez, Calamuchita, Córdoba. 4) lugar poblado, Parroquia, Pocho, Córdoba. 5) paraje poblado, Valle Grande, jujuy. C, E.

---

[1] Así se llaman aquí los vientos del tercer cuadrante.

Pampilla, lugar poblado, San Roque, Punilla, Córdoba.

Pampita, 1) la, establecimiento rural, Ctl 6 Olavarria, Buenos Aires. 2) arroyo, Ctl 5, Olavarria, Buenos Aires. 3) finca rural, Jachal, San juan. 4) lugar poblado, Saladillo, Pringles, San Luis. 5) lugar poblado, Trapiche, Pringles, San Luis. 6) *Blanca,* lugar poblado, Rincon del Cármen, San Martin, San Luis.

Pampitas las, lugar poblado, Perico del Cármen, jujuy.

Panaderia la, establecimiento rural, Ctl 7, Azul, Buenos Aires.

Panaolma, 1) pedanía del departamento San Alberto, Córdoba. Tiene 1797 habitantes. (Censo del 1° de Mayo de 1890.) 2) cuartel de la pedanía del mismo nombre, San Alberto, Córdoba. 3) aldea, Panaolma, San Alberto, Córdoba. Tiene 114 habitantes. (Censo m) $\varphi = 31° 38'$; $\lambda = 65° 4'$; $\alpha = 1050$ m. (Brackebusch.) C, E.

Pancanta, 1) cerro del macizo de San Luis, Carolina, Pringles, San Luis. 2) lugar poblado, Totoral, Pringles, San Luis.

Panchita, mina de cobre en el distrito mineral « La Hoyada,» Tinogasta, Catamarca.

Pancho, arroyo, Entre Rios. Es un tributario del Gualeguay en la márgen izquierda y forma en toda su extension el límite entre los departamentos Uruguay (Moscas) y Gualeguaychú (San Antonio.)

Pan de Azúcar, 1) cumbre de la sierra del Aconquija en el distrito mineral de las Capillitas, Andalgalá, Catamarca. Encierra la mina de cobre « Carmelita. » 2) islote en el golfo de San jorge, Chubut. $\varphi = 45° 4'$; $\lambda = 65° 48'$; $\alpha = 58$ m. (Fitz Roy.) 3) cumbre de la sierra Chica, Punilla, Córdoba. $\varphi = 31° 15'$; $\lambda = 64° 26'$; $\alpha = 1760$ m. (Brackebusch.) 4) lavadero de oro en la Puna, Rinconada, jujuy. 5) cerro, Rinconada, Jujuy. Se levanta en la Puna á 3800 metros de

altura. 6) cerro, Santa Cruz. Está cerca del cabo Tres Puntas. $\varphi = 47° 17'$; $\lambda = 65° 56'$. (Fitz Roy.)

Pandorga la, establecimiento rural, Ctl 4, Necochea, Buenos Aires.

Pangaré [1] el, lugar poblado, Sacanta, San justo, Córdoba.

Pangaresa la, laguna, Ctl 5, Maipú, Buenos Aires.

Pangaresas las, establecimiento rural, Ctl 5, Maipú, Buenos Aires.

Pango, [2] 1) arroyo, Ctl 4, Azul, Buenos Aires. 2) finca rural, Capital, Rioja.

Panquegua, lugar poblado, Las Heras, Mendoza.

Pantanillo, 1) lugar poblado, Cruz del Eje, Cruz del Eje, Córdoba. 2) lugar poblado, Pichanas, Cruz del Eje, Córdoba. 3) lugar poblado, Ciénega del Coro, Minas, Córdoba. 4) lugar poblado, San Roque, Punilla, Córdoba. 5) lugar poblado, San Francisco, Sobremonte, Córdoba. 6) terreno anegadizo, Capital, San Luis. Es formado por el Desaguadero y da nacimiento conjuntamente con los de igual naturaleza llamados Campo de la Esquina y Gorgonta, á los rios Bebedero y Salado. 7) finca rural, Conlara, San Martin, San Luis. C. 8) vertiente, Conlara, San Martin, San Luis. 9) chacra, San Lorenzo, San Martin, San Luis.

Pantanillos, 1) cuartel de la pedanía Suburbios, Rio Segundo, Córdoba. 2) aldea, Suburbios, Rio Segundo, Córdoba Tiene 220 habitantes. (Censo del 1° de Mayo de 1890.) 3) lugar poblado, Quebracho, Rio Primero, Córdoba.

Pantanito, vertiente, Solca, Rivadavia, Rioja.

Pantano, 1) arroyo, Ctl 6, Pergamino, Buenos Aires. 2) lugar poblado, Rosario, Pringles, San Luis. E. 3) vertiente, Ro-

---

1 Dícese del caballo ó yegua de color de venado (Granada.)—2 *Hierba* que á fuer de tabaco fuman lo negros en el pito ó cachimbo. (Granada.)

sario, Pringles, San Luis. 4) *del Sauce,* lugar poblado, Rio Pinto, Totoral, Córdoba.

Pantanosa 1) la, vertiente, Ctl 6, Ajó, Buenos Aires. 2) la, establecimiento rural, Ctl 5, Alvear, Buenos Aires. 3) laguna, Ctl 6, Alvear, Buenos Aires. 4) la, laguna, Ctl 3, Bolivar, Buenos Aires. 5) la, laguna, Ctl 2, Castelli, Buenos Aires 6) laguna, Ctl 5, juarez, Buenos Aires. 7) laguna, Ctl 6, Navarro, Buenos Aires. 8) laguna, Ctl 8, Nueve de Julio, Buenos Aires. 9) la, cañada, Ctl 10, Ramallo, Buenos Aires. 10) laguna, Ctl 5, Saladillo, Buenos Aires. 11) la, cañada, Ctl 6, San Nicolás, Buenos Aires. 12) la, cañada, Ctl 3, Tordillo, Buenos Aires. 13) la, laguna, Ctl 12, Veinte y Cinco de Mayo, Buenos Aires.

Pantanoso 1) el, arroyo, Ctl 5, Alvear, y Ctl 10, Saladillo, Buenos Aires. Este arroyo es la continuacion del Vallimanca y conserva el nombre de Pantanoso entre las lagunas Verdosa (Alvear) y del Potrillo (Saladillo.) 2) arroyo, Ctl 1, 2, 3, 4, 5, 6, 8, Balcarce, Buenos Aires. Tiene su origen en la sierra de la Vigilancia y desagua en el arroyo Grande, en la márgen derecha. 3) arroyo, Ctl 1, Loberia, Buenos Aires. 4) arroyo, Ctl 3, Merlo, y Ctl 5, Matanzas, Buenos Aires. 5) arroyo, Ctl 2, 4, 5, 10, Rauch, Buenos Aires. Desagua en la márgen derecha del arroyo Chapaleofú Grande. 6) arroyo, Ctl 4, Suarez, y Ctl 4, Puan, Buenos Aires. 7) arroyo, Rio Cuarto, Córdoba. Nace en los remates australes de la sierra Comechingones, corre hácia el Este y termina por absorcion en el suelo poroso de la pampa. 8) arroyo, Entre Rios. Desagua en la márgen izquierda del Gualeguaychú, en direccion de E. á O. Es en toda su extension límite entre los departamentos Colon (distrito 3°) y Uruguay (Molino.) 9) arroyo, Capital, Santa Fe. Es un pequeño tributario del Salado.

Panteon el, finca rural, Cafayate, Salta.

Pantera, laguna, Ctl 2, Rauch, Buenos Aires.

Panti-pampa, paraje minero, Iruya, Salta. En sus inmediaciones existe la mina de cobre gris llamada Chacabuco.

Pan y Agua, finca rural, Mercedes, Corrientes.

Papagayo, 1) estancia, Nueve de Julio, Mendoza. 2) arroyo, Nueve de Julio, Mendoza. Es un afluente del rio San Cárlos en la márgen derecha. 3) finca rural, Pedernal, Huanacache, San Juan.

Papagayos, 1) lugar de baños termales, Belgrano, Mendoza. Está á unos 15 kms. al Oeste de la Capital provincial. 2) chacra, Larca, Chacabuco, San Luis. 3) vertiente, Larca, Chacabuco, San Luis.

Paquete, laguna, Villarino, Buenos Aires.

Paracao, arroyo, Entre Rios. Forma en toda su extension el límite entre el ejido de la capital provincial y el distrito Salto del departamento Diamante. Desagua en el Paraná.

Pareda, cuartel de la pedanía Candelaria, Cruz del Eje, Córdoba.

Paradise Grove, establecimiento rural, Ctl 1, Lomas de Zamora, Buenos Aires.

Paraguay, rio. Como el Paraguay baña con sus aguas las márgenes argentinas comprendidas por el Pilcomayo y el Bermejo, no está demás mencionarlo aquí brevemente. Tiene este rio su manantial más remoto en el Brasil bajo los 14° de latitud Sud y 58° de longitud Oeste de Greenwich. Consta en un principio de dos ramas, el rio Cuyabá y el rio Paraguay propiamente dicho. Desde su origen corren el uno al lado del otro en direccion aproximadamente Sud hasta que, bajo la latitud de 18° se reunen en un solo rio en los pantanos Xarayos. De allí sigue el rio en direccion netamente Sud hasta su desagüe en el Paraná ($\varphi = 27°$ 16'; $\lambda = 58°$ 37'). El Paraguay es en general menos ancho que el Paraná y el Uruguay, pero en cambio tiene un cauce más uniforme en su anchura y hondura que estos últimos rios. Cuando el rio está crecido, tiene en la Asuncion una hondura media de 8 metros, en Corumbá, bajo los 19° de latitud Sud, de 4 á 4 1/2 metros, y buques que no tuvieran un calado mayor de 4 piés podrían en todas las estaciones subir hasta Cuyabá; más aun, hasta la latitud de 15° Sud. El rio Paraguay, á diferencia del Paraná y Uruguay, es alimentado por las lluvias tropicales, por lo cual acusa variaciones más regulares en su caudal de agua que los otros dos rios, cuyas aguas son el derrame de las irregulares lluvias subtropicales.

Paraguaya-Cué, finca rural, Caacatí, Corrientes.

Paraguayo, 1) laguna, Ctl 3, Pueyrredon, Buenos Aires. 2) el, finca rural, Esquina, Corrientes.

Paraisito, finca rural, La Cruz, Corrientes.

Paraíso, [1] 1) establecimiento rural, Ctl 15, Arrecifes, Buenos Aires. 2) establecimiento rural, Ctl 8, Ayacucho, Buenos Aires. 3) establecimiento rural, Ctl 4, Azul, Buenos Aires. 4) establecimiento rural, Ctl 3, Brandzen, Buenos Aires. 5) establecimiento rural, Ctl 5, Dorrego, Buenos Aires. 6) establecimiento rural, Ctl 1, Guaminí, Buenos Aires. 7) establecimiento rural, Ctl 11, juarez, Buenos Aires. 8) establecimiento rural, Ctl 2, Las Flores, Buenos Aires. 9) estancia, Ctl 8, Loberia, Buenos Aires. 10) establecimiento rural, Ctl 5, Maipú, Buenos Aires. 11) establecimiento rural, Ctl 1, Merlo Buenos Aires. 12) establecimiento rural, Ctl 2, Monte, Buenos Aires 13) lugar poblado, Ramallo, Buenos Aires. Por la vía férrea dista de la capital federal 204 kms. y del Rosario 100. $z =$

---

[1] Arbol (Melia Azedarach).

33 m. FCBAR, C, T. 14) estancia, Ctl 11, Ramallo, Buenos Aires. 15) establecimiento rural Ctl 5, San Pedro, Buenos Aires. 16) lugar poblado, Constitucion, Anejos Norte, Córdoba. 17) lugar poblado, Calamuchita, Córdoba. $\varphi = 31° 52'$; $\lambda = 64° 22'$. 18) estancia, Reduccion, Juarez Celman, Córdoba. 19) lugar poblado, Higuerillas, Rio Seco, Córdoba. 20) estancia, Pilar, Sio Segundo, Córdoba. 21) el, estancia, Bella Vista, Corrientes. 22) el, estancia, Concepcion, Corrientes. 23) estancia, Curuzú-Cuatiá, Corrientes. 24) el, finca rural, Esquina, Corrientes. 25) laguna, Esquina, Corrientes. 26) establecimiento rural, Goya, Corrientes. 27) establecimiento rural, La Cruz, Corrientes. 28) establecimiento rural, Lavalle, Corrientes. 29) el, finca rural, Paso de los Libres, Corrientes. 30) finca rural, San Miguel, Corrientes. 31) el, finca rural, San Roque, Corrientes. 32) el, estancia, Santo Tomé, Corrientes. 33) el, finca rural, Belgrano, Mendoza. 34) finca rural, La Paz, Mendoza. 35) el, finca rural, Maipú, Mendoza. 36) el, finca rural, San Martin, Mendoza. 37) finca rural, Capital, Salta. E. 38) fuente de aguas termales alcalinas, Campo Santo, Salta. Está á 45 kms. al Este de la ciudad de Salta. La temperatura de las aguas es de 35° á 40° Celsius. 39) el, finca rural, Cerrillos, Salta. 40) el, finca rural, Rosario de Lerma, Salta. 41) lugar poblado, Belgrano, San Luis. E. 42) finca rural, Dolores, Chacabuco, San Luis. 43) el, chacra, Larca, Chacabuco, San Luis. 44) estancia, Burruyaco, Tucuman. Al SE. del departamento, cerca de la frontera de Santiago. 45) ingenio de azúcar, Capital, Tucuman. A 12 kms. al Este de la capital provincial. 46) estancia, Graneros, Tucuman. En la frontera de Catamarca. 47) *Itavirá*, finca rural, Mercedes, Corrientes. 48) *de Payubre*, finca rural, Mercedes, Corrientes.

nias agrícolas siguientes: Cerrito, Crespo Brugo, Florentina, Hernandarias, Santa María, Villa Urquiza, Municipal, Auli, Argentina, Merou y Cuesta. El yeso y la cal abundan en el departamento. Administrativamente está dividido en los distritos: Antonio Tomás, María Grande 2ª, Tala, Maria Grande 1ª, Quebracho, Espinillo y Sauce. Las principales arterias fluviales son los arroyos Hernandarias, Burgos, María Chica, María Grande, Conchas, Moreira, Tunas, Espinillo, Sauce Grande, Quebracho y Paracao. 4) capital de la provincia de Entre Rios. Fundada en 1730, cuenta hoy con unos 18000 habitantes. Esta ciudad ha sido capital de la república desde 1852 hasta 1861. Banco Provincial de Entre Rios y Sucursal del Banco Nacional. Aduana. Escuela Normal de Profesores. Seminario. Teatro. Tramways. Teléfonos. Grasería, etc. Escala de los vapores que navegan el Paraná. Importante comercio con cales. Paraná se comunica diariamente por medio de pequeños vapores con Santa Fe, que está situado al frente, en la otra orilla del rio. De la ciudad del Paraná arranca el ferro carril entreriano que se inauguró en 1887. Por esta vía dista de Concepcion del Uruguay 280 kms. $\varphi = 31° 43' 45''$; $\lambda = 60° 31' 19,5''$; $z = 78$ m. (Azotea de la Escuela Normal, Observatorio). La altura media del rio sobre el nivel del mar, es aqui, segun Page, de 30 m. FCCE, C, T, E 5) rio. Nace con dos brazos principales, el rio Grande y el rio Paranahyba, en las faldas occidentales de la sierra de Espinhazo (Brasil) por un lado, y en la pendiente Sud de los montes Pyrenhos por otro. Desde la confluencia de los rios Grande y Paranahyba, bajo la latitud de los 20°, toma el rio resultante el nombre de Paraná. En su curso general hacia SSE. llega á los 24° 4' 38'' de latitud Sud, donde produce la hermosa catarata de la Guayra. Tiene en ese punto el rio, segun Azara, una anchura de 4 kms. (?), que de repente se estrecha al franquear la sierra de Maracayú en un canal de solo 60 metros de ancho, cayendo las aguas sobre un plano inclinado de 50° desde una altura de 17 metros. El choque del agua contra la piedra granítica de ese canal y las rocas que en él surgen levantan nubes de agua tan espesas, que se ven desde muy lejos. Una lluvia contínua producida por la condensacion de esos vapores, cae en los alrededores; la tierra tiembla en la vecindad, y el fragor de la catarata se oye á 30 kms. á la redonda. Doscientos kilómetros más abajo, por los 25° 30' de latitud Sud, entra el Paraná en territorio argentino, recibiendo en su márgen izquierda las aguas del gran rio Iguazú ó rio Grande de Curitiba. A medida que el rio avanza tuerce su rumbo en Sud-Oeste y Oeste. A unos 500 kms. aguas abajo de la desembocadura del Iguazú se produce el llamado «Salto de Apipé,» que, en resúmen, se reduce á algunos rápidos ocasionados por rocas que interceptan el canal que separa la isla de Apipé de la márgen correntina, y que, cuando las aguas son crecidas, pueden ser franqueadas por embarcaciones de poco calado. Con rumbo á Oeste sigue el Paraná hasta recibir en la márgen derecha las aguas del Paraguay, doblando luego rápidamente hacia SSO, direccion que conserva en general, hasta la ciudad del Rosario, donde el rio se inclina á S. primero y á SE. despues. El Paraná desemboca en el rio de La Plata bajo los 34° de latitud, con varios brazos, de los cuales son los principales el Paraná-Guazú al Norte, el Paraná-Miní en el centro, y el Paraná de las Palmas al Sud. El desarrollo del cauce, las curvas principales incluidas, es de cerca de 4000 kms., de

Pardo, 1) lugar poblado, Las Flores, Buenos Aires. Por la via férrea dista de la Capital federal 243 kms. $z = 55,7$ m. FCS, C, T. 2) arroyo, Ctl 10, Necochea, Buenos Aires.

Paredes, lugar poblado, San Cárlos, Minas, Córdoba.

Paredon, 1) cuartel de la pedania Alta Gracia, Anejos Sud, Córdoba. 2) lugar poblado, Parroquia, Pocho, Córdoba.

Parida la, laguna, Ctl 5, Bragado, Buenos Aires.

París, 1) estancia, Campo Santo, Salta. 2) *y Lóndres,* estancia, Chicoana, Salta.

Parish, 1) estancia, Ctl 6, Azul, Buenos Aires. 2) lugar poblado, Azul, Buenos Aires. Por la via férrea dista 282 kms. de la Capital federal. $z = 87,3$ m. FCS, C, T, E. En sus inmediaciones corre el arroyo Azul, que atraviesa allí la línea férrea del Sud.

Parmamarca, lugar poblado, Tumbaya, Jujuy.

Parodi, laguna, Ctl 12, Veinte y Cinco de Mayo, Buenos Aires.

Parra la, lugar poblado, Castaños, Rio Primero, Córdoba.

Parral, establecimiento rural, Ctl 2, Tandil, Buenos Aires.

Parravicini, lugar poblado, Dolores, Buenos Aires. Por la via férrea dista de la Capital federal 222 kms. $a = 7$ m. FCS, línea de Altamirano á Tres Arroyos. C, T.

Parrilla, cuartel de la pedanía Chancani, Pocho, Córdoba.

Parroquia, 1) pedania del departamento Ischilin, Córdoba. Véase Ischilin. 2) pedania del departamento Pocho, Córdoba. Tiene 2073 habitantes. (Censo del 1° de Mayo de 1890.) 3) pedania del departamento Tulumba, Córdoba. Tiene 1689 habitantes. (Censo m.) 4) cuartel de la pedania del mismo nombre, Tulumba, Córdoba.

Parva, 1) la, establecimiento rural, Ctl 4, 5,

Alvear, Buenos Aires. 2) laguna, Ctl 4, Alvear, Buenos Aires,

Parvita la, estancia, Ctl 3, Bolívar, Buenos Aires.

Pasaje, 1) el, establecimiento rural, Ctl 5, Navarro, Buenos Aires. 2) lugar poblado, Campo Santo, Salta. C, T. 3) rio, Salta. Véase Juramento.

Pasatiempo, 1) establecimiento rural, Ctl 4, Cañuelas, Buenos Aires. 2) establecimiento rural, Ctl 5, Ramallo, Buenos Aires. 3) establecimiento rural, Ctl 4, Rojas, Buenos Aires. 4) estancia, Ctl 5, San Antonio de Areco, Buenos Aires.

Pascual, laguna, Esquina, Corrientes.

Paslimpato, 1) distrito del departamento Castro Barros, Rioja. 2) vertiente, Anjullon y Paslimpato, Castro Barros, Rioja.

Paso, 1) el, laguna, Ctl 2, Saladillo, Buenos Aires. 2) el, paraje poblado, Cafayate, Salta 3) *de Aguirre,* paraje poblado, Concepcion, Corrientes. 4) *de Aguirre,* paraje poblado, Mburucuyá, Corrientes, 5) *Alsina,* estancia, Ctl 1, 2, 3, Patagones, Buenos Aires. 6) *Ancho,* arroyo, La Plata, Buenos Aires. 7) *Ancho,* lugar poblado, San Cárlos, Minas, Córdoba. 8) *de Arena,* lugar poblado, Suburbios, Rio Segundo, Córdoba. 9) *de los Avestruces,* estancia, Ctl 5, Bahia Blanca, Buenos Aires. 10) *Bai,* paraje poblado, Sauce, Corrientes. 11) *Barranca,* lugar poblado, Pampayasta Sud, Tercero Arriba, Córdoba. 12) *Batel,* paraje poblado, Concepcion, Corrientes. 13) *de la Batea,* lugar poblado, Anta, Salta. E. 14) *de Bermudez,* paraje poblado, Sauce, Corrientes. 15) *de la Burra,* lugar poblado, San Cárlos, Minas, Córdoba. 16) *de los Burros,* lugar poblado, Yucat, Tercero Abajo, Córdoba. 17) *Caabi,* paraje poblado, Concepcion, Corrientes. 18) *Caabi,* laguna, Concepcion, Corrientes. 19) *de la Candelaria,* paraje poblado, Oran, Salta. 20) *Canoa,* lugar poblado, Mailin, Veinte y Ocho de Marzo, Matará, Santiago. C. 21) *de la Cañada*, lugar poblado, San Martin, San Martin, San Luis. 22) *del Cármen*, aldea, Candelaria, Cruz del Eje, Córdoba. Tiene 167 habitantes. (Censo del 1º de Mayo de 1890). Establecimiento metalúrgico. 23) *Carreta*, estancia, San Miguel, Corrientes. 24) *Carrizalito*, finca rural, Iglesia, San Juan. 25) *Castrel*, paraje poblado, Viedma, Rio Negro. 26) *de Clucori*, paraje poblado, Pringles, Rio Negro. 27) *Colorado*, arroyo, Ctl 2, Juarez, Buenos Aires. 28) *Colorado*, lugar poblado, Pampayasta Sud, Tercero Arriba, Córdoba. 29) *de la Corriente*, lugar poblado, Candelaria, Cruz del Eje, Córdoba. 30) *de las Costillas*, lugar poblado, San Pedro, San Alberto, Córdoba. 31) *Crespos*, estancia, Ctl 3, Patagones, Buenos Aires. 32) *Curapiray*, paraje poblado, Concepcion, Corrientes. 33) *del Cuzco*, paraje poblado, Oran, Salta. 34) *Esterito*, paraje poblado, Esquina, Corrientes. 35) *Estrecho*, lugar poblado, Argentina, Minas, Córdoba. 36) *Falso*, paraje poblado, Curuzú-Cuatiá, Corrientes. 37) *del Gato*, lugar poblado, Parroquia, Cruz del Eje, Córdoba 38) *Grande*, lugar poblado, San Cárlos, Minas, Córdoba. 39) *Grande*, lugar poblado, Conlara, San Martin, San Luis. C, E. 40) *Hayguë*, paraje poblado, Ituzaingó, Corrientes. 41) *de los Indios*, lugar poblado, Neuquen. C. T. 42) *de la Laguna*, lugar poblado, Guzman, San Martin, San Luis. 43) *de Lamar*, distrito del departamento Jachal, San juan. 44) *de Lamar*, poblacion agricola, Jachal, San Juan. 45) *Largo*, lugar poblado, Esquina, Corrientes. 46) *Ledesma*, paraje poblado, Paso de los Libres, Corrientes. 47) *de los Libres*, departamento de la provincia de Corrientes. Está situado á orillas del Uruguay y es limitado al Norte por el departamento La Cruz; al Oeste por el rio Mariñay y su estero (departamentos Curuzú-Cuatiá y Mercedes); y al Sud por el rio Miriñay (departamento Monte Caseros). Su extension es de 3800 kms. y su poblacion conjetural de 10000 habitantes. El departamento es regado por el rio Miriñay y los arroyos San Joaquin, Churicuá, Naranjito, San Antonio, Animas, Yatay, Maidana, Sauce, Tabicuá, Curupi. Ayuí, Carambacué, Carapicay y otros. 48) *de los Libres*, villa, Paso de los Libres, Corrientes. Es la cabecera del departamento. Está situada á orillas del Uruguay, en las proximidades de la desembocadura del arroyo Yatay, y á 80 kms. al Norte de Monte Caseros, frente á la villa brasilera Uruguayana. Tiene unos 2500 habitantes. Comercio activo con el Brasil en maderas, yerba, haciendas, naranjas, etc Aduana. Agencia del Banco Nacional. Paso de los Libres será estacion del ferro-carril que se construye desde Monte Caseros hasta Posadas. C, T, E. 49) *de Lopez*, lugar poblado, Yucat, Tercero Abajo, Córdoba. 50) *del Loro*, paraje poblado, Beltran, Mendoza 51) *Lucero*, estancia, Ctl 3, Patagones, Buenos Aires. 52) *Lucero*, paraje poblado, San Roque, Corrientes. 53) *Luna*, paraje poblado, Departamento 10º, Pampa. 54) *Maidana*, lugar poblado, Mercedes, Corrientes 55) *Manantiales*, lugar poblado, Capital, San Luis. C. 56) *de Marquez*, paraje poblado, Paso de los Libres, Corrientes. 57) *Mayor*, estancia, Ctl 7, Bahia Blanca, Buenos Aires. 58) *del Milagro*, lugar poblado, San José, Tulumba, Córdoba. 59) *Mojon*, paraje poblado, Concepcion, Corrientes 60) *del Monte*, paraje poblado, Oran, Salta. 61) *de Montoya*, lugar poblado, Ciénega del Coro, Minas, Córdoba. 62) *del Mulato*, lugar poblado, Oran, Salta. 63) *de la Orilla*, lugar poblado, Chancani, Pocho, Córdoba. 64) *de*

Oro, paraje poblado, La Cruz, Corrientes. 65) *Otero,* establecimiento rural, Ctl 10, Necochea , Buenos Aires. 66) *Pablo,* lugar poblado, Candelaria, Cruz de Eje, Córdoba. 67) *de la Palma*, lugar poblado, Parroquia, Pocho, Córdoba. 68) *de la Patria*, paraje célebre de la guerra del Paraguay, San Cosme, Corrientes. Está situado en la márgen izquierda del Paraná, á 8 kms. de distancia de su confluencia con el rio Paraguay. C, T, E. 69) *de la Fatria*, estancia, Burruyaco, Tucuman. Cerca de la frontera de Santiago. 70) *Pitá*, paraje poblado, Concepcion, Corrientes. 71) *de Ponce*, finca rural, Monte Caseros, Corrientes. 72) *Pucheta*, lugar poblado, Mercedes, Corrientes. 73) *de la Quebrada*, lugar poblado, San Martin, San Martin, San Luis. 74) *de Quintana*, finca rural, Empedrado, Corrientes. 75) *de Ramirez*, paraje poblado, Paso de los Libres, Corrientes. 76) *del Rey*, lugar poblado . Durazno , Pringles, San Luis. 77) *del Rio*, paraje poblado, Guachipas, Salta. 78) *del Rio*, paraje poblado , San Martin , San Martin, San Luis. 79) *Rubio*, paraje poblado, Lavalle, Corrientes. 80) *Saty*, paraje poblado, Concepcion, Corrientes 81) *del Tala*, paraje poblado, Curuzú - Cuatiá, Corrientes. 82) *del Tala*, paraje poblado, Lavalle, Corrientes. 83) *del Tala*, paraje poblado, San Pedro, Jujuy. 84) *Timbó*, paraje poblado, San Miguel, Corrientes. 85) *de las Tropas*, lugar poblado, Remedios, Rio Primero, Córdoba. 86) *de las Tropas*, lugar poblado, Nono, San Alberto, Córdoba. 87) *de las Tunas*, paraje poblado, Curuzú-Cuatiá, Corrientes. 88) *de las Vacas*, lugar poblado, Totoral, Pringles, San Luis. 89) *Valdez*, paraje poblado, Departamento 10°, Pampa. 90) *Vallejos*, paraje poblado , San Roque, Corrientes. 91) *de las Viejas*, lugar poblado, Yucat, Tercero Abajo , Córdoba. 92) *Viejo*, aldea, Pichanas, Cruz del Eje, Córdoba. Tiene 189 habitantes. (Censo del 1° de Mayo de 1890.) Por la vía férrea dista 103 kms. de Dean Fúnes y 319 de Chilecito. $x = 418$ m. FC de Dean Fúnes á Chilecito. C, T. 93) *Viejo*, lugar poblado, San Cárlos, Minas, Córdoba. 94) *Viejo,* paraje poblado, Empedrado, Corrientes. 95) *Yatay*, paraje poblado , Concepcion , Corrientes. 96) *Zabala*, aldea, San José, Rio Segundo, Córdoba. Tiene 101 habitantes. (Censo m.) 97) *de la Zaina*, lugar poblado, Cruz del Eje, Cruz del Eje, Córdoba.

Pastal, paraje poblado, Las Heras, Mendoza.

Pastel-Cué, finca rural, Caacatí, Corrientes.

Pastería, establecimiento rural, Ctl 2, San Nicolás, Buenos Aires.

Pasto, 1) *Colorado*, cuartel de la pedanía Chancani , Pocho , Córdoba. 2) *Colorado*, lugar poblado, Chancani, Pocho, Córdoba. 3) *Colorado*, lugar poblado, Ballesteros, Union, Córdoba. 4) *Grande*, distrito del departamento Poma, Salta.

Pastor el, establecimiento rural, Ctl 1, Magdalena, Buenos Aires.

Pastora, 1) la, laguna, Ctl 2, Alvear, Buenos Aires. 2) establecimiento rural, Ctl 3, Nueve de Julio, Buenos Aires. 3) establecimiento rural, Ctl 8, Saladillo, Buenos Aires. 4) arroyo, Ctl 9, Tandil, Buenos Aires. 5) estancia, Ctl 15, Tres Arroyos, Buenos Aires. 6) la, lugar poblado, Veinte y Cinco de Mayo, Buenos Aires, E. 7) la, establecimiento rural, Departamento 2°, Pampa.

Pastorcito, estancia, Concepcion, Corrientes.

Pastoreo, 1) el, laguna, Ctl 4, Cármen de Areco, Buenos Aires. 2) laguna, Ctl 10, Tres Arroyos, Buenos Aires. 3) lugar poblado, Parroquia, Pocho, Córdoba

Pastos, 1) *Colorados,* lugar poblado, Pichanas, Cruz del Eje, Córdoba. 2) *del Norte,* distrito minero del departamento Calingasta, San Juan. Encierra plata y cobre.

Pata [1], la, laguna, Ctl 9, Pueyrredon, Buenos Aires.

Patacon, lugar poblado, Candelaria, Cruz del Eje, Córdoba.

Patagones, partido de la provincia de Buenos Aires. Está situado al SO. de la Capital federal, entre los rios Colorado y Negro, el Océano Atlántico y el meridiano 5° de Buenos Aires. Es limítrofe al Norte con el partido de Villarino y al O. y S. con la gobernacion del Rio Negro. Tiene 17445 kms.[2] de extension y una poblacion de 3673 habitantes. (Censo del 31 de Enero de 1890.) La cabecera del partido es la villa Cármen de Patagones. Véase Cármen.

Patagonia, establecimiento rural, Viedma, Rio Negro.

Pataguasi, 1) estancia, Iruya, Salta. 2) paraje poblado, Rosario de Lerma, Salta.

Paterna la, chacra, Ctl 4, Exaltacion de la Cruz, Buenos Aires.

Pato, 1) del, laguna, Ctl 9, Necochea, Buenos Aires. 2) arroyo, Ctl 9, Quilmes, Buenos Aires. Desagua en el rio de La Plata. 3) laguna, Lavalle, Corrientes.

Patos, 1) los, laguna, Ctl 2, Balcarce, Buenos Aires. 2) de los, laguna, Ctl 3, Bragado, Buenos Aires. 3) de los, laguna, Ctl 6, Brandzen, Buenos Aires. 4) de los, laguna, Ctl 7, Chacabuco, Buenos Aires. 5) los, arroyo, Ctl 6, Chascomús, Buenos Aires. 6) los, laguna, Ctl 5, Maipú, Buenos Aires. 7) de los, laguna. Ctl 9, Saladillo, Buenos Aires. 8) los, aldea, Bell-Ville, Union, Córdoba. Tiene 105 habitantes. (Censo del 1° de Mayo de 1890.) 9) de los, laguna, San Juan. Se

halla en la meseta del mismo nombre, en la cumbre de la cordillera, y á unos 4000 metros de altura sobre el nivel del mar. 10) de los, rio, San Juan. Es el orígen del rio de San Juan. 11) de los, paso de la cordillera de San Juan. $\varphi = 32°$ 30'; $\lambda = 70°$; $\alpha = 4238$ m. (Moussy.)

Patria, 1) la, establecimiento rural, Ctl 5, Chascomús, Buenos Aires. 2) laguna, Ctl 9, Pringles, Buenos Aires. 3) establecimiento rural, Ctl 10, Tandil, Buenos Aires 4) cuartel de la pedanía Chancani, Pocho, Córdoba. 5) lugar poblado, Chancani, Pocho, Córdoba. 6) paraje poblado, Rivadavia, Mendoza.

Patron el, estancia, Ctl 8, Lobos, Buenos Aires.

Patrona la, establecimiento rural, Ctl 3, Veinte y Cinco de Mayo, Buenos Aires.

Paulina la, establecimiento rural, Ctl 3, Olavarría, Buenos Aires.

Paunero, 1) laguna, Ctl 7, Guaminí, Buenos Aires. 2) lugar poblado, Tres de Febrero, Rio Cuarto, Córdoba. Por la vía férrea dista de Buenos Aires 641 kms. y de villa Mercedes 50. $\alpha = 448$ m. FCP, C, T.

Pavas, 1) de las, arroyo, Jujuy y Salta. Es un tributario del rio Lavayen en la márgen izquierda. Forma en toda su extension el límite natural entre las provincias de Salta y Jujuy. 2) de las, arroyo, Chicligasta, Tucuman. Es uno de los que dan orígen al arroyo Jaya.

Pavon, 1) laguna, Ctl 7, Veinte y Cinco de Mayo, Buenos Aires. 2) lugar poblado, General Lopez y Rosario, Santa Fe. Por la via férrea dista de Buenos Aires 259 kms., del Rosario 45 y de Sunchales 287. FCRS, C, T. 3) arroyo, Rosario y General Lopez, Santa Fe. Derrama sus aguas en el Paraná, á unos 7 kms. al Norte de Villa Constitucion. Desde donde se le junta el arroyo del Sauce hasta su désembocadura en el Paraná, sirve de límite entre los departamentos Rosario y Ge-

---

1 Arbol (Prosopis sp)

neral Lopez. 4) riacho que arranca del Paraná en las inmediaciones del pueblo santafecino Villa Constitucion y se comunica con el Paraná-Guazú bajo el nombre de rio Ibicuy. 5) *Arriba,* distrito del departamento General Lopez, Santa Fe. Tiene 800 habitantes. (Censo del 7 de Junio de 1887). 6) *Centro,* distrito del departamento General Lopez, Santa Fe. Tiene 690 habitantes. (Censo m.) E. 7) *Norte,* distrito del departamento Rosario, Santa Fe. Tiene 560 habitantes. (Censo m.)

Payal el, estancia, Ctl 3, Pila, Buenos Aires.

Payen, cerro, Beltran, Mendoza. $\varphi = 36°\,30'$; $\lambda = 69°\,23'$; $\alpha = 3563$ m. (Lallemant).

Payo, paraje poblado, Capital, jujuy.

Payogasta, 1) distrito del departamento Cachi, Salta. 2) aldea, Payogasta, Cachi, Salta. C, E. 3) distrito del departamento Poma, Salta. 4) aldea, Payogasta, Poma, Salta. Está situada en el valle de Calchaqui, á orillas del Guachipas. C, E.

Payubre, 1) finca rural, Mercedes, Corrie - tes. 2) gran monte, Curuzú - Cuatiá y Mercedes, Corrientes. Es la continuacion del de Montiel, de Entre Rios. 3) *Chico,* arroyo, Mercedes, Corrientes. Es un tributario del Payubre Grande. 4) *Grande,* arroyo, Mercedes, Corrientes. Es un tritario del rio Corrientes en la márgen izquierda. Sus afluentes son: el Payubre Chico, el Valenzuela y el Garzas.

Paz, 1) establecimiento rural, Ctl 2, Alsina, Buenos Aires. 2) establecimiento rural, Ctl 2, 3, Azul, Buenos Aires. 3) estancia, Ctl 4, Dorrego, Buenos Aires. 4) estancia, Ctl 2, 3, 5, Las Flores, Buenos Aires. 5) estancia, Ctl 4, Magdalena, Buenos Aires. 6) establecimiento rural, Ctl 5, Maipú, Buenos Aires. 7) laguna, Ctl 5, Maipú, Buenos Aires. 8) establecimiento rural, Ctl 1, Quilmes, Buenos Aires. 9) establecimiento rural, Ctl 5, San Pedro, Buenos Aires. 10) estancia, Ctl 10, Trenque-Lauquen, Buenos Aires. 11) cuartel de la pedanía Rio Pinto, Totoral, Córdoba, 12) finca rural, Capital, Salta. 13) y *Guerra,* estancia, Ctl 11, Veinte y Cinco de Mayo, Buenos Aires.

Pecanayo, paraje poblado, Rosario de Lerma, Salta.

Pedernal, 1) arroyo, Entre Rios. Desagua en la márgen derecha del Uruguay, en direccion de ONO. á ESE. Es en toda su extension límite entre los departamentos Concordia (Yeruá) y Colon (distritos 5° y 6°). 2) distrito del departamento Huanacache, San Juan. 3) lugar poblado, Pedernal, Huanacache, San Juan. E.

Pedernales, 1) establecimiento rural, Ctl 4, Veinte y Cinco de Mayo, Buenos Aires. 2) laguna, Ctl 4, Veinte y Cinco de Mayo, Buenos Aires. 3) los, lugar poblado, Saladillo, Pringles, San Luis.

Pedernera, 1) departamento de la provincia de San Luis. Confina al Norte con los departamentos Pringles y Chacabuco; al Este con la provincia de Córdoba y la gobernacion de la Pampa; al Sud con la gobernacion de la Pampa, y al Oeste con el departamento de la Capital. Su extension es de 25815 kms.^{2} y su poblacion conjetural de unos 24600 habitantes. Está dividido en los 4 partidos Mercedes, Region Sud, Morro y Punilla. Las arterias fluviales que benefician el departamento con su escaso caudal de agua son el rio Quinto y los arroyos Diamante, del Morro, del Portezuelo, de Guardia, de la Sierra y de los Pozos. Al Sud del rio Quinto son numerosas las lagunas. Escuelas funcionan en Villa Mercedes, estacion Pedernera, Morro y Esquina. La cabecera del departamento es Villa Mercedes. 2) lugar poblado, Pedernera, San Luis. Por la via férrea dista de Buenos Aires 669 kms. y de Villa Mercedes 22. $\alpha = 379$ m. FCP, C, T, E.

Pedraza, arroyo, Ctl 4, Magdalena, Buenos Aires.

Pedregal, 1) paraje poblado, Rinconada, Jujuy. 2) distrito del departamento Chicoana, Salta. 3) chacra, Jachal, San Juan. 4) *Mollar*, paraje poblado, Chicoana, Salta.

Pedregalito, paraje poblado, Chicoana, Salta.

Pedrera, finca rural, Capital, Salta.

Pedro, establecimiento rural, Ctl 4, Lobería, Buenos Aires.

Pehuajó, 1) partido de la provincia de Buenos Aires. La ley del 13 de Agosto de 1889 dice en su artículo 1°: Queda autorizada la creacion del partido de Pehuajó dentro de la jurisdiccion actual del de Nueve de Julio; y el artículo 2° establece los límites como sigue : los límites del nuevo partido serán los mismos que separan á Nueve de julio de Trenque-Lauquen, Lincoln, Guaminí y Bolívar. La línea de demarcacion entre los partidos Nueve de Julio y Pehuajó será determinada de acuerdo con el nuevo registro gráfico entre las propiedades de don José Maggi, Manuel Canessa, Tomás y juan Bellocq, Gutierrez y Moritan, Juan y José Drysdale, Ramon y Ricardo Wright, que pertenecerán á la jurisdiccion de Pehuajó, y las propiedades de Carabassa y Cª, Waldemar Lausen, Tomás Drysdale, José Tajes, Pastor y Pablo Dorrego, Enrique Bouquet y Claudio Martin que continuarán á formar parte de la jurisdiccion de Nueve de Julio. Este partido tiene, segun el censo del 31 de Enero de 1890, 5230 habitantes. 2) pueblo en formacion, Pehuajó, Buenos Aires Es la cabecera del partido. Estacion del ferro - carril del Oeste en la prolongacion de Nueve de Julio á Trenque - Lauquen. $\varphi = 35°$ 48' 45''; $\lambda = 62°$ 1' 49''. FCO, C, T, E. 3) finca rural, Empedrado, Corrientes. 4) estero, Empedrado, Corrientes. 5) arro-

yuelo, Empedrado, Corrientes. Recorre un corto trayecto y desagua en el Paraná, al Sud del arroyo Gonzalez 6) finca rural Goya, Corrientes. 7) paraje poblado, San Luis, Corrientes. 8) arroyo, Pehuajó al Sud, Gualeguaychú, Entre Rios. Desagua en la márgen derecha del Gualeyan en direccion de SO. á NE. 9) *Norte ,* distrito del departamento Gualeguaychú, Entre Rios. 10) *Sud,* distrito del departamento Gualeguaychú, Entre Rios.

Peinado, pico del potrero del Morro, Morro, Pedernera, San Luis.

Peirano, lugar poblado, Pergamino, Buenos Aires. Por la vía férrea dista de Cañada de Gomez 170 kms. FCCA, ramal de Cañada de Gomez al Pergamino. C, T.

Peiró, laguna, Ctl 2, Puan, Buenos Aires.

Peje, [1] 1) el, lugar poblado, Sarmiento, General Roca, Córdoba. 2) finca rural, Dolores, Chacabuco, San Luis.

Pejecitos, lugar poblado, Totoral, Pringles, San Luis.

Pejes, lugar poblado, Chazon, Tercero Abajo, Córdoba.

Pelada, 1) laguna, Ctl 4, Lujan, Buenos Aires. 2) laguna, Ctl 2, Navarro, Buenos Aires. 3) laguna, Ctl 6, Veinte y Cinco de Mayo, Buenos Aires. 4) la, estancia, Providencia, Colonias. Santa Fe. Tiene 129 habitantes. (Censo del 7 de Junio de 1887). Por la vía férrea dista de Santa Fe 110 kms. y de Soledad 31. FCSF, ramal de Humboldt á Soledad. C, T.

Pelado, 1) el, establecimiento rural, Ctl 7, Azul, Buenos Aires. 2) establecimiento rural, Ctl 3, Rojas, Buenos Aires 3) arroyo, Ctl 3, Rojas, Buenos Aires. Es tributario del arroyo de Rojas, en la márgen derecha. 4) cumbre de la sierra

---

1 O Quebracho flojo, árbol (Jodina rhombifolia).

Comechingones, Calamuchita, Córdoba. 5) finca rural, Curuzú-Cuatiá, Corrientes. 6) cerro, Las Heras, Mendoza. 7) cumbre de la sierra del Morro, Morro, Pederne-ra, San Luis. $z = 1600$ m. 8) cumbre de los cerros de la Carolina, Carolina, Pringles, San Luis. $\varphi = 32°\ 50'$; $\lambda = 65°\ 57'$; $z = 1700$ m. 9) cerro, Tafí, Trancas, Tucuman. Es un ramal del denominado de las Animas.

Pelena-Cué, finca rural, San Luis del Palmar, Corrientes.

Pelicano, paraje poblado, Oran, Salta.

Pelichoque, paraje poblado, Perico del Cármen, Jujuy.

Pelicura, arroyo, Ctl 8, Puan, Buenos Aires. Es un tributario del Chasicó Grande, en la márgen derecha. El San Ramon es su afluente en la márgen derecha.

Peligro, 1) el establecimiento rural, Ctl 6, Alvear, Buenos Aires. 2) laguna, Ctl 6, Ayacucho, Buenos Aires. 3) del, arroyo, La Plata, Buenos Aires. 4) estancia, Ctl 3, Matanzas, Buenos Aires. 5) establecimiento rural, Ctl 6, Olavarría, Buenos Aires. 6) del, laguna, Ctl 4, Pueyrredon, Buenos Aires

Pelillo el, finca rural, General Sarmiento, Rioja.

Pelindres, lugar poblado, Rio Pinto, Totoral, Córdoba.

Pellegrini, 1) colonia, San José de la Esquina, San Lorenzo, Santa Fe. Tiene 57 habitantes. (Censo del 7 de Junio de 1887). 2) rio, Tierra del Fuego. Tiene una anchura variable de 60 á 100 m.; su profundidad media es de 2 m. Sus márgenes son pantanosas ó abarrancadas y su lecho está en parte cubierto de cantos rodados; su valle es ancho y muy pastoso; forma algunos islotes y desemboca en el Atlàntico, á pocas millas del cabo Peñas (Lista). Es el rio más importante de la Tierra del Fuego.

Pelon el, finca rural, Mercedes, Corrientes.

Peloncito, finca rural, Mercedes, Corrientes.

Peludas las, laguna, Ctl 2, Castelli, Buenos Aires.

Peludo [1] el, laguna, Ctl 9, Veinte y Cinco de Mayo, Buenos Aires.

Peludos, 1) los, laguna, Ctl 1, Chacabuco, Buenos Aires. 2) de los, cañada, Ctl 3, 4, Chacabuco, Buenos Aires. Se une con la cañada San Patricio poco antes de desembocar en la márgen izquierda del rio Salado. 3) los, establecimiento rural, Ctl 3, Necochea, Buenos Aires.

Penacho de Arboles, finca rural, Jachal, San Juan.

Penca [2] la, lugar poblado, Villa de María, Rio Seco, Córdoba.

Pencales, 1) cerro de los, en la pampa de Olain, Cruz del Eje, Córdoba. $\varphi = 30°\ 45'$; $\lambda = 64°\ 36'$; $z = 1200$ m. (Brackebusch.) 2) lugar poblado, Dolores, Punilla, Córdoba.

Pencas, 1) lugar poblado, Candelaria, Rio Seco, Córdoba. 2) lugar poblado, Cármen, San Alberto, Córdoba.

Penquita, lugar poblado, Sacanta, San justo, Córdoba.

Pensamiento, 1) el, establecimiento rural, Ctl 7, Ayacucho, Buenos Aires. 2) establecimiento rural, Ctl 3, 8, Las Flores, Buenos Aires. 3) establecimiento rural, Ctl 3, Necochea, Buenos Aires. 4) establecimiento rural, Ctl 9, Pringles, Buenos Aires. 5) arroyo, Ctl 9, Pringles, Buenos Aires. 6) estancia, Ctl 6, Ramallo, Buenos Aires. 7) establecimiento rural, Ctl 4, Rojas, Buenos Aires. 8) establecimiento rural, Ctl 8, Salto, Buenos Aires. 9) estancia, Ctl 2, Tapalqué, Buenos Aires. 10) estancia, Ctl 6, Tres Arroyos, Buenos Aires.

Pensilvania, paraje poblado, San Pedro, jujuy.

---

1 Desdentado (Euphractus villosus.) — 2 Artusto (Opuntia Ficus-Indica)

40

Peña, 1) arroyo, Ctl 2, Brandzen, Buenos Aires. 2) lugar poblado, Manzanas, Ischilin, Córdoba. 3) laguna, Lavalle, Corrientes 4) la, establecimiento rural, Departamento 2°, Pampa 5) la, finca rural, Capital, Salta. 6) *Blanca*, paraje poblado, Humahuaca, Jujuy. 7) *Blanca*, paraje poblado, Chicoana, Salta. 8) *Blanca*, paraje poblado, Guachipas, Salta. 9) *Blanca,* cumbre de la sierra de los Calchaquíes, Tafí, Trancas, Tucuman. 10) *Cármen,* establecimiento rural, Ctl 8, Pergamino, Buenos Aires. 11) *Lolen,* cerro, Veinte y Cinco de Mayo, Mendoza. $\varphi = 34° 30'$; $\lambda = 69° 30'$: $\alpha = 3245$ m. (Pissis.)

Peñaflor, 1) establecimiento rural, Ctl 5, Rauch, Buenos Aires. 2) paraje poblado, Chicoana, Salta.

Peñas, 1) cerro de las, Las Heras, Mendoza. 2) de las, arroyo, Las Heras, Mendoza. Nace en la sierra de los Paramillos, corre de O. á E. y termina al entrar en el departamento Lavalle, por agotamiento. 3) vertiente, Las Cañas, Santa Rosa, Catamarca. 4) cuartel de la pedanía San Bartolomé, Rio Cuarto, Córdoba. 5) las, cabaña de cabras angoras, Tegua y Peñas, Rio Cuarto, Córdoba. C. 6) aldea, Macha, Totoral, Córdoba. Tiene 217 habitantes. (Censo del 1° de Mayo de 1890.) 7) vertiente, Caucete, San Juan. 8) las, lugar poblado, Rosario, Pringles, San Luis. E. 9) distrito de la seccion San Pedro del departamento Choya, Santiago del Estero. 10) lugar poblado, San Pedro, Choya, Santiago. E. 11) *Blancas*, paraje poblado, San Cárlos, Salta.

Peñitas las, finca rural, Trapiche, Pringles, San Luis.

Peñon, finca rural, San Lorenzo, San Martin, San Luis.

Pepiri, 1) *Guazú,* rio en la cuestionada zona de límites con el Brasil, Misiones. Corre al Este del departamento Monteagudo (antes Paggi) de la misma gobernacion y desagua en la márgen derecha del rio Uruguay. $\varphi = 27° 15'$; $\lambda = 53° 14'$ (Azara.) 2) *Mini,* rio, Misiones. Al Oeste del Pepiri-Guazú. Es un tributario del rio Uruguay en la márgen derecha.

Pepita, 1) la, establecimiento rural, Ctl 7, Azul, Buenos Aires. 2) establecimiento rural, Ctl 4, Olavarría, Buenos Aires. 3) mina de cuarzo aurífero, San Bartolomé, Rio Cuarto, Córdoba.

Peral, 1) el, establecimiento rural, Tupungato, Mendoza. 2) finca rural, Jachal, San Juan.

Perales, 1) paraje poblado, Capital, Jujuy. 2) los, paraje poblado, Rosario de Lerma, Salta.

Peralito el, paraje poblado, Lujan, Mendoza.

Peralta, 1) arroyo, Ctl 6, Cañuelas, Buenos Aires. 2) estancia, Ctl 8, Puan, Buenos Aires. 3) pedanía del departamento Rio Segundo, Córdoba. Tiene 1278 habitantes. (Censo del 1° de Mayo de 1890.) Véase Oratorio de Peralta.

Perchel, 1) lugar poblado, Candelaria, Cruz del Eje, Córdoba. 2) cuartel de la pedanía San Antonio, Punilla, Córdoba. 3) lugar poblado, Nono, San Alberto, Córdoba. 4) lugar poblado, Caminiaga, Sobremonte, Córdoba. 5) lugar poblado, Cerrillos, Sobremonte, Córdoba. 6) paraje poblado Tilcara, Jujuy.

Perdices, 1) las, laguna, Ctl 9, Giles, Buenos Aires. 2) laguna, Ctl 6, Lujan, Buenos Aires. 3) laguna, Ctl 1, Monte, Buenos Aires. Se comunica por medio del arroyo Totoral con las denominadas del Monte, del Seco y de Maipú, todas las cuales desaguan por medio del arroyo Manantiales en la llamada Cerrillos. 4) aldea, Punta del Agua, Tercero Arriba, Córdoba. Tiene 161 habitantes. (Censo del 1° de Mayo de 1890.) 5) lugar poblado, Parroquia, Tulumba,

Córdoba. 6) distrito del departamento Gualeguaychú, Entre Rios. 7) arroyo, Gualeguaychú, Entre Rios. Desagua en el Uruguay y es en toda su extension límite entre los distritos Costa del Uruguay y Perdices. 8) *Chicas*, laguna, Ctl 2, Monte, Buenos Aires.

Perdida la, laguna, Ctl 7, Trenque-Lauquen, Buenos Aires.

Perdido, 1) el, arroyo, Ctl 2, 4, Ayacucho, Buenos Aires. 2) el, establecimiento rural, Ctl 6, Azul, Buenos Aires. 3) el, arroyo, Ctl 4, Azul, Buenos Aires. 4) el, arroyo, Ctl 1, Dorrego, Buenos Aires. 5) estancia, Ctl 4, Magdalena, Buenos Aires. 6) establecimiento rural, Ctl 5, Olavarría Buenos Aires. 7) el, cañada, Ctl 5, Olavarría, Buenos Aires. Es el origen del arroyo Tapalqué. 8) establecimiento rural, Ctl 5, Saladillo, Buenos Aires. 9) el, arroyo, Ctl 4, Suarez, Buenos Aires. Es un pequeño tributario del arroyo Sauce Corto en la márgen derecha.

Perdiz 1) la, laguna, Ctl 3, Alvear, Buenos Aires. 2) laguna, Ctl 8, Junin, Buenos Aires. 3) estancia, Ctl 11, Trenque-Lauquen, Buenos Aires. 4) lugar poblado, Litin, Union, Córdoba.

Perdon, estancia, Ctl 3, Ayacucho, Buenos Aires.

Peregrina 1) la, establecimiento rural, Ctl 3, Pueyrredon, Buenos Aires. 2) establecimiento rural. Ctl 8, Veinte y Cinco de Mayo, Buenos Aires. 3) mina de plomo, Ciénega del Coro, Minas, Córdoba. Pertenece al mineral del Guayco. 4) mina de plata en el distrito mineral del Cerro Negro, sierra de Famatina, Rioja.

Peregrino, 1) loma, Azul, Buenos Aires. 2) el, arroyo, Ctl 2, 3, Azul, Buenos Aires.

Pereira, 1) estancia, Ctl 4, 8, Ayacucho, Buenos Aires. 2) laguna, Ctl 3, Brandzen, Buenos Aires. 3) laguna, Ctl 6, Chascomús, Buenos Aires. 4) arroyo, Ctl 2, 3, 4, Lujan, Buenos Aires. 5) lugar poblado, Quilmes, Buenos Aires. Por la via

férrea dista de la Capital federal 42 kms. y de La Plata 15. FCE, C, T. 6) arroyo, Quilmes, Buenos Aires. Desagua en el rio de La Plata. 7) arroyo, Ctl 3, San Antonio de Areco, Buenos Aires. 8) colonia, Colon, Entre Rios. E. 9) arroyo, Basualdo, Feliciano, Entre Rios. Desagua en la márgen izquierda del Guayquiraró, en direccion de S. á N. 10) finca rural, Belgrano, Mendoza. 11) estancia, Capital, Tucuman. Al Este del departamento. C.

Perejil, paraje poblado, Oran, Salta.

Perena, lugar poblado, Quilmes, Buenos Aires. Por la via férrea dista 39 kms. de la Capital federal y 17 de La Plata. FCE, C, T.

Perez, 1) lugar poblado, Rosario, Santa Fe. Por la via férrea dista 15 kms. del Rosario y 110 de Juarez Celman. FCOS, C, T. 2) estancia, Graneros, Tucuman. 3) *Rosales*, paso de la cordillera, Neuquen. Está situado á 20 kms. al Norte del cerro Tronador.

Perfeccion 1) la, estancia, Ctl 10, Trenque-Lauquen, Buenos Aires. 2) colonia, Uruguay, Entre Rios. Fué fundada en 1875 en una extension de 1629 hectáreas. E.

Pérfida la, laguna, Ctl 5, Juarez, Buenos Aires.

Perfilia, estancia, Ctl 3, Necochea, Buenos Aires.

Pergamino, 1) partido de la provincia de Buenos Aires. Está situado al NO. de la Capital federal y á la vez que es limitrofe de la provincia de Santa Fe, está rodeado de los partidos San Nicolás, Ramallo, Arrecifes, Salto y Rojas. Tiene 3239 kms.^{2} de extension y una poblacion de 24552 habitantes. (Censo del 31 de Enero de 1890.) El partido es regado por los arroyos del Medio, Dulce, Fontezuelas, de la Esperanza, Manantiales, Saladillo, Cañada de Gomez, Cepeda, Juarez, Caldos, Pergamino, la Botija, Roldan, la Rabona, las Escobas, Pantano, Alanis y cañada de la Paja. 2) villa, Pergamino, Buenos Aires. Es la cabecera del partido. Fundada en 1750, cuenta hoy con 8000 habitantes. Por la via férrea dista de Buenos Aires 228 kms. (7 ½ horas), de San Nicolás 76, de Junin 89 y de Cañada de Gomez (FCCA) 213. Sucursal del Banco de la Provincia $\varphi = 33° 55' 20''$; $\lambda = 60° 0' 19''$; $\alpha = 65$ m. FCO, ramal de Lujan á Pergamino, Junin y San Nicolás. FCCA, ramal de Cañada de Gomez á Pergamino C, T, E. 3) arroyo, Ctl 2. 6, Pergamino, y Ctl 5, Salto, Buenos Aires. 4) lugar poblado, San Francisco, Sobremonte, Córdoba.

Perichon, finca rural, Lomas, Corrientes.

Perico, 1) arroyo, Perico de San Antonio, Jujuy. Nace en la sierra del Castillo, pasa por San Antonio con rumbo á E., se divide en el «Cuarteadero» en dos brazos, uno de los cuales desemboca en la márgen derecha del rio Grande de Jujuy, mientras el otro se dirige con rumbo á SE. bajo el nombre de rio de las Barrancas y se junta en la «Peña Baya» con el rio Lavayen. 2) *del Cármen*, departamento de la provincia de Jujuy. Está situado al Este del de Perico de San Antonio y es á la vez limítrofe de la provincia de Salta. Tiene 3000 kms.[2] de extension y una poblacion conjetural de unos 3900 habitantes. Está dividido en los 9 distritos: Cármen, Pampa Blanca, Chucupal, Ovejeria, Monte Rico, San Vicente, Perico de San Juan, Isla y Pozo Verde. El departamento es regado por los arroyos Perico del Cármen, Maderas, Chucupal, Pircas y Ollero. Las aguas del arroyo Perico se utilizan en varios cultivos y especialmente en el de la caña de azúcar. En el departamento existe mucho monte de cebil. 3) *del Cármen*, aldea, Perico del Cármen, Jujuy. Es la cabecera del departamento. Tiene unos 700 habitantes. Por la vía férrea dista 29 kms. de Jujuy y 35 de

Santa Rosa $\alpha = 1034$ m. FCCN, C, T, E. 4) *de San Antonio*, departamento de la provincia de jujuy. Está situado al Sud de la capital y es á la vez limítrofe de la provincia de Salta. Tiene 2500 kms.[2] de extension y unos 2100 habitantes. Está dividido en los 5 distritos: Toma, Cerro Negro, Cachiguasi, Cabaña y Buena Voluntad. El departamento es regado por los arroyos de Perico, Cabaña, de la Toma, Luracatao, Cerro Negro, de las Honduras, Blanco y de los Sauces. El departamento es muy montañoso y encierra grandes bosques de cedros y nogales. La aldea San Antonio es la cabecera del departamento.

Pericon, establecimiento rural, Ctl 6, Baradero, Buenos Aires.

Pericota, [1] paraje poblado, Capital, Jujuy.

Perla 1) la, establecimiento rural, Ctl 7, Azul, Buenos Aires. 2) establecimiento rural, Ctl 8, Baradero, Buenos Aires. 3) finca rural, Mercedes, Corrientes. 4) finca rural, Lujan, Mendoza.

Permanente, 1) laguna, Ctl 6, Bragado, Buenos Aires. 2) la, laguna, Ctl 16, Lincoln, Buenos Aires. 3) laguna, Ctl 5, Veinte y Cinco de Mayo, Buenos Aires. 4) lugar poblado, San Bartolomé, Rio Cuarto, Córdoba. 5) el, finca rural, Mercedes, Corrientes.

Peroitá, finca rural, Esquina, Corrientes.

Perra 1) *Muerta*, lugar pob'ado, Monsalvo, Calamuchita, Córdoba. 2) *Negra*, arroyo, Catamarca (Tinogasta) y Rioja (General Sarmiento.) Es uno de los orígenes del rio Jachal.

Perro 1) el, laguna, Ctl 12, Lincoln, Buenos Aires. 2) *Muerto*, lugar poblado, Quilino, Ischilin, Córdoba.

Perros, 1) arroyo, Ctl 15, 16, Arrecifes, Buenos Aires. 2) los, laguna, Ctl 11, Dolores, Buenos Aires. 3) de los, arroyo,

------

(1) Raton del campo.

Ctl 1, 2, 3, Moreno, Buenos Aires. Es tributario del arroyo de las Conchas en la márgen izquierda. 4) los, laguna, Ctl 5, Pergamino, Buenos Aires. 5) de los, arroyo, Ctl 4, Tordillo, Buenos Aires. 6) de los, laguna, Tercero Abajo, Córdoba.

Perseverancia 1) la, chacra, Ctl 1, Lomas de Zamora, Buenos Aires. 2) cabaña de ovejas Rambouillet, Ctl 2, Maipú, Buenos Aires. 3) finca rural, La Cruz, Corrientes. 4) la, finca rural, Rivadavia, Mendoza. 5) ingenio de azúcar, Capital, Tucuman. A 1 km. al Sud de la capital provincial, al lado de la via del ferrocarril Central Norte. Está en el ejido municipal de la ciudad de Tucuman.

Pértigo, 1) cuartel de la pedaría Chuñaguasi, Sobremonte, Córdoba. 2) lugar poblado, Chuñaguasi, Sobremonte, Córdoba. 3) cumbre de la sierra de San Francisco, Sobremonte, Córdoba.

Perú, lugar poblado, General Mitre, Totoral, Córdoba.

Perucho-Verna, arroyo, Colon, Entre Rios. Desagua en la márgen derecha del Uruguay, en direccion de O. á E. Es en toda su extension límite entre los distritos 1° y 2°.

Pescadero el, estancia, Ctl 5, Ajó, Buenos Aires.

Pescado 1) el, laguna, Ctl 7, Alvear, Buenos Aires. 2) el, laguna, Ctl 4, Ayacucho, Buenos Aires. 3) el, cañada, Ctl 2, 3, 4, Campana, Buenos Aires. Es tributaria del arroyo de Lujan en la márgen izquierda. 4) el, establecimiento rural, Ctl 2, Cármen de Areco, Buenos Aires. 5) laguna, Ctl 2, Cármen de Areco, Buenos Aires. 6) arroyo, Ctl 2, Cármen de Areco, Buenos Aires. 7) arroyo, Ctl 6, Guaminí, Buenos Aires. 8) arroyo, La Plata, Buenos Aires. Corre en direccion de O. á E. y desagua en la márgen izquierda del arroyo de Santiago. 9) el, arroyo, Ctl 2, Loberia, Buenos Aires. Se desprende como brazo del Choçorí, en

su curso superior y desagua en la márgen izquierda del arroyo Nutria Mansa, cerca de la costa del océano. 10) arroyo, Ctl 1, Magdalena, Buenos Aires. 11) el, arroyo, Ctl 3, 4, Navarro, Buenos Aires. 12) laguna, Ctl 3, Pergamino, Buenos Aires. 13) laguna, Ctl 10, Rauch, Buenos Aires. 14) el, laguna, Ctl 5, Saladillo, Buenos Aires. 15) laguna, Ctl 8 Tapalqué, Buenos Aires. 16) del, arroyo, Iruya, Salta. Es formado por la confluencia de los arroyos Blanco, Negro y del Porongal, se dirige al Este, y desemboca en la márgen derecha del rio Bermejo 17) distrito minero del departamento jachal, San Juan. Encierra oro. 18) *Castigado,* arroyo, Ctl 5, 6, 7, Juarez; y Ctl 5, 6, 8, 11, 13, Necochea, Buenos Aires. Es un tributario del Quequen Grande en la márgen derecha. 19) *Frito,* laguna, Ctl 12, Lincoln, Buenos Aires.

Pesqueria 1) la, establecimiento rural, Ctl 4, Campana, Buenos Aires. 2) arroyo, Exaltacion de la Cruz, Ctl 4, 6, Zárate; Ctl 4, Campana, Buenos Aires. Este arroyo es un tributario de la cañada de la Cruz en su márgen izquierda. 3) arroyo, Ctl 5, 11, Tandil, Buenos Aires. 4) establecimiento rural, Ctl 4, Zárate, Buenos Aires.

Petacas, 1) laguna, Ctl 11, Bragado, Buenos Aires. 2) lugar poblado, Punta del Agua, Tercero Arriba, Córdoba. 3) estancia, Río Chico, Tucuman. En la márgen derecha del arroyo Chavarria.

Peterca, volcan de la Cordillera, Veinte y Cinco de Mayo y Beltran, Mendoza. De este volcan arranca el límite que divide los departamentos Veinte y Cinco de Mayo y Beltran. $\varphi = 34° 40'$; $\lambda = 70°$; $\alpha = 2688$ m. (Parish).

Petizas las, laguna, Ctl 7, Puan, Buenos Aires.

Petrona, 1) la, establecimiento rural, Ctl 3, Ayacucho, Buenos Aires. 2) laguna, Ctl

3, Ayacucho, Buenos Aires. 3) establecimiento rural, Ctl 4, Azul, Buenos Aires. 4) establecimiento rural, Ctl 3, Magdalena, Buenos Aires. 5) estancia, Ctl 12, Tandil, Buenos Aires. 6) mina de cuarzo aurífero, San Bartolomé, Rio Cuarto, Córdoba. Está situada en el paraje llamado «Mogotillo.»

Petronita la, establecimiento rural, Ctl 5, Loberia, Buenos Aires.

Piamonte, 1) finca rural, Esquina, Corrientes. 2) distrito del departamento San Jerónimo, Santa Fé. Tiene 814 habitantes. (Censo 7 de Junio de 1887.) 3) colonia, Piamonte, San Jerónimo, Santa Fé. Tiene 410 habitantes. (Censo m.) C.

Piamontesa, colonia, Melincué, General Lopez, Santa Fé.

Piazza, colonia, Toba, San Javier, Santa Fé. Tiene 146 habitantes. (Censo m.)

Pibuncho, estancia, Ituzaingó, Corrientes.

Picada [1] la, finca rural, Concepcion, Corrientes.

Picaza, 1) laguna, Ctl 14, Dolores, Buenos Aires. 2) cañada, Ctl 14, Dolores, Buenos Aires. 3) la, laguna, Ctl 5, Juarez, Buenos Aires. 4) lugar poblado, Tres de Febrero, Rio Cuarto, Córdoba. 5) distrito mineral de galena argentífera, Veinte y Cinco de Mayo (San Rafael), Mendoza. 6) laguna, La Picaza, General Lopez, Santa Fé. Próxima á la traza del ferrocarril del Pacífico.

Picazon, establecimiento rural, Ctl 7, Bragado, Buenos Aires.

Pichá, laguna, San Cosme, Corrientes.

Pichaí, laguna, Lavalle, Corrientes.

Pichalao, sierra situada en la parte NE. de la gobernacion del Chubut.

Pichana, [2] 1) arroyo, Pocho, Minas y Cruz del Eje, Córdoba. Nace en la pampa de Achala, se dirige hácia el Norte pasando por los lugares de Salsacate, San Cárlos y la Higuera, y borra su cauce á unos 25 kms. al Norte del pueblo de Pichanas (Cruz del Eje.) 2) lugar poblado, Chazon, Tercero Abajo, Córdoba.

Pichanal, paraje poblado, Molinos, Salta.

Pichanas, 1) lugar poblado, Constitucion, Anejos Norte, Córdoba. 2) pedania del departamento Cruz del Eje, Córdoba. Tiene 3670 habitantes. (Censo del 1° de Mayo de 1890) 3) cuartel de la pedania del mismo nombre, Cruz del Eje, Córdoba. 4) aldea, Pichanas, Cruz del Eje, Córdoba. Tiene 232 habitantes (Censo m.) $\varphi = 30° 50'$; $\lambda = 65° 10'$. 5) las, lugar poblado, Concepcion, San Justo, Córdoba. 6) lugar poblado, Pampayasta Norte, Tercero Arriba, Córdoba.

Pichanga, la, laguna, Ctl 9, Cañuelas, Buenos Aires.

Piche el, estancia, Ctl 5, Trenque-Lauquen, Buenos Aires.

Pichi [1] 1) *Anti* laguna, Ctl 10, Veinte y Cinco de Mayo, Buenos Aires. 2) *Calcó*, paraje poblado, Departamento 9°, Pampa. 3) *Cari*, laguna, Ctl 2, Bolivar, Buenos Aires. 4) *Cariló*, paraje poblado, Departamento 7°, Pampa. 5) *Chacay*, arroyo, Beltran, Mendoza. Nace en la cordillera, corre de O. á E. entre los arroyos Salado y Chacay y termina al internarse en la llanura, por agotamiento. 6) *Lauquen*, establecimiento rural, Ctl 1, San Nicolás, Buenos Aires. 7) *Lauquen*, laguna, Ctl 1, Suarez, Buenos Aires. 8) *Leufú*, arroyo, Rio Negro. Desagua en el lago Nahuel-Huapí. Al Sud del mismo existe el paso á Chile llamado de Bariloche. 9) *Mahuida*, paraje poblado, Departamento 10°, Pampa. 10) *Mahuida*, sierra de la Pampa A unos 30 kms. de la llamada Choyque Mahuida y 60 kms. al Norte de la deno-

1 Senda estrecha abierta por entre un monte. (Granada.) — 2 Subarbusto (Heterothalamus Sparjoides)

1 Pichí=Poco ó Pequeño (Araucano).

minada Lihuel - Calel. 11) *Quequé*, cañada, Ctl 10, Veinte y Cinco de Mayo, Buenos Aires.

Pichiman, 1) establecimiento rural, Ctl 1, Maipú, Buenos Aires. 2) laguna, Ctl 1, Maipú, Buenos Aires.

Pichinalauquen, paraje poblado, Departamento 3°, Pampa.

Pichincha, [1] 1) la, establecimiento rural, Ctl 1, Navarro, Buenos Aires. 2) establecimiento rural, Ctl 11. Trenque-Lauquen, Buenos Aires.

Pichipul, [2] 1) establecimiento rural, Ctl 4, Alsina, Buenos Aires. 2) arroyo, Ctl 3, 4, 7, Alsina, Buenos Aires.

Pichot, finca rural, San Luis del Palmar, Corrientes.

Pico-Huá, lugar poblado, Santa Rosa, Calamuchita, Córdoba.

Pié, 1) *de Palo,* distrito minero del departamento Caucete, San Juan. Encierra plata, sal y mármol. 2) *de Palo,* sierra, San Juan. Este macizo, que se eleva á unos 2500 metros de altura, está separado de las cadenas andinas por el valle de Tulun y de la sierra de la Huerta por el de Ampacama. Esta sierra abunda en mármoles y leña de algarrobo. 3) *de Potrero,* lugar poblado, San Roque, Punilla, Córdoba.

Piedad la, establecimiento rural, Ctl 10, Rauch, Buenos Aires.

Piedra, 1) la, laguna, Ctl 4, Ayacucho, Buenos Aires. 2) laguna, Ctl 3, Bolivar, Buenos Aires. 3) establecimiento rural, Ctl 8, Nueve de Julio, Buenos Aires. 4) la, laguna, Ctl 8, Nueve de Julio, Buenos Aires. 5) la, arroyo, Ctl 2, Tapalqué, Buenos Aires. 6) *Agachada,* lugar poblado, Guasapampa, Minas, Córdoba. 7) *Ancha,* cuartel de la pedania Pichanas, Cruz del Eje, Córdoba. 8) *Ancha,* cuartel de la pedania San Cárlos, Minas,

Córdoba. 9) *Baja,* lugar poblado, Higueras, Cruz del Eje, Córdoba. 10) *Blanca,* departamento de la provincia de Catamarca. Está situado al Norte de los departamentos de la Capital y de Valle Viejo. Tiene 258 kms.[2] de extension y una poblacion conjetural de 10500 habitantes. Está dividido en 6 distritos, á saber: San José, La Carrera, San Antonio, La Tercena, El Hueco y Pomancillo. El departamento es regado por el rio del Valle. San Antonio, Coyagasta, Parroquia, Colpes y Pomancillo son otros tantos centros de poblacion. La aldea San josé es la cabecera del departamento. 11) *Blanca,* arroyo, Calamuchita y Rio Cuarto, Córdoba. Es uno de los elementos de formacion del rio Cuarto. Este arroyo es en toda su extension límite entre los departamentos Calamuchita y Rio Cuarto. 12) *Blanca,* aldea, Higueras, Cruz del Eje, Córdoba. Tiene 172 habitantes. (Censo del 1° de Mayo de 1890) 13) *Blanca,* arroyo, Cruz del Eje, Córdoba. Nace en la sierra Guasapampa, corre al Oeste y termina al poco andar por agotamiento. 14) *Blanca,* aldea, San Bartolomé, Rio Cuarto, Córdoba. Tiene 115 habitantes. (Censo m.) 15) *Blanca,* lugar poblado, Estancias, Rio Seco, Córdoba. 16) *Blanca,* lugar poblado, Higuerillas, Rio Seco, Córdoba. 17) *Blanca,* arroyo, Rio Seco, Córdoba. Corre de O. á E. y termina su corto recorrido por inmersion en el suelo. 18) *Blanca,* cuartel de la pedanía Nono, San Alberto, Córdoba 19) *Blanca,* aldea, Nono, San Alberto, Córdoba. Tiene 177 habitantes. (Censo m.) E 20) *Blanca,* lugar poblado, La Paz, San Javier, Córdoba. 21) *Blanca,* cañada, San Javier, Córdoba. Baja de la sierra Comechingones, se dirige hácia el Oeste y termina al poco andar por agotamiento de su caudal de agua. Es en toda su ex tension límite entre las provincias de

---

1 Ganga.—2) Pichipulen = Estar cerca (Araucano).

Córdoba y San Luis. 22) *Blanca,* lugar poblado, San José, Tulumba, Córdoba. 23) *Blanca,* vertiente, Merlo, Junin, San Luis. 24) *Blanca,* lugar poblado, Totoral, Pringles, San Luis. 25) *Blanca,* estancia, Campo Santo, Salta. 26) *Bola,* lugar poblado, Ciénega del Coro, Minas, Córdoba. 27) *Bola,* paraje poblado, Rosario de la Frontera, Salta. 28) *Bola,* lugar poblado, Carolina, Pringles, San Luis. 29) *Cué,* finca rural, Concepcion, Corrientes. 30) *Grande,* paraje poblado, Ledesma, jujuy. 31) *Grande,* distrito del departamento Rivadavia, Salta. 32) *Larga,* paraje poblado, San Cárlos, Minas, Córdoba. 33) *Larga,* vertiente, Conlara, San Martin, San Luis. 34) *Larga,* paraje poblado, San Lorenzo, San Martin, San Luis. 35) *Mora,* lugar poblado, Candelaria, Totoral, Córdoba. 36) *Mora,* lugar poblado, Guzman, San Martin, San Luis. 37) *Morada,* paraje poblado, La Viña, Salta. 38) *Partida,* lugar poblado, Aguada del Monte, Sobremonte, Córdoba. 39) *Pintada,* lugar poblado, Guasapampa, Minas, Córdoba. 40) *Pintada,* lugar poblado, Villa de Maria, Rio Seco, Córdoba 41) *Pintada,* paraje poblado, San Cárlos, Salta. 42) *Rasgada,* paraje poblado, Tunuyan, Mendoza. 43) *Rosada,* lugar poblado, San Lorenzo, San Martin, San Luis. 44) *Rosada,* lugar poblado, San Martin, San Martin, San Luis. 45) *Sacada,* paraje poblado, Anta, Salta.

Piedras, 1) las, laguna, Ctl 8, Ayacucho, Buenos Aires. 2) arroyo, Ctl 1, 4, Brown, Buenos Aires. 3) laguna, Ctl 11, Dolores, Buenos Aires. 4) arroyo, Ctl 2, 4, Quilmes, Buenos Aires. 5) punta, Rivadavia, Buenos Aires. Se halla en la extremidad Norte de la bahía de Samborombon. $\varphi = 35° 27'$; $\lambda = 57° 5'$. (Fitz Roy). 6) de las, manantial, Ctl 3, Rojas, Buenos Aires. Es tributario del arroyo de Rojas en la márgen derecha. 7) las, estableci-

miento rural, Ctl 10, Veinte y Cinco de Mayo, Buenos Aires. 8) las, finca rural, Mercedes, Corrientes. 9) de las, arroyo, Victoria, Entre Rios. Es un tributario del Nogoyá en la márgen derecha y forma el límite entre los distritos Motoya (al Norte) y Laguna del Pescado y Rincon de Nogoyá (al Sud). 10) las, ingenio de azúcar, Ledesma, Jujuy. 11) arroyo, Ledesma, Jujuy Nace en las faldas orientales de la sierra de Calilegua y desagua en la márgen izquierda del rio San Francisco, frente al Granillal. Este arroyo es en toda su extension límite entre las provincias de jujuy y Salta (Oran). 12) de las, arroyo, Metan, Salta. Nace en la sierra de Guachipas, corre con rumbo ENE. y desagua en la márgen derecha del rio Juramento, en las proximidades de las ruinas de Esteco. 13) arroyo, Saladillo, Pringles, San Luis. Es uno de los orígenes del arroyo de Conlara. 14) *Anchas,* aldea, Pichanas, Cruz del Eje, Córdoba. Tiene 281 habitantes. (Censo del 1° de Mayo de 1890). 15) *Anchas,* lugar poblado, San Cárlos, Minas, Córdoba. 16) *Anchas,* lugar poblado, San Martin, San Martin, San Luis. 17) *Coloradas,* lugar poblado, Guzman, San Martin, San Luis. 18) *Coloradas,* vertiente, Guzman y Conlara, San Martin, San Luis. 19) *Grandes,* lugar poblado, Cruz del Eje, Cruz del Eje, Córdoba. 20) *Grandes,* cuartel de la pedanía San Antonio, Punilla, Córdoba. 21) *Grandes,* lugar poblado, San Antonio, Punilla, Córdoba. 22) *Grandes,* mina de cuarzo aurífero en el distrito mineral «La Mejicana,» sierra de Famatina, Rioja. 23) *Moras,* cuartel de la pedanía San Francisco, Sobremonte, Córdoba. 24) *Negras,* lugar poblado, San Martin, San Martin, San Luis. 25) *Rosadas,* lugar poblado, Parroquia, Pocho, Córdoba. 26) *Súcias,* lugar poblado, Salsacate, Pocho, Córdoba.

de poblacion. 3) laguna, Ctl 3 , Pila, Buenos Aires. 4) lugar poblado, Candelaria , Totoral, Córdoba. 5) *de San Francisco*, estancia, Ctl 5, Ajó, Buenos Aires.

Pilar, 1) establecimiento rural, Ctl 7, Bahía Blanca, Buenos Aires. 2) establecimiento rural, Ctl 5, Las Flores, Buenos Aires, 3) establecimiento rural, Ctl 5, Magdalena, Buenos Aires. 4) partido de la provincia de Buenos Aires. Se halla al NO. de la Capital federal y está enclavado entre los partidos de Campana, Las Conchas, Sarmiento, Moreno, Rodriguez, Lujan y Exaltacion de La Cruz. Tiene 701 kms.^{2} de extension y una poblacion de 8131 habitantes. (Censo del 31 de Enero de 1890). Escuelas funcionan en Belén, Pilar, Escobar, etc. El partido es regado por los arroyos Lujan, Escobar, Lavalle, Recreo, Gomez, Burgueño, Pinazo, Salado, Garin, Claro, Rodriguez, del Pilar, de las Flores, Melo y Cortito. 5) villa, Pilar, Buenos Aires. Es la cabecera del partido. Fundada en 1772, cuenta hoy con 2000 habitantes. Por la vía férrea dista de la Capital federal 57 kms. Además se comunica con Buenos Aires por un tramway rural y con la estacion Escobar del ferro-carril del Rosario por una linea de mensajerías. $\varphi = 34°$ 27' 2''; $\lambda = 58°$ 43' 59''. FCP, C, T, E. 6) arroyo, Ctl 5, Pilar, Buenos Aires 7) estancia, Ctl 5, Pueyrredon, Buenos Aires. 8) lugar poblado, Tandil, Buenos Aires. Por la vía férrea dista de la Capital federal 420 kms. y del Tandil 25 $\alpha = 171$ m. FCS, línea de Altamirano á Tres Arroyos. C, T. 9) pedanía del departamento Rio Segundo, Córdoba. Tiene 3967 habitantes. (Censo del 1° de Mayo de 1890). 10) cuartel de la pedanía del mismo nombre, Rio Segundo, Córdoba. 11) lugar poblado, Pilar, Rio Segundo, Córdoba. Por la vía férrea dista del Rosario 355 kms. y de Córdoba

41. $\varphi = 31°\ 39'$. $\lambda = 63°\ 51'$. FCCA, C,
T. 12) finca rural, Esquina, Corrientes.
13) finca rural, Lavalle, Corrientes. 14)
finca rural, Mercedes, Corrientes. 15)
finca rural, Belgrano, Mendoza. 16) distrito del departamento de las Colonias,
Santa Fe. Tiene 1438 habitantes. (Censo
del 7 de junio de 1887). 17) pueblo,
Pilar, Colonias, Santa Fe. Tiene 675 habitantes. (Censo m.) Por la vía férrea
dista de Santa Fe 63 kms. y de josefina
78. Aquí empalma el ferro-carril que
comunica á Córdoba con Santa Fe.
FCSF, C, T, E. 18) colonia, Pilar, Colonias, Santa Fe. Tiene 763 habitantes.
(Censo m.)

Pilciao, 1) distrito del departamento Andalgalá, Catamarca. 2) aldea, Pilciao,
Andalgalá, Catamarca. $\varphi = 27°\ 36'$; $\lambda =$
66° 30'; $\alpha = 806$ m. (Moussy) C, E.

Pilco, [1] lugar poblado, Monteros, Tucuman.
A corta distancia al Oeste de Simoca.

Pilcomayo, [2] rio, Formosa. Tiene sus
fuentes en el sistema del Despoblado y
la meseta boliviana. Corre en direccion
general de SE. entre Sucre y Potosí desde donde desciende en declive rápido
hasta los 21° de latitud Sud y los 62° 24'
de longitud Oeste de Greenvich, recibiendo en el trayecto las aguas de muchos pequeños afluentes y de uno muy
importante, el Pilaya ó Suipacha. ($\varphi = 20°$
15'; $\lambda = 63°\ 14'$; Moussy) que serpentea
entre las alturas de las renombradas minas de plata del Potosí. El Pilcomayo
reune sus aguas con las del Paraguay
por dos bocas, el Araguay-Guazú ($\varphi =$
25° 20'; $\lambda = 57°\ 57'$; Azara) y el Araguay
Miní, siendo la principal la situada frente
al cerro de Lambaré, á unos 12 kms. al
Sud de la Asuncion. Todas las exploraciones que se han hecho para fijar de

1 Ppillco = Colorado (Quichua). — 2 Ppillcomayu
= Rio Colorado (Quichua) y no «rio de los pájaros»
como dice Baldrich en su libro: El Chaco Central
Norte, pág. 25.

poblado, Timon Cruz, Rio Primero, Córdoba,

Pilon, cumbre de los cerros de Tiporco, Rosario, Pringles, San Luis. $\varphi = 32°\ 58'$; $\lambda = 65°\ 48'$; $\alpha = 1300$ m.

Pilona la, lugar poblado, Parroquia, Cruz del Eje, Córdoba.

Pilones, lugar poblado, Ciénega del Coro, Minas, Córdoba.

Pimiento el, finca rural, Jachal, San juan.

Pimpa, poblacion agrícola, Jachal, San juan.

Pinar, 1) el, estancia, Ctl 3, Mar Chiquita, Buenos Aires. 2) paraje poblado, Valle Grande, Jujuy. 3) finca rural, Iruya, Salta.

Pinas, cuartel de la pedanía Guasapampa, Minas, Córdoba.

Pinazo, arroyo, Ctl 2, 4, 7, Pilar, Buenos Aires.

Pinchagual, finca rural, Jachal, San juan.

Pinchas [1], 1) distrito del departamento Castro Barros, Rioja. 2) lugar poblado, Pinchas, Castro Barros, Rioja. E. 3) arroyo, Pinchas, Castro Barros, Rioja. Nace en la sierra de Velasco, corre de O. á E. y termina al poco andar por agotamiento.

Pindo, [2] 1) finca rural, Bella Vista, Corrientes. 2) estancia, Concepcion, Corrientes.

Pindosito, finca rural, Concepcion, Corrientes

Pinedo. Véase Shaw.

Pingollar, estancia, Trancas, Tucuman. En la orilla izquierda del arroyo Tapias.

Pingollo, lugar poblado, Caminiaga, Sobremonte, Córdoba.

Pingüin, isla, Santa Cruz. A corta distancia al Sud de puerto Deseado. $\varphi = 47°\ 58'$; $\lambda = 65°\ 42'$; (Fitz Roy).

Pino, 1) el, establecimiento rural, Ctl 5,

Ranchos, Buenos Aires. 2) lugar poblado, Guasapampa, Minas, Córdoba.

Pinos, 1) los, establecimiento rural, Ctl 5, Ayacucho, Buenos Aires. 2) establecimiento rural, La Plata, Buenos Aires. 3) vertiente, Los Angeles, Capayan, Catamarca. 4) paraje poblado, Maipú, Mendoza.

Pintada, 1) la, distrito mineral de galena argentífera, Veinte y Cinco de Mayo (San Rafael), Mendoza. 2) sierra, Veinte y Cinco de Mayo, Mendoza. Se extiende de N. á S. entre la Villa San Rafael y el rio Atuel.

Pintado, 1) lugar poblado, Ciénega del Coro, Minas, Córdoba. 2) lugar poblado, Copo, Santiago. E.

Pinto, 1) cuartel de la pedanía Dolores, Punilla, Córdoba. 2) arroyo, Totoral, Córdoba Nace en la sierra Chica y termina su corto trayecto de O. á E. en una cañada que se dirige hácia el rio Primero.

Pintos, 1) aldea, Dolores, Punilla, Córdoba. Tiene 101 habitantes. (Censo del 1° de Mayo de 1890.) 2) arroyo, Punilla y Cruz del Eje, Córdoba. Nace en la «Pampa de Olain» y es uno de los elementos de formacion del arroyo Cruz del Eje. 3) vertiente, Marquesado, Desamparados, San Juan.

Piñas, 1) las, lugar poblado, Minas, Córdoba. $\varphi = 31°\ 8'$; $\lambda = 65°\ 30'$; $\alpha = 500$ m. (Brackebusch.) 2) arroyo, Minas, Córdoba. Nace en la sierra Guasapampa, corre al Oeste y termina al poco andar por inmersion en el suelo.

Piñeiro, 1) arroyo, Ctl 8, Junin, Buenos Aires. Es tributario del rio Salado en la márgen izquierda. 2) cumbre de los cerros de la Carolina, Carolina, Pringles, San Luis.

Pio, laguna, Ctl 2, Pueyrredon, Buenos Aires.

Piojo el, arroyo, Ctl 2, Lujan, Buenos Aires.

Pipanaco, arroyo, Poman, Catamarca.

---

1 Pincha significa acequia en quichua.—2 Palmera (Cocos Dátil.)

Nace en la sierra de Ambato, corre de
E. á O. y al poco andar es absorbido
por la agricultura.

Piquete, [1] 1) paraje poblado, San Pedro, Jujuy. 2) distrito del departamento
Anta, Salta. 3) aldea, Piquete, Anta,
Salta. Es la cabecera del departamento.
Dista 690 kms. de Salta y tiene unos
800 habitantes. C, E. 4) colonia, Monte
de Vera, Capital, Santa Fe. Tiene 371
habitantes. (Censo del 7 de junio de
1887.) Por la vía férrea dista 10 kms.
de Santa Fe. FCSF, C, T.

Pique Verde, mina de plomo y plata, Argentina, Minas, Córdoba. Está situada
en el paraje llamado «Agua Blanca.»

Piquillin, [2] 1) estancia, Ctl 5, Pringles,
Buenos Aires. E 2) laguna, Ctl 5, Pringles, Buenos Aires. 3) lugar poblado,
Anejos Norte, Córdoba. Por la vía férrea
dista 42 kms. de la Capital provincial.
$\alpha = 304$ m. FCSFC, C, T. 4) lugar poblado, Galarza, Rio Primero, Córdoba.
5) lugar poblado, Ascasubi, Union, Córdoba. 6) finca rural, General Ocampo,
Rioja.

Piquillinal, paraje poblado, Capital, Jujuy.

Piquillines, 1) lugar poblado, San Cárlos,
Minas, Córdoba. 2) lugar poblado, Chu-
ñaguasi, Sobremonte, Córdoba. 3) lugar
poblado, Macha, Totoral, Córdoba.
Tiene 110 habitantes. (Censo del 1° de
Mayo de 1890.)

Piraguí, finca rural, Lomas, Corrientes.

Pirámide la, establecimiento rural, Ctl 2,
Balcarce, Buenos Aires.

Pirán, lugar poblado, Mar Chiquita, Buenos Aires. Por la vía férrea dista 317
kms. de la Capital federal y 81 de Mar
del Plata. $\alpha = 22$ m. FCS, ramal de
Maipú á Mar del Plata. C, T, E.

Piranaró, 1) estancia, San Miguel, Co-

rrientes. 2) laguna, San Miguel, Corrientes.

Pirapuy, finca rural, San Roque, Corrientes.

Piray, 1) estancia, Paso de los Libres, Corrientes. 2) departamento de la gobernacion de Misiones. Sus límites son, al
Norte las sierras de la Victoria en su
prolongacion hasta el rio Iguazú; al
Este las tierras comprendidas en la prolongacion del rio Iguazú y las sierras de
la Victoria; al Sud el departamento San
Martin por medio del arroyo Piray;
al Oeste el rio Paraná. 3) aldea, Piray,
Misiones. Está situada en la márgen
derecha del arroyo del mismo nombre,
cerca de las riberas del Paraná. Explotacion de yerbales. 4) *Guazú,* arroyo,
Misiones. Es un tributario del Paraná
en la márgen izquierda; forma en parte
el límite entre los departamentos Piray
y San Martin. 5) *Miní,* arroyo, Misiones Es un tributario del Paraná en.
márgen izquierda, en el que desagua
abajo del Piray-Guazú.

Pirayú, 1) finca rural, Itatí, Corrientes.
laguna, Itatí, Corrientes. 3) finca rural
La Cruz, Corrientes.

Pirayui, 1) finca rural, San Roque, Corrientes. 2) laguna, Lomas, Corrientes.

Pirca, [1] cerro de la, Nueve de Julio, Mendoza.

Pircas, 1) las, paraje poblado, Perico del
Cármen, Jujuy. 2) paraje poblado, Perico
de San Antonio, Jujuy. 3) distrito del
departamento Cerrillos, Salta. 4) las
finca rural, Cerrillos, Salta. 5) arroyo
Poma, Salta. Nace en la cuesta del Acay
y desagua en la márgen derecha del
Juramento, á inmediaciones de Poma.
las, paraje poblado, San Cárlos, Salta
7) estancia, Leales, Tucuman. 8) *N*

1 Corral pequeño cerca de las casas, para encerrar
un animal en lugar de tenerlo á soga (Granada.) — 2
Arbusto (Condalia lineata.)

1 Pared (Quichua). Esa pared es la que hoy
conoce bajo el nombre de tapia, en las provincias del
Interior.

gras, paso de la cordillera de Catamarca, en el camino de Tinogasta á Copiapó. $\varphi = 28° 25'$; $\lambda = 69° 25'$; $\alpha = 4140$ m. (Moussy).

Pircomayo, paraje poblado, La Viña, Salta

Pirguas, 1) lugar poblado, Pichanas, Cruz del Eje, Córdoba. 2) aldea, Tala, Rio Primero, Córdoba. Tiene 156 habitantes. (Censo del 1° de Mayo de 1890). 3) cumbre de la sierra de los Calchaquíes, Guachipas, Salta.

Piri, laguna, Concepcion, Corrientes.

Pirineos 1) los, establecimiento rural, Cll 4, Brandzen, Buenos Aires 2) paraje poblado, Capital, Jujuy.

Piriti, 1) estero, Ituzaingó, Corrientes. 2) estero, La Cruz, Corrientes. 3) laguna, San Cosme, Corrientes. 4) *Guazú*, estancia, La Cruz, Corrientes.

Pirnitas, distrito del departamento Loreto, Santiago del Estero.

Pirpa, laguna, Ctl 6, Castelli, Buenos Aires.

Piscadero, arroyo, Tulumba, Córdoba. Termina despues de un corto trayecto por agotamiento.

Piscoguasi, [1] 1) lugar poblado, San josé, Tulumba, Córdoba. 2) arroyo, Tulumba, Córdoba. Nace en la sierra de San Francisco y termina su corto trayecto de O. á E. por agotamiento.

Piscuna, 1) paraje poblado, Tilcara, Jujuy. 2) garganta de los Altos de, Tilcara, Jujuy. $\varphi = 23°$; $\lambda = 65° 30'$; $\alpha = 4500$ m.

Pisenyaco, finca rural, Guzman, San Martin, San Luis.

Pismanta, lugar de aguas termales de fuente sulfurosa, Jachal, San Juan. Está á unos 80 kms. de distancia de la capital provincial. Es muy frecuentado por reumáticos.

Pito el, establecimiento rural, Ctl 2, Necochea, Buenos Aires.

---

1 Pizcco=Pájaro; Huasi=Casa, y en este caso nido (Quichua).

Pitoba, 1) lugar poblado, San Cárlos, Minas, Córdoba. 2) lugar poblado, Salsacate, Pocho, Córdoba.

Pitos, distrito del departamento Anta, Salta.

Pituil, 1) distrito del departamento Famatina, Rioja. 2) aldea, Pituil, Famatina, Rioja. E.

Pizarro, vertiente, Salinas, Independencia, Rioja.

Place, núcleo de poblacion, Capital, Tucuman. A 6 kms. al NE. de la capital provincial, en la orilla derecha del rio Salí.

Placeres, mineral de plata, Molinos, Salta.

Plácida la, estancia, Ctl 7, Bolívar, Buenos Aires.

Placilla, mina de oro en el distrito mineral «El Oro,» sierra de Famatina, Rioja.

Placita-Cué, finca rural, San Roque, Corrientes.

Planchon, 1) paso de la cordillera, Veinte y Cinco de Mayo, Mendoza. Hállase á inmediaciones del volcan del mismo nombre. $\varphi = 35° 2'$; $\lambda = 70° 31'$; $\alpha = 3048$ m. (Gay). 2) el, volcan de la cordillera, Veinte y Cinco de Mayo, Mendoza. $\varphi = 35° 10'$; $\lambda = 70° 32'$; $\alpha = 3800$ m. (Gay).

Planchones, 1) paraje poblado, Rosario de Lerma, Salta. 2) estancia, Trancas, Tucuman. En la orilla izquierda del arroyo del mismo nombre. 3) arroyo, Trancas y Capital, Tucuman. Es un tributario del Tapia y es en toda su extension límite entre los departamentos Trancas y La Capital.

Planeta, mina de galena argentífera en el distrito mineral de San Antonio de los Cobres, Poma, Salta.

Planta de Sandia, finca rural, Conlara, San Martin, San Luis.

Plata, 1) cerro de la, loma, Azul, Buenos Aires. 2) la, establecimiento rural, Ctl 18, Lincoln, Buenos Aires. 3) estancia, Ctl 4, Magdalena, Buenos Aires. 4) el, laguna, Ctl 9, Pueyrredon, Buenos Aires.

5) el, laguna, Ctl 1, Vecino, Buenos Aires. 6) la, finca rural, Lujan, Mendoza. 7) finca rural, Nueve de Julio, Mendoza. 8) cerro, Tupungato y Lujan, Mendoza. De este cerro arrancan los límites que separan el departamento Lujan del de Tupungato. Uno de esos límites parte en direccion NE. hasta el rio Mendoza, y el otro en direccion SE. hasta el rio Tunuyan. $? = 32°$ 40'; $\lambda = 69°$ 30'; $\alpha = 6000$ m. (Moussy). 9) el, mineral de oro, Molinos, Salta 10) la, estancia, Rosario de la Frontera, Salta. 11) *Chica*, estancia, Ctl 4, Zárate, Buenos Aires.

Plateros - Cué, finca rural, Caacatí, Corrientes.

Playa, 1) aldea, Guasapampa, Minas, Córdoba. Tiene 148 habitantes. (Censo del 1° de Mayo de 1890). E. 2) *Florida*, lugar poblado, Ballesteros, Union, Córdoba.

Playadito, finca rural, Santo Tomé, Corrientes. Por la vía férrea dista 60 kms. de Posadas y 373 de Monte Caseros. $\alpha = 143$ m. FC Noreste Argentino, C, T.

Playas, 1) las, lugar poblado, Mo inos, Calamuchita, Córdoba. 2) aldea, Parroquia, Cruz del Eje, Córdoba. Tiene 631 habitantes. (Censo del 1° de Mayo de 1890). C, E. 3) lugar poblado, Dolores, Punilla, Córdoba. 4) las, lugar poblado, Arroyito, San justo, Córdoba. 5) las, lugar poblado, Pampayasta Norte, Tercero Arriba, Córdoba. 6) las, cuartel de la pedanía Ballesteros, Union, Córdoba.

Playunta, 1) lugar poblado, Impira, Rio Segundo, Córdoba. 2) aldea, Concepcion, San justo, Córdoba. Tiene 111 habitantes. (Censo m.)

Plaza, 1) la, lugar poblado, Castaños, Rio Primero, Córdoba. 2) lugar poblado, Caminiaga, Sobremonte, Córdoba 3) *Nueva*, paraje poblado, San Cosme, Corrientes. 4) *Nueva*, distrito del departamento Famatina, Rioja. 5) *Vieja*, distrito del departamento Famatina, Rioja.

Plomer, cabaña de ovejas Negrete y Ram-

bouillet, Ctl 7, Las Heras, Buenos Aires. Dista 12 kms. de la estacion Las Heras.

Plomo, 1) mina de plomo argentífero, San Bartolomé, Rio Cuarto, Córdoba. 2) cerro de, cumbre de la cordillera, Veinte y Cinco de Mayo, Mendoza. $? = 34°$: $\lambda = 69°$ 30'; $\alpha = 5433$ m. (Pissis).

Plumerillo, [1] 1) lugar poblado, Parroquia, Pocho, Córdoba. 2) paraje poblado, Las Heras, Mendoza. 3) vertiente, Rincon del Cármen, San Martin, San Luis.

Plumerito, 1) finca rural, Mburucuyá, Corrientes. 2) finca rural, Capital, Rioja.

Plumero el, finca rural, Lavalle, Mendoza.

Poblacion, cuartel de la pedanía San Javier, San Javier, Córdoba.

Pobre, 1) el, estancia, Ctl 7, 11, Trenque-Lauquen, Buenos Aires. 2) *Diablo*, estancia, Ctl 4, Patagones, Buenos Aires. 3) *Diablo*, finca rural, Esquina, Corrientes.

Pobres los, establecimiento rural, Ctl 4, Ramallo, Buenos Aires.

Pobreza la, estancia, Ctl 8, Trenque-Lauquen, Buenos Aires.

Poca, cumbre de la sierra de Pocho, Pocho, Córdoba. $? = 31°$ 18'; $\lambda = 65°$ 15'; $\alpha = 1500$ m. (Brackebusch).

Pocho, 1) departamento de la provincia de Córdoba. Está situado al Sud del de Minas y es limítrofe de la provincia de la Rioja. Su extension es de 1515 kms.[2] y su poblacion de 7235 habitantes. (Censo del 1° de Mayo de 1890). El departamento está dividido en las 3 pedanías: Salsacate, Chancani y Pocho. Los centros de poblacion de 100 habitantes para arriba, son los siguientes: Chancani, Pocho, Villa Viso, Salsacate, Ciénega, Chañares, Rio Hondo, Cañada Salas. Tablada, Palmas, Mojigasta y Sauce. El departamento posee importantes riquezas minerales. La aldea Salsacate es la

1 Arbusto (Calliandra bicolor).

cabecera del departamento. 2) (ó Parroquia), pedanía del departamento del mismo nombre, Córdoba. Tiene 2073 habitantes. (Censo m.) 3) cuartel de la pedanía del mismo nombre, Pocho, Córdoba. 4) aldea, Parroquia, Pocho, Córdoba. Tiene 378 habitantes. (Censo m.) $\varphi = 31° 29'$; $\lambda = 65° 19'$; $\chi = 1050$ m. (Brackebusch). C, T, E. 5) laguna, Parroquia, Pocho, Córdoba. $\varphi = 31° 25'$; $\lambda = 65° 13'$; $\chi = 1000$ m. (Brackebusch). 6) sierra de, Pocho, Córdoba. Es la parte Sud de la Serrezuela. Se extiende de NNO. á SSE. en los departamentos Pocho y San Alberto. Sus cumbres más notables son los cerros del Agua de la Cumbre (1400 m.), de la Bola, del Durazno, del Salado, el cerro de Poca (1500 m.), el de Boroa (1250 m.) y el de Velis.

Pocito, 1) lugar poblado, Quilino, Ischilin, Córdoba. 2) departamento de la provincia de San Juan. Está situado al Sud del de Trinidad. Su extension es de 645 kms.² y su poblacion conjetural de unos 5880 habitantes. Está dividido en los distritos Carpintería y Desempeño. El departamento es regado por el rio San Juan. En él prospera el cultivo de la vid. 3) aldea, Pocito, San Juan. Es la cabecera del departamento. Por la vía férrea dista 495 kms. de Villa Mercedes, 139 de Mendoza y 18 de San juan. FCGOA, C, T, E. 4) del Algarrobo, lugar poblado, San Pedro, Tulumba, Córdoba.

Pocitos, 1) los, laguna, Ctl 6, juarez, Buenos Aires. 2) los, estancia, Ctl 3, Patagones, Buenos Aires. 3) lugar poblado, Constitucion, Anejos Norte, Córdoba. 4) lugar poblado, Argentina, Minas, Córdoba. 5) lugar poblado, Ciénega del Coro, Minas, Córdoba. 6) lugar poblado, Estancias, Rio Seco, Córdoba. 7) lugar poblado, Toscas, San Alberto, Córdoba. 8) los, finca rural, Monte Caseros, Corrientes. 9) finca rural, Rosario de la

Frontera, Salta. 10) los, finca rural, Saladillo, Pringles, San Luis. 11) los, finca rural, Trapiche, Pringles, San Luis. 12) lugar poblado, San Martin, San Martin, San Luis. 13) lugar poblado, Capital, Tucuman. A 8 kms. al NNO. de Tucuman.

Podestá, establecimiento rural, Ctl 5, Saladillo, Buenos Aires.

Podrida la, laguna, Ctl 16, Lincoln, Buenos Aires.

Polear, 1) distrito del departamento Banda, Santiago del Estero. 2) paraje poblado, Polear, Banda, Santiago. 3) lugar poblado, Monteros, Tucuman. A corta distancia al Este de la estacion Simoca.

Poleo, [1] 1) distrito del departamento Valle Viejo, Catamarca. 2) lugar poblado, Pichanas, Cruz del Eje, Córdoba. 3) el, paraje poblado, Departamento 4°, Pampa. 4) finca rural, juarez Celman, Rioja. 5) finca rural, San Martin, San Martin, San Luis 6) Pozo, distrito de la seccion Jimenez 1° del departamento jimenez, Santiago del Estero.

Poleos, lugar poblado, Punta del Agua, Tercero Arriba, Córdoba.

Poli-Cué, estancia, San Miguel, Corrientes.

Pollos los, finca rural, Empedrado, Corrientes. E.

Polonia 1) la, establecimiento rural, Ctl 5, Tres Arroyos, Buenos Aires. 2) finca rural, Jachal, San Juan.

Polvaredas, 1) establecimiento rural, Ctl 4, Saladillo, Buenos Aires. 2) laguna, Ctl 4, Saladillo, Buenos Aires. 3) lugar poblado, Quebrachos, Sumampa, Santiago C.

Pólvora, la, finca rural, Capital, Salta.

Poma, 1) departamento de la provincia de Salta. Confina al Norte con la provincia de Jujuy por el arroyo de las Burras; al Este con el departamento Rosario de

---

1 Arbusto (Lippia turbinata).

Lerma por las cumbres del Acay y con el de Cachi por las faldas del volcan de Cachi; al Sud con el de Cachi por una línea que parte del arroyo Concha (hoy Palermo) hasta el cerro llamado Fuerte Alto y postrero de Payogasta al Oeste, y con el de Molinos por la prolongacion al Oeste de la línea divisoria con Cachi, y al Oeste con Chile por el *divortium aquarum* de los Andes. Tiene 9875 kms² de extension y una poblacion conjetural de 5300 habitantes. Este departamento ha sido creado por la ley del 20 de Noviembre de 1869 en reemplazo del de Payogasta. Está dividido en los 9 distritos: Poma, Payogasta, San Antonio de los Cobres, Potrero, Rio Blanco, Catica, Pueblo Viejo, Pasto Grande y Rosario de Susquis. Escuelas funcionan en Poma, Payogasta y Potrero. 2) villa, Poma, Salta. Es la cabecera del departamento. Está situado á orillas del Guachipas, á 240 kms. de Salta. Tiene unos 1100 habitantes. C, E. 3) distrito del departamento del mismo nombre, Salta.

Poman, 1) departamento de la provincia de Catamarca. Confina al Norte con el de Andalgalá, al Este con los de Ambato, Capital y Capayan, al Sud con la provincia de la Rioja y al Oeste con el departamento Belén. Tiene 6198 kms² de extension y una poblacion conjetural de 4100 habitantes. Está dividido en los 7 distritos: Poman, Colpes, Saujil, Rincon, Sijan, Mustquin y Colana. El departamento es regado por los arroyos Poman, Colpes, Saujil, del Rincon, Sijan, Mustquin y Colana. Hay centros de poblacion en Saujil, Pipanaco, Pisapanaco y Colpes. 2) distrito del departamento del mismo nombre, Catamarca. 3) villa, Poman, Catamarca. Es la cabecera del departamento. Tiene unos 1500 habitantes. Dista de la capital de la provincia 130 kms. C, E. 4) arroyo,

Poman, Catamarca. Nace en la sierra de Ambato, corre de E. á O. y al poco andar es absorbido por la agricultura.
Pomancillo, 1) distrito del departamento Piedra Blanca, Catamarca. 2) aldea, Pomancillo, Piedra Blanca, Catamarca. E.
Pomena, mina de galena argentífera en el distrito mineral de San Antonio de los Cobres, Poma, Salta.
Pompeya, finca rural, Cerrillos, Salta.
Poná, laguna, Goya, Corrientes.
Ponce, 1) estancia, Ctl 4, Azul, Buenos Aires. 2) laguna, Ctl 4, Pueyrredon, Buenos Aires. 3) laguna, Lavalle, Corrientes.
Poncho Colgado, [1] paraje poblado, Perico del Cármen, Jujuy.
Pondal, ingenio de azúcar, Capital, Tucuman. En la márgen izquierda del rio Salí, á 14 kms al SSE. de Tucuman.
Pongo, paraje poblado, Capital, Jujuy.
Poniente, arroyo, Ctl 3, Magdalena, Buenos Aires.
Ponoy, establecimiento rural, Ctl 6, Ayacucho, Buenos Aires.
Pontevedra, pueblo, Merlo, Buenos Aires. E.
Ponton, estero, San Luis, Corrientes.
Porá, 1) laguna, Tacuaras, La Paz, Entre Rios. En el extremo NO. de la provincia y en las inmediaciones de la desembocadura del Guayquiraró en el Paraná. 2) laguna, Goya, Corrientes. 3) laguna, Mercedes, Corientes.
Porfia 1) la, estancia, Ayacucho, Buenos Aires. E. 2) establecimiento rural, Ctl 4, Azul, Buenos Aires. 3) establecimiento rural, Ctl 7, Guaminí, Buenos Aires. 4) establecimiento rural, Ctl 5, Las Flores, Buenos Aires. 5) establecimiento rural, Ctl 5, 6, Maipú, Buenos Aires. 6) laguna, Ctl 5, Maipú, Buenos Aires. 7) estancia, Ctl 1, Mar Chiquita, Buenos Aires. 8)

[1] El poncho es una manta cuadrilonga con abertura en el medio para pasar por ella la cabeza. Es usada por la gente del campo para cubrirse el pecho y la espalda.(Granada.)

establecimiento rural, Ctl 5, Necochea, Buenos Aires. 9) estancia, Ctl 4, Pueyrredon, Buenos Aires. 10) establecimiento rural, Ctl 1, Tandil, Buenos Aires. 11) estancia, Ctl 3, 8, Trenque-Lauquen, Buenos Aires. 12) estancia, Ctl 5, Vecino, Buenos Aires. 13) mineral de plata, Campo Santo, Salta.

Porfiada la, estancia, Ctl 3, Guaminí, Buenos Aires.

Poriopá, finca rural, Santo Tomé, Corrientes.

Porongal, 1) distrito del departamento Iruya, Salta. 2) arroyo, Iruya, Salta. Es uno de los elementos de formacion del arroyo Pescado, tributario del Bermejo en la márgen derecha.

Porongo, [1] 1) laguna, Ctl 11, Tres Arroyos, Buenos Aires. 2) vertiente, Malanzan, Rivadavia, Rioja. 3) cumbre de los cerros de la Carolina, Carolina, Pringles, San Luis. $x = 1970$ m. 4) *Quebrado,* lugar poblado, San José, Tulumba, Córdoba.

Porongos, 1) arroyo, Victoria, Entre Rios. Es un tributario del Quebrachitos en la márgen derecha y forma en toda su extension el límite entre los distritos Pajonal é Hinojal. 2) de los, laguna y pantanos salitrosos, Rio Seco, Córdoba. Se le calcula una superficie de 700 kms[2] Está en comunicacion con la Mar Chiquita por medio de un gran número de cañadas. 3) los, paraje poblado, Departamento 4°, Pampa. 4) los, paraje poblado, Caldera, Salta. 5) lugar poblado, Copo, Santiago. C.

Poronguitos, 1) laguna, Ctl 4, Mar Chiquita, Buenos Aires. 2) establecimiento rural, Ctl 1, Pila, Buenos Aires. 3) lugar poblado, Pichanas, Cruz del Eje, Córdoba.

Poropichay, laguna, Itatí, Corrientes.

Poroto, [1] arroyo, Ctl 2, Barracas, Buenos Aires.

Porotos los, estancia, Ctl 4, Trenque-Lauquen, Buenos Aires.

Portagüé, paraje poblado, Departamento 7°, Pampa. $\div = 36°$ 30'; $\lambda = 65°$ 58' (?)

Porteña [2] 1) la, establecimiento rural, Ctl 11, Arrecifes, Buenos Aires. 2) establecimiento rural, Ctl 1, Bolivar, Buenos Aires. 3) establecimiento rural, Ctl 4, Campana, Buenos Aires. 4) estancia, Ctl 3, Cármen de Areco, Buenos Aires. 5) establecimiento rural, La Plata, Buenos Aires. 6) establecimiento rural, Ctl 6, 13, Lincoln, Buenos Aires. 7) establecimiento rural, Ctl 6, Loberia, Buenos Aires. 8) establecimiento rural, Ctl 7, Lobos, Buenos Aires. 9) establecimiento rural, Ctl 1, Moreno, Buenos Aires. 10) establecimiento rural, Ctl 5, Necochea, Buenos Aires. 11) estancia, Ctl 6, Olavarria, Buenos Aires. 12) establecimiento rural, Ctl 7, Rauch, Buenos Aires. 13) establecimiento rural, Ctl 8, San Vicente, Buenos Aires. 14) estancia, Ctl 4, 6, 10, Trenque-Lauquen, Buenos Aires. 15) laguna, Ctl 3, Veinte y Cinco de Mayo, Buenos Aires. 16) mina de plomo y plata, Ciénega del Coro, Minas, Córdoba. Pertenece al mineral del Guayco. 17) veta de cuarzo aurífero, Rinconada, Jujuy. Los trabajos alcanzan á una profundidad de 20 metros y se calcula que el filon puede dar de 80 á 140 gramos de oro por tonelada. 18) establecimiento rural, Departamento 2°, Pampa. 19) establecimiento rural, Departamento 7°. Pampa. 20) mina de plata en la quebrada del Topallar, Ayacucho, San Luis.

Porteño el, estancia, Ctl 4, Magdalena, Buenos Aires.

Portezuelo, 1) distrito del departamento

---

1 *H*abichuela. — 2 Nombre derivado del de Puerto de Santa María de Buenos Aires, con que fué bautizada esta ciudad en su segunda fundación, y que se aplica á la mujer nacida en ella.

1 Calabaza silvestre.

Valle Viejo, Catamarca. 2) aldea, Portezuelo, Valle Viejo, Catamarca. E. 3) lugar poblado, Cañada de Alvarez, Calamuchita, Córdoba. 4) cuartel de la pedania Rio de los Sauces, Calamuchita, Córdoba. 5) lugar poblado, Rio de los Sauces, Calamuchita, Córdoba. 6) lugar poblado, Santa Rosa, Calamuchita, Córdoba. 7) lugar poblado, Panaolma, San Alberto, Córdoba. 8) lugar poblado, Las Rosas, San Javier, Córdoba. 9) lugar poblado, Macha, Totoral, Córdoba. 10) paraje poblado, Capital, Jujuy. 11) arroyo, Beltran, Mendoza. Es un tributario del rio Grande en la márgen izquierda. 12) distrito del departamento General Roca, Rioja. 13) poblacion agrícola, Jachal, San Juan. 14) lugar poblado, Capital, San Luis. E. 15) vertiente, Morro, Pedernera, San Luis. 16) sierra del, Punilla, Pedernera, San Luis. Se extiende de N. á S. al Este del Morro y alcanza una altura media de 900 m. 17) cumbre de la sierra de los Apóstoles, Rosario, Pringles, San Luis. 18) finca rural, Saladillo, Pringles, San Luis. ˙19) *Chico*, finca rural, Capital, Salta. 20) *de Ulapes,* sierra del, San Martin, Rioja. Es el remate Sud de la sierra de los Llancs

Portillo, 1) arroyo, Curuzú-Cuatiá, Corrientes. Es un afluente del Mocoretá en la márgen derecha. 2) estancia, Mburucuyá, Corrientes. 3) cañada, Mburucuyá, Corrientes. 4) paso de la cordillera, Tupungato y Nueve de Julio, Mendoza. De este paso arranca el límite que separa los departamentos Tupungato y Nueve de Julio. El paso es poco frecuentado porque las nieves le tienen obstruido durante 8 meses del año. $\varphi = 33°\ 45'$; $\lambda = 69°\ 30'$; $x = 4427$ m. (Gillies.) 5) *de los Pinquenes*, paso de la cordillera, Nueve de julio, Mendoza. $\varphi = 33°\ 50'$; $\lambda = 69°\ 50'$; $x = 4200$ m. (Pissis.)

Portinelo, lugar poblado, Carlota, juarez Celman, Córdoba.

Buenos Aires. 33) estancia, Ctl 2, 10, 11, Veinte y Cinco de Mayo, Buenos Aires. 34) establecimiento rural, Cosme, Anejos Sud, Córdoba. 35) lugar poblado, Necochea, General Roca, Córdoba. 36) estancia, Union, Córdoba. C. 37) establecimiento rural, Bella Vista, Corrientes. 38) establecimiento rural, Caacatí, Corrientes. 39) establecimiento rural, Curuzú-Cuatiá, Corrientes. 40) establecimiento rural, Esquina, Corrientes. 41) estancia, Lavalle, Corrientes. 42) establecimiento rural, Lomas, Corrientes. 43) establecimiento rural, Mercedes, Corrientes. 44) establecimiento rural, Santo Tomé, Corrientes. 45) establecimiento rural, La Paz, Mendoza. 46) establecimiento rural, Lujan, Mendoza. 47) establecimiento rural, Maipú, Mendoza. 48) establecimiento rural, Nueve de Julio, Mendoza. 49) establecimiento rural, Rivadavia, Mendoza, 50) establecimiento rural, Tunuyan, Mendoza. 51) establecimiento rural, Departamento 2°, Pampa. 52) establecimiento rural, Departamento 3°, Pampa. 53) establecimiento rural, Departamento 4°, Pampa. 54) establecimiento rural, Departamento 9°, Pampa. 55) establecimiento rural, Departamento 10°, Pampa. 56) establecimiento rural, Cerrillos, Salta. 57) establecimiento rural, Chicoana, Salta. 58) establecimiento rural, Rosario de Lerma, Salta. 59) establecimiento rural, Rosario de Lerma, Salta. 60) mineral de plata, San Cárlos, Salta. 61) establecimiento rural, Capital, San Luis. 62) *Cué,* establecimiento rural, Santo Tomé, Corrientes.

Posada 1) la, laguna, Ctl 5, Maipú, Buenos Aires. 2) la, laguna, Ctl 6, Las Flores, Buenos Aires. 3) laguna, Ctl 8, Pueyrredon, Buenos Aires.

Posadas, 1) establecimiento rural, Ctl 1, Pergamino, Buenos Aires. 2) departamento de la gobernacion de Misiones. Es limitado al Norte por el rio Paraná,

al Este por el departamento San Martin, al Sud por la sierra del Iman y al Oeste por la provincia de Corrientes (arroyo Itaembé.) 3) villa, Misiones. Es la capital de la gobernacion. Su origen se remonta al año 1865, en que empezó la guerra del Paraguay. Los paraguayos que invadieron la provincia de Corrientes, se atrincheraron en este paraje, entonces desierto, llamándole « Trinchera de San José. » Está situada á orillas del Paraná y es estacion terminal del ferrocarril Noreste Argentino. Por la vía férrea dista 434 kms. de Monte Caseros. El ferro-carril Noreste Argentino que arranca de este último punto, tiene en la línea que conduce á Posadas las siguientes estaciones:

	kms.	α
Monte Caseros	0	68
Cabrera	33	65
Santa Ana	64	93
Paso de los Libres	100	79
	126	92
San Martin	155	84
La Cruz	184	84
Alvear	201	82
	229	90
Silveira	258	85
Santo Tomé	286	92
Casa Pava	316	117
Ombú Vuelto	344	136
Playadito	373	143
Santo Tomás	407	179
Posadas	433	121

y en la que termina en Corrientes, las que siguen:

	kms.	α
Monte Caseros	0	68
—	19	100
Libertad	35	100
—	49	88
Curuzú - Cuatiá	65	85
Baibiene	89	115
Justino Solari	115	134
Mercedes	141	112
Felipe Yofre	168	90
Isaac M. Chavarria	196	74
San Diego	219	83
San Roque	240	77
Saladas	277	83
San Lorenzo	296	77

	kms.	α
Empedrado	317	82
Jimenez	332	75
Riachuelo	359	74
Corrientes	374	75

Receptoría de rentas nacionales. α = 124 m. C, T, E.

Posesion de Petrona, mina de cobre en el distrito mineral de las Capillitas, Andalgalá, Catamarca.

Positiva la, estancia, Ctl 1, Campana, Buenos Aires.

Pospos, arroyo, Colon, Entre Rios. Desagua en la márgen derecha del Uruguay, en direccion de O. á E. Es en toda su extension límite entre los departamentos 4º y 2º.

Posta 1) la, establecimiento rural, La Plata, Buenos Aires. 2) establecimiento rural, Ctl 6, Lobos, Buenos Aires. 3) establecimiento rural, Ctl 6, Ranchos, Buenos Aires. E. 4) establecimiento rural, Ctl 11, Trenque-Lauquen, Buenos Aires. 5) establecimiento rural, Ctl 5, Vecino, Buenos Aires. 6) de la, arroyo, Genacito, Uruguay, Entre Rios. Es un tributario del Gená, en la márgen derecha. 7) aldea, Capital, Tucuman. A inmediaciones de Nogales y á corta distancia de Juarez Celman. α = 500 m. 8) estancia, Chicligasta, Tucuman. En la orilla izquierda del arroyo Medina. 9) lugar poblado, Graneros, Tucuman. Al Sud de Cocha. 10) *de las Cañas*, lugar poblado, Concepcion, San Justo, Córdoba. 11) *de los Cocos*, lugar poblado, Caminiaga, Sobremonte, Córdoba. 12) *de Doña Escolástica*, estancia, Ctl 1, Magdalena, Buenos Aires. 13) *Lopez*, lugar poblado, Caseros, Anejos Sud, Córdoba. 14) *Montes de Oca*, establecimiento rural, Ctl 1, Magdalena, Buenos Aires. 15) *Ortega*, estancia, Ctl 5, Brown, Buenos Aires. 16) *Vazquez*, estancia, Ctl 4, Magdalena, Buenos Aires. 17) *Vieja*, estancia, Ctl 4, Arrecifes, Buenos Aires.

18) *Vieja*, establecimiento rural, Ctl 4, Monte, Buenos Aires. 19) *Vieja*, lugar poblado, Zorros, Tercero Arrriba, Córdoba.

Postrera 1) la, establecimiento rural, Ctl 2, Castelli, Buenos Aires. 2) lugar poblado, Bell-Ville, Union, Córdoba.

Potecha, 1) laguna, Concepcion, Corrientes. 2) *Cué*, finca rural, Concepcion, Corrientes.

Potimalal, arroyo, Beltran, Mendoza. Es un tributario del rio Grande en la márgen derecha.

Potorayo, paraje poblado, Tilcara, Jujuy.

Potrerillo, 1) laguna, Ctl 3, Ajó, Buenos Aires. 2) laguna, Ctl 2, Tordillo, Buenos Aires. 3) lugar poblado, Candelaria, Cruz del Eje, Córdoba. 4) lugar poblado, Ciénega del Coro, Minas, Córdoba. 5) lugar poblado, Dolores, Punilla, Córdoba. 6) lugar poblado, Chuñaguasi, Sobremonte, Córdoba. 7) paraje poblado, Perico de San Antonio, Jujuy. 8) paraje poblado, Tilcara, jujuy. 9) paraje poblado, Valle Grande, Jujuy. 10) vertiente, Malanzan, Rioja. 11) estancia, Cafayate, Salta. 12) finca rural, Rosario de la Frontera, Salta 13) finca rural, Rosario de Lerma, Salta. 14) distrito minero del departamento Jachal, San Juan. Encierra carbon. 15) lugar poblado, Guzman, San Martin, San Luis. 16) estancia, Graneros, Tucuman. En la falda oriental de las cumbres de Paclin y junto al nacimiento del arroyo San Francisco. 17) sierra del, Graneros, Tucuman. Al Oeste del departamento; es de poca elevacion y corta extension de N. á S. 18) *de las Mulas*, cerro del macizo de San Luis, Quines, Ayacucho, San Luis. α = 1420 m.

Potrerillos, 1) arroyo, Beltran, Mendoza. Es uno de los elementos de formacion del rio Grande. 2) los, lugar poblado, Trapiche, Pringles, San Luis.

Potrerito, 1) del, laguna, Ctl 1, Bragado, Buenos Aires. 2) del, arroyo, Pueyrre don, Buenos Aires. Desagua en el Océano Atlántico. 3) lugar poblado, Guasapampa, Minas. Córdoba. 4) lugar poblado, Salsacate, Pocho, Córdoba.

Potreritos, 1) los, paraje poblado, Beltran, Mendoza. 2) cerro de los, Nueve de Julio, Mendoza.

Potrero, [1] 1) el, establecimiento rural, Ctl 2, Las Flores, Buenos Aires. 2) establecimiento rural, Ctl 3, Veinte y Cinco de Mayo, Buenos Aires. 3) lugar poblado, Andalgalá, Catamarca. E. 4) lugar poblado, Molinos, Calamuchita, Córdoba. 5) lugar poblado, Higueras, Cruz del Eje, Córdoba. 6) lugar poblado, Argentina, Minas, Córdoba. 7) lugar poblado, Ciénega del Coro, Minas, Córboba. 8) lugar poblado, Parroquia, Pocho, Córdoba. 9) lugar poblado, San Roque, Punilla, Córdoba. 10) lugar poblado, Tránsito, San Alberto, Córdoba. 11) lugar poblado, Aguada del Monte, Sobremonte, Córdoba. 12) el, lugar poblado, San josé, Tulumba, Córdoba. 13) laguna, Lavalle, Corrientes. 14) distrito del departamento Uruguay, Entre Rios. 15) paraje poblado, Capital, Jujuy. 16) paraje poblado, Ledesma, Jujuy. 17) paraje poblado, Valle Grande, Jujuy. 18) del, estancia, Tunuyan, Mendoza. 19) el, lugar poblado, General Roca, Rioja. 20) lugar poblado, Rivadavia, Rioja. 21) distrito del departamento Caldera, Salta. 22) distrito del departamento Iruya, Salta. 23) paraje poblado, Oran, Salta. 24) distrito del departamento Poma, Salta. 25) finca rural, Poma, Salta. E. 26) el, finca rural, Rosario de la Frontera, Salta. 27) cerro, Pedernera, San Luis. $\alpha = 1327$ m. (Lallemant). 28) el, finca rural, San Martin, San Martin, San Luis. 29) lugar poblado, Copo, Santiago. E. 30) lugar poblado,

Burruyaco, Tucuman. C. 31) estancia, Trancas, Tucuman. A orillas del arroyo del mismo nombre. C. 32) arroyo Trancas, Tucuman. Es un afluente del arroyo de Riarte. 33) *de los Bazanes*, distrito del departamento de la Capital, Rioja. 34) *Cerrado*, paraje poblado, Viedma, Rio Negro. 35) *de las Colinas*, finca rural, Capital, Rioja. 36) *de Diaz*, distrito del departamento Chicoana, Salta. 37) *de los Fúnes*, lugar poblado, Capital, San Luis. E. 38) *de los Fúnes*, cerro del macizo de San Luis, Capital, San Luis. $\varphi = 33° 10'$; $\lambda = 66° 15'$; $\alpha = 1972$ m. (Lallemant). 39) *Galarza*, paraje poblado, Mburucuyá, Corrientes. 40) *de Garay*, pedanía del departamento Anejos Sud, Córdoba. Tiene 925 habitantes. (Censo del 1° de Mayo de 1890). 41) *de Garay*, cuartel de la pedania del mismo nombre, Anejos Sud, Córdoba. 42) *de Garay*, aldea, Potrero de Garay, Anejos Sud, Córdoba Tiene 294 habitantes. (Censo m.) C. 43) *Grande*, establecimiento rural, Ctl 4, Patagones, Buenos Aires. 44) *Grande*, paraje poblado, Tumbaya, Jujuy. 45) *Grande*, paraje poblado, Pringles, Rio Negro. 46) *Grande*, lugar poblado, Famaillá, Tucuman. En la márgen izquierda del arroyo Colorado. 47) *de Lampaso*, estancia, Burruyaco, Tucuman. Cerca de la frontera salteña. 48) *Linares*, paraje poblado, Rosario de Lerma, Salta. 49) *del Norte*, lugar poblado, Salto, Tercero Arriba, Córdoba. 50) *Pozo Viejo*, lugar poblado, Pichanas, Cruz del Eje, Córdoba. 51) *de las Tablas*, estancia, Famaillá, Tucuman. En la márgen derecha del arroyo Rodeo Viejo. 52) *Uriburu*, paraje poblado, Rosario de Lerma, Salta. 53) *de los Vargas*, finca rural, Independencia, Rioja.

Potreros, 1) los, establecimien'o rural, Ctl 2, Mar Chiquita, Buenos Aires. 2) *del Sud*, cuartel de la pedania Salto, Ter-

---

[1] Terreno cercado para tener animales á mano; campo aparente para un pastoreo especial (Granada)

cero Arriba, Córdoba. 3) *del Sud*, aldea, Salto, Tercero Arriba, Córdoba. Tiene 140 habitantes. (Censo del 1º de Mayo de 1890).

Potrillito, establecimiento rural, Ctl 9, Veinte y Cinco de Mayo, Buenos Aires.

Potrillo, 1) del, laguna, Ctl 3, Las Flores, Buenos Aires. 2) laguna, Ctl 7, Saladillo, Buenos Aires. 3) laguna, Ctl 9, Veinte y Cinco de Mayo, Buenos Aires. 4) *Chico*, establecimiento rural, Ctl 10, Saladillo, Buenos Aires. 5) *Chico*, laguna, Ctl 10, Saladillo, Buenos Aires. 6) *Grande*, laguna, Ctl 10, Saladillo, Buenos Aires. De ella sale el arroyo conocido con el nombre de Saladillo.

Potro, 1) el, establecimiento rural, Ctl 5, Trenque-Lauquen, Buenos Aires. 2) cerro del, cumbre nevada de la cordillera, en el límite de las provincias de Catamarca y La Rioja. $\varphi = 27° 40'$; $\lambda = 68° 35'$; $\alpha = 5565$ m. (?) 3) *Muerto*, lugar poblado, Litin, Union, Córdoba.

Pourtalé, lugar poblado, Olavarría, Buenos Aires. Por la vía férrea dista 390 kms. de la Capital federal. $\alpha = 184$ m FCS, C, T.

Poy, arroyo, Sauce, Corrientes. Es un tributario del Guayquiraró.

Pozanjon, laguna, Ctl 7, Lobos, Buenos Aires.

Pozo, 1) el, laguna, Ctl 10, Tres Arroyos, Buenos Aires. 2) estancia, La Cruz, Corrientes. 3) paraje poblado, Silípica, Santiago. 4) *de Abajo*, finca rural, General Lavalle, Rioja. 5) *de Albornoz*, finca rural, Capital, Rioja. 6) *del Algarrobo*, lugar poblado, San Antonio, Anejos Sud, Córdoba. 7) *del Algarrobo*, lugar poblado, Cruz del Eje, Cruz del Eje, Córdoba. Dista 15 kms. de Cruz del Eje. 8) *del Algarrobo*, lugar poblado, Chuñaguasi, Sobremonte, Córdoba. 9) *del Algarrobo*, finca rural, Esquina, Corrientes. 10) *del Algarrobo*, paraje poblado, Anta, Salta. 11) *del Alto*, lugar

lugar poblado, Capilla de Rodriguez, Tercero Arriba, Córdoba. 39) *del Chañar,* lugar poblado, Dolores, Chacabuco, San Luis. 40) *del Chañar,* lugar poblado, Saladillo, Pringles, San Luis. 41) *de los Chañares,* lugar poblado, Constitucion, Anejos Norte, Córdoba 42) *Colorado,* lugar poblado, Cerrillos, Sobremonte, Córdoba. 43) *Copo,* paraje poblado, Copo, Santiago. 44) *Correa,* aldea, Rio Pinto, Totoral, Córdoba. Tiene 159 habitantes. (Censo m.) 45) *Corto,* paraje poblado, Oran, Salta. 46) *de la Cruz,* lugar poblado, Constitucion, Anejos Norte, Córdoba. 47) *de la Cruz,* lugar poblado, Estanzuela, Chacabuco, San Luis. 48) *del Cuero,* lugar poblado, Rosario, Pringles, San Luis. 49) *del Durazno,* lugar poblado, Reduccion, juarez Celman, Córdoba. 50) *Encendido,* lugar poblado, Sacanta, San Justo, Córdoba. 51) *Escondido,* lugar poblado, Capital, San Luis. 52) *del Espinillo,* lugar poblado, Tegua y Peñas, Rio Cuarto, Córdoba. 53) *del Espinillo,* aldea, Suburbios, Rio Segundo, Córdoba. Tiene 121 habitantes. (Censo m.) 54) *Espinillos,* lugar poblado, Candelaria, Totoral, Córdoba. 55) *de la Esquina,* lugar poblado, Arroyito, San Justo, Córdoba. 56) *Esquina,* vertiente, Conlara, San Martin, San Luis. 57) *Frio,* finca rural, Guzman, San Martin, San Luis 58) *del Fuego,* laguna, Ctl 8, Ayacucho, Buenos Aires. 59) *del Ganado,* lugar poblado, San Bartolomé, Rio Cuarto, Córdoba. 60) *del Guanaco,* cuartel de la pedanía Candelaria, Rio Seco, Córdoba. 61) *del Hinojo,* finca rural, Conlara, San Martin, San Luis. 62) *Hondo,* lugar poblado, La Esquina, Rio Primero, Córdoba. 63) *Hondo,* lugar poblado, Saladillo, Pringles, San Luis. 64) *Hondo,* distrito de la seccion jimenez 1° del departamento jimenez, Santiago del Estero. 65) *Hondo,* lugar poblado, Pozo Hondo, jimenez 1°, jimenez, Santiago. E. 66) *Hondo,* estancia, Graneros, Tucuman. 67) *del Inca,* lugar poblado, Perico del Cármen, Jujuy. 68) *de Juancho,* lugar poblado, Estancias, Rio Seco, Córdoba. 69) *de Juan Gomez,* finca rural, Trapiche, Pringles, San Luis. 70) *del Jume,* lugar poblado, Toscas, San Alberto, Córdoba. 71) *Largo,* finca rural, Independencia, Rioja. 72) *Largo,* paraje poblado, Oran, Salta. 73) *Largo,* estancia, Burruyaco, Tucuman. Al NE. del departamento, cerca de la frontera santiagueña. 74) *de la Loma,* lugar poblado, Caseros, Anejos Sud, Córdoba. 75) *del Loro,* cuartel de la pedanía Caseros, Anejos Sud, Córdoba. 76) *del Loro,* aldea, Caseros, Anejos Sud, Córdoba. Tiene 129 habitantes. (Censo m.) 77) *del Molle,* lugar poblado, La Paz, San javier, Córdoba. 78) *de los Molles,* lugar poblado, General Mitre, Totoral, Córdoba. 79) *del Monte,* aldea, Sumampa, Santiago. C, E. 80) *del Moro,* lugar poblado, Timon Cruz, Rio Primero, Córdoba. 81) *del Mortero,* lugar poblado, Sacanta, San Justo, Córdoba. 82) *de los Novios,* lugar poblado, Rio Pinto, Totoral, Córdoba. 83) *Nuevo,* lugar poblado, Caminiaga, Sobremonte, Córdoba. 84) *de la Orilla,* finca rural, Capital, Rioja. 85) *de la Oveja,* chacra, Larca, Chacabuco, San Luis. 86) *Palo,* lugar poblado, Belgrano, San Luis. E. 87) *Pampa,* laguna, Ctl 7, Bragado, Buenos Aires. 88) *de la Pampa,* cuartel de la pedanía Dolores, San Javier, Córdoba. 89) *de la Pampa,* finca rural, Independencia, Rioja. 90) *Peje,* cerro del, Capital, San Luis. Pertenece á un cordon que se desprende del macizo de San Luis hácia el Sud. 91) *del Peje,* finca rural, Naschel, Chacabuco, San Luis. 92) *del Pelicano* distrito del departamento Rivadavia Salta. 93) *Piedra,* lugar poblado, Cár men, San Alberto, Córdoba. 94) *de Piedra*, finca rural, San Martin, Rioja. 95) *de las Piedras*, lugar poblado, Constitucion, Anejos Norte, Córdoba. 96) *Piedras*, lugar poblado, Salsacate, Pocho, Córdoba. 97) *de las Piedras* lugar poblado, Cerrillos, Sobremonte, Córdoba. 98) *de Pino*, lugar poblado, Guasapampa, Minas, Córdoba. 99) *de los Poleos Norte*, cuartel de la pedanía Pampayasta Norte, Tercero Arriba, Córdoba. 100) *de los Poleos Sud*, cuartel de la pedanía Pampayasta Sud, Tercero Arriba, Córdoba. 101) *de los Potros*, lugar poblado, Pampayasta Sud, Tercero Arriba, Córdoba. 102) *del Rodeo*, lugar poblado, Constitucion, Anejos Norte, Córdoba. 103) *del Rubio*, finca rural, Independencia, Rioja. 104) *Salado*, lugar poblado, Arroyito, San Justo, Córdoba. 105) *San Juan*, lugar poblado, General Mitre, Totoral, Córdoba. 106) *del Sauce*, lugar poblado, San Bartolomé, Rio Cuarto, Córdoba. 107) *Seco*, lugar poblado, Ciénega del Coro, Minas, Córdoba. 108) *Seco*, cuartel de la pedanía Guasapampa, Minas, Córdoba. 109) *Seco*, lugar poblado, Guasapampa, Minas, Córdoba. 110) *Seco*, lugar poblado, Pampayasta Norte, Tercero Arriba, Córdoba. 111) *Seco*, finca rural, San Lorenzo, San Martin, San Luis. 112) *del Simbol*, lugar poblado, Cruz del Eje, Cruz del Eje, Córdoba. 113) *del Simbol*, lugar poblado, Castaños, Rio Primero, Córdoba. 114) *del Tala*, cuartel de la pedanía Alta Gracia, Anejos Sud, Córdoba. 115) *del Tala*, lugar poblado, Alta Gracia, Anejos Sud, Córdoba. 116) *del Tala*, lugar poblado, Salsacate, Pocho, Córdoba. 117) *del Tala*, lugar poblado, Estancias, Rio Seco, Córdoba. 118) *del Tala*, finca rural, Lomas, Corrientes. 119) *del Tala*, lugar poblado, Rosario, Pringles, San Luis. 120) *del Tala*, finca rural, San Martin, San Martin, San Luis. 121) *del Tigre*, lugar poblado, San Francisco, Sobremonte, Córdoba. 122) *del Tigre*, distrito del departamento Rivadavia, Salta. 123) *de los Tisera*, lugar poblado, Pampayasta Norte, Tercero Arriba, Córdoba. 124) *del Toro*, lugar poblado, Litin, Union, Córdoba. 125) *la Tosca*, lugar poblado, Salsacate, Pocho, Córdoba. 126) *de las Toscas*, cuartel de la pedanía de las Toscas, San Alberto, Córdoba. 127) *de las Toscas*, lugar poblado, Toscas, San Alberto, Córdoba. 128) *de las Toscas*, paraje poblado, Oran, Salta. 129) *de la Vaca*, cuartel de la pedanía Dolores, San Javier, Córdoba. 130) *de la Vaca*, aldea, Dolores, San Javier, Córdoba. Tiene 385 habitantes. (Censo m.) 131) *de las Vacas*, lugar poblado, Capilla de Rodriguez, Tercero Arriba, Córdoba. 132) *de las Vacas*, lugar poblado, General Mitre, Totoral, Córdoba. 133) *de las Vacas*, lugar poblado, San José, Tulumba, Córdoba. 134) *Verde*, paraje poblado, Perico del Cármen, Jujuy. 135) *Verde*, paraje poblado, Cafayate, Salta. 136) *Verde*, finca rural, Capital, Salta. 137) *Verde*, finca rural, Capital, San Luis. 138) *Verde*, lugar poblado, Silipica, Santiago. E. 139) *de las Yeguas*, lugar poblado, Chancani, Pocho, Córdoba. 140) *de las Yeguas*, lugar poblado, Rio Pinto, Totoral, Córdoba. 141) *de la Zanja*, lugar poblado, Alta Gracia, Anejos Sud, Córdoba. 142) *de la Zanja*, lugar poblado, San Pedro, San Alberto, Córdoba.

Pozos, 1) laguna, Ctl 6, Chascomús, Buenos Aires. 2) arroyo, Ctl 2, Exaltacion de la Cruz, Buenos Aires. 3) de los, cañada, Ctl 1, 3, 4, 5, Las Heras, Buenos Aires. Forma en su confluencia con el arroyo de Cañuelas, el de Matanzas, que, en el límite Sud de la Capital federal, toma el nombre de Riachuelo. 4) arroyo, Ctl 4, Lobería, Buenos Aires. 5) los, estancia, Ctl 4, Navarro, Buenos Aires. 6) de los, arroyo, Rivadavia, Buenos Aires. Es un tributario del arroyo del Puesto, en la márgen izquierda. 7) los, lugar poblado, Parroquia, Ischilin, Córdoba. 8) lugar poblado, San Cárlos, Minas, Córdoba. 9) lugar poblado, Achiras, Rio Cuarto, Córdoba. 10) los lugar poblado, San Bartolomé, Rio Cuarto, Córdoba. 11) aldea, Timon Cruz, Rio Primero, Córdoba. Tiene 124 habitantes. (Censo del 1° de Mayo de 1890) 12) los, lugar poblado, Caminiaga, Sobremonte, Córdoba. 13) lugar poblado, Macha, Totoral, Córdoba. Tiene 152 habitant s. (Censo m.) 14) los, lugar poblado, Rio Pinto, Totoral, Córdoba, 15) los, finca rural, Esquina, Corrientes. 16) los, vertiente, Pedernal, Huanacache, San Juan. 17) vertiente, Morro, Pedernera, San Luis. 18) los, finca rural, Guzman, San Martin, San Luis. 19) *Acollarados*, lugar poblado, Guasapampa, Minas, Córdoba.

Pozuelos, 1) campo de los, meseta de la sierra de Aconquija, Santa María, Catamarca. 2) lugar poblado, Cañada de Alvarez, Calamuchita, Córdoba. 3) de los, laguna, Rinconada, jujuy Recibe las aguas de los arroyos del Cincel y de Santa Catalina. Mide unos 30 kms. de largo por unos 10 á 15 de ancho, y se halla en lo alto de la meseta de la Puna. Cuando se seca, lo cual ocurre con alguna frecuencia, queda reducida á salina. 4) vertiente, jachal, San juan. 5) distrito del departamento Rio Hondo, Santiago del Estero. 6) lugar poblado, Pozuelos, Rio Hondo, Santiago. E.

Pradera la, lugar poblado, Sarmiento, General Roca, Córdoba.

Praderas las, establecimiento rural, Ctl 14, Lincoln, Buenos Aires.

Prado, 1) estancia, Ctl 5, 6, Ranchos, Buenos Aires. 2) el, estancia, Ctl 5, Trenque-Lauquen, Buenos Aires. 3) el, lugar poblado, Rio Pinto, Totoral, Córdoba. 4) el, estancia, Santo Tomé, Corrientes. 5) el, establecimiento rural, Viedma, Rio Negro. 6) finca rural, Campo Santo, Salta. 7) el, finca rural, Capital, Salta. 8) el, finca rural, Chicoana, Salta. 9) *Verde,* finca rural, Jachal, San Juan.

Prados los, lugar poblado, Tres de Febrero, Rio Cuarto, Córdoba.

Presidencia la, establecimiento rural, Ctl 6, Nueve de julio, Buenos Aires.

Presidente, 1) *Juarez*, puerto de Resistencia, Chaco. C, T, E. 2) *Juarez,* colonia, Libertad, San justo, Córdoba. Fué fundada en 1883 en una extension de 12413 hectáreas. 3) *Juarez,* colonia, Castellanos, Colonias, Santa Fé. Tiene 720 habitantes. (Censo del 7 de Junio de 1887.)

Prima la, establecimiento rural, Departamento 2°, Pampa.

Primas las. laguna, Ctl 7, junin, Buenos Aires.

Primavera 1) la, establecimiento rural, Ctl 5, Alvear, Buenos Aires. 2) estancia, Ctl 5, Azul, Buenos Aires. 3) estancia, Ctl 6, 8, Bolivar, Buenos Aires. 4) establecimiento rural, Ctl 2, Dorrego, Buenos Aires. 5) establecimiento rural, Ctl 16, Lincoln, Buenos Aires. 6) laguna, Ctl 16, Lincoln, Buenos Aires. 7) arroyo, Ctl 1, Loberia, Buenos Aires 8) estancia, Ctl 4, Magdalena, Buenos Aires. 9) establecimiento rural, Ctl 2, Monte, Buenos Aires. 10) estancia, Ctl 4, Patagones, Buenos Aires. 11) estancia, Ctl 7, 9, Saladillo, Buenos Aires. 12) estancia, Ctl 2, 10, Veinte y Cinco de Mayo, Buenos Aires. 13) establecimiento rural, El Cuero, General Roca. Córdoba. 14) arroyo, Tilcara, jujuy. Nace en la sierra de Lipan y Yastral y desagua en la márgen derecha del rio Grande de Jujuy, frente á San Vicente. 15) finca rural, junin, Mendoza. 16) finca rural, Rivadavia, Mendoza. 17) establecimiento rural, Viedma, Rio Negro.

Primera, 1) la, establecimiento rural, Ctl

12, Lincoln, Buenos Aires. 2) *Angostura,* paraje poblado, Viedma, Rio Negro. 3) *Hermana,* riacho, Ctl 3, Las Conchas, Buenos Aires.

Primero, 1) rio, Córdoba. Nace de la confluencia de las aguas que bajan de las laderas de la Punilla, del cerro de los Gigantes, de la «Pampa de San Luis» y de las cumbres de Achala. Franquea la sierra Chica cerca del pueblo de San Roque, donde se represan actualmente sus aguas para dar riego á los «Altos de Córdoba;» pasa por la capital de la provincia con rumbo al NE, riega los pueblecitos Remedios, Rosario y Santa Rosa y alcanza á veces á llevar sus aguas hasta la Mar Chiquita. En su largo trayecto de unos 200 kms. no recibe sinó en la sierra un pequeño afluente, el arroyo de Saldan. El rio Primero es sucesivamente límite natural entre los departamentos Anejos Norte y Anejos Sud, y en parte tambien entre los departamentos Rio Primero y Rio Segundo. 2) *de Mayo,* establecimiento rural, Ctl 16, Lincoln, Buenos Aires. 3) *de Mayo,* establecimiento rural, Ctl 2, Tuyú, Buenos Aires. 4) *de Mayo,* lugar poblado, Genacito, Uruguay, Entre Rios. Por la via férrea dista del Paraná 229 kms. y del Uruguay 51. FCCE, C, T. 5) *de Mayo,* colonia, Genacito, Uruguay, Entre Rios. Fué fundada en 1881 en una extension de 3447 hectáreas. La estacion ferro-viaria del mismo nombre se halla dentro de la colonia.

Primitiva 1) la, establecimiento rural, Ctl 12, Nueve de Julio, Buenos Aires. 2) finca rural, Cafayate, Salta.

Primos los, establecimiento rural, Ctl 2, Magdalena, Buenos Aires.

Principal, 1) el, arroyo, Ctl 5, Tres Arroyos, Buenos Aires. 2) la, finca rural, Jachal, San juan.

Principe Humberto, colonia, San Justo, Capital, Santa Fé.

Pringles, 1) partido de la provincia de Buenos Aires. Fué creado el 5 de Julio de 1882. Está situado al SO. de Buenos Aires y enclavado entre los partidos Suarez, Juarez, Tres Arroyos, Dorrego y Bahia Blanca. Tiene 9730 kms² de extension y 5003 habitantes (Censo del 31 de Enero de 1890.) Escuelas funcionan en Pringles y Piquillin. El partido es regado por los arroyos Cortaderas, Mostazas, Pillahuincó, Quequen Salado, Indio Rico, Jagüelitos, La Mina, El Zorro, San Rafael, El Negro y El Pensamiento. En el ángulo NO. del partido surge la sierra de Pillahuincó. 2) villa, Pringles, Buenos Aires. Es la cabecera del partido. Fundada en Agosto de 1883 en el paraje conocido bajo el nombre de Pillahuincó, cuenta hoy con 2423 habitantes (Censo m.) El éjido de este pueblo es de 200 kms.² El número de habitantes se refiere á toda esta extension. $\varphi = 37°\ 53'\ 20''$; $\lambda = 61°\ 21'\ 47''$ C, T, E. 3) finca rural, Belgrano, Mendoza. 4) departamento de la gobernacion del Rio Negro. Es limitado al Norte por el rio Colorado, al Este por el partido de Patagones, de la provincia de Buenos Aires (meridiano 5°, al Oeste de Buenos Aires $= 63°\ 22'\ 19''$ O. G.;) al Sud por el rio Negro y al Oeste por el departamento Avellaneda. 5) pueblo en formacion á orillas del rio Negro, Pringles, Rio Negro. 6) departamento de la provincia de San Luis. Confina al Norte con el de Ayacucho, al Este con los de San Martin, Chacabuco y Pedernera, al Sud con el de Pedernera y al Oeste con los de Belgrano y de la Capital. Su extension es de 4148 kms² y su poblacion conjetural de unos 6700 habitantes. Está dividido en los 6 partidos: Saladillo, Rosario, Carolina, Totoral, Durazno y Fraga. Este departamento encierra considerables riquezas minerales sobre todo el partido de la Carolina, donde abunda el cuarzo aurifero. Las arterias fluviales del departamento son los arroyos, arroyuelos y vertientes Virorco, Conlara, Barranquita, Totoral, Cerros del Rosario, del Pantano, Lagunitas, de las Sierritas, del Rosario, de la Toma, Saladillo, Estancia Vieja, de las Piedras, de las Bajadas, y el rio Quinto. Escuelas funcionan en Saladillo, Médano, La Toma, San Antonio, Pantano, Cerros Largos, Cañada Honda, Carolina, Trapiche, Durazno y Las Peñas. La aldea Saladillo es la cabecera del departamento.

Progreso, 1) establecimiento rural, Ctl 14, Bahia Blanca, Buenos Aires. 2) estancia, Ctl 1, Campana, Buenos Aires. 3) estancia, Ctl 4, Chascomús, Buenos Aires. 4) estancia, Ctl 5, Las Flores, Buenos Aires. 5) establecimiento rural, Ctl 5, Olavarria, Buenos Aires. 6) estancia, Ctl 4, Patagones, Buenos Aires. 7) establecimiento rural, Ctl 7, Pueyrredon, Buenos Aires. 8) establecimiento rural, Ctl 9, Trenque-Lauquen, Buenos Aires. 9) colonia en formacion, Cruz Alta, Márcos Juarez, Córdoba. 10) el, estancia, Paso de los Libres, Corrientes. 11) el, finca rural, Rivadavia, Mendoza. 12) finca rural, San Martin, Mendoza. 13) mina de galena argentífera en el distrito mineral de San Antonio de los Cobres, Poma, Salta, 14) el, finca rural, San Cárlos, Salta. 15) finca rural, Caucete, San juan. 16) distrito del departamento de las Colonias, Santa Fé. Tiene 1029 habitantes. (Censo del 7 de Junio de 1887) 17) pueblo, Progreso, Colonias, Santa Fé. Tiene 145 habitantes. (Censo m.) Por la via férrea dista de Santa Fé 81 kms y de Soledad 60. FCSF, ramal de Humboldt á Soledad. C, T, E.

Prometida la, estancia, Ctl 8, Bolivar, Buenos Aires.

Próspera la, establecimiento rural, Ctl 14, Nueve de Julio, Buenos Aires.

Prosperidad, 1) establecimiento rural, Ctl

8, Guaminí, Buenos Aires. 2) finca rural, Mercedes, Corrientes. 3) la, finca rural, Cerrillos, Salta.

Proteccion, 1) estancia, Ctl 4, Chascomús, Buenos Aires. 2) establecimiento rural, Ctl 8, Vecino, Buenos Aires.

Protectora, mineral de plata, Molinos, Salta.

Protegida, estancia, Ctl 4, Puan, Buenos Aires.

Protestantes, aldea en la colonia General Alvear, Diamante, Entre Rios. Véase Agricultores.

Proveedor el, estancia, Ctl 5, Junin, Buenos Aires.

Proveedora la, estancia, Ctl 6, Chascomús, Buenos Aires.

Providencia 1) la, estancia, Ctl 5, Ajó, Buenos Aires. 2) establecimiento rural, Ctl 2, Alvear, Buenos Aires. 3) establecimiento rural, Ctl 2, Ayacucho, Buenos Aires. 4) establecimiento rural, Ctl 7, Baradero, Buenos Aires. 5) estancia, Ctl 2, Guaminí, Buenos Aires. 6) laguna, Ctl 11, juarez, Buenos Aires 7) establecimiento rural, Ctl 3, Lincoln, Buenos Aires. 8) establecimiento rural, Ctl 5, Loberia, Buenos Aires. 9) chacra, Ctl 3, Lomas de Zamora, Buenos Aires. 10) establecimiento rural, Ctl 3, Navarro, Buenos Aires. 11) establecimiento rural, Ctl 10, Rauch Buenos Aires. 12) establecimiento rural, Ctl 7, Tres Arroyos, Buenos Aires. 13) establecimiento rural, Candelaria, Rio Seco, Córdoba. 14) estancia, Santo Tomé, Corrientes. 15) establecimiento rural, San Pedro, Jujuy. 16) distrito del departamento de las Colonias, Santa Fé. Tiene 1199 habitantes. (Censo del 7 de Junio de 1887.) 17) colonia, Providencia, Colonias, Santa Fé. Tiene 491 habitantes. (Censo m.) 18) pueblo, Providencia, Colonias Santa Fé. Tiene 168 habitantes. (Censo m.) Por la via férrea dista 97 kms. de Santa Fé y 44 de Soledad. FCSF, ramal de Humboldt á Soledad. C, T. 19) ingenio de azúcar, Monteros, Tucuman. A inmediaciones de la estacion Rio Seco, del ferro-carril nor-oeste argentino.

Prudencia, 1) la, establecimiento rural, Ctl 7, Azul, Buenos Aires. 2) estancia, Ctl 5, Trenque-Lauquen, Buenos Aires. 3) estancia, Ctl 5, Villegas, Buenos Aires.

Prueba la, establecimiento rural, Ctl 5, Pila, Buenos Aires.

Puaí, [1] 1) estero, Esquina, Corrientes. 2) laguna, Lavalle, Corrientes. 3) finca rural, Mercedes, Corrientes. 4) *Cué*, finca rural, Caacatí, Corrientes.

Puan, 1) partido de la provincia de Buenos Aires. Fué creado por ley de 14 de Junio de 1886. Confina al NE. con el partido Alsina, al SE. con Bahía Blanca, del cual está separado por el arroyo Sauce Chico, y con el partido Villarino; al Oeste con el 5º meridiano de Buenos Aires. (63º 22' 19" O. G.) y al NO. con el partido Alsina. Tiene 9775 kms.[2] de extension y una poblacion de 3963 habitantes. (Censo del 31 de Enero de 1890). El partido es regado por los arroyos Sauce Chico, Leon, Puan, Agua Blanca, Cocheleupe Grande, Cocheleupe Chico, Pantanoso, Ojo de Agua, Alfalfa, Cocheleufú Grande, Cocheleufú Chico, Chasico Grande, Chasico Chico y Traico. Existe, además, una multitud de pequeñas lagunas. Al Este del partido se eleva la sierra de Currumalan. 2) aldea, Puan, Buenos Aires. Es cabecera del partido. Cuenta hoy con 690 habitantes. (Censo m.) $\alpha = 37º 34' 1"$; $\lambda = 62º 34' 19"$. C, T, E. 3) arroyo, Ctl 1, Puan, Buenos Aires. 4) laguna, Ctl 1, Puan, Buenos Aires.

Pucará, [2] 1) meseta de la sierra de Aconquija, Ambato, Catamarca. $\alpha = 1850$ m.

2) arroyo, Condorguasi, Andalgalá, Catamarca. Desarrolla un cauce de unos 15 kms. y termina por agotamiento. 3) paraje poblado, Capital, Jujuy. 4) paraje poblado, Humahuaca, Jujuy. 5) paraje poblado, Tilcara, Jujuy 6) distrito del departamento Rosario de Lerma, Salta. 7) paraje poblado, Rosario de Lerma, Salta. 8) paraje poblado, San Cárlos, Salta.

Pucarilla, 1) distrito del departamento Ambato, Catamarca. 2) *Gualpi*, paraje poblado, San Cárlos, Salta.

Pucarita, 1) paraje poblado, Perico de San Antonio, Jujuy. 2) paraje poblado, Tilcara, Jujuy.

Pucheta, laguna, Saladas, Corrientes.

Pueblito, 1) núcleo de poblacion en los Altos de Córdoba. C, T. 2) lugar poblado, Graneros, Tucuman. En las cercanías de Cocha.

Pueblitos los, establecimiento rural, Ctl 5, Guaminí, Buenos Aires.

Pueblo, 1) distrito del departamento General Sarmiento, Rioja. 2) paraje poblado, Poma, Salta. 3) *Grande*, estancia, Ctl 8, Bragado, Buenos Aires. 4) *de Indios*, finca rural, Jachal, San Juan. 5) *Julio*, lugar poblado, San Roque, Corrientes. E. 6) *Nuevo*, aldea, Cruz del Eje, Cruz del Eje, Córdoba. Tiene 523 habitantes. (Censo del 1º de Mayo de 1890). 7) *Nuevo*, aldea, Capital, Tucuman. A 9 kms. al Oeste de la capital provincial. E 8) *Primero*, distrito del departamento Rosario Tala, Entre Rios. 9) *Segundo*, distrito del departamento Rosario Tala, Entre Rios. Encierra la cabecera del departamento. 10) *Viejo*, paraje poblado, Humahuaca, Jujuy. 11) *Viejo*, paraje poblado, Perico de San Antonio, Jujuy. 12) *Viejo*, paraje poblado, Tilcara, Jujuy. 13) *Viejo*, paraje poblado, Valle Grande, Jujuy. 14) *Viejo*, distrito del departamento Poma, Salta. 15) *Viejo*, brazo del Paraná, continua-

---

1 Largo (Guaraní.) — 2 Fortaleza ó castillo (Quichua) y tambien una planta (Heliotropium anchusifolium.)

cion del llamado rio San Javier, San José, Santa Fe. 16) *Viejo*, estancia, Graneros, Tucuman.

Puede ser, establecimiento rural, Ctl 5, Lujan, Buenos Aires.

Puente, 1) el, establecimiento rural, Ctl 1, Guaminí, Buenos Aires. 2) el, arroyo, Ctl 4, Tandil, Buenos Aires 3) *de la Cañada*, laguna, Ctl 2, Chacabuco, Buenos Aires. 4) *Chico*, arroyo, Ctl 6, Barracas, Buenos Aires. 5) *de Conchitas*, lugar poblado, Quilmes, Buenos Aires. E. 6) *de Flores*, chacra, Ctl 5, Lomas de Zamora, Buenos Aires. 7) *de Gualicho*, establecimiento rural, Ctl 2, Las Flores, Buenos Aires. 8) *del Inca*, lugar de baños termales, Las Heras, Mendoza. La fuente es de sal comun (cloruro de sodio) y se halla en el camino de Mendoza á Chile, por el paso de Uspallata. Este paraje deriva su nombre de algo así como un puente natural trabajado en la toba calcárea por la fuerza perforadora de las aguas. De uno de los pilares de ese puente brota una fuente de agua calcárea que tiene una temperatura constante de 33° Celsius. El arco del puente consiste en un banco calcáreo de 40 metros de largo por 30 de ancho; se halla ahora á 20 metros sobre el nivel del rio Uspallata (afluente del rio Mendoza, en la márgen izquierda). Una gran cantidad de estalactitas está suspendida de la bóveda. T. 9) *Marquez*, lugar poblado, Moron, Buenos Aires. E.

Puerta, 1) la, distrito del departamento Ambato, Catamarca. 2) la, aldea, Ambato, Catamarca. Es la cabecera del departamento. Está á 50 kms. al Norte de Catamarca C, E. 3) la, distrito del departamento Belén, Catamarca. 4) la, lugar poblado, Cañas, Anejos Norte, Córdoba. 5) lugar poblado, Candelaria, Cruz del Eje, Córdoba. 6) lugar poblado, Guasapampa, Minas, Córdoba. 7) lugar poblado, Dolores, Punilla, Córdoba. 8) la, lugar poblado, Castaños, Rio Primero, Córdoba. 9) la, lugar poblado, Villa de María, Rio Seco, Córdoba. 10) lugar poblado, Aguada del Monte, Sobremonte, Córdoba. 11) lugar poblado, Chuñaguasi, Sobremonte, Córdoba. 12) la, lugar poblado, General Mitre, Totoral, Córdoba. 13) la, lugar poblado, San José, Tulumba, Córdoba. 14) la, lugar poblado, Santa Cruz, Tulumba, Córdoba. 15) la, paraje poblado, Anta, Salta. 16) la, paraje poblado, Chicoana, Salta. 17) la, paraje poblado, Guachipas, Salta. 18) la, paraje poblado, San Cárlos, Salta. 19) lugar poblado, Rincon del Cármen, San Martin, San Luis. 20) aldea, Capital, Tucuman. Está situada en la falda oriental de las cumbres de San Javier. 21) arroyo, Tafí, Trancas, Tucuman. Es un pequeño tributario del Infiernillo. 22) *Ancha*, estancia, Burruyaco, Tucuman. Cerca de la frontera santiagueña. 23) *del Diablo*, establecimiento rural, Ctl 3, Lobería, Buenos Aires. 24) *de Diaz*, lugar poblado, Viña, Salta. C, E. 25) *del Durazno*, lugar poblado, Guasapampa, Minas, Córdoba. 26) *de la Isla*, paraje poblado, La Paz, Mendoza. 27) *de Lagunillas*, paraje poblado, Rosario de Lerma, Salta. 28) *del Medio*, paraje poblado, Valle Grande, Jujuy. 29) *del Medio*, paraje poblado, Anta, Salta. 30) *del Potrero*, paraje poblado, Cochinoca, jujuy. 31) *de los Quebrachos*, finca rural, Capital, Rioja. 32) *Seca*, finca rural, Cafayate, Salta. 33) *de Seclantas*, paraje poblado, Molinos, Salta. 34) *del Simbolar*, paraje poblado, Rosario de la Frontera, Salta. 35) *de Tastil*, paraje poblado, Rosario de Lerma, Salta. 36) *Vieja*, lugar poblado, Cruz del Eje Cruz del Eje, Córdoba. 37) *Vieja*, lugar poblado, San josé, Tulumba, Córdoba.

Puertas, estancia, Trancas, Tucuman. Al pié de la sierra de los Calchaquíes.

Puerto, [1] 1) arroyo, Entre Rios. Desagua en la márgen izquierda del Feliciano, en direccion de ESE. á ONO. Es en toda su extension límite entre los departamentos Feliciano (Atencio) y Concordia (Federal). 2) mina de plata en el distrito del Cerro Negro, sierra de Famatina, Rioja. 3) *del Abra*, estancia, Ctl 2, Balcarce, Buenos Aires. 4) *Alegre*, finca rural juarez Celman, Rioja. 5) *Alegre*, lugar poblado, Lavalle, Rioja. C. 6) *Alegre*, finca rural, jachal, San Juan. 7) *Arazá*, paraje poblado, San Cosme Corrientes. 8) *Bermejo* (ó Timbó) lugar poblado, Chaco. $\varphi = 27°\ 7'\ 55''$; $\lambda = 58°\ 35'\ 10''$. (Seelstrang). C, T, E. 9) *de la Curtiembre*, colonia en formacion, Capital, Entre Rios. En su centro existe, en formacion tambien, el pueblo General Paz. 10) *Deseado*, Santa Cruz. $\varphi = 47°\ 45'$; $\lambda = 65°\ 54'\ 45''$. (Connaissance des temps). 11) *Escobar*, paraje poblado, San Cosme, Corrientes. 12) *Expedicion*, Chaco T. 13) *Gomez*, lugar poblado, Iriondo, Santa Fe. Está situado en la desembocadura del Carcarañá en el rio Coronda (brazo del Paraná). Antiguamente se llamaba Rincon de Gaboto. 14) *Gonzalez*, paraje poblado, San Cosme, Corrientes. 15) *Juarez Celman*, Chaco. C, T. 16) *Lindo*, lugar poblado, Guasapampa, Minas, Córdoba. 17) *Pelon*, finca rural, San Miguel, Corrientes. 18) *Piedras*. Véase Villa Constitucion. 19) *Rivas*, paraje poblado, San Cosme, Corrientes. 20) *Ruiz*, pueblo, Cuchilla, Gualeguay, Entre Rios. Es el puerto de la villa Gualeguay con la cual está ligado por el ferro-carril Primer Entreriano. C, T. 21) *Salcedo*, paraje poblado, San Cosme, Corrientes. 22) *San Fernando* paraje poblado, Capital, Chaco. 23) *Toledo*, paraje poblado, San Cosme, Corrientes.

Puestito, 1) lugar poblado, Parroquia, Ischilin, Córdoba. 2) lugar poblado, San Bartomé, Rio Cuarto, Córdoba 3) lugar poblado, Nono, San Alberto, Córdoba. 4) lugar poblado, Toscas, San Alberto, Córdoba. 5) lugar poblado, Aguada del Monte, Sobremonte, Córdoba. 6) lugar poblado, San Francisco, Sobremonte, Córdoba. 7) lugar poblado, General Mitre, Totoral, Córdoba. 8) lugar poblado, Santa Cruz, Tulumba. 9) el, finca rural, Santo Tomé, Corrientes. 10) lugar poblado, Rosario, Pringles, San Luis. 11) vertiente, Conlara, San Martin, San Luis. 12) lugar poblado, San Martin, San Martin, San Luis. 13) estancia, Burruyaco, Tucuman. Al Norte del departamento, en la falda oriental de los cerros del Campo. E.

Puesto, [1] 1) laguna, Ctl 8, Ayacucho, Buenos Aires. 2) el, establecimiento rural, Ctl 2, Magdalena, Buenos Aires. 3) del, arroyo, Rivadavia, Buenos Aires. Es tributario del Samborombon, en la márgen izquierda. Recibe las aguas de los arroyos Lopez y de los Pozos. 4) vertiente, San Pedro, Capayan, Catamarca. 5) el, lugar poblado, Cruz del Eje, Cruz del Eje, Córdoba. 6) lugar poblado, Parroquia, Ischilin, Córdoba. 7) el, lugar poblado, Salsacate, Pocho, Córdoba. 8) lugar poblado, Dolores, Punilla, Córdoba. 9) lugar poblado, Nono, San Alberto, Córdoba. 10) lugar poblado, Aguada del Monte, Sobremonte, Córdoba. 11) lugar poblado, Caminiaga, Sobremonte, Córdoba. 12) lugar poblado, Chuñaguasi, Sobremonte, Córdoba. 13) lugar poblado, San Francisco, Sobre-

1 Además de la acépcion muy generalmente conocida, tiene este vocablo todavía las siguientes: La presa ó estacada de céspedes, leña y cascajo que atraviesa el rio para hacer subir el agua.—El paso ó camino que hay entre montañas.—Cualquiera de las gargantas de los montes por donde se pasa de una comarca á otra.

1 Parte de una estancia y de sus haciendas.

monte, Córdoba. 14) el, lugar poblado, San José, Tulumba, Córdoba. 15) el, finca rural, Tunuyan, Mendoza. 16) vertiente, La Huerta, Valle Fértil, San Juan. 17) el, chacra, Renca, Chacabuco, San Luis. 18) lugar poblado, Saladillo, Pringles, San Luis 19) finca rural, Conlara, San Martin, San Luis. 20) lugar poblado, Rincon del Cármen, San Martin, San Luis. 21) arroyo, San Luis Riega los distritos Conlara, San Lorenzo y San Martin, del departamento San Martin. 22) lugar poblado, Capital, Tucuman. En la orilla derecha del rio Salí 23) *de Abajo*, lugar poblado, Aguada del Monte, Sobremonte, Córdoba. 24) *de Abajo*, cuartel de la pedanía San Pedro, Tulumba, Córdoba. 25) *del Abra*, lugar poblado, Aguada del Monte, Sobremonte, Córdoba. 26) *Aguará* estancia, Monte Caseros, Corrientes. 27) *Álamo*, finca rural, Esquina, Corrientes. 28) *Alegre*, lugar poblado, Constitucion, Anejos Norte, Córdoba. 29) *Alegre*, lugar poblado, Potrero de Garay, Anejos Sud, Córdoba. 30) *Alegre*, lugar poblado, Cruz del Eje, Cruz del Eje, Córdoba. 31) *Algarrobo*, lugar poblado, Timon Cruz, Rio Primero, Córdoba. 32) *del Alto*, lugar poblado, Rio Pinto, Totoral, Córdoba. 33) *del Alto*, finca rural, Juarez Celman, Rioja. 34) *del Bajo*, lugar poblado, San Pedro, Tulumba, Córdoba. 35) *de Bamba*, finca rural, juarez Celman, Rioja. 36) *Batalla*, lugar poblado, Toyos, Ischilin, Córdoba. 37) *los Bulacios*, lugar poblado, Estancias, Rio Seco, Córdoba. 38) *Cambá*, finca rural, Esquina, Corrientes. 39) *del Campo*, lugar poblado, Villa de María, Rio Seco, Córdoba. 40) *Canelon*, finca rural, Esquina, Corrientes. 41) *del Cármen*, lugar poblado, Manzanas, Ischilin, Córdoba. 42) *del Cármen*, lugar poblado, Nono, San Alberto, Córdoba. 43) *de Castro*, cuartel de la pedanía Candelaria, Rio Seco, Córdoba. 44) *de Castro*, aldea, Candelaria, Rio Seco, Córdoba Tiene 122 habitantes. (Censo del 1° de Mayo de 1890.) 45) *Cejas*, lugar poblado, Mercedes, Tulumba, Córdoba. 46) *Chico*, estancia, Leales, Tucuman. 47) *Colorado*, establecimiento rural, Ctl 5, San Antonio de Areco, Buenos Aires. 48) *de Córdoba*, finca rural, Pedernal, Huanacache, San Juan. 49) *de la Cruz*, finca rural, Juarez Celman, Rioja. 50) *del Cura*, cuartel de la pedanía Alta Gracia, Anejos Sud, Córdoba. 51) *del Cura*, lugar poblado, Cruz del Eje, Cruz del Eje, Córdoba. 52) *de Don Benito*, aldea con capilla, Burruyaco, Tucuman. Al Sud de Burruyaco. E. 53) *de Don Rufo*, lugar poblado, Cruz del Eje, Cruz del Eje, Córdoba. 54) *de la Esperanza*, establecimiento rural, Salsacate, Pocho, Córdoba. 55) *de Fierro*, cuartel de la pedanía Mercedes, Tulumba, Córdoba. 56) *Fierro*, aldea, Mercedes, Tulumba, Córdoba. Tiene 217 habitantes. (Censo m.) 57) *de Fierro*, lugar poblado, Litin, Union, Córdoba. 58) *del Gallo*, lugar poblado, Cruz del Eje, Cruz del Eje, Córdoba. 59) *Gorostiaga*, establecimiento rural, Ctl 6, San Antonio de Areco, Buenos Aires. 60) *Grande*, laguna, Ctl 10, Chascomús, Buenos Aires. 61) *Grande*, establecimiento rural, Ctl 7, Rauch, Buenos Aires. 62) *Grande*, estancia, Ctl 5, Tordillo, Buenos Aires. 63) *Iruya*, finca rural, Esquina, Corrientes. 64) *Jacinto*, lugar poblado, General Mitre, Totoral, Córdoba. 65) *de Lirio*, finca rural, Juarez Celman, Rioja. 66) *de las Lomas*, lugar poblado, Aguada del Monte, Sobremonte, Córdoba. 67) *de Lopez*, finca rural, Sauce, Corrientes. 68) *Luna*, lugar poblado Cruz del Eje, Cruz del Eje, Córdoba. 69) *de Luna*, lugar poblado, Pichanas, Cruz del Eje, Córdoba. 70) *de*

Luna, aldea, Candelaria, Rio Seco, Córdoba. Tiene 188 habitantes. (Censo m.) 71) de Luna, lugar poblado, Villa de María, Rio Seco, Córdoba. 72) de Luna, lugar poblado, Aguada del Monte, Sobremonte, Córdoba. 73) de Martinez, lugar poblado, Quilino, Ischilin, Córdoba. 74) del Medio, lugar poblado, Cañas, Anejos Norte, Córdoba. 75) del Medio, lugar poblado, Cruz del Eje, Cruz del Eje, Córdoba. 76) del Medio, lugar poblado, Candelaria, Rio Seco, Córdoba. 77) del Medio, lugar poblado, General Mitre, Totoral, Córdoba. 78) del Medio, finca rural, Concepcion, Corrientes. 79) del Medio, estancia, Burruyaco, Tucuman. Al NE. del departamento, en la frontera santiagueña. 80) del Medio, estancia, Burruyaco, Tucuman. Al SE. del departamento, cerca de la frontera santiagueña. 81) Monje, lugar poblado, Quilino, Ischilin, Córdoba. 82) del Monte, establecimiento rural, Ctl 5, Saladillo, Buenos Aires. 83) del Monte, lugar poblado, Quilino, Ischilin, Córdoba. 84) del Monte, lugar poblado, Higuerillas, Rio Seco, Córdoba. 85) del Monte, lugar poblado, Copo, Santiago. E. 86) de Moya, lugar poblado, Cruz del Eje, Cruz del Eje, Córdoba. 87) Nacional, finca rural, Esquina, Corrientes. 88) de Nieva, estancia, Leales, Tucuman 89) Nuevo, lugar poblado, Copacabana, Ischilin, Córdoba. 90) Nuevo, lugar poblado, Quilino, Ischilin, Córdoba. 91) Nuevo, finca rural, Capital, San Luis. 92) Nuevo, estancia, Graneros, Tucuman. 93) Oliveros, lugar poblado, Guasapampa, Minas, Córdoba. 94) Ollas, lugar poblado, Quilino Ischilin, Córdoba. 95) Olmos, lugar poblado, Parroquia, Ischilin, Córdoba. 96) de la Oveja, lugar poblado, La Esquina, Rio Primero, Córdoba. 97) de Parra, vertiente, Carrizal, Independencia, Rioja. 98) Pereira, lugar poblado, Chancani, Pocho,

Buenos Aires. 125) *Viejo*, lugar pobla-do, Rio de los Sauces, Calamuchita, Córdoba. 126) *Viejo*, lugar poblado, Dolores, Punilla, Córdoba. 127) *Viejo*, lugar poblado, San Bartolomé, Rio Cuartó, Córdoba. 128) *Viejo*, lugar poblado, Estancias, Rio Seco, Córdoba. 129) *Viejo*, vertiénte, Alcázar, Independencia, Rioja. 130) *del Zonda*, establecimiento rural, Ctl 5, San Antonio de Areco, Buenos Aires.

Puestos 1) los, distrito del departamento Capayan, Catamarca. 2) distrito del departamento Tinogasta, Catamarca. 3) distrito del departamento Valle Viejo, Catamarca. 4) lugar poblado, Toyos, Ischilin, Córdoba. 5) lugar poblado, San Bartolomé, Rio Cuarto, Córdoba. 6) aldea, Tala, Rio Primero, Córdoba. Tiene 107 habitantes. (Censo del 1º de Mayo de 1890.) 7) arroyo, Anta, Salta. Es uno de los elementos de formacion del arroyo Castellanos. 8) distrito de la seccion La Punta, del departamento Choya, Santiago. 9) distrito de la seccion Figueroa, del departamento Matará, Santiago. 10) paraje poblado, Figueroa, Matará, Santiago. 11) distrito de la primera Seccion del departamento Robles, Santiago. 12) estancia, Burruyaco, Tucuman. Está situada en la falda oriental del cerro de Medina, límite de Trancas. 13) lugar poblado, Leales, Tucuman. Al Sud del departamento, á corta distancia de la frontera de Santiago. E.

Pueyrredon, partido de la provincia de Buenos Aires. Fué creado el 15 de Octubre de 1879. Esta situado al Sud de la Capital federal, en la costa del Océano Atlántico, y rodeado de los partidos Mar Chiquita, Loberia y Balcarce. Tiene 2747 kms.² de extension y una poblacion de 8640 habitantes. (Censo del 31 de Enero de 1890). Escuelas funcionan en Mar del Plata, Villanueva, La Carolina, Loma Alta y Los Ortiz. El par-tido es regado por los arroyos Vivoratá, Los Cueros, Seco, Santa Elena, Papera, Chapalmalan, Brusquitas, Durazno, Totora, Ballenera, Carolina, Chocorí, Tigre, Corrientes, Barco, Los Padres, Totoral, San Gervasio, San Esteban, Lotería y Quebrada. Todos estos arroyos desaguan en el Océano. Ramificaciones de la sierra del Volcan atraviesan la parte central del partido y terminan en la costa del Océano con la formacion del cabo Corrientes. La cabecera del partido es la villa Mar del Plata.

Pugne, poblacion agrícola, Iglesia, San Juan. A orillas del arroyo Iglesia

Puil, paraje poblado, Cachi, Salta.

Pujato, 1) colonia, San Jerónimo, Colonias, Santa Fe. Tiene 200 habitantes. (Censo del 7 de Junio de 1887). 2) colonia, San Lorenzo. Santa Fe Por la vía férrea dista 40 kms. del Rosario. FCOSF. C, T.

Pujol, 1) distrito del departamento de las Colonias, Santa Fe. Tiene 549 habitantes. (Censo del 7 de Junio de 1887). 2) colonia, Pujol, Colonias, Santa Fe. Tiene 146 habitantes. (Censo m.)

Pulares, paraje poblado, Chicoana, Salta.

Pulgas las, arroyo, Ctl 5, Mercedes, Buenos Aires.

Pulido el, laguna, Ctl 4, Las Heras, Buenos Aires.

Pulmarí, valle, Neuquen. Encierra siete lagunas separadas unas de otras por montes y prados, por las que pasa el arroyo Coyahué.

Pumahuida, sierra, Neuquen. Hállase al Este del 2º departamento de la gobernacion.

Puna, [1] la, establecimiento rural, Ctl 6, Navarro, Buenos Aires.

Pungo, 1) cuartel de la pedanía Dolores, Punilla, Córdoba. 2) lugar poblado, Dolores, Punilla, Córdoba.

---

1 La Sierra, ó tierra fría, ó páramo (Quichua).

Punilla, 1) departamento de la provincia
de Córdoba. Confina al Norte con los
departamentos Cruz del Eje é Ischilin;
al Este con los de Totoral, Anejos Norte
y Anejos Sud; al Sud con el de Calamuchita y al Oeste con los de Minas, Pocho y San Alberto. Su extension es de
3978 kms.² y su poblacion de 7654 habitantes. (Censo del 1° de Mayo de 1890).
El departamento está dividido en las 5
pedanías: Dolores, Cosquin, San Antonio, San Roque y Santiago. Los núcleos
de poblacion de 100 habitantes para
arriba son: Cosquin, Dolores, Rio Dolores, Quebrada Luna, Capilla del Monte,
Pintos, Rosario, Santa María, Tunas,
Mallin, San Francisco, Casa Grande, Dique de San Roque y San Roque. La
aldea Cosquin es la cabecera del departamento. 2) lugar poblado, San Antonio,
Punilla, Córdoba. C. 3) paraje poblado,
Capital, Jujuy. 4) la, finca rural, General
Sarmiento, Rioja. 5) partido del departamento General Pedernera, San Luis.
6) vertiente, Morro, Pedernera, San Luis.

Punta, 1) arroyo, Alto, Catamarca. 2) la,
estancia, Concepcion, Corrientes. 3) distrito del departamento General Lavalle,
Rioja. 4) cumbre del cerro de la, Peder-
nera, San Luis. $\varphi = 33° 17'$; $\lambda = 65° 16'$;
$\alpha = 1415$ m. (De Laberge). 5) seccion
del departamento Choya, Santiago. 6)
la, distrito de la seccion La Punta, del
departamento Choya, Santiago. 7) la,
paraje poblado, La Punta, Choya, Santiago. E. 8) *del Agua,* lugar poblado,
Constitucion, Anejos Norte, Córdoba. 9)
del Agua, lugar poblado, Lagunilla,
Anejos Sud, Córdoba. 10) *del Agua,*
lugar poblado, Chancani, Pocho, Córdoba. 11) *del Agua*, lugar poblado, Achiras, Rio Cuarto, Córdoba. 12) *del Agua,*
aldea, La Esquina, Rio Primero, Córdoba.
Tiene 123 habitantes. (Censo del 1° de
Mayo de 1890). 13) *del Agua,* lugar poblado, Arroyito, San justo, Córdoba. 14)

Plata, Buenos Aires. Por la vía férrea de la Ensenada dista 50 kms. de la Capital federal. Gran muelle. Cable telegráfico á la Colonia. ⸱ = = 34° 49' 30 "; λ = 58° (Mouchez). 43) *Lara,* establecimiento rural, La Plata, Buenos Aires. 44) *de Llanes,* paraje poblado, Curuzú-Cuatiá, Corrientes. 45) *de los Llanos,* lugar poblado, Juarez Celman, Rioja. Por la vía férrea dista 262 kms. de Dean Fúnes, 160 de Chilecito, 485 de Villa Mercedes y 101 de La Rioja z= 386 m FC. de Dean Fúnes á Chilecito y de Villa Mercedes á La Rioja. C, T. 46) *de la Loma,* chacra, Larca, Chacabuco, San Luis. 47) *de Maquijata,* aldea, Choya, Santiago. Está situada en la extremidad Sud de la sierra de Guasayan, á 95 kms. al SO. de la capital provincial. Tiene unos 600 habitantes. C, E. 48) *Merced,* finca rural, Empedrado, Corrientes. 49) *del Monte,* lugar poblado, Caseros, Anejos Sud, Córdoba. 50) *del Monte,* lugar poblado, Castaños, Rio Primero, Córdoba. 51) *del Monte,* cuartel de la pedania Higuerillas, Rio Seco Córdoba. 52) *del Monte,* lugar poblado, Pampayasta Norte, Tercero Arriba, Córdoba. 53) *del Monte,* lugar poblado, Pampayasta Sud, Tercero Arriba, Córdoba. 54) *del Monte,* lugar poblado, Dolores, Chacabuco, San Luis. 55) *del Monte,* chacra, Naschel, Chacabuco, San Luis. 56) *dei Monte,* aldea, Famaillá, Tucuman. A 1 1/2 kms. de distancia del ingenio San Pablo. E. 57) *del Monte,* aldea, Monteros, Tucuman. En la márgen izquierda del arroyo Seco y á corta distancia del ferro-carril nor-oeste argentino. 58) *del Negro,* finca rural, Capital, Rioja. 59) *del Paranacito,* paraje poblado, Lavalle, Corrientes. 60) *Payubre,* finca rural, Mercedes, Corrientes. 61) *Raices,* finca rural, Bella Vista, Corrientes. 62) *Rasa,* estancia, Ctl 3, Patagones, Buenos Aires. 63) *Rubia,* estancia, Ctl 3, Patagones, Bue-

nos Aires. 64) *Sierra,* lugar poblado, Pichanas, Cruz del Eje, Córdoba. (65 *Tororatay,* finca rural, Mercedes, Corrientes. 66) *de Valenzuela,* finca rural, Mercedes, Corrientes. 67) *Verde,* paraje poblado, Curuzú-Cuatiá, Corrientes.

Puntas, 1) las, paraje poblado, Cafayate, Salta. 2) las, finca rural, Capital, Salta. 3) las, paraje poblado, Guachipas, Salta. 4) *de Aguaceritos,* finca rural, Mercedes, Corrientes. 5) *de Gomez,* paraje poblado, Sauce, Corrientes. 6) *de Laguna,* paraje poblado, Lavalle, Corrientes. 7) *de Mocoretá,* paraje poblado, Curuzú-Cuatiá, Corrientes. 8) *del Sauce,* paraje poblado, Curuzú-Cuatiá, Corrientes. 9) *Timboy,* paraje poblado, Monte Caseros. Corrientes. 10) *de Totora,* paraje poblado, Monte Caseros, Corrientes. 11) *de Uncal,* paraje poblado, Monte Caseros, Corrientes

Puntilla, 1) vertiente, Chumbicha, Capayan, Catamarca. 2) paraje poblado, Belgrano, Mendoza. 3) la, paraje poblado, Lujan, Mendoza. 4) finca rural, Chilecito, Rioja. 5) poblacion agrícola, Jachal, San juan. 6) finca rural, jachal, San juan.

Puquial el, finca rural, Capital, Rioja.

Pura y Limpia la, establecimiento rural, Ctl 1, Pila, Buenos Aires.

Purgatorio, 1) el, establecimiento rural, Ctl 9, Nueve de Julio, Buenos Aires. 2) establecimiento rural, Departamento 3°, Pampa. 3) mina de plata nativa en el distrito del Cerro Negro, sierra de Famatina, Rioja.

Purísima, 1) la, establecimiento rural, Macha, Totoral, Córdoba. 2) establecimiento rural, Sinsacate, Totoral, Córdoba. 3) finca rural, Guaymallén, Mendoza. 4) finca rural, Caldera, Salta.

Puyana, 1) la, finca rural, Lavalle, Rioja. 2) distrito de la seccion Veinte y Ocho de Marzo, del departamento Matará, Santiago del Estero.

Quebrachal, 1) lugar poblado, Chancani, Pocho, Córdoba. 2) lugar poblado, Castaños, Rio Primero, Córdoba. 3) lugar poblado, San Javier, San Javier, Córdoba. 4) finca rural, Curuzú-Cuatiá, Corrientes. 5) finca rural, Empedrado, Corrientes. 6) estancia, Saladas, Corrientes, 7) paraje poblado, San Pedro, Jujuy. 8) finca rural, Belgrano, Rioja. 9) paraje poblado, Oran, Salta.

Quebrachales, 1) distrito del departamento de las Colonias, Santa Fé. Tiene 805 habitantes. (Censo del 7 de Junio de 1887) 2) colonia, Quebrachales, Colonias, Santa Fé. Tiene 127 habitantes. (Censo m.)

Quebrachalito, estancia, San Luis del Palmar, Corrientes.

Quebrachito, 1) cuartel de la pedania Candelaria, Totoral, Córdoba. 2) estancia, Concepcion, Corrientes. 3) vertiente, La Huerta, Valle Fértil, San Juan.

Quebrachitos, 1) lugar poblado, Chancani, Pocho, Córdoba. 2) cañada, San Justo, Córdoba. 3) lugar poblado, Candelaria, Totoral, Córdoba. Tiene 105 habitantes. (Censo del 1° de Mayo de 1890) 4) cuartel de la pedania Sinsacate, Totoral, Córdoba. 5) lugar poblado, Sinsacate, Totoral, Córdoba. 6) distrito del departamento Victoria, Entre Rios. 7) arroyo, Victoria, Entre Rios. Es un tributario del Manantiales en la márgen derecha y forma en toda su extension el límite entre los distritos Hinojal y Pajonal (al Norte) y Quebrachitos al Sud.

Quebracho, [1] 1) lugar poblado, Cañas, Anejos Norte, Córdoba. 2) cuartel de la pedania Cóndores, Calamuchita, Córdoba. 3) aldea, Cóndores, Calamuchita, Córdoba. Tiene 220 habitantes. (Censo del 1° de Mayo de 1890) $\varphi = 32°$ 18', $\lambda = 64°$ 22'. 4) lugar poblado, Chancani,

Pocho, Córdoba. 5) lugar poblado, Parroquia, Pocho, Córdoba. 6) pedania del departamento Rio Primero, Córdoba. Tiene 1130 habitantes. (Censo m) 7) lugar poblado, Remedios, Rio Primero, Córdoba. $\varphi = 30°$ 59'; $\lambda = 63°$ 42'. 8) lugar poblado, Villa de Maria, Rio Seco, Córdoba. 9) lugar poblado, Suburbios, Rio Segundo, Córdoba. 10) colonia, Juarez Celman, San Justo, Córdoba. Tiene 67 habitantes. (Censo m.) 11) distrito del departamento de la Capital, Entre Rios. 12) arroyo, Quebracho, Capital, Entre Rios. Desagua en la márgen izquierda del arroyo de las Conchas, en direccion de SE. á NO. 13) arroyo, Moreira, Concordia, Entre Rios. Desagua en la márgen izquierda del Gualeguay, en direccion de E. á O. 14) arroyo, Atencio, Feliciano, Entre Rios. Desagua en la márgen izquierda del Feliciano, en direccion de SE. á NO. 15) finca rural, Capital, Rioja. 16) vertiente, Quines, Ayacucho, San Luis. 17) paraje poblado, Quebrachos, Sumampa, Santiago. 18) lugar poblado, Copo, Santiago. E. 19) *Cruz*, finca rural, Empedrado, Corrientes. 20) *Herrado*, colonia, Concepcion, San Justo, Córdoba. Fué fundada en 1887 en una extension de 8118 hectáreas Está situada en el paraje denominado «Carreta Quemada» y «Quebracho Herrado», á 28 kms. de distancia del ferro-carril de Córdoba á Santa Fé. 21) *Ladeado*, cuartel de la pedania de La Paz, San Javier, Córdoba. 22) *Ladeado*, aldea, La Paz, San Javier, Córdoba. Tiene 112 habitantes. (Censo del 1° de Mayo de 1890) 23) *Pelado*, lugar poblado, Estancias, Rio Seco, Córdoba. 24) *Solo*, lugar poblado, Toscas, San Alberto, Córdoba. 25) *Solo*, finca rural, Bella Vista, Corrientes.

Quebrachos, 1) lugar poblado, Constitucion, Anejos Norte, Córdoba. 2) aldea, Timon Cruz, Rio Primero, Córdoba.

---

[1] Arbol de madera muy dura. Existe en toda la república, de varias especies.

Tiene 120 habitantes. (Censo del 1° de Mayo de 1890) 3) lugar poblado, Sacanta, San justo, Córdoba. 4) lugar poblado, Chuñaguasi, Sobremonte, Córdoba. 5) lugar poblado, Algodon, Tercero Abajo, Córdoba. 6) los, lugar poblado, Capilla de Rodriguez, Tercero Arriba, Córdoba. 7) los, lugar poblado, Candelaria, Totoral, Córdoba. 8) lugar poblado, Litin, Union, Córdoba. 9) distrito del departamento Rio Hondo, Santiago del Estero. 10) paraje poblado, Quebrachos, Rio Hondo, Santiago. 11) seccion del departamento Sumampa, Santiago del Estero. 12) distrito de la seccion Quebrachos, del departamento Sumampa, Santiago. 13) aldea, Quebrachos, Sumampa, Santiago. Dista unos 230 kms. al Sud de la capital provincial. Cuenta con unos 1000 habitantes escasos. C, T, E.

Quebrachoyaco, lugar poblado, Robles, Santiago. E.

Quebrada, 1) de la, arroyo, Ctl 9, Pueyrredon, Buenos Aires. 2) vertiente, San Pedro, Capayan, Catamarca. 3) la, distrito del departamento Santa Maria, Catamarca. 4) lugar poblado, Ciénega del Coro, Minas, Córdoba. 5) lugar poblado, Guasapampa, Minas, Córdoba. 6) lugar poblado, San Antonio, Punilla, Córdoba. 7) lugar poblado, Ambul, San Alberto, Córdoba 8) lugar poblado, Cármen, San Alberto, Córdoba. 9) cuartel de la pedania Juarez Celman, San justo, Córdoba. 10) lugar poblado, Caminiaga, Sobremonte, Córdoba. 11) vertiente, Carrizal, Independencia, Rioja. 12) vertiente, Malanzan, Rivadavia, Rioja. 13) finca rural, Jachal, San juan. 14) lugar poblado, Belgrano, San Luis. E. 15) lugar poblado, Conlara, San Martin, San Luis. 16) lugar poblado, San Martin, San Martin, San Luis. 17) arroyo, San Luis. Riega los distritos Rincon del Cármen y San Martin, del departamento San Martin, y el de Santa Rosa, del departamento Junin. 18) arroyo, Tucuman. Véase Infiernillo. 19) del *Chaguadero,* paraje poblado, Caldera, Salta. 20) *Colorada,* lugar poblado, Tumbaya, jujuy. 21) *Colorada,* lugar poblado, Valle Grande, jujuy. 22) *Colorada,* paraje poblado, Rosario de Lerma, Salta. 23) *de los Facones,* paraje poblado, Caldera, Salta. 24) *Honda,* paraje poblado, Valle Grande, jujuy. 25) *de la Leña,* lugar poblado, San Roque, Punilla, Córdoba. 26) *de los Leones,* paraje poblado, Departamento 1°, Pampa 27) *de Luna,* cuartel de la pedania Dolores, Punilla, Córdoba 28) *de Luna,* aldea, Dolores, Punilla, Córdoba. Tiene 128 habitantes. (Censo del 1° de Mayo de 1890) 29) *del Nogal,* lugar poblado, Guasapampa, Minas, Córdoba. 30) *de Pulares,* paraje poblado, Chicoana, Salta. 31) *del Toro,* distrito del departamento Rosario de Lerma, Salta. 32) *del Toro,* vertiente, San Lorenzo, San Martin, San Luis.

Quebradas, 1) lugar poblado, Estancias, Rio Seco, Córdoba. 2) las, lugar poblado, Santa Cruz, Tulumba, Córdoba.

Quebradita, lugar poblado, Santa Cruz, Tulumba, Córdoba.

Quebraditas, lugar poblado, Ambul, San Alberto, Córdoba.

Quebraleña, paraje poblado, Cochinoca, jujuy.

Queca [1], paraje poblado, Cochinoca, Jujuy.

Quechagua, paraje poblado, Cochinoca, Jujuy.

Quehuin el, estancia, Ctl 4, Necochea, Buenos Aires.

Quelacinta, arroyo, Loberia, Buenos Aires. Nace en la sierra del Tandil y desagua en la márgen izquierda del arroyo Quequen Chico.

Quemada 1) la, laguna, Ctl 5, Bolivar, Buenos Aires. 2) finca rural, La Viña, Salta.

---

1 Tal vez corruptela de Qquecco, que significa en quichua cairel.

Quemadero el, paraje poblado, San Pedro, Jujuy.

Quemadito el, finca rural, General Ocampo, Rioja.

Quemado, 1) el, establecimiento rural, Ctl 2, Alvear, Buenos Aires. 2) estancia, Ctl 3, Cañuelas, Buenos Aires. 3) establecimiento rural, Ctl 5, 7, Las Flores, Buenos Aires. 4) laguna, Ctl 7, Las Flores, Buenos Aires. 5) establecimiento rural, Ctl 10, Saladillo, Buenos Aires. 6) lugar poblado, Pichanas, Cruz del Eje, Córdoba. 7) finca rural, Capital, Rioja. Por la vía férrea dista 548 kms. de Villa Mercedes y 38 de La Rioja. $x = 331$ m FC de Villa Mercedes á La Rioja. C, T. 8) vertiente, Ñacate, Rivadavia, Rioja. 9) finca rural, General Sarmiento, Rioja. 10) finca rural, Rosario de la Frontera, Salta. 11) el, cumbre de los cerros de la Carolina, Carolina, Pringles, San Luis. 12) lugar poblado, Leales, Tucuman. E.

Quempú-Callú [1], arroyo, Neuquen. Derrama sus aguas en el lago Lajara.

Quenegui, laguna, Ctl 2, Balcarce, Buenos Aires.

Quenehuinco, lugar poblado, Departamento 4°, Pampa. C.

Quenquemetren, arroyo, Neuquen. Nace en la sierra Chapelcó y desagua en el Collon-Curá.

Quequen, 1) Chico, arroyo, Ctl 4, Tandil; Ctl 12, 13, Necochea y Ctl 4, 5, Lobería, Buenos Aires. Nace en la sierra del Tandil y desagua en la márgen izquierda del Quequen Grande. Es en toda su extension límite entre los partidos Tandil y Lobería al Este y Necochea al Oeste. El Quequen Chico recibe en la márgen izquierda las aguas del arroyo Quelacinta. 2) Grande, estancia, Ctl 1, 3, Necochea, Buenos Aires. 3) Grande, arroyo,

Juarez, Ctl 1, 3, 6, 7, 12, 13, Necochea, y Ctl 6, Lobería, Buenos Aires. Tiene su orígen en la Sierra Tinta (juarez) y desagua á inmediaciones del pueblo Necochea en el Océano Atlántico. ($\varphi = 38° 36'$; $\lambda = 58° 40'$ Fitz Roy.) Sus tributarios en la márgen izquierda son los arroyos Colangueyú, Quequen Chico, Las Mostazas, Tamangueyú y Seco, y en la márgen derecha el arroyo Pescado Castigado. 4) Salado, arroyo, Ctl 3, 6, Pringles; Ctl 14, 15, 16, Tres Arroyos, y Ctl 3, 4, 5, ·, Dorrego, Buenos Aires. Este arroyo es en la mayor parte de su curso límite entre los partidos Tres Arroyos al Este y Dorrego al Oeste. Desagua en el Océano.

Quequeró, arroyo, Ctl 8, juarez, Buenos Aires.

Querandí [1] el, establecimiento rural, Ctl 9, Pergamino, Buenos Aires.

Querencia la, establecimiento rural, Ctl 4, Suarez, Buenos Aires.

Querinchengüe, gruta, Beltran, Mendoza. Hállase á orillas del arroyo Manzano. Es una gran perforacion que las aguas han operado con el andar del tiempo en la roca calcárea. $x = 1090$ m. (Host.)

Quesera, lugar poblado, Capital, Salta, E.

Queso el, laguna, Ctl 12, Lincoln, Buenos Aires.

Queta, 1) paraje poblado, Cochinoca, jujuy. 2) abra de, Cochinoca, Jujuy. $\varphi = 23° 30'$; $\lambda = 66° 30'$; $x = 4000$ m. (Moussy.)

Quetropillan, volcan apagado, Neuquen. Está situado al NO. del lago Huachi-Lauquen y se eleva á 3400 metros sobre el nivel del mar. En él se encuentran vestigios de plata. Al pié del mismo existe el lago Tromun-Lauquen.

Quevedo, 1) laguna, Ctl 3, Cármen de

---

1 Quempu llama en araucano el marido á su suegro, á su cuñado y al tio paterno de su mujer y los tres á él. Callvú es azul.

1 Indios que en el tiempo de la conquista ocupaban parte de la actual provincia de Buenos Aires.

Areco, Buenos Aires. 2) finca rural, Bella Vista, Corrientes.

Quia, riacho, Chaco. Corre al Norte del departamento Solalindo y al Sud del de Martinez de Hoz y desagua en el riacho de Oro $\varphi = 27° 7' 5''$; $\lambda = 55° 40' 25''$ (Seelstrang.)

Quiaca la, aldea, Yaví, Jujuy. Resguardo de aduana. C, T, E.

Quiary, arroyo, Curuzú - Cuatiá, Corrientes. Es un afluente del arroyo María Grande.

Quichagua, sierra, Rinconada, Jujuy. Orillea la puna de Jujuy, del lado SE.

Quien te mete, laguna, Concepcion, Corrientes.

Quijadas, 1) partido del departamento Belgrano, San Luis. 2) sierra de las, Quijadas, Belgrano, San Luis. Es una continuacion hácia el Sud de la sierra de los Colorados. La cumbre más elevada alcanza á 942 m. (Lallemant.)

Quilincita, establecimiento rural, Ctl 5, Loberia, Buenos Aires.

Quilino, [1] 1) pedanía del departamento Ischilin, Córdoba. Tiene 3626 habitantes. (Censo del 1° de Mayo de 1890.) 2) cuartel de la pedania del mismo nombre, Ischilin, Córdoba. 3) villa, Quilino, Ischilin, Córdoba. Es cabecera del departamento Ischilin. Tiene 1547 habitantes (Censo m.) Por la via férrea dista 148 kms. de Córdoba. $\varphi = 30° 13'$; $\lambda = 64° 29'$; $z = 440$ m. (O. Doering.) FCCN, C, T, E.

Quillinzo [2], arroyo, Calamuchita, Córdoba. Es un tributario del arroyo de la Cruz, uno de los orígenes del rio Tercero.

Quilmero el, establecimiento rural, Ctl 5, Villegas, Buenos Aires.

Quilmes, [3] 1) partido de la provincia de Buenos Aires. Fué creado en 1779. Está situado al SE. de la Capital federal, á orillas del rio de la Plata y rodeado de los partidos Barracas, Brown, San Vicente y La Plata. Tiene 462 kms.² de extension y una poblacion de 1284; habitantes. (Censo del 31 de Enero de 1887.) Escuelas funcionan en Quilmes, Florencio Varela, Conchitas, La Florida, San Francisco y Puente de Conchitas. El partido es regado por los arroyos Jimenez, Las Cañas, Manzano, Las Piedras, Las Conchitas, Santo Domingo, Giles y del Pato. 2) villa, Quilmes, Buenos Aires. Es la cabecera del partido. Fundada en 1677, cuenta hoy con 8000 habitantes. Por la vía férrea dista 20 kms. (1 hora) de Buenos Aires. Es muy frecuentada en verano por la poblacion bonaerense. Fábrica de carnes conservadas por el frio. Gran cervecería. $\varphi = 34° 43' 35''$; $\lambda = 58° 15' 39''$. FCE, C, T. E. 3) sierra de los, Catamarca, Tucuman y Salta. Es una cadena de la cordillera que empieza al Sud en la « Punta de Balastro » (Catamarca), se extiende hácia el Norte atravesando el departamento Trancas (Tucuman) y penetra en la provincia de Salta por el departamento Cafayate. 4) estancia, Leales, Tucuman. Al NO. del departamento. 5) pueblo, Trancas, Tucuman. A corta distancia de la orilla izquierda del rio Santa Maria. $z = 1755$ m. (?)

Quiló, establecimiento rural, Ctl 6, Alsina, Buenos Aires.

Quilpo, 1) aldea, Cruz del Eje, Cruz del Eje, Córdoba. Tiene 220 habitantes. (Censo del 1° de Mayo de 1890.) 2) *Cocho*, lugar poblado, Cruz del Eje, Cruz del Eje, Córdoba.

Quilquehué, arroyo, Neuquen. Nace en el lago Lo-lo, recibe las aguas del arroyo Chapelcó y desagua en el arroyo Chimehuin.

---

1 CoSer una cosa con otra ó purgar el grano de la tierra ó piedra, con batea ó plato meneándole (Quichua.) — 2 Qquillinza = carbon (Quichua.' — 3 Indios calchaquíes que en el tiempo de la conquista ocupaban los actuales departamentos Trancas y Cafayate.

Quimbaletes, lugar poblado, San Antonio, Punilla, Córdoba.

Quimilfra, vertiente, Los Manantiales, Santa Rosa, Catamarca.

Quimilioc, 1) distrito de la seccion Figueroa, del departamento Matará, Santiago del Estero. 2) paraje poblado, Quimilioc, Figueroa, Matará, Santiago.

Quina la, laguna, Ctl 6, Vecino, Buenos Aires.

Quinalauquen, sierra baja, Olavarría, Buenos Aires. Es una ramificacion de la sierra del Tandil. Se extiende de NO. á SE.

Quince de Mayo, establecimiento rural, La Plata, Buenos Aires.

Quines, 1) partido del departamento Ayacucho, San Luis. 2) aldea, Quines, Ayacucho, San Luis $\alpha = 575$ m. (Lallemant) C, E. 3) arroyo, San Luis. Nace en el macizo central, se dirige de S. á N. regando los distritos de San Martin y San Lorenzo, del departamento San Martin, y los de Quines y Candelaria, del departamento Ayacucho, y borra su cauce al salir de la sierra para entrar en la llanura.

Quingan, paraje poblado, Departamento 7°, Pampa.

Quinta, 1) la, laguna, Ctl 12, Lincoln, Buenos Aires. 2) lugar poblado, San Francisco, Sobremonte, Córdoba. 3) *Alegre*, estancia, Curuzú-Cuatiá, Corrientes.

Quintas las, cuartel de la pedanía Nono, San Alberto, Córdoba.

Quinteros, arroyo, Ct 8, Brandzen. Buenos Aires.

Quintingua, laguna, Ctl 14, juarez, Buenos Aires.

Quinto, rio, San Martin, Pringles y Pedernera, San Luis. Tiene su orígen en el macizo central, en las faldas que rodean el Tomalasta (departamento de San Martin.) Un haz de arroyos, como son el de la Carpa, de la Cañada Honda, el Riecito, el rio Grande y otros de menor importancia reunen sus aguas en un solo cauce cerca de Saladillo, (departamento Pringles) desde donde sigue el rio su rumbo general de NO. á SE., pasa por Villa Mercedes, con direccion á la provincia de Córdoba y borra su cauce en un paraje llamado « La Amarga,» situado en el departamento General Roca, de la provincia de Córdoba.

Quintuco, arroyo, Neuquen. Es uno de los principales tributarios del rio Agrio, en cuya márgen izquierda desagua.

Quinua, [1] 1) la, establecimiento rural, Ctl 6, Vecino, Buenos Aires. 2) arroyo, Chubut. Es un afluente del rio Senguel en su curso superior. 3) estancia, Trancas, Tucuman. Está situada en la sierra de los Calchaquíes.

Quinual, paraje poblado, Valle Grande. jujuy.

Quiñigua, 1) establecimiento rural, Ctl 1, Suarez, Buenos Aires. 2) arroyo, Ctl 1, 4, Suarez, Buenos Aires.

Quiñones, 1) cuartel de la pedanía Lagunilla, Anejos Sud, Córdoba. 2) paso en la sierra Chica, Córdoba. Comunica Lagunilla con San Ignacio.

Quirno Costa, lago andino, Chubut. Está situado entre los 44 y 45° de latitud. Desagua por el rio Carrenleufú, que conduce sus aguas al Pacífico.

Quiroga, 1) punta á la entrada de la bahía San josé, Chubut. $\varphi = 42° 14' 15''$; $\lambda = 64° 27' 10''$ (Fitz Roy.) 2) estancia, Rincon del Cármen, San Martin, San Luis.

Quiros, laguna, San Roque, Corrientes.

Quisca, 1) (San Antonio de), aldea, Rio Chico, Tucuman. En la confluencia de los arroyos Chico y Graneros. C. E. 2) *Hurmana*, lugar poblado, Jimenez, Santiago. E.

---

[1] Planta (Chenopodium album.)

Quiscalero, finca rural, Rosario de la Frontera, Salta.

Quisquis, vertiente, Chumbicha, Capayan, Catamarca.

Quisto, finca rural, Campo Santo, Salta.

Quiyan, arroyo, Curuzú-Cuatiá, Corrientes. Es un afluente del Mocoretá en la márgen izquierda.

Quiyatí, 1) finca rural, Paso de los Libres, Corrientes. 2) bañado, Paso de los Libres, Corrientes.

Quizaví, finca rural, Curuzú-Cuatiá, Corrientes.

Rabia, 1) la, establecimiento rural, Ctl 3, Veinte y Cinco de Mayo, Buenos Aires. E. 2) laguna, Ctl 3, Veinte y Cinco de Mayo, Buenos Aires.

Rabon, 1) arroyo, Yeruá, Concordia, Entre Rios Es un tributario del Pedernal en la márgen izquierda. 2) arroyo, Capital, Santa Fe. Es un pequeño tributario del Saladillo Amargo en la márgen derecha.

Rabona la, cañada, Ctl 3, Pergamino, Buenos Aires. Es tributaria del arroyo del Medio en su márgen derecha.

Rabonas, 1) las, cuartel de la pedanía Nono, San Alberto, Córdoba. 2) aldea, Nono, San Alberto, Córdoba. Tiene 193 habitantes. (Censo del 1° de Mayo de 1890.)

Rafael, 1) laguna, Ctl 3, Maipú, Buenos Aires. 2) Cué, finca rural, Santo Tomé, Corrientes.

Rafaela, 1) la, establecimiento rural, Ctl 7, Lobería, Buenos Aires. 2) distrito del departamento de las Colonias, Santa Fe. Tiene 1786 habitantes. (Censo del 7 de Junio de 1887.) 3) pueblo, Rafaela, Colonias, Santa Fe. Tiene 677 habitantes. (Censo m.) Por la vía férrea dista 93 kms. de Santa Fe, 202 del Rosario y 511 de Buenos Aires. FCRS, FCSF, C, T, E. 4) colonia, Rafaela, Colonias, Santa Fe. Tiene 837 habitantes. (Censo m.)

Rafaelito, establecimiento rural, Ciénega del Coro, Minas, Córdoba.

Raices, 1) distrito del departamento Villaguay, Entre Rios. 2) arroyo, Entre Rios. Desagua en la márgen derecha del Gualeguay, en direccion de O. á E. Es en toda su extension límite entre los departamentos Villaguay (Raíces,) Nogoyá (Crucesitas) y Rosario Tala (Raices al Norte). 3) al Norte, distrito del departamento Rosario Tala, Entre Rios. 4) al Sud, distrito del departamento Rosario Tala, Entre Rios.

Raimundo, aldea, Macha, Totoral, Córdoba. Tiene 217 habitantes. (Censo del 1° de Mayo de 1890.)

Raleras, 1) finca rural, Empedrado, Corrientes. 2) finca rural, San Luis del Palmar, Corrientes.

Ralos, 1) distrito de la seccion San Pedro, del departamento Choya, Santiago del Estero. 2) lugar poblado, Jimenez, Santiago. E. 3) lugar poblado, Capital, Tucuman. Al Este del departamento.

Rama Boleada, paraje poblado, La Paz, Mendoza.

Ramada, 1) la, lugar poblado, Rio de los Sauces, Calamuchita, Córdoba. 2) lugar poblado, Italó, General Roca, Córdoba. 3) lugar poblado, La Paz, San javier, Córdoba. 4) lugar poblado, Sinsacate, Totoral, Córdoba. 5) paraje poblado, Valle Grande, Jujuy. 6) lugar poblado, Independencia, Rioja. Por la vía férrea dista 361 kms. de Dean Fúnes y 61 de Chilecito. x = 733 m. FC de Dean Fúnes á Chilecito. C, T. 7) finca rural, Molinos, Salta. 8) finca rural, Guzman, San Martin, San Luis. 9) distrito de la seccion Figueroa del departamento Matará, Santiago del Estero. 10) aldea, Burruyaco. Tucuman. En el camino de Burruyaco á Tucuman. C. 11) sierra, Burruyaco, Tucuman.

Ramadita, 1) la, finca rural, Capital, Rioja. 2) distrito de la seccion Silípica 1° del departamento Silípica, Santiago del Estero.

Ramaditas, 1) paraje poblado, La Paz, Mendoza. 2) paraje poblado, Oran, Salta. 3) estancia, Graneros, Tucuman. Al lado del ferro-carril central Norte.

Ramadon el, finca rural, Chilecito, Rioja.

Ramallo, 1) partido de la provincia de Buenos Aires. Fué creado en 1865. Se halla al NO. de Buenos Aires, á orillas del Paraná y rodeado de los partidos San Nicolás, Pergamino, Arrecifes y San Pedro. Tiene 978 kms.² de extension y 5883 habitantes. El partido es regado por los arroyos Ramallo, Las Hermanas, Cuervos, Seco y Laprida. 2) villa, Ramallo, Buenos Aires. Es la cabecera del partido. Fundada en 1874, cuenta hoy con 3472 habitantes. (Censo del 31 de Enero de 1890.) Está situada en la desembocadura del arroyo Las Hermanas en el Paraná. Por la vía férrea dista 215 kms (5 horas) de Buenos Aires y 88 del Rosario. Los vapores de la línea del Rosario hacen escala en este punto. $\varphi = 33°$ 29' 20''; $\lambda = 59°$ 59' 49''; $\alpha = 36$ m. FCBAR, C, T, E. 3) arroyo, Ctl 3, 5, 6, 8, San Nicolás; y Ctl 4, 5, 7, 8, Ramallo, Buenos Aires. Este arroyo es en toda su extension límite entre los partidos de San Nicolás y Ramallo, y desemboca en el Paraná, á corta distancia al Sud de la ciudad de San Nicolás. 4) cuartel de la pedanía Chalacea, Rio Primero, Córdoba. 5) lugar poblado, Chalacea, Rio Primero, Córdoba.

Ramallosa la, establecimiento rural, Ctl 5, Azul, Buenos Aires.

Ramas Cortadas, 1) lugar poblado, Cañas, Anejos Norte, Córdoba. 2) lugar poblado, Castaños, Rio Primero, Córdoba. 3) lugar poblado, Caminiaga, Sobremonte, Córdoba.

Ramayon, lugar poblado, Capital, Santa Fe. Por la vía férrea dista 114 kms. de Santa Fe y 89 de Calchaquí. FC de Santa Fe á Reconquista. C, T.

Ramblon, 1) lugar poblado, Pichanas, Cruz del Eje, Córdoba. 2) lugar poblado, Toscas, San Alberto, Córdoba. 3) lugar poblado, Las Heras, Mendoza. Por la vía férrea dista 68 kms. de Mendoza, 89 de San juan y 424 de Villa Mercedes. FCGOA, C, T. 4) chacra, Renca, Chacabuco, San Luis.

Ramblones, 1) distrito del departamento de La Paz, Catamarca. 2) lugar poblado, Ramblones, La Paz, Catamarca. E. 3) vertiente, Ramblones, La Paz, Catamarca. 4) paraje poblado, La Paz, Mendoza.

Rambouillet, cabaña de ovejas Rambouillet, Moron, Buenos Aires.

Ramirez, 1) laguna, Ctl 2, Bragado, Buenos Aires. 2) arroyo, Ctl 5, Tordillo, Buenos Aires. Desagua en la márgen derecha del arroyo Víboras. 3) laguna, Concepcion, Corrientes. 4) *Cué*, finca rural, Concepcion, Corrientes.

Ramitas las, lugar poblado, Rio Pinto, Totoral, Córdoba.

Ramon, mina de galena argentífera, Molinos, Calamuchita, Córdoba. Está situada en el paraje llamado «Calmayo.»

Ramones, finca rural, San Luis, Corrientes.

Ramos, 1) arroyo, Ctl 4, Ranchos, Buenos Aires. 2) lugar poblado, Graneros, Tucuman. Al SE. del departamento. 3) *Blancos*, laguna, Ctl 2, Tapalqué, Buenos Aires. 4) *Mejia*, pueblo, Matanzas, Buenos Aires. Por la vía férrea dista 15 kms. de la Capital federal. FCO, C, T, E.

Ramunis, albardon en los esteros de Maloya, San Luis del Palmar, Corrientes.

Rancagua, paraje poblado, Cachi, Salta.

Ranchillos, 1) distrito del departamento de la Capital, Tucuman. 2) paraje poblado, Oran, Salta.

Ranchitos, 1) aldea, Toyos, Ischilin, Córdoba. Tiene 156 habitantes. (Censo del

1° de Mayo de 1890). 2) lugar poblado, Leales, Tucuman. C.

Rancho, [1] 1) laguna, Ctl 2, Maipú, Buenos Aires. 2) *de Tótora,* paraje poblado, La Paz, Mendoza. 3) *Viejo,* distrito minero del departamento Rinconada, Jujuy. Encierra plata.

Ranchos, 1) establecimiento rural, Ctl 3, Cármen de Areco, Buenos Aires. 2) arrroyo, Ctl 3, 4; Cármen de Areco, Buenos Aires. 3) laguna, Ctl 3, Cármen de Areco, Buenos Aires. 4) partido de la provincia de Buenos Aires. Está situado al Sud de la Capital federal y enclavado entre los partidos San Vicente, Brandzen, Chascomús, Las Flores, Monte y Cañuelas. Tiene 1228 kms.[2] de extension y una poblacion de 5614 habitantes. (Censo del 31 de Enero de 1890). Escuelas funcionan en Ranchos, Campo de Pozos, La Posta, etc. El partido es regado por el rio Salado y los arroyos Ramos, Villanueva, Taqueno y Negrete. 5) villa, Ranchos, Buenos Aires. Es la cabecera del partido. Fundada en 1788, cuenta actualmente con 1741 habitantes. (Censo m.) Por la vía férrea dista 111 kms. (4 horas) de Buenos Aires. $\varphi = 35°$ $31' 2''$; $\lambda = 58° 16' 49''$; $\alpha = 19$ m. FCS, C, T, E. 6) los, lugar poblado, Cruz del Eje, Cruz del Eje, Córdoba. 7) paraje poblado, Poma, Salta.

Ranhueco, arroyo, Neuquen. Es un tributario del Neuquen en la márgen derecha.

Ranjel, 1) aldea, La Esquina, Rio Primero, Córdoba. Tiene 207 habitantes. (Censo del 1° de Mayo de 1890). E. 2) cuartel de la pedanía Candelaria, Totoral, Córdoba. 3) lugar poblado, Candelaria, Totoral, Córdoba.

Ranquel, [2] paraje poblado, Ledesma, jujuy.

Ranqueles, lugar poblado, Necochea, General Roca, Córdoba.

Ranquilcó, 1) estancia, Beltran, Mendoza. 2) laguna, Pampa. $\varphi = 36° 15'$; $\lambda = 65° 22'$ (Host). 3) *Norte,* bañado, Beltran, Mendoza. $\varphi = 36° 44' 2''$; $\lambda = 69° 38'$; $\alpha = 1143$ m. (Host). 4) *Sud,* planicie al Sud de Ranquilcó Norte, Beltran, Mendoza. $\alpha = 1240$ m. (Host).

Ranquiló, arroyo, Neuquen. Es un tributario del rio Agrio en la márgen izquierda.

Raquel, 1) estancia, Ctl 3, Maipú, Buenos Aires. 2) laguna, Ctl 3, Vecino, Buenos Aires. 3) colonia, Sunchales, Colonias, Santa Fe.

Rara Fortuna, mina de plomo, Ciénega del Coro, Minas, Córdoba. Está situada en el lugar llamado «Juan Chiquito.»

Rasa, 1) punta. Véase cabo San Antonio. 2) isla, Chubut. Está situada en el golfo de San Jorge. En los meses de Noviembre á Enero es frecuentada por los cazadores de focas. $\varphi = 45° 6' 10''$; $\lambda = 65° 24' 30''$. (Fitz Roy).

Rastrojo el, finca rural, Cerrillos, Salta.

Rauch, 1) establecimiento rural, Ctl 8, Bragado, Buenos Aires. 2) laguna, Ctl 8, Bragado, Buenos Aires. 3) partido de la provincia de Buenos Aires. Está situado al SSO. de la Capital federal y confina con los partidos Las Flores, Pila, Arenales (Ayacucho), Tandil y Azul. Tiene 4238 kms.[2] de extension y 7658 habitantes. (Censo del 31 de Enero de 1890). Escuelas funcionan en Rauch, Flores, El Divisadero, Concepcion, Las Rosas, La Carda, etc. El partido es regado por los arroyos Gualichu, Los Huesos, Chapaleofú, Langueyú, Pantanoso, Arias, Azul, Juncal y Las Mostazas. 4) villa, Rauch, Buenos Aires. Es la cabecera del partido. Fundada en 1873, cuenta actualmente con 1768 habitantes. (Censo m.) Está ligada por una línea de mensajerías á la estacion Cacharí (partido del Azul) del ferro-carril del Sud. Su-

---

1 Choza con paredes de barro y techo de paja. Abunda en la campaña argentina.—2 Indio de la pampa.

cursal del Banco de la Provincia. $\varphi = 36°$ 46' 45"; $\lambda = 58° 42' 9$". C, T, E. 5) establecimiento rural, Ctl 3, Rauch, Buenos Aires.

Rawson, 1) lugar poblado, Chacabuco, Buenos Aires. Por la vía férrea dista 173 kms. de la Capital federal y 518 de Villa Mercedes (San Luis). $\alpha = 60$ m. FCP, C, T. 2) pueblo, capital de la gobernacion del Chubut. Está situado en la colonia del mismo nombre y en la orilla izquierda del rio Chubut, á 5 kms. de distancia de la desembocadura del mismo. $\varphi = 43° 17' 15$"; $\lambda = 65° 5' 20$" (?)

Rayado, distrito minero del departamento Iglesia, San Juan. Encierra oro y plata.

Rayo Cortado, 1) cuartel de la pedanía de las Estancias, Rio Seco, Córdoba. 2) aldea, Estancias, Rio Seco, Córdoba. Tiene 119 habitantes. (Censo del 1° de Mayo de 1890). E.

Real, 1) laguna, Ctl 2, Azul, Buenos Aires. 2) de los Toros, paraje poblado, San Pedro, Jujuy. 3) Viejo, estancia, Ctl 4, Ajó, Buenos Aires.

Reartes, 1) pedanía del departamento Calamuchita, Córdoba. Tiene 1262 habitantes. (Censo del 1° de Mayo de 1890). 2) cuartel de la pedanía del mismo nombre, Calamuchita, Córdoba. 3) aldea, Reartes, Calamuchita, Córdoba. Tiene 721 habitantes. (Censo m.) $\varphi = 31° 55'$; $\lambda = 64° 36'$; C, T, E. 4) arroyo, Calamuchita, Córdoba. Es uno de los elementos de formacion del rio Segundo.

Rebenque [1] el, laguna, Ctl 6, Las Flores, Buenos Aires.

Recado, [2] 1) el, laguna, Ctl 3, Bolívar, Buenos Aires. 2) arroyo, Ctl 9, Guaminí, Buenos Aires. 3) laguna, Ctl 4, Nueve

de Julio, Buenos Aires. 4) establecimiento rural, Departamento 6°, Pampa.

Recoleccion, establecimiento rural, Ctl 5, Saladillo, Buenos Aires.

Recoleta la, establecimiento rural, Ctl 6, Matanzas, Buenos Aires.

Reconquista, 1) establecimiento rural, Ctl 6, Ayacucho, Buenos Aires. Por la vía férrea dista 352 kms. de la Capital federal. $\alpha = 103$ m FCS, línea de Altamirano á Tres Arroyos, C, T. 2) establecimiento rural, Ctl 4, Balcarce, Buenos Aires. 3) establecimiento rural, Ctl 7, Chacabuco, Buenos Aires. 4) estancia, Ctl 4, Suarez, Buenos Aires. 5) establecimiento rural, Ctl 1 Vecino, Buenos Aires. 6) finca rural, Mercedes, Corrientes 7) distrito del departamento San Javier, Santa Fe. Tiene 2516 habitantes. (Censo del 7 de Junio de 1887). 8) pueblo y colonia, Reconquista, San Javier, Santa Fe. Tiene 1499 habitantes. (Censo m.) El ferrocarril que arranca de Santa Fe y pasa por Recreo, Iriondo, Lassaga, Cabal, Emilia, Videla, San Justo, Ramayon, Escalada, Crespo, Fives-Lille y Calchaquí, terminará en este punto.

Recreo, 1) establecimiento rural, Ctl 6, 7, Azul, Buenos Aires. 2) establecimiento rural, Ctl 2, 5, Balcarce, Buenos Aires. 3) establecimiento rural, La Plata, Buenos Aires. 4) laguna, La Plata, Buenos Aires. 5) estancia, Ctl 1, Las Conchas, Buenos Aires. 6) estancia, Ctl 4, Las Heras, Buenos Aires. 7) establecimiento rural, Ctl 3, Lobería, Buenos Aires. 8) establecimiento rural, Ctl 6, Monte, Buenos Aires. 9) estancia, Ctl 1, Moreno, Buenos Aires. 10) establecimiento rural, Ctl 19, Nueve de Julio, Buenos Aires. 11) establecimiento rural, Ctl 5, Pergamino, Buenos Aires. 12) establecimiento rural, Ctl 1, Pilar, Buenos Aires. 13) arroyo, Ctl 1, Pilar, Buenos Aires. 14) establecimiento rural, Ctl 4, Pueyrredon, Buenos Aires 15) establecimiento rural,

Ctl 8, Ramallo, Buenos Aires. 16) establecimiento rural, Ctl 3, 8, Rauch, Buenos Aires. 17) distrito del departamento de La Paz, Catamarca. 18) aldea, Recreo, La Paz, Catamarca. Por la vía férrea dista 266 kms. de Córdoba y 174 de Chumbicha (Catamarca). z= 235 m. De aquí arranca el ramal que pasa á Chumbicha y Catamarca. FCCN, C, T, E. 19) distrito del departamento Santa María, Catamarca. 20) establecimiento rural, Caseros, Anejos Sud, Córdoba. 21) establecimiento rural, Carlota, Juarez Celman, Córdoba. 22) establecimiento rural, Candelaria, Rio Seco, Córdoba. 23) establecimiento rural, Panaolma, San Alberto, Córdoba. 24) finca rural, Caacatí, Corrientes. 25) finca rural, Goya, Corrientes. 26) finca rural, Lavalle, Corrientes. 27) finca rural, Lomas, Corrientes. 28) finca rural, Paso de los Libres, Corrientes. 29) finca rural, Capital, jujuy. 30) finca rural, Independencia, Rioja. 31) finca rural, San Cárlos, Salta. 32) finca rural, Cerrillos, Salta. 33) finca rural, Rosario de Lerma, Salta. 34) lugar poblado, Capital, Santa Fe. Por la vía férrea dista 18 kms. de la capital provincial. Ferro-carril de Santa Fe á Reconquista. C, T.

Recuerdo, 1) el, establecimiento rural, Ctl 3, Bragado, Buenos Aires. 2) establecimiento rural, Ctl 4, Pueyrredon, Buenos Aires. 3) chacra, Larca, Chacabuco, San Luis.

Reculadas, quinta, Ctl 3, Las Conchas, Buenos Aires.

Redencion, finca rural, Rivadavia, Mendoza.

Redentora, mina de plata en el distrito mineral del Cerro Negro, sierra de Famatina, Rioja.

Redonda, 1) laguna, Ctl 6, Alvear, Buenos Aires. 2) laguna, Ctl 6, Bragado, Buenos Aires. 3) estancia, Ctl 7, Lobería, Buenos Aires. 4) laguna, Ctl 6, Necochea,

Buenos Aires. 5) laguna, Ctl 9, Puan, Buenos Aires. 6) laguna, Ctl 8, Saladillo, Buenos Aires. 7) laguna, Ctl 7, Vecino, Buenos Aires. 8) establecimiento rural, Ctl 2, Veinte y Cinco de Mayo, Buenos Aires. 9) laguna, Ctl 2, Veinte y Cinco de Mayo, Buenos Aires. 10) *Chica,* laguna, Ctl 7, Nueve de Julio, Buenos Aires. 11) *Grande,* laguna, Ctl 7, Nueve de Julio, Buenos Aires.

Redondo, 1) cerro, Rosario de Lerma, Salta. 2) vertiente, Rincon del Cármen, San Martin, San Luis.

Reduccion, 1) estancia, Ctl 6, Castelli, Buenos Aires. 2) laguna, Ctl 6, Castelli, Buenos Aires. 3) lugar poblado, Calera Norte, Anejos Norte, Córdoba. 4) pedania del departamento juarez Celman, Córdoba. Tiene 935 habitantes. (Censo del 1º de Mayo de 1890) 5) aldea, Reduccion, Juarez Celman, Córdoba Tiene 509 habitantes. (Censo m.) ɔ= 33° 15'; λ= 65° 33'. C, T, E. 6) cuartel de la pedania San Bartolomé, Rio Cuarto, Córdoba. 7) ingenio de azúcar, Ledesma, Jujuy. C, T. 8) lugar poblado, Rivadavia, Mendoza. E. 9) ingenio de azúcar, Famaillá, Tucuman. Por la via férrea dista 24 kms. de Tucuman y 117 de La Madrid. Está situado entre los arroyos Lules y Colorado. FCNOA, C. T.

Reducto el, estancia, Villarino, Buenos Aires.

Refalosa [1] la, lugar poblado, Trapiche, Pringles, San Luis.

Reforma, 1) la, establecimiento rural, Ctl 9, Las Flores, Buenos Aires. 2) estancia, Ctl 4, Maipú, Buenos Aires. 3) estancia, Cil 6, Necochea, Buenos Aires. 4) estancia, Ctl 6, Olavarria, Buenos Aires. 5) establecimiento rural, Ctl 7, Pueyrredon, Buenos Aires. 6) estancia, Ctl 4, Tordillo, Buenos Aires. 7) establecimien-

---

1 Resbaladiza.

to rural, Ctl 11, Veinte y Cinco de Mayo, Buenos Aires.

Refugio el, establecimiento rural, Ctl 7, Lobos, Buenos Aires.

Regina, laguna, Ctl 2, Veinte y Cinco de Mayo, Buenos Aires.

Region, 1) *Sud*, partido del departamento General Pedernera, San Luis. 2) *del Trigo*, establecimiento rural, Ctl 10, Lincoln, Buenos Aires.

Reina, 1) la, establecimiento rural, Ctl 5, Pergamino, Buenos Aires. 2) mina de oro en el distrito mineral «El Oro,» sierra de Famatina, Rioja. 3) *Margarita*, colonia, Constanza, Colonias, Santa Fé. C.

Reino, 1) laguna, Villarino, Buenos Aires. 2) *de los Angeles*, estancia, Ctl 6, Chascomús, Buenos Aires.

Reinoso, laguna, Ctl 5, Vecino, Buenos Aires.

Rejitas, lugar poblado, Totoral, Pringles, San Luis.

Reloj, 1) el, establecimiento rural, Ctl 8, San Nicolás, Buenos Aires. 2) establecimiento rural, Ctl 5, Trenque-Lauquen, Buenos Aires.

Remansito, 1) distrito de la seccion Frias del departamento Choya, Santiago del Estero. 2) lugar poblado, Remansito, Frias, Choya, Santiago. E.

Remansitos, lugar poblado, Estancias, Rio Seco, Córdoba.

Remanso, 1) el, establecimiento rural, Ctl 6, Guamini, Buenos Aires. 2) estancia, Ctl 11, Tandil, Buenos Aires. 3) lugar poblado, Caminiaga, Sobremonte, Córdoba. 4) lugar poblado, San Pedro, Tulumba, Córdoba. 5) paraje poblado, La Paz, Mendoza.

Remate, 1) paraje poblado, Capital, Jujuy. 2) distrito de la seccion Copo 2° del departamento Copo, Santiago del Estero. 3) paraje poblado, Copo, Santiago. 4) estancia, Chicligasta, Tucuman. En la orilla derecha del arroyo Chilimayo, afluente del Gastona.

Remates, lugar poblado, Salto, Tercero Arriba, Córdoba.

Remecó, 1) *Chico*, lugar poblado, Departamento 4°, Pampa, C. 2) *Grande*, lugar poblado. Departamento 9°, Pampa.

Remedios, 1) estancia, Ctl 5, Lomas de Zamora, Buenos Aires. 2) arroyo, Ctl 5, Lomas de Zamora, Buenos Aires. 3) estancia, Ctl 7, Saladillo, Buenos Aires. 4) establecimiento rural, Ctl 2, San Vicente, Buenos Aires. 5) establecimiento rural, Ctl 1, Tandil, Buenos Aires. 6) pedania del departamento Rio Primero, Córdoba. Tiene 1959 habitantes. (Censo del 1° de Mayo de 1890). 7) cuartel de la pedania del mismo nombre, Rio Primero, Córdoba. 8) aldea, Remedios, Rio Primero, Córdoba. Tiene 482 habitantes. (Censo m.) C, T, E.

Remes, 1) distrito de la seccion Jimenez 2° del departamento Jimenez, Santiago del Estero. 2) lugar poblado, Remes, Jimenez 2°, Jimenez, Santiago. E.

Remington el, establecimiento rural, Ctl 2, Suarez, Buenos Aires.

Remolino el, paraje poblado, Junin, Mendoza.

Renca, 1) partido del departamento Chacabuco, San Luis. 2) villa, Renca, Chacabuco, San Luis. Es la cabecera del departamento. Tiene unos 1500 habitantes. Por la vía férrea dista 127 kms. de Villa Mercedes y 459 de La Rioja. $\alpha=771$ m. FC de Villa Mercedes á La Rioja. C, T, E.

Renqueleubú, arroyo, Neuquen. Es un tributario del Neuquen en la márgen derecha. Corre al Norte y al Este del 1er departamento.

Reparo, 1) lugar poblado, Cafayate, Salta. 2) lugar poblado, Figueroa, Matará, Santiago. E.

Represa, 1) lugar poblado, Calera, Anejos Sud, Córdoba. 2) lugar poblado, Monsalvo, Calamuchita, Córdoba. 3) cuartel de la pedania Chancani, Pocho, Córdoba. 4) lugar poblado, Toscas, San Alberto, Córdoba. 5) lugar poblado, Las Rosas, San javier, Córdoba. 6) finca rural, Cafayate, Salta. 7) finca rural, Naschel, Chacabuco, San Luis. 8) chacra, San Lorenzo, San Martin, San Luis. 9) chacra, Jachal, San Juan. 10) *de Alvarez*, finca rural, Valle Fértil, San Juan, 11) *de Bazan*, finca rural, Independencia, Rioja. 12) *del Bordo*, finca rural, Juarez Celman, Rioja. 13) *de Britos,* lugar poblado, Guasapampa, Minas, Córdoba. 14) *del Divisadero*, finca rural, Independencia, Rioja. 15) *del Engaño*, lugar poblado, Valle Fértil, San Juan. 16) *de Oviedo*, lugar poblado, Valle Fértil, San Juan. 17) *del Pozo Largo*, finca rural, Independencia, Rioja. 18) *de Quiroga,* finca rural, Dolores, Chacabuco, San Luis. 19) *de Santa Bárbara*, finca rural, Independencia, Rioja. 20) *del Sauce*, lugar poblado, Valle Fértil, San Juan. 21) *Tapia,* lugar poblado, Guasapampa, Minas, Córdoba. 22) *Vieja,* finca rural, jachal, San juan. 23) *de Zapata,* lugar poblado, Valle Fértil, San Juan.

Represita, 1) vertiente, Guaja, Rivadavia, Rioja. 2) lugar poblado, Ayacucho, San Luis. E.

República, 1) establecimiento rural, Ctl 6, Olavarria, Buenos Aires. 2) establecimiento rural, Ctl 4, Villegas, Buenos Aires. 3) mina de galena argentífera en el distrito mineral de San Antonio de los Cobres, Poma, Salta. 4) fortin á orillas del rio Salado, Matará, Santiago. Por ese punto pasa el ferro-carril de San Cistóbal á Tucuman. $\varphi = 29° 6' 21''$; $\lambda = 62° 20' 5$.

Repunta, [1] laguna, Ctl 7, Dorrego, Buenos Aires.

Repunte el, laguna, Ctl 14, Juarez, Buenos Aires.

Requelme, lugar poblado, Burruyaco, Tucuman. Al Norte del departamento, cerca de la frontera salteña.

Resero, [1] laguna, Ctl 7, Pila, Buenos Aires

Reserva del Cautivo, establecimiento rural, Ctl 8, Guaminí, Buenos Aires.

Reservada, establecimiento rural, Ctl 8, Trenque-Lauquen, Buenos Aires.

Reservado, establecimiento rural, Ctl 4, Nueve de Julio, Buenos Aires.

Resguardo, 1) el, estancia, Ctl 3, Monte, Buenos Aires. 2) paraje poblado, Las Heras, Mendoza.

Resistencia, 1) departamento de la gobernacion del Chaco. Confina al Norte con el departamento Guaycurú por medio del arroyo Tragadero, al Este con el rio Paraná, al Sud con la provincia de Santa Fe (paralelo de los 28°) y al Oeste con el meridiano de los 60° O. G. 2) villa, Resistencia, Chaco. Es la capital de la gobernacion. Está situada á orillas del Paraná frente á Corrientes. Tiene unos 3000 habitantes. La villa está rodeada de una colonia de 45600 hectáreas de extension. $\varphi = 27° 23' 30''$; $\lambda = 59° 2'$ (?) C, T, E.

Resolucion, la, estancia, Ctl 8, Trenque-Lauquen, Buenos Aires.

Restauracion. Véase Paso de los Libres.

Restauradora, mina de cobre y plata en el distrito mineral de las Capillitas, Andalgalá, Catamarca. Tiene una profundidad de 300 m.

Restituta, mina de galena argentífera en el distrito mineral de San Antonio de los Cobres, Poma, Salta.

Retamito, 1) distrito del departamento Huanacache, San juan. 2) lugar poblado, Retamito, Huanacache, San Juan. Por la via férrea dista 65 kms. de San

---

1 Repuntar, es reunir los animales que están dispersos en un campo. (Granada).

1 Individuo que arrea reses.

Juan, 92 de Mendoza y 448 de Villa Mercedes. FCGOA, C, T. 3) arroyo, Huanacache, San Juan. Riega los campos del distrito del mismo nombre.

Retamo, [1] 1, lugar poblado, Cruz del Eje, Cruz del Eje, Córdoba. 2) lugar poblado, Chancani, Pocho, Córdoba. 3) lugar poblado, San Martin, Mendoza. C, E. 4) finca rural, Juarez Celman, Rioja.

Retamos los, establecimiento rural, Ctl 4, San Vicente, Buenos Aires.

Retin, lugar poblado, Jagüeles, General Roca, Córdoba.

Retiro, 1) el, establecimiento rural, Ctl 11, Arrecifes, Buenos Aires. 2) cabaña de ovejas Negrete, Ctl 6, Chascomús, Buenos Aires. Está situada á orillas del rio Salado y dista 50 kms. de Chascomús, 7 de la estancia Villanueva y 4 de la estacion Salado. 3) laguna, Ctl 11, Dolores, Buenos Aires. 4) establecimiento rural, La Plata, Buenos Aires. 5) establecimiento rural, Ctl 9, Quilmes, Buenos Aires. 6) establecimiento rural, Ctl 2, Suarez, Buenos Aires. 7) establecimiento rural, Candelaria, Rio Seco, Córdoba. 8) establecimiento rural, Estancias, Rio Seco, Córdoba. 9) establecimiento rural, Villa de Maria, Rio Seco, Córdoba. 10) establecimiento rural, General Mitre, Totoral, Córdoba. 11) establecimiento rural, San José, Tulumba, Córdoba. 12) establecimiento rural, Ascasubi, Union, Córdoba. 13) colonia, Gualeguay, Entre Rios. Fué fundada en 1873 en una extension de 2040 hectáreas. 14) establecimiento rural, Lavalle, Mendoza. 15) establecimiento rural, General Roca, Rioja. 16) establecimiento rural, Belgrano, Rioja. 17) establecimiento rural, Rosario de Lerma, Salta. 18) establecimiento rural, Jachal, San juan.

Revol, villa en formacion, Capital, Córdoba.

Se halla al Sud de la ciudad, á unos 3 kms. de distancia, sobre el ferro-carril á Malagueño.

Rey, 1) el, estancia, Ctl 9, Cañuelas, Buenos Aires. 2) del, arroyo, Ctl 1, Lomas de Zamora, Buenos Aires. Es un pequeño tributario del Matanzas en la márgen derecha. 3) del, estancia, Anta, Salta. 4) del, arroyo, San Javier, Santa Fe. Pasa por la colonia Vittorio Emmanuele y desagua á inmediaciones de Reconquista en el rio San Javier (brazo del Paraná). $\varphi = 29° 12' 3''$; $\lambda = 59° 35' 26''$ (Seelstrang.) 5) del, arroyo, Famaillá, Tucuman. Es un pequeño tributario del rio Salí en la márgen derecha.

Reyes, 1) de, laguna, Ctl 1, Castelli, Buenos Aires. 2) arroyo, Capital, Jujuy. Nace en la sierra de Chañi, pasa por Agua Caliente y desagua en la márgen derecha del rio Grande de Jujuy. 3) de los, lugar de aguas minerales, Capital, jujuy. Está situado en el valle del mismo nombre, á 15 kms. de Jujuy. Son dos fuentes, la una sulfatada y termal á la vez, siendo su temperatura de 36,5° Celsius; la otra es silicosa y fria. 4) de los, valle, Capital, Jujuy.

Reyuno [1], laguna, Ctl 4, Saladillo, Buenos Aires.

Reyunos, lugar poblado, Chazon, Tercero Abajo, Córdoba.

Riachuelito, 1) chacra, San Luis del Palmar, Corrientes. 2) arroyo, San Luis, Corrientes. Tiene su orígen en los esteros de Maloya y desagua en el Riachuelo, en el departamento Lomas.

Riachuelo, 1) arroyo, Ctl 3, 5, Barracas, Buenos Aires. Es el nombre que lleva en su desembocadura el Matanzas. Véase arroyo Matanzas. 2) lugar poblado, Candelaria, Cruz del Eje, Córdoba. 3) lugar

---

1 Arbol (Bulnesia Retamo).

1 Decía e y aun suele decirse del animal que tiene cortada la punta de una de las orejas, en razon de pertenecer al Estado. (Granada.)

poblado, Lomas, Corrientes. Por la vía férrea dista 15 kms. de Corrientes y 359 de Monte Caseros. $z = 72$ m. FC Noreste Argentino, línea de Monte Caseros á Corrientes. C, T, E. 4) arroyo, Corrientes. Tiene su orígen en un estero que separa los departamentos de Itatí y San Luis y desagua en el Paraná, á corta distancia al Sud de la ciudad de Corrientes. Cuando empieza á formar cauce, es límite entre los departamentos de San Cosme y San Luis, hasta que entra en el departamento Lomas, donde desagua. El Desaguadero y el Riachuelito, que desembocan uno en frente de otro, son sus tributarios, aquél en la orilla derecha y éste en la izquierda.

Riales, estancia, Ctl 1, Patagones, Buenos Aires.

Rialito, sierra del, trozo del macizo de San Luis, San Francisco, Ayacucho, San Luis. Se eleva á 1660 metros de altura.

Riarte, 1) lugar poblado, San Cárlos, Minas, Córdoba. 2) estancia, Trancas, Tucuman. En la frontera salteña. C. 3) arroyo, Trancas, Tucuman. Nace en las cumbres calchaquíes de un haz de arroyos, á saber: el de la Cueva, del Potrero, de las Criollas y de Gonzalo. El arroyo toma en su curso inferior el nombre de rio Alurralde, bajo el cual desagua en el Salí. Este arroyo pasa por las cercanías, al Sud, de los pueblos Tres Acequias y Alurralde. 4) *Barburin,* arroyo, Trancas, Tucuman. Es un pequeño tributario del arroyo Tala, en la márgen derecha.

Ribera, 1) la, establecimiento rural, Ctl 9, Bahía Blanca, Buenos Aires. 2) *del Pantanoso,* establecimiento rural, Ctl 5, Balcarce, Buenos Aires.

Rica, 1) la, establecimiento rural, Ctl 3, Chivilcoy, Buenos Aires. 2) cañada, Ctl 8, Navarro, Buenos Aires.

Ricarda, colonia, Colonias, Márcos Júarez,

Córdoba. Fué fundada en 1889 en una extension de 500 hectáreas.

Rico, arroyo, Ctl 5, San Fernando, Buenos Aires.

Riecito, [1] 1) lugar poblado, Totoral, Pringles, San Luis. 2) estancia, Trapiche, Pringles, San Luis.

Rifles los, establecimiento rural, Ctl 8, Nueve de Julio, Buenos Aires.

Rincon, 1) el, establecimiento rural, Ctl 7, Balcarce, Buenos Aires. 2) establecimiento rural, Ctl 5, Baradero, Buenos Aires. 3) laguna, Ctl 5, Brandzen, Buenos Aires. 4) establecimiento rural, Ctl 6, Chacabuco, Buenos Aires. 5) laguna, Ctl 9, Cañuelas Buenos Aires. 6) establecimiento rural, La Plata, Buenos Aires. 7) arroyo, Ctl 3, Magdalena, Buenos Aires. 8) estancia, Ctl 5, Maipú, Buenos Aires. 9) establecimiento rural, Ctl 2, Nueve de Julio, Buenos Aires. 10) establecimiento rural, Ctl 5, Ramallo, Buenos Aires. 11) establecimiento rural, Ctl 10, Saladillo, Buenos Aires. 12) establecimiento rural, Ctl 6, San Vicente, Buenos Aires. 13) establecimiento rural, Ctl 11, Tres Arroyos, Buenos Aires. 14) distrito del departamento Poman, Catamarca. 15) arroyo, Rincon, Poman, Catamarca. Nace en la sierra de Ambato y termina su corto recorrido de E. á O. por agotamiento é inmersion en el suelo. 16) lugar poblado, Calera, Anejos Sud Córdoba. 17) lugar poblado, Guasapampa, Minas, Córdoba. 18) lugar poblado, San Antonio, Punilla, Córdoba. 19) lugar poblado, San José, Rio Segundo, Córdoba. 20) lugar poblado, Ambul, San Alberto, Córdoba. 21) lugar poblado, Concepcion, San justo, Córdoba. 22) lugar poblado, Candelaria, Totoral, Córdoba. 23) lugar poblado, Curuzú-Cuatiá, Corrientes. 24) lugar poblado, Empe-

---

1 Muy rico este diminutivo de rio.

drado, Corrientes. 25) lugar poblado, Esquina, Corrientes. 26) lugar poblado, Itatí, Corrientes, 27) lugar poblado, San Luis, Corrientes. 28) paraje poblado, Tunuyan, Mendoza. 29) finca rural, Chilecito, Rioja. 30) vertiente, Rosario, Independencia, Rioja. 31) paraje poblado, Viedma, Rio Negro. 32) poblacion agrícola, Jachal, San juan. 33) aldea, Ayacucho, San Luis. E. 34) del, arroyo, San José, Santa Fe. Es un brazo del arroyo llamado Pueblo Viejo. Pasa al pié del pueblo San José. 35) distrito del departamento Bandą, Santiago del Estero. 36) lugar poblado, Rincon, Banda, Santiago. E. 37) distrito de la seccion La Punta del departamento Choya, Santiago del Estero. 38) lugar poblado, Rincon, La Punta, Choya, Santiago. E. 39) distrito del departamento Rio Hondo, Santiago. 40) estancia, Leales, Tucuman. 41) lugar poblado, Rio Chico, Tucuman. En la orilla izquierda del arroyo Barrientos. 42) estancia, Tafí, Trancas, Tucuman. En la orilla derecha del arroyo del mismo nombre, á corta distancia de su desembocadura en el Infiernillo. 43) arroyo, Tafí, Trancas, Tucuman. Es un tributario del Infiernillo. 44) *de Aguaceros*, paraje poblado, Mercedes, Corrientes. 45) *de Ajó*, establecimiento rural, Ctl 3, Ajó, Buenos Aires. 46) *Alfaro*, paraje poblado, Viedma, Rio Negro. 47) *del Arroyo María*, paraje poblado, Curuzú-Cuatiá, Corrientes. 48) *de Ávila*, lugar poblado, Cayastacito, Capital, Santa Fe. Tiene 220 habitantes. (Censo del 7 de Junio de 1887.) 49) *de las Barrancas*, cañada, Chascomús, Buenos Aires. Conduce al Salado las aguas de las lagunas Mansilla, Montes, Vitel, Chascomús, del Burro, Adela, las Encadenadas y Tablilla, las cuales se comunican entre sí por medio de distintos arroyos. 50) *de Boote*, establecimiento rural, Ctl 1, Suarez, Buenos Aires.

51) *de Borda*, paraje poblado, Curuzú-Cuatiá, Corrientes. 52) *de Cabia*, estancia, San Roque, Corrientes. 53) *de las Cañas*, lugar poblado, Rincon del Cármen, San Martin, San Luis. 54) *del Cármen*, partido del departamento San Martin, San Luis. 55) *del Cármen*, lugar poblado, Rincon del Cármen, San Martin, San Luis. C. 56) *del Cármen*, vertiente, Rincon del Cármen, San Martin, San Luis. 57) *Cercado*, distrito del departamento Santa Lucía, San Juan. 58) *Chico*, cañada, Chascomús, Buenos Aires. Conduce al Salado las aguas de las lagunas Esquivel, Oroño, Tajamar y del Espartillar, que se comunican entre sí por medio de cañadas. 59) *de Ciriaco*, finca rural, Santo Tomé, Corrientes. 60) *del Desaguadero*, estancia, Lomas, Corrientes. 61) *de Doll*, distrito del departamento Victoria, Entre Rios. 62) *de Dolores*, finca rural, Lavalle, Corrientes. 63) *de Dolores*, laguna, Lavalle, Corrientes 64) *del Durazno*, estancia, Ctl 7, Las Heras, Buenos Aires. 65) *de Encinas*, finca rural, San Luis, Corrientes 66) *Espuela*, estancia, Ctl 2, Patagones, Buenos Aires. 67) *Florido*, paraje poblado, Curuzú-Cuatiá, Corrientes. 68) *de Gaboto*. Véase Puerto Gomez. 69) *de Génova*, finca rural, San Luis, Corrientes. 70) *de Gorondona*, lugar poblado, Jesús María, San Lorenzo, Santa Fe. 71) *Grande*, estancia, Ctl 1, 2, 3, Patagones, Buenos Aires. 72) *Grande*, estancia, Ctl 9, Pueyrredon, Buenos Aires. 73) *Grande*, paraje poblado, Curuzú-Cuatiá, Corrientes. 74) *Grande*, finca rural, Ituzaingó, Corrientes. 75) *de Guayquiraró*, finca rural, Esquina, Corrientes. 76) *Guazú*, finca rural, Goya, Corrientes. 77) *Hermoso*, paraje poblado, Departamento 10°, Pampa. 78) *Hí*, paraje poblado, Curuzú-Cuatiá, Corrientes. 79) *Ipané*, paraje poblado, Mercedes, Co-

rrientes. 80) *Iribá*, finca rural, Santo Tomé, Corrientes. 81) *de Linares*, colonia, Viedma, Rio Negro. Está situada en la márgen derecha del rio Negro, á unos 120 kms. de Viedma. 82) *de Lopez*, establecimiento rural, Ctl 5, Castelli, Buenos Aires. 83) *de Luna*, estancia, Concepcion, Corrientes. 84) *de Maria*, paraje poblado, Curuzú-Cuatiá, Corrientes. 85) *de la Merced*, establecimiento rural, Ctl 7, Dorrego, Buenos Aires 86) *de Mercedes*, chacra, Santo Tomé, Corrientes. 87) *de Merlino*, paraje poblado, Concepcion, Corrientes. 88) *de Molina*, finca rural, San Luis, Corrientes. 89) *Nacarina*, paraje poblado, Concepcion, Corrientes. 90) *de Naschi*, lugar poblado, Rio Chico, Tucuman. E. 91) *de Navarro*, finca rural, San Luis, Corrientes. 92) *de Nogoyá*, distrito del departamento Victoria, Entre Rios. 93) *Overita*, finca rural, San Miguel, Corrientes. 94) *del Palo*, paraje poblado, Pringles, Rio Negro. 95) *Paraná*, estancia, Lavalle, Corrientes. 96) *de Payubre*, paraje poblado, Mercedes, Corrientes. 97) *de Ponce*, estancia, San Roque, Corrientes. 98) *del Quebracho*, lugar poblado, Soledad, Colonias, Santa Fe. Tiene 49 habitantes. (Censo del 7 de junio de 1887). 99) *del Quequen*, estancia, Ctl 1, Necochea, Buenos Aires. 100) *de Rafael*, finca rural, Curuzú-Cuatiá, Corrientes. 101) *de Rocha*, paraje poblado, Viedma, Rio Negro. 102) *de Romero*, estancia, San Roque, Corrientes. 103) *del Rosario*, cabaña de ovejas Negrete y Rambouillet, Baradero Buenos Aires. 104) *de San Antonio*, estancia, Soledad, Colonias, Santa Fe. Tiene 110 habitantes. (Censo m.) 105) *de San José*, lugar poblado, San José, Santa Fe. C, T. 106) *de San Juan*, estancia, Ctl 9, Cañuelas, Buenos Aires. 107) *de San Miguel*, estancia, Goya, Corrientes. 108) *de Santa Ana*, finca rural,

Santo Tomé, Corrientes. 109) *de Santa Ana*, paraje poblado, Pringles, Rio Negro. 110) *Santa Maria*, finca rural, Ituzaingó, Corrientes. 111) *de Santo Tomás*, finca rural, Ituzaingó, Corrientes. 112) *de Soto*, finca rural, Lavalle, Corrientes. 113) *de Soto*, finca rural, San Luis, Corrientes. 114) *del Tala*, lugar poblado, Copacabana, Ischilin, Córdoba. 115) *de Tataré*, paraje poblado, Curuzú-Cuatiá, Corrientes. 116) *Tayi*, estancia, Ituzaingó, Corrientes. 117) *Tres Cruces*, paraje poblado, Mercedes, Corrientes. 118) *de Tunas*, paraje poblado, Curuzú-Cuatiá, Corrientes. 119) *Turú*, finca rural, San Luis, Corrientes. 120) *de Vences*, lugar poblado, Caacatí, Corrientes. En el extremo SO. del departamento. 121) *Victoria*, finca rural, San Miguel, Corrientes. 122) *de Villanueva*, paraje poblado, Mercedes, Corrientes. 123) *Yuquerí*, paraje poblado, Mercedes, Corrientes. 124) *de Zeballos*, estancia, Empedrado, Corrientes.

Rinconada, 1) la, estancia, Ctl 5, Saladillo, Buenos Aires 2) estancia, Ctl 3, Tandil, Buenos Aires. 3) lugar poblado, Villa de Maria, Rio Seco, Córdoba. 4) departamento de la provincia de Jujuy. Está situado al Oeste del departamento Cochinoca y es limítrofe de Bolivia, (hoy Chile) y de la provincia de Salta. Tiene 2400 kms.² de extension y una poblacion conjetural de 4900 habitantes Está dividido en los 10 distritos: Rinconada, Ciénega, Lagunillas, Oros, San José, Antiguyo, Santo Domingo, San Juan, Granados y Pan de Azúcar. La gran laguna de los Pozuelos, que tiene unos 300 kms.² de extension, se seca con frecuencia y queda entonces reducida á salina. La sierra de Cabalonga es rica en oro y otros minerales útiles que hasta ahora no se explotan por falta de vías de comunicacion, combustible y capital. En las montañas de Guadalupe y de Chacraguaico existen grandes majadas de vicuñas. Todo el departamento forma parte de la puna de Jujuy, cuyo clima rígido y suelo estéril no suministran á los escasos habitantes de estas mesetas más medios de subsistencia que los que que pueden derivarse de una limitada cría de vicuñas y ovejas. 5) aldea, Rinconada, Jujuy. Es la cabecera del departamento. Tiene unos 400 habitantes. C, E. 6) la, lugar poblado, Nueve de Julio, Mendoza. 7) la, finca rural, Cerrillos, Salta. 8) finca rural, Jachal, San Juan. 9) lugar poblado, Pocito, San Juan. C. 10) sierra, San juan. Surge al Norte de la ciudad de Mendoza, se extiende de SE. á NO., cambiando de rumbo frente á San Juan, donde describe un semicírculo y sigue en direccion de SO. á NE. Esta cadena se eleva unos 2000 metros de altura y abunda en piedra calcárea. El baño termal de la Laja, á 20 kms. al Norte de la ciudad de San Juan, se halla en esta sierra. 11) finca rural, Naschel, Chacabuco, San Luis. 12) chacra, Renca, Chacabuco, San Luis. 13) lugar poblado, Mailin, Veinte y Ocho de Marzo, Matará, Santiago. E. 14) lugar poblado, Monteros, Tucuman. Donde el arroyo del Estero desagua en el rio Salí. 15) de Alvear, estancia, Ctl 3, Rauch, Buenos Aires. 16) de los Difuntos, paraje poblado, Departamento 10°, Pampa.

Rinconadilla, paraje poblado, Cochinoca, Jujuy.

Rincones, 1) lugar poblado, San Pedro, San Alberto, Córdoba. 2) cerro de los, en la sierra Comechingones, San Javier, Córdoba.

Ringuelet, lugar poblado, La Plata, Buenos Aires. Por la vía férrea dista 6 1/2 kms. de La Plata, 43 de Ferrari y 50 de Buenos Aires. FCE, FCO, ramal de La Plata á Ferrari, C, T.

Ringuileubú, arroyo, Neuquen. Es un tributario del Neuquen en la orilla derecha.

Riñabal, paraje poblado, Oran, Salta.

Rio, 1) lugar poblado, Candelaria, Cruz del Eje, Córdoba. 2) lugar poblado, Dolores, Punilla, Córdoba. 3) Abajo, lugar poblado, Rio de los Sauces, Calamuchita, Córdoba. 4) Abajo, lugar poblado, Tránsito, San Alberto, Córdoba. 5) de Aguilas, lugar poblado, Parroquia, Pocho, Córdoba. 6) Alemania, paraje poblado, Guachipas, Salta. 7) Ancho, paraje poblado, Capital, Salta. 8) Ancho, finca rural, Cerrillos, Salta. 9) Arriba, cuartel de la pedanía Nono, San Alberto, Córdoba. 10) Arriba, aldea, Nono, San Alberto, Córdoba. Tiene 132 habitantes. (Censo del 1° de Mayo de 1890). 11) Blanco, paraje poblado, Capital, Jujuy. 12) Blanco, paraje poblado, Perico de San Antonio, Jujuy. 13) Blanco, paraje poblado, Oran, Salta. 14) Blanco, distrito del departamento Poma, Salta. 15) Blanquito, paraje poblado, Capital, Jujuy. 16) del Brealito, finca rural, Molinos, Salta. 17) Bustos, cuartel de la pedanía Parroquia, Tulumba, Córdoba. 18) Bustos, lugar poblado, Parroquia, Tulumba, Córdoba. 19) Ceballos, pedanía del departamento Anejos Norte, Córdoba. Tiene 314 habitantes. (Censo m.) 20) Ceballos, cuartel de la pedanía del mismo nombre, Anejos Norte, Córdoba. 21) Ceballos, lugar poblado, Rio Ceballos, Anejos Norte, Córdoba. $\varphi = 31° 15'$; $\lambda = 64° 18'$; $\alpha = 675$ m. (Brackebusch). E. 22) Chico, arroyo, Icaño, La Paz, Catamarca. Nace en la sierra de Ancasti y termina su corto recorrido de O. á E. en las inmediaciones del pueblo Icaño, por agotamiento é inmersion en el suelo. 23) Chico, lugar poblado, Higueras, Cruz del Eje, Córdoba. 24) Chico, lugar poblado, San Cárlos, Minas, Córdoba. 25) Chico, arroyo, Beltran, Mendoza. Es un tributario serrano del rio Grande en la márgen derecha. 26) *Chico*, departamento de la provincia de Tucuman. Confina al Norte con el de Chicligasta, al ·Este con la provincia de Santiago, al Sud con el departamento Graneros. y al .Oeste con la provincia de Catamarca. Su extension es de 1600 kms.^{2} y su poblacion conjetural de unos 17400 habitantes. El departamento es regado por los arroyos Medina, Chilimayo, Conventillo y Chico. En Santa Ana, Aguilares, Las Heras, Naranjo Esquina, Quisca, Sarmiento, Naschi, Niogasta, Escaba, Molle y Corralito existen núcleos de poblacion. La cabecera del departamento es- Santa Ana. 27) *Chico*, lugar poblado, Rio Chico, Tucuman. En la orilla derecha del arroyo del mismo nombre. C. 28) *Colorado*, estancia, Ctl 1, Patagones, Buenos Aires. 29) *Colorado*, lugar poblado, Villarino, Buenos Aires. T. 30) *Colorado*, distrito del departamento Tinogasta, Catamarca. 31) *Colorado*, lugar poblado, Rio Colorado, Tinogasta, Cata-marca. E. 32) *Colorado* paraje poblado, Departamento 5°, Pampa. 33) *Colorado*, estancia, Cafayate, Salta. 34) *Colorado*, paraje poblado, Iruya, Salta. 35) *Colorado*, paraje poblado, Oran, Salta.· 36) *Colorado*, lugar poblado, Fámaillá, Tucuman. E. 37) *de la Cruz*, aldea, Cañada de Alvarez, Calamuchita, Córdoba. Tiene 399 habitantes. (Censo m.) 38) *Cuarto*, departamento de la provincia de Córdoba. Confina al Norte con los departamentos Calamuchita y Tercero Abajo, al Este con el de Juarez Celman, al Sud con el de General Roca y es limítrofe al Oeste con la provincia de San Luis. Su extension es de 14010 kms.^{2} y su poblacion de 22716 habitantes. (Censo del 1° de Mayo de 1890). El departamento está dividido en las 8 pedanias: Rio Cuarto, Sampacho, San Bartolomé, Achiras, Tegua y Peñas, Tres de Febrero, La Cautiva y Chajan.

Los centros de poblacion de 100 habitantes para arriba, son los siguientes: Rio Cuarto, colonia Sampacho, pueblo Sampacho, Achiras, Bañado, Invernada, Los Puestos, Piedra Blanca, San Bartolo, Tegua, Caleras, Washington, San Sebastian y Chajan. 39) *Cuarto*, pedania del departamento del mismo nombre, Córdoba. Tiene 14034 habitantes. (Censo m.) 40) *Cuarto*, cuartel de la pedania del mismo nombre, Rio Cuarto, Córdoba. 41) *Cuarto*, ciudad, Rio Cuarto, Córdoba. Es la cabecera del departamento. Está situada á orillas del rio del mismo nombre y dista por la via férrea 122 kms. de Villa Mercedes, 132 de Villa Maria y 272 de Córdoba. Tiene 13265 habitantes. Sucursales del Banco Nacional y del de la provincia. Hoteles, Clubs, etc. La fábrica nacional de pólvora se halla á 12 kms. al SE. de Rio Cuarto, sobre el ferrocarril andino y á orillas del arroyo Santa Catalina. $\varphi = 33° 7' 19''$; $\lambda = 64° 18' 52'' ,5$; $z = 415$ m. (Centro de la plaza, segun el Observatorio Nacional) FCA, C, T, E. 42) *Cué*, finca rural, San Miguel, Corrientes. 43) *Dolores*, aldea, Dolores, Punilla, Córdoba. Tiene 168 habitantes. (Censo m.) 44) *de la Dorada*, lugar poblado, La Paz, Catamarca. E. 45) *Fierro*, lugar poblado, Parroquia, Tulumba, Córdoba. 46) *Grande*, lugar poblado, Potrero de Garay, Anejos Sud, Córdoba. 47) *Grande*, cuartel de la pedania Cañada de Alvarez, Calamuchita, Córdoba. 48) *Grande*, aldea, Cañada de Alvarez, Calamuchita, Córdoba. Tiene 264 habitantes (Censo m.) 49) *Grande*, lugar poblado, Santa Rosa, Calamuchita, Córdoba.· 50) *Grande*, arroyo, Totoral, Córdoba. Desciende de la sierra Chica, reune luego sus aguas con las del arroyo Manzanas y pasa por el pueblo · del Totoral (General Mitre). Sus · desagües toman más abajo el nombre de cañada de Lúcas, y más adelante aun, el de cañada Honda. 51) *Grande,* cuartel de la pedanía San José, Tulumba, Córdoba. 52) *Grande,* lugar poblado, San José, Tulumba, Córdoba. 53) *Grande,* paraje poblado, Beltran, Mendoza. 54) *Grande,* lugar poblado, Totoral, Pringles, San Luis. 55) *Hondo,* cuartel de la pedania Salsacate, Pocho, Córdoba. 56) *Hondo*, aldea, Salsacate, Pocho, Córdoba. Tiene 112 habitantes. (Censo m.) 57) *Hondo,* lugar poblado, General Sarmiento, Rioja. 58) *Hondo,* departamento de la provincia de Santiago. Es fronterizo de Tucuman. Tiene 1238 kms.² de extension y una poblacion conjetural de 13000 habitantes. Está dividido en los 10 distritos: Amicha, Quebrachos, Lescanos, Rio Hondo, Sotelos, Sotelillos, Vinará, Pozuelos, Mansupa y Rincon. En rio Hondo, Lescanos, Quebrachos, Palma Larga, Vinará, Pozoguacho y Mansupa, existen núcleos de poblacion. 59) *Hondo,* distrito del departamento Rio Hondo, Santiago. 60) *Hondo,* aldea, Rio Hondo, Santiago. Es la cabecera del departamento. $\varphi=28°$ 20'; $\lambda=64°$ 35' (Moussy). C, T, E. 61) *de Jaime,* lugar poblado, Salsacate, Pocho, Córdoba. 62) *Lujan,* lugar poblado, Campana, Buenos Aires. Por la via férrea dista 65 kms. de Buenos Aires y 239 del Rosario. $\alpha=5$ m. FCBAR, C, T. 63) *Lules,* lugar poblado, Famaillá, Tucuman. A corta distancia de la márgen derecha del arroyo Lules y á 2½ kms. del pueblo del mismo nombre. Por la via férrea dista 16 kms. de Tucuman y 530 de Córdoba. FCCN, C, T. 64) *del Medio,* lugar poblado, Potrero de Garay, Anejos Sud, Córdoba. 65) *Negro*, ingenio de azúcar, Ledesma, Jujuy. 66) *Negro,* paraje poblado, Guaymallén, Mendoza. 67) *Negro,* gobernacion. Al Sud de la gobernacion de la Pampa y al Este de la del Neuquen; tiene por límites: al Norte el rio Colorado; al Este el meridiano 5° de Buenos Aires (63° 21' 33" O. G) hasta su interseccion con el rio Negro, siguiendo luego por este rio y la costa del Atlántico; al Sud el paralelo de los 42° de latitud, y al Oeste el *divortium aquarum* de la cordillera, luego el rio Limay hasta su desembocadura en el rio Negro, en seguida el Neuquen hasta su interseccion con el meridiano 10° de Buenos Aires (68° 21' 33" O. G.), y finalmente este último meridiano hasta su interseccion con el rio Colorado. Dentro de estos límites tiene la gobernacion 212163 kms.² de extension. El territorio de esta gobernacion es en su mayor parte llano y árido. Al Sud del rio Negro se elevan algunas colinas de poca altura, y á corta distancia del Atlántico surge la sierra de San Antonio, cuyas cumbres no pasan de 500 metros de elevacion. Verdadera sierra solo la hay en el extremo SO. de la gobernacion Los dos únicos rios de importancia son el Colorado y el Negro, siendo este último navegable en toda su extension. Al Sud del rio Negro, y separado de él por una travesia de campos áridos y de terreno pedregoso, desprovisto de agua, de unos 150 kms. de extension, corre el rio Balcheta, que no llega hasta el mar. Paralelamente á este último corre el arroyo de la Vipera que desarrolla un cauce de unos 100 kms. y que concluye por borrarse en pantanos, como el Balcheta. El Corral Chico es otro arroyo que despues de un curso de 30 kms. se disuelve en pantanos al pié de la sierra Colorada, la cual no puede franquear para llegar hasta el Océano. Los arroyos Elvira y Verde desaguan en el Atlántico. Para fines administrativos está dividida la gobernacion, segun decreto de 6 de Mayo de 1885, en 7 departamentos, cuyos límites son los siguientes. Viedma— por el Norte el rio Negro; por el Este el

Océano Atlántico, por el Sud la gobernacion del Chubut y por el Oeste el meridiano de los 7° O. de Buenos Aires (65° 21' 33" O. G.) Coronel Pringles— por el Norte el rio Colorado, por el Este la provincia de Buenos Aires, por el Sud el rio Negro y por el Oeste el referido meridiano 7° de Buenos Aires. Avellaneda—por el Norte el rio Colorado, por el Este el departamento Coronel Pringles, por el Sud el rio Negro y por el Oeste el meridiano 8° de Buenos Aires (66° 21' 33" O. G.) General Roca— por el Norte el rio Colorado, por el Este el departamento Avellaneda, por el Sud el rio Negro y por el Oeste la gobernacion del Neuquen. Veinte y Cinco de Mayo—por el Norte el rio Negro, por el Este el departamento Viedma, por el Sud la gobernacion del Chubut y por el Oeste el meridiano 9° de Buenos Aires (67° 21' 33" O. G.) Nueve de Julio—por el Norte los rios Limay y Negro, por el Este el departamento Veinte y Cinco de Mayo, por el Sud la gobernacion del Chubut y por el Oeste el meridiano 11° de Buenos Aires (69° 21' 33" O G.) Bariloche—por el Norte el lago Nahuel Huapí y el rio Limay, por el Este el departamento Nueve de Julio, por el Sud la gobernacion del Chubut y por el Oeste el *divortium aquarum* de la cordillera. El asiento de las autoridades de la gobernacion está en Viedma. En Choele-Choel, General Roca, General Conesa y San Javier, todos puntos situados á orillas del rio Negro, hay escuelas nacionales. En Rincon de Linares, General Conesa, General Roca, Bajada del Turco y Chelfoló se han trazado colonias nacionales, hasta ahora poco pobladas. Estas colonias tienen generalmente 10000 hectáreas de extension. 68) *Pedro*, lugar poblado, Caminiaga, Sobremonte, Córdoba. 69) *de las Piedras*, lugar poblado, Ledesma,

Jujuy. C. 70) *de las Piedras*, paraje poblado, Iruya, Salta. C. 71) *de las Piedras*, distrito del departamento Metan, Salta. 72) *de las Piedras*, paraje poblado, Oran, Salta. 73) *Pinto*, pedanía del departamento Totoral, Córdoba. Tiene 3065 habitantes. (Censo m) 74) *Pinto*, cuartel de la pedanía del mismo nombre, Totoral, Córdoba. 75) *Pinto*, lugar poblado, Rio Pinto, Totoral, Córdoba. E. 76) *Primero*, aldea, Constitucion, Anejos Norte, Córdoba. Tiene 104 habitantes. (Censo m.) 77) *Primero*, aldea, Caseros, Anejos Sud, Córdoba. Tiene 122 habitantes. (Censo m.) 78) *Primero*, departamento de la provincia de Córdoba. Confina al Norte con el departamento Tulumba, al Este con el de San Justo, al Sud con el de Rio Segundo y al Oeste con los de Totoral y Anejos Norte. Su extension es de 6955 kms.² y su poblacion de 21804 habitantes (Censo del 1° de Mayo de 1890) El departamento está dividido en las 11 pedanias: Castaños, La Esquina, Timon Cruz, Santa Rosa, Suburbios, Remedios, Tala, Villamonte, Chalacea, Quebracho y Galarza. Los centros de poblacion de 100 habitantes para arriba son: Santa Rosa, Saladas, Los Molles, Mistoles, el Bagual, Manantial, Motoso, Santo Domingo, Media Luna, Ranjel, Tinoco, Espinillo, Punta del Agua, Barriales, La Tuna, Higuerillas, Palmitas, Puesto Pucheta, San Antonio, Monte Rosario, Timon Cruz, Pozos, Quebrachos, Gramillas, Cañada, Arganas, Remedios, Bajo de Fernandez, Latis, Tala, Pirguas, Cabras, Coronda, Sauce, Puestos, Cañada, Villamonte, Rio Primero, Bandurrias, Chalacea, Encrucijada, Cañada de Lúcas, Cañada Honda, Cañada, Los Gomez y Galarza. El departamento es regado por el rio Primero. Innumerables cañadas, generalmente secas, y que son otros tantos canales por los cuales se derraman las aguas pluviales, cruzan el terreno en todas direcciones. La villa de Santa Rosa es la cabecera del departamento. 79) *Primero*, aldea, Villamonte, Rio Primero, Córdoba. Tiene 158 habitantes. (Censo m.) Por la vía férrea dista 56 kms. de Córdoba (Alta Córdoba) y 324 de Santa Fe. $\alpha = 262$ m. ECSEC, C, T. 80) *del Puesto*, lugar poblado, Burruyaco, Tucuman. C. 81) *Quillinzo*, aldea, Cañada de Alvarez, Calamuchita, Córdoba. Tiene 192 habitantes. (Censo m.) 82) *Quinto*, paso del, Pedernera, San Luis. $\varphi = 33°$ 18'; $\lambda = 64° 53'$; $\alpha = 790$ m. (de Laberge). 83) *Quinto*, lugar poblado, Saladillo, Pringles, San Luis. 84) *Salado*, paraje poblado, San Cárlos, Salta. 85) *San Miguel*, lugar poblado, Villa de María, Rio Seco, Córdoba. 86) *de los Sauces*, pedanía del departamento Calamuchita, Córdoba. Tiene 1714 habitantes. (Censo m.) 87). *de los Sauces*, cuartel de la pedanía del mismo nombre, Calamuchita, Córdoba. 88) *de los Sauces*, aldea, Rio de los Sauces, Calamuchita, Córdoba. Tiene 296 habitantes. (Censo m.) E. 89) *de los Sauces*, aldea, Manzanas, Ischilin, Córdoba. Tiene 165 habitantes. (Censo m,) 90) *de los Sauces*, paraje poblado, Guachipas, Salta. 91) *Seco*, cuartel de la pedanía Pichanas, Cruz del Eje, Córdoba. 92) *Seco*, aldea, Pichanas, Cruz del Eje, Córdoba. Tiene 189 habitantes. (Censo m.) 93) *Seco*, lugar poblado, Ciénega del Coro, Minas, Córdoba. 94) *Seco*, lugar poblado, Dolores, Punilla, Córdoba. 95) *Seco*, departamento de la provincia de Córdoba. Confina al Norte con la provincia de Santiago, al Este con la de Santa Fe, al Sud con el departamento Tulumba y al Oeste con el de Sobremonte. Su extension es de 25275 kms.² y su poblacion de 6363 habitantes. (Censo del 1° de Mayo de 1890). El departamento está dividido en

las 4 pedanías: Villa de María, Estancias, Candelaria é Higuerillas. Los centros de poblacion de más de 100 habitantes son: Villa de María, Hoyos, Yanataco, Suncho, Estancias, Rayo Cortado, Gramillas, Puesto de Luna, Candelaria y Puesto de Castro. En la parte oriental de este departamento se encuentran los esteros de «Los Porongos.» 96) *Seco*, (ó Villa de María), villa, Rio Seco, Córdoba. $\varphi = 29° 55'$; $\lambda = 63° 42'$; $\alpha = 350$ m. (Brackebusch). C, T, E. Véase Villa de María. 97) *Seco*, arroyo, Rio Seco, Córdoba. Nace en la sierra de San Francisco y termina su corto recorrido de O. á E. en las inmediaciones del pueblo Rio Seco, por inmersion en el suelo. 98) *Seco*, paraje poblado, Belgrano, Mendoza. 99) *Seco*, distrito del departamento Anta, Salta. 100) *Seco*, paraje poblado, Oran, Salta. 101) *Seco*, paraje poblado, Rosario de la Frontera, Salta. 102) *Seco*, chacra, Larca, Chacabuco, San Luis. 103) *Seco*, pueblo, Monteros, Tucuman. Está á 14 kms. al Sud de la estacion Monteros. Por la vía férrea dista 62 kms. de Tucuman y 79 de La Madrid. FCNOA, C, T, E. 104) *Seco*, estancia, Monteros, Tucuman. En la orilla izquierda del arroyo del mismo nombre. 105) *Seco*, arroyo, Monteros y Chicligasta, Tucuman. Véase Seco. 106) *Segundo*, cuartel de la pedanía Cosme, Anejos Sud, Córdoba. 107) *Segundo* cuartel de la pedanía San Isidro, Anejos Sud, Córdoba. 108) *Segundo*, departamento de la provincia de Córdoba. Confina al Norte con los departamentos Anejos Norte y Rio Primero, al Este con los de San Justo y Union, al Sud con el de Tercero Arriba y al Oeste con los de Anejos Sud y Tercero Arriba. Su extension es de 3491 kms.² y su poblacion de 14970 habitantes. (Censo del 1° de Mayo de 1890). El departamento está dividido en las 9 pedanías: Pilar,

Suburbios, Villa del Rosario, San José, Calchin, Peralta, Impira, Arroyo de Alvarez y Matorrales. Los centros de poblacion de 100 habitantes para arriba, son los siguientes: Rosario, Rio Segundo, Cañada Machado, Pantanillos, Costa Alegre, Pozo del Espinillo, Fuente Grande, San josé, Paso Zabala, Impira, Oncativo, Capilla del Cármen, Laguna, Las Vacas, Cañada del Tala y Huerto de Gomez. El departamento es regado por el rio Segundo y los arroyos Alvarez, Calchin y Durazno. Las cañadas son numerosas. La villa del Rosario es la cabecera del departamento. 109) *Segundo*, cuartel de la pedanía Pilar, Rio Segundo, Córdoba. 110) *Segundo*, villa, Pilar, Rio Segundo, Córdoba. Tiene 2180 habitantes. (Censo m.) Por la vía férrea dista 37 kms. de Córdoba y 359 del Rosario Gran fábrica anglo-argentina de cerveza. $z = 343$ m. ECCA, C, T, E. 111) *de los Talas* lugar poblado, Manzanas, Ischilin, Córdoba. 112) *de la Tapa*, lugar poblado, San Bartolomé, Rio Cuarto, Córdoba. 113) *del Valle*, distrito del departamento Anta, Salta.

Riohondito [1], estancia, Chicligasta, Tucuman. En la orilla izquierda del arroyo Graneros.

Rioja, 1) estancia, Rio Pinto, Totoral, Córdoba. 2) arroyo, Capital, Rioja. Nace en la sierra de Velasco por la reunion de las aguas de varias vertientes y termina por agotamiento en la misma capital de la provincia.

Riojana, veta de cuarzo aurífero, Rinconada, Jujuy. Los trabajos alcanzan á 10 metros de profundidad y se cree que está en condiciones de dar de 90 á 160 gramos de oro por tonelada.

Riojanos los, estancia, Ctl 5, Castelli, Buenos Aires.

Riojita, 1) chacra, Renca, Chacabuco, San Luis. 2) arroyo, Renca, Chacabuco, San Luis. Es un pequeño tributario del arroyo Conlara en la márgen izquierda. 3) finca rural, Totoral, Pringles, San Luis. 4) estancia, Trapiche, Pringles, San Luis.

Rios, lugar poblado, Capital, Tucuman. Al Sud del departamento.

Riqueza la, estancia, Ctl 11, Trenque-Lauquen, Buenos Aires.

Rivadavia, 1) lugar poblado, Brown, Buenos Aires. E. 2) partido de la provincia de Buenos Aires. Limítrofe del partido Magdalena del lado SE., forma en lo político y administrativo parte de aquél. Las cifras sobre extension y poblacion mencionadas en Magdalena se refieren á los dos partidos reunidos. 3) establecimiento rural, Ctl 10, Saladillo, Buenos Aires. 4) lugar poblado, San Isidro, Buenos Aires. Por la via férrea dista 13 kms. de Buenos Aires y 17 del Tigre. FCN, C, T. 5) estancia, Ctl 3, Suarez, Buenos Aires. 6) ó Florentina, ó Urrutia, colonia, Tala, Capital, Entre Rios. Fué fundada en 1887 á inmediaciones de la colonia Cerrito, en una extension de 2500 hectáreas. 7) departamento de la provincia de Mendoza. Confina al Norte con el departamento Junin, al Este con el de Chacabuco, al Sud con Nueve de Julio y al Oeste con Lujan y Tunuyan por el rio Tunuyan. Tiene 1783 kms² de extension y una poblacion conjetural de unos 13000 habitantes. El terreno es en parte quebrado y en parte llano. La ganaderia y la agricultura son la fuente principal de recursos de sus habitantes. Esta última prospera merced á cinco canales de riego que suministra el rio Tunuyan. 8) pueblo, Rivadavia, Mendoza Es la cabecera del departamento. Está situado en la orilla izquierda del rio Tunuyan, á unos 50 kms. al SE. de Men-

---

1 Este diminutivo, que achica á la vez el sustantivo y el adjetivo englobados, hará seguramente caer de espaldas á todos los académicos de la lengua que lo vean.

doza. Tiene unos 2000 habitantes. Comunica con Mendoza por la estacion ferro-viaria del mismo nombre, ubicada en el departamento Junin. C, T. 9) lugar poblado, Junin, Mendoza. Dista unos 10 kms. de la cabecera del departamento Rivadavia, y por la via férrea 51 kms. de Mendoza y 305 de Villa Mercedes. FCGOA, C, T. 10) finca rural, Nueve de julio, Mendoza. 11) departamento de la provincia de La Rioja. Está situado al Norte del departamento General Roca y es limítrofe de la provincia de San Juan. Tiene 3868 kms.² de extension y una poblacion conjetural de unos 5000 habitantes. Está dividido en los 4 distritos: San Antonio, Ñacate, Malanzan y Guaja. Las aguadas del departamento son el arroyo Ojo de Agua, y las vertientes Barranca, Totoral, Represita, Agua de Ciénega, Guaja, San Miguel, Solana, Pampa, Rodeo, Noque, Porongo, Noria, Potrerillo, Molles, Ulpiyaco, Juanico, Socavones, Algarrobos, Hinojitos, La Chimenea, Cañas, Agua Negra, Agua Blanca, Pantanito, Tala, Chilca, Casangate, Barrialito, Ñacate, Saladillo y Agua de los Chanchos. Escuelas funcionan en Guaja, Malanzan y Solca. La cabecera es la aldea Malanzan. 12) departamento de la provincia de Salta. Confina al Norte con el de Oran por el cauce de la Brea ó Teuquito; al Este con el Chaco por la línea fijada en la ley nacional del 18 de Octubre de 1884; al Sud con el de Anta por el camino del Maiz Gordo y Pozo del Algarrobo hasta la línea divisoria con el Chaco, y al Oeste con la provincia de Jujuy y el departamento de Oran por el rio San Francisco ó Grande de Jujuy. Tiene 10150 kms.² de extension y una poblacion conjetural de unos 4700 habitantes. Este departamento ha sido creado por una ley del 12 de Noviembre de 1866 y está dividido en los

12 distritos siguientes: Rivadavia, Colonia Vieja, Piedra Grande, San Cárlos, Pozo del Tigre, Pozo del Pelícano, Saladillo, San Isidro, Santos Lugares, Tablada, Cármen y Villa Grande. Escuelas funcionan en Rivadavia y Cármen. 13) distrito del departamento del mismo nombre, Salta. 14) aldea, Rivadavia, Salta. Es la cabecera del departamento. Está situada á orillas del Bermejo, á 485 kms. de Salta. C, E. 15) colonia, Rivadavia, Salta. Fué fundada por ley de 13 de Diciembre de 1862, sobre el brazo occidental del rio Bermejo. En 1883 se retiraron las aguas de este brazo y fueron á derramarse en el del Teuco, dejando la colonia en seco y la corriente á unos 15 kms. de distancia de aquélla. Esta colonia se compuso en un principio de habitantes de las provincias de Salta, Tucuman y Santiago. Embarcaciones á vapor de poco calado han remontado ya en varias ocasiones el Bermejo hasta corta distancia de Rivadavia. 16) colonia, Humboldt, Colonias, Santa Fe. Tiene 313 habitantes. (Censo del 7 de junio de 1887). C. 17) lugar poblado, Choya, Santiago.

Rivas, 1) los, establecimiento rural, Ctl 8, Lobos, Buenos Aires. 2) laguna, Ctl 2, Maipú, Buenos Aires. 3) lugar poblado, Suipacha, Buenos Aires. Por la vía férrea dista 144 kms. de Buenos Aires y 547 de Villa Mercedes. $x = 49$ m. FCP, C, T.

Rivero, 1) arroyo, Ctl 9, Bahía Blanca, Buenos Aires. 2) laguna, Ctl 1, Maipú, Buenos Aires.

Robinson, estancia, Ctl 5, Brandzen, Buenos Aires.

Robledo, 1) arroyo, Ctl 3, Márcos Paz, Buenos Aires. 2) vertiente, Ancasti, Ancasti, Catamarca. 3) arroyo, Moreira, Concordia, Entre Rios. Desagua en la márgen izquierda del Gualeguay, en direccion de E á O.

Robles, 1) los, establecimiento rural, Ctl 5,

6, San Nicolás, Buenos Aires. 2) vertiente, Molinos, Castro Barros, Rioja. 3) departamento de la provincia de Santiago. Está situado en la márgen izquierda del rio Dulce y al Sud del departamento Banda. Tiene 631 kms.^{2} de extension y una poblacion conjetural de 6000 habitantes. Está dividido en dos secciones. La primera comprende los 9 distritos: Robles, Arias, Santo Domingo, Yanta, Mistol, San José, Puestos, Tala-Pozo é Higuera-Chacra; la segunda se compone de los tres distritos: Yanda, Cardosos y Santa Rosa. En Yanda, Chilca, Higuera-Chacra, Rev Muerto, Vuelta y Cardosos existen núcleos de poblacion. 4) aldea, Robles, Santiago. Es la cabecera del departamento. Está situada en la márgen izquierda del rio Dulce, á unos 36 kms. al SE. de la capital provincial. Cuenta con unos 600 habitantes. C, T, E. 5) distrito de la primera seccion del departamento Robles, Santiago del Estero. 6) lugar poblado, Burruyaco, Tucuman. E.

Roca, lugar poblado, junin, Buenos Aires. Por la vía férrea dista 12 kms. de Junin y 305 de Buenos Aires. $z = 79$ m. FCO, ramal de Pergamino á Junin, C, T.

Rocamora, 1) pueblo, Moscas, Uruguay, Entre Rios. Está situado en el centro de la colonia del mismo nombre y dista por la vía férrea 73 kms. de la Concepcion del Uruguay y 207 del Paraná. ECCE, C, T, E. 2) colonia, Moscas, Uruguay, Entre Rios. Fué fundada en 1875. Es atravesada por el ferro - carril central entreriano.

Rocha, 1) laguna, Chacabuco, Buenos Aires, Es atravesada por el rio Salado. 2) laguna, Ctl 10, Chascomús, Buenos Aires. 3) arroyo, Ctl 4, 5. 6, 7, Lujan, Buenos Aires. 4) lugar poblado, Olavarría, Buenos Aires. Por la vía férrea dista 282 kms. de Bahía Blanca y 427 de Buenos Aires $z = 174$ m.

Rochast, paraje poblado, Cochinoca, Jujuy.

Rodeito, 1) lugar poblado, Chuñaguas, Sobremonte, Córdoba. 2) lugar poblado, Candelaria, Totoral, Córdoba. 3) finca rural, Ituzaigó, Corrientes. 4) paraje poblado, San Cárlos, Salta.

Rodeitos los, paraje poblado, San Pedro, Jujuy.

Rodeo, 1) el, laguna, Ctl 13, juarez, Buenos Aires. 2) laguna, Ctl 2, Pringles, Buenos Aires. 3) del, arroyo, Pueyrredon, Buenos Aires. Desagua en el Océano Atlántico, al Sud del cabo Corrientes. 4) laguna, Ctl 3, Pueyrredon, Buenos Aires. 5) laguna, Ctl 5, Suarez, Buenos Aires. 6) distrito del departamento Ambato, Catamarca. 7) lugar poblado, San Cárlos, Minas, Córdoba. 8) lugar poblado, Dolores, Punilla, Córdoba. 9) lugar poblado, Villa de María, Rio Seco, Córdoba. 10) cuartel de la pedanía Hernando (Punta del Agua), Tercero Arriba, Córdoba. 11) lugar poblado, Punta del Agua, Tercero Arriba, Córdoba. 12) lugar poblado, Rio Pinto, Totoral, Córdoba. 13) lugar poblado, San josé, Tulumba, Córdoba. 14) laguna, Saladas, Corrientes. 15) paraje poblado, Tilcara, jujuy. 16) paraje poblado, Valle Grande, jujuy. 17) lugar poblado, Yaví, Jujuy. E. 18) vertiente, Malanzan, Rivadavia, Rioja. 19) paraje poblado, Chicoana, Salta. 20) finca rural, Guachipas, Salta, 21) paraje poblado, Poma, Salta. 22) distrito del departamento Iglesia, San juan. 23) poblacion agrícola, Iglesia, San juan. C. 24) arroyo, Iglesia, San Juan. Riega los campos del distrito del mismo nombre. 25) finca rural, Rincon del Cármen, San Martin, San Luis. 26) lugar poblado, Choya, Santiago. E. 27) lugar poblado, jimenez, Santiago. E. 28) de Cadena, vertiente, San Francisco, Ayacucho, San

---

1) Reunion del ganado que pasta en un campo.

Luis. 29) *de las Cadenas*, cumbre de la sierra de Socoscora, Socoscora, Belgrano, San Luis. $\alpha = 1170$ m (Lallemant). 30) *Colorado*, finca rural, Sauce, Corrientes. 31) *de la Cruz*, aldea, Guaymallén, Mendoza. E. 32) *Cué*, finca rural, San Miguel, Corrientes. 33) *Grande*, lugar poblado, Ciénega del Coro, Minas, Córdoba. 34) *Grande*, estancia, Campo Santo, Salta. 35) *Grande*, aldea, Chicligasta, Tucuman. En la orilla derecha del rio Salí. 36) *Grande*, estancia, Trancas, Tucuman. 37) *Guapoy*, estancia, Santo Tomé, Corrientes. 38) *del Medio*, lugar poblado, Maipú, Mendoza. Por la vía férrea dista 22 kms. de Mendoza y 334 de Villa Mercedes. FCGOA, C, T. 39) *Pampa*, distrito del departamento Santa Victoria, Salta. 40) *de Piedras*, cuartel de la pedanía San javier, Córdoba 41) *de Piedras*, lugar poblado, San javier, San javier, Córdoba. 42) *de las Rosas*, lugar poblado, Rincon del Cármen, San Martin, San Luis. 43) *de las Terneras*, mina de oro y plata situada en el límite de los departamentos Junin y San Martin de la provincia de San Luis. 44) *Viejo*, arroyo, Famaillá, Tucuman. Es un pequeño tributario del arroyo Lules, en la márgen derecha. 45) *de Yeguas*, finca rural, Empedrado, Corrientes.

Rodolfo, establecimiento rural, Ctl 11, Veinte y Cinco de Mayo, Buenos Aires.

Rodrigañez, colonia, Santa Teresa, Iriondo, Santa Fe.

Rodriguez, 1) laguna, Ctl 6, Alvear, Buenos Aires. 2) laguna, Ctl 6, Brandzen, Buenos Aires. 3) arroyo, Ctl 4, Pilar, Buenos Aires. 4) arroyo, La Plata, Buenos Aires. Desagua en el rio de La Plata, al Norte de la Ensenada. 5) partido de la provincia de Buenos Aires. Fué creado el 25 de Octubre de 1878. Está situado al Oeste de la Capital federal y rodeado de los partidos Lujan, Pilar, Moreno, Merlo, Márcos Paz y Las Heras. Tiene 377 kms.[2] de extension y 3274 habitantes. (Censo del 31 de Enero de 1890). El partido es regado por los arroyos Choza, Durazno, Arias y Gomez. 6) villa, Rodriguez, Buenos Aires. Es la cabecera del partido. Fundada en 1874, contaba en la fecha del último censo con 2471 habitantes. Por la vía férrea dista 52 kms (2 horas) de Buenos Aires. $\varphi = 34°$ 36' 20"; $\lambda = 58°$ 56' 49"; $\alpha = 30$ m. FCO, C, T, E. 7) lugar poblado, Vecino, Buenos Aires. Por la vía férrea dista 291 kms. de la Capital federal. $\alpha = 28$ m. FCS, línea de Altamirano á Tres Arroyos, C, T, E. 8) laguna, Ctl 4, Veinte y Cinco de Mayo, Buenos Aires. 9) lugar poblado, Ischilin, Córdoba. $\varphi = 30°$ 31'; $\lambda = 64°$ 24'; $\alpha = 1000$ m. (Brackebusch). 10) aldea, Tercero Arriba, Córdoba. $\varphi = 32°$ 12'; $\lambda = 63°$ 50'. Véase Capilla de Rodriguez. 11) colonia, Bell-Ville, Union, Córdoba. Tiene 127 habitantes. (Censo del 1° de Mayo de 1890). 12) *del Busto*, lugar poblado, Capital, Córdoba. Por la vía férrea dista 5 kms. de la capital provincial y 145 de Cruz del Eje. FC de Córdoba á Cruz del Eje. C, T.

Rojas, 1) cañada, Ctl 13, Chivilcov, Buenos Aires. 2) partido de la provincia de Buenos Aires. Situado al NO. de la Capital federal, es limítrofe de la provincia de Santa Fe y se encuentra rodeado de los partidos Pergamino, Salto, Chacabuco y junin. Ocupa una superficie de 3040 kms.[2], poblada por 9369 habitantes. (Censo del 31 de Enero de 1890). El partido es regado por los arroyos Rojas, Pelayo, Saladillo de la Vuelta, Manantial, de las Piedras, Chajá y Dulce. 3) villa, Rojas, Buenos Aires. Es la cabecera del partido. Fundada en 1779, cuenta hoy con una poblacion de 4895 habitantes. (Censo m.) Sucursal del Banco de la Provincia. Por la vía férrea dista 49 kms. de Junin y 268 de Buenos Aires. $\varphi = 34° 11' 30''$; $\lambda = 60° 44' 49''$; $\alpha = 67$ m. FCO, ramal de Pergamino á Junin. C, T, E. 4) arroyo, Ctl 1, 2, 3, 4, 5, Rojas, Buenos Aires. Tiene su orígen en las proximidades del límite que separa las provincias de Buenos Aires y Santa Fe. Despues de haber pasado por el pueblo de Rojas y al entrar en el partido del Salto, toma el nombre de éste y desemboca en el Arrecifes, en la márgen derecha. Sus tributarios, todos en la márgen derecha, son: el arroyo Pelado, manantial de las Piedras, el arroyo Saladillo (en su principio llamado de la Nutria), la cañada de la Viznaga y el arroyo Las Saladas. 5) lugar poblado, Villa de María, Rio Seco, Córdoba. 6) finca rural, San José, Tulumba, Córdoba. 7) *Cué*, finca rural, San Roque, Corrientes.

Rojo, lugar poblado, San Nicolás, Buenos Aires. Por la vía férrea dista 20 kms. de San Nicolás. y 284 de Buenos Aires. $\alpha = 41$ m. FCO, ramal de Pergamino á San Nicolás. C, T.

Roldan, 1) cañada, Ctl 2, Pergamino, y Ctl 4, San Nicolás, Buenos Aires. 2) laguna, Ctl 5, San Vicente, Buenos Aires. 3) pueblo, San Lorenzo, Santa Fe. Por la vía férrea dista 26 kms. del Rosario y 370 de Córdoba. $\alpha = 40$ m. ECCA, C, T. Véase Bernstadt. 4) cumbre de la sierra de San Luis, San Martin, San Martin, San Luis.

Rolon, 1) chacra, San Cosme, Corrientes. 2) *Cué*, finca rural, Caacatí, Corrientes. 3) *Cué*, finca rural, Santo Tomé, Corrientes.

Roma, 1) la, establecimiento rural, Ctl 5, Navarro, Buenos Aires. 2) finca rural, Esquina, Corrientes.

Romance, arroyo, Ctl 8, Balcarce, Buenos Aires.

Romang, pueblo y colonia, Mal Abrigo, San Javier, Santa Fe. Tiene 743 habitantes. (Censo de 7 de unio de 1887.) $\varphi = 29° 29'$; $\lambda = 59° 43'$ (?) C, T, E.

Romanos, 1) lugar poblado, Robles, Santiago. E. 2) lugar poblado, Leales, Tucuman. En la orilla izquierda del rio Salí. 3) estancia, Rio Chico, Tucuman. A 5 kms. al Oeste del ferro-carril Noroeste Argentino. 4) arroyo, Trancas, Tucuman. Véase Infiernillo.

Romay, yacimiento de hierro titanífero en la sierra de Ancasti, próximo á Albigasta y á la estacion Frias, del ferro-carril Central Norte, Catamarca.

Romerillar, paraje poblado, Valle Grande, jujuy.

Romerillos [1], estancia, Ctl 3, Baradero, Buenos Aires.

Romero, [2] 1) laguna, Ctl 3, Azul, Buenos Aires. 2) cañada, Ctl 2, Exaltacion de la Cruz; y Ctl 3, 4, Campana, Buenos Aires. Es tributaria de la cañada de la Cruz, en la márgen derecha. 3) cañada, Ctl 7, Giles; y Ctl 2, Cármen de Areco, Buenos Aires. Poco antes de llegar al Areco, se une con la cañada de Gomez, vertiendo entonces ambas cañadas sus aguas reunidas por un solo cauce en aquel rio, del lado de la márgen derecha. 4) lugar poblado, La Plata, Buenos Aires. Por la vía férrea dista 20 kms. de La Plata y 29 de Ferrari. FCO, ramal de La Plata á Ferrari. C, T. 5) arroyo, Ctl 6, Las Flores, Buenos Aires. 6) cuesta de, Minas, Córdoba. $\varphi = 31° 3'$; $\lambda = 65° 20'$; $\alpha = 1000$ m. (Brackebusch.) 7) cuartel de la pedanía Uyaba, San Javier, Córdoba. 8) estancia, Empedrado, Corrientes. 9) laguna, Saladas, Corrientes. 10) finca rural, Guachipas, Salta. 11) *Chico*, estancia, Villarino, Buenos Aires. 12) *Grande*, estancia, Villarino, Buenos Aires. 13) *Guazú*, finca rural, Bella

---

1 Arbusto resinoso (Heterothalamus brunioides.)—
2 Arbusto (Rosmarinus officinalis.)

Vista, Corrientes. 14) *Guazú*, finca rural, San Roque, Corrientes.

Romeros, 1) los, aldea, Dolores, San Javier, Córdoba. Tiene 175 habitantes. (Censo de 1° de Mayo de 1890.) 2) aldea, La Uyaba, San Javier, Córdoba. Tiene 333 habitantes. (Censo m.) E.

Ronda, paraje poblado, San Pedro, Jujuy.

Rondon, lugar poblado, Caseros, Anejos Sud, Córdoba.

Ronque, paraje poblado, Valle Grande, Jujuy.

Roque Perez, lugar poblado, Saladillo, Buenos Aires. Por la vía férrea dista 49 kms. del Saladillo, 103 de Merlo y 133 de Buenos Aires. Fábrica de tricotas de lana. $\alpha = 34$ m. FCO, ramal de Merlo al Saladillo. C, T, E.

Rosa, 1) la, establecimiento rural, Ctl 1, Moreno, Buenos Aires. 2) la, cuartel de la pedanía Ambul, San Alberto, Córdoba. 3) establecimiento rural, Departamento 2°, Pampa. 4) finca rural, Cafayate, Salta. 5) *de Italia*, estancia, Ctl 8, Balcarce, Buenos Aires. 6) *del Sud*, establecimiento rural, Ctl 5, Dorrego, Buenos Aires.

Rosadito, 1) finca rural, Caacatí, Corrientes. 2) estancia, Concepcion, Corrientes. 3) finca rural, San Miguel, Corrientes.

Rosado, finca rural, San Roque, Corrientes.

Rosal, 1) el, establecimiento rural, La Plata, Buenos Aires. 2) el, finca rural, Capital, Salta.

Rosales, 1) establecimiento rural, Ctl 5, Ayacucho, Buenos Aires. 2) estancia, Rosario de la Frontera, Salta.

Rosalía, 1) establecimiento rural, Ctl 1, Márcos Paz, Buenos Aires. 2) finca rural, Paso de los Libres, Corrientes.

Rosario, 1 establecimiento rural, Ctl 6, Ayacucho, Buenos Aires. 2) estancia, Ctl 4, 6, Azul, Buenos Aires. 3) establecimiento rural, Ctl 5, 7, Baradero, Buenos Aires. 4) estancia, Ctl 2, Bolivar, Buenos Aires. 5) estancia, Ctl 3, Brandzen,

Buenos Aires. 6) estancia, Chascomús, Buenos Aires. E. 7) establecimiento rural, Ctl 6, 8, Las Flores, Buenos Aires. Cabaña de ovejas Negrete. 8) establecimiento rural, La Plata, Buenos Aires. 9) establecimiento rural, Ctl 5, Ramallo, Buenos Aires. 10) mina de cobre y plata en el distrito mineral de las Capillitas, Andalgalá, Catamarca. 11) mina de cobre y plata en el distrito mineral «La Hoyada,» Tinogasta, Catamarca. 12) mina de cobre, Molinos, Calamuchita, Córdoba. 13) lugar poblado, Cruz del Eje, Cruz del Eje, Córdoba. 14) lugar poblado, Espinillo, Márcos Juarez, Córdoba. 15) cuartel de la pedanía Cosquin, Punilla, Córdoba. 16) aldea, Cosquin, Punilla, Córdoba. Tiene 285 habitantes. (Censo del 1° de Mayo de 1890.) E. 17) villa, Rosario, Rio Segundo, Córdoba. Es la cabecera del departamento. Está situada á 40 kms. ENE. de la estacion Rio Segundo, en la márgen derecha del rio del mismo nombre. Tiene 1594 habitantes. (Censo m.) $\varphi = 31° 34'$; $\lambda = 63° 32'$ (Brackebusch.) C, T, E. 18) lugar poblado, Panaolma, San Alberto, Córdoba. 19) lugar poblado, Chuñaguasi, Sobremonte, Córdoba. $\varphi = 30° 5'$; $\lambda = 64° 5'$; $\alpha = 850$ m. (Brackebusch.) 20) lugar poblado, Macha, Totoral, Córdoba. 21) lugar poblado, Mercedes, Tulumba, Córdoba. 22) finca rural, Concepcion, Corrientes. 23) finca rural, Esquina, Corrientes. 24) finca rural, Goya, Corrientes. 25) estero, Ituzaingó, Corrientes. 26) quinta del, Lomas, Corrientes. 27) finca rural, Mercedes, Corrientes. 28) finca rural, Paso de los Libres, Corrientes. 29) finca rural, Santo Tomé, Corrientes. 30) mina de galena argentífera en el distrito mineral de Uspallata, Las Heras, Mendoza. 31) nombre anticuado del hoy departamento mendocino Lavalle. Véase Lavalle. 32) paraje poblado, Lavalle, Mendoza. 33) mina de plata e el distrito mineral del Cerro Negro, sierra de Famatina, Rioja. 34) finca rural, Independencia, Rioja. 35) finca rural, Cafayate, Salta. 36) finca rural, Cerrillos, Salta. 37) arroyo, Guachipas y Rosario de la Frontera, Salta. Nace en la sierra de Guachipas por la confluencia de varios arroyos, toma rumbo al Este, pasa por Rosario de la Frontera y sigue luego con rumbo á la provincia de Santiago del Estero, bajo el nombre de rio Horcones, donde borra su cauce por inmersion en el suelo poroso de la pampa. 38) paraje poblado, Iruya, Salta. 39) mina de cobre y plata en el distrito mineral de Acay, Poma, Salta. En la márgen derecha del rio Blanco, á inmediaciones del Nevado de Acay. 40) distrito del departamento Rosario de la Frontera, Salta. 41) mineral de plata, San Cárlos, Salta. 42) laguna, Huanacache, San Juan. En ella y en la denominada Balzeadero se confunden las aguas de los rios San Juan y Mendoza. 43) partido del departamento Coronel Pringles, San Luis. 44) lugar poblado, Rosario, Pringles, San Luis. 45) cerros del, ó de lòs Apóstoles, Rosario, Pringles, San Luis. Culminan en el Agujereado. 46) distrito del departamento Atamisqui, Santiago del Estero. 47) paraje poblado, Guasayan, Santiago. 48) lugar poblado, Robles, Santiago. E. 49) departamento de la provincia de Santa Fe. Tiene por límites: al Norté, la línea del ferro-carril central argentino, desde el lindero Este de la colonia Bernstadt hasta el arroyo Ludueña; al Este el Paraná; al Sud los arroyos Pavon y Sauce, y al Oeste el departamento San Lorenzo. Tiene 1660 kms.[2] de extension y una poblacion de 59252 habitantes. (Censo del 7 de Junio de 1887) Está dividido en los 10 distritos: Rosario, Avila, Bajo Hóndo, Arroyo Seco Norte, Arroyo Seco Sud, Pavon Norte, Monte Flores, Cerrillos, Saladillo

Sud y Cármen del Sauce. El departamento encierra los centros de poblacion Rosario, Avila y Cármen del Sauce. 50) distrito del departamento del mismo nombre, Santa Fe. Tiene 50914 habitantes (Censo m.) 51) ciudad, Rosario, Santa Fe. Está situada en la orilla derecha del Paraná. Por las distintas vías férreas dista de:

Santa Fe	213	kms.
Buenos Aires	304	»
Córdoba	396	»
San Luis	604	»
Mendoza	864	»
Santiago	896	»
Catamarca	909	»
Tucuman	942	»
San Juan	1021	»
La Rioja	1086	»
Salta	1273	»
Jujuy	1292	»

Por medio de su puerto está en comunicacion directa con Europa por varias líneas de vapores. Fundada en 1725 por Francisco Godoy, contaba en la época del censo provincial con 50914 habitantes. Su progreso data del año 1854, época en que el general Urquiza la declaró puerto de las 11 provincias del Interior y estableció por ley de Julio de 1857 los famosos derechos diferenciales, que tanto perjudicaron al comercio de Buenos Aires. Es escala de todos los vapores que navegan el Paraná. Varios Bancos. Elevadores de granos. Destilerías. Refineria de azúcares. Hospitales. Asilos. Teatros Gas. Aguas Corrientes. Tramways y Teléfonos. Aduana. $\varphi = 32°\,56'\,41'',7$; $\lambda = 60°\,33'\,39''\,3$; $\alpha = 39$ m. (Casa esquina NE. de las calles Progreso y San Luis, segun Moneta) Altura media del Paraná sobre el nivel del mar, 20 m., segun Page. FCBAR, FCRS, FCCA, FCOSF, C, T, E, 52) de Abajo, mina de plata en el distrito mineral del Cerro Negro sierra de Famatina, Rioja. 53) de Arriba, mina de plata en el distrito mineral del Cerro Negro, sierra de Famatina, Rioja. 54) y Choya, distrito del departamento del Alto, Catamarca. 55) *de la Frontera,* departamento de la provincia de Salta. Confina al Norte con el de Metán por una línea que desde el mojon del Corneta gira al Oeste y toca el arroyo de las Cañas hasta las cumbres del cerro de Muñoz; al Este con la provincia de Santiago por una línea que toca el cerro del Remate en su cima y más al Norte el cerro de Julian ó Canteros y la Loma Blanca hasta la línea divisoria del Chaco; al Sud con la província de Tucuman por los arroyos del Tala, Sauces y Urueña hasta el rio Salado, y al Oeste con los departamentos de Guachipas y San Cárlos. Tiene 3335 kms. ² de extension y una poblacion conjetural de 9300 habitantes. Está dividido en los 8 distritos: Rosario, Hoyada, Naranjo, Cerro Negro, Cañas, Mojarras, Candelaria y Tala. El departamento es regado por los arroyos Rosario, Naranjo, Candelaria, Tala, del Arenal, Morenillo, Blanco, Ceibal, Castillejo, del Morral, de la Paja Blanca, Urueña, Ludueña, de Giles, del Duraznito, de Zarza, de las Cañas, de la Plata, Guachaque, de la Hoyada, Santa Bárbara, San Juan, Simbolar, San Esteban, Rumiyaco, Santa Isabel, Madariaga, Morados, Cadillal y Cuchiyaco. Escuelas funcionan en Rosario, Naranjo, Candelaria y Jardin. En el departamento se cultiva mucho la caña de azúcar. 56) *de la Frontera,* villa, Rosario de la Frontera, Salta. Es la cabecera del departamento. Está á 190 kms. de Salta y 1387 de Buenos Aires y tiene unos 1000 habitantes. A unos 10 kms. al Este del pueblo se hallan cuatro fuentes de aguas termales sulfurosas y silicosas, muy frecuentadas por los enfermos de toda la República. La temperatura de las aguas es de 60 á 80° Celsius. La fuente silicosa es de agua fria, FCCN, C, T, E. 57) *de Lerma,* departamento de la provincia de Salta. Confina al

Norte con la provincia de Jujuy por el arroyo de las Burras; al Este con el departamento de Cerrillos por el camino de Pulares y la acequia de la Silleta; al Sud con el de Chicoana por el arroyo que corre hácia Punta Diamante y el camino de Pulares, y al Oeste con el departamento de la Capital por las cumbres de la sierra de San Lorenzo y con el de Caldera por el Nevado del Castillo. Tiene 2075 kms. ² de extension y una poblacion conjetural de 15000 habitantes. Está dividido en los 7 distritos: Rosario de Lerma, Pucará, Silleta, Carbajal, Cámara, Quebrada del Toro y Jaxtil. El departamento es regado por los arroyos Mojotoro, Silleta, Jaxtil, Quebrada del Toro, Real, Grande, Capillas, Chorro, Trancas, Huaico Hondo, Manzano, Aguada, Cerro Negro, Cuesta Grande, Las Cuevas, Queseria, Agua Caliente, Potrero, Rosal, Tipas, Planchones y otros de menor importancia. Escuelas funcionan en Rosario de Lerma, Zorras, Incaguasi y Silleta. 58) *de Lerma,* distrito del departamento del mismo nombre, Salta. 59) *de Lerma,* villa, Rosario de Lerma, Salta. Es la cabecera del departamento. Está situada en la márgen izquierda del arroyo Carbajal, que en su curso inferior se llama arroyo del Toro, y á 40 kms al SO. de Salta. Tiene unos 1500 habitantes. C, T, E. 60) *del Quemado,* paraje poblado, Ledesma, Jujuy. 61) *de Susquis,* distrito del departamento Poma, Salta. 62) *Tala,* departamento de la provincia de Entre Rios. Confina al Norte con el departamento Villaguay por medio del arroyo Raices; al Este con los de Concepcion y Gualeguaychú por medio del rio Gualeguay; al Sud con el departamento Gualeguay por medio de los arroyos Ají, Barrancosa y Jacinta, y al Oeste con el departamento de Nogoyá por el arroyo del Durazno y varios linderos de propiedades particulares. Tiene una extension de 2900 kms. [t] y una poblacion conjetural de 11500 habitantes. Escuelas funcionan en Rosario Tala, Sauce Sud, Sauce Norte, Pueblo 2°, Durazno y Clé. El departamento está dividido en los 7 distritos: Raices al Norte, Raices al Sud, Pueblo 1°, Pueblo 2°, Clé, Sauce al Norte y Sauce al Sud. Las arterias fluviales son: el rio Gualeguay y los arroyos Raices, Altamirano, Obispo, Guachas, Clé, Barrancosa, Sauce, Desmochado y varios otros de menor importancia. 63) *Tala,* villa, Pueblo 2°, Rosario Tala, Entre Rios. Es la cabecera del departamento. Fundada en 1865 á corta distancia de la márgen derecha del Gualeguay, cuenta actualmente con unos 1700 habitantes. Por la vía férrea dista 196 kms. del Paraná y 90 de la Concepcion del Uruguay. De aquí arranca un ramal del ferro-carril central entreriano que conduce á Gualeguay y que pasa por las estaciones siguientes:

Gobernador Echagüe,	15 kms.
» Mansilla,	35 »
General Galarza,	52 »
» Basavilbaso,	79 »
Gualeguay,	99 »

Agencia del Banco Nacional. La municipalidad de esta villa fundó una colonia en el éjido del pueblo, bajo sus auspicios, llamada «Colonia Nueva.» $z = 33$ m. ECCE, C, T, E. 64) *del Totoral,* paraje poblado, Ledesma, Jujuy. 65) *Viejo,* paraje poblado, Rosario de Lerma, Salta.

Rosarita, mina de oro en la quebrada del Pilon, Ayacucho, San Luis.

Rosas, 1) las, establecimiento rural, Ctl 10, Dorrego, Buenos Aires. 2) establecimiento rural, Ctl 2, Juarez, Buenos Aires. 3) laguna, Ctl 2, Juarez, Buenos Aires. 4) lugar poblado, Las Flores, Buenos Aires. Por la vía férrea dista 192 kms. de Buenos Aires $z = 30$ m. FCS, C, T, E. 5) establecimiento rural, Ctl 1, Pergamino, Buenos Aires. 6) establecimiento rural,

Ctl 3, Ranchos, Buenos Aires. 7) establecimiento rural, Ctl 6, 7, Rauch, Buenos Aires. E. 8) villa veraniega en formacion, Capital, Córdoba. Se halla al Oeste de la ciudad, en la márgen izquierda del rio Primero. Está ligada con la « Toma » por un puente. 9) estancia, Carlota, Juarez Celman, Córdoba. 10) cuartel de la pedanía Salsacate, Pocho, Córdoba. 11) establecimiento rural, Salsacate, Pocho, Córdoba. 12) establecimiento rural, San Roque, Punilla, Córdoba. 13) establecimiento rural, Sampacho, Rio Cuarto, Córdoba. 14) pedanía del departamento San Javier, Córdoba. Tiene 1900 habitantes. (Censo del 1° de Mayo de 1890). 15) cuartel de la pedanía del mismo nombre, San Javier, Córdoba. 16) aldea, Las Rosas, San Javier, Córdoba. Tiene 188 habitantes. C, E. 17) establecimiento rural, Pampayasta Norte, Tercero Arriba, Córdoba. 18) finca rural, Esquina, Corrientes. 19) finca rural, junin, Mendoza. 20) finca rural, Lujan, Mendoza. 21) lugar poblado, Iriondo, Santa Fe. Por la vía férrea dista 116 kms. de Cañada de Gomez. FCCA ramal á las Yerbas. C, T.

Rosaura la, establecimiento rural, Ctl 7, Pergamino, Buenos Aires.

Roscayaco, lugar poblado, Guasapampa, Minas, Córdoba.

Rosicler, [1] mina de plomo argentífero, San Bartolomé, Rio Cuarto, Córdoba. Está situada en el lugar llamado «Puesto del Tala.»

Rosillo, 1) el, estancia, Ctl 6, Ajó, Buenos Aires. 2) vertiente, Ctl 6, Ajó, Buenos Aires. 3) *Muerto,* finca rural, Juarez Celman, Rioja.

Rosita, laguna, Ctl 6, Castelli, Buenos Aires.

Rubia, 1) punta, Patagones, Buenos Aires. $\varphi = 40° 36' 10''$; $\lambda = 62° 8' 40''$; $z = 12$

---

1 Mineral rico en plata de color bermellon.

m. (Fitz Roy). 2) la, laguna, Ctl 2, Tuyú, Buenos Aires.

Rucachori, 1) lago, Neuquen. Da orígen al arroyo del mismo nombre. 2) arroyo, Neuquen. Nace en el lago del mismo nombre y derrama sus aguas en el Collon-Curá

Ruda, 1 lugar poblado, Quilino, Ischilin, Córdoba.

Rueda, arroyo, Cll 6, Pergamino, Buenos Aires.

Rufino, lugar poblado, La Picaza, General Lopez, Santa Fe. Dista 5 kms. del límite que separa las provincias de Santa Fe y Córdoba. Por la vía férrea dista 423 kms. de Buenos Aires y 226 de Villa María. Es estacion terminal de la línea Villa María-Rufino. $x = 110$ m. FCP, C, T.

Ruices los, lugar poblado, Parroquia, Ischilin, Córdoba.

Ruinas, 1) las, estancia, Ctl 3, Patagones, Buenos Aires. 2) estancia, Villarino, Buenos Aires.

Ruiz, lugar poblado, Graneros, Tucuman. En la orilla derecha del arroyo Graneros.

Rumi, 2 1) *Cruz*, lugar poblado, Higueras, Cruz del Eje, Córdoba. 2) *Cruz*, lugar poblado, Cochinoca, jujuy. 3) *Misca*, paraje poblado, La Viña, Salta. 4) *Punco*, estancia, Graneros, Tucuman. 5) *Yurai*, estancia, Graneros, Tucuman.

Rumiguasi, 1) aldea, Ciénega del Coro, Minas, Córdoba. Tiene 105 habitantes. (Censo del 1° de Mayo de 1890). 2) partido del departamento Belgrano, San Luis. 3) lugar poblado, Rumiguasi, Belgrano, San Luis.

Rumipuca, lugar poblado, Aguada del Monte, Sobremonte, Córdoba.

Rumiyaco, 1) cuartel de la pedania Ciénega del Coro, Minas, Córdoba. 2) lugar poblado, Ciénega del Coro, Minas, Córdoba. 3) lugar poblado, San Cárlos, Salta

Rumiyoc, paraje poblado, Tumbaya, Jujuy.

Rural Argentina la, establecimiento rural, Ctl 6, Baradero, Buenos Aires.

Saa - Pereira, lugar poblado, Colonias, Santa Fe. Por la vía férrea dista 72 kms. de Sunchales, 170 del Rosario y 474 de Buenos Aires. FCRS, C, T.

Saavedra, 1) lugar poblado, Arrecifes, Buenos Aires. Por la vía férrea dista 65 kms. de Pergamino y 163 de Buenos Aires. $x = 44$ m. FCO, ramal de Lujan á Pergamino, C, T. 2) pueblo en el municipio de la Capital federal. Al Oeste y á corta distancia de Belgrano y cerca del límite que separa el municipio del partido de San Isidro. Posee un bonito parque. 3) laguna, Cil 7, Lobería, Buenos Aires. 4) partido de la provincia de Buenos Aires. Creado por ley de 1890, se compone de zonas tomadas á los partidos de Suarez y Puan. Sus límites son: por el NE. una línea recta que, partiendo del mojon esquinero Sud del terreno de Onagoity y Garal, termina en el antiguo fortin « Veinte y Siete de Diciembre; » desde este punto sigue la línea la de las propiedades de Soler y Hopman hasta dar con el arroyo Sauce Chico. Por el SE. el arroyo Sauce Chico hasta el esquinero Sud del terreno de D. Mariano Roldan y de aquí sigue el límite SO. del mismo terreno hasta el esquinero Este del lote 48, I.; desde este punto hasta el esquinero Sud del citado lote. Por el SO. desde el esquinero Este del lote 48 hasta el esquinero Sud del lote 32 de la seccion 3ª. Por el NO. el límite SE. de los lotes 32, 32 I y la propiedad de Mahan hasta el esquinero Norte de la de José M. Bustos, y desde este punto sigue el mismo límite SE. hasta dar con el esquinero Sud del terreno de Onagoity y Garal. La cabecera del partido es el centro agrícola establecido en la estacion Alfalfa, del

---

1 Subarbusto (Ruta chalepensis). — 2 Rumi = Piedra (Quichua).

ferro-carril del Sud. 5) estancia, Ctl 4, Tandil, Buenos Aires. 6) paso del rio Desaguadero, Capital, San Luis. A corta distancia al Norte de la confluencia de dicho rio con el Tunuyan.

Sabagasta, 1) distrito del departamento Salavina, Santiago. 2) lugar poblado, Sabagasta, Salavina, Santiago. E.

Sabina, lugar poblado, Sobremonte, Córdoba. $\varphi = 29°$ 37'; $\lambda = 64°$ 4' (?)

Saboyardo, 1) establecimiento rural, Ctl 3, Pergamino, Buenos Aires. 2) estancia, Ctl 5, Pueyrredon, Buenos Aires.

Sacanta, 1) lugar poblado, Santa Rosa, Calamuchita, Córdoba. 2) pedanía del departamento San Justo, Córdoba. Tiene 292 habitantes. (Censo del 1° de Mayo de 1890). 3) cuartel de la pedanía del mismo nombre, San Justo, Córdoba. 4) lugar poblado, Sacanta, San Justo, Córdoba.

Sacha, cerro, Capital, Salta.

Sachapera [1], finca rural, Campo Santo, Salta.

Sacramento, 1) mina de cobre en el distrito mineral «La Hoyada,» Tinogasta, Catamarca. 2) lugar poblado, Salsacate, Pocho, Córdoba.

Saguier, 1) distrito del departamento de las Colonias, Santa Fe. Tiene 1188 habitantes. (Censo del 7 de junio de 1887). 2) pueblo, Saguier, Colonias, Santa Fe. Tiene 118 habitantes. (Censo m.) C, T, E. 3) colonia, Saguier, Colonias, Santa Fe. Tiene 722 habitantes. (Censo m.)

Sajones los, establecimiento rural, Ctl 6, Ranchos, Buenos Aires.

Sal, 1) la, establecimiento rural, Ctl 4, Alsina, Buenos Aires. 2) cerro de la, en la sierra de los Apóstoles, Rosario, Pringles, San Luis.

Sala, 1) lugar poblado, Argentina, Minas, Córdoba. 2) lugar poblado, Candelaria, Rio Seco, Córdoba. 3) lugar poblado,

Caminiaga, Sobremonte, Córdoba. 4) distrito del departamento Iruya, Salta. 5) finca rural, Rincon del Cármen, San Martin, San Luis. 6) *Vieja*, paraje poblado, Guachipas, Salta. 7) *Vieja*, lugar poblado, Graneros, Tucuman. Al SE. del departamento.

Salada, 1) laguna, Ctl 1, Castelli, Buenos Aires. 2) establecimiento rural, Ctl 7, Chascomús, Buenos Aires. 3) laguna, Ctl 4, 7, 9, Chascomús, Buenos Aires. 4) laguna, Ctl 14, Chivilcoy, Buenos Aires. 5) laguna, Ctl 5, Juarez, Buenos Aires. 6) laguna, Ctl 7, junin, Buenos Aires. 7) laguna, Lobos, Buenos Aires. Es atravesada por el rio Salado. 8) laguna, Ctl 2, Monte, Buenos Aires. 9) laguna, Ctl 6, Necochea, Buenos Aires. 10) laguna, Ctl 1, Pila, Buenos Aires. Da orígen al arroyo Camarones. 11) laguna, Ctl 7, Puan, Buenos Aires. 12) laguna, Ctl 4, Saladillo, Buenos Aires. 13) estancia, Ctl 3, Trenque-Lauquen, Buenos Aires 14) laguna, Ctl 11, Trenque-Lauquen, Buenos Aires. 15) laguna, Ctl 3, Tuyú, Buenos Aires. 16) cuartel de la pedanía Castaños, Rio Primero, Córdoba. 17) finca rural, Saladas, Corrientes 18) estancia, Rosario de la Frontera, Salta. 19) *Chica*, laguna, Lobos, Buenos Aires. Es atravesada por el rio Salado.

Saladas, 1) laguna, Ctl 6, Ajó, Buenos Aires. 2) las, laguna, Ctl 8, Bahía Blanca, Buenos Aires. 3) laguna, Ctl 5, Bolivar, Buenos Aires. 4) las, cañada, Chivilcoy, Buenos Aires. Tiene su orígen en una cadena de lagunas del partido de Chivilcoy y desemboca en el partido de Navarro, en la márgen izquierda del rio Salado. Esta cañada forma en parte el límite entre los partidos Suipacha y Chivilcoy, extendiéndose en los cuarteles 2, 10, 11 del primero de estos partidos y en el cuartel 13 del segundo; en el partido Navarro cruza el cuartel 6. 5) las, laguna, Ctl 7, Dorrego, Buenos Aires. 6)

---

[1] Arbusto (Acnistus australis).

laguna, Ctl 5, Maipú, Buenos Aires. 7) laguna, Ctl 2, Monte, Buenos Aires. 8) establecimiento rural, Navarro, Buenos Aires. E. 9) las, arroyo, Rojas y Salto, Buenos Aires. Este arroyo tiene su orígen en la laguna Brava (Junin) y desemboca en el arroyo de Rojas, en la márgen derecha. Es en la mayor parte de su extension límite entre los partidos de Rojas y Salto. 10) las, establecimiento rural, Ctl 9, Salto, Buenos Aires. 11) laguna, Ctl 8, Saladillo, Buenos Aires. 12) laguna, Ctl 10, Tres Arroyos, Buenos Aires. 13) aldea, Castaños, Rio Primero, Córdoba. Tiene 252 habitantes. (Censo del 1° de Mayo de 1890) 14) lugar poblado, Algodon, Tercero Abajo, Córdoba. 15) lugar poblado, Ballesteros, Union, Córdoba. 16) departamento de la provincia de Corrientes. Está situado á orillas del Paraná y confina al Norte con el departamento Empedrado por medio del arroyo San Lorenzo; al Este con los departamentos Mburucuyá, Concepcion y San Roque, y al Sud con los departamentos Bella Vista y San Roque por medio del arroyo Ambrosio. Tiene 2500 kms.^{2} de extension y una poblacion conjetural de 6500 habitantes. El departamento es regado por los rios San Lorenzo, Santa Lucía, San Lorencito y por los arroyos Ambrosio y Sauce. Las lagunas son numerosas. 17) villa, Saladas, Corrientes. Es la cabecera del departamento. Tiene unos 3500 habitantes. Por la vía férrea dista 97 kms. de Corrientes y 277 de Monte Caseros. $\alpha =$ 83 m. FC Noreste Argentino, ramal de Monte Caseros á Corrientes. C, T, E,

Saladero, 1) arroyo, Ctl 1, Merlo, Buenos Aires. 2) laguna, Ctl 3, Tordillo, Buenos Aires.

Saladillo, 1) el, establecimiento rural, Ctl 11, Bahía Blanca, Buenos Aires. 2) arroyo, Ctl 11, Bahía Blanca, Buenos Aires. 3) estancia, Ctl 2, Bragado, Buenos Aires.

dura en la márgen derecha del Salado, se llama Saladillo. Bajo el nombre de Vallimanca forma en parte el límite entre los partidos Veinte y Cinco de Mayo y Alvear, y bajo el de Saladillo, entre los partidos Veinte y Cinco de Mayo y Saladillo. 14) cuartel de la pedanía Cruz Alta, Márcos juarez, Córdoba. 15) aldea, Cruz Alta, Márcos Juarez, Córdoba. Está situada en la desembocadura del Saladillo. Tiene 448 habitantes. (Censo del 1° de Mayo de 1890.) $\varphi = 32° 58'$; $\lambda = 62° 23'$; $\alpha = 65$ m. (Brackebusch.) C, E. 16) rio, Márcos juarez, Córdoba. Tiene su origen en la laguna de Loboy, que en el departamento Union, pedanía de Loboy, forma el rio Cuarto. El Saladillo no es, pues, sinó la continuacion del rio Cuarto. Corre en direccion general hácia NE. y desemboca en la márgen derecha del rio Tercero, á inmediaciones del pueblo Saladillo. 17) lugar poblado, Ciénega del Coro, Minas, Córdoba. 18) lugar poblado, Dolores, Punilla, Córdoba. 19) lugar poblado, Villa Nueva, Tercero Abajo, Córdoba. 20) paraje poblado, Capital, jujuy. 21) paraje poblado, Ledesma, Jujuy. 22) arroyo, Ledesma, Jujuy. Nace en la sierra de Santa Bárbara y desagua en la márgen derecha del rio San Francisco, cerca de «Palo á Pique.» 23) paraje poblado, San Pedro, Jujuy. 24) paraje poblado, Valle Grande, Jujuy. 25) arroyo, Tunuyan, Mendoza. Es un tributario del Tunuyan en la márgen izquierda. 26) finca rural, Capital, Rioja. 27) vertiente, Ñacate, Rivadavia, Rioja. 28) distrito del departamento Campo Santo, Salta. 29) estancia, Campo Santo, Salta. 30) arroyo, Campo Santo, Salta. Es un tributario del rio Lavayen en la márgen izquierda. 31) paraje poblado, Chicoana, Salta. 32) paraje poblado, Poma, Salta. 33) distrito del departamento Rivadavia, Salta. 34) paraje poblado, San Cárlos, Salta. 35) partido del departamento Coronel Pringles, San Luis. 36) aldea, Saladillo, Pringles, San Luis. Es la cabecera del departamento. C, E. 37) vertiente, Saladillo, Pringles, San Luis. 38) arroyo, Rosario, Santa Fe. Es tributario del Paraná, en el que desagua á unos 6 kms. al Sud de la ciudad del Rosario. 39) arroyo, San Javier, Santa Fe. Es un tributario del rio San Javier (brazo del Paraná.) 40) distrito del departamento Salavina, Santiago del Estero. 41) paraje poblado, Salavina, Santiago. 42) rio, Santiago. Es la continuacion del rio Dulce. Véase Dulce. En las márgenes de este rio existe un punto ($\varphi = 28° 55'$; $\lambda = 63° 40'$) que, segun Moussy, es, fuera del litoral, el más bajo del territorio argentino, puesto que su altura sobre el nivel del mar alcanza solo á 80 metros. 43) túnel, Capital, Tucuman. Está á 22 kms. de Tucuman y á 8 de Tapia. El viaducto adjunto está á 711 metros sobre el nivel del mar. 44) arroyo, Capital, Tucuman. Es un tributario del rio Salí en la márgen derecha. Tiene su orígen en las cumbres de San javier y pasa por las inmediaciones del túnel del Saladillo. 45) *Amargo*, arroyo, San Javier, Santa Fe. Nace en la cañada del Toba, toma luego el nombre de Caraguatay y desemboca bajo el de Saladillo Amargo en la gran laguna Guadalupe. Forma en toda su extension el límite entre los departamentos San Javier y San josé, al Este, y de la Capital, al Oeste. 46) *Chico,* arroyo, Ctl 8, Salto, Buenos Aires. Es tributario del arroyo del Salto, en su márgen derecha. 47) *Dulce,* arroyo, San Javier, Santa Fe. Tiene su orígen en la cañada del Chancho, pasa por las colonias Alejandra y California y derrama sus aguas en el Saladillo Amargo, frente á Helvecia. 48) *de Garcia,* arroyo, Ctl 13, Bahía Blanca, Buenos Aires. 49) *Grande,* arroyo, Ctl 8, Salto, Buenos Aires. Es tributario del arroyo del Salto, en su márgen derecha. 50) *de la Horqueta*, lugar poblado, Urquiza, San Lorenzo, Santa Fe. Tiene 651 habitantes. (Censo del 7 de Junio de 1887.) 51) *Lasaga*, arroyo, Ctl 13, 14, Bahía Blanca. Buenos Aires. 52) *Montalto*, arroyo, Ctl 14, Bahía Blanca, Buenos Aires. 53) *de Montoya*, arroyo, Ctl 14, Bahía Blanca, Buenos Aires. 54) *Sud*, distrito del departamento Rosario, Santa Fe. Tiene 261 habitantes. (Censo m.)

Saladillos los, establecimiento rural, Ctl 11, Bahia Blanca, Buenos Aires.

Saladito, lugar poblado, San Martin, San Martin, San Luis.

Salado, 1) el, laguna, Ctl 1, Bolivar, Buenos Aires. 2) arroyo, Ctl 4, Bolivar, Buenos Aires. 3) establecimiento rural, Ctl 6, Lobos, Buenos Aires. 4) arroyo, Ctl 2, 6, Pilar, Buenos Aires. 5) laguna, Ctl 10, Rauch, Buenos Aires. 6) partido de la provincia de Buenos Aires. Creado por ley de 1890, se compone de zonas tomadas de los partidos Las Flores y Pila. Sus límites son: al Norte el rio Salado y al Sud las líneas divisorias (del Sud) de las propiedades de Alejo Barrera, Juan Becaford, Reyes, Alvarez, Ferrand, Recabarra, Concha, Soria, Potes, Romero, Antonio, Marquez, Dulan, Justo Leustan, Reles, Francisco Chas é hijos, Portal, José B. Arca (Las Flores) y Rosa A. de Ibañez (Pila), cerrando el perímetro la divisoria con el Saladillo al O. y por el E. una línea que partiendo del rio Salado, sigue el límite de la propiedad de Braulio Romero, y atraviesa el campo de Rosa A. de Ibañez, hasta la línea límite Sud. 7) pueblo, Salado, Buenos Aires. Es la cabecera del nuevo partido. Pertenecia antes al partido Las Flores. Está situado en la márgen derecha del rio Salado, y dista por la vía férrea 143 kms. de la Capital federal. x=19 m. FCS, C, T, E. 8) arroyo, Ctl 2, 3, 5, Suarez, Buenos Aires. Este arroyo conserva su nombre hasta la laguna del Salado, en el partido de Bolivar, tomando luego el de Vallimanca á su salida de dicha laguna. 9) arroyo, Ctl 8, Tapalqué, Buenos Aires. 10) rio, Ctl 2, 3, 7, 8, 9, Junin; Ctl 3, 4, 5, Chacabuco; Ctl 3, 4, 12, 13, 14, Bragado; Ctl 2, Chivilcoy; Ctl 4, 5, 6, Veinte y Cinco de Mayo; Ctl 7, 8, Navarro; Ctl 5, 6, 8, Saladillo; Ctl 5, 6, 7, Lobos; Ctl 2 6, Monte; Ctl 4, 5, 10, Las Flores; Ctl 3, 4, Ranchos; Ctl 8, 9, 10, Chascomús y Viedma; Ctl 1, 2, Pila; Ctl 4, Castelli, Buenos Aires. Este rio, el más importante de la provincia, tiene su orígen en la laguna del Chañar, en el límite de las provincias de Buenos Aires y Santa Fé, cerca de la colonia santafecina Teodolina. En su trayecto, que tiene la direccion general de NO. á SE., y en el cual atraviesa muchas lagunas, desarrolla un cauce total de unos 700 kms. Desemboca en la ensenada de Samborombon, donde el rio de La Plata ya se confunde con el Océano Atlántico ($\varphi=34°$ 43' 30''; $\lambda=57°$ 22' 8''; Mou chez). El rio Salado forma el límite Sud de los partidos Chacabuco, Chivilcoy, Navarro, Lobos, Monte, Ranchos, Chascomús y Viedma; y el límite Norte de los partidos Bragado, Veinte y Cinco de Mayo, Saladillo, Las Flores, Pila y Castelli. Entre las lagunas del Chañar y de Mar Chiquita, forma el límite entre los partidos de Junin y Lincoln. Sus tributarios son escasos y de poca importancia, á saber. en la márgen izquierda, de Norte á Sud: el arroyo Piñeiro (Junin), la cañada Mingorena (Chacabuco), las cañadas San Patricio y los Peludos, que se unen antes de desembocar (Chacabuco), la cañada de Chivilcoy, la cañada Las Saladas (Navarro), el arrroyo Saladillo (Monte), el arroyo Siasgo (Monte) y las lagunas Vitel, Chascomús, del Burro, Chis-Chis y la Tablilla (Chascomús). Los tributarios en la márgen derecha son, de Norte á Sud: el arroyo Saladillo (Saladillo), el arroyo de Las Flores, límite entre los partidos Saladillo y Las Flores, y el arroyo Camarones (Pila). En su largo trayecto pasa el Salado solo por el pueblo de Junin, y por Salado (antes Las Flores) á inmediaciones de la estacion Bonnement, del ferro-carril del Sud. En ocasion de las fuertes lluvias, los arroyos Azul, Gualichu, Zapallar y Camarones forman una sola corriente hasta la laguna «Verdosa» (Alvear), para tomar despues el nombre de Pantanoso hasta la laguna del Potrillo (Saladillo) de donde toma en adelante el nombre de Saladillo hasta su desembocadura en la laguna Las Flores (Saladillo), que, á su turno, comunica con el rio Salado. 11) arroyo, Resistencia, Chaco. Desagua en el riacho Guaycurú (brazo del Paraná) en las proximidades del límite Norte de la provincia de Santa Fe. 12) cumbre de la sierra de Pocho, San Alberto, Córdoba. 13) lugar poblado, Cármen, San Alberto, Córdoba. 14) arroyo, Curuzú-Cuatiá, Corrientes. Es un tributario del Maria Grande. 15) arroyo, Veinte y Cinco de Mayo y Beltran, Mendoza. Tiene su orígen en la falda del volcan Tinguirica, del cordon central de la cordillera. Es el más importante afluente del rio Atuel; desagua en la márgen derecha de éste y sirve de límite en toda su extension entre los departamentos Veinte y Cinco de Mayo y Beltran. 16) el, finca rural, Capital, Rioja. 17) finca rural, Juarez Celman, Rioja. 18) rio, Salta, Santiago del Estero y Santa Fe. El rio que, en la provincia de Salta se llama del Juramento (nombre que le ha sido dado en recuerdo del juramento prestado por el ejércíto de Belgrano, á su paso por allí, siguiendo el ejército español despues de su derrota en Tucuman), toma desde Brea en ade-

lante el nombre de Salado, porque atraviesa unos terrenos que, en tiempo de sequía, dan á sus aguas un gusto marcadamente salobre. El Salado entra en la provincia de Santiago en el paraje San Miguel, que está en su márgen izquierda; de aquí se dirige hasta el fuerte Monte Caseros, toma la direccion Este, y, finalmente, la de SE. hasta penetrar en la provincia de Santa Fe, en la que, más adelante, desemboca en el Paraná. Desde San Miguel hasta Candelaria, en un trayecto de 40 kms., se utilizan las aguas de este rio en la irrigacion. Más adelante se hace ya difícil la sangria del rio, á causa de la elevacion que van teniendo las barrancas que encajonan el cauce. En los grandes crecimientos, sale el rio de madre é inunda extensas zonas á lo largo de su curso. 19) distrito minero del departamento Iglesia, San Juan. Encierra plata. 20) distrito minero del departamento Jachal, San Juan. Encierra oro. 21) arroyo, San Luis. Riega los distritos Rincon del Cármen, del departamento San Martin, y Renca, del departamento Chacabuco. 22) el, chacra, Renca, Chacabuco, San Luis. 23) finca rural, Rosario, Pringles, San Luis. 24) finca rural, Guzman, San Martin, San Luis. 25) lugar poblado, Rincon del Cármen, San Martin, San Luis. 26) rio, San Luis y Mendoza. Nace en los terrenos anegadizos denominados Campo de Esquina, Gorgonta y Pantanito, formados por el Desaguadero, de manera que el Salado no es sinó una continuacion de éste. Desde su nacimiento hasta su entrada en la Pampa, donde toma el nombre de Chadi-Leubú, es límite entre las provincias de San Luis y Mendoza En los terrenos anegadizos donde nace, recibe las aguas de los arroyos Zanja, el Bruno, el Jume y el Boyero. Más abajo se le incorporan formando un gran delta, las aguas del rio Diamante. Más abajo aun, en la Pampa, se le une el rio Atuel. 27) *Grande,* finca rural, Conlara, San Martin, San Luis.

Salamanca, 1) pico, Chubut. $\varphi = 45°$ 34'; $\lambda = 67°$ 19' 30"; $\alpha = 212$ m. (Fitz Roy). Es visible desde 40 á 50 millas. 2) estancia, Concepcion, Corrientes. 3) estancia, Rosario de la Frontera, Salta.

Salana, finca rural, Rivadavia, Rioja.

Salas, 1) lugar poblado, Union, Córdoba. Por la vía férrea dista 234 kms. de Villa Mercedes y 457 de Buenos Aires. $\alpha = 148$ m. FCP, C, T. 2) paraje poblado, Capital, Jujuy.

Salavina, 1) departamento de la provincia de Santiago. Se extiende á lo largo de la márgen izquierda del rio Saladillo, hasta la provincia de Santa Fe. Su extension es de 11951 kms.[2] y su poblacion conjetural de unos 16000 habitantes. Está dividido en los 12 distritos: Salavina, Taruca-Pampa, Cerrillos, Beron, Anga, Navarro, Fuerte Esperanza, Guerra, Saladillo, Sabagasta, Bajada y Salinas. 2) distrito del departamento del mismo nombre, Santiago del Estero. 3) villa, Salavina, Santiago. Es la cabecera del departamento. Está á 150 kms. al SSE. de la capital provincial. Cuenta con unos 1500 habitantes. $\varphi = 28°$ 55'; $\lambda = 63°$ 11' (Moussy). C, T, E.

Salavinas, distrito de la seccion Quebrachos, del departamento Sumampa, Santiago.

Salazar, finca rural, Itatí, Corrientes.

Salazares, finca rural, Capital, Rioja.

Saldan, 1) cuartel de la pedanía Calera Norte, Anejos Norte, Córdoba. 2) lugar poblado, Calera Norte, Anejos Norte, Córdoba. Está á 10 kms. al NO. de la capital provincial, donde el arroyo Saldan desemboca en el rio Primero. $\varphi = 31°$ 18'; $\lambda = 64°$ 18'; $\alpha = 500$ m. 3) arroyo, Anejos Norte, Córdoba. Es un pequeño tributario del rio Primero; desagua en su márgen izquierda.

Saldaña, estancia, San Roque, Corrientes.

Saldariaga, colonia en formacion, Cruz Alta, Márcos Juarez, Córdoba.

Salgado, 1) cañada, Ctl 3, 4, 7, Lobos, Buenos Aires. 2) laguna, Ctl 3, Lobos, Buenos Aires.

Salí, rio, Tucuman. Nace bajo el nombre de rio Tala en las cumbres Calchaquíes. Recorre la provincia de Tucuman con rumbo general de NNO á SSE, pasa á unos 4 kms. al Este de la ciudad de Tucuman y sale del territorio de la provincia cerca del pueblo Rio Hondo (Santiago), despues de haber recibido las aguas de los arroyos Chico y Graneros reunidos en un solo cauce. En la provincia de Santiago continúa el Salí su curso bajo el nombre de rio Dulce. Véase Dulce. Sus principales tributarios en la orilla derecha son, de Norte á Sud, los arroyos Zárate, Alurralde, Vipos, Tapia, Saladillo, Lules, Colorado, Valderrama, Seco, Gastona, Chico y Graneros. Los afluentes de la orilla izquierda son pocos é insignificantes. Figuran entre éstos el Aranda, y en las proximidades de Tucuman, el Calera.

Salina, 1) *del Eje,* estancia, Ctl 1, Patagones, Buenos Aires. 2) *Grande,* en el límite de las provincias de La Rioja, Catamarca, Córdoba y Santiago. Centro más bajo: $\alpha = 150$ m. La longitud de la salina grande es de 400 kms, la anchura mínima de 5 kms. y la máxima de 30 á 35 kms. 3) *de la Puna,* Jujuy y Salta. Se extiende esta hermosa salina al Sud de la laguna Huayatayoc. Sus dimensiones se estiman en unos 50 kms. de largo, por unos 20 de ancho. En tiempo de lluvia esta salina se llena de agua, debido al gran número de pequeños arroyos que nacen en las sierras circunvecinas y que bajan á ella en virtud de la ley de las máximas pendientes.

Salinas, 1) establecimiento rural, Ctl 5, Ayacucho, Buenos Aires. 2) finca rural,

Bella Vista, Corrientes. 3) finca rural, San Luis, Corrientes. 4) paraje poblado, San Roque, Corrientes. 5) arroyo de las, Las Heras, Mendoza. Nace en la sierra de los Paramillos, corre de O á E. en el límite que separa las provincias de Mendoza y San juan y termina por agotamiento. 6) distrito del departamento Velez Sarsfield, Rioja. 7) las, paraje poblado, Viedma, Rio Negro. 8) finca rural, Iglesia, San Juan. 9) partido del departamento Ayacucho, San Luis. 10) lugar poblado, Salinas, Ayacucho, San Luis. C. 11) paraje poblado, Atamisqui, Santiago. 12) distrito del departamento Salavina, Santiago. 13) lugar poblado. Salinas, Salavina, Santiago. 14) paraje poblado, Quebrachos, Sumampa, Santiago. 15) aldea, Capital, Tucuman. En la orilla derecha del arroyo Matadero, afluente del Lules. 16) aldea, Burruyaco, Tucuman. Al Sud de Timbó, á corta distancia de la orilla izquierda del rio Salí. 17) *Chicas,* laguna, Villarino, Buenos Aires. 18) *Chicas,* paraje poblado, Departamento 3°, Pampa. 19) *Grandes,* estancia, Lavalle, Corrientes. 20) *Grandes,* paraje poblado, Departamento 3°, Pampa. 21) *Grandes,* tres lagunas de agua salada situadas cerca del meridiano 5° de Buenos Aires, en la latitud de 37° 18', Pampa.

Salinitas, 1) lugar poblado, Punta del Agua, Tercero Arriba, Córdoba. 2) paraje poblado, Lavalle, Corrientes.

Salitral, 1) establecimiento rural, Ct. 7, Alsina, Buenos Aires. 2) paraje poblado, Departamento 2°, Pampa. 3) *Grande,* paraje poblado, Departamento 5°, Pampa.

Salitre, lugar poblado, Cañas, Anejos Norte, Córdoba.

Salli, establecimiento rural, Ctl 6, Alsina, Buenos Aires.

Salomon, 1) establecimiento rural, Ctl 4, Barracas, Buenos Aires. 2) laguna, Ctl 8, Dolores, Buenos Aires.

Salsacate, 1) pedanía del departamento Pocho, Córdoba. Tiene 2740 habitantes. (Censo del 1° de Mayo de 1890). 2) cuartel de la pedanía del mismo nombre, Pocho, Córdoba. 3) aldea, Salsacate, Pocho, Córdoba. Es la cabecera del departamento. Tiene 234 habitantes. (Censo m.) $\varphi = 31°$ 18'; $\lambda = 65°$ 6'. C, T, E.

Salsipuedes, 1) lugar poblado, Rio Ceballos, Anejos Norte, Córdoba. 2) paraje poblado, Oran, Salta.

Salta, 1) cuartel de la pedanía de La Paz, San Javier, Córdoba. 2) provincia de la Confederacion Argentina. Confina al Norte con la provincia de Jujuy y con Bolivia; al Este con las gobernaciones de Formosa y del Chaco; al Sud con las provincias de Santiago, Tucuman y Catamarca, y al Oeste con Chile. Desde la separacion de Tarija sigue el límite con Bolivia el paralelo de los 22° 10' en los Altos del Condado, departamento de Santa Victoria, y el de los 22° en la llanura del Chaco. Al Oeste sigue la frontera la prolongacion del límite que pasa por Quiaca y atraviesa el camino de Tarija á Lipez, hasta el rio Grande ó San juan y sus afluentes el rio Granados y el Coya Guaima; de allí se inclina la linea hacia el Sud, pasa por el Rosario de Susquis, Tocomar, Pasto Grande, al Este de la aldea Antofagasta de la Sierra, á 50 kms. de la laguna Blanca, que queda en el territorio de Catamarca, é inclinándose más lejos al Oeste, toca las cimas de la cordillera de los Andes y las fronteras de Chile y Catamarca. El límite con jujuy sigue al Norte el arroyo de las Tres Cruces, á 36 kms. de la ciudad de Salta; al NO. el arroyo de las Burras en la meseta del Despoblado, camino de las tropas que van á Bolivia; al NE. el arroyo de las Pavas en el valle de San Francisco, y al Este la cumbre de la sierra de Santa Bárbara y la línea de la cordillera de Zenta, que divide las aguas de los ríos Zenta, Santa Cruz y Pescado. Con Tucuman linda por una línea que, partiendo de los cerros del Changoreal corre paralelamente á los 26° de latitud y se inclina al Norte hacia el punto donde el rio Tala sale de las montañas (Abra de Tafí), atraviesa la cadena de Burruyaco y sigue luego por el arroyo Urueña. Del lado de Catamarca atraviesa el límite la sierra de Calchaquí y la del Changoreal, y pasando al Sud de la laguna Blanca llega al paso de San Francisco, donde encuentra al NO. la provincia de Atacama (hoy chilena) y al Oeste la frontera de Chile. A partir del valle de Santa María sigue el límite las alturas de la sierra de Calchaquí hasta el encuentro del arroyo del Tala. Una línea que parte de Remate pasa por Yaco-'ozo y sigue hasta el límite del Chaco. Dentro de estos límites tiene la provincia una extension de 128266 kms.², poblada por unos 150000 habitantes. El aspecto de esta provincia es sumamente variado. Al N. y NO. se extienden las mesetas que se confunden con las de Jujuy; al Oeste hay largos valles bien poblados y cultivados, como los de Calchaquí y las quebradas del Toro y del Escoipe; en el centro se dilata el gran valle de Lerma; al Sud se encuentran las quebradas de Guachipas y del Tunal, despues el valle de San Cárlos, que no es sinó una continuacion del de Calchaqui, y que, hacia la frontera de Catamarca se confunde con el de Santa María, y, finalmente, los distritos accidentados de Rosario de la Frontera. Al Este se nota el gran valle del rio Lavayén, las llanuras de Campo Santo, despues la sierra de la Lumbrera, cuyas pendientes concluyen por confundirse con las llanuras del Chaco, las planicies de Oran y del rio Bermejo y al Norte la gran cadena del Zenta. Esta configuracion del suelo, con sus distintas elevaciones, dota á la provincia, situada en las proximidades del trópico de Capricornio, de todos los climas. En efecto, si los campos de Oran no se elevan más que 300 metros sobre el nivel del mar, se encuentran, en cambio, valles que tienen de 1000 á 2000 metros de altura y mesetas que alcanzan á 3000 y 3500 metros. Las ramificaciones de la cordillera se extienden sobre la mayor parte de la provincia, pudiendo, sin embargo, reconocerse en estas montañas diversos sistemas, como la cordillera que forma el paredon occidental de los valles de Calchaquí y de Santa María, la meseta que comienza en Acay y se extiende hasta los valles de Humahuaca y de Lerma, el cordon al Este de estos valles, formado por las cadenas del Zenta, del Calilegua y de sus prolongaciones hacia el Sud, y, en fin, la sierra de la Lumbrera y sus dependencias del otro lado del rio Grande de Jujuy. Los sistemas del Norte que se destacan de la gran meseta boliviana, están surcados por largos valles y quebradas, cuyos paredones alcanzan, por término medio, hasta 4000 metros de altura sobre el nivel del mar y 6000 metros sus picos nevados, como los de Cachi, de Acay y el Cerro Negro. Las sierras del lado Sud son menos elevadas, puesto que la de la Lumbrera no sobrepasa los 2500 metros y las cadenas del otro lado del rio Juramento no alcanzan ni siquiera á esta altura. Los principales rios de la provincia son: el juramento, el San Francisco y el Bermejo. Véanse estos nombres. Las riquezas minerales de la provincia son considerables, pero hasta ahora casi inexplotadas. La principal fuente de recursos de los habitantes es la agricultura y la ganadería. Bajo el punto de vista administrativo está la provincia dividida en 20 departamentos, á saber: Capital — Caldera—Cerrillos-

Rosario de Lerma—Chicoana—Viña—Guachipas—Cachi—Molinos—San Cárlos—Cafayate—Campo Santo —Metan—Rosario de la Frontera —Anta—Rivadavia — Oran — Iruya — Santa Victoria y Poma. La ciudad de Salta es la capital de la provincia. 3) departamento de la provincia del mismo nombre, ó sea de la Capital. Confina al Norte con el de Caldera, por los arroyos Vaquero y Mojotoro; al Este con el de Campo Santo, por el camino nacional hasta el Pasaje; al Sud con el de Cerrillos, por el rio Ancho, y al Oeste con el de Rosario de Lerma, por la sierra de San Lorenzo y la acequia de la Silleta. Tiene una extension de 1200 kms.[2] y una poblacion conjetural de 25500 habitantes. Está dividido en los 6 distritos Capital, Buena Vista, Velarde, La Cruz, Costas y Lagunilla. Las arterias fluviales del departamento son el rio Pasaje y los arroyos Arias, Silleta, San Lorenzo, Arenales, Higuerillas, las Tipas, el Naranjo, los Negros, Cortaderas, del Chorro, Zanja, Colorado, Conejo y Achaval. Fuera de la capital, funcionan escuelas en Aibal y Quesera. 4) distrito del departamento de la Capital, Salta. 5) ciudad, capital de la provincia del mismo nombre Está situada á orillas del rio Arias (ó de Salta). Fundada por Hernando de Lerma el 17 de Abril de 1582, cuenta actualmente con unos 20000 habitantes. Por la vía férrea dista 45 kms. de Santa Rosa, 109 de Jujuy y 1571 de Buenos Aires. Colegio Nacional, Escuelas Normales, Seminario, Aduana, Bancos, Hospitales, Hoteles, etc. $\varphi = 24°\ 45'\ 40''$; $\lambda = 65°\ 23'\ 45''$; $\varkappa = 1202$ m. (Observatorio) FCCN, C. T, E. 6) rio. Véase rio Arias.

Saltén, arroyo, Rio Chico, Tucuman. Es uno de los orígenes del rio Chico; nace en las cumbres de Santa Ana.

Salteña, 1) la, mineral de plata, La Viña, Salta. 2) mineral de oro, Poma, Salta.

Salteño, lugar poblado, Las Colonias, Márcos Juarez, Córdoba.

Salteños, de los arroyo, Jujuy y Salta. Nace en la sierra del Maiz Gordo, se dirige al Este, es en su curso superior límite entre las provincias de Jujuy y Salta, recibe en la márgen derecha las aguas de los arroyos de los Gallos, Brealito y Seco, y desagua despues, en Corral de Mulas, en la márgen izquierda del arroyo del Valle.

Salto, [1] 1) partido de la provincia de Buenos Aires. Está situado al NO. de la Capital federal y confina con los partidos Pergamino, Arrecifes, Cármen de Areco, Chacabuco y Rojas. Tiene 1538 kms.[2] de extension y 6193 habitantes. (Censo del 31 de Enero de 1890) El partido es regado por los arroyos Salto, del Burro, Saladillo, Tito, de los Padres, de las Ánimas, Portezuelo, Pergamino, Gauna, de los Gansos, Gomez, Dulce, Zurriago y Cañada de los Ángeles. 2) villa, Salto, Buenos Aires. Es la cabecera del partido. Fundada en 1806, cuenta hoy con 4021 habitantes (Censo m.) Está ligada por una línea de mensajerias á Arrecifes, estacion del ferro-carril de la provincia (ramal del Pergamino) Sucursal del Banco de la provincia. $\varphi = 34°\ 17'\ 20''$ $\lambda = 59°\ 50'\ 19''$. C. T, E. 3) arroyo, Ctl 2, Salto, Buenos Aires. Es tributario del Arrecifes en la márgen derecha. Este arroyo forma la continuacion de la cañada y arroyo de Rojas. Pasa por las cercanías del pueblo del mismo nombre. Sus tributarios en la márgen derecha son: el Saladillo Grande, el Saladillo Chico, y el arroyo Zurriago. 4) cuartel de la pedania Monsalvo, Calamuchita, Córdoba. 5) lugar poblado, Monsalvo, Calamuchita, Córdoba. 6) lugar poblado, Candelaria, Cruz del Eje, Córdoba. 7) lugar

---

1 Catarata ó cascada.

poblado, Parroquia, Ischilin, Córdoba. 8) lugar poblado, Ciénega del Coro, Minas, Córdoba. 9) lugar poblado, Castaños, Rio Primero, Córdoba. 10) aldea, La Paz, San Javier, Córdoba. Tiene 321 habitantes. (Censo del 1º de Mayo de 1890) E. 11) pedania del departamento Tercero Arriba, Córdoba. Tiene 1158 habitantes. (Censo m.) 12) lugar poblado, Salto, Tercero Arriba, Córdoba. En las inmediaciones de este paraje forma el rio Tercero una hermosa cascada. 13) lugar poblado, General Mitre, Totoral, Córdoba. 14) estancia, Caacatí, Corrientes. 15) distrito del departamento Diamante, Entre Rios. 16) ó Santa Cruz ó Koehler, aldea de la colonia General Alvear, Salto, Diamante, Entre Rios. Véase Koehler. 17) arroyo, Diamante, Entre Rios. Desagua en la márgen izquierda del Paraná, en la direccion E. á O., y forma en toda su extension el límite entre los distritos Salto y Palmar. 18) lugar poblado, Rosario, Pringles, San Luis. 19) finca rural, Conlara, San Martin, San Luis. 20) finca rural, Rincon del Cármen, San Martin, San Luis. E. 21) vertiente, Rincon del Cármen, San Martin, San Luis. 22) *Amarillo,* arroyo, Jachal, San Juan. 23) *del Norte,* aldea, Salto, Tercero Arriba, Córdoba. Tiene 291 habitantes. (Censo m.) 24) *del Sud,* aldea, Salto, Tercero Arriba, Córdoba. Tiene 191 habitantes. (Censo m.)

Salvador, 1) finca rural, Sauce, Corrientes. 2) finca rural, San Martin, Mendoza. E. 3) villa, Angaco Norte, San juan. Está situada á unos 25 kms. al NE. de la capital provincial. Fundada en 1825 por el gobernador Salvador M. del Carril, cuenta actualmente con unos 1000 habitantes. Es la cabecera del departamento. C, E. 4) *Maria,* lugar poblado, Lobos, Buenos Aires. Por la vía férrea dista 114 kms. de la Capital federal. α = 30 m. FCO, ramal de Merlo al Saladillo. C, T, E.

Salvadora, 1) mina de cobre en el distrito mineral de las Capillitas, Andalgálá, Catamarca. 2) mina de oro en el Talita, junin, San Luis.

Samborombon, 1) arroyo, Ctl 5, 9, San Vicente; Ctl, 1, 3, 5, 7, Brandzen; Ctl 3, 4. 5, Magdalena, y Ctl 7, 8, Chascomús, Buenos Aires. Nace en el partido de San Vicente de una série de lagunas, corre en direccion de NO. á SE. y desemboca en la ensenada de Samborombon. Desde su entrada en el partido de Chascomús, hasta su desembocadura, es límite entre los partidos Magdalena y Rivadavia al Norte y Chascomús y Viedma al Sud. Su principal afluente es el Samborombon Chico, que desagua en la márgen izquierda. Los demás tributarios en esta misma orilla son: la cañada Larga, el arroyo del Puesto y el arroyo Todos los Santos 2) bahia, Rivadavia, Viedma, Castelli, Tordillo y Ajó, Buenos Aires. Sus extremidades Norte y Sud son respectivamente punta Piedras y punta Rasa (cabo San Antonio). En ella desagua el rio Salado y el arroyo Samborombon. 3) *Chico,* arroyo, La Plata, y Ctl 1, 2, Brandzen, Buenos Aires. Nace en el partido de La Plata y desagua en la márgen izquierda del Samborombon en el partido de Brandzen.

Samoidá, 1) establecimiento rural, Ctl 3, Maipú, Buenos Aires. 2) laguna, Ctl 3, Maipú, Buenos Aires.

Sampacho, 1) pedania del departamento Rio Cuarto, Córdoba. Tiene 2607 habitantes (Censo del 1º de Mayo de 1890.) 2) aldea, Sampacho, Rio Cuarto, Córdoba. Tiene 702 habitantes. (Censo m.) Por la via férrea dista 77 kms. de Villa Mercedes y 177 de Villa Maria. φ=33° 22'; λ=64° 41'; α=525 m. FCA, C, T, E. 3) colonia, Sampacho, Rio Cuarto, Córdoba. Tiene 1836 habitantes. (Censo m.) Está situada alrededor de la aldea del mismo nombre. Fué fundada en 1875 en una extension de 17700 hectáreas.

Sampal, finca rural, Capital, San Luis.

Sanagasta, 1) lugar poblado, Capital, Rioja. E. 2) vertiente, Capital, Rioja.

Sanchez, 1) arroyo, Ctl 8, Balcarce, Buenos Aires. 2) lugar poblado, Ramallo, Buenos Aires. Por la vía férrea dista 78 kms. del Rosario y 226 de Buenos Aires. $x := 30$ m. FCBAR, C, T. 3) los, lugar poblado, Tala, Rio Primero, Córdoba. 4) laguna, San Cosme, Corrientes. 5) cañada, Gualeguaychú, Entre Rios. Desagua en la márgen derecha del Gualeyan, en direccion de S. á N., y forma en toda su extension el límite entre los distritos Pehuajó al Sud y Costa del Uruguay. 6) estancia, Burruyaco, Tucuman. Al SE. del departamento, cerca de la frontera santiagueña. 7) aldea, Monteros, Tucuman. Al SE. de Simoca, á corta distancia del ferro-carril central Norte. 8) *Cué,* finca rural, Lomas, Corrientes. 9) *Cué,* finca rural, San Miguel, Corrientes. 10) *Cué,* finca rural, Santo Tomé, Corrientes.

Sancho, vertiente, Los Angeles, Capayan, Catamarca.

Sancios, lugar poblado, Copo, Santiago. F.

Sandalis, vertiente, Alcázar, Independencia, Rioja.

Sandialito, lugar poblado, Ciénega del Coro, Minas, Córdoba.

Sanford, lugar poblado, San Lorenzo, Santa Fe. Por la vía férrea dista 15 kms. de Villa Casilda y 69 del Rosario. FCOSF, ramal á Melincué. C, T.

Sanjuanina, la, laguna, Ctl 5, Lincoln, Buenos Aires.

Sanquilcó, 1) establecimiento rural, Ctl 6, Olavarría, Buenos Aires. 2) arroyo, Ctl 6, Olavarria, Buenos Aires. 3) arroyo, Ctl 10, Puan, Buenos Aires. Desagua en la márgen derecha del arroyo Chasicó Grande. 4) laguna, Ctl 9, Puan, Buenos Aires. 5) laguna, Beltran, Mendoza. Se

halla en el extremo Sud de la provincia, en la falda oriental de la sierra de Chachahuen.

Sanquimilan, arroyo, Neuquen. Es un afluente del rio Neuquen.

Santafecina, veta de cuarzo aurífero, Rinconada, Jujuy. Los trabajos alcanzan á 15 metros de profundidad y se opina que el filon puede dar de 80 á 150 gramos de oro por tonelada.

Santiagueño, 1) el, laguna, Ctl 11, Dolores, Buenos Aires. 2) estancia, Ctl 4, Trenque-Lauquen, Buenos Aires.

Santiagueños, de los, laguna, Ctl 1, Vecino, Buenos Aires.

Santillan, 1) estancia, Burruyaco, Tucuman. En el extremo SE. del departamento, cerca de la frontera santiagueña. 2) *Cué,* finca rural, Curuzú-Cuatiá, Corrientes.

Santos Lugares, 1) Véase San Martin de de Buenos Aires. 2) paraje poblado, San Luis del Palmar, Corrientes. 3) distrito del departamento Rivadavia, Salta. 4) paraje poblado, Rosario de Lerma, Salta.

Santuario, paraje poblado, Cochinoca, Jujuy.

Santurce, colonia, Monte Aguará, Colonias, Santa Fe.

Sañogasta, 1) distrito del departamento Chilecito, Rioja. 2) aldea, Chilecito, Rioja. C, E. 3) vertiente, Sañogasta, Chilecito, Rioja.

Sapará, laguna, Bella Vista, Corrientes.

Sa Pereira, lugar poblado, Colonias, Santa Fe. Por la vía férrea dista 72 kms. de Sunchales, 170 del Rosario y 474 de Buenos Aires. FCRS, C, T.

Sapo del, laguna, Ctl 10, Puan, Buenos Aires.

Sapos, 1) de los, laguna, Ctl 5, Arrecifes, Buenos Aires. 2) los, establecimiento rural, Ctl 7, Las Flores, Buenos Aires. 3) de los, laguna, Ctl 7, Las Flores, Buenos Aires.

Sara, 1) estancia, Ctl 3, Cañuelas, Buenos

Aires. 2) mina de cuarzo aurífero, San Bartolomé, Rio Cuarto, Córdoba. Está situada en el paraje llamado « Vaca Muerta. »

Saracho-Cué, estancia, San Miguel, Corrientes.

Saranay, estero, San Miguel, Corrientes.

Sarandí, [1] 1) arroyo, Ctl 2, 6, Barracas, Buenos Aires. Desagua en el rio de La Plata. 2) estancia, Ctl 8, Lobería, Buenos Aires. 3) arroyo, Ctl 8, Lobería, Buenos Aires. 4) arroyo, Ctl 3, Magdalena, Buenos Aires. 5) arroyo, Ctl 8, San Isidro, Buenos Aires. Desagua en el rio de La Plata. 6) lugar poblado, General Mitre, Totoral, Córdoba. 7) estancia, Curuzú-Cuatiá, Corrientes. 8) finca rural, Esquina, Corrientes. 9) arroyo, Esquina, Corrientes. Es un tributario del Guayquiraró en la orilla derecha, y recibe, á su vez, en la márgen izquierda, las aguas de los arroyos Ávalos y Barrancas. 10) finca rural, Goya, Corrientes. 11) estancia, La Cruz, Corrientes. 12) laguna, Lavalle, Corrientes. 13) laguna, Lomas, Corrientes. 14) finca rural, Mercedes, Corrientes. 15) arroyo, Mercedes, Corrientes. Es un tributario del Ombú. 16) laguna, Mercedes, Corrientes. 17) estancia, Paso de los Libres, Corrientes. 18) laguna, San Roque, Corrientes 19) arroyo, Capital, Entre Rios. Es un tributario del Tala, que en su curso inferior se llama arroyo de las Conchas, en la márgen izquierda. Es en toda su extension límite entre los distritos María Grande 1ª y Quebracho. 20) arroyo, Federacion, Entre Rios. Desagua en la márgen derecha del Mocoretá, en direccion de SO. á NE. Es en toda su extension límite entre los distritos Tatutí y Mandisovi. 21) distrito del departamento Gualeguaychú, Entre Rios.

22) colonia, Gualeguaychú, Entre Rios. 23) *Grande*, estancia, Ctl 3, Magdalena, Buenos Aires. 24) *Nuevo*, estancia, Ctl 8, Lobería, Buenos Aires.

Sarita Elena, establecimiento rural, Departamento 5°, Pampa.

Sarmiento, 1) (Capitan,) lugar poblado, Arrecifes, Buenos Aires. Por la vía férrea dista 80 kms. del Pergamino y 148 de Buenos Aires. $\alpha = 45$ m. FCO, ramal de Lujan á Pergamino. C, T. 2) partido de la provincia de Buenos Aires. Fué creado por ley de 18 de Octubre de 1889. Se compone de fracciones de terreno tomados de los partidos Las Conchas, Pilar y Moreno. Tiene una extension de 190 kms.[2] y una poblacion de 3202 habitantes. (Censo del 31 de Enero de 1890.) La estacion San Miguel, del ferro-carril del Pacífico, llamada ahora General Sarmiento, es la cabecera de este nuevo partido. 3) villa en formacion, Capital, Córdoba. Se halla al Sud de la ciudad, á unos 5 kms. de la misma, sobre el ferro-carril á Malagueño. 4) pedanía del departamento General Roca, Córdoba. Tiene 809 habitantes. (Censo del 1° de Mayo de 1890.) 5) aldea, Sarmieno, General Roca, Córdoba. Es la cabecera del departamento. Está situada á orillas del rio Quinto, á 38 kms. al Sud de la estacion Washington, del ferro-carril del Pacífico. Tiene 280 habitantes. (Censo m.) C, T, E. 6) colonia, Sarmiento, General Roca, Córdoba. Fué fundada en 1885 por el Gobierno Nacional en una extension de 12000 hectáreas. Rodea la aldea del mismo nombre. 7) cuartel de la pedanía General Mitre, Totoral, Córdoba. 8) aldea, General Mitre, Totoral, Córdoba. Tiene 309 habitantes. (Censo m.) Por la vía férrea dista 74 kms. de Córdoba. $\alpha = 622$ m. FCCN, C, T, E. 9) departamento de la provincia de La Rioja. Confina al Norte con la provincia de Catamarca, al Este con los depar-

---

1 Arbusto — Sarandí Blanco (Phillantus selloviana); Sarandí Colorado (Cephalantus Sarandí.)

tamentos Famatina y Chilecito; al Sud con el departamento Lavalle, y al Oeste con Chile. Tiene unos 1040 ½ kms.² de extension y una poblacion conjetural de 7000 habitantes. Está dividido en los 5 distritos: Vinchina, Horno, Banda, Cerro Negro y Jagüel. El departamento es regado por los arroyos Vinchina, Nevado, de la Laguna y Pescado. Escuelas funcionan en Vinchina, Cerro Negro, Jagüel y Las Burras. Antes se llamaba este departamento de Vinchina. La cabecera del departamento es la aldea Vinchina. 10) distrito del departamento de las Colonias, Santa Fe. Tiene 446 habitantes. (Censo del 7 de Junio de 1887.) 11) colonia, Sarmiento, Colonias, Santa Fe. C, E. 12) cerro en la Tierra del Fuego argentina. $\varphi = 54° 27' 15''$; $\lambda = 70° 51' 15''$; $\alpha = 2056$ m. (Fitz Roy.)

Sarmientos, 1) distrito del departamento Chilecito, Rioja. 2) aldea, Rio Chico, Tucuman. En la orilla derecha del arroyo Barrientos.

Sarnosita, arroyo, Capital, Santa Fe. Nace en la cañada Guayairá y derrama sus aguas en el arroyo Calchaquí.

Sarramea, finca rural, Lujan, Mendoza.

Sastre, 1) colonia, Espinillos, Márcos Juarez, Córdoba. Tiene 153 habitantes. (Censo del 1° de Mayo de 1890). 2) distrito del departamento San Jerónimo, Santa Fe. Tiene 750 habitantes. (Censo del 7 de Junio de 1887.) 3) colonia, Sastre, San Jerónimo, Santa Fe. Por la vía férrea dista 201 kms. de Cañada de Gomez. FCCA, ramal de Cañada de Gomez á las Yerbas. C, T.

Sastres de los, ria ho, Ctl 1, Las Conchas, Buenos Aires.

Saturno, 1) estancia, Esquina, Corrientes. 2) mineral de plata, Poma, Salta. 3) *Cué,* finca rural, Esquina, Corrientes.

Sauce, 1) del, arroyo, Ctl 2, Ajó, Buenos Aires. 2) del, arroyo, Ctl 4, Baradero, Buenos Aires. 3) estancia, Ctl 3, Brand-

zen, Buenos Aires. 4) el, arroyo, Ctl 2, 3, Giles, y Ctl 1, Lujan, Buenos Aires. 5) arroyo, Ctl 9, Guaminí, Buenos Aires. 6) el, laguna, Ctl 13, Juarez, Buenos Aires. 7) el establecimiento rural, Ctl 2, Junin, Buenos Aires. 8) del, laguna, Ctl 5, Junin, Buenos Aires. 9) el, arroyo, La Plata, Buenos Aires. 10) establecimiento rural, Ctl 2, Las Flores, Buenos Aires. 11) el, laguna, Ctl 2, Las Flores, Buenos Aires. 12) estancia, Ctl 3, Magdalena, Buenos Aires. 13) estancia, Ctl 5, Maipú, Buenos Aires. 14) laguna, Ctl 2, Maipú, Buenos Aires. 15) arroyo, Moreno, Buenos Aires. Es un pequeño tributario del arroyo de Las Conchas. 16) establecimiento rural, Ctl 4, Navarro, Buenos Aires. 17) del, laguna, Ctl 2, Navarro, Buenos Aires. 18) arroyo, Ctl 2, Necochea, Buenos Aires. 19) establecimiento rural, Ctl 2, Patagones, Buenos Aires. 20) establecimiento rural, Ctl 5, Pergamino, Buenos Aires. 21) laguna, Ctl 1, Rodriguez, Buenos Aires. 22) laguna, Ctl 4, Saladillo, Buenos Aires. 23) establecimiento rural, Ctl 6, San Antonio de Areco, Buenos Aires. 24) establecimiento rural, Ctl 6, San Vicente, Buenos Aires. 25) establecimiento rural, Ctl 2, Suarez, Buenos Aires. 26) establecimiento rural, Ctl 2, Tapalqué, Buenos Aires. E. 27) establecimiento rural, Ctl 8, Vecino, Buenos Aires. 28) el, laguna, Ctl 8, Vecino, Buenos Aires. 29) laguna, Ctl 8, Veinte y Cinco de Mayo, Buenos Aires. 30) vertiente, Balcosna, Paclin, Catamarca. 31) lugar poblado, Monsalvo, Calamuchita, Córdoba. 32) lugar poblado, Reartes, Calamuchita, Córdoba. C, T, E. 33) lugar poblado, Rio de los Sauces, Calamuchita, Córdoba. 34) lugar poblado, Candelaria, Cruz del Eje, Córdoba. 35) lugar poblado, San Cárlos, Minas, Córdoba. 36) aldea, Parroquia, Pocho Córdoba. Tiene 113 habitantes. (Censo del 1° de Mayo de 1890). 37) lugar poblado, Salsacate, Pocho, Córdoba. 38) lugar poblado, Dolores, Punilla, Córdoba. 39) lugar poblado, Rio Cuarto, Córdoba. $\varphi = 32°33'$; $\lambda = 64°35'$. 40) aldea, Tala, Rio Primero, Córdoba. Tiene 112 habitantes (Censo m.) 41) cuartel de la pedanía Chuñaguasi, Sobremonte, Córdoba. 42) lugar poblado, Chuñaguasi, Sobremonte, Córdoba. 43) lugar poblado, Totoral, Córdoba. $\varphi = 30°47'$; $\lambda = 64°19'$; $\alpha = 1500$ m. (Brackebusch). 44) lugar poblado, San José, Tulumba, Córdoba. 45) vertiente, San José, Tulumba, Córdoba. 46) lugar poblado, Litin, Union, Córdoba. 47) finca rural, Caacatí, Corrientes. 48) estancia, Concepcion, Corrientes. 49) arroyo, Curuzú-Cuatia, Corrientes. Es un afluente del María Grande. 50) arroyo, Mercedes, Corrientes. Es un afluente del Itapucú. 51) laguna, Saladas, Corrientes. 52) estancia, San Luis, Corrientes. 53) estancia, San Miguel, Corrientes. 54) estancia, San Roque, Corrientes. 55) departamento de la provincia de Corrientes. Confina al Norte con el departamento Esquina por medio del arroyo Avalos; al Este con el departamento Curuzú-Cuatiá; al Sud con la provincia de Entre Rios por medio del Guayquiraró, y al Oeste con el departamento Esquina. Tiene 2700 kms.² de extension y una poblacion conjetural de 5000 habitantes. El departamento es regado por los arroyos Guayquiraró, Barrancas, Sauce, Seco, Tigre, Animas, Espinillo, Saucesito, Horqueta, Aguará, Tunas y Curuzú. 56) aldea, Sauce, Corrientes. Es la cabecera del departamento. Está situada á orillas del arroyo del mismo nombre, á unos 15 kms. de la frontera de Entre Rios, y á 70 al ESE. de Esquina. C, E. 57) arroyo, Federal, Concordia, Entre Rios. Desagua en la márgen dèrecha del Gualeguay, en direccion de NO. á SE. 58) distrito del departamento Gualeguay, Entre Rios.

59) distrito del departamento Nogoyá, Entre Rios. 60) arroyo, Entre Rios. Desagua en la márgen izquierda del Nogoyá, en direccion de E. á O. y forma en toda su extension el límite entre los departamentos Nogoyá (Sauce) y Gualeguay (Sauce). 61) arroyo, Nogoyá, Entre Rios. Desagua en la márgen izquierda del Nogoyá, en direccion de E. á O., y forma en toda su extension el límite entre los distritos Chiqueros y Sauce. 62) arroyo, Sauce, Nogoyá, Entre Rios, Es un tributario del Nogoyá en la márgen izquierda. 63) arroyo, Chiqueros, Nogoyá, Entre Rios. Es un tributario del Nogoyá en la márgen izquierda. 64) distrito del departamento Paraná (Capital), Entre Rios. 65) arroyo, Rosario Tala, Entre Rios. Desagua en la márgen derecha del Gualeguay, en direccion de NO. á SE., y es en toda su extension el límite entre los distritos Sauce al Norte y Sauce al Sud. 66) arroyo, Uruguay, Entre Rios. Es un tributario del Gualeguaychú en la márgen izquierda y forma en toda su extension el límite entre los distritos Tala y Potrero de San Lorenzo. 67) el, paraje poblado, Guaymallén, Mendoza. 68) paraje poblado, Maipú, Mendoza. 69) el, finca rural, Chilecito, Rioja. 70) finca rural, Cafayate, Salta. 71) estancia, Campo Santo, Salta. 72) el, finca rural, Guachipas, Salta. 73) estancia, Rosario de la Frontera, Salta. 74) el, finca rural, Jachal, San Juan. 75) el, finca rural, Dolores, Chacabuco, San Luis. 76) chacra, Renca, Chacabuco, San Luis. 77) lugar poblado, Totoral, Pringles, San Luis. 78) finca rural, Conlara, San Martin, San Luis. 79) finca rural, Guzman, San Martin, San Luis. 80) distrito del departamento de las Colonias, Santa Fe. Tiene 1547 habitantes. (Censo del 7 de Junio de 1887). 81) colonia, Sauce, Colonias, Santa Fe. Tiene 379 habitantes. (Censo m.) E. 82) del, arro-

yo, Rosario y General Lopez, Santa Fe. Es tributario del denominado Pavon y forma en toda su extension el límite entre los departamentos Rosario y General Lopez. 83) distrito del departamento Atamisqui, Santiago del Estero. 84) distrito de la seccion Matará, del departamento Matará, Santiago del Estero. 85) *Abajo*, lugar poblado, Dolores, San Javier, Córdoba. 86) *y Arenal*, finca rural, Rosario de la Frontera, Salta. 87) *Arriba*, cuartel de la pedanía San Pedro, San Alberto, Córdoba. 88) *A. riba,* aldea, San Pedro, San Alberto, Córdoba. Tiene 387 habitantes. (Censo m.) E. 89) *Arriba*, cuartel de la pedanía Dolores, San javier, Córdoba. 90) *Arriba*, lugar poblado, Dolores, San javier, Córdoba. 91) *Blanco*, paraje poblado, Viedma, Rio Negro. 92) *de la Cañada*, paraje poblado, Las Heras, Mendoza. 93) *Chico*, estancia, Ctl 12, Bahia Blanca, Buenos Aires. 94) *Chico*, arroyo, Ctl 4, 12, 13, 14, Bahía Blanca; Ctl 5, Puan; y Villarino, Buenos Aires. Nace en la sierra de Currumalan, corre en direccion SO. primero, S. despues y SE. al fin y desagua á inmediaciones de Bahía Blanca, en el puerto Belgrano de Bahia Blanca, (Océano Atlántico). En la márgen izquierda, cerca de Bahía Blanca, recibe las aguas del Napostá Grande El Sauce Chico es en toda su extension límite entre los partidos Bahía Blanca al Este, y los de Puan y Villarino al Oeste. 95) *Chico*, estancia, Ctl 5 Puan, Buenos Aires. 96) *Chico*, laguna, Villarino, Buenos Aires. 97) *Chico*, lugar poblado, Ciénega del Coro, Minas, Córdoba. 98) *Chico*, paraje poblado, Departamento 10°, Pampa. 99) *Chiquito*, aldea, Toyos, Ischilin, Córdoba. Tiene 108 habitantes. (Censo m) 100) *Corto*, lugar poblado, Suarez, Buenos Aires. Por la vía férrea dista 190 kms. de Bahía Blanca y 519 de Buenos Aires. $z = 235$ m. FCS, C, T, E. 101)

Corto, arroyo, Ctl 1, 2, 3, 4, 6, Suarez, Buenos Aires. Nace en la sierra de Currumulan, corre hacia el Norte y borra su cauce en bañados, cerca del límite que separa los partidos Suarez y Guaminí. En su orígen recibe en la márgen derecha las aguas de « El Perdido.» 102) *Esquina*, lugar poblado, Castaños y Suburbios, Rio Primero, Córdoba. 103) *Grande*, estancia, Ctl 6, Bahia Blanca, Buenos Aires. C. 104) *Grande*, arroyo, Suarez; Ctl 6, 7, 9, Bahía Blanca; Pringles; y Ctl 3, 10, 12, Dorrego, Buenos Aires. Tiene su origen en la sierra de la Ventana, corre en direccion S., SE. y E. y desemboca en el Océano Atlántico, despues de haber atravesado la laguna Sauce Grande. Es en toda su extension límite entre el partido Suarez (al Norte) y Bahía Blanca (al Sud), y despues entre los partidos Pringles y Dorrego (al Este) y Bahía Blanca (al Oeste). Sus tributarios, todos en la márgen izquierda, son los arroyos Negro, Zorro, Divisorio y Mostazas. 105) *Grande*, lugar poblado, Ciénega del Coro, Minas, Córdoba. 106) *Grande,* arroyo, Sauce, Capital, Entre Rios. Desagua en la márgen izquierda del arroyo de las Conchas, en direccion de S. á N. En su curso inferior es límite entre los distritos Espinillo y Sauce. 107) *Grande*, finca rural, Jachal, San juan. 108) *Guacho,* paraje poblado, La Viña, Salta. 109) *Huascho*, estancia, Graneros, Tucuman. 110) *Ladeado*, paraje poblado, Departamento 10°, Pampa. 111) *Lloron,* finca rural, Cafayate, Salta. 112) *Loma,* finca rural, Ituzaingó, Corrientes. 113) *Luna*, distrito del departamento Villaguay, Entre Rios. 114) *Luna*, arroyo, Villaguay, Entre Rios. Desagua en la márgen derecha del Gualeguay, en direccion de NO. á SE. Es en toda su extension límite entre los distritos Sauce Luna y Mojones al Norte. 115) *Melú,* establecimiento rural, Ctl 8, Guaminí, Buenos Aires. 116) *al Norte,* distrito del departamento Rosario Tala, Entre Rios. 117) *y Potrero,* estancia, Rosario de la Frontera, Salta. 118) *Punzó,* lugar poblado, Santa Cruz, Tulumba, Córdoba. 119) *Quemado,* lugar poblado, Parroquia, Ischilin, Córdoba. 120) *Quemado,* lugar poblado, San Roque, Punilla, Córdoba. 121) *Redondo,* paraje poblado, Guachipas, Salta. 122) *So'o* estancia, Paso de los Libres, Corrientes. 123) *al Sud,* distrito del departamento Rosario Tala, Entre Rios. 124) *Viejo,* finca rural, jachal, San Juan.

Sauces, 1) arroyo, Ctl 3, juarez, Buenos Aires. 2) los, establecimiento rural, Ctl 6, Las Flores, Buenos Aires 3) estancia, Ctl 10, Saladillo, Buenos Aires. 4) arroyo, Ctl 10, Tandil, Buenos Aires. 5) los, estancia, Espinillos, Márcos juarez, Córdoba 6) lugar poblado, San Antonio, Punilla, Córdoba. 7) de los, arroyo, San Alberto y San Javier, Córdoba. Nace en la altiplanicie comprendida por la pampa de Achala y la sierra de Pocho. Se dirige primero al Sud, dobla luego en los remates australes de la sierra de Pocho al Oeste, pasa por entre los pueblos de San Pedro y Dolores y termina en la frontera de San Luis, por inmersion en el suelo poroso de la pampa. 8) lugar poblado, Algodon, Tercero Abajo, Córdoba. 9) los, lugar poblado, Rio Pinto, Totoral, Córdoba. 10) paraje poblado, Ledesma, jujuy. 11) los, paraje poblado, Tunuyan, Mendoza. 12) distrito del departamento San Blas de los Sauces, Rioja. 13) (San Blas de los) aldea, Sauces, San Blas de los Sauces, Rioja. Es la cabecera del departamento. Está situado á orillas del arroyo Sauces. C, E. 14) de los, arroyo, Rioja. Nace en la sierra de Velasco, se dirige de S. á N., pasa sucesivamente por Talas, Chusquis, San Blas de los Sauces y Al-

pasinche, y desagua en el rio Colorado cerca de Loroguasi, en la frontera que separa las provincias de La Rioja y de Catamarca. Riega el distrito Molinos, del departamento Castro Barros, y los de San Blas, Suriyaco, Alpasinche, Sauces y Chusquis, del departamento San Blas de los Sauces. 15) los, paraje poblado, Caldera, Salta. 16) los, paraje poblado, Chicoana, Salta. 17) distrito del departamento Guachipas, Salta. 18) paraje poblado, Rosario de Lerma, Salta. 19) finca rural, Jachal, San Juan. 20) arroyo, San Luis. Riega los distritos Guzman, del departamento San Martin, y Renca, del departamento Chacabuco. 21) los, finca rural, Rosario, Pringles, San Luis. 22) estancia, Burruyaco, Tucuman. Cerca de la frontera de Salta. C. 23) arroyo, Burruyaco, Tucuman. Nace en la falda occidental de los «Cerros del Campo,» toma luego el nombre de rio Urueña y se borra en terrenos salitrosos de la provincia de Santiago, poco despues de haber entrado en ella. Es en casi toda su extension límite entre las provincias de Salta y Tucuman. En su orilla izquierda recibe algunos pequeños afluentes salteños, como el Morenillo, el Yerba Buena y el Aragon. 24) estancia, Graneros, Tucuman. En la orilla izquierda del arroyo Graneros. 25) lugar poblado, Trancas, Tucuman. C. 26) *de San Márcos,* aldea, Cruz del Eje, Cruz del Eje, Córdoba. Tiene 154 habitantes. (Censo del 1° de Mayo de 1890.) Por la vía férrea dista 12 kms. de Cruz del Eje y 138 de Córdoba. FC de Córdoba á Cruz del Eje. C, T.

Saucesito, 1) lugar poblado, Cañada de Alvarez, Calamuchita, Córdoba. 2) lugar poblado, Argentina, Minas, Córdoba. 3) lugar poblado, San Cárlos, Minas, Córdoba. 4) finca rural, Goya, Corrientes. 5) finca rural, Mercedes, Corrientes. 6) finca rural, Sauce, Corrientes. 7) arroyo, Sauce, Corrientes. Es un tributario del Barrancas. 8) finca rural, Dolores, Chacabuco, San Luis. 9) finca rural, Rosario, Pringles, San Luis.

Sauceyaco. 1) estancia. Capital, Tucuman. En la orilla derecha del arroyo Planchones. 2) estancia, Graneros, Tucuman.

Sauco, finca rural San Lorenzo, San Martin, San Luis.

Saucos los, estancia, Ctl 2, Veinte y Cinco de Mayo, Buenos Aires.

Saujil, 1) distrito del departamento Poman, Catamarca. 2) aldea, Saujil, Poman, Catamarca. E. 3) vertiente, Saujil, Poman, Catamarca. Es agotada por la agricultura de Saujil. 4) distrito del departamento Tinogasta, Catamarca.

Sauzal, 1) paraje poblado, Ledesma, Jujuy. 2) paraje poblado, San Pedro, Jujuy. 3) paraje poblado, Valle Grande, Jujuy. 4) finca rural, Cafayate, Salta. 5) paraje poblado, Caldera, Salta. 6) paraje poblado, Oran, Salta. 7) finca rural, Rosario de la Frontera, Salta. 8) lugar poblado, Jimenez, Santiago. E. 9) lugar poblado, Trancas, Tucuman. A orillas del arroyo Colalao.

Sauzalito, 1) finca rural, Valle Grande, Jujuy. 2) finca rural, Campo Santo, Salta. 3) finca rural, Iruya, Salta. 4) paraje poblado, La Viña, Salta.

Saya la, estancia, Concepcion, Corrientes

Sayaga, laguna, Ctl 2, Pringles, Buenos Aires.

Sayape, laguna, Villa Mercedes Pedernera, San Luis. z=436 m. (Lallemant.)

Sayon, lugar poblado, Copacabana, Ischilin, Córdoba.

Sazo, paso de. Véase Paso de las Damas.

Sebastopol, 1) estancia, Ctl 5. Navarro, Buenos Aires. 2) establecimiento rural, Ctl 2, Veinte y Cinco de Mayo, Buenos Aires.

Seca, 1) laguna, Ctl 3, Ayacucho, Buenos Aires. 2) la, establecimiento rural, Ctl 7, Lobos, Buenos Aires. 3) la, laguna, Ctl 7, Lobos, Buenos Aires. 4) la, laguna, Ctl 5, Maipú, Buenos Aires. 5) laguna, Ctl 1, Mar Chiquita, Buenos Aires. 6) estancia, Ctl 8, 10, Rauch, Buenos Aires. 7) laguna, Ctl 2, Tapalqué, Buenos Aires. 8) laguna, Ctl 7, Tres Arroyos, Buenos Aires.

Seclantas, 1) distrito del departamento Molinos, Salta. 2) aldea, Seclantas, Molinos, Salta. E.

Seco, 1) arroyo, Ctl 7, Juarez, Buenos Aire. 2) arroyo, Ctl 1, 2, 5, 6, 8, Loberia, Buenos Aires. Es un tributario del Quequen Grande, en la márgen izquierda. 3) el, establecimiento rural, Ctl 5, Monte, Buenos Aires. 4) del, laguna, Ctl 5, Monte, Buenos Aires. Se comunica por medio del arroyo Totoral con las denominadas del Monte, de las Perdices y de Maipú, todas las cuales desaguan, por medio del arroyo Manantiales, en la llamada Cerrillos. 5) arroyo, Ctl 2, 3, 6, 8, Pueyrredon, Buenos Aires Desagua en el Océano Atlántico. 6) arroyo, Ctl 1, 4, 6, 7, Ramallo, Buenos Aires. Desemboca en el Paraná, al Sud del arroyo Ramallo y al Norte del de las Hermanas. 7) arroyo, Ctl 1, 6, 11, 13, Tres Arroyos, Buenos Aires Es uno de los orígenes del arroyo Claramecó. 8) arroyo, Cruz del Eje, Córdoba. Nace en las faldas occidentales de la sierra Chica y desagua al salir de ella en la márgen derecha del arroyo Cruz del Eje 9) arroyo, Anta, Salta. Nace en la sierra del Maiz Gordo, reune al poco andar sus aguas con las del Barrialito y desagua en la márgen derecha del arroyo de los Gallos. 10) arroyo, Oran, Salta. Nace en las faldas orientales de la sierra de Calilegua y desagua en la márgen izquierda del rio San Francisco, frente á la Hoyada. 11) vertiente, Larca y Dolores, Chacabuco, San Luis. 12) arroyo, Rosario, Santa Fe. Es un pequeño tributario del Paraná, en el que desagua á unos 25 kms. al Sud del Rosario. 13) arroyo, Burruyaco, Tucuman. Es un pequeño tributario del Medina, en la márgen izquierda. 14) arroyo, Monteros y Chicligasta, Tucuman. Es un tributario del Salí en su márgen derecha. Desciende de la falda oriental del Aconquija y se dirige con rumbo ESE. hácia el Salí, sin recibir un solo afluente. Es en toda su extension límite entre los departamentos Monteros y Chicligasta. 15) *de Tolombon*, arroyo, Trancas, Tucuman. Es un tributario del Colalao en la orilla izquierda. Desagua á inmediaciones del pueblo San Pedro de Colalao.

Segovia, 1) laguna, Ctl 5, juarez, Buenos Aires. 2) *Chica*, laguna, Ctl 2, Puan, Buenos Aires. 3) *Grande*, laguna, Ctl 2, Puan, Buenos Aires.

Segunda, 1) *Angostura*, paraje por lado, Viedma, Rio Negro. 2) *Época*, establecimiento rural, Ctl 5, Maipú, Buen's Aires.

Segundo, rio, Córdoba. Tiene su orígen en las aguas que descienden de las altiplanicies y cumbres de la sierra de los Comechingones. Los principales elementos de formacion de este rio son el arroyo de la Suela, el Espinillo, el del Medio y el de Reartes. Estos cuatro arroyos reunen sus aguas á inmediaciones del Potrero de Garay, donde el rio Segundo, ya formado, sale de la sierra y entra en la llanura con rumbo NE. En su trayecto hácia la Mar Chiquita riega sucesivamente los pueblos San Antonio, Cosme, Rio Segundo, Pilar, Rosario y San Francisco. A la altura de la «Concepcion del Tio» se divide en varios brazos, de los cuales el más importante es el que lleva el nombre de arroyo de Guevara. El rio Segundo termina en los bañados que rodean la Mar Chiquita En el largo trayecto de unos 260 kms que el rio recorre, desde la sierra Chica hasta la Mar Chiquita, recibe un solo afluente,

á inmediaciones de la sierra, el pequeño arroyo de Anisacate. En su curso superior el rio Segundo es límite entre los departamentos Anejos Sud y Terrero Arriba.

Seguro, 1) el, estancia, Ctl 4, Patagones, Buenos Aires. 2) arroyo, Beltran, Mendoza. Es un tributario del rio Grande en la márgen derecha.

Seis de Agosto, establecimiento rural, Ctl 1, Pringles, Buenos Aires.

Selva la, lugar poblado, Manzanas, Ischilin, Córdoba.

Semitica la, estancia, Ctl 6, Bolivar, Buenos Aires.

Sena, arroyo, Sauce, Corrientes. Es un tributario del Guayquiraró en la márgen izquierda.

Senegal, finca rural, Jachal, San juan.

Senguel, rio, Chubut Es un tributario del Chubut en la márgen derecha. ($\varphi = 43°$ 38'; $\lambda = 66°$ 40'; Moyano) Nace en la cordillera entre los 44 y 45° de latitud; corre primero con rumbo á SE. hasta los 45° 50' aproximadamente, donde dobla á NE, formando al poco andar los lagos ó lagunas gemelas Colhue-Huapí y Musters En su curso superior recibe varios afluentes en ambas márgenes, muy poco explorados, lo mismo que el rio principal, del cual es dudoso todavia si se llama Senger ó Senguel.

Sepultura, 1) la, laguna, Ctl 13, Dolores, Buenos Aires. 2) finca rural, Dolores, Chacabuco, San Luis. 3) chacra Larca, Chacabuco, San Luis. 4) arroyo, Larca y Dolores, Chacabuco, San Luis. Nace en la sierra de Córdoba, corre de E. á O. y borra su cauce al poco andar, por agotamiento. 5) lugar poblado, Silipica, Santiago E.

Sepulturas, estancia, Trancas, Tucuman.

Sermon, 1) el, laguna, Ctl 8, Vecino, Buenos Aires. 2) *de la Esperanza*, establecimiento rural, Ctl 1, Vecino, Buenos Aires

Serodino, lugar poblado, Irion lo, Santa Fe. Por la via férrea dista 47 kms. del Rosario, 194 de Sunchales y 352 de Buenos Aires. $\varkappa = 34$ m. FCRS, C, T.

Serrezuela, 1) lugar poblado, Pichanas, Cruz del Eje, Córdoba. Por la vía férrea dista 134 kms. de Dean Fúnes y 288 de Chilecito FC de Dean Fúnes á Chilecito. $\varphi = 30° 40'$; $\lambda = 65° 21'$; $\varkappa = 290$ m. C, T. 2) sierra, Córdoba. Es la occidental de las tres cadenas de sierras que surgen en la llanura cordobesa. Se compone de tres partes, de la Serrezuela propiamente dicha, que se halla al Norte y que da el nombre á toda la cadena; de la sierra de Guasapampa, al Oeste y Sud de la primera, y de la sierra de Pocho, al Sud de la anterior. Se extiende desde la «Punta de la Sierra» ($\varphi = 30° 40'$) hasta los $31° 55'$ de latitud Sud, abarcando así una longitud de 140 kms. con una anchura de 30 á 35 kms. Esta sierra se eleva en los departamentos Cruz del Eje, Minas, Pocho y San Alberto Sus cumbres más notables son: el cerro de la Yerba Buena (1645 m.) el del Agua de la Cumbre (1400 m.), el de la Bola, el del Durazno, del Salado, el de Poca (1500 m.), de Boroa (1250 m) y de Velis.

Severo, arroyo, Ctl 9, Tandil, Buenos Aires.

Sevigné, lugar poblado, Dolores, Buenos Aires. Por la vía férrea dista 191 kms. de la Capital federal. $\varkappa = 8$ m. FCS, linea de Altamirano á Tres Arroyos. C, T.

Sevilla, 1) cuartel de la pedanía Caminiaga, Sobremonte, Córdoba. 2) lugar poblado, Caminiaga, Sobremonte, Córdoba.

Sharples, fortin, Nequen. Está situado á corta distancia de la orilla derecha del Collon-Curá, entre los arroyos Quenquemetrén y Chimehuin.

Shaw (ó Fired), lugar poblado, Azul, Buenos Aires. Por la vía férrea dista 296 kms. de la Capital federal. $\varkappa = 106$ m. FCS, C, T.

Siambon, cerros situados al Oeste del departamento de la Capital, Tucuman.

Sianca, rio. Véase rio Lavayén.

Siasgo, 1) establecimiento rural, Ctl 6, Monte, Buenos Aires. 2) arroyo, Ctl 6, Monte, Buenos Aires. Desagua en la laguna del mismo nombre, situada en el limite de los partidos Monte y Ranchos. 3) laguna, Monte y Ranchos, Buenos Aires. Es atravesada por el rio Salado.

Siempre, 1) *Amigo,* establecimiento rural, Ctl 2, 3, Azul, Buenos Aires. 2) *Amigo,* arroyo, Ctl 2, 3, Azul, Buenos Aires 3) *Amigos,* establecimiento rural, Ctl 2, Bolívar, Buenos Aires. 4) *Viva,* laguna, Ctl 8, Ayacucho, Buenos Aires. 5) *Viva,* establecimiento rural, Ctl 13, Necochea, Buenos Aires.

Sierra, 1) cuartel de la pedanía Rio de los Sauces, Calamuchita, Córdoba. 2) lugar poblado, Dolores, Punilla, Córdoba. 3) cuartel de la pedanía Nono, San Alberto, Córdoba. 4) cuartel de la pedanía Tránsito, San Alberto, Córdoba. 5) la, cadena de montañas, San Juan. Este cordon se eleva paralelamente á la sierra del Tontal, á la cual está unida por varios contrafuertes que forman otras tantas mesetas elevadas. La altura media de esta sierra es de unos 3000 metros. 6) vertiente, Morro, Pedernera, San Luis 7) alto de la, en la sierra de Ambargasta, Sumampa, Santiago. $\varphi = 29° 5'$; $\lambda = 63° 42'$; $\varkappa = 210$ m. (Moussy). 8) aldea, Monteros, Tucuman. En la orilla derecha del arroyo Mandolo, tributario del Romanos 9) *Abrega,* lugar poblado, San Cárlos Minas, Córdoba. 10) *Chica,* presidio provincial, Olavarria, Buenos Aires. A corta distancia al Norte de la Villa de Olavarría, C, T, E. 11) *Chica,* lomadas Olavarría. Buenos Aires. Arrancan de la sierra Quinalauquen, á inmediaciones del pueblo de Olavarría. 12) *Chica,* sierra,

Córdoba. Principia en los 30° 30' de latitud con las sierras de Masa y Copacabana y se extiende hacia el Sud por unos 190 kms. hasta los 32° 10' de latitud, donde el rio Tercero la separa de la sierra de los Cóndores. La altura media de esta sierra es de 800 á 1200 metros y su anchura de 15 á 30 kms. Sus principales cumbres son: el cerro del Pajarillo, de Minas (1790 m). el Pan de Azúcar (1760 m), el Vizcacheras, el San Ignacio, el Cocha (1300 m) y el cerro del Arbol. 13) *Larga*, establecimiento rural, Ctl 3, Lobería, Buenos Aires. E. 14) *Leones*, los, lugar poblado, Tandil, Buenos Aires. E. 15) *de Lihuel - Calel*, paraje poblado, Departamento 9°, Pampa. 16) *de Minas*, lugar poblado, General Roca, Rioja. E. 17) *Pelada*, lugar poblado, Cañada de Alvarez, Calamuchita, Córdoba. 18) *Rincon*, finca rural, Mercedes, Corrientes. 19) *Santa Cruz*, paraje poblado, Independencia, Rioja. 20) *de los Viejos*, establecimiento rural, Departamento 4°, Pampa.

Sierras, 1) de las, arroyo, Ctl 2, Olavarría, Buenos Aires 2) *de Paredes*, cuartel de la pedanía San Cárlos, Minas. Córdoba.

Sierrecitas las, finca rural, Rosario, Pringles, San Luis.

Sierrita, 1) la, cuartel de la pedanía Monsalvo, Calamuchita, Córdoba 2) lugar poblado, Monsalvo, Calamuchita, Córdoba. 3) cuartel de la pedanía Salsacate, Pocho, Córdoba. 4) lugar poblado, Salsacate, Pocho, Córdoba. 5) *Lopez*, lugar poblado, Lagunilla, Anejos Sud, Córdoba.

Sierritas, vertiente, Rosario, Pringles, San Luis.

Siete, 1) *Arboles*, estancia, Curuzú Cuatiá, Corrientes. 2) *Arboles*, estancia, Santo Tomé. Corrientes. 3) *de Diciembre*, establecimiento rural, Ctl 9, Saladillo, Buenos Aires. 4) *Hermanas*, las finca rural, Bella Vista, Corrientes. 5) *Higue-*

ras, estancia, La Cruz, Corrientes. 6) *Lomas*, establecimiento rural, Ctl 5, Maipú, Buenos Aires. 7) *Lomas*, laguna, Ctl 5, Maipú, Buenos Aires. 8) *Vueltas*, lugar poblado, Ciénega del Coro, Minas, Córdoba.

Siguiman, lugar poblado, Cruz del Eje, Cruz del Eje, Córdoba.

Sijan, 1) distrito del departamento Poman, Catamarca. 2) vertiente, Sijan, Poman, Catamarca. Nace en la falda occidental de la sierra de Ambato y es agotada por la agricultura á inmediaciones de su nacimiento

Silipica, 1) departamento de la provincia de Santiago. Está situado en ambas orillas del rio Dulce y al Sud del departamento Robles. Tiene 1394 kms.^{2} de extension y una poblacion conjetural de 15000 habitantes. Está dividido en las dos secciones Silipica Primera y Silipica Segunda. La primera comprende los 5 distritos: Monte-Cristo, Ramadita, Silipica, Manogasta y Cruz-Pozo; la segunda se compone de los 6 distritos: Sumamao, Suncho-Pozo, Gallegos, Cansinos, Higuera y Tuama. En Manogasta, Sepultura, Sumamao, juana, Achapuca y en las estaciones Loreto y Simbol, del ferro-carril de Frias á Santiago, existen núcleos de poblacion. 2) distrito de la seccion Silipica Primera, del departamento Silipica, Santiago. 3) aldea, Silipica, Santiago. Es la cabecera del departamento. Está situada en la márgen derecha del rio Dulce y dista 48 kms., al Sud, de la Capital Tiene unos 600 habitantes. C, T, E. 4) *Primera*, seccion del departamento Silipica, Santiago del Estero. 5) *Segunda*, seccion del departamento Silipica, Santiago.

Silleta, 1) distrito del departamento Rosario de Lerma, Salta. 2) aldea, Rosario de Lerma, Salta. Está situada á orillas del arroyo del mismo nombre. E. 3) arroyo, Rosario de Lerma y Capital,

Salta. Es uno de los elementos de formacion del arroyo Arias.

Silos, laguna, Ct' 4, Nueve de Julio, Buenos Aires.

Silva, 1) laguna, San Cosme, Corrientes. 2) estancia, Tafí, Trancas, Tucuman. Cerca de la confluencia de los arroyos Muñoz é Infiernillo. 3) *Cué*, finca rural, Bella Vista, Corrientes.

Silvana, establecimiento rural, Ctl 4, Márcos Paz, Buenos Aires.

Silveira, lugar poblado, La Cruz, Corrientes. Por la vía férrea dista 258 kms. de Monte Caseros y 176 de Posadas. x = 85 m. FC Noreste Argentino, ramal de Monte Caseros á Posadas. C, T.

Silverio, 1) cuartel de la pedanía de las Estancias, Rio Seco, Córdoba. 2) lugar poblado, Estancias, Rio Seco, Córdoba. 3) laguna, Capital, San Luis Es formada por el Desaguadero. 4) *Cué*, finca rural, San Miguel, Corrientes.

Silvestre el, establecimiento rural, Ctl 7, Trenque-Lauquen, Buenos Aires.

Simbol, 1) lugar poblado, Toyos, Ischilin, Córdoba. 2) lugar poblado, Higuerillas, Rio Seco, Córdoba. 3) lugar poblado, General Mitre, Totoral, Córdoba. 4) finca rural, Juarez Celman, Rioja. 5) aldea, Silipica, Santiago. Por la vía férrea dista 35 kms. de Santiago y 465 de Córdoba. x = 181 m. FCCN, ramal de Frias á Santiago C, T.

Simbolar, 1) aldea, Cruz del Eje. Cruz del Eje, Córdoba. Tiene 195 habitantes. (Censo del 1° de Mayo de 1890.) C. 2) cuartel de la pedanía Macha. Totoral, Córdoba. 3) aldea, Macha. Totoral, Córdoba. Tiene 274 habitantes. (Censo m.) E. 4) lugar poblado, Santa Cruz, Tulumba, Córdoba. 5) arroyo, San Pedro, Jujuy. Es un tributario del Santa Rita, en la márgen izquierda. Nace en las faldas occidentales de la sierra de Santa Bárbara. 6) finca rural, Belgrano, Rioja. 7) arroyo, Rosario de la Frontera, Salta.

Es un pequeño tributario del Horcones, en la márgen derecha. 8) aldea, Banda, Santiago. x = 320 m. E. 9) estancia, Trancas Tucuman. Junto á la confluencia de los arroyos de las Cañas y de Chaquivil 10) estancia, Trancas, Tucuman. En la orilla derecha del arroyo Zárate.

Simboles, lugar poblado, Argentina, Minas, Córdoba.

Simbolpújio, lugar poblado, San Francisco, San Justo, Córdoba.

Simbolyaco, finca rural, Ros rio de la Frontera, Salta.

Simoca, villa, Monteros, Tucuman. Por la vía férrea dista 55 kms. de Tucuman y 494 de Córdoba. Iglesia. x = 382 m. FCCN, C, T, E.

Simona la, establecimiento rural, Ctl 1, Trenque-Lauquen, Buenos Aires.

Simpática la, establecimiento rural, Ctl 2, Alsina, Buenos Aires.

Sin, 1) *Esperanza*, establecimiento rural, Ctl 3, San Pedro, Buenos Aires. 2) *Esperanza*, mina de plomo y plata, Ciénega del Coro. Minas, Córdoba. Está situada en el lugar llamado «Corrida Buena Ventura,» perteneciente al mineral de Guayco. 3) *Nombre*, estancia, Ctl 7, Ajó, Buenos Aires. 4) *Nombre*, establecimiento rural, Ctl 2. Alsina. Buenos Aires. 5) *Nombre*, estancia, Ctl 8, Bolivar, Buenos Aires. 6) *Nombre*, estancia, Ctl 4, Cármen de Areco, Buenos Aires. 7) *Nombre*, establecimiento rural, Ctl 1, Magdalena. Buenos Aires. 8) *Nombre*, establecimiento rural, Ctl 4, Navarro, Buenos Aires. 9) *Nombre*, estancia, Ctl 1, Pila, Buenos Aires. 10) *Nombre*, establecimiento rural, Ctl 10, Trenque-Lauquen, Buenos Aires. 11) *Nombre*, laguna. Ctl 6. Trenque-Lauquen, Buenos Aires. 12) *Nombre*, establecimiento rural, Ctl 11, Veinte y Cinco de Mayo, Buenos Aires. 13) *Rival*, establecimiento rural, Ctl 2, Alsina, Buenos Aires. 14) *Vuelta*, establecimiento rural, Ctl 3, Las Flores, Buenos Aires.

Sinforiana la, establecimiento rural, Ctl 2, Exaltacion de la Cruz, Buenos Aires.

Singuil, 1) distrito del departamento de Ambato, Catamarca. 2) aldea, Singuil, Ambato, Catamarca. Está á 110 kms. de la capital provincial. $\alpha = 1100$ m. E. 3) arroyo, Singuil, Ambato, Catamarca. Es uno de los orígenes del arroyo Marapa, que se interna en la provincia de Tucuman por el departamento Rio Chico.

Sinquial, aldea, Burruyaco, Tucuman. A corta distancia de Villa Nueva, del mismo departamento.

Sinsacate, 1) pedanía del departamento Totoral, Córdoba. Tiene 926 habitantes. (Censo del 1° de Mayo de 1890.) 2) cuartel de la pedanía del mismo nombre, Totoral, Córdoba. 3) aldea, Sinsacate, Totoral, Córdoba. Tiene 148 habitantes. (Censo m.) $\varphi = 30°\ 55'$; $\lambda = 64°\ 4'$; $\alpha = 519$ m.

Sira, distrito del departamento Banda, Santiago.

Sirena, 1) la, establecimiento rural, Ctl 3, Dorrego, Buenos Aires. 2) laguna, Ctl 3, Dorrego, Buenos Aires. 3) lugar poblado, Tres Arroyos, Buenos Aires. T. 4) laguna, Lavalle, Corrientes.

Siria la, establecimiento rural, Ctl 9, Las Flores, Buenos Aires.

Sirio, mina de plata en el distrito mineral «El Tigre,» sierra de Famatina, Rioja.

Sisilera, 1) paraje poblado, Rinconada, Jujuy. 2) paraje poblado, Tilcara, Jujuy.

Siton, 1) lugar poblado, Lagunilla, Anejos Sud, Córdoba. 2) aldea, Candelaria, Totoral, Córdoba. Tiene 287 habitantes. (Censo del 1° de Mayo de 1890.) E.

Slogget, bahía, Tierra del Fuego. A la entrada Este del canal de Beagle. Dícese que existe carbon de piedra en este paraje. $\varphi = 55°\ 2'\ 15''$; $\lambda = 66°\ 20'$ (?)

Sobrante, establecimiento rural, Ctl 1 Tandil, Buenos Aires.

Sobremonte, departamento de la provincia de Córdoba. Es limítrofe de las provincias de Santiago y Catamarca y confina con los departamentos Rio Seco, Tulumba é Ischilin. Tiene 8145 kms.[2] de extension y una poblacion de 6818 habitantes. (Censo del 1° de Mayo de 1890.) El departamento está dividido en las 5 pedanías: Caminiaga, San Francisco, Chuñaguasi, Aguada del Monte y Cerrillos. Los núcleos de poblacion de más de 100 habitantes son: San Francisco del Chañar, Caminiaga, Cachi, Santa Ana, Chuñaguasi, Telares, Majadilla, Navarro y Cerrillos. La aldea San Francisco del Chañar es la cabecera del departamento.

Socavon, 1) distrito minero del departamento Rinconada, Jujuy. Encierra cuarzo aurífero. 2) del Sauce, lugar poblado, Las Heras, Mendoza. C.

Socavones, 1) cuartel de la pedanía Caseros, Anejos Sud, Córdoba. 2) lugar poblado, Quilino, Ischilin, Córdoba. 3) vertiente, Malanzan, Rivadavia, Rioja.

Sociedad, 1) la, estancia, Ctl 5, Bolivar, Buenos Aires. 2) estancia, Ctl 4, Puan, Buenos Aires. 3) establecimiento rural, Ctl 6, San Nicolás, Buenos Aires. 4) establecimiento rural, Ctl 7, Tres Arroyos, Buenos Aires. 5) finca rural, Esquina, Corrientes.

Socohuya, finca rural, Cafayate, Salta.

Soconcho, 1) aldea, Monsalvo, Calamuchita, Córdoba. Es la cabecera del departamento. Está á 112 kms. al Sud de la capital provincial. Tiene 262 habitantes (Censo del 1° de Mayo de 1890.) $\varphi = 32°\ 3'$; $\lambda = 64°\ 22'$; $\alpha = 500$ m. (Brackebusch) C, E. 2) arroyo, Monsalvo, Calamuchita, Córdoba. Es un pequeño tributario serrano del rio Tercero, en la márgen izquierda.

Socorro, 1) el, establecimiento rural, Ctl 8, Arrecifes, Buenos Aires. 2) laguna, Ctl 11, Dolores, Buenos Aires. 3) chacra,

Ctl 18, Juarez, Buenos Aires. 4) laguna, Ctl 3, Mar Chiquita, Buenos Aires. 5) establecimiento rural, Ctl 6, Navarro, Buenos Aires. 6) establecimiento rural, Ctl 5, Nueve de julio, Buenos Aires. 7) estancia, Ctl 4, Patagones, Buenos Aires. 8) establecimiento rural, Ctl 3, Pergamino, Buenos Aires. Por la vía férrea dista 27 kms. del Pergamino y 180 de Cañada de Gomez. FCCA, ramal de Cañada de Gomez á Pergamino. C, T. 9) establecimiento rural, Ctl 9, Pueyrredon, Buenos Aires. 10) estancia, Ctl 6, Saladillo, Buenos Aires. 11) establecimiento rural, Ctl 5, Tuyú, Buenos Aires. 12) estancia, Ctl 7, Veinte y Cinco de Mayo, Buenos Aires. E. 13) laguna, Ctl 7, Veinte y Cinco de Mayo, Buenos Aires. 14) finca rural, Mercedes, Corrientes, 15) finca rural, Paso de los Libres, Corrientes. 16) finca rural, Santo Tomé, Corrientes. 17) mina de plata en el distrito mineral de Uspallata, Las Heras, Mendoza. 18) finca rural, Rivadavia, Mendoza. 19) mina de plata en el distrito mineral de «El Tigre,» sierra de Famatina, Rioja.

Socoscora, 1) partido del departamento Belgrano, San Luis. 2) lugar poblado, Socoscora, Belgrano, San Luis. 3) vertiente, Socoscora, Belgrano, San Luis. 4) sierra, Belgrano y Ayacucho, San Luís. Es una rama del macizo de San Luis que se extiende de S. á N., una cosa de 18 kms. en los partidos de Socoscora (Belgrano) y San Francisco (Ayacucho). Esta sierra culmina en el «Rodeo de las Cadenas» con 1170 metros de altura.

Sofía, 1) mina de galena argentífera en el distrito mineral de «La Pintada,» Veinte y Cinco de Mayo, Mendoza. 2) mina de plata en el distrito del Cerro Negro, sierra de Famatina, Rioja.

Sol, 1) del, laguna, Ctl 2, Mar Chiquita, Buenos Aires. 2) el, estancia, Ctl 9, Necochea, Buenos Aires. 3) del, laguna, Ctl 9, Necochea, Buenos Aires. 4) establecimiento rural, Clt 5, Trenque-Lauquen, Buenos Aires. 5) el, finca rural, Esquina, Corrientes. 6) *de Agosto*, estancia, Ctl 9, Bolívar, Buenos Aires. 7) *de Guipúzcoa*, estancia, Ctl 1, Campana, Buenos Aires. 8) *de Mayo*, establecimiento rural, Ctl 7, Giles, Buenos Aires. 9) *de Mayo*, establecimiento rural, Juarez, Buenos Aires. E. 10) *de Mayo*, establecimiento rural, Ctl 6, Las Flores, Buenos Aires. 11) *de Mayo*, establecimiento rural, Ctl 3, Rojas, Buenos Aires. 12) *de Mayo*, colonia, San Justo, Capital, Santa Fe. Tiene 297 habitantes. (Censo del 7 de junio de 1887.) C. 13) *Viejo*, estancia, Ctl 6, Necochea, Buenos Aires.

Solalindo, 1) departamento de la gobernacion del Chaco. Confina al Norte con el departamento Martinez de Hoz por medio del riacho de Oro y su afluente el arroyo Quia, al Este con el rio Paraguay, al Sud con el departamento Guaycurú por el riacho ancho del Atajo y al Oeste con el meridiano de los 60° al Oeste de Greenwich. 2) lugar poblado, Solalindo, Chaco. C, T.

Solana, vertiente, Malanzan, Rivadavia, Rioja.

Solanillo, finca rural, Lujan, Mendoza.

Solari, (Justino), lugar poblado, Curuzú-Cuatiá, Corrientes. Por la vía férrea dista 115 kms. de Monte Caseros y 259 de Corrrientes. $x = 134$ m. FC Noreste Argentino, linea de Monte Caseros á Corrientes. C, T.

Solca, lugar poblado, Rivadavia, Rioja. E.

Soldado, 1) laguna, Ctl 7, Junin, Buenos Aires. 2) establecimiento rural, Ctl 4, Pueyrredon, Buenos Aires.

Soledad 1) establecimiento rural, Ctl 3, Las Flores, Buenos Aires. 2) estancia, Ctl 5, Dorrego, Buenos Aires. 3) establecimiento rural, Ctl 4, Quilmes, Buenos Aires 4) establecimiento rural, Ctl 7, Ranchos, Buenos Aires. 5) estancia, Ctl

5, 7, Saladillo, Buenos Aires. 6) lugar poblado, Estancias, Rio Seco, Córdoba. 7) lugar poblado, Arroyito, San Justo, Córdoba. 8) estancia, Concepcion, Corrientes. 9) estancia, Goya, Corrientes. 10) finca rural, La Cruz, Corrientes. 11) finca rural, Santo Tomé, Corrientes. 12) paraje poblado, Tilcara, Jujuy. 13) paraje poblado, Valle Grande, Jujuy. 14) paraje poblado, Cachi, Salta. 15) finca rural, Iruya, Salta. 16) paraje poblado, Oran, Salta. 17) distrito del departamento de las Colonias, Santa Fe. Tiene 474 habitantes. (Censo del 7 de Junio de 1887). 18) lugar poblado, Soledad, Colonias, Santa Fe. Por la vía férrea dista 141 kms. de Santa Fe. FCSF, ramal de Humboldt á Soledad. C, T.

Soler, 1) lugar poblado, General Lopez, Santa Fe. Por la vía férrea dista 391 kms. de Buenos Aires y 300 de Villa Mercedes. α = 106 m. FCP, C, T. 2) lugar poblado, Banda, Santiago. E. 3) arroyo, Chicligasta, Tucuman. Es un pequeño tributario del Jaya en la márgen izquierda.

Solferina la, finca rural, Cafayate, Salta.

Solís, 1) partido de la provincia de Buenos Aires. Creado por ley de 1890, se compone de zonas tomadas de los partidos Guaminí y Trenque-Lauquen. Sus límites son: por el SO. una línea recta que parte del fortin Zapiola y termina en el ángulo SE. de la divisoria entre las propiedades de Meccks y Saenz Valiente, en el partido Suarez; por el SE. sigue la misma divisoria en línea recta hasta la que hay entre las propiedades de Joaquin Reinoso y Miguel Braña (Bolívar) y por el NE. sigue esta divisoria en linea recta al NO. hasta el límite entre Pehuajó y Trenque-Lauquen, tomando las propiedades á Sanchez é Iturraspe. 2) finca rural, Empedrado, Corrientes.

Solitaria, 1) la, establecimiento rural, Ctl 7, Pergamino, Buenos Aires. 2) finca rural,

Rivadavia, Mendoza. 3) la, establecimiento rural, Departamento 3°, Pampa.

Solitario, 1) el, establecimiento rural, Ctl 7, Azul, Buenos Aires. 2) establecimiento rural, Ctl 3, Trenque-Lauquen, Buenos Aires. 3) establecimiento rural, Departamento 2°, Pampa.

Solo, [1] lugar poblado, Rio Chico, Tucuman. En la orilla derecha del arroyo Medina.

Sombra del Toro, [2] 1) estancia, Ctl 10, Puan, Buenos Aires. 2) arroyo, Ctl 10, Puan, Buenos Aires. 3) establecimiento rural, Departamento 4°, Pampa. 4) paraje poblado, Departamento 5°, Pampa.

Sombrerito, 1) arroyo, Empedrado, Corrientes. Es un tributario del Sombrero, en la márgen izquierda. 2) estero, Empedrado, Corrientes. 3) arroyo, Ledesma, jujuy. Nace en la laguna del Agua Caliente, cerca de la laguna de la Brea, y desagua en la márgen derecha del rio San Francisco, en el paraje llamado Sombrerito.

Sombrero, 1) lugar poblado, Empedrado, Corrientes. E. 2) arroyo, Empedrado, Corrientes. Es un tributario del Paraná, en el cual desagua al Sud del Riachuelo. 3) finca rural, San Luis del Palmar, Corrientes. 4) estero, San Luis del Palmar, Corrientes. 5) finca rural, Pedernal, Huanacache, San Juan.

Sora, arroyo, Ledesma, Jujuy. Nace en la falda oriental de la sierra de Calilegua y desagua en la márgen izquierda del rio San Francisco, al Norte de Bella Vista.

Soraire, pueblo, Graneros, Tucuman. En la orilla derecha del arroyo Graneros.

Soria, 1) vertiente, San Pedro, Capayan, Catamarca. 2) lugar poblado, La Cautiva, Rio Cuarto, Córdoba.

Soriano, laguna, Ctl 5, Vecino, Buenos Aires.

1 Planta (Flaveria contrayerba).— 2 Arbol (Jodina rhombifolia).

Aires. 3) lugar poblado, Merlo, Buenos Aires. Por la vía férrea dista 34 kms. de la Capital federal. $z = 22$ m. FCO, ramal de Merlo al Saladillo. C, T. 4) partido de la provincia de Buenos Aires. Fué creado el 5 de Julio de 1882. Está situado al SO. de la Capital federal y confina con los partidos de Bolivar, Olavarría, Juarez. Pringles, Bahía Blanca, Puan, Alsina y Guaminí. Tiene 9790 kms.² de extension y una poblacion de 8471 habitantes. (Censo del 31 de Enero de 1890). Escuelas funcionan en Sauce Corto, colonia Torinesa, Arroyo Corto, Pigüé y La Gama. El partido es regado por los arroyos Currumalan, Sauce Corto, Pigüé, Guaiqueleofú, Quiniguá, Las Tunas, La Galleta, El Huascar, Salado, Horquetas, San José, Quinihual, El Perdido y El Pantanoso. 5) villa, Suarez, Buenos Aires. Es cabecera del partido. Situada cerca de la estacion Sauce Corto, cuenta hoy con 1151 habitantes. Por la vía férrea dista 519 kms. de Buenos Aires. FCS, C, T, E. 6) cuartel de la pedanía Santa Cruz, Tulumba, Córdoba.

Suburbios, 1) cuartel de la pedanía Chajan, Rio Cuarto, Córdoba. 2) pedanía del departamento Rio Primero, Córdoba. Tiene 2100 habitantes. (Censo del 1º de Mayo de 1890). 3) cuartel de la pedanía del mismo nombre, Rio Primero, Córdoba. 4) pedanía del departamento Rio Segundo, Córdoba. Tiene 1968 habitantes. (Censo m.) 5) *de Soto*, cuartel de la pedanía Higueras, Cruz del Eje, Córdoba.

Sucre, arroyo, Ctl 3, Alsina, Buenos Aires.

Suela, arroyo, Punilla, Córdoba. Es uno de los elementos de formacion del rio Segundo.

Sueldos, aldea, Leales, Tucuman. Al NO. del departamento, á 6 kms. de la orilla izquierda del rio Salí C, E.

Suero, 1) del, arroyo, Ctl 5, 6, Giles, Buenos Aires. Es tributario del arroyo de

Giles, en la márgen izquierda. 2) arroyo, La Plata, Buenos Aires.

Suerte, 1) la, establecimiento rural, Ctl 2, Tapalqué, Buenos Aires. 2) establecimiento rural, Ctl 4, Zárate, Buenos Aires 3) mina de cuarzo aurifero, Candelaria, Cruz del Eje, Córdoba. Está situada en el paraje llamado «Patacon » 4) finca rural, Rivadavia, Mendoza.

Suipacha, 1) partido de la provincia de Buenos Aires. Está situado al Oeste de la Capital federal y confina con los partidos Cármen de Areco, Giles, Mercedes, Navarro Chivilcoy y Chacabuco. Tiene 917 kms.² de extension y una poblacion de 3220 habitantes. (Censo del 31 de Enero de 1890). Escuelas funcionan en Suipacha y General Rivas. El partido es regado por los arroyos Leones, las Saladas, Durazno, Cardoso Eucaliptus y Lujan. 2) villa, Suipacha, Buenos Aires. Es la cabecera del partido. Fundada en 1879, cuenta hoy con 1000 habitantes escasos. Por la vía férrea dista 125 kms. (4 1/2 horas) de Buenos Aires. $\varphi = 34°$ 46' 55"; $\lambda = 59° 18' 49"$; $\alpha = 46$ m. FCO, C, T, E.

Suiza, 1) la, establecimiento rural, Ctl 2, Alsina, Buenos Aires. 2) colonia, Baradero, Buenos Aires. 3) establecimiento rural, Ctl 1, Loberia, Buenos Aires.

Suizos los, arroyo, Ctl 8, Balcarce, Buenos Aires.

Sultan el, laguna, Ctl 5, Brandzen, Buenos Aires.

Sultana, establecimiento rural, Ctl 5, Ayacucho, Buenos Aires.

Sumalao, 1) distrito del departamento Valle Viejo, Catamarca. 2) distrito del departamento Cerrillos, Salta.

Sumamao, 1) distrito de la seccion Silípica 2ª del departamento Silípica, Santiago del Estero. 2) aldea, Silípica, Santiago. Está situada en la márgen izquierda del rio Dulce y era antes cabecera del departamento Silípica 2ª. Dista 52 kms. al SE. de la capital provincial. Tiene unos 500 habitantes. C, E.

Sumampa, 1) departamento de la provincia de Santiago. Confina al Norte con los departamentos Choya y Atamisqui, al Este con el de Salavina, al Sud con la provincia de Córdoba y al Oeste con la de Catamarca. Tiene 18787 kms.² de extension y una poblacion conjetural de 14000 habitantes. Está dividido en las dos secciones: Ojo de Agua y Quebrachos. La primera comprende los 5 distritos: Ojo de Agua, Baez, Cachi, Anguilas y Ambargasta. La segunda se compone de los 6 distritos: Quebrachos, Sumampa, Abipones, San Vicente, Machin y Salavinas. En Ojo de Agua, Quebrachos, Sumampa, Machin, Algarrobos y Pozo del Monte existen núcleos de poblacion. 2) distrito de la seccion Quebrachos del departamento Sumampa, Santiago 3) villa, Quebrachos, Sumampa, Santiago. Está á 25 kms. ESE. de Quebrachos. Cuenta con unos 1000 habitantes. C, E. 4) sierra de, Quebrachos, Sumampa, Santiago. Son lomadas que se extienden de S. á N. y que forman el remate Norte de la sierra de San Francisco.

Sumicara, lugar poblado, San Pedro, Tulumba, Córdoba.

Sunchal,[1] 1) cuartel de la pedanía San Cárlos, Minas, Córdoba. 2) aldea, San Cárlos, Minas, Córdoba. Tiene 162 habitantes. (Censo del 1° de Mayo de 1890). 3) lugar poblado, Punta del Agua, Tercero Arriba, Córdoba. 4) finca rural, Capital, Rioja. 5) paraje poblado, Chicoana, Salta. 6) paraje poblado, San Cárlos, Salta. 7) aldea, Burruyaco, Tucuman. En la orilla derecha del arroyo Calera. E.

Sunchales, 1) paraje poblado, Guachipas,

---

1 Paraje en que abunda el suncho.

Salta. 2) distrito del departamento de las Colonias, Santa Fe. Tiene 294 habitantes. (Censo del 7 de Junio de 1887). 3) colonia, Sunchales, Colonias Santa Fe. Por la via férrea dista 242 kms. del Rosario y 546 de Buenos Aires. $\alpha = 95$ m. FCRS, C, T.

Suncho, [1] 1) lugar poblado, Caseros, Anejos Sud, Córdoba. 2) cuartel de la pedanía Villa de María, Rio Seco, Córdoba. 3) aldea, Villa de María, Rio Seco, Córdoba. Tiene 106 habitantes. (Censo del 1° de Mayo de 1890). 4) lugar poblado, San Pedro, Tulumba, Córdoba. $\varphi = 30°$ 12'; $\lambda = 63° 52'$; $\alpha = 600$ m. (Brackebusch). 5) estancia, Graneros, Tucuman. Al Sud de Cocha E. 6) lugar poblado, Leales, Tucuman En el camino que conduce de Vinará (Santiago) á Tucuman. C. 7) *Pozo,* distrito de la seccion Silipica 2ª del departamento Silipica. Santiago del Estero. 8) *Pozo,* paraje poblado, Suncho-Pozo, Silipica 2ª, Silipica, Santiago. 9) *Pozo,* estancia, Leales, Tucuman.

Sunchos, laguna, Ctl 9. Saladillo, Buenos Aires.

Sunday, cabo de la Tierra del Fuego. A sus inmediaciones desemboca en el Atlántico el rio Cármen Sylva.

Supura, lugar poblado, Rincon del Cármen, San Martin, San Luis.

Suri-Pozo, [2] 1) lugar poblado, Higueras, Cruz del Eje Córdoba. 2) cuartel de la pedanía de las Estancias, Rio Seco, Córdoba. 3) lugar poblado, Estancias, Rio Seco, Córdoba.

Suriyaco, 1) lugar poblado, Molinos, Calamuchita, Córdoba. 2) distrito del departamento San Blas de los Saucés, Rioja.

Surrioga, arroyo, Ctl 10, Salto, Buenos Aires. Es tributario del arroyo del Salto, en la márgen derecha.

Susana, 1) estancia, Ctl 16, Tres Arroyos, Buenos Aires. 2) pueblo, Susana, Colonias, Santa Fe. Tiene 284 habitantes. (Censo del 7 de Junio de 1887) C. 3) colonia, Susana, Colonias, Santa Fe. Tiene 884 habitantes. (Censo m.) 4) *y Aurelia,* distrito del departamento de las Colonias, Santa Fe. Tiene 1689 habitantes. (Censo m)

Susto el, finca rural, Santo Tomé, Corrientes

Suyana, lugar poblado, Veinte y Ocho de Marzo, Matará, Santiago.

Suyumpa, 1) cumbre de la sierra de San Francisco, Sobremonte, Córdoba. 2) lugar poblado, San Pedro, Tulumba, Córdoba.

Suyuque, estancia, Capital, San Luis.

San Adolfo, establecimiento rural, Departamento 4°, Pampa.

San Adrian, 1) estancia, Ctl 9, Dorrego, Buenos Aires. 2) establecimiento rural, Ctl 1, Pergamino, Buenos Aires.

San Adriano, establecimiento rural, Ctl 7, Ayacucho, Buenos Aires.

San Agapito, establecimiento rural, Ctl 6, Rauch, Buenos Aires.

San Agustin, 1) establecimiento rural, Ctl 6, Alvear, Buenos Aires. 2) establecimiento rural, Ctl 4, 6, Ayacucho, Buenos Aires. 3) establecimiento rural, Ctl 2, 3, Azul, Buenos Aires. 4) estancia, Ctl 2, Balcarce, Buenos Aires. 5) laguna, Ctl 2, Balcarce, Buenos Aires. 6) estancia, Ctl 5, Dorrego, Buenos Aires. 7) establecimiento rural, Ctl 2, Exaltacion de la Cruz, Buenos Aires. 8) establecimiento rural, Ctl 5, Las Flores, Buenos Aires. 9) establecimiento rural, Ctl 2, Márcos Paz, Buenos Aires. 10) establecimiento rural, Ctl 6, Olavarría, Buenos Aires. 11) estancia, Ctl 2, 3, Pergamino, Buenos Aires. 12) establecimiento rural, Ctl 5, Pila, Buenos Aires. 13) establecimiento rural,

---

1 Arbusto (Chaenocephalus Suncho). — 2 Suri = Avestruz (Quichua).

Clt 2, Puan, Buenos Aires. 14) establecimiento rural, Ctl 6, San Vicente, Buenos Aires. 15) estancia, Ctl 13, Tres Arroyos, Buenos Aires. 16) establecimiento rural, Ctl 4, Vecino, Buenos Aires. 17) estancia, Ctl 10, Veinte y Cinco de Mayo, Buenos Aires. 18) estancia, Villarino, Buenos Aires 19) finca rural, Alta Gracia, Anejos S'id, Córdoba. 20) finca rural, Cóndores, Calamuchita, Córdoba. 21) cuartel de la pedanía Molinos, Calamuchita, Córdoba. 22) aldea, Molinos, Calamuchita Córdoba. Tiene 403 habitantes. (Censo del 1° de Mayo de 1890). $\dot{\tau} = 31° 59'$; $\lambda = 64° 21'$. C. T. E. 23) mina de plata, Argentina, Minas, Córdoba. Está situada en el paraje llamado « Cerrito Blanco. » 24) mina de hierro, plomo y plata, San Cárlos, Minas, Córdoba. Está situada en Reartes. 25) aldea, Sacanta, San justo, Córdoba. Tiene 156 habitantes. (Censo m.) E. 26) estancia, Bella Vista, Corrientes. 27) finca rural, Curuzú - Cuatiá, Corrientes. 28) finca rural, Esquina, Corrientes. 29) finca rural, La Cruz, Corrientes. 30) finca rural, Mercedes, Corrientes. 31) finca rural, Paso de los Libres, Corrientes. 32) finca rural, Lujan, Mendoza. 33) establecimiento rural, Departamento 3°, Pampa. 34) finca rural, San Martin, Rioja 35) finca rural, Cafayate, Salta. 36) distrito del departamento Cerrillos, Salta. 37) finca rural, Cerrillos, Salta. 38) finca rural, Jachal, San juan. 39) villa, Valle Fértil, San juan. Es la cabecera del departamento. Está á 225 kms. al NE. de la capital provincial. Sus alrededores son regados por el arroyo del Valle. Tiene unos 1200 habitantes. C. E. 40) distrito de la seccion Copo 2°, del departamento Copo, Santiago. 41) finca rural, San Agustin, Copo 2°, Copo, Santiago. 42) distrito del departamento de las Colonias, Santa Fe. Tiene 1191 habitantes. (Censo del 7 de Junio de 1887). 43)

pueblo, San Agustin, Colonias, Santa Fe. Tiene 600 habitantes. (Censo m) C, T, E. 44) colonia, San Agustin, Colonias, Santa Fe. Tiene 591 habitantes. (Censo m.) 45) campo poblado, San Genaro, San Jerónimo, Santa Fe. Tiene 258 habitantes. (Censo m.)

San Alberto, 1) establecimiento rural, Ctl 3, Necochea, Buenos Aires. 2) establecimiento rural, Ctl 5, Vecino, Buenos Aires. 3) laguna, Ctl 5, Vecino, Buenos Aires. 4) finca rural, Chucul, Juarez Celman, Córdoba. 5) departamento de la provincia de Córdoba. Confina al Norte con el departamento Pocho, al Este con el de Punilla, al Sud con el de San Javier y la provincia de San Luis y al Oeste con la provincia de La Rioja. Su extension es de 3491 kms.² y su poblacion de 12923 habitantes. (Censo del 1° de Mayo de 1890.) El departamento está dividido en las 7 pedanías: Nono, Ambul, San Pedro, Tránsito, Toscas, Panaolma y Cármen. Los núcleos de poblacion de 100 habitantes para arriba, son los siguientes: San Pedro, Nono, Rabonas, Piedra Blanca, Rio Arriba, Ojo de Agua, Ambul, Pampa, Santa Rosa, Musi, Sauce Arriba, Viña Seca, Bañado de Pajá, Tránsito, San Lorenzo, Mina Clavero, Ensenada, Las Toscas, San Vicente, Ciénega, Panaolma y Cármen La villa San Pedro es la cabecera del departamento.

San Albino, 1) establecimiento rural, Ctl 7, Brandzen, Buenos Aires. 2) establecimiento rural, Ctl 15, Tres Arroyos, Buenos Aires.

San Alejandro, 1) establecimiento rural, Ctl 8, Bragado, Buenos Aires. 2) establecimiento rural, Ctl 3, Lincoln, Buenos Aires.

San Alejo, 1) establecimiento rural, Ctl 2, Exaltacion de la Cruz, Buenos Aires. 2) establecimiento rural, Ctl 1, Pergamino, Buenos Aires. 3) establecimiento rural,

Ctl 4, Vecino, Buenos Aires. 4) yacimiento de kaolin, Caldera, Salta.

San Alfredo, establecimiento rural, Ctl 5, Las Flores, Buenos Aires.

San Alonso, 1) establecimiento rural, Ctl 1, Magdalena, Buenos Aires. 2) estancia, San Luis del Palmar, Corrientes. 3) finca rural, Santo Tomé, Corrientes.

San Ambrosio, 1) establecimiento rural, Ctl 2, Ayacucho, Buenos Aires. 2) finca rural, El Cuero, General Roca, Córdoba. 3) finca rural, Goya, Corrientes. 4) estancia, Saladas, Corrientes.

San Anacleto, finca rural, Goya, Corrientes.

San Andrés, 1) establecimiento rural, Ctl 6, 7, Ayacucho, Buenos Aires. 2) estancia, Ctl 3, Balcarce, Buenos Aires. 3) estancia, Ctl 6, Bolivar, Buenos Aires. 4) estancia, Ctl 3, Castelli, Buenos Aires. 5) establecimiento rural, Ctl 6, Chascomús, Buenos Aires. 6) establecimiento rural, La Plata, Buenos Aires. 7) estancia, Ctl 10, Las Flores, Buenos Aires. 8) laguna, Ctl 4, Olavarría, Buenos Aires. 9) establecimiento rural, Ctl 2, 3, Puan, Buenos Aires. 10) establecimiento rural, Ctl 2, Pueyrredon, Buenos Aires. 11) punta de la costa del Atlántico, Pueyrredon, Buenos Aires. $\varphi = 38° 17' 20''$; $\lambda = 57° 39' 5''$. (Fitz Roy.) 12) estancia, Ctl 5, Ramallo, Buenos Aires. 13) estancia, Ctl 2, Saladillo, Buenos Aires. 14) establecimiento rural, Ctl 2, 4, Tapalqué, Buenos Aires. 15) estancia, Ctl 11, Trenque-Lauquen, Buenos Aires. 16) establecimiento rural, Ctl 10, Veinte y Cinco de Mayo, Buenos Aires. 17) mina de plata en el distrito mineral del Cerro Negro, sierra de Famatina, Rioja. 18) distrito del departamento Oran, Salta. 19) lugar poblado, Oran, Salta. E. $\varphi = 23° 10'$; $\lambda = 64° 40'$; $z = 1400$ m. (Moussy.) 20) ingenio de azúcar, Capital, Tucuman. En la orilla izquierda del rio Salí, á 8 kms. al SSE. de Tucuman. 21) *de Giles.* Véase Giles.

San Angel, finca rural, Mercedes, Corrientes.

San Anselmo, 1) establecimiento rural, Ctl 11, Tres Arroyos, Buenos Aires. 2) finca rural, Lavalle, Corrientes. 3) colonia, Colon, Entre Rios. Fué fundada en 1877, en una extension de 1000 hectáreas.

San Antonio, 1) estancia, Ctl 3, Ajó, Buenos Aires. 2) cabo de la costa del Atlántico, Ajó, Buenos Aires. Ese cabo es la llamada «Punta Rasa.» $\varphi = 36° 18' 30''$; $\lambda = 56° 45' 51''$. (Fitz Roy.) La recta que une este cabo con el de Santa María (República del Uruguay) se considera como límite oceánico del rio de La Plata. Esta línea es de unos 300 kms. de largo. Se comprende que este límite oceánico lo es tal solo en teoría, puesto que las aguas del Océano penetran en el rio de La Plata hasta Montevideo, donde acusan su presencia el olfato y el paladar. 3) establecimiento rural, Ctl 5, 7, Alvear, Buenos Aires. 4) arroyo, Ctl 3, Alvear, Buenos Aires. 5) establecimiento rural, Ctl 3, Ayacucho, Buenos Aires. 6) establecimiento rural Ctl 2, 3, 5, 6, Azul, Buenos Aires. 7) establecimiento rural, Ctl 3, Balcarce, Buenos Aires. 8) establecimiento rural, Ctl 4, Brandzen, Buenos Aires. 9) establecimiento rural, Ctl 5, Chacabuco, Buenos Aires. 10) establecimiento rural, Ctl 7, Chascomús, Buenos Aires. 11) laguna, Ctl 11, Dolores, Buenos Aires. 12) establecimiento rural, Ctl 18, Juarez, Buenos Aires. 13) establecimiento rural, Ctl 3, 10, Las Flores, Buenos Aires. 14) establecimiento rural, Ctl 3, 7, Lincoln, Buenos Aires. 15) establecimiento rural, Ctl 4. Lobos, Buenos Aires. 16) establecimiento rural, Ctl 5, Lujan, Buenos Aires. 17) estancia, Ctl 5, Magdalena, Buenos Aires. 18) establecimiento rural, Ctl 4, Maipú, Buenos Aires. 19) laguna, Ctl 4, Maipú, Buenos Aires. 20) estancia, Ctl 6, Matanzas,

Buenos Aires. 21) establecimiento rural, Ctl 3, 6, Monte, Buenos Aires. 22) cañada, Moreno, Buenos Aires. Es tributaria del arroyo de la Choza, en la márgen izquierda. 23) establecimiento rural, Ctl 3, Necochea, Buenos Aires. 24) establecimiento rural. Ctl 8, Nueve de Julio, Buenos Aires. 25) establecimiento rural, Ctl 4, Olavarría, Buenos Aires. 26) estancia, Ctl 1, 4, Patagones, Buenos Aires. 27) establecimiento rural, Ctl 1, 4, 5, 7, Pergamino, Buenos Aires. 28) estancia, Ctl 3, 4, Pueyrredon, Buenos Aires. 29) chacra, Ctl 1, 4, Ramallo, Buenos Aires. 30) establecimiento rural, Ctl 4, Ranchos, Buenos Aires. 31) estancia, Ctl 2, Rodriguez, Buenos Aires. 32) establecimiento rural, Ctl 9, Saladillo, Buenos Aires. 33) establecimiento rural, Ctl 6, San Vicente, Buenos Aires. 34) estancia, Ctl 2, Tordillo, Buenos Aires. 35) establecimiento rural, Ctl 4, Trenque-Lauquen, Buenos Aires. 36) establecimiento rural, Ctl 8, Tres Arroyos, Buenos Aires. 37) estancia, Ctl 2, 10, Veinte y Cinco de Mayo, Buenos Aires. 38) distrito del departamento de La Paz, Catamarca. 39) lugar poblado, San Antonio, La Paz, Catamarca. Por la vía férrea dista 242 kms. de Tucuman y 304 de Córdoba. $\alpha = 283$ m. FCCN, C, T. 40) distrito del departamento Piedra Blanca, Catamarca. 41) aldea, San Antonio, Piedra Blanca, Catamarca. E. 42) distrito del departamento Paclin, Catamarca. 43) lugar poblado, Cañas, Anejos Norte, Córdoba. 44) pedania del departamento Anejos Sud, Córdoba. Tiene 1149 habitantes. (Censo del 1º de Mayo de 1890.) 45) aldea, San Antonio, Anejos Sud, Córdoba. Tiene 541 habitantes. (Censo m.) $\varphi = 31°$ 47'; $\lambda = 64°$ 11'. 46) cuartel de la pedania Molinos, Calamuchita, Córdoba. 47) finca rural, Molinos, Calamuchita, Córdoba. 48) aldea, Cruz del Eje, Cruz del Eje, Córdoba. Tiene 158

habitantes. (Censo m.) 49) aldea, Copacabana, Ischilin, Córdoba. Tiene 104 habitantes. (Censo m.) 50) finca rural, Manzanas, Ischilin, Córdoba. 51) cima de la cuesta de, Minas, Córdoba. $\varphi = 31°$ 5'; $\lambda = 64°$ 26'; $\alpha = 1450$ m. (?) 52) finca rural, Chancani, Pocho, Córdoba. 53) pedanía del departamento Punilla, Córdoba. Tiene 1528 habitantes. (Censo m.) 54) cuartel de la pedanía del mismo nombre, Punilla, Córdoba. 55) lugar poblado, San Antonio, Punilla, Córdoba. $\varphi = 31°$ 5'; $\lambda = 64°$ 30'. C. E. 56) mina de plata, cobre y plomo, San Antonio, Punilla, Córdoba. Está situada en la «Quebrada de las Cañas.» 57) cuesta de, San Antonio, Punilla, Córdoba. $\varphi = 31°$ 30'; $\lambda = 64°$ 30'; $\alpha = 886$ m. (Moussy.) 58) finca rural, Santiago, Punilla, Córdoba 59) mina de galena y cobre aurífero, Achiras, Rio Cuarto, Córdoba. 60) lugar poblado, San Bartolomé, Rio Cuarto, Córdoba. $\varphi = 32°$ 38'; $\lambda = 64°$ 38'. 61) cuartel de la pedania Timon Cruz, Rio Primero, Córdoba. 62) aldea, Timon Cruz, Rio Primero, Córdoba. Tiene 159 habitantes. (Censo m.) $\varphi = 30°$ 48'; $\lambda = 63°$ 24'. 63) finca rural, Candelaria, Rio Seco, Córdoba. 64) finca rural, Estancias, Rio Seco, Córdoba. 65) finca rural, San Francisco, Sobremonte, Córdoba. 66) aldea, Yucat, Tercero Abajo, Córdoba. Tiene 163 habitantes. (Censo m.) 67) finca rural, Pampayasta Sud, Tercero Arriba, Córdoba. 68) finca rural, Rio Pinto, Totoral, Córdoba. 69) finca rural, Mercedes, Tulumba, Córdoba. 70) finca rural, San Pedro, Tulumba, Córdoba. 71) cuartel de la pedanía Litin, Union, Córdoba 72) aldea, Litin, Union, Córdoba. Tiene 180 habitantes (Censo m.) 73) estancia, Curuzú-Cuatiá, Corrientes. 74) finca rural, Esquina, Corrientes. 75) finca rural, Goya, Corrientes. 76) finca rural, La Cruz, Corrientes. 77) estancia, Lavalle,

Corrientes. 78) estancia, Monte Caseros, Corrientes. 79) finca rural, Paso de los Libres, Corrientes. 80) finca rural, Saladas, Corrientes. 81) finca rural, San Roque, Corrientes. 82) arroyo, Pehuajó al Norte, Gualeguaychú, Entre Rios. Desagua en la márgen derecha del Gualeguaychú, en direccion de O. á E. 83) distrito del departamento Gualeguaychú, Entre Rios. 84) arroyo, San Antonio, Gualeguaychú, Entre Rios. Es un tributario del Gualeguay en la márgen izquierda. 85) paraje poblado, Humahuaca, Jujuy. 86) paraje poblado, Ledesma, Jujuy. 87) aldea, Perico de San Antonio, Jujuy. Es la cabecera del departamento. Está situada cerca de la márgen izquierda del arroyo Perico, á 35 kms. al Sud de Jujuy. Tiene unos 500 habitantes. Por San Antonio pasa el camino que une á Salta con Jujuy. C, E. 88) paraje poblado, Tilcara, jujuy. 89) finca rural, La Paz, Mendoza. 90) mina de galena argentífera en el distrito mineral de Uspallata, Las Heras, Mendoza. 91) establecimiento rural, Departamento 3º, Pampa. 92) distrito del departamento Rivadavia, Rioja. 93) finca rural, Capital, Rioja. 94) finca rural, Rivadavia, Rioja. 95) establecimiento rural, Viedma, Rio Negro. 96) puerto de la costa del Atlántico, Rio Negro. $\varphi = 40° 4\mathcal{Y}' 10''$; $\lambda = 64° 53' 55''$. (Fitz Roy) 97) finca rural, Cafayate, Salta. 98) sierra, Campo Santo y Anta, Salta. Principia al Sud con el cerro de la Lumbrera, se extiende hácia el Norte y continua en el Noreste con la sierra de la Lumbrera, y más al Norte aun, con la sierra de Santa Bárbara y la del Maiz Gordo. 99) finca rural, Cerrillos, Salta. 100) finca rural, Chicoana, Salta. 101) finca rural, Iruya, Salta. E. 102) viña, La Viña, Salta. 103) distrito del departamento Oran, Salta. 104) finca rural, San Antonio, Oran, Salta. E. 105) finca rural, San Cárlos, Salta.

106) lugar poblado, Ayacucho, San Luis. E. 107) finca rural, Capital, San Luis. 108) chacra, Dolores, Chacabuco, San Luis 109) finca rural, Rosario, Pringles, San Luis. E. 110) lugar poblado, Saladillo, Pringles, San Luis. 111) lugar poblado Totoral, Pringles, San Luis. 112) lugar poblado, San Martin, San Luis. E. 113) arroyo, Colonias, Santa Fe. Es un tributario del Rio Salado, en la márgen derecha. 114) lugar poblado, Loreto, Santiago del Estero. E. 115) distrito de la seccion Figueroa del departamento Matará, Santiago. 116) aldea, San Antonio, Figueroa, Matará, Santiago. Está situada à orillas del rio Salado. Por este punto pasa el ferro-carril de San Cristóbal á Tucuman. $\varphi = 27° 27' 28''$; $\lambda = 63° 36' 53''$. E. 117) *del Agujereado,* paraje poblado, Guasayan, Santiago. 118) *de Areco,* partido de la provincia de Buenos Aires. Fué creado en 1732. Está al NO. de la Capital federal y confina con los partidos Baradero, Zárate, Exaltacion de la Cruz, Giles, Cármen de Areco y Arrecifes. Tiene 1052 kms.² de extension y 6705 habitantes. (Censo del 31 de Enero de 1890) El partido es regado por los arroyos Areco, Chañarito, Falcon, Pereira y Lima. 119) *de Areco,* villa, San Antonio de Areco, Buenos Aires. Es la cabecera del partido. Fundada en 1725, cuenta hoy con 3346 habitantes. (Censo m.) Está situada á orillas del arroyo Areco Por la via férrea dista :17 kms de Buenos Aires y 111 del Pergamino FCO, ramal de Lujan al Pergamino. $\varphi = 34° 1:' 28''$; $\lambda = 59° 27' 49''$, $\alpha = 34$ m. C, T, E. 120) *de Arruda,* establecimiento rural, Ctl 5, Loberia, Buenos Aires. 121) *de los Cobres,* distrito del departamento Poma, Salta. 122) *de los Cobres,* paraje poblado, Poma, Salta. C. 123) *de los Cobres,* distrito mineral de cobre y plata en el extremo NO. de la provincia, Poma,

Salta. 124) *Cué*, estancia, Santo Tomé, Corrientes 125) *Guazú*, rio, Misiones. Corre al Este del departamento
Iguazú y es tributario del rio de este
mismo nombre. ($\varphi = 25°$ 40'; $\lambda = 57°$ 20'.?)
Los brasileros le llaman Chopin. 126)
de Itatí, pueblo, Itatí, Corrientes. Véase Itatí. 127) *de Langueyú,* estancia,
Ctl, 3, 10, Rauch, Buenos Aires. 128)
de Las Flores, establecimiento rural,
Ctl, 3, Loberia, Buenos Aires. 129) *Miní,*
rio, Misiones. Es un tributario del Igua-
zú. ($\varphi = 25°$, 34' 54"; $\lambda = 64°$ 21' David-
son.) 130) *Norte,* cuartel de la pedania
San Antonio, Anejos Sud, Córdoba. 131)
de Obligado, lugar poblado, Toscas,
San Javier, Santa Fe. Tiene 200 habitantes. (Censo del 7 de Junio de 1887)
E. 132) *de Padua,* establecimiento rural, Ctl 3, Lincoln, Buenos Aires. 133)
de Quisca, aldea, Rio Chico, Tucuman.
Véase Quisca 134) *de Videla,* establecimiento rural, Monte, Buenos Aires. E.
135) *de Viso,* establecimiento rural,
Ctl 8, Loberia, Buenos Aires.

San Apolinario, establecimiento rural,
Ctl 2, Exaltacion de la Cruz, Buenos
Aires.

San Aureliano, establecimiento rural, Ctl
6, Saladillo, Buenos Aires.

San Aurelio, establecimiento rural, Ctl 4,
Vecino, Buenos Aires.

San Baldomero, establecimiento rural, Ctl
4, Trenque-Lauquen, Buenos Aires.

San Baltasar, estancia, Lomas, Corrientes.

San Bartolo, [1] 1) estancia, Ctl 8, Bolivar,
Buenos Aires. 2) estancia, Ctl 2, Las
Flores, Buenos Aires. 3) establecimiento
rural, Ctl 6, Navarro, Buenos Aires. 4)
arroyo, Calamuchita, Córdoba. Es uno
de los elementos de formacion del rio
Cuarto. 5) aldea, San Bartolomé, Rio

Cuarto, Córdoba. Tiene 102 habitantes
(Censo del 1º de Mayo de 1890.) $\varphi = 32°$
46'; $\lambda = 64°$ 45'. C, T, E. 6) mina de galena argentífera, en el distrito mineral
de Uspallata, Las Heras, Mendoza.

San Bartolomé, 1) establecimiento rural,
Ctl 5, Olavarria, Buenos Aires. 2) pedania del departamento Rio Cuarto, Córdoba. Tiene 1788 habitantes. (Censo del
1º de Mayo de 1890) 3) cuartel de la
pedania del mismo nombre, Rio Cuarto,
Córdoba. 4) finca rural, Rosario de Lerma, Salta. 5) cabo de la isla de los Estados, Tierra del Fuego. $\varphi = 54°$ 53' 45";
$\lambda = 64°$ 45' 30". (Fitz Roy).

San Basilio, 1) establecimiento rural, Ctl 4,
Las Flores, Buenos Aires. 2) estableci-
miento rural, Ctl 10, Rauch, Buenos
Aires. 3) establecimiento rural, Ctl 4,
Rojas, Buenos Aires. 4) estancia, Ctl 11,
Trenque-Lauquen, Buenos Aires. 5) fin-
ca rural, Lavalle, Corrientes. 6) estable-
cimiento rural, Departamento 6º, Pampa.

San Bautista, finca rural, Lavalle, Corrientes.

San Benigno, establecimiento rural, Ctl 5,
Ramallo, Buenos Aires.

San Benito, 1) establecimiento rural, Ctl 7,
Ayacucho, Buenos Aires. 2) estableci-
miento rural, Ctl 5, Azul, Buenos Aires.
3) estancia, Ctl 7, Bolívar, Buenos Aires.
4) estancia, Ctl 3, 6, Las Flores, Buenos
Aires. 5) laguna, Ctl 3, Las Flores, Bue-
nos Aires. 6) establecimiento rural, Ctl 6,
Lobos, Buenos Aires. 7) laguna, Ctl 4,
Lobos, Buenos Aires. 8) estancia, 1, 2, 4,
Magdalena, Buenos Aires. 9) estancia,
Ctl 5, Puan, Buenos Aires. 10) estableci-
miento rural, Ctl 5, Ramallo, Buenos
Aires. 11) establecimiento rural, Ctl 9,
Saladillo, Buenos Aires. 12) estableci-
miento rural, Ctl 6, San Vicente, Buenos
Aires. 13) establecimiento rural, Ctl 6,
12, Tandil, Buenos Aires. 14) estableci-
miento rural, Ctl 11, Trenque-Lauquen,
Buenos Aires. 15) establecimiento rural,

---

1 Creo que eSte Santo, como muchos otros que más
adelante se verán, es de canonizacion criolla y no
romana.

Ctl 3, Veinte y Cinco de Mayo, Buenos Aires. 16) finca rural, Goya, Corrientes. 17) finca rural, Esquina, Corrientes

San Benjamin, 1) establecimiento rural, Ctl 9, Pueyrredon, Buenos Aires. 2) arroyo, Ctl 7, Tandil, Buenos Aires.

San Bernardo, 1) establecimiento rural, Ctl 4, 7, Ayacucho, Buenos Aires. 2) laguna, Ctl 10, Juarez, Buenos Aires. 3) establecimiento rural, Ctl 8, Las Flores, Buenos Aires. 4) estancia, Ctl 2, 12, Nueve de Julio, Buenos Aires. 5) chacra, Ctl 2, Rodriguez, Buenos Aires. 6) establecimiento rural, Ctl 6, San Nicolás, Buenos Aires. 7) establecimiento rural, Ctl 6, Tapalqué, Buenos Aires. 8) estancia, Ctl 4, Vecino, Buenos Aires. 9) estancia, Ctl 2, Veinte y Cinco de Mayo, Buenos Aires. 10) estancia, Ituzaingó, Corrientes. 11) estero, Ituzaingó, Corrientes. 12) finca rural, Saladas, Corrientes. 13) paraje poblado, Tumbaya, Jujuy. 14) finca rural, Anta, Salta. 15) finca rural, Capital, Salta. 16) finca rural, La Viña, Salta. 17) finca rural, Oran, Salta. 18) finca rural, Rosario de Lerma, Salta. 19) finca rural, San Cárlos, Salta. 20) *de Diaz*, distrito del departamento Viña, Salta. 21) *de Diaz*, aldea, San Bernardo de Diaz, La Viña, Salta. Es la cabecera del departamento. Está á 77 kms. de Salta. Tiene unos 500 habitantes. $\varphi = 25° 25'$; $\lambda = 65° 30'$. C, E.

San Blas, 1) establecimiento rural, Ctl 2, Las Flores, Buenos Aires. 2) puerto, Patagones, Buenos Aires. $\varphi = 40° 39'$; $\lambda = 62° 9'$ (Fitz Roy). 3) estancia, Ctl 3, Saladillo, Buenos Aires. 4) mina de cobre en el distrito mineral «La Hoyada,» Tinogasta, Catamarca. 5) finca rural, Caacatí, Corrientes. 6) finca rural, Ituzaingó, Corrientes. 7) finca rural, San Luis del Palmar, Corrientes. 8) distrito del departamento San Blas de los Sauces, Rioja. 9) finca rural, Chicoana, Salta. 10) *de los Sauces*, departamento de la provin-

cia de la Rioja. Confina al Norte y Este con la provincia de Catamarca, al Sud con los departamentos de Arauco y Castro Barros y al Oeste con el de Famatina. Tiene una extension de 1767 kms.[2] y una poblacion conjetural de 4000 habitantes. Está dividido en los 7 distritos: San Blas, Sauces, Alpasinche, Chaquis, Andaluzas, Suriyaco y Tuibil. El departamento es regado por el arroyo de los Sauces. Escuelas funcionan en Alpasinche, Sauces y Chaqui. La aldea Sauces es la cabecera del departamento.

San Borjita, finca rural, Ituzaingó, Corrientes.

San Bruno, 1) establecimiento rural, Ctl 4, San Pedro, Buenos Aires. 2) finca rural, Rosario de Lerma, Salta.

San Camilo, 1) establecimiento rural, Ctl 3, Lincoln, Buenos Aires. 2) finca rural, Goya, Corrientes.

San Cándido, estancia, Ctl 8, Necochea, Buenos Aires.

San Cárlos, 1) establecimiento rural, Ctl 4, Ayacucho, Buenos Aires. 2) estancia, Ctl 7, Balcarce, Buenos Aires. 3) pueblo, Bolívar, Buenos Aires. Véase Bolívar. 4) establecimiento rural, Ctl 5, Brandzen, Buenos Aires. 5) establecimiento rural, Ctl 5, Cañuelas, Buenos Aires. 6) establecimiento rural, Ctl 6, Chascomús, Buenos Aires. 7) establecimiento rural, Ctl 5, 6, Junin, Buenos Aires. 8) laguna, Ctl 6, Junin, Buenos Aires. 9) establecimiento rural, Ctl 3, 10, Las Flores, Buenos Aires. 10) estancia, Ctl 4, Las Heras, Buenos Aires. 11) establecimiento rural, Ctl 3, Lincoln, Buenos Aires. 12) estancia, Ctl 1, 3, Magdalena, Buenos Aires. 13) estancia, Ctl 1, Moreno, Buenos Aires. 14) estancia, Ctl 6, Nueve de Julio, Buenos Aires. 15) establecimiento rural, Ctl 5, Olavarría, Buenos Aires. 16) establecimiento rural, Ctl 1, 5, 7, Pergamino, Buenos Aires. 17) establecimiento rural, Ctl 4, 10, Ramallo, Buenos Aires.

18) establecimiento rural, Ctl 6, Rauch, Buenos Aires. 19) establecimiento rural, Ctl 4. San Antonio de Areco, Buenos Aires. 20) establecimiento rural, Ctl 2, Suarez, Buenos Aires. 21) estancia, Ctl 10, Veinte y Cinco de Mayo, Buenos Aires. 22) establecimiento rural, Solalindo, Chaco. 23) lugar poblado, Constitucion, Anejos Norte, Córdoba. 24) finca rural, Lagunilla, Anejos Sud, Córdoba. 25) pedania del departamento Minas, Córdoba. Tiene 2053 habitantes (Censo del 1° de Mayo de 1890) 26) cuartel de la pedania del mismo nombre, Minas, Córdoba. 27) aldea, San Cárlos, Minas, Córdoba. Tiene 310 habitantes. (Censo m) Es la cabecera del departamento. $\varphi = 31° 9'$; $\lambda = 65° 7'$; $\alpha = 781$ m. (Moussy) C, T, E. 28) mina de cuarzo aurífero, San Bartolomé, Rio Cuarto, Córdoba. 29) finca rural, Bell-Ville, Union, Córdoba. 30) estancia, Curuzú-Cuatiá, Corrientes. 31) finca rural, Esquina, Corrientes. 32) finca rural, Goya, Corrientes. 33) estancia, Ituzaingó, Corrientes. 34) finca rural, Lavalle, Corrientes. 35) finca rural, Mercedes, Corrientes. 36) finca rural, Paso de los Libres, Co rrientes. 37) colonia, Gualeguay, Entre Rios. Fué fundada en 1882 en una extension de 510 hectáreas. 38) (ó Nueve de Julio,) villa, Nueve de Julio, Mendoza. Es la cabecera del departamento. Está situada en la confluencia de los arroyos Yaucha y Aguanda, á unos 110 kms. al Sud de la ciudad de Mendoza. Esta villa se ha formado alrededor del antiguo fortin del mismo nombre. $\varphi = 33°$ 45'; $\lambda = 69° 2'$. C, T, E. 39) finca rural, Nueve de Julio, Mendoza. 40) nombre antiguo del hoy departamento mendocino Nueve de julio. Véase Nueve de julio. 41) arroyo, Nueve de Julio, Mendoza Se forma por la confluencia de los arroyos Yaucha y Aguanda y desagua en la márgen derecha del Tunuyan, ¡ oco

rio, Colonias, Santa Fe. Dista de la capital provincial 17 kms. FCSF, C, T. 53) colonia, San Cárlos, Colonias, Santa Fe. Tiene 1604 habitantes (Censo m.) 54) lugar poblado, Rio Hondo, Santiago. E. 55) *de Bolivar*, estancia, Ctl 5, Bolivar, Buenos Aires. 56) *Centro*, pueblo, San Cárlos, Colonias, Santa Fe. Tiene 990 habitantes. (Censo m.) Agencia del Banco Nacional. Por la via férrea dista 57 kms. de Santa Fe. FCSF, ramal á Galvez. C, T, E. 57) *de Mojotoro*, finca rural, Caldera, Salta. 58) *Norte*, pueblo, San Cárlos, Colonias, Santa Fe. Tiene 173 habitantes. (Censo m.) Por la via férrea dista 52 kms. de Santa Fe. FCSF, ramal á Galvez. C, T, E. 59) *Sud*, pueblo, San Cárlos, Colonias, Santa Fe. Tiene 345 habitantes. (Censo m.) Por la vía férrea dista 61 kms. de Santa Fe. FCSF, ramal á Galvez, C, T, E.

San Carmelo, 1) establecimiento rural, Ctl 3, Rodriguez, Buenos Aires 2) finca rural, Concepcion, Corrientes.

San Casiano, 1) estancia, Ctl 3, Pergamino, Buenos Aires. 2) estancia, Ctl 8, Rauch, Buenos Aires.

San Casildo, establecimiento rural, Ctl 10, Las Flores, Buenos Aires.

San Cayetano, 1) establecimiento rural. Ctl 9, Necochea, Buenos Aires. 2) estancia, Mercedes, Corrientes. 3) mineral de plata, La Viña, Salta.

San Cecilio, 1) estancia, Ctl 8, Baradero, Buenos Aires. 2) establecimiento rural, Ctl 2, Exaltacion de la Cruz, Buenos Aires.

San Celestino, establecimiento rural, Ctl 5, Pila, Buenos Aires.

San Cenobio, estancia, Ctl 4, Azul, Buenos Aires.

San Cesáreo, 1) establecimiento rural, Ctl 1, Pergamino, Buenos Aires. 2) finca rural, Esquina, Corrientes.

San Cipriano, establecimiento rural, Ctl 9, Pueyrredon, Buenos Aires.

San Ciriaco, 1) establecimiento rural, Ctl 10, Tandil, Buenos Aires. 2) finca rural, Santo Tomé, Corrientes.

San Cirilo, establecimiento rural, Ctl 7, Alvear, Buenos Aires.

San Claudio, 1) establecimiento rural, Ctl 2, Necochea, Buenos Aires. 2) establecimiento rural, Ctl 1, Pila, Buenos Aires. 3) establecimiento rural, Ctl 8, Ramallo, Buenos Aires.

San Clemente, 1) cuartel de la pedanía Potrero de Garay, Anejos Sud, Córdoba. 2) finca rural, Potrero de Garay, Anejos Sud, Córdoba. 4) finca rural, Cerrillos, Salta.

San Cornelio, 1) establecimiento rural, Ctl 7, Ayacucho, Buenos Aires. 2) establecimiento rural, Ctl 5, Loberia, Buenos Aires 3) establecimiento rural, Ctl 9, Puan, Buenos Aires. 4) finca rural, Oran, Salta.

San Cosme, 1) aldea, Cosme, Anejos Sud, Córdoba. $\varphi = 31°42'$, $\lambda = 65°5'$. Véase Cosme. 2) finca rural, Mercedes, Corrientes. 3) finca rural, Paso de los Libres, Corrientes. 4) departamento de la provincia de Corrientes Está situado en el extremo NO. de la provincia y forman sus límites, al Norte el rio Paraná, al Sud el Riachuelo, al Oeste el departamento Lomas y al Este el de Itatí. Su extension es de unos 900 kms^2 y su poblacion conjetural de unos 5500 habitantes. Los montes y las lagunas abundan en este departamento, cuyas arterias fluviales son el Riachuelo y el arroyo San Juan. Escuelas funcionan en San Cosme, Santa Ana, Arroyo Pelon, Ensenadita y Paso de la Patria. 5) villa, San Cosme, Corrientes. Es la cabecera del departamento. Está situada á 40 kms. al ENE. de Corrientes. Fundada en 1760, cuenta hoy con unos 1500 habitantes. C, T, E.

San Cristóbal, 1) estancia, Ctl 5, Giles, Buenos Aires. 2) estancia, Ctl 4, Patagones, Buenos Aires. 3) establecimiento rural, Ctl 7, Ranchos, Buenos Aires. 4) establecimiento rural, Ctl 5, Saladillo, Buenos Aires. 5) finca rural, Reartes, Calamuchita, Córdoba. 6) finca rural, Chucul, Juarez Celman, Córdoba. 7) lugar poblado, Capital, Rioja. 8) finca rural, Oran, Salta. 9) lugar poblado, Monte Aguará, Colonias, Santa Fe Tiene 154 habitantes. (Censo del 7 de Junio de 1887.) Por la vía férrea dista 200 kms. de Santa Fe. Es punto de arranque de un ferro-carril á Tucuman. $\varphi = 30°$ 14' 34"; $\lambda = 61°$ 11' 7". FCSF, C, T.

San David, establecimiento rural, Ctl 10, Cañuelas, Buenos Aires.

San Diego, 1) estancia, Ctl 2, Balcarce, Buenos Aires. 2) establecimiento rural, Ctl 6, Junin, Buenos Aires. 3) establecimiento rural, Ctl 7, Rauch, Buenos Aires. 4) mina de galena argentífera, Ambul, San Alberto, Córdoba. 5) lugar poblado, San Roque, Corrientes. Por la vía férrea dista 219 kms. de Monte Caseros y 155 de Corrientes. $\alpha = 83$ m. FC Noreste Argentino, ramal de Monte Caseros á Corrientes. C, T. 6) cabo en la Tierra del Fuego, en el estrecho de Lemaire. $\varphi = 54°$ 41'; $\lambda = 65°$ 7' (Fitz Roy.)

San Dionisio, 1) establecimiento rural, Ctl 12, Lincoln, Buenos Aires. 2) estancia, Ctl 1, Las Heras, Buenos Aires. 3) establecimiento rural, Ctl 4, Nueve de Julio, Buenos Aires. 4) establecimiento rural, Ctl 14, Tres Arroyos, Buenos Aires. 5) establecimiento rural, Ctl 3, Veinte y Cinco de Mayo, Buenos Aires. 6) finca rural, Curuzú-Cuatiá, Corrientes. 7) finca rural, Esquina, Corrientes. 8) finca rural, Goya, Corrientes. 9) estancia, Mercedes, Corrientes. 10) lugar poblado, Atamisqui, Santiago. E.

San Donaciano, establecimiento rural, Ctl 3, Puan, Buenos Aires.

San Donato, establecimiento rural, Ctl 4, Chascomús, Buenos Aires.

San Doroteo, establecimiento rural, Ctl 5, Magdalena, Buenos Aires.

San Eduardo, 1) establecimiento rural, Ctl 5, 11, Bragado, Buenos Aires. 2) estancia, Ctl 9, Puan, Buenos Aires. 3) establecimiento rural, Ctl 5, Ranchos, Buenos Aires. 4) establecimiento rural, Ctl 10, Rauch, Buenos Aires. 5) finca rural, Ituzaingó, Corrientes. 6) finca rural, Mercedes, Corrientes.

San Eleuterio, establecimiento rural, Ctl 4, Azul, Buenos Aires.

San Eliseo, 1) establecimiento rural, Ctl 1, Azul, Buenos Aires. 2) finca rural, Achiras, Rio Cuarto, Córdoba.

San Eloy, 1) establecimiento rural, Ctl 1, Ramallo, Buenos Aires. 2) establecimiento rural, Ctl 2, Vecino, Buenos Aires. 3) finca rural, Sauce, Corrientes.

San Emilio, 1) establecimiento rural, Ctl 9, Bragado, Buenos Aires. 2) establecimiento rural, Ctl 4, Necochea, Buenos Aires. 3) estancia, Ctl 10, Rauch, Buenos Aires. 4) establecimiento rural, Pringles, Rio Negro.

San Enrique, 1) estancia, Ctl 3, Alsina, Buenos Aires. 2) laguna, Ctl 6, Brandzen, Buenos Aires. 3) establecimiento rural, Ctl 2, Lincoln, Buenos Aires. 4) establecimiento rural, Ctl 4, Márcos Paz, Buenos Aires. 5) establecimiento rural, Ctl 8, Necochea, Buenos Aires. 6) establecimiento rural, Ctl 1, 2, Pila, Buenos Aires. 7) establecimiento rural, Ctl 1, Ramallo, Buenos Aires 8) estancia, Ctl 9, Tres Arroyos, Buenos Aires.

San Ernesto, establecimiento rural, Ctl 4, Las Flores, Buenos Aires.

San Estanislao, 1) establecimiento rural, Ctl 9, Cañuelas, Buenos Aires. 2) establecimiento rural, Ctl 2, Exaltacion de la Cruz, Buenos Aires. 3) establecimiento rural, Ctl 7, Rauch, Buenos Aires. 4) finca rural, La Cruz, Corrientes.

San Estéban, 1) establecimiento rural, Ctl 4, Azul, Buenos Aires. 2) estancia, Ctl 4.

Balcarce, Buenos Aires. 3) estancia, Ctl 4, Brandzen, Buenos Aires. 4) establecimiento rural, Ctl 8, Cañuelas, Buenos Aires. 5) establecimiento rural, Ctl 6, Matanzas, Buenos Aires. 6) establecimiento rural, Ctl 7, Pergamino, Buenos Aires 7) arroyo, Ctl 7, Pueyrredon, Buenos Aires. 8) establecimiento rural, Ctl 5, Rauch, Buenos Aires. 9) establecimiento rural, Ctl 2, Tandil, Buenos Aires. 10) finca rural, Lagunilla, Anejos Sud, Córdoba. 11) finca rural, Esquina, Corrientes. 12) estancia, Saladas, Corrientes. 13) finca rural, Oran, Salta. 14) estancia, Rosario de la Frontera, Salta.

San Eufemio, estancia, Ctl 13, Tres Arroyos, Buenos Aires.

San Eugenio, 1) estancia, Ctl 7, Balcarce, Buenos Aires. 2) establecimiento rural, Ctl 6, Chascomús, Buenos Aires. 3) estancia, Ctl 5, Magdalena, Buenos Aires. 4) finca rural, Paso de los Libres, Corrientes.

San Eusebio, 1) estancia Ctl 3, Lobería, Buenos Aires. 2) establecimiento rural, Ctl 1, Pergamino, Buenos Aires. 3) establecimiento rural, Ctl 12, Tandil, Buenos Aires. 4) estancia, Ctl 15, Tres Arroyos, Buenos Aires. 5) finca rural, Litin, Union, Córdoba. 6) finca rural, Esquina, Corrientes.

San Evaristo, 1) establecimiento rural, Ctl 10, Rauch, Buenos Aires. 2) finca rural, Mercedes, Corrientes.

San Fabian, establecimiento rural, Departamento 5º, Pampa.

San Fausto, establecimiento rural, Ctl 1, Magdalena, Buenos Aires.

San Federico, finca rural, Esquina, Corrientes.

San Feliciano, establecimiento rural, Ctl 4, Pueyrredon, Buenos Aires.

San Felipe, 1) cabaña de ovejas Rambouillet, Ctl 9, Ayacucho, Buenos Aires. 2) estancia, Ctl 7, Balcarce Buenos Aires. 3) establecimiento rural, Ctl 4, Chasco-

mús, Buenos Aires. 4) establecimiento rural, Ctl 7, Giles, Buenos Aires. 5) estancia, Ctl 1, 2, 4, Magdalena, Buenos Aires. 6) establecimiento rural, Ctl 2, 6, Navarro, Buenos Aires. 7) estancia, Ctl 11, Necochea, Buenos Aires. 8) establecimiento rural, Ctl 2, Olavarría, Buenos Aires. 9) establecimiento rural, Ctl 1, 7, Pergamino, Buenos Aires. 10) establecimiento rural, Ctl 8, Ramallo, Buenos Aires. 11) establecimiento rural, Ctl 5, Saladillo, Buenos Aires. 12) establecimiento rural, Ctl 11. Tandil, Buenos Aires. 13) estancia, Ctl 6, Tres Arroyos, Buenos Aires. 14) laguna, Ctl 2, Tuyú, Buenos Aires. 15) estancia, Ctl 7, Vecino, Buenos Aires. 16) estancia, Ctl 10, Veinte y Cinco de Mayo, Buenos Aires. 17) cañada, Ctl 10, Veinte y Cinco de Mayo, Buenos Aires. 18) finca rural, Chucul, juarez Celman, Córdoba. 19) finca rural, Argentina, Minas, Córdoba. 20) finca rural, Curuzú-Cuatiá, Corrientes. 21) finca rural, La Cruz, Corrientes. 22) estancia, Paso de los Libres, Corrientes. 23) estancia, Santo Tomé, Corrientes. 24) finca rural, Naschel, Chacabuco, San Luis. 25) sierra, Naschel, Chacabuco, San Luis. Es una sierra baja que surge en la márgen derecha del arroyo Conlara. 26) ingenio de azúcar, Capital, Tucuman. Está á 6 kms. al Sud de Tucuman y á 540 de Córdoba. FCCN, C, T. 27) ingenio de azúcar, Chicligasta, Tucuman. Está situado en el ramal del ferro-carril Noroeste Argentino, que une á Concepcion con Medina.

San Félix, 1) establecimiento rural, Ctl 6, Azul, Buenos Aires. 2) estancia, Ctl 1, Magdalena, Buenos Aires. 3) establecimiento rural, Ctl 3, Márcos Paz, Buenos Aires. 4) establecimiento rural, Ctl 8, Rauch, Buenos Aires. 5) establecimiento rural, Ctl 7, Vecino, Buenos Aires. 6) finca rural, San Cárlos, Salta.

San Fermin, 1) establecimiento rural, Ctl

4, Ayacucho, Buenos Aires. 2) establecimiento rural, Ctl 6, Cañuelas, Buenos Aires. 3) establecimiento rural, Ctl 8, Lobos, Buenos Aires. 4) establecimiento rural, Ctl 5, Mercedes, Buenos Aires. 5) estancia, Ctl 3, 4, Rodriguez, Buenos Aires. Cabaña de ovejas Rambouillet. Dista 4 kms. del pueblo Rodriguez y 55 de la Capital federal. 6) establecimiento rural, Ctl 10, Saladillo, Buenos Aires. 7) establecimiento rural, Ctl 16, Tres Arroyos, Buenos Aires. 8) establecimiento rural, Ctl 2, Vecino, Buenos Aires. 9) finca rural, Mercedes, Corrientes.

San Fernando, 1) establecimiento rural, Ctl 9, Ayacucho, Buenos Aires. 2) establecimiento rural, Ctl 3, Chacabuco, Buenos Aires. 3) estancia, Ctl 2, Guaminí, Buenos Aires. 4) establecimiento rural, Ctl 4, Magdalena, Buenos Aires. 5) estancia, Ctl 3, Patagones, Buenos Aires. 6) estancia, Ctl 3, Pueyrredon, Buenos Aires. 7) establecimiento rural, Ctl 5, Saladillo, Buenos Aires. 8) partido de la provincia de Buenos Aires. Está situado al NNO de la Capital federal, á orillas del rio de La Plata, y confina con los partidos Las Conchas y San Isidro. Tiene 37 kms.² de superficie y una poblacion de 9220 habitantes. (Censo del 31 de Enero de 1890). En el partido existen los arroyos y riachos (canales del delta del Paraná) Carabelas, Aguila Negra, Durazno, Chañarcito, Naranjo, Vico, Barquita, Metan, Correntoso, Caracoles, Carancho, Rico, Medina, Manzano, Camacho, Las Animas, Las Cañas y Capitan. 9) villa, San Fernando, Buenos Aires. Es la cabecera del partido. Fundada en 1806, cuenta hoy con 6894 habitantes. (Censo m.) Está situada cerca de la desembocadura del arroyo de Las Conchas en el de Lujan. Es muy frecuentada en verano por la poblacion de Buenos Aires. Sucursal del Banco de la

Provincia. Por la vía férrea dista 27 kms. de la Capital federal. $\varphi = 34°\ 26°\ 15''$; $\lambda = 58°\ 32'\ 24''$. FCN, C, T, E. 10) establecimiento rural, Ctl 11, Tres Arroyos, Buenos Aires. 11) distrito del departamento Belén, Catamarca. 12) lugar poblado, San Fernando, Belén, Catamarca. C, T. 13) vertiente, Ancasti, Ancasti, Catamarca. 14) finca rural, Chucul, Juarez Celman, Córdoba. 15) finca rural, Curuzú-Cuatiá, Corrientes. 16) finca rural, Esquina, Corrientes. 17) finca rural, Goya, Corrientes. 18) finca rural, La Cruz, Corrientes. 19) finca rural, Anta, Salta. 20) finca rural, Cerrillos, Salta. 21) finca rural, Rosario de Lerma, Salta. 22) *de Arenaza*, establecimiento rural, Ctl 4, Lobería, Buenos Aires.

San Filemon, mina de cuarzo aurífero, Candelaria, Cruz del Eje, Córdoba. Está situada en el paraje llamado «Pozo de Agua.»

San Florencio, 1) laguna, Ctl 4, Alvear, Buenos Aires. 2) establecimiento rural, Ctl 3, Lincoln, Buenos Aires.

San Francisco, 1) estancia, Ctl 7, Ajó, Buenos Aires. 2) estancia, Ctl 2, 7, Alvear, Buenos Aires. 3) laguna, Ctl 2, Alvear, Buenos Aires. 4) establecimiento rural, Ctl 17, Arrecifes, Buenos Aires. 5) estancia, Ctl 2, 4, 5, Balcarce, Buenos Aires. 6) arroyo, Ctl 7, Balcarce, Buenos Aires. Es tributario del arroyo Grande en la márgen derecha. 7) establecimiento rural, Ctl 2, 6, Bolívar, Buenos Aires 8) establecimiento rural, Ctl 7, 9, Bragado, Buenos Aires. 9) establecimiento rural, Ctl 8, Brandzen, Buenos Aires. 10) establecimiento rural, Ctl 7, Cañuelas, Buenos Aires 11) estancia, Ctl 2, Exaltacion de la Cruz, Buenos Aires. 12) establecimiento rural, Ctl 8, Junin, Buenos Aires. 13) estancia, Ctl 5, 6, Las Flores, Buenos Aires. 14) arroyo, Ctl 6, Las Flores, Buenos Aires. 15) establecimiento rural, Ctl 3, 4, 5, Lincoln, Buenos Aires. 16) estancia, Ctl 1, 3, 5, 8, Lobería, Buenos Aires. 17) arroyo, Ctl 5, Lujan, Buenos Aires. 18) estancia, Ctl 2, 4, 5, Magdalena, Buenos Aires. 19) establecimiento rural, Ctl 1, 4, Márcos Paz, Buenos Aires. 20) chacra, Ctl 5, Necochea, Buenos Aires. 21) estancia, Ctl 4, Olavarria, Buenos Aires. 22) establecimiento rural, Ctl 2, Patagones, Buenos Aires. 23) establecimiento rural, Ctl 1, 5, 6, Pergamino, Buenos Aires. 24) establecimiento rural, Ctl 9, Pueyrredon, Buenos Aires. 25) establecimiento rural, Ctl 5, Pila, Buenos Aires. 26) establecimiento rural, Ctl 5, Ramallo, Buenos Aires. 27) establecimiento rural, Ctl 6, 10, Rauch, Buenos Aires. 28) manantial, Ctl 7, Rauch, Buenos Aires. 29) estancia, Ctl 3, Rodriguez, Buenos Aires. 30) establecimiento rural, Ctl 10, Saladillo, Buenos Aires. 31) establecimiento rural, Ctl 1, Tandil, Buenos Aires. 32) estancia, Ctl 3, Tapalqué, Buenos Aires. 33) establecimiento rural, Ctl 5, Trenque-Lauquen, Buenos Aires. 34) establecimiento rural, Ctl 11, Tres Arroyos, Buenos Aires. 35) establecimiento rural, Ctl 1, 2, 7, Vecino, Buenos Aires. 36) estancia, Ctl 2, 4, 9, 10, 11, Veinte y Cinco de Mayo, Buenos Aires. 37) paso de la cordillera, Tinogasta, Catamarca. $\varphi = 26°$; $\lambda = 68° 30'$; $x = 4500$ m. (Moussy). 38) finca rural, Rio de los Sauces, Calamuchita, Córdoba. 39) finca rural, Chucul, juarez Celman, Córdoba. 40) cuartel de la pedanía San Antonio, Punilla, Córdoba. 41) aldea, San Antonio, Punilla, Córdoba. Tiene 214 habitantes. (Censo del 1° de Mayo de 1890). $\varphi = 31' 11'$; $\lambda = 64° 30'$; $x = 750$ m. (Brackebusch). C, E. 42) finca rural, Estancias, Rio Seco, Córdoba. 43) pedanía del departamento San Justo, Córdoba. Tiene 1421 habitantes. (Censo del 1° de Mayo de 1890). 44) aldea, San Francisco, San justo, Córdoba. Tiene 791 habitantes. (Censo m.) Está situada á orillas del

rio Segundo. $\varphi = 31° 27'$; $\lambda = 63° 16'$. C, T, E. 45) cuartel de la pedanía Juarez Celman, San Justo, Córdoba. 46) aldea, juarez Celman, San Justo, Córdoba. Cerca del límite de las provincias de Santa Fe y Córdoba. Tiene 155 habitantes. (Censo m.) Por la vía férrea dista 172 kms. de Santa Fe y 208 de Córdoba. $x = 127$ m. FCSFC, C, T. 47) colonia, Libertad, San justo, Córdoba. Está situada en el paraje denominado «Pozo de la Piedra.» Fué fundada en 1886 en una extension de 21645 hectáreas. Tiene 436 habitantes. (Censo m) 48) (ó Chañar), pedanía del departamento Sobremonte, Córdoba. Tiene 1739 habitantes. (Censo m). 49) villa, San Francisco, Sobremonte, Córdoba. Véase Chañar. 50) finca rural, Chuñaguasi, Sobremonte, Córdoba. 51) finca rural, Bell-Ville, Union, Córdoba. 52) sierra, Córdoba. Es una ramificacion septentrional de la sierra Chica. Se extiende de S. á N. á través de los departamentos Totoral, Ischilin, Tulumba y Sobremonte. Ocupa una longitud de unos 130 kms. y una anchura de unos 50 á 60 kms. Sus cumbres más elevadas son los cerros de la Aguada, de la Totorilla (1150 m), Horcosuna, Suyumpa, Molleyaco, Pértigo, de la Mesa, de las Burras, Tolo y Colorado. 53) finca rural, Curuzú-Cuatiá, Corrientes. 54) finca rural, Esquina, Corrientes. 55) finca rural, Goya, Corrientes. 56) finca rural, Lavalle, Corrientes. 57) finca rural, Mercedes, Corrientes. 58) estancia, Paso de los Libres, Corrientes. 59) finca rural, San Roque, Corrientes. 60) aldea de la colonia General Alvear, Diamante, Entre Rios. Véase Araña. 61) finca rural, Perico del Cármen, Jujuy. 62) finca rural, Valle Grande, Jujuy. 63) rio, jujuy y Salta. Nombre que toman las aguas de los rios Grande de jujuy y Lavayén reunidos en un solo cauce. Bajo este nombre corre por los departamentos San Pedro y Ledesma de Jujuy, entra en el departamento Oran (Salta) y desemboca en la márgen derecha del rio Bermejo, á unos 40 kms. al SE. de Oran, en Palca de Soria. 64) arroyo, Beltran, Mendoza. Es un tributario del rio Grande, en la márgen derecha. 65) mina de galena argentifera en el distrito mineral de Uspallata, Las Heras, Mendoza. 66) cumbre de la cordillera, Tupungato, Mendoza. $\varphi = 34° 5'$; $\lambda = 69° 30'$; $z = 5181$ m. (Pissis). 67) finca rural, Capital, Rioja. 68) lugar poblado, Juarez Celman, Rioja. Por la via férrea dista 168 kms. de Dean Fúnes y 254 de Chilecito. Es estacion del ferro-carril de Dean Fúnes á Chilecito $z = 244$ m. C, T. 69) finca rural, Chicoana, Salta. 70) finca rural, Guachipas, Salta. 71) finca rural, San Cárlos Salta. 72) partido del departamento Ayacucho, San Luis. 73) villa, San Francisco, Ayacucho, San Luis. Es la cabecera del departamento. Tiene unos 2000 habitantes. $z = 852$ m. (Lallemant) C, E. 74) finca rural, San Francisco, Ayacucho, San Luis. 75) vertiente, San Francisco, Ayacucho, San Luis 76) estancia, Burruyaco, Tucuman. Cerca de la frontera santiagueña. 77) lugar poblado, Graneros, Tucuman. En la orilla izquierda del arroyo del mismo nombre. C. 78) arroyo, Graneros, Tucuman. Nace en la estancia Potrerillo, corre de NO. á SE. hasta Huaca, donde dobla hacia el NE. formando durante un corto trayecto, hasta la estancia Tala-Suncho, donde se borra su cauce, el límite entre las provincias de Tucuman y Catamarca. 79) aldea, Monteros, Tucuman. Al lado del ferro-carril Noroeste Argentino. 80) *Cué*, estancia, Itatí, Corrientes. 81) *del Monte*, finca rural, Belgrano, Mendoza.

San Froilan, finca rural, Goya, Corrientes.

San Gabino, 1) estancia, Ctl 2, 3, Azul, Buenos Aires. 2) establecimiento rural, Ctl 7, Las Flores, Buenos Aires. 3) es-

tablecimiento rural, Ctl 6, Rauch, Buenos Aires.

San Gabriel, 1) establecimiento rural, Ctl 4, Azul, Buenos Aires. 2) establecimiento rural, Ctl 7, Chascomús, Buenos Aires. 3) establecimiento rural, Ctl 2, Tandil, Buenos Aires. 4) establecimiento rural, Ctl 2, Tapalqué, Buenos Aires. 5) finca rural, Mercedes, Tulumba, Córdoba. 6) finca rural, Curuzú-Cuatiá, Corrientes. 7) estancia, La Cruz, Corrientes. 8) finca rural, Mercedes, Corrientes. 9) estancia, Santo Tomé, Corrientes. 10) arroyo, Federacion, Entre Rios. Es un afluente del Mocoretá en la márgen derecha. Riega los campos de la colonia Libertad.

San Genaro, 1) estancia, Ctl 7, Bolivar, Buenos Aires. 2) establecimiento rural, Ctl 2, Monte, Buenos Aires. 3) establecimiento rural, Ctl 5, Pila, Buenos Aires. 4) establecimiento rural, Ctl 10, Saladillo, Buenos Aires. 5) establecimiento rural, Ctl 2, Villegas, Buenos Aires. 6) finca rural, San Roque, Corrientes. 7) distrito del departamento San Jerónimo, Santa Fe. Tiene 2187 habitantes. (Censo del 7 de Junio de 1887.) 8) pueblo, San Genaro, San Jerónimo, Santa Fe. Tiene 285 habitantes. (Censo m.) E. 9) colonia, San Genaro, San Jerónimo, Santa Fe. Tiene 925 habitantes. (Censo m.) E.

San Gerardo, 1) establecimiento rural, Ctl 3, Ayacucho, Buenos Aires. 2) establecimiento rural, Ctl 5, Las Flores, Buenos Aires.

San German, 1) estancia, Ctl 10, Las Flores, Buenos Aires. 2) chacra, Ctl 3, Lincoln, Buenos Aires. 3) establecimiento rural, Ctl 2, Magdalena, Buenos Aires. 4) estancia, Ctl 5, Maipú, Buenos Aires. 5) finca rural, La Viña, Salta.

San Gervasio, 1) establecimiento rural, Ctl 3, Lincoln, Buenos Aires. 2) establecimiento rural, Ctl 4, Maipú, Buenos Aires. 3) estancia, Ctl 7, Pueyrredon, Buenos Aires. 4) arroyo, Ctl 7, Pueyrredon,

Buenos Aires. 5) laguna, Ctl 7, Pueyrredon, Buenos Aires. 6) establecimiento rural, Ctl 7, Rauch, Buenos Aires.

San Gregorio, 1) establecimiento rural, Ctl 3, Ayacucho, Buenos Aires. 2) estancia, Ctl 2, 7, Balcarce, Buenos Aires. 3) estancia, Ctl 3, Chacabuco, Buenos Aires. 4) estancia, Ctl 3, 5, Las Flores, Buenos Aires. 5) establecimiento rural, Ctl 5, Pergamino, Buenos Aires. 6) establecimiento rural, Ctl 2, Pila, Buenos Aires. 7) establecimiento rural, Ctl 7, Ranchos, Buenos Aires. 8) establecimiento rural, Ctl 4, 7, 10, Rauch, Buenos Aires. 9) establecimiento rural, Ctl 4, San Nicolás, Buenos Aires, 10) establecimiento rural, Ctl 1, Suarez, Buenos Aires. 11) estancia, Ctl 3, Tandil, Buenos Aires. 12) estancia, Ctl 7. 15, Tres Arroyos, Buenos Aires. 13) estancia, Villarino, Buenos Aires. 14) lugar poblado, Candelaria, Cruz del Eje, Córdoba. $\varphi=30°$ 58'; $\lambda=64°$ 45'; $x=950$ m. (Brackebusch.) 15) finca rural, Reduccion, Juarez Celman, Córdoba. 16) lugar poblado, Argentina, Minas, Córdoba. 17) arroyo, Punilla y Cruz del Eje, Córdoba. Nace en la pampa de Olain y es uno de los elementos de formacion del arroyo Cruz del Eje 18) finca rural, Curuzú-Cuatiá, Corrientes. 19) finca rural, Esquina, Corrientes. 20) finca rural, Goya, Corrientes. 21) finca rural, Mercedes, Corrientes. 22) finca rural, Monte Caseros, Corrientes. 23) estancia, Saladas, Corrientes. 24) estancia, San Roque, Corrientes. 25) establecimiento rural, Departamento 10°, Pampa. 26) finca rural, Oran, Salta. 27) finca rural, Rosario de Lerma, Salta. 28) finca rural, Saladillo, Pringles, San Luis. 29) lugar poblado, Copo, Santiago. E.

San Guillermito, [1] mina de cuarzo aurífe-

ro, Candelaria, Cruz del Eje, Córdoba. Está situada en el paraje llamado «Perchel.»

San Guillermo, 1) establecimiento rural, Ctl 3, Ayacucho, Buenos Aires. 2) establecimiento rural, Ctl 5, Balcarce, Buenos Aires. 3) establecimiento rural, Ctl 2, 3, Cármen de Areco, Buenos Aires. 4) establecimiento rural, Ctl 8, Mercedes, Buenos Aires. 5) establecimiento rural, Ctl 10, Rauch, Buenos Aires. 6) lugar poblado, Candelaria, Cruz del Eje, Córdoba. 7) arroyo, Punilla y Cruz del Eje, Córdoba. Nace en la «pampa de San Luis,» se dirige al Norte, pasa por Soto y borra su cauce en las inmediaciones de Pichana. Sus aguas se benefician en el establecimiento metalúrgico de Paso del Cármen. 8) mina de plomo y plata, Ciénega del Coro, Minas, Córdoba. Está situada en el paraje llamado «Carrizal.» 9) finca rural, Paso de los Libres, Corrientes. 10) mina de oro en el distrito mineral «El Oro,» sierra de Famatina, Rioja. 11) distrito minero del departamento Iglesia, San Juan. Encierra plata. 12) poblacion agrícola, Iglesia, San Juan.

San Higinio, estancia, Ctl 3, Tapalqué, Buenos Aires.

San Hipólito, 1) estancia, Ctl 2, Castelli, Buenos Aires. 2) establecimiento rural, Ctl 5, Ramallo, Buenos Aires. 3) estancia, Ctl 4, Vecino, Buenos Aires.

San Ignacio, 1) establecimiento rural, Ctl 6, Bahia Blanca, Buenos Aires. 2) establecimiento rural, Ctl 4, 8, Las Flores, Buenos Aires. 3) establecimiento rural, Ctl 4, 5, 9, 16, Lincoln, Buenos Aires. 4) estancia, Ctl 4, 5, Magdalena, Buenos Aires. 5) establecimiento rural, Ctl 4, 11, Nueve de Julio, Buenos Aires. 6) estancia, Ctl 4, 6, Olavarria, Buenos Aires. 7) establecimiento rural, Ctl 8, Pergamino, Buenos Aires. 8) establecimiento rural, Ctl 2, Pila, Buenos Aires. 9) estableci-

[1] Dudo mucho que la Iglesia admita en su gremio de los bienaventurados á Santos menores de edad, como debe serlo ese San Guillermito, á juzgar por el diminutivo de su nombre de pila.

miento rural, Ctl 12, Tandil, Buenos Aires. 10) establecimiento rural, Ctl 3, Veinte y Cinco de Mayo, Buenos Aires 11) lugar poblado, Capayan, Catamarca. Por la vía férrea dista 29 kms. de Chumbicha y 411 de Córdoba. $x=321$ m FC CN, ramal de Recreo á Chumbicha y Catamarca. C, T. 12) cuartel de la pedania Santa Rosa, Calamuchita, Córdoba. 13) aldea, Santa Rosa, Calamuchita, Córdoba. Tiene 194 habitantes. (Censo del 1° de Mayo de 1890.) $\varphi=32°\,8'$; $\lambda=64°\,30'$; $x=450$ m. (Brackebusch) C, E. 14) lugar poblado, Candelaria, Cruz del Eje, Córdoba. 15) mina de plomo y plata, Argentina, Minas, Córdoba. Está situada en el «Cerrito Blanco». 16) finca rural, Chancani, Pocho, Córdoba. 17) cumbre de la sierra Chica, Punilla, Córdoba, 18) finca rural, Rio Pinto, Totoral, Córdoba 19) finca rural, Esquina, Corrientes. 20) finca rural, Lavalle, Corrientes. 21) finca rural, Cerrillos, Salta. 22) finca rural, Chicoana, Salta. 23) estancia, Iruya, Salta. 24) finca rural, Jachal, San juan. 25) aldea, Graneros, Tucuman. En la orilla derecha del arroyo del mismo nombre. $\alpha=480$ m. 26) arroyo, Graneros, Tucuman. Nace en la sierra del Potrerillo, recorre un corto trayecto de O. á E. pasando por los pueblos San Ignacio y San José y borra su cauce, por inmersion en el suelo, cerca de la estancia Lagunita.

San Inocencio, establecimiento rural, Ctl 10, Rauch, Buenos Aires.

San Ireneo, 1) establecimiento rural, Ctl 5, Pila, Buenos Aires. 2) establecimiento rural, Ctl 2, Vecino, Buenos Aires.

San Isaac, establecimiento rural, Ctl 2, Navarro, Buenos Aires.

San Isidoro, 1) estancia, Ctl 2, 3, Azul, Buenos Aires. 2) mina de galena argentífera en el distrito mineral de Uspallata, Las Heras, Mendoza.

San Isidro, 1) estancia, Ctl 5, Ajó, Buenos Aires. 2) establecimiento rural, Ctl 5, Chacabuco, Buenos Aires. 3) establecimiento rural, Ctl 3, Las Flores, Buenos Aires. 4) establecimiento rural, Ctl 6, Loberia, Buenos Aires. 5) establecimiento rural, Ctl 7, Lobos, Buenos Aires. 6) establecimiento rural, Ctl 8, Navarro, Buenos Aires 7) establecimiento rural, Ctl 11, Nueve de Julio, Buenos Aires. 8) estancia, Ctl 4, Patagones, Buenos Aires. 9) estancia, Ctl 1, Pringles, Buenos Aires. 10) establecimiento rural, Ctl 5, Rauch, Buenos Aires. 11) establecimiento rural, Ctl 4, Rojas, Buenos Aires. 12) partido de la provincia de Buenos Aires. Fué creado en 1779. Está situado al NNO. de la ciudad de Buenos Aires, á orillas del rio de La Plata y es limítrofe del municipio de la Capital. Tiene 67 kms. ^{2} de superficie y una poblacion de 7412 habitantes. (Censo del 31 de Enero de 1890.) El partido es regado por el arroyo Sarandí. 13) villa, San Isidro, Buenos Aires. Es la cabecera del partido. Cuenta con 2000 habitantes. Es muy frecuentada en verano por la poblacion bonaerense. Por la vía férrea dista 9 kms. del Tigre y 21 de Buenos Aires. Cable telegráfico á Martin Garcia $\varphi=34°\,28'\,12''$; $\lambda=58°\,29'\,49''$. FCN, C, T, E. 14) establecimiento rural, Ctl 12, Tandil, Buenos Aires. 15) distrito del departamento Valle Viejo, Catamarca. 16) aldea, Valle Viejo, Catamarca. Es la cabecera del departamento. C, E. 17) pedania del departamento Anejos Sud, Córdoba. Tiene 884 habitantes. (Censo del 1° de Mayo de 1890.) 18) cuartel de la pedania del mismo nombre, Anejos Sud, Córdoba. 19) aldea, San Isidro, Anejos Sud, Córdoba. Tiene 417 habitantes. (Censo m.) 20) finca rural, Calera, Anejos Sud, Córdoba. 21) lugar poblado, Cruz del Eje, Cruz del Eje, Córdoba. 22) lugar poblado, Guasapampa, Minas, Córdoba. 23) cuartel de la pedania Sinsacate, Totoral, Córdoba. 24) aldea, Sinsacate, Totoral, Córdoba. Tiene 127 habitantes. (Censo m.) 25) finca rural. San josé, Tulumba, Córdoba. 26) finca rural, Bell-Ville, Union, Córdoba. 27) finca rural, Esquina, Corrientes. 28) finca rural, Goya, Corrientes. 29) estancia, Itatí, Corrientes. 30) finca rural, Lavalle, Corrientes 31) finca rural, Mercedes, Corrientes. 32) finca rural, Paso de los Libres, Corrientes. 33) estancia, Santo Tomé, Corrientes. 34) finca rural, Las Heras, Mendoza. 35) finca rural, Rivadavia, Mendoza. E. 36) lugar poblado, San Martin, Mendoza C. 37) distrito del departamento General Roca, Rioja. 38) finca rural, Capital, Rioja. 39) finca rural, Cachi, Salta. 40) finca rural, Cafayate, Salta. 41) ingenio de azúcar, Campo Santo, Salta. 42) finca rural, Cerrillos. Salta. 43) finca rural, Chicoana, Salta. 44) finca rural, Guachipas. Salta. 45) finca rural, Iruya, Salta. 46) mineral de plata, Molinos, Salta. 47) distrito del departamento Rivadavia, Salta. 48) finca rural, Rosario de Lerma, Salta 49) finca rural, San Cárlos, Salta. 50) chacra, Jachal, San juan. 51) lugar poblado, Belgrano, San Luis. C. 52) lugar poblado, Copo, Santiago. C. 53) ingenio de azúcar, Famaillá, Tucuman. Al lado del ferro-carril Noroeste Argentino 54) *Mayor*, lugar poblado, Itatí, Corrientes.

San Jacinto, 1) establecimiento rural, Ctl 2, Ayacucho, Buenos Aires. 2) estancia, Ctl 2, Las Flores, Buenos Aires. 3) establecimiento rural, Ctl 7, Mercedes, Buenos Aires. 4) arroyo, Ctl 7. Mercedes, Buenos Aires. 5) establecimiento rural, Ctl 17, Nueve de Julio, Buenos Aires. 6) establecimiento rural, Ctl 2, Olavarría, Buenos Aires. 7) arroyo, Ctl 2, Olavarría, Buenos Aires. 8) establecimiento rural, Ctl 8, Rauch, Buenos Aires. 9) establecimiento rural, Ctl 3, Rojas, Buenos Aires. 10) establecimiento rural,

Ctl 12, Tandil, Buenos Aires. 11) laguna, Ctl 12, Tandil, Buenos Aires. 12) establecimiento rural, Ctl 6, Veinte y Cinco de Mayo, Buenos Aires.

San Javier, 1) finca rural, Cañas, Anejos Norte, Córdoba. 2) finca rural, Santa Rosa, Calamuchita, Córdoba. 3) departamento de la provincia de Córdoba. Confina al Norte con el departamento San Alberto, al Este con el de Calamuchita y es limítrofe al Sud y Oeste con la provincia de San Luis (departamento Junin). Su extension es de 4411 kms.^{2} y su poblacion de 12220 habitantes. (Censo del 1° de Mayo de 1890.) Está dividido en las 5 pedanías Dolores, La Paz, Las Rosas, La Uyaba y San javiei. Los centros de poblacion de 100 habitantes para arriba, son los siguientes: Dolores, Pozo de la Vaca, Lomita, Casa del Loro, Romeros, Encrucijada, Arbol Blanco, Sauce Abajo, La Paz, Chacras, Salto, Manantial, Cruz de Caña, Quebracho Ladeado, Los Hornillos, Las Rosas, La Uyaba, Los Romeros, Travesía. Corralito, San javier, Yacanto y Achiras. La villa de Dolores es la cabecera del departamento. 4) pedanía del departamento del mismo nombre, Córdoba. Tiene 1569 habitantes. (Censo m.) 5) cuartel de la pedanía del mismo nombre, San javier, Córdoba. 6) aldea, San Javier, San Javier, Córdoba. Tiene 803 habitantes (Censo m.) $\varphi = 32°$; $\lambda = 65°2'$; $x = 800$ m. (Brackebusch.) C, E. 7) cuartel de la pedanía Hernando (ó Punta del Agua), Tercero Arriba, Córdoba. 8) aldea, Punta del Agua, Tercero Arriba, Córdoba. Tiene 132 habitantes. (Censo m.) 9) lugar poblado, Candelaria, Totoral, Córdoba. 10) finca rural, Ituzaingó, Corrientes. 11) finca rural, Lomas, Corrientes. 12) finca rural, Santo Tomé, Corrientes. 13) departamento de la gobernacion de Misiones. Está limitado al Norte por las sierras y campos de San

Juan, al Este por los rios Uruguay y Acaraguay, al Sud por el rio Uruguay y al Oeste por el rio Chimiray. 14) aldea, San javier, Misiones. $\varphi = 27° 51' 8''$; $\lambda = 55° 19'$ (Azara) E. 15) finca rural, Capital, Rioja. 16) colonia en la márgen derecha del rio Negro, Viedma, Rio Negro. E. 17) finca rural, Campo Santo, Salta. 18) finca rural, Capital, Salta. 19) departamento de la provincia de Santa Fe. Sus límites son: al Norte el paralelo de los 28° de latitud; al Este el Paraná; al Sud las propiedades de Nazario Ocampo y Tomás Cullen y una línea recta prolongada hasta el Paraná, y al Oeste los arroyos Saladillo Amargo, Caraguatay, la cañada del Toba, el monte de la Viruela y una línea recta prolongada hasta el paralelo de los 28° Tiene dentro de estos límites 20021 kms.² de extension y una poblacion de 14213 habitantes (Censo del 7 de junio de 1887.) Está dividido en los 10 distritos: San Javier, Alejandra, Mal Abrigo, Reconquista, Avellaneda, El Toba, Las Garzas, Ocampo, Las Toscas y Florencia. El departamento encierra los centros de poblacion siguientes: San javier, colonia Francesa, colonia Brava, Florencia, Las Toscas, San Antonio de Obligado, Ocampo, Puerto de San Vicente, Tacuarendí, Victor Manuel, Piazza, Avellaneda, Reconquista, Romang y Alejandra. 20) distrito del departamento San javier, Santa Fe. Tiene 2779 habitantes. (Censo m.) 21) villa, San javier, Santa Fe. Es la cabecera del departamento. Cuenta con 1002 habitantes. (Censo m.) Aduana. C, T, E. 22) colonia, San Javier, San javier, Santa Fe. Tiene 1032 habitantes. (Censo m.) 23) brazo del Paraná que lleva impropiamente el nombre de rio San javier, San Javier, Santa Fe. 24) lugar poblado, Banda, Santiago. E. 25) estancia, Capital, Tucuman. En la orilla izquierda del arroyo del mismo nombre. Dista 30 kms. de Tucuman C. 26) arroyo, Capital, Tucuman. Es un tributario del Lules en la márgen izquierda.

San Jerónimo, 1) establecimiento rural, Ctl 4, Rojas, Buenos Aires. 2) cuartel de la pedanía Dolores, Punilla, Córdoba. 3) lugar poblado, Dolores, Punilla, Córdoba. Por la vía férrea dista 56 kms. de Cruz del Eje y 94 de Córdoba. Es estacion del ferro-carril de Córdoba á Cruz del Eje. C, T. 4) cuartel de la pedanía Suburbios, Rio Segundo, Córdoba. 5) finca rural, Suburbios, Rio Segundo, Córdoba. 6) finca rural, Curuzú-Cuatiá, Corrientes. 7) finca rural, Esquina, Corrientes. 8) finca rural, Ituzaingó, Corrientes. 9) finca rural, Cafayate, Salta. 10) finca rural, Cerrillos, Salta. 11) mina de galena argentífera en el distrito mineral de San Antonio de los Cobres, Poma, Salta. 12) finca rural, San Cárlos, Salta. 13) departamento de la provincia de Santa Fe. Sus límites son: al Norte, los departamentos de las Colonias y de la Capital; al Este el rio Paraná; al Sud el rio Carcarañá y las propiedades de los herederos de Gomez y de Alarcon, el arroyo del Monje y las propiedades de Verdaguer, Bleck y Glazon, Juan Scharff, Dickinson, Tonkinson y Zenon Pereira; y al Oeste la provincia de Córdoba Tiene dentro de estos límites 9186 kms.² de extension y una poblacion de 20997 habitantes. (Censo del 7 de Junio de 1887.) Está dividido en los 10 distritos: Coronda, Oroño y Gessler, Galvez, Belgrano, San Martin, Sastre, Piamonte, San Genaro, Irigoyen y Gaboto. El departamento encierra los centros de poblacion siguientes: Coronda, Colastiné, Oroño, Gessler, Galvez, Margarita, Belgrano, San Martin de las Escobas, Sastre, Piamonte, San Genaro, San Agustin, Bustinza, Irigoyen, Gaboto, Diaz y Puerto Aragon. La villa de Coronda es la cabecera del departamento. 14) distrito del departamento de las Colonias, Santa Fe. Tiene 1347 habitantes. (Censo m.) 15) pueblo, San Jerónimo, Colonias, Santa Fe. Tiene 370 habitantes: (Censo m.) C, E. 16) colonia, San Jerónimo, Colonias, Santa Fe. Tiene 777 habitantes. (Censo m.) 17) pueblo, Bernstadt, San Lorenzo, Santa Fe. Tiene 184 habitantes. (Censo m.) Por la vía férrea dista 37 kms. del Rosario. $z = 49$ m. ECCA, C, T, E. 18) colonia, Bernstadt, San Lorenzo, Santa Fe. Tiene 492 habitantes. (Censo m.) E.

San Joaquin, 1) estancia, Ctl 4, Balcarce, Buenos Aires. 2) establecimiento rural, Ctl 3, Cármen de Areco, Buenos Aires. 3) establecimiento rural, Ctl 4, Chascomús, Buenos Aires. 4) establecimiento rural, Ctl 4, Las Flores, Buenos Aires. 5) establecimiento rural, Ctl 6, Nueve de Julio, Buenos Aires. 6) establecimiento rural, Ctl 4, Vecino, Buenos Aires. 7) estero, Ituzaingó, Corrientes. 8) finca rural, La Cruz, Corrientes. 9) cañada, La Cruz, Corrientes. 10) estancia, Paso de los Libres, Corrientes. 11) arroyo, Paso de los Libres, Corrientes. Es un tributario del Uruguay. 12) finca rural, Santo Tomé, Corrientes. 13) finca rural, Oran, Salta. 14) finca rural, Rosario de Lerma, Salta. 15) colonia, Irigoyen, San Jerónimo Santa Fe. 16) *de Ibicuy*, finca rural, Mercedes, Corrientes.

San Jorge, 1) establecimiento rural, Ctl 5, Alvear, Buenos Aires. 2) establecimiento rural, Ctl 6, Azul, Buenos Aires. 3) establecimiento rural, Ctl 3, Balcarce, Buenos Aires. 4) establecimiento rural, Ctl 2, Rodriguez, Buenos Aires. 5) establecimiento rural, Ctl 6, Tapalqué, Buenos Aires. 6) golfo extenso en la costa de las gobernaciones de Chubut y Santa Cruz. Se extiende entre los 45° y 47° de latitud. 7) mina de plomo y plata, Ciénega del Coro, Minas, Córdoba. Está situada en el Guayco. 8) cuartel de la pedania Rio Pinto, Totoral, Córdoba. 9) finca rural, Rio Pinto, Totoral, Córdoba. 10) finca rural, Paso de los Libres, Corrientes. 11) colonia, Sastre, San Jerónimo, Santa Fe. Por la vía férrea dista 186 kms. de Cañada de Gomez. FCCA, ramal de Cañada de Gomez á las Yerbas. C, T.

San José, 1) estancia, Ctl 3, 6, Ajó, Buenos Aires. 2) establecimiento rural, Ctl 2, Alvear, Buenos Aires 3) laguna, Ctl 3, Alvear, Buenos Aires. 4) establecimiento rural, Ctl 13, Arrecifes, Buenos Aires. 5) establecimiento rural, Ctl 4, 7, Ayacucho, Buenos Aires. 6) establecimiento rural, 4, 6, Azul, Buenos Aires. 7) estancia, Ctl 7, 11, Bahía Blanca, Buenos Aires. 8) establecimiento rural, Ctl 2, 5, Balcarce, Buenos Aires. 9) estancia, Ctl 5, 8, Baradero, Buenos Aires. 10) estancia, Ctl 4, 5, Brandzen, Buenos Aires. 11) establecimiento rural, Ctl 5, 8, Cañuelas, Buenos Aires. 12) establecimiento rural, Ctl 5, Chascomús, Buenos Aires. 13) arroyo Ctl 8, Chascomús, Buenos Aires. 14) laguna, Ctl 10, Chascomús, Buenos Aires. 15) estancia, Ctl 2, 10, Dorrego, Buenos Aires. 16) estancia, Ctl 2, Exaltacion de la Cruz, Buenos Aires. 17) establecimiento rural, Ctl 8, Guaminí, Buenos Aires. 18) laguna, Ctl 12, juarez, Buenos Aires 19) establecimiento rural, Ctl 4, 5, 9, Las Flores, Buenos Aires. 20) laguna, Ctl 6, Las Flores, Buenos Aires. 21) establecimiento rural, Ctl 5, 7, 13, Lincoln, Buenos Aires. 22) establecimiento rural, Ctl 5, Lujan, Buenos Aires. 23) establecimiento rural, Ctl 1, 4, 5, Magdalena, Buenos Aires. 24) establecimiento rural, Ctl 4, Maipú, Buenos Aires. 25) establecimiento rural, Ctl 2, 5, Márcos Paz, Buenos Aires. 26) establecimiento rural, Ctl 6, Matanzas, Buenos Aires. 27) establecimiento rural, Ctl 1, Mercedes, Buenos Aires. 28) cabaña de ovejas Rambouillet, Moron, Buenos Aires 29) establecimiento rural, Ctl 5, 8, Navarro, Buenos Aires. 30) establecimiento rural, Ctl 4, 5, 17, Nueve de julio, Buenos Aires. 31) establecimiento rural, Ctl 1, 3, 5, 8, Pergamino, Buenos Aires. 32) establecimiento rural, Ctl 1, 8, Pringles, Buenos Aires. 33) establecimiento rural, Ctl 9, Puan, Buenos Aires. 34) estancia, Ctl 3, 4, Pueyrredon, Buenos Aires. 35) establecimiento rural, Ctl 4, Quilmes, Buenos Aires. 36) establecimiento rural, Ctl 1, 4, 5, 8, Ramallo, Buenos Aires 37) estancia, Ctl 3, 7, Ranchos, Buenos Aires. 38) establecimiento rural, Ctl 5, 7, 8, 10, Rauch, Buenos Aires. 39) cabaña de ovejas Rambouillet, Ctl 3, Rojas, Buenos Aires. 40) establecimiento rural, Ctl 5. 8, Saladillo, Buenos Aires. 41) establecimiento rural, Ctl 7, Salto, Buenos Aires. 42) establecimiento rural, Ctl 4, San Nicolás, Buenos Aires 43) estancia, Ctl 3, San Pedro, Buenos Aires. 44) estancia, Ctl 7, San Vicente, Buenos Aires. 45) estancia, Ctl 2, 5, Suarez, Buenos Aires. 46) arroyo, Ctl 4, Suarez, Buenos Aires. 47) laguna, Ctl 5, Suarez, Buenos Aires. 48) establecimiento rural, Ctl 11, Suipacha, Buenos Aires. 49) estancia, Ctl 2, 3, 4, 6, 8, 10, Tandil, Buenos Aires. 50) arroyo, Ctl 5, Tandil, Buenos Aires. 51) estancia, Ctl 2, 3, Tapalqué, Buenos Aires. 52) estancia, Ctl 6, 7, 10, Trenque-Lauquen, Buenos Aires. 53) establecimiento rural, Ctl 2, Tuyú, Buenos Aires. 54) establecimiento rural, Ctl 2, 5, Vecino, Buenos Aires. 55) laguna, Ctl 5, Vecino, Buenos Aires. 56) establecimiento rural, Ctl 3, 5, 8, 10, 11, Veinte y Cinco de Mayo, Buenos Aires. 57) estancia, Villarino, Buenos Aires. 58) vertiente, Concepcion, Ancasti, Catamarca. 59) distrito del departamento Piedra Blanca, Catamarca. 60) aldea, San josé, Piedra Blanca, Catamarca. Es la cabecera del departamento. Está á 20 kms. de la capital provincial. C, E 61) aldea, San josé N° 6, Santa María, Catamarca. $\alpha =$ 1940 m. 62) distrito del departamento Tinogasta, Catamarca. 63) península formada en la costa del Atlántico por el istmo que separa la bahía Nueva de la bahía San josé, Chubut. 64) bahía en la costa del Atlantico, Chubut. 65) finca rural, Lagunilla, Anejos Sud, Córdoba. 66) lugar poblado, Potrero de Garay, Anejos Sud, Córdoba. $\varphi = 31°$ 48'; $\lambda =$ 64° 23'; $\alpha = 550$ m. (Brackebusch). 67) finca rural, San Isidro, Anejos Sud, Córdoba. 68) cuartel de la pedanía Rio de los Sauces, Calamuchita, Córdoba. 69) finca rural, Rio de los Sauces, Calamuchita, Córdoba. 70) cuartel de la pedania Santa Rosa, Calamuchita, Córdoba. 71) aldea, Santa Rosa, Calamuchita, Córdoba. Tiene 114 habitantes. (Censo del 1° de Mayo de 1890). 72) lugar poblado, Higueras, Cruz del Eje, Córdoba. 73) finca rural, Copacabana, Ischilin, Córdoba. 74) aldea, Quilino, Ischilin, Córdoba. Tiene 168 habitantes. (Censo m.) Por la vía férrea dista 174 kms. de Córdoba. $\varphi = 30°$ 1'; $\lambda = 64°$ 37'. $\alpha = 200$ m. FCCN, C, T. 75) finca rural, Reducion, juarez Celman, Córdoba. 76) lugar poblado, Argentina, Minas, Córdoba. 77) lugar poblado, Guasapampa, Minas, Córdoba. 78) finca rural, Salsacate, Pocho, Córdoba. 79) cuartel de la pedania Rosario, Punilla, Córdoba. 80) lugar poblado, Rosario, Punilla, Córdoba. $\varphi = 31°$ 16'; $\lambda = 64°$ 37'. 81) finca rural, Castaños, Rio Primero, Córdoba. 82) finca rural, Remedios, Rio Primero, Córdoba. 83) cuartel de la pedania Villa de María, Rio Seco, Córdoba. 84) finca rural, Villa de Maria, Rio Seco, Córdoba. 85) pedanía del departamento Rio Segundo, Córdoba. Tiene 1389 habitantes. (Censo m.) 86) cuartel de la pedanía del mismo nombre, Rio Segundo, Cór-

rural, Departamento 4°, Pampa. 116)
finca rural, General Lavalle, Rioja. 117)
estancia, General Ocampo, Rioja. 118)
finca rural, General Sarmiento, Rioja.
119) finca rural, Juarez Celman, Rioja.
120) distrito del departamento San Martin, Rioja. 121) finca rural, San Martin,
Rioja. 122) distrito del departamento
Cachi, Salta. 123) lugar poblado, San
José, Cachi, Salta. E. 124) finca rural,
Cafayate, Salta. 125) finca rural, Caldera,
Salta. 126) finca rural, Campo Santo,
Salta. 127) finca rural, Capital, Salta.
128) finca rural, Cerrillos, Salta. 129)
finca rural, Guachipas, Salta. 130) finca
rural, Iruya, Salta. 131) mineral de plata,.
Molinos, Salta. 132) finca rural, San
Cárlos, Salta. 133) chacra, San Lorenzo,
San Martin, San Luis. 134) departamento de la provincia de Santa Fe. Confina
al Norte con el departamento San Javier; al Este con el rio Paraná; al Sud
con el rio Paraná y el arroyo Tiradero
hasta su union con el llamado rio de
Santa Fe, y al Oeste con la laguna
Guadalupe y los arroyos Saladillo y Saladillo Amargo. Tiene dentro de estos
límites 4780 kms.^{2} de extension y una
poblacion de 8285 habitantes. (Censo
del 7 de Junio de 1887). Está dividido
en los 4 distritos: San José, Santa Rosa,
Cayastá y Helvecia. El departamento
encierra los centros de poblacion siguientes: Helvecia, Cayastá, Santa Rosa
y San José. La cabecera del departamento es Helvecia. 135) distrito del
departamento San José, Santa Fe. Tiene
2460 habitantes. (Censo m.) 136) colonia, Santo Tomé, Colonias, Santa Fe.
Tiene 368 habitantes. (Censo m.) 137)
colonia, San José de la Esquina, San
Lorenzo, Santa Fe. 138) lugar poblado,
Capital, Santiago. E. 139) distrito de la
seccion Veinte y Ocho de Marzo del
departamento Matará, Santiago. 140)
distrito de la 1ª seccion del departa-

mento Robles, Santiago. 141) estancia, Burruyaco, Tucuman. Cerca de la frontera santiagueña. 142) lugar poblado, Graneros, Tucuman. E. 143) *de Aguapoï,* finca rural, Santo Tomé, Corrientes. 1 |4) *de Arenal,* estancia, Rosario de la Frontera, Salta. 145) *del Bordo,* paraje poblado, San Pedro, jujuy. 146) *de Buena Vista,* finca rural, Mercedes, Corrientes. 147) *de las Cañas,* estancia, Rosario de la Frontera, Salta. 148) *del Cármen,* establecimiento rural, Ctl 5, 9, Bragagado, Buenos Aires. 149) *de Cerrillos,* distrito del departamento Cerrillos, Salta. 150) *de Chapar,* establecimiento rural, Ctl 2, Ayacucho, Buenos Aires. 151) *de las Chilcas,* establecimiento rural, Ctl 6, Ajó, Buenos Aires. 152) *del Espinillo,* estancia, Curuzú - Cuatiá, Corrientes. 153) *de la Esquina,* distrito del departamento San Lorenzo, Santa Fe. Tiene 4379 habitantes. (Censo m.) 154) *de la Esquina,* pueblo, San José de la Esquina, San Lorenzo, Santa Fe. Tiene 925 habitantes. (Censo m) Por la vía férrea dista 107 kms. del Rosario. FCOS. C, T, E. 155) *de Feliciano,* pueblo, Entre Rios. Véase Feliciano. 156) *de las Flores,* estancia, Ctl 3, 8, Lobería, Buenos Aires. 157) *de las Flores,* finca rural, Santo Tomé, Corrientes. 158) *de Flores,* paraje poblado, Rinconada, Jujuy. 159) *de la Florida,* finca rural, La Viña, Salta. 160) *de los Huesos,* establecimiento rural, Ctl 4, Azul, Buenos Aires. 161) *de Intiguasi,* estancia, Durazno, Pringles, San Luis. 162) *de Metan,* distrito del departamento Metan, Salta 163) *del Morro,* lugar poblado, Pedernera, San Luis. Por la vía férrea dista 57 kms. de Villa Mercedes y 529 de La Rioja. z = 809 m. Estacion del ferro-carril de Villa Mercedes á La Rioja. C, T. 164) *Número 6,* distrito del departamento Santa María, Catamarca. 165) *Número 7,* distrito del departa-

Ctl 1, 4, Magdalena, Buenos Aires. 26) establecimiento rural, Ctl 3, Márcos Paz, Buenos Aires. 27) establecimiento rural, Ctl 2, Monte, Buenos Aires. 28) establecimiento rural, Ctl 6, Navarro, Buenos Aires. 29) estancia, Ctl 10, 12, Necochea, Buenos Aires. 30) estancia, Ctl 3, 9, 16, Nueve de julio. Buenos Aires, 31) estancia. Ctl 4, 6, Olavarría, Buenos Aires. 32) establecimiento rural, Ctl 1, 5, Pergamino, Buenos Aires. 33) establecimiento rural, Ctl 2, 5, Pila, Buenos Aires. 34) establecimiento rural, Ctl 2, Pringles, Buenos Aires. 35) estancia, Ctl 2, Pueyrredon, Buenos Aires. 36) establecimiento rural, Ctl 8, 9, Quilmes, Buenos Aires. Cabaña de ovejas Negrete y Rambouillet. La estacion Pereira, del ferrocarril de la Ensenada, se halla dentro de este establecimiento. 37) aldea, Quilmes, Buenos Aires. A inmediaciones de la estacion Florencio Varela. Cuenta con unos 800 habitantes. 38) establecimiento rural, Ctl 4, 5, Ramallo, Buenos Aires. 39) estancia, Ctl 4, Ranchos, Buenos Aires. 40) establecimiento rural, Ctl 8, Rauch, Buenos Aires. 41) establecimiento rural, Ctl 4, Rodriguez, Buenos Aires. Cabaña de ovejas Rambouillet. Está situada sobre las márgenes del arroyo Durazno, á 15 kms del pueblo General Rodriguez. 42) establecimiento rural, Ctl 4, Rojas, Buenos Aires. 43) estancia, Ctl 5, 6 7, Saladillo, Buenos Aires. 44) establecimiento rural, Ctl 6, Salto, Buenos Aires. 45) establecimiento rural, Ctl 3, Suarez, Buenos Aires. 46) laguna, Ctl 3, Suarez, Buenos Aires. 47) estancia, Ctl 1, 2, 6, Tandil, Buenos Aires. 48) arroyo, Ctl 3, 10, Tandil, Buenos Aires. 49) estancia, Ctl 7, 9, 10, Trenque-Lauquen, Buenos Aires. 50) estancia, Ctl 2, 3, 9, 10, Veinte y Cinco de Mayo, Buenos Aires. 51) cuartel de la pedanía Rio Pinto, Totoral, Córdoba. 52) aldea, Rio Pinto, Totoral, Córdoba. Tiene 123 habitantes. (Censo del 1º de Mayo de 1890.) 53) finca rural, Concepcion, Corrientes. 54) estancia, Curuzú-Cuatiá, Corrientes. 55) finca rural, Empedrado, Corrientes. 56) estancia, Esquina, Corrientes. 57) finca rural, Goya, Corrientes. 58) estancia, Ituzaingó, Corrientes. 59) finca rural, La Cruz, Corrientes. 60) estancia, Lavalle, Corrientes. 61) estancia, Mercedes, Corrientes. 62) finca rural, Monte Caseros, Corrientes. 63) estancia, Paso de los Libres, Corrientes. 64) estancia, Saladas, Corrientes. 65) finca rural, Sauce, Corrientes. 66) colonia, Colon, Entre Rios. Fué fundada en 1875, en una extension de 933 hectáreas. 67) finca rural, Capital, Jujuy. 68) finca rural, Perico del Cármen, jujuy. 69) paraje poblado, Rinconada, Jujuy. 70) finca rural, Rivadavia, Mendoza. 71) establecimiento rural, Departamento 4º, Pampa. 72) finca rural, General Sarmiento, Rioja. 73) finca rural, Cafayate, Salta. 74) finca rural, Capital, Salta. 75) finca rural, Guachipas, Salta. 76) mineral de oro, Iruya, Salta. 77) mineral de oro, Molinos, Salta. 78) provincia de la Confederacion Argentina. En los tiempos de la emancipacion formaba con las de Mendoza y San Luis, la llamada provincia de Cuyo. Confina al Norte y Este con la provincia de La Rioja, en el ángulo SE. con la de San Luis, al Sud con la de Mendoza y al Oeste con Chile. El límite con este país es el *divortium aquarum* de las cordilleras hasta la Peña Negra; de aquí sigue la línea divisoria con La Rioja por los Pastos Amarillos, la Bolsa Guacamayo, el Salto hasta el paso de Lamas; de aquí hasta las salinas de Bustos y el Médano Atravesado, y de este punto una línea hasta Guayaguas. De Mendoza la separa una línea que pasa de las Tranquitas sobre Ramblones al Nevado de Aconcagua. La superficie total de la provincia es, segun mis mediciones planimétricas, de 97505 kms.[2] y su poblacion conjetural de unos 102000 habitantes. La mitad de la provincia está ocupada por sierras y la mitad de la parte restante por travesías, medanos, esteros y lagunas. Las travesías no son desiertos, propiamente dicho, porque hay en ellas vegetacion y tierras aptas para la agricultura, y si ésta no se ejerce, es por la falta de agua, que, á su turno, determina la despoblacion de estas comarcas. Las sierras de la provincia pertenecen á dos sistemas, al andino y al pampeano. El primero se compone de las sierras Tontal, la Sierra y la Rinconada, y al segundo pertenecen las montañas de la Huerta, del Gigante, de las Quijadas y de Guayaguás. El Pié de Palo es una sierra que separa los dos sistemas nombrados. Todas estas sierras siguen, en general, la direccion de S. á N. y disminuyen en altura á medida que se alejan del tronco central. La sierra del Tontal es el primer gran eslabon que tiene la cordillera hácia el Este. Es visible desde San Juan, y se extiende desde Mendoza, donde se llama Paramillo, hasta la Rioja, donde toma el nombre de Famatina, atravesando la provincia de San Juan de S. á N., aunque con algunas desviaciones parciales. Más al Norte se llama esta cadena de Gualilan, y más al Norte aun, de Guachi. La Sierra, al Este del Tontal, se llama tambien cerro Azul, y más al Norte de Talacasto, San Roque, etc La Rinconada se extiende al Este de la Sierra y se halla separada de ella por valles como el de Zonda y otros. Surge al Norte de la ciudad de Mendoza, y antes de pasar por frente y al Oeste de la de San Juan, corre de SE. á NO., cambiando despues su rumbo en direccion de SO. á NE. para formar un vasto semicírculo, en cuyo centro se encuentra la del mismo nombre, ó sea de la Capital. 80) ciudad. capital de la provincia del mismo nombre. Está situada en el valle de Tulum, á orillas del rio San juan. Es asiento de las autoridades provinciales y del Obispado de Cuyo. Fundada en 1561 por juan jofré, cuenta actualmente con unos 15000 habitantes. Por la vía fér.ea dista 157 kms. de Mendoza, 513 de Villa Mercedes y 1175 de Buenos Aires. Colegio Nacional Escuela de Ingenieros de Minas. Escuelas Normales. Seminario. Sucursal del Banco Nacional. Banco Provincial. Aduana. Biblioteca. Hospitales, etc. Importante comercio de exportacion de haciendas para Chile. Desde la ciudad se ve en lontananza la imponente cadena del Tontal, y al Norte, á solo 15 kms. de la ciudad, el cerro de Villicum. $\varphi = 31° 30'$; $\lambda = 68° 40'$; $\alpha = 660$ m. FCGOA, C, T, E. 81) rio, San Juan. Nace en la cordillera, en la elevada meseta de los Patos. En su orígen se llama rio de los Patos, pero así que recibe las aguas de sus afluentes, el Blanco, Calingasta y Castaño, toma el nombre de San juan. Riega el valle de Calingasta, atraviesa por quebradas estrechas las cadenas del Tontal y entra en el valle de Zonda, que divide en dos partes, Zonda al Sud y Ullun al Norte. Despues cruza la sierra de la Rinconada por la quebrada llamada Puntilla y entra en el valle de Tulum, en que está situada la ciudad de San juan. Al aproximarse á la ciudad, se divide en dos brazos que se cierran luego de nuevo formando una isla llamada la Chimba, la que constituye un distrito agrícola situado al Norte de la ciudad. Nuevamente unidos los dos brazos, toma el rio la direccion S. y SE. para entrar en las lagunas de Huanacache, que más al SE., cerca del límite de la provincia con San Luis, dan lugar á la formacion del Desaguadero. A lo largo de su curso y especialmente en los

departamentos Caucete, Santa Lucía, Trinidad, Albardon, Angaco, Concepcion, Pocito y Huanacache, riega el San juan unas 50000 hectáreas de tierras de labranza. 82) lugar poblado, Banda, Santiago. E. 83) ingenio de azúcar, Capital, Tucuman. En la orilla izquierda del rio Sali, á 2 kms. al Sud del ingenio Concepcion. 84) aldea, Burruyaco, Tucuman. Al Sud del departamento, cerca del límite del departamento de la Capital. 85) *Bautista*, estancia, San Roque, Corrientes. 86) *del Cármen*, distrito del departamento Iruya, Salta. 87) *de la Cruz*, finca rural, San Cárlos, Salta. 88) *de Dios*, paraje poblado, San Pedro, Jujuy. 89) *del Salvamento*, puerto en la extremidad NE. de la isla de los Estados, Tierra del Fuego. Tiene un faro á su entrada. $\varphi = 54° 23' 24''$; $\lambda = 63° 47' 1''$. 90) *del Vecino*, lugar poblado. Dolores, Buenos Aires E.

San Julian, 1) establecimiento rural, Ctl 9, Ayacucho, Buenos Aires. 2) estancia, Ctl 6, Brandzen, Buenos Aires. 3) estancia, Ctl 4, 10, Dorrego, Buenos Aires. 4) estancia, Ctl 2, 3, 5, Magdalena, Buenos Aires. 5) establecimiento rural, Ctl 3, Lincoln, Buenos Aires. 6) laguna, Ctl 1, Vecino, Buenos Aires. 7) finca rural, Chancani, Pocho, Córdoba. 8) finca rural, Goya, Corrientes. 9) departamento de la gobernacion de Santa Cruz. Limita al Norte con un arroyo poco explorado y que desemboca en el Atlántico con el nombre de arroyo Bajo, al Este con el Atlántico, al Sud con el departamento Santa Cruz y al Oeste con la cordillera que nos separa de Chile. 10) bahía, Santa Cruz. Su entrada se halla entre los cabos Curioso y Desengaño. 11) puerto, San Julian, Santa Cruz. $\varphi = 49° 14' 30''$; $\lambda = 67° 36' 10''$ (Fitz Roy).

San Julio, 1) establecimiento rural, Ctl 7, Azul, Buenos Aires. 2) estancia, Ctl 2, Pergamino, Buenos Aires.

San Justo, 1) establecimiento rural, Ctl 7, Alvear, Buenos Aires. T, E. 2) establecimiento rural. Ctl 15, Arrecifes, Buenos Aires. 3) establecimiento rural, Ctl 7, Ayacucho, Buenos Aires. 4) establecimiento rural, Ctl 8, Balcarce, Buenos Aires. 5) establecimiento rural, Ctl 7, Baradero, Buenos Aires 6) establecimiento rural, Ctl 3, Bolívar, Buenos Aires. 7) laguna, Ctl 14, Dolores, Buenos Aires. 8) estancia, Ctl 10, Las Flores, Buenos Aires. 9) establecimiento rural, Ctl 7, Lobería, Buenos Aires. 10) villa, Matanzas, Buenos Aires. Es la cabecera del partido. Fundada en 1856, cuenta hoy con unos 1000 habitantes. $\varphi = 34°$ 41'; $\lambda = 58° 32' 19''$; $\alpha = 23$ m. For la vía férrea dista 23 kms. de Buenos Aires. FCO, ramal de Ramos Mejía á Temperley y La Plata. C, T, E. 11) establecimiento rural, Ctl 4, Olavarría, Buenos Aires. 12) establecimiento rural, Ctl 3, Ranchos, Buenos Aires. 13) establecimiento rural, Ctl 3, Rodriguez, Buenos Aires. 14) establecimiento rural, Ctl 5, Rojas, Buenos Aires. 15) estancia, Ctl 6, Saladillo, Buenos Aires. 16) establecimiento rural, Ctl 8, Salto, Buenos Aires. 17) establecimiento rural, Ctl 5, Tandil, Buenos Aires. 18) estancia, Ctl 9, Trenque-Lauquen, Buenos Aires. 19) estancia, Ctl 9, Tres Arroyos, Buenos Aires. 20) departamento de la provincia de Córdoba. Confina al Norte con el departamento Tulumba, al Este con la provincia de Santa Fe, al Sud con los departamentos Márcos Juarez y Union y al Oeste con los de Rio Segundo y Rio Primero. Tiene 17002 kms.² de extension y una población de 13427 habitantes. (Censo del 1° de Mayo de 1890). El departamento está dividido en las 6 pedanías: Concepcion, Libertad, Arroyito, San Francisco, Sacanta y Juarez Celman. Los núcleos de población de 100 habitantes para arriba son los siguientes: Concepcion, Las Cañitas, Plojunta, estacion Francia, colonia San Pedro, colonia Freire, colonia Iturraspe, colonia San Francisco, colonia Milesi, colonia Luxardo, Arroyito, Las Lomas, Carituyo, San Francisco, Tránsito, San Agustin, colonia Luis A. Sauce y colonia Albertina. La villa Concepcion del Tio es la cabecera del departamento. 21) finca rural, Curuzú-Cuatiá, Corrientes. 22) finca rural, Goya, Corrientes. 23) finca rural, Mercedes, Corrientes. 24) estancia, Paso de los Libres, Corrientes. 25) distrito del departamento de la Capital, Santa Fe. Tiene 1655 habitantes. (Censo del 7 de Junio de 1887). 26) pueblo y colonia, San Justo, Capital, Santa Fe. Tiene 534 habitantes (Censo m.) Por la vía férrea dista 99 kms. de la capital provincial. FCSF, ramal de Santa Fe á Reconquista. C, T, E.

San Laureano, 1) establecimiento rural, Ctl 2, Ayacucho, Buenos Aires. 2) estancia, Ctl 5, Ramallo, Buenos Aires. 3) estancia, Ctl 3, Tandil, Buenos Aires

San Laurencio, finca rural, Oran, Salta.

San Leandro, estancia, Ayacucho, San Luis.

San Leon, 1) estancia, Ctl 8, Lobos, Buenos Aires. 2) estancia, Ctl 3, Monte, Buenos Aires. 3) establecimiento rural, Ctl 5, Pergamino, Buenos Aires. 4) arroyo, Tandil, Buenos Aires Desagua en la márgen izquierda del arroyo Santa Rita. 5) paraje poblado, Santa Catalina, jujuy.

San Leonardo, 1) establecimiento rural, Ctl 7, Rauch, Buenos Aires. 2) establecimiento rural, Ctl 11, Tandil, Buenos Aires. 3) establecimiento rural, Ctl 5, Tres Arroyos, Buenos Aires. 4) mina de galena argentífera en el distrito mineral de Uspallata, Las Heras, Mendoza.

San Leopoldo, estancia, Ctl 10, Rauch, Buenos Aires.

San Lindor, estancia, Capital, San Luis.

San Lorencito, arroyo, Mburucuyá, Co-

rrientes. Es un tributario del San Lorenzo, en la orilla izquierda.

San Lorenzo, 1) estancia, Ctl 4, Ajó, Buenos Aires. 2) establecimiento rural, Ctl
4, Alvear, Buenos Aires. 3) laguna, Ctl 4,
Alvear, Buenos Aires. 4) estancia, Ctl 2,
Balcarce, Buenos Aires. 5) laguna, Ctl 1,
Castelli, Buenos Aires. 6) establecimiento
rural, Ctl 7, Giles, Buenos Aires. 7) estancia, Ctl 5, Las Heras, Buenos Aires.
8) estancia, Ctl 6, Lobería, Buenos Aires.
9) laguna, Ctl 6, Lobería, Buenos Aires.
10) estancia, Ctl 6, Maipú, Buenos Aires.
11) establecimiento rural, Ctl 1, Márcos
Paz, Buenos Aires. 12) estancia, Ctl 5,
Matanzas, Buenos Aires. 13) establecimiento rural, Ctl 4, Navarro, Buenos
Aires. 14) establecimiento rural, Ctl 12,
Nueve de Julio, Buenos Aires. 15) establecimiento rural, Ctl 11, Pringles, Buenos Aires. 16) establecimiento rural, Ctl
3, San Pedro, Buenos Aires. 17) estancia, Ctl 5, 9, Tandil, Buenos Aires. 18)
establecimiento rural, Ctl 8, 14, Tres
Arroyos, Buenos Aires. 19) establecimiento rural, Ctl 3, Veinte y Cinco de
Mayo, Buenos Aires. 20) aldea, Rio de
los Sauces, Calamuchita, Córdoba. Tiene
311 habitantes. (Censo del 1° de Mayo
de 1890). 21) aldea, Tránsito, San Alberto, Córdoba. Tiene 306 habitantes.
(Censo m.) C. 22) aldea, Rio Pinto, Totoral, Córdoba. Tiene 113 habitantes.
(Censo m) 23) finca rural, San Pedro,
Tulumba, Córdoba. 24) estero, Caacatí.
Corrientes. 25) finca rural, Curuzú-
Cuatiá, Corrientes. 26) lugar poblado,
Empedrado, Corrientes. Por la vía férrea
dista 78 kms. de Corrientes y 296 de
Monte Caseros. Es estacion del ferro-
carril Noreste Argentino, línea de Monte
Caseros á Corrientes. $x = 77$ m. C, T. 27)
arroyo, Empedrado, Corrientes. Tiene
su origen en los esteros de Maloya y
desagua en el Paraná, al Sud de Empedrado. Antes de formar cauce es límite
entre los departamentos Empedrado y
San Luis, al Norte, y Mburucuyá al Sud.
Cuando empieza á encajonarse, forma
el límite entre los departamentos Empedrado y Saladas. 28) estero, Empedrado,
Corrientes. 29) finca rural, Esquina, Corrientes. 30) finca rural, Goya, Corrientes. 31) estero, Itati, Corrientes. 32)
finca rural, Lavalle, Corrientes 33) estancia, Mburucuyá, Corrientes. 34) estancia, Saladas, Corrientes. 35) finca rural,
San Luis, Corrientes. 36) estero, San
Roque, Corrientes. 37) estancia, Santo
Tomé, Corrientes. 38) ingenio de azúcar,
Ledesma, Jujuy. C, T 39) arroyo, Ledesma, Jujuy. Nace en la sierra de Tilcara
por la confluencia de los arroyos Totorilla, Negro, San Lúcas, Yala, Caspalá
y del de Valle Grande; sale de la sierra
cerca de San Antonio, riega los fértiles
terrenos de San Lorenzo y desagua en
la márgen izquierda del rio San Francisco, al Sud de Bella Vista. 40) mina de
galena argentífera en el distrito mineral
de Uspallata, Las Heras, Mendoza. 41)
cumbre de la cordillera, Nueve de julio,
Mendoza. $\varphi = 34°\ 20'$; $\lambda = 69°\ 30'$; $\alpha =$
4021 m. (Pissis). 42) arroyo, Caldera y
Capital, Salta. Es uno de los elementos
de formacion del arroyo Arias. 43) quebrada, Capital, Salta. Sitio de recreo y
veraneo predilecto de la poblacion salteña. Está á 12 kms. al NO. de la capital
provincial. 44) finca rural, Guachipas,
Salta. 45) partido del departamento San
Martin, San Luis. 46) lugar poblado,
San Lorenzo, San Martin, San Luis. 47)
departamento de la provincia de Santa
Fe. Sus límites son: al Norte el rio
Carcarañá; al Este el Paraná desde la
desembocadura del Carcarañá hasta la
del arroyo de Ludueña y una línea que
parte de la interseccion de la vía férrea
central argentina con el limite Este de
la colonia Bernstadt y se prolonga hasta
el encuentro del arroyo del Sauce; al

Sud, el arroyo de Ludueña desde el paraje donde desagua en el Paraná hasta el punto de su interseccion con la vía férrea (central argentina); luego esta línea hasta la colonia Bernstadt, y, finalmente, una línea recta que parte del punto de interseccion del limite Este y del arroyo del Sauce, y se dirige al Oeste hasta la provincia de Córdoba. Tiene 5152 kms.^{2} de extension y 23581 habitantes. (Censo del 7 de junio de 1887). El departamento está dividido en los 11 distritos: jesús María, San Lorenzo, Alberdi, Desmochado Abajo, Bernstadt, Carcarañá, Clodomira, Candelaria, Urquiza, General Roca y San josé de la Esquina. Los núcleos de poblacion son los siguientes: San Lorenzo, Jesús María, San Martin, Alberdi, Roldan, colonia Bernstadt, San Jerónimo, Carcarañá, Villa Casilda, General Roca, colonia Pampa, San josé de la Esquina, Pellegrini, Arteaga é Iriondo. 48) distrito del departamento San Lorenzo, Santa Fe. Tiene 3502 habitantes. (Censo m.) 49) villa, San Lorenzo, Santa Fe. Es la cabecera del departamento. Está situada á orillas del Paraná y dista por la vía férrea 23 kms. del Rosario y 326 de Buenos Aires. Es aquí donde San Martin consiguió una victoria sobre los españoles el 3 de Febrero de 1813. En la época del censo provincial (1887) contaba con 1852 habitantes. Aduana. $z = 30$ m. FCRS, C, T, E. 50) arroyo, San Lorenzo, Santa Fe. Nace en la cañada de las Saladas á inmediaciones de San Jerónimo (estacion del ferro-carril central argentino) y desagua en el Paraná, al lado Sud del pueblo jesús Maria. 51) distrito de la seccion San Pedro del departamento Guasayan, Santiago del Estero. 52) lugar poblado, San Pedro, Guasayan, Santiago. E. 53) estancia, Burruyaco, Tucuman. Al Este de Burruyaco, á inmediaciones de la frontera santiagueña. 54) *Abajo*, cuartel de la pedania Tránsito, San Alberto, Córdoba. 55) *Arriba*, cuartel de la pedanía Tránsito, San Alberto, Córdoba.

San Lúcas, 1) cañada, Tercero Abajo, Córdoba. 2) finca rural, San Roque, Corrientes. 3) paraje poblado, Valle Grande, Jujuy. 4) arroyo, Valle Grande, Jujuy. Es uno de los elementos de formacion del arroyo San Lorenzo. 5) distrito del departamento San Cárlos, Salta.

San Luis, 1) estancia, Ctl 2, 3, 4, 5, Azul, Buenos Aires. 2) establecimiento rural, Ctl 3, Balcarce, Buenos Aires. 3) laguna, Ctl 3, Balcarce, Buenos Aires. 4) estancia, Ctl 3, 8, Bolívar, Buenos Aires. 5) laguna, Ctl 3, Bolívar, Buenos Aires. 6) establecimiento rural, Ctl 5, Bragado, Buenos Aires. 7) establecimiento rural, Ctl 4, Brandzen, Buenos Aires. 8) arroyo, Ctl 5, Brandzen, Buenos Aires, 9) establecimiento rural, Ctl 7, Chascomús, Buenos Aires. 10) establecimiento rural, Ctl 9, Junin, Buenos Aires. 11) estancia, Ctl 4, Magdalena, Buenos Aires. 12) arroyo, Ctl 4, Magdalena, Buenos Aires. 13) establecimiento rural, Ctl 4, Maipú, Buenos Aires. 14) estancia, Ctl 5, Márcos Paz, Buenos Aires. 15) estancia, Ctl 3, Monte, Buenos Aires. 16) establecimiento rural, Ctl 5, 8, Navarro, Buenos Aires. 17) estancia, Ctl 5, 10, Necochea, Buenos Aires. 18) establecimiento rural, Ctl 1, Nueve de Julio, Buenos Aires. 19) estancia, Ctl 5, 6, Olavarría, Buenos Aires. 20) establecimiento rural, Ctl 5, Pila, Buenos Aires. 21) establecimiento rural, Ctl 5, Ramallo, Buenos Aires. 22) estancia, Ctl 3, 7, Rauch, Buenos Aires. 23) establecimiento rural, Ctl 9, Suipacha, Buenos Aires. 24) establecimiento rural, Ctl 2, 11, Tandil, Buenos Aires. 25) estancia, Ctl 6, Tapalqué, Buenos Aires. 26) establecimiento rural, Ctl 1, Veinte y Cinco de Mayo, Buenos Aires. 27) cuartel de la pedanía

Candelaria, Cruz del Eje, Córdoba. 28) lugar poblado, Candelaria, Cruz del Eje, Córdoba. 29) finca rural, Pichanas, Cruz del Eje, Córdoba. 30) centro de la pampa de, Punilla, Córdoba. $\varphi = 31°\ 20'$; $\lambda = 64°\ 50'$; $z = 1600$ m. (Brackebusch). 31) estancia, Esquina, Corrientes. 32) finca rural, Goya, Corrientes. 33) finca rural, Lavalle, Corrientes. 34) departamento de la provincia de Corrientes. Confina al Norte con los departamentos San Cosme é Itatí, por medio del Riachuelo y su estero; al Este con el departamento Caacatí; al Sud con el departamento Mburucuyá, y al Oeste con los departamentos Lomas y Empedrado. Su extension es de 2800 kms.² y su poblacion conjetural de unos 9000 habitantes. El departamento es regado por el Riachuelo y el Riachuelito y los arroyos Empedrado, Piquiriri, Pehuajó, Sombrero, Garabato y varios otros. La mayor parte de los vastos esteros de Maloya se hallan en este departamento. 35) villa, San Luis, Corrientes. Es la cabecera del departamento. Está situada en la orilla izquierda del Riachuelo, en las proximidades del límite que separa los departamentos Lomas y San Luis, á unos 33 kms. al Este de Corrientes. Tiene unos 1000 habitantes. C, T, E. 36) finca rural, Sauce, Corrientes. 37) pueblo en formacion en la colonia Hugues, distrito 1°, Colon, Entre Rios. Véase Hugues. 38) paraje poblado, Valle Grande, jujuy. 39) establecimiento rural, Pringles, Rio Negro. 40) finca rural, Cafayate, Salta. 41) finca rural, Capital, Salta. 42) finca rural, Chicoana, Salta. 43) provincia de la Confederacion Argentina. Confina al Norte con las de Córdoba y La Rioja; al Este con la de Córdoba; al Sud con la gobernacion de la Pampa y al Oeste con las provincias de San juan y Mendoza. El límite con Córdoba ya ha sido mencionado. (Véase Córdoba). El que separa la provincia de la de La Rioja es una línea que parte del Cadillal y se dirige con rumbo á Guayaguás hasta las Tranquitas. El rio Desaguadero es el limite natural del lado de Mendoza. Y, finalmente, el paralelo de los 36° separa la provincia de la gobernacion de la Pampa. Su extension es de 75917 kms.² y su poblacion conjetural de unos 100000 habitantes escasos. La provincia es en su parte septentrional montañosa y llana y árida y estéril en la parte austral que confina con la gobernacion de la Pampa. El macizo de San Luis, que ocupa la parte central de la region montañosa, extiende sus ramificaciones hácia el Norte y el Este. En el Norte descienden las alturas gradualmente hasta extinguirse en las proximidades del límite que separa la provincia de la de Córdoba; al Este deja un espacio que la separa de la sierra de Córdoba, espacio que está ocupado por el valle de Renca, que recibe el riego de un arroyo que en su orígen se llama Luluara y que luego toma el nombre de Conlara, despues el de Renca, y, finalmente, el de Santa Rosa. Al SE. del macizo, entre éste y la sierra de Córdoba, se eleva el cerro Morro y la sierra del Yulto y del Portezuelo. Al Oeste del macizo y separado de éste por una pampa árida, surgen como continuacion de la sierra de la Huerta y de la de Guayaguás de San juan, la sierra de Cantantal, el Alto de las Animas, la sierra de los Colorados y de las Quijadas, la sierra del Gigante, el Alto Pencoso y la cerrillada de la Cabra. Del macizo hácia el SO. se extienden varios cerros destacados los unos de los otros, hasta la region de los grandes bañados, al Sud de la laguna Bebedero, donde nace el rio Salado. Estos cerros son, de Norte á Sud: el Lince, el Tala, el Charlone y el Varela. Las cumbres más elevadas de la sierra de San Luis ó de la Punta son: el To malasta, el San Francisco, el Pancanta y el Monigote. Fuera de algunos arroyos que riegan los cortos y estrechos valles del macizo de San Luis, como el Chorrillo, el Conlara, el Quines, el Seco, el San Francisco, el Socoscora, el Nogolí, que, al salir de la sierra para avanzar en los llanos, borran sus cauces en médanos, no son dignos de mencion especial más que el rio Quinto, el Desaguadero y su continuacion el Salado. Las riquezas minerales de la provincia son muchas y variadas, pero hasta ahora han sido poco explotadas. Esta provincia es aun más seca que la de Córdoba, y solo mediante jagüeles y represas de aguas pluviales puede criarse allí un número escaso de ganados. La agricultura es solo posible mediante un riego constante, donde las pocas corrientes de agua pueden ser sangradas en su caudal. Administrativamente está la provincia dividida en 8 departamentos, á saber: Capital—Ayacucho—Junin—Belgrano—San Martin — Chacabuco—Pringles—y Pedernera 44) departamento de la provincia del mismo nombre, ó sea de la Capital. Limítrofe de la provincia de Mendoza y al Sud del departamento Belgrano, llega en su límite austral hasta el paralelo de los 36°, confinando con la gobernacion de la Pampa. Su extension es de 21477 kms.^{2} y su poblacion conjejetural de unos 20500 habitantes. El departamento está dividido en 5 partidos, á saber: Ciudad, Chorrillo, Chosmes, Charlone y Varela. Las arterias fluviales son los rios Salado y Desaguadero, los arroyos Chorrillo y Volcan y las vertientes Barrancas del Tala, del Lince y Charlone. Escuelas funcionan en San Roque, Volcan, Portezuelo, Cañada, Chosmes, Tala, Barrancas y Potrero Fúnes. 45) villa, capital de la provincia del mismo nombre. Está situada á orillas del arroyo Chorrillo. Fundada en 1597,

cuenta actualmente con unos 8000 habitantes escasos. Colegio Nacional. Escuela Normal de Maestras. Sucursal del Banco Nacional. Banco de la Provincia. El dique y canal de San Luis para abastecer de agua á la ciudad, hechos por cuenta del gobierno nacional, son dignos de mencion. En este dique se represan las aguas del arroyo Chorrillo. Desde San Luis se ven en lontananza, al Oeste, los picos nevados de la cordillera que rodean el Tupungato. Por la vía férrea dista 96 kms. de Villa Mercedes, 260 de Mendoza y 787 de Buenos Aires $\varphi = 33° 18' 31''$; $\lambda = 66° 19' 50''$; $\alpha = 759$ m. (Plaza de la Independencia — segun el Observatorio.) ECGOA, C, T, E.

San Manuel, 1) establecimiento rural, Ctl 6, 8, Ayacucho, Buenos Aires. 2) establecimiento rural, Ctl 4. 5, Azul, Buenos Aires. 3) estancia, Ctl 2, Balcarce, Buenos Aires. 4) estancia, Ctl 2, Exaltacion de la Cruz, Buenos Aires. 5) establecimiento rural, Juarez, Buenos Aires. E. 6) establecimiento rural, Ctl 3, 7, Lobería, Buenos Aires. 7) establecimiento rural, Ctl 4, Maipú, Buenos Aires. 8) estancia, Ctl 6. Monte, Buenos Aires. 9) laguna, Ctl 3, Navarro, Buenos Aires. 10) establecimiento rural, Ctl 1, 6, Tandil, Buenos Aires. 11) estancia, Ctl 2, Tordillo, Buenos Aires. 12) establecimiento rural, Ctl 10, Trenque-Lauquen, Buenos Aires. 13) establecimiento rural, Ctl 4, Vecino, Buenos Aires. 14) finca rural, Esquina, Corrientes.

San Marcelino, 1) establecimiento rural, Ctl 1, Pila, Buenos Aires 2) finca rural, Ituzaingó, Corrientes.

San Marcelo, 1) estancia, Ctl 5, Bragado, Buenos Aires. 2) establecimiento rural, Ctl 4, Trenque-Lauquen, Buenos Aires. 3) finca rural, La Cruz Corrientes. 4) estancia, San Roque, Corrientes.

San Márcos, 1) establecimiento ru al, Ctl 7, Chacabuco, Buenos Aires. 2) estable-

Buenos Aires. 8) estancia, Ctl 10, Dorrego, Buenos Aires. 9) establecimiento rural, Ctl 10, Las Flores, Buenos Aires. 10) laguna, Ctl 6, Las Flores, Buenos Aires. 11) establecimiento rural, Ctl 3, 6, Lincoln, Buenos Aires. 12) establecimiento rural, Ctl 2, Lobería, Buenos Aires. 13) estancia, Ctl 4, 5, Magdalena, Buenos Aires. 14) establecimiento rural, Ctl 1, Maipú, Buenos Aires. 15) establecimiento rural, Ctl 1, Márcos Paz, Buenos Aires. 16) establecimiento rural, Ctl 6, Matanzas, Buenos Aires. 17) establecimiento rural, Ctl 3, Monte, Buenos Aires. 18) establecimiento rural, Ctl 2, Navarro, Buenos Aires. 19) establecimiento rural, Ctl 3, Nueve de Julio, Buenos Aires. 20) establecimiento rural, Ctl 4, Olavarria, Buenos Aires. 21) establecimiento rural, Ctl 6, Pergamino, Buenos Aires. 22) estancia, Ctl 5, Pila, Buenos Aires. 23) estancia, Ctl 4, Pueyrredon, Buenos Aires. 24) establecimiento rural, Ctl 5, Ranchos, Buenos Aires. 25) establecimiento rural, Ctl 8, Rauch, Buenos Aires. 26) establecimiento rural, Ctl 6, Salto, Buenos Aires. 27) establecimiento rural, Ctl 8, Saladillo, Buenos Aires. 28) partido de la provincia de Buenos Aires. Está al NO. de la Capital federal y es limítrofe de su municipio. Tiene 107 kms.^{2} de extension y una poblacion de 6087 habitantes. (Censo del 31 de Enero de 1890.) Escuelas funcionan en San Martin y Villa Luisa. El partido es regado por el arroyo de Las Conchas. 29) villa, San Martin, Buenos Aires. Es la cabecera del partido. Fundada en 1825, cuenta hoy con 3000 habitantes. (Censo m.) En los tiempos de Rosas se llamaba « Santos Lugares, » y es aquí donde el tirano solia concentrar sus principales fuerzas militares. Por la vía férrea dista 17 kms. de la Capital federal (40 minutos). Escuela de artes y oficios de la provincia. Estacion del tramway rural. $\varphi = 34° 35' 5''$; $\lambda = 58°$ 31' 27''; $\alpha = 17$ m. ECBR, C, T, E. 30) establecimiento rural, Ctl 2, San Pedro, Buenos Aires. 31) establecimiento rural, Ctl 4, Suarez, Buenos Aires. 32) establecimiento rural, Ctl 7, Tapalqué, Buenos Aires. 33) estancia, Ctl 7, Vecino, Buenos Aires. 34) estancia, Ctl 3, 10, Veinte y Cinco de Mayo, Buenos Aires. 35) establecimiento rural, Ctl 7, 8, Villegas, Buenos Aires. 36) establecimiento rural, Ctl 4, Zárate, Buenos Aires. 37) lugar poblado, Capayan, Catamarca. Por la vía férrea dista de Chumbicha 61 kms., de Recreo 113 y de Córdoba 379. FCCN, C, T. 38) finca rural, Chucul, Juarez Celman, Córdoba. 39) finca rural, Cármen, San Alberto, Córdoba, 40) estancia, Chazon, Tercero Abajo, Córdoba. 41) pedanía del departamento Union, Córdoba. Tiene 148 habitantes. 42) cuartel de la pedanía del mismo nombre, Union, Córdoba. 43) finca rural, Caacatí, Corrientes. 44) finca rural, Curuzú-Cuatiá, Corrientes. 45) finca rural, Esquina, Corrientes. 46) finca rural, Goya, Corrientes. 47) estancia, Ituzaingó, Corrientes. 48) (ó Yapeyú) aldea, La Cruz, Corrientes. Está situada á orillas del Uruguay. Es el lugar del nacimiento del héroe de la Independencia, general San Martin. Por la vía férrea dista 155 kms. de Monte Caseros y 278 de Posadas. $\varphi = 29° 21'$; $\lambda = 56° 28'$ (Azara); $\alpha = 84$ m. Estacion del ferro-carril Noreste Argentino, línea de Monte Caseros á Posadas, C, T. 49) finca rural, Lavalle, Corrientes. 50) finca rural, Mercedes, Corrientes. 51) finca rural, Sauce, Corrientes. 52) pueblo en formacion, Capital, Entre Rios. Está en la colonia Cerrito, en la márgen del Paraná, y en el Puerto de la Curtiembre. Resguardo de aduana. C. 53) colonia, Gualeguay, Entre Rios. Fué fundada en 1883 en una extension de 425 hectáreas. 54) depar-

tamento de la provincia de Mendoza. Confina al Norte con el de Lavalle, al Este con los de Lavalle y Chacabuco, al Sud con el de Junin y al Oeste con los de Guaymallén y Maipú por el rio Mendoza. Tiene 1110 kms.² de extension y una poblacion conjetural de 13000 habitantes. El terreno es totalmente llano; se cultiva en él la vid, el trigo, el maíz y la alfalfa. 55) pueblo en formacion, San Martin, Mendoza. Es la cabecera del departamento del mismo nombre. Está á unos 40 kms. al ESE. de Mendoza y á inmediaciones de la línea del ferrocarril Gran Oeste Argentino C, T, E. 56) lugar poblado, San Martin, Mendoza. Por la vía férrea dista 44 kms. de la capital provincial y 312 de Villa Mercedes. Esta estacion está á 4 kms. del pueblo San Martin, cabecera del departamento del mismo nombre. FCGOA, C, T. 57) departamento de la gobernacion de Misiones. Confina al Norte con el departamento Piray, al Este con la sierra central de Misiones, al Sud con el departamento Posadas y al Oeste con el Paraná 58) (ó Córpus,) aldea, San Martin, Misiones. Está situada á orillas del Paraná y es la cabecera del depártamento. Fundada por los jesuitas en 1639, tenia en 1768, 4587 habitantes. Fué destruida por los portugueses en 1817. $\varphi = 27° 7' 23''$; $\lambda = 55° 32' 10''$ (Azara) 59) fortin en la márgen Norte del arroyo Pichichacay, Neuquen. $\varphi = 35° 40' 10''$; $\lambda = 69° 20'$; $\alpha = 1260$ m. (Host.) 60) establecimiento rural, Departamento 3°, Pampa. 61) departamento de la provincia de La Rioja. Está situado al Sud del departamento Ocampo y es limítrofe de las provincias de Córdoba y San Luis. Tiene 5161 kms.² de extension y una poblacion conjetural de 2500 habitantes. Está dividido en los 3 distritos: Ulapes, San José y San Roque. La cabecera es la aldea Ulapes. 62) finca rural, Cafayate, Salta. 63) finca rural, Campo Santo, Salta. 64) finca rural, Capital, Salta. 65) finca rural. Cerrillos, Salta. 66) finca rural, Rosario de Lerma, Salta. 67) finca rural, San Cárlos, Salta. 68) departamento de la provincia de San Luis. Confina al Norte con los departamentos Ayacucho y Junin, al Este con los de Junin y Chacabuco, al Sud con el de Pringles y al Oeste con el de Ayacucho. Su extension es de 3557 kms.² y su poblacion conjetural de 8300 habitantes. Está dividido en los 5 partidos: San Martin, Rincon del Cármen, Guzman, San Lorenzo y Conlara. El número de arroyuelos que riega este departamento montañoso es crecido, como puede verse por la siguiente enumeracion: Quines, Conlara, La Huertita, Bajo, La Quebrada, Pajarote, San Martin, de las Catas, Grande, de las Vueltas, La Enseñada, Guzman, Estancia Vieja, Sauces, Manzanos, La Calavera, de las Piedras, Coloradas, Las Cañitas, Barroso, Cruz de Caña, de la Laguna, Santa Clara, de las Barrancas, Pantanillo, Lagunitas, el Tala Colorado, Palmitas, de las Estacas, Nogal, Cuervo, Carrizal, Manantial, del Alambre, Guanaco Pampa, Cerro Verde, Angola, del Puesto, Mesilla, Laguna Larga, Vilches, Tala Verde, Junquillo, Cerrito Blanco, Cabeza del Novillo, Cueva Pintada, Totoral, Salado, Alto Grande, Rincon del Cármen, Plumerillo, Alamos, Las Maromas, Hinojito, Santa Rosa y Chacritas. Todos estos arroyuelos recorren un corto trayecto y son de escaso caudal de agua. Escuelas funcionan en San Martin, Paso Grande, Chacras, Salto, Batea, San Antonio y Cocha. 69) partido del departamento San Martin, San Luis. 70) aldea, San Martin, San Martin, San Luis. Es la cabecera del departamento. C, E. 71) arroyuelo, Rincon del Cármen, San Martin, San Luis. 72) lago, Santa Cruz. Está situado en la cordillera, en los 49° 10' de latitud aproximadamente. 73) distrito del departamento de la Capital, Santa Fe. Tiene 1446 habitantes. (Censo del 7 de Junio de 1887.) 74) distrito del departamento San Jerónimo, Santa Fe. Tiene 2010 habitantes. (Censo m.) 75) pueblo, Jesús María, San Lorenzo, Santa Fe. Tiene 500 habitantes. (Censo m.) T. 76) rio, Tierra del Fuego. Desemboca en la bahía San Sebastian bajo los 53° 16' de latitud. Es una de las siete arterias fluviales halladas por Popper desde cabo Espíritu Santo hasta cabo Peñas. 77) de las Escobas, pueblo, San Martin, San Jerónimo, Santa Fe. Tiene 440 habitantes. (Censo m.) C. E. 78) del Norte, pueblo, San Martin, Capital, Santa Fe. Tiene 100 habitantes. (Censo m.) C. E.

San Martiniano, establecimiento rural, Ctl 8, Rauch, Buenos Aires.

San Mateo, 1) establecimiento rural, Ctl 5, Azul, Buenos Aires. 2) laguna, Ctl 3, Tuyú, Buenos Aires. 3) finca rural, Ambul, San Alberto, Córdoba. 4) estancia, Santo Tomé, Corrientes. 5) finca rural, Capital, Salta.

San Matias, 1) estancia, Ctl 5, Maipú, Buenos Aires. 2) establecimiento rural, Ctl 9, Puan, Buenos Aires. 3) golfo, Rio Negro. Tiene su entrada entre el cabo Las Hermanas, (departamento de Viedma) y la punta Norte de la península de Valdés. Penetra en el continente hasta más allá del grado 65 de longitud. En el rincon NO. de este golfo se halla el puerto San Antonio.

San Mauricio, 1) establecimiento rural, Ctl 5, Matanzas, Buenos Aires. 2) estancia, Ctl 2, Tandil, Buenos Aires.

San Mauro, 1) arroyo, Ctl 4, Las Heras, Buenos Aires. 2) establecimiento rural, Ctl 2, Navarro, Buenos Aires.

San Máximo, establecimiento rural, Ctl 10, Rauch, Buenos Aires.

San Meliton, mina de plomo y plata, Ciénega del Coro, Minas, Córdoba. Está situada en el paraje llamado «Algarrobos,» perteneciente al mineral del Guayco.

San Miguel, 1) arroyo, Ctl 2, 3, Alvear, Buenos Aires. 2) establecimiento rural, Ctl 15, Arrecifes, Buenos Aires. 3) estancia, Ctl 2, 4, 7, Ayacucho, Buenos Aires. 4) establecimiento rural, Ctl 4, Azul, Buenos Aires. 5) establecimiento rural, Ctl 3, Baradero, Buenos Aires. 6) establecimiento rural, Ctl 11, Bahia Blanca, Buenos Aires. 7) estancia, Ctl 4, Bolivar, Buenos Aires. 8) estancia, Ctl 5, Bragado, Buenos Aires. 9) establecimiento rural, Ctl 4, Campana, Buenos Aires. 10) estancia, Ctl 3, Cañuelas, Buenos Aires. 11) establecimiento rural, Ctl 2, Castelli, Buenos Aires. 12) establecimiento rural, Ctl 6, Las Flores, Buenos Aires. 13) establecimiento rural, Ctl 3, Lincoln, Buenos Aires. 14) establecimiento rural, Ctl 3, 5, Loberia, Buenos Aires. 15) estancia, Ctl 10, Lobos, Buenos Aires. 16) estancia, Ctl 1, Magdalena, Buenos Aires. 17) establecimiento rural, Ctl 2, Maipú, Buenos Aires. 18) establecimiento rural, Ctl 3, Márcos Paz, Buenos Aires. 19) establecimiento rural, Moreno, Buenos Aires. E. 20) establecimiento rural, Ctl 3, Navarro, Buenos Aires. 21) establecimiento rural, Ctl 11, Nueve de julio, Buenos Aires 22) colonia, Olavarria, Buenos Aires. E. 23) establecimiento rural, Ctl 1, 3, 5, Pergamino, Buenos Aires. Cabaña de ovejas Negrete. 24) establecimiento rural, Ctl 9, Pringles, Buenos Aires 25) establecimiento rural, Ctl 9, Puan, Buenos Aires. 26) laguna, Ctl 7, Puan, Buenos Aires. 27) establecimiento rural, Ctl 7, 10, Rauch, Buenos Aires. 28) estancia, Ctl 2, Saladillo, Buenos Aires. 29) establecimiento rural, Ctl 4, San Nicolás, Buenos Aires. 30) pueblo, Sarmiento, Buenos Aires. Es estacion del tramway rural y dista por esta vía 31 kms. de la plaza «Once de Setiembre,» de Buenos Aires. Véase General Sarmiento. 31) establecimiento rural, Ctl 2, Suarez, Buenos Aires. 32) estancia, Ctl 7, Trenque-Lauquen, Buenos Aires. 33) establecimiento rural, Ctl 5, Tuyú, Buenos Aires. 34) establecimiento rural, Ctl 1, Vecino, Buenos Aires. E. 35) laguna, Ctl 1, Vecino, Buenos Aires. 36) estancia, Ctl 5, 6, 8, 10, Veinte y Cinco de Mayo, Buenos Aires. 37) laguna, Ctl 9, Veinte y Cinco de Mayo, Buenos Aires. 38) estancia, Villarino, Buenos Aires. 39) arroyo, Poman, Catamarca. Nace en la falda occidental de la sierra de Ambato y su corto curso de E. á O. termina por agotamiento. 40) cuartel de la pedanía Lagunilla, Anejos Sud, Córdoba. 41) finca rural, Lagunilla, Anejos Sud, Córdoba. 42) mina de cuarzo aurífero, Candelaria, Cruz del Eje, Córdoba Está situada en el paraje llamado «La Isla.» 43) mina de plomo y plata, Ciénega del Coro, Minas, Córdoba. Está situada al Norte de la mina «Ballena.» 44) finca rural, Chancani, Pocho, Córdoba. 45) cerro de la «Pampa de Achala,» Punilla, Córdoba. $\varphi = 31° 42'$; $\lambda = 64° 48'$. 46) cuartel de la pedanía Higuerillas, Rio Seco, Córdoba. 47) finca rural, Higuerillas, Rio Seco, Córdoba. 48) lugar poblado, Cármen, San Alberto, Córdoba 49) finca rural, Nono, San Alberto, Córdoba. 5) finca rural, Candelaria, Totoral, Córdoba. 51) finca rural, Curuzú-Cuatiá, Corrientes. 52) estancia, Esquina, Corrientes. 53) finca rural, Goya, Corrientes. 54) finca rural, Monte Caseros, Corrientes. 55) departamento de la provincia de Corrientes. Está situado á orillas del Alto Paraná, el que lo limita al Norte. Confina al Este con el departamento Ituzaingó por medio del estero Ipucú-Guazú, al Sud con los departamentos Concepcion é Ituzaingó y al Oeste con el departamento Caacatí por medio del estero Santa Lucia. Su extension es de 3500 kms.² y su poblacion conjetural de 4500 habitantes. Este departamento encierra parte de los esteros de Iberá. Es regado por el rio Santa Lucia y los arroyos Carambola, Ayucú, Tuyucú, Joaquin, Tamaralito, Cirelo-Cué y varios otros de menor importancia. 56) aldea, San Miguel, Corrientes Es la cabecera del departamento. Está á 30 kms. al SSE. de Caacatí. Fundada por los jesuitas en 1667, cuenta actualmente con unos 800 habitantes. $\varphi = 28°$; $\lambda = 57°$ 33'. C, E. 57) finca rural, Santo Tomé, Corrientes. 58) arroyo, distrito 3°, Colon, Entre Rios. Desagua en la márgen derecha del Gualeguaychú, en direccion de NO. á SE. 59) finca rural, Las Heras, Mendoza. 60) finca rural, Lavalle, Mendoza. 61) establecimiento rural, Departamento 3°, Pampa. 62) finca rural, Capital, Rioja. 63) vertiente, Guaja, Rivadavia, Rioja. 64) mina de plata en el distrito mineral de « El Tigre, » sierra de Famatina, Rioja. 65) finca rural. Cafayate, Salta. 66) finca rural, Campo Santo, Salta. 67) finca rural, Cerrillos, Salta. 68) mineral de plata, Molinos, Salta. 69) mineral de plata, Poma, Salta. 70) finca rural, Rosario de la Frontera, Salta. 71) finca rural, San Cárlos, Salta. 72) finca rural, San Lorenzo, San Martin, San Luis 73) ingenio de azúcar, Capital, Tucuman A 17 kms. al SE. de la capital provincial. 74) *de la Florida,* finca rural, La Viña, Salta. 75) *de Villalba,* estancia, Ctl 7, Loberia, Buenos Aires.

n **Miguelito,** 1) finca rural, Ituzaingó, Corrientes. 2) finca rural, Santo Tomé, Corrientes.

n **Narciso,** 1) estancia, Ctl 4, Azul, Buenos Aires. 2) estancia, Ctl 1, Castelli, Buenos Aires. 3) establecimiento rural, Ctl 8, Pringles, Buenos Aires. 4) establecimiento rural, Ctl 7, Rauch, Buenos Aires.

San Nazario, establecimiento rural, Ctl 5, Dorrego, Buenos Aires

San Nemesio, 1) establecimiento rural, Ctl 1, Castelli, Buenos Aires. 2) establecimiento rural, Ctl 3, Chacabuco, Buenos Aires. 3) estancia, Ctl 5, Pila, Buenos Aires.

San Nicanor, establecimiento rural, Ctl 7, junin, Buenos Aires.

San Nicolás, 1) establecimiento rural, Ctl 3, Alsina, Buenos Aires. 2) establecimiento rural, Ctl 4, Las Flores, Buenos Aires. 3) estancia, Ctl 4, Maipú, Buenos Aires. 4) laguna, Ctl 2, Mar Chiquita, Buenos Aires. 5) establecimiento rural, Ctl 5, Navarro, Buenos Aires. 6) establecimiento rural, Ctl 5, Olavarria, Buenos Aires. 7) establecimiento rural, Ctl 10, Rauch, Buenos Aires. 8) partido de la provincia de Buenos Aires. Está situado al NO. de la Capital federal, á orillas del Paraná; es limítrofe de la provincia de Santa Fé y confina con los partidos Pergamino y Ramallo. Tiene 620 kms.² de extension y una poblacion de 24421 habitantes. (Censo del 31 de Enero de 1890.) Escuelas funcionan en San Nicolás y Conesa. El partido es regado por los arroyos del Medio y Ramallo y la cañada La Pantanosa. 9) ciudad, San Nicolás, Buenos Aires. Es la cabecera del partido, y, despues de la capital de la provincia, el más importante centro de poblacion de la misma. Fundada en 1749 por José de Aguilar, cuenta hoy (Censo) con 18972 habitantes. Está situada á orillas del Paraná. Su puerto es muy frecuentado por buques de cabotaje y de ultramar. Por la via férrea dista 65 kms. del Rosario y 239 (5 horas) de Buenos Aires. Escuela Normal de Maestras. Sucursales del Banco de la Provincia y del Nacional. Fábrica de carnes congeladas. Saladeros. Destileria de alcoholes. Tramways. Aduana. $\varphi =$ 33° 19'; $\lambda =$ 60° 12' 39''; $x =$ 28 m. FCBAR, FCO, C, T, E. 10) establecimiento rural, Ctl 3, Tandil, Buenos Aires. 11) arroyo, Ctl 3, Tandil, Buenos Aires. 12) lugar poblado, Lagunilla, Anejos Sud, Córdoba. $\varphi =$ 31° 43'; $\lambda =$ 64° 37'. 13) finca rural, Quilino, Ischilin, Córdoba. 14) finca rural, Caacatí, Corrientes. 15) finca rural, Esquina, Corrientes. 16) estancia, San Miguel, Corrientes. 17) finca rural, Capital, Rioja. 18) finca rural, Anta, Salta. 19) finca rural, Cafayate, Salta. 20) finca rural, Cerrillos, Salta. 21) finca rural, Chicoana, Salta. 22) finca rural, La Viña, Salta. 23) mina de galena argentífera en el distrito mineral de San Antonio de los Cobres, Poma, Salta. 24) finca rural, Rosario de Lerma, Salta.

San Nicomedes, finca rural, Oran, Salta.

San Nolasco, finca rural, San Cárlos, Salta.

San Norberto, 1) estancia, Ctl 5, Maipú, Buenos Aires. 2) laguna, Ctl 5, Maipú, Buenos Aires.

San Pablo, 1) arroyo, Ctl 12, Bahía Blanca, Buenos Aires. 2) estancia, Ctl 5, Bolívar, Buenos Aires. 3) establecimiento rural, Ctl 5, Chacabuco, Buenos Aires. 4) establecimiento rural, Ctl 14, Juarez, Buenos Aires. 5) establecimiento rural, Ctl 5, Lincoln, Buenos Aires. 6) establecimiento rural, Ctl 6, Lobos, Buenos Aires. 7) establecimiento rural, Ctl 5, Mercedes, Buenos Aires. 8) establecimiento rural, Ctl 4, Monte, Buenos Aires. 9) establecimiento rural, Ctl 5, Olavarría, Buenos Aires. 10) establecimiento rural, Ctl 10, Rauch, Buenos Aires. 11) establecimiento rural, Ctl 10, Salto, Buenos Aires. 12) establecimiento rural, Ctl 2, Veinte y Cinco de Mayo, Buenos Aires. 13) finca rural, Caseros, Anejos Sud, Córdoba. 14) finca rural, Çhancani, Pocho, Córdoba. 15) finca rural, San Francisco, Sobremonte, Córdoba. 16) aldea, Sinsacate, Totoral, Córdoba. Tiene 116 habitantes.

(Censo del 1° de Mayo de 1890). 17) finca rural, Esquina, Corrientes. 18) finca rural, Goya, Corrientes. 19) finca rural, Mercedes, Corrientes. 20) estancia, Saladas, Corrientes. 21) estancia, San Luis, Corrientes. 22) finca rural, San Roque, Corrientes. 23) finca rural, Capital, Jujuy. 24) arroyo, Capital, Jujuy. Nace en la sierra de Chañi y desagua en la márgen derecha del rio Grande de Jujuy, en San Pablo. Este es uno de los arroyos que hay que atravesar cuando se pasa por la quebrada de Humahuaca con rumbo á Bolivia. 25) finca rural, Junin, Mendoza. 26) establecimiento rural, Departamento 9°, Pampa. 27) finca rural, Juarez Celman, Rioja. 28) establecimiento rural, Pringles, Rio Negro. 29) finca rural, Cafayate, Salta. 30) finca rural, Campo Santo, Salta. 31) finca rural, Guachipas, Salta. 32) finca rural, Rosario de Lerma, Salta. 33) finca rural, Renca, Chacabuco, San Luis. C, E. 34) ingenio de azúcar, Famaillá, Tucuman. Por la vía férrea dista 13 kms. de Tucuman y 128 de La Madrid. FCNOA, C, T.

San Pascual, 1) estancia, Ctl 3, Ajó, Buenos Aires. 2) establecimiento rural, Ctl 6, Lobería, Buenos Aires. 3) estancia, Ctl 4, Mar Chiquita, Buenos Aires. 4) laguna, Ctl 2, Mar Chiquita, Buenos Aires. 5) establecimiento rural, Ctl 1, Pergamino, Buenos Aires. 6) establecimiento rural, Ctl 5, Tapalqué, Buenos Aires. 7) finca rural, Saladas, Corrientes.

San Pastor, 1) estancia, Ctl 10, Bahía Blanca, Buenos Aires. 2) estancia, Ctl 2, Juarez, Buenos Aires. 3) arroyo, Ctl 2, juarez, Buenos Aires. 4) establecimiento rural, Ctl 2, Pila, Buenos Aires. 5) establecimiento rural, Ctl 10, Rauch, Buenos Aires.

San Patricio, 1) establecimiento rural, Ctl 15, Arrecifes, Buenos Aires. 2) establecimiento rural, Ctl 4, Azul, Buenos Aires. 3) estancia, Ctl 5, Baradero, Buenos

Aires. 4) estancia, Ctl 5, Brandzen, Buenos Aires. 5) establecimiento rural, Ctl 2, 4, Cármen de Areco, Buenos Aires. 6) establecimiento rural, Ctl 3, Chacabuco, Buenos Aires. Por la vía férrea dista 190 kms. de la Capital federal. $x = 59$ m. FCP, C, T. 7) cañada, Ctl 10, Chacabuco, Buenos Aires. Se une con la cañada de los Peludos poco antes de desembocar en la márgen izquierda del rio Salado. 8) establecimiento rural, Ctl 5, Las Flores, Buenos Aires. 9) establecimiento rural, Ctl 5, Lincoln, Buenos Aires. 10) estancia, Ctl 1, Mar Chiquita, Buenos Aires. 11) establecimiento rural, Ctl 2, Monte, Buenos Aires. 12) estancia, Ctl 2, 4, 5, Navarro, Buenos Aires. 13) establecimiento rural, Ctl 2, Nueve de Julio, Buenos Aires. 14) establecimiento rural, Ctl 4, 5, San Pedro, Buenos Aires. 15) estancia, Ctl 6, Tandil, Buenos Aires. 16) establecimiento rural, Ctl 2, Trenque-Lauquen, Buenos Aires. 17) estancia, Ctl 9, Veinte y Cinco de Mayo, Buenos Aires. 18) finca rural, Chucul, Juarez Celman, Córdoba. 19) finca rural, Curuzú-Cuatiá, Corrientes. 20) estero, Ituzaingó, Corrientes.

an Pedrito, paraje poblado, Capital, jujuy.

an Pedro, 1) estancia, Ctl 6, Ajó, Buenos Aires. Saladero, E. 2) laguna, Ctl 7, Alvear, Buenos Aires. 3) establecimiento rural, Ctl 3, Ayacucho, Buenos Aires. 4) establecimiento rural, Ctl 4, 5, 6, Azul, Buenos Aires. 5) estancia, Ctl 2, 7, Balcarce, Buenos Aires. 6) estancia, Ctl 4, Barracas, Buenos Aires. 7) estancia, Ctl 8, Bolívar, Buenos Aires. 8) establecimiento rural, Ctl 5, Bragado, Buenos Aires. 9) establecimiento rural, Ctl 10, Cañuelas, Buenos Aires. 10) establecimiento rural, Ctl 3, Cármen de Areco, Buenos Aires. 11) estancia, Ctl 3, Chacabuco, Buenos Aires. 12) estancia, Ctl 12, Dorrego, Buenos Aires. 13) establecimiento rural, Ctl 8, Guaminí, Buenos Aires. 14) establecimiento rural, Ctl 11, Juarez, Buenos Aires. E. 15) establecimiento rural, Ctl 5, Las Flores, Buenos Aires. Por la vía férrea dista 176 kms. de la Capital federal. $x = 23,7$ m. FCS, C, T. E. 16) establecimiento rural, Ctl 4, Lobería, Buenos Aires. 17) estancia, Ctl 6, 7, Lobos, Buenos Aires. 18) estancia, Ctl 1, 5, Magdalena, Buenos Aires. 19) establecimiento rural, Ctl 6, Maipú, Buenos Aires. 20) establecimiento rural, Ctl 2, 3, 4, Márcos Paz, Buenos Aires. 21) estancia, Ctl 2, 3, 6, Monte, Buenos Aires. 22) estancia, Ctl 4, Navarro, Buenos Aires. 23) estancia, Ctl 9, Necochea, Buenos Aires. 24) estancia, Ctl 1, 8, 16, Nueve de julio, Buenos Aires. 25) estancia, Ctl 1, 3, 4, Pergamino, Buenos Aires. 26) establecimiento rural, Ctl 1, Pringles, Buenos Aires. 27) estancia, Ctl 5, Puan, Buenos Aires. 28) establecimiento rural, Ctl 3, 8, 10, Rauch, Buenos Aires. 29) establecimiento rural, Ctl 1, Rodriguez, Buenos Aires. 30) establecimiento rural, Ctl 4, Rojas, Buenos Aires. 31) estancia, Ctl 5, 6, 7, 9, Saladillo, Buenos Aires. E. 32) laguna, Ctl 7, Saladillo, Buenos Aires. 33) partido de la provincia de Buenos Aires. Está situado al NO. de la Capital federal, á orillas del Paraná y confina con los partidos Ramallo, Baradero y Arrecifes. Fué creado en 1779. Su extension es de 1214 kms.² y su poblacion de 10533 habitantes. (Censo del 31 de Enero de 1890). Es regado por los arroyos Arrecifes, Burgos, Tala, Espinillo, San Pedro y Chico. 34) villa, San Pedro, Buenos Aires. Es la cabecera del partido. Fundada en 1770, cuenta actualmente (Censo) con 5689 habitantes. Está situada á orillas del Paraná y dista por la vía férrea 132 kms. del Rosario y 171 (4 horas) de Buenos Aires. Sucursal del Banco de la Provincia. Aduana. Destilería de alcoholes. Altura media del Pa-

raná sobre el nivel del mar, segun Page,
13.3 m. $\varphi = 33°\ 40'\ 45''$; $\lambda = 59°\ 39'$; $\alpha =$
27 m. FCBAR, C, T, E. 35) arroyo, Ctl 1,
San Pedro, Buenos Aires. 36) estancia,
Ctl 2, 8, 9, Tandil, Buenos Aires. 37)
arroyo, Ctl 9, Tandil, y Ctl 2, Balcarce,
Buenos Aires. 38) establecimiento rural,
Ctl 8, Tapalqué, Buenos Aires. 39) es-
tancia, Ctl 7, 10, Trenque - Lauquen,
Buenos Aires. 40) establecimiento rural,
Ctl 10, Tres Arroyos, Buenos Aires 41)
establecimiento rural, Ctl 4, Vecino,
Buenos Aires. 42) estancia, Ctl 7, 10,
Veinte y Cinco de Mayo, Buenos Aires.
43) laguna, Ctl 10, Veinte y Cinco de
Mayo, Buenos Aires. 44) distrito del
departamento Capayan, Catamarca. 45)
arroyuelo, San Pedro, Capayan, Cata-
marca. 46) lugar poblado, Santa Rosa,
Catamarca. Por la vía férrea dista 131
kms. de Tucuman y 415 de Córdoba.
FCCN, C, T. 47) mina de cobre en el
distrito mineral « La Hoyada, » Tino-
gasta, Catamarca. 48) lugar poblado,
Higueras, Cruz del Eje, Córdoba. 49)
cuartel de la pedanía Toyos, Ischilin,
Córdoba. 50) aldea, Toyos, Ischilin,
Córdoba. Tiene 463 habitantes. (Censo
del 1° de Mayo de 1890). $\varphi = 30°\ 28'$;
$\lambda = 64°\ 22'$; C, T, E. 51) finca rural, La
Amarga, Juarez Celman, Córdoba. 52)
mina de plomo y plata, Ciénega del
Coro, Minas, Córdoba. 53) finca rural,
Higuerillas, Rio Seco, Córdoba. 54) pedanía del departamento San Alberto,
Córdoba. Tiene 2018 habitantes. (Censo
m.) 55) cuartel de la pedanía del mismo
nombre, San Alberto, Córdoba. 56) villa,
San Pedro, San Alberto, Córdoba. Es la
cabecera del departamento. Tiene 1102
habitantes (Censo m.) Sucursal del
Banco de la provincia. $\varphi = 31°\ 56'$; $\lambda =$
65° 15'; $\alpha = 515$ m. (Brackebusch) C, T,
E. 57) colonia, Libertad, San Justo, Córdoba. Está situada en el paraje denominado « Los Morteros. » Tiene 585

mina de plata, cobre y oro en el distrito mineral Calderas, sierra de Famatina, Rioja. 79) establecimiento rural, Viedma, Rio Negro. 80) finca rural, Cafayate, Salta. 81) distrito del departamento Iruya, Salta. 82) lugar poblado, Iruya, Salta. C, E. 83) estancia, Rosario de la Frontera, Salta. 84) finca rural, Rosario de Lerma, Salta. 85) finca rural, San Cárlos, Salta. 86) vertiente, La Huerta, Valle Fértil, San Juan. 87) finca rural, Estanzuela, Chacabuco, San Luis 88) vertiente, Estanzuela, Chacabuco, San Luis. 89) pueblo, Ascochingas, Capital, Santa Fe. Tiene 522 habitantes. (Censo del 7 de Junio de 1887.) C. 90) arroyo, Capital, Santa Fe. Es un tributario del Saladillo Amargo en la márgen derecha. 91) seccion del departamento Choya, Santiago del Estero. 92) seccion del departamento Guasayan, Santiago del Estero. 93) distrito de la seccion San Pedro, del departamento Guasayan, Santiago. 94) villa, San Pedro, Guasayan, Santiago. La mitad de esta villa está situada en Santiago y la otra mitad en el departamento Santa Rosa, de la provincia de Catamarca. Por la vía férrea dista 131 kms. de Tucuman y 413 de Córdoba. FCCN, C, T, E. 95) lugar poblado, Chicligasta, Tucuman E. 96) *de Colalao*, pueblo, Trancas, Tucuman. En la orilla izquierda del arroyo del mismo nombre. $z = 1000$ m. C, E. 97) *de Mateus*, estancia, Ctl 4, Tordillo, Buenos Aires. 98) *Nolasco*, finca rural, Lomas, Corrientes. 99) *Nolasco*, cumbre de la cordillera, Veinte y Cinco de Mayo, Mendoza. $\varphi = 34° 25'$; $\lambda = 69° 30'$; $z = 3339$ m. (Pissis.) 100) *del Puerto*, mina de plata en el distrito mineral del Cerro Negro, sierra de Famatina, Rioja.

an Pio, estancia, Ctl 1, Castelli, Buenos Aires.

an Policarpo, finca rural, Mercedes, Corrientes.

San Polonio, estancia, Ctl 2, Ayacucho, Buenos Aires.

San Ponciano, estancia, Jagüeles, General Roca, Córdoba.

San Prudencio, 1) establecimiento rural, Ctl 4, Chascomús, Buenos Aires. 2) estancia, Ctl 1, Magdalena, Buenos Aires.

San Quintin, 1) estancia, Ctl 2, Guaminí, Buenos Aires. 2) establecimiento rural, Ctl 3, Tapalqué, Buenos Aires. 3) finca rural, Esquina, Corrientes.

San Quiterio, estancia, Ctl 2, Suarez, Buenos Aires.

San Rafael, 1) establecimiento rural, Ctl 5, Brandzen, Buenos Aires. 2) estancia, Ctl 4, Chascomús. Buenos Aires 3) arroyo, Ctl 7, Lobería, Buenos Aires. 4) establecimiento rural, Ctl 8, Mercedes, Buenos Aires. 5) establecimiento rural, Ctl 7, Nueve de Julio, Buenos Aires. 6) estancia, Ctl 4, Patagones, Buenos Aires. 7) establecimiento rural, Ctl 2, Pergamino, Buenos Aires. 8) estancia, Ctl 8, Pringles, Buenos Aires. 9) arroyo, Ctl 8, Pringles, Buenos Aires. 10) establecimiento rural, Ctl 4, Ramallo, Buenos Aires 11) establecimiento rural, Ctl 8, Rauch, Buenos Aires. 12) establecimiento rural, Ctl 2, Tuyú, Buenos Aires. 13) establecimiento rural, Ctl 1, 2, Veinte y Cinco de Mayo, Buenos Aires. 14) finca rural, Chancani, Pocho, Córdoba. 15) finca rural, Salsacate, Pocho, Córdoba. 16) finca rural, Curuzú-Cuatiá, Corrientes. 17) finca rural, Lavalle, Corrientes. 18) finca rural, San Pedro, Jujuy. 19) nombre antiguo del hoy departamento mendocino Veinte y Cinco de Mayo. Véase Veinte y Cinco de Mayo. 20) villa, Veinte y Cinco de Mayo, Mendoza. Es la cabecera del departamento. Está situada en la márgen izquierda del rio Diamante. $\varphi = 34° 37' 32''$. $\lambda = 68° 36' 15''$ (Otamendi y Rojas) C, T, E. 21) mina de galena argentífera en el distrito mineral «La Pintada,» Veinte y Cinco

de Mayo, Mendoza. 22) finca rural, Ca-
fayate, Salta. 23) finca rural, Capital,
Salta. 24) finca rural, Rosario de Lerma,
Salta. 25) mineral de plata, San Cárlos,
Salta. 26) pueblo, Famaillá, Tucuman.
En la orilla derecha del arroyo Avella-
neda.

San Ramon, 1) establecimiento rural, Ctl 9,
Arrecifes, Buenos Aires. 2) establecimiento rural, Ctl 3, 5, 9, Ayacucho, Buenos Aires. 3) establecimiento rural, Ctl
4, 6, Azul, Buenos Aires. 4) establecimiento rural, Ctl 10, Bahía Blanca, Buenos Aires. 5) establecimiento rural, Ctl
2, Cármen de Areco, Buenos Aires. 6)
establecimiento rural, Ctl 7, Giles, Buenos Aires. 7) estancia, Ctl 3, 5, Las
Flores, Buenos Aires. 8) establecimiento
rural, Ctl 3, Lincoln, Buenos Aires. 9)
estancia, Ctl 1, 2, Magdalena, Buenos
Aires. 10) establecimiento rural, Ctl 2,
Mar Chiquita, Buenos Aires. E. 11) laguna, Ctl 2, Mar Chiquita, Buenos Aires.
12) establecimiento rural, Ctl 3, Márcos
Paz, Buenos Aires. 13) estancia, Ctl 3,
Monte, Buenos Aires. 14) establecimien
to rural, Ctl 3, Navarro, Buenos Aires.
15) estancia, Ctl 7, 8, 12, Nueve de Julio,
Buenos Aires. 16) estancia, Ctl 1, Patagones, Buenos Aires. 17) arroyo, Puan,
Buenos Aires. Desagua en la márgen derecha del arroyo Pelicura. 18) estancia,
Ctl 3, Rauch, Buenos Aires. 19) estancia, Ctl 6, 7, Saladillo, Buenos Aires. 20)
establecimiento rural, Ctl 5, San Antonio
de Areco, Buenos Aires. 21) establecimiento rural, Ctl 3, 5, San Nicolás, Buenos Aires. 22) estancia, Ctl 5, 7, Tapalqué, Buenos Aires. 23) estancia, Ctl 3,
Tordillo, Buenos Aires. 24) establecimiento rural, Ctl 7, 11, Trenque - Lauquen, Buenos Aires. 25) estancia, Ctl 7,
Tres Arroyos, Buenos Aires. 26) estancia, Ctl 4, 8, 11, Veinte y Cinco de Mayo,
Buenos Aires. 27) laguna, Ctl 10, Veinte
y Cinco de Mayo, Buenos Aires. 28)

mina de cobre en el distrito mineral «La
Hoyada,» Tinogasta, Catamarca. 29)
mina de cuarzo aurífero, Candelaria, Cruz
del Eje, Córdoba. 30) establecimiento
rural, Carlota, Juarez Celman, Córdoba.
31) establecimiento rural, Reduccion,
juarez Celman, Córdoba. 32) finca rural, Candelaria, Totoral, Córdoba. 33)
estancia, Curuzú-Cuatiá, Corrientes 34)
finca rural, Esquina, Corrientes. 35) finca
rural, Goya, Corrientes. 36) finca rural,
Mercedes, Corrientes. 37) finca rural,
Paso de los Libres, Corrientes. 38) finca
rural, San Roque, Corrientes. 39) finca
rural, Pringles, Rio Negro. 40) estancia,
Rosario de la Frontera, Salta. 41) lugar
poblado, Banda, Santiago. E. 42) lugar
poblado, Copo, Santiago. E 43) lugar
poblado, Chicligasta, Tucuman. Al lado
del ramal del ferro - carril Noroeste Argentino que une á Concepcion con Medina.

San Ricardo, 1) establecimiento rural, Ctl
9, Lincoln, Buenos Aires. 2) establecimiento rural, Ctl 2, Vecino, Buenos Aires.

San Rodolfo, estancia, Ctl 1, Las Conchas,
Buenos Aires.

San Roman, 1) arroyo, Ctl 12, Dorrego,
Buenos Aires. 2) establecimiento rural,
Ctl 9, Veinte y Cinco de Mayo, Buenos
Aires.

San Romualdo, mina de plata en el distrito mineral de Uspallata, Las Heras,
Mendoza.

San Rómulo, establecimiento rural, Ctl 7,
Salto, Buenos Aires.

San Roque, 1) establecimiento rural, Ctl 7,
Alvear, Buenos Aires. 2) establecimiento
rural, Ctl 7, Bragado, Buenos Aires. 3)
establecimiento rural, Ctl 5, Las Flores,
Buenos Aires. 4) establecimiento rural,
Ctl 3, Lincoln, Buenos Aires. 5) estable-
cimiento rural, Ctl 6, Navarro, Buenos
Aires. 6) establecimiento rural, Ctl 6,
Nueve de Julio, Buenos Aires. 7) esta-
blecimiento rural, Ctl 3, 5, 7, Pergamino,

Buenos Aires. 8) estancia, Ctl 2, Pila, Buenos Aires. 9) establecimiento rural, Ctl 6, Saladillo, Buenos Aires. 10) establecimiento rural, Ctl 4 Suarez, Buenos Aires. 11) estancia, Ctl 7. Trenque-Lauquen, Buenos Aires. 12) estancia, Ctl 9, 10, Veinte y Cinco de Mayo, Buenos Aires. 13) vertiente, Ancasti, Ancasti, Catamarca. 14) cuartel de la pedanía Santa Rosa, Calamuchita, Córdoba. 15) lugar poblado, Santa Rosa, Calamuchita, Córdoba. 16) mina de plomo y plata, Argentina, Minas, Córdoba. 17) pedanía del departamento Punilla, Córdoba. Tiene 1196 habitantes. (Censo del 1° de Mayo de 1890.) 18) cuartel de la pedanía del mismo nombre, Punilla, Córdoba. 19) aldea, San Roque, Punilla, Córdoba. Tiene 140 habitantes. (Censo m.) Por la vía férrea dista 45 kms. de Córdoba y 105 de Cruz del Eje. $\varphi = 31° 22'$; $\lambda = 64° 29'$. Estacion del ferro-carril de Córdoba à Cruz del Eje. C, T, E. 20) finca rural, Mercedes, Tulumba, Córdoba. 21) lugar poblado, San José, Tulumba, Córdoba. 22) estancia, Esquina, Corrientes. 23) finca rural, Goya, Corrientes. 24) finca rural, La Cruz, Corrientes 25) departamento de la provincia de Corrientes. Confina al Norte con los departamentos Saladas y Concepcion, al Este con el de Mercedes por el rio Corrientes, al Sud con el departamento Lavalle y al Oeste con los departamentos Saladas y Bella Vista por el rio Santa Lucía. Tiene 2600 kms.² de extension y una poblacion conjetural de 7500 habitantes. El departamento es regado por los rios Corrientes y Santa Lucía y los arroyos Batel, Avalos, Gonzalez, Ponce, Cano, Cáceres, Salinas, Pelon, Tunas, Curuzú y otros. Las lagunas son muy numerosas. 26) villa, San Roque, Corrientes. Está situada en la orilla derecha del rio Santa Lucía. Por la vía férrea dista 134 kms. de Corrientes y 240 de Monte Ca-

seros. Tiene unos 1500 habitantes $z = 77$ m. FC Noreste Argentino, línea de Monte Caseros á Corrientes. C, T, E. 27) paraje poblado, Humahuaca, jujuy. 28) finca rural, La Paz, Mendoza, 29) distrito del departamento San Martin, Rioja. 30) establecimiento rural, Viedma, Rio Negro. 31) finca rural, Caldera, Salta. 32) finca rural, Campo Santo, Salta. 33) finca rural, La Viña, Salta. 34) finca rural, Rosario de la Frontera, Salta. 35) finca rural, Rosario de Lerma, Salta. 36) poblacion agrícola, Jachal, San juan. 37) lugar poblado, Capital, San Luis. E. 38) lugar poblado, Robles, Santiago. E.

San Roquito, estancia, Paso de los Libres, Corrientes.

San Rufino, 1) establecimiento rural, Ctl 2, Ayacucho, Buenos Aires. 2) establecimiento rural, Ctl 2, 3, Azul, Buenos Aires. 3) establecimiento rural, Ctl 5, Pila, Buenos Aires 4) establecimiento rural, Ctl 7, Ranchos, Buenos Aires.

San Sabino, estancia, Ctl 2, San Pedro, Buenos Aires.

San Salvador, 1) establecimiento rural, Ctl 16, Lincoln, Buenos Aires. 2) establecimiento rural, Ctl 9, Lobos, Buenos Aires. 3) establecimiento rural, Ctl 5, Saladillo, Buenos Aires. 4) establecimiento rural, Ctl 4, San Nicolás, Buenos Aires. 5) estancia, Ctl 5, Suarez, Buenos Aires. 6) estancia, Ctl 2, Veinte y Cinco de Mayo, Buenos Aires. 7) establecimiento rural, Ctl 6, Zárate, Buenos Aires. 8) estancia, Monte Caseros, Corrientes. 9) finca rural, Cafayate, Salta. 10) finca rural, San Cárlos, Salta. 11) *del Valle*, establecimiento rural, Ctl 5, Alvear, Buenos Aires.

San Samuel, establecimiento rural, Ctl 2, Trenque-Lauquen, Buenos Aires.

San Saturnino, 1) establecimiento rural, Ctl 2, Pringles, Buenos Aires. 2) finca rural, Goya, Corrientes.

San Sebastian, 1) estancia, Ctl 6, Bolivar,

Buenos Aires. 2) estancia, Ctl 2, Exaltacion de la Cruz, Buenos Aires. 3) estancia, Ctl 6, Matanzas, Buenos Aires. 4) establecimiento rural, Ctl 1, Necochea, Buenos Aires. 5) laguna, Ctl 1, Pila, Buenos Aires. 6) aldea, La Cautiva, Rio Cuarto, Córdoba. Tiene 145 habitantes. (Censo del 1° de Mayo de 1890) 7) finca rural, Goya, Corrientes. 8) estancia, San Miguel, Corrientes. 9) departamento de la gobernacion de la Tierra del Fuego. Sus límites son: al Norte y Este el Océano Atlántico, al Sud los 54° de latitud austral y al Oeste el límite de la república con Chile. 10) bahia, San Sebastian, Tierra del Fuego. Está situada en la parte NE. de la gobernacion en la costa del Atlántico y á corta distancia del estrecho de Magallanes. La entrada la forman punta Arenas al Norte y el cabo San Sebastian al Sud. El centro de la bahia se halla en los 53° 15' de latitud. El rio San Martin desemboca en esta bahia. En las playas existen arenas auríferas. 11) cabo, San Sebastian, Tierra del Fuego. En él empieza la sierra Cármen Sylva, que atraviesa la gobernacion en direccion SO. $\varphi = 53°$ 19'; $\lambda = 68°$ 9' 50". (Fitz Roy)

San Segundo, establecimiento rural, Ctl 1, Ramallo, Buenos Aires.

San Serafin, establecimiento rural, Ctl 6, Azul, Buenos Aires.

San Serapio, 1) establecimiento rural, Ct 6, Las Flores, Buenos Aires. 2) arroyo, Ctl 5, Tandil, Buenos Aires. 3) *del Perdido,* establecimiento rural, Ctl 5, Olavarria, Buenos Aires.

San Servando, estancia, Ctl 1, Magdalena, Buenos Aires.

San Severiano, estancia, Ctl 7, Vecino, Buenos Aires.

San Severo, 1) estancia, Ctl 9, Dorrego, Buenos Aires. 2) establecimiento rural, Ctl 10, Rauch, Buenos Aires. 3) finca rural, Goya, Corrientes.

San Silvano, 1) establecimiento rural, Cll 9, Tres Arroyos, Buenos Aires. 2) estancia, Mercedes, Corrientes.

San Silverio, estancia, Ctl 5, Magdalena, Buenos Aires.

San Silvestre, establecimiento rural, Ctl 8, Rauch, Buenos Aires.

San Simon, 1) establecimiento rural, Ctl 8, Balcarce, Buenos Aires. 2) establecimiento rural, Ctl 5, Maipú, Buenos Aires. 3) laguna, Ctl 5, Maipú, Buenos Aires. 4) establecimiento rural, Ctl 8, Rauch, Buenos Aires. 5) establecimiento rural, Ctl 10, Tandil, Buenos Aires. 6) establecimiento rural, Ctl 3, Veinte y Cinco de Mayo, Buenos Aires. 7) finca rural, Anta, Salta.

San Sinforiano, 1) establecimiento rural, Ctl 7, Chacabuco, Buenos Aires. 2) estancia, Ctl 2, Exaltacion de la Cruz, Buenos Aires. 3) finca rural, Esquina, Corrientes.

San Sixto, 1) establecimiento rural, Ctl 4, Trenque-Lauquen, Buenos Aires. 2) establecimiento rural, Ctl 2, Vecino, Buenos Aires.

San Solano, 1) finca rural, La Cruz, Corrientes. 2) estancia, Paso de los Libres, Corrientes.

San Telmo, 1) estancia, Ctl 1, Magdalena, Buenos Aires. 2) estancia, Ctl 7, Vecino, Buenos Aires. 3) finca rural, Oran, Salta.

San Teodoro, estancia, Ctl 5, Matanzas, Buenos Aires.

San Teófilo, 1) estancia, Ctl 4, Chascomús, Buenos Aires. 2) chacra, Ctl 4, Ramallo, Buenos Aires. 3) establecimiento rural, Ctl 12, Tandil, Buenos Aires.

Santiago, 1) estancia, Ctl 8, Ayacucho, Buenos Aires. 2) lengua de tierra que forma la ensenada de Barragan, La Plata, Buenos Aires. E. La punta de esta lengua tiene: $\varphi = 34°$ 55'; $\lambda = 57°$ 18' (Mouchez) 3) arroyo, La Plata, Buenos Aires. Tiene su orígen en un haz de pequeños arroyos en el partido de la Magdálena, y desagua en la ensenada de Barragan (rio de La Plata). Recibe en su márgen izquierda y en el partido La Plata las aguas del arroyo del Pescado y de la cañada Bellaca. 4) establecimiento rural, Ctl 3, Márcos Paz, Buenos Aires. 5) establecimiento rural, Ctl 4, Ramallo, Buenos Aires. 6) mina de plomo y plata, Ciénega del Coro, Minas, Córdoba. Está situada en el paraje llamado «Juan Chiquito». 7) lugar poblado, Santiago, Punilla, Córdoba. C, E. 8) finca rural, Esquina, Corrientes. 9) finca rural, San Cárlos, Salta. 10) *de Arredondo,* pedania del departamento Punilla, Córdoba. Tiene 494 habitantes. (Censo del 1º de Mayo de 1890) 11) *de Arredondo,* cuartel de la pedania del mismo nombre, Punilla, Córdoba. 12) *del Estero,* provincia de la Confederacion Argentina. Está situada al Sud de la de Salta, al Este de las de Tucuman y Catamarca, al Norte de las de Córdoba y Santa Fe y al Oeste de Santa Fe y el Chaco. Su límite con la provincia de Salta es una línea que pasa por Remate, Anta Muerta, Bajadas de los Corrales y el mojon divisorio de Cruz Bajada y San Miguel. Con la provincia de Tucuman linda en una línea que pasa por Remate, Guanaco, Palomar, Tenené, Pozo de las Tacanas, Yuluyaco, Mansupa, el Bajo de las Barrancas, y el que viene de la sierra de Catamarca. Los límites con la provincia de Catamarca ya los he mencionado, salvo la siguiente modificacion que encierra la base 2ª del arreglo de límites entre las provincias de Santiago y Catamarca, de 27 de Julio de 1881, que ha sido negociado por los gobernadores Don Pedro Gallo (Santiago) y Don Manuel J. Rodriguez (Catamarca) y que fué aprobado por las Legislaturas de las provincias mencionadas. Dice esta 2ª base del arreglo de límites: «En la estacion Frias, la provincia

» de Santiago extenderá su jurisdiccion » hasta una legua cuadrada al Oeste, » ubicándose esta legua de tierras desde » el puente del rio (arroyo) Albigasta » hácia el Oeste, sobre el curso mismo » del rio, y al Norte, sobre la línea férrea, debiendo medirse y amojonarse » esta superficie por peritos comisionados » por ambos gobiernos.» El límite con el Chaco lo forma una línea que arranca del paralelo de los 28° y extremo NO. de la provincia de Santa Fe, pasa por Otumpa (lugar del yacimiento de una masa de hierro magnético que se supone de orígen meteórico) y llega hasta la línea divisoria con Salta, que, desde el mojon de Cruz Bajada y San Miguel, se dirige al naciente. Los límites de la provincia con la de Córdoba, ya los he mencionado. Véase Córdoba. La ley de 2 de Octubre de 1886, sancionada por la Legislatura de la provincia de Santa Fe, y la de 4 del mismo mes y año, sancionada por la de la provincia de Santiago, establece como límites entre ambas provincias, los siguientes: una recta que partiendo del punto distante dos leguas al Este del antiguo fortin de Los Morteros, termina en el extremo Sud del borde de los Altos, y en seguida otra que trazada desde dicho extremo en direccion al Norte 8° 30' Este verdadero, llega hasta el paralelo de los 28° de latitud Sud. Dentro de los límites que acabo de mencionar, abarca la provincia una extension territorial de 102355 kms.[2] La poblacion conjetural es de unos 209000 habitantes. Salvo las insignificantes sierras de Guasayan, Sumampa y Ambargasta, la provincia forma una vasta llanura que se inclina suavemente de NO. á SE. en la direccion que recorren sus dos únicos rios, el Salado y el Dulce. La parte SO. de esta llanura está ocupada en una vasta extension por la salina grande, mientras que, al SE. se extienden los grandes bañados que el rio Saladillo, más arriba llamado Dulce, origina con sus frecuentes salidas de cauce. La sierra de Guasayan, en la parte NO. de la provincia, es un cordon poco elevado que se extiende unos 85 kms de Norte á Sud. La mayor anchura de esta sierra, abundante en cal, mármoles y yeso, es de unos 9 kms., y su distancia más corta de la capital provincial de unos 77 kms. Una vegetacion raquítica de arbustos torcidos, espinosos y de hojas pequeñas, signo característico de la escasez de agua, cubre esta sierra, cuya falda oriental es más favorecida por la existencia de pastos que la occidental. Las sierras de Sumampa y Ambargasta, que corren paralelas de Sud á Norte, no son sinó prolongaciones de las sierras de Córdoba. Su extension longitudinal dentro de la provincia, es de unos 60 kms. y la transversal de ambas, de unos 40 kms. El pico más elevado es el de Santamampa, que tiene unos 200 metros de altura y que se halla á unos 5 kms. al Este de Ojo de Agua. La parte Este de la provincia, fronteriza con el Chaco, y la del Sud, que linda con Córdoba, está cubierta de extensos bosques de algarrobos, que br achos, mistoles y breas. Como queda dicho arriba, los dos únicos rios de la provincia son el Salado y el Dulce. La agricultura, la ganadería, y, sobre todo, los frutos espontáneos del algarrobo, constituyen la única fuente de recursos de los habitantes de la provincia. La agricultura se sostiene á fuerza de irrigacion y se ejerce en el cultivo de la vid del trigo, maiz, alfalfa, caña de azúcar, algodon y tabaco. La ley del 25 de Agosto de 1887 divide la provincia, bajo el punto de vista administrativo, en 14 departamentos, á saber: Capital — Banda — Robles — Silipica — Loreto — Atamisqui — Salavina —

Matará — Copo — Sumampa — Jimenez — Rio Hondo — Guasayan y Choya. 13) *del Estero*, departamento de la provincia del mismo nombre, ó sea de la Capital. Tiene 160 kms.² de extension y una poblacion conjetural de 13000 habitantes. Está dividido en los 7 distritos: Capital Contreras, Flores, Zanjon, Malpaso, Dean y Tipiro. En Contreras, Zanjon, Vinolar, San José de Flores, Dean, Morales y Tipiro existen núcleos de poblacion. 14) *del Estero*, ciudad, capital de la provincia del mismo nombre. Está situada en la márgen derecha del rio Dulce. Fundada en 1553 por Don Francisco de Aguirre, cuenta actualmente (1890) con unos 10000 habitantes. Colegio Nacional. Escuela Normal. Sucursal del Banco Nacional. Asilo de mendigos. Teatro Hoteles, etc. Por la vía férrea dista 162 kms. de Frias, 500 de Córdoba y 1201 de Buenos Aires. $\varphi = 27° 48' 2''$; $\lambda = 64° 15' 2''$; $\alpha = 214$ m (Centro de la plaza — Observatorio) FCCN, ramal de Frias á Santiago. C, T, E. 15) *de Mocovies*, nombre que los españoles daban á la Cangayé, mision de la Compañía de Jesús, fundada á orillas del Bermejo, en el Chaco. Véase Cangayé. 16) *Temple*, lugar poblado, Rio Primero, Córdoba. Por la vía férrea dista 77 kms. de Córdoba y 303 de Santa Fe. $\alpha = 223$ m. FCSFC, C, T.

San Tiburcio, establecimiento rural, Chancani, Pocho, Córdoba.

San Timoteo, estancia, Esquina, Corrientes.

Santo Domingo, 1) establecimiento rural, Ctl 3. Ayacucho, Buenos Aires. 2) establecimiento rural, Ctl 2, 3, Azul, Buenos Aires. 3) estancia, Ctl 3, 8, Balcarce, Buenos Aires. 4) estancia, Ctl 7, Bolívar, Buenos Aires. 5) establecimiento rural, Ctl 12, Bragado, Buenos Aires. 6) establecimiento rural, Ctl 3, Cañuelas, Buenos Aires. 7) establecimiento rural, Ctl 2,

Exaltacion de la Cruz, Buenos Aires. 8) establecimiento rural, Ctl 1, Guaminí, Buenos Aires. 9) establecimiento rural, Ctl 3, Las Flores, Buenos Aires. 10) establecimiento rural, Ctl 3, Lincoln, Buenos Aires. 11) establecimiento rural, Ctl 3, Lobería, Buenos Aires. 12) estancia, Ctl 9, Lobos, Buenos Aires. 13) estancia, Ctl 3, Maipú, Buenos Aires. 14) laguna, Ctl 3, Maipú, Buenos Aires. 15) establecimiento rural. Ctl 6, Navarro, Buenos Aires. 16) estancia, Ctl 10, Necochea, Buenos Aires. 17) estancia, Ctl 4, Olavarría, Buenos Aires. 18) establecimiento rural, Ctl 8, 9, Quilmes, Buenos Aires. 19) arroyo, Ctl 8 Quilmes, Buenos Aires. 20) establecimiento rural, Ctl 5, Ramallo, Buenos Aires. 21) establecimiento rural, Ctl 3, 12, Zárate, Buenos Aires. 22) estancia, Ctl 4, Tapalqué, Buenos Aires. 23) establecimiento rural, Ctl 5, Tres Arroyos, Buenos Aires. 24) establecimiento rural, Ctl 5, Tuyú, Buenos Aires. 25) estancia, Ctl 10, Veinte y Cinco de Mayo, Buenos Aires. 26) distrito del departamento de La Paz, Catamarca. 27) cuartel de la pedanía Cruz del Eje, Cruz del Eje, Córdoba. 28) aldea, Cruz del Eje, Cruz del Eje, Córdoba. Tiene 223 habitantes. (Censo del 1° de Mayo de 1890). Por la vía férrea dista 33 kms. de Dean Fúnes y 389 de Chilecito. $\varphi = 30°21'$; $\lambda = 64°40'$; $\alpha = 506$ m. FC de Dean Fúnes á Chilecito. C, T. 29) finca rural, Higueras, Cruz del Eje, Córdoba. 30) aldea, Copacabana, Ischilin, Córdoba. Tiene 128 habitantes. (Censo m) 31) aldea, Castaños Rio Primero, Córdoba. Tiene 101 habitantes. (Censo m.) 32) finca rural, Suburbios, Rio Primero, Córdoba. 33) lugar poblado, Candelaria, Totoral, Córdoba. $\varphi = 31°10'$; $\lambda = 64°13'$. $\alpha = 750$ m 34) finca rural, Goya, Corrientes. 35) finca rural, Ituzaingó, Corrientes. 36) estero, Ituzaingó, Corrientes. 37) finca rural, Mercedes, Corrientes. 38) finca

rural, Monte Caseros, Corrientes. 39) estancia, Saladas, Corrientes. 40) estancia, San Roque, Corrientes. 41) paraje poblado, Perico del Cármen, Jujuy. 42) veta de cuarzo aurífero, Rinconada, Jujuy. Alcanza á 18 metros de profundidad y se cree que puede dar 30 gramos de oro por tonelada. 43) finca rural, Juarez Celman, Rioja. 44) finca rural, General Ocampo, Rioja. 45) mina de plata en el distrito del Cerro Negro, sierra de Famatina, Rioja. 46) mineral de plata y plomo, Cachi, Salta. 47) mineral de plata y bismuto, Poma, Salta. 48) distrito minero del departamento Valle Fértil, San juan. Encierra plata. 49) finca rural, La Huerta, Valle Fértil, San Juan, 50) vertiente, La Huerta, Valle Fértil, San juan. 51) lugar poblado, Copo, Santiago E. 52) distrito de la 1ª seccion del departamento Robles, Santiago del Estero. 53) lugar poblado, Sumampa, Santiago. E.

San Toribio, establecimiento rural, Ctl 5, Pergamino, Buenos Aires.

Santo Rosario, finca rural, Ituzaingó, Corrientes.

Santo Tomás, 1) establecimiento rural, Ctl 3, Ayacucho, Buenos Aires. 2) estancia, Ctl 4, 5, Brandzen, Buenos Aires. 3) estancia, Ctl 2, Dorrego, Buenos Aires. 4) estancia, Cil 7, Lobería, Buenos Aires. 5) establecimiento rural, Ctl 9, Nueve de Julio, Buenos Aires. 6) establecimiento rural, Ctl 1, Pergamino, Buenos Aires. 7) establecimiento rural, Ctl 3, Saladillo, Buenos Aires. 8) establecimiento rural, Ctl 3, San Pedro Buenos Aires. 9) establecimiento rural, Ctl 11, Veinte y Cinco de Mayo, Buenos Aires. 10) estancia, Villarino, Buenos Aires. 11) aldea, Cañas, Anejos Norte, Córdoba. Tiene 184 habitantes. (Censo del 1° de Mayo de 1890). 12) establecimiento rural, Bell-Ville, Union, Córdoba. 13) establecimiento rural, Reduccion, Juarez Celman, Córdoba. 14) finca rural, Esquina, Corrientes. 15) finca rural, Goya, Corrientes. 16) lugar poblado, Capital, Misiones. Por la vía férrea dista 26 kms. de Posadas y 407 de Monte Caseros. $z = 179$ m. FC Noreste Argentino, línea de Monte Caseros á Posadas C, T. 17) finca rural, Capital, Salta.

Santo Tomé, 1) finca rural, Goya, Corrientes. 2) departamento de la provincia de Corrientes. Está situado á orillas del Uruguay y es limítrofe de la gobernacion de Misiones Confina al Norte con el departamento Ituzaingó por el rio Aguapey, al Oeste con el mismo departamento por los esteros de Iberá y al Sud con el departamento La Cruz. Comprende una gran parte de las antiguas misiones jesuiticas. El departamento es rico en yerba-mate. Su extension es de 8000 kms.² y su poblacion conjetural de 12000 habitantes. Es regado por el rio Aguapey y los arroyos Ciriaco, Tirocay, Periquillos, Bay, Igoaza, Ingo, Luna, Cuay Chico, Tacuary, Sequeira, Jesús, Pariopa, Ayuí, San Alonso y varios otros de menor importancia. Parte de los esteros de Iberá se hallan en este departamento. 3) villa, Santo Tomé, Corrientes. Está situada á orillas del Uruguay, casi al frente de la villa brasilera San Borja. Es la cabecera del departamento. Cuenta con unos 2000 habitantes. Por la vía férrea dista 147 kms. de Posadas y 286 de Monte Caseros. Los vapores de Monte Caseros tocan una vez por semana en el puerto. Aduana. Agencia del Banco Nacional. $z = 92$ m. FC Noreste Argentino, línea de Monte Caseros á Posadas. C, T, E. 4) distrito del departamento de las Colonias, Santa Fe. Tiene 1598 habitantes. (Censo del 7 de junio de 1887). 5) pueblo, Santo Tomé, Colonias, Santa Fe. Tiene 471 habitantes. (Censo m.) Dista 14 kms. de Santa Fe. C, T, E. 6) colonia, Santo Tomé, Colonias, Santa Fe. Tiene 220 habitantes. (Censo m.)

San Urbano, 1) establecimiento rural, Ctl 3, Guaminí, Buenos Aires. 2) estancia, Ctl 10, Tres Arroyos, Buenos Aires. 3) (ó Melincué), pueblo, Melincué, General Lopez, Santa Fe. Tiene 463 habitantes. (Censo m.) C, T, E. Véase Melincué 4) colonia, Melincué, General Lopez, Santa Fe. Tiene 1609 habitantes. (Censo m.) E.

San Valentin, 1) estancia, Ctl 3, Mar Chiquita, Buenos Aires. 2) finca rural, Goya, Corrientes. 3) cerro, Santa Cruz. $\varphi = 46°$ 30'; $\lambda = 73° 20'$; $z = 3870$ m. (?)

San Valerio, establecimiento rural, Ctl 1, Vecino, Buenos Aires.

San Venancio, establecimiento rural, Ctl 9, Necochea, Buenos Aires.

San Vicente, 1) establecimiento rural, Ctl 7, Alvear, Buenos Aires. 2) estancia, Ctl 7, Azul, Buenos Aires. 3) estancia, Ctl 2, Balcarce, Buenos Aires. 4) establecimiento rural, Ctl 4, Baradero, Buenos Aires. 5) estancia, Ctl 5, Castelli, Buenos Aires. 6) establecimiento rural, Ctl 6, Chascomús, Buenos Aires. 7) pueblo en formacion, Nueve de Julio, Buenos Aires. 8) establecimiento rural, Ctl 1, 5, 6, Pergamino, Buenos Aires. 9) establecimiento rural, Ctl 5, Pila, Buenos Aires. 10) establecimiento rural, Ctl 7, Pueyrredon, Buenos Aires. 11) estancia, Ctl 5, Ramallo, Buenos Aires. 12) estancia, Ctl 3, Rauch, Buenos Aires. 13) partido de la provincia de Buenos Aires. Fué creado en 1779. Está situado al Sud de la Capital federal y confina con los partidos Lomas de Zamora, Brown, Quilmes, La Plata, Brandzen, Ranchos, Cañuelas, Márcos Paz y Matanzas Tiene 998 kms. de extension y una poblacion de 6511 habitantes. (Censo del 31 de Enero de 1890.) Escuelas funcionan en San Vicente, Donselaar, Tristan, Suarez y Glew. El partido es regado por los arroyos Samborombon, Matanzas, Manantiales, Campos, Donselaar, Carmona, Bunge, Acosta, Molina, Lopez, Charria, La Ortiga,

California, Medina y jimenez. 14) villa, San Vicente, Buenos Aires. Es la cabecera del partido. Fundada en 1734, cuenta hoy con 2000 habitantes. Por la via férrea dista 39 kms. (1 hora) de la Capital federal. $\varphi = 34° 1' 28''$; $\lambda = 57° 59' 54''$; $\alpha = 22$ m. FCS, C, T, E. 15) establecimiento rural, Ctl 4, Zárate, Buenos Aires 16) pedanía del departamento Anejos Norte, Córdoba. Tiene 181 habitantes. (Censo del 1° de Mayo de 1890.) 17) cuartel de la pedanía del mismo nombre, Anejos Norte, Córdoba. 18) lugar poblado, San Vicente, Anejos Norte. Córdoba. C, E. 19) pueblo, Capital, Córdoba No es más que un suburbio veraniego de la capital de la provincia, con la cual está ligado por varias lineas de tramway Está situado en la márgen derecha del rio Primero, á 2 kms., aguas abajo, de la ciudad de Córdoba. Tiene 5845 habitantes. (Censo m.) 20) lugar poblado, Cruz del Eje, Cruz del Eje, Córdoba. 21) lugar poblado, Quilino, Ischilin, Córdoba 22) lugar poblado, Argentina, Minas, Córdoba. 23) lugar poblado. San Cárlos, Minas, Córdoba. 24) establecimiento rural, Rio Cuarto, Rio Cuarto, Córdoba. 25) finca rural, Ambul, San Alberto, Córdoba. 26) cuartel de la pedanía de las Toscas, San Alberto, Córdoba. 27) aldea, Toscas, San Alberto, Córdoba. Tiene 227 habitantes. (Censo m.) Por la via férrea dista 256 kms. de Villa Mercedes y 330 de La Rioja. $\varphi = 31° 53'$; $\lambda = 65° 28'$; $\alpha = 390$ m. FC de Villa Mercedes á La Rioja. C, T 28) lugar poblado, Mercedes, Tulumba, Córdoba 29) finca rural, Santa Cruz, Tulumba, Córdoba. 30) estancia, Curuzú-Cuatiá. Corrientes. 31) finca rural, Esquina, Corrientes. 32) finca rural, Mercedes, Corrientes. 33) finca rural, Santo Tomé, Corrientes. 34) finca rural, Sauce, Corrientes. 35) paraje poblado, Perico del Cármen, jujuy. 36) nombre antiguo del hoy departamento mendocino Belgrano. Véase Belgrano. 37) pueblo, Belgrano, Mendoza. Es la cabecera del departamento Belgrano. Por la via férrea dista 5 kms. de Mendoza y 351 de Villa Mercedes FCGOA, C, T, E. 38) finca rural, Capital, Rioja 39) finca rural, juarez Celman, Rioja. 40) finca rural, Guachipas, Salta. 41) lugar poblado, Ocampo, San javier, Santa Fe. Es puerto y estacion del ferro-carril de la colonia Ocampo. Tiene 218 habitantes. (Censo del 7 de junio de 1887.) 42) distrito de la seccion Quebrachos del departamento Sumampa, Santiago del Estero. 43) paraje poblado, San Vicente, Quebrachos, Sumampa, Santiago. 44) ingenio de azúcar, Capital, Tucuman. A 21 kms., al SE., de la capital provincial.

San Víctor, establecimiento rural, Ctl 10, Saladillo, Buenos Aires

San Victoriano, 1) estancia, Ctl 9, Puan, Buenos Aires. 2) estancia, Ctl 7, San Vicente, Buenos Aires.

San Wenceslao, establecimiento rural, Mercedes, Corrientes.

San Zenon, establecimiento rural, Ctl 4, Azul, Buenos Aires.

Santa Adelaida, estancia, Ctl 6, Olavarria, Buenos Aires.

Santa Agueda, estancia. Ctl 15, Tres Arroyos, Buenos Aires.

Santa Agustina, 1) establecimiento rural, Ctl 4, Márcos Paz, Buenos Aires. 2) establecimiento rural, Ctl 5, Rojas, Buenos Aires.

Santa Alejandrina, establecimiento rural, Italó. General Roca, Córdoba.

Santa Amelia, 1) establecimiento rural, Ctl 8, 11, Veinte y Cinco de Mayo, Buenos Aires. 2) cuartel de la pedanía Litin, Union, Córdoba. 3) establecimiento rural, Litin, Union, Cordoba. E.

Santa Ana, 1) establecimiento rural, Ctl 4,

Ayacucho, Buenos Aires. 2) estancia, Ctl 2, 3, Azul, Buenos Aires. 3) establecimiento rural, Ctl 7, Bahia Blanca, Buenos Aires. 4) estancia, Ctl 8, Balcarce, Buenos Aires. 5) establecimiento rural, Ctl 5, Bragado, Buenos Aires. 6) establecimiento rural, Ctl 2, Cármen de Areco, Buenos Aires. 7) establecimiento rural, Dolores, Buenos Aires. E. 8) establecimiento rural, Ctl 2, Exaltacion de la Cruz, Buenos Aires. 9) establecimiento rural, Ctl 2, Las Flores, Buenos Aires. 10) chacra, Ctl 3, 15, Lincoln, Buenos Aires. 11) establecimiento rural, Ctl 8, Loberia, Buenos Aires. 12) estancia, Ctl 7, Mercedes, Buenos Aires. 13) estancia, Ctl 2, Monte, Buenos Aires. 14) establecimiento rural, Ctl 4, Navarro, Buenos Aires. 15) establecimiento rural, Ctl 9, Nueve de julio, Buenos Aires. 16) establecimiento rural, Ctl 6, Pergamino, Buenos Aires 17) establecimiento rural, Ctl 4, Ranchos, Buenos Aires. 18) establecimiento rural, Ctl 4. 5, Rojas, Buenos Aires. 19) estancia, Ctl 3, San Vicente, Buenos Aires. 20) estancia, Ctl 1, 6, Tandil, Buenos Aires. 21) estancia, Ctl 2. 3, 10, Veinte y Cinco de Mayo, Buenos Aires. 22) laguna, Ctl 4, Veinte y Cinco de Mayo, Buenos Aires. 23) finca rural, Cruz del Eje, Cruz del Eje, Córdoba. 24) finca rural, Higueras, Cruz del Eje, Córdoba. 25) establecimiento rural, Sarmiento, Roca, Córdoba. 26) cuartel de la pedania San Francisco, Sobremonte, Córdoba. 27) aldea, San Francisco, Sobremonte, Córdoba. Tiene 111 habitantes. (Censo del 1° de Mayo de 1890.) 28) finca rural, Goya, Corrientes. 29) estancia, Ituzaingó, Corrientes. 30) finca rural, La Cruz, Corrientes. 31) estancia, Lavalle, Corrientes. 32) estancia, Mburucuyá, Corrientes. 33) laguna, Mburucuyá, Corrientes. 34) estancia, Paso de los Libres, Corrientes. 35) antigua mision jesuítica, Paso de los Libres, Co-

rrientes. Aquí pasó los últimos 20 años de su vida y murió en 1857 el célebre botánico francés Aimé Bonpland. Por la via férrea dista 64 kms de Monte Caseros y 369 de Posadas. $\alpha = 03$ m. FC Noreste Argentino, linea de Monte Caseros á Posadas. C, T. 36) arroyo, Paso de los Libres, Corrientes. Desagua en el Uruguay. 37) estancia, Saladas, Corrientes. 38) finca rural, San Cosme, Corrientes. 39) pueblo, San Cosme, Corrientes. Está á 18 kms. de San Cosme, en el camino que conduce á Corrientes. Era en el siglo pasado una mision de la Compañia de jesús. E. 40) paraje poblado, Cochinoca, jujuy. 41) paraje poblado, Valle Grande, Jujuy. E. 42) colonia, San Martin, Misiones. Situada á orillas del Alto Paraná en el lugar del antiguo y destruido pueblo del mismo nombre, tiene 10400 hectáreas de extension. A principios del siglo tenia cerca de 12000 habitantes. Este floreciente centro de poblacion fué destruido por los portugueses en 1817. $\varphi = 27° 24' 25''$; $\lambda = 55° 45' 15''$ (Hernandez.) E. 43) arroyo, San Martin, Misiones. Nace en la sierra del Iman y desagua en el Paraná 44) establecimiento rural, Departamento 3°, Pampa. 45) finca rural, Anta, Salta. 46) finca rural, Campo Santo, Salta. 47) finca rural, Cerrillos, Salta. 48) finca rural, La Viña, Salta. 49) finca rural, Rosario de Lerma, Salta. 50) finca rural, San Cárlos, Salta. 51) aldea, Rio Chico, Tucuman. Es la cabecera del departamento. Está situada en la márgen derecha del arroyo Chico, á corta distancia del ferro-carril noroeste argentino. Por la via férrea dista 52 kms. de La Madrid y 89 de Tucuman. FCNOA, C, T, E. 52) sierra, Rio Chico, Tucuman. Al Oeste del departamento. Es un ramal de la sierra de Aconquija. Nacen en ella los arroyos Tacanas, Saltén y Matasambo.

Santa Angela, estancia, Saladas, Corrien tes.

Santa Bárbara, 1) estancia, Ctl 7, Balcarce, Buenos Aires. 2) estancia, Ctl 5, Lomas de Zamora, Buenos Aires. 3) estancia, Ctl 5. Magdalena, Buenos Aires 4) establecimiento rural, Ctl 5, Rojas, Buenos Aires. 5) vertiente, Balcosna, Paclin, Catamarca. 6) cuartel de la pedania Potrero de Garay, Anejos Sud, Córdoba. 7) lugar poblado, Potrero de Garay, Anejos Sud, Córdoba. 8) lugar poblado, Higueras, Cruz del Eje, Córdoba. 9) ingenio metalúrgico, Minas, Córdoba. $\varphi = 31°$ 2'; $\lambda = 65°$ 6'; $x = 650$ m. (Brackebusch) C. 10) establecimiento rural, Tegua y Peña, Rio Cuarto, Córdoba. 11) finca rural, Chuñaguasi, Sobremonte, Córdoba. 12) finca rural, Esquina, Corrientes. 13) finca rural, Lavalle, Corrientes 14) estancia, San Miguel, Corrientes. 15) estancia, Santo Tomé, Corrientes. 16) paraje poblado, San Pedro, jujuy. 17) sierra, jujuy. Se extiende de Norte á Sud en el departamento de San Pedro. En el cerro Cachipunco encuentra esta sierra la del Maiz Gordo. 18) paraje poblado, Valle Grande, Jujuy. 19) mina de plata en el distrito mineral « El Tigre, » de la sierra de Famatina, Rioja. 20) finca rural, Cafayate, Salta. 21) finca rural, Capital, Salta. 22) finca rural, Rosario de la Frontera, Salta. 23) mineral de sulfato de hierro, Rosario de la Frontera, Salta. 24) finca rural, Rosario de Lerma. Salta 25) lugar poblado, Desamparados, San Juan. E. 26) cerro del macizo de San Luis, Quines, Ayacucho, San Luis. $\alpha = 1390$ m. 27) distrito del departamento de la Capital, Tucuman. 28) estancia, Capital, Tucuman En la márgen izquierda del arroyo Manantial, afluente del Lules. 29) ingenio de azúcar, Rio Chico, Tucuman. En la orilla derecha del arroyo Barrientos y al lado de la via del ferro-carril noroeste argentino.

Santa Berta, establecimiento rural, Ctl 4, Puan, Buenos Aires.

Santa Brígida, 1) establecimiento rural, Ctl 4. Lincoln, Buenos Aires. 2) establecimiento rural, Ctl 3, Márcos Paz, Buenos Aires.

Santa Cándida, 1) establecimiento rural, Ctl 7, Chascomús, Buenos Aires. 2) estancia, Ctl 7, Mercedes, Buenos Aires. 3) establecimiento rural, Ctl 3, Trenque-Lauquen, Buenos Aires.

Santa Carlota, establecimiento rural, Ctl 2, Exaltacion de la Cruz, Buenos Aires.

Santa Cármen 1) establecimiento rural, Ctl 6, Chascomús, Buenos Aires. 2) establecimiento rural, Ctl 9, Puan, Buenos Aires. 3) establecimiento rural, Ctl 11, Veinte y Cinco de Mayo, Buenos Aires.

Santa Casilda, establecimiento rural, Ctl 7, Azul, Buenos Aires.

Santa Catalina, 1) establecimiento rural, Ctl 6, Alvear, Buenos Aires. 2) establecimiento rural, Ctl 13, Arrecifes, Buenos Aires. 3) establecimiento rural, Ctl 2, Ayacucho, Buenos Aires. 4) establecimiento rural, Ctl 6, Azul, Buenos Aires. 5) estancia, Ctl 8, Bahia Blanca, Buenos Aires. 6) establecimiento rural, Ctl 8, Balcarce, Buenos Aires. 7) establecimiento rural, Ctl 11, Bragado, Buenos Aires. 8) establecimiento rural, Ctl 7 Chascomús, Buenos Aires. 9) estancia, Ctl 5, Chivilcoy, Buenos Aires. o) establecimiento rural, Ctl 2, Exaltacion de la Cruz, Buenos Aires. 11) establecimiento rural, Ctl 18, Juarez, Buenos Aires. E. 12) establecimiento rural, Ctl 3, 7, Lincoln, Buenos Aires. 13) villa, Lomas de Zamora, Buenos Aires. Por la via Temperley dista 20 kms. y por la de Ramos Mejia 40 de la Capital federal. Escuela agronómico-veterinaria y haras de la provincia. $x = 19$ m. FCO, ramal de Ramos Mejia á Temperley y

La Plata. C, T, E. 14) arroyo, Ctl 1, Lomas de Zamora, Buenos Aires. 15) estancia, Ctl 1, Magdalena, Buenos Aires. 16) establecimiento rural, Ctl 7, Mercedes, Buenos Aires. 17) establecimiento rural, Ctl 2, 8, Necochea, Buenos Aires. 18) estancia, Ctl 7, 8, Nueve de Julio, Buenos Aires. 19) establecimiento rural, Ctl 7, Pergamino, Buenos Aires. 20) establecimiento rural, Ctl 5, Pila, Buenos Aires. 21) establecimiento rural, Ctl 4, Rojas, Buenos Aires. 22) estancia, Ctl 4, 9, Saladillo, Buenos Aires. 23) estancia, Ctl 2, 5, Suarez, Buenos Aires. 24) estancia, Ctl 3, Tordillo, Buenos Aires. 25) estancia, Ctl 7, Tres Arroyos, Buenos Aires. 26) establecimiento rural, Ctl 1, Vecino, Buenos Aires. E. 27) estancia, Ctl 8, 19. Veinte y Cinco de Mayo, Buenos Aires 28) pueblo en formacion en el municipio de la Capital federal, cerca del límite con el partido San Martin. Por la vía férrea dista 13 kms. de la estacion central de Buenos Aires. FCBAR, C, T. 29) cuartel de la pedania Santa Rosa, Calamuchita, Córdoba. 30) lugar poblado, Santa Rosa, Calamuchita, Córdoba. 31) mina de plomo y plata, Argentina, Minas, Córdoba. 32) colonia, Rio Cuarto, Rio Cuarto, Córdoba. Fué fundada en 1889 á orillas del arroyo del mismo nombre, en una extension de 12000 hectáreas. En la colonia se ha formado un pueblo que es estacion del ferro-carril andino. Por esta via dista 110 kms. de Villa Mercedes y 144 de Villa Maria. $\varphi = 33°$ 28'; $\lambda = 64°$ 11'. FCA, C, T, E. 33) arroyo, Rio Cuarto, Córdoba. Nace en la sierra de Comechingones, corre primero al Este, despues al Sud, pasa por el pueblo Santa Catalina y termina en cañadas que se dirigen hácia La Amarga. 34) cuartel de la pedania Rio Pinto, Totoral, Córdoba. 35) aldea, Rio Pinto, Totoral, Córdoba. Tiene 944 habitantes. (Censo del 1° de Mayo de 1890). $\varphi = 30°$ 54'; $\lambda = 64°$ 14'; $\alpha = 780$ m. (Brackebusch) C, T, E. 36) finca rural, Empedrado, Corrientes 37) finca rural, Goya, Corrientes. 38) finca rural, Lavalle, Corrientes. 39) estancia, Lomas, Corrientes. 40) finca rural, Paso de los Libres. Corrientes. 41) estancia, San Roque, Corrientes. 42) departamento de la provincia de Jujuy. Está situado en la extremidad NO. de la provincia. Tiene 4000 kms.² de extension y una poblacion conjetural de 4000 habitantes. Está dividido en los 9 distritos: Santa Catalina, Tafna, San Leon, Cerrito, Puesto Grande, San Francisco, Peña Colorada, Timon Cruz y Hornillos El departamento, que se halla casi por entero sobre la Puna, es muy rico en arenas auríferas. 43) aldea, Santa Catalina, jujuy. Es la cabecera del departamento. Tiene unos 350 habitantes. De Santa Catalina parte un camino que va á la Rinconada y otro que se dirige á La Quiaca. En sus alrededores existen los distritos mineros Timon Cruz, Oratorio. Torno y Tajarete. $\alpha = 3550$ m. C. E. 44) arroyo, Santa Catalina y Cochinoca, Jujuy. Nace en las regiones auríferas de Timon Cruz por la confluencia de un gran número de arroyuelos que arrastran arenas auríferas, pasa por el pueblo de Santa Catalina, doblando luego al SE. para terminar en la laguna de los Pozuelos. En tiempos de sequía, tanto el arroyo como la laguna carecen de agua. 45) sierra, Santa Catalina, jujuy. Forma parte de la cordillera; se extiende de N. á S. y se eleva á unos 4000 metros de altura. 46) establecimiento rural, Pringles, Rio Negro. 47) finca rural, Valle Fértil, San juan, 48) colonia, San José de la Esquina, San Lorenzo, Santa Fe.

Santa Cecilia, 1) estancia, Ctl 5, Maipú, Buenos Aires. 2) establecimiento rural, Ctl 2, Matanzas, Buenos Aires. 3) establecimiento rural, Ctl 6, Navarro, Buenos Aires. 4) cuartel de la pedania Litin, Union, Córdoba. 5) colonia, Litin, Union, Córdoba. Fué fundada en 1883 en una extension de 7060 hectáreas. Está situada en el paraje denominado «Quebrachos». Tiene 132 habitantes. (Censo del 1º de Mayo de 1890) C, E. 6) finca rural, Goya, Corrientes.

Santa Clara, 1) laguna, Ctl 8, Ayacucho, Buenos Aires. 2) establecimiento rural, Ctl 6, Azul, Buenos Aires. 3) establecimiento rural, Ctl 2, Balcarce, Buenos Aires. 4) establecimiento rural, Ctl 5, Bragado, Buenos Aires 5) estancia, Ctl 5, Brandzen, Buenos Aires. 6) arroyo, Ctl 6, Brandzen, Buenos Aires. 7) establecimiento rural, Ctl 4, Campana, Buenos Aires. 8) establecimiento rural, Ctl 6, Chascomús Buenos Aires. 9) establecimiento rural, Ctl 7, Las Flores, Buenos Aires. 10) establecimiento rural, Loberia, Buenos Aires. E. 11) establecimiento rural, Ctl 6, Maipú, Buenos Aires. 12) establecimiento rural, Ctl 8, Navarro, Buenos Aires. 13) establecimiento rural, Ctl 4, Necochea, Buenos Aires. 14) estancia, Ctl 4, Patagones, Buenos Aires. 15) estancia, Ctl 2, Pila, Buenos Aires. 16) establecimiento rural, Ctl 7, Pueyrredon, Buenos Aires. 17) estancia, Ctl 1, 4, Ranchos, Buenos Aires. 18) estancia, Ctl 6, Saladillo, Buenos Aires. 19) establecimiento rural, Ctl 6, San Vicente, Buenos Aires. 20) establecimiento rural, Ctl 5, Suarez, Buenos Aires. 21) establecimiento rural, Ctl 4, Suipacha, Buenos Aires. 22) estancia, Ctl 5, Trenque-Lauquen, Buenos Aires. 23) estancia, Ctl 9, Tres Arroyos, Buenos Aires. 24) establecimiento rural, Ctl 5, Vecino, Buenos Aires. 25) establecimiento rural, Ctl 3, 8, Veinte y Cinco de Mayo, Buenos Aires. 26) laguna, Villarino, Buenos Aires. 27) mina de cobre y plata en el distrito mineral de las Capillitas, Andalgalá, Catamarca. 28) establecimiento ru-

ral, Reduccion, Juarez Celman, Córdoba. 29) establecimiento rural, Santiago, Punilla, Córdoba. 30) establecimiento rural, Caminiaga, Sobremonte, Córdoba. 31) estancia, Curuzú-Cuatiá, Corrientes. 32) laguna, Esquina, Corrientes. 33) finca rural, Mercedes, Corrientes. 34) finca rural, Paso de los Libres, Corrientes. 35) paraje poblado, San Pedro, Jujuy. 36) arroyo, San Pedro, Jujuy. Nace en la sierra de Santa Bárbara, pasa por Santa Clara y desagua en la márgen derecha del rio Lavayén. 37) estancia, Cafayate, Salta. 38) finca rural, Guachipas, Salta. 39) finca rural, Pedernal, Huanacache, San Juan. 40) arroyuelo, Pedernal, Huanacache, San Juan. 41) vertiente, San Lorenzo, San Martin, San Luis. 42) colonia, Saguier, Colonias, Santa Fe. Tiene 194 habitantes. (Censo del 7 de Junio de 1887.) 43) pueblo, Sauce, Colonias, Santa Fe. Tiene 213 habitantes. (Censo m.) Por la via férrea dista 149 kms. del Rosario y 453 de Buenos Aires. $x = 53$ m. FCRS, C, T. 44) colonia, Sauce, Colonias, Santa Fe. Tiene 518 habitantes. (Censo m.) 45) *de Espeche*, estancia, Ctl 3, Bolivar, Buenos Aires.

Santa Claudia, 1) estancia, Ctl 7, Bolivar, Buenos Aires. 2) establecimiento rural, Ctl 4, San Antonio de Areco, Buenos Aires.

Santa Cleofe, estancia, San Roque, Corrientes.

Santa Concepcion, estancia, Ctl 4, Monte, Buenos Aires.

Santa Cristina, 1) estancia, Ctl 8, Pergamino, Buenos Aires. 2) establecimiento rural, La Amarga, Juarez Celman, Córdoba.

Santa Cruz, 1) establecimiento rural, Ctl 4, Cármen de Areco, Buenos Aires. 2) estancia, Ctl 5, Castelli, Buenos Aires. 3) establecimiento rural, Ctl 7, Ranchos, Buenos Aires. 4) establecimiento rural, Ctl 4, Zárate, Buenos Aires. 5) distrito del departamento Valle Viejo, Catamarca. 6) lugar poblado, Santa Rosa, Calamuchita. Córdoba. 7) mina de plomo y plata, Argentina, Minas, Córdoba. Está situada en el paraje llamado «Rincon.» 8) mina de plomo y plata, Ciénega del Coro, Minas, Córdoba. Está situada en el lugar llamado «Bajo de la Higuerita.» 9) pedanía del departamento Tulumba, Córdoba. Véase Intiguasi. 10) cuartel de la pedanía del mismo nombre, Tulumba, Córdoba. 11) finca rural, Goya, Corrientes. 12) finca rural, Mercedes, Corrientes. 13) aldea de la colonia General Alvear, Diamante, Entre Rios. Lleva tambien los nombres de Salto y Koehler. 14) vertiente, Rosario, Independencia, Rioja. 15) finca rural, Oran Salta. 16) finca rural, Rosario de la Frontera, Salta. 17) finca rural, San Cárlos, Salta. 18) distrito del departamento Santa Victoria, Salta. 19) gobernacion. Situada al Sud de la de Chubut, tiene por límites: al Norte, el paralelo 46° de latitud; al Este el Océano Atlántico; al Sud, es el límite una línea que, partiendo de Punta Dungeness, se prolonga por tierra hasta Monte Dinero, de aquí continúa hácia el Oeste, siguiendo las mayores elevaciones de la cadena de colinas que allí existen, hasta tocar en la altura de Monte Aymond. De este punto se prolonga la línea hasta la interseccion del meridiano 70 con el paralelo 52 de latitud, y de aquí sigue hácia el Oeste, coincidiendo con este último paralelo hasta el *divortium aquarum* de los Andes, que forma el límite al Oeste. Dentro de estos límites tiene la gobernacion 276919 kms.² de extension. Del territorio de esta gobernacion, aun menos conocido que el del Chubut, se sabe solamente que es poco apto para sostener una poblacion agrícola algo considerable. Mesetas áridas con pocas aguadas y pastos, podrán apenas dar

por medio del rio Coyle; y al Oeste con la cordillera (límite con Chile). 21) rio, Santa Cruz. Nace en el lago Argentino, corre en direccion de O. á E. y desemboca en el Atlántico formando bahía. ($\varphi = 50°\ 6'\ 45''$; $\lambda = 70°\ 44'\ 9''$. Connaissance des temps.) El rio Chico, que viene del NO., desemboca en la misma bahía. Con sus vueltas recorre el rio unos 250 kms. Parece que la corriente es fuerte, pues hay quien sostiene que desde el lago Argentino, hasta la isla Pavon, cerca de la desembocadura, se baja en bote en 24 horas. 22) puerto en la desembocadura del rio Santa Cruz. 23) aldea, Chicligasta, Tucuman. En la márgen izquierda del arroyo Gastona. Capilla.

Santa Delfina, finca rural, Goya, Corrientes.

Santa Dorotea, 1) establecimiento rural, Ctl 3, Lincoln, Buenos Aires. 2) establecimiento rural, Ctl 2, Navarro, Buenos Aires.

Santa Edelmira, estancia, La Plata, Buenos Aires.

Santa Elena, 1) laguna, Ctl 6, Ajó, Buenos Aires. 2) establecimiento rural, Ctl 11, Arrecifes, Buenos Aires. 3) establecimiento rural, Ctl 4, Ayacucho, Buenos Aires. 4) establecimiento rural, Ctl 4, 7, Azul, Buenos Aires. 5) establecimiento rural, Ctl 1, Bolivar, Buenos Aires. 6) laguna, Ctl 1, Bolivar, Buenos Aires. 7) establecimiento rural, Ctl 11, Bragado, Buenos Aires. 8) establecimiento rural, Ctl 7, 10, Cañuelas, Buenos Aires. 9) establecimiento rural, Ctl 7, Chascomús, Buenos Aires. 10) laguna, Ctl 2, Junin, Buenos Aires. 11) estancia, Ctl 5, Las Heras, Buenos Aires. 12) establecimiento rural, Ctl 5, Lujan, Buenos Aires. 13) establecimiento rural, Ctl 1, Maipú, Buenos Aires. 14) estancia, Ctl 7 Mercedes, Buenos Aires. 15) establecimiento rural, Ctl 4, Nueve de julio, Buenos Aires. 16) estancia, Ctl 4, Patagones, Buenos Aires. 17) establecimiento rural, Ctl 8, Pergamino, Buenos Aires. 18) establecimiento rural, Ctl 5, Pila, Buenos Aires, 19) arroyo, Ctl 2, Pergamino, Buenos Aires. Desagua en el Oceano Atlántico. 20) establecimiento rural, Saladillo, Buenos Aires. E. 21) establecimiento rural, Ctl 10, Ramallo, Buenos Aires. 22) establecimiento rural, Ctl 5, Rojas, Buenos Aires. 23) establecimiento rural, Ctl 11, Salto, Buenos Aires. 24) estancia, Ctl 5, Trenque-Lauquen, Buenos Aires. 25) estancia, Ctl 7, 9, 10, Veinte y Cinco de Mayo, Buenos Aires. 26) puerto en la costa del Atlántico, Chubut. $\varphi = 44°\ 30'\ 40''$; $\lambda = 65°\ 21'\ 40''$. (Fitz Roy.) 27) lugar poblado, Guasapampa, Minas, Córdoba. 28) estancia, Esquina, Corrientes. 29) finca rural, Goya, Corrientes. 30) finca rural, Lavalle, Corrientes. 31) estancia, Monte Caseros, Corrientes. 32) saladero y fábrica de carnes conservadas, La Paz, Entre Rios. E. 33) arroyo, Veinte y Cinco de Mayo, Mendoza. Es uno de los numerosos orígenes del rio Grande. 34) establecimiento rural, Departamento 3°, Pampa. 35) finca rural, Cerrillos, Salta. 36) finca rural, La Viña, Salta. 37) finca rural, Rosario de Lerma, Salta.

Santa Elisa, establecimiento rural, Ctl 6, Navarro, Buenos Aires.

Santa Elvira, establecimiento rural, Ctl 6, Bolivar, Buenos Aires.

Santa Emilia, 1) establecimiento rural, Ctl 4, Ayacucho, Buenos Aires. 2) estancia, Ctl 2, 5, Balcarce, Buenos Aires. 3) estancia, Ctl 4, Maipú, Buenos Aires. 4) establecimiento rural, Ctl 4, Nueve de julio, Buenos Aires. 5) establecimiento rural, Departamento 3°, Pampa.

Santa Enriqueta, chacra, Ctl 4, Ramallo, Buenos Aires.

Santa Estefania, establecimiento rural, Ctl 3, Lincoln, Buenos Aires.

Santa Eufemia, 1) establecimiento rural, Ctl 4, Azul, Buenos Aires. 2) establecimiento rural, Ctl 2, Lincoln, Buenos Aires. 3) estacion del ferro-carril de Villa María á Rufino, Tercero Abajo, Córdoba. Dista de Villa María 85 kms.

Santa Eugenia, 1) estancia, Ctl 6, Olavarría, Buenos Aires. 2) establecimiento rural, Ctl 8, Rauch, Buenos Aires. 3) establecimiento rural, Ctl 9, Tandil, Buenos Aires.

Santa Eulalia, establecimiento rural, Ctl 3, 6, Trenque-Lauquen, Buenos Aires.

Santa Eusebia, 1) estancia, Ctl 9, Saladillo, Buenos Aires. 2) estancia, Ctl 4, Trenque-Lauquen, Buenos Aires. 3) establecimiento rural, Ctl 3, Vecino, Buenos Aires.

Santa Eustaquia, establecimiento rural, Ctl 10, Veinte y Cinco de Mayo, Buenos Aires.

Santa Evangelina, estancia, Ctl 10, Cañuelas, Buenos Aires.

Santa Fe, 1) laguna, Ctl 4, San Vicente, Buenos Aires. 2) paraje poblado, San Pedro, Jujuy. 3) mineral de plata, Molinos, Salta. 4) mina de galena argentífera, arsénico y antimonio en el distrito mineral de San Antonio de los Cobres, Poma, Salta. 5) provincia de la Confederacion Argentina. Confina al Norte con la gobernacion del Chaco, al Oeste con las provincias de Santiago y Córdoba y al Sud con la provincia de Buenos Aires. El límite del Norte es el paralelo de los 28° de latitud, segun la ley nacional del 13 de Noviembre de 1886, y el del Este el rio Paraná. Los demás límites ya se han mencionado en Buenos Aires, Córdoba y Santiago. La extension de la provincia es de 131582 kms.² y la poblacion de 220332 almas. (Censo del 7 de Junio de 1887). La provincia es en su totalidad llana y no encierra riqueza mineral alguna. La agricultura y la ganadería son sus principales fuentes de riqueza, sobre todo la primera, que cuenta con un gran número de colonias. La hidrografía de la provincia no reconoce más cuenca que la del Paraná, porque los tributarios del Salado y del Carcarañá derraman tambien sus aguas en el Paraná. El Salado y el Carcarañá son los dos únicos rios de importancia con que cuenta la provincia. Administrativamente está dividida en 9 departamentos, á saber: Capital—San javier—de las Colonias—San José—San Jerónimo—Iriondo—San Lorenzo—Rosario, y General Lopez. Mientras escribo estas lineas, el gobierno de Santa Fe ha presentado á la Legislatura de la provincia un proyecto, dividiendo el territorio provincial en 18 departamentos, y como es probable que este proyecto sea sancionado, creo conveniente hacerlo seguir á continuacion. Hélo aquí: DEPARTAMENTO N° 1 (*Reconquista*)—Al Norte el grado 28; al Sud el límite Norte del campo de Guillermo Mooney hasta el arroyo Malabrigo, siguiendo desde este punto al Sud el curso de dicho arroyo hasta donde se reune con el rio San Javier, y de éste una línea recta al rio Paraná; al Oeste la cañada del Toba, desde el mojon NO. del campo de Mooney hasta el mojon NO. de la compañia de tierras y de allí una línea recta al grado 28; al Este el rio Paraná.—DEPARTAMENTO N° 2 (*San Javier*)—Al Norte el límite Sud del departamento número 1; al Este el rio Paraná; al Oeste el arroyo Saladillo Amargo hasta el mojon SO. del campo de Sebastian Puig; al Sud los límites Sud de los campos de Sebastian Puig, testamentaría de Mariano Cabal y colonia Francesa, prolongándolos con una recta hasta el rio Paraná.—DEPARTAMENTO N° 3 (*Calchaquí*)—Al Norte el grado 28; al Este el límite Oeste del departamento número 1 y 2; al Oeste la línea divisoria con Santiago del Estero y rio Salado; al Sud el punto en que el arroyo San Pedro se reune con el Saladillo Amargo, siguiendo el curso del arroyo San Pedro al Norte hasta el mojon NE. de los campos de la testamentaría de Mariano Cabal, el límite Norte de este mismo campo hasta llega: al rio Calchaqui y de allí una recta hasta el salado —DEPARTAMENTO N° 4 (*San Justo*)—Al Norte el limite Sud del departamento número 3; al Sud el limite Norte del campo de D. Daniel Latorre, el límite Sud de la colonia Cayastacito y límite Sud del campo de la sucesion de Iriondo; al Este el Saladillo Amargo hasta la esquina Sudoeste del campo de Nazario Ocampo, la linea Sud de este mismo campo hasta llegar al Saladillo Dulce, siguiendo este arroyo hasta donde se une con el Amargo y este arroyo hasta la confluencia del Saladillo Amargo; al Oeste el rio Salado y los límites del campo de D. Daniel Latorre y la colonia Emilia.—DEPARTAMENTO N° 5 (*San José*)—Al Norte el limite Sud del departamento número 2; al Este el rio Paraná; al Oeste el limite Este del departamento numero 4 y el Saladillo Amargo desde el límite Sud-Este de la sucesion de Iriondo hasta la laguna Guadalupe; al Sud el límite Norte de la laguna Guadalupe. el arroyo de Reyes y una línea recta desde la desembocadura del arroyo Reyes en el Colastiné, hasta el rio Paraná. — DEPARTAMENTO N° 6 (*Capital*)—Los límites que tiene en el mapa, incluyéndole, además, San José hasta el arroyo de Reyes con Colastiné y Santo Tomé.—DEPARTAMENTO N° 7 (*Esperanza*)—Como está en el mapa, menos Santo Tomé. — DEPARTAMENTO N° 8 (*Rafaela*)—Como está en el mapa, Sud, Este y Oeste. Al Norte el límite Sud de Lopez y Arias, desde la línea divisoria de Córdoba hasta el campo de Pedro Palacios límite Sud

de este campo, límite Sud de la colonia Constancia.—DEPARTAMENTO N° 9 (*San Cristóbal*)—Al Oeste, al Norte y al Este los mismos límites que están en el mapa; al Sud el límite Norte del departamento número 8.—DEPARTAMENTO N° 10 (*Coronda*)—Por el Norte límite Sud del departamento número 6 y límite Sud del departamento número 7, hasta la propiedad de D. Miguel Saavedra; por el Sud límite Sud de los campos de Sanchez y Manilla, límite Sud de la colonia San Genaro, límite Sud de los campos de Laffone, Alzogaray, herederos de Zavala y Paganini hasta dar con el rio Carcarañá, siguiendo el curso de este rio hasta su confluencia con el riacho Coronda y de allí una línea recta hasta el Paraná; por el Este el rio Paraná; por el Oeste el límite Oeste de los campos de don José Rodriguez, juan Pablo Lopez, Larrechea, colonia Galvez, sucesores de Aldao, Bernardo de Irigoyen, Alfonso Totora, Fanás y Smythes. — DEPARTAMENTO N° 11 (*Las Yerbas*) — Por el Norte con el límite Sud del departamento número 8 y parte del departamento número 7; por el Sud con el límite Sud de las colonias Tunas y Cárcano, y el límite Sud de las propiedades de los señores Treacher y Dikinson hermanos; por el Este el límite Oeste del departamento número 10, y por el Oeste la provincia de Córdoba.—DEPARTAMENTO N° 12 (*Cañada de Gomez*) — Por el Norte el límite Sud del departamento número 10 hasta donde tira con el rio Carcarañá; por el Sud y por el Este el mismo rio, y por el Oeste el limite Oeste de los campos de Nordelpolz, Elortondo, Frias y Piñero, y limite Oeste de las colonias Santa Isabel y Cañada de Gomez. —DEPARTAMENTO N° 13 (*Las Rosas*)— Por el Norte con el límite Sud del departamento número 11; por el Sud el rio Carcarañá; por el Este el límite Oeste del

departamento número 12; y por el Oeste
el arroyo de Las Tortugas.—Departamento n° 14 (*San Lorenzo*)—Por el
Norte, parte del límite Sud del departamento número 10; por el Sud el límite
Norte de la propiedad de Don Jacinto
Corvalan arrancando de la bajada del
Espinillo hasta dar con la propiedad de
Bayo, y de ésta hasta dar con el límite
Oeste de la colonia Bertrand y el arroyo
del Sauce; por el Este la prolongacion
del límite Este de la colonia Bertrand
hasta dar con el límite Noreste del cam·
po de Ortiz, y desde este punto la línea
del Sudoeste de Saa Pereira, hasta dar
con el arroyo del Sauce y el rio Paraná;
por el Oeste el rio Carcarañá, el límite
Noreste de la colonia Candelaria, Noroeste de la colonia Urquiza, Sudeste del
campo de Pezoa y Noreste del campo de
Bezan y Puig. — Departamento n° 15
(*Guardia Esquina*) — Por el Norte el
rio Carcarañá; por el Sud una línea que
corta la colonia Piamontesa en esquina
Noroeste y Sudoeste cortando las propiedades de Bell, Cotir y Terrason,
Amoting, Bombal, Colon y Puig; al Este
parte del límite Oeste del departamento
número 14; por el Oeste la provincia de
Córdoba. — Departamento n° 16 (*Rosario*) — Por el Norte el límite Norte
de la propiedad de Don Jacinto Corvalan,
que arranca de la bajada del Espinillo;
al Sud el arroyo de Pavon y del Sauce; por el Este el límite Este de la propiedad de T. Bayo, límite Este de la
colonia Bertrand prolongado hasta el
límite Norte de la propiedad de Ortiz
y de allí la línea Noroeste de la propiedad de Saa Pereira hasta dar con
el arroyo del Sauce — Departamento
n° 17 (*Villa Constitucion*) — Por el
Norte, arroyo de Pavon y del Sauce y
parte del límite Sud del departamento
número 15; por el Sud el arroyo del Medio y parte del límite Sud de la propie-

luego la línea de Buenos Aires á Rosario y Sunchales) dista 517 kms de la Capital federal. Escuela Normal. Seminario. Gran Colegio de Jesuitas. Aduana. Sucursales de los Bancos de la Provincia y Nacional. Tramways y Teléfonos. $\varphi =$ 31° 40' 13"; $\lambda = $ 60° 42' 25"; $x = $ 36,7 m. (Observatorio). FCSF, C, T, E

Santa Felicitas, establecimiento rural, Ctl 16, Lincoln, Buenos Aires.

Santa Felisa, 1) estab ecimiento rural, Ctl 4, Baradero, Buenos Aires. 2) establecimiento rural, Ctl 8, Pergamino, Buenos Aires. 3) establecimiento rural, Ctl 3, San Pedro, Buenos Aires. 4) finca rural, Mercedes, Corrientes

Santa Fermina, establecimiento rural, Ctl 4, Márcos Paz, Buenos Aires.

Santa Filomena, 1) establecimiento rural, Ctl 6, Azul, Buenos Aires. 2) establecimiento rural, Ctl 3, Lincoln, Buenos Aires. 3) finca rural, Lavalle, Corrientes.

Santa Flora, establecimiento rural, Roca, Rio Negro.

Santa Florencia, finca rural, Lujan, Mendoza.

Santa Fortunata, establecimiento rural, Ctl 4, Pringles, Buenos Aires.

Santa Francisca, establecimiento rural, Ctl 5, Pergamino, Buenos Aires.

Santa Genoveva, 1) establecimiento rural, Ctl 10, Cañuelas, Buenos Aires. 2) establecimiento rural, Ctl 1, Nueve de julio, Buenos Aires. 3) establecimiento rural, Ctl 5, Pergamino, Buenos Aires. 4) establecimiento rural, Ctl 7, Rauch, Buenos Aires. 5) finca rural, Curuzú-Cuatiá, Corrientes.

Santa Gertrudis, 1) establecimiento rural, Cll 7, Ayacucho, Buenos Aires. 2) establecimiento rural, Ctl 6, Balcarce, Buenos Aires. 3) laguna, Ctl 6, Balcarce, Buenos Aires 4) finca rural, Parroquia, Tulumba, Córdoba. 5) finca rural, Caldera, Salta. 6) finca rural, Chicoana, Salta.

Santa Graciana, 1) establecimiento rural, Ctl 4, Olavarria, Buenos Aires. 2) establecimiento rural, Ctl 6, Tres Arroyos, Buenos Aires.

Santa Higinia, establecimiento rural, Ctl 1, Márcos Paz, Buenos Aires.

Santa Honoria, 1) establecimiento rural, Ctl 4, junin, Buenos Aires. 2) establecimiento rural, Ctl 4, Márcos Paz, Buenos Aires. 3) estancia, Ctl 5, Ramallo, Buenos Aires.

Santa Hortensia, establecimiento rural, Ctl 1, Pergamino, Buenos Aires.

Santa Indalecia, establecimiento rural, Ctl 5, Alvear, Buenos Aires.

Santa Inés, 1) establecimiento rural, Ctl 5, Lincoln, Buenos Aires. 2) establecimiento rural, Ctl 8, Lobos, Buenos Aires. 3) estancia, Ctl 3, 4, Lomas de Zamora, Buenos Aires. 4) establecimiento rural, Ctl 13, Tres Arroyos, Buenos Aires. 5) finca rural, Paso de los Libres, Corrientes.

Santa Inocencia, establecimiento rural, Ctl 3, Lincoln, Buenos Aires.

Santa Irene, 1) establecimiento rural, Ctl 16, Lincoln, Buenos Aires. 2) establecimiento rural, Ctl 4, Ramallo, Buenos Aires. 3) establecimiento rural, Ctl 5, 10, Rauch, Buenos Aires.

Santa Isabel, 1) establecimiento rural, Ctl 5, Alsina, Buenos Aires. 2) establecimiento rural, Ctl 6, Alvear, Buenos Aires. 3) establecimiento rural, Ctl 5, 6, 8, Ayacucho, Buenos Aires. 4) laguna, Ctl 6, Ayacucho, Buenos Aires. 5) estancia, Ctl 2, 3, 6, Azul, Buenos Aires. 6) establecimiento rural, Ctl 9, Bahia Blanca, Buenos Aires. 7) establecimiento rural, Ctl 5, Balcarce, Buenos Aires. 8) establecimiento rural, Ctl 14, Bragado, Buenos Aires. 9) estancia, Ctl 3, Brandzen, Buenos Aires. 10) establecimiento rural, Ctl 3, Cañuelas Buenos Aires. 11) estancia, Ctl 6, Chascomús, Buenos Aires. 12) establecimiento rural, Ctl 14, Dorrego,

Buenos Aires. 13) establecimiento rural, La Plata, Buenos Aires. 14) establecimiento rural, Ctl 4, Las Flores, Buenos Aires. 15) estancia, Ctl 13, Lincoln, Buenos Aires. 16) estancia, Ctl 6, 7, Loberia, Buenos Aires. 17) laguna, Ctl 7, Loberia, Buenos Aires. 18) establecimiento rural, Ctl 2, Magdalena, Buenos Aires. 19) establecimiento rural, Ctl 4 Maipú, Buenos Aires 20) establecimiento rural, Ctl 6, Matanzas, Buenos Aires. 21) establecimiento rural, Ctl 8, Navarro, Buenos Aires. 22) estancia, Ctl 3, 13, Necochea, Buenos Aires. 23) establecimiento rural, Ctl 15, Nueve de julio, Buenos Aires. 24) establecimiento rural, Ctl 3, 7, Pergamino, Buenos Aires. 25) establecimiento rural, Ctl 2, Pila, Buenos Aires. 26) establecimiento rural, Ctl 10, Rauch, Buenos Aires. 27) arroyo, Rivadavia, Buenos Aires. Es tributario del arroyo Todos los Santos, en la márgen izquierda 28) estancia, Ctl 2, 3, Saladillo, Buenos Aires. 29) laguna, Ctl 3, Saladillo, Buenos Aires. 30) estancia, Ctl 8, Salto, Buenos Aires. 31) establecimiento rural, Ctl 3, 5, Suarez, Buenos Aires. 32) estancia, Ctl 11, Tandil, Buenos Aires. 33) estancia, Ctl 9, Trenque-Lauquen, Buenos Aires. 34) establecimiento rural, Ctl 13, Tres Arroyos, Buenos Aires. 35) establecimiento rural, Ctl 8, 9, 10. Veinte y Cinco de Mayo, Buenos Aires. 36) establecimiento rural, Candelaria, Rio Seco, Córdoba. 37) finca rural, Goya, Corrientes. 38) lugar poblado, Itatí, Corrientes. 39) estancia, Lavalle, Corrientes. 40) establecimiento rural, Mercedes, Corrientes. 41) finca rural, San Roque, Corrientes. 42) establecimiento rural, Departamento 10°, Pampa. 43) finca rural, General Lavalle, Rioja. 44) establecimiento rural, Viedma, Rio Negro. 45) finca rural, Cerrillos, Salta. 46) colonia, Bustinza, Iriondo, Santa Fe.

Santa Isidora, establecimiento rural, Ctl 10, Ramallo, Buenos Aires.

Santa Josefa, 1) mina de cuarzo aurífero, Candelaria, Cruz del Eje, Córdoba. Está situada en el paraje llamado « Carbonera.» 2) finca rural, Bella Vista, Corrientes.

Santa Jovita, establecimiento rural, Departamento 7°, Pampa.

Santa Juana, 1) estancia, Ctl 6, Chascomús, Buenos Aires. 2) finca rural, San Cárlos, Salta.

Santa Julia, 1) establecimiento rural, Ctl 2, Cármen de Areco, Buenos Aires. 2) estancia, San Miguel, Corrientes. 3) finca rural, Rosario de Lerma, Salta.

Santa Justa, 1) establecimiento rural, Ctl 3, Loberia, Buenos Aires. 2) establecimiento rural, Ctl 5, Tandil, Buenos Aires.

Santa Laura, establecimiento rural, Ctl 4, Azul, Buenos Aires.

Santa Leocadia, establecimiento rural, San Roque unilla, Córdoba.

Santa Leonarda, establecimiento rural, Ctl 5, Ramallo, Buenos Aires.

Santa Leonor, establecimiento rural, Ctl 5, Puan, Buenos Aires.

Santa Lucia, 1) estancia, Ctl 10, Bolivar, Buenos Aires. 2) establecimiento rural, Ctl 4, Campana, Buenos Aires. 3) establecimiento rural, Ctl 4, Chascomús, Buenos Aires. 4) estancia, La Plata, Buenos Aires. 5) establecimiento rural, Ctl 4, Loberia, Buenos Aires. 6) estancia, Ctl 2, Magdalena, Buenos Aires. 7) estancia, Ctl 3, Matanzas, Buenos Aires. 8) establecimiento rural, Ctl 4, Navarro, Buenos Aires. 9) estancia, Ctl 9, Ramallo, Buenos Aires. 10) establecimiento rural, Ctl 6, San Vicente, Buenos Aires. 11) estancia, Ctl 2, 10, Veinte y Cinco de Mayo, Buenos Aires. 12) establecimiento rural, Sarmiento, General Roca, Córdoba. 13) colonia, Cruz Alta, Márcos Juarez, Córdoba. Fué fundada en

1887 en una extension de 9258 hectáreas. Dista del ferro-carril Oeste Santafecino poco más de 9 kms., desde la estacion Cruz Alta. Tiene 122 habitantes. (Censo del 1° de. Mayo de 1890.) 14) lugar poblado, Argentina, Minas, Córdoba. 15) estero, Caacatí, Corrientes. Separa los departamentos Mburucuyá y Caacatí al Norte de Concepcion y al Sud de San Miguel. Da origen al rio del mismo nombre, 16) establecimiento rural, Curuzú-Cuatiá, Corrientes. 17) finca rural, Goya, Corrientes. 18) aldea, Lavalle, Corrientes. Fué en el siglo pasado una mision de la Compañia de jesús. Está á 5 kms. al Este de Lavalle, en la márgen derecha del río Santa Lucia. C, T, E. 19) estancia, Saladas, Corrientes. 20) estancia, San Miguel, Corrientes. 21) rio, Corrientes Tiene su orígen en el estero del mismo nombre, corre de NE. á SO., es en su curso medio límite entre los departamentos Bella Vista y Saladas al Norte y San Roque al Sud y desagua en el Paraná, á corta distancia al Norte de Goya. 22) establecimiento rural, Departamento 6°, Pampa. 23) establecimiento rural, Departamento 10°, Pampa. 24) distrito del departamento juarez Celman, Rioja. 25) establecimiento rural, Santa Lucia, juarez Celman, Rioja. 26) vertiente, Santa Lucia, juarez Celman, Rioja. 27) departamento de la provincia de San Juan. Está situado á inmediaciones de la capital, al Este de la misma. Tiene 171 kms.² de extension y una poblacion conjetural de 5700 habitantes. Está dividido en los distritos Rincon Cercado y Alto de Sierra. El departamento es regado por el rio San Juan y los arroyos Agua Negra y de los Tapones. Escuelas funcionan en Santa Lucia y Alto de Sierra. 28) aldea, Sánta Lucia, San Juan. Es la cabecera del departamento. C. E. 29) lugar poblado, Salavina, Santiago. C.

30) ingenio de azúcar, Monteros Tucuman. En la orilla izquierda del arroyo Romanos, á corta distancia del ferrocarril Noroeste Argentino.

Santa Luisa, 1) chacra, Ctl 3, Lincoln, Buenos Aires. 2) establecimiento rural, Ctl 2, Márcos Paz, Buenos Aires.

Santa Magdalena, 1) establecimiento rural, Ctl 3, Ayacucho, Buenos Aires. 2) establecimiento rural, Ctl 2, junin, Buenos Aires. 3) establecimiento rural, Ctl 4, Maipú, Buenos Aires.

Santa Manuela, establecimiento rural, Ctl 3, Ayacucho, Buenos Aires.

Santa Margarita, 1) establecimiento rural, Ctl 11, Arrecifes, Buenos Aires. 2) estancia, Ctl 3, Brandzen, Buenos Aires. 3) establecimiento rural, Ctl 6, Chascomús, Buenos Aires. 4) establecimiento rural, Ctl 8, junin, Buenos Aires. 5) establecimiento rural, Ctl 3, 16, Lincoln, Buenos Aires. 6) establecimiento rural, Ctl 2, Márcos Paz, Buenos Aires. 7) establecimiento rural, Ctl 3, San Pedro, Buenos Aires. 8) establecimiento rural, El Cuero, General Roca, Córdoba. 9) estancia, Esquina, Corrientes. 10) finca rural. Oran, Salta.

Santa María, 1) establecimiento rural, Ctl 6, Alvear, Buenos Aires. 2) establecimiento rural, Ctl 6, 7, Ayacucho, Buenos Aires. 3) establecimiento rural, Ctl 6, Azul, Buenos Aires. 4) estancia, Ctl 6, Baradero, Buenos Aires 5) establecimiento rural, Ctl 4, Campana, Buenos Aires. 6) estancia, Ctl 3, 5, Castelli, Buenos Aires. 7) establecimiento rural, Ctl 7, Chascomús, Buenos Aires. 8) establecimiento rural, Ctl 12, Dorrego, Buenos Aires. 9) establecimiento rural, Ctl 2, Exaltacion de la Cruz, Buenos Aires. 10) establecimiento rural, Ctl 8, Giles, Buenos Aires. 11) establecimiento rural, Ctl 0, Junin, Buenos Aires. 12) estancia, Ctl 2, 3, 5, 7, Las Flores, Buenos Aires. 13) arroyo, Ctl 4, Las Heras, Buenos Aires.

14) establecimiento rural, Ctl 3, 16, Lincoln, Buenos Aires. 15) establecimiento rural, Ctl 5, Magdalena, Buenos Aires. 16) establecimiento rural, Ctl 2, Maipú, Buenos Aires. 17) estancia, Ctl 4, Mar Chiquita, Buenos Aires 18) establecimiento rural, Ctl 5, Márcos Paz, Buenos Aires. 19) estancia, Ctl 8, Mercedes, Buenos Aires. 20) laguna, Ctl 2, Monte, Buenos Aires. 21) establecimiento rural, Ctl 2, Necochea, Buenos Aires. 22) establecimiento rural, Cll 2, 4, 11, 13, 14, 16, Nueve de julio, Buenos Aires. 23) establecimiento rural, Ctl 2, 3, 4, Olavarría Buenos Aires. 24) estancia, Ctl 2, 6, Pergamino, Buenos Aires. 25) establecimiento rural, Ctl 1, Pringles, Buenos Aires. 26) establecimiento rural, Ctl 5, Ramallo, Buenos Aires. 27) establecimiento rural, Ctl 4, Rojas, Buenos Aires. 28) estancia, Ctl 3, 8, 9, Saladillo, Buenos Aires. 29) laguna, Ctl 9, Saladillo, Buenos Aires. 30) establecimiento rural, Ctl 5, San Antonio de Areco, Buenos Aires. 31) establecimiento rural, Ctl 6, San Nicolás, Buenos Aires. 32) establecimiento rural, Ctl 3, San Pedro, Buenos Aires. 33) establecimiento rural, Ctl 4, 6, San Vicente, Buenos Aires. 34) establecimiento rural, Ctl 1, Suarez, Buenos Aires. 35) laguna, Ctl 9, Tandil, Buenos Aires. 36) establecimiento rural, Ctl 2, Trenque-Lauquen, Buenos Aires. 37) establecimiento rural, Ctl 8, 14, Tres Arroyos, Buenos Aires. 38) establecimiento rural, Ctl 1, Vecino, Buenos Aires. 39) laguna, Ctl 8, Vecino, Buenos Aires. 40) estancia, Ctl 8, 10 11, Veinte y Cinco de Mayo, Buenos Aires. 41) establecimiento rural, Villarino, Buenos Aires. 42) departamento de la provincia de Catamarca. Confina al Norte con la provincia de Salta, al Este con la de Tucuman, al Sud con los departamentos Ambato y Andalgalá y al Oeste con el departamento Belén. Tiene una extension de 7023 kms.[2] y una poblacion conjetural de 4800 habitantes. Está dividido en los 9 distritos: Santa María Fuerte Quemado, San José N° 6, San José N° 7, Chañarpunco, Loroguasi, Recreo, La Quebrada y El Cajon. El departamento es regado por los arroyos Cajon (que más adelante se llama río Santa María), Caspinchango, Ampajango y Andalgalá. En el Cajon, Fuerte Quemado, Caspinchango y San José existen centros de poblacion. 43) distrito del departamento del mismo nombre, Catamarca. 44) villa, Santa María, Catamarca. Es la cabecera del departamento. Está situada á orillas del rio del mismo nombre y dista de la capital de la provincia por las vías ordinarias del tráfico 364 kms. $\varphi = 26°\ 45'$; $\lambda = 69°$ 10'; $x = 1940$ m. (Moussy). C, T, E. 45) rio, Santa María, Catamarca. Véase arroyo Cajon. 46) cuartel de la pedanía Potrero de Garay, Anejos Sud. Córdoba. 47) lugar poblado, Potrero de Garay, Anejos Sud, Córdoba. E. 48) mina de cuarzo aurífero, Candelaria, Cruz del Eje, Córdoba. Está situada en el paraje llamado «Nuevo Dominó.» 49) aldea, Cosquin, Punilla, Córdoba. Tiene 124 habitantes. (Censo del 1° de Mayo de 1890). Es estacion del ferro-carril de Córdoba á Cruz del Eje, por cuya vía dista 51 kms. de Córdoba y 99 de Cruz del Eje. C, T. 50) finca rural, San Roque, Punilla, Córdoba. 51) finca rural, Chuñaguasi, Sobremonte, Córdoba. 52) cuartel de la pedanía General Mitre, Totoral, Córdoba. 53) aldea, General Mitre, Totoral, Córdoba. Tiene 139 habitantes. (Censo m.) 54) finca rural, Curuzú-Cuatiá, Corrientes. 55) finca rural, Esquina, Corrientes. 56) estancia, Goya, Corrientes. 57) estancia, Ituzaingó, Corrientes. 58) finca rural, La Cruz, Corrientes 59) finca rural, Mercedes, Corrientes. 60) estancia, Saladas, Corrientes. 61) estancia, San Miguel, Co-

rrientes. 62) finca rural, Santo Tomé, Corrientes. 63) finca rural, Sauce, Corrientes. 64) colonia, Tala, Capital, Entre Rios. Fué fundada en 1887, en una extension de 2750 hectáreas. Dista 80 kms. de la ciudad del Paraná. 65) colonia, Gualeguaychú, Entre Rios. 66) establecimiento rural, Departamento 4°, Pampa. 67) finca rural, Oran, Salta. 68) arroyo, Oran, Salta. Nace en la sierra de Calilegua, se dirige con rumbo á NE., recibe en la márgen derecha las aguas del arroyo Colorado y desagua poco despues en la márgen derecha del rio Bermejo, frente á Embarcacion. 69) distrito del departamento de las Colonias, Santa Fe. Tiene 1114 habitantes. (Censo del 7 de junio de 1887) 70) colonia, Santa María, Colonias, Santa Fe. Tiene 960 habitantes. (Censo m.) C. 71) lugar poblado, Robles, Santiago. E. 72) *de Belloc*, establecimiento rural, Ctl 3, Bolivar, Buenos Aires. 73) *de Cortapié*, establecimiento rural, Ctl 6, Puan, Buenos Aires. 74) *del Socorro*, estancia, Ctl 5, Ajó, Buenos Aires.

Santa Marta, 1) estancia, Ctl 8, Bahía Blanca, Buenos Aires. 2) establecimiento rural, Ctl 4, Las Flores, Buenos Aires. 3) establecimiento rural, Ctl 3, Lobería, Buenos Aires. 4) estancia, Ctl 5, Maipú, Buenos Aires. 5) establecimiento rural, Ctl 5, Mercedes, Buenos Aires. 6) chacra, Ctl 5, Ramallo, Buenos Aires.

Santa Matilde, 1) establecimiento rural, Ctl 5, Bragado, Buenos Aires. 2) establecimiento rural, Ctl 5, Junin, Buenos Aires. 3) estancia, Ctl 2, Pila, Buenos Aires 4) estancia, Ctl 9, Tres Arroyos, Buenos Aires.

Santa Máxima, establecimiento rural Ctl 3, Ayacucho, Buenos Aires.

Santa Mónica, finca rural, Caldera, Salta.

Santa Narcisa, 1) estancia, Ctl 1, Pila, Buenos Aires. 2) estancia, Ctl 8, Ramallo, Buenos Aires.

Santa Natividad, estancia, Saladas, Corrientes.

Santa Pastora, establecimiento rural, Ctl 5, Suarez, Buenos Aires.

Santa Paula, 1) establecimiento rural, Ctl 6, Alvear, Buenos Aires. 2) laguna, Ctl 2, Castelli, Buenos Aires. 3) estancia, Ctl 2, Saladillo, Buenos Aires.

Santa Petrona, estancia, Ctl 1, Pringles, Buenos Aires.

Santa Pía, establecimiento rural, Ctl 4, Azul, Buenos Aires.

Santa Raimunda, establecimiento rural, Ctl 4, Lobería, Buenos Aires.

Santa Regina, 1) estancia, Ctl 1, Magdalena, Buenos Aires. 2) chacra, Ctl 6, Saladillo, Buenos Aires. 3) establecimiento rural, Ctl 8, Veinte y Cinco de Mayo, Buenos Aires.

Santa Rita, 1) estancia, Ctl 3, Alsina, Buenos Aires. 2) establecimiento rural, Ctl 14, Arrecifes, Buenos Aires 3) establecimiento rural, Ctl 2, Ayacucho, Buenos Aires. 4) establecimiento rural, Ctl 6, Azul, Buenos Aires. 5) estancia, Ctl 7, Balcarce, Buenos Aires. 6) establecimiento rural, Ctl 11, Bragado, Buenos Aires. 7) estancia, Ctl 6, 7, Brandzen, Buenos Aires. 8) establecimiento rural, Ctl 5, Chacabuco, Buenos Aires. 9) establecimiento rural, Ctl 4, 7, Chascomús, Buenos Aires. 10) lugar poblado, Juarez, Buenos Aires. E. 11) establecimiento rural, Ctl 6, 9, 10, Las Flores, Buenos Aires. 12) establecimiento rural, Ctl 3, 9, Lincoln, Buenos Aires. 13) establecimiento rural, Ctl 5, Lobos, Buenos Aires. 14) estancia, Ctl 1, Magdalena, Buenos Aires. 15) establecimiento rural, Ctl 6, Monte, Buenos Aires. 16) estancia, Ctl 5, 10, Saladillo, Buenos Aires. 17) arroyo, Ctl 3, 9, Tandil, Buenos Aires. Desagua en la márgen derecha del arroyo de « Los Huesos. » Recibe en la márgen izquierda las aguas del arroyo San Leon. 18) establecimiento rural, Ctl 2,

Tapalqué, Buenos Aires. 19) estancia, Ctl 3, 10, 11, Veinte y Cinco de Mayo, Buenos Aires. 20) establecimiento rural, Castaños, Rio Primero, Córdoba. 21) finca rural, Caminiaga, Sobremonte, Córdoba. 22) finca rural, Mercedes, Tulumba, Córdoba. 23) estancia, Esquina, Corrientes. 24) finca rural, Goya, Corrientes. 25) finca rural, La Cruz, Corrientes. 26) finca rural, Monte Caseros, Corrientes. 27) finca rural, Paso de los Libres, Corrientes. 28) estancia, Saladas, Corrientes. 29) arroyo, Ledesma, Jujuy. Nace en la sierra de Santa Bárbara, toma rumbo al Norte, recibe sucesivamente las aguas de los arroyos Duraznal y Simbolar, pasa por el Real de los Toros al Quebrachal, recibe luego en el Saladillo las aguas del arroyo Lapachal y desagua en la márgen derecha del rio San Francisco, entre el Gramillal y Vinalito. 30) paraje poblado, San Pedro, Jujuy. 31) mina de galena argentífera en el distrito mineral de Uspallata, Las Heras, Mendoza. 32) finca rural, San Martin, Mendoza. 33) establecimiento rural, Tunuyan, Mendoza. 34) finca rural, General Sarmiento, Rioja. C. 35) establecimiento rural, Viedma, Rio Negro. 36) finca rural, Guachipas, Salta. 37) finca rural, Rosario de Lerma, Salta. 38) mina de plata en «Capilla Vieja,» San Martin, San Luis.

Santa Rosa, 1) establecimiento rural, Ctl 4, Alvear, Buenos Aires. 2) estancia, Ctl 7, Ayacucho, Buenos Aires. 3) establecimiento rural, Ctl 2, 3, Azul, Buenos Aires. 4) estancia, Ctl 2, 7, Balcarce, Buenos Aires. 5) establecimiento rural, Ctl 7, Baradero, Buenos Aires. 6) establecimiento rural, Ctl 5, Bolívar, Buenos Aires. 7) establecimiento rural, Ctl 5, 7, Bragado, Buenos Aires. 8) establecimiento rural, Ctl 1, Brandzen, Buenos Aires. 9) establecimiento rural, Ctl 5, Cañuelas, Buenos Aires. 10) establecimiento rural,

Ctl 6, estacion Taillade, Castelli, Buenos Aires. 11) establecimiento rural, Ctl 5, 7, Chacabuco, Buenos Aires. 12) establecimiento rural, Ctl 5, 6, Chascomús, Buenos Aires. 13) estancia, Ctl 2, Dorrego, Buenos Aires. 14) estancia, Ctl 5, 7, Giles, Buenos Aires. 15) establecimiento rural, Ctl 4, Junin, Buenos Aires. 16) establecimiento rural, La Plata, Buenos Aires. 17) establecimiento rural, Ctl 3, 9, Las Flores, Buenos Aires. 18) estancia, Ctl 3, Las Heras, Buenos Aires. 19) establecimiento rural, Ctl 4, Lincoln, Buenos Aires. 20) establecimiento rural, Ctl 7, Lobos, Buenos Aires. 21) estancia, Ctl 1, 2, 5, Magdalena, Buenos Aires. 22) laguna, Ctl 4, Maipú, Buenos Aires. 23) laguna, Ctl 5, Monte, Buenos Aires. 24) establecimiento rural, Ctl 4, Márcos Paz, Buenos Aires. 25) establecimiento rural, Ctl 2, Moron, Buenos Aires. 26) establecimiento rural, Ctl 1, Navarro, Buenos Aires. 27) estancia, Ctl 3, Nueve de julio, Buenos Aires. 28) establecimiento rural, Ctl 3, 7, 8, 10, Pergamino, Buenos Aires. 29) establecimiento rural, Ctl 2, Pila, Buenos Aires. 30) establecimiento rural, Ctl 1, 5, Ramallo, Buenos Aires. 31) establecimiento rural, Ctl 10, Rauch, Buenos Aires. 32) establecimiento rural, Ctl 5, Saladillo, Buenos Aires. 33) establecimiento rural, Ctl 5, Salto, Buenos Aires. 34) establecimiento rural, Ctl 6, San Nicolás, Buenos Aires. 35) establecimiento rural, Ctl 2, San Pedro, Buenos Aires. 36) establecimiento rural, Ctl 5, San Vicente, Buenos Aires. 37) establecimiento rural, Ctl 4, Suarez, Buenos Aires. 38) establecimiento rural, Ctl 12, Tandil, Buenos Aires 39) arroyo, Tandil, Buenos Aires. Da orígen, en la sierra del Tandil, junto con otros tributarios, al arroyo Chapaleofú. 40) establecimiento rural, Ctl 3, Tapalqué, Buenos Aires. 41) laguna, Ctl 2, Tapalqué, Buenos Aires. 42) establecimiento rural, Ctl

7, Trenque-Lauquen, Buenos Aires. 43) estancia, Ctl 1, 8, Vecino, Buenos Aires. 44) laguna, Ctl 8, Vecino, Buenos Aires. 45) establecimiento rural, Ctl 3, 4, 6, 8, 10, Veinte y Cinco de Mayo, Buenos Aires. 46) cañada, Ctl 10, Veinte y Cinco de Mayo, Buenos Aires. 47) departamento de la provincia de Catamarca. Es á la vez limítrofe de las provincias de Tucuman y Santiago y confina al Sud con el departamento del Alto y al Oeste con el de Paclin. Tiene una extension de 2634 kms.^{2} y una poblacion conjetural de 3400 habitantes. Está dividido en los 3 distritos: Obanta, Las Cañas y Manantiales. El departamento es regado por los arroyos Obanta, Las Peñas, Alijilan y Quimilpa. Obanta es la cabecera del departamento. 48) distrito del departamento Valle Viejo, Catamarca. 49) finca rural, Cañada de Alvarez, Calamuchita, Córdoba. 50) pedanía del departamento Calamuchita, Córdoba. Tiene 2218 habitantes. (Censo del 1º de Mayo de 1890.) 51) cuartel de la pedanía del mismo nombre, Calamuchita, Córdoba. 52) aldea, Santa Rosa, Calamuchita, Córdoba. Tiene 135 habitantes. (Censo m.) $\varphi = 32°\ 4'$; $\lambda = 64°\ 35'$. C, E. 53) arroyo, Calamuchita, Córdoba. Es uno de los elementos de formacion del rio Tercero. 54) mina de plomo y plata, Higueras, Cruz del Eje, Córdoba. Pertenece al mineral del Guayco. 55) establecimiento rural, La Amarga, Juarez Celman, Córdoba. 56) lugar poblado, Cosquin, Punilla, Córdoba. 57) finca rural, Dolores, Punilla, Córdoba. 58) lugar poblado, Santiago, Punilla, Córdoba. 59) cuartel de la pedanía del mismo nombre, Rio Primero, Córdoba. 60) villa, Santa Rosa, Rio Primero, Córdoba. Es la cabecera del departamento. Está situada á orillas del rio Primero, á 100 kms. ENE. de Córdoba. Tiene 2119 habitantes. (Censo m.) $\varphi = 31°\ 8'$; $\lambda = 63°$

20'. C, T, E. 61) aldea, Ambul, San Alberto, Córdoba Tiene 134 habitantes. (Censo m.) 62) estancia, Yucat, Tercero Abajo, Córdoba. 63) establecimiento rural, Litin, Union, Córdoba. 64) finca rural, Bella Vista, Corrientes. 65) estancia, Concepcion, Corrientes. 66) finca rural, Curuzú-Cuatiá, Corrientes. 67) estancia, Goya, Corrientes. 68) finca rural, La Cruz, Corrientes. 69) estancia, Lavalle, Corrientes. 70) estancia, Mercedes, Corrientes. 71) estancia, Saladas, Corrientes. 72) finca rural, San Roque, Corrientes. 73) estancia, Albardon, Gualeguay, Entre Ríos. 74) colonia, Colon, Entre Rios. Fué fundada en 1876 en una extension de 300 hectáreas. 75) arroyo, Entre Rios. Desagua en la márgen derecha del Gualeguaychú, en direccion de NO. á SE. Es en toda su extension límite entre los departamentos Colon (distrito 3º) y Uruguay (Gená.) 76) finca rural, Humahuaca, Jujuy. 77) paraje poblado, Tilcara, Jujuy. 78) paraje poblado, Tumbaya, Jujuy. 79) finca rural, Valle Grande, Jujuy. 80) aldea, Chacabuco, Mendoza. Por la via férrea dista 79 kms. de Mendoza y 277 de Villa Mercedes. FCGOA, C, T, E. 81) mina de galena argentífera en el distrito mineral de Uspallata, Las Heras, Mendoza. 82) nombre antiguo del hoy departamento mendocino Chacabuco. Véase Chacabuco. 83) establecimiento rural, Departamento 2º, Pampa. 84) establecimiento rural, Departamento 3º, Pampa. 85) finca rural, Capital, Rioja. 86) finca rural, Juarez Celman, Rioja. 87) finca rural, San Martin, Rioja. 88) lugar poblado, Velez Sarsfield, Rioja. Por la via férrea dista 125 kms. de Chilecito y 297 de Dean Fúnes. $x = 439$ m. Estacion del ferro-carril de Dean Fúnes á Chilecito. C, T. 89) lugar poblado, Vinchina, Sarmiento, Riojá. C. 90) establecimiento rural, Pringles, Rio Negro,

91) finca rural, Anta, Salta. 92) finca rural, Cachi, Salta. 93) finca rural, Cafayate, Salta. 94) aldea, Campo Santo, Salta. Por la via férrea dista 45 kms. de Salta y 64 de jujuy. $\mu = 24°\ 38'$; $\lambda = 65°\ 8'$; $z = 756$ m. FCCN, C, T. Aquí se bifurca el ferro-carril Central Norte, conduciendo un ramal á Salta y el otro á Jujuy. El de Salta tiene las estaciones siguientes:

	Kms	α
Bandera Angosta............	26	1079
Salta......................	45	1202

y el de Jujuy las siguientes:

Pampa Blanca...............	16	781
Perico.....................	35	1034
Palpalá	52	1126
Jujuy......................	64	1260

95) arroyo, Campo Santo, Salta. Vierte sus aguas en el arroyo Saladillo que, á su turno, desagua en la márgen izquierda del rio Lavayén. 96) finca rural, Guachipas, Salta. 97) lugar poblado, Iruya, Salta. 98) mineral de plata, Molinos, Salta. 99) finca rural, Molinos, Salta. 100) lugar poblado, Oran, Salta. 101) finca rural, Rosario de Lerma, Salta. 102) finca rural, San Cárlos, Salta. 103) finca rural, Concepcion, San Juan. 104) finca rural, Pedernal, Huanacache, San Juan. 105) vertiente, Pedernal, Huanacache, San Juan. 106) partido del departamento Junin, San Luis. 107) aldea, Junin, San Luis. Por la via férrea dista 179 kms. de Villa Mercedes y 407 de la Rioja. $\alpha = 590$ m. Estacion del ferrocarril de Villa Mercedes á La Rioja. C, T, E. 108) sierra, trozo del macizo de San Luis, Lomita y Punta de Agua, Junin, San Luis. 109) vertiente, Conlara, San Martin, San Luis. 110) lugar poblado, San Lorenzo, San Martin, San Luis. 111) distrito del departamento San José, Santa Fe. Tiene 1424 habitantes. (Censo del 7 de Junio de 1887.) 112) pueblo y colonia, Santa Rosa, San José, Santa Fe.

Tiene 412 habitantes. (Censo m.) C, T, E. 113) distrito de la 2ª seccion del departamento Robles, Santiago. 114) paraje poblado, Santa Rosa, Robles, Santiago. 115) estancia, Graneros, Tucuman. Situada en la frontera catamarqueña. 116) aldea, Monteros, Tucuman. Al Sud del arroyo Pueblo Viejo. Por la via férrea dista 57 kms. de Tucuman y 84 de La Madrid. FCNOA, C, T, E. 117) aldea, Rio Chico, Tucuman. En la orilla izquierda del arroyo Chico.

Santa Rosalia, 1) establecimiento rural, Ctl 4, Navarro, Buenos Aires. 2) establecimiento rural, Ctl 4, Olavarria, Buenos Aires.

Santa Rufina, 1) estancia, Ctl 5, Loberia, Buenos Aires. 2) establecimiento rural, Ctl 8, Rauch, Buenos Aires.

Santa Sabina, 1) establecimiento rural, Ctl 7, Chacabuco, Buenos Aires. 2) establecimiento rural, Ctl 3, Lincoln, Buenos Aires. 3) cuartel de la pedanía Rio Pinto, Totoral, Córdoba. 4) establecimiento rural, Rio Pinto, Totoral, Córdoba.

Santa Sofía, establecimiento rural, Ctl 2, Navarro, Buenos Aires.

Santa Tecla, aldea, Ituzaingó, Corrientes. Está situada á orillas del Paraná, á unos 35 kms. al Este de Ituzaingó. $\varphi = 27°\ 38'$; $\lambda = 56°\ 25'$.

Santa Teodora, establecimiento rural, Ctl 5, Junin, Buenos Aires.

Santa Teresa, 1) establecimiento rural, Ctl 7, Azul, Buenos Aires. 2) establecimiento rural, Ctl 6, 7, Ayacucho, Buenos Aires. 3) estancia, Ctl 6, Las Heras, Buenos Aires. 4) establecimiento rural, Ctl 3, Lincoln, Buenos Aires. 5) establecimiento rural, Ctl 4, Navarro, Buenos Aires. 6) establecimiento rural, Ctl 6, Pergamino, Buenos Aires. 7) establecimiento rural, Ctl 6, Pila, Buenos Aires. 8) establecimiento rural, Ctl 6, San Vicente, Buenos Aires. 9) estancia, Ctl 2, Tandil, Buenos Aires 10) establecimiento rural, Ctl 2, Vecino, Buenos Aires. 11) establecimiento rural, Cañas, Anejos Norte, Córdoba. 12) lugar poblado, Rio Segundo, Córdoba. E. 13) finca rural, Goya, Corrientes. 14) finca rural, La Cruz, Corrientes. 15) estancia, Mercedes, Corrientes. 16) finca rural, Monte Caseros, Corrientes. 17) mina de plata nativa en el distrito mineral del Cerro Negro, sierra de Famat́na, Rioja. 18) finca rural, Huanacache, San juan. 19) finca rural, Capital, San Luis. 20) lugar poblado, Naschel, Chacabuco, San Luis. E. 21) distrito del departamento Iriondo, Santa Fe. Tiene 2808 habitantes (Censo del 7 de Junio de 1887.) 22) pueblo, Santa Teresa, Iriondo, Santa Fe. Tiene 330 habitantes. (Censo m.) C, E. 23) colonia, Santa Teresa, Iriondo, Santa Fe. Tiene 1133 habitantes. (Censo m.) E.

Santa Toribia, establecimiento rural, Ctl 9, Bragado, Buenos Aires.

Santa Trinidad, finca rural, Lavalle, Corrientes.

Santa Úrsula, establecimiento rural, Ctl 8, Veinte y Cinco de Mayo, Buenos Aires.

Santa Valentina, colonia, Gualeguaychú, Entre Rios.

Santa Verónica, establecimient› rural, Ctl 5, San Nicolás, Buenos Aires.

Santa Victoria, 1) establecimiento rural, Curuzú - Cuatiá, Corrientes. 2) estancia, La Cruz, Corrientes. 3) sierra, Jujuy y Salta. Se extiende de N. á S. en el límite de las provincias de Jujuy y Salta, ocupando parte de los departamentos jujeños de Humahuaca y Yaví, y parte de los salteños Iruya y Santa Victoria. 4) finca rural, Chicoana, Salta. 5) departamento de la provincia de Salta. Confina al Norte con Bolivia por una línea que pasa á 150 kms. al Sud de la ciudad de Tarija hasta encontrarse con la divisoria de la Quiaca, al Este con el de Oran por San Martin y el Baritú, al Sud con el de Iruya por la quebrada de las Palcas de Bacoya y al Oeste con Jujuy por una linea que pasa por el Abra del Cóndor, Licoite é Intacancha. Su extension es de 8192 kms.^{2} y la poblacion conjetural de unos 4200 habitantes. Está dividido en 9 distritos: Santa Victoria, Falda, Acoite, Santa Cruz, Nazareno, Hornillos, Licoite, Mecoya y Rodeo-Pampa. Escuelas funcionan en Santa Victoria, Nazareno y Acoite. 6) distrito del departamento Santa Victoria, Salta. 7) aldea, Santa Victoria, Salta. Es la cabecera del departamento. Está situada á orillas del arroyo Pucará, á 5 kms. de Acoite, 65 de Iruya y 450 de Salta. Tiene unos 500 habitantes. $\varphi = 22°\ 21'$; $\lambda = 65°\ 4'$; $\alpha = 2300$ m. C, E.

Santa Victoriana, 1) establecimiento rural, Ctl 7, Azul, Buenos Aires. 2) establecimiento rural, Ctl 2, Exaltacion de la Cruz, Buenos Aires.

Tabaco, 1) el, laguna, Ctl 5, Saladillo, Buenos Aires. 2) finca rural, Empedrado, Corrientes.

Tabarí-Cué, estancia, Esquina, Corrientes.

Tabascal, paraje pobla⁀o, Oran, Salta.

Taberetá, finca rural, Ituzaingó, Corrientes.

Tabique, paraje poblado, Tilcara, Jujuy.

Tabla, 1) la, laguna, Ctl 2, Monte, Buenos Aires Es atravesada por el rio Salado. 2) establecimiento rural, Ctl 15, Nueve de Julio, Buenos Aires. 3) establecimiento rural, Ctl 2, 3, 11, Tandil, Buenos Aires. 4) establecimiento rural, Ctl 7, Vecino, Buenos Aires.

Tablada, 1) la, establecimiento rural, Ctl 5, Chascomús, Buenos Aires. 2) cuartel de la pedanía Pocho, Pocho, Córdoba. 3) aldea, Pocho, Pocho, Córdoba. Tiene 147 habitantes. (Censo del 1° de Mayo de 1890.) 4) paraje poblado, Capital, Jujuy. Se encuentra en una planicie que se extiende al Oeste de la ciudad de Jujuy. 5) la, paraje poblado, Iruya, Salta,

6) distrito del departamento Rivadavia, Salta.

Tablilla la, laguna, Ctl 9, Chascomús, Buenos Aires. Es parte integrante de un sistema conocido bajo el nombre de las Encadenadas. Comunica al Norte con la laguna Chis-Chis y desagua al Sud en el rio Salado, por medio de un hondo cañadon llamado el Rincon de las Barrancas.

Tablita la, establecimiento rural, Ctl 10, Veinte y Cinco de Mayo, Buenos Aires.

Tablon, establecimiento rural, Ctl 2, Tandil, Buenos Aires.

Tabloncitos, lugar poblado, Dolores, Punilla, Córdoba.

Taboada, lugar poblado, Matará, Matará, Santiago. Por la vía férrea dista 206 kms. de Tucuman, 646 del Rosario y 950 de Buenos Aires. Es estacion del ferro-carril de Buenos Aires á Rosario, Sunchales y Tucuman.

Tacana, 1) vertiente, Ancasti, Ancasti, Catamarca. 2) estancia, Tafi, Trancas, Tucuman. En la orilla izquierda del arroyo Infiernillo.

Tacanas, 1) lugar poblado, Chuñaguasi, Sobremonte, Córdoba. 2) lugar poblado, Aguada del Monte, Sobremonte, Córdoba. 3) paraje poblado, Guachipas, Salta. 4) estancia, Leales, Tucuman. Próxima á la frontera santiagueña. 5) arroyo, Rio Chico, Tucuman. Es uno de los orígenes del arroyo Chico; nace en las cumbres de Santa Ana. 6) estancia, Trancas, Tucuman. En la orilla izquierda del arroyo de Colalao.

Tacanita, finca rural, Belgrano, Rioja.

Tacanitas, paraje poblado, Loreto, Santiago.

Tacapulca, vertiente, Rosario, Independencia, Rioja.

Taco, [1] 1) vertiente, Ancasti, Ancasti, Ca-

tamarca. 2) lugar poblado, Calchin, Rio Segundo, Córdoba. 3) *Pallana,* lugar poblado, San Cárlos, Minas, Córdoba. 4) *Píjio,* lugar poblado, Candelaria, Totoral, Córdoba. 5) *Ralo,* estancia, Graneros, Tucuman. 6) *Yura,* lugar poblado Copo, Santiago. E.

Tacoyaco, 1) cuartel de la pedanía Cerrillos, Sobremonte, Córdoba. 2) lugar poblado, Cerrillos, Sobremonte, Córdoba.

Tacuabé, finca rural, Monte Caseros, Corrientes.

Tacuara [1], paraje poblado, Rosario de Lerma, Salta.

Tacuaral, 1) estancia, Concepcion, Corrientes. 2) finca rural, Mercedes, Corrientes.

Tacuaralito, 1) estancia, San Miguel, Corrientes. 2) laguna, San Miguel, Corrientes.

Tacuaras, 1) distrito del departamento La Paz, Entre Rios. 2) arroyuelo, Tacuaras, La Paz, Entre Rios. Desagua en el Paraná. 3) finca rural, San Luis, Corrientes.

Tacuarembó, [2] 1) establecimiento rural, San Miguel, Corrientes. 2) laguna, San Miguel, Corrientes.

Tacuarendí, 1) finca rural, Bella Vista, Corrientes. 2) finca rural, Curuzú-Cuatiá, Corrientes. 3) cañaveral é ingenio de azúcar, Ocampo, San Javier, Santa Fe. Tiene 866 habitantes. (Censo del 7 de Junio de 1887) E.

Tacuarete, finca rural, San Luis, Corrientes.

Tacuarita, 1) estancia, La Cruz, Corrientes. 2) finca rural, Santo Tomé, Corrientes.

Tacuaritas, 1) finca rural, San Luís, Co-

1 El Algarrobo (Quichua.

1 Caña récia y consistente que se cria formando monte (Granada); y tambien un pájaro (Troglodites platensis.) — 2 Caña maciza, delgada, uniforme, muy larga, récia y flexible. Del guaraní taquarembó (Granada.)

rrientes. 2) estancia, San Roque, Corrientes.

Tacuil, 1) distrito del departamento Molinos, Salta. 2) lugar poblado, Tacuil, Molinos, Salta. E.

Tacumbú, finca rural, Monte Caseros, Corrientes.

Tacupampa, paraje poblado, Iruya, Salta.

Tucurú, [1] 1) laguna, Ctl 8, San Vicente, Buenos Aires. 2) mina de plomo argentífero, Molinos, Calamuchita, Córdoba. Está situada en el paraje llamado «Pampayo.» 3) isla del Paraná, Capital, Santa Fe. Frente á la ciudad de Santa Fe.

Tacuruces, lugar poblado, Castaños, Rio Primero, Córdoba.

Tafí, 1) distrito serrano adscripto al departamento Trancas, Tucuman. 2) lugar poblado, Tafí, Trancas, Tucuman. Está á unos 90 kms. al Oeste de la capital provincial. Es famoso por sus excelentes quesos. C, E. 3) valle del, Trancas, Tucuman. $x = 1800$ m. (Moussy.) 4) *Viejo,* lugar poblado, Capital, Tucuman. Por la via férrea dista 15 kms. de Tucuman y 561 de Córdoba. $x = 627$ m. FCCN, C, T.

Taficillo, 1) distrito del departamento de la capital, Tucuman, 2) estancia, Taficillo, Capital, Tucuman. A 5 kms. al SO. del túnel del Saladillo.

Taguas, laguna, Villa Mercedes, Pedernera, San Luis.

Taguayo, 1) cuartel de la pedania Pichanas, Cruz del Eje, Córdoba. 2) aldea, Pichanas, Cruz del Eje, Córdoba. Tiene 284 habitantes. (Censo del 1° de Mayo de 1890).

Tahalú, finca rural, Caacatí, Corrientes.

Tahay, finca rural, Concepcion, Corrientes.

Taillade, lugar poblado, Castelli, Buenos Aires. Por la via férrea dista 177 kms. (5 horas) de la Capital federal. $x=7$ m.

FCS, línea de Altamirano á Tres Arroyos. C, T, E.

Tajamar, 1) arroyo, Ctl 2, Castelli, Buenos Aires. 2) laguna, Ctl 10, Chascomús, Buenos Aires. Se comunica con la laguna de Esquivel por medio de la cañada del mismo nombre. 3) cañada, Chascomús, Buenos Aires. Comunica entre sí las lagunas Oroño, Tajamar y Esquivel, las que, á su turno, desaguan en el Salado por medio del Rincon Chico. 4) cañada, Ctl 6, Lobos, Buenos Aires. Desagua en la laguna de Lobos. 5) laguna, Ctl 5, Rauch, Buenos Aires. 6) laguna, Ctl 8, Tandil, Buenos Aires. 7) laguna, Ctl 8, Veinte y Cinco de Mayo, Buenos Aires. 8) el, lugar poblado, Santa Cruz, Tulumba, Córdoba. 9) paraje poblado, Curuzú-Cuatiá, Corrientes. 10) paraje poblado, San Luis, Corrientes.

Tajamares, 1) laguna, Ctl 2, Necochea, Buenos Aires. 2) cuartel de la pedania Mercedes, Tulumba, Córdoba. 3) aldea, Mercedes, Tulumba, Córdoba. Tiene 170 habitantes. (Censo del 1° de Mayo de 1890.)

Tajarete, distrito minero de la Puna, Santa Catalina, Jujuy.

Tajo el, mina de galena argentífera en el distrito mineral de Uspallata, Las Heras, Mendoza.

Tala, [1] 1) estancia, Ctl 4, Arrecifes, Buenos Aires. 2) arroyo, Ctl 4, 5, Arrecifes, Ctl 2, 3, 4, 5, San Pedro, Buenos Aires. Desagua en el Paraná, al Sud de San Pedro y á inmediaciones del arroyo Arrecifes. 3) estancia, Ctl 6, Azul, Buenos Aires. 4) establecimiento rural, Ctl 8, Lincoln, Buenos Aires. 5) establecimiento rural, Ctl 5, Ramallo, Buenos Aires. 6) lugar poblado, San Pedro, Buenos Aires. Por la via férrea dista 142 kms. del Rosario y 162 de Buenos Aires. $x=23$ m. FCB

---

1 Hormiguero.

1 Arbol frondoso (Celtis Tala, Gill.)

AR, C, T. 7) vertiente, Pucarilla, Ambato, Catamarca. 8) arroyo, Capital, Catamarca. Nace en la sierra de Ambato, lleva sus aguas á la capital de la provincia y á Villa Cubas, y termina su corto recorrido de NO. á SE. á inmediaciones al Sud de la ciudad de Catamarca, por absorcion del suelo. 9) cuartel de la pedania Quebrachos, Calamuchita, Córdoba. 10) aldea, Cóndores, Calamuchita, Córdoba. Tiene 142 habitantes. (Censo del 1º de Mayo de 1890.) 11) cumbre de la sierra Comechingones, Calamuchita, Córdoba. 12) lugar poblado, Higueras, Cruz del Eje, Córdoba. 13) lugar poblado, Ciénega del Coro, Minas, Córdoba. 14) lugar poblado, San Antonio, Punilla, Córdoba., 15) lugar poblado, Achiras, Rio Cuarto, Córdoba. 16) pedania del departamento Rio Primero, Córdoba. Tiene 1622 habitantes. (Censo m.) 17) cuartel de la pedania del mismo nombre, Rio Primero, Córdoba. 18) aldea, Tala, Rio Primero, Córdoba. Tiene 191 habitantes. (Censo m.) T. E. 19) lugar poblado, Cerrillos, Sobremonte, Córdoba. 20) distrito del departamento Paraná, Entre Rios. 21) pueblo, Rosario Tala, Entre Rios. Por la vía férrea dista 90 kms. del Uruguay y 190 del Paraná. FCCE, C, T, E. Véase Rosario Tala. 22) arroyo, Pueblo 1º, Rosario Tala, Entre Rios. Desagua en la márgen derecha del Gualeguay, á inmediaciones del pueblo Rosario Tala. 23) distrito del departamento Uruguay, Entre Rios. 24) arroyo, Tala, Uruguay, Entre Rios. Es un pequeño tributario del Uruguay. 25) lugar poblado, Juarez Celman, Rioja. 26) vertiente, Solca, Rivadavia, Rioja. 27) el, finca rural, Cafayate, Salta. 28) el, paraje poblado, Oran, Salta. 29) distrito del departamento Rosario de la Frontera, Salta. 30) aldea, Rosario de la Frontera, Salta. Por la vía férrea dista 638 kms. de Córdoba. x = 823 m. FCCN,

C, T. 31) lugar poblado, Belgrano, San Luis. E. 32) lugar poblado, Capital, San Luis. E. 33) vertiente, Tala, Capital, San Luis. 34) cerro, Capital, San Luis. Pertenece á un cordon que el macizo de San Luis desprende hácia el Sud. Alcanza á 840 metros de altura. 35) lugar poblado, Estanzuela, Chacabuco, San Luis. 36) arroyo, San Luis. Riega los distritos Estanzuela del departamento Chacabuco, y Rincon del Cármen y San Lorenzo, del departamento San Martin. 37) lugar poblado, Rincon del Cármen, San Martin, San Luis. 38) paraje poblado, Guasayan, Santiago. 39) pueblo, Capital, Tucuman. Al SE. del departamento. 40) estancia, Trancas, Tucuman. En la frontera salteña. Dista 90 kms. de Tucuman. 41) arroyo, Trancas, Tucuman. Nace en las cumbres Calchaquíes de un haz de arroyos, como son: el de los Sauces, Torino, Anta y Riarte Barburin. Miéntras este arroyo corre de O. á E.; es decir, desde su nacimiento hasta la estancia Maravilla (Salta), donde dobla para el Sud, tomando entónces el nombre de rio Salí, forma el límite entre las provincias de Tucuman y Salta. 42) *de Anchorena*, estancia, Ctl 3, Tuyú, Buenos Aires. 43) *Arroyo*, distrito de la seccion Guasayan, del departamento Guasayan, Santiago. 44) *Bajada*, estancia, Burruyaco, Tucuman. Cerca de la frontera de Salta, en la orilla derecha del arroyo Urueña. 45) *Cocha*, estancia, Leales, Tucuman. 46) *Corral*, lugar poblado, Panaolma, San Alberto, Córdoba. 47) *Cruz*, lugar poblado, Cañada de Alvarez, Calamuchita, Córdoba. 48) *Largo*, lugar poblado, San Bartolomé, Rio Cuarto, Córdoba. 49) *Machado*, lugar poblado, Caseros y Cosme, Anejos Sud, Córdoba. 50) *Mahuida*, arroyo, Beltran, Mendoza. Es un tributario del rio Grande en la márgen derecha. 51) *y Mogotes*, estancia, Rosario de la Frontera, Salta. 52) *Fampa*, distrito del departamento Viña, Salta. 53) *Pampa*, paraje poblado, La Viña, Salta. 54) *Pozo*, distrito de la 1ª seccion del departamento Robles, Santiago del Estero. 55) *Sancha*, estancia, Graneros, Tucuman. En la frontera que separa las provincias de Catamarca y Tucuman. 56) *Verde*, finca rural, Belgrano, Rioja.

Talacaso, vertiente, Gualilan, Iglesia, San Juan.

Talacuá, estancia, San Roque. Corrientes.

Talaini, 1) cuartel de la pedanía Argentina, Minas, Córdoba. 2) lugar poblado, Argentina, Minas, Córdoba. 3) lugar poblado, San Cárlos, Minas, Córdoba.

Talar, 1) el, establecimiento rural, Ctl 3, Navarro, Buenos Aires. 2) lugar poblado, Argentina, Minas, Córdoba. 3) lugar poblado, Pichanas, Cruz del Eje, Córdoba. 4) lugar poblado, General Mitre, Totoral, Córdoba. 5) lugar poblado Rio Pinto, Totoral, Córdoba. 6) finca rural, Belgrano, Rioja. 7) lugar poblado, Copo, Santiago. E.

Talas, 1) los, estancia, Ctl 5, Brandzen, Buenos Aires. 2) estancia, La Plata, Buenos Aires. 3) establecimiento rural, Ctl 3, Lujan, Buenos Aires. 4) los, lugar poblado, Rio de los Sauces, Calamuchita, Córdoba. 5) lugar poblado, Argentina, Minas, Córdoba. 6) arroyo, Totoral, Córdoba. Nace en la sierra Chica y termina luego su corto recorrido de O. á E. por absorcion del suelo. 7) estancia, La Cruz, Corrientes. 8) finca rural, Guzman, San Martin, San Luis. 9) los, finca rural, San Martin, San Martin, San Luis. 10) lugar poblado, Famaillá, Tucuman. Al lado de la vía del ferro-carril central Norte.

Talavera-Cué, finca rural, San Luis, Corrientes.

Talayaco, 1) lugar poblado, Chuñaguasi, Sobremonte, Córdoba. 2) finca rural, Rosario de la Frontera, Salta.

Talcauco, distrito minero del departamento Jachal, San Juan. Encierra plata.

Talelfun, arroyo, Neuquen. Nace en las tres lagunas Cla-Lauquen y desagua en el Collon-Curá.

Talita, 1) laguna, Ctl 5, Maipú, Buenos Aires. 2) laguna, Ctl 3, Tuyú, Buenos Aires. 3) aldea, Manzanas, Ischilin, Córdoba. Tiene 102 habitantes. (Censo del 1º de Mayo de 1890) 4) lugar poblado, San Bartolomé, Rio Cuarto, Córdoba. 5) lugar poblado, General Mitre, Totoral, Córdoba. 6) finca rural, Bella Vista, Corrientes. 7) estancia, Concepcion, Corrientes. 8) distrito del departamento Gualeguaychú, Entre Rios. 9) lugar poblado, Naschel, Chacabuco, San Luis. 10) lugar poblado, Junin, San Luis C, E. 11) finca rural, Conlara, San Martin, San Luis. 12) vertiente, Conlara, San Martin, San Luis. 13) lugar poblado, San Martin, San Martin, San Luis.

Talitas, 1) laguna, Ctl 4, Mar Chiquita, Buenos Aires. 2) lugar poblado, Chancani, Pocho, Córdoba. 3) los, lugar poblado, Concepcion, San Justo, Córdoba. 4) lugar poblado, Caminiaga, Sobremonte, Córdoba. 5) aldea, Capital, Tucuman. A 6 kms. al NNE. de la capital provincial. 6) estancia, Graneros, Tucuman.

Tallú-Paré, riacho, Ctl 2, San Fernando, Buenos Aires.

Talva, finca rural, Belgrano, Rioja.

Tama, 1) finca rural, Capital, Rioja. 2) finca rural, Independencia, Rioja. 3) distrito del departamento Velez Sarsfield, Rioja. 4) aldea, Tama, Velez Sarsfield, Rioja. Es la cabecera del departamento. C, E.

Tamangueyú, 1) estancia, Ctl 4, Loberia, Buenos Aires. 2) arroyo, Ctl 1, 4, 7, Loberia, Buenos Aires. Es un tributario del Quequen Grande en la márgen izquierda.

Tamarindo, establecimiento rural, Las Heras, Mendoza.

Tamarindos, finca rural, Jachal, San Juan.

Tamascanas, arroyo, Capital, San Luis. Es un tributario del Bebedero en la márgen izquierda.

Tambera la, laguna, Ctl 5, Maipú, Buenos Aires

Tamberia, 1) paraje poblado, Tinogasta, Catamarca. $x = 3500$ m. (Burmeister). 2) lugar poblado, Calingasta, San Juan. E.

Tamberias, finca rural, jachal, San juan.

Tambillo, paraje poblado, Las Heras, Mendoza.

Tambillos, 1) paraje poblado, Cochinoca, jujuy. 2) arroyo, Las Heras, Mendoza. Es un tributario del rio Mendoza, en la márgen izquierda. 3) finca rural, Iglesia, San Juan.

Tambo, [1] 1) el, establecimiento rural, Ctl 2, Márcos Paz, Buenos Aires. 2) lugar poblado, Parroquia, Ischilin, Córdoba. 3) lugar poblado, San Bartolomé, Rio Cuarto, Córdoba. 4) paraje poblado, Tilcara, Jujuy. 5) paraje poblado, Rosario de Lerma, Salta.

Tamborero-Pampa, meseta de la sierra de San Luis, Totoral, Pringles, San Luis. $x = 1240$ m.

Tambores, lugar poblado, Totoral, Pringles, San Luis.

Tancacho, lugar poblado, Capilla de Rodriguez, Tercero Arriba, Córdoba.

Tandil, 1) partido de la provincia de Buenos Aires Está situado al SSO. de la Capital federal y confina con los partidos Azul, Rauch, Arenales, Ayacucho, Balcarce, Lobería, Necochea y Juarez. Tiene 4873 kms.[2] de extension y un poblacion de 10665 habitantes. (Censo del 31 de Enero de 1890). Escuelas funcionan en Tandil, Las Chilcas, Iraola, Arroyo Seco y en Los Leones. El partido es regado por los arroyos de los Huesos, Chapaleofú, Tandil, Tandileofú, Quequen Chico, Los Berros, Chico, Grande, Las Chilcas, Taquino, San Juan, Viejo, Malo, San Nicolás, Santa Rita, Los Calaveras, Las Ovejas, La Carlota, del Puente, Amigos, Las Blancas, Dos Arroyos, San Serapio, Pesquería, San José, San Benjamin, El Negro, Pastora, San Pedro, Abril, Severo, Elena, Lauraleofú, Macho-China, Amistad, Claudina, Manantiales, Sauces, Federacion, Cerro Chato, Merced y Trinidad. La sierra del Tandil ocupa las dos terceras partes del partido 2) villa, Tandil, Buenos Aires. Es la cabecera del partido. Fundada en 1822, cuenta actualmente (Censo) con 5537 habitantes. Por la via férrea dista 395 kms. (11 horas) de Buenos Aires. A 5 kms. de la villa se halla la famosa piedra movediza. Es ésta una roca de la forma de un paraboloide que oscila bajo la impulsion del viento alrededor de una espiga que penetra en un hueco que existe en la parte inmóvil de la base. Sucursal del Banco de la Provincia. $\varphi = 37°$ 17'; $\lambda = 59° 7' 30''$; $x = 176$ m. FCS, línea de Altamirano á Tres Arroyos. C, T, E. 3) sierra del, Tandil, Buenos Aires. Está formada por lomadas que á lo sumo se elevan á 340 metros de altura. Se extienden de NO. á SE. y empiezan en el NO. con la llamada sierra de Quinzlauquen y terminan en el SE. con la sierra del Volcan, la de la Vigilancia y la de los Padres y rematan en el cabo Corrientes, cerca de Mar del Plata. La cumbre más elevada de esta sierra enana, tiene, segun Senillosa, las siguientes coordenadas: $\varphi = 37° 24'$, $\lambda = 58° 50'$; $x = 340$ m. 4) arroyo, Ctl 10, 11, 12, Tandil, Buenos Aires. Nace en la sierra del Tandil, pasa por el pueblo del mismo nombre y borra luego su cauce cerca del límite del partido de Rauch.

Tandileofú, arroyo, Ctl 2, 3, 6, 8, Tandil, y Ctl 1, 2, 6, Ayacucho, Buenos Aires. Nace en la sierra del Tandil, pasa por el pueblo de Ayacucho y borra luego su cauce por absorcion del suelo.

---

[1] Cuadra ó corral de vacas donde se expende la leche. (Granada).

Taninga, ingenio metalúrgico, Pocho, Córdoba. $\varphi=31°$ 19'; $\lambda=65°$ 5'; $\alpha=900$ m (Brackebusch).

Tantarco, lugar poblado, Higuerillas, Rio Seco, Córdoba.

Tanti, 1) cuartel de la pedanía San Roque, Punilla, Córdoba. 2) lugar poblado, San Roque, Punilla, Córdoba. $\varphi=31°$ 20'; $\lambda=64°$ 38'. E.

Tapa, 1) la, arroyo, Calamuchita, Córdoba. Es uno de los elementos de formacion del rio Cuarto. 2) lugar poblado, San Bartolomé, Rio Cuarto, Córdoba.

Tapalqué, 1) partido de la provincia de Buenos Aires. Fué creado en 1839. Está situado al SO. de Buenos Aires y confina con los partidos Alvear, Las Flores, Azul, Olavarría y Bolívar. Tiene 4265 kms.² de extension y una poblacion de 4546 habitantes. (Censo del 31 de Enero de 1890). Escuelas funcionan en Tapalqué y El Sauce. El partido es regado por los arroyos Tapalqué, La Piedra, La Discordia, Corto, Salado, de las Flores y del Festin. Existe, además, un gran número de lagunas. 2) villa, Tapalqué, Buenos Aires. Es la cabecera del partido. Cuenta hoy (Censo) con 1000 habitantes escasos. Se llega á la villa por una línea de mensajerías que parte de la estacion Cachari (partido de Azul) del ferro-carril del Sud. $\varphi=36°$ 21' 42"; $\lambda=59°$ 56' 24". C, T, E. 3) arroyo, Ctl 2, 3, 5, Olavarría; Ctl 1, 2, 3, 5, 7, Tapalqué y Ctl 7, Alvear, Buenos Aires. Tiene su origen en la cañada del Perdido, pasa por los pueblos Olavarría y Tapalqué y borra su cauce en bañados en el partido Alvear. En ocasion de creciente, lleva sus aguas por los bajos al arroyo de las Flores. El Tapalqué Chico es su tributario. 4) Chico, arroyo, Ctl 5, Azul, Buenos Aires. Desagua en la márgen derecha del Tapalqué.

Tapareti, finca rural, San Miguel, Corrientes.

Tape, [1] 1) el, lugar poblado, Tres de Febrero, Rio Cuarto, Córdoba. 2) Curuzú, finca rural, Itati, Corrientes.

Tapera, [2] 1) la, laguna, Ctl 4, Juarez, Buenos Aires. 2) arroyo, Ctl 2, Pueyrredon, Buenos Aires. Tiene su origen en la laguna de «Los Padres» y desagua en el Océano Atlántico, á corta distancia al Norte de Mar del Plata. 3) la, laguna, Ctl 5, Suarez, Buenos Aires. 4) laguna, Ctl 2, Tuyú, Buenos Aires. 5) laguna, Ctl 2, Vecino, Buenos Aires.

Tapericuá, cañada, Paso de los Libres, Corrientes. Termina en arroyo y desagua en el Uruguay, al Sud de San Martin.

Tapia, 1) pueblo, Capital, Tucuman. Está situado al costado del ferro-carril central Norte y en la orilla derecha del arroyo Tapia. La estacion del mismo nombre está á corta distancia del pueblo, en el departamento Trancas. Tiene unos 500 habitantes. C, E, 2) lugar poblado, Trancas, Tucuman. Está situado á inmediaciones del arroyo Tapia, límite del departamento de la Capital Por la via férrea dista 32 kms. de Tucuman y 578 de Córdoba. $\alpha=702$ m. FCCN, C, T. 3) arroyo, Trancas y Capital, Tucuman. Nace en el Alto de los Planchones y lleva sus aguas al rio Salí. Desde donde se le junta el arroyuelo de los Planchones hasta su desembocadura en el Sali, es el límite entre los departamentos Trancas y de la Capital.

Tapial, 1) el, finca rural, Iruya, Salta. 2) paraje poblado, Rosario de Lerma, Salta.

Tapiales, establecimiento rural, Ctl 3, Matanzas, Buenos Aires.

Tapias, 1) las, establecimiento rural, Ctl 5, Azul, Buenos Aires. 2) lugar poblado, Higueras, Cruz del Eje, Córdoba 3) las, lugar poblado, San Bartolomé, Rio

---

1 Dícese del indio guaraní originario de las Misiones. — 2 Habitacion ruinosa y abandonada, particularmente si está en medio del campo ó aislada (Granada),

Cuarto, Córdoba 4) cuartel de la pedanía Las Rosas, San javier, Córdoba. 5) lugar poblado, Las Rosas, San Javier, Córdoba. 6) lugar poblado, Albardon, San Juan. E. 7) lugar poblado, Angaco Norte, San Juan. E. 8) las, lugar poblado, San Martin, San Martin, San Luis. 9) de Abajo, lugar poblado, Cruz del Eje, Cruz del Eje, Córdoba. 10) de Arriba, lugar poblado, Cruz del Eje, Cruz del Eje, Córdoba.

Tapibiená, finca rural, Paso de los Libres, Corrientes.

Tapon de Godoy, finca rural, Capital, Mendoza.

Taqueño, 1) el, establecimiento rural, Ctl 5, Ranchos, Buenos Aires. 2) arroyo, Ctl 4, 5, Ranchos, Buenos Aires.

Taquimilan, arroyo, Neuquen. Es uno de los principales tributarios del Neuquen, en cuya márgen derecha desagua

Taquinó, arroyo, Ctl 2, Tandil, Buenos Aires.

Taragüy, nombre que los Guaraníes del tiempo de la conquista dieron á lo que es hoy ciudad de Corrientes, á causa de los muchos lagartos que en aquel paraje se observaban metidos en las hendiduras de las paredes.

Taralayoc, paraje poblado, Iruya, Salta.

Tareyí, finca rural, Santo Tomé, Corrientes.

Tarija, rio, Rivadavia, Salta. Nace en las mesetas bolivianas, cerca de Tarija, sigue con rumbo general al Sud, recibe en la márgen izquierda las aguas del rio Itau y desagua en juntas de San Antonio, en la márgen izquierda del rio Bermejo.

Tarma, lugar poblado, Chucul, Juarez Celman, Córdoba.

Tarrhué, estancia, Ctl 4, Mar Chiquita, Buenos Aires.

Tarruca la, establecimiento rural, Ctl 1, Veinte y Cinco de Mayo, Buenos Aires.

Tartagal, [1] arroyo, Rivadavia, Salta. Es un insignificante arroyo que corta el paralelo de los 22° de latitud á los 63° de longitud O. de Greenwich. Termina pronto su curso por absorcion del suelo. Lo menciono únicamente por la ridícula celebridad que ha adquirido este nombre, con motivo de un proyecto estrafalario de ferro-carril.

Tártago, 1) el, estancia, Concépcion, Corrientes. 2) finca rural, Paso de los Libres, Corrientes.

Tártagos, 1) lugar poblado, Copacabana, Ischilin, Córdoba. 2) arroyo de los, Sobremonte, Córdoba. Nace en la sierra de San Francisco, corre de O. á E., pasa por el pueblo de Caminiaga y termina luego su curso por absorcion del suelo.

Tartaguito, 1) finca rural, Mercedes, Corrientes. 2) finca rural, Santo Tomé, Corrientes.

Tartaguitos, finca rural, Concepcion, Corrientes.

Tartaria, finca rural, Goya, Corrientes.

Taruca-Pampa, 1) meseta de la sierra de San Luis, Conlara, San Martin, San Luis. $\alpha = 1180$ m 2) distrito del departamento Salavina, Santiago del Estero. 3) lugar poblado, Salavina, Santiago. C, E. 4) estancia, Burruyaco, Tucuman. En el camino de Burruyaco á Tucuman.

Tásis, lugar poblado, Litin, Union, Córdoba.

Tastil 1) el, paraje poblado, Rosario de Lerma, Salta. 2) arroyo, Rosario de Lerma, Salta. Nace en el nevado de Acay y es uno de los orígenes del arroyo de Toro.

Tataré, [1] 1) finca rural Bella Vista, Corrientes. 2) finca rural, Concepcion, Corrientes. 3) finca rural, Goya, Corrientes. 4 finca rural, Ituzaingó, Corrientes. 5) estero, Ituzaingó, Corrientes.

Tatay, 1) establecimiento rural, Ctl 3, Cármen de Areco, Buenos Aires. 2) la

---

1 Paraje poblado de tártago. (Ricinus communis).

1 Arbol (Pithecolobium tortum Mart.)

guna, Ctl 3, Cármen de Areco, Buenos Aires.

Tatú [1] el, establecimiento rural, Ctl 6, Zárate, Buenos Aires.

Tatutí, 1) distrito del departamento Federacion, Entre Rios. 2) arroyo, Tatutí, Federacion, Entre Rios. Desagua en la márgen derecha del Mocoretá, en direccion de O. á E.

Tayi, 1) finca rural, Mercedes, Corrientes. 2) finca rural, San Miguel, Corrientes.

Tayití. 1) finca rural, Caacati, Corrientes. 2) estancia, Concepcion, Corrientes.

Taylor, arroyo, La Plata, Buenos Aires.

Teca, arroyo, Chubut. Es un afluente de rio Chubut en la márgen derecha, y en su curso superior. Corre con rumbo general de SO. á NE. y recibe cerca de su desagüe, en la orilla izquierda, los arroyos Mairioca y Lepa, y en la derecha el Quichaure.

Tegua, 1) cuartel de la pedanía Tegua y Peñas, Rio Cuarto, Córdoba. 2) aldea, Tegua y Peñas, Rio Cuarto, Córdoba. Tiene 325 habitantes. (Censo del 1° de Mayo de 1890.) E. 3) arroyuelo, Tegua y Peñas, Rio Cuarto, Córdoba. Nace en unas lagunitas situadas entre la sierra de Comechingones y los remates australes de la de los Cóndores. Termina en la pampa, por absorcion del suelo. 4) de Abajo, lugar poblado, Tegua y Peñas, Rio Cuarto, Córdoba. 5) de Arr.ba, lugar poblado, Tegua y Peñas, Rio Cuarto, Córdoba. 6) y Peñas, pedanía del departamento Rio Cuarto, Córdoba. Tiene 1248 habitantes. (Censo m.)

Tejada, arroyo, Humahuaca, Jujuy. Nace en la Puna y desemboca en la márgen derecha del rio Grande de Jujuy, cerca de Negra Muerta.

Tejar, arroyo del, Monteros, Tucuman. Es un tributario del arroyo Romanos.

Tejera la, laguna, Ctl 2, Vecino, Buenos Aires.

Tejeria la, paraje poblado, Perico del Cármen, jujuy.

Telares, 1) cuartel de la pedanía Chuñaguasi, Sobremonte, Córdoba. 2) aldea, Chuñaguasi, Sobremonte, Córdoba. Tiene 119 habitantes. (Censo del 1° de Mayo de 1890)

Telario, lugar poblado, Argentina, Minas, Córdoba.

Telarito, lugar poblado, Capayan, Catamarca. Por la via férrea dista 81 kms. de Recreo y 157 de Catamarca. $x = 249$ m. FCCN, ramal de Recreo á Chumbicha y Catamarca. C, T.

Telechea, establecimiento rural, Capital, Rioja.

Telen, paraje poblado, Departamento 7°, Pampa.

Telfener. Nombre del que fué empresario del ferro carril central Norte (trecho de Córdoba á Tucuman) y con el cual se bautizó en un principio la hoy estacion Monteagudo. Véase Monteagudo.

Temperley, pueblo, Lomas de Zamora, Buenos Aires. Por la via férrea dista 16 kms. de la Capital federal. Este pueblo es muy frecuentado en verano por la poblacion bonaerense. De aquí arranca un ramal del ferro-carril del Oeste que conduce á Cañuelas. Temperley es, además, estacion del ferro-carril del Sud y de un ramal del ferro carril del Oeste que une á La Plata con Buenos Aires. $x = 15$ m. FCS, FCO, C, T, E.

Tempestad la, estancia, Ctl 8, Trenque-Lauquen, Buenos Aires.

Temporales, laguna, Ctl 6, Chascomús, Buenos Aires.

Teodolina, 1) establecimiento rural, Ctl 1, Azul, Buenos Aires. 2) establecimiento rural, Ctl 3, Lincoln, Buenos Aires. 3) distrito del departamento General Lopez, Santa Fe. Tiene 1792 habitantes. (Censo del 7 de Junio de 1887.) 4) pueblo, Teo-

---

1 Un desdentado. Lo menciona Azara sin determinar la especie.

dolina, General Lopez, Santa Fe. Tiene 490 habitantes. (Censo m.) Dista 190 kms. del Rosario. Dentro de no mucho tiempo quizá alcanzará hasta este punto la prolongacion del ferro-carril Oeste Santafecino, ramal de Villa Casilda á Melincué. C, T, E. 5) colonia, Piamonte, San jerónimo, Santa Fe.

Teodora, 1) laguna, Ctl 8, Ayacucho, Buenos Aires. 2) finca rural, Caacatí, Corrientes.

Teodosia la, establecimiento rural, Ctl 5, Ayacucho, Buenos Aires.

Tercena 1) la, distrito del departamento Piedra Blanca, Catamarca. 2) lugar poblado, Parroquia, Pocho, Córdoba.

Tercero, 1) rio, Córdoba. Nace en la sierra Comechingones, departamento de Calamuchita, mediante la confluencia de los arroyos Santa Rosa, Grande, con su tributario el Durazno, y de la Cruz con su afluente el Quillinzo. El rio sale de la region montañosa por entre la sierra Chica y la de los Cóndores, recibiendo todavia, antes de internarse en la pampa, dos pequeños tributarios, uno que viene del Norte, el arroyo de Soconcho, y otro que viene del Sud, el arroyo Montecillo. Inmediatamente despues de haber franqueado el desfiladero forma una hermosa cascada en el Salto, tomando luego rumbo á SE. á través de la pampa. En su trayecto baña sucesivamente Capilla de Rodriguez, Pampayasta, Yucat, separa Villa Maria de Villa Nueva, pasa por Ballesteros y Bell-Ville y entra cerca de Cruz Alta en la provincia de Santa Fe, donde toma el nombre de Carcarañá. Cerca del pueblo Saladillo (departamento Márcos Juarez) recibe en la márgen derecha el rio Saladillo, que no es sino una continuacion del rio Cuarto, y al salir de la provincia de Córdoba, en Cruz Alta, recibe del Norte el arroyo de las Tortugas, que es un desagüe de la cañada de San Antonio, y del Sud, el arroyo

de las Mojarras, determinando ambos el límite natural entre las provincias de Córdoba y Santa Fe. Desde su salida de la sierra hasta Cruz Alta desarrolla el rio Tercero un trayecto de cerca de 300 kms, quedando todavia unos 130 kms. hasta su desembocadura en el Paraná, la que verifica en el histórico Rincon de Gaboto, llamado tambien Puerto Gomez. 2) *Abajo*, departamento de la provincia de Córdoba. Confina al Norte con el de Rio Segundo, al Este con el de Union, al Sud con el de Juarez Celman y al Oeste con el de Tercero Arriba. Su extension es de 5142 kms.² y su poblacion de 10524 habitantes. (Censo del 1º de Mayo de 1890.) El departamento está dividido en las 6 pedanías: Villa Nueva, Villa Maria, Yucat, Chazon, Algodon y Mojarras. Los núcleos de poblacion de 100 habitantes para arriba son los siguientes: Villa Maria, Villa Nueva, Villa Cuenca, Arroyo de Cabral, Yucat, Tiopújio, San Antonio, Arroyo San José, Las Tunas, Chazon y Mojarras. La cabecera del departamento es Villa Maria. 3) *Arriba*, departamento de la provincia de Córdoba. Confina al Norte con los departamentos Anejos Sud y Rio Segundo, al Este con Rio Segundo y Tercero Abajo, al Sud con Juarez Celman y Rio Cuarto y al Oeste con Calamuchita. Su extension es de 4952 kms.² y su poblacion de 7325 habitantes. (Censo del 1º de Mayo de 1890.) El departamento está dividido en las 6 pedanías: Punta del Agua, Zorros, Salto, Capilla Rodriguez, Pampayasta Norte y Pampayasta Sud. Los centros de poblacion de 100 habitantes para arriba, son los siguientes: Velez Sarsfield, Totoral, Perdices, San javier, Chañares, Arroyo del Pino, Zorros, Corral del Monte, Vizcacheras, Arroyo del Sud, Salto Norte, Salto Sud, Potreros del Sud, Ascasubi, Mosangano, Pozo de los Blas, Laguna

Larga y Costa Monte. La estacion Chañares, del ferro-carril central argentino,
es la cabecera del departamento.

Teresa, mina de galena argentífera en el
distrito mineral de San Antonio de los
Cobres, Poma, Salta.

Teresita la, estancia, Ctl 10, Trenque Lauquen, Buenos Aires.

Ternera la, laguna, Ctl 8, Bolívar, Buenos
Aires.

Terneraje, paraje poblado, Capital, Jujuy.

Tero [1] el, estancia, Ctl 5, Trenque-Lauquen, Buenos Aires.

Tesorero, paraje poblado, Capital, Jujuy.

Tesoro el, establecimiento rural, Ctl 3,
Veinte y Cinco de Mayo, Buenos Aires.

Teuco, brazo del rio Bermejo, Chaco y Formosa. Se separa del cauce principal entre
los 23 y 24° de latitud y vuelve á unír-
sele entre los 25 y 26°. El espacio que,
por término medio, separa el brazo de
la corriente principal es de unos 40 kms.

Thomas, colonia, Piamonte, San Jerónimo,
Santa Fe.

Thompson, establecimiento rural, Ctl 3,
Veinte y Cinco de Mayo, Buenos Aires.

Tia, 1) *Ana*, laguna, Ctl 6, Saladillo, Buenos Aires. 2) *Maria,* arroyo, Ctl 3, Magdalena, Buenos Aires.

Ticanayo, paraje poblado, Humahuaca,
Jujuy.

Ticucho, estancia, Trancas, Tucuman. Cerca de la confluencia del arroyo Vipos y
el rio Salí.

Tiendita la, finca rural, Cerrillos, Salta.

Tierra del Fuego, gobernacion. Situada
esta gobernacion al Sud de la de Santa
Cruz y separada del continente por el
estrecho de Magallanes, tiene por límites una línea que, partiendo del punto
denominado Cabo del Espíritu Santo en
la latitud 52° 40', se prolonga hácia el
Sud, coincidiendo con el meridiano occi-

---

1 Pájaro zancudo (Vanellus canayensis.)

dental de Greenwich 68° 34', hasta tocar en el canal Beagle; al Este y Sud
las aguas del Océano Atlántico. La Isla
de los Estados, separada de la extremidad Sudeste de la Tierra del Fuego por
el estrecho Le Maire forma tambien
parte de esta gobernacion. La punta
más austral de América, el cabo de Hornos, es chilena, lo mismo que la parte
de la Tierra del Fuego que se halla al
Oeste de la línea arriba mencionada. La
extension de la parte argentina de la
Tierra del Fuego es de 21048 kms. [2]
La isla es montañosa en el centro y el
Oeste, y llana en la parte oriental, abun-
dando en ésta el pasto y el monte. Desde el cabo Espíritu Santo hasta el rio
Pellegrini domina la pradera, extendiéndose al Sud la region de los bosques
antárticos. Los cerros Sarmiento (2000
m) y Darwin son sus cumbres más elevadas. El rio más importante es el Pellegrini (segun Lista) ó el juarez Celman
(segun Popper). Desemboca en el Atlántico, como los demás que fueron hallados
por Lista y Popper y que éstos han
bautizado cada uno á su gusto. Así se
comprende que Lista cite los rios ó arroyos de los Toldos, Doce de Diciembre,
Roca y San Pablo, mientras que Popper
los llama Cármen Sylva, Gama, San
Martin y Cullen. Además, Popper menciona todavia los rios ó arroyos Alfa y
Beta. Las principales especies zoológicas
de la isla son, segun Lista, los guanacos,
los ciervos y los tuartucos. Los fuegui-
nos no son numerosos ni belicosos; vi-
ven de la pesca y de la caza y ocupan
seguramente el peldaño más bajo en la
escala de la cultura humana. El decreto
de 27 de Junio de 1885, divide este territorio en 3 departamentos, á saber:
Ushuaiá, Buen Suceso y San Sebastian.
Los límites de estos departamentos son:
Ushuaiá: por el Norte los 54° de latitud
austral, por el Este el meridiano de los

67° O. Greenwich; por el Sud el canal de Beagle y por el poniente el límite de la república con Chile. —Buen Suceso: por el Norte, Este y Sud el Océano Atlántico, comprendiendo la isla de los Estados, y por el Oeste el meridiano de los 67° O G.—San Sebastian: por el Norte y Este el Océano Atlántico, por el Sud el paralelo de los 54° y por el Oeste el referido límite de la República con Chile. Ushuaiá, situada en el canal Beagle, donde hay una mision evangélica para civilizar indios, es el asiento de las autoridades de ésta gobernacion.

Tierras Blancas, paraje poblado, Nueve de Julio, Mendoza.

Tigra, 1) la, establecimiento rural, Ctl 6, Azul, Buenos Aires. 2) estancia, Ctl 10, Bahia Blanca, Buenos Aires. 3) arroyo, Ctl 10, Bahia Blanca, Buenos Aires. 4) laguna, Ctl 9, Bragado, Buenos Aires. 5) laguna, Castelli, Buenos Aires. Es atravesada por el Rio Salado. 6) laguna, Ctl 5, Juarez, Buenos Aires. 7) arroyo, Ctl 2, Loberia, Buenos Aires. 8) laguna, Ctl 3, Nueve de Julio, Buenos Aires. 9) establecimiento rural, Ctl 6, Olavarria, Buenos Aires. 10) nombre antíguo de una estacion del ferro-carril del Sud en el partido de Olavarria. Véase Pourtalé. 11) establecimiento rural, Ctl 4, Puan, Buenos Aires. 12) laguna, Ctl 4, Puan, Buenos Aires. 13) laguna, Ctl 2, Rauch, Buenos Aires. 14) establecimiento rural, Ctl 8, Tapalqué, Buenos Aires. 15) laguna, Ctl 8, Tapalqué, Buenos Aires. 16) establecimiento rural, Ctl 8, Trenque Lauquen, Buenos Aires. 17) establecimiento rural, Ctl 7, Tres Arroyos, Buenos Aires. 18) laguna, Ctl 7, Tres Arroyos, Buenos Aires. 19) laguna, Ctl 8, Vecino, Buenos Aires. 20) laguna, Ctl 4, Veinte y Cinco de Mayo, Buenos Aires. 21) cañada de la, San Justo, Córdoba.

Tigras, vertiente, Santa Rosa, Junin, San Luis.

Tigre, 1) del, vertiente, Ctl 7, Ajó, Buenos Aires. 2) el, laguna, Ctl 4, Alsina, Buenos Aires. 3) laguna, Ctl 8, Ayacucho, Buenos Aires. 4) el, laguna, Ctl 8, Balcarce, Buenos Aires. 5) el, laguna, Ctl 2, Bolívar, Buenos Aires. 6) brazo del arroyo de Las Conchas que forma con éste y el arroyo Lujan, la llamada isla del Tigre, Las Conchas, Buenos Aires, 7) lugar poblado, Las Conchas, Buenos Aires. Por la vía férrea dista 30 kms. de la Capital federal. Paraje muy frecuentado en verano. Gran Hotel. FCN, C, T, E. 8) el, laguna, Ctl 4, Lujan, Buenos Aires. 9) el, laguna, Ctl 5, Maipú, Buenos Aires. 10) estancia, Ctl 3, Patagones, Buenos Aires. 11) laguna, Ctl 6, Saladillo, Buenos Aires. 12) laguna, Ctl 3, Suarez, Buenos Aires. 13) estancia, Ctl 5, Trenque-Lauquen, Buenos Aires. 14) laguna, Ctl 1, Vecino, Buenos Aires. 15) laguna, Ctl 12, Veinte y Cinco de Mayo, Buenos Aires. 16) lugar poblado, Tala, Rio Primero, Córdoba. 17) laguna, Esquina, Corrientes. 18) el, finca rural, Sauce, Corrientes. 19) arroyo, Sauce y Curuzú Cuatiá, Corrientes. Es un afluente del arroyo Barrancas en la márgen izquierda y es en toda su extension límite entre los departamentos Sauce y Curuzú-Cuatiá. 20) del, arroyo, Villaguay, Entre Rios. Desagua en la márgen derecha del Gualeguay en direccion de O. á E. Es en toda su extension límite entre los distritos Mojones al Sud y Raices. 21) el, distrito mineral en la sierra de Famatina, Rioja. Encierra 48 minas de plata. (Hoskold). 22) laguna, Capital, Santa Fe. Es formada por el arroyo Calchaquí. 23) *Chico*, laguna, Ctl 11, Dolores, Buenos Aires. 24) *Grande*, laguna, Ctl 11, Dolores, Buenos Aires.

Tigrecito, arroyo, Raíces, Villaguay, Entre Rios. Es un tributario del Tigre en la márgen derecha.

Tigres los, establecimiento rural, Ctl 3, Suarez, Buenos Aires.

Tijeras, 1) de las, arroyo, Ctl 2, Ajó, Buenos Aires. 2) las, laguna, Ctl 5, Lincoln, Buenos Aires.

Tilcara, 1) departamento de la provincia de Jujuy. Está situado al Norte del departamento Tulumba. Se divide en los 7 distritos : Tilcara, Huacalera, Juella, Yaquis-Pampa, Yacoraite, Yala y Maimará. Su extension es de 2700 kms.[2] y su poblacion conjetural de 4100 habitantes. El departamento es regado por el rio Grande y los arroyos Alonso, Las Animas, Burruyaco, Yaquis-Pampa, Matanzas, Colorado, Abramayo. Estanque, Yacoraite, Guichara, Juella, Pucará, Pocoyoc, Azul, Huaico, San Antonio, San José, Durazno, Lipan, Chilca, Charquillar y otros no denominados. En Tilcara, Huacalera y Maimará existen centros de poblacion. 2) aldea, Tilcara, Jujuy. Es la cabecera del departamento. Tiene unos 700 habitantes. $\varphi = 23° 27'$; $\lambda = 65° 26'$; $\alpha = 2500$ m. (Bertrand). C, E. 3) arroyo, Tilcara, Jujuy. Nace en la sierra de Tilcara y desemboca en la márgen izquierda del rio Grande de jujuy, en Tilcara. 4) *Pucará,* paraje poblado, Tilcara, Jujuy. 5) *Pucarita,* paraje poblado, Tilcara, Jujuy.

Tilian, paraje poblado, Chicoana, Salta. E.

Tilicayo, paraje poblado, Humahuaca, Jujuy.

Tilisarao, sierra, Estanzuela y Renca, Chacabuco, San Luis. Es una sierra baja que surge en el límite de los partidos Estanzuela y Renca. Se eleva por término medio á 850 metros de altura.

Tilloro, arroyo, Ctl 7, Balcarce, Buenos Aires.

Tilqui, arroyo, Neuquen. Es un tributario del Neuquen en la márgen izquierda.

Tilquiza, paraje poblado, Capital, Jujuy.

Timba, lugar poblado, Litin, Union, Córdoba.

Timbó, [1] 1) lugar poblado, Chaco. Véase

Puerto Bermejo. 2) paraje poblado, Goya, Corrientes. 3) laguna, Itatí, Corrientes. 4) estancia, La Cruz, Corrientes. 5) lugar poblado, Mercedes, Corrientes. 6) finca rural, San Luis, Corrientes. 7) finca rural, San Miguel, Corrientes. 8) paraje poblado, San Roque, Corrientes. 9) paraje poblado, Santo Tomé, Corrientes. 10) paraje poblado, Rosario de Lerma, Salta. 11) colonia, San Javier, Santa Fe. C, T. 12) aldea, Burruyaco, Tucuman. En el ángulo SO. del departamento, á corta distancia del rio Salí y distante 30 kms. de Tucuman. E. 13) arroyo, Burruyaco, Tucuman. Es un pequeño tributario del Salí, en la márgen izquierda. Tiene su nacimiento á inmediaciones del pueblo Timbó.

Timbocito, finca rural, Mercedes, Corrientes.

Timbotí, finca rural, Caacatí, Corrientes.

Timboy, 1) estancia, Monte Caseros, Corrientes. 2) arroyo, Monte Caseros, Corrientes. Desagua en el Uruguay, á corta distancia al Sud de Monte Caseros. El Curupicay, el Chajan, el Totora y el Aguará son sus afluentes en la orilla derecha y el Ibicuy en la orilla izquierda.

Timo, lugar poblado, Rio Hondo, Santiago. E.

Timon-Cruz, 1) pedanía del departamento Rio Primero, Córdoba. Tiene 2736 habitantes. (Censo del 1° de Mayo de 1890.) 2) cuartel de la pedanía del mismo nombre, Rio Primero, Córdoba. 3) aldea, Timon Cruz, Rio Primero, Córdoba. Tiene 143 habitantes. (Censo m.) $\varphi = 30° 58'$; $\lambda = 63° 31'$.

Timon Hacheado, estancia, Trancas, Tucuman. En la sierra de los Calchaquíes, á orillas del arroyo de la Cueva.

Timones, 1) lugar poblado, Jagüeles, General Roca, Córdoba. 2) lugar poblado, General Mitre, Totoral, Córdoba.

Tincunaco, lugar poblado, San Bartolomé, Rio Cuarto, Córdoba.

---

1 Arbol corpulento (Paullinia sp.)

Tingui, finca rural, La Cruz, Corrientes.

Tinguirica, volcan de la Cordillera, Veinte y Cinco de Mayo, Mendoza. En su falda nace el rio Salado. $\varphi = 34^\circ\ 50'$; $\lambda = 70^\circ\ 53'$; $x = 4500$ m.

Tinoco, aldea, La Esquina, Rio Primero, Córdoba. Tiene 164 habitantes. (Censo del 1º de Mayo de 1890.)

Tinogasta, 1) departamento de la provincia de Catamarca. Confina al Norte con Chile, al Este con el departamento Belén, al Sud con la provincia de La Rioja y al Oeste con Chile. Su extension es de 30703 kms^2 y su poblacion conjetural de 11400 habitantes. Está dividido en los 10 distritos: Tinogasta, Copacabana, Rio Colorado, Cordobita, Cerro Negro, San josé, Los Puestos, Fiambalá, Cuesta de Reyes y Sanjil. En Copacabana, San José, Aniyaco, Fiambalá, Cerro Negro, Rio Colorado y Cachiyuyo existen centros de poblacion. 2) distrito del departamento Tinogasta, Catamarca. 3) villa, Tinogasta, Catamarca. Es la cabecera del departamento. Dista de la capital provincial 251 kms. Tiene unos 2000 habitantes. $\varphi = 28^\circ\ 14'$; $\lambda = 67^\circ\ 33'$; $x = 1200$ m. C, T, E. 4) arroyo. Véase arroyo Fiambalá.

Tinta, 1) la, establecimiento rural, Ctl 3, Juarez, Buenos Aires. 2) laguna, Ctl 3, Juarez, Buenos Aires. 3) sierra, Juarez Buenos Aires. Esta sierra es formada por lomadas desprendidas de la sierra del Tandil. Se extiende al Este del pueblo de Juarez.

Tintin [1], paraje poblado, Cachi, Salta.

Tintincillo, paraje poblado, San Cárlos, Salta.

Tio, 1) el, lugar poblado, Molinos, Calamuchita, Córdoba, 1) lugar poblado, Concepcion, San Justo, Córdoba. Por la vía férrea dista 135 kms. de Cordoba y 217 de Santa Fe. $x = 138$ m. FCSFC, C, T. 3) villa, San Justo, Córdoba. Véase Concepcion del Tio. 4) Alto, distrito del departamento Atamisqui, Santiago. 5) Domingo, laguna, Ctl 6, Veinte y Cinco de Mayo, Buenos Aires. 6) Mayo, paso en la sierra Chica, Córdoba. Tiene 1600 metros de altura y comunica los pueblos San Vicente y Dolores. 7) Nico, vertiente, Albardon, San juan. 8) Pampa, paraje poblado, Molinos, Pampa.

Tiopújio, 1) aldea, Yucat, Tercero Abajo, Córdoba. Tiene 344 habitantes. (Censo del 1º de Mayo de 1890.) Por la vía férrea dista 124 kms. de Córdoba y 271 del Rosario. FCCA, C, T. 2) lugar poblado, Zorros, Tercero Arriba, Córdoba.

Tiopunco, aldea, Tafí, Trancas, Tucuman. En la orilla derecha del rio Santa María, frente á Bañado.

Tipa, [1] 1) estancia, Rio Chico, Tucuman. En la orilla derecha del arroyo Medina. 2) Sola, estancia, Guachipas, Salta.

Tipal, [2] 1) paraje poblado, Perico del Cármen, jujuy. 2) paraje poblado, Chicoana, Salta. 3) paraje poblado, Oran, Salta.

Tipalitas, paraje poblado, Oran, Salta.

Tipas, 1) las, finca rural, Capital, Salta. 2) estancia, Capital, Tucuman. En la orilla derecha del arroyo Planchones. 3) estancia, Trancas, Tucuman. En la orilla izquierda del arroyo de Colalao.

Tipayoc. 1) distrito del departamento Iruya, Salta. 2) paraje poblado, Tipayoc, Iruya, Salta.

Tipi, arroyo, Basualdo, Feliciano, Entre Rios. Desagua en la márgen izquierda del Guayquiraró, en direccion de SE. á NO.

Tipiro, 1) distrito del departamento de la Capital, Santiago del Estero. 2) lugar poblado, Tipiro, Capital, Santiago. E.

---

1 En quichua, las granadillas; fruta conocida, dice el diccionario del padre Mossi

1 Arbol (Machaerium Tipa.) — 2 Paraje poblado de tipas.

Tiporco, cerros de, Rosario, Pringles, San Luis. Estos cerros culminan en el cerro Pilon.

Tiquilcho, lugar poblado, La Paz, San Javier, Córdoba.

Tiquino, finca rural, San Luis, Corrientes.

Tiracsi, arroyo, Valle Grande, Jujuy. Es uno de los elementos de formacion del arroyo Ledesma.

Tirolese la, finca rural, Santo Tomé, Corrientes.

Tito, arroyo, Ctl 2, Salto, Buenos Aires.

Tiunpunco, lugar poblado, Matará, Santiago. E.

Tixier, colonia, Cruz Alta, Márcos juarez, Córdoba. Fué fundada en 1887, en una extension de 4143 hectáreas. Está situada á inmediaciones de la estacion General Roca, del ferro - carril central argentino.

Toay (Santa Rosa de), pueblo, Departamento 2°, Pampa. Por la via férrea dista 349 kms. de Bahía Blanca, 307 de Villa Mercedes, 417 de Rio Cuarto y 1058 de Buenos Aires. Es estacion del ferrocarril de Bahía Blanca á Villa Mercedes, actualmente en construccion. φ = 36' 43'; λ = 64° 25'. C, T, E.

Toba, [1] 1) el, paraje poblado, Perico del Cármen, Jujuy. 2) distrito del departamento San Javier, Santa Fe. Tiene 286 habitantes. (Censo del 7 de junio de 1887). 3) cañada, San javier, Santa Fe. En ella tiene su orígen el arroyo Caraguatay, que más abajo se llama Saladillo Amargo. Esta cañada forma en toda su extension el límite entre los departamentos San Javier y de la Capital.

Tobar, pueblo, Chiclgasta, Tucuman. En la orilla izquierda del arroyo Chico.

Tobares, laguna, Ctl 3, Mar Chiquita, Buenos Aires.

Tobay, estero, Goya, Corrientes.

Tocante, paraje poblado, Tilcara, Jujuy.

Tocayos los, estancia, Ctl 5, Giles, Buenos Aires.

Tocola, 1) distrito minero del departamento Iglesia, San Juan. Encierra plata. 2) poblacion agrícola, Iglesia, San Juan.

Tocomé, aldea, Monsalvo, Calamuchita, Córdoba. Tiene 113 habitantes. (Censo del 1° de Mayo de 1890).

Toda Fuerza, finca rural, Goya, Corrientes.

Todos los Santos, 1) estancia, Ctl 5, Necochea, Buenos Aires. 2) arroyo, Rivadavia, Buenos Aires. Es tributario del Samborombon en la márgen izquierda. Recibe las aguas del arroyo Santa Isabel. 3) establecimiento rural, Ctl 11, Veinte y Cinco de Mayo, Buenos Aires. 4) laguna, Ctl 7, Veinte y Cinco de Mayo, Buenos Aires. 5) lugar poblado, Manzanas, Ischilin, Córdoba.

Toja, chacra, Trinidad, San Juan.

Tolapampa, lugar poblado, La Viña, Salta. E.

Tolas, distrito minero del departamento jachal, San Juan. Encierra plata.

Tolditos, 1) lugar poblado, Chucul, juarez Celman, Córdoba. 2) sierra, Veinte y Cinco de Mayo, Mendoza.

Toldo, [1] el, paraje poblado, San Pedro, Jujuy.

Toldos, 1) los, arroyo, Ctl 4, Chascomús, Buenos Aires. 2) de los, laguna, Ctl 1, Necochea, Buenos Aires. 3) establecimiento rural, Ctl 4, Pila, Buenos Aires. 4) arroyo, Ctl 5, Saladillo, Buenos Aires. 5) laguna, Ctl 5, Saladillo, Buenos Aires. 6) laguna, Ctl 3, Tuyú, Buenos Aires. 7) *Viejos,* establecimiento rural, Ctl 5, Saladillo, Buenos Aires.

Toledo, 1) estancia, Bolivar, Buenos Aires. E. 2) arroyo, Ctl 5, San Fernando, Buenos Aires. 3) cuartel de la pedanía Ca-

---

[1] Indio del Chaco

[1] Cabaña de indio salvaje

seros, Anejos Sud, Córdoba. 4) estancia, Caseros, Anejos, Sud, Córdoba. Tiene 260 habitantes. (Censo del 1º de Mayo de 1890). Por la vía férrea dista 25 kms. de Córdoba y 370 del Rosario. FCCA, C, T. 5) laguna, San Cosme, Corrientes. 6) arroyo, Mandisovi, Federacion, Entre Rios. Desagua en la márgen derecha del Mocoretá, en direccion de O. á. E.

Tolo, 1) lugar poblado, Caminiaga, Sobremonte, Córdoba, 2) cumbre de la sierra de San Francisco, Sobremonte, Córdoba.

Tologua, lugar poblado, Choya, Santiago. E.

Tolombon, 1) distrito del departamento Cafayate, Salta. 2) aldea, Tolombon, Cafayate, Salta. $\alpha = 1800$ m. E.

Tolosa, 1) laguna, Ctl 8, Bragado, Buenos Aires. 2) suburbio de la ciudad de La Plata, Buenos Aires. Por la vía férrea dista 3 ½ kms. de La Plata y 53 de Buenos Aires. $\alpha = 9$ m. FCE, FCO, C, T, E.

Toma, 1) la, suburbio de la ciudad de Córdoba, al Oeste de la misma, en la orilla derecha del rio Primero. 2) la, aldea, Cruz del Eje, Cruz del Eje, Córdoba. Tiene 178 habitantes. (Censo del 1º de Mayo de 1890) 3) aldea, Ciénega del Coro, Minas, Córdoba. Tiene 100 habitantes. (Censo m.) 4) lugar poblado, Villamonte, Rio Primero, Córdoba. 5) lugar poblado, Panaolma, San Alberto, Córdoba. 6) cuartel de la pedanía San josé, Tulumba, Córdoba. 7) la, lugar poblado, San josé, Tulumba, Córdoba. 8) paraje poblado, Perico de San Antonio, jujuy. 9) finca rural, Capital, Rioja. 10) vertiente, Molinos, Castro Barros, Rioja. 11) la, finca rural, Rosario de la Frontera, Salta. 12) la, chacra, Larca, Chacabuco, San Luis. 13) la, lugar poblado, Rosario, Pringles, San Luis. Por la vía férrea dista 81 kms. de Villa Mercedes y 505 de La Rioja. $\alpha = 887$ m. Es estacion del ferro-carril de Villa Mercedes á La Rioja. C, T. 14) arroyo, Rosario, Prin-

gles, San Luis. Pasa por la Toma y termina en cañada.

Tomalasta, cumbre de los cerros de la Carolina, Carolina, Pringles, San Luis. Es el pico más elevado de la sierra de San Luis. $\varphi = 32º 49'$; $\lambda = 66º 5'$; $\alpha = 2034$ m. (Lallemant).

Tomás, mina, Candelaria, Cruz del Eje, Córdoba. Está situada en el paraje llamado «Yuspi.» Encierra cuarzo aurífero.

Tomasa la. establecimiento rural, Ctl 7, Azul, Buenos Aires.

Tomasita, establecimiento rural, Ctl 6, Rauch, Buenos Aires.

Tomasito, finca rural, Paso de los Libres, Corrientes.

Tomuco, paraje poblado, Molinos, Salta.

Tonelero, 1) el, estancia, Ctl 3, Ajó, Buenos Aires. 2) estancia, Ctl 4, 5, Ramallo, Buenos Aires. 3) isla en el Paraná, Ramallo, Buenos Aires. $\varphi = 33º 30'$; $\lambda = 59º 37'$. (Moussy)

Tontal, 1) distrito minero del departamento Calingasta, San Juan. Encierra plata. 2) sierra, San Juan. Es una cadena que se extiende paralelamente á la cordillera central desde Mendoza, donde se llama Paramillo, hasta la Rioja donde toma el nombre de sierra de Famatina. Se eleva por término medio hasta 4250 metros de altura Esta sierra es rica en plata y oro.

Topallar, mina de plata en la quebrada del Topallar, Ayacucho, San Luis.

Toquero, paraje poblado, Santa Catalina, Jujuy.

Toray, laguna, Itatí, Corrientes.

Tordillo, [1] 1) el, estancia, Ctl 6, Bolívar, Buenos Aires. 2) laguna, Ctl 12, Dolores, Buenos Aires. 3) el, laguna, Ctl 1, Pringles, Buenos Aires. 4) partido de la provincia de Buenos Aires. Fué creado en 1818. Está situado al SSE. de Buenos

---

[1] Dícese del caballo ó yegua de color negro entremezclado con blanco. (Granada).

Aires, en la ensenada de Samborombon, y confina con los partidos Castelli, Ajó, Monsalvo y Dolores. Tiene 1201 kms.[2] de extension y una poblacion de 1521 habitantes. (Censo del 31 de Enero de 1890). Escuelas no hay más que una en el Asilo y otra en Tordillo. El partido es regado por los arroyos Perros, Víboras, Pantanoso, del Corralito, Hondo y Ramirez. La mayor parte del partido está cubierto de lagunas y pantanos. Toda la poblacion está desparramada por las estancias y puestos de campo. 5) pueblo en formacion, Tordillo, Buenos Aires. Es el asiento de las autoridades del partido. Por la vía férrea dista 25 kms. de Dolores, 66 de Lavalle (Ajó) y 228 de Buenos Aires. FCS, C, T, E. $\varphi = 36°$ 32' 5"; $\lambda = 58°$ 9' 14". 6) establecimiento rural, Ctl 2, Veinte y Cinco de Mayo, Buenos Aires. 7) estancia, Villarino, Buenos Aires. 8) laguna, Villarino, Buenos Aires. 9) arroyo, Veinte y Cinco de Mayo, Mendoza. Es uno de los numerosos arroyos que en su confluencia dan origen al rio Grande.

Torditos, [1] paraje poblado, Perico del Cármen, Jujuy.

Torno, distrito minero de la puna, Santa Catalina, Jujuy. Situado en los alrededores de Santa Catalina.

Tornquist, colonia, Bahía Blanca, Buenos Aires. Por la vía férrea dista 628 kms. de la Capital federal. $x = 283,7$ m. FCS, C, T, E.

Toro 1) el, laguna, Ctl 4, Alsina, Buenos Aires. 2) laguna, Ctl 6, Bragado, Buenos Aires. 3) laguna, Ctl 10, Chascomús, Buenos Aires. 4) el, arroyo, Ctl 12, Dolores, Buenos Aires. 5) laguna, Ctl 11, Dorrego, Buenos Aires. 6) establecimiento rural, Ctl 4, Guaminí, Buenos Aires. 7) establecimiento rural, Ctl 3, Las Flo-

res, Buenos Aires. 8) arroyo, Ctl 3, Las Flores, Buenos Aires. 9) laguna, Ctl 3, Las Flores, Buenos Aires. 10) establecimiento rural, Ctl 3, Lincoln, Buenos Aires. 11) cañada, Ctl 7, 8, 9, Lobos, Buenos Aires. Desagua en la laguna de Lobos. 12) laguna, Ctl 9, Lobos, Buenos Aires. 13) estancia, Ctl 4, Magdalena, Buenos Aires. 14) establecimiento rural, Ctl 11, Nueve de Julio, Buenos Aires. 15) establecimiento rural, Ctl 5, Pila, Buenos Aires. 16) arroyo, Ctl 5, Saladillo, Buenos Aires. 17) laguna, Ctl 4, Saladillo, Buenos Aires. 18) estancia, Ctl 7, Trenque-Lauquen, Buenos Aires. 19) arroyo del, Rosario de Lerma y Cerrillos, Salta. Nace en el nevado de Acay, recorre la larga quebrada del Toro con rumbo á SE., pasando sucesivamente por Tastil, Villa Sola, Cebada, Gólgota, Ingamayo, Condado, Sauces, Rosario de Lerma y Sumalao, y desagua poco abajo de este último punto en la márgen derecha del arroyo Arias. 20) laguna, Capital, Santa Fe. Es formada por el arroyo Calchaqui. 21) arroyo, Famaillá, Tucuman. Es un pequeño tributario del Lules en la márgen derecha. 22) *Muerto,* lugar poblado, Toyos, Ischilin, Córdoba 23) *Muerto,* lugar poblado, San Cárlos, Minas, Córdoba. 24) *Muerto,* lugar poblado, Tránsito, San Alberto, Córdoba. 25) *Muerto,* vertiente, Rosario, Independencia, Rioja.

Toroi, finca rural, Itatí, Corrientes.

Toropí, [1] finca rural, Bella Vista, Corrientes.

Tororatay, [2] estancia, Mercedes, Corrientes.

Toros 1) los, establecimiento rural, Ctl 5, 8, 9, Baradero, Buenos Aires. 2) cañada, Ctl 5, 8, Baradero, Buenos Aires. Es un pequeño tributario del arroyo Caaguané, en su márgen derecha.

---

1 Tordo = Pájaro (Molothrus sericens).

1 Cuero sobado de animal vacuno que, á manera de capote ó manta, se echaban sobre los hombros los indios minuanes y charrúas. — 2 Arbol de especie aun indeterminada.

Toroyaco, paraje poblado, Iruya, Salta.

Torquera la, establecimiento rural, Ctl 1, Azul, Buenos Aires.

Torralito, estancia, Campo Santo, Salta.

Torre 1) la, paraje poblado, Capital, jujuy. 2) arroyo, Beltran, Mendoza. Es un tributario del rio Grande en la márgen izquierda.

Torrecilla, 1) cuartel de la pedanía Ambul, San Alberto, Córdoba. 2) lugar poblado, Ambul, San Alberto, Córdoba.

Torrecillas, arroyo serrano, Beltran, Mendoza. Es un afluente del Malargüe en la márgen derecha.

Torreon, arroyo, Beltran. Mendoza. Es un tributario serrano del rio Barrancas en la márgen izquierda.

Torres 1) las, establecimiento rural, Ctl 3, Alsina, Buenos Aires. 2) laguna, Saladas, Corrientes. 3) las, estancia, San Roque, Corrientes. 4) arroyo, Tatutí, Federacion, Entre Rios. Es un tributario del Tatutí en la márgen derecha. 5) las, finca rural, Belgrano, Rioja. 6) *Cord,* estancia, Mburucuyá, Corrientes. 7) *Cué,* finca rural, Caacatí, Corrientes. 8) *Cué,* finca rural, Concepcion, Corrientes.

Tortuga 1) la, laguna, Ctl 7, Pila, Buenos Aires. 2) laguna, Saladas, Corrientes. 3) laguna, San Miguel, Corrientes.

Tortugas, 1) establecimiento rural, Ctl 7, Pila, Buenos Aires. 2) colonia, Espinillos, Márcos juarez, Córdoba. Fué fundada en 1870 en tierras del ferro carril central argentino y en una extension de 16233 hectáreas. Está situada en las márgenes del arroyo del mismo nombre, á inmediaciones de la estacion General Roca. C, E. 3) las, finca rural, Belgrano, Mendoza. 4) paraje poblado, La Paz, Mendoza. 5) distrito del departamento Iriondo, Santa Fe. Tiene 2146 habitantes. (Censo del 7 de junio de 1887.) 6) pueblo, Tortugas, Iriondo, Santa Fe. Tiene 334 habitantes. (Censo m.) Por la via férrea dista 113 kms. del Rosario

y 282 de Córdoba. $\varphi = 32°$ 44'; $\lambda = 61°$ 50'; $\alpha = 74$ m. FCCA, C, T. 7) colonia, Tortugas, Iriondo, Santa Fe. Tiene 637 habitantes. (Censo m.) 8) arroyo, Santa Fe y Córdoba. Es un tributario del rio Tercero (Carcarañá) en la márgen izquierda. Nace en la cañada de San Antonio, que forma junto con el arroyo de las Tortugas el límite actual entre las provincias de Córdoba y Santa Fe.

Tosca [1] 1) la, laguna, Ctl 2, Ayacucho, Buenos Aires. 2) la, laguna, Ctl 6, Azul, Buenos Aires. 3) laguna, Ctl 5, Bolivar, Buenos Aires. 4) laguna, Ctl 3, Las Flores, Buenos Aires. 5) laguna, Ctl 5, Olavarria, Buenos Aires. 6) la, establecimiento rural, Ctl 4, San Isidro, Buenos Aires. 7) laguna, Ctl 2, Tapalqué, Buenos Aires. 8) *Chica,* establecimiento rural, Ctl 6, Olavarria, Buenos Aires. 9) *Chica,* laguna, Ctl 6, Olavarria, Buenos Aires. 10) *Cuá,* lugar poblado, Esquina, Corrientes. 11) *Cué,* lugar poblado, Sauce, Corrientes.

Toscana 1) la, establecimiento rural, Ctl 2, Alsina, Buenos Aires. 2) colonia, San José de la Esquina, San Lorenzo, Santa Fe.

Toscas 1) las, estancia, Ctl 2, Ayacucho, Buenos Aires. 2) laguna, Ctl 9, Bragado, Buenos Aires. 3) laguna, Ctl 4, Chacabuco, Buenos Aires. Es atravesada por el rio Salado. 4) laguna, Ctl 14, Dolores, Buenos Aires 5) arroyo, Ctl 16, Juarez, Buenos Aires. 6) las, laguna, Ctl 3, Juarez, Buenos Aires. 7) laguna, Ctl 5, Lobos, Buenos Aires. 8) laguna, Ctl 1, Mar Chiquita, Buenos Aires. 9) arroyo, Ctl 2, Merlo, Buenos Aires. 10) laguna, Ctl 6, Navarro, Buenos Aires. 11) laguna, Ctl 5, Nueve de Julio, Buenos Aires. 12) las, laguna, Ctl 3, Puan, Buenos

_____

1 Cal de agua que se ha concentrado debajo de la capa arcillosa de la pampa por la accion de las aguas, en trozos ó mantas más ó menos espesas.

Aires. 13) laguna, Ctl 5, Pueyrredon, Buenos Aires. 14) laguna, Ctl 1, Tandil, Buenos Aires. 15) las, laguna, Ctl 10, Tres Arroyos, Buenos Aires. 16) laguna, Ctl 8, Veinte y Cinco de Mayo, Buenos Aires. 17) lugar poblado, Pichanas, Cruz del Eje, Córdoba. 18) lugar poblado, Quilino, Ischilin, Córdoba. 19) pedanía del departamento San Alberto, Córdoba. Tiene 1800 habitantes. (Censo del 1° de Mayo de 1890.) 20) las, cuartel de la pedanía del mismo nombre, San Alberto, Córdoba. 21) aldea, Toscas, San Alberto, Córdoba. Tiene 691 habitantes. (Censo m.) E. 22) arroyo, Tunuyan, Mendoza. Es un tributario serrano del Tunuyan en la márgen derecha. 23) distrito del departamento San Javier, Santa Fe. Tiene 1173 habitantes. (Censo del 7 de junio de 1887.) 24) pueblo, Las Toscas, San Javier, Santa Fe. Tiene 329 habitantes. (Censo m.) C, T, E.

Tosma, lugar poblado, Panaolma, San Alberto, Córdoba.

Tosquea, finca rural, Rivadavia, Rioja.

Tosquita, laguna, Ctl 9, Cañuelas, Buenos Aires.

Tosquitas, lugar poblado, Cóndores, Calamuchita, Córdoba.

Tótora [1] 1) la, laguna, Ctl 12, Bragado, Buenos Aires. 2) establecimiento rural, Ctl 2, Juarez, Buenos Aires. 3) laguna, Ctl 2, Juarez, Buenos Aires. 4) laguna, Ctl 16, Lincoln, Buenos Aires. 5) laguna, Ctl 8, Loberia, Buenos Aires. 6) establecimiento rural, Ctl 6, Olavarria, Buenos Aires. 7) arroyo, Ctl 5, Pueyrredon, Buenos Aires. Desagua en el Océano Atlántico. 8) laguna, Ctl 8, Saladillo, Buenos Aires. 9) laguna, Ctl 12, Tandil, Buenos Aires. 10) laguna, Ctl 7, Tres Arroyos, Buenos Aires. 11) mina de galena argentífera, Ciénega del Coro,

Minas, Córdoba. $\varphi = 31°$; $\lambda = 64° 54'$; $z = 1000$ m. (Brackebusch.) 12) estancia, Monte Caseros, Corrientes. 13) arroyo, Monte Caseros Corrientes. Es un tributario del Timboy en la orilla derecha. 14) arroyo, Monte Caseros, Corrientes. Es un tributario del Mocoretá en la orilla izquierda. 15) laguna, San Cosme, Corrientes. 16) estancia, San Miguel, Corrientes. 17) paraje poblado, Beltran, Mendoza. 18) canal de, Capital, San Luis. En él principia á formar su cajon el rio Bebedero. $\varphi = 33° 50' 12''$; $\lambda = 66° 35' 10''$. (Lallemant.) 19) chacra, Conlara, San Martin, San Luis. 20) finca rural, San Lorenzo, San Martin, San Luis.

Totoraguasi. 1) cuartel de la pedanía Guasapampa, Minas, Córdoba. 2) aldea, Guasapampa, Minas, Córdoba.

Totoral, [1] 1) cañada, Baradero, Buenos Aires. Es tributaria de la cañada Honda en su márgen izquierda. 2) el, establecimiento rural, Ctl 4, Monte, Buenos Aires. 3) arroyo, Ctl 1, Monte, Buenos Aires. Une las lagunas del Monte, de las Perdices, del Seco y de Maipú. 4) laguna, Ctl 4, Monte, Buenos Aires. 5) estancia, Ctl 6, Necochea, Buenos Aires. 6) vertiente, Mogotes, Ancasti, Catamarca. 7) vertiente, Miraflores, Capayan, Catamarca. 8) cuesta del, en la sierra del Alto, Paclin, Catamarca. $\varphi = 28°$; $\lambda = 66°$; $z = 1363$ m. (Moussy.) 9) aldea, Punta del Agua, Tercero Arriba, Córdoba. Tiene 208 habitantes. (Censo del 1° de Mayo de 1890.) 10) departamento de la provincia de Córdoba. Confina al Norte con los departamentos de Ischilin y Tulumba, al Este con el de Rio Primero, al Sud con el de Anejos Norte y al Oeste con el de Punilla. Tiene 4032 kms.[2] de extension y una poblacion de 10390

---

1 Planta (Typha domingensis.)

1 Paraje poblado de tótoras.

habitantes. (Censo del 1° de Mayo de 1890.) El depatamento está dividido en las 5 pedanías: Rio Pinto, General Mitre, Macha, Candelaria y Sinsacate. Los centros de poblacion de 100 habitantes para arriba son: Villa General Mitre, Santa Catalina, Sarmiento, Pozo-Correa, San Juan, La Pampa, San Lorenzo, Santa Maria, Corral de Mulas, Simbolar, Olivos, Peñas, Raimundo, Pozos, Aguada, Majadillas, Piquillines, Litin, Cañada de Lúcas, Columba, Cernida, Nintes, Quebrachitos, Cometierras, Sinsacate, San Isidro y San Pablo. La villa General Mitre es la cabecera del departamento, 11) pueblo, General Mitre, Totoral, Córdoba. Véase Villa General Mitre. 12) lugar poblado, Litin, Union, Córdoba. 13) finca rural, Esquina, Corrientes. 14) finca rural, Lavalle, Corrientes. 15) finca rural, Mercedes, Corrientes. 16) finca rural, Monte Caseros, Corrientes. 17) paraje poblado, Perico del Cármen, Jujuy. 18) paraje poblado, Tunuyan, Mendoza. En sus inmediaciones tienen su origen los arroyos Guiñazú, Carioca y Claro. 19) nombre antiguo del hoy departamento mendocino Tunuyan, Véase Tunuyan. 20) finca rural, Famatina, Rioja. 21) finca rural, Independencia, Rioja. 22) vertiente, Guaja, Rivadavia, Rioja. 23) finca rural, Campo Santo, Salta. 24) paraje poblado, Guachipas, Salta. 25) paraje poblado, Oran, Salta. 26) paraje poblado, Rosario de Lerma, Salta. 27) finca rural, Jachal, San Juan. 28) partido del departamento Coronel Pringles, San Luis. 29) paraje poblado, Totoral, Pringles, San Luis. 30) arroyo, San Luis. Riega los distritos Trapiche y Totoral, del departamento Pringles, y Rincon del Cármen, del departamento San Martin. 31) finca rural, Rincon del Cármen, San Martin, San Luis. 32) finca rural, San Martin, San Martin, San Luis. 33) *Chico*, cuartel de la pedanía General Mitre, Totoral, Córdoba. 34) *Chico*, lugar poblado, General Mitre, Totoral, Córdoba.

Totoralejos, 1) lugar poblado, Ischilin, Córdoba. En el borde de la salina grande. Por la vía férrea dista 222 kms. de Córdoba y 325 de Tucuman. $\varphi = 29°$ 40'; $\lambda = 64°$ 52'; $\alpha = 196$ m. FCCN, C, T. 2) lugar poblado, Dolores, Punilla, Córdoba.

Totoralillo, poblacion agrícola, Jachal, San Juan.

Totoralito, finca rural, Iglesia, San Juan.

Tótoras, 1) laguna, Ctl 2, Tuyú, Buenos Aires. 2) lugar poblado, Argentina, Minas, Córdoba. 3) campo poblado, Bustinza, Iriondo, Santa Fe. Tiene 248 habitantes. (Censo del 7 de Junio de 1887.)

Totorayaco, finca rural, Rosario de la Frontera, Salta.

Totorilla, 1) lugar poblado, Ciénega del Coro, Minas, Córdoba. 2) lugar poblado, Chuñaguasi, Sobremonte, Córdoba. 3) cerro de la sierra de San Francisco, Tulumba, Córdoba. $\varphi = 30°$ 21'; $\lambda = 64°$ 14'. $\alpha = 1150$ m. (Brackebusch) 4) paraje poblado, Ledesma, Jujuy. 5) arroyo, Valle Grande, Jujuy. Es uno de los elementos de formacion del arroyo de San Lorenzo. 6) lugar poblado, Rincon del Cármen, San Martin, San Luis.

Totorillas, cuartel de la pedanía Chuñaguasi, Sobremonte, Córdoba.

Totorita, 1) lugar poblado, Guasapampa. Minas, Córdoba. 2) finca rural, General Sarmiento, Rioja. 3) la, finca rural, Saladillo, Pringles, San Luis. 4) chacra, San Lorenzo, San Martin, San Luis.

Totoritas, 1) lugar poblado, Ciénega del Coro, Minas, Córdoba. 2) lugar poblado, Tránsito, San Alberto, Córdoba. 3) lugar poblado, Rincon del Cármen, San Martin, San Luis.

Tourni, estancia, Ctl 8, Tandil, Buenos Aires.

Toyos, pedanía del departamento Ischilin,

Córdoba. Tiene 2176 habitantes. (Censo del 1° de Mayo de 1890.)

Trabajo, 1) el, estancia, Ctl 1, Campana, Buenos Aires. 2) colonia, juarez Celman, San Justo, Córdoba. Fué fundada en 1887, en una extension de 17586 hectáreas. Tiene 81 habitantes. (Censo del 1° de Mayo de 1890.)

Trabajosa la, establecimiento rural, Ctl 5, Alvear, Buenos Aires.

Traful, 1) lago, Neuquen. Da orígen al arroyo del mismo nombre. 2) arroyo, Neuquen. Nace en el lago del mismo nombre y derrama sus aguas en el rio Limay. $\varphi = 40° 40'$; $\lambda = 71° 21'$ (O'Connor.)

Tragaderas las, estancia, Ctl 10. Bragado, Buenos Aires.

Tragadero, arroyo, Chaco. Corre al Norte y Noroeste del departamento Resistencia y al Sud del departamento Guaycurú, de la misma gobernacion. Derrama sus aguas en la márgen derecha del Paraná. $\varphi = 27° 27' 30''$; $\lambda = 58° 54' 35''$ (Seelstrang)

Traico, arroyo, Ctl 9, Puan, Buenos Aires

Trampa, 1) lugar poblado, Cerrillos, Sobremonte, Córdoba. 2) paraje poblado, Tumbaya, jujuy. 3) distrito del departamento Campo Santo, Salta. 4) lugar poblado, Campo Santo, Salta. E. 5) *del Toro,* paraje poblado, Anta, Salta.

Tramperito paraje poblado, Valle Grande, Jujuy.

Trampita, paraje poblado, Tilcara, Jujuy.

Trancas, 1) lugar poblado, Estancias, Rio Seco, Córdoba. 2) paraje poblado, Valle Grande, jujuy. 3) departamento de la provincia de Tucuman. Ocupa el extremo NO. de la provincia. Confina al Norte con la provincia de Salta, al Este con el departamento Burruyaco, al Sud con los departamentos de la Capital y Monteros y al Oeste con la provincia de Catamarca. Su extension es de 6721 kms.² y su poblacion conjetural de unos 10300 habitantes. El departamento es regado por el rio Salí y los arroyos Tala, Dulce, Colalao, Vipos, Planchones, Raco, Tipas, Cañada, Tapia, Chicha, Choromoro, Grande, Berro, Talar, Saladillo y otros no denominados. En Vipos, Tapia, Trancas, San Pedro, Choromoro, Reartes, Tres Acequias, Tafi, Colalao, Encalilla y Cárcel existen núcleos de poblacion. La cabecera del departamento es Vipos. 4) aldea, Trancas, Tucuman. Tiene unos 250 habitantes. Por la vía férrea dista 77 kms. de Tucuman y 624 de Córdoba. $\varkappa = 794$ m. FCCN, C, T, E.

Tranquera [1] la, estancia, Ctl 5, Maipú, Buenos Aires.

Tranquerita, estancia, San Miguel, Corrientes.

Tranquita, punto fronterizo de las provincias de San Juan y San Luis En él se confunden las aguas del rio Bermejo con las del Desaguadero. $\varkappa = 482$ m.

Tranquitas, 1) laguna, Ctl 6. Vecino, Buenos Aires. 2) arroyo, Burruyaco, Tucuman. Es un pequeño tributario del arroyo Calera en la orilla derecha. Pasa por Sunchal.

Tránsito, 1) establecimiento rural, Ctl 4 Alsina, Buenos Aires. 2) chacra, Ctl 9, Baradero, Buenos Aires. 3) estancia, Ctl 4, 6, Las Flores, Buenos Aires. 4) el, lugar poblado, Cruz del Eje, Cruz del Eje, Córdoba. 5) pedanía del departamento San Alberto, Córdoba. Tiene 2069 habitantes. (Censo del 1° de Mayo de 1890) 6) cuartel de la pedanía del mismo nombre, San Alberto, Córdoba. 7) aldea, Tránsito, San Alberto. Córdoba. Tiene 699 habitantes (Censo m.) $\varphi = 31° 42'$; $\lambda = 65° 1'$; $\varkappa = 900$ m. (Brackebusch) C, T, E. 8) cuartel de la pedanía de San Francisco, San justo, Córdoba. 9) aldea, San Francisco, San Justo, Córdoba.

1 Armazon de trancas puesta en un cerco, á manera de puerta, para el tránsito de personas, vehículos y tropas de ganado (Granada)

Jiene 399 habitantes. Por la vía férrea dista 99 kms. de Córdoba y 253 de Santa Fe. $z=199$ m. FCSFC, C. T, E. 10) finca rural, Goya, Corrientes. 11) mina de plata en el distrito mineral del Cerro Negro, sierra de Famatina, Rioja. 12) finca rural, Cafayate, Salta. 13) el, paraje poblado, Rosario de Lerma, Salta. 14) *del Rosario,* finca rural, Concepcion, Corrientes

Tranuncurá arroyo, Neuquen. Es un tributario del rio Agrio en la márgen izquierda.

Trapal, paraje poblado, Beltran, Mendoza.

Trapiche, 1) viñedo, Belgrano, Mendoza. Es el más importante establecimiento de su clase, en la provincia. Dista 3 kms. de la ciudad de Mendoza. 2) partido del departamento Pringles, San Luis. 3) lugar poblado, Trapiche, Pringles, San Luis. E.

Tratayen, fortin, Neuquen. En la márgen izquierda del rio Neuquen, á unos 80 kms. de su confluencia con el Limay. C. T.

Travesia, [1] 1) cuartel de la pedanía Uyaba, San javier, Córdoba. 2) aldea, La Uyaba, San Javier, Córdoba. Tiene 320 habitantes. (Censo del 1º de Mayo de 1890) 3) chacra, Larca, Chacabuco, San Luis.

Trébol, 1) el, establecimiento rural, Ctl 4, Las Flores, Buenos Aires. 2) lugar poblado, Iriondo, Santa Fe. Por la vía férrea dista 78 kms. de Cañada de Gomez. FCCA, ramal de Cañada de Gomez á las Yerbas. C, T.

Trebolar, 1) paraje poblado, La Paz, Mendoza. 2) el, paraje poblado, Departamento 3º, Pampa.

Trebolares los, paraje poblado, Departamento 1º, Pampa.

Treinta y una, establecimiento rural, Ctl 1, Trenque-Lauquen, Buenos Aires.

Trejos, pueblo, Chicligasta, Tucuman. En la orilla izquierda del arroyo Chico.

Trelew, pueblo, Chubut. En el centro de la colonia del Chubut y punto de arranque del ferro-carril patagónico que termina en puerto Madrin (Golfo Nuevo) Por esta vía dista de Madrin 70 kms.

Trementinal, paraje poblado, Ledesma, Jujuy.

Tren, vertiente, Merlo, junin, San Luis.

Trenel, paraje poblado, Departamento 1º, Pampa.

Trenque-Lauquen, 1) laguna, Ctl 9, Juarez, Buenos Aires. 2) partido de la provincia de Buenos Aires. Fué creado el 14 de junio de 1886. Confina al NE. con el partido Lincoln, al SE. con los partidos Pehuajó y Guaminí, al SO. con Guaminí, al O. con el meridiano 5º de Buenos Aires y al NO. con el partido General Villegas. Tiene 13250 kms ^{2} de extension y una poblacion de 5441 habitantes. (Censo del 31 de Enero de 1890.) 3) villa, Trenque-Lauquen, Buenos Aires. Es la cabecera del partido. Por la vía férrea dista 443 kms. de Buenos Aires. Cuenta hoy (Censo) con 1634 habitantes. $\varphi=35°\ 58'\ 35''$; $\lambda=62°\ 19'\ 47''$. FCO, C, T, E.

Trerén, paraje poblado, Departamento 7º, Pampa.

Tres 1) *Acequias,* lugar poblado, junin, Mendoza. E. 2) *Acequias,* lugar poblado, Trancas, Tucuman. A corta distancia de Alurralde. E. 3) *Alamos,* estancia, Ctl 10, Bolívar, Buenos Aires. 4) *Amigos,* mina de cuarzo aurífero, Candelaria, Cruz del Eje, Córdoba. Está situada en el Salto. 5) *Amigos,* laguna, Villa Mercedes, Pedernera, San Luis. 6) *Anteojos,* laguna, Ctl 9, Bragado, Buenos Aires. 7) *Arboles* lugar poblado, Cosme, Anejos Sud, Córdoba. 8) *Arboles,* cañada, San Justo, Córdoba. 9) *Arboles,* estancia, Lavalle, Corrientes. 10) *Arroyos,* partido de la provincia de Buenos Aires. Está situado al SO. de la Capital federal, en la costa del Océano Atlántico y confina con los partidos de Juarez, Ne-

---

[1] No es desierto propiamente dicho, porque muchas traVesías argentinas abundan en monte, aún cuando carezcan de agua potable

cochea, Dorrego y Pringles. Tiene 4395 kms.² de extension y 4993 habitantes. (Censo del 31 de Enero de 1890). El partido es regado por los arroyos Cristiano Muerto, Seco, Quequen, Salado, Orellanos, Clarameco, del Medio, Vazquez y Hueso Clavado. 11) *Arroyos*, villa, Tres Arroyos, Buenos Aires. Es la cabecera del partido. Cuenta hoy (Censo) con 1818 habitantes. Por la via férrea dista 178 kms. de Bahia Blanca, 433 de Mar del Plata y 571 de Buenos Aires. $\varphi = 38° 25' 2''$; $\lambda = 59° 51' 49''$; $\alpha = 106$ m. FCS, C, T, E. 12) *Arroyos*, finca rural, Esquina, Corrientes. 13) *Banderas*, establecimiento rural, Ctl 5, San Antonio de Areco, Buenos Aires. 14) *Bolas*, establecimiento rural, Ctl 7, Las Flores, Buenos Aires. 15) *Bonetes*, laguna, Ctl 8, Lincoln, Buenos Aires. 16) *Bonetes*, estancia, Ctl 1, 3, Patagones, Buenos Aires. 17) *Bonetes*, estancia, Ctl 2, Saladillo, Buenos Aires. 18) *Capones*, finca rural, La Cruz, Corrientes. 19) *Cerritos*, finca rural, Cafayate, Salta. 20) *Cerros*, estancia, Ctl 3, Patagones, Buenos Aires. 21) *Cerros*, paraje así llamado por la relativamente gran elevacion del terreno, La Cruz, Corrientes. 22) *Chañares*, lugar poblado, Parroquia, Pocho, Córdoba. 23) *Chañares*, finca rural, Cafayate, Salta. 24) *Chañar. s*, chacra. Renca, Chacabuco, San Luis. 25) *Chorros*, arroyo, Neuquen. Es un tributario del rio Neuquen en la márgen derecha. 26) *Cruces*, estancia, Ctl 7, Alsina, Buenos Aires. 27) *Cruces*, aldea, Ballesteros, Union, Córdoba. Tiene 158 habitantes. (Censo del 1° de Mayo de 1890). 28) *Cruces*, finca rural, Curuzú-Cuatiá, Corrientes. 29) *Cruces*, finca rural, San Luis del Palmar, Corrientes. 30) *Cruces*. vertiente, Solca, Rivadavia, Rioja. 31) *Cruces*, finca rural, Cafayate, Salta. 32) *Cruces*, paraje poblado, Rosario de Lerma, Salta 33) *Cruces*,

lugar poblado, Jimenez, Santiago. E. 34) *Cruces de San Márcos*, lugar poblado, Cruz del Eje, Cruz del Eje, Córdoba. 35) *Cruces Norte*, cuartel de la pedanía Ballesteros, Union, Córdoba. 36) *Cruces Sud*, cuartel de la pedanía Ballesteros. Union, Córdoba. 37) *Cuervos*, establecimiento rural, Ctl 3, Puan, Buenos Aires 38) *Cuervos*, laguna, Ctl 3, Puan, Buenos Aires. 39) *Diamantes*, finca rural, jachal, San Juan. 40) *Esquinas*, estacion del ferro-carril de la Ensenada, en el municipio de la Capital federal Dista de la estacion central 5 kms. 41) *Esquinas*, finca rural, Lujan, Mendoza. 42) *Esquinas*, paraje poblado, Chicoana, Salta. 43) *Esquinas*, finca rural, jachal, San Juan 44) *Esquinas*, lugar poblado, Trancas, Tucuman. E. 45) *Eucaliptos*, estancia, Ctl 6, Dorrego, Buenos Aires. 46) *de Febrero*, establecimiento rural, Ctl 9. Dorrego, Buenos Aires. 47) *de Febrero*, pedanía del departamento Rio Cuarto, Córdoba. Tiene 637 habitantes. (Censo del 1° de Mayo de 1890). 48) *de Febrero*, cuartel de la pedanía San Bartolomé, Rio Cuarto, Córdoba. 49) *de Febrero*, lugar poblado, Tres de Febrero, Rio Cuarto, Córdoba. Aquí se hallaba antes el fortin del mismo nombre. 50) *de Febrero* (ó Brugo), colonia, Capital, Entre Rios. En la márgen izquierda del arroyo Tunas. Fué fundada en 1879. 51) *Flores*, establecimiento rural, Ctl 5, Rojas, Buenos Aires. 52) *Flores*, estancia, Ctl 4, Tapalqué, Buenos Aires. 53) *Hermanos*, establecimiento rural, Ctl 10, Rauch, Buenos Aires 54) *Hermanos*, estancia, Ctl 11, Veinte y Cinco de Mayo, Buenos Aires. 55) *Hermanos*, mina de plomo y plata, Argentina, Minas, Córdoba. Está situada en el paraje llamado « Cacapiche. » 56) *Hermanos*, estancia, Saladas, Corrientes. 57) *Huesos*, laguna, Ctl 5, Pila, Buenos Aires. 58) *JJJ*, las, estancia, Ctl

10, Veinte y Cinco de Mayo, Buenos Aires. 59) *Lagunas*, establecimiento rural, Ctl 7, Alsina, Buenos Aires. 60) *Lagunas*, estancia, Ctl 2, Patagones, Buenos Aires. 61) *Lagunas*, lagunas, Ctl 8, Tres Arroyos, Buenos Aires. 62) *Lagunas*, establecimiento rural, Ctl 2, Veinte y Cinco de Mayo, Buenos Aires. 63) *Lagunas*, lugar poblado, Italó, General Roca, Córdoba. 64) *Lagunas*, lugar poblado, Suburbios, Rio Primero, Córdoba. 65) *Lagunas*, lugar poblado, Punta del Agua, Tercero Arriba, Córdoba. 66) *Lagunas*, finca rural, Paso de los Libres, Corrientes. 67) *Lagunas*, paraje poblado, Departamento 3°, Pampa. 68) *Lagunas de Saavedra*, estancia, Ctl 7, Lobería, Buenos Aires. 69) *Lomas*, establecimiento rural, Ctl 5, Balcarce, Buenos Aires. 70) *Lomas*, estancia, Ctl 1, Patagones, Buenos Aires. 71) *Lomas*, lugar poblado, San Antonio, Anejos Sud, Córdoba. 72) *Lunares*, laguna, Ctl 7, Las Flores, Buenos Aires. 73) *Manantiales*, paraje poblado, Valle Grande, jujuy. 74) *Marías*, establecimiento rural, Ctl 3, Alvear, Buenos Aires. 75) *Marías*, establecimiento rural, Ctl 4, Trenque-Lauquen, Buenos Aires. 76) *Marías*, laguna, Ctl 6, Trenque-Lauquen, Buenos Aires. 77) *Marías*, lugar poblado, Rincon del Cármen, San Martin, San Luis. 78) *Mojones*, finca rural, Esquina, Corrientes. 79) *Molinos*, laguna, Ctl 3, Puan, Buenos Aires. 80) *Naciones*, estancia, Ctl 3, Balcarce, Buenos Aires. 81) *Naciones*, establecimiento rural, Ctl 1, Pila, Buenos Aires. 82) *Negras*, estancia, Ctl 7, Trenque-Lauquen, Buenos Aires. 83) *Ombúes*, establecimiento rural, Ctl 2, Lomas de Zamora, Buenos Aires. 84) *Pocitos*, lugar poblado, Calchin, Rio Segundo, Córdoba. 85) *Pozos*, establecimiento rural, Ctl 4, Campana, Buenos Aires. 86) *Pozos*, cuartel de la pedanía Cosme, Anejos Sud, Córdoba. 87) *Pozos*, lugar poblado, Cosme, Anejos Sud, Córdoba. 88) *Pozos*, lugar poblado, Timon Cruz, Rio Primero, Córdoba. 89) *Pozos*, lugar poblado, Totoral, Pringles, San Luis. 90) *Pozos*, vertiente, Guzman, San Martin, San Luis. 91) *Pozos*, lugar poblado, Leales, Tucuman. Al extremo NE. del departamento. C. E. 92) *Puestos*, lugar poblado, Salto, Tercero Arriba, Córdoba. 93) *Reyes*, laguna, Ctl 13, juarez, Buenos Aires. 94) *Sauces*, establecimiento rural, Ctl 1, Maipú, Buenos Aires. 95) *Sauces*, establecimiento rural, Ctl 3, Suarez, Buenos Aires. 96) *Sauces*, estancia, Ctl 7, Vecino, Buenos Aires. 97) *Sauces*, finca rural, Monte Caseros, Corrientes. 98) *Taperas*, finca rural, Santo Tomé, Corrientes. 99) *Vidales*, establecimiento rural, Ctl 9, Bahía Blanca, Buenos Aires.

Tresillo, lugar poblado, Caminiaga, Sobremonte, Córdoba.

Triángulo, 1) el, establecimiento rural, Ctl 11, Bahía Blanca, Buenos Aires. 2) establecimiento rural, Ctl 2, Las Heras, Buenos Aires 3) laguna, Ctl 7, Puan, Buenos Aires.

Tricolor, mina de plata y cobre en la quebrada «Metales,» San Martin, San Luis.

Trigal, paraje poblado, Poma, Salta.

Trigo, 1) el, arroyo, La Plata, Buenos Aires. 2) estancia, Ctl 4, Veinte y Cinco de Mayo, Buenos Aires. 3) laguna, Ctl 4, Veinte y Cinco de Mayo, Buenos Aires.

Trigoguaico, paraje poblado, Santa Victoria, Salta. En el camino de Santa Victoria á Iruya.

Trili, paraje poblado, Departamento 2°, Pampa.

Trinchera de San José, villa, Misiones. Nombre que los paraguayos que invadieron á Corrientes dieron al sitio, entonces desierto, que hoy ocupa Posadas, capital de la gobernacion de Misiones. $\varphi = 27°$ 19'; $\lambda = 55°$ 50'. Véase Posadas.

Trincheras, 1) lugar poblado, Reduccion, Juarez Celman, Córdoba. 2) lugar poblado, Juarez Celman, San Justo, Córdoba.

Trincherita, lugar poblado, Arroyito. San Justo, Córdoba.

Trinidad, 1) establecimiento rural, Ctl 3, 5, Baradero, Buenos Aires. 2) establecimiento rural, Ctl 2, 5, Magdalena, Buenos Aires. 3) establecimiento rural, Ctl 8, Navarro, Buenos Aires. 4) establecimiento rural, Ctl 1, Pringles, Buenos Aires. 5) establecimiento rural, Ctl 2, Pueyrredon, Buenos Aires. 6) establecimiento rural, Ctl 6, San Nicolás, Buenos Aires. 7) estancia, Ctl 2, Tandil, Buenos Aires. 8) arroyo, Ctl 11, Tandil, Buenos Aires. 9) establecimiento rural, Ctl 2, Veinte y Cinco de Mayo, Buenos Aires. 10) finca rural, Higuerillas, Rio Seco, Córdoba. 11) finca rural, Villa María, Tercero Abajo, Córdoba. 12) finca rural, Junin, Mendoza. 13) mina de galena argentífera en el distrito mineral de Uspallata, Las Heras, Mendoza. 14) mina de plata en el distrito mineral del Cerro Negro, sierra de Famatina, Rioja. 15) paraje poblado, Oran, Salta. 16) departamento de la provincia de San Juan. Está situado á inmediaciones de la capital, al Sud de la misma. Su extension es de 100 kms.^{2} y su poblacion conjetural de unos 7000 habitantes. El departamento encierra el distrito minero Majadita y es regado por el rio San Juan y los arroyos Agua Negra, Medanito y La Florida. 17) aldea, Trinidad, San juan. Es la cabecera del departamento. C, E. 18) chacra, Larca, Chacabuco, San Luis. 19) distrito del departamento Banda, Santiago del Estero. 20) estancia, Burruyaco, Tucuman. Cerca de la frontera santiagueña. E. 21) ingenio de azúcar, Chicligasta, Tucuman. A corta distancia de Medina y al lado del ferro-carril noroeste argentino que liga este último punto con Concepcion.

Triunfante la, mina de plomo y plata, Ciénega del Coro, Minas, Córdoba. Pertenece al mineral del Guayco.

Triunfo, 1) el, establecimiento rural, Ctl 9, Ayacucho, Buenos Aires. 2) laguna, Ctl 12, Lincoln, Buenos Aires. 3) estancia, Ctl 8, Lobos, Buenos Aires. 4) establecimiento rural, Ctl 8, Rauch, Buenos Aires. 5) finca rural, Esquina, Corrientes. 6) lugar poblado, Burruyaco, Tucuman. Al SE. de Burruyaco.

Trocoman, arroyo, Neuquen. Es uno de los principales tributarios del rio Neuquen, en cuya márgen derecha desagua.

Trolon, arroyo, Beltran, Mendoza. Es un tributario del rio Grande en la márgen derecha.

Trolope, arroyo, Neuquen. Es un tributario del rio Agrio en la orilla derecha.

Tromen, 1) volcan en la cordillera del Neuquen $\varphi = 37° 7'$; $\lambda = 70° 5'$; $\alpha = 3833$ m. (Lallemant.) 2) lago, Neuquen. Es formado por las nieves derretidas del Bum-Mahuida y del Huali-Mahuida.

Tromun-Lauquen, lago, Neuquen. Está situado al pié del volcan apagado Quetropillan. Da orígen al arroyo Maltien. Al Sud del lago se halla el fortin Crouzeilles.

Tronador, volcan de la cordillera en la gobernacion del Rio Negro. $\varphi = 41° 25'$; $\lambda = 72°$; $\alpha = 4500$ m. (Fonch y Hers.)

Tronco, 1) distrito de la seccion Guasayan, Santiago del Estero. 2) mina de plomo y plata, Ciénega del Coro, Minas, Córdoba. Pertenece al mineral del Guayco.

Troncos, 1) lugar poblado, San Antonio, Punilla, Córdoba. 2) lugar poblado, Galarza, Rio Primero, Córdoba. 3) lugar poblado, Tala, Rio Primero, Córdoba. 4) lugar poblado, Chazon, Tercero Abajo, Córdoba. 5) lugar poblado, Litin, Union, Córdoba. 6) *Negros*, lugar poblado, Candelaria, Rio Seco, Córdoba.

Troncoso, laguna, Ctl 4, Barracas, Buenos Aires.

Tronquitos, colonia y pueblo en formacion, Ctl 7, 8, Quilmes, Buenos Aires. Está ligado por tramway con la estacion Florencio Varela y con La Plata.

Tropales, laguna, Villa Mercedes, Pedernera, San Luis.

Tropalitos, laguna, Villa Mercedes, Pedernera, San Luis.

Tropezon, 1) el, estancia, Ctl 1, Bragado, Buenos Aires. 2) chacra, Ctl 5, San Antonio de Areco, Buenos Aires.

Troya, 1) la, finca rural, General Sarmiento, Rioja. 2) quebrada de la, Tinogasta, Catamarca. $x = 1410$ m. (Burmeister.) 3) arroyo de la, Tinogasta, Catamarca. Es tributario del rio de Fiambalá, en la márgen derecha, y desemboca un poco abajo de Aniyaco. La direccion general de su curso es de O. á E.

Trubulusi, paraje poblado, Departamento 9°, Pampa.

Tualin, finca rural, Independencia, Rioja

Tuama, 1) distrito de la seccion Silipica 2ª, del departamento Silipica, Santiago del Estero. 2) paraje poblado, Tuama, Silipica, Santiago.

Tuani, finca rural, Rivadavia, Rioja.

Tubichamini, arroyo, Ctl 2, Magdalena, Buenos Aires. Desagua en el rio de la Plata, á corta distancia al Norte de la Punta de la Atalaya.

Tuclame, aldea, Pichanas, Cruz del Eje, Córdoba. Tiene 317 habitantes. (Censo del 1° de Mayo de 1890.) Por la vía férrea dista 115 kms. de Dean Fúnes y 307 de Chilecito. Es estacion del ferrocarril de Dean Fúnes à Chilecito. $x = 393$ m C, T.

Tucuman, [1] 1) laguna, Ctl 5, Vecino, Buenos Aires. 2) provincia de la Confederacion Argentina. Está situada al Sud de la de Salta, al Este y Norte de la de Catamarca y al Oeste de la de Santiago. Sus límites ya están mencionados en Salta, Catamarca y Santiago. Véase estos nombres. La extension de la provincia es de 24199 kms.[2] y su poblacion conjetural de 202000 habitantes. La superficie de la provincia, montañosa en la parte occidental, es llana en la oriental, ocupando la planicie con su direccion de NO. á SE. aproximadamente las $\frac{3}{4}$ partes de la total extension territorial. Al SO. de la capital se eleva el macizo del Aconquija con sus nieves perpétuas Del tronco principal, cuya direccion dominante es de Norte á Sud, parten varias cadenas secundarias, dirigidas todas en el sentido general de aquél, y que constituyen lo que se llama la sierra de Tucuman, que, por un lado se prolonga hácia el Sud hasta Catamarca y por el otro llega con rumbo Norte hasta Salta. Estas cadenas se escalonan paralelamente y á alturas progresivas á partir de la primera, que lleva diferentes nombres, tales como cerro Lules, de San Javier y otros. La primera cadena tiene una altura media como de 1000 metros, y mientras en su falda oriental se desarrolla una rica vegetacion subtrópica, se nota que la occidental, más seca, está menos bien dotada por los dones de Flora. Esta diferencia de aspecto, entre ambas laderas de un mismo cerro, se encuentra en todas las demás cadenas. Las alturas de estos cordones son sucesivamente de 1800, 2300 y 2700 metros. El último cordon contribuye á formar los valles de Santa María, y por el lado opuesto los de Tafí Del extremo Norte del sistema del Aconquija se destacan los cordones de la Frontera, Alto de las Salinas, Cumbres de Yaramí y las sierras de Medina

---

1 Tucuman toma su nombre del de un Cacique muy prestigioso del Valle de Calchaquí, llamado *Tucman*, que dió el de *Tucmanahaho* á su pueblo, compuesto del Suyo propio y de *ahaho*, que en lengua de los calchaquíes, significaba pueblo. Otros opinan que el nombre de Tucuman Viene de la palabra quichua *tucuman*, que significa frontera, por cuanto Tucuman formaba la frontera del Imperio de los Incas (Arsenio Granillo).

y del Remate. Todos ellos forman valles fértiles, explotados por la agricultura y la ganadería. Del extremo Sud del Aconquija se desprenden las ramificaciones que forman la cuesta de las Cañas, el hermoso campo de Pucará y la pequeña sierra de Escaba. Todas las arterias fluviales de Tucuman son tributarias del rio Salí, que en la provincia de Santiago se llama primero Rio Hondo, despues rio Dulce, y, finalmente, Saladillo. Una excepcion son los arroyos Urueña en el limite de Salta, y del Zapallar, que pierden la mayor parte de sus aguas antes de su confluencia en los Horcones, y aun reunidos no llegan sino raras veces al Juramento ó Salado; y el rio de San Francisco ó de Huacra, en el límite Sud de la provincia, que se pierde á poco andar en la llanura. La principal fuente de recursos de la provincia es la agricultura, y especialmente el cultivo de la caña de azúcar. Se cultiva, además, el trigo, sobre todo en los departamentos Leales, Chicligasta y Graneros; el arroz, en los departamentos Graneros y Rio Chico, y el tabaco en los de Famailla, Monteros, Chicligasta y Rio Chico. El departamento Burruyaco encierra la mayor cantidad de hacienda vacuna. Las principales industrias son la fabricacion de azúcar bruto, que es refinado en el Rosario, las curtiembres y la molienda de granos. La explotacion de minas es insignificante Administrativamente está la provincia dividida en 9 departamentos, á saber: Capital—Famaillá—Monteros—Chicligasta—Rio Chico—Graneros—Leales—Burruyaco—y Trancas. La ciudad de Tucuman es la capital de la provincia. 3) departamento de la provincia del mismo nombre, ó sea de la Capital. Confina al Norte con los departamentos Trancas y Burruyaco, al Este con la provincia de Santiago, al Sud con los departamentos Famaillá y

Leales y al Oeste con Chile. Tiene 2444 kms.² de extension y una poblacion conjetural de 60000 habitantes. Está dividido en los 25 distritos: Ciudad, Banda del Rio Salí, Alderetes, Gutierrez y Piedritas, Cruz Alta Norte, Cruz Alta Sud. Los Ralos, Los Pereira, Ranchillos, Los Garcia, Vallistos y Pucará Pintado, Santa Bárbara y Rincon, Chacras del Sud, Aguirre, Manantial, Yerba Buena, San javier, Tipas y Rastrojos, Cebil Redondo, Pocitos, Nogales, Estacion Tafí Viejo, Villa Lujan, Chacras al Norte y Alto de la Pólvora. El departamento es regado por el rio Salí y los arroyos Madero, Manantial, Tafí Viejo, de los Naranjos, de la Calera y del Timbó. 4) ciudad, capital de la provincia del mismo nombre. Está situada en la márgen derecha del rio Salí. ($\varphi = 26°$ 50' 31''; $\lambda = 65° 11' 16,5''$; $x = 465$ m. Observatorio.) Fundada en 1565 por Diego de Villarroel, cuenta actualmente con unos 25000 habitantes. Por la via férrea dista 331 kms. de Salta, 547 de Córdoba, 852 del Rosario y 1248 de Buenos Aires. Colegio Nacional. Escuela Normal de Profesores. Biblioteca. Bancos. Hospitales. Asilo. Teatros. Hoteles, etc. Notable por su recuerdo histórico es la casa donde se juró la independencia. De Tucuman arranca un ferro-carril provincial que recorre un trayecto de 140 kms. y que pasa por Lules, Famaillá, Monteros, Concepcion, Medina, Graneros y termina en la estacion La Madrid, del ferro-carril central Norte. Fuera de este último ferro-carril hay dos más en construccion que, como aquél, ligan á Tucuman con Buenos Aires, á saber: la linea de Buenos Aires á Rosario y Sunchales prolongada hasta Tucuman, y la que se construye desde San Cristóbal (Santa Fe) hasta Tucuman. FCCN, FCNOA, C, T, E.

Tucumana, 1) la, estancia, Villa Nueva,

Tercero Abajo, Córdoba. 2) establecimiento rural, Departamento 2°, Pampa.

Tucumano, finca rural, Jachal, San juan.

Tucunuco, 1) distrito del departamento Jachal, San juan. 2) poblacion agrícola, Jachal, San Juan. Por la vía férrea en estudio dista 132 de San juan, 911 de Salta y 1337 de Buenos Aires.

Tudcum, 1) distrito del departamento Velez Sarsfield, Rioja. 2) lugar poblado, Tudcum, Velez Sarsfield, Rioja. 3) distrito del departamento Iglesia, San Juan. 4) poblacion agrícola, Tudcum, Iglesia, San juan.

Tuibil, distrito del departamento San Blas de los Sauces, Rioja.

Tuite, paraje poblado, Cochinoca, Jujuy.

Tuizon, finca rural, Independencia, Rioja.

Tulango-Cué, estancia, Goya, Corrientes.

Tuli, lugar poblado, Higuerillas, Rio Seco, Córdoba.

Tulio, finca rural, Goya, Corrientes.

Tulum, valle, San Juan. Está formado por las sierras de la Rinconada y del Pié de Palo.

Tulumayo, 1) paraje poblado, Lavalle, Mendoza. 2) rio. Véase Zanjon.

Tulumba, 1) departamento de la provincia de Córdoba. Confina al Norte con el de Rio Seco, al Este con el de San justo, al Sud con los de San Justo, Rio Primero y Totoral y al Este con el de Ischilin. Tiene 5439 kms.² de extension y una poblacion de 13295 habitantes (Censo del 1° de Mayo de 1890) El departamento está dividido en las 5 pedanías: San josé, Santa Cruz, San Pedro, Tulumba (ó Parroquia) y Mercedes. Los centros de poblacion de 100 habitantes para arriba son: Dean Fúnes, Bañado, San José, Churqui-Corral, La Costa, Dormida, San Pedro, Isla, Tuscal, Tulumba, Majadilla, Aguada, Cerro, Puesto Fierro, Masitas, Tajamares y Durazno. En la extremidad Este del departamento se halla la gran laguna Mar Chiquita. La villa Dean Fúnes es la cabecera del departamento. 2) pedanía del departamento del mismo nombre, ó sea de la Parroquia, Córdoba. Tiene 1689 habitantes. (Censo m.) 3) aldea, Parroquia, Tulumba, Córdoba. Tiene 410 habitantes. (Censo m.) $\varphi = 30° 25'$; $\lambda = 64° 6'$; $\alpha = 650$ m. (Brackebusch.) C, T, E. 4) arroyo. Tulumba, Córdoba Es una aguada de poca importancia que termina pronto por absorcion del suelo.

Tuluya, lugar poblado, Remedios, Rio Primero, Córdoba.

Tumanas 1) las, lugar poblado Valle Fértil, San Juan. C. 2) arroyuelo que riega los campos del mismo nombre, Valle Fértil, San Juan.

Tumbaya, 1) departamento de la provincia de Jujuy. Está situado al Norte del de la Capital. Su extension es de 1600 kms.² y su poblacion conjetural de 2800 habitantes. Se compone de 7 distritos, á saber: Tumbaya, Parmamarca, Norte de Tumbaya, Huajea, Volcan, Leon y Chañi. El departamento es regado por los arroyos Parmamarca, Estancia Grande, Hanchichocana, Raya, de las Caras y San Bernardo. Los habitantes del departamento se ocupan mayormente en la cria de cabras y ovejas. En los escasos terrenos que pueden ser beneficiados por la irrigacion, se cultivan cereales y alfalfa. 2) distrito del departamento del mismo nombre, Jujuy 3) aldea, Tumbaya, Jujuy. Es la cabecera del departamento. Tiene unos 300 habitantes. $\varphi = 23° 44'$; $\lambda = 65° 30'$; $\alpha = 2150$ m. C. E.

Tuna 1) la, laguna, Ctl 2, Navarro, Buenos Aires. 2) la, aldea, La Esquina, Rio Primero, Córdoba. Tiene 113 habitantes. (Censo del 1° de Mayo de 1890.) 3) lugar poblado, Higuerillas, Rio Seco, Córdoba. 4) estancia, Burruyaco, Tucuman. Cerca de la frontera santiagueña. 5) *Guacha*, lugar poblado, San Cárlos, Minas, Córdoba.

Tunal 1) el, finca rural, Cafayate, Salta. 2) distrito del departamento La Viña, Salta. 3) lugar poblado, La Viña, Salta. E. 4) paraje poblado, Rosario de Lerma, Salta. 5) paraje poblado, San Cárlos, Salta.

Tunalito, paraje poblado, Capital, Jujuy.

Tunas 1) las, arroyo, Ctl 1, Las Conchas, Buenos Aires. Es un tributario del arroyo de Lujan, en la márgen derecha. Recibe en su márgen izquierda las aguas del arroyo Claro. 2) las, establecimiento rural, Ctl 2, Navarro, Buenos Aires. 3) estancia, Ctl 6, Pergamino, Buenos Aires. 4) de las, arroyo, San Antonio de Areco, Buenos Aires. Este arroyo es un pequeño afluente del Chañarito, en la márgen izquierda. 5) establecimiento rural, Ctl 4, Suarez, Buenos Aires. 6) arroyo, Ctl 1, 4, Suarez, Buenos Aires. 7) establecimiento rural, Ctl 11, Trenque-Lauquen, Buenos Aires. 8) las, lugar poblado, Rio de los Sauces, Calamuchita, Córdoba. 9) las, pedanía del departamento Márcos Juarez, Córdoba. Tiene 284 habitantes. (Censo del 1° de Mayo de 1890.) 10) las, cuartel de la pedanía del mismo nombre, Márcos Juarez, Córdoba. 11) aldea, Cosquin, Punilla, Córdoba. Tiene 116 habitantes. (Censo m.) 12) las, aldea, Yucat, Tercero Abajo, Córdoba. Tiene 122 habitantes. (Censo m.) 13) las, cuartel de la pedanía Loboy, Union, Córdoba. 14) lugar poblado, Loboy, Union, Córdoba. C, E. 15) las, finca rural, Curuzú-Cuatiá, Corrientes. 16) estancia, Esquina, Corrientes. 17) las, finca rural, La Cruz, Corrientes. 18) distrito del departamento Paraná, Entre Rios. 19) arroyo, Capital, Entre Rios. Desagua en la márgen izquierda del arroyo de Las Conchas, en direccion de Sud á Norte. Separa el distrito Sauce del ejido de la Capital de la provincia. 20) de las, arroyo, Entre Rios. Es un tributario del Moreira en la márgen izquierda y forma en toda su extension el límite entre los departamentos Capital (Maria Grande 1°) y Nogoyá (Crucesitas.) 21) arroyo, Entre Rios y Corrientes. Es un afluente del Mocoretá en la orilla derecha. Forma junto con su tributario el Túnitas, el límite entre las provincias de Corrientes y Entre Rios. 22) arroyo, Tunuyan, Mendoza. Es un tributario del Tunuyan en la márgen izquierda. 23) finca rural, Dolores, Chacabuco, San Luis. 24) distrito del departamento de las Colonias, Santa Fe. Tiene 660 habitantes. (Censo del 7 de Junio de 1887.) 25) colonia, Tunas, Colonias, Santa Fe. Tiene 660 habitantes. (Censo m.) Por la via férrea dista 35 kms. de Santa Fe y 61 de Galvez. FCSF, C, T, E. 26) *Chicas*, establecimiento rural, Ctl 8, Trenque-Lauquen, Buenos Aires. 27) *Punco*, lugar poblado, Jimenez, Santiago. E.

Tunco, laguna, Ctl 5, Arrecifes, Buenos Aires.

Tunilla, estancia, Rosario de la Frontera, Salta.

Tunita, 1) lugar poblado, Chucul, Juarez Celman, Córdoba. 2) estancia, Bella Vista, Corrientes. 3) finca rural, La Cruz, Corrientes.

Tunitas 1) las, establecimiento rural, Ctl 4, Lincoln, Buenos Aires. 2) estancia, Ctl 8, Trenque-Lauquen, Buenos Aires. 3) estancia, Paso de los Libres, Corrientes.

Tunuyan, 1) departamento de la provincia de Mendoza. Confina al Norte con los departamentos Tupungato y Lujan, al Este con los departamentos Rivadavia y Nueve de Julio por el rio Tunuyan, al Sud con el departamento Nueve de Julio y al Oeste con el departamento Tupungato. Tiene 1700 kms.² de extension y una poblacion conjetural de 4000 habitantes. El terreno es montañoso al Oeste, quebrado en el centro y llano al Este. La fuente principal de recursos de sus habitantes es la ganaderia y la agricultura. El gran establecimiento agríɔla-ganadero, llamado Melocoton, forma parte de este departamento. El pueblo Tunuyan es la cabecera del departamento. 2) pueblo, Tunuyan, Mendoza. Es la cabecera del departamento del mismo nombre y está situado en la orilla izquierda del rio Tunuyan, á 80 kms. al Sud de la ciudad de Mendoza. C, T, E. 3) lugar poblado, Chacabuco, Mendoza. Por la via férrea dista 104 kms. de Mendoza, 256 de Villa Merceaes, 258 de San juan y 947 de Buenos Aires. FCGOA, C, T. 4) rio, Mendoza. Tiene sus fuentes en el Tupungato. Recibe en la cordillera numerosos afluentes, como el rio Chico del Potrillo, el rio Grande del Potrillo, el arroyo San Cárlos, el de Arenales, el de Tunas y varios otros de menor importancia. Al salir de la sierra lleva como direccion dominante la de NE., la que cambia despues de haberse acercado bastante al ferro-carril Gran Oeste Argentino, hácia el SE., en cuya direccion continua hasta la pampa Brava en el límite de la provincia de San Luis, donde junta sus aguas con las del Desaguadero.

Tupungato, 1) departamento de la provincia de Mendoza. Confina al Norte con el departamento Las Heras por el rio Mendoza, al Este con los departamentos Las Heras y Belgrano por el rio Mendoza y luego con los departamentos Lujan y Tunuyan, al Sud con los departamentos Tunuyan y Nueve de julio y al Oeste con Chile. Tiene 5443 kms.² de extension y una poblacion conjetural de 3500 habitantes. Es en su mayor parte montañoso. La principal fuente de riqueza es la ganaderia. 2) pueblo, Tupungato, Mendoza. Es la cabecera del departamento del mismo nombre. Está á 60 kms. en linea recta al SSO. de Mendoza. C, T, E. 3) arroyo, Tupungato, Mendoza. Es un tributario del rio Mendoza en la márgen derecha. Corre

de S. á N. 4) cumbre nevada de la cordillera, Tupungato, Mendoza. $\varphi = 33°$ 22'; $\lambda = 69°$ 30'; $x = 6710$ m. (Pissis.)

Turbia 1) la, estancia, Ctl 4, Mercedes, Buenos Aires. 2) laguna, Ctl 4. Mercedes, Buenos Aires. 3) laguna, Ctl 7, Tres Arroyos, Buenos Aires.

Turco el, establecimiento rural, Ctl 4, Las Heras, Buenos Aires

Turral, paraje poblado, Oran, Salta.

Tusaquilla, paraje poblado, Cochinoca, Jujuy.

Tuscal, 1) cuartel de la pedanía San Pedro, Tulumba, Córdoba. 2) aldea, San Pedro, Tulumba, Córdoba. Tiene 117 habitantes. (Censo del 1° de Mayo de 1890) 3) paraje poblado, Cran, Salta.

Tusca-Pozo, lugar poblado, Rob'es, Santiago. E.

Tuscas, [1] aldea, Toyos, Ischilin, Córdoba. Tiene 105 habitantes. (Censo del 1° de Mayo de 1890.)

Tuscaya, paraje poblado, Loreto, Santiago.

Tuscayaco, lugar poblado, Rio Hondo, Santiago. E.

Tuya, laguna, Goya, Corrientes.

Tuyalito, paraje poblado, Nueve de Julio, Mendoza.

Tuyú, 1) estancia, Ctl 2, Ajó, Buenos Aires. 2) arroyo, Ajó, Buenos Aires. Desagua en la ensenada de Samborombon. 3) partido de la provincia de Buenos Aires. Fué creado en 1839. Está situado al SE. de la Capital federal, en la costa del Océano Atlántico y confina con los partidos de Ajó, Monsalvo y Mar Chiquita. Tiene 3118 kms.² de extension y una poblacion de 3231 habitantes. (Censo del 31 de Enero de 1890.) El partido es regado por el arroyo Chico. Existe, además, un gran número de lagunas. El partido no posée aun ningun núcleo urbano de poblacion. 4) puerto de Ajó,

---

1 Espinillos (Acacia Aroma.)

Ajó, Buenos Aires. Está situado en la desembocadura del arroyo de Ajó en la ensenada de Samborombon. C, T, E. 5) estero, La Cruz, Corrientes. 6) finca rural, Monte Caseros, Corrientes. 7) *Cuá*, finca rural, Caacatí, Corrientes. 8) *Cuá*, finca rural, San Miguel, Corrientes. 9) *Né*, estancia, Monte Caseros, Corrientes.

Tuyuty, finca rural, Itatí, Corrientes.

Tuyuyú [1], laguna, San Roque, Corrientes.

Uchara, paraje poblado, Cochinoca, Jujuy.

Uchuyoc, paraje poblado, Iruya, Salta.

Uillapújio, estancia, Graneros, Tucuman. En la frontera santiagueña.

Ulapes, 1) distrito del departamento San Martin, Rioja. 2) aldea, Ulapes, San Martin, Rioja. Es la cabecera del departamento. En sus cercanías hay un poderoso pozo surgente que indica acaso la posibilidad de la existencia de fuentes artesianas. C, E.

Ulcucha, lugar poblado, Quilino, Ischilin, Córdoba.

Ulivarri, estancia, Ctl 1, Tandil, Buenos Aires.

Ullun, 1) distrito del departamento Albardon, San Juan. 2) lugar poblado, Ullun, Albardon, San Juan. Por la via férrea en estudio dista 28 kms. de San Juan, 1015 de Salta y 1233 de Buenos Aires. Será estacion del ferro-carril de San Juan á Salta.

Umanao, paraje poblado, Molinos, Salta.

Umberta la, establecimiento rural, Ctl 5, Ramallo, Buenos Aires.

Umberto 1°, 1) estancia, Ctl 7, Trenque-Lauquen, Buenos Aires. 2) colonia, Constanza, Colonias, Santa Fe. Tiene 162 habitantes (Censo del 7 de junio de 1887). Por la via férrea dista 63 kms. de San Cristóbal, 137 de Santa Fe y 618 de Buenos Aires. FCSF, C, T.

Uncal, [1] 1) laguna, Ctl 6, Brandzen, Buenos Aires. 2) cañada, Chacabuco y Cármen de Areco, Buenos Aires. Por esta cañada desagua la laguna del Uncal (Ctl 7 de Chacabuco) formando al mismo tiempo el orígen del arroyo de Areco. 3) laguna, Ctl 7, Chacabuco, Buenos Aires. 4) laguna, Ctl 10, Chascomús, Buenos Aires. 5) laguna, Ctl 9, Giles, Buenos Aires. 6) laguna, Ctl 9, Lincoln, Buenos Aires. 7) laguna, Ctl 5, Monte, Buenos Aires. 8) laguna, Ctl 5, Pila, Buenos Aires. 9) laguna, Ctl 3, Veinte y Cinco de Mayo, Buenos Aires.

Uncalito el, establecimiento rural, Ctl 4, Lobería, Buenos Aires.

Unco, 1) el, laguna, Ctl 6, Brandzen, Bueno Aires. 2) laguna, Ctl 6, Dolores, Buenos Aires. 3) establecimiento rural, Ctl 18, juarez, Buenos Aires. 4) laguna, Ctl 4, juarez, Buenos Aires. 5) laguna, Ctl 7, Junin, Buenos Aires. 6) arroyo, Ctl 3, Magdalena, Buenos Aires. 7) laguna, Ctl 12, Necochea, Buenos Aires. 8) laguna, Ctl 3, Olavarría, Buenos Aires. 9) cañada, Ctl 9, Pergamino, Buenos Aires. Es tributaria del arroyo del Medio, en la márgen derecha. 10) laguna, Ctl 1, Pringles Buenos Aires. 11) laguna, Ctl 3, Puan, Buenos Aires. 12) laguna, Ctl 2, Pueyrredon, Buenos Aires. 13) laguna, Ctl 11, Tres Arroyos, Buenos Aires. 14) laguna, Ctl 4, Vecino, Buenos Aires. 15) laguna, Ctl 12, Veinte y Cinco de Mayo, Buenos Aires. 16) *Chico*, laguna, Ctl 6, Brandzen, Buenos Aires. 17) *Chico*, establecimiento rural, Ctl 3, Puan, Buenos Aires. 18) *Grande*, estancia, Ctl 3, Puan, Buenos Aires.

Unica, laguna, Ctl 2, Olavarría, Buenos Aires.

Union, 1) la, establecimiento rural, Ctl 2, Alsina, Buenos Aires. 2) establecimiento

---

1 Especie de cigüeña.

1 Probablemente corruptela de Juncal, ó sea paraje donde abunda el junco, la espadaña ó la totora.

rural, Ctl 4, Azul, Buenos Aires. 3) establecimiento rural, Ctl 8. Bolívar, Buenos Aires. 4) establecimiento rural, Ctl 6, Chascomús, Buenos Aires. 5) establecimiento rural, Ctl 3, Dorrego, Buenos Aires. 6) establecimiento rural, Ctl 9, Las Flores, Buenos Aires. 7) establecimiento rural, Ctl 14, Lincoln, Buenos Aires. 8) laguna, Ctl 5, Lincoln, Buenos Aires. 9) estancia, Ctl 4, Márcos Paz, Buenos Aires. 10) establecimiento rural, Ctl 7, Nueve de Julio, Buenos Aires. 11) establecimiento rural, Ctl 6, Olavarría, Buenos Aires. 12) establecimiento rural, Ctl 7, Pergamino, Buenos Aires. 13) establecimiento rural, Ctl 3, 5, Rauch, Buenos Aires. 14) establecimiento rural, Ctl 5, Suarez, Buenos Aires. 15) establecimiento rural, Ctl 1, 9, Tandil, Buenos Aires. 16) establecimiento rural, Ctl 15, Tres Arroyos, Buenos Aires. 17) establecimiento rural, Ctl 5, Tuyú, Buenos Aires. 18) establecimiento rural, Ctl 2, 6, 11, Veinte y Cinco de Mayo, Buenos Aires. 19) distrito del departamento de La Paz, Catamarca. 20) departamento de la provincia de Córdoba. Confina al Norte con el departamento San justo, al Este con el de Márcos Juarez, al Sud con la provincia de Buenos Aires y al Oeste con los departamentos Tercero Abajo, Juarez Celman y General Roca. Su extension es de 10700 kms.² y su poblacion de 10449 habitantes. (Censo del 1° de Mayo de 1890). El departamento está dividido en las 6 pedanías: Bell - Ville, Litin, Ballesteros, Ascasubi, Loboy y San Martin. Los centros de poblacion de 100 habitantes para arriba son los siguientes : Bell - Ville, colonia Márcos Sastre, colonia La Adela, colonia Rodriguez, colonia Carlota, El Cármen, Los Patos, San Antonio, Litin, Montes Grandes, Santa Cecilia, Ballesteros y Tres Cruces. La villa de Bell - Ville es la cabecera del departamento 21) finca rural, Monte Caseros, Corrientes. 22) la, finca rural, San Pedro, jujuy. 23) establecimiento rural, Departamento 3°, Pampa. 24) establecimiento rural, Departamento 4°, Pampa. 25) colonia, Bustinza, Iriondo, Santa Fe. Tiene 244 habitantes. (Censo del 7 de Junio de 1887). 26) la, lugar poblado, Matará, Santiago. E. 27) ingenio de azúcar, Capital, Tucuman. A 2 kms al Este de la capital provincial, en la orilla derecha del rio Salí. Este ingenio está en el ejido municipal de la ciudad de Tucuman. 28) *de San Miguel*, establecimiento rural, Departamento 3°, Pampa.

Unquillo, 1) cuartel de la pedanía Rio Ceballos, Anejos Norte, Córdoba. 2) lugar poblado, Rio Ceballos, Anejos Norte, Córdoba. E. 3) estancia, Rosario de la Frontera, Salta. 4) arroyo, Rincon del Cármen y San Lorenzo, San Martin, San Luis.

Unquillos, lugar poblado, Ciénega del Coro, Minas, Córdoba.

Upinango, 1) distrito del departamento Arauco, Rioja. 2) lugar poblado, Upinango, Arauco, Rioja. E.

Uquia, aldea, Humahuaca, jujuy. E.

Urbana la, finca rural, San Pedro, Jujuy.

Urdinarrain, lugar poblado, Gualeguaychú. Entre Rios. Por la vía férrea dista 38 kms. de Basavilbaso, 63 de Gualeguaychú y 261 del Paraná. FCCE, ramal de Basavilbaso á Gualeguaychú. C, T.

Ureta, colonia, San Justo, Capital, Santa Fe.

Urquijo, estancia, Ctl 6, Azul, Buenos Aires.

Urquiza, 1) lugar poblado, Concepcion del Uruguay, Entre Rios. Por la vía férrea dista 24 kms de Basavilbaso y 38 de Villaguay. FCCE, ramal de Basavilbaso á Villaguay, C, T. 2) arroyo, Entre Rios. Desagua en la márgen derecha del Uruguay, en direccion de NO. á SE. Es en toda su extension límite entre los departamentos Colon (distrito 1°) y Uruguay

(Molino). 3) distrito del departamento San Lorenzo, Santa Fe. 4) colonia, Urquiza, San Lorenzo, Santa Fe. C.

Urre-Lauquen, laguna, Pamp . Al Oeste de la sierra de Lihuel-Calel. Recibe las aguas del Chadi-Leubú. Es aun dudoso si el arroyo Curacó la comunica con el rio Colorado.

Urrutia, colonia, Tala, Capital, Ente Rios. Véase Rivadavia.

Ursula-Cué, finca rural, Curuzú - Cuatiá, Corrientes.

Urueña, arroyo, Burruyaco, Tucuman Nombre que toma el arroyo de los Sauces, á partir del pueblo Florida. Véase arroyo de los Sauces.

Uruguay, [1] 1) finca rural, Paso de los Libres, Corrientes. 2) departamento de la provincia de Entre Rios. Situado en la orilla derecha del rio Uruguay, confina al Norte con los departamentos Villaguay (arroyo de las Moscas) y Colon (arroyos Santa Rosa, Pantanoso y Urquiza); al Sud con el departamento Gualeguaychú (arroyos Pancho, Genacito y Gená) y al Oeste con el departamento Rosario Tala (rio Gualeguay). Tiene 5600 kms.[2] de extension y una poblacion conjetural de 17000 habitantes. El departamento está dividido en los 7 distritos: Moscas, Genacito, Gená, Molino, Tala, Potrero y Potrero de San Lorenzo. Escuelas funcionan en Concepcion, Genacito, Moscas, Tala, Gená y en las colonias Caseros, Rocamora y Perfeccion. El departamento es regado por los arroyos Moscas, Obispo, Cala y Pancho, tributarios del Gualeguay; Santa Rosa, Gená, Genacito, Sauce, San Pedro, Centella é Isleta, tributarios del rio Gualeguaychú, y los arroyos Urquiza,

del Molino, Osuna, Cupalén, San Lorenzo y Talita, tributarios del Uruguay. La ciudad Concepcion del Uruguay es la cabecera del departamento. 3) rio. Nace en la misma cadena de montañas de la costa brasilera, casi frente á la isla Santa Catalina, donde tiene su orígen el Paraná. Entra en el territorio argentino con rumbo á O., recibe en la márgen derecha el Pepirí - Guazú, hasta aquí considerado como el límite provisorio entre las Misiones Argentinas y la provincia brasilera de Paraná, y produce en los 27° 20', un poco arriba de la desembocadura del rio Mberny, el «Salto Grande,» cuyas aguas caen de una altura de 2 á 5 metros, segun sea el caudal del rio. A medida que el rio avanza toma su cauce rumbo á SO. orillando las Misiones argentinas primero, luego la provincia de Corrientes, y, finalmente, la de Entre Rios. Desde Santa Rosa (Banda Oriental) hasta Concordia, en un espacio de 150 kms., está el cauce del rio sembrado de escollos que se extienden de una á otra márgen, dejando apenas espacio para estrechos canales con rápidas corrientes que sirven para la navegacion de embarcaciones de poco calado. A unos 20 kms. aguas arriba de Concordia se produce el llamado «Salto Grande,» que en realidad solo es salto cuando las aguas están bajas, pues en los demás tiempos solo forma una série de rápidos infranqueables á causa de las muchas rocas que atraviesan el rio de un lado á otro. Quince kilómetros abajo del Salto Grande se encuentra el « Salto Chico,» que es aun menos importante que el anterior. A partir de Santa Rosa se inclina el rumbo del rio más al Sud y el cauce se va ensanchando, sobre todo desde Fray Bentos en adelante. En este último trecho, cosa de 120 kms., se parece el rio á un lago, pues tiene partes en que la anchura de las aguas es de

---

1 Don José M. Cabrer, compañero de Azara, opina que este vocablo se compone de las voces guaraníes *urugua* é *i*, las cuales unidas vendrían á significar *río de los caracoles*, puesto que *urugua* = caracol é *i* = río,

10 á 15 kms. Las islas del Uruguay no son tan numerosas como las del Paraná, pero son, sin excepcion, más altas habiendo entre ellas algunas que ni en los mayores crecimientos del rio se cubren de agua. El Uruguay desagua en el rio de la Plata bajo los 34° 12' de latitud y los 58° 12' de longitud O. de Greenwich. Los afluentes argentinos más importantes del Uruguay son el ya mencionado Pepiri - Guazú, el Aguapey, el Miriñay y el Gualeguaychú, desaguando todos ellos en la márgen derecha. El desarrollo total del rio será de unos 1500 kms. y su anchura media en el curso mediano, de 1 km.

Uruguayo, finca rural, Paso de los Libres, Corrientes.

Urundaiti, finca rural, Caacatí, Corrientes.

Ushuaiá, 1) departamento de la Tierra del Fuego. Sus límites son: al Norte los 54° de latitud austral, al Este el meridiano de los 67° O. de Greenwich, al Sud el canal de Beagle y al Oeste el límite de la República con Chile. 2) asiento de las autoridades de la Tierra del Fuego. Está situado en la costa Norte del canal de Beagle. Una mision evangélica inglesa está allí radicada desde mucho tiempo há. $\varphi = 54°$ 52'; $\lambda = 68°$ 7'; $\alpha = 30$ m.

Usno, [1] 1) estancia. Valle Fértil, San Juan. 2) arroyo que riega los campos del mismo nombre, Valle Fértil, San Juan.

Uspallata, 1) distrito mineral, Las Heras, Mendoza. Encierra muchas minas de plata y entre ellas algunas muy antiguas. 2) lugar poblado, Las Heras, Mendoza. 3) arroyo, Las Heras, Mendoza. Es un tributario del rio Mendoza en la márgen izquierda. 4) paso de la cordillera, Las Heras, Mendoza. $\varphi = 32°$ 48'; $\lambda = 70°$; $\alpha = 3927$ m. (Pissis.)

---

[1] En quichua significa mojon de piedra.

Uspara, cumbre de la sierra Comechingones, Córdoba. Está situada cerca del límite Sud del departamento Calamuchita.

Uturunco, estancia, Leales, Tucuman.

Uyaba, 1) pedanía del departamento San Javier, Córdoba. Tiene 1818 habitantes. (Censo del 1° de Mayo de 1890.) 2) cuartel de la pedanía del mismo nombre, San Javier, Córdoba. 3) aldea, La Uyaba, San Javier, Córdoba. Tiene 465 habitantes. (Censo m.) $\varphi = 32°$ 8'; $\lambda = 65°$ 7'; $\alpha = 600$ m. (Brackebusch.) C, E.

Uyamampa, lugar poblado, Banda, Santiago. C.

Vaca, 1) la, establecimiento rural, Ctl 10, Trenque-Lauquen, Buenos Aires. 2) Corral. lugar poblado, Candelaria, Cruz del Eje, Córdoba. 3) Cuá, arroyo, Curuzú-Cuatiá, Corrientes. Es un tributario del Yuquerí. 4) Muerta, lugar poblado, Ciénega del Coro, Minas, Córdoba. 5) Muerta, lugar poblado, Cerrillos, Sobremonte, Córdoba. 6) Muerta, lugar poblado, Figueroa, Matará, Santiago. E. 7) Parada, chacra, Guzman, San Martin, San Luis.

Vacas, 1) las, lugar poblado, Ascasubi, Union, Córdoba. 2) de las, arroyo, Las Heras, Mendoza. Es un tributario del rio Mendoza en la márgen izquierda. 3) distrito minero del departamento Jachal, San Juan. Encierra oro.

Vaibuena, 1) lugar poblado, Rio de los Sauces, Calamuchita, Córdoba. 2) lugar poblado, Villa de Maria, Rio Seco, Córdoba. 3) distrito del departamento Anta, Salta.

Valcheta, 1) travesia, Veinte y Circo de Mayo, Rio Negro. Campos áridos y pedregosos de unos 150 kms. de extension á todo rumbo. 2) arroyo, Veinte y Cinco de Mayo, Rio Negro. Recorre un corto trayecto de S á N. y borra luego su cauce en unas depresiones pantanosas.

Valderrama, 1) arroyo, Famaillá y Monteros, Tucuman. Es un tributario del rio Salí en la márgen derecha. Tiene su origen en el cerro de las Animas, llamándose primero, hasta recibir las aguas del arroyo Arenilla, rio « Pueblo Viejo,» para tomar despues el nombre aquí indicado. El arroyo Valderrama es, en toda la extension que lleva este nombre, límite entre los departamentos de Famaillá y Monteros. Sus tributarios son el llamado rio Romanos y el Arenilla, los cuales desaguan en su márgen izquierda. 2) lugar poblado, Monteros, Tucuman. Su poblacion está diseminada á lo largo de la márgen derecha del arroyo del mismo nombre. E.

Valdés, 1) arroyo, Ctl 5, Chascomús, Buenos Aires. 2) península, Chubut. El istmo que la une al continente, separa los golfos San Matias (al Norte) y Nuevo (al Sud.) 3) los, lugar poblado, Burruyaco, Tucuman. En la orilla derecha del arroyo Calera.

Valencia, 1) riacho, Ctl 3, Las Conchas, Buenos Aires. 2) finca rural, Itatí, Corrientes.

Valentin, 1) bahia, Tierra del Fuego. Está situada en la parte SE. de la gobernacion, donde penetra en el mar el cabo Buen Suceso. 2) pueblo en formacion, Barracas al Sud, Buenos Aires. E.

Valentina, 1) estancia, Reduccion, Juarez Celman, Córdoba. 2) finca rural, Sauce, Corrientes.

Valenzuela, 1) arroyo, Mercedes, Corrientes. Es un tributario del Payubre Grande. 2) laguna, San Miguel, Corrientes. 3) arroyo, Veinte y Cinco de Mayo y Beltran, Mendoza. Es uno de los orígenes del rio Grande. Forma en toda su extension límite entre los departamentos Veinte y Cinco de Mayo y Beltran.

Valerio, 1) laguna, San Cosme, Corrientes.

2) finca rural, San Pedro, Jujuy. 3) *Cué*, finca rural, San Luis, Corrientes.

Vallas las, establecimiento rural, Ctl 5, Nueve de Julio, Buenos Aires.

Valle, 1) del, arroyo, Catamarca. Nace en la sierra de Ambato de la reunion de las aguas de los arroyos de las Burras, del Ambato y Nacimientos; se dirige hácia el Sud y termina su curso de cerca 70 kms. en las inmediaciones de Catamarca, por agotamiento, despues de haber regado los distritos de San Isidro, Villa Dolores, Polco, Santa Rosa y Sumalao del departamento Valle Viejo; los distritos San José, La Carrera, San Antonio, La Tercena, El Hueco y Pomancillo del departamento de Piedra Blanca; y el distrito de la Chacarita del departamento de la Capital. 2) del, arroyo, Anta y Oran, Salta. Nace en la sierra de la Lumbrera, pasa por el Piquete, toma rumbo á NE., recibe luego unos cuantos afluentes en la márgen izquierda, como son el rio Seco, de Barrialito, de los Gallos y de los Salteños, y termina en una série de lagunas que, á su turno, desaguan por un cauce llamado arroyo Caiman en la márgen derecha del rio Bermejo, en Esquina Grande. 3) el, finca rural, Cafayate, Salta. 4) cerro del, en la sierra de los Apóstoles, Rosario, Pringles, San Luis. $\varphi = 32°$ 50'; $\lambda = 66° 2'$; $\alpha = 1900$ m. (Lallemant.) 5) lugar poblado, Totoral, Pringles, San Luis. 6) *Colorado*, paraje poblado, Valle Grande, jujuy. 7) *Delgado*, distrito del departamento Iruya, Salta. 8) *Delgado*, paraje poblado, Valle Delgado, Iruya, Salta. 9) *Fértil*, departamento de la provincia de San Juan. Confina con las provincias de San Luis y de La Rioja. Su extension es de 15658 kms.² y su poblacion conjetural de unos 3400 habitantes. El departamento encierra buenos pastos y mucho monte. El cultivo del algodon, del olivo, del tabaco, del arroz y de la caña de azúcar podrian prosperar si los habitantes de esta comarca dedicaran más trabajo y mayor atencion al aprovechamiento de las aguas. La industria de la cochinilla es aquí de alguna importancia. En los distritos mineros de la Huerta, Marayes, Cerro Blanco, Santo Domingo, Guayaguás, Chaves, Morado y Chucuma, existen carbon, hierro, oro, plata y cobre, pero las explotaciones de estos yacimientos se limitan á La Huerta y á Marayes. Las aguadas se reducen á las vertientes y arroyuelos Usno, del Valle, de las Tumanas, Atica, Mecada, Agua Negra, Las Vacas, Morcillos, Agua de la Totorita, Retamito y Agua de los Burros. La villa San Agustin es la cabecera del departamento. 10) *Grande*, lugar poblado, Reduccion, Juarez Celman, Córdoba. 11) *Grande*, departamento de la provincia de Jujuy. Está situado al Este del de la Capital y se divide en los 8 distritos: Valle Grande, Parpalá, Santa Ana, Calilegua, Bañado, Pampichuela, San Lúcas y Loma Larga. Tiene 2000 kms.² de extension y unos 2100 habitantes. El departamento es regado por los arroyos Colorado, Cortaderas, Molulo, Sauzal, Chiquero, Yaconal, Caspalá y otros no denominados. 12) *Grande*, aldea, Valle Grande, Jujuy. Es la cabecera del departamento. Tiene unos 300 habitantes. $\varphi = 23°\,27'$; $\lambda = 64°\,56'$. C, E. 13) *Grande*, arroyo, Valle Grande, Jujuy. Es uno de los elementos de formacion del arroyo San Lorenzo. 14) *del Huracan*, paraje poblado, General Ocampo, Rioja. 15) *Morado*, paraje poblado, Ledesma, Jujuy. 16) *Morado*, paraje poblado, Oran, Salta. 17) *del Palmar*, finca rural, Lavalle, Corrientes. 18) *de San Vicente*, establecimiento rural, Ctl 7, Puan, Buenos Aires. 19) *Viejo*, departamento de la provincia de Catamarca. Al Este del departamento de la Capital.

Tiene una extension de 444 kms.² y una poblacion conjetural de 8000 habitantes. Está dividido en los 9 distritos: San Isidro, Villa Dolores, Polco, Santa Rosa, Puestos, Guaicuma, Santa Cruz, Portezuelo y Sumalao. El departamento es regado por los arroyos del Valle y Paclin. En Dolores, Portezuelo, Santa Cruz, Guaicuma, Rosario, Sumalao, Choya, Jarillal, Naranjo Esquina y Polco existen centros de poblacion. La cabecera es la aldea San Isidro.

Vallecito, 1) lugar poblado, Candelaria, Cruz del Eje, Córdoba. 2) lugar poblado, Guasapampa, Minas, Córdoba. 3) cuartel de la pedanía San Cárlos, Minas, Córdoba. 4) aldea, San Cárlos, Minas, Córdoba. Tiene 127 habitantes. (Censo del 1° de Mayo de 1890.) 5) lugar poblado, Parroquia, Pocho, Córdoba. 6) paraje poblado, Valle Grande, Jujuy. 7) vertiente, Solca, Rivadavia, Rioja. 8) paraje poblado, Cachi, Salta. 9) paraje poblado, Iruya, Salta. 10) lugar poblado, Totoral, Pringles, San Luis. 11) chacra, San Lorenzo, San Martin, San Luis. 12) pueblo, Famaillá, Tucuman. A 7 kms. al SO. de Lules. 13) estancia, Graneros, Tucuman. En la orilla izquierda del arroyo Graneros.

Vallejo-Cué, estancia, Saladas, Corrientes.

Vallejos, 1) laguna, Ctl 4, Suarez, Buenos Aires. 2) lugar poblado, Ciénega del Coro, Minas, Córdoba. 3) finca rural, Empedrado, Corrientes. 4) laguna, Saladas, Corrientes. 5) mina de galena argentífera en el distrito mineral de Uspallata, Las Heras, Mendoza. 6) *Cué*, finca rural, Esquina, Corrientes.

Vallenar, paraje poblado, Rosario de Lerma, Salta.

Vallimanca, arroyo, Ctl 4, 5, 8, Bolívar; Ctl 8, Tapalqué; Ctl 12, Veinte y Cinco de Mayo y Ctl 6, Alvear, Buenos Aires. Este arroyo se llama en su orígen Salado y toma el nombre de Vallimanca entre las lagunas del Salado (Bolívar) y la Verdosa (Veinte y Cinco de Mayo). De la Verdosa en adelante se llama primeramente Pantanoso y finalmente Saladillo. El arroyo Vallimanca es primero límite entre los partidos Bolívar y Tapalqué y luego entre Veinte y Cinco de Mayo y Alvear.

Valtelina, colonia, Libertad, San Justo, Córdoba. Fué fundada en 1888 en una extension de 10200 hectáreas. Dista 40 kms. del ferro-carril de Córdoba á Santa Fe.

Vancouver, [1] puerto en la Isla de los Estados, Tierra del Fuego. $\varphi = 54°\ 49'\ 50''$; $\lambda = 64°\ 5'\ 45''$. (Fitz Roy.)

Vanguardia, 1) establecimiento rural, Ctl 6, junin, Buenos Aires. 2) establecimiento rural, Ctl 7, Pergamino, Buenos Aires 3) estancia, Ctl 10, Saladillo, Buenos Aires. 4) lugar poblado, Italó, General Roca, Córdoba. 5) la, establecimiento rural, Departamento 2°, Pampa.

Vaqueria [2] la, paraje poblado, Guachipas, Salta.

Vaquero, 1) lugar poblado, Carlota, Juarez Celman, Córdoba. 2) distrito del departamento Caldera, Salta. 3) lugar poblado, Vaquero, Caldera, Salta. E.

Vaquillona [3] la, laguna, Ctl 12, juarez, Buenos Aires.

Vaquita, mina de oro en el distrito mineral «El Oro,» sierra de Famatina, Rioja.

Varabá, estancia, La Cruz, Corrientes.

Varas, 1) las, lugar poblado, juarez Celman, San Justo, Córdoba. 2) arroyo, Beltran, Mendoza. Es uno de los orígenes del rio Grande.

Varela, 1) (Florencio), lugar poblado, Quilmes, Buenos Aires. Por la vía férrea dis-

ta 34 kms. de La Plata, 37 de Haedo y 55 de Buenos Aires. En sus inmediaciones se halla la aldea San juan. FCO, ramal de La Plata á Haedo. $x = 22$ m. C, T, E. 2) vertiente, Pucarilla, Ambato, Catamarca. 3) partido del departamento de la Capital, San Luis. 4) lugar poblado, Varela, Capital, San Luis. C. 5) cerro, Varela, Capital, San Luis. Pertenece á un cordon que se desprende del macizo de San Luis hácia el Sud. $\varphi = 34°\ 3'\ 52''$; $\lambda = 66°\ 32'\ 49''$; $x = 722$ m. (Lallemant)

Vargas, vertiente, Carrizal y Salinas, Independencia, Rioja.

Variedades, finca rural, Goya, Corrientes.

Varillas, lugar poblado, Remedios, Rio Primero, Córdoba.

Vascongada, 1) la, establecimiento rural, Ctl 3, Chacabuco, Buenos Aires. 2) establecimiento rural, Ctl 12, Tres Arroyos, Buenos Aires. 3) establecimiento rural, Jagüeles, General Roca, Córdoba. 4) la, establecimiento rural, Departamento 2°, Pampa. 5) Chica, estancia, Ctl 7, Puan, Buenos Aires.

Vascos, 1) los, establecimiento rural, Ctl 4, Alvear, Buenos Aires. 2) estancia, Ctl 4, Las Heras, Buenos Aires.

Vasquito el, estancia, Ctl 7, Trenque-Lauquen, Buenos Aires.

Vazquez, 1) arroyo, Ctl 5, Giles, Buenos Aires. 2) lugar poblado, Tres Arroyos, Buenos Aires. Por la vía férrea dista 203 kms. de Bahia Blanca, 408 de Mar del Plata y 546 de Buenos Aires. $x = 152$ m. FCS, línea de Altamirano á Tres Arroyos y Bahía Blanca. C. T. 3) arroyo, Ctl 5, Tres Arroyos, Buenos Aires. 4) los, lugar poblado, Constitucion, Anejos Norte, Córdoba. 5) sierra de, Molinos, Salta. Es una ramificacion del macizo central de la cordillera que se extiende de OSO. á ENE.

Vecina, 1) la, laguna, Ctl 5, Maipú, Buenos Aires. 2) lugar poblado, San Cárlos, Minas, Córdoba.

---

1 En la ubicacion de los puntos pertenecientes á la Isla de los Estados, hago seguir Tierra del Fuego para indicar que dicha isla es una dependencia administrativa de la gobernacion llamada Tierra del Fuego. Hago esta advertencia para desbaratar desde luego cualquier crítica perversa que al respecto pudiera hacérseme.— 2 Lugar donde abunda el ganado vacuno. (Granada) —3 Ternera.

Vecindad, 1) la, cuartel de la pedanía Molinos, Calamuchita, Córdoba. 2) lugar poblado, Molinos, Calamuchita, Córdoba.

Vecino, 1) laguna, Ctl 14, Dolores, Buenos Aires. 2) cañada, Ctl 11, Dolores, Ctl 1, 6, Vecino y Ctl 4, Ayacucho, Buenos Aires. 3) partido de la provincia de Buenos Aires. Está situado al Sud de la Capital federal y confina con los partidos Pila, Dolores, Monsalvo, Ayacucho y Arenales. Tiene 2308 kms.^{2} de extensión y 3131 habitantes. (Censo del 31 de Enero de 1890.) Escuelas funcionan en San Miguel, Santa Catalina, La Victoria Grande, en el campo de Pujol, Rodriguez y La Baigorria. El partido es regado por los arroyos Mirador, Chelforó, Victoria Chica, Pajal, Bella Vista y La Horqueta. Existe, además, un gran número de lagunas. En el partido no hay todavía ningun centro de poblacion. En las inmediaciones de la estacion Velazquez se ha trazado la villa General Guido, que será el asiento de las autoridades administrativas del partido.

Vedia, lugar poblado, Lincoln, Buenos Aires. Por la vía férrea dista 312 kms. de la Capital federal y 379 de Villa Mercedes. FCP, C, T. $\alpha = 88$ m

Vega, 1) laguna, Ctl 1, Ranchos, Buenos Aires. 2) pueblo, Capital, Tucuman. Al lado de la vía del ferro-carril central Norte, á 8 kms. al NO. de Tucuman.

Veinte y Cinco. 1) el, laguna, Ctl 7, Dorrego, Buenos Aires. 2) el, establecimiento rural, Ctl 8, Vecino, Buenos Aires 3) *de Enero,* lago, Neuquen. Comunica sus aguas con las del Nahuel Huapí. (O'Connor) 4) *de Julio,* establecimiento rural, Departamento 10°, Pampa. 5) *de Mayo,* establecimiento rural, Ctl 5, Cañuelas, Buenos Aires. 6) *de Mayo,* establecimiento rural, Ctl 8, Las Flores, Buenos Aires. 7) *de Mayo,* establecimiento rural, Ctl 4, Magdalena, Buenos

Aires. 8) *de Mayo,* estancia, Ctl 3, Monte, Buenos Aires. 9) *de Mayo,* establecimiento rural, Ctl 6, Navarro, Buenos Aires. 10) *de Mayo,* establecimiento rural, Ctl 5, Pergamino, Buenos Aires. 11) *de Mayo,* establecimiento rural, Ctl 2, Tandil, Buenos Aires. 12) *de Mayo,* partido de la provincia de Buenos Aires. Está situado al SO. de la Capital federal y confina con los partidos de Chivilcoy, Navarro, Lobos, Saladillo, Alvear, Bolívar, Nueve de Julio y Bragado. Tiene una superficie de 6263 kms.^{2} y una poblacion de 18663 habitantes. (Censo del 31 de Enero de 1890.) Escuelas funcionan en Veinte y Cinco de Mayo, La Pastora, La Rabia, Montequieto y El Socorro. El partido es regado por el rio Salado y los arroyos Saladillo, Vallimanca y el Verdoso. Existen, además, numerosas lagunas en toda la extension del partido. 13) *de Mayo,* villa, Veinte y Cinco de Mayo, Buenos Aires. Es la cabecera del partido. Fundada por Rosas en 1846, á orillas de la laguna Mulitas, cuenta hoy (Censo m.) con 6692 habitantes. A Veinte y Cinco de Mayo se llega desde la estacion Saladillo del ferro-carril del Oeste por mensajeria. Sucursal del Banco de la Provincia. $\varphi = 35°\ 26'\ 30''$; $\lambda = 59°\ 41'\ 49''$; $\alpha = 79$ m. C, T, E. 14) *de Mayo,* mina de cobre en el distrito mineral de las Capillitas, Andalgalá, Catamarca. 15) *de Mayo,* mina de plata, Argentina, Minas, Córdoba. 16) *de Mayo,* establecimiento rural, Mercedes, Corrientes. 17) *de Mayo,* departamento de la provincia de Mendoza. Confina al Norte con los departamentos Nueve de Julio, Chacabuco y La Paz por el paralelo que pasa por el volcan de Maipó; al Este con la provincia de San Luis por el rio Salado (continuacion del Desaguadero); al Sud con el departamento Beltran, por los arroyos Valenzuela y Salado y el rio

Atuel en toda la extension que tiene dentro de la provincia, y al Oeste con Chile. Este departamento, que ocupa toda la anchura de la provincia (en el sentido de las longitudes) tiene 54875 kms² de extension y una poblacion conjetural de unos 9000 habitantes. El departamento es en su parte occidental montañoso y en la oriental llano. La ganaderia y un poco de agricultura son las principales fuentes de recursos de sus habitantes. La villa de San Rafael, en la márgen izquierda del rio Diamante, es la cabecera del departamento. Se ha formado alrededor del antiguo fortin del mismo nombre. El departamento exporta ganado vacuno á Chile por los Pasos del Planchon y Cruz de Piedra. El cerro de los «Buitres» encierra un manantial de petróleo y el de las «Piedras» una rica cantera de mármol blanco, verde y veteado, que se utiliza en la ciudad de Mendoza. Plata se halla en «La Pintada». 18) *de Mayo*, departamento de la gobernacion del Rio Negro. Limita al Norte con el rio Negro, al Este con el departamento Viedma, al Sud con la gobernacion de Chubut (paralelo de los 42°) y al Oeste con el departamento Nueve de Julio. 19) *de Mayo*, distrito del departamento Caucete, San Juan. 20) *de Mayo*, establecimiento rural, Veinte y Cinco de Mayo, Caucete, San Juan.

Veinte y Ocho de Marzo, 1) seccion del departamento Matará, Santiago del Estero. 2) distrito de la seccion Veinte y Ocho de Marzo del departamento Matará, Santiago. 3) lugar poblado, Veinte y Ocho de Marzo, Matará, Santiago.

Veinte y Seis de Mayo, yacimiento de borax, Poma, Salta.

Veinte y Tres el, laguna, Ctl 3, Pila, Buenos Aires.

Veinte y Una la, establecimiento rural, Ctl 11, Pringles, Buenos Aires.

Veinte y Uno, 1) *de Abril*, establecimiento rural, Ctl 13, Tres Arroyos, Buenos Aires. 2) *de Agosto,* establecimiento rural, Ctl 6, Alvear, Buenos Aires.

Vela, 1) establecimiento rural, Ctl 18, Juarez, Buenos Aires. 2) laguna, Ctl 3, Juarez, Buenos Aires. 3) lugar poblado, Tandil, Buenos Aires. Por la vía férrea dista 302 kms. de Mar del Plata, 309 de Bahia Blanca y 440 de Buenos Aires. $x = 218$ m. FCS, linea de Altamirano á Tres Arroyos y Bahía Blanca. C, T.

Veladero, lugar poblado, Caminiaga, Sobremonte, Córdoba.

Velarde, distrito del departamento de la Capital, Salta

Velasco, 1) colonia, Espinillos, Márcos Juarez, Córdoba. Tiene 101 habitantes. (Censo del 1° de Mayo de 1890.) 2) sierra, Rioja. Es una cadena paralela á la de la sierra de Famatina y en resúmen no es más que una continuacion de la sierra de la Huerta ó de Valle Fértil. La sierra de Velasco se une á la de Famatina por un cordon transversal, cuyas ramas se extinguen en la orilla austral de la gran travesia de Copacabana á Machigasta y de las salinas de Belén y de Andalgalá. Sus mayores alturas no sobrepasan los 2500 metros.

Velazquez, 1) arroyo, Ctl 4, Magdalena, Buenos Aires. 2) lugar poblado, Vecino, Buenos Aires. Por la vía férrea dista 156 kms. de Mar del Plata, 244 de Buenos Aires y 505 de Bahía Blanca. $x = 8{,}6$ m. FCS, linea de Altamirano á Tres Arroyos y Bahía Blanca C, T. 3) *Cué,* finca rural, Caacatí, Corrientes.

Velez, 1) lugar poblado, Litin, Union, Córdoba. 2) los, lugar poblado, Banda, Santiago. A orillas del rio Dulce. $\varphi = 27°30'$; $\lambda = 64°25'$; $x = 165$ m. (?) 3) *Sarsfield* (Floresta), estacion del ferrocarril del Oeste, en el municipio de la Capital federal. Dista 7 kms. de Buenos

Aires y 336 de Trenque - Launquen. 4) *Sarsfield,* cuartel de la pedanía Punta del Agua (Hernando), Tercero Arriba, Córdoba. 5) *Sarsfield,* colonia, Punta del Agua, Tercero Arriba, Córdoba. Fué fundada en 1887 por el gobierno provincial en el paraje denominado «Las Perdices» y en una extension de 4210 hectáreas. Por la vía férrea dista 40 kms. de Villa María, 214 de Villa Mercedes y 598 de Buenos Aires. FCA, C, T, E. $\alpha = 231$ m. 6) *Sarsfield,* departamento de la provincia de la Rioja. Está situado al Norte del de Rivadavia y es á la vez limítrofe de la provincia de San juan. Tiene 3322 kms.^{2} de extension y una poblacion conjetural de unos 3000 habitantes. Está dividido en los 4 distritos: Tama, Alcázar, Salinas y Carrizal. Las aguadas se reducen á los arroyuelos y vertientes Alcázar, Godoy, Calera, Aguilar, Puesto Viejo, Sandalio, Luis Romero, Gaspar, Mendoza, Banderita, Carrizal, Quebrada y Aguadita. Escuelas funcionan en Tama y Carrizal. La cabecera es la aldea Tama.

Velicha, lugar poblado, Chicligasta, Tucuman. En la márgen derecha del arroyo Seco.

Velis, cumbre de la sierra de Pocho, Pocho, Córdoba.

Velita, 1) establecimiento rural, Ctl 10, Trenque - Lauquen, Buenos Aires. 2) establecimiento rural, Ctl 6, Villegas, Buenos Aires.

Venado, 1) el, estancia, Ctl 7, Alsina, Buenos Aires. 2) laguna, Ctl 6, Guaminí, Buenos Aires. 3) laguna, Ctl 6, Olavarría, Buenos Aires. 4) cabaña de ovejas Rambouillet, Ctl 1, Pila, Buenos Aires. En la márgen del rio Salado. 5) arroyo, Ctl 1, Pila, Buenos Aires. Desagua en la márgen derecha del rio Salado. 6) el, arroyo, Suarez, Ctl 3, 5, Alsina, y Ctl 6, Guaminí, Buenos Aires. Tiene su orígen en el partido Suarez y desagua en la

laguna del Venado (Guaminí). Es en la mayor parte de su extension límite entre los partidos Guaminí y Alsina. 7) *Tuerto,* distrito del departamento General Lopez, Santa Fe. Tiene 1616 habitantes. (Censo del 7 de Junio de 1887.) 8) *Tuerto,* colonia, Venado Tuerto, General Lopez, Santa Fe. Por la vía férrea dista 134 kms. de Villa Carlota, 166 de Villa Constitucion y 420 de Buenos Aires. Es estacion del ferro - carril Gran Sud de Santa Fe y Córdoba, línea que arranca de Villa Constitucion, pasa por Melincué y Venado Tuerto y empalma con la línea de Villa María á Rufino. C, T, E.

Vencedora, 1) la, estancia, Ctl 1, Maipú, Buenos Aires. 2) establecimiento rural, Ctl 7, Vecino, Buenos Aires. 3) establecimiento rural, Departamento 2°, Pampa.

Venecia, 1) mina de galena argentífera, Ciénega del Coro, Minas, Córdoba. 2) finca rural, Capital, Salta.

Veneranda la, mina de plata en «La Sala,» San Martin, San Luis.

Venganza, mina de plata en el distrito mineral «El Tigre,» sierra de Famatina, Rioja

Ventana, 1) la, establecimiento rural, Ctl 12, Bahía Blanca, Buenos Aires. 2) arroyo, Ctl 4, 12, Bahía Blanca, Buenos Aires. 3) sierra de la, Bahía Blanca, Buenos Aires. Es una sierra baja que en su pico más encumbrado se eleva apenas á 1020 m. Se extiende de NO. á SE. paralelamente á la sierra del Tandil; principia en el NO. con la sierra de Currumalan y termina en el SE. con la de Pillahuincó. 4) cumbre más elevada de la sierra de la Ventana, Bahía Blanca, Buenos Aires. $\varphi = 38° 11'$; $\lambda = 61° 46'$; $\alpha = 1020$ m. (Fitz Roy.)

Ventanitas, lugar poblado, Chancani, Pocho, Córdoba.

Ventura, 1) la, estancia, Ctl 4, 7, Lobería, Buenos Aires. 2) estancia, Ctl 2, Suarez,

Buenos Aires. 3) mina de galena argentífera, Molinos, Calamuchita, Córdoba. Está situada en el paraje llamado «Potrero del Ingenio.»

Vénus, mina de plomo y plata, Ciénega del Coro, Minas, Córdoba. Pertenece al mineral del Guayco.

Vera, 1) lugar poblado, Parroquia, Ischilin, Córdoba. 2) *Cué*, finca rural, Empedrado, Corrientes.

Veranito el, estancia, Ctl 4, Patagones, Buenos Aires.

Verano, 1) el, estancia, Ctl 6, Balcarce, Buenos Aires. 2) arroyo, Ctl 3, Lobería, Buenos Aires. 3) estancia, Ctl 9, 10, Saladillo, Buenos Aires. 4) establecimiento rural, Ctl 3, Villegas, Buenos Aires.

Vercelli, colonia, Irigoyen, San jerónimo, Santa Fe. C.

Verde, 1) la, establecimiento rural, Ctl 6, Azul, Buenos Aires. 2) laguna, Ctl 2, Bolivar, Buenos Aires. 3) establecimiento rural, Ctl 5, Chacabuco, Buenos Aires. 4) laguna, Ctl 11, Dolores, Buenos Aires. 5) estancia, Ctl 10, Las Flores, Buenos Aires. 6) estancia, Ctl 3, Magdalena, Buenos Aires. 7) arroyo, Ctl 3, Magdalena, Buenos Aires. 8) laguna, Ctl 1, Mar Chiquita, Buenos Aires. 9) establecimiento rural, Ctl 2, Monte, Buenos Aires 10) estancia, Ctl 3, Pergamino, Buenos Aires. 11) establecimiento rural, Ctl 8 Ramallo, Buenos Aires 12) establecimiento rural, Ctl 7, Rauch, Buenos Aires. 13) establecimiento rural, Ctl 7, Saladillo, Buenos Aires. 14) laguna, Ctl 8, Saladillo, Buenos Aires. 15) laguna, Ctl 12, Veinte y Cinco de Mayo, Buenos Aires. 16) cumbre de la sierra Comechingones, Córdoba. Está situada cerca del limite Sud del departamento de Calamuchita. 17) lugar poblado, Sarmiento, Geral Roca, Córdoba. 18) paraje poblado, Rivadavia, Mendoza. 19) mina de plata y cobre, Poma, Salta. Junto al rio Blanco. 20) laguna, Villa Mercedes, Peder-

nera, San Luis. 21) estancia, Monte Aguará, Colonias, Santa Fe. Tiene 67 habitantes. (Censo del 7 de Junio de 1887.) 22) estancia, Burruyaco, Tucuman. En la frontera santiagueña.

Verdiona, mina de plata, cobre y oro en el distrito mineral «La Mejicana,» sierra de Famatina, Rioja.

Verdosa, 1) la, establecimiento rural, Ctl 5, Alvear, Buenos Aires. 2) laguna, Ctl 5, Alvear, y Ctl 12, Veinte y Cinco de Mayo, Buenos Aires. Es atravesada por el arroyo Vallimanca, que despues toma el nombre de Pantanoso. 3) establecimiento rural, Ctl 9, Veinte y Cinco de Mayo, Buenos Aires.

Verdoso el, arroyo, Ctl 12, Veinte y Cinco de Mayo, Buenos Aires.

Vergara, distrito del departamento Villaguay, Entre Rios.

Verjel, lugar poblado, Constitucion, Anejos Norte, Córdoba.

Verónica la, establecimiento rural, Litin, Union, Córdoba.

Vertiente 1) la, arroyo, Ctl 4, Brandzen, Buenos Aires. 2) establecimiento rural, Ctl 1, Dorrego, Buenos Aires. 3) finca rural, Conlara, San Martin, San Luis.

Veterano el, establecimiento rural, Ctl 4, Olavarria, Buenos Aires.

Via de Martinez, lugar poblado, Galarza, Rio Primero, Córdoba.

Viamont, partido de la provincia de Buenos Aires. Creado por ley de 1890, se compone de zonas tomadas de los partidos Trenque-Lauquen y Lincoln. Sus límites son: por el SO. la línea divisoria entre los lotes 188 y 189 prolongada hasta el límite SE. del lote 66 y siguiendo hasta el límite SO. del lote 44, cuya direccion continua hasta llegar al deslinde del partido General Villegas; por el NO. el límite de este último hasta incluir el campo de Duggan hermanos, siguiendo hasta el deslinde con Nueve de Julio y pasando por las propiedades de Sabores, Ham, Arnaud, Duggan hermanos, Rodriguez y Martinez de Hoz; por el SE. sigue el límite de Nueve de julio y Pehuajó hasta el punto de partida. El ꞏ ueblo que se formará en los lotes 52 y 69 ocupados por los centros agrícolas Flora y Fraternidad, será cabeza del partido.

Víbora la, mina de plomo y plata, Ciénega del Coro, Minas, Córdoba. Pertenece al mineral del Guayco.

Víboras 1) las, establecimiento rural, Ctl 3, Puan, Buenos Aires 2) de las, laguna, Ctl 3, Puan, Buenos Aires. 3) estancia, Ctl 5, Tordillo, Buenos Aires. 4) arroyo, Ctl 5, Tordillo, Buenos Aires. Desagua en la ensenada de Samborombon. Recibe las aguas del arroyo Ramirez. 5) lugar poblado, Concepcion, San Justo, Córdoba. 6) arroyo, Anta, Salta. Nace en la sierra de la Lumbrera, corre hácia el Sud y desagua en la márgen izquierda del rio Juramento. 7) cañada de las, San Justo, Córdoba. 8) *Grandes,* arroyo, Feliciano, Feliciano, Entre Rios. Desagua en la márgen izquierda del Feliciano, en direccion SE. á NO. Es formado por la confluencia de la cañada Cáceres y del arroyo Sordo.

Viborita, lugar poblado, Ciénega del Coro, Minas, Córdoba.

Vichigasta, 1) distrito del departamento Chilecito, Rioja. 2) aldea, Vichigasta, Chilecito, Rioja. Paraje conocido por la produccion de buenos vinos. Por la via férrea dista 35 kms de Chilecito, 380 de Dean Fúnes y 1202 de Buenos Aires. Es estacion del ferro-carril de Dean Fúnes á Chilecito. α = 848 m C, T 3) vertiente, Vichigasta, Chilecito, Rioja.

Vichime, distrito del departamento Guachipas, Salta.

Viclo, estancia, Leales, Tucuman. Próxima á la frontera santiagueña.

Vico, riacho, Ctl 3, San Fernando, Buenos Aires

Victoria 1) la, establecimiento rural, Ctl 2, Alvear, Buenos Aires. 2) establecimiento rural, Ctl 3, Arrecifes, Buenos Aires. 3) establecimiento rural, Ctl 6, Ayacucho, Buenos Aires. 4) estancia, Ctl 3, 4, Brandzen, Buenos Aires 5) establecimiento rural, Ctl 8, Cañuelas, Buenos Aires. 6) establecimiento rural, Ctl 7, Chacabuco, Buenos Aires. 7) establecimiento rural, Ctl 11, Dorrego, Buenos Aires. 8) establecimiento rural, Ctl 2, 9, Las Flores, Buenos Aires. 9) establecimiento rural, Ctl 14, Lincoln, Buenos Aires. 10) establecimiento rural, Ctl 5, Magdalena, Buenos Aires. 11) laguna, Ctl 3, Mar Chiquita, Buenos Aires. 12) estancia, Ctl 2, Nueve de Julio. Buenos Aires. 13) establecimiento rural, Ctl 4, Olavarría, Buenos Aires 14) establecimiento rural, Ctl 5, Ramallo, Buenos Aires. 15) establecimiento rural, Ctl 5, 10, Rauch, Buenos Aires. 16) establecimiento rural, Ctl 5, Saladillo, Buenos Aires. 17) estacion del ferro-carril del Norte, San Isidro, Buenos Aires. Por esta vía dista 6 kms. del Tigre y 24 de la Capital federal. C, T. 18) estancia, Ctl 4, Tordillo, Buenos Aires. 19) establecimiento rural, Ctl 10, Trenque-Lauquen, Buenos Aires. 20) laguna, Ctl 10, Veinte y Cinco de Mayo, Buenos Aires. 21) mina de oro, Candelaria, Cruz del Eje, Córdoba. Está situada en el lugar llamado «Bragado.» 22) establecimiento rural, Candelaria, Rio Seco, Córdoba. 23) la, estancia, Esquina, Corrientes. 24) finca rural, Goya, Corrientes. 25) finca rural, Lavalle, Corrientes. 26) departamento de la provincia de Entre Rios. Confina al Norte con el departamento del Diamante por medio del arroyo del Doll, al Este con el departamento Nogoyá por la línea del Central Entreriano y el arroyo de Montoya, al Sud con el de Gualeguay por el arroyo Nogoyá y es limitado al Oeste por el Paraná. Tiene 5100 kms.² de extension y una poblacion conjetural de 17700 habitantes. Escuelas funcionan en Victoria y Chilcas. El departamento está dividido en los 9 distritos: Rincon Doll, Chilcas, Pajonal, Hinojal, Quebrachitos, Corrales, Laguna del Pescado, Montoya y Rincon de Nogoyá. Las principales arterias fluviales del departamento son los arroyos: Tala, Sauce, Chilcas, tributarios del Doll; Montoya, Piedras ó Crespo, tributarios del Nogoyá; Doll, Carballo, Manantiales, Chilcas ó Corrales, Ceibo, Quebrachitos y Nogoyá, tributarios del riacho Victoria (brazo del Paraná). 27) villa, Victoria, Entre Rios. Es la cabecera del departamento. Está situada en el distrito Corrales, á orillas del riacho de la Victoria y del arroyo Ceibo. Fundada en 1810, cuenta hoy con unos 6000 habitantes. Las cales de la Victoria dan márgen á un importante comercio interprovincial. Aduana. Agencia del Banco Nacional. Por la vía férrea dista 56 kms de Nogoyá, 171 del Paraná y 221 de Concepcion del Uruguay $\varphi=$ 32° 36' 28''; $\lambda=$60° 8' 42''. ECCE, ramal de Nogoyá á Victoria. C, T, E. 28) riacho, Victoria, Entre Rios. Es un brazo del Paraná. 29) finca rural, Junin, Mendoza. 30) sierras de la, Misiones. Se elevan al Norte y al Este del departamento de Piray y al Oeste de Monteagudo é Iguazú. 31) isla, situada en el lago Nahuel-Hnapi, Neuquen. 32) la, establecimiento rural, Departamento 3°, Pampa. 33) mina de oro en la quebrada del Pilon, Ayacucho, San Luis. 34) lugar poblado, Chacabuco, San Luis. C. 35) la, finca rural, Cafayate, Salta. 36) mina de galena argentífera en el distrito mineral de San Antonio de los Cobres, Poma, Salta. 37) finca rural, San Cárlos, Salta. 38) *Chica*, arroyo, Ctl 3, Vecino, Buenos Aires 39) *Grande*, establecimiento rural, Vecino, Buenos Aires. E.

Victorica, 1) lugar poblado, Chaco. E. 2) pueblo en formacion, Pampa. Por la vía férrea en construccion dista 293 kms. de Villa Mercedes, 453 de Bahia Blanca y 1162 de Buenos Aires. $\varphi=$36° 20'; $\lambda=$ 65° 25'.

Vida, 1) estancia, Ctl 11, Bahia Blanca, Buenos Aires. 2) la, establecimiento rural, Ctl 11, Trenque Lauquen, Buenos Aires.

Videla, lugar poblado, Capital, Santa Fe. Por la vía férrea dista 80 kms. de Santa Fe y 238 de Reconquista. FCSF, C, T.

Viedma 1) partido de la provincia de Buenos Aires. Enclavado entre los partidos de Chascomús y Castelli, forma en lo político y administrativo parte del primero. Las cifras sobre extension y poblacion mencionadas en Chascomús se refieren á los dos partidos reunidos. 2) departamento de la gobernacion del Rio Negro. Limita al Norte con el rio Negro, al Este con el Océano Atlántico, al Sud con el Océano Atlántico (golfo de San Matias) y la gobernacion del Chubut y al Oeste con el departamento Veinte y Cinco de Mayo. En este departamento existen grandes salinas muy ricas en cloruro de sodio, que se hallan en activa produccion. 3) aldea, Viedma, Rio Negro. Es la cabecera de la gobernacion. Está situada en la orilla derecha del rio Negro frente á Cármen de Patagones y á unos 30 kms. de distancia de la desembocadura del rio. $\varphi=$41° 12'; $\lambda=$62° 59'. C, T, E. 4) lago, Santa Cruz. Al Norte del lago Argentino con el cual se comunica. Se halla en la cordillera entre los 49 y 50° de latitud.

Viejo Malo, arroyo, Ctl 3, 7, Tandil, Buenos Aires. Da orígen, en union de otros, al arroyo Chapaleofú.

Viento, laguna, Ctl 4, Ayacucho, Buenos Aires.

Vigia la, establecimiento rural, Ctl 4, Rojas, Buenos Aires.

Vigilancia, 1) establecimiento rural, Ctl 2,

Balcarce, Buenos Aires. 2) arroyo, Ctl 2, Balcarce, Buenos Aires. 3) sierra de la, Balcarce, Buenos Aires. Esta sierra no es en realidad más que una cadena de lomadas que forman la prolongacion hácia el SE. de la sierra del Tandil. 4) la, laguna, Ctl 6, Juarez, Buenos Aires. 5) laguna, Ctl 14, Lincoln, Buenos Aires. 6) establecimiento rural, Ctl 11, Nueve de julio, Buenos Aires. 7) establecimiento rural, Ctl 4, Olavarria, Buenos Aires.

Vigilante, 1) el, establecimiento rural, Ctl 7, Baradero, Buenos Aires. 2) estancia, Ctl 3, Mar Chiquita, Buenos Aires. 3) laguna, Ctl 6, Olavarria, Buenos Aires. 4) estancia, Ctl 3, Pringles, Buenos Aires. 5) establecimiento rural, Ctl 10, Saladillo, Buenos Aires. 6) laguna, Ctl 2, Saladillo, Buenos Aires. 7) establecimiento rural, El Cuero, General Roca, Córdoba.

Vignaud, colonia, Libertad, San Justo, Córdoba. Fué fundada en 1888 en una extension de 7525 hectáreas. Dista 30 kms. del ferro-carril de Rosario á Sunchales.

Vila, 1) pueblo, Castellanos, Colonias, Santa Fe. Tiene 71 habitantes. (Censo del 7 de Junio de 1887) 2) colonia, Castellanos, Colonias, Santa Fe. Tiene 267 habitantes. (Censo m.)

Vilches, vertiente, Rincon del Cármen, San Martin, San Luis.

Vilgo, sierra, Rioja. Es una rama de la sierra de Famatina que se extiende al Sud hasta la frontera de la provincia de San juan. En la parte austral de esta sierra se hallan los yacimientos de carbon de Paganzo.

Vilismano, 1) distrito del departamento del Alto, Catamarca. 2) aldea, Vilismano, Alto, Catamarca. C, E.

Villa, 1) la, estancia, Nueve de julio, Mendoza. 2) Alsina, pueblo en formacion, Barracas al Sud, Buenos Aires. En la orilla derecha del Riachuelo, frente al puente Alsina. 3) Alvear, aldea en el municipio de la Capital federal, á inmediaciones del arroyo Maldonado. 4) Argentina, distrito del departamento Chilecito, Rioja. 5) Argentina (ó Chilecito) villa, Villa Argentina, Chilecito, Rioja. Es la cabecera del departamento y á la vez el centro de los negocios mineros de la provincia Tiene unos 4000 habitantes. Agencia del Banco Nacional. Es estacion terminal del ferro-carril que arranca de Dean Fúnes y pasa por las estaciones siguientes:

	Kms.	α
Santo Domingo	33	506
Cruz del Eje	65	479
Soto	91	543
Paso Viejo	103	418
Tuclame	115	393
Serrezuela	134	290
San Francisco	168	244
Chañar	190	337
Chamical	230	475
Punta de los Llanos	262	401
Santa Rosa	297	439
Los Colorados	326	657
La Ramada	361	733
Vichigasta	387	848
Nonogasta	408	938
Chilecito	422	1078

$\varphi= 29°\ 8'$; $\lambda= 67°\ 39'$; $\alpha= 1078$ m. C, T, E. 6) Argüello, estacion del ferro-carril de Córdoba á Cruz del Eje, Anejos Norte, Córdoba. Por esta via dista 10 kms. de la capital provincial. 7) Bustos, distrito del departamento de la Capital, Rioja. 8) del Cármen, finca rural, Cafayate, Salta. 9) del Cármen, establecimiento rural, Rivadavia, Salta. E. 10) Cármen, finca rural, San Cárlos, Salta. 11) Casilda, villa, San Lorenzo, Santa Fe. Es el centro de poblacion urbana de la colonia Candelaria. Tiene 1745 habitantes. (Censo del 7 de Junio de 1887). Hipódromo renombrado. Por la via férrea dista 33 kms. de Cañada de Gomez, 54 del Rosario, 78 de Melincué y 358 de Buenos Aires. FCOSF, C, T, E. 12) Catalinas. Véase Santa Catalina (28). 13)

C.ara, establecimiento rural, Ctl 3, Cañuelas, Buenos Aires. 14) *Colon*, estancia,
Ctl 10, Lobos, Buenos Aires. 15) *de la
Concepcion*. pedanía del departamento
San Justo, Córdoba. Tiene 4127 habitantes. (Censo del 1° de Mayo de 1890).
16) *Constitucion* distrito del departamento General Lopez, Santa Fe. Tiene
1203 habitantes. (Censo m.) 17) *Constitucion*, aldea, Villa Constitucion, General Lopez, Santa Fe. Antes se llamaba
este lugar «Puerto de las Piedras.» Está
situado á orillas del Paraná, á solo 20
kms. al Norte de San Nicolás. Su puerto
es habilitado para operaciones aduaneras. Tiene 457 habitantes. (Censo m.)
Por la via férrea dista 166 kms. de Venado Tuerto, 266 de Buenos Aires y 300
de Villa Carlota. El ferro-carril de Buenos Aires al Rosario pasa á corta distancia de este pueblo. Es estacion inicial
del ferro-carril Gran Sud de Santa Fe y
Córdoba. C, T, E. 18) *Cubas*, distrito
del departamento de la Capital, Catamarca. 19) *Cubas*, pueblo, Villa Cubas,
Capital, Catamarca. E. 20) *Cuenca*,
aldea, Villa Nueva, Tercero Abajo, Córdoba. Tiene 161 habitantes. (Censo del
1° de Mayo de 1890). 21) *Devoto*, pueblo en formacion, San Martin, Buenos
Aires. Por la via férrea dista 17 kms. de
la Capital federal y 674 de Villa Mercedes. FCP, C, T. 22) *Dolores*, distrito
del departamento Valle Viejo, Catamarca. 23) *Dolores*, cuartel de la pedanía
Capilla de Dolores, Punilla, Córdoba.
24) *Dolores*, pedanía del departamento
San Javier, Córdoba. Véase Dolores. 25)
Dolores, cuartel de la pedanía Dolores,
San Javier, Córdoba. 26) *Garibaldi*,
establecimiento rural, Ctl 3, Márcos Paz,
Buenos Aires. 27) *General Mitre*, pedanía del departamento Totoral, Córdoba. Véase General Mitre. 28) *General
Mitre*, cuartel de la pedanía del mismo
nombre, Totoral, Córdoba. 29) *General*

Mitre (ó Totoral), aldea, General Mitre,
Totoral, Córdoba. Tiene 1000 habitan-
tes. (Censo m.) $\varphi = 30°\ 44'$; $\lambda = 64°\ 4'$;
$x = 570$ m. (O. Doering). C, T, E. 30)
Grande, paraje poblado, Tilcara, Jujuy.
31) *Grande*, distrito del departamento
Rivadavia, Salta. 32) *de los Industriales*, pueblo en formacion, Barracas al
Sud, Buenos Aires. 33) *Laprida*, distrito
de la seccion La Punta, del departamento Choya, Santiago del Estero. 34) *Libertad*, pueblo, Mandisovi, Federacion,
Entre Rios. Es el centro urbano de la
colonia Libertad. Está situado á orillas
del arroyo Chajarí. La estacion Chajarí
del ferro-carril argentino del Este se
halla á inmediaciones de este pueblo.
Hoteles, fondas, molinos, etc. C, T, E.
35) *Luisa*, chacra, Ctl 2, Lomas de Zamora, Buenos Aires. 36) *Luisa*, establecimiento rural, San Martin, Buenos Aires.
E. 37) *Lujan*, pueblo con capilla, Capital, Tucuman. A 4 kms. al NO. de
la capital provincial. 38) *de Madrid*,
establecimiento rural, Ctl 13, Dorrego,
Buenos Aires. 39) *de Maria*, pedanía
del departamento Rio Seco, Córdoba.
Tiene 2733 habitantes. (Censo del 1° de
Mayo de 1890) 40) *de Maria*, cuartel
de la pedanía del mismo nombre, Rio
Seco, Córdoba. 41) *de Maria*, aldea,
Villa de María, Rio Seco, Córdoba. Tiene 475 habitantes. (Censo m.) Véase
Rio Seco. 42) *Maria*, pedanía del departamento Tercero Abajo, Cordoba.
Tiene 3257 habitantes. (Censo m.) 43)
Maria, villa, Villa María, Tercero Abajo, Córdoba. Es la cabecera del departamento. Está situada á orillas del rio
Tercero, frente á Villa Nueva. Tiene
2814 habitantes. (Censo m.) De aquí
arranca el ferro-carril andino y el que
conduce por Villa Carlota á Rufino. Por
la via férrea dista 113 kms. de Villa Carlota, 141 de Córdoba, 224 de Rufino,
254 del Rosario, 254 de Villa Mercedes

y 560 de Buenos Aires. $\varphi = 32° 25' 5''$; $\lambda = 63° 13' 48''$; $\alpha = 203$ m. (Gould.) FCCA, FCA, FCR, C, T, E. 44) *María,* colonia, Villa María, Tercero Abajo, Córdoba. Está situada á inmediaciones de la villa del mismo nombre. Tiene 156 habitantes. (Censo m.) Fué fundada en 1876 en una extension de 4396 hectáreas. 45) *María*, estancia, Mercedes, Corrientes. 46) *María,* finca rural, Cafayate, Salta. 47) *Mariana,* establecimiento rural, Ctl 8, San Vicente, Buenos Aires. 48) *Mazzini,* pueblo en formacion en el municipio de la Capital federal, al Oeste de Belgrano. 49) *Mercedes,* establecimiento rural, San Cárlos, Salta. 50) *Mercedes,* villa, Villa Mercedes, Pedernera, San Luis. Es la cabecera del departamento. Está situada en la márgen izquierda del rio Quinto. Fundada en 1856, cuenta actualmente con unos 7000 habitantes. Debe su progreso relativamente rápido á su excelente posicion topográfica. Es estacion terminal del ferro-carril Andino, del Pacífico y del que arranca de Bahía Blanca, y es inicial del ferro-carril Gran Oeste Argentino y del que conduce á La Rioja, pasando por las estaciones siguientes:

	Kms.	α
San José del Morro.........	57	809
La Toma	81	887
Renca	127	771
Dolores.......................	155	667
Santa Rosa....................	179	590
La Paz........................	199	527
Dolores.......................	227	513
San Vicente...................	256	390
Medanitos	286	286
Cármen	307	273
Balde Salado	335	251
Milagro	367	351
Alanices......................	394	370
Baldes de Pacheco..........	411	394
Chamical......................	453	465
Punta de los Llanos........	485	386
Chilca	521	327
Quemado......................	548	331
La Rioja.......................	586	503

cion, Ctl 5, Matanzas, Buenos Aires. 64) *Prima*, distrito del departamento Capayan, Catamarca. 65) *Prima*, aldea, Villa Prima, Capayan, Catamarca. Por la via férrea dista 30 kms. de Chumbicha y 36 de Catamarca. FCCN, ramal de Recreo á Chumbicha y Catamarca. C, T, E. 66) *Quinteros*, establecimiento rural, Dolores, Punilla, Córdoba. E. 67) *Quinteros*, pueblo, Monteros, Tucuman. A corta distancia de la estacion Rio Seco, del ferro-carril noroeste argentino. 68) *Rivadavia*, distrito de la seccion San Pedro del departamento Choya, Santiago del Estero. 69) *del Rosario*, pedanía del departamento Rio Segundo, Córdoba. Tiene 1861 habitantes. (Censo m.) 70) *del Rosario*, cuartel de la pedania del mismo nombre, Rio Segundo, Córdoba. 71) *del Rosario*, villa, Rosario, Rio Segundo, Córdoba. Véase Rosario. 72) *Salvador*, villa, Angaco Norte, San Juan. Véase Salvador. 73) *San Francisco*, pedanía del departamento Sobremonte, Córdoba. Véase San Francisco. 74) *San Francisco* (del Chañar), cuartel de la pedanía San Francisco, Sobremonte, Córdoba. 75) *San Martin*, distrito del departamento Loreto, Santiago del Estero. 76) *Santa Rita*, poblacion en el municipio de la Capital federal. Es una prolongacion de Flores y la Floresta hácia el Norte. 77) *Santa Rosa*, pedanía del departamento Rio Primero, Córdoba. Tiene 1460 habitantes. (Censo m.) 78) *Saula*, establecimiento rural, Ctl 1, Merlo, Buenos Aires. A inmediaciones de la estacion de Merlo. 79) *de Soto*, cuartel de la pedanía Higueras, Cruz del Eje, Córdoba. 80) *de Tiesto*, lugar poblado, Rio Chico, Tucuman. En la orilla izquierda del arroyo Chavarria. 81) *del Tránsito*, pedanía del departamento San Alberto, Córdoba. Véase Tránsito. 82) *del Tránsito*, aldea, San Francisco, San Justo, Córdoba.

Véase Tránsito. 83) *Union* (ú Hornillos), aldea, Lavalle, La Rioja. Está situada á orillas del rio Vinchina. C, T, E. 84) *Unzaga*, distrito de la seccion Frias del departamento Choya, Santiago del Estero. 85) *Urquiza* (Nueva), colonia, Tala, Capital, Entre Rios. E. 86) *Urquiza* (Vieja), colonia, Tala, Capital, Entre Rios. Fué fundada por Urquiza en 1858, á orillas del Paraná, en una extension de 10000 hectáreas. El arroyo de las Conchas, tributario del Paraná, riega sus campos y forma su límite al Sud. C, T, E. 87) *Vicencio*, paraje poblado, Las Heras, Mendoza. En la quebrada de Villavicencio, en el camino de Mendoza á Chile, por el paso de Uspallata y á 75 kms. de Mendoza, existe una fuente sulfurosa que nace de la estrecha grieta de una roca formada en el esquisto arcilloso; tiene una temperatura de 36,5° Celsius y se halla á unos 10 metros sobre el nivel del arroyo que recorre el valle. Estas aguas son bastante frecuentadas. 88) *Vieja*, establecimiento rural, Concepcion, San Justo, Córdoba. 89) *Vil*, distrito del departamento Andalgalá, Catamarca. Es probable que la verdadera ortografia de este vocablo sea Villavil. 90) *Viso*, cuartel de la pedanía Salsacate, Pocho, Córdoba. 91) *Viso*, aldea, Salsacate, Pocho, Córdoba. Tiene 262 habitantes. (Censo m.) E.

Villaca, paraje poblado, jimenez, Santiago.

Villada, lugar poblado, General Lopez, Santa Fe. Por la via férrea dista 35 kms. de Melincué y 43 de Villa Casilda. FCOSF, ramal de Villa Casilda á Melincué. C, T.

Villagasta, distrito del departamento Atamisqui, Santiago del Estero.

Villagra, 1) estancia, Capital, Tucuman. Al Sud del departamento, en la márgen izquierda del rio Salí. 2) estancia, Capital,

Tucuman. Al SE. del departamento, cerca de la frontera santiagueña.

Víllaguay, 1) departamento de la provincia de Entre Rios. Está situado en el corazon de la provincia y confina al Norte con el departamento Concordia por medio de los arroyos Ortiz y Curupí; al Este con los departamentos Concordia y Colon; al Sud con los departamentos Uruguay (arroyo Moscas), Rosario Tala (arroyo Raices), y Nogoyá (arroyo del Medio), y al Oeste con los departamentos de la Capital (arroyo Moreira) y de La Paz (arroyo Paiticú.) Tiene una extension de 6300 kms.[2] y una poblacion conjetural de 13500 habitantes. Escuelas funcionan en Villaguay, Lúcas al Norte y Raices. Las colonias agrícolas son dos, á saber: la Belga y Nueva Alemania. El departamento está dividido en los 7 distritos: Sauce-Luna, Mojones al Norte, Mojones al Sud, Raices, Vergara, Lúcas al Sud y Lúcas al Norte. El rio Gualeguay y sus tributarios Ortíz, Sauce-Luna, Mojones, Tigre, con su importante afluente el Tigrecito, Diego Martinez, Raices, Curupí, Lúcas y Villaguay Grande, son las principales arterias fluviales del departamento. 2) villa, Lúcas al Sud, Villaguay, Entre Rios. Es la cabecera del departamento. Está situada en la orilla derecha del arroyo Villaguay Grande. Fué fundada en 1865 y tiene actualmente unos 3500 habitantes. Agencia del Banco Nacional. Por la via férrea dista 62 kms. de Basavilbaso, 125 de Concepcion y 279 de Paraná. FCCE, ramal de Basavilbaso á Villaguay. C, T, E. 3) *Chico*, arroyo, Lúcas al Sud, Villaguay, Entre Rios. Es un tributario del Villaguay Grande en la márgen derecha. Baña el costado Este de la colonia «Nueva Alemania.» 4) *Grande*, arroyo, Villaguay, Entre Rios. Desagua en la márgen izquierda del Gualeguay, en direccion de NE. á SO.

Es en toda su extension límite entre los distritos Lúcas al Sud y Vergara. Baña la extremidad SE. del pueblo Villaguay.

Villanueva, 1) estar c'a, C·l 1, Castelli, Buenos Aires. 2) laguna, Ctl 1, Castelli, Buenos Aires. 3) estancia, Ctl 5, Pueyrredon, Buenos Aires. 4) arroyo, Ctl 4, Ranchos, Buenos Aires. 5) lugar poblado, Ranchos, Buenos Aires. Por la via férrea dista 132 kms. de la Capital federal. $\alpha = 17$ m. FCS, C, T. 6) los, establecimiento rural, Mercedes, Corrientes.

Villarasa, estancia, Ctl 1, Castelli, Buenos Aires.

Villareal, laguna, Ctl 11, Tres Arroyos, Buenos Aires.

Villarica, cumbre de la cordillera del Neuquen. $\varphi = 39^\circ$ 10'; $\lambda = 70^\circ$ 50'; $\alpha = 4864$ m. (Parish.)

Villarino, partido de la provincia de Buenos Aires. Fué creado el 14 de Junio de 1886. Es limítrofe de la gobernacion de la Pampa y de los partidos Puan, Bahia Blanca y Patagones. Tiene 11095 kms.[2] de extension y una poblacion de 1636 habitantes. (Censo del 31 de Enero de 1890.) Es regado por el rio Colorado y los arroyos Sauce Chico y Chásico. En el partido no existe ningun centro de poblacion.

Villarroel, establecimiento rural, Ctl 3, Veinte y Cinco de Mayo, Buenos Aires.

Villavicencio,[1] fuente de aguas termales, Las Heras, Mendoza. Véase Villa Vicencio.

Villegas, 1) laguna, Ctl 2, Tuyú, Buenos Aires. 2) partido de la provincia de Buenos Aires. Fué creado el 14 de Junio de 1886. Está situado al Oeste de la Capital federal y es limítrofe de las provincias de Santa Fe y Córdoba, de los partidos Lincoln y Trenque-Lauquen y de la gobernacion de la Pampa. Su ex-

---

1 Me inclino á creer que la ortografía preferible es Villavicencio,

tension es de 11000 kms.² y su poblacion de 1537 habitantes. En el partido no existe todavia ningun centro de poblacion. 3) finca rural, Belgrano, Mendoza. 4) los, finca rural, Lujan, Mendoza. 5) finca rural, San Martin, Mendoza. 6) isla en el lago Nahuel-Huapí, Neuquen.

Villicum, distrito minero del departamento Albardon, San Juan. Encierra plata.

Villoldo, arroyo, Ctl 3, Magdalena y La Plata, Buenos Aires.

Vilque, paraje poblado, Rosario de Lerma, Salta.

Viltrun, estancia, Graneros, Tucuman.

Vinalar, [1] lugar poblado, Capital, Santiago. E.

Vinará, 1) distrito del departamento Rio Hondo, Santiago del Estero. 2) aldea, Vinará, Rio Hondo, Santiago. C, T, E.

Vinchina, 1) aldea, Sarmiento, La Rioja. Es la cabecera del departamento. Está situada á orillas del rio del mismo nombre. Importante comercio de hacienda vacuna con Chile. Receptoria de Rentas Nacionales. $\varphi = 28°$ 42'; $\lambda = 68°$ 18'; $\alpha = 1400$ m. C, E. 2) departamento de la provincia de la Rioja. Véase Sarmiento. 3) rio, General Sarmiento y General Lavalle, Rioja. Tiene su origen en las faldas del cerro Bonete (Catamarca), bajo el nombre de rio Jagüel, se dirige al Sud, atraviesa los departamentos General Sarmiento y General Lavalle, de la provincia de la Rioja, bajo el nombre de rio Vinchina, y entra en la provincia de San Juan bajo el nombre de rio Bermejo, donde antes de llegar á las lagunas de Huanacache borra su cauce por absorcion del suelo. Sus principales tributarios los recibe en la márgen derecha, á saber: cerca de su origen el rio Loro; en la frontera de las provincias de la Rioja y San Juan, el rio Guandacol, y

en la provincia de San Juan, al Norte de la sierra del Pié de Palo, el Zanjon. El rio de Vinchina es la corriente más importante de la Rioja; pasa sucesivamente por Jagüel, Vinchina y Hornillos ó Villa Union.

Vinchuca, [1] lugar poblado, General Mitre, Totoral, Córdoba.

Viña, 1) lugar poblado, Pergamino, Buenos Aires. Por la via férrea dista 194 kms. de la Capital federal. $\alpha = 50$ m. FCO, ramal de Lujan á Pergamino. C, T. 2) la, distrito del departamento Paclin, Catamarca 3) lugar poblado, Nono, San Alberto, Córdoba. 4) la, estancia, Concepcion, Corrientes 5) finca rural, Mburucuyá, Corrientes 6) finca rural, Paso de los Libres, Corrientes. 7) finca rural, San Cárlos, Salta. 8) departamento de la provincia de Salta. Confina al Norte con el departamento Chicoana por la Zanja Honda; al Este con el de Guachipas por el arroyo del mismo nombre; al Sud con el de Guachipas y boca de la quebrada de las Conchas; y al Oeste con el de San Cárlos por la sierra de Cachi-Pampa. Tiene 676 kms.² de extension y una poblacion conjetural de unos 4300 habitantes. Está dividido en los 7 distritos: Viña, San Bernardo de Diaz, Tala-Pampa, Tunal, Ampascache, Curtiembres y Morales. El departamento es regado por el rio Guachipas y los arroyos Ampascache, Calchaqui, Tunal, Grande, Curtiembre, Chorro, El Puesto, Los Llanos y La Hoyada. En el departamento se cultiva mucho la vid. Escuelas funcionan en San Bernardo de Diaz, Viña, Tunal y Tala-Pampa. La aldea San Bernardo de Diaz es la cabecera del departamento. 9) distrito del departamento del mismo nombre, Viña, Salta.

---

[1] Paraje poblado del árbol llamado Vinal (Prosopis ruscifolia.)

[1] Hemíptero sanguinario como la chinche, solo que tiene el décuplo tamaño de ésta. (Conorhinus infestans.)

10) establecimiento rural, La Viña, Salta.
E. 11) *del Pino*, finca rural, Belgrano, Mendoza. 12) *Seca*, aldea, San Pedro, San Alberto, Córdoba Tiene 220 habitantes. (Censo del 1° de Mayo de 1890.)

Viñas las, distrito del departamento Campo Santo, Salta.

Viñedo Huergo, establecimiento rural, Ctl 1, Lomas de Zamora, Buenos Aires. En Temperley.

Viñita la, finca rural, General Sarmiento, Rioja.

Violeta 1) la, establecimiento rural, Ctl 3, Las Flores, Buenos Aires. 2) establecimiento rural, Ctl 4, Navarro, Buenos Aires.

Violetas 1) las, chacra, Ctl 2, Lomas de Zamora, Buenos Aires. 2) chacra, Ctl 11, Pilar, Buenos Aires.

Vipos, 1) aldea, Trancas, Tucuman. Es la cabecera del departamento. Tiene unos 700 habitantes. Está situada en la orilla izquierda del arroyo del mismo nombre, á corta distancia del ferro-carril Central Norte. Capilla Por la via férrea dista 47 kms. de Tucuman, 303 de Jujuy, 594 de Córdoba y 1295 kms. de Buenos Aires. $\alpha = 799$ m. FCCN, C, T, E. 2) cumbre de los, cerro, Trancas, Tucuman. 3) arroyo, Trancas, Tucuman. Tiene su orígen en las cumbres calchaquíes, de un haz de arroyos que son los denominados Huasamayo, Pajonal, Cañas, Bolsas y Chaquivil. El Vipos es tributario del rio Salí; sigue un rumbo general de Oeste á Este y pasa entre los pueblos Vipos y La Puerta.

Virgen 1) la, establecimiento rural, Ctl 5, Nueve de Julio, Buenos Aires. 2) de la, arroyo, Gualeguaycito, Federacion, Entre Rios. Desagua en la márgen derecha del Uruguay, á inmediaciones al Norte del pueblo Federacion. 3) vertiente, La Huerta, Valle Fértil, San Juan.

Vírgenes, 1) cabo, Santa Cruz. A la entrada del estrecho de Magallanes. $\varphi = 52°$ 20' 10''; $\lambda = 68°$ 21' 34'' (Fitz Roy.) 2) de las, arroyo, Monteros, Tucuman. Es un tributario del Chuscha.

Virginia 1) la, establecimiento rural, Ctl 2, Junin, Buenos Aires. 2) establecimiento rural, Ctl 2, San Pedro, Buenos Aires. 3) establecimiento rural, Sinsacate, Totoral, Córdoba. 4) colonia, Constanza, Colonias, Santa Fe.

Viriacos, paraje poblado, Chicoana, Salta.

Virocay, bañado, Santo Tomé, Corrientes.

Virorco, 1) cumbre de la sierra de San Luis, Durazno, Pringles, San Luis. $\alpha = 1170$ m. 2) arroyo, Trapiche, Durazno y Totoral, Pringles, San Luis. 3) lugar poblado, Totoral, Pringles, San Luis.

Virque, finca rural, Belgrano, Rioja.

Viscania la, estancia, Ctl 6, Bolivar, Buenos Aires.

Vispera, arroyo, Rio Negro. Corre paralelo al Valcheta, cerca del cual tiene sus nacientes. Su curso es de unos 100 kms. y, como el Valcheta, concluye por borrarse en una depresion pantanosa del terreno.

Vista 1) *Alegre*, establecimiento rural, Ctl 6, Chascomús, Buenos Aires. 2) *Alegre*, establecimiento rural, Ctl 4, 12, Ramallo, Buenos Aires. 3) *Alegre*, lugar poblado, Pampayasta Norte, Tercero Arriba, Córdoba. 4) *Alegre*, finca rural, La Cruz, Corrientes. 5) *Alegre*, finca rural, Paso de los Libres, Corrientes. 6) *Alegre*, paraje poblado, Perico de San Antonio, Jujuy. 7) *Alegre*, finca rural, Campo Santo, Salta. 8) *Flor*, paraje poblado, Tunuyan, Mendoza 9) *Hermosa*, finca rural, Ituzaingó, Corrientes.

Visunayoc, paraje poblado, Humahuaca, Jujuy.

Vitel, 1) arroyo, Ctl 2, Ranchos, y Ctl 5, 6, 11, Chascomús, Buenos Aires. Recoge los derrames de las lagunas de Mansilla y Montes y desagua en la laguna Vitel. 2) laguna, Ctl 6, Chascomús, Buenos Aires. Recibe las aguas del arroyo del

·mismo nombre y desagua al Sud en la laguna de Chascomús.

Vitícola la, establecimiento rural, Ctl 13, 14, Bahia Blanca, Buenos Aires.

Vittorio Emmanuele, colonia, El Toba, San Javier, Santa Fe. Tiene 140 habitantes. (Censo del 7 de Junio de 1887.)

Viuda 1) la, estancia, Ctl 7, Azul, Buenos Aires. 2) laguna, Ctl 8, Chascomús, Buenos Aires. 3) laguna, Ctl 5, Lincoln, Buenos Aires. 4) la, paraje poblado, Reduccion, Juarez Celman, Córdoba. 5) mina de plata en el distrito del Cerro Negro, sierra de Famatina, Rioja. 6) distrito de la seccion Veinte y Ocho de Marzo del departamento Matará, Santiago del Estero. 7) *Tatané*, laguna, Goya, Corrientes.

Viudas 1) las, establecimiento rural, Ctl 2, Las Flores, Buenos Aires. 2) lugar poblado, Candelaria, Rio Seco, Córdoba.

Vivoratá, 1) estancia, Ctl 3, Mar Chiquita, Buenos Aires. 2) lugar poblado, Mar Chiquita, Buenos Aires. Por la via férrea dista 39 kms. de Mar del Plata, 92 de Maipú, 361 de Buenos Aires y 572 de Bahia Blanca. $x = 26$ m. FCS, ramal de Maipú á Mar del Plata. C, T, E. 3) arroyo, Ctl 2, 3, 9, Pueyrredon y Ctl 3, 4, Mar Chiquita, Buenos Aires. Nace en la sierra de «Los Padres» y desagua en la gran laguna Mar Chiquita, donde ésta misma está en comunicacion con el Océano Atlántico.

Vizcachas [1] 1) las, laguna, Ctl 5, Bragado, Buenos Aires. 2) laguna, Ctl 6, Ranchos, Buenos Aires. 3) estancia, Ctl 2, Saladillo, Buenos Aires. 4) arroyo, Federal, Concordia, Entre Rios. Es un tributario del Estacas en la márgen derecha y baña en su origen el costado Sud de la colonia Federal. 5) distrito del departamento Gualeguay, Entre Rios. 6) arroyo, Gualeguay, Entre Rios. Desagua en la márgen derecha del Gualeguay, en direccion de O. á E., y forma en toda su extension el límite entre los distritos Jacinta y Vizcachas.

Vizcachera, 1) laguna, Ctl 2, Veinte y Cinco de Mayo, Buenos Aires. 2) lugar poblado, Chancani, Pocho, Córdoba. 3) lugar poblado, Capilla de Rodriguez, Tercero Arriba, Córdoba. 4) paraje, Villa Mercedes, Pedernera, San Luis. $\varphi = 33°\,35'$; $\lambda = 65°\,13'$; $x = 448$ m. (Lallemant.)

Vizcacheral, 1) paraje poblado, Valle Grande, jujuy. 2) estancia, Rosario de la Frontera, Salta. 3) distrito de la seccion Guasayan del departamento Guasayan, Santiago del Estero. 4) lugar poblado, Guasayan, Santiago. E.

Vizcacheras 1) las, establecimiento rural, Ctl 2, Ayacucho, Buenos Aires. 2) estancia, Ctl 5, Brandzen, Buenos Aires. 3) arroyo, Ctl 5, Brandzen, Buenos Aires. 4) establecimiento rural, Ctl 5, Las Flores, Buenos Aires. 5) laguna, Pila, Buenos Aires. En ella borra su cauce el arroyo Gualichú. 6) establecimiento rural, Ctl 2, Tandil, Buenos Aires. 7) lugar poblado, Ciénega del Coro, Minas, Córdoba. 8) cumbre de la Sierra Chica, Punilla, Córdoba. 9) lugar poblado, Castaños, Rio Primero, Córdoba. 10) aldea, Zorros, Tercero Arriba, Córdoba. Tiene 121 habitantes. (Censo del 1° de Mayo de 1890) 11) aldea de la colonia Alvear, Palmar, Diamante, Entre Rios. Véase Marienthal. 12) de las, arroyo, Colonias, Santa Fe. Es un tributario del rio Salado en su márgen derecha.

Vizcacheritas, 1) lugar poblado, Cosme, Anejos Sud, Córdoba. 2) lugar poblado, Bell-Ville, Union, Córdoba.

Vizcarra, paraje poblado, Iruya, Salta.

Viznaga [1] 1) cañada de la, Rojas, Buenos Aires. Desemboca en el arroyo de Ro-

---

1 Del quichua Huiskacha = Conejo de la tierra.

1 Planta (Ammi Viznaga.)

jas en la márgen derecha. 2) establecimiento rural, Ctl 4, Zárate, Buenos
Aires.

Viznagas las, finca rural, Dolores, Chacabuco, San Luis.

Volante 1) el, estancia, Ctl 4, Maipú, Buenos Aires. 2) laguna, Ctl 4, Maipú, Buenos Aires. 3) estancia, Ctl 6, Olavarria,
Buenos Aires.

Volcan 1) sierra del, Loberia, Buenos Aires.
Se compone de lomadas que forman la
continuacion hácia el SE. de la sierra
del Tandil. La cumbre más elevada tiene
las siguientes coordenadas: $\varphi = 37° 50'$;
$\lambda = 58° 10'$; $\alpha = 275$ m. (Senillosa.) 2)
establecimiento rural, Ctl 2, Veinte y
Cinco de Mayo, Buenos Aires. 3) lugar
poblado, Ambul, San Alberto, Córdoba.
4) paraje poblado, Tilcara, jujuy. 5)
paraje poblado, Tumbaya, jujuy. 6) el,
finca rural, General Sarmiento, Rioja.
7) distrito del departamento Iruya, Salta.
8) finca rural, Iruya, Salta. 9) paraje
poblado, Oran, Salta. 10) arroyuelo, Jachal, San Juan. 11) paraje poblado, Capital, San Luis. E. 12) vertiente, Capital,
San Luis.

Voluntad la, establecimiento rural, Ctl 8,
Giles, Buenos Aires.

Vuelta 1) la, vertiente, Los Angeles, Capayan, Catamarca. 2) la, lugar poblado,
Robles, Santiago. E. 3) *Chica*, establecimiento rural, Ctl 4, Rojas, Buenos
Aires. 4) *del Rio*, finca rural, San Lorenzo, San Martin, San Luis. 5) *Vieja*,
establecimiento rural, Ctl 4, Rojas, Buenos Aires.

Vutacó, arroyo, Neuquen. Nace en el estero Vutamayin y desagua en el rio Colorado.

Vutamayin, estero, Neuquen. Da nacimiento al arroyo Vutacó.

Washington, 1) cuartel de la pedanía Tres
de Febrero, Rio Cuarto, Córdoba. 2)

aldea, Tres de Febrero, Rio Cuarto,
Córdoba. Tiene 112 habitantes. (Censo
del 1° de Mayo de 1890.) Por la via
férrea dista 81 kms. de Villa Mercedes
y 610 de Buenos Aires. $\alpha = 308$ m. FCP,
C, T, E.

Wheelwright, colonia, Armstrong, Iriondo, Santa Fe.

Wilde, 1) lugar poblado, Quilmes, Buenos
Aires. Por la via férrea dista 14 kms. de
la Capital federal y 43 de La Plata.
FCE, C, T. 2) lugar poblado, General
Lopez, Santa Fe. Por la via férrea dista
69 kms. de Cañada de Gomez y 74 de
Pergamino. FCCA, ramal de Cañada de
Gomez á Pergamino. C, T.

Wildermuth, lugar poblado, San Jerónimo, Santa Fe. Por la via férrea dista
19 kms. de Galvez y 170 de Morteros.
FCRS, ramal de Galvez á Morteros. C, T.

Yaatí, laguna, Esquina, Corrientes.

Yabebri, arroyo, Misiones. Es un tributario
del Paraná en la márgen izquierda.

Yacanapá, laguna, San Miguel, Corrientes.

Yacanto, 1) cuartel de la pedanía San Javier, San Javier, Córdoba. 2) aldea, San
Javier, San Javier, Córdoba. Tiene 388
habitantes. (Censo del 1° de Mayo de
1890). E.

Yacaré, [1] 1) finca rural, Curuzú-Cuatiá,
Corrientes. 2) finca rural, Itatí, Corrientes. 3) estancia, Ituzaingó, Corrientes.
4) laguna, Lavalle, Corrientes. 5) finca
rural, La Cruz, Corrientes. 6) estero, La
Cruz, Corrientes. 7) laguna, Lomas, Corrientes. 8) cañada, Tacuaras, La Paz,
Entre Rios. Corre de ENE. á OSO. y
termina en laguna antes de llegar al
Paraná.

Yacohuchuya, 1) distrito del departamento

---

1 Saurio (Alligator sclerops.) Es el cocodrilo ame-
ricano.

Cafayate, Salta. 2) lugar poblado, Cafayate, Salta. E.

Yacones, distrito del departamento Caldera, Salta.

Yacoraite, 1) arroyo. Humahuaca, Jujuy. Nace en la sierra de Aguilar y desagua en la márgen derecha del rio Grande de Jujuy, en el paraje llamado « Campo Colorado.» 2) paraje poblado, Tilcara, Jujuy.

Yacuchiri, estancia, Chicligasta, Tucuman. En la márgen derecha del rio Salí. E.

Yacu-Hurma, lugar poblado, Figueroa, Matará, Santiago. E.

Yaguá-Cué, 1) finca rural, Itati, Corrientes. 2) finca rural, San Miguel, Corrientes.

Yaguareté, [1] 1) finca rural, Curuzú-Cuatiá, Corrientes. 2) laguna, Goya, Corrientes. 3) finca rural, San Miguel, Corrientes. 4) *Corá,* pueblo, Concepcion, Corrientes. Véase Concepcion. 5) *Corá,* estero, Concepcion, Corrientes. 6) *Cuá,* finca rural, Caacatí, Corrientes.

Yaguarocay, finca rural, Itatí, Corrientes.

Yahapé, finca rural, Itati, Corrientes.

Yala, 1) laguna, San Miguel, Corrientes. 2) arroyo, Capital, Jujuy. Nace en la sierra de Chañi y desagua en la márgen derecha del rio Grande de Jujuy, cerca de San Pablo. 3) arroyo, Valle Grande, Jujuy. Es uno de los elementos de formacion del arroyo San Lorenzo. 4) paraje poblado, Capital, Jujuy. 5) paraje poblado, Tilcara, Jujuy. 6) *de la Banda,* paraje poblado, Capital, Jujuy. 7) *Sauce,* paraje poblado, Capital, Jujuy.

Yalapa, estancia, Chicligasta, Tucuman. En la márgen derecha del rio Salí.

Yalarí, laguna, Mburucuyá, Corrientes.

Yalda, distrito del departamento Santa Victoria, Salta.

Yanataco, 1) cuartel de la pedanía Villa de Maria, Rio Seco, Córdoba. 2) aldea, Villa de Maria, Rio Seco, Córdoba. Tiene 106 habitantes. (Censo del 1° de Mayo de 1890.)

Yancanelo, 1) cerro, Beltran, Mendoza. 2) lago, Beltran, Mendoza. Está situado al pié del cerro del mismo nombre y en la parte occidental de la sierra del Nevado de San Rafael. Su extension es de 50 kms. de Norte á Sud y 3 kms. de Este á Oeste (Host.) Recibe las aguas del rio Malargüe ($\varphi = 35°$ 25'; $\lambda = 69°$ 15') y del arroyo Alamo.

Yanda, 1) distrito de la 2ª seccion del departamento Robles, Santiago del Estero. 2) lugar poblado, Yanda, Robles, Santiago. E.

Yanima, estancia, Graneros, Tucuman. En la orilla derecha del arroyo Marapa.

Yanta, 1) distrito de la 1ª seccion del departamento Robles, Santiago del Estero. 2) *Pallana,* estancia, Leales, Tucuman.

Yapachin, estancia, Graneros, Tucuman.

Yapeyú, aldea, La Cruz, Corrientes. Véase San Martin.

Yaqueré, arroyo, Mercedes, Corrientes. Tiene un corto trayecto y desagua en el estero Corrientes.

Yaquiasmé, finca rural, Campo Santo, Salta.

Yaquilo, estancia, Rio Chico, Tucuman. A 5 kms. al Oeste del ferro-carril noroeste argentino.

Yaquis-Pampa, paraje poblado, Tilcara Jujuy.

Yarami 1) cumbres de, Burruyaco, Tucuman. Se extienden de O. á E. en el límite que separa las provincias de Tucuman y Salta. 2) estancia, Trancas, Tucuman. En la orilla derecha del arroyo Alurralde, cerca de su confluencia con el rio Salí.

Yatasta, arroyo, Metán, Salta. Es uno de los elementos de formacion del arroyo Medina, afluente este último del rio Juramento.

---

1 En guaraní significa «tigre.» Yaguareté-Corá = Corral del tigre.

Yatay, [1] 1) establecimiento rural, Ctl 5, Olavarria, Buenos Aires. 2) estancia, Ctl 9, Ramallo, Buenos Aires 3) laguna, Concepcion, Corrientes. 4) finca rural, Curuzú-Cuatiá, Corrientes. 5) finca rural, Esquina, Corrientes. 6) estancia, Mercedes, Corrientes. 7) finca rural, Paso de los Libres, Corrientes. 8) arroyo, Paso de los Libres, Corrientes. Desagua en el Uruguay junto al pueblo Paso de los Libres. 9) laguna, San Roque, Corrientes. 10) Cord, estancia, Concepcion, Corrientes.

Yatú, laguna, San Cosme, Corrientes.

Yaucha, arroyo, Veinte y Cinco de Mayo y Nueve de Julio, Mendoza. Nace en las faldas orientales del cerro Corvalan, corre de S. á N. y une sus aguas con el arroyo Aguanda á inmediaciones del pueblo San Cárlos, para formar el arroyo del mismo nombre.

Yavi, 1) departamento de la provincia de Jujuy. Es fronterizo de Bolivia, de la cual está separado por el arroyo de la Quiaca. Tiene 1900 kms.[2] de extension y una poblacion conjetural de 2100 habitantes. Está dividido en los 9 distritos: Quiaca, Yavi-Chico, Rodeo, Escalla, Cangrejillos, Piunaguasi, Suripújio, Corral Blanco y Cerrillos. Está casi por entero en la puna de Jujuy. 2) aldea, Yaví, Jujuy. Es la cabecera del departamento. Tiene unos 400 habitantes. C, E.

Yegua 1) la, laguna, Ctl 3, Alvear, Buenos Aires. 2) laguna, Ctl 6, Dorrego, Buenos Aires 3) laguna, Ctl 6, Las Flores, Buenos Aires. 4) Blanca, paraje poblado, Departamento 2°, Pampa. 5) Muerta, estancia, Ctl 5, Trenque-Lauquen, Buenos Aires. 6) Muerta, lugar poblado, La Amarga, Juarez Celman, Córdoba. 7) Muerta, pedanía del departamento Rio Primero, Córdoba. Véase Galarza. 8)

Muerta, lugar poblado, Galarza, Rio Primero, Córdoba.

Yeguas 1) de las, arroyo, Ctl 3, Magdalena, Buenos Aires. 2) las, establecimiento rural, Ctl 4, Maipú, Buenos Aires. 3) las, laguna, Ctl 4, Mar Chiquita, Buenos Aires, 4) Muertas, aldea, Higueras, Cruz del Eje, Córdoba. Tiene 152 habitantes. (Censo del 1° de Mayo de 1890.)

Yerba, 1) la, laguna, Ctl 4, Alsina, Buenos Aires. 2) la, estancia, Mburucuyá, Corrientes. 3) Buena, vertiente, Ancasti, Ancasti, Catamarca. 4) Buena, lugar poblado, Parroquia, Ischilin, Córdoba. 5) Buena, lugar poblado, Argentina, Minas, Córdoba, 6) Buena, cumbre de la sierra de Guasapampa, Minas, Córdoba. $\varphi = 31° 15'$; $\lambda = 65° 25'$; $\alpha = 1645$ m. (Moussy.) 7) Buena, lugar poblado, Estancias, Rio Seco, Córdoba. 8) Buena, lugar poblado, San Pedro, San Alberto, Córdoba. 9) Buena, lugar poblado, La Paz, San Javier, Córdoba. 10) Buena, paraje poblado, Capital, Jujuy. 11) Buena, paraje poblado, Ledesma, Jujuy. 12) Buena, paraje poblado, Valle Grande, Jujuy. 13) Buena, arroyo, Rosario de la Frontera, Salta. Es un tributario del arroyo de los Sauces, ó rio Urueña, en la orilla izquierda. 14) Buena, finca rural, Totoral, Pringles, San Luis. 15) Buena, distrito del departamento de la Capital, Tucuman. 16) Buena, pueblo, Capital, Tucuman. A 9 kms. al ONO. de Tucuman. E. 17) Buena, lugar poblado, Monteros, Tucuman. En el camino de Simoca á Monteros.

Yeruá [1] 1) estancia, Ctl 5, Maipú, Buenos Aires. 2) distrito del departamento Concordia, Entre Rios. 3) colonia, Yeruá, Concordia, Entre Rios. Fué establecida por el gobierno nacional sobre la már-

---

gen del Uruguay en un campo de 45000 hectáreas. El gobierno pagó 14 pesos oro por la hectárea. Por la via férrea en estudio dista 52 kms. de Concordia y 124 de Concepcion. FCAE, prolongacion de Concordia á Concepcion. 4) arroyo, Concordia, Entre Rios. Desagua en la márgen derecha del Uruguay, en direccion de O. á E. Es en toda su extension límite entre los distritos Yuquerí (al Norte) y Yeruá (al Sud.)

Yesera, 1) vertiente, Salinas, Independencia, Rioja. 2) la, paraje poblado, Chicoana, Salta.

Yeso, 1) distrito del departamento La Paz, Entre Rios. 2) arroyo, Yeso, La Paz, Entre Rios. Desagua en la márgen izquierda del Feliciano en direccion de S. á N. 3) arroyo serrano, Beltran, Mendoza. Es un afluente del rio Grande en la márgen derecha. 4) cerro, Capital, San Luis. Pertenece á un cordon que se desprende del macizo de San Luis hácia el Sud.

Yiyi-Cuá, estero, La Cruz, Corrientes.

Yonopoogo, pueblo, Monteros, Tucuman. Al Sud del arroyo Pueblo Viejo, en el camino que conduce de Simoca á Monteros.

Yopinda, laguna, Lomas, Corrientes.

Yoscaba, paraje poblado, Santa Catalina, Jujuy. En la puna, en el camino de la Rinconada á Santa Catalina.

Yosina, 1) cuartel de la pedanía Calera, Anejos Sud, Córdoba. 2) lugar poblado, Calera, Anejos Sud, Córdoba.

Yucat, 1) pedanía del departamento Tercero Abajo, Córdoba. Tiene 1702 habitantes. (Censo del 1º de Mayo de 1890.) 2) aldea, Yucat, Tercero Abajo, Córdoba. Tiene 478 habitantes. (Censo m.)

Yuchayo, cuesta en la sierra de los Calchaquíes, Trancas, Tucuman.

Yucsico, aldea, Chicligasta, Tucuman. Al lado del ferro-carril noroeste argentino

Yulto, sierra, Morro, Pedernera, San Luis.

Se extiende al Sud del Morro y culmina en el cerro Blanco, en el Molles y en el Chañaral Redondo.

Yuntas las, distrito de la seccion Guasayan del departamento Guasayan, Santiago del Estero.

Yuquerí, [1] 1) estancia, Concepcion, Corrientes. 2) finca rural, Empedrado, Corrientes. 3) estancia, Mercedes, Corrientes. 4) arroyo, Mercedes, Corrientes. Es un afluente del Ayuí Grande. Recibe las aguas del arroyo Sarandí. 5) finca rural, San Miguel, Corrientes. 6) arroyo, Sauce, Corrientes. Es un tributario del Guayquiraró. 7) arroyo, Corrientes. Es un tributario del Miriñay en la márgen derecha. Forma en toda su extension límite entre los departamentos Mercedes y Curuzú-Cuatiá. Sus principales tributarios son, en la orilla derecha, el Ibabiyú y el Vaca-Cuá, y en la márgen izquierda el Itapucú, el Guayaibi y el Ombú. 8) distrito del departamento Concordia, Entre Rios. 9) lugar poblado, Yuquerí, Concordia, Entre Rios. Por la vía férrea en estudio dista 23 kms. de Concordia y 153 de Concepcion. FCAE, prolongacion de Concordia á Concepcion. 10) *Chico*, arroyo, Yuquerí, Concordia, Entre Rios. Desagua en la márgen derecha del Uruguay, en direccion de O. á E. 11) *Grande*, arroyo, Concordia, Entre Rios. Desagua en la márgen derecha del Uruguay, en direccion de NO. á SE. y á inmediaciones al Sud de Concordia. Es en toda su extension límite entre los distritos Suburbios y Yuquerí.

Yuroc, distrito de la seccion Guasayan del departamento Guasayan, Santiago del Estero.

Yurú, estero, La Cruz, Corrientes.

---

1 Arbol (Acacia riparia). Se llama tambien Ñapindá.

Yurupé, arroyo, Mercedes, Corrientes. Es un pequeño afluente del Miriñay.

Yutuyaco, lugar poblado, Leales, Tucuman. Al Sud del departamento, en la frontera santiagueña.

.

Zabala, arroyo, Ctl 4, 5, 8, 10, Necochea, Buenos Aires. A corta distancia de la costa del Atlántico une sus aguas con las del arroyo Mendoza (ó Seco), formando un solo cauce que desemboca en el Océano.

Záfiro, establecimiento rural, Ctl 9, Pueyrredon, Buenos Aires.

Zaina **Muerta**, lugar poblado, Quilino, Ischilin, Córdoba.

Zalazar-Cué [1], finca rural, Concepcion, Corrientes.

Zambú, lugar poblado, Monte Caseros, Corrientes. E.

Zancas, vertiente, Los Puestos, Valle Viejo, Catamarca.

Zanda, paraje poblado, Robles, Santiago.

Zanja, 1) la, estancia, Ctl 13, Necochea, Buenos Aires. 2) finca rural, Juarez Celman, Rioja. 3) la, paraje poblado, Chicoana, Salta. 4) *Grande*, arroyo Tafí, Trancas Tucuman Es un tributario del Infiernillo. 5) *del Medio*, paraje poblado, Ledesma, Jujuy.

Zanjeada la, establecimiento rural, Ctl 2, Alsina, Buenos Aires.

Zanjitas, aldea, Tala, Rio Primero, Córdoba. Tiene 142 habitantes. (Censo del 1º de Mayo de 1890.)

Zanjon, 1) el, arroyo, Ctl 9, Ayacucho, Buenos Aires. 2) arroyo, Baradero, Buenos Aires. Es un pequeño tributario de la cañada Honda en su márgen izquierda. 3) arroyo, La Plata, Buenos Aires.

Véase arroyo del Gato. 4) arroyo, Ctl 6, Lujan, Buenos Aires. 5) arroyo, Ctl 9, Necochea, Buenos Aires. 6) canal que arranca de la orilla izquierda del rio Mendoza, cerca de Lujan, pasa por la ciudad de Mendoza, á la que provee de agua potable y de riego, y sigue despues en direccion NE. bajo el nombre de rio Tulumayo para derramar sus aguas en las lagunas de Huanacache. Véase rio Mendoza. 7) el, estancia, Campo Santo, Salta. 8) distrito del departamento Cerrillos, Salta. 9) lugar poblado, Cerrillos, Salta. E. 10) travesía de San juan. Se extiende por el valle de Tulum. Principia á unos 45 kms. al Norte de la ciudad de San Juan y se extiende en direccion á la provincia de la Rioja unos 125 kms., siendo el ancho medio de esta superficie estéril por falta de agua, de unos 40 kms. más ó menos. 11) distrito del departamento de la Capital, Santiago del Estero. 12) aldea, Zanjon, Capital Santiago. C, E. 13) lugar poblado, Silípica, Santiago. Por la via férrea dista 15 kms. de la Capital, 147 de Frias y 1187 de Buenos Aires. ≈ 193 m. FCCN, ramal de Frias á Santiago. C, T. 14) lugar poblado, Sumampa, Santiago. E.

Zanjones, 1) lugar poblado, Chucul, juarez Celman. Córdoba. 2) lugar poblado, Estancias, Rio Seco, Córdoba. 3) los, lugar poblado, Arroyito, San Justo, Córdoba. 4) lugar poblado, Caminiaga, Sobremonte, Córdoba. 5) finca rural, Rosario de la Frontera, Salta. 6) estancia, Graneros, Tucuman En la frontera que separa las provincias de Tucuman y Catamarca.

Zapallar, 1) laguna, Ctl 2, Castelli, Buenos Aires. 2) arroyo, Ctl 3, Las Flores, Buenos Aires. Tiene su orígen en los arroyitos del Toro y del Zorro y en ocasion de las fuertes lluvias confunde sus aguas con las de los llamados Gualicho y Camarones y forma con ellos una sola

---

1 En el documento original existe este apellido escrito con Z inicial, siendo así que la ortografía castellana exije la S. Esto no obstante, se le habría incluido en la letra correspondiente, si al llegar á esta parte de los trabajos no hubiese estado ya impresa ésta.

corriente que desagua en el Salado. 3) paraje poblado, Las Heras, Mendoza. 4) finca rural, Campo Santo, Salta. 5) el, finca rural, Iruya, Salta. 6) cumbre del, trozo del macizo de San Luis, Quines, Ayacucho, San Luis. 7) vertiente, Quines, Ayacucho, San Luis. 8) arroyo, Tucuman. Véase Chorrillo. 9) estancia, Graneros, Tucuman.

Zapallo [1], laguna, Goya, Corrientes.

Zapata, arroyo, Ctl 1, Magdalena, Buenos Aires.

Zapatas, lugar poblado, San Cárlos, Minas, Córdoba.

Zapateros los, laguna, Ctl 10, Rauch, Buenos Aires.

Zapiola, lugar poblado, Lobos, Buenos Aires. Por la vía férrea dista 84 kms. de la Capital federal y 99 de Saladillo. $\alpha = 35$ m. FCO, ramal de Merlo al Saladillo. C, T, E.

Zapla, 1) paraje poblado, Capital, Jujuy. Fuente de agua silicosa, á unos 30 kms. al Este de la capital provincial. 2) arroyo, Capital, Jujuy. Nace en la sierra de Zapla y desagua en la márgen izquierda del rio Grande de Jujuy, en Caraguasi. 3) sierra, Jujuy. Se extiende de Norte á Sud en el departamento Valle Grande.

Zárate, 1) partido de la provincia de Buenos Aires. Está situado al NO. de la Capital federal, á orillas del Paraná de las Palmas y confina con los partidos Baradero, Campana, Exaltacion de la Cruz y San Antonio de Areco. Su extension es de 573 kms.² y su poblacion de 7258 habitantes. (Censo del 31 de Enero de 1890.) El partido es regado por los arroyos de Areco, Pesquería, Baradero, Bagual y la cañada de Bustos. 2) villa, Zárate, Buenos Aires. Es la cabecera del partido. Fundada en 1801, cuenta hoy (Censo) con 3638 habitantes. Está

situada á orillas del Paraná y es estacion de ferro-carril. Por la vía férrea dista 94 kms. (2 ½ horas) de Buenos Aires y 210 del Rosario. Arsenal marítimo. Aduana. Sucursal del Banco de la Provincia. Fábrica de papel. Destilería de alcoholes. Saladeros Fábrica de carnes conservadas por el sistema frigorífico. Fábrica de dinamita, ácido sulfúrico y ácido nítrico. Escala de los vapores que navegan el Paraná. Estacion de un Tramway Rural. $\varphi = 34°\,5'$; $\lambda = 58°\,25'\,59''$; $\alpha = 25$ m. FCBAR, C, T, E. 3) pueblo, Trancas, Tucuman. En la orilla derecha del arroyo del mismo nombre. 4) arroyo, Trancas, Tucuman. Véase arroyo de Colalao.

Zavaleta, quinta, Capital, Jujuy.

Zavalla, 1) lugar poblado, San Jerónimo, Colonias, Santa Fe. Por la vía férrea dista 23 kms. de Santa Fe, 73 de Galvez y 493 de Buenos Aires. De aquí arranca el ramal á Galvez. FCSF, C, T. 2) lugar poblado, San Lorenzo, Santa Fe. Por la vía férrea dista 26 kms. del Rosario, 99 de Juarez Celman y 330 de Buenos Aires. FCOSF, C, T.

Zeballos, 1) estancia, Calera, Anejos Sud, Córdoba. 2) cerro, Santa Cruz. $\varphi = 47°\,3'$; $\lambda = 72°\,4'$ (Moyano.)

Zebrunas, lugar poblado, Higueras, Cruz del Eje, Córdoba.

Zelaya, estancia, Leales, Tucuman.

Zenaidita, mina de cobré, Candelaria, Cruz del Eje, Córdoba.

Zenon, mina de cobre, Molinos, Calamuchita, Córdoba.

Zenta, 1) sierra, Jujuy. Se extiende de N. á S. á través de los departamentos Humahuaca, Tilcara y Valle Grande. 2) abra de, Iruya, Salta. $\varphi = 23°\,10'$; $\lambda = 65°\,8'$, $\alpha = 4800$ m. (?) 3) rio, Iruya y Oran, Salta. Nace con un brazo en la sierra de Zenta y con otro en la de Santa Victoria. Numerosos afluentes, como son los arroyos Colansuli, Potrero, San

---

1 Del quichua Zapallu = Calabaza de Indias.

Pedro, Tipayoc, Uchuyoc, Iscuya, Astillero, Pinal, Cañas y Vizcarra engrosan los caudales de esos dos brazos desde sus respectivos orígenes hasta sus juntas en San Ignacio. Formado ya el rio con un solo cauce, toma rumbo á Este, pasa por la ciudad de Oran y desagua en la márgen derecha del rio Bermejo.

Zololasta.[1], cumbre de los cerros de la Carolina, Pringles, San Luis. $\alpha = 1800$ m (Lallemant.)

Zonda, 1) distrito del departamento Desamparados, San Juan. 2) lugar poblado, Zonda. Desamparados, San Juan. Por la vía férrea en estudio dista 20 kms. de la capital provincial y 1023 de Salta. Estacion proyectada del ferro-carril de San Juan á Salta. 3) valle, San Juan. Está formado por la Sierra y el cordon de la Rinconada. 4) arroyo, San Juan. Es un pequeño tributario del rio de San Juan. Nace en la sierra de la Rinconada y riega en las inmediaciones de San Juan las tierras del Marquesado.

Zorra, 1) arroyo, Beltran, Mendoza. Es uno de los muchos orígenes del rio Grande. 2) estancia, Leales, Tucuman.

Zorras, 1) las, laguna, Ctl 5, Bolivar, Buenos Aires. 2) paraje poblado, Rosario de Lerma, Salta. E.

Zorrito-Horco, paraje poblado, San Cárlos, Salta.

Zorritos, lugar poblado, Ciénega del Coro, Minas, Córdoba.

Zorro, 1) el, laguna, Ctl 10, Cañuelas, Buenos Aires. 2) del, arroyo, Las Flores, Buenos Aires. Nace en los bañados del Toro y se une con el arroyito del mismo nombre, de igual orígen, formando los dos el arroyo del Zapallar. 3) arroyo, Ctl 4, Maipú, Buenos Aires 4) arroyo, Ctl 8, 10, Pringles, Buenos Aires. Nace en la sierra Pillahuincó y desagua en la márgen izquierda del arroyo Sauce Grande. 5) el, establecimiento rural, Ctl 3, 5, Trenque-Lauquen, Buenos Aires. 6) laguna, Villarino, Buenos Aires. 7) laguna, Viedma, Rio Negro. Está situada en el camino de Viedma á puerto San Antonio. 8) *Colgado,* lugar poblado, Sarmiento, General Roca, Córdoba.

Zorros, 1) los, lugar poblado, Tala, Rio Primero, Córdoba. 2) los, lugar poblado, Concepcion, San Justo, Córdoba. 3) pedanía del departamento Tercero Arriba, Córdoba. Tiene 1422 habitantes. (Censo del 1° de Mayo de 1890.) 4) aldea, Zorros, Tercero Arriba, Córdoba. Tiene 257 habitantes. (Censo m.)

Zumarán, colonia, Cruz Alta, Márcos Juarez, Córdoba. Fué fundada en 1888 en una extension de 3720 hectáreas. Está situada entre las colonias Juarez Celman y Santa Lucía.

---

1 Suele tambien escribirse con S inicial.

TABLAS

DISTANCIAS FERROVIARIAS

Las iniciales que figuran en la columna «Linea» son las abreviaturas de los ferro-carriles siguientes:

A	Andino	*(FS)*	Frias—Santiago	*P*	Pacifico
BAE	Buenos Aires y Ensenada	*(RCh)*	Recreo—Chumbicha	*PE*	Primer Entreriano
(EPLP)	Emp. Pereira—La Plata	*(SRO)*	Santa Rosa—Oran	*S*	Sud de Buenos Aires
(LPM)	La Plata—Magdalena	*(SRS)*	Santa Rosa—Salta	*(ATB)*	Altamirano—Bahía Blanca
BAR	Buenos Aires—Rosario	*ChC*	Chumbicha—Catamarca	*(DL)*	Dolores—Lavalle
(GM)	Galvez—Morteros	*E*	Argentino del Este	*(MMP)*	Maipú—Mar del Plata
(SLC)	San Lorenzo—Cerana	*GOA*	Gran Oeste Argentino	*(TT)*	Temperley—Tandil
(ISF)	Irigoyen—Santa Fé	*GSSFC*	Gran Sud Santa Fe y Córdoba	*SFC*	Santa Fe—Colastiné
(TRC)	Toay—Rio Cuarto		doba	*SFCO*	Gessler—Coronda
CA	Central Argentino	*N*	Norte de Buenos Aires	*SFG*	Santa Fe—Galvez
(CP)	Cañada de Gomez—Pergamino	*NE*	Noreste Argentino	*SFJ*	Santa Fe—Josefina
	gamino	*(MCP)*	Monte Caseros—Posadas	*SFPR*	Humboldt—Pres'a. Roca
(CY)	Cañada de Gomez—Yerbas	*(MCC)*	Monte Caseros—Corrientes.	*SFR*	Santa Fe—Resistencia
(RP)	Rosario—Peirano	*NOT*	Noroeste Argentino (Tucuman)	*SFRo*	Santa Fé—Rosario
CC	Central Córdoba		*man*)	*SFrRo*	San Francisco á Rosario via
CCNO	C. Córdoba y Noroeste	*O*	Oeste de Buenos Aires		Las Yerbas (ó Sastre)
CCht	Central del Chubut	*(HEP)*	Haedo—Emp. Pereira	*SFT*	Santa Fe—San Cristóbal—
CE	Central Entreriano	*(LPF)*	La Plata—Ferrari		Tucuman
(BG)	Basavilbaso—Gualeguaychú	*(MS)*	Merlo—Saladillo	*SJCh*	San Juan—Chumbicha
(BV)	Basavilbaso Villaguay	*(PJ)*	Pergamino—Junin	*SJS*	San Juan—Salta
(NV)	Nogoyá—Victoria	*(PSN)*	Pergamino—San Nicolás	*TA*	Trasandino
(TG)	Tala—Gualeguay	*(VLP)*	Villa Lujan—Pergamino	*VMLR*	Villa Mercedes—La Rioja
CN	Central Norte	*OS*	Oeste Santafecino	*VMR*	Villa Maria—Rufino
(DFCh)	Dean Fúnes—Chilecito	*(VCM)*	Villa Casilda—Melincué	*BBNO*	Bahía Blanca y Noroeste

Las estaciones de las lineas en construccion están señaladas con *un* asterisco, y las de las lineas concedidas (y en estudio) con *dos*.

(Las cifras de esta tabla deben considerarse como correcciones de las del diccionario cuando no hubiese entre ambas una completa identidad.)

DE — A	LÍNEA	KMS.	DE — A	LÍNEA	KMS.
Abasto:			**Acebal:**		
Tolosa		17	Rosario	(RP)	38
Ferrari	O	24	Buenos Aires		344
La Plata	(LPF)	21	**Acevedo:**		
Buenos Aires		69	Pergamino	O	23
Acebal:			San Nicolás	(PSN)	50
Peirano	CA	34	Buenos Aires		251

DE — A	LÍNEA	KMS.	DE — A	LÍNEA	KMS.
Acha: *			**Alberdi:**		
Bahia Blanca		277	Rosario		7
Villa Mercedes	BBNO	514	Tucuman	BAR	845
Buenos Aires		986	Buenos Aires		311
Achaval:		·	**Alberdi:** 1		
La Madrid		98	La Madrid		40
Tucuman	NOT	42	Tucuman	NOT	100
Buenos Aires		1249	Buenos Aires		1180
Adela:			**Alberdr**		
Bahia Blanca		620	Villa Mercedes	P	354
Mar del Plata	S	271	Buenos Aires		337
Buenos Aires		129	**Alberdi:** *		
Adrogué:			Rosario		15
Bahia Blanca		690	San Francisco	SFrRo	206
Mar del Plata	S	381	Buenos Aires		319
Buenos Aires		19	**Alberti:**		
Agote:			Trenque-Lauquen	O	257
Villa Mercedes	P	588	Buenos Aires		186
Buenos Aires		103	**Alcorta:**		
Aguila: *			Villa Carlota		216
Bahia Blanca		311	Villa Constitucion	GSSFC	84
Villa Mercedes	BBNO	481	Buenos Aires		388
Buenos Aires		1020	**Aldao:**		
Aguilares:			Rosario		30
La Madrid		57	Tucuman	BAR	822
Tucuman	NOT	83	Buenos Aires		334
Buenos Aires		1197	**Alegre:**		
Agustinillo: *			Bahia Blanca		606
Bahia Blanca		614	Mar del Plata	S	329
Villa Mercedes	BBNO	178	Buenos Aires		103
Buenos Aires		1323	**Alfalfa:**		
Alanices: *			Bahia Blanca	S	121
La Rioja		192			
Villa Mercedes	VMLR	394			
Buenos Aires		1085	1 Hoy Naranjo Esquina.		

DE — A	LÍNEA	Kms.	DE — A	LÍNEA	Kms.
Alfalfa:			**Alto Verde:**		
Mar del Plata	S	813	San Juan	GOA	216
Buenos Aires		588	Buenos Aires		989
Algarrobos los:			**Alto Verde:**		
			La Madrid		64
Cañada de Gomez	CA	95	Tucuman	NOT	76
Las Yerbas [1]	(CY)	34	Buenos Aires		1204
Buenos Aires		473			
			Alurralde:		
Almada:			Tucuman		62
Basavilbaso	CE	60	Jujuy	CN	288
Gualeguaychú	(BG)	40	Córdoba		609
Buenos Aires		766	Buenos Aires		1310
Alsina (Adolfo):			**Álvarez:**		
Empalme Pereira		7	Rosario	CA	25
La Plata	BAE	8	Peirano	(RP)	47
Buenos Aires		49	Buenos Aires		331
Alsina:			**Alvear:**		
Rosario		170	Rosario		16
Tucuman	BAR	1022	Tucuman	BAR	868
Buenos Aires		134	Buenos Aires		288
Alta Gracia: *			**Alvear: ***		
Córdoba		86	Monte Caseros	NE	201
Rio Segundo	CA	49	Posadas	(MCP)	232
Buenos Aires		410	Buenos Aires		1320
Altamirano:			**Alzaga:**		
Bahia Blanca		622	Bahia Blanca		243
Mar del Plata	S	313	Mar del Plata	S	368
Buenos Aires		87	Buenos Aires		506
Alto Grande:			**Amilgancho: ****		
Villa Mercedes		60	Chumbicha		55
San Juan	GOA	454	La Rioja	SJCh	32
Buenos Aires		751	Buenos Aires		1198
Alto Verde:			**Anchorena:**		
Villa Mercedes	GOA	298	Lujan	O	146
			Pergamino	(VLP)	16
			Buenos Aires		212

---

1 Hoy Sastre.

DE — A	LÍNEA	KMS.	DE — A	LÍNEA	KMS.
Angélica:			**Arequito:**		
Pilar		30	Juarez Celman	OS	41
San Francisco	SFJ	53	Buenos Aires		388
Santa Fe		93	**Argentina:**		
Buenos Aires		543	Rosario		416
Antelo:			Tucuman	BAR	436
Nogoyá	CE	35	Buenos Aires		720
Victoria	(NV)	21	**Argüello:**		
Buenos Aires		659	Córdoba		10
Arancibia: **			Cruz del Eje	CCNO	140
Salta		984	Bueros Aires		716
San Juan	SJS	59	**Armstrong:**		
Buenos Aires		1264	Rosario		92
Arbolito:			Córdoba	CA	303
Bahia Blanca		549	Buenos Aires		398
Mar del Plata	S	62	**Armstrong: ***		
Buenos Aires		338	Rosario		140
Arcadia:			San Francisco	SFrRo	81
La Madrid		73	Buenos Aires		444
Tucuman	NOT	67	**Arrecifes:**		
Buenos Aires		1213	Lujan	( )	115
Arditi:			Pergamino	(VLP)	47
La Plata	BAE	45	Buenos Aires		181
Magdalena	(LPM)	11,5	**Arroyito:**		
Buenos Aires		102	Córdoba		113
Arenal:			San Francisco	CC	95
Tucuman		49	Santa Fe		239
Jujuy	CN	231	Buenos Aires		686
Córdoba		666	**Arroyo Corto:**		
Buenos Aires		1367	Bahia Blanca		156
Arenales:			Mar del Plata	S	778
Villa Mercedes	P	·406	Buenos Aires		553
Buenos Aires		285	**Arroyo Seco:**		
Arequito:			Rosario		31
Rosario	OS	84	Tucuman	BAR	883
			Buenos Aires		273

DE — A	LÍNEA	KMS.	DE — A	LÍNEA	KMS.
Arrufó:			**Avena:**		
Rosario		322	Galvez	BAR	38
Tucuman	BAR	530	Morteros	(GM)	151
Buenos Aires		626	Buenos Aires		458
Arteaga:			**Avila:**		
Rosario		116	Córdoba		379
Juarez Celman	OS	9	Rosario	CA	16
Buenos Aires		420	Buenos Aires		322
Asunta:			**Avispas l.s: ***		
Villa Maria		138	San Cristóbal		49
Rufino	VMR	86	Tucuman	SFT	553
Córdoba		279	Santa Fe		249
Buenos Aires		508	Buenos Aires		730
Ataliva:			**Avispa Colorada:***		
Santa Fe		122	San Cristóbal		286
San Cristóbal	SFT	78	Presidencia Roca	SFPR	231
Buenos Aires		603	Santa Fe		486
			Buenos Aires		967
Aurelia:			**Ayacucho:**		
Rosario		187			
Tucuman	BAR	665	Bahia Blanca		417
Buenos Aires		491	Mar del Plata	S	194
			Buenos Aires		332
Aurelia:			**Azcuénaga:**		
Santa Fe		75			
San Cristóbal	SFT	125	Lujan	O	36
Buenos Aires		556	Pergamino	(VLP)	126
			Buenos Aires		102
Ausonia:			**Azul:**		
Villa Maria		27	Bahia Blanca		3?1
Rufino	VMR	197	Mar del Plata	S	544
Córdoba		168	Buenos Aires		318
Buenos Aires		587	**Bahia Blanca:**		
			Puerto Bahia Blanca	S	7
Avellaneda:			Mar del Plata	»	934
Córdoba		ç6	Maipú	»	480
Tucuman	CN	451	La Plata	»	687
Jujuy		801	Villa Mercedes	BBNO	792
Buenos Aires		797	Buenos Aires	S	709

DE — A	LÍNEA	KMS.	DE — A	LÍNEA	KMS.
Baibiene:			**Banda** la:		
Corrientes	NE	285	Tucuman		149
Monte Caseros	(MCC)	89	Santiago		7
Buenos Aires		1208	Frias	BAR	169
Bajada:			Córdoba		508
Paraná		6	Buenos Aires		1007
Concepcion del Uruguay	CE	286	**Bandera Angosta:**		
Buenos Aires		503	Santa Rosa		26
Bajo Hondo:			Salta	CN	20
			Córdoba	(SRS)	858
Rosario		8	Buenos Aires		1559
Juarez Celman	OS	117	**Banfield:**		
Buenos Aires		312	Bahia Blanca		696
Balde:			Mar del Plata	S	387
Villa Mercedes		125	Buenos Aires		13
San Juan	GOA	389	**Bañados de Soto:**		
Buenos Aires		816	Chilecito	CN	325
Balde: ***			Dean Funes	(DFCh)	90
Salta		948	Buenos Aires		912
San Juan	SJS	95	**Baradero:**		
Buenos Aires		1300	Rosario		155
**Balde Salado: ** *			Tucuman	BAR	1007
Villa Mercedes		335	Buenos Aires		149
La Rioja	VMLR	251	**Barraca Peña:**		
Buenos Aires		1026	Ensenada		55
**Baldes de Pacheco: ** *			La Plata	BAE	52
Villa Mereedes		411	Buenos Aires		4,5
La Rioja	VMLR	175	**Barracas al Norte:**		
Buenos Aires		1102	Ensenada		53
Ballesteros:			La ·Plata	BA E	50
Rosario		225	Buenos Aires		6,5
Córdoba	CA	170	**Barracas al Norte:**		
Buenos Aires		531	Bahia Blanca		706
Bancalari:			Mar del Plata	S	397
Rosario		273	Buenos Aires		3
Tucuman	BAR	1125			
Buenos Aires		31			

DE — A	LÍNEA	KMS.	DE — A	LÍNEA	KMS.
Barracas al Sud:			**Bella Vista:**		
Bahia Blanca.................		705	Tucuman		25
Mar del Plata	S	396	Jujuy	CN	375
Buenos Aires..................		4	Buenos Aires..................		1223
Barracas Iglesia:			**Bell-Ville:**		
			Córdoba........		199
Ensenada		52	Rosario	CA	196
La Plata..................	BAE	49	Buenos Aires..................		502
Buenos Aires..................		7,5	**Beltran:**		
Basavilbaso:			Rosario		682
Paraná		217	Tucuman	BAR	170
Concepcion		03	Buenos Aires..................		986
Gualeguaychú.................	CE	100	**Benavidez:**		
Villaguay		62	Rosario		262
Buenos Aires..................		726	Tucuman	BAR	1114
Basavilbaso:			Buenos Aires..................		42
Tala	CE	88	**Benitez:**		
Gualeguay	(TG)	20	Trenque-Lauquen	O	272
Buenos Aires..................		787	Buenos Aires..................		171
Basualdo Ortiz:			**Berazategui:**		
Junin.................	O	69			
Pergamino..................	(PJ)	20	Ensenada		32,5
Buenos Aires..................		248	La Plata..................	BAE	29,5
			Buenos Aires..................		27
Bávio:			**Berna:**		
La Plata..........................	BAE	35			
Magdalena....................	(LPM)	21,5	Reconquista		25
Buenos Aires............		92	Santa Fe	SFR	293
			Buenos Aires..................		774
Belgrano:			**Bernal:**		
Rosario		293			
Tucuman	BAR	1145	Ensenada		42,5
Buenos Aires..................		11	La Plata..................	BAE	39,5
			Buenos Aires..................		17
Belgrano:			**Bernasconi:**		
Tigre	N	20			
Buenos Aires..................		10	Bahia Blanca..................		171
			Rio Cuarto..................	BBNO	597
Bella Vista:			Villa Mercedes		621
Córdoba	CN	522	Buenos Aires..................		880

DE — A	LÍNEA	Kms.	DE — A	LÍNEA	Kms.
Berutti:			**Buenos Aires:**		
Trenque-Lauquen	O	23	Basavilbaso	CE	726
Buenos Aires		420	Canteras del Tandil	S	400
Boca:			Cañada de Gomez	CA	378
			Catamarca	CN	1210
Ensenada		55,5	Ceibo	E	1125
La Plata	BAE	52,5	Cerana	BAR	332
Buenos Aires		4	Chilecito	DFCh	1237
Boca:			Chumbicha	CN	1143
			Colastiné	BAR	492
Bahia Blanca		709	Concepcion	CE	789
Mar del Plata	S	400	Concordia	»	965
Buenos Aires		12	Córdoba	CA	701
Bonnement:			Corrientes	NE	1493
			Coronda	BAR	465
Bahia Blanca		572	Cruz del Eje	CN	887
Mar del Plata	S	363	Cumbre	TA	1222
Buenos Aires		137	Dean Funes	CN	822
Bragado:			Empalme Pereira	BAE	42
			Empalme San Cárlos	BAR	495
Trenque-Lauquen	O	235	Estancia Dávila	S	375
Buenos Aires		208	Ferrari	»	64
Brinckmann:			Frias	CN	1040
			Galvez	BAR	420
Galvez	BAR	170	Gessler	»	441
Morteros	(GM)	19	Gualeguay	CE	807
Buenos Aires		590	Gualeguaychú	»	806
Brown:			Haedo	O	18
			Humboldt	BAR	528
Ensenada		56,5	Irigoyen	»	404
La Plata	BAE	53,5	Jachal	GOA	1382
Buenos Aires		3	Josefina	BAR	591
Buena Esperanza: *			Juarez Celman	»	429
			Jujuy	CN	1598
Bahia Blanca		644	Junin	O	256
Villa Mercedes	BBNO	148	La Banda	SFT	1007
Buenos Aires		1353	La Madrid	CN	1151
Buenos Aires:			La Plata	BAE	57
			La Rioja	CN	1230
Acha	S, BBNO	986	Las Flores	S	209
Alta Gracia	CA	410	Lavalle	»	294
Altamirano	S	87	Magdalena	BAE	116
Bahia Blanca	»	709	Maipú	S	269

DE — A	LÍNEA	Kms.	DE — A	LÍNEA	Kms.
Buenos Aires:			**Buenos Aires:**		
Mar del Plata	S	400	Santiago	(CN)	1202
Malagueño	CA	722	Sastre	CA	507
Medinas	CN	1220	Sierra Baya	S	353
Melincué	BAR	436	Sierra Chica	»	355
Mendoza	GOA	1047	Soledad	BAR	622
Mercedes	O	98	Sunchales	»	546
Merlo	»	31	Tala	CE	699
Monte Caseros	E	1119	Tandil	S	329
Morteros	BAR	609	Temperley	»	16
Niquivil	GOA	1365	Tigre	N	30
Nogoyá	CE	624	Trenque Lauquen	O	443
Oran	CN	1763	Tucuman	(BAR)	1156
Pergamino	O	228	Tucuman	(CN)	1248
Peirano	BAR	273	Venado Tuerto	BAR	420
Pilar	SFT	513	Victoria	CE	680
Posadas	NE	1552	Villa Carlota	P	533
Presidencia Roca	SFPR	1198	Villa Casilda	CA	358
Puerto Bahia Blanca	S	716	Villa Constitucion	BAR	266
Puerto Ruiz	CE	808	Villaguay	CE	788
Punta de los Llanos	CN	1077	Villa Lujan	O	66
Reconquista	SFR	799	Villa Maria	CA	560
Recreo	CN	967	Villa Mercedes	GOA	691
Rio Cuarto	A	690			
Rio Segundo	CN	665	**Burzaco:**		
Rosario	BAR	304	Bahia Blanca		687
Rufino	P	422	Mar del Plata	S	378
Saladillo	O	183	Buenos Aires		22
Salta	CN	1579			
San Cristóbal	BAR	681	**Cabal:**		
San Fernando	N	27	Reconquista		257
San Francisco	CC	591	Santa Fe	SFR	61
San Luis	GOA	787	Buenos Aires		542
San José del Rincon	SFC	506			
San Nicolás	BAR	239	**Caballito:**		
San Juan	GOA	1205	Trenque-Lauquen	O	440
San Rafael	—	1005	Buenos Aires		3
San Lorenzo	BAR	327			
Santa Fe	»	481	**Cabra-Corral:** **		
Santa Rosa	(DFCh)	1112			
Santa Rosa	(CN)	1533	Salta		60
Santa Teresa	CA	367	San Juan	SJS	983
Santiago	(BAR)	1014	Buenos Aires		1639

68

DE — A	LÍNEA	KMS.	DE — A	LÍNEA	KMS.
Cabral: *			**Campana:**		
San Cristóbal		25	Rosario		222
Tucumau	SFT	577	Tucuman	BAR	1074
Santa Fe		225	Buenos Aires		82
Buenos Aires		706	**Campo Bello:**		
Cabrera: *			La Madrid		29
Monte Caseros		32	Tucuman	NOT	111
Posadas	NE	401	Buenos Aires		1169
Buenos Aires	(MCP)	1151	**Candelaria:**		
Cabrera:			Cañada de Gomez	CA	32
Villa Maria		76	Pergamino	(CP)	111
Villa Mercedes	A	178	Buenos Aires		339
Buenos Aires		634	**Cano:**		
Cachari:			Junin	O	63
Bahia Blanca		447	Pergamino	(PJ)	26
Mar del Plata	S	488	Buenos Aires		254
Buenos Aires		262	**Canteras del Tandil:**		
Cacheuta: *			Tandil		5
Mendoza		38	Bahia Blanca	S	359
Cumbre	TA	137	Buenos Aíres		400
Buenos Aires		1085	**Cañada de Gomez:**		
Calchaqui:			Córdoba		323
Reconquista		114	Rosario		72
Santa Fe	SFR	204	Pergamino	CA	143
Buenos Aires		685	Sastre		129
Calera la:			Buenos Aires		378
Córdoba		21	**Cañada Honda:**		
Cruz del Ejc	CCNO	129	San Juan		52
Buenos Aires		727	Villa Mercedes	GOA	462
Cambaceres:			Buenos Aires		1153
Trenque - Lauquen	O	157	**Cañuelas:**		
Buenos Aires		286	Tandil		265
Camet:			Temperley	S	48
Bahia Blanca		598	Buenos Aires		64
Mar del Plata	S	13	**Capayan:**		
Buenos Aires		387	Catamarca	ChC	45

DE — A	LÍNEA	KMS.	DE — A	LÍNEA	KMS.
Capayan:			**Carnerillo:**		
Chumbicha	ChC	21	Villa Maria		94
Buenos Aires.................		1165	Villa Mercedes	A	160
Capilla del Monte:			Buenos Aires.................		652
Córdoba.................		110	**Carreras:**		
Cruz del Eje................	CCNO	40	Villa Carlota		198
Buenos Aires.................		816	Villa Constitucion	GSSFC	102
Capilla del Señor: *			Buenos Aires.................		356
San Fernando	CA	57	**Carreras de Pumpun:**		
Buenos Aires............		84	Córdoba.................		121
Capivara:			Cruz del Eje................	CCNO	29
San Cristóbal		17	Buenos Aires.................		827
Santa Fe........................	SFT	183	**Carrizales:**		
Buenos Aires.................		644	Rosario		60
Caraguatay:			Tucuman	BAR	792
Reconquista		57	Buenos Aires.................		364
Santa Fe............ ..... .,.....	SFR	261	**Casa Amarilla:**		
Buenos Aires.................		742	Ensenada		57,5
Cárcano:			La Plata.................	BAE	54,5
Córdoba		157	Buenos Aires.................		2
Rosario	CA	238	**Casa Grande:**		
Buenos Aires.................		544	Córdoba.................		69
Carcarañá:			Cruz del Eje................	CCNO	81
Córdoba		340	Buenos Aires............		775
Rosario	CA	49	**Casa Pava: ***		
Buenos Aires.................		355	Monte Caseros	NE	316
Cardos los:			Posadas	(MCP)	117
Cañada de Gomez	CA	62	Buenos Aires.................		1435
Las Yerbas	(CY)	67	**Casares:**		
Buenos Aires....		440	Rosario		500
Cármen: *			Tucuman	BAR	352
La Rioja........................		279	Buenos Aires.................		804
Villa Mercedes	VMLR	307	**Casares:**		
Buenos Aires.................		998	Trenque - Lauquen	O	134
			Buenos Aires.................		309

DE — A	LÍNEA	KMS.	DE — A	LÍNEA	KMS.
Casares:			**Catamarca:**		
Tandil		281	Tucuman	CN	523
Temperley	S	32	Jujuy	»	873
Buenos Aires		48	Buenos Aires	CN, CA	1210
Caseros:			**Cautiva la:**		
Concepcion		24	Villa Mercedes	P	138
Paraná	CE	256	Buenos Aires		553
Buenos Aires		765	**Cazon:**		
Caseros:			Saladillo	O	14
Villa Mercedes	P	669	Buenos Aires		169
Buenos Aires		22	**Ceibo:**		
Castelli:			Monte Caseros		6
Trenque-Leuquen	O	63	Concordia	E	160
Buenos Aires		380	Buenos Aires		1125
Castillo:			**Cerana:**		
Villa Mercedes	P	533	San Lorenzo	BAR	5
Buenos Aires		158	Rosario	(SLC)	28
Castro:			Buenos Aires		332
Rosario		114	**Ceres:**		
Tucuman	BAR	966	Rosario		367
Buenos Aires		190	Tucuman	BAR	485
Castro: *			Buenos Aires		671
Rosario		121	**Cerrillos: ***		
San Francisco	SFrRo	100	Rosario de Lerma		12
Buenos Aires		425	Salta	SJS	20
Catalinas:			San Juan		1023
Villa Mercedes	P	688	Buenos Aires		1599
Buenos Aires		3	**Cesira la:**		
Catamarca:			Córdoba		326
Chumbicha	CN	66	Villa Maria	VMR	185
Córdoba	»	508	Rufino		39
Bahia Blanca	—	1488	Buenos Aires		461
Villa Mercedes	—	739	**Chacabuco:**		
La Rioja	RCh	153	Villa Mercedes	P	480
Recreo	CN	242	Buenos Aires		211

DE — A	LÍNEA	KMS.	DE — A	LÍNEA	KMS.
Chadi-Lauquen: *			**Chas:**		
Rio Cuarto		244	Mar del Plata	S	384
Toay	BBNO	144	Buenos Aires	´	158
Bahia Blanca		524	**Chascomús:**		
Buenos Aires		1233			
			Bahia Blanca		636
Chajan:			Mar del Plata	S	287
Villa Maria		209	Buenos Aires		113
Villa Mercedes	A	45	**Chavarria: ***		
Buenos Aires		767			
			Corrientes	NE	178
Chajarí:			Monte Caseros	(MCC)	196
Concordia		84	Buenos Aires		1315
Monte Caseros	E	70	**Chaves**		
Buenos Aires		1049			
			Villa Casilda		29
Chamical:			Melincué	OS	49
Chilecito	CN	192	Buenos Aires		387
Dean Funes	(DFCh)	223	**Chiclana:**		
Buenos Aires		1045			
			Trenque Lauquen	O	98
Chamical: *			Buenos Aires		345
La Rioja		133	**Chicoana: ****		
Villa Mercedes	VMLR	453			
Buenos Aires		1144	Salta		41
			San Juan	SJS	1002
Chañar:			Buenos Aires		1620
Chilecito	CN	232	**Chilca: ***		
Dean Funes	(DFCh)	183			
Buenos Aires		1095	La Rioja		65
			Villa Mercedes	VMLR	521
Chañares:			Buenos Aires		1212
Córdoba		107	**Chilcas:**		
Rosario	CA	288	Jujuy		124
Buenos Aires		594	Tucuman	CN	226
Charrúa: *			Córdoba		773
San Cristóbal		157	Buenos Aires		1474
Presidencia Roca	SFPR	360	**Chilecito:**		
Santa Fé		357	Dean Funes		415
Buenos Aires		838	Salta	CN	1172
Chas:			San Juan	(DFCh)	1157
Bahia Blanca	S	551	Buenos Aires		1237

DE — A	LÍNEA	KMS.	DE — A	LÍNEA	KMS.
Chivilcoy:			**Colastiné:** *		
Trenque-Lauquen	O	286	Rosario		105
Buenos Aires		157	Santa Fé	SFRo	62
Choya:			Buenos Aires		409
Frias	CN	32	**Colina:**		
Santiago	(FS)	130	Bahia Blanca		227
Buenos Aires		1072	Mar del Plata	S	708
Chucul:			Buenos Aires		482
Villa Maria		110	**Colorada:**		
Villa Mercedes	A	144	Bahia Blanca		479
Buenos Aires		668	Mar del Plata	S	456
Chumbicha:			Buenos Aires		230
Catamarca..		66	**Colorados los:**		
La Rioja		87	Chilecito	CN	96
Recreo	CN	176	Dean Funes	(DFCh)	319
San Juan	(RCh)	1187	Buenos Aires		1141
Villa Mercedes		673			
Buenos Aires		1143	**Compuerta:** *		
Chuñas las: *			Cumbre		153
			Mendoza	TA	22
San Cristóbal		211	Buenos Aires		1069
Presidencia Roca	SFPR	306			
Santa Fé		411	**Concepcion:**		
Buenos Aires		892	Concordia		176
			Paraná	CE	280
Claypole:			Buenos Aires		789
Haedo..		31			
Emp. Pereira	O	25	**Concepcion:**		
La Plata	(HEP)	40	La Madrid		68
Buenos Aires		49	Tucuman	NOT	72
Clucellas:			Buenos Aires		1208
Pilar		47	**Conchitas:**		
San Francisco.	SFJ	37			
Santa Fé		110	Ensenada		27,5
Buenos Aires.. ..		560	La Plata	BAE	24 5
			Buenos Aires		32
Colastiné:			**Concordia:**		
Santa Fé..		11			
San José del Rincon	SFC	7	Ceibo		160
Buenos Aires		492	Monte Caseros	E	154

DE — A	LÍNEA	KMS.	DE — A	LÍNEA	KMS.
Concordia:			**Coronda:**		
Concepcion	E	176	Gessler		24
Buenos Aires		965	Santa Fe	SFCO	99
Coneló: **			Buenos Aires		465
Bahia Blanca		467	**Correa:**		
Rio Cuarto	BBNO	301	Córdoba		336
Toay		87	Rosario	CA	59
Buenos Aires		1176	Buenos Aires		365
Conesa:			**Correas:**		
Pergamino	O	40	La Plata	BAE	24
San Nicolas	(PSN)	33	Magdalena	(LPM)	32,5
Buenos Aires		268	Buenos Aires		81
Conesa: *			**Corre-Lauquen: ***		
Dolores		54	Bahia Blanca		561
Lavalle	S	37	Rio Cuarto	BBNO	207
Buenos Aires		257	Toay		182
Constanza:			Buenos Aires		1270
San Cristóbal		40	**Corrientes: ***		
Tucuman	SFT	642	Monte Caseros	NE	374
Santa Fé		160	Corrientes	(MCC)	528
Buenos Aires		641	Buenos Aires		1493
Constitucion:			**Cortinez:**		
Córdoba		23	Villa Mercedes	P	603
San Francisco	CC	185	Buenos Aires		88
Santa Fé		329	**Cosquin:**		
Buenos Aires		724	Córdoba		57
Córdoba:			Cruz del Eje	CCNO	93
Jujuy	CN	897	Buenos Aires		763
Tucuman	»	547	**Crespo:**		
Dean Funes	»	121	Concepcion		233
Cruz del Eje	CCNO	150	Paraná	CE	47
San Francisco	CC	208	Buenos Aires		556
Santa Fé	»	355	**Crespo:**		
Rosario	»	429	Reconquista		168
Villa Maria	CA	141	Santa Fe	SFR	150
Malagueño	CM	21	Buenos Aires		631
Buenos Aires	CA,BAR	701			

DE — A	LÍNEA	KMS.	DE — A	LÍNEA	KMS.
Cruz del Eje:			**Devoto:**		
Chilecito		350	Córdoba		185
Córdoba	(DFCh)	150	San Francisco	CC	23
Dean Funes	(CCNO)	65	Santa Fé		172
Buenos Aires		887	Buenos Aires		548
Cumbre: *			**Diaz:**		
Mendoza	TA	175	Rosario		76
Buenos Aires		1222	Tucuman	BAR	776
Currumalan:			Buenos Aires		380
Bahia Blanca		174	**Dock Central:**		
Mar del Plata	S	761	La Plata	BAE	9
Buenos Aires		535	Buenos Aires		66
Curuzú-Cuatiá:			**Dolores:**		
Corrientes		309	Córdoba		102
Monte Caseros	NE	65	Cruz del Eje	CCNO	48
Concordia	(MCC)	219	Buenos Aires		808
Buenos Aires		1184	**Dolores:**		
Dean Funes:			Altamirano		116
Chilecito		415	Maipú		66
Punta de los Llanos		255	Bahia Blanca	S	546
Cruz del Eje		65	Mar del Plata		197
Tucuman	CN	426	Lavalle		91
Jujuy	(DFCh)	776	Buenos Aires		203
Córdoba		121	**Dolores: *** (San Luis)		
Buenos Aires		822	La Rioja		431
Del Carril:			Villa Mercedes	VMLR	155
Saladillo	O	29	Buenos Aires		846
Buenos Aires		154	**Dolores: *** (Córdoba)		
Dennehy:			La Rioja		359
Trenque-Lauquen	O	199	Villa Mercedes	VMLR	227
Buenos Aires		244	Buenos Aires		918
Desaguadero:			**Dominguez:**		
San Juan		320	Basavilbaso	CE	46
Villa Mercedes	GOA	194	Villaguay	(BV)	16
Buenos Aires		885	Buenos Aires		772

DE — Á	LÍNEA	KMS.	DE — A	LÍNEA	KMS.
Dónovan: *			**Elortondo:**		
San Cristóbal		443	Villa Constitucion	GSSFC	133
Presidencia Roca	SEPR	74	Buenos Aires		397
Santa Fé		643	**Emilia:**		
Buenos Aires		1124			
Donselaar:			Reconquista		252
			Santa Fe.	SFR	66
Bahia Blanca		657	Buenos Aires		547
Mar del Plata	S	348	**Emp. Pavon:**		
Buenos Aires		52			
Dorrego:			Villa Carlota		294
			Villa Constitucion	GSSFC	6
Bahia Blanca		506	Buenos Aires		260
Mar del Plata	S	105	**Emp. Pereira:**		
Buenos Aires		295			
Duggan:			Haedo		56
			La Plata	O	15
Lujan	O	68	Buenos Aires		74
Pergamino	(VLP)	94	**Emp. Piquete:**		
Buenos Aires		134			
Echagüe:			San Cristóbal		183
			Tucuman	SFT	785
Tala		17	Santa Fe		17
Gualeguay	CE	93	Buenos Aires		499
Buenos Aires		716	**Emp. San Cárlos:**		
Echeverria:			Galvez		79
junin	O	30	Santa Fe	SFG	17
Pergamino	(PJ)	59	Buenos Aires		499
Buenos Aires		287	**Emp. V. Constitucion:**		
Elisa:			Rosario		44
Sastre	CA	108	Tucuman	BAR	896
Cañada de Gomez	(CY)	20	Villa Constitucion		6
Buenos Aires		398	Buenos Aires		260
Elizalde:			**Empedrado: ***		
La Plata	BAE	12	Corrientes	NE	57
Magdalena	(LPM)	44,5	Monte Caseros	(MCC)	317
Buenos Aires		69	Buenos Aires		1436
Elortondo:			**Encrucijada: ***		
Villa Carlota	GSSFC	167	San Cristóbal	SFPR	314

69

DE — A	LÍNEA	Kms.	DE — A	LÍNEA	Kms.
Encrucijada: *			**Espin:**		
Presidencia Roca......... ..		203	Santa Fe.........................	SFR	243
Santa Fe.........................	SEPR	514	Buenos Aires..................		724
Buenos Aires..................		995	**Esquiú:**		
Ensenada:			Catamarca.....................		215
Emp. Pereira..................		18	Chumbicha		149
La Plata.........................	BAE	5	La Rioja.	CN	236
Buenos Aires.....		59,5	Recreo..........................	(RCh)	27
Epupel: *			Córdoba.........................		293
Bahía Blanca..................		238	Buenos Aires..................		994
Villa Mercedes...............	BBNO	554	**Estancia Dávila:**		
Buenos Aires..................		947	Bahía Blanca..................		347
Escalada:			Olavarría......................	S	13
Reconquista..................		192	Buenos Aires.........		375
Santa Fe.........................	SFR	126	**Esteros:** *		
Buenos Aires..................		607	San Cristóbal.................		236
Escobar:			Presidencia Roca............	SFPR	281
Rosario.........................		250	Santa Fe.........................		436
Tucuman.....	BAR	1102	Buenos Aires..................		917
Buenos Aires..................		54	**Estrequi-Lauquen** *:		
Esmeralda: *			Bahía Blanca.................		588
Rosario....................... ...		198	Villa Mercedes...............	BBNO	204
San Francisco.................	SFrRo	23	Buenos Aires..................		1297
Buenos Aires..................		502	**Etruria:**		
Espeleta:			Córdoba		198
Emp. Pereira..................		19	Villa María.....................	VMR	57
Ensenada	BAE	36,5	Rufino		167
La Plata.........................		34	Buenos Aires..................		589
Buenos Aires..................		23	**Ezeiza:**		
Esperanza:			Tandil..........................		298
San Cristóbal.		168	Temperley.....................	S	15
Tucuman.	SFT	770	Buenos Aires..................		31
Santa Fe........................:		32	**Fair:**		
Buenos Aires..................		513	Bahía Blanca..................		435
Espin:			Mar del Plata.................	S	176
Reconquista	SFR	75	Buenos Aires..................		314

DE — A	LÍNEA	KMS.	DE — A	LÍNEA	KMS
Famaillá:			**Five-Lille:**		
La Madrid..		106	Santa Fe	SFR	175
Tucuman	NOT	34	Buenos Aires		656
Buenos Aires		1246	**Flores (San José de):**		
Febre:			Trenque-Lauquen	O	437
Nogoyá	CE	22	Buenos Aires		6
Victoria	(NV)	34	**Flores las:**		
Buenos Aires		646			
			Bahía Blanca		500
Federacion:			Mar del Plata		435
Concordia		55	Tandil	S	148
Monte Caseros	E	99	Temperley		165
Buenos Aires		1020	Buenos Aires		209
Fernandez:			**Fraga:**		
Rosario		663	San juan		478
Tucuman	BAR	189	Villa Mercedes	GOA	36
Buenos Aires		967	Buenos Aires		727
Ferrari:			**Francia la:**		
Bahía Blanca		645	Córdoba		154
La Plata	S	45	San Francisco	CC	54
Mar del Plata		336	Santa Fe		201
Buenos Aires		64	Buenos Aires		579
Ferreira:			**Franck:**		
Córdoba		11	Galvez		66
Rosario	CA	384	Santa Fe..	SFG	30
Buenos Aires		690	Buenos Aires		486
Firmat:			**Franklin:**		
Melincué.		22	Villa Mercedes.	P	558
Villa Casilda	OS	56	Buenos Aires		133
Rosario.		110	**Freire:**		
Buenos Aires		414			
			Galvez .	BAR	137
Fishertown:			Morteros	(GM)	52
Córdoba		385	Buenos Aires		557
Rosario	CA	10			
Buenos Aires		316	**French:**		
Five-Lille:			Trenque-Lauquen	O	169
Reconquista.	SFR	143	Buenos Aires		274

DE — A	LÍNEA	KMS.	DE — A	LÍNEA	KMS.
Frias:			**Gándara:**		
Córdoba		339	Mar del Plata	S	302
Tucuman		208	Buenos Aires		98
Jujuy		558	**Ganso-Lauquen *:**		
Santiago	CN	162			
La Banda		169	Bahía Blanca		399
Buenos Aires		1040	Villa Mercedes	BBNO	431
Fuentes:			Buenos Aires		1108
Cañada de Gomez	CA	50	**Garza:**		
Pergamino	(CP)	93	Rosario		620
Buenos Aires		321	Tucuman	BAR	232
Fuerte Union: *			Buenos Aires		924
San Cristóbal		66	**Gessler:**		
Presidencia Roca	SEPR	451			
Santa Fe		266	Galvez		96
Buenos Aires		747	Coronda	SFG	24
			Santa Fe		75
Gaboto: *			Buenos Aires		441
Rosario		61			
Santa Fé	SFRo	106	**Gilbert:**		
Buenos Aires		365	Basavilbaso	CE	20
Galarza:			Gualeguaychú	(BG)	80
Tala	CE	57	Buenos Aires		726
Gualeguay	(TG)	51	**Glew:**		
Buenos Aires		757	Bahía Blanca		680
Galvez:			Mar del Plata	S	371
Emp. San Cárlos		79	Buenos Aires		29
Tucuman		736	**Godoy:**		
Rosario	BAR	116	Ensenada		28 5
Morteros		189	La Plata	BAE	25,5
Buenos Aires		420	Buenos Aires		31
Gama la:			**Godoy:**		
Bahía Blanca		254	Villa Carlota		276
Mar del Plata	S	681	Villa Constitucion	GSSFC	24
Buenos Aires		455	Buenos Aires		278
Gándara:			**Golondrinas: ***		
Bahía Blanca	S	651	San Cristóbal	SFPR	181

DE — A	LÍNEA	KMS.	DE — A	LÍNEA	KMS.
Golondrinas:			**Grütli:**		
Presidencia Roca		336	Humboldt		19
Santa Fe..	SFPR	381	Soledad	SFPR	75
Buenos Aires		862	Buenos Aires		547
Gomez:			**Guachipas ** :**		
Ferrari		13	Salta		101
Tolosa	O	28	San Juan	SJS	942
Buenos Aires		107	Buenos Aires		1680
Gonzalez:			**Gualeguay:**		
Concepcion		133	Tala		108
Paraná	CE	147	Puerto Ruiz	CE	10
Buenos Aires		656	Paraná	(TG)	298
Gonzalez Chaves:			Buenos Aires		807
Bahía Blanca		221	**Gualeguaychú:**		
Mar del Plata	S	3'0	Basavilbaso	CE	100
Buenos Aires		528	Paraná	(BG)	317
Gorostiaga:			Buenos Aires		806
Trenque-Lauquen	O	302	**Gualeguaycito:**		
Buenos Aires		141	Concordia		29
Gowland:			Monte Caseros	E	125
Trenque-Lauquen	O	351	Paraná		485
Buenos Aires		92	Buenos Aires		994
Gramilla:			**Guanaco:**		
Rosario		764	Trenque-Lauquen	O	107
Tucuman	BAR	88	Buenos Aires		336
Buenos Aires		1068	**Guardia 1a:**		
Gránero:			Chumbicha	CN	123
San Lorenzo		6	Recreo	(RCh)	53
Rosario	BAR	29	Buenos Aires		1020
Buenos Aires		333	**Guaycurú: ***		
Graneros:			San Cristóbal		463
La Madrid		20	Presidencia Roca	SFPR	54
Tucuman	NOT	120	Santa Fé		663
Buenos Aires		1160	Buenos Aires		1144

DE — A	LÍNEA	KMS.	DE — A	LÍNEA	KMS.
Guerrero:			**Hinojo:**		
Bahía Blanca		586	Mar del Plata	S	573
Mar del Plata	S	237	Buenos Aires		347
Buenos Aires		163	**Hornos:**		
Gutierrez			Saladillo	O	120
Haedo		46	Buenos Aires		63
Emp. Pereira	O	10	**Hucal: ***		
La Plata	(HLP)	25	Bahia Planca		201
Buenos Aires		64	Villa Mercedes	BBNO	591
Haedo:			Buenos Aires		910
La Plata		71	**Huerta Grande:**		
Trenque-Lauquen	O	425	Córdoba		80
Buenos Aires		18	Cruz del Eje..	CCNO	70
Hernandez:			Buenos Aires		786
Concepcion		184	**Humberto 1º:**		
Paraná	CE	96	San Cristóbal		63
Buenos Aires		605	Tucumán	SFT	665
Hernández:			Santa Fé		137
Tolosa	O	6	Buenos Aires		618
Ferrari	(I PF)	35	**Humboldt:**		
Buenos Aires		59	San Cristóbal		153
Herrera:			Tucumán		755
Rosario		559	San Francisco	SFT	95
Tucuman	BAR	293	Santa Fé .		47
Buenos Aires		863	Buenos Aires		528
Hersilia:			**Hurlingham:**		
Rosario		350	Villa Mercedes	P	663
Tucumán.	BAR	502	Buenos Aires		28
Buenos Aires		654	**Icaño:**		
Higueritas:			Rosario		531
La Madrid		11	Tucumán	BAR	321
Tucumán	NOT	129	Buenos Aires		835
Buenos Aires		1151	**Invernada: ***		
Hinojo:			Mendoza		62
Bahia Blanca	S	362	Cumbre	TA	113
			Buenos Aires		1109

LÍNEA	KMS.	DE — A	LÍNEA	KMS.
		Jeppener:		
	375	Mar del Plata...............	S	323
S	236	Buenos Aires...............		77
	374	**Jesús María:**		
		Córdoba........		51
	100	jujuy	CN	846
BAR	77	Tucumán.......................		496
	752	Buenos Aires..................		752
	404	**Jesus Maria:** *		
		Rosario............................		36
	365	Santa Fé.........................	SERo	131
CN	532	Buenos Aires...................		340
	182			
	1066	**Jimenez:** * ¹		
		Corrientes........................	NE	42
		Monte Caseros.................	(MCC)	332
	281	Buenos Aires...................		1451
SFR	37			
	518	**Jocoli:**		
		San Juan........................		120
		Villa Mercedes	GOA	394
BAR	105	Buenos Aires		1085
(GM)	84			
	525	**Josefina:**		
		Pilar		78
		San Francisco	SFJ	6
O	419	Santa Fé.........................		141
	24	Buenos Aires...................		591
		Juarez:		
	900	Mar del Plata.................		342
SJS	177	Bahía Blanca...................	S	269
	1382	Buenos Aires...................		480
		Juarez Celman:		
		Concepción.		264
O	370	Paraná..	CE	16
	73	Buenos Aires		525
S	632	1 Hoy Manuel Derqui.		

DE — A	LÍNEA	Kms.	DE — A	LÍNEA
Juarez Celman:			**La Madrid:**	
Córdoba		19	Córdoba	
Jujuy	CN	878	Jujuy	CN
Tucumán		528	Tucuman	
Buenos Aires		720	Buenos Aires	
Juarez Celman:			**Lanús:**	
Rosario	OS	125	Bahia Blanca	
Buenos Aires		429	Mar del Plata	S
Jujuy:			Buenos Aires	
Córdoba ..		897	**La Paz:**	
Tucumán	CN	350	San Juan	
Buenos Aires		1598	Villa Mercedes	GOA
Junin:			Buenos Aires	
San Nicolás		162	**La Plata:**	
Pergamino	O, (PJ)	89	Altamirano	S
Villa Mercedes		435	Bahia Blanca	»
Buenos Aires		256	Emp. Pereira	BAE
Junta la:			Ensenada	»
			Ferrari	LPF
Trenque-Lauquen	O	10	Haedo	O
Buenos Aires		433	Magdalena	LPM
Keen:			Maipú	S
			Mar del Plata	»
Lujan	O	16	Temperley	O
Pergamino	(VLP)	146	Buenos Aires	BAE
Buenos Aires		82	**Laprida:**	
Laboulaye:			Frias	
Villa Mercedes	P	204	Santiago	CN
Buenos Aires		487	Buenos Aires	
La Cruz: *			**Larguia: ***	
Monte Caseros	NE	184	Rosario	
Posadas	(MCP)	249	San Francisco	SFrRo
Buenos Aires		1303	Buenos Aires	
Laguna Larga:			**La Rioja:**	
Córdoba		53	Bahia Blanca	VMLR
Rosario	CA	342	Catamarca	SJCh
Buenos Aires		648	Chumbicha	VMLR

DE — A	LÍNEA	KMS.	DE — A	LÍNEA	KMS.
La Rioja:			**Ledesma: ****		
Córdoba		529	Oran		111
San Juan	CN	450	Santa Rosa	CN	119
Villa Mercedes		586	Buenos Aires		1652
Buenos Aires		1230	**Lehmann:**		
Larrea			Rosario		222
Trenque-Lauquen	O	248	Tucuman	BAR	630
Buenos Aires		195	Buenos Aires		526
Larrechea:			**Lehmann:**		
Santa Fé		49	San Cristóbal		93
Irigoyen	BAR	28	Santa Fé	SFT	107
Buenos Aires		432	Tucuman		695
			Buenos Aires		588
Las Heras:					
Saladillo	O	114	**Leones:**		
Buenos Aires		69	Córdoba		236
			Rosario	CA	159
Lassaga:			Buenos Aires		465
Reconquista		266			
Santa Fé	SFR	52	**Lezama:**		
Buenos Aires		533	Bahia Blanca		598
			Mar del Plata	S	249
Lavalle:			Buenos Aires		151
Córdoba		388			
Jujuy	CN	509	**Libertad: ***		
Tucuman		159	Corrientes	NE	339
Buenos Aires		1089	Monte Caseros	(MCC)	35
			Buenos Aires		1154
Lavalle: *					
Bahia Blanca		637	**Lima:**		
Dolores	S	91	Rosario		194
Mar del Plata		288	Tucuman	BAR	1046
Buenos Aires		294	Buenos Aires		110
Ledesma:			**Liniers:**		
Santa Fé		66	Trenque-Lauquen	O	432
Irigoyen	BAR	11	Buenos Aires		11
Buenos Aires		415	**Llavallol:**		
			Tandil		308
Ledesma: **			Temperley	S	5
Córdoba	CN	951	Buenos Aires		21

70

DE — A	LÍNEA	Kms.	DE — A	LÍNEA	Kms.
Llinaaron:			**Loreto:**		
Puerto Madryn	·CCht	20	Santiago............................	CN	58
Trelew		50	Buenos Aires..................		1144
Lobos:			**Loreto:** *		
Saladillo........	O	83	Villa Carlota................		113
Buenos Aires...		100	Villa Constitucion............	GSSFC	187
Loboy: *			Buenos Aires................		441
Villa Carlota..........		37	**Lules:**		
Villa Constitucion............	GSSFC	263	La Madrid		122
Buenos Aires......		517	Tucuman......................	NOT	18
Loma Alta:			Buenos Aires..................		1262
Santa Fé...		85	**Luxardo:**		
Galvez..........................	SFG	10	Galvez.........		120
Buenos Aires...		430	Morteros	BAR	69
Lomas de Zamora:			San Francisco	(GM)	15
Bahia Blanca........		694	Buenos Aires..................		540
Mar del Plata........	S	385	**Mackenna:**		
Buenos Aires...		15	Villa Mercedes..............	P	109
Lomitas: *			Buenos Aires..................		582
Villa Carlota..............		17	**Magdalena:**		
Villa Constitucion..	GSSFC	283	La Plata...	BAE	59
Buenos Aires................ . .		537	Buenos Aires..................		116
Lopez:			**Maipú:**		
Rosario.......................... .		131	San Juan.		170
Tucuman.	BAR	721	Villa Mercedes....	GOA	344
Buenos Aires....		435	Buenos Aires..................		1035
Lopez:			**Maipú:**		
Tigre............	N	15	Altamirano		182
Buenos Aires..		15	Bahia Blanca.	S	480
Lopez:			Mar del Plata..................		131
Mar del Plata..		322	Buenos Aires..................		269
Bahia Blanca...	S	289	**Mal Abrigo:**		
Buenos Aires....... \..		460	Reconquista....................		38
Loreto:			Santa Fé..........................	SFR	280
Frias	CN	104	Buenos Aires..................		761

DE — A	LÍNEA	KMS.	DE — A	LÍNEA	KMS.
Malagueño:			**Mármol:**		
Córdoba	CM	21	Haedo		27
Buenos Aires		722	Emp. Pereira	O	29
Malal: *			La Plata		44
Bahia Blanca		431	Buenos Aires		45
Rio Cuarto	BBNO	337	**Marquesado: ****		
Toay		51	Salta		1032
Buenos Aires		1140	San juan	SJS	11
Malbran:			Buenos Aires		1216
Rosario		443	**Martinetas las:**		
Tucuman	BAR	409	Mar del Plata		667
Buenos Aires		747	Bahia Blanca	S	268
Manantial:			Buenos Aires		441
La Madrid		133	**Martinez:**		
Tucuman	NOT	7	Tigre	N	11
Buenos Aires		1273	Buenos Aires		19
Mansilla:			**Matilde:**		
Gualeguay	CE	64	Santa Fé	BAR	32
Tala	(TG)	35	Irigoyen	(SFI)	45
Buenos Aires		734	Buenos Aires		449
Marcos Juarez:			**Medanito: ***		
Córdoba		255	La Rioja		300
Rosario	CA	140	Villa Mercedes	VMLR	286
Buenos Aires		446	Buenos Aires		977
Mar del Plata:			**Medinas:**		
Bahia Blanca		611	Concepcion		12
Maipú	S	131	La Madrid	NOT	80
Buenos Aires		400	Tucuman		84
Margarita:			Buenos Aires		1220
Reconquista		93			
Santa Fé	SFR	225	**Melincué:**		
Buenos Aires		706	Villa Carlota		184
Maria Juana:			Villa Casilda	OS	78
Galvez	BAR	50	Villa Constitucion	GSSFC	116
Morteros	(GM)	130	Venado Tuerto		436
Buenos Aires		479	Buenos Aires		50

DE — A	LÍNEA	KMS.	DE — A	LÍNEA	KMS.
Mendoza:			**Merlo:**		
Catamarca	CN	1095	Trenque-Lauquen	O	412
Córdoba	A, CA	751	Buenos Aires		31
Cumbre	TA	175			
Bahia Blanca	BBNO	1148	**Metán:**		
Jujuy	CN	1312	Córdoba		725
La Plata	P	1104	Jujuy	CN	172
La Rioja	—	942	Tucuman		178
Oran	—	1477	Buenos Aires		1426
Rosario	A, CA	864			
Salta	CN	1201	**Milagro:** *		
Santa Fé	GOA, P	1041	La Rioja		219
San Juan	GOA	158	Villa Mercedes	VMLR	367
San Luis	»	240	Buenos Aires		1058
Santiago	CN	1439			
Tucuman	»	1486	**Miraflores:**		
Villa Mercedes	GOA	356	Catamarca		18
Buenos Aires	P	1047	Chumbicha	ChC	48
			Buenos Aires		1192
Merced la: **					
Salta		27	**Mitre:**		
San Juan	SJS	1016	Ensenada		49,5
Buenos Aires		1606	La Plata	BAE	46,5
			Buenos Aires		10
Mercedes:					
Corrientes	NE	233	**Mocoretá:**		
Monte Caseros	(MCC)	141	Concordia		99
Buenos Aires		1260	Monte Caseros	E	55
			Buenos Aires		1064
Mercedes:					
Trenque-Lauquen	O	345	**Mocoví:**		
Buenos Aires		98	San Cristóbal		132
			Presidencia Roca	SFPR	385
Mercedes:			Santa Fe		332
Villa Mercedes	P	578	Buenos Aires		813
Buenos Aires		113			
			Monasterio:		
Meridiano Quinto: *			Bahía Blanca		611
Bahia Blanca		105	Mar del Plata	S	262
Villa Mercedes	BBNO	687	Buenos Aires		138
Buenos Aires		814			
			Monigotes:		
Merlo:			Rosario	BAR	293
Saladillo	O	152			

DE — A	LÍNEA	KMS.	DE — A	LÍNEA	KMS.
Monigotes:			**Monteros:**		
Tucuman	BAR	559	La Madrid		90
Buenos Aires		597	Tucuman	NOT	50
Monte: *			Buenos Aires		1230
Tandil		215	**Moreno:**		
Temperley	S	98	Trenque-Lauquen	O	407
Buenos Aires		114	Buenos Aires		36
Monte Aguará: *			**Moron:**		
San Cristóbal		51	Trenque-Lauquen	O	422
Presidencia Roca	SFPR	466	Buenos Aires		21
Santa Fe		251	**Morona: ****		
Buenos Aires		732	Salta		52
Monteagudo:			San Juan	SJS	991
Córdoba		466	Buenos Aires		1631
Jujuy	CN	431	**Morteros:**		
Tucuman		81	Galvez	BAR	189
Buenos Aires		1167	Rosario	(GM)	305
Monte Caseros:			Buenos Aires		609
Ceibo	E	6	**Muñiz:**		
Concepcion	»	330	Villa Mercedes	P	655
Concordia	»	154	Buenos Aires		36
Corrientes	NE	374	**Muñoz:**		
Paraná	CE	610	Bahia Blanca		302
Posadas	NE	433	Mar del Plata	S	633
Buenos Aires	—	1119	Buenos Aires		407
Monte Grande: **			**Napalpi: ***		
Oran		152	San Cristóbal		391
Santa Rosa	CN	78	Presidencia Roca	SFPR	126
Buenos Aires		1611	Santa Fe		591
Monte Grande:			Buenos Aires		1072
La Madrid		110	**Napostá:**		
Tucuman	NOT	30	Mar del Plata		894
Buenos Aires		1250	Bahía Blanca	S	40
Monte Grande:			Buenos Aires		669
Tandil		304			
Temperley	S	9			
Buenos Aires		25			

DE — A	LÍNEA	KMS.	DE — A	LÍNEA	KMS.
Naranjito:			**Nueve de Julio:**		
Concordia		124	Trenque-Lauquen		182
Monte Caseros	E	30	San Rafael	O	744
Buenos Aires		1089	Buenos Aires		261
Naranjo Esquina:			**Nuñez:**		
La Madrid		40	Tigre	N	19
Tucuman	NOT	100	Buenos Aires		11
Buenos Aires		1180	**Ñanducita:** [1]		
Neré: *			Presidencia Roca		517
San Cristóbal		338	Santa Fe	SFPR	200
Presidencia Roca	SEPR	179	Buenos Aires		681
Santa Fe		538	**O'Higgins:**		
Buenos Aires		1019	Villa Mercedes	P	459
Niquivil: **			Buenos Aires		232
Jachal		17			
Salta	SJS	883	**Olascoaga:**		
San Juan		160	Trenque-Lauquen	O	217
Buenos Aires		1365	Buenos Aires		226
Nogoyá:			**Olavarría:**		
Concepcion		165	Mar del Plata		588
Paraná	CE	115	Bahía Blanca	S	347
Victoria		56	Estancia Dávila		13
Buenos Aires		624	Buenos Aires		362
Nonogasta:			**Oliva:**		
Chilecito	CN	14	Córdoba		90
Dean Fúnes	(DFCh)	401	Rosario	CA	305
Buenos Aires		1223	Buenos Aires		611
No tengo:			**Olivera:**		
Rosario		591	Trenque-Lauquen	O	361
Tucuman	BAR	261	Buenos Aires		82
Buenos Aires		895	**Olivos:**		
Nueva Roma: *			Tigre	N	14
Bahía Blanca		39	Buenos Aires		16
Villa Mercedes	BBNO	753			
Buenos Aires		748	1 Hoy San Cristóbal.		

DE — A	LÍNEA	Kms.	DE — A	LÍNEA	Kms.
Ombú Vuelto: *			**Palacios:**		
Monte Caseros	NE	344	Tucuman	BAR	584
Posadas	(MCP)	89	Buenos Aires		572
Buenos Aires		1463	**Palacios:**		
Oncativo:			Juarez Celman		55
Córdoba		72	Rosario	OS	70
Rosario	CA	323	Buenos Aires		374
Buenos Aires		629	**Palacios:**		
Oran: **			Peirano	CA	65
Córdoba		1062	Rosario	(RP)	7
Jujuy		295	Buenos Aires		313
Santa Rosa	CN	230	**Palacios F:** *		
Tucuman		515	Rosario		56
Buenos Aires		1763	San Francisco	SFrRo	165
Orellanos:			Buenos Aires		360
Villa Mercedes	P	324	**Palacios L:** *		
Buenos Aires		367	Rosario		35
Oroño:			San Francisco	SFrRo	186
Coronda		18	Buenos Aires		339
Gessler	GC	6	**Palermo:**		
Santa Fe		81	Rosario		298
Buenos Aires		447	Tucuman	BAR	1150
Otamendi:			Buenos Aires		6
Rosario		232	**Palermo:**		
Tucuman	BAR	1084	Tigre	N	24
Buenos Aires		72	Buenos Aires		6
Pacheco:			**Palermo:**		
Rosario		270	Villa Mercedes	P	683
Tucuman	BAR	1122	Buenos Aires		8
Buenos Aires		34	**Palermo Chico:**		
Paganini:			Tigre	N	26
Rosario		10	Buenos Aires		4
Tucuman	BAR	842	**Palavecino:**		
Buenos Aires		314	Basavilbaso	CE	82
Palacios:					
Rosario	BAR	268			

DE — A	LÍNEA	KMS.	DE — A	LÍNEA	KMS.
Palavecino:			**Pampa Blanca y Monte Rico:**		
Gualeguaychú	(BG)	18			
Buenos Aires		788	Córdoba		848
Palmar: **			Jujuy	CN	49
			Tucuman		301
Concepción		95	Buenos Aires		1549
Concordia	E	81			
Buenos Aires		884	**Pampa Blanca: ****		
Palmar: *			Oran		209
			Santa Rosa	CN	21
San Cristóbal		261	Buenos Aires		1554
Presidencia Roca	SFPR	256			
Santa Fé		461	**Paraiso el:**		
Buenos Aires		942	Rosario		100
Palmira:			Tucuman	BAR	952
			Buenos Aires		204
San Juan		194			
Villa Mercedes	GOA	320	**Paraná:**		
Buenos Aires		1011	Bajada	CE	6
Palomas las: *			Concepcion	»	280
			Basavilbaso	»	217
San Cristóbal		111	Ceibo	»	616
Tucuman	SFT	491	Concordia	»	456
Santa Fé		311	Corrientes	NE	984
Buenos Aires		792	Gualeguay	CE	298
Palomitas las:			Gualeguaychú	»	317
			Monte Caseros	»	610
Córdoba		803	Muelle Nacional	»	282
Jujuy	CN	94	Nogoyá	»	115
Tucuman		256	Posadas	NE	1043
Buenos Aires		1504	Puerto Ruiz	CE	308
			Tala	»	190
Palos Blancos: **			Victoria	»	171
			Villaguay	»	279
Oran		184	Buenos Aires	BAR	509
Santa Rosa	CN	46			
Buenos Aires		1579	**Pardo:**		
Palpalá:			Bahia Blanca		466
			Mar del Plata	S	469
Córdoba		884	Buenos Aires		243
Jujuy	CN	13			
Tucuman		337	**Parish:**		
Buenos Aires		1585	Bahia Blanca	S	427

DE — A	LÍNEA	KMS.	DE — A	LÍNEA	KMS.
Parish:			**Paz:**		
Mar del Plata	S	508	Córdoba		33
Buenos Aires		282	Tucuman	CN	514
Parravicini:			Buenos Aires		734
Bahia Blanca		526	**Paz (Márcos):**		
Mar del Plata	S	177	Saladillo	O	134
Buenos Aires		223	Buenos Aires		49
Paso de los Libres: *			**Paz (Máximo):**		
			Tandil		285
Monte Caseros	NE	100	Temperley	S	28
Posadas	(MCP)	333	Buenos Aires		44
Buenos Aires		1219	**Pedernera:**		
Passo:			Villa Mercedes	P	22
Trenque-Lauquen	O	45	Buenos Aires		660
Buenos Aires		400	**Pehuajó:**		
Paulina la: *			Trenque-Lauquen	O	81
San Cristóbal		241	Buenos Aires		362
Tucuman	SFT	361	**Pelada** la:		
Santa Fé		441	Humboldt		63
Buenos Aires		922	Soledad		31
Paunero:			Presidencia Roca	SFPR	585
Villa Mercedes	P	50	Santa Fé		110
Buenos Aires		641	Buenos Aires		591
Pavon:			**Peligro** el: *		
Rosario		44	San Cristóbal		73
Tucuman	BAR	896	Tucuman	SFT	529
Buenos Aires		260	Santa Fé		273
Paz:			Buenos Aires		754
Cañada de Gomez	CA	83	**Pencoso:**		
Pergamino	(CP)	60	San Juan		354
Buenos Aires		288	Villa Mercedes	GOA	160
Paz:			Buenos Aires		851
Villa Carlota		233	**Perdices** las:		
Villa Constitucion	GSSFC	67	Villa Maria		57
Buenos Aires		321	Villa Mercedes	A	197
			Buenos Aires		615

71

DE — A	LÍNEA	KMS.	DE — A	LÍNEA	KMS.
Pereira:			**Pigüe:**		
Galvez	BAR	83	Mar del Plata	S	793
Morteros	(GM)	106	Buenos Aires		568
Buenos Aires		503	**Pilar:**		
Pereira:			Córdoba		40
Ensenada		20,5	Rosario	CA	355
La Plata	BAE	17	Buenos Aires		661
Buenos Aires		39	**Pilar:**		
Perez:			Villa Mercedes	P	634
Juarez Celman		110	Buenos Aires		57
Rosario	OS	15	**Pilar:**		
Buenos Aires		319	Bahia Blanca		329
Pergamino:			Mar del Plata	S	282
Cañada de Gomez	CA	143	Buenos Aires		420
Junin	(PJ)	89	**Pilar:**		
Peirano	CA	45	San Cristóbal		137
Rosario	BAR	117	San Francisco		84
San Nicolás	(PSN)	73	Santa Fé	SFT	63
Sastre	CA	272	Tucuman		739
Lujan	(VLB)	162	Buenos Aires		513
Buenos Aires	O	228	**Pinedo:**		
Peyrano (ó Peirano):			Bahia Blanca		413
Cañada de Gomez		98	Mar del Plata	S	522
Pergamino	CA	45	Buenos Aires		296
Rosario		72	**Pinto:**		
Buenos Aires		273	Rosario		474
Pichi-Cariló: *			Tucuman	BAR	378
Bahia Blanca		414	Buenos Aires		778
Villa Mercedes	BBNO	378	**Piquete:**		
Buenos Aires		1123	San Cristóbal		190
Piedras las:			Santa Fé	SFT	10
Córdoba		750	Tucuman		792
Jujuy	CN	147	Buenos Aires		491
Tucuman		203	**Piquillin:**		
Buenos Aires		1451	Córdoba	CC	42
Pigüe:					
Bahia Blanca	S	141			

DE — A	LÍNEA	Kms.	DE — A	LÍNEA	Kms.
Piquillin:			**Presidencia Roca: ***		
San Francisco.	CC	166	San Cristóbal	SFPR	517
Buenos Aires		691	Buenos Aires		1198
Piran:			**Primero de Mayo:**		
Bahia Blanca		528	Concepcion		51
Mar del Plata	S	83	Paraná	CE	229
Buenos Aires		317	?uenos Aires		738
Playadito: *			**Progreso:**		
Monte Caseros	NE	373	Humboldt		34
Posadas	(MCP)	60	Presidencia Roca		614
Buenos Aires		1492	Soledad	SFFR	60
			Santa Fé		81
Pocito:			Buenos Aires		562
San Juan		18			
Villa Mercedes	GOA	496	**Providencia:**		
Buenos Aires		1187	Humboldt		50
			Presidencia Roca		598
Pongo:			Soledad	SEPR	44
Córdoba		869	Santa Fé		97
Jujuy	CN	28	Buenos Aires		578
Tucuman.		322			
Buenos Aires		1570	**Puerto Bahia Blanca:**		
			Bahia Blanca.		7
Porteña:			Mar del Plata	S	941
Galvez	BAR	153	Buenos Aires		716
Morteros	(GM)	36			
Buenos Aires		573	**Puerto de Diaz: ****		
			Salta		75
Posadas: *			San Juan	SJS	966
Concepcion		763	Buenos Aires		1654
Concordia.	NE	587			
Monte Caseros	(MCP)	433	**Puerto La Plata:**		
Paraná.		1043	La Plata		2,5
Buenos Aires		1552	Magdalena	BAE	56,5
			Buenos Aires		57
Pourtalé:					
Bahia Blanca		319	**Puerto Madryn:**		
Mar del Plata	S	616	Trelew	CCht	70
Buenos Aires		390			
			Puerto Ruiz:		
Presidencia Roca: *			Concepcion	CE	208
Santa Fé	SFPR	717			

DE — A	LÍNEA	KMS.	DE — A	LÍNEA	KMS.
Puerto Ruiz:			**Punta Lara:**		
Gualeguay	PE	10	La Plata	BAE	14
Paraná	CE	308	Buenos Aires		50,5
Tala	»	118	**Puyuta: ****		
Buenos Aires	—	817	Salta		1040
Puerto San Lorenzo:			San Juan	SJS	3
San Lorenzo		3	Buenos Aires		1208
Rosario	BAR	26	**Quemado: ***		
Buenos Aires		330	La Rioja		38
Pujato:			Villa Mercedes	VMLR	548
juarez Celman		84	Buenos Aires		1239
Rosario	OS	41	**Quilino:**		
Buenos Aires		345	Córdoba		148
Punta del Negro: **			Jujuy	CN	749
Chumbicha		31	Tucuman		399
La Rioja	SJCh	56	Buenos Aires		849
San Juan		499	**Quilmes:**		
Buenos Aires		1174	Ensenada		40
Punta de la Serrezuela:			La Plata	BAE	37
Chilecito	CN	288	Buenos Aires		19,5
Dean Funes	(DFCh)	127	**Quinteros:**		
Buenos Aires		949	Rosario		835
Punta de los Llanos:			Tucuman	BAR	17
Chilecito	CN	160	Buenos Aires		1139
Dean Funes	(DFCh)	255	**Racedo:**		
Buenos Aires		951	Concepcion		246
Punta de los Llano : *			Paraná	CE	34
La Rioja		101	Buenos Aires		543
Villa Mercedes	VMLR	485	**Rafaela:**		
Buenos Aires		1176	Rosario		207
Punta de Vacas: *			Tucuman	BAR	645
Mendoza		142	Buenos Aires		511
Cumbre	TA	33	**Rafaela:**		
Buenos Aires		1189	San Cristóbal		107
Punta Lara:			Santa Fé	SFT	93
Ensenada	BAE	9			

DE — A	LÍNEA	KMS	DE — A	LÍNEA	KMS.
Rafaela:			**Rawson:**		
Tucuman.	SFT	709	Villa Mercedes	P	518
Buenos Aires		574	Buenos Aires		173
Ramada la:			**Recoleta:**		
Chilecito.	CN	61	Tigre	N	27
Dean Funes	(DFCh)	354	Buenos Aires		3
Buenos Aires		1176	**Reconquista:**		
Ramallo:			Bahia Blanca		215
Rosario		89	Mar del Plata	S	396
Tucuman	BAR	941	Buenos Aires		353
Buenos Aires		215	**Reconquista:**		
Ramayon:			Santa Fé	SFR	318
Reconquista		204	Buenos Aires		799
Santa Fé	SFR	114	**Recreo:**		
Buenos Aires		595	Córdoba		266
Ramblon:			Catamarca		242
San Juan		90	Chumbicha.		176
Villa Mercedes.	GOA	424	Jujuy.		631
Buenos Aires		1115	La Rioja		263
Ramirez:			Oran	CN	796
			Salta		612
Concepcion		212	San Juan		706
Paraná.	CE	68	Tucuman		281
Buenos Aires		577	Villa Mercedes		849
Ramos Mejia:			Buenos Aires		967
Trenque-Lauquen.	O	428	**Recreo:**		
Buenos Aires		15	Reconquista		300
			Santa Fé	SFR	18
Ranchos:			Buenos Aires		499
Bahia Blanca		595	**Reducción** la:		
Mar del Plata	S	337	La Madrid		118
Buenos Aires		111	Tucuman	NOT	22
			Buenos Aires		1258
Rauch: *			**Renca:** *		
Tandil		63	La Rioja		459
Temperley	S	250	Villa Mercedes	VMLR	127
Buenos Aires		266	Buenos Aires		818

DE — A	LÍNEA	KMS.	DE — A	LÍNEA	KMS.
Retamito:			**Rio Primero:**		
San Juan		69	San Francisco	CC	158
Villa Mercedes	GOA	448	Buenos Aires		683
Buenos Aires		1139	**Rio Primero:**		
Retiro:			Córdoba		33
Tigre	N	28	Cruz del Eje	CCNO	117
Buenos Aires		2	Buenos Aires		739
Riachuelo: *			**Rio Salado: ***		
Corrientes	NE	15	San Cristóbal		108
Monte Caseros	(MCC)	359	Presidencia Roca	SFPR	409
Buenos Aires		1478	Santa Fé		308
Ringuelet:			Buenos Aires		789
Tolosa		3	**Rio Santiago:**		
Ferrari	O	39	La Plata	BAE	11
Buenos Aires		50	Buenos Aires		68
Rio Cuarto:			**Rio Segundo:**		
Bahia Blanca		768	Alta Gracia		49
Toay		388	Córdoba	CA	36
Villa Maria	A	132	Rosario		359
Villa Mercedes		122	Buenos Aires		665
Buenos Aires		690	**Rivadavia:**		
Rio Lujan:			San juan		208
Rosario		238	Villa Mercedes	GOA	306
Tucuman	BAR	1090	Buenos Aires		997
Buenos Aires		66	**Rivadavia:**		
Rio Lules:			Tigre	N	17
Córdoba		531	Buenos Aires		13
Jujuy	CN	366	**Rivas:**		
Tucuman		16	Villa Mercedes	P	547
Buenos Aires		1232	Buenos Aires		144
Rio Negro: **			**Roca:**		
Oran		139	Junin	O	12
Santa Rosa	CN	91	Pergamino	(PJ)	77
Buenos Aires		1124	Buenos Aires		305
Rio Primero:					
Córdoba	CC	50			

DE — A	LÍNEA	KMS.	DE — A	LÍNEA	KMS.
Roca:			**Rojo:**		
Córdoba		273	Pergamino	O	53
Rosario	CA	122	San Nicolás	(PSN)	20
Buenos Aires		428	Buenos Aires		281
Roca (Julio):			**Roldan:**		
Villa Mercedes	P	172	Córdoba		369
Buenos Aires		519	Rosario	CA	26
			Buenos Aires		332
Rocamora:					
Concepcion		73	**Romero:**		
Paraná	CE	207	Tolosa		11
Buenos Aires		716	Ferrari	O	30
			Buenos Aires		65
Rocha:					
Bahia Blanca		281	**Roque Perez:**		
Mar del Plata	S	654	Saladillo	O	49
Buenos Aires		428	Buenos Aires		134
Rodeo del Medio:			**Rosario:**		
San Juan		178	Cañada de Gomez	CA	72
Villa Mercedes	GOA	336	Cerana	»	28
Buenos Aires		1027	Chumbicha	CN	837
			Córdoba	CA	395
Rodriguez:			Dean Funes	CN	516
Trenque-Lauquen	O	391	Frias	»	734
Buenos Aires		52	Galvez	BAR	117
			Juarez Celman	OS	125
Rodriguez:			La Banda	CN	703
Bahia Blanca		458	La Madrid	»	845
Mar del Plata	S	153	Melincué	GSSFC	132
Buenos Aires		291	Morteros	BAR	306
			Pergamino	CA	117
Rodriguez del Busto:			Peirano	»	72
Córdoba		5	Recreo	CN	661
Cruz del Eje	CCNO	150	Rio Segundo	CA	359
Buenos Aires		711	San Francisco	SFR	221
			San Lorenzo	BAR	23
			Santa Fé	(GSF)	166
Rojas:			Santa Rosa	CN	1227
Junin	O	49	Santiago del Estero	»	710
Pergamino	(PJ)	40	Villa Casilda	OS	54
Buenos Aires		268	Villa Maria	CA	254

DE — A	LÍNEA	KMS.	DE — A	LÍNEA	KMS.
Rosario:			**Saguier:**		
Tucuman	CN	852	Córdoba		245
Irigoyen	BAR	100	Santa Fé	SFJ	117
Buenos Aires	x	304	Buenos Aires		535
Rosario de la Frontera:			**Saladas: ***		
Córdoba		688	Corrientes	NE	97
jujuy	CN	209	Monte Caseros	(MCC)	277
Tucuman		141	Buenos Aires		1396
Buenos Aires		1389	**Saladillo:**		
Rosario de Lerma: **			Merlo	O	152
Cerrillos		12	Buenos Aires		183
Salta	SJS	32	**Salado: ***		
San Juan		1035	Chumbicha		40
Buenos Aires		1611	La Rioja	SJCh	47
Rosas:			San Juan		490
Bahia Blanca		517	Buenos Aires		1183
Mar del Plata	S	418	**Salado:**		
Buenos Aires		192	Bahia Blanca		566
Rosas las:			Mar del Plata	S	369
Cañada de Gomez	CA	44	Buenos Aires		143
Las Yerbas	(CY)	85	**Salas:**		
Buenos Aires		422	Villa Mercedes	P	234
Rufino:			Buenos Aires		457
Villa Carlota		111	**Salta:**		
Villa Maria	P	224	Cerrillos		20
Villa Mescedes	VMR	269	Córdoba		878
Buenos Aires		422	Cumbre		1376
Ruiz:			Dean Funes		757
Rosario		734	Jujuy		111
Tucuman	BAR	118	Mendoza	CN	1201
Buenos Aires		1038	Oran		276
Saa-Pereira:			Rosario de Lerma		32
Rosario		170	San Juan		1043
Tucuman	BAR	682	Santa Rosa		46
Buenos Aires		474	Tucuman		331
			Buenos Aires		1579

DE — A	LÍNEA	Kms.	DE — A	LÍNEA	Kms.
Salto el: *			**Sanchez:**		
La Rioja	VMLR	387	Rosario	BAR	78
Villa Mercedes	VMLR	199	Tucuman	BAR	930
Buenos Aires		890	Buenos Aires		226
Salvador Maria:			**San Cristóbal: 1**		
Saladillo	O	18	Santa Fé	SFT	200
Buenos Aires		115	Tucuman	SFT	602
			Buenos Aires		681
Sampacho:					
Villa Maria		177	**San Diego: ***		
Villa Mercedes	A	77	Corrientes	NE	155
Buenos Aires		735	Monte Caseros	(MCC)	219
			Buenos Aires		1338
San Agustin:					
Rosario		162	**San Felipe:**		
Santa Fé	BAR	15	Córdoba		540
Irigoyen		62	jujuy	CN	357
Buenos Aires		466	Tucuman		7
			Buenos Aires		1241
San Antonio:					
Córdoba		305	**San Fernando:**		
jujuy	CN	592	Tigre	N	3
Tucuman		242	Buenos Aires		27
Buenos Aires		1006			
San Antonio:			**San Fernando:**		
Pergamino	O	111	Capilla del Señor	CA	37
Lujan	(VLP)	51	Buenos Aires		27
Buenos Aires		137			
San Carlos (Centro):			**Sanford:**		
Galvez		39	Villa Casilda		15
Santa Fé	(SFG)	57	Melincué	OS	63
Buenos Aires		459	Rosario		69
			Buenos Aires		373
San Carlos (Norte):					
Galvez		44	**San Francisco:**		
Santa Fé	(SFG)	52	Córdoba		208
Buenos Aires		404	Rosario	CC	221
San Carlos (Sud):			Santa Fé		147
Galvez		35	Buenos Aires		525
Santa Fé	(SFG)	61			
Buenos Aires		455	1 O Ñanducita.		

DE — A	LÍNEA	Kms.	DE — A	LÍNEA	Kms.
San Francisco:			**San José:**		
Chilecito		254	Buenos Aires		875
Dean Funes	DFCh	161	**San José: ****		
Buenos Aires		983	Concepción		28
San Genaro: *			Concordia	E	148
Rosario		99	Paraná		326
Cordoba	SFrRo	330	Buenos Aires		817
Buenos Aires		403	**San José de la Esquina:**		
San Jerónimo:			Juarez Celman		17
Córdoba		358	Rosario	OS	108
Rosario	CA	37	Buenos Aires		412
Buenos Aires		343	**San José del Morro:**		
San Jerónimo:			La Rioja		529
Córdoba		93	Villa Mercedes	VMLR	57
Cruz del Eje	CCNO	57	Buenos Aires		748
Buenos Aires		799	**San José del Rincon:**		
San Ignacio:			Colastiné		7
Chumbicha	CN	31	Santa Fé	SFC	18
Recreo	RCh	145	Buenos Aires		506
Buenos Aires	•	1112	**San Juan:**		
San Isidro:			Catamarca	SJCh	1253
Tigre	N	9	Chilecito	»	1157
Buenos Aires		21	Chumbicha	·»	1187
San Jorge:			Córdoba	»	1377
Cañada de Gomez	CA	114	Cumbre	GOA	333
Las Yerbas	(CY)	15	Dean Funes	SJCh	1256
Buenos Aires		492	Frias	»	1435
San Jorge:			Jachal	SJS	177
Villa Carlota		152	Jujuy	SJCh	1154
Villa Constitucion	GSSFC	148	La Banda	»	1604
Buenos Aires		402	La Rioja	»	1100
San José:			Mendoza	GOA	158
Córdoba		174	Niquivil	SJS	160
Jujuy	CN	723	Oran	SJCh	1319
Tucuman		373	Recreo	»	1363
			Salta	SJS	1043
			Santa Rosa	CN	1089
			Santiago del Estero	»	1597

DE — A	LÍNEA	KMS.	DE — A	LÍNEA	KMS.
San Juan:			**San Luis:**		
Tucuman,	CN	1644	La Rioja	VMLR	702
Villa Mercedes	GOA	514	Mendoza	GOA	240
Buenos Aires	P	1205	Rosario	P	624
			Salta	CN	961
San Justo:			San Juan	GOA	418
Emp. Pereira		51	Santa Fé	A, CC	801
Haedo,	O	5	Santiago	CN	1199
La Plata	(HLP)	66	Tucuman	»	1246
Buenos Aires		23	Villa Maria	A	350
			Villa Mercedes	GOA	96
San Justo:			Buenos Aires	P	787
Reconquista		219			
Santa Fé,	SFR	99	**San Marcos:**		
Buenos Aires		580	Córdoba		225
			Rosario	CA	170
San Lorenzo:			Buenos Aires		476
Rosario		23			
Tucuman,	BAR	829	**San Martin:**		
Buenos Aires		327	Rosario		286
			Tucuman ,	BAR	1138
San Lorenzo: **			Buenos Aires		13
Oran		100			
Santa Rosa	CN	130	**San Martin:**		
Buenos Aires		1663	Chumbicha	CN	63
			Recreo	(RCh)	113
San Lorenzo: *			Buenos Aires		·080
Corrientes	NE	78			
Monte Caseros,	(MCC)	296	**San Martin:**		
Buenos Aires		1415	San juan		202
			Villa Mercedes	GOA	312
San Lorenzo: *			Buenos Aires		1003
Rosario		25			
Santa Fé	SFRo	142	**San Martin: ***		
Buenos Aires		329	Monte Caseros	NE	155
			Posadas	(MCP)	278
San Luis:			Buenos Aires		1274
Catamarca	VMLR	855			
Chumbicha	»	789	**San Nicolás:**		
Córdoba	A	415	Pergamino		73
Cumbre	GOA	415	Rosario	O	65
Bahia Blanca	BBNO	888	Tucuman,	BAR	917
Jujuy,	CN	1072	Buenos Aires		239

DE — A	LÍNEA	KMS.	DE — A	LÍNEA	KMS.
San Pablo:			**Santa Ana: ***		
La Madrid		129	Monte Caseros	NE	64
Tucuman	NOT	11	Posadas	(MCP)	369
Buenos Aires		1269	Buenos Aires		1183
San Patricio:			**Santa Ana:**		
Villa Mercedes	P	501	La Madrid		52
Buenos Aires		190	Tucuman	NOT	88
San Pedro:			Buenos Aires		1192
Rosario		132	**Santa Bárbara: ****		
Tucuman	BAR	984	Salta		1042
Buenos Aires		172	San Juan	SJS	1
San Pedro:			Buenos Aires		1206
Córdoba		415	**Santa Catalina:**		
Jujuy	CN	482	Villa Maria		145
Tucuman		132	Villa Mercedes	A	109
Buenos Aires		1116	Buenos Aires		703
San Pedro: **			**Santa Catalina:**		
Oran	CN	167	Emp. Pereira		35
Santa Rosa	(SRO)	63	Haedo	O	21
Buenos Aires		1596	La Plata		50
San Pedro:			Buenos Aires		39
Bahia Blanca		532	**Santa Clara:**		
Mar del Plata	S	403	Rosario		148
Buenos Aires		177	Tucuman	BAR	704
Sanquilcó: *			Buenos Aires		452
Bahia Blanca		62	**Santa Clara:**		
Villa Mercedes	BBNO	730	Córdoba		235
Buenos Aires		771	Santa Fé	SFJ	131
San Roque:			Buenos Aires		549
Córdoba		44	**Santa Eufemia:**		
Cruz del Eje	CCNO	106	Córdoba		223
Buenos Aires		750	Rufino	VMR	142
San Roque: *			Villa Maria		82
Corrientes	NE	134	Buenos Aires		564
Monte Caseros	(MCC)	240	**Santa Fé:**		
Buenos Aires		1359	Chumbicha	CC	794

DE — A	LÍNEA	Kms.	DE — A	LÍNEA	Kms.
Santa Fé:			**Santa Rosa:**		
Colastiné	SFC	11	Chumbicha		233
Córdoba	CC	352	Dean Funes	SJCh	290
Coronda	SFCO	99	La Rioja	DFCh	136
Emp. San Carlos	SFG	17	San Juan		297
Galvez	»	96	Buenos Aires		11'2
Gessler	»	75	**Santa Rosa:**		
Jujuy	CC	1249	San Juan		235
Oran	»	1414	Villa Mercedes	GOA	279
Presidencia Roca	SEFR	717	Buenos Aires		970
Rafaela	SFT	93	**Santa Rosa:**		
Reconquista	SFR	318	La Madrid		83
Recreo	CC	618	Tucuman	NOT	57
Rosario	SFG	177	Buenos Aires		1223
Salta	CC	1230	**Santa Teresa:**		
San Cristóbal	SFI	200	Peirano	CA	11
San Francisco	»	147	Rosario	(PR)	61
San josé del Rincon	SFC	18	Buenos Aires		367
Santa Rosa	CC	1184	**Santa Teresa:**		
Soledad	SFPR	141	Villa Carlota		248
Tucuman	(BAR)	832	Villa Constitucion	GSSFC	52
Irigoyen	SFJ	77	Buenos Aires		306
Buenos Aires	BAR	431	**Santiago:**		
Santa Maria:			Bahia Blanca	CN	1732
Córdoba		49	Catamarca	»	476
Cruz del Eje	CCNO	101	Chilecito	»	794
Buenos Aires		755	Chumbicha	»	410
Santa Rosa: *			Dean Funes	»	379
La Rioja		407	Córdoba	»	501
Villa Mercedes	VMLR	179	Frias	»	162
Buenos Aires		870	Jujuy	»	720
Santa Rosa:			La Banda	»	7
Córdoba		832	La Rioja	»	497
Jujuy		65	Oran	»	885
Oran	CN	230	Recreo	»	234
Salta		46	Rosario	(BAR)	710
Tucuman		285	Rosario	(CN)	896
Buenos Aires		1533	Salta	»	701
Santa Rosa:			San juan	DFCh	1410
Chilecito	SJCh	125			

DE — A	LÍNEA	Kms.	DE — A	LÍNEA	Kms.
Santiago:			**San Vicente:**		
Santa Fé	BAR	690	San Juan		162
Santa Rosa	(CN)	655	Villa Mercedes	GOA	352
Tucuman.	CN	370	Buenos Aires		1043
Villa Mercedes	A, CN	896	**San Vicente: ***		
Buenos Aires	CN, CA	1202	La Rioja		330
Santiago Temple:			Villa Mercedes	VMLR	256
Córdoba		77	Buenos Aires		947
San Francisco	CC	130	**San Vicente:**		
Santa Fé.		277	Bahia Blanca		67c
Buenos Aires		655	Mar del Plata	S	361
Santo Domingo:			Buenos Aires		39
Chilecito.		382	**Sarmiento:**		
Dean Funes	DFCh	33	Córdoba		74
Buenos Aires		855	Jujuy.	CN	823
Santo Tomás: *			Tucuman.		473
Monte Caseros	NE	407	Buenos Aires		775
Posadas	(MCP)	26	**Sarmientó:**		
Buenos Aires		1526	Pergamino	O	79
Santo Tomé:			Lujan	(VLP)	83
Santa Fé.		5	Buenos Aires		149
Irigoyen	SFT	72	**Sastre:** [1]		
Buenos Aires		476	Cañada de Gomez	CA	129
Santo Tomé: *			Buenos Aires		507
Monte Caseros.	NE	286	**Sastre: ***		
Posadas	(MCP)	147	Rosario.		179
Buenos Aires		1405	Córdoba	SFrRo	250
Santurce: *			Buenos Aires		483
San Cristóbal		25	**Sauce Corto:**		
Presidencia Roca	SFPR	492	Bahia Blanca		189
Santa Fé.		225	Mar del Plata	S	746
Buenos Aires		706	Buenos Aires		520
San Urbano:			**Sauces los:**		
Villa Carlota		184	Córdoba	CCNO	139
Villa Constitucion	GSSFC	116			
Buenos Aires		370			

1 Idéntico con Las Yerbas.

DE — A	LÍNEA	KMS.	DE — A	LÍNEA	KMS
Sauces los:			**Simoca:**		
Cruz del Eje	CCNO	11	Jujuy		402
Buenos Aires		845	Tucuman	CN	52
Sauce Viejo: *			Buenos Aires		1196
Rosario		144	**Socorro** el:		
Santa Fé	SFRo	23	Cañada de Gomez	CA	114
Buenos Aires		448	Pergamino	(CP)	29
Selva:			Buenos Aires		257
Rosario		383	**Solá:**		
Tucuman	BAR	469	Concepción		112
Buenos Aires		687	Paraná	CE	168
Serodino:			Buenos Aires		677
Rosario		48	**Solari** (justino): *		
Tucuman	BAR	804	Corrientes	NE	259
Buenos Aires		352	Monte Caseros	(MCC)	115
Sevigné:			Buenos Aires		1234
Bahia Blanca		558	**Soldini:**		
Mar del Plata	S	209	Pereira		55
Buenos Aires		191	Rosario	CA	17
Sierra Baya:			Buenos Aires		323
Hinojo		6	**Soledad:**		
Bahia Blanca	S	368	Humboldt		94
Mar del Plata		579	Presidencia Roca	SFPa	615
Buenos Aires		353	Santa Fé		141
Sierra Chica:			Buenos Aires		622
Bahia Blanca		370	**Soler:**		
Hinojo	S	8	Villa Mercedes	P	301
Mar del Plata		581	Buenos Aires		390
Buenos Aires		355	**Sosa:**		
Simbol:			Rosario		824
Frias	CN	127	Tucuman	BAR	28
Santiago	(FS)	35	Buenos Aires		1128
Buenos Aires		1107	**Suarez:**		
Simoca:			Rosario		793
Córdoba	CN	495	Tucuman	BAR	59

DE — A	LÍNEA	Kms.	DE — A	LÍNEA	Kms.
Suarez:			**Tala:**		
Buenos Aires	BAR	1097	Gualeguay		99
Suarez:			Paraná	CE	190
Saladillo	O	148	Buenos Aires		699
Buenos Aires		35	**Tala:**		
Suarez:			Córdoba		639
Tandil		292	Jujuy		258
Temperley	S	21	Tucuman	CN	92
Buenos Aires		37	Buenos Aires		1340
Suipacha:			**Tandil:**		
Trenque Lauquen	O	318	Bahia Blanca		354
Buenos Aires		125	Las Flores		148
Sunchales:			Mar del Plata	S	257
Rosario		242	Temperley		313
Tucuman	BAR	610	Buenos Aires		329
Buenos Aires		546	**Tapia:**		
Taboada:			Córdoba		579
Rosario		646	Jujuy	CN	318
Tucuman	BAR	206	Tucuman		32
Buenos Aires		950	Buenos Aires		1280
Tafí Viejo:			**Telaritos:**		
Córdoba		562	Chumbicha		95
Jujuy	CN	335	Recreo	CN	81
Tucuman		15	Buenos Aires		1048
Buenos Aires		1263	**Temperley:**		
Taillade:			Emp. Pereira		33
			Haedo	O	23
Bahia Blanca		572	La Plata		48
Mar del Plata	S	223	Buenos Aires		41
Buenos Aires		177	**Temperley:**		
Tala:			Bahia Blanca		693
Rosario		142	Mar del Blata	S	384
Tucuman	BAR	994	Tandil		313
Buenos Aires		162	Buenos Aires		16
Tala:			**Tigre:**		
Concepcion	CE	90	Buenos Aires	N	30

DE — A	LÍNEA	KMS.	DE — A	LÍNEA	KMS.
Tio el:			**Tordillo:** *		
Córdoba		135	Dolores		25
San Francisco	CC	73	Lavalle	S	66
Santa Fé		222	Buenos Aires		228
Buenos Aires		585	**Tornquist:**		
Tiopújio:			Bahia Blanca		80
Córdoba		124	Mar del Plata	S	854
Rosario	CA	271	Buenos Aires		629
Buenos Aires		577	**Tortugas:**		
Tipal: **			Córdoba		282
Oran	CN	36	Rosario	CA	113
Santa Rosa	(SRO)	194	Buenos Aires		419
Buenos Aires		1727	**Totoralejos:**		
Toay: *			Córdoba		222
Bahia Blanca		380	Jujuy	CN	675
Rio Cuarto	BBNO	388	Tucuman		325
Villa Mercedes		412	Buenos Aires		923
Buenos Aires		1089	**Tótora:** *		
Toba el: *			Villa Carlota		58
San Cristóbal		417	Villa Constitucion	GSSFC	242
Presidencia Roca	SFPR	100	Venado Tuerto		76
Santa Fé		617	Buenos Aires		496
Buenos Aires		1098	**Traill:** *		
Toledo:			Rosario		160
Córdoba		25	Córdoba	SFrRo	269
Rasario	CA	370	Buenos Aires		464
Buenos Aires		676	**Trancas:**		
Tolosa:			Córdoba		624
Emp. Pereira	BAE	14	Jujuy	CN	273
La Plata	O	4	Tucuman		77
Buenos Aires		53	Buenos Aires		1325
Toma la:			**Tránsito:**		
La Rioja		505	Córdoba		99
Villa Mercedes	VMLR	81	San Francisco	CC	109
Buenos Aires		772	Buenos Aires		700

73

DE — A	LÍNEA	KMS.	DE — A	LÍNEA	KMS.
Trébol el:			**Tucuman:**		
Cañada de Gomez	CA	78	Salta	CN	331
Las Yerbas	(CY)	51	San Cristóbal	BAR	602
Buenos Aires		456	San Juan	CN	1044
Trelew:			Santa Rosa	»	285
			Santiago	»	370
Puerto Madryn	CCht	70	Santa Fé	»	832
Trenque-Lauquen:			Villa Maria	»	688
			Villa Mercedes	A	942
Buenos Aires	O	443	Buenos Aires	(CN)	1248
Tres Arroyos:			» »	(BAR)	1150
Bahia Blanca		178	**Tucunuco: ****		
Mar del Plata	S	433	Salta		911
Buenos Aires		571	San Juan	SJS	132
Tres Esquinas:			Buenos Aires		1337
Ensenada		54	**Tunas las:**		
La Plata	BAE	51	Galvez		61
Buenos Aires		5,5	Santa Fé	SFG	35
Tuclame:			Buenos Aires		481
Chilecito		307	**Tunas las: ***		
Dean Funes	DFCh	108	Villa Carlota		78
Buenos Aires		930	Villa Constitución	GSSFC	222
Tucuman:			Buenos Aires		476
Bahia Blanca	CN	1734	**Tunuyan:**		
Catamarca	»	523	San Juan		258
Chilecito	DFCh	841	Villa Mercedes	GOA	256
Chumbicha	CN	457	Buenos Aires		947
Córdoba	»	547	**Ullun: ****		
Dean Funes	»	426			
Frias	»	208	Salta		1015
Jujuy	»	350	San Juan	SJS	28
La Banda	»	149	Buenos Aires		1233
La Rioja	RCh	544	**Urdinarrain:**		
La Madrid	CN	140	Basavilbaso	CE	37
Medinas	NOT	84	Gualeguaychú	(BG)	63
Oran	CN	515	Buenos Aires		743
Recreo	»	281	**Uriburu: ***		
Rosario	»	852	San Cristóbal	SFPR	491
Rufino	»	912			

DE — A	LÍNEA	KMS.	DE — A	LÍNEA	KMS.
Uriburu: *			**Velez Sarsfield:**		
Presidencia Roca	SFPR	26	Trenque - Lauquen	O	336
Santa Fe		691	Buenos Aires		7
Buenos Aires		1172	**Venado Tuerto:**		
Urquiza:			Villa Carlota		134
Villaguay	CE	39	Villa Constitucion	GSSFC	166
Basavilbaso	(BV)	23	Buenos Aires		420
Buenos Aires		749	**Venezuela:**		
Uspallata:			Ensenada		59
Mendoza		91	La Plata	BAE	56
Cumbre	TA	84	Buenos Aires		08
Buenos Aires		1138	**Verde la:** *		
Varela:			Bahia Blanca		531
Haedo		37	Villa Mercedes	BBNO	261
La Plata	O	34	Buenos Aires		1240
Buenos Aires		55	**Vichigasta:**		
Vazquez:			Chilecito		35
Bahia Blanca		203	Dean Funes	DFCh	380
Mar del Plata	S	408	Buenos Aires		1202
Buenos Aires		546	**Victoria:**		
Vedia:			Concepcion		221
Villa Mercedes	P	379	Nogoyá	CE	56
Buenos Aires		312	Paraná	(NV)	171
			Buenos Aires		680
Vela:			**Victoria:**		
Bahia Blanca		309			
Mar del Plata	S	302	Tigre	N	6
Buenos Aires		440	Buenos Aires		24
Velazquez:			**Victorica:** *		
Bahia Blanca		505	Bahia Blanca		497
Mar del Plata	S	156	Villa Mercedes	BBNO	295
Buenos Aires		244	Buenos Aires		1206
Velez Sarsfield:			**Videla:**		
Villa Maria		40	Reconquista		238
Villa Mercedes	A	214	Santa Fé	SFR	80
Buenos Aires		598	Buenos Aires		561

DE — A	LÍNEA	KMS.	DE — A	LÍNEA	KMS.
Villa Carlota:			**Villa Maria:**		
Córdoba	VMR	254	Córdoba	CA	141
Rufino	·	111	Rosario	»	254
Villa Constitucion	GSSFC	300	Rufino	VMR	224
Villa Maria	VMR	113	Villa Carlota	»	113
Buenos Aires	P	533	Villa Mercedes	A	254
Villa Casilda:			Buenos Aires	BAR	560
Cañada de Gomez		33	**Villa Mercedes:**		
Juarez Celman		71	Bahia Blanca	BBNO	792
Melincué	OS	78	Chumbicha	VMLR	673
Pergamino	CA	110	Córdoba	A, CN	395
Rosario		54	La Rioja	VMLR	586
Buenos Aires		358	Rufino	P	269
Villa Catalinas:			San Juan	GOA	514
			Villa Maria	A	254
Rosario		290	Buenos Aires	P	691
Tucuman	BAR	1142	**Villanueva:**		
Buenos Aires		14	Bahia Blanca		577
Villa Constitucion:			Mar del Plata	S	358
Villa Carlota		300	Buenos Aires		132
Venado Tuerto	GSSFC	166	**Villa Nueva:**		
Buenos Aires		266	Córdoba	CA	144
Villada:			Villa Maria	VMR	3
Melincué	OS	35	Villa Carlota	»	110
Villa Casilda	(VCM)	43	Rufino	»	221
Buenos Aires		401	Buenos Aires	BAR	563
Villa Devoto:			**Villa Olga:**		
Villa Mercedes	P	674	Bahia Blanca		1:
Buenos Aires		17	Rio Cuarto	BBNO	756
Villaguay:			Villa Mercedes		78(
Basavilbaso		62	Buenos Aires		72
Concepcion	CE	125	**Villa Prima:**		
Paraná	(BV)	279	Catamarca		3
Buenos Aires		788	Chumbicha	ChC	3
Villa Lujan:			Buenos Aires		117
Trenque - Lauquen	O	377	**Villa Quinteros:**		
Buenos Aires		66	La Madrid	NOT	7
			Tucuman		6

DE — A	LÍNEA	KMS.	DE — A	LÍNEA	KMS.
Villa Quinteros:			**Yasnori:**		
Buenos Aires	NOT	1219	San Cristóbal		363
Viña:			Presidencia Roca	SFPR	154
Pergamino	O	33	Santa Fe		563
Lujan	(VLP)	129	Buenos Aires		1044
Buenos Aires		195	**Yeruá: ****		
Viña: **			Concepcion		124
Salta		85	Concordia		52
San Juan	SJS	958	Paraná.. ...	E	401
Buenos Aires		2163	Buenos Aires		913
Vipos:			**Yuquerí: ****		
Córdoba		594	Concepcion		153
Jujuy	CN	303	Concordia	E	23
Tucuman		47	Paraná		433
Buenos Aires		1295	Buenos Aires		942
Viticola la:			**Zanjon:**		
Mar del Plata		908	Frias		147
Bahía Blanca	S	26	Santiago del Estero	CN	15
Buenos Aires		683	Buenos Aires		1187
Vivoratá:			**Zapiola:**		
Bahía Blanca		572	Saladillo	O	99
Maipú	S	92	Buenos Aires		84
Mar del Plata		39	**Zárate:**		
Buenos Aires		361	Rosario		210
Washington:			Tucuman	BAR	1062
Villa Mercedes	P	81	Buenos Aires		94
Buenos Aires		610	**Zavalla:**		
Wilde:			Juarez Celman		99
Cañada de Gomez.	CA	69	Rosario	OS	66
Pergamino	(CP)	74	Buenos Aires		330
Buenos Aires		302	**Zavalla:**		
Wilde:			Galvez		73
Ensenada		45,5	Santa Fe	SFG	23
La Plata	BAE	43	Buenos Aires		493
Buenos Aires		14	**Zonda: ****		
Wildermuth:			Salta		1023
Galvez	BAR	19	San Juan	SJS	20
Monteros	(GM)	170	Buenos Aires		12-5
Buenos Aires		439			

POBLACIONES CENSADAS Y CONJETURADAS

(Las cifras de esta tabla deben considerarse como correcciones de las del Diccionario cuando no hubiese entre ambas una completa identidad)

	Habitantes		Hab
bras, l. p., Cruz del Eje, Córdoba........	112	Alvear, villa, Alvear, Buenos Aires........	
chiras, ped., Rio Cuarto, Córdoba	1 551	Alvear, dep., Corrientes	
chiras, aldea, Rio Cuarto, Córdoba..	711	Amarga la, ped., J. Celman, Córdoba...	
chiras, l. p., San Javier, Córdoba........	166	Ambato, dep., Catamarca	
dela, colonia, Union, Córdoba	135	Amboy, l. p., Calamuchita, Córdoba....	
drogué, villa , Brown, Buenos Aires..	1 500	Ambul, ped., San Alberto, Córdoba	
gua de los Arboles, l. p., Córdoba	104	Ambul, l. p., San Alberto, Córdoba	
gua de Ramon, l. p., Minas, Córdoba.	122	Amelia, colonia, Colonias, Santa Fé....	
guada del Monte, ped., Córdoba......	1 239	Amistad, dist., Iriondo, Santa Fé	
guada, l. p., Totoral, Córdoba	149	Amistad, colonia, Iriondo, Santa Fé....	
guada, l. p., Tulumba, Córdoba	125	Ancasti, dep., Catamarca	
ió, partido, Buenos Aires	5 423	Ancasti, villa, Ancasti, Catamarca	
bardon, dep., San Juan	5 123	Andalgalá, dep., Catamarca	
berdi, dist., San Lorenzo, Santa Fé.	1 714	Anejos Norte, dep., Córdoba	
berdi, l. p., San Lorenzo, Santa Fé....	555	Anejos Sud, dep., Córdoba..................	1
berdi, colonia, San Lorenzo, Sta. Fé.	1 159	Angaco Norte, dep., San Juan	
bertina, colonia, S. Justo, Córdoba.	146	Angaco Sud, dep., San Juan	
dao, colonia, Iriondo, Santa Fé........	110	Angélica, dist., Colonias, Santa Fé	
dao, colonia, Colonias, Santa Fé........	173	Angélica, colonia, Colonias, Santa Fé .	
dao, colonia, Capital, Santa Fé...........	138	Angeloni, colonia, Capital, Santa Fé	
ejandra, dist., San Javier, Santa Fé..	396	Anisacate, l. p , Anejos Sud, Córdoba.	
ejandra, pueblo, San Javier, Sta. Fé.	70	Anta, dep., Salta	
godon, ped., Tercero Abajo, Córdoba	746	Aragon, puerto, San jerónimo, Sta. Fé.	
sina (Adolfo), part., Buenos Aires....	2 896	Arauco, dep., La Rioja...........................	
ta Gracia, ped., Anejos S., Córdoba.	1 409	Arbol Blanco, l. p., S. Javier, Córdoba.	
ta Gracia, l. p., Anejos S., Córdoba.	378	Arganas, l. p., Rio Primero, Córdoba..	
to, dep, Catamarca	5 200	Argentina, república federal 350	
to, villa, del Alto, Catamarca	1 500	Argentina, ped., Minas, Córdoba	
tos, l. p., Cruz del Eje, Córdoba........	152	Argentina, dist , Colonias, Santa Fé	
vear, part., Buenos Aires....................	3 725	Argentina, colonia, Colonias, Santa Fé	

Habitantes

Armstrong, dist., Iriondo, Santa Fé	831
Armstrong, colonia, Iriondo, Santa Fé	1 509
Arrecifes, partido, Buenos Aires...........	7 773
Arrecifes, villa, Arrecifes, Buenos Aires	3 100
Arroyito, ped., San Justo, Córdoba	2 214
Arroyito l. p., San justo, Córdoba	316
Arroyo de Álvarez, ped., Córdoba	1 009
Arroyo de Cabral, l. p., Córdoba........	150
Arroyo de Ludueña, l. p., Santa Fé ...	564
Arroyo del Medio Abajo, dist., Sta. Fé..	866
Arroyo del Medio Arriba, dist., Sta. Fé	542
Arroyo del Medio Centro, dist., Sta. Fé	1 984
Arroyo del Pino, l. p., Córdoba...........	303
Arroyo San José, l. p., Córdoba...........	123
Arroyo Seco Norte, dist, Santa Fé........	1 333
Arroyo Seco Sud, dist., Santa Fé	1 764
Arteaga, colonia, San Lorenzo, Sta. Fé.	192
Ascasubi, ped., Union, Córdoba...........	453
Ascasubi, l. p., Tercero Arriba, Córdoba	168
Ascochingas, dist., Capital, Santa Fé..	777
Ataliva, l. p., Colonias, Santa Fé...........	56
Ataliva, colonia, Colonias, Santa Fé....	508
Atamisqui, dep., Santiago	10 000
Atamisqui, villa, Atamisqui, Santiago..	1 200
Atospampa, l. p , Calamuchita, Córdoba	128
Aurelia, colonia, Colonias, Santa Fé....	521
Avellaneda, l. p., Ischilin, Córdoba	292
Avellaneda, dist., San Javier, Santa Fé	1 443
Avellaneda, l. p., San javier, Santa Fé	132
Avellaneda, colonia, San Javier, Sta Fé	1 311
Avila, dist., Rosario, Santa Fé...............	660
Avila, l. p., Rosario, Santa Fé...............	114
Ayacucho, partido, Buenos Aires	11 517
Ayacucho, villa, Ayacucho, B. Aires	3 000
Ayacucho, dep., San Luis	12 400
Azul, partido, Buenos Aires....................	19 960
Azul, villa, Azul, Buenos Aires	8 000
Bagual, l. p., Rio Primero, Córdoba....	161
Bahia Blanca, partido, Buenos Aires..	12 986
Bahia Blanca, villa, Buenos Aires	7 000
Bajo Chico, l. p., Anejos Sud, Córdoba.	164
Bajo de Fernández, l. p., Córdoba	146
Bajo Grande, l. p., Anejos S., Córdoba	167
Bajo Hondo, dist., Rosario, Santa Fé....	712

Balcarce, partido, Buenos Aires	
Balcarce, villa, Balcarce, Buenos Aires.	
Balde de Nabor, l. p., Córdoba	
Ballesteros, ped., Union, Córdoba........	
Ballesteros, l. p., Union, Córdoba........	
Banda, dep., Santiago	
Banda Poniente, l. p , Córdoba...........	
Bandurrias, l. p. Rio Primero, Córdoba	
Bañado, l, p., Cruz del Eje, Córdoba ..	
Bañado, l. p., Rio Cuarto, Córdoba	
Bañado, l. p., Tulumba, Córdoba	
Bañado de la Paja, l. p., Córdoba........	
Baradero, partido, Buenos Aires........	
Baradero, villa, Baradero, B. Aires........	
Barracas, partido, Buenos Aires	
Barracas al Sud, ciudad, B. Aires	
Barrancas Gaboto, pueblo, Santa Fé.	
Barranquitas, l. p., Córdoba...............	
Barrial, l. p., Ischilin, Córdoba	
Barriales, l. p., Rio Primero, Córdoba.	
Batea, l. p., Cruz del Eje, Córdoba	
Belén, pueblo, Pilar, Buenos Aires........	
Belén, dep., Catamarca......................	
Belén, villa, Belen, Catamarca...............	
Belgrano, dep., Mendoza	
Belgrano, dep., La Rioja	
Belgrano, dep., San Luis	
Belgrano, dist., San Jerónimo, Sta. Fé.	
Belgrano, l. p., San Jerónimo, Sta. Fé.	
Belgrano, colonia, S. Jerónimo, Sta. Fé	
Bella Italia, colonia, Colonias, Sta. Fé.	
Bella Vista, dep., Corrientes	
Bella Vista, villa, Corrientes	
Bell-Ville, ped., Union, Córdoba........	
Bell-Ville, villa, Union, Córdoba	
Beltran, dep., Mendoza	
Bernstadt, dist., San Lorenzo, Sta. Fé.	
Bernstadt, l. p., San Lorenzo, Sta. Fé.	
Bernstadt, colonia, S. Lorenzo, Sta. Fé	
Bolivar, partido, Buenos Aires	
Bolivar, villa, Bolívar, Buenos Aires....	
Bracho, l. p., Matará, Santiago	
Bragado, partido, Buenos Aires...........	
Bragado, villa, Bragado, Buenos Aires.	

	Habitantes		*Habi*
Cármen, l. p., San Alberto, Córdoba....	259	Cocha, villa, Graneros, Tucuman............	
Cármen, l. p., Union, Córdoba	116	Cochinoca, dep , Jujuy.................	
Cármen de Areco, partido, B. Aires....	5704	Cochinoca, aldea, Cochinoca, Jujuy......	
Cármen de Areco, villa, Buenos Aires.	3311	Colastiné, pueblo, S. Jerónimo, Sta Fé.	
Cármen de Patagones, villa, B. Aires.	2795	Colon, dep., Entre Rios	1
Cármen del Sauce, dist., Santa Fe....	1689	Colon, villa, Colon, Entre Rios..............	
Cármen del Sauce, pueblo, Santa Fé.	466	Colonias, ped., Marcos Juarez, Córdoba	
Carnerillo, ped., J. Celman, Córdoba .	436	Colonias, dep., Santa Fe	3
Carnerillo, l. p., Juarez Celman, Córdoba	423	Columba, l. p., Totoral, Córdoba	
Caroya, colonia, Anejos Norte, Córdoba	1698	Cometierras, l. p., Totoral, Córdoba....	
Carrizales Afuera, pueblo, Santa Fe.	472	Concepcion, dep., Corrientes	
Casa Grande, l. p , Punilla, Córdoba.	102	Concepcion, l, p, Concepcion, Corrientes	
Casa del Loro, l. p., S. javier, Córdoba.	186	Concepcion, dep., San juan..............	
Caseros, ped., Anejos Sud, Córdoba	2283	Concepcion, villa, Tucuman	
Castaños, ped., Rio Primero, Córdoba.	3339	Concepcion del Tio, ped., Córdoba	
Castellanos, dist., Colonias, Santa Fé.	1582	Concepcion del Tio, villa, Córdoba	
Castellanos, colonia, Colonias, Sta Fé.	177	Concepcion del Uruguay, ciudad, En-	
Castelli, partido, Buenos Aires	2687	tre Rios	1
Castro Barros, dep., La Rioja	5000	Conchas, partido, Buenos Aires	
Catamarca, provincia	110000	Conchas, villa, Conchas, Buenos Aires.	
Catamarca, dep., Catamarca	10000	Concordia, l. p., Anejos Sud, Córdoba	
Catamarca, villa, Catamarca	7500	Concordia, dep., Entre Rios	2
Caucete, dep., San Juan	10000	Concordia, ciudad, Concordia, E. Rios	1
Cautiva la, ped., Rio Cuarto, Córdoba.	555	Cóndores, ped., Calamuchita, Córdoba.	
Cavour, colonia, Colonias, Santa Fé....	419	Constanza, dist., Colonias, Santa Fé....	
Cayastá, pueblo, San José, Santa Fé....	164	Constanza, colonia, Colonias. Santa Fé	
Cayastá, dist., San José, Santa Fé	1228	Constitucion, ped., Anejos N., Córdoba	
Cayastacito, dist., Capital, Santa Fé....	1035	Constitucion, l. p., Gral. Lopez, Sta. Fé	
Cayastacito, pueblo, Capital, Santa Fé.	187	Copacabana, v , Tinogasta, Catamarca.	
Cello, colonia, Colonias, Santa Fé........	271	Copacabana, ped., Ischilin, Córdoba	
Cerrillos, l. p., Ischilin, Córdoba	107	Copacabana, l. p., Ischilin, Córdoba	
Cerrillos, ped., Sobremonte, Córdoba..	506	Copacabana, l. p., Gral. Lopez, Sta. Fé	
Cerrillos, l. p., Sobremonte, Córdoba..	164	Copo, dep., Santiago	1
Cerrillos, dep , Salta	6800	Copo, aldea, Copo, Santiago..............	
Cerrillos, villa, Cerrillos, Salta	1200	Córdoba, provincia	32(
Cerrillos, dist , Rosario, Santa Fe........	724	Córdoba, dep., Córdoba	6
Cerro, l. p., Tulumba, Córdoba............	103	Córdoba, ciudad	4
Cerro Colorado, l. p.. Córdoba	114	Córdoba, colonia, M. Juarez, Córdoba....	
Cevindo, l. p., Totoral, Córdoba	139	Coro, l. p., Minas, Córdoba	
Ciénega, l. p., Pocho, Córdoba	139	Coronda, l. p., Rio Primero, Córdoba....	
Ciénega, l. p., San Alberto, Córdoba....	133	Coronda, dist., S. Jerónimo, Santa Fé.	
Ciénega del Coro, ped., Minas, Córdoba	2617	Coronda, villa, S Jerónimo, Santa Fé.	
Clodomira, dist., San Lorenzo, Sta. Fé	522	Corral del Monte, pueblo, Córdoba....	
Clucellas, colonia, Colonias, Santa Fé.	407	Corral de Mulas, l. p., Totoral, Córdoba	

Habitantes		Habitantes
1 068	*Chañares*, l.p., Tercero Arriba, Córdoba	317
380	*Chascomús*, partido, Buenos Aires........	11 117
200 00C	*Chascomús*, villa, Chascomús, B. Aires.	5 000
16 000	*Chazon*, ped., Tercero Abajo, Córdoba.	873
14 000	*Chazon*, aldea, Tercero Abajo, Córdoba.	441
126	*Chicligasta*, dep., Tucuman	23 900
1 486	*Chicoana*, dep., Salta........	9 200
244	*Chicoana*, aldea, Chicoana, Salta.........	1 000
2 030	*Chilecito*, dep., La Rioja.....................	10 000
880	*Chivilcoy*, partido, Buenos Aires	25 720
126	*Chivilcoy*, ciudad, Chivilcoy, B. Aires..	14 000
122	*Choya*, dep., Santiago	8 000
104	*Chucul*, ped., Juarez Celman, Córdoba.	826
156	*Chucul*, l. p., Juarez Celman, Córdoba..	296
326	*Chuñaguasi*, ped. Sobremonte, Córdoba	1 597
4 000	*Chuñaguasi*, l. p., Sobremonte, Córdoba	129
2 000	*Churqui Corral*, pueblo, Córdoba........	149
2 690	*Dean Fúnes*, l. p., Ischilin, Córdoba....	334
15 6	*Dean Fúnes*, l. p., Tulumba, Córdoba.	1 593
172	*Denner*, colonia, Colonias, Santa Fé	260
18 910	*Desamparados*, dep., San Juan............	6 904
8 110	*Desmochado Abajo*, dist., Santa Fé	615
495	*Desmochado Afuera*, dist., Santa Fé..	691
322	*Diamante*, dep., Entre Rios	10 500
15 000	*Diamante*, villa, Diamante, E. Rios	2 000
2 000	*Diaz*, l. p., San Jerónimo, Santa Fé........	224
12 189	*Dique de S. Roque*, Punilla, Córdoba.	208
4 000	*Dolores*, partido, Buenos Aires	10 386
277	*Dolores*, villa, Dolores, Buenos Aires....	7 500
3 500	*Dolores*, l. p., Punilla, Córdoba	184
10 200	*Dolores*, ped., San Javier, Córdoba........	3 944
613	*Dolores*, villa, San Javier, Córdoba	2 247
117	*Dormida*, l. p., Tulumba, Córdoba	113
122	*Dorrego*, partido, Buenos Aires............	2 895
747	*Durazno*, l. p., Anejos Sud, Córdoba...	128
809	*Egusquiza*, dist., Colonias, Santa Fé...	500
333	*Egusquiza*, colonia, Colonias, Santa Fé	327
300	*Emilia*, dist , Capital, Santa Fé	1 384
1 414	*Emilia*, l. p., Capital, Santa Fé	232
286	*Emilia*, colonia, Capital, Santa Fé........	947
2 437	*Empedrado*, dep., Corrientes...............	7 500
773	*Empedrado*, villa, Corrientes...............	1 500
341	*Encrucijada*, l. p., Rio 1°, Córdoba....	227
118	*Encrucijada*, l. p, S. javier, Córdoba.	147

Encrucijada, l. p., C. del Eje, Córdoba | 112
Ensenada, l. p., San Alberto, Córdoba. | 109
Entre Rios, provincia .... | 250 000
Escobar, aldea, Pilar, Buenos Aires...... | 700
Esperanza, dist., Colonias, Santa Fé .... | 4 426
Esperanza, villa, Colonias, Santa Fé .... | 2 652
Esperanza, colonia, Colonias, Santa Fé | 1 774
Espinillo, l. p., Rio Primero, Córdoba. | 138
Espinillos, ped., M. juarez Córdoba .... | 5 353
Esquina, ped., Rio Primero, Córdoba.. | 2 826
Esquina, dep., Corrientes .... | 6 500
Estacion, l. p., Cruz del Eje, Córdoba. | 277
Estancia, l. p., Minas, Córdoba .... | 192
Estancias, ped, Rio Seco, Córdoba .... | 1 665
Estancias, l. p., Rio Seco, Córdoba .... | 177
Eustolia, colonia, Colonias, Santa Fé... | 243
Exaltacion de la Cruz, part, B. Aires. | 4 527
Falda, l. p., Calamuchita, Córdoba....... | 228
Falda del Cármen, l. p., Córdoba....... | 339
Famaillá, dep., Tucuman .... | 20 000
Famatina, dep., La Rioja .... | 6 000
Federacion, dep.. Entre Rios .... | 9 000
Federacion, villa, Federacion, E. Rios. | 2 500
Felicia, dist., Colonias, Santa Fé........... | 1 827
Felicia, l. p., Colonias, Santa Fé........... | 355
Felicia, colonia, Colonias, Santa Fé .... | 740
Feliciano, dep., Entre Rios.................. | 7 000
Feliciano, San Jose de, villa, E. Rios. | 1 000
Ferrari, aldea, Brandzen, Buenos Aires. | 600
Fidela, colonia, Colonias, Santa Fé .... | 63
Florencia, dep., Chaco.......................... | 1 178
Florencia, colonia, San Javier, Santa Fé | 648
Flores San José de, ciudad, en el municipio de la capital federal.............. | 15 575
Florida, l. p., Anejos Norte, Córdoba., | 150
Florida, l. p., Juarez Celman, Córdoba. | 138
Formosa, villa, Formosa .... | 1 000
Francesa, colonia, San Javier, Santa Fé. | 258
Francia, l p., San Justo, Córdoba....... | 101
Franck, dist., Colonias, Santa Fé .... | 641
Franck, colonia, Colonias, Santa Fé .... | 176
Freire, colonia, San Justo, Córdoba .... | 532
Fuente Grande, l p., Rio 2º, Córdoba | 112
Gaboto, dist., San Jerónimo, Santa Fé.. | 3 324

Gaboto, l. p., San Jerónimo, Santa Fé..
Gaboto, colonia, S. Jerónimo, Sta. Fé..
Galarza, ped., Rio Primero, Córdoba..
Galarza, aldea, Rio Primero, Córdoba.
Galvez, dist., San Jerónimo, Santa Fé.
Galvez aldea, San Jerónimo, Santa Fé.
Garibaldi, colonia, M. Juarez, Córdoba
Garibaldi, colonia, Colonias, Santa Fé.
Garzas, dist., San Javier, Santa Fé ....
General Acha, villa, Pampa..................
General Lopez, dep., Santa Fé ....
General Mitre, ped, Totoral, Córdoba.
General Paz, villa, Capital, Córdoba..
General Roca, dep., Córdoba..............
General Roca, l. p., M. Juarez, Córdoba
General Roca, dep., La Rioja..............
General Roca, dist., S. Lorenzo, Sta. Fé
General Roca, colonia, Santa Fé ....
General Sarmiento, villa, B. Aires ....
Gessler, dist., San Jerónimo, Santa Fé..
Gessler, aldea, San Jerónimo, Santa Fé.
Gessler, colonia, S. Jerónimo, Santa Fé
Giles San Andrés de, partido, B. Aires
Giles San Andrés de, pueblo, B Aires
Gomez los, l. p., Rio Primero, Córdoba
Goya, dep., Corrientes ....
Goya, villa, Goya, Corrientes ....
Gramillas, l. p., Rio Primero, Córdoba.
Graneros, dep., Tucuman ....
Graneros, aldea, Graneros, Tucuman....
Grütli, colonia, Colonias, Santa Fé........
Guachipas, dep., Salta..........................
Guachipas, aldea, Guachipas, Salta......
Gualeguay, dep., Entre Rios ....
Gualeguay, ciudad, Gualeguay, E. Rios
Gualeguaychú, dep., Entre Rios........
Gualeguaychú, ciudad, Entre Rios ....
Guaminí, partido, Buenos Aires............
Guaminí, aldea, Guaminí, Buenos Aires
Guandacol, villa, Lavalle, Rioja............
Guasapampa, ped., Minas, Córdoba ....
Guasayan, dep., Santiago ....
Guasayan, aldea, Guasayan, Santiago..
Guaymallén, dep., Mendoza ....

Las Flores, partido, Buenos Aires	12 134	*Magdalena,* villa, Magdalena, B. Aires.	
Las Heras, partido, Buenos Aires	3 289	*Maipú*, partido, Buenos Aires	
Las Heras, dep., Mendoza	7 000	*Maipú*, villa. Maipú, Buenos Aires	
Latis, aldea, Rio Primero, Córdoba	400	*Maipú*, dep., Mendoza	
Lavalle, villa, Ajó, Buenos Aires	1 817	*Majadilla*, l. p., Sobremonte, Córdoba.	
Lavalle, dep., Corrientes	6 000	*Majadilla*, l. p., Tulumba, Córdoba	
Lavalle, dep., Mendoza	4 000	*Majadillas*, l. p., Totoral, Córdoba	
Lavalle, dep., La Rioja	5 000	*Mal Abrigo*, dist., S. Javier, Santa Fé.	
Leales, dep., Tucuman	14 000	*Malagueño*, l. p., Anejos S., Córdoba.	
Ledesma, dep., Jujuy	3 800	*Mallin*, l. p., Punilla, Córdoba	
Lehmann, dist., Colonias, Santa Fé	1 934	*Manantial*, l. p., Rio Primero, Córdoba	
Lehmann, pueblo Colonias, Santn Fé.	541	*Manantial*, l. p., San Javier, Córdoba	
Lehmann, colonia, Colonias, Santa Fé.	776	*Manzanas*, ped , Ischilin, Córdoba	
Leones, l. p., Márcos Juarez, Córdoba	306	*Manzanas*, l. p , Ischilin, Córdoba	
Leones, colonia, Márcos juarez, Córdoba	678	*Mar Chiquita*, partido, Buenos Aires	
Leones, l. p., General Lopez, Santa Fé.	195	*Márcos Juarez*, dep., Córdoba	
Libertad, ped., San Justo, Córdoba	3 042	*Márcos Juarez*, v., M. Juarez, Córdoba	
Lincoln, partido, Buenos Aires	10 116	*Márcos Juarez*. colonia, Córdoba	
Lincoln, villa, Lincoln, Buenos Aires	2 000	*Márcos Paz*, partido, Buenos Aires	
Litin, ped., Union, Córdoba	2 078	*Márcos Paz*, villa, Márcos Paz, B. Aires	
Litin, l. p., Union, Córdoba	178	*Márcos Sastre*, colonia, Córdoba	
Lobaton, l. p., Márcos Juarez, Córdoba.	146	*Mar del Plata*, villa, Buenos Aires	
Loberia, partido, Buenos Aires	5 654	*Margarita*, colonia, S. Jerónimo, Sta. Fé	
Lobos, partido, Buenos Aires	11 439	*Maria Juana*, dist., Colonias, Sta. Fe	
Lobos, villa, Lobos, Buenos Aires	6 500	*Maria Juana*, colonia, Colonias, Sta. Fé	
Loboy, ped., Union, Córdoba	242	*Maria Luisa*, colonia, Colonias. Sta. Fé	
Lomas las, l. p., San justo, Córdoba	214	*Masitas*, l. p , Tulumba, Córdoba	
Lomas, dep., Corrientes	5 000	*Matanzas*, partido, Buenos Aires	
Lomas, pueblo, S. jerónimo, Santa Fé.	453	*Matará*, dep., Santiago	
Lomas de Zamora, partido, B. Aires.	11 389	*Matilde*, dist., Colonias, Santa Fé	
Lomita, l. p., San Javier, Córdoba	281	*Matilde*, colonia, Colonias, Santa Fé	
Lomitas, l. p., Cruz del Eje, Córdoba.	261	*Matorrales*, ped, Rio Segundo, Córdoba	
Loreto, dep., Santiago	20 000	*Mburucuyá*, dep., Corrientes	
Loreto, villa, Loreto, Santiago	1 500	*Mburucuyá*, aldea, Corrientes	
Loreto, l. p., General Lopez, Santa Fé.	270	*Melincué*, dist., General Lopez, Sta. Fé.	
Lubary, colonia, Colonias, Santa Fé	234	*Melincué*, aldea, General Lopez, Sta. Fé.	
Luis A. Sauze, col., S. justo, Córdoba.	154	*Mendoza*, provincia	1
Lujan, partido, Buenos Aires	9 156	*Mendoza*, capital de la provincia	2
Lujan, villa, Lujan, Buenos Aires	4 000	*Mercedes*, partido, Buenos Aires	1
Lujan, dep., Mendoza	10 000	*Mercedes*, ciudad, Mercedes, B. Aires	1
Lules, villa, Famaillá, Tucuman	1 500	*Mercedes*, ped., Tulumba, Córdoba	
Luxardo, colonia, San Justo, Córdoba.	119	*Mercedes*, dep., Corrientes	1
Macha, ped., Totoral, Córdoba	2 136	*Mercedes*, villa, Mercedes, Corrientes	
Magdalena, partido, Buenos Aires	11 280	*Merlo*, part., Buenos Aires	

?rlo, villa, Merlo, Buenos Aires	1 500
?sada, l. p., Ischilin, Córdoba	106
?tán, dep., Salta	8 500
?tán, villa, Metán, Salta	1 600
ilessi, colonia, San Justo, Córdoba	156
inas, dep., Córdoba	8 020
istoles, l. p., Rio Primero, Córdoba	162
ojarras, ped, Tercero Abajo, Córdoba	553
ojigasta, l. p., Pocho, Córdoba	140
olinos, ped., Calamuchita, Córdoba	1 247
olinos, aldea, Calamuchita, Córdoba	466
olinos, dep., Salta	5 500
onigotes, l. p., Colonias, Santa Fé	108
onsalvo, ped., Calamuchita, Córdoba	1 008
onte, partido, Buenos Aires	4 674
onte, villa, Monte, Buenos Aires	2 208
onte, l. p., Minas, Córdoba	102
onte Aguará, dist., Colonias, Sta. Fé	442
onte Caseros, dep, Corrientes	6 000
onte Caseros, villa, Corrientes	2 500
onte Flores, dist, Rosario, Santa Fé	635
onte del Gato, l.p, S. jerónimo, Sta. Fé	129
onte Molina, l. p., M. Juarez, Córdoba	104
onte de los Padres, pueblo, Sta. Fé	539
onte del Rosario, pueblo, Córdoba	152
onte de Vera, dist., Capital, Santa Fé	1 687
onteros, dep., Tucuman	28 400
onteros, villa, Monteros, Tucuman	4 000
ontes Grandes, colonia, Córdoba	144
ontes de Oca, colonia, Iriondo, Sta. Fé	239
ontes de Oca, l. p, Iriondo, Santa Fé	150
oreno, partido, Buenos Aires	3 145
oreno, villa, Moreno, Buenos Aires	1 412
oreno, colonia, M. juarez, Córdoba	111
oron, partido, Buenos Aires	8 883
oron, villa, Moron, Buenos Aires	5 000
osangano, l. p., Terc. Arr. Córdoba	181
otoso, l. p., Rio Primero, Córdoba	117
usí, l. p., San Alberto, Córdoba	133
avarrete, l. p., Anejos Norte, Córdoba	111
avarro, partido, Buenos Aires	7 763
avarro, villa, Navarro, Buenos Aires	2 302
avarro, l. p., Sobremonte, Córdoba	110
ecochea, partido, Buenos Aires	7 791

Necochea, villa, Necochea, Buenos Aires	
Necochea, ped., General Roca, Córdoba	
Ninalquin, l. p., Minas, Córdoba	
Nintes, l. p., Totoral, Córdoba	
Nogolina, l. p., Anejos Sud, Córdoba	
Nogoyá, dep., Entre Rios	1
Nogoyá, villa, Nogoyá, Entre Rios	
Nono, ped., San Alberto, Córdoba	
Nono, aldea, San Alberto, Córdoba	
Nueva, colonia, Colonias, Santa Fé	
Nueve de Julio, partido, Buenos Aires	1
Nueve de Julio, villa, Buenos Aires	
Nueve de Julio, dep., Mendoza	
Nuevo Torino, dist., Colonias, Santa Fé	
Nuevo Torino, l. p., Colonias, Santa Fé	
Nuevo Torino, col., Colonias, Sta. Fé	
Ocampo, dep., La Rioja	
Ocampo, dist., San Javier, Santa Fé	
Ocampo, pueblo y colonia, Santa Fé	
Ochoa, l. p., Anejos Sud, Córdoba	
Ojo de Agua, l. p., S. Alberto, Córdoba	
Ojo de Agua, villa, Santiago	
Ojo de Totos, l. p., Minas, Córdoba	
Olavarria, partido, Buenos Aires	1
Olavarria, villa, Buenos Aires	
Olayon, aldea, Cruz del Eje, Córdoba	
Olivos, l. p., Totoral, Córdoba	
Olmos, colonia, M. Juarez, Córdoba	
Oncativo, l. p., Rio Segundo, Córdoba	
Oran, dep, Salta	
Oran, villa, Oran, Salta	
Oroño, l. p., San Jerónimo, Santa Fé	
Oroño, colonia, San Jerónimo, Santa Fé	
Oroño y Gessler, dist., Santa Fé	
Paclin, dep., Catamarca	
Palmas, l. p., Pocho, Córdoba	
Palmitas, l. p., Rio Primero, Córdoba	
Pampa, l. p, San Alberto, Córdoba	
Pampa, l. p., Totoral, Córdoba	
Pampa, colonia, San Lorenzo, Sta. Fé	
Pampayasta Norte, ped., Córdoba	
Pampayasta Sud, ped., Córdoba	
Panaolma, ped., San Alberto, Córdoba	
Panaolma, l. p., San Alberto, Córdoba	

Pantanillos, l.p. Rio Segundo, Córdoba	220
Paraná, dep., Entre Rios	41 000
Paraná, capital de Entre Rios	18 000
Parroquia, ped., Pocho, Córdoba	2 073
Parroquia, ped., Tulumba, Córdoba	1 689
Paso del Cármen, l. p., Córdoba	167
Paso de los Libres, dep., Corrientes	10 000
Paso Viejo, l. p., Cruz del Eje, Córdoba	189
Paso Zabala, l.p. Rio Segundo, Córdoba	101
Patagones, partido, Buenos Aires	3 673
Patos los, l. p., Union, Córdoba	105
Pavon Arriba, dist., Gral Lopez, Sta. Fé	800
Pavon Centro, dist., Gral Lopez, Sta. Fé	690
Pavon Norte, dist., Gral. Lopez, Sta. Fé	560
Pedernera, dep., San Luis	24 600
Pehuajó, partido, Buenos Aires	5 230
Pelada la, l. p., Colonias, Santa Fé	129
Pellegrini, colonia, S. Lorenzo, Sta. Fé.	57
Peñas, l. p., Totoral, Córdoba	217
Peralta, ped., Kio Segundo, Córdoba	1 278
Perdices, l. p, Tercero Arriba, Córdoba	161
Pergamino, partido, Buenos Aires	24 552
Pergamino, villa, Pergamino, B. Aires	8 000
Perico del Cármen, dep., Jujuy	3 900
Perico del Cármen, pueblo, Jujuy	700
Perico de San Antonio, dep., Jujuy	2 100
Piamonte, dist., S. Jerónimo, Santa Fé	814
Piamonte, colonia, S Jerónimo, Sta. Fé	410
Piazza colonia, San Javier, Santa Fé	146
Pichanas, ped., Cruz del Eje, Córdoba	3 670
Pichanas, l. p., Cruz del Eje, Córdoba	232
Piedra Blanca, dep., Catamarca	10 500
Piedra Blanca, l. p., C del Eje, Córd.	172
Piedra Blanca, l. p., Río 4°, Córdoba	115
Piedra Blanca, l p., S. Alberto, Córdoba	177
Piedras Anchas, l. p., Córdoba	281
Pila, partido, Buenos Aires	3 353
Pilar, partido, Buenos Aires	8 131
Pilar, villa, Pilar, Buenos Aires	2 000
Pilar, ped., Rio Segundo, Córdoba	3 946
Pilar, dist., Colonias, Santa Fé	1 438
Pilar, pueblo, Colonias, Santa Fé	675
Pilar, colonia, Colonias, Santa Fé	763
Pintos, l. p., Punilla, Córdoba	101

Piquete, colonia, Capital, Santa Fé	
Piquillines, l. p, Totoral, Córdoba	
Pirguas l. p., Rio Primero, Córdoba	
Playa, l. p, Minas, Córdoba	
Playas, aldea, Cruz del Eje, Córdoba	
Playunta, l. p., San Justo, Córdoba	
Pocho, dep., Córdoba	
Pocho, ped., Pocho, Córdoba	
Pocho, aldea, Pocho, Córdoba	
Pocito, dep., San Juan	
Poma, dep., Salta	
Poman, dep., Catamarca	
Poman, villa, Poman, Catamarca	
Potrero de Garay, ped., Córdoba	
Potreros del Sud, l. p., Córdoba	
Pozo de los Blas, l. p., Córdoba	
Pozo Correa, l. p., Totoral, Córdoba	
Pozo del Loro, l. p., Anejos S., Córdoba	
Pozo de la Vaca, l.p., S. Javier, Córdoba	
Pozos, l. p, Rio Primero, Córdoba	
Pozos, l p, Totoral, Córdoba	
Presidente Juarez, colonia, Santa Fé.	
Pringles, partido, Buenos Aires	
Pringles, villa, Pringles, Buenos Aires.	
Pringles, dep., San Luis	
Progreso, dist., Colonias, Santa Fé	
Providencia, dist., Colonias, Santa Fé.	
Providencia, colonia, Colonias, Sta. Fé.	
Providencia, l. p., Colonias, Santa Fé.	
Puan, partido, Buenos Aires	
Puan, l. p., Puan, Buenos Aires	
Pueblo Nuevo, p., C. del Eje, Córdoba.	
Puesto de Castro, l. p., Rio Seco, Córd	
Puesto Fierro, l. p., Tulumba, Córdoba	
Puesto de Luna, l. p, Rio Seco, Córdoba	
Puesto Pucheta, l. p., Rio 1°, Córdoba	
Puesto de Tabares, l. p., Córdoba	
Puestos, l. p., Rio Primero, Córdoba	
Pueyrredon, partido, Buenos Aires	
Pujato, colonia, Colonias, Santa Fé	
Pujol, dist., Colonias, Santa Fé	
Pujol, colonia, Colonias, Santa Fé	
Punilla, dep., Córdoba	
Punta del Agua, l. p., Rio 1°, Córdoba	

1 803	*Rinconada*, aldea, Rinconada, Jujuy....	400
805	*Rio Arriba*, l. p., S. Alberto, Córdoba	132
127	*Rio Ceballos*, ped., Anejos N., Córdoba	314
105	*Rio Chico*, dep., Tucuman	17 400
220	*Rio de la Cruz*, l.p., Calamuchita, Córd.	399
1 130	*Rio Cuarto*, dep., Córdoba	23 058
67	*Rio Cuarto*, ped., Rio Cuarto, Córdoba	14 262
112	*Rio Cuarto*, ciudad, Córdoba	13 475
120	*Rio Dolores*, l. p., Punilla, Córdoba....	168
1 000	*Rio Grande*, l.p., Calamuchita, Córdoba	264
128	*Rio Hondo*, l. p., Pocho, Córdoba	112
3 626	*Rio Hondo*, dep., Santiago	13 000
1 547	*Rio Pinto*, ped., Totoral, Córdoba.......	3 065
12 847	*Rio Primero*, l. p., Anejos N., Córdoba.	104
8 000	*Rio Primero*, l. p., Anejos S., Córdoba.	122
220	*Rio Primero*, dep., Córdoba	21 799
193	*Rio Primero*, l. p., Rio 1°, Córdoba	158
1 786	*Rio Quillinzo*, l p., Córdoba...............	192
677	*Rio de los Sauces*, ped., Córdoba	1 714
837	*Rio de los Sauces*, l. p., Córdoba	296
217	*Rio de los Sauces*, l. p., Córdoba	165
5 883	*Rio Seco*, l. p., Cruz del Eje, Córdoba..	189
3 472	*Rio Seco*, dep., Córdoba	6 368
156	*Rio Segundo*, dep., Córdoba	14 952
5 614	*Rio Segundo*. villa, Rio 2°, Córdoba....	2 180
1 741	*Rivadavia*, dep., Mendoza	13 000
207	*Rivadavia*, villa, Rivadavia, Mendoza.	2 000
7 658	*Rivadavia*, dep. La Rioja	5 000
1 768	*Rivadavia*, dep., Salta...............	4 700
119	*Rivadavia*, colonia, Colonias, Santa Fé	313
1 262	*Robles*, dep., Santiago	6 000
721	*Robles*, aldea, Robles, Santiago....	600
2 516	*Rodriguez*, partido, Buenos Aires........	3 274
1 499	*Rodriguez*, villa, Rodriguez, B. Aires ..	2 471
935	*Rodriguez*, colonia, Union, Córdoba....	127
509	*Rojas*, partido, Buenos Aires	9 369
1 960	*Rojas*, villa, Rojas, Buenos Aires...........	4 895
482	*Romang*, pueblo y colonia, Santa Fé....	743
1 500	*Romeros* los, l. p., San javier, Córdoba	175
3 000	*Romeros* los, l. p, San Javier, Córdoba	333
220	*Rosario*, l. p., Punilla, Córdoba	285
49	*Rosario*, villa, Rio Segundo, Córdoba. .	1 594
110	*Rosario*, dep., Santa Fé	59 252
4 900	*Rosario*, dist., Rosario, Santa Fé...	50 914

	Habitantes		*Hab.*
Rosario, ciudad, Rosario, Santa Fé........	50 914	Sastre, dist., San Jerónimo, Santa Fé....	
Rosario de la Frontera, dep., Salta....	9 300	Sauce, l. p., Pocho, Córdoba..................	
Rosario de la Frontera, villa, Salta....	1 000	Sauce, l. p.. Rio Primero, Córdoba........	
Rosario de Lerma, dep., Salta............	15 000	Sauce, dep., Corrientes......................	
Rosario de Lerma, villa, Salta	1 500	Sauce, dist., Colonias, Santa Fé	
Rosario Tala, villa, Entre Rios	1 700	Sauce, colonia, Colonias, Santa Fé........	
Rosas, ped., San javier, Córdoba............	1 905	Sauce Arriba, l. p., S. Alberto, Córdoba	
Rosas las, l. p., San javier, Córdoba......	188	Sauce Chiquito, l p , Ischilin, Córdoba	
Rumiguasi l. p., Minas, Córdoba	105	Silípica, dep., Santiago	1
Sacanta, ped., San justo, Córdoba........	1 292	Silípica, aldea, Silípica, Santiago..........	
Saguier, dist., Colonias, Santa Fé........	1 188	Simbolar, l. p., Cruz del Eje, Córdoba.	
Saguier, pueblo, Colonias, Santa Fé....	118	Simbolar, l. p., Totoral, Córdoba	
Saguier, colonia, Colonias, Santa Fé . .	722	Sinsacate, ped., Totoral, Córdoba	
Saladas, l. p., Rio Primero, Córdoba....	252	Sinsacate, l. p., Totoral, Córdoba	
Saladas, dep., Corrientes....................	6 500	Siton, l. p., Totoral, Córdoba	
Saladas, villa, Saladas, Corrientes........	3 500	Sobremonte, dep , Córdoba..................	
Saladillo, partido, Buenos Aires............	10 346	Soconcho, l. p., Calamuchita, Córdoba.	
Saladillo, villa, Saladillo, Buenos Aires	3 902	Soledad, dist., Colonias, Santa Fé........	
Saladillo aldea, M. juarez, Córdoba.....	448	Soto, villa, Cruz del Eje, Córdoba	
Saladillo de la Horqueta, l. p., Sta Fé	651	Sotomayor, colonia, Colonias, Sta. Fé.	
Saladillo Sud, dist., Rosario, Sta. Fé.	261	Suarez, partido, Buenos Aires..............	
Salavina, dep., Santiago......................	16 000	Suarez, villa, Suarez, Buenos Aires	
Salavina, villa, Salavina, Santiago........	1 500	Suburbios, ped , Rio Primero, Córdoba	
Salsacate, ped., Pocho, Córdoba............	2 740	Suburbios, ped., Rio 2°, Córdoba	
Salsacate, l. p., Pocho, Córdoba............	234	Suipacha, partido, Buenos Aires	
Salta, provincia................................	150 000	Suipacha, villa, Suipacha, Buenos Aires	
Salta, dep., capital de la provincia........	25 500	Sumampa, dep., Santiago	1
Salta, capital de la provincia	20 000	Sunchal, l. p., Minas, Córdoba	
Salto, partido, Buenos Aires..................	6 193	Sunchales, dist., Colonias, Santa Fé	
Salto, l. p., San javier, Córdoba............	321	Suncho, l. p., Rio Seco, Córdoba	
Salto, ped., Tercero Arriba, Córdoba	1 158	Susana, pueblo, Colonias, Santa Fé....	
Salto del Norte, l. p., Córdoba	291	Susana, colonia, Colonias, Santa Fé....	
Salto del Sud, l. p., Córdoba	191	Susana y Aurelia, dist., Santa Fé........	
Salvador, villa, Angaco N., San juan....	1 000	San Agustin, aldea, Córdoba..............	
Sampacho, ped., Rio Cuarto, Córdoba.	2 648	San Agustin, l. p., San Justo, Córdoba	
Sampacho, l. p., Rio Cuarto, Córdoba.	702	San Agustin, dist , Colonias, Sta. Fé.	
Sampacho, col., Rio Cuarto, Córdoba....	1 836	San Agustin, pueblo, Colonias, Sta. Fé	
Sarmiento, partido, Buenos Aires	3 202	San Agustin, colonia, Colonias, Sta. Fé	
Sarmiento, ped., Gral Roca, Córdoba .	804	San Agustin, campo poblado, Sta. Fé.	
Sarmiento, l. p., Gral Roca, Córdoba..	280	San Alberto, dep., Córdoba	
Sarmiento, l. p., Totoral, Córdoba	309	San Antonio, ped., Anejos S., Córdoba	
Sarmiento, dep., La Rioja..................	7 000	San antonio, l. p., Anejos S., Córdoba	
Sarmiento, dist., Colonias, Santa Fé....	446	San Antonio, l. p., C. del Eje, Córdoba	
Sastre, colonia, M. juarez, Córdoba	153	San Antonio, l. p., Ischilin, Córdoba....	

	Habitantes		Habitan
Antonio, ped., Punilla, Córdoba ...	1 528	*San Javier*, villa, San javier, Santa Fé	1
Antonio, l. p., Rio 1°, Córdoba	159	*San Javier*, colonia, S, Javier, Sta. Fé	1
Antonio, l. p., Córdoba	163	*San Jerónimo*, dep., Santa Fé	20 (
Antonio, l. p., Union, Córdoba	180	*San Jerónimo*, dist., Colonias, Sta. Fé	1
Antonio, aldea, Jujuy.............	500	*San Jerónimo*, pueblo, Colonias, S. Fé	;
Antonio de Areco, part., B. Aires.	6 705	*San Jerónimo*, col , Colonias, Sta. Fé	;
Antonio de Areco, villa, B. Aires.	3 346	*San Jerónimo*, pueblo, Santa Fé	1
Antonio de Obligado, l. p , Sta Fé	200	*San Jerónimo*, colonia, Santa Fé...	∠
Bartolo, l. p., Rio Cuarto, Córdoba	102	*San José*, l. p , Calamuchita, Córdoba..	1
Bartolomé, ped., Rio 4°, Córdoba	1 806	*San José*, l. p., Ischilin, Córdoba	1
Cárlos, ped., Minas, Córdoba........	2 053	*San José*, ped., Rio Segundo, Córdoba	1 '
Cárlos, l. p., Minas, Córdoba........	310	*San José*, l. p., Rio Segundo, Córdoba	;
Cárlos, dep., Salta...........................	4 500	*San José*, ped., Tulumba, Córdoba	2
Cárlos, dist., Colonias, Santa Fé..	3 112	*San José*, l. p., Tulumba, Córdoba ...	
Cárlos, colonia, Colonias, Sta. Fé.	1 604	*San José*, dep., Santa Fé.................	8
Cárlos Centro, pueblo, Santa Fé..	990	*San José*, dist., San josé, Santa Fé........	2
Cárlos Norte, pueblo, Santa Fé....	173	*San José*, colonia, Colonias, Santa Fé..	
Cárlos Sud, pueblo, Santa Fé	345	*San José de la Esquina*, dist., Sta. Fé	4
Cosme, dep., Corrientes	5 500	*San José de la Esquina*, pueblo, S. Fé	
Cosme, villa, S. Cosme, Corrientes	1 500	*San José del Rincon*, pueblo, Sta. Fé	
Cristóbal, l. p., Colonias, Sta Fé.	154	*San Juan*, aldea, Quilmes, Buenos Aires	
Fernando, part., Buenos Aires	9 220	*San Juan*, l. p., Totoral, Córdoba........	1
Fernando, villa, Buenos Aires	6 894	*San Juan*, provincia...............	102 (
Francisco, aldea, Punilla, Córdoba	214	*San Juan*, capital de la provincia........	15 (
Francisco, ped., S. Justo, Córdoba	1 421	*San Justo*, villa, Matanzas, B. Aires....	1 (
Francisco, l. p., S. Justo, Córdoba	791	*San Justo*, dep., Córdoba	13 ;
Francisco, l. p., S. Justo, Córdoba	155	*San Justo*, dist., Capital, Santa Fé........	1 (
Francisco, col., S. Justo, Córdoba	436	*San Justo*, pueblo y colonia, Santa Fé	5
Francisco, ped., Córdoba	1 739	*San Lorenzo*, l. p., Córdoba	;
Genaro, dist., S. Jerónimo, Sta. Fé	2 187	*San Lorenzo*, l. p., S. Alberto, Córdoba	3
Genaro, l. p., S. Jerónimo, Sta. Fé	285	*San Lorenzo*, l. p., Totoral, Córdoba....	1
Genaro, col., S. Jerónimo, Sta. Fé	925	*San Lorenzo*, dep., Santa Fé	23 ;
Ignacio, l. p., Calamuchita, Córd....	194	*San Lorenzo*, dist., S. Lorenzo, Sta. Fé	3 ;
Isidro, part., Buenos Aires	7 412	*San Lorenzo*, villa, S. Lorenzo, Sta. Fé	1 8
Isidro, villa, San Isidro, B. Aires .	2 000	*San Luis*, dep., Corrientes	9 0
Isidro, ped., Anejos S., Córdoba..	884	*San Luis*, villa, San Luis, Corrientes....	1 0
Isidro, aldea, Anejos S., Córdoba	417	*San Luis*, provincia...................	100 0
Isidro, l. p., Totoral, Córdoba	127	*San Luis*, dep., San Luis....................	20 ;
Javier, dep., Córdoba..............	12 203	*San Luis*, capital de la provincia..........	8 (
Javier, ped., San Javier, Córdoba	1 575	*San Márcos*, villa, C. del Eje, Córdoba.	1 1
Javier, aldea, San Javier, Córdoba	803	*San Martin*, part., Buenos Aires............	6 0
Javier, l. p., Terc. Arr. Córdoba.	132	*San Martin*, villa, S. Martin, B. Aires..	3 0
Javier, dep., Santa Fé	14 213	*San Martin*, ped., Union, Córdoba........	1
Javier, dist., San Javier, Santa Fé	2 779	*San Martin*, dep. Mendoza....................	13 0

	Habitantes

	Habitantes		Habi
San Martin, dep., La Rioja...	2 500	San Vicente, part., Buenos Aires............	
San Martin, dep., San Luis	8 300	San Vicente, villa, S. Vicente, B. Aires.	
San Martin, dist., Capital, Santa Fé....	1 446	San Vicente, ped., Anejos N., Córdoba.	
San Martin, dist. S. jerónimo, Sta. Fé	2 010	San Vicente. pueblo, Capital, Córdoba	
San Martin, pueblo, S Lorenzo Sta. Fé	500	San Vicente, l. p., S. Alberto, Córdoba.	
San Martin de las Escobas, l. p, Sta. Fé	440	San Vicente, l. p., S. Javier, Santa Fé..	
San Martin del Norte, l. p., Santa Fé	100	Santa Ana, l. p , Sobremonte, Córdoba	
San Miguel, dep., Corrientes	4 500	Santa Catalina, l. p., Totoral, Córdoba	
San Miguel, aldea, Corrientes	800	Santa Cata'ina, dep., jujuy	
San Nicolás, part., Buenos Aires	24 421	Santa Catalina, aldea, Jujuy	
San Nicolás, ciudad, S.Nicolás, B. Aires	18 572	Santa Cecilia, colonia, Union, Córdoba	
San Pablo, l. p., Totoral, Córdoba........	116	Santa Clara, colonia, Colonias, Sta. Fé	
San Pedro, part., Buenos Aires	10 533	Santa Clara, pueblo, Colonias, Sta. Fé	
San Pedro, villa, San Pedro, B. Aires...	5 689	Santa Cruz, ped., Tulumba, Córdoba.	
San Pedro, l. p , Ischilin, Córdoba........	463	Santa Fé, provincia	25
San Pedro, ped., San Alberto, Córdoba	2 018	Santa Fé, dep., Santa Fé................	2
San Pedro, villa, San Alberto, Córdoba	1 102	Santa Fé, ciudad, capital de la provincia	1
San Pedro, colonia, S Justo, Córdoba.	585	Santa Lucia, colonia, Córdoba	
San Pedro, ped., Tulumba, Córdoba....	2 027	Santa Lucia, dep., San Juan	
San Pedro, aldea, Tulumba, Córdoba..	347	Santa Maria, dep., Catamarca	
San Pedro, dep., Jujuy...........................	5 000	Santa Maria, l. p., Punilla, Córdoba....	
San Pedro, aldea, San Pedro, Jujuy......	700	Santa Maria, l. p , Totoral, Córdoba....	
San Pedro, pueblo, Capital, Santa Fé....	522	Santa Maria, dist., Colonias, Santa Fé.	
San Roque, ped., Punilla, Córdoba	1 196	Santa Maria, colonia, Colonias, Sta. Fé	
San Roque, l. p., Punilla, Córdoba........	140	Santa Rosa, dep., Catamarca..............	
San Roque, dep., Corrientes	7 500	Santa Rosa, ped, Calamuchita, Córdoba	
San Roque, villa, S. Roque, Corrientes.	1 500	Santa Rosa, l. p., Córdoba...................	
San Sebastian, l. p., Rio 4°, Córdoba..	145	Santa Rosa, villa, Rio 1°, Córdoba........	
Santiago de Arredondo, ped. Córdoba	494	Santa Rosa, l. p., S. Alberto, Córdoba	
Santiago del Estero, provincia............	200 000	Santa Rosa, dist., San José, Santa Fé..	
Santiago del Estero, dep.	13 000	Santa Rosa, pueblo y colonia, Sta. Fé..	
Santiago del Estero, ciudad, capital		Santa Teresa, dist., Iriondo, Santa Fé.	
de la provincia	10 000	Santa Teresa, pueblo, Iriondo, Sta. Fé.	
Santiago, l. p., Cruz del Eje, Córdoba.	223	Santa Teresa, colonia, Iriondo, Sta. Fé.	
Santiago, l. p., Ischilin, Córdoba	128	Santa Victoria, dep., Salta...................	
Santiago, l. p., Rio Primero, Córdoba.	101	Santa Victoria, aldea, S. Victoria, Salta	
Santo Tomás, l. p., Anejos N., Córdoba	184	Tablada, l. p., Pocho, Córdoba	
Santo Tomé, dep., Corrientes	12 000	Tacuarendí, cañaveral, Santa Fé	
Santo Tomé, villa, S. Tomé, Corrientes	2 000	Taguayo, l. p , Cruz del Eje, Córdoba.	
Santo Tomé, dist., Colonias, Santa Fé..	1 598	Tajamares, l. p., Tulumba, Córdoba....	
Santo Tomé, pueblo, Colonias, Sta. Fé .	471	Tala, l. p , Calamuchita, Córdoba	
Santo Tomé, colonia, Colonias, Sta. Fé.	220	Tala, ped., Rio Primero, Córdoba	
San Urbano, l. p., Gral. Lopez, Sta. Fé	463	Tala, l. p., Rio Primero, Córdoba	
San Urbano, col , Gral. Lopez, Sta. Fé	1 609	Talita, l. p., Ischilin, Córdoba............	

	Habitantes		*Habitan.*
Vila, colonia, Colonias, Santa Fé............	267	*Villaguay*, villa, Entre Rios	3 5
Villa Argentina, villa, Chilecito, Rioja	4 000	*Villarino*, part., Buenos Aires...............	1 6
Villa Casilda, villa, San Lorenzo, Santa Fé........	1 745	*Villegas*, part , Buenos Aires	1 5
Villa Constitucion, dist., Santa Fé	1 203	*Viña*, dep., Salta	4 3
Villa Constitucion, aldea, Santa Fé	457	*Viña Seca*, aldea, S. Alberto, Córdoba.	2
Villa Cuenca, aldea, Córdoba	161	*Vipos*, aldea, Tucuman.........................	7
Villa Gral. Mitre, villa, Córdoba............	1 000	*Vizcacheras*, aldea, Córdoba	1
Villa de Maria, ped., Córdoba	2 733	*Vittorio Emmanuele*, col., Santa Fé...	1
Villa Maria ped., Ter. Abajo, Córdoba	3 257	*Washington*, aldea, Córdoba	1
Villa Maria, villa, Córdoba....................	2 883	*Yacanto*, aldea, Córdoba......................	3
Villa Maria, colonia, Córdoba	156	*Yanataco*, aldea, Córdoba	1
Villa Mercedes, villa,Pedernera, S. Luis	7 000	*Yavi*, dep., Jujuy	2 1
Villa Monte, ped.. Rio 1°, Córdoba	1 460	*Yavi*, aldea, Jujuy..............................	4
Villa Monte, aldea, Rio 1°, Córdoba....	328	*Yeguas Muertas*, aldea, Córdoba	1
Villa Nueva, ped., Córdoba	3 389	*Yucat*, ped., Ter. Abajo, Córdoba........	1 7
Villa Nueva, villa, Córdoba	2 793	*Yucat*, aldea, Córdoba......................	4
Villa del Rosario, ped., Córdoba........	1 861	*Zanjitas*, aldea, Córdoba......................	1
Villa Santa Rosa, ped., Córdoba	1 460	*Zárate*, part., Buenos Aires...................	7 2
Villa Viso, aldea. Pocho, Córdoba	262	*Zárate*, villa, Buenos Aires	3 6
Villaguay, dep. Entre Rios....................	13 500	*Zorros*, ped., Ter Arr. Córdoba............	1 4
		Zorros, aldea, Córdoba	2

COORDENADAS GEOGRÁFICAS MEDIDAS Y ESTIMADAS

PUNTOS	φ	λ	α
Abipones, Sumampa, Santiago del Estero......	29° 40'	62° 34' 50"	—
Abra de la Cortadera, Humahuaca, Jujuy...........	22° 20'	65° 10'	3 950
Acay cuesta del, Poma, Salta..........................	24° 20'	67° 10'	4 800
Acevedo, Pergamino, Buenos Aires.................	—	—	67
Acha (General), aldea, Pampa	37° 22'	64° 39'	223
Achiras, Rio Cuarto, Córdoba.......................	33° 9'	64° 12'	845
Aconcagua, volcan de la cordillera	32° 30'	69° 30'	6 984
Aconquija, nevado de.........	27° 20'	65° 50'	4 602
Adela, Chascomús, Buenos Aires....................	—	—	8
Adela, laguna, Chascomús, Buenos Aires...........	—	—	9
Agria la, laguna, Neuquen...........................	—	—	1 800
Agrio, arroyo, Neuquen, (Desembocadura)...........	38° 20' 10"	69° 4' 15"	553
Agua Botada, Neuquen...........................	35° 59' 18"	69° 37' 20"	1 150
Agua de la Cumbre, cerro, Pocho, Córdoba......	31° 20'	65° 24'	1 400
Agua Fria, Minas, Córdoba.........................	31° 14'	64° 56'	1 450
Agua Hedionda, Sobremonte, Córdoba............	29° 58'	64° 30'	350
Agua Negra, paso de la cordillera................	30° 50'	—	4 632
Agua del Tala, pié del pico del, Minas, Córdoba......	31° 30'	64° 52'	1 160
Aguada, punta de la sierra de Pocho, S. Alberto, Córd	31° 36'	65° 12'	1 300
Aguadita, Cruz del Eje, Córdoba................	30° 40'	65° 10'	500
Aguaray Guazú, arroyo, Misiones, (Desembocadura)	26° 20'	—	—
Aguilar, cumbre, Humahuaca, Jujuy............	—	—	5 500
Agujereado, cumbre, Pringles, San Luis..........	32° 57'	65° 42'	1 400
Agustinillo, laguna, Pedernera, San Luis..........	—	—	230
Aillancó, laguna, Pampa	35° 53'	65° 55'	—
Alberdi, Lincoln, Buenos Aires....................	—	—	93
Alberti, Chivilcoy, Buenos Aires	—	—	54
Aldao, colonia, Iriondo, Santa Fe................	—	—	32
Alderetes, Capital, Tucuman......................	—	—	462
Alégre, Ranchos, Buenos Aires......	—	—	17

PUNTOS	φ	λ	α
Alfa, arroyo, Tierra del Fuego, (Desembocadura)	52° 44'	—	—
Alfalfa, Puan, Buenos Aires	—	—	340
Algarrobo, Sobremonte, Córdoba	29° 50'	64° 18'	350
Almagro, suburbio de la Capital federal	—	—	22
Almendro, Rio Cuarto, Córdoba	33° 10'	65° 1'	855
Alsina (Adolfo) Baradero, Buenos Aires	—	—	23
Alta Gracia, Anejos Sud, Córdoba	31° 39'	64° 25'	—
Altamirano, Brandzen, Buenos Aires	—	—	13
Altantina, San Alberto, Córdoba	31° 38'	64° 45'	650
Alto Grande, Rio Cuarto, Córdoba	33° 20'	65° 7'	1 123
Alto Grande, Pringles, San Luis	—	—	841
Alto del Machaco, cumbre, Chilecito, Rioja	—	—	4 360
Alto del Paramillo, cumbre, Mendoza	32° 28'	69° 6'	3 180
Alto de la Ternera, cerro, Ayacucho, San Luis	—	—	1 730
Alumbre, cumbre, Pedernera, San Luis	—	—	1 590
Aluminé, lago, Neuquen	38° 40'	71° 26'	—
Alurralde, Trancas, Tucuman	—	—	775
Alvarez, cerro, Santa Cruz	48° 54'	72° 23' 50"	—
Alvear, villa, Alvear, Buenos Aires	36° 2' 5"	60° 0' 29"	—
Alvear, villa, Alvear, Corrientes	29° 10'	56° 25' 29"	82
Alvear, Rosario, Santa Fe	—	—	32
Alzaga, Juarez, Buenos Aires	—	—	193
Amadores, Paclin, Catamarca	—	—	820
Ambato, cumbre, Capital y Poman, Catamarca	—	—	2 500
Amboy, Calamuchita, Córdoba	32° 10'	64° 35'	760
Ambul, San Alberto, Córdoba	31° 28'	65° 4'	1 200
Anchorena, Pergamino, Buenos Aires	—	—	72
Andalgalá, Andalgalá, Catamarca	—	—	1 000
Angaco, Angaco Sud, San juan	31° 30'	68° 27'	700
Anisacate, Anejos Sud, Córdoba	31° 45'	64° 21'	—
Aniyaco, Tinogasta, Catamarca	—	—	1 348
Antuco, paso de, Cuello de Pichi-Cheu, Neuquen	36° 50'	70° 10'	2 100
Apóstoles, ruinas, San Javier, Misiones	27° 54'	60° 29'	—
Arbolito, pueblo, Mar Chiquita, Buenos Aires	—	—	24
Arce, islote, Chubut	45° 0' 45"	65° 29' 15"	—
Areco (San Antonio de), villa, Buenos Aires	34° 12'	59° 28' 45"	34
Arenal, lugar poblado, Rosario de la Frontera, Salta	—	—	1 003
Arenales, lugar poblado, Junin, Buenos Aires	—	—	80
Argentina, mina, Minas, Córdoba	31° 11'	65° 20'	950
Argentino, lago, San Cruz	—	—	133
Armstrong, Iriondo, Santa Fe	—	—	118
Arrecifes, villa, Arrecifes, Buenos Aires	34° 3' 55"	60° 6' 39"	40
Arroyito San justo, Córdoba	31° 23'	63° 4'	·166

PUNTOS	φ	λ	α
Arroyo Corto, Suarez, Buenos Aires	—	—	270
Arroyo Seco, Rosario, Santa Fe	—	—	26
Ascochingas, estancia, Anejos Norte, Córdoba	31°	64° 17'	650
Atalaya, punta de la, Magdalena, Buenos Aires	34° 55'	57° 42' 18"	—
Atamisqui, villa, Atamisqui, Santiago	—	—	95
Aurelia, colonia, Colonias, Santa Fe	—	—	73
Aurora, establecimiento agricola, Banda, Santiago	27° 29'	64° 12'	—
Avalos, Punilla, Córdoba	31° 6'	64° 49'	1 250
Avellaneda, Ischilin, Córdoba	30° 36'	64° 13'	709
Avellaneda, colonia, Rio Negro	39° 16'	65° 45'	—
Avila, Rosario, Santa Fe	—	—	33
Ayacucho, villa, Ayacucho, Buenos Aires	37° 9' 35"	58° 28' 34"	72
Aymond, cerro, Santa Cruz	52° 5'	69° 25'	300
Azcuénaga, Giles, Buenos Aires	—	—	37
Azul, villa, Azul, Buenos Aires	36° 46' 50"	59° 51' 49"	136
Bahia Blanca, villa, Bahia Blanca, Buenos Aires	38° 42' 52"	62° 17' 19"	18
Balastio (Punta de) Santa Maria, Catamarca	—	—	2 190
Balcarce, villa, Balcarce, Buenos Aires	37° 50' 50"	58° 14' 19"	—
Balde, Pedernera, San Luis	33° 25'	65° 30'	468
Balde de Nabor, Cruz del Eje, Córdoba	30° 37'	65° 30'	210
Ballesteros, Union, Córdoba	32° 32'	62° 50'	161
Bancalari, San Martin, Buenos Aires	—	—	5
Bañado, Trancas, Tucuman	—	—	1 750
Baradero, villa, Baradero, Buenos Aires	33° 47' 25"	59° 28' 19"	29
Barnevelt, islote, Tierra del Fuego	55° 48'	66° 45'	—
Barragan, ensenada, La Plata, Buenos Aires	34° 50'	57° 58' 8"	—
Barrancas, rio, Beltran, Mendoza, confluencia con el rio Grande	36° 50'	69° 50'	—
Barrancas Blancas, paso de la cordillera, Catamarca	28° 20'	69° 5'	4 462
Barroso, cerro, Belgrano San Luis	—	—	1 590
Batallas, lugar poblado, Ischilin, Córdoba	30° 21'	64° 29'	800
Bazad, cabo, Santa Cruz	46° 41'	67° 10'	—
Bayo, cerro, Cafayate, Salta	26° 4'	66° 5'	4 200
Bebedero, gran laguna, Capital, San Luis	—	—	350
Belgrano, ciudad en el distrito federal	—	—	14
Belgrano, cumbre, Santa Cruz	48° 4'	72° 10'	310
Bella Vista, villa, Bella Vista, Corrientes	28° 27'	59° 7'	—
Bell-Ville, villa, Union, Córdoba	32° 34'	62° 37'	129
Benavidez, Las Conchas, Buenos Aires	—	—	6
Bermejo, rio, Chaco, (Desembocadura)	26° 51'	58° 30'	—
Beta, arroyo, Tierra del Fuego (Desembocadura)	52° 45'	—	—
Blancas, islote, Chubut	44° 55'	65° 32'	—

PUNTOS	φ	λ	α
Blanco, cumbre, Calamuchita, Córdoba	32° 27'	64° 55'	2 0;0
Blanco, cumbre, Pedernera, San Luis	—	—	970
Blanco, cabo, Santa Cruz	47° 12'	65° 43'	—
Bolivar, villa, Bolivar, Buenos Aires	36° 14' 25"	61° 0' 19"	—
Bolsa, cerro, Calamuchita, Córdoba	32° 30'	64° 58'	2 2Ø0
Bonete, cumbre nevada, Tinogasta, Catamarca	27° 50'	68° 30'	6 000
Bonnement, Las Flores, Buenos Aires.	—	—	17
Boroa, cumbre, Pocho, Córdoba	31° 19'	65° 9'	1 200
Bragado, villa, Bragado, Buenos Aires	37° 7'	60° 29' 29"	56
Brown, cerro. Santa Cruz	47° 55'	66° 23'	—
Buckland, cerro, Tierra del Fuego	54° 46'	64° 21'	912
Buenos Aires, capital de la República Argentina	34°36'21",4	58°3.'33",3	20
Buen Suceso, cabo, Tierra del Fuego	54° 54' 40"	65° 21' 30"	—
Burruyaco, Burruyaco, Tucuman	26° 30'	64° 45'	—
Burzaco, pueblo, Brown, Buenos Aires	—	—	26
Byron, banco, Santa Cruz	46° 6' 20"	65° 51'	—
Caacatí, villa, Caacatí, Corrientes	27° 50'	57° 35'	—
Cabo Corrientes, Pueyrredon, Buenos Aires	30° 21'	57° 15' 13"	—
Cabo de Hornos	55° 58' 40"	67' 16' 10"	—
Cabo de San Antonio, Ajó, Buenos Aires	36° 19' 36"	54° 45' 9"	—
Cabo Vírgenes, Santa Cruz	52° 20' 10"	68° 21' 34"	—
Cachari, Azul, Buenos Aires	—	—	73
Cachi, nevado, Cachi, Salta	24° 30'	66° 30'	6 500
Cafayate, villa, Cafayate, Salta	26° 5'	65° 56'	1 690
Cal la, cumbre, Pedernera. San Luis	—	—	1 430
Calchaquí, nevado, Molinos, Salta	25° 30'	66° 30'	6 000
Caldera, Caldera, Salta	—	—	1 398
Camet, Pueyrredon, Buenos Aires	—	—	24
Caminiaga, Sobremonte, Córdoba	30° 8'	63° 58'	715
Campana, villa, Campana, Buenos Aires	34° 8'	59° 6' 33"	4
Campana Mahuida, Neuquen	38° 13'	71° 42'	1 163
Campanario, cumbre, Beltran, Mendoza	35° 55'	70° 30'	3 756
Candelaria, Punilla, Córdoba	31° 5'	64° 54'	1 200
Cangayé, Chaco	25° 36' 20"	60° 46'	—
Cano, Rojas, Buenos Aires	—	—	67
Cañada de Alvarez, Calamuchita, Córdoba	32° 20'	64° 35'	650
Cañada de Gomez, Iriondo, Santa Fe.	—	—	83
Cañuelas, villa, Cañuelas, Buenos Aires	34° 51' 45"	58° 31' 49"	24
Capayan, Capayan, Catamarca	—	—	380
Capilla del Monte, Cruz del Eje, Córdoba	—	—	985
Capilla del Señor, Exaltacion de la Cruz, Buenos Aires	34° 17' 3Ø"	59° 30' 45"	—
Capillitas, Andalgalá, Catamarca	—	—	3 000
Carbonera la, Cruz del Eje, Córdoba	31° 1'	64° 50'	900

PUNTOS	φ	λ	α
Carcarañá, villa, San Lorenzo, Santa Fe	—	—	53
Carhué, villa, Alsina, Buenos Aires	37° 12' 5"	62° 44' 22"	—
Carlota, Juarez Celman, Córdoba	33° 25'	63° 18'	—
Cármen, Minas, Córdoba	31° 5'	64° 55'	950
Cármen de Areco, villa, C. de Areco, Buenos Aires	34° 22' 40"	59° 50' 19"	—
Cármen de Patagones, villa, Patagones, Buenos Aires	40° 48'	62° 58'	—
Cármen Sylva, arroyo, Tierra del Fuego. Desagüe	53° 40'	—	—
Casa de Piedra, cumbre, Pedernera, San Luis	—	—	1 620
Casa del Sol, Rio Seco, Córdoba	30° 34'	63° 51'	450
Casamayor, punta, Santa Cruz	46° 52'	66° 57'	—
Casares, Cañuelas, Buenos Aires	—	—	21
Castilla, Suipacha, Buenos Aires	—	—	54
Castillo, nevado, Salta	24° 30'	65° 10'	6 000
Castle Hill, cerro, Santa Cruz	50° 10'	72° 30'	1 400
Castro, San Pedro, Buenos Aires	—	—	34
Catamarca, villa, Catamarca	28° 28' 8"	65° 54' 35"	572
Cautiva la, Rio Cuarto, Córdoba	33° 58'	64°	185
Cazon, Saladillo, Buenos Aires	—	—	42
Cerrillos, Sobremonte, Córdoba	30° 2'	64° 30'	500
Cerrito, isla	27° 22' 40"	58° 29' 39"	200
Ciénega, Minas, Córdoba	31° 2'	65° 16'	900
Claypole, Quilmes, Buenos Aires	—	—	22
Cobuncó, arroyo, Neuquen, (Desembocadura)	38° 29' 19"	68° 45' 22"	452
Cocha, cerro, Punilla, Córdoba	31° 37'	64° 34'	1 300
Cocha, villa, Graneros, Tucuman	—	—	460
Cocos, Calamuchita, Córdoba	32° 44'	64° 44'	—
Codihué, lugar poblado, Neuquen	38° 27'	70° 35'	668
Colalao (San Pedro de), Trancas, Tucuman	—	—	1 000
Colalao del Valle, Trancas, Tucuman	—	—	1 700
Colina, Suarez, Buenos Aires	—	—	193
Colorada, Las Flores, Buenos Aires	—	—	46
Colorado, cumbre, Beltran, Mendoza	35° 15'	70° 40'	3 958
Come Caballo, paso de la cordillera, San Juan	28° 30'	69° 30'	4 350
Concepcion del Uruguay, ciudad	32° 30'	58° 13' 10"	16
Conchas las, villa, Conchas, Buenos Aires	34° 24' 55"	58° 24' 19"	—
Conchas, Cafayate, Salta	—	—	1 550
Concordia, ciudad, Concordia, Entre Rios	31° 25'	58° 15' 15"	41
Conesa, San Nicolás, Buenos Aires	—	—	56
Confluencia de los rios Limay y Neuquen	38° 49' 30"	68° 24'	333
Confluencia de los rios Agrio y Neuquen	38° 20' 10"	69° 4' 15"	553
Confluencia del arroyo Cobuncó y rio Neuquen	38° 29' 19"	68° 45' 22"	452
Constitucion, Anejos Norte, Córdoba	—	—	374
Constitucion, General Lopez, Santa Fe	—	—	30

PUNTOS	φ	λ	α
Copacabana, Tinogasta, Catamarca	28° 10'	67° 35'	1 168
Copacabana, Ischilin, Córdoba	31° 40'	65° 30'	—
Corcovado, cumbre, Chubut	43° 12'	72° 48' 26"	2 290
Córdoba, cabo, Chubut	45° 46'	67° 21' 40"	—
Córdoba, ciudad	31°25'15",4	64°11'16",5	439
Coronel, cumbre, Córdoba	31° 40'	61° 18'	2 163
Correa, pueblo, Iriondo, Santa Fe.	—	—	70
Corrientes, cabo, Pueyrredon, Buenos Aires	38° 5' 30"	57° 29' 15"	—
Corrientes, ciudad	27° 27' 55"	58° 49' 6"	75
Cosquin, Punilla, Córdoba	31° 15'	64° 30'	720
Coy - Inlet, bahia, Santa Cruz, Punta Norte	50° 54' 10"	69° 4' 2c"	—
Coy - Inlet, bahia, Santa Cruz, Punta Sud	50° 58' 30"	69° 7' 20"	—
Cruz, Calamuchita, Córdoba	32° 19'	64° 31'	—
Cruz Alta, villa, Márcos Juarez, Córdoba	33° 1'	61° 49'	—
Cruz del Eje, villa, Cruz del Eje, Córdoba	30° 43'	64° 47'	479
Cruz de Piedra, cumbre, Tupungato, Mendoza	34° 11'	69° 30'	5 220
Cruz de Piedra, paso, Tupungato, Mendoza	33° 30'	69° 50'	3 442
Cuero, laguna, Pedernera, San Luis	34° 55' 56"	65° 25' 31"	—
Cullen, arroyo, Tierra del Fuego. (Desembocadura)	52° 53'	—	—
Cumbre, paso de la, Las Heras, Mendoza.	33"	69° 50'	3 900
Curioso, cabo, Santa Cruz	49° 10' 45"	67° 37'	—
Curru - Leubú, arroyo, Neuquen	37° 26' 45"	69° 50'	801
Curru - Mahuida, cerro, Neuquen	37° 6'	70° 20'	3 376
Currumalan, Suarez, Buenos Aires	—	—	248
Curuzú - Cuatiá, villa, Curuzú - Cuatiá, Corrientes	29° 48'	58° 5'	60
Chacabuco, villa, Chacabuco, Buenos Aires.	34° 38'	54° 28' 19"	68
Chacay, cerro, Beltran, Mendoza	35° 10'	70°	3 628
Chajan, Rio Cuarto, Córdoba	—	—	447
Chalacea, Rio Primero, Córdoba	30° 45'	63° 32'	—
Chalten, volcan, Santa Cruz	49° 20'	72° 50'	2 135
Champaqui, cumbre, Córdoba	31° 58'	64° 58'	2 850
Chañar, Sobremonte, Córdoba	29° 50'	64° 10'	689
Chañaral Redondo, cumbre, San Luis	—	—	730
Chañares, Tercero Arriba, Córdoba	32° 10'	63° 28'	249
Characate, cerro, Punilla, Córdoba	31° 6'	64° 46'	1 450
Chascomús, villa, Chascomús, Buenos Aires	35° 35' 18"	58° 1' 19"	10
Chico, rio, Chubut. (Desembocadura)	43° 50'	66° 22'	—
Chinal, volcan, Neuquen	38° 40'	70° 50'	—
Chivilcoy, ciudad, Chivilcoy, Buenos Aires	34° 52' 50"	60° 0' 59"	53
Chosmalal ó Fuerte 4ª Division, Neuquen	37° 26' 45"	69° 50'	801
Chosmes, cumbre, San Luis	33° 24'	65° 40'	660
Choya, Choya, Santiago	—	—	397
Chubut, colonia, Chubut	43° 16'	65° 15'	84

PUNTOS	φ	λ	α
Chumbicha, Capayan, Catamarca	28° 49'	66° 15'	431
Chuñaguasi, Sobremonte, Córdoba	29° 58'	64° 5'	—
Churqui, Tulumba, Córdoba	38° 10'	63° 52'	400
Damas, paso de las, Beltran, Mendoza	34° 59'	70° 10'	3 000
Dañoso, cabo, Santa Cruz	48° 49'	67° 10'	—
Darwin, cerro, Tierra del Fuego	54° 45'	69° 20'	2 060
Dean Fúnes, villa, Tulumba, Córdoba	30° 26'	64° 22'	692
Dehesa, paso, Tupungato, Mendoza	33° 11'	72° 20'	4 064
Del Carril, Saladillo, Buenos Aires	—	—	37
Delgada, punta, Chubut	42° 46' 15"	63° 36' 30"	—
Dennehy, Nueve de Julio, Buenos Aires	—	—	66
Descabezado, volcan, Beltran, Mendoza	35° 30'	70°	6 390
Deseado, puerto, Santa Cruz	47° 48'	66°	—
Desengaño, cabo, Santa Cruz	49° 14' 30"	67° 36' 10"	—
Devoto, San Justo, Córdoba	—	—	122
Diamante, volcan, Veinte y Cinco de Mayo, Mendoza	34° 41' 25"	69° 0' 10"	2 300
Diaz, San jerónimo, Santa Fe	—	—	37
Dinero, cerro, Santa Cruz	52° 19' 40"	68° 33' 20"	111
Divisadero, Totoral, Córdoba	30° 37'	64° 11'	720
Dolores, villa, Dolores, Buenos Aires	36° 19'	57° 41' 30"	6
Dolores, Punilla, Córdoba	30° 53'	64° 31'	1 025
Dolores, villa, San Javier, Córdoba	31° 56'	65° 13'	500
Dolores, Chacabuco, San Luis	—	—	603
Domuyo, volcan, Neuquen	36° 31' 40"	70° 35' 11"	3 819
Donselaar, San Vicente, Buenos Aires	—	—	15
Doña Ana, paso de la cordillera, San Juan	29° 36'	69° 30'	4 448
Doña Lorenza, Matará, Santiago	29° 1' 54"	62° 33' 7"	—
Dormida, Tulumba, Córdoba	30° 22'	63° 56'	494
Dorrego, Maipú, Buenos Aires	—	—	20
Duggan, San Antonio de Areco, Buenos Aires	—	—	51
Dungenes, cabo, Santa Cruz	52° 23' 50"	68° 25' 10"	—
Durazno, Anejos Sud, Córdoba	31° 35'	64° 14'	—
Echevarría, Rojas, Buenos Aires	—	—	74
Ensenada, villa, La Plata, Buenos Aires	34° 51' 50"	52° 54' 24"	—
Escobar, Pilar, Buenos Aires	—	—	24
Espejo, cerro, Santa Cruz	48° 29'	67° 4'	—
Esperanza, villa, Colonias, Santa Fe	31° 26' 40"	60° 53' 4"	—
Espino, cumbre, Chilecito, Rioja	—	—	5 500
Espíritu Santo, cabo, Tierra del Fuego	52° 40'	68° 34'	76
Esquina, villa, Esquina, Corrientes	30° 2'	59° 25'	—
Esquina, cerro, Belgrano, San Luis	—	—	1 580
Esquina, campo de la, terreno anegadizo, San Luis	—	—	624
Estanzuela, portezuelo de la, paso, La Rioja	28° 10'	68° 40'	4 276

PUNTOS	φ	λ	g
Expedicion, puei.:, Formosa	26° 38'	58° 45'	218
Eseiza, San Vicente, Buenos Aires	—	—	19
Fair, Ayacucho, Buenos Aires	—	—	52
Fair Weather, cabo, Santa Cruz	51° 32' 5"	68° 55' 20"	—
Famaillá, Famaillá, Tucuman	—	—	400
Famatina, Famatina, Rioja	29° 20'	67° 30'	1 100
Famatina, nevado, Rioja	29°	67° 40'	6 000
Federacion, villa, Federacion, Entre Rios	31° 2'	57° 51'	—
Ferrari, Brandzen, Buenos Aires	35° 10' 15"	58° 14' 34"	15
Ferreira, cumbre, Pringles, San Luis	—	—	1 800
Fiambalá, Tinogasta, Catamarca	—	—	1 586
Figueroa, Matará, Santiago	27° 41' 54"	63° 29' 45"	—
Florencio Varela, Quilmes, Buenos Aires	—	—	22
Flores (San José de), ciudad	—	—	22
Fontana, lago, Chubut	44° 57' 52"	72° 24'	—
Formosa, villa, Formosa	26° 13' 44"	58° 6' 30"	100
Fraga, Pringles, San Luis	—	—	618
Francia, San Justo, Córdoba	—	—	124
Francklin, Mercedes, Buenos Aires	—	—	48
Frias, cerro, Santa Cruz	50° 25'	72° 30'	915
Frias, villa, Choya, Santiago	28° 30'	65° 7'	327
Fuerte Roca, colonia, Rio Negro	38' 49' 20"	68° 24'	333
Fúnes, Junin, San Luis	—	—	584
Gainza, Villegas, Buenos Aires	34° 30' 50"	62° 59' 58"	—
Gallegos, puerto, Santa Cruz.	51° 33' 20"	68° 59' 10"	—
Galvez, San Jerónimo, Santa Fe	—	—	53
Gama la, Suarez, Buenos Aires	—	—	170
Gándara, Chascomús, Buenos Aires	—	—	16
Garay, potrero de, Punilla, Córdoba	31° 50'	64° 31'	650
Garcia, Capital, Tucuman	—	—	452
General Cabrera, Juarez Celman, Córdoba	—	—	300
General Paz, Anejos Norte, Córdoba	31° 8'	64° 8'	528
General Roca, Márcos Juarez, Córdoba	32° 43'	61° 56'	87
Gigante, cumbre, «Pampa de Achala», Córdoba	31° 24'	64° 50'	2 350
Giles, villa, Giles, Buenos Aires	34° 26' 40"	59° 26' 19"	—
Gomez, La Plata, Buenos Aires	—	—	19
Gonzalez Chaves, Tres Arroyos, Buenos Aires	—	—	192
Gorda, punta, en el rio Uruguay	31° 52' 25"	58° 36'	—
Gorgonta, terreno anegadizo, San Luis	—	—	424
Goya, villa, Goya, Corrientes	29° 9' 6"	59° 15' 22"	64
Granadas, cumbre, Rinconada, Jujuy	—	—	6 000
Graneros, Graneros, Tucuman	—	—	410
Gualeguay, ciudad, Gualeguay, Entre Rios	32° 59'	58° 27'	—

PUNTOS	φ	λ	ɣ
Gualeguaychú, ciudad, Gualeguaychú, Entre Rios....	33" 8'	59° 28'	—
Guaminí, Guaminí, Buenos Aires....................	36° 1' 2"	62° 25' 44"	—
Guanaco Pampa, meseta, San Luis..	—	—	913
Guandacol, aldea, Lavalle, Rioja	29° 35'	68° 41'	950
Guayco, Minas, Córdoba..........................	31° 5'	65° 20'	652
Guaycurú, arroyo, Chaco, (Desembocadura)...............	27° 19' 15"	58° 46' 55"	—
Guaype, Matará, Santiago	28° 1' 5"	63° 18' 28"	—
Guerrero, Castelli, Buenos Aires....................	—	—	6
Guerrico, cerro, Santa Cruz..................	50° 50'	72° 30'	1 375
Guido, cerro, Santa Cruz.........................	50° 50'	72° 25'	1 280
Gutierrez, Quilmes, Buenos Aires.	—	—	20
Hernandarias, Capital, Entre Rios..................	31° 10'	59° 50'	58
Higuera, Calamuchita, Córdoba	33° 22'	64° 41'	ℓ00
Higueras, Minas. Córdoba..........................	31° 1'	65° 6'	850
Higuerillas, Rio Seco, Córdoba..................	29° 43'	63° 42'	—
Hinojo, colonia, Olavarría, Buenos Aires.	—	—	155
Horcosun, Minas, Córdoba..................	—	—	1 204
Hornillos, San Alberto, Córdoba..................	31° 52'	65° 2'	1 200
Hornos, villa, Las Heras, Buenos Aires..............	—	—	33
Huali Mahuida, volcan, Neuquen...................	—	—	4 000
Humahuaca, Humahuaca, jujuy.................	23° 13'	65° 25'	3 021
Humahuaca, cuesta de Humahuaca, Jujuy................	23° 20'	64° 20'	4 258
Iglesia, cerro, Las Heras, Mendoza..................	32° 50'	69° 30'	6 000
Iglesia Vieja, Cruz del Eje, Córdoba..............	30° 38'	65° 18'	—
Inclinado, cerro, Santa Cruz........ ..	50° 10'	70° 50'	1 000
Indio, punta del, Rivadavia, Buenos Aires..............	35° 15' 45"	57° 10' 48"	—
Indio, punta, Rio Negro.....................	39° 57' 30"	62° 7'	14
Intiguasi, Tulumba, Córdoba	30° 26'	64° 10'	800
Intiguasi, cumbre, Pringles, San Luis......	32° 50'	65° 59'	1 720
Intiguasi (San José de), Pringles, San Luis...	—	—	1 326
Iramain, Copo, Santiago.	26° 59' 26"	64° 38' 13"	—
Iraola, Tandil, Buenos Aires...................	—	—	137
Irigoyen, Irigoyen, San jerónimo, Santa Fe.............	—	—	40
Iriondo, Alto, Catamarca......................	—	—	439
Iruya, aldea, Iruya, Salta	22° 50'	65° 13'	2 050
Ischilín, Ischilin, Córdoba...................	30° 35'	64° 22'	900
Isla la, Tulumba, Córdoba..................	30° 2'	64° 23'	350
Isla de los Estados, Tierra del Fuego.............	54° 23' 24"	63° 47' 1"	—
Itá - Ibaté, Caacatí, Corrientes..................	27° 24'	57° 28'	—·
Italó, General Roca, Córdoba.....	34° 30'	63° 26'	—
Itatí, villa, Itatí, Corrientes	27° 17'	58° 11'	—
Jarilla, Anejos Sud, Córdoba...................	31° 6'	64° 18'	750
Jáuregui, Lujan, Buenos Aires..................	—	—	26

PUNTOS	φ	λ	α
Jesús María, Anejos Norte, Córdoba	30' 59'	64° 5'	534
Jocolí, Las Heras, Mendoza	—	—	680
Juarez, villa, juarez, Buenos Aires	37° 40' 40"	59° 47' 9"	213
Jujuy, villa, jujuy	24' 11'	65° 21' 30"	1 260
Julio A. Roca, juarez Celman, Córdoba	—	—	127
Juncal, cumbre, Tupungato, Mendoza	33° 25'	69° 30'	6 208
Junín, villa, junin, Buenos Aires	34° 33'	60° 52'	81
Junquillo, Anejos Norte, Córdoba	31° 12'	64° 20'	900
Juntas, confluencia de los rios Pilcomayo y Formosa.	24° 59' 19"	58° 53' 45"	—
Keen (Cárlos), Lujan, Buenos Aires	—	—	37
Laberinto, cabo, Villarino, Buenos Aires..	39° 26' 30"	62° 2' 36"	—
Laboulaye, juarez Celman, Córdoba	34° 5'	63° 22'	185
La Cangayé, Chaco	25° 36'	60° 43' ·	—
Laguna, paso de la cordillera, San Juan	30° 50'	69° 40'	4 632
Laguna Larga, Tercero Arriba, Córdoba	31° 51'	63° 45'	311
Lagunilla, Anejos Sud, Córdoba	31° 31'	64° 22'	650
La Madrid, pueblo, Graneros, Tucuman	—	—	350
La Paz, villa, Lomas de Zamora, Buenos Aires	34° 45' 40"	58° 48' 19"	16
La Paz, San javier, Córdoba	32° 13'	65° 6'	—
La Paz, villa, La Paz, Entre Rios .	30° 44' 27"	59° 37' 27"	—
La Plata, ciudad, Buenos Aires	34° 54' 30"	57° 54' 15"	18
Laprida, Choya, Santiago	—	—	224
Lara, punta, La Plata, Buenos Aires	34° 49' 30"	58° ·	—
La Rioja, villa, La Rioja	29° 18' 58"	67° 1' 11"	503
Larrea, Bragado, Buenos Aires	—	—	56
Las Flores, villa, Las Flores, Buenos Aires	36° 1' 10"	59° 4' 19"	35
Las Heras, Las Heras, Buenos Aires	34° 55' 48"	59° 32' 12"	35
Lavalle, villa, Ajó, Buenos Aires	36° 24' 55"	56° 55' 49"	—
Lavalle, Santa Rosa, Catamarca	—	—	494
Lavalle, cerro, Santa Cruz	49°	72° 10'	1 220
Lavayen, rio, Salta y Jujuy	23° 56'	64° 25'	450
Leales, Leales, Tucuman	—	—	350
Lebleque, monte poblado, Pedernera, San Luis	—	—	218
Lehmann, pueblo, Colonias, Santa Fe	—	—	94
Leones, isla de los, Chubut	45° 4'	65° 35' 15"	—
Leones, Márcos Juarez, Córdoba	32° 40'	62° 18'	116
Licoïte, abra de, Yaví, Jujuy	—	—	4 200
Ligua el, cumbre de la cordillera, San juan	32°	70°	6 798
Lima, Zárate, Buenos Aires	—	—	26
Limay Mahuida, cumbre, Juarez, Buenos Aires	37° 38'	59° 10'	255
Lincoln, villa, Lincoln, Buenos Aires	34° 52' 20"	61° 31' 40"	—
Llavallol, San Vicente, Buenos Aires	—	—	21
Lobos, villa, Lobos, Buenos Aires .	35° 11' 40"	59° 4' 4 "	27

PUNTOS	φ	λ	α
Lolo, lago, Neuquen..	40°	71° 20'	—
Lonquimay, volcan, Neuquen	38° 20'	71° 43'	2 953
Lopez, Juarez, Buenos Aires	—	—	222
Loreto, Misiones	27° 19' 28"	55° 34' 20"	—
Loreto, Silípica, Santiago.	28° 19'	64° 10'	138
Lujan, villa, Lujan, Buenos Aires	34° 34' 20"	59° 24' 22"	27
Lujan, Ayacucho, San Luis	—	—	600
Lujan, Capital, Tucuman	—	—	457
Luracatao, Molinos, Salta	—	—	2 500
Mackenna, Rio Cuarto, Córdoba	—	—	236
Magdalena, villa, Magdalena, Buenos Aires	35° 5' 32"	57° 30' 25"	—
Maipú, volcan, 9 de Julio y 25 de Mayo, Mendoza	33° 40'	69° 20'	5 834
Maipú, villa, Maipú, Buenos Aires.	36° 52' 12"	58° 1' 34"	14
Majadilla, Tulumba, Córdoba	30° 30'	64° 10'	1 0.0
Malagueño, Anejos Sud, Córdoba	31° 34'	64° 2'	502
Malanzan, Rivadavia, Rioja	30° 41'	66° 45'	760
Malo, cumbre, Pedernera, San Luis	—	—	1 590
Márcos Juarez, villa, Márcos Juarez, Córdoba	—	—	114
Márcos Paz, villa, Márcos Paz, Buenos Aires	34° 52' 15"	58° 58' 29"	30
Mar del Plata, villa, Pueyrredon, Buenos Aires	38° 1' 30"	57° 6' 19"	14
Martin García, isla en el rio de La Plata	34° 11' 25"	58° 15' 38"	60
Mártires, pueblo, San Javier, Misiones	27° 50' 24"	54° 59' 39"	—
Matará, Matará, Santiago	28° 5' 1"	63° 11' 44"	—
Maule, paso de la cordillera, Beltran, Mendoza	36° 8'	—	2 200
Maule, laguna, Beltran, Mendoza	36° 3'	70° 35'	2 104
Mawaish, cerro, Santa Cruz	49° 2'	70° 39'	270
Médanos, punta, Ajó, Buenos Aires	36° 59' 5"	56° 40' 43"	—
Medina, villa, Chicligasta, Tucuman	—	—	440
Melincué, General Lopez, Santa Fe	33° 42'	56° 53'	—
Mendoza, capital de la provincia	32° 53'	68° 48' 55"	805
Mercedes, ciudad, Mercedes, Buenos Aires	34° 39' 35"	59° 25' 54"	39
Mercedes, villa, Mercedes, Corrientes	29° 11'	58° 7'	112
Merlo, villa, Merlo, Buenos Aires	34° 40' 25"	59° 7' 49"	13
Merlo, villa, Junin, San Luis	—	—	748
Mesa de Tolo, cerro, Sobremonte, Córdoba	30° 5'	64° 4'	800
Mesilla Alta, meseta, San Luis	—	—	1 390
Metán, villa, Metán, Salta	—	—	871
Mil Nogales, estancia, San Javier, Córdoba	31° 54'	65° 5'	925
Minas, cerro, Cruz del Eje, Córdoba	30° 50'	64° 30'	1 700
Minas, cerro, Beltran, Mendoza	35° 17'	70° 6'	3 817
Miriñay, rio, Corrientes (Orígen)	30° 9'	57° 26'	—
Mogote de la Montaña, yacimiento de carbon en el Portezuelo	32° 13'	69°	2 800

PUNTOS	φ	λ	α
Mogotes los, lugar poblado, Pocho, Córdoba	31° 24'	65°	1 200
Molinos, Calamuchita, Córdoba	31° 50'	64° 23'	—
Molinos, Molinos, Salta	—	—	1 970
Molles, cumbre, Pedernera, San Luis	—	—	850
Molleyaco, cumbre, Sobremonte, Córdoba	29° 59'	64° 10'	900
Monasterio, lugar poblado, Viedma, Buenos Aires	—	—	8
Monigote, cerro, Pringles, San Luis	—	—	1 960
Monsalvo, Calamuchita, Córdoba	32° 8'	64° 24'	—
Monte, villa, Monte, Buenos Aires	35° 28'	58° 49' 19"	—
Monte Caseros, villa, Monte Caseros, Corrientes	30° 15'	57° 38'	68
Monteagudo, Chicligasta, Tucuman	—	—	300
Moreno, villa, Moreno, Buenos Aires	34° 39' 20"	58° 46' 39"	22
Moron, villa, Moron, Buenos Aires	34° 39' 40"	58° 36' 34"	20
Morro (San José del), Pedernera, San Luis	33° 15'	64° 42'	1 046
Moyano, cerro, Santa Cruz	50° 30'	72° 10'	990
Nahuel - Huapí, lago, Neuquen	—	—	886
Nahuel - Huapí, paso de la cordillera, Neuquen	41° 20'	72° 10'	840
Nahuel - Mapú, gran laguna, Pampa	36° 41' 32"	65° 59' 43"	—
Napostá, Bahía Blanca, Buenos Aires	—	—	192
Naranjo Esquina, Rio Chico, Tucuman	—	—	450
Navarro, villa, Navarro, Buenos Aires	35° 0' 35"	59° 16' 4"	—
Nazareno, aldea, Santa Victoria, Salta	22° 38'	65° 8'	3 000
Necochea, villa, Necochea, Buenos Aires	38° 33' 45"	59° 45' 49"	—
Negrilla cuesta de la, Andalgalá, Catamarca	27° 20'	66° 10'	3 187
Negro, arroyo, Chaco	27° 27' 49"	58° 56' 4"	—
Negro, cerro, Rio Cuarto, Córdoba	33° 30'	65° 9'	720
Negro, cerro, Capital, Jujuy	24° 10'	64° 50'	6 500
Negro, cumbre nevada, Chilecito, Rioja	—	—	4 500
Nevado, cerro, Beltran, Mendoza	35° 20'	68° 50'	4 925
Nevado, cumbre, Belgrano, San Luis	—	—	1 060
Nevado el, cumbre, Pedernera, San Luis	33° 9'	65° 26'	1 660
Nido del Cóndor, paraje en el Neuquen	38° 33' 56"	68° 48' 50"	440
Ninfas, punta de las, Chubut	42° 58'	64° 19'	—
Nogolí, Belgrano, San Luis	—	—	840
Nogoyá, villa, Nogoyá, Entre Rios	32° 23' 27"	59° 46' 39"	—
Nono, San Alberto, Córdoba	31° 38'	65°	885
Nonogasta, Chilecito, Rioja	—	—	938
Nueve de Julio, villa, Nueve de julio, Buenos Aires	35° 27'	60° 52' 39"	48
Ñorquin, lugar poblado, Neuquen	37° 43'	70° 45'	—
Obispo cuesta del, Chicoana, Salta	24° 50'	65° 30'	3 360
O'Higgins, lugar poblado, Chacabuco, Buenos Aires	—	—	72
Ojo de Agua, ingenio metalúrgico, Minas, Córdoba	31° 12'	65° 17'	950
Olain, lugar poblado, Punilla, Córdoba	31° 10'	64° 36'	1 150

PUNTOS	φ	λ	z
Olascoaga, Bragado, Buenos Aires	—	--	59
Olavarría, villa, Olavarría, Buenos Aires	36° 53' 55"	60° 19' 9"	161
Olayon, Cruz del Eje, Córdoba	30° 44'	64° 38'	479
Olivera, Lujan, Buenos Aires	—	—	27
Oncativo, Rio Segundo, Córdoba	34° 55'	64° 40'	285
Oran, villa, Oran, Salta	23° 2'	64° 19'	310
Orellanos, General Lopez, Santa Fe	—	—	112
Oro, arroyo, Chaco	27° 3' 26"	58° 35' 36"	—
Oroño, San jerónimo, Santa Fe	—	—	55
Ortiz Basualdo, Pergamino, Buenos Aires	—	—	77
Osorno, volcán, Rio Negro	41° 10'	72° 20'	2 295
Oveja, cumbre, Comechingones, Córdoba.	32° 18'	64° 58'	2 200
Pacheco, Las Conchas, Buenos Aires	—	—	5
Paganini, San Lorenzo, Santa Fe	—	—	29
Paganzo, yacimiento de carbon, Indep., Rioja	30° 10'	67° 25'	700
Palantelen, laguna, Bragado, Buenos Aires	35° 10' 15"	60° 34'	—
Palmar, cuesta del, Ayacucho, San Luis	32° 30'	65° 10'	1 470
Palomitas, lugar poblado, Campo Santo, Salta	—	--	897
Pampa Blanca, Perico del Cármen, Jujuy	—	--	781
Pampayasta, Tercero Arriba, Córdoba	32° 14'	63° 41'	—
Panaolma, San Alberto, Córdoba	31° 38'	65° 4'	1 050
Pan de Azúcar, islote, Chubut	45° 4'	65° 48'	58
Pan de Azúcar, cumbre, Punilla, Córdoba .	31° 15'	64° 26'	1 760
Pan de Azúcar, cerro, Santa Cruz	47° 17'	65° 56'	—
Paraiso, Calamuchita, Córdoba	31° 52'	64° 22'	—
Paraná, capital de Entre Rios	31° 43' 45"	60° 31' 19" 5	78
Paraná-Guazú, riacho, Buenos Aires (Desembocadura)	34° 16'	58° 28' 58"	—
Pardo, Las Flores, Buenos Aires	—	—	56
Parish, Azul, Buenos Aires.	—	—	87
Parravicini, Dolores, Buenos Aires	—	—	7
Paso Viejo, Cruz del Eje, Córdoba	—	—	418
Patos de los, paso de la cordillera, San Juan	32° 30'	70°	4 238
Paunero, Rio Cuarto, Córdoba	—	—	448
Payen, cerro, Beltran, Mendoza	36° 30'	69° 23'	3 563
Pedernera, lugar poblado, Pedernera, San Luis	—	—	379
Pehuajó, pueblo en formacion, Pehuajó, Buenos Aires.	35° 48' 45"	62° 1' 49"	—
Pelado, cumbre, Pedernera, San Luis	—	—	1 600
Pelado, cumbre, Pringles, San Luis	32° 50'	65° 57'	1 700
Pencales, cerro, Cruz del Eje, Córdoba	30° 45'	64° 36'	1 200
Peña Lolen, cerro, Veinte y Cinco de Mayo, Mendoza.	34° 30'	69° 30'	3 245
Pepiri-Guazú, rio, Misiones, (Desembocadura)	27° 15'	53° 14'	—
Pergamino, villa, Pergamino, Buenos Aires	33° 55' 20"	60° 0' 19"	65
Perico del Cármen, Perico del Cármen, Jujuy	—	—	1 034

PUNTOS	φ	λ	z
Petorca, volcan, 25 de Mayo y Beltran, Mendoza	34° 40'	70°	2 688
Pichanas, Cruz del Eje, Córdoba.	30° 50'	65° 10'	—
Piedras punta, Rivadavia, Buenos Aires	35° 27'	57° 5'	—
Pigüe, lugar poblado, Suarez, Buenos Aires	—	—	281
Pilar, villa, Pilar, Buenos Aires	34° 27' 2"	58° 43' 59"	—
Pilar, lugar poblado, Rio Segundo, Córdoba	31° 39'	63° 51'	—
Pilciao, Andalgalá, Catamarca	27° 36'	66° 30'	806
Pilon, cumbre, Pringles, San Luis	32° 58'	65° 48'	1 300
Pingüin, isla, Santa Cruz	47° 58'	65° 42'	—
Piñas las, lugar poblado, Minas, Córdoba	31° 8'	65° 30'	500
Piquillin, lugar poblado, Anejos Norte, Córdoba	—	—	304
Pirán, lugar poblado, Mar Chiquita, Buenos Aires	—	—	22
Pircas Negras, paso, Catamarca	28° 25'	69° 25'	4 140
Piscuna, garganta de los Altos de, Tilcara, Jujuy	23°	65° 30'	4 500
Planchon, paso, Veinte y Cinco de Mayo, Mendoza	35° 2'	70° 31'	3 048
Planchon el, volcan, Veinte y Cinco de Mayo, Mendoza	35° 10'	70° 32'	3 800
Plata, cerro, Tupungato y Lujan, Mendoza	32° 40'	69° 30'	6 000
Playadito, Santo Tomé, Corrientes	—	—	143
Plomo, cerro, Veinte y Cinco de Mayo, Mendoza	34°	69° 30'	5 433
Poca, cumbre, Pocho, Córdoba	31° 18'	65° 15'	1 500
Pocho, Pocho, Córdoba	31° 29'	65° 19'	1 050
Pocho, laguna, Pocho, Córdoba	31° 25'	65° 13'	1 000
Porongo, cumbre, Pringles, San Luis	—	—	1 970
Portagüé, paraje poblado, Departamento 7°, Pampa	36° 30'	65° 58'	—
Portillo, paso, Tupungato y Nueve de Julio, Mendoza	33° 45'	69° 30'	4 427
Portillo de los Piuquenes, paso, 9 de Julio, Mendoza	33° 50'	69° 50'	4 200
Posadas, villa, Misiones	27° 19'	55° 50'	124
Posta, Capital, Tucuman.	—	—	500
Potrerillo de las Mulas, cerro, Ayacucho, San Luis	—	—	1 420
Potrero, cerro, Pedernera, San Luis	—	—	1 327
Potrero de los Funes, cerro, Capital, San Luis	33° 11'	66° 15'	1 972
Potro, cumbre, Catamarca y Rioja	27° 40'	68° 35'	5 565
Pourtalé, Olavarría, Buenos Aires	—	—	184
Presidencia Roca, fortin, Chaco	25° 42'	60° 30'	—
Pringles, villa, Pringles, Buenos Aires..	37° 53' 20"	6.° 21' 47"	—
Puan, Puan, Buenos Aires	37° 34' 1"	62° 34' 29"	1 850
Pucará, meseta, Ambato, Catamarca	—	—	—
Puerto Bermejo, lugar poblado, Chaco	27° 7' 55"	58° 35' 10"	—
Puerto Deseado, Santa Cruz	47° 45'	65° 54' 45"	—
Punta, cumbre, Pedernera, San Luis	33° 17'	65° 16'	1 415
Punta del Agua, Tercero Abajo, Córdoba	32° 32'	63° 46'	—
Punta de la Cortadera, cumbre, Pedernera, San Luis	—	—	1 500
Punta Indio, faro flotante, Magdalena, Buenos Aires.	35° 15' 45"	57° 10' 48"	—

PUNTOS	φ	λ	α
Punta Lara, fondeadero, La Plata, Buenos Aires........	34° 49' 30"	58°	—
Punta de los Llanos, Juarez Celman, Rioja.	—	—	386
Quebracho, Calamuchita, Córdoba........................	32° 18'	64° 22'	—
Quebracho, lugar poblado, Rio Primero, Córdoba........	30° 59'	63° 42'	—
Quemado, Capital, Rioja.................................	--	—	331
Querinchengüe, gruta, Beltran, Mendoza..................	—	—	1 090
Queta, abra de, Cochinoca, Jujuy........................	23° 30'	66° 30'	4 000
Quia, riacho Chaco, (Desagüe)...........................	27° 7' 5"	58° 40' 25"	—
Quilino, villa, Ischilin, Córdoba	30° 13'	64° 29'	440
Quilmes, villa, Quilmes, Buenos Aires.....	34° 43' 35"	58° 15' 39"	—
Quilmes, pueblo, Trancas, Tucuman...........	—	—	1 755
Quines, Ayacucho, San Luis.............................	—	—	575
Quiroga, punta, Chubut.................................	42° 14' 15"	64° 27' 10"	—
Ramada, lugar poblado, Independencia, Rioja............	—	—	733
Ramallo, villa, Ramallo, Buenos Aires..................	33° 29' 20"	59° 59' 49"	36
Ranchos, villa, Ranchos, Buenos Aires.................	35° 31' 2"	58° 16' 49"	19
Ranquilcó, laguna, Pampa...............................	36° 15'	65° 22'	—
Ranquilcó Norte, bañado, Beltran, Mendoza	36° 44' 2"	69° 38'	1 143
Ranquilcó Sud, planicie, Beltran, Mendoza..............	—	—	1 240
Rasa, isla, Chubut.....................................	45° 6' 10"	65° 24' 30"	—
Rauch, villa, Rauch, Buenos Aires......................	36° 46' 45"	58° 42' 9"	--
Rawson, lugar poblado, Chacabuco, Buenos Aires......	—	—	60
Rawson, pueblo, Chubut.................................	43° 17' 15"	65° 5' 20"	—
Reartes, Calamuchita, Córdoba..........................	31° 55'	64° 36'	—
Reconquista, Ayacucho, Buenos Aires	—	—	103
Reconquista, San javier, Santa Fé	29° 8'	59° 39'	—
Recreo, La Paz, Catamarca.	29° 18'	65° 4'	218
Reduccion, Juarez Celman, Córdoba......................	33° 15'	65° 33'	—
Renca, villa, Chacabuco, San Luis	—	—	771
República, fortin. Matará, Santiago..	29° 6' 21"	62° 20' 50"	—
Resistencia, villa, Resistencia, Chaco	27° 23' 30"	59° 2'	—
Rey, arroyo, San Javier, Santa Fe.....................	29° 12' 3"	59° 35' 26"	—
Rio Ceballos, lugar poblado, Anejos Norte, Córdoba..	31° 15'	64° 18'	675
Rio Cuarto, ciudad, Rio Cuarto, Córdoba........	33° 7' 19"	64° 18' 52".5	415
Rio Hondo, Rio Hondo, Santiago	28° 20'	64° 35'	—
Rio Lujan, lugar poblado, Campana, Buenos Aires....	—	—	5
Rio Primero, Rio Primero, Córdoba.....................	—	....	262
Rio Quinto, Pedernera, San Luis.......................	33° 18'	64° 53'	790
Rio Seco, villa, Rio Seco, Córdoba	29° 55'	63° 42'	350
Rio Segundo, villa, Rio Segundo, Córdoba..............	—	—	343
Rivas, lugar poblado; Suipacha, Buenos Aires..........	—	—	49
Roca, lugar poblado, Junin, Buenos Aires	—	—	79
Rocha, lugar poblado, Olavarría, Buenos Aires.........	—	—	174

PUNTOS	φ	λ	α
Rodeo de las Cadenas, cumbre, Belgrano, San Luis..	—	—	1 170
Rodriguez, villa, Rodriguez, Buenos Aires...	34° 36' 20"	58° 56' 49"	30
Rodriguez, lugar poblado, Vecino, Buenos Aires........	—	—	28
Rodriguez, lugar poblado, Ischilin, Córdoba...............	30° 31'	64° 24'	1 000
Rodriguez, Tercero Arriba, Córdoba...........................	32° 12'	63° 50'	—
Rojas, villa, Rojas, Buenos Aires............................	34° 11' 30"	60° 44' 49"	—
Rojo, lugar poblado, San Nicolás, Buenos Aires...........	—	— ·	41
Roldan, pueblo, San Lorenzo, Santa Fe.....................	--	—	40
Romang, pueblo y colonia, San javier, Santa Fe........	29°,29'	59° 43'	—
Romero, cuesta, Minas, Córdoba...............................	31° 3'	65° 20'	1 000
Roque Perez, Saladillo, Buenos Aires.........................	—	—	34
Rosario, villa, Rio Segundo, Córdoba.........................	31° 34'	63° 32'	—
Rosario, lugar poblado, Sobremonte, Córdoba........:..	30° 5'	64° 5'	850
Rosario, ciudad, Rosario, Santa Fe...........................	32°56'41",7	60°33'39",3	22
Rosas, lugar poblado, Las Flores, Buenos Aires...........	·—	—	30
Rubia, punta, Patagones, Buenos Aires.....................	40° 36' 10"	62° 8' 40"	12
Rufino, General Lopez, Santa Fe...............................	34° 13'	62° 43'	110
Saavedra, lugar poblado, Arrecifes, Buenos Aires.......	—	—	44
Sabina, lugar poblado, Sobremonte, Córdoba.	29° 37'	64° 4'	—
Saladas, villa, Saladas, Corrientes...........................	—	—	83
Saladillo, villa, Saladillo, Buenos Aires....................	35° 39'	59° 46' 19"	47
Saladillo, Márcos juarez, Córdoba............................	32° 58'	62° 23'	65
Salado, pueblo, Salado, Buenos Aires........................	—	—	19
Salamanca, pico, Chubut.......................................	45° 34'	67° 19' 30"	212
Salas, lugar poblado, Union, Córdoba...	—	—	148
Salavina, villa, Salavina, Santiago..........................	28° 55'	63° 11'	—
Saldan, Anejos Norte, Córdoba................................	31° 18'	64° 18'	500
Salina Grande, en el límite de la Rioja, Catamarca, Córdoba y Santiago..	—	—	150
Salsacate, Pocho, Córdoba.....................................	31° 18'	65° 6'	—
Salta, capital de la provincia.................................	24° 45' 40"	65° 23' 45"	1 202
Salto, villa, Salto, Buenos Aires.............................	34° 17' 20"	59° 50' 19"	—
Salvador Maria, Lobos, Buenos Aires.......................	—	—	30
Sampacho, Rio Cuarto, Córdoba...............................	33° 22'	64° 41'	525
Sanche , lugar poblado, Ramallo, Buenos Aires...........	—	—	30
Sarmiento, lugar poblado, Arrecifes, Buenos Aires....	—	—	45
Sarmiento, Totoral, Córdoba..................................	—	—	622
Sarmiento, cerro, Tierra del Fuego...........................	54° 27' 15"	70° 51' 15"	2 056
Sauce, lugar poblado, Rio Cuarto, Córdoba...............	32° 33'	64° 35'	—
Sauce Corto, lugar poblado, Suarez, Buenos Aires........	··	—	235
Sayape, laguna, Pedernera, San Luis..............	—	—	436
Serrezuela, Cruz del Eje, Córdoba............................	30° 40'	65° 21'	290
Sevigné, lugar poblado, Dolores, Buenos Aires.	—	—	8

PUNTOS	φ	λ	z
Sierra, Sumampa, Santiago.	29° 5'	63° 42'	210
Simbol, Silípica, Santiago......	—	---	181
Simbolar, Banda, Santiago	—	—	320
Simoca, villa, Monteros, Tucuman......	—	—	382
Singuil, Ambato, Catamarca......	—	—	1 100
Sinsacate, Totoral, Córdoba......	30° 53'	64° 4'	519
Slogget, bahia, Tierra del Fuego......	55° 2' 15"	66° 20'	—
Soconcho, Calamuchita, Córdoba......	32° 3'	64° 22'	500
Solari (*Justino*), Curuzú-Cuatiá, Corrientes	—	—	134
Soler, lugar poblado, General Lopez, Santa Fé......	—	—	106
Soto, villa, Cruz del Eje, Córdoba......	30° 51'	64° 58'	543
Suarez, lugar poblado, Merlo, Buenos Aires......	—	—	22
Suipacha, villa, Suipacha, Buenos Aires......	34° 46' 55"	59° 18' 49"	46
Sunchales, colonia, Colonias, Santa Fe......	—	—	95
Suncho, lugar poblado, Tulumba, Córdoba......	30° 12'	63° 52'	600
San Agustin, Calamuchita, Córdoba......	31° 59'	64° 21'	—
San Andrés, punta, Pueyrredon, Buenos Aires......	38° 17' 20"	57° 39' 5"	—
San Andrés, lugar poblado, Oran, Salta......	23° 10'	64° 40'	1 400
San Antonio, cabo, Ajó, Buenos Aires......	36° 18' 30"	56° 45' 51"	—
San Antonio, lugar poblado, La Paz, Catamarca......	—	—	238
San Antonio, Anejos Sud, Córdoba......	31° 47'	64° 11'	—
San Antonio, cumbre, Minas, Córdoba	31° 5'	64° 26'	1 450
San Antonio, cuesta, Punilla, Córdoba......	31° 30'	64° 30'	886
San Antonio, lugar poblado, Rio Cuarto, Córdoba....	32° 38'	64° 38'	—
San Antonio, Rio Primero, Córdoba......	30° 48'	63° 24'	—
San Antonio, puerto, Rio Negro......	40° 49' 10"	64° 53' 55"	—
San Antonio, Matará, Santiago......	27° 27' 28"	63° 36' 53"	—
San Antonio de Areco, villa, Buenos Aires	34° 14' 28"	59° 27' 49"	34
San Bartolo, Rio Cuarto, Córdoba......	32° 46'	64° 45'	—
San Bartolomé, cabo, Tierra del Fuego, Salta......	54° 53' 45"	64° 45' 30"	—
San Bernardo de Diaz, La Viña, Salta......	25° 25'	65° 30'	—
San Blas, puerto, Patagones, Buenos Aires	40° 39'	62° 9'	—
San Cárlos, Minas, Córdoba......	31° 9'	65° 7'	781
San Cárlos, villa, Nueve de julio, Mendoza......	33° 45'	69° 2'	—
San Cárlos, San Cárlos, Salta......	25° 53'	65° 54'	1 680
San Cosme, Anejos Sud, Córdoba......	31° 42'	65° 5'	—
San Cristóbal, lugar poblado, Colonias, Santa Fe......	30° 14' 34"	61° 11' 7"	—
San Diego, San Roque, Corrientes......	—	—	83
San Diego, cabo, Tierra del Fuego......	54° 41'	65° 7'	—
San Fernando, villa, San Fernando, Buenos Aires....	34° 26' 15"	58° 32' 24"	—
San Francisco, paso, Tinogasta, Catamarca......	26°	68° 30'	4 500
San Francisco, Punilla, Córdoba......	31° 11'	64° 30'	750
San Francisco, San Justo, Córdoba......	31° 27'	63° 16'	127

PUNTOS	φ	λ	a
San Francisco, cumbre, Tupungato, Mendoza	34° 5'	69° 30'	5 181
San Francisco, Juarez Celman, Rioja	—	—	244
San Francisco, villa, Ayacucho, San Luis	- -	—	852
San Gregorio, Cruz del Eje, Córdoba	30° 58'	64° 45'	950
San Ignacio, Capayan, Catamarca	—	—	321
San Ignacio, (alamuchita, Córdoba	32° 8'	64° 30'	450
San Ignacio, Graneros, Tucuman	—	—	480
San Isidro, villa, San Isidro, Buenos Aires	34° 28' 12"	58° 29' 49"	—
San Javier, San javier, Córdoba	32°	65° 2'	800
San Javier, San Javier, Misiones	27° 51' 8"	55° 19'	—
San Jerónimo, pueblo, San Lorenzo, Santa Fe	—	—	49
San José, Santa Maria, Catamarca	—	—	1 4,0
San José, Anejos Sud, Córdoba	31° 48'	64° 23'	550
San José, Ischilin, Córdoba	30° 1'	64° 37'	200
San José, Punilla, Córdoba	31° 16'	64° 37'	—
San José, cerro, San Alberto, Córdoba	31° 40'	65° 15'	1 000
San José, volcan, Nueve de Julio, Mendoza	33° 42'	69° 42'	5 532
San José del Morro, Pedernera, San Luis	—	—	809
San Juan, ciudad, San Juan	31° 30'	68° 40'	637
San Juan del Salvamento, puerto, Isla de los Estados	54° 23' 24"	63° 47' 1"	—
San Julian, puerto, San Julian, Santa Cruz	49° 14' 30"	67° 36' 10"	—
San Justo, villa, Matanzas, Buenos Aires	34° 41'	58° 32' 19"	23
San Lorenzo, lugar poblado, Empedrado, Corrientes	—	—	77
San Lorenzo, cumbre, Nueve de Julio, Mendoza	34° 20'	69° 30'	4 021
San Lorenzo, villa, San Lorenzo, Santa Fe	—	—	30
San Luis, centro de la pampa de, Punilla, Córdoba	31° 20'	64° 50'	1 600
San Luis, capital de la provincia	33° 18' 31"	66° 19' 50"	759
San Márcos, villa, Cruz del Eje, Córdoba	30° 44'	64° 37'	600
San Martin, villa, San Martin, Buenos Aires	34° 35' 5"	58° 31' 27"	17
San Martin, La Cruz, Corrientes	29° 21'	56° 28'	84
San Martin, San Martin, Misiones	27° 7' 23"	55° 32' 10"	—
San Martin, fortin, Neuquen	35° 40' 10"	69° 20'	1 260
San Miguel, cerro, Punilla, Córdoba	31° 42'	64° 48'	—
San Miguel, San Miguel, Corrientes	28°	57° 33'	—
San Nicolás, ciudad, San Nicolás, Buenos Aires	33° 19'	60° 12' 39"	28
San Nicolás, Anejos Sud, Córdoba	31° 43'	64° 37'	=
San Patricio, Chacabuco, Buenos Aires	—	—	59
San Pedro, Las Flores, Buenos Aires	—	—	24
San Pedro, villa, San Pedro, Buenos Aires	33° 40' 45"	59° 39'	27
San Pedro, Ischilin, Córdoba	30° 28'	64° 22'	—
San Pedro, villa, San Alberto, Córdoba	31° 56'	65° 15'	515
San Pedro de Colalao, pueblo, Trancas, Tucuman	—	--	1 000
San Pedro Nolasco, cumbre, 25 de Mayo, Mendoza	34° 25'	69° 30'	3 339

PUNTOS	φ	λ	x
San Rafael, villa, Veinte y Cinco de Mayo, Mendoza.	34° 37' 32"	63° 36' 15"	857
San Roque, Punilla, Córdoba	32° 22'	64° 29'	—
San Roque, villa, San Roque, Corrientes	—		77
San Sebastian, cabo, San Sebastian. Tierra del Fuego	53" 19'	68" 9' 50"	-.
Santiago, punta, La Plata, Buenos Aires	34° 55'	57° 18'	—
Santiago del Estero, ciudad, Santiago del Estero.	27° 48' 2"	64° 15' 2"	214
Santiago Temple, Rio Primero, Córdoba	—	—	223
Santo Domingo, Cruz del Eje, Córdoba	30° 21'	64° 40'	506
Santo Domingo, Totoral, Córdoba	31° 10'	64° 13'	730
Santo Tomás, Capital, Misiones	—	—	179
Santo Tomé, villa, Santo Tomé, Corrientes	—	—	92
San Valentin, cerro, Santa Cruz	46° 30'	73° 20'	3 870
San Vicente, villa, San Vicente, Buenos Aires	34° 1' 28"	57° 59' 54"	22
San Vicente, San Alberto, Córdoba	31° 53'	65° 28'	390
Santa Ana, colonia, San Martin, Misiones	27° 24' 25"	55° 45' 15"	—
Santa Bárbara, ingenio metalúrgico, Minas, Córdoba.	31° 2'	65° 6'	650
Santa Catalina, villa, Lomas de Zamora, Buenos Aires	—		19
Santa Catalina, colonia, Rio Cuarto, Córdoba	33° 28'	64° 11'	—
Santa Catalina, Totoral, Córdoba	30° 54'	64" 14'	780
Santa Catalina, Santa Catalina Jujuy	22° 2'	66° 4'	3 650
Santa Elena, puerto, Chubut	44° 30' 40"	65° 21' 40"	--
Santa Fe, capital de la provincia	31° 40' 13"	60° 42' 25"	37
Santa Maria, villa, Santa Maria, Catamarca	26° 45'	69° 10'	1 940
Santa Rosa, Calamuchita, Córdoba	32° 4'	64° 35'	—
Santa Rosa, villa, Rio Primero, Córdoba	31° 8'	63° 20'	—
Santa Rosa, Velez Sarsfield, Rioja	—	—	439
Santa Rosa, Campo Santo, Salta	24° 38'	65° 8'	718
Santa Rosa, Junin, San Luis	—	—	590
Santa Tecla, Ituzaingó, Corrientes	27° 38'	56° 25'	—
Santa Victoria, Santa Victoria, Salta	22° 21'	64° 59'	2 300
Tafí, valle, Trancas, Tucuman	—	—	1 800
Tafí Viejo, Capital, Tucuman	—	—	627
Taillade, lugar poblado, Castelli, Buenos Aires	—	—	7
Tala, lugar poblado, San Pedro, Buenos Aires	—	—	23
Tala, Rosario de la Frontera, Salta	—	—	823
Tambería, Tinogasta, Catamarca	—	—	3 500
Tamborero - Pampa, meseta, Pringles, San Luis	—	—	1 240
Tandil, villa, Tandil, Buenos Aires	37° 17'	59° 7' 30"	171
Tandil, sierra, Buenos Aires	37° 24'	58° 50'	340
Taninga, ingenio metalúrgico, Pocho, Córdoba	31° 19'	65° 5'	900
Tanti, lugar poblado, Punilla, Córdoba	31° 20'	64° 38'	—
Tapalqué, villa, Tapalqué, Buenos Aires	36° 21' 42"	59° 56' 24"	--
Tapia, Trancas, Tucuman	—		702

PUNTOS	φ	λ	α
Taruca - Pampa, meseta, San Martin, San Luis	—	—	1 180
Telarilo, lugar poblado, Capayan, Catamarca	—	—	249
Temperley, pueblo, Lomas de Zamora, Buenos Aires	—	—	15
Tilcara, Tilcara, Jujuy	23° 27'	65" 26'	2 500
Timon Cruz, Rio Primero, Córdoba	30° 58'	63° 31'	—
Tinguiririca, volcan, Veinte y Cinco de Mayo, Mendoza	34° 50'.	70° 53'	4 500
Tinogasta, villa, Tinogasta, Catamarca	28° 14'	67° 33'	1 200
Toay, pueblo, Departamento 2°, Pampa	36° 43'	64° 25'	172
Tolombon, Cafayate, Salta	26° 12'	65° 57'	1 600
Tolosa, suburbio de la Plata, Buenos Aires	—	—	9
Toma, lugar poblado, Pringles, San Luis	—	—	887
Tomalasta, cumbre, Pringles, San Luis	32° 49'	66° 5'	2 034
Tonelero, isla, Ramallo, Buenos Aires	33° 30'	59° 37'	—
Tordillo, pueblo, Tordillo, Buenos Aires	36° 32' 5"	58" 9' 14"	—
Tornquist, colonia, Bahia Blanca, Buenos Aires	—	—	284
Tortugas, pueblo, Iriondo, Santa Fe	32° 44'	61° 50'	74
Tótora, mina, Minas, Córdoba	31°	64° 54'	1 000
Tótora, canal, Capital, San Luis	33° 50' 12"	66° 35' 10"	—
Totoral, cuesta, Paclin, Catamarca	28°	66"	1 363
Totoralejos, Ischilin, Córdoba	29° 40'	64° 52'	196
Totorilla, cerro, Tulumba, Córdoba	30° 24'	64' 14'	1 150
Traful, arroyo, Neuquen (Desembocadura)	40° 40'	71° 21'	—
Tragadero, arroyo, Chaco (Desembocadura)	27° 27' 30"	58° 54' 35"	—
Trancas, Trancas, Tucuman	—	—	794
Tranquita, punto fronterizo de San juan y San Luis	—	—	482
Tránsito, San Alberto, Córdoba	31' 42'	65" 1'	900
Tránsito, San justo, Córdoba	—	—	199
Trenque - Lauquen, villa, Buenos Aires	35° 58' 35"	62° 19' 47"	—
Tres Arroyos, villa, Tres Arroyos, Buenos Aires	38° 25' 2"	59° 51' 49"	106
Trinchera de San José, villa, Misiones	27° 19'	55° 50'	—
Tromen, volcan, Neuquen	37° 7'	70° 5'	3 833
Tronador, volcan, Rio Negro	41° 45'	72°	4 500
Troya, quebrada, Tinogasta, Catamarca	—	—	1 410
Tuclame, Cruz del Eje, Córdoba	—	—	393
Tucuman, capital de la provincia	26° 50' 31"	65° 11' 16",5	435
Tulumba, Tulumba, Córdoba	30° 25'	64° 6'	650
Tumbaya, Tumbaya, Jujuy	23° 44'	65° 30'	2 150
Tupungato, cumbre, Tupungato, Mendoza	33° 22'	69° 30'	6 710
Ushuaia, asiento de las autoridades de la Tierra del Fuego	54° 52'	68° 7'	30
Uspallata, paso de la cordillera, Las Heras, Mendoza	32° 48'	70°	3 927
Uyaba, San javier, Córdoba	32° 8'	65" 7'	600
Valle, cerro, Pringles, San Luis	32' 50'	66° 2'	1 900

PUNTOS	φ	λ	α
Valle Grande, Valle Grande, Jujuy	23° 27'	64° 56'	—
Vancouver, puerto, Tierra del Fuego	54° 49' 50"	64° 5' 45"	—
Varela, cerro, Capital, San Luis	34° 3' 5·"	66° 32' 49"	722
Vazquez, lugar poblado. Tres Arroyos, Buenos Aires...	—	—	152
Vedia, Lincoln, Buenos Aires	—	—	88
Veinte y Cinco de Mayo, villa, Buenos Aires	35° 26' 30"	59° 44' 49"	79
Vela, Tandil, Buenos Aires	—	—	218
Velez, lugar poblado, Banda, Santiago	27° 30'	64 25'	165
Velez Sarsfield, colonia, Tercero Arriba. Córdoba...	—	—	231
Ventana, cumbre, Bahía Blanca, Buenos Aires	38° 11'	61° 46'	1 020
Vichigasta, Chilecito, Rioja	—	—	848
Victoria, villa, Victoria Entre Rios	32° 36' 28"	60° 8' 42"	—
Victorica, lugar poblado, Chaco	36° 20'	65° 25'	—
Victorica, lugar poblado, Pampa	36° 10'	65° 21'	307
Viedma, Viedma, Rio Negro.	41° 12'	62° 59'	—
Villa Argentina, Chilecito, Rioja.	29° 8'	67° 39'	1 078
Villa General Mitre, Totoral, Córdoba	30° 44'	64° 4'	570
Villa María, villa, Tercero Abajo, Córdoba.	32° 25' 5"	63° 13' 48"	203
Villa Mercedes, villa, Pedernera, San Luis.	33° 42'	65° 28'	514
Villa Nueva, villa, Tercero Abajo. Córdoba	32° 26'	63° 12'	203
Villanueva, estacion, Ranchos, Buenos Aires	—	—	17
Villarica, cerro, Neuquen	39° 10'	70° 50'	4 854
Vinchina, aldea, Sarmiento, Rioja	28° 42'	68° 18'	1 400
Viña, estacion, Pergamino, Buenos Aires	— -	—	50
Vipos, estacion, Tucuman	—	—	799
Virgenes, cabo, Santa Cruz	52° 20' 10"	68° 21' 34"	—
Virorco, cerro, San Luis.	—	—	1 170
Viscachera, paraje, San Luis	33° 35'	65° 13'	448
Vivoratá, estacion, Mar Chiquita, Buenos Aires	—	—	26
Volcan, sierra, Buenos Aires. (Cumbre más elevada).	37 50'	58° 10'	275
Washington, estacion, Córdoba	—	—	308
Yancanelo, lago, Mendoza. Desembocadura del Malargüe	35° 25'	69° 15'	—
Yerba Buena, cerro, Córdoba	31° 15'	65° 25'	1 645
Zanjon, estacion, Santiago	—	—	193
Zapiola, estacion, Lobos, Buenos Aires	—	—	35
Zárate, villa, Buenos Aires.	34° 5'	58° 25' 29"	25
Zeballos, cerro, Santa Cruz	47° 3'	72° 4'	—
Zenta, abra de, Iruya, Salta	23° 10'	65° 8'	4 800
Zololasta, cerro, Pringles, San Luis.	—.	—	1 800

Lightning Source UK Ltd.
Milton Keynes UK
UKHW021331100219
336936UK00006B/468/P